DEPARTMENT OF INTERNATIONAL ECONOMIC AND SOCIAL AFFAIRS
Statistical Office

DÉPARTEMENT DES AFFAIRES ÉCONOMIQUES ET SOCIALES INTERNATIONALES
Bureau de statistique

1987
Energy Statistics Yearbook
Annuaire des statistiques de l'énergie

United Nations / Nations Unies
New York, 1989

NOTE

Symbols of United Nations documents are composed of capital letters combined with figures. Mention of such a symbol indicates a reference to a United Nations document.

General disclaimer

The designations employed and the presentation of material in this publication do not imply the expression of any opinion whatsoever on the part of the Secretariat of the United Nations concerning the legal status of any country, territory, city or area, or of its authorities, or concerning the delimitation of its frontiers or boundaries.

Where the designation "country or area" appears in the headings of tables, it covers countries, territories, cities or areas. In prior issues of this publication, where the designation "country" appears in the headings of tables, it should be interpreted to cover countries, territories, cities or areas.

NOTE

Les cotes des documents de l'Organisation des Nations Unies se composent de lettres majuscules et de chiffres. La simple mention d'une cote dans un texte signifie qu'il s'agit d'un document de l'Organisation.

Déni de responsabilité

Les appellations employées dans cette publication et la présentation des données qui y figurent n'impliquent de la part du Secrétariat de l'Organisation des Nations Unies aucune prise de position quant au statut juridique des pays, territoires, villes ou zones, ou de leurs autorités, ni quant au tracé de leurs frontières ou limites.

L'appellation "pays ou zone" figurant dans les titres des rubriques des tableaux désigne des pays, des territoires, des villes ou des zones. L'appellation "pays" figurant dans certaines rubriques des tableaux de numéros antérieurs de cette publication doit être interprétée comme désignant des pays, des territoires, des villes ou des zones.

ST/ESA/STAT/SER.J/31

UNITED NATIONS PUBLICATION

Sales No. E/F.89.XVII.10

06000C

PUBLICATION DES NATIONS UNIES

Numéro de vente : E/F.89.XVII.10

06000C

ISBN 92-1-061132-2

Inquiries should be directed to:
PUBLISHING DIVISION
UNITED NATIONS
NEW YORK, N.Y. 10017

Adresser toutes demandes de renseignements à la :
DIVISION DES PUBLICATIONS
NATIONS UNIES
NEW YORK, N.Y. 10017

CONTENTS - TABLE DES MATIERES

CONTENTS (continued) - TABLE DES MATIERES (suite)

Statistics compiled as of December 1988 — Statistiques compilées à la fin de décembre 1988.

COUNTRY NOMENCLATURE — NOMENCLATURE DES PAYS

ANTARCTIC FISHERIES - this heading identifies bunkers delivered by tankers to vessels on the Antarctic fishing grounds; fuels delivered to Antarctic research stations are not included.

ARUBA - formerly included with Netherlands Antilles; beginning 1986 is shown separately.

AUSTRALIA - includes Christmas Island.

CHINA - excludes data for Taiwan.

EUROPE - refers to all European countries excluding USSR, which is shown separately.

INDONESIA - includes East Timor.

JAPAN - includes Ryukyu Islands (formerly Okinawa).

MALAYSIA - comprises Peninsular Malaysia, Sabah and Sarawak.

NETHERLANDS ANTILLES - comprises Bonaire, Curaçao, Saba, St. Eustatius, the Dutch part of St. Martin and, prior to 1986, Aruba.

PACIFIC ISLANDS - comprises the Caroline, Mariana and Marshall Islands. Excludes Guam which is shown separately.

PANAMA - includes Former Panama Canal Zone.

SOUTH AFRICA CUSTOMS UNION - includes South Africa, Botswana, Lesotho, Swaziland and Namibia.

UNITED ARAB EMIRATES - comprises the seven emirates of the former Trucial Oman: Abu Dhabi, Ajman, Dubai, Fujairah, Ras al Khaimah, Sharjah and Umm al Qaiwain.

WORLD - comprises the sum of Africa, North America, South America, Asia, Europe, Oceania, USSR, and Antarctic Fisheries.

The data which relate to the Federal Republic of Germany and the German Democratic Republic include the relevant data relating to Berlin for which separate data have not been supplied. This is without prejudice to any question of status which may be involved.

PECHERIES ANTARCTIQUES - cette rubrique représente le soutage distribué par les pétroliers aux bateaux de pêche dans l'Antarctique. Les combustibles livrés aux stations de recherche de l'Antarctique ne sont pas compris.

ARUBA - les données relatives à Aruba, antérieurement inclues avec celles des Antilles néerlandaises apparaissent séparément à partir de 1986.

AUSTRALIE - y compris l'île Christmas.

CHINE - les données ne comprennent pas celles relatives à la province de Taiwan.

EUROPE - comprend tous les pays européens sauf l'URSS, qui apparait séparément.

INDONESIE - y compris le Timor oriental.

JAPON - y compris les îles Ryukyu (autrefois Okinawa).

MALAISIE - comprend la Malaisie péninsulaire, Sabah et Sarawak.

ANTILLES NEERLANDAISES - comprend Bonaire, Curaçao, Saba, Saint-Eustache, la partie néerlandaise de Saint-Martin et, avant 1986, Aruba.

ILES DU PACIFIQUE - comprend les Carolines, les Mariannes et les Iles Marshall. Ne comprend pas Guam qui est présenté séparément.

PANAMA - y compris l'ancienne Zone du Canal.

UNION DOUANIERE D'AFRIQUE MERIDIONALE - comprend l'Afrique du Sud, le Botswana, le Lesotho, la Namibie, et le Swaziland.

EMIRATS ARABES UNIS - comprend les sept Emirats de l'ancien Oman sous régime de traité: Abu Dhabi, Ajman, Dubai, Fujairah, Ras al Khaimah, Sharjah et Umm al Qaiwain.

MONDE - comprend Afrique, Amérique du Nord, Amérique du Sud, Asie, Europe, Océanie, Union des Républiques Socialistes Soviétiques, et Pêcheries Antarctiques.

Les données rapportant à la République Fédérale d'Allemagne et à la République Démocratique Allemande incluent les données pertinentes relatives à Berlin, pour lequel des données séparées n'ont pas été fournies. Cela sans préjudice des questions de statut qui peuvent se poser à cet égard.

ABBREVIATIONS AND SYMBOLS

ABREVIATIONS ET SIGNES CONVENTIONNELS

The following symbols and abbreviations have been used:

C:H	ratio between carbon and hydrogen
cSt	centistoke
cu m (or m^3)	cubic metre
C_3H_8	chemical symbol for propane gas
C_4H_{10}	chemical symbol for butane gas
°C	degree Celsius
kcal	kilocalorie
kg	kilogramme
kg/cm^2	kilogramme per square centimetre
kWh	kilowatt hour
LPG	liquefied petroleum gas
mg/g	milligramme per gramme
MJ	megajoule (10^6 joules)
NGL	natural gas liquids
RON	research octane number
t	metric ton
TCE	ton of coal equivalent
TJ	terajoule (10^{12} joules)
TOE	ton of oil equivalent
*	estimate by the Statistical Office of the United Nations Secretariat
..	not applicable
...	not available
0	less than 0.5 of the unit specified or nil.

All tablenotes (footnotes) appear at the end of the Introduction.

Les abréviations et signes conventionnels utilisés sont les suivants:

C:H	rapport du carbone à l'hydrogène
cSt	centistoke
MC (ou m^3)	mètre cube
C_3H_8	symbole chimique du gaz propane
C_4H_{10}	symbole chimique du gaz butane
°C	degré Celsius
kcal	kilocalorie
kg	kilogramme
kg/cm^2	kilogramme par centimetre carré
kWh	kilowatt heure
GPL	gaz de pétrole liquéfié
mg/g	milligramme par gramme
MJ	mégajoule (10^6 joules)
	condensats de gaz naturel
IOR	indice d'octane recherche
t	tonne métrique
TEC	tonne d'équivalent charbon
TJ	terajoule (10^{12} joules)
TEP	tonne d'équivalent pétrole
*	estimation du Bureau de statistique du Secrétariat de l'Organisation des Nations Unies
..	sans objet
...	données non disponibles
0	moins de 0,5 de l'unité en question ou nul.

Les notes relatives aux tableaux se trouvent à la fin de l'Introduction.

INTRODUCTION

The *Energy Statistics Yearbook 1987* is a comprehensive collection of international energy statistics prepared by the United Nations Statistical Office. It is the thirty-first in a series of annual compilations which commenced under the title *World Energy Supplies in Selected Years, 1929-1950* [1]. It updates the statistical series shown in the previous issue. Supplementary series of monthly and quarterly data on production of energy may be found in the *Monthly Bulletin of Statistics* [2].

The principal objective of the *Yearbook* is to provide a global framework of comparable data on long-term trends in the supply of mainly commercial primary and secondary forms of energy. Data for each type of fuel and aggregate data for the total mix of commercial fuels are shown for individual countries and areas and are summarized into regional and world totals. The data are compiled primarily from annual questionnaires distributed by the United Nations Statistical Office and supplemented by official national statistical publications. Where official data are not available or are inconsistent, estimates are made by the Statistical Office based on governmental, professional or commercial materials.

This issue of the *Yearbook* contains data in original and common units (coal equivalent, oil equivalent, joules) for the years 1984-1987. By referring to previous volumes of the publication, a time series can be established from 1950 to the present. It should be noted that in addition to the basic tables showing production, trade, stock changes, bunkers, and consumption, information is included on various other topics such as:

(a) Principal importers/exporters of coal, crude petroleum and natural gas for the years 1986 and 1987;

(b) The capacity of petroleum refineries, natural gas liquids plants and electricity generating plants by type;

(c) The new and renewable sources of energy: fuelwood, charcoal, bagasse, peat (oil shale is included in the table on lignite), steam and hot water from geothermal sources and electricity generated from hydro or geothermal sources.

1 Statistical Papers, Series J, No. 1 (United Nations publication, Sales No. 1952.XVII.3).

2 Statistical Papers, Series Q, *Monthly Bulletin of Statistics*, (United Nations publication).

L'*Annuaire des statistiques de l'énergie 1987* est une collection complète de statistiques internationales de l'énergie, établie par le Bureau de statistique de l'Organisation des Nations Unies. La présente édition est la trente-et-unième d'une série de compilations annuelles dont la première a paru sous le titre *World Energy Supplies in Selected Years, 1929-1950* [1]. Elle constitue une mise à jour des séries statistiques présentées dans l'édition précédente. Des séries additionnelles de données mensuelles ou trimestrielles sur la production d'énergie sont publiées dans le *Bulletin mensuel de statistique* [2].

Le principal objet de l'*Annuaire* est de fournir un cadre global de comparaison des données sur les mouvements à long terme de l'offre des formes primaires et secondaires d'énergie à caractère essentiellement commercial. Les données pour chaque type de combustible et les données agrégées pour l'ensemble des combustibles commerciaux sont présentées pour chaque pays ou zone et sont regroupées en totaux régionaux et mondiaux. Les données, essentiellement rassemblées à partir des questionnaires annuels envoyés par le Bureau de statistique de l'ONU, sont complétées à l'aide des publications officielles des organismes nationaux de statistique. Lorsque les données officielles ne sont pas disponibles ou ne sont pas cohérentes, le Bureau de statistique établit des estimations en s'appuyant sur la documentation d'origine gouvernementale, professionnelle ou commerciale.

La présente édition contient des données exprimées en unités d'origine et en unités communes (équivalent charbon, équivalent pétrole, joules) pour les années 1984 à 1987. En se référant aux éditions antérieures, on peut établir une série allant de 1950 jusqu'à maintenant. A noter qu'en plus des tableaux de base, où apparaissent la production, le commerce, les variations de stocks, les soutes et la consommation, l'*Annuaire* contient des données sur d'autres sujets, par exemple:

(a) Les principaux importateurs/exportateurs de houille, de pétrole brut et de gaz naturel pour les années 1986 et 1987;

(b) La capacité des raffineries de pétrole, des usines d'extraction de liquides du gaz naturel et des centrales électriques, par catégorie;

(c) Les sources d'énergie nouvelles et renouvelables: le bois de chauffage, le charbon de bois, la bagasse, la tourbe (le schiste bitumineux est inclus dans le tableau sur le lignite), la vapeur et l'eau chaude provenant de sources géothermiques et l'électricité de source hydraulique et géothermique.

1 Etudes statistiques, Séries J No 1 (publication des Nations Unies, numéro de vente: 1952.XVII.3).

2 Etudes statistiques, Séries Q, *Bulletin mensuel de statistique* (publication des Nations Unies).

The information contained in the *Yearbook* is also available on magnetic tape. Requests for the tape should be directed to the United Nations Statistical Office.

Acknowledgement is due to the following specialized, governmental and intergovernmental agencies whose publications have been utilized in updating our statistics: Comité professionnel du pétrole (Paris), Council for Mutual Economic Assistance Secretariat (Moscow), Food and Agriculture Organization of the United Nations (Rome), International Atomic Energy Agency (Vienna), International Energy Agency of the Organisation for Economic Co-operation and Development (Paris), International Sugar Organization (London), Nuclear Energy Agency of the Organization of Economic Co-operation and Development (Paris), Organization of Arab Petroleum Exporting Countries (Kuwait), Organization of the Petroleum Exporting Countries (Vienna), Statistical Office of the European Economic Communities (Brussels), United States Department of Energy, (Washington, D.C.), World Energy Conference (London).

Les données présentées dans l'*Annuaire* sont également disponibles sur bandes magnétiques. On peut demander celles-ci au Bureau de statistique de l'Organisation des Nations Unies.

Nous remercions de leur aide les institutions spécialisées, gouvernementales, ou intergouvernementales énumérées ci-après dont les publications nous ont aidé à mettre à jour nos statistiques: le Comité professionnel du pétrole (Paris), le Conseil de l'entraide économique mutuelle (Moscou), l'Organisation des Nations Unies pour l'alimentation et l'agriculture (Rome), l'Agence internationale de l'énergie atomique (Vienne), l'Agence internationale de l'énergie, l'Organisation de coopération et de développement économiques (Paris), l'Organisation internationale du sucre (Londres), l'Agence de l'OCDE pour l'énergie nucléaire (Paris), l'Organisation des pays arabes exportateurs de pétrole (Koweït), l'Organisation des pays exportateurs de pétrole (Vienne), l'Office statistique des Communautés européennes (Bruxelles), le Département de l'énergie des Etats-Unis (Washington, D.C.), le Conférence Mondiale de l'Energie (Londres).

DEFINITIONS

SOLID FUELS

Hard coal - Coal with a high degree of coalification, and with a gross calorific value above 24 MJ/kg (5,700 kcal/kg) on an ash-free but moist basis, and with a reflectance index of vitrinite of 0.5 and above. Slurries, middlings and other low grade coal products, which cannot be classified according to the type of coal from which they are obtained, are included under hard coal.

Lignite - Coal with a low degree of coalification which has retained the anatomical structure of the vegetable matter from which it was formed. Its gross calorific value is less than 24 MJ/kg (5,700 kcal/kg) on an ash-free but moist basis, and its reflectance index of vitrinite is less than 0.5.

Peat - Solid fuel formed from the partial decomposition of dead vegetation under conditions of high humidity and limited air access (initial stage of coalification). Included is only that portion of peat used as a fuel.

Patent fuel (hard coal briquettes) - In the briquetting process, coal fines are moulded into artifacts of even shape under the influence of pressure and temperature with the admixture of binders.

Lignite briquettes - Lignite, after crushing and drying, is moulded under high pressure and without the admixture of binders to form artifacts of even shape.

Peat briquettes - Raw peat, after crushing and drying, is moulded under high pressure and without the admixture of binders to form artifacts of even shape.

Coke - The solid residue obtained from the distillation of hard coal or lignite in the total absence of air (carbonization). Three categories are distinguished:

a) Gas coke - A by-product of coal used for the production of manufactured or town gas in gasworks.

b) Coke-oven coke - All other coke produced from hard coal.

c) Brown coal coke - A solid product obtained from carbonization of brown coal briquettes.

Oil shale - A sedimentary rock containing a high proportion of organic matter (kerogen), which can be converted to crude oil or gas by heating.

Bituminous sands - Sands or sandstones containing a high proportion of tarry hydrocarbons, capable of yielding oil through heating or other extractive processes. Heavy oils and tars which are so dense and viscous and lacking in primary energy that they cannot be produced commercially by conventional methods, that is, by natural flow or pumping, are also included.

COMBUSTIBLES SOLIDES

Houille - Charbon à haut degré de houillification et de pouvoir calorifique brut supérieur à 24 MJ/kg (5 700 kcal/kg) mesuré sans cendre, mais sur base humide, pour lequel l'indice de réflectance du vitrain est égal ou supérieur à 0,5. Les schlamms, les mixtes et autres produits du charbon de faible qualité qui ne peuvent être classés en fonction du type de charbon dont ils sont dérivés, sont inclus dans cette rubrique.

Lignite - Charbon d'un faible degré de houillification qui a gardé la structure anatomique des végétaux dont il est issu. Son pouvoir calorifique brut est inférieur à 24MJ/kg (5 700 kcal/kg) mesuré sans cendre mais sur base humide et son indice de réflectance du vitrain est inférieur à 0,5.

Tourbe - Combustible solide issu de la décomposition partielle de végétaux morts dans des conditions de forte humidité et de faible circulation d'air (phase initiale de la houillification). N'est prise en considération ici que la tourbe utilisée comme combustible.

Agglomérés (briquettes de houille) - Par briquetage, les fines de charbon sont moulées en pains de forme régulière par compression et chauffage avec adjonction de liants.

Briquettes de lignite - Le lignite, après broyage et séchage, est moulé par compression sans addition de liant, en pains de forme régulière.

Briquettes de tourbe - La tourbe brute, après broyage et séchage, est moulée par compression, sans addition de liant, en pains de forme régulière.

Coke - Résidu solide obtenu lors de la distillation de houille ou de lignite en l'absence totale d'air (carbonisation). On distingue trois catégories de coke:

a) Coke de gaz - Sous-produit de l'utilisation du charbon pour la production de gaz manufacturé ou gaz de ville dans les usines à gaz.

b) Coke de four - Tous les autres types de coke produits à partir de la houille.

c) Coke de lignite - Produit solide obtenu par carbonisation de briquettes de lignite.

Schiste bitumineux - Roche sédimentaire contenant une forte proportion de matières organiques (kérogène), qui peut être transformée en pétrole brut ou en gaz par chauffage.

Sables bitumineux - Sables ou grès contenant une forte proportion d'hydrocarbures goudronneux dont on peut extraire du pétrole par chauffage ou par d'autres procédés d'extraction. Les huiles lourdes et les goudrons qui sont si denses et si visqueux et dépourvus d'énergie primaire qu'ils ne peuvent être extraits commercialement par les méthodes classiques, c'est-à-dire par écoulement naturel ou par pompage, sont aussi inclus dans cette rubrique.

DEFINITIONS (continued - suite)

LIQUID FUELS

Crude petroleum - Mineral oil consisting of a mixture of hydrocarbons of natural origin, yellow to black in colour, of variable specific gravity and viscosity, including crude mineral oils extracted from bituminous minerals (shale, bituminous sand, etc.). Data for crude petroleum include lease (field) condensate (separator liquids) which is recovered from gaseous hydrocarbons in lease separation facilities.

Natural gas liquids - Liquid or liquefied hydrocarbons produced in the manufacture, purification and stabilization of natural gas. Their characteristics vary, ranging from those of butane and propane to heavy oils. Specifically included are natural gasolene, liquefied petroleum gas (LPG) from plants and plant condensate.

Plant condensate - Liquid hydrocarbons condensed from wet natural gas in natural gas processing plants. It is used as a petroleum refinery input.

Natural gasolene - Light spirit extracted from wet natural gas, often in association with crude petroleum. It is used as petroleum refinery and petrochemical plant input and is also used directly for blending with motor spirit without further processing.

Petroleum products - Comprise the liquid fuels, lubricant oils and solid and semi-solid products obtained by distillation and cracking of crude petroleum, shale oil, or semi-refined and unfinished petroleum products. As far as possible the series include fuels consumed in refining, but exclude oil products obtained from natural gas, coal, lignite and their derivatives.

Aviation gasolene - Motor spirit prepared especially for aviation piston engines, with an octane number varying from 80 to 145 RON and a freezing point of -60° C.

Motor gasolene - Light hydrocarbon oil used in positive ignition engines other than aircraft, distilling between 35 and 200° C, and treated to reach a sufficiently high octane number of generally between 80 and 100 RON. Treatment may be by reforming, blending with an aromatic fraction, or the addition of benzole or other additives (such as tetraethyl lead).

Jet fuel - Gasolene-type jet fuel and kerosene-type jet fuel.

Gasolene-type jet fuel - All light hydrocarbon oils for use in aviation gas-turbine engines distilling between 100 and 250°C; at least 20% in volume distils at 143°C. It is obtained by blending kerosene and gasolene or naphtha in such a way that the aromatic content does not exceed 25% in volume. Additives are included to reduce the freezing point to -58°C or lower, and to keep the Reid vapour pressure between 0.14 and 0.21 kg/cm^2.

Kerosene-type jet fuel - Medium oil with the same distillation characteristics and flash point as kerosene, with a maximum aromatic content of 20% in volume, and treated to give a kinematic viscosity of less than 15 cSt at -34°C and a freezing point below -50°C. It is used in aviation gas-turbine engines.

COMBUSTIBLES LIQUIDES

Pétrole brut - Huile minérale constituée d'un mélange d'hydrocarbures d'origine naturelle, de couleur variant du jaune au noir, d'une densité et d'une viscosité variables. Figurent également dans cette rubrique les huiles minérales brutes extraites de minéraux bitumineux (schiste, sable, etc.). Les données relatives au pétrole brut comprennent les condensats directement récupérés sur les sites d'exploitation des hydrocarbures gazeux (dans les installations prévues pour la séparation des phases liquide et gazeuse).

Condensats de gaz naturel - Hydrocarbures liquides ou liquéfiés produits lors de la fabrication, de la purification et de la stabilisation du gaz naturel. Leurs caractéristiques varient et se classent entre celles des gaz butane et propane et celles des huiles lourdes. Sont inclus en particulier dans cette rubrique l'essence naturelle, les gaz de pétrole liquéfiés (GPL) obtenus en usine et les condensats d'usine.

Condensats d'usine - Hydrocarbures liquides résultant de la condensation du gaz naturel humide dans les usines de traitement de gaz naturel. Ils sont utilisés comme charge d'alimentation dans les raffineries de pétrole.

Essence naturelle - Essence légère extraite du gaz naturel humide, souvent en association avec le pétrole brut. Elle est utilisée comme charge dans les raffineries de pétrole et les usines pétrochimiques et est aussi employée directement en mélange avec le carburant auto sans traitement supplémentaire.

Produits pétroliers - Comprennent les combustibles liquides, les huiles lubrifiantes et les produits solides et semi-solides obtenus par distillation et craquage du pétrole brut, de l'huile de schiste ou de dérivés du pétrole semi-raffinés ou non raffinés. Autant que possible, les séries comprennent les combustibles consumés lors du raffinage mais ne comprennent pas les produits oléiques obtenus à partir du gaz naturel, du charbon, du lignite et de leurs dérivés.

Essence aviation - Carburant fabriqué spécialement pour les moteurs d'avion à pistons, avec un indice d'octane variant de 80 à 145 IOR et dont le point de congélation est de -60° C.

Essence auto - Hydrocarbure léger utilisé dans les moteurs à allumage par étincelle autres que les moteurs d'avion dont les températures de distillation se situent entre 35 et 200°C et qui est traité de façon à atteindre un indice d'octane suffisamment élevé généralement entre 80 et 100 IOR. Le traitement peut consister en reformage, mélange avec une fraction aromatique, ou adjonction de benzol ou d'autres additifs (tels que du plomb tétraéthyle).

Carburéacteurs - Comprennent les carburéacteurs du type essence et du type kérosène.

Les **carburéacteurs du type essence** comprennent tous les hydrocarbures légers utilisés dans les turboréacteurs d'aviation, dont les températures de distillation se situent entre 100 et 250°C et qui donnent au moins 20% en volume de distillat à 143°C. Ils sont obtenus par mélange de pétrole lampant et d'essence ou de naphta de façon que la teneur en composés aromatiques ne dépasse pas 25% en volume. Des additifs y sont ajoutés afin d'abaisser le point de congélation à -58°C ou au-dessous, et de maintenir la tension de vapeur Reid entre 0,14 et 0,21 kg/cm^2.

Les **carburéacteurs du type kérosène** sont des huiles moyennement visqueuses ayant les mêmes caractéristiques de distillation et le même point d'éclair que le pétrole lampant et une teneur en composés aromatiques ne dépassant pas 20% en volume, et qui sont traitées de façon à atteindre une viscosité cinématique de moins de 15 cSt à -34°C et un point de congélation inférieur à -50°C. Ce type de carburéacteurs est également utilisé dans les turboréacteurs d'aviation.

Kerosene - Medium oil distilling between 150 and 300° C; at least 65% in volume distils at 250° C. Its specific gravity is around 0.80 and the flash point above 38° C. It is used as an illuminant and as a fuel in certain types of spark-ignition engines, such as those used for agricultural tractors and stationary engines. Other names for this product are burning oil, vaporizing oil, power kerosene and illuminating oil.

Gas-diesel oil (distillate fuel oil) - Heavy oils distilling between 200 and 380° C, but distilling less than 65% in volume at 250° C, including losses, and 85% or more at 350° C. Their flash point is always above 50° C and their specific gravity higher than 0.82. Heavy oils obtained by blending are grouped together with gas oils on the condition that their kinematic viscosity does not exceed 27.5 cSt at 38° C. Included are middle distillates for the petrochemical industry. Gas-diesel oils are used as a fuel for internal combustion in diesel engines, as a burner fuel in heating installations such as furnaces and for enriching water gas to increase its luminosity. Other names for this product are diesel fuel, diesel oil, gas oil and solar oil.

Residual fuel oil - Heavy oils that make up the distillation residue. It comprises all fuels (including those obtained by blending) with a viscosity above 27.5 cSt at 38° C. Their flash point is always above 50° C and their specific gravity higher than 0.90. It is commonly used by ships and industrial large-scale heating installations as a fuel in furnaces or boilers. It is also known as mazout.

Liquefied petroleum gas (LPG) - Hydrocarbons which are gaseous under conditions of normal temperature and pressure but are liquefied by compression or cooling to facilitate storage, handling and transportation. They are (i) extracted by stripping of natural gas at crude petroleum and natural gas sources; (ii) extracted by stripping of imported natural gas in installations of the importing country; and (iii) produced both in refineries and outside of refineries in the course of processing crude petroleum or its derivatives. It comprises propane (C_3H_8), butane (C_4H_{10}), or a mixture of these two hydrocarbons. Also included is ethane (C_2H_6) from petroleum or natural gas producers' separation and stabilization plants.

Refinery gas - Non-condensable gas collected in petroleum refineries which is generally used wholly as refinery fuel. It is also known as still gas.

Feedstocks - Products or a combination of products derived from crude oil destined for further processing in the refining industry other than blending. They are transformed into one or more components and/or finished products. This definition covers naphtha imported for refinery intake and naphtha returned from the chemical industry to the refining industry.

Pétrole lampant - Huile moyennement visqueuse dont les températures de distillation se situent entre 150 et 300° C, et qui donne au moins 65% en volume de distillat à 250° C. Sa densité se situe aux alentours de 0,80 et son point d'éclair est supérieur à 38° C. Il sert à l'éclairage et aussi de carburant dans certains moteurs à allumage par étincelle, tels que ceux utilisés dans les tracteurs agricoles et les installations stationnaires. Les données concernent les produits couramment appelés kerosène, pétrole carburant ou "power kerosene", et huile d'éclairage.

Gazole/carburant Diesel (mazout distillé) - Huiles lourdes dont les températures de distillation se situent entre 200 et 380° C, mais qui donnent moins de 65% en volume de distillat à 250° C (y compris les pertes) et 85% ou davantage à 350° C. Leur point d'éclair est toujours supérieur à 50° C et leur densité supérieure à 0,82. Les huiles lourdes obtenues par mélange sont classées dans la même catégorie que les gazoles à condition que leur viscosité cinématique ne dépasse pas 27.5 cSt à 38° C. Sont compris dans cette rubrique les distillats moyens destinés à l'industrie pétrochimique. Les gazoles servent de carburant pour la combustion interne, dans les moteurs Diesel, de combustible dans les installations de chauffage telles que les chaudières, et d'additifs destinés à augmenter la luminosité de la flamme du gaz à l'eau. Ce produit est aussi connu sous les appellations de gazole ou gasoil, carburant ou combustible Diesel, et huile solaire.

Mazout résiduel - Huiles lourdes constituant le résidu de la distillation. La rubrique comprend tous les combustibles (y compris ceux obtenus par mélange) d'une viscosité supérieure à 27.5 cSt à 38° C. Leur point d'éclair est toujours supérieur à 50° C et leur densité supérieure à 0,90. Ces produits sont couramment utilisés comme combustible dans les chaudières des navires et des grandes installations de chauffage industriel. Ils sont également connus sous le nom de fuel oil.

Gaz de pétrole liquéfiés (GPL) - Hydrocarbures qui sont à l'état gazeux dans des conditions de température et de pression normales mais sont liquéfiés par compression ou refroidissement pour en faciliter l'entreposage, la manipulation et le transport. Ils sont (i) extraits par désessenciement du gaz naturel sur les sites de production de pétrole brut et de gaz naturel; (ii) extraits par désessenciement du gaz naturel importé dans les installations du pays importateur; et (iii) produits aussi bien à l'intérieur qu'en dehors des raffineries, au cours du traitement du pétrole brut ou de ses dérivés. Dans cette rubrique figurent les gaz propane (C_3H_8) et butane (C_4H_{10}) et les mélanges de ces deux hydrocarbures. Est également inclus l'éthane (C_2H_6) produit dans les installations de séparation et de stabilisation des producteurs de pétrole et de gaz naturel.

Gaz de raffinerie - Comprend les gaz non condensables obtenus dans les raffineries de pétrole et qui sont généralement utilisés en totalité comme combustible de raffinerie. Ce produit est également appelé gaz de distillation.

Produits d'alimentation de raffinerie - Produits ou combinaisons de produits dérivés du pétrole brut, destinés à subir dans l'industrie du raffinage un traitement ultérieur autre qu'un mélange. Ils sont transformés en un ou plusieurs constituants et/ou produits finis. Cette rubrique comprend les naphtas importés pour l'alimentation des raffineries et les naphtas retournés par l'industrie chimique à l'industrie du raffinage.

Naphtha - Light or medium oil distilling between 30 and 210° C, for which there is no official definition, but which does not meet the standards laid down for motor spirit. The properties depend on consumer specifications; the C:H ratio is usually 84:14 or 84:16, with a very low sulphur content. Naphtha may be further blended or mixed with other materials to make high-grade motor gasolene or jet fuel, used as raw materials for town gas or feedstocks to make various kinds of chemical products, or used as various solvents.

Naphtas - Huiles légères ou lourdes, dont les températures de distillation se situent entre 30 et 210° C et pour lesquelles il n'existe pas de définition officielle, mais qui ne satisfont pas aux normes fixées pour le carburant auto. Leurs propriétés peuvent être adaptées aux spécifications des utilisateurs; le rapport C/H est habituellement de 84/14 ou 84/16, avec une très faible teneur en soufre. Les naphtas peuvent être coupés ou mélangés avec d'autres produits en vue d'obtenir de l'essence auto de haute qualité ou du carburéacteur, ou servir de matières premières dans la fabrication du gaz de ville ou de charge de départ pour la fabrication de divers produits chimiques, ou encore être utilisés comme solvants.

White spirit/industrial spirit - A highly refined distillate with a boiling point range of about 135 to 200° C, used as a paint solvent and for dry-cleaning purposes.

White spirit/essences spéciales - Distillats hautement raffinés dont le point d'ébullition se situe entre 135 et 200° C, utilisés comme diluants pour peinture et comme solvants pour le nettoyage à sec.

Lubricants - Viscous, liquid hydrocarbons rich in paraffin waxes, distilling between 380 and 500°C and obtained by vacuum distillation of oil residues from atmospheric distillation. Additives may be included to alter their characteristics. The main characteristics are as follows: flash point greater than 125°C; pour point between -25 and +5°C depending on the grade; strong acid number normally 0.5 mg/g; ash content less than or equal to 0.3%; water content less than or equal to 0.2%. Included are cutting oils, white oils, insulating oils, spindle oils and lubricating greases.

Lubrifiants - Hydrocarbures liquides et visqueux, riches en paraffines, dont les températures de distillation se situent entre 380 et 500°C et qui sont obtenus par distillation sous vide des résidus de la distillation atmosphérique du pétrole. Des additifs peuvent y être incorporés pour modifier leurs caractéristiques. Leurs principales caractéristiques sont les suivantes: point d'éclair supérieur à 125°C; point d'écoulement compris entre -25 et +5°C selon la qualité; indice d'acide fort normalement égal à 0,5 mg/g; teneur en cendres inférieure ou égale à 0,3%, et teneur en eau inférieure ou égale à 0,2%. Figurent dans cette rubrique les huiles de coupe, les huiles blanches, les huiles isolantes, les huiles à broches et les graisses lubrifiantes.

Bitumen - Solid or viscous hydrocarbon with a colloidal structure, brown or black in colour, often soluble in carbon bisulphite, non-volatile, thermoplastic (generally between 150 and 200° C), with insulating and adhesive properties, obtained as a residue by vacuum distillation of oil residues from atmospheric distillation. It is used mainly in road construction. Natural asphalt is excluded.

Bitume - Hydrocarbure solide ou visqueux de structure colloïdale, de couleur brune ou noire, souvent soluble dans le bisulphite de carbone, non volatil, thermoplastique (généralement entre 150 et 200° C), ayant des propriétés isolantes et adhésives, obtenu comme résidu de la distillation sous vide des résidus de la distillation atmosphérique du pétrole. Il est utilisé principalement pour la construction des routes. Cette rubrique ne comprend pas l'asphalte naturel.

Petroleum wax - Saturated aliphatic hydrocarbon obtained as residues extracted when dewaxing lubricant oils, with a crystalline structure with C greater than 12. Their main characteristics are as follows: they are colourless, in most cases odourless and translucent, with a melting point above 45° C, specific gravity of 0.76 to 0.78 at 80° C, kinematic viscosity between 3.7 and 5.5 cSt at 99° C. These waxes are used for candle manufacture, polishes and waterproofing of containers, wrappings, etc.

Cires de pétrole (paraffines) - Hydrocarbures aliphatiques saturés obtenus comme résidu lors du déparaffinage des huiles lubrifiantes et ont une structure cristalline, avec un nombre d'atomes de carbone supérieur à 12. Leurs principales caractéristiques sont les suivantes: incolores, la plupart du temps inodores et translucides; point de fusion supérieur à 45°C, densité comprise entre 0,76 et 0,78 à 80°C, et viscosité cinématique comprise entre 3,7 et 5,5 cSt à 99°C. Ces cires servent à la fabrication des bougies et des encaustiques, à l'imperméabilisation de récipients et d'emballages, etc.

Petroleum coke - Shiny-black solid residue, obtained by cracking and carbonization in furnaces, consisting mainly of carbon (90 to 95%) and generally burning without leaving any ash. It is used mainly in metallurgical processes. It excludes those solid residues obtained from carbonization of coal.

Coke de pétrole - Résidu solide d'un noir brillant, obtenu par craquage et carbonisation au four, constitué essentiellement de carbone (90 à 95%) et dont la combustion ne laisse généralement aucune cendre. Il est utilisé surtout en métallurgie. Cette rubrique ne comprend pas les résidus solides obtenus par carbonisation du charbon.

Other petroleum products - Products of petroleum origin (including partially refined products) not otherwise specified.

Autres produits pétroliers - Produits d'origine pétrolière (y compris les produits partiellement raffinés) non désignés autrement.

GASEOUS FUELS

Natural gas - A mixture of hydrocarbon compounds and small quantities of non-hydrocarbons existing in the gaseous phase, or in solution with oil in natural underground reservoirs at reservoir conditions. It may be subclassified into associated (i.e., that originating from fields producing both liquid and gaseous hydrocarbons), dissolved, or non-associated gas (i.e., that originating from fields producing only hydrocarbons in gaseous form). Methane recovered from coal mines and sewage gas are also included as well as natural gas liquefied for transportation. Excluded is natural gas used for repressuring and reinjection, as well as gas flared, vented or otherwise wasted, and shrinkage accruing to processing for the extraction of natural gas liquids.

Gasworks gas - Gas produced by carbonization or total gasification with or without enrichment with petroleum products. It covers all types of gas produced by undertakings of one legal form or another whose main purpose is the production of manufactured gas. It includes gas produced by cracking of natural gas, and by reforming and simple mixing of gases.

Coke-oven gas - By-product of the carbonization process in the production of coke at coke ovens.

Blast furnace gas - By-product in blast furnaces recovered on leaving the furnace.

ELECTRICITY AND OTHER FORMS OF ENERGY

Electricity production - Refers to gross production, which includes the consumption by station auxiliaries and any losses in the transformers that are considered integral parts of the station. Excluded is electricity produced from pumped storage.

Public comprises the undertakings whose essential purpose is the production, transmission and distribution of electric energy. These may be private companies, co-operative organizations, local or regional authorities, nationalized undertakings or governmental organizations.

Self-producer includes undertakings which, in addition to their main activities, themselves produce (individually or in combination) electric energy intended, in whole or in part, to meet their own needs.

Primary electricity - (Defined as geothermal, hydro, nuclear and wind) is accounted for in the following manner:

- Physical energy input - The production of electricity from hydro, geothermal and nuclear plants assessed at the heat value of electricity (3.6 TJ/million kWh);

- Conventional fuel equivalent - Corresponds to the quantity of fossil fuels required in a conventional thermal power plant (assuming a 30% plant efficiency) to generate the identical quantity of electricity that nuclear, geothermal, wind, and hydro-electric plants produce during a given year.

COMBUSTIBLES GAZEUX

Gaz naturel - Mélanges de composés d'hydrocarbures et de petites quantités de composants autres que des hydrocarbures existant en phase gazeuse ou en solution huileuse dans des roches réservoirs souterraines naturelles, dans les conditions du réservoir. Ils peuvent être subdivisés en trois catégories: gaz associé (c'est-à-dire provenant de gisements qui produisent à la fois des hydrocarbures liquides et gazeux), gaz dissous, ou gaz non associé (c'est-à-dire provenant de gisements qui produisent seulement des hydrocarbures gazeux). Sont également inclus dans cette rubrique le méthane récupéré dans les mines de charbon et le gaz de gadoues, ainsi que le gaz naturel liquéfié en vue du transport. Sont exclus en revanche le gaz utilisé aux fins de repressurisation ou de réinjection, le gaz brûlé aux torches, éventé ou autrement perdu, ainsi que la freinte résultant du traitement du gaz naturel en vue de l'extraction des condensats.

Gaz d'usine à gaz - Gaz obtenu par carbonisation ou par gazéification totale, avec ou sans enrichissement au moyen de produits pétroliers. Cette rubrique comprend tous les types de gaz produits par des entreprises, de quelque statut juridique que ce soit, dont l'objet principal est de produire du gaz manufacturé. Elle comprend le gaz produit par craquage du gaz naturel, ainsi que par reformage et simple mélange de différents gaz.

Gaz de cokerie - Sous-produit du processus de carbonisation dans la production du coke dans les fours à coke.

Gaz de haut-fourneau - Sous-produit du fonctionnement des haut-fourneau, récupéré à la sortie du gueulard.

ELECTRICITE ET AUTRES FORMES D'ENERGIE

La production se rapporte à la production brute qui comprend la consommation des équipements auxiliaires des centrales et les pertes au niveau des transformateurs considérés comme faisant partie intégrante de ces centrales. Elle ne comprend pas l'électricité produite à partir d'une accumulation par pompage.

Les producteurs publics comprennent les entreprises dont l'activité principale est la production, le transport et la distribution de l'énergie électrique. Il peut s'agir de sociétés privées, de coopératives, de régies locales ou régionales et d'entreprises nationalisées ou autres organismes étatiques.

Les autoproducteurs comprennent les entreprises qui, en plus de leurs activités principales, produisent elles-mêmes (seules ou en association avec d'autres) de l'énergie électrique destinée en totalité ou en partie à satisfaire leurs besoins propres.

Electricité primaire - Définie comme d'origine géothermique, hydraulique, nucléaire ou éolienne, elle est comptabilisée comme suit:

-Apport énergétique physique - Correspond à la production d'électricité par les centrales hydro-électriques, géothermiques et nucléaires, exprimée en pouvoir calorifique de l'électricité (3,6 TJ par million de kWh);

- Equivalent de combustibles classiques - Correspond à la quantité de combustibles fossiles nécessaire à une centrale thermique classique d'un rendement supposé de 30% pour produire une quantité d'électricité égale à celle que les centrales nucléaires, géothermiques, éoliennes et hydroélectriques produisent au cours d'une année donnée.

Thermal comprises conventional thermal plants of all types, whether or not equipped for the combined generation of heat and electric energy. Accordingly, they include steam-operated generating plants, with condensation (with or without extraction) or with back-pressure turbines and plants using internal combustion engines or gas turbines whether or not these are equipped for heat recovery.

Net installed capacity is measured at the terminals of the stations, i.e., after deduction of the power absorbed by the auxiliary installations and the losses in the station transformers, if any. Data concerning capacity refer in principle to 31 December of the year under consideration.

Imports and exports - Refer to the amounts of electric energy transferred to and from the country concerned, respectively, which are measured at the metering points on the lines crossing the frontiers. Included are imports and exports of electric energy made by means of high-voltage lines crossing frontiers as well as imports and exports made by means of low-voltage lines for use in the immediate vicinity of the frontier, if the quantities so transferred are known.

Steam and hot water - Steam and hot water obtained from (a) geothermal sources and distributed as such for final consumption, (b) public supply thermal power plants for combined generation of electrical energy and heat, (c) pure heating plants and (d) self-producer plants which produce heat to meet all or some of their own needs. Conceptually these sources receive different treatment. Of the above, (a) is treated as primary energy, while (b), (c) and (d) are treated as secondary energy.

Uranium (U) production - Comprises the U content of uranium ores and concentrates intended for treatment for uranium recovery.

Alcohol - Ethanol (ethyl alcohol) and methanol (methyl alcohol) for use as a fuel. Ethanol can be produced from sugar, starch and cellulose and is used mainly in transport (on its own or blended with gasolene). Methanol can be produced from wood, crop residues, grass, and the like and can be used in internal combustion engines.

TRADITIONAL FUELS

Fuelwood - All wood in the rough used for fuel purposes. Production data include the portion used for charcoal production, using a factor of 6 to convert from a weight basis to the volumetric equivalent (metric tons to cubic metres) of charcoal.

Bagasse - The cellulosic residue left after sugar is extracted from sugar cane. It is often used as a fuel within the sugar milling industry.

La rubrique **thermique** comprend les centrales thermiques classiques de tous types, qu'elles soient ou non équipées pour la production combinée de chaleur et d'électricité. Sont incluses en conséquence les centrales à vapeur, avec condensation (avec ou sans extraction) ou avec turbines à contre-pression, et les centrales utilisant des moteurs à combustion interne ou des turbines à gaz, équipées ou non d'un système de récupération thermique.

Puissance nette installée est mesurée au bornes de sortie de la centrale, c'est-à-dire déduction faite de la puissance absorbée par les services auxiliaires et par les pertes dans les transformateurs de la centrale s'il en existe. Les données relatives à la puissance installée se rapportent en principe au 31 décembre de l'année considérée.

Importations et exportations - Se rapportent aux quantités d'énergie électrique transférées respectivement vers le pays concerné ou à partir de ce dernier, mesurées aux compteurs situés sur les lignes électriques qui franchissent les frontières. Sont comprises dans cette rubrique les importations et exportations d'énergie électrique effectuées au moyen de lignes à haute tension traversant les frontières, ainsi que les importations et exportations d'électricité effectuées au moyen des lignes à basse tension desservant les régions frontalières lorsque les quantités ainsi transférées sont connues.

Vapeur et eau chaude - Vapeur et eau chaude en provenance (a) de sources géothermiques et distribuées telles quelles aux consommateurs finaux, (b) de centrales thermiques publiques équipées pour la production combinée de chaleur et d'électricité, (c) de centrales produisant exclusivement de la chaleur et (d) des installations des autoproducteurs dont la production de chaleur est destinée en totalité ou en partie à satisfaire leurs besoins propres. Du point de vue conceptuel, ces diverses sources donnent lieu à un traitement différent: l'énergie de source (a) est traitée comme énergie primaire, alors que l'énergie de source (b), (c) ou (d) est traitée comme énergie secondaire.

Production d'uranium (U) - Cette rubrique se rapporte au contenu en U des minerais d'uranium et des concentrés uranifères destinés à être traités en vue de l'extraction de l'uranium.

Alcools - Comprennent l'éthanol (alcool éthylique) et le méthanol (alcool méthylique) utilisés comme combustibles. L'éthanol peut être obtenu à partir du sucre, de l'amidon et de la cellulose et est utilisé essentiellement pour les transports (seul ou mélangé avec de l'essence). Le méthanol peut être obtenu à partir du bois, des résidus agricoles et des fourrages verts et peut être utilisé dans les moteurs à combustion interne.

COMBUSTIBLES TRADITIONNELS

Bois de chauffage - Tous les types de bois à l'état brut non dégrossis utilisés comme combustibles. Les données de production englobent les quantités utilisées pour la production de charbon de bois, utilisant un facteur de 6 pour convertir en volume le poids de charbon de bois (tonnes en mètres cubes).

Bagasse - Le résidu cellulosique de l'extraction du sucre de la canne à sucre. Elle est souvent utilisée comme combustible dans l'industrie sucrière.

DEFINITIONS (continued — suite)

Charcoal - Solid residue consisting mainly of carbon obtained by the destructive distillation of wood in the absence of air.

Animal wastes - Dung and other non-dried excreta of cattle, horses, pigs, poultry, and the like and, in principle, humans, used as a fuel.

Vegetal wastes - Mainly crop residues (cereal straw from maize, wheat, paddy rice, etc.) and food processing wastes (rice hulls, coconut husks, ground-nut shells, etc.) used for fuel. Bagasse is excluded.

Other wastes - All forms of energy not specifically defined above, such as municipal wastes and pulp and paper wastes.

TRANSACTIONS

The data on **production** refer to the first stage of production: accordingly, for hard coal the data refer to mine production; for briquettes to the output of briquetting plants; for crude petroleum and natural gas to production at oil and gas wells; for natural gas liquids to production at wells and processing plants; for refined petroleum products to gross refinery output; for cokes and coke-oven gas to the output of ovens; for other manufactured gas to production at gas works, blast furnaces or refineries; and for electricity to the gross production of generating plants.

The **international trade** of energy commodities is based on the "general trade" system, that is, all goods entering and leaving the national boundary of a country are recorded as imports and exports.

Bunkers refer to fuels supplied to ships and aircraft engaged in international transportation, irrespective of the carrier's flag.

In general, data on **stocks** refer to changes in stocks at producers, importers and/or industrial consumers at the beginning and end of each year. In some cases, however, stock series have been derived on the basis of the difference between gross availabilities for transformation or consumption and official or published data on actual consumption. A positive stock change (+) reflects additions to stocks which in effect decreases "apparent consumption"; while a negative stock change (-) creates exactly the opposite result.

Data on **consumption** refer to "apparent consumption" and are derived from the formula "production + imports - exports - bunkers +/- stock changes." Accordingly, the series on apparent consumption may occasionally represent only an indication of the magnitude of actual (i.e., "measured") gross inland availability. This statement is particularly suitable either when stock data are unavailable or unreliable, or when apparent consumption is a small residual element derived from calculations between large aggregate series and thus is sensitive to small variations in these series. This latter point is also appropriate with respect to the *per capita* consumption calculations presented in some tables. Where the quantities involved are small, the series tend to exaggerate the effects of such elements as stock additions or withdrawals.

Charbon de bois - Résidu solide essentiellement constitué de carbone, obtenu par la pyrogénation du bois en l'absence d'air.

Déchets animaux - Comprennent les excréments non séchés des bovins, chevaux, porcs, volailles, etc.), et utilisés directement comme combustible, ainsi que, en principe, les excréments humains, utilisés directement comme combustible.

Déchets végétaux - Comprennent essentiellement des résidus des récoltes (pailles de blé, de paddy, de maïs, etc.) et des déchets du traitement de produits alimentaires (balle du riz, coques des noix de coco et des arachides, etc.), qui sont utilisés comme combustible. La bagasse n'est pas comprise dans cette rubrique.

Autres - Toutes les autres sources d'énergie qui n'ont pas été expressément définies ci-dessus, telles que déchets urbains, vieux papiers et rebuts de pâte à papier.

TRANSACTIONS

Les données sur **la production** se rapportent au premier stade de production; il s'agit donc: pour la houille, des quantités extraites des mines; pour les agglomérés, de la production des usines d'agglomération; pour le pétrole brut et le gaz naturel, de la production des puits de pétrole et de gaz; pour les condensats du gaz naturel, de la production des puits et des usines de traitement; pour les produits pétroliers raffinés, de la production brute des raffineries; pour le coke et le gaz de cokerie, de la production des fours; pour les autres gaz manufacturés, de la quantité produite par les usines à gaz, les hauts fourneaux ou les raffineries; et pour l'électricité, de la production brute des centrales génératrices.

Le **commerce international** des produits énergétiques est fondé sur le système du "commerce général", c'est-à-dire que tous les biens entrant sur le territoire national d'un pays ou en sortant sont respectivement enregistrés comme importations et exportations.

Les **soutages** se rapportent aux carburants fournis aux navires et aux avions assurant des transports internationaux, quel que soit leur pavillon.

En général, **les variations de stocks** se rapportent aux différences entre les stocks des producteurs, des importateurs ou des consommateurs industriels au début et à la fin de chaque année. Dans quelques cas cependant, les séries relatives aux stocks ont été calculées d'après la différence entre les disponibilités brutes pour transformation ou consommation et les chiffres officiels ou publiés de la consommation réelle. Une variation positive des stocks (+) correspond à une augmentation de stock qui diminue en fait la "consommation apparente"; alors qu'une variation négative des stocks (-) a un effet exactement opposé.

Les données sur **la consommation** se rapportent à la "consommation apparente" et sont obtenues par la formule "production + importations - exportations - soutage +/- variations des stocks". En conséquence les séries relatives à la consommation apparente peuvent occasionnellement ne donner qu'une indication de l'ordre de grandeur des disponibilités intérieures brutes réelles (c.a.d. mesurées). Il en est ainsi en particulier soit lorsque les données sur les stocks n'existent pas ou sont de valeur douteuse, soit quand la consommation apparente est le reste, relativement peu important, de calculs effectués sur des séries agrégées d'un ordre de grandeur élevé, et est de ce fait sensible à de petites variations de ces séries. Cette dernière considération vaut aussi pour les calculs de consommation par habitant présentés dans certains tableaux. Lorsque les quantités en cause sont petites, les séries tendent à exagérer les effets d'éléments comme les augmentations ou diminutions de stocks.

DEFINITIONS (continued — suite)

ENERGY RESOURCES

Hard Coal, Lignite and Peat

Proved reserves in place represent the fraction of total resources that has not only been carefully measured, but has also been assessed as being exploitable in a particular nation or region under present and expected local economic conditions (or at specified cost) with existing available technology.

Proved reserves, recoverable are the fraction of proved reserves in place that can be recovered (extracted from the earth in raw form) under the above economic and technological limits.

Additional resources embrace all resources, other than proved reserves, that are of at least foreseeable economic interest. The estimates provided for additional resources reflect, if not certainty about the existence of the entire quantities reported, at least a reasonable level of confidence, inferred through knowledge of geological conditions favourable for the occurrence of the resources. Resources whose existence is entirely speculative are not included.

Crude Oil and Natural Gas Liquids

Proved recoverable reserves are the fraction of proved reserves-in-place that can be extracted in raw form under present and expected local economic conditions with existing available technology.

Oil Shale and Bituminous Sands

Proved recoverable reserves represent the fraction of total resources that has not only been carefully measured but has also been assessed as being exploitable in a particular nation or region under present and expected local economic conditions (or at specified costs) with existing available technology.

Raw Natural Gas

Proved recoverable reserves are the fraction of proved reserves-in-place that can be extracted from the earth in raw form under present and expected local economic conditions (or at specified costs) with existing available technology. It excludes those portions of reservoir gas recovered in liquid form in surface separators or plant facilities and reported as natural gas liquids.

Uranium

Reasonably assured resources refer to uranium that occurs in known mineral deposits of such size, grade and configuration that it could be recovered with currently proven mining and processing technology, at a cost of US $130 or less per kg U as of 1 January 1985.

Estimated additional resources refers to uranium in addition to reasonably assured resources, that is expected to occur, mostly on the basis of direct geological evidence in:

- extension of well-explored deposits,
- little-explored deposits, and
- undiscovered deposits believed to exist along a well-defined geological trend with known deposits.

RESSOURCES ENERGETIQUES

Houille, Lignite et Tourbe

Les réserves prouvées en place représentent la fraction des ressources totales qui a non seulement été soigneusement mesurée, mais dont on a vérifié aussi qu'elle était exploitable dans les conditions économiques locales présentes et prévues d'une région ou d'un pays donné (ou à un coût déterminé), avec une technologie réellement disponible.

Les réserves prouvées récupérables représentent la fraction des réserves prouvées en place qui peut être récupérée (extraite du sol sous sa forme primaire) dans les conditions économiques et technologiques citées ci-dessus.

Les ressources additionnelles englobent toutes les ressources n'entrant pas dans la catégorie des réserves prouvées, qui sont au minimum d'un intérêt économique prévisible. Les estimations fournies pour les ressources additionnelles ne reflètent pas une certitude sur l'existence de toutes les quantités indiquées, mais un optimisme raisonnable, fondé sur l'observation de conditions géologiques favorables à la présence des ressources. Les ressources dont l'existence est purement spéculative ne sont pas prises en compte.

Pétrole brut et condensats de gaz naturel

Les réserves prouvées récupérables représentent la fraction des réserves prouvées en place qui peut être extraite sous sa forme primaire dans les conditions économiques locales présentes et prévues, avec une technologie réellement disponible.

Schistes et sables bitumineux

Les réserves prouvées récupérables représentent la fraction des ressources totales qui a non seulement été soigneusement mesurée, mais dont on a vérifié aussi qu'elle était exploitable dans les conditions économiques locales présentes et prévues d'une région ou d'un pays donné (ou à un coût déterminé), avec une technologie réellement disponible.

Gaz naturel brut

Les réserves prouvées récupérables représentent la fraction des réserves prouvées en place qui peut être extraite du sol sous sa forme primaire dans les conditions économiques locales présentes et prévues (ou à un coût déterminé), avec une technologie réellement disponible. Elles ne tiennent pas compte des gaz de réservoir que l'on récupère sous forme liquide dans les séparateurs de surface ou les installations de traitement, et que l'on range dans la catégorie des condensats de gaz naturel.

Uranium

Les ressources raisonnablement assurées se rapportent à l'uranium qui se trouve dans des dépôts minéraux connus dont la taille, la qualité et la configuration sont telles qu'il pourrait être récupéré avec une technologie d'extraction et de traitement ayant actuellement fait ses preuves, à un coût de US $130 ou moins par kg U effective le 1 er janvier de 1985.

Les ressources additionnelles estimées se rapportent à l'uranium autre que celui des ressources raisonnablement assurées dont on escompte la présence, principalement sur la base de preuves géologiques directes, dans:

- l'extension de gisements déjà bien explorés,
- des gisements peu explorés, et
- des gisements non encore découverts mais que l'on suppose exister sur la base d'analogies géologiques bien établies avec des dépôts connus.

Hydro

Gross theoretical capability of hydraulic resources represents energy potentially available if all natural flows were turbined down to sea level with 100% efficiency from the machinery and driving water works estimated on the basis of atmospheric precipitation and water runoff.

Energie hydraulique

La puissance brute théorique des ressources hydrauliques représente l'énergie potentiellement disponible si tous les flux naturels étaient turbinés jusqu'au niveau de la mer avec un rendement de 100% des canalisations d'eau et des générateurs, estimée sur la base des précipitations atmosphériques et des eaux de ruissellement.

UNITS OF MEASUREMENT AND CONVERSIONS

Metric units of measurement are used throughout the *Yearbook* in the interests of international uniformity and comparability. Tables I through V provide the necessary factors for converting energy data from one measurement system (mass or weight, volume or heat) to another. Table I contains the various factors used to convert the commodities into coal equivalent. **It should be noted that the base used for coal equivalency comprises 7,000 calories per gram.** Tables II and III contain the specific gravities of crude petroleum and petroleum products used to convert data expressed in units of capacity or volume to a weight basis. Table IV contains factors to be used to convert petroleum products from metric tons into original units. Table V lists the heat values of gases.

Data from the tables on individual energy commodities are converted to common units and are aggregated for presentation in tables 1 through 4. With the exception of the data shown under the "primary electricity column" in table 4, the procedure to convert from original units to common units and from one common unit to another are as follows:

Data in original units (metric tons, TJ, kWh, m^3) → multiplied by factors in Table I → = TCE

TCE → multiplied by 0.0293076 4/ = TJ

TCE → multiplied by 0.7 5/ = TOE

To obtain the data shown in the "primary electricity" column of Table 4, divide the data contained in the "electricity" column under **consumption** in table 3 by .30 (default factor used assuming 30% conventional thermal power plant efficiency).

UNITES DE MESURE ET CONVERSIONS

Les unités métriques de mesure sont utilisées dans le présent *Annuaire* par souci d'uniformité et de comparabilité internationales. Les tableaux I à V fournissent les coefficients nécessaires pour convertir les données relatives à l'énergie d'un système de mesures (masse ou poids, volume ou contenu calorifique) à un autre. Le tableau I contient les divers coefficients utilisés pour convertir les produits en équivalent charbon. **A noter que la base utilisée pour l'équivalence charbon correspond à 7 000 calories par gramme.** Les tableaux II et III indiquent les densités du pétrole brut et des produits pétroliers qui sont utilisées pour convertir en unités de poids les données exprimées en unités de capacité ou de volume. Le tableau IV contient les coefficients à utiliser pour reconvertir en unités d'origine les produits pétroliers exprimés en tonnes métriques. Le tableau V indique les pouvoirs calorifiques des gaz.

Les données reprises des tableaux consacrés aux divers produits énergétiques sont converties en unités de mesure communes et regroupées dans les tableaux 1 à 4. A l'exception des données présentées dans la colonne "Electricité primaire" du tableau 4, la méthode de conversion suivie pour passer des unités de mesure d'origine aux unités de mesure communes et d'une unité commune à une autre est la suivante:

Données en unités d'origine (tonnes métriques, TJ, kWh, m^3) → multipliées par les facteurs du tableau I → = TEC

TEC → multiplié par 0,0293076 4/ = TJ

TEC → multiplié par 0,7 5/ = TEP

Pour obtenir les données présentées dans la colonne "Electricité primaire" du tableau 4, il suffit de diviser les données figurant dans la colonne "Electricité", sous la rubrique "Consommation" du tableau 3, par 0,30 (coefficient correspondant à l'hypothèse d'un rendement de 30% des centrales thermiques classiques).

---

4 One TCE has traditionally been defined as comprising 7 X 10^6 kcal or 0.0293076 TJ.

5 One TOE is defined as 10.0 X 10^6 kcal or 0.041868 TJ (1 calorie = 4.1868 joules).

4 Une TEC équivaut par définition à 7 X 10^6 kcal ou 0,0293076 TJ.

5 Une TEP équivaut par définition à 10,0 X 10^6 kcal ou 0,041868 TJ (1 calorie = 4,1868 joules).

DEFINITIONS (continued — suite)

EXPLANATORY NOTES

The comparison between different fuels is presented in metric tons of coal equivalent (tables 1 and 5), oil equivalent (table 2), and terajoules (tables 3 and 4) on the basis of the heat energy which may be obtained from each of them under ideal conditions. In the case of solid fuels, liquid fuels and gases, this is represented by the heat energy obtained by burning an average grade of the fuel in a bomb calorimeter. In the case of electricity, however, the ideal condition is taken to be 3,412 British Thermal Units (BTU) per kilowatt-hour, which corresponds to 0.123 tons of coal equivalent per 1,000 kilowatt-hours. Experience indicates that, in thermal power plants, efficiencies can vary from approximately 20 to almost 40%. On the average, about one third of the energy contained in fossil fuels is transformed into output in the form of electricity. Energy is mainly lost in the conversion of heat energy into mechanical energy to turn dynamos (second law of thermodynamics). A unit of primary electricity (hydro, nuclear or geothermal) may be equated theoretically with the amount of fossil fuels required to produce an equivalent unit of thermal electricity (table 4). However, not all fuels are used to produce only electrical or mechanical energy, a large proportion being normally used to produce heat energy, the actual amount varying widely from installation to installation. Furthermore, all sources of energy other than electricity normally produce heat energy as an integral part of processes for the production of electrical or mechanical energy. For these reasons, the different sources of energy in tables 1-3, including hydro, nuclear and geothermal electricity, are compared on the basis of the heat energy that they would produce under ideal conditions.

NOTES EXPLICATIVES

La comparaison entre les divers combustibles est présentée en tonnes métriques d'équivalent charbon (tableaux 1 et 5), d'équivalent pétrole (table 2), et térajoules (tableaux 3 et 4), sur la base de l'énergie calorifique que l'on peut obtenir de chacun d'eux dans des conditions idéales. Dans le cas des combustibles solides, liquides et gazeux, cela correspond à l'énergie calorifique obtenue en brûlant une qualité moyenne du dit combustible dans une bombe calorimétrique. Dans le cas de l'électricité, le rendement idéal est défini comme égal à 3 412 unités thermiques britanniques (BTU) par kWh, ce qui correspond à un équivalent charbon de 0,123 tonne métrique pour 1 000 kWh. L'expérience montre que, dans une centrale thermique, le rendement énergétique peut varier de 20 à 40%. Environ un tiers de l'énergie contenu en combustibles fossiles est transformé en électricité. D'énergie est perdue en transformant d'énergie calorifique en énergie mécanique pour faire tourner les dynamos (deuxième loi de la thermodynamique). Une unité d'électricité primaire (hydraulique, nucléaire ou géothermique) peut théoriquement équivaloir à la quantité de combustibles fossiles nécessaire pour produire une quantité équivalente d'électricité thermique (table 4). Mais tous les combustibles ne servent pas seulement à produire de l'électricité ou de l'énergie mécanique. Une proportion importante est normalement utilisée pour produire de l'énergie calorifique, la quantité réelle variant largement d'une installation à l'autre. De plus, toutes les sources d'énergie autres que l'électricité produisent normalement de l'énergie calorifique comme partie intégrante du processus aboutissant à la production d'énergie électrique ou mécanique. C'est pour ces raisons que les différentes sources d'énergie présentées dans les tableaux 1 à 3, y compris l'électricité de source hydraulique, nucléaire ou thermique, sont comparées sur la base de l'énergie calorifique qu'elles pourraient produire dans des conditions idéales.

TABLE NOTES — NOTES RELATIVES AUX TABLEAUX

GENERAL NOTE

The period to which the data refer is the calendar year, with the exception of the data of the following countries which refer to the fiscal year:

Afghanistan (beginning 21 March of the year stated);
Australia (ending 30 June of the year stated);
Bangladesh (ending June of the year stated);
Burma (beginning April of the year stated);
India (beginning April of the year stated);
Iran (Islamic Rep. of) (ending 20 March of the year stated);
Nepal (ending June of the year stated);
New Zealand (ending 31 March of the year stated);
Pakistan (ending June of the year stated).

TABLES 1-3

Data from the tables on individual energy commodities are aggregated and presented in these tables.

Production

Included in the production of commercial primary energy for **solids** are hard coal, lignite, peat and oil shale; **liquids** are comprised of crude petroleum and natural gas liquids; **gas** comprises natural gas; and **electricity** is comprised of primary electricity generation from hydro, nuclear and geothermal sources.

Stocks, International trade and Bunkers

Changes in stocks, imports and exports refer to all primary and secondary forms of commercial energy (including condensate and feedstocks). Air bunkers refer to bunkers of aviation gasolene and jet fuel. Sea bunkers refer to bunkers of hard coal, gas-diesel oil and residual fuel oil.

Consumption

Included in the consumption of commercial energy for **solids** are consumption of primary forms of solid fuels, net imports and changes in stocks of secondary fuels; **liquids** are comprised of consumption of energy petroleum products including feedstocks, natural gasolene, condensate, refinery gas and input of crude petroleum to thermal power plants; **gases** include the consumption of natural gas, net imports and changes in stocks of gas-works and coke-oven gas; and **electricity** is comprised of production of primary electricity and net imports of electricity.

Consumption throughout the *Yearbook* is defined as: production + imports - exports - bunkers - stock changes.

Unallocated

An **unallocated column** has been created in tables 1-3 in order to balance out the difference between the results of the above formula and the total consumption column. This inequality occurs primarily because of the exclusion of non-energy petroleum products as well as inadequate or unavailable stock data.

REMARQUE GENERALE

Les données se rapportent à la période de l'année civile sauf les données des pays suivants qui se rapportent à l'exercise budgétaire:

Afghanistan (commençant le 21 mars de l'année indiquée);
Australie (finissant le 30 juin de l'année indiquée);
Bangladesh (finissant en juin de l'année indiquée);
Birmanie (commençant en avril de l'année indiquée);
Inde (commençant en avril de l'année indiquée);
Iran (Rép. islamique) (finissant le 20 mars de l'année indiquée);
Népal (finissant en juin de l'année indiquée);
Nouvelle-Zélande (finissant le 31 mars de l'année indiquée);
Pakistan (finissant en juin de l'année indiquée).

TABLEAUX 1-3

On trouvera dans ces tableaux les agrégats des données présentées dans les tableaux relatifs aux différents produits énergétiques.

Production

Sont compris dans la production d'énergie primarie commerciale: pour **les solides**, la houille, le lignite, la tourbe et le schiste bitumineux; pour **les liquides**, le pétrole brut et les condensats du gaz naturel; pour **les gaz**, le gaz naturel; pour **l'électricité**, l'électricité primaire de source hydraulique, nucléaire, et géothermique.

Stocks, commerce international et soutages

Les variations de stocks, importations et exportations se réfèrent à toutes les formes primaires et secondaires d'énergie commerciale (y compris les condensats et les charges d'alimentation des usines de traitement). Les soutes avions se rapportent aux soutages d'essence aviation et de carburéacteur. Les soutes maritimes se rapportent aux soutages de houille, de gazole ou carburant Diesel et de mazout résiduel.

Consommation

Sont compris dans la consommation d'énergie commerciale: pour **les solides**, la consommation de combustibles solides primaires, les importations nettes et les variations de stocks de combustibles solides secondaires; pour **les liquides**, la consommation de produits pétroliers énergétiques y compris les charges d'alimentation des usines de traitement, l'essence naturelle, les condensats et le gaz de raffinerie ainsi que le pétrole brut consommé dans les centrales thermiques pour la production d'électricité; pour **les gaz**, la consommation de gaz naturel, les importations nettes et les variations de stocks de gaz d'usines à gaz et de gaz de cokerie; pour **l'électricité**, la production d'électricité primaire et les importations nettes d'électricité.

Dans tout *l'Annuaire*, la consommation est définie comme suit: production + importations - exportations - soutages - variations de stocks.

Quantités non réparties

La colonne **Quantités non réparties** introduite dans les tableaux 1 à 3 a pour objet de compenser la différence entre les résultats de la formule ci-dessus et les chiffres de la colonne consommation totale. Cette inégalité résulte essentiellement de l'exclusion des produits pétroliers non énergétiques et de l'absence ou de l'insufisance des données concernant les stocks.

TABLE 4

Total energy requirement is defined as "consumption" in tables 1-3 with the exception that primary electricity is expressed in the "conventional fuel equivalent" (see Definitions, page xiii).

Traditional fuels include fuelwood, charcoal, bagasse, animal, vegetal and other wastes.

TABLE 6

Recovered slurries are included in the production of hard coal for Belgium, Czechoslovakia, France incl. Monaco, Hungary, Spain, and the United Kingdom.

For the Netherlands, data include patent fuel and hard coal briquettes.

Beginning 1984, data for China includes lignite.

TABLE 7

For 1986, the importers shown cover 86% of the world imports while the exporters shown cover 96% of the world exports. For 1987, coverage is 85% and 95%.

TABLE 8

Beginning 1984, data for the Netherlands include lignite briquettes.

Production in the USSR includes oil shale.

TABLE 12

For Sweden, imports and exports include peat for non-energy use.

TABLE 13

Data on fuelwood and charcoal were provided by the Food and Agriculture Organization (Rome), with the exception of Australia, Bangladesh, Brazil, Bulgaria, Central African Republic, Chile, Colombia, Costa Rica, Cuba, Cyprus, Fiji, Finland, Ghana, Iran (Islamic Rep. of), Japan, Kenya, Korea, Republic of, Macau, Malawi, Mauritius, Norway, Papua New Guinea, Peru, Philippines, Singapore, Sri Lanka, Sweden, Switzerland, Thailand, Turkey and Uruguay, whose data were supplied through questionnaires and/or official publications. The conversion of fuelwood (solid volume, .33 tce/m^3) is based on an average 20-30% moisture content.

The methodology used for estimating fuel bagasse production is derived from the work done by the Economic Commission for Latin America. Although several different methodologies have been devised, the one selected assumes a yield of 3.26 tons of fuel bagasse at 50% humidity per ton of cane sugar produced. In most cases sugar production data were extracted from the *Sugar Yearbook* of the International Sugar Organization (London).

Fuelwood data of Sweden includes wood waste, garbage, etc.

TABLEAU 4

Demande énergétique totale. Est définie comme "Consommation" dans les tableaux 1 à 3; l'électricité primaire est en revanche exprimée ici en "équivalent de combustibles classiques" (voir Définitions, page xiii).

Combustibles traditionnels. Comprend le bois de chauffage, le charbon de bois, la bagasse et les déchets animaux, végétaux et autres.

TABLEAU 6

Les schlamms récupérés sont compris dans la production de houille pour la Belgique, la Tchécoslovaquie, la France y comp. Monaco, la Hongrie, l'Espagne, et le Royaume-Uni.

Pour les Pays-Bas, les données comprennent également des agglomérés et des briquettes de houille.

A partir de 1984, les données pour la Chine comprennent le lignite.

TABLEAU 7

En 1986 les importateurs mentionnés représentent 86% des importations mondiales et les exportateurs 96% des exportations mondiales. En 1987 les pourcentages sont 85% et 95%.

TABLEAU 8

A partir de 1984, les données pour les Pays-Bas comprennent les briquettes de lignite.

La production de l'URSS comprend le schiste bitumineux.

TABLEAU 12

Pour la Suède les importations et les exportations comprennent la tourbe destinée à l'utilisation à des fins non énergétiques.

TABLEAU 13

Les données sur le bois de chauffage et le charbon de bois proviennent de l'Organisation des Nations Unies pour l'alimentation et l'agriculture (Rome), sauf celles de l'Australie, de Bangladesh, du Brésil, de la Bulgarie, de la République centrafricaine, du Chile, de la Colombie, de Costa Rica, de Cuba, de la Chypre, du Fidji, de la Finlande, du Ghana, de l'Iran (Rép. islamique), du Japon, du Kenya, de la République de Corée, de Macao, du Malawi, de Maurice, de la Norvège, de la Papouasie-Nouvelle-Guinée, du Pérou, des Philippines, du Singapour, de Sri Lanka, de la Suède, de la Suisse, de Thaïlande, de la Turquie et de l'Uruguay, qui proviennent des questionnaires et/ou des publications officiels. La conversion du bois de chauffage (volume solide, 0,33 tec/m^3) est fondée sur une teneur moyenne en humidité de 20 à 30%.

Les méthodes de calcul de la production de bagasse combustible s'inspirent des travaux effectués par la Commission économique pour l'Amérique latine. Des diverses formules élaborées, on a retenu celle qui suppose un rendement de 3,26 tonnes de bagasse combustible (d'une teneur en humidité de 50%) par tonne de sucre de canne produite. Les données sur la production de sucre proviennent pour la plupart du *Sugar Yearbook* publié par l'Organisation internationale du sucre (Londres).

Pour la Suède, les données sur le bois de chauffage comprennent également des chutes de scierie, des déchets, etc.

TABLE 14

Total consumption of Brunei in 1984-1987 excludes blending of natural gasolene and plant condensate (with crude petroleum). These amounts, in thousand metric tons, are as follows: 374*, 394*, 361* and 361*.

For Germany, Fed. Rep., production includes inputs other than crude petroleum and natural gas liquids.

TABLE 15

The importers shown cover 90% of the world imports while the exporters shown cover 80% of the world exports.

TABLE 16

Differences between the data on consumption of crude petroleum and on refinery throughput result from transfers, backflows and blending of various petroleum products and condensate, thus increasing the input into the refinery stream.

TABLE 19

In Egypt, the data on production and exports of motor gasolene includes naphtha.

In Brazil, the data on production includes alcohol.

TABLE 24

Energy petroleum products are defined as liquefied petroleum gas, aviation and motor gasolene, kerosene, jet fuel, gas-diesel oil, residual fuel oil, plant condensate, refinery gas and feedstocks.

TABLE 25

For Netherlands, petroleum coke is included in 'others' beginning 1984.

TABLE 27

Data on natural gas liquid plant distillation capacity are taken from the *International Petroleum Encyclopedia* and the *Oil and Gas Journal*.

Beginning 1984, condensate production in the United States is included in the data for natural gasolene.

TABLE 28

The figures for Spain refer to liquefied petroleum gas produced from imported liquefied natural gas.

TABLEAU 14

La consommation totale pour le Brunéi de 1984 à 1987 ne comprend pas le mélange de l'essence naturelle et de condensats d'usine (avec le pétrole brut). Pour les dites années ces mélanges ont atteint respectivement 374*, 394*, 361*, et 361* milliers de tonnes métriques.

Pour l'Allemagne, Rép. féd., la production comprend des charges d'alimentation dans les raffineries autres que le pétrol brut et les condensats de gaz naturel.

TABLEAU 15

Les importateurs mentionnés représentent 90% des importations mondiales et les exportateurs 80% des exportations mondiales.

TABLEAU 16

Les différences entre les données sur la consommation de pétrole brut et sur les quantités totales traitées en raffinerie tiennent aux transferts, retours aux raffineries et mélanges de divers produits pétroliers et condensats, dont le résultat est d'augmenter le volume des entrées en raffinerie.

TABLEAU 19

Pour l'Egypte, les statistiques sur la production et les exportations d'essence auto comprennent également le naphta.

Pour le Brésil, les statistiques sur la production comprennent également l'alcool.

TABLEAU 24

Les produits pétroliers énergétiques sont les suivants: gaz de pétrole liquéfié, l'essence aviation, l'essence auto, le pétrole lampant, les carburéacteurs, le gazole/carburant Diesel, le mazout résiduel, les condensats d'usine, le gaz de raffineries et les produits d'alimentation de raffinerie.

TABLEAU 25

A partir de 1984, les données sur le coke de pétrole sont comprises avec celles sur 'les autres' dans les Pays-Bas.

TABLEAU 27

Les données sur la capacité de distillation des usines d'extraction des condensats de gaz naturel sont empruntées à l'*International Petroleum Encyclopedia* et à l'*Oil and Gas Journal*.

A partir de 1984, la production des condensats d'usine des Etats-Unis est comprise avec les données de l'essence naturelle.

TABLEAU 28

Les données pour l'Espagne se rapportent au gaz de pétrole liquéfié produit des importations du gaz naturel liquéfié.

TABLE 29

The importers shown cover 99% of the world imports of natural gas, while the exporters shown cover 98% of the world exports.

Exports of Algeria, Brunei, Indonesia, the Libyan Arab Jamah. and the United Arab Emirates are transported in liquefied form.

TABLE 30

Refinery gas production in Australia includes petroleum coke for all years.

For German Democratic Republic (1986), data relating to gasworks gas includes blast furnace gas.

TABLE 32

In 1984, 1985, 1986 and 1987, wind turbine capacity of 10, 1,499, 1,914 and 1932* megawatts is included in the geothermal capacity of the United States.

For Austria, data is given in gross maximum capacity.

For Australia, Denmark, Germany, Fed. Rep., Sweden and United Kingdom, geothermal refers to wind capacity.

For Luxembourg, thermal includes plants equipped to burn wasted products.

TABLES 34 and 35

Production for the Dominican Republic, Finland, France incl. Monaco, Mexico, Switzrld, Liechtenst., the United States, Zambia and Zimbabwe refers to net production.

For Australia, Belgium, Sweden, and United Kingdom, geothermal production refers to electricity produced by wind power.

TABLE 38

Data for resources of coal, lignite, peat, crude oil and natural gas liquids, raw natural gas, oil shale, bituminous sands and hydraulic energy are taken from the *1986 Survey of Energy Resources*, World Energy Conference.

Data for uranium resources are taken from the joint publication of the Nuclear Energy Agency of OECD and the International Atomic Energy Agency.

World totals, where available, include estimates for missing data.

Data for crude petroleum, raw natural gas, oil shale, tar sands and hydraulic resources may not refer to the year specified in the heading. Further details can be obtained from the *1986 Survey of Energy Resources*, World Energy Conference.

TABLEAU 29

Les importateurs mentionnés représentent 99% des importations mondiales du gaz naturel, et les exportateurs 98% des exportations mondiales de ce produit.

Les exportations de l'Algérie, du Brunéi, de l'Indonésie, de la Jamah. arabe libyenne et des Emirats arabes unis sont transportées sous forme de gaz liquéfié.

TABLEAU 30

La production du gaz de raffinerie en Australie comprend le coke de pétrole pour toutes les années.

Pour la Rép. dém. allemande (1986), les données relatives au gaz d'usine à gaz comprennent le gaz de haut-fourneau.

TABLEAU 32

En 1984, 1985, 1986 et 1987, 10, 1 499, 1 914 et 1 932* mégawatts de capacité éolienne sont inclus dans la capacité géothermique des Etats-Unis.

Pour l'Autriche, les données représentent la capacité maximale brute.

Pour l'Australie, le Danemark, l'Allemagne, Rép. féd., la Suède et le Royaume-Uni, la capacité géothermique se rapporte à la capacité éolienne.

Pour le Luxembourg, la capacité thermique comprend les centrales équipées pour l'incineration des déchets.

TABLEAUX 34 et 35

Les chiffres de production de la République dominicaine, de la Finlande, de la France y comp. Monaco, du Mexique, de la Suisse, du Liechtenstein, des Etats-Unis, de la Zambie et du Zimbabwe se rapportent à la production nette.

Pour l'Australie, la Belgique, la Suède, et le Royaume-Uni, la production géothermique se rapporte à la production éolienne.

TABLEAU 38

Les données sur les ressources en charbon, en lignite, en tourbe, en pétrole brut, en condensats de gaz naturel, en gaz naturel brut, en schiste et sables bitumineux et en énergie-hydraulique sont tirées de l'*Enquête sur les ressources énergétiques, 1986* (Conférence mondiale de l'énergie).

Les données sur les ressources en uranium sont tirées du rapport publié conjointement par l'Agence de l'OCDE pour l'énergie nucléaire et par l'Agence internationale de l'énergie atomique: *Uranium: ressources, production et demande.*

Les totaux mondiaux, lorsqu'ils sont disponibles, contiennent des estimations correspondant aux données manquantes.

Les données sur les ressources en pétrole brut, en gaz naturel brut, en schiste et sables bitumineux et en énergie-hydraulique ne correspondent pas nécessairement à l'année spécifiée au titre du tableau. Des détails peuvent être obtenus de l'*Enquête sur les ressources énergétiques, 1986* (Conférence mondiale de l'énergie).

Table I

COEFFICIENTS USED TO CONVERT FROM ORIGINAL UNITS INTO COAL EQUIVALENT

FACTEURS DE CONVERSION DES DIFFERENTES UNITES D'ORIGINE EN EQUIVALENT CHARBON

PRODUCTION, EXPORTS, BUNKERS AND CHANGES IN STOCKS
PRODUCTION, EXPORTATIONS, SOUTAGES ET VARIATIONS DES STOCKS

HARD COAL	1984	1985	1986	1987	HOUILLE
Standard factor	1.000	1.000	1.000	1.000	**Facteur standard**
Argentina	0.843	0.843	0.843	0.843	Argentine
Australia	0.805	0.805	0.805	0.805	Australie
Belgium	0.915	0.915	0.915	0.915	Belgique
Brazil	0.693	0.698	0.697	0.685	Brésil
Canada	1.000	1.000	1.000	0.942	Canada
Chile	0.986	0.986	0.986	0.986	Chili
China	0.714	0.714	0.714	0.714	Chine
Colombia	0.968	0.968	0.929	0.929	Colombie
Czechoslovakia	0.838	0.831	0.838	0.838	Tchécoslovaquie
Germany, Fed. Rep.	0.943	0.938	0.938	0.938	Allemagne, Rép. féd.
Hungary	0.535	0.517	0.507	0.538	Hongrie
India	0.829	0.829	0.829	0.829	Inde
Japan	0.894	0.883	0.879	0.878	Japon
Korea, Republic of	0.657	0.657	0.657	0.657	Corée, République de
Mexico	0.714	0.714	0.714	0.714	Mexique
New Zealand	0.829	0.829	0.829	0.829	Nouvelle-Zélande
Norway, Svlbd, J. Myn I	0.972	0.972	0.972	0.972	Norvège, Svalbd, J. May
Pakistan	0.674	0.674	0.674	0.674	Pakistan
Peru	0.978	0.978	0.978	0.978	Pérou
Philippines	0.675	0.675	0.675	0.675	Philippines
Poland	0.800	0.800	0.800	0.800	Pologne
S. Africa Customs Un.	0.757	0.757	0.757	0.757	Un. douan. d'Afr. mérid
Spain	0.739	0.788	0.671	0.651	Espagne
Sweden	0.929	0.929	0.929	0.929	Suède
Turkey	0.871	0.871	0.871	0.871	Turquie
USSR	0.836	0.836	0.836	0.836	URSS
United Kingdom	0.815	0.817	0.817	0.817	Royaume-Uni
United States	0.855	0.864	0.864	0.820	Etats-Unis
Yugoslavia	0.794	0.790	0.761	0.789	Yougoslavie
Zambia	0.843	0.843	0.843	0.843	Zambie

Table I (continued — suite)

COEFFICIENTS USED TO CONVERT FROM ORIGINAL UNITS INTO COAL EQUIVALENT

FACTEURS DE CONVERSION DES DIFFERENTES UNITES D'ORIGINE EN EQUIVALENT CHARBON

PRODUCTION, EXPORTS AND CHANGES IN STOCKS
PRODUCTION, EXPORTATIONS ET VARIATIONS DES STOCKS

LIGNITE	1984	1985	1986	1987	LIGNITE
Standard factor	0.385	0.385	0.385	0.385	**Facteur standard**
Albania	0.500	0.500	0.500	0.500	Albanie
Australia	0.323	0.323	0.323	0.323	Australie
Austria	0.427	0.430	0.430	0.379	Autriche
Bulgaria	0.500	0.500	0.500	0.500	Bulgarie
Canada	0.615	0.619	0.627	0.589	Canada
Chile	0.586	0.586	0.586	0.586	Chili
Czechoslovakia	0.417	0.419	0.418	0.418	Tchécoslovaquie
German Dem. Rep.	0.304	0.301	0.301	0.301	Rép. dém. allemande
Germany, Fed. Rep.	0.286	0.285	0.285	0.285	Allemagne, Rép. féd.
Greece	0.190	0.191	0.190	0.191	Grèce
Hungary	0.357	0.355	0.358	0.360	Hongrie
India	0.330	0.330	0.330	0.330	Inde
Italy and San Marino	0.243	0.243	0.243	0.243	Italie y comp. S. Mrn
Japan	0.586	0.586	0.586	0.586	Japon
Korea, Dem. Ppl's. Rep.	0.600	0.600	0.600	0.600	Corée, Rép. pop. dém. de
Mongolia	0.330	0.330	0.330	0.330	Mongolie
New Zealand	0.500	0.500	0.500	0.500	Nouvelle-Zélande
Philippines	0.667	0.667	0.667	0.667	Philippines
Poland	0.271	0.271	0.271	0.271	Pologne
Romania	0.330	0.330	0.330	0.330	Roumanie
Spain	0.306	0.348	0.252	0.246	Espagne
Thailand	0.373	0.373	0.373	0.373	Thaïlande
Turkey	0.428	0.428	0.428	0.428	Turquie
USSR	0.500	0.500	0.500	0.500	URSS
United States	0.470	0.470	0.470	0.470	Etats-Unis
Yugoslavia	0.324	0.322	0.325	0.317	Yougoslavie

Table I (continued — suite)

COEFFICIENTS USED TO CONVERT FROM ORIGINAL UNITS INTO COAL EQUIVALENT

FACTEURS DE CONVERSION DES DIFFERENTES UNITES D'ORIGINE EN EQUIVALENT CHARBON

PRODUCTION, EXPORTS AND CHANGES IN STOCKS
PRODUCTION, EXPORTATIONS ET VARIATIONS DES STOCKS

PEAT	1984	1985	1986	1987	TOURBE
Standard factor	0.325	0.325	0.325	0.325	**Facteur standard**
Burundi	0.500	0.500	0.500	0.500	Burundi
Finland	0.300	0.300	0.300	0.300	Finlande
Germany, Fed. Rep.	0.429	0.429	0.429	0.429	Allemagne, Rép. féd.
Ireland	0.314	0.314	0.314	0.314	Irlande
Norway, Svlbd, J. Myn I	0.300	0.300	0.300	0.300	Norvège, Svalbd, J. May
Poland	0.290	0.290	0.290	0.290	Pologne
Sweden	0.300	0.300	0.300	0.300	Suède
USSR	0.343	0.344	0.344	0.344	URSS
HARD COAL BRIQUETTES					**AGGLOMERES DE HOUILLE**
Standard factor	1.000	1.000	1.000	1.000	**Facteur standard**
Germany, Fed. Rep.	1.071	1.071	1.071	1.071	Allemagne, Rép. féd.
Japan	0.814	0.814	0.814	0.814	Japon
Korea, Republic of	0.657	0.657	0.657	0.657	Corée, République de
New Zealand	0.911	0.911	0.911	0.911	Nouvelle-Zélande
Poland	0.786	0.786	0.786	0.786	Pologne
Turkey	0.996	0.996	0.996	0.996	Turquie
United Kingdom	0.935	0.934	0.934	0.934	Royaume-Uni
COKE-OVEN COKE					**COKE DE FOUR**
Standard factor	0.900	0.900	0.900	0.900	**Facteur standard**
Argentina	0.971	0.971	0.971	0.971	Argentine
Australia	0.857	0.857	0.857	0.857	Australie
Austria	0.971	0.955	0.955	0.966	Autriche
Belgium	0.972	0.972	0.972	0.972	Belgique
Canada	0.984	0.984	0.984	0.984	Canada
China	0.970	0.970	0.970	0.970	Chine
Colombia	0.686	0.686	0.686	0.686	Colombie
Czechoslovakia	0.923	0.929	0.946	0.946	Tchécoslovaquie
Denmark	0.986	0.986	0.986	0.986	Danemark
German Dem. Rep.	0.840	0.816	0.801	0.801	Rép. dém. allemande
Germany, Fed. Rep.	0.979	0.978	0.978	0.978	Allemagne, Rép. féd.

Table I (continued — suite)

COEFFICIENTS USED TO CONVERT FROM ORIGINAL UNITS INTO COAL EQUIVALENT

FACTEURS DE CONVERSION DES DIFFERENTES UNITES D'ORIGINE EN EQUIVALENT CHARBON

PRODUCTION, EXPORTS, AND CHANGES IN STOCKS
PRODUCTION, EXPORTATIONS ET VARIATIONS DES STOCKS

	1984	1985	1986	1987	
COKE-OVEN COKE					**COKE DE FOUR**
Greece	1.000	1.000	1.000	1.000	Grèce
Hungary	0.921	0.921	0.943	0.964	Hongrie
Italy and San Marino	1.000	1.000	1.000	1.000	Italie y comp. S. Mrn
Mexico	0.953	0.953	0.953	0.953	Mexique
Netherlands	0.972	0.972	0.972	0.972	Pays-Bas
New Zealand	0.976	0.976	0.976	0.976	Nouvelle-Zélande
Norway, Svlbd, J. Myn I	0.972	0.972	0.972	0.972	Norvège, Svalbd, J. May
Peru	0.698	0.698	0.698	0.698	Pérou
Poland	0.929	0.929	0.929	0.929	Pologne
S. Africa Customs Un.	0.952	0.952	0.952	0.952	Un. douan. d'Afr. mérid
Spain	1.027	1.026	1.043	1.043	Espagne
Sweden	0.957	0.957	0.957	0.957	Suède
Turkey	0.972	0.972	0.972	0.972	Turquie
United Kingdom	0.935	0.934	0.934	0.934	Royaume-Uni
United States	0.980	0.980	0.980	0.893	Etats-Unis
Yugoslavia	0.955	0.955	0.955	0.918	Yougoslavie
GAS COKE					**COKE DE GAZ**
Standard factor	0.900	0.900	0.900	0.900	**Facteur standard**
Australia	0.857	0.857	0.857	0.857	Australie
Japan	1.029	1.029	1.029	1.029	Japon
S. Africa Customs Un.	0.873	0.873	0.873	0.873	Un. douan. d'Afr. mérid
LIGNITE BRIQUETTES					**BRIQUETTES DE LIGNITE**
Standard factor	0.670	0.670	0.670	0.670	**Facteur standard**
Australia	0.769	0.769	0.769	0.769	Australie
Czechoslovakia	0.784	0.784	0.784	0.784	Tchécoslovaquie
German Dem. Rep.	0.664	0.659	0.663	0.663	Rép. dém. allemande
Germany, Fed. Rep.	0.686	0.686	0.686	0.686	Allemagne, Rép. féd.
Greece	0.521	0.521	0.521	0.521	Grèce
Hungary	0.700	0.705	0.715	0.715	Hongrie
BROWN COAL COKE					**COKE DE LIGNITE**
Standard factor	**0.670**	**0.670**	**0.670**	**0.670**	**Facteur standard**
German Dem. Rep.	0.789	0.790	0.791	0.791	Rép. dém. allemande
Germany, Fed. Rep.	1.029	1.029	1.029	1.029	Allemagne, Rép. féd.

Table I (continued — suite)

COEFFICIENTS USED TO CONVERT FROM ORIGINAL UNITS INTO COAL EQUIVALENT

FACTEURS DE CONVERSION DES DIFFERENTES UNITES D'ORIGINE EN EQUIVALENT CHARBON

IMPORTS - IMPORTATIONS

HARD COAL	1984-1987	HOUILLE
Standard factor	1.000	**Facteur standard**
Argentina (1984)	0.837	Argentine
(1985)	0.844	
(1986)	0.837	
(1987)	0.834	
Austria	0.900	Autriche
Bangladesh	0.714	Bangladesh
Belgium	0.971	Belgique
Brazil (1984)	0.852	Brésil
(1985)	0.862	
(1986-1987)	0.858	
Bulgaria	0.843	Bulgarie
Canada (1984)	0.855	Canada
(1985-1986)	0.864	
(1987)	0.820	
Chile	0.986	Chili
Czechoslovakia (1984)	0.880	Tchécoslovaquie
(1985)	0.855	
(1986-1987)	0.818	
Denmark	0.971	Danemark
Egypt	0.871	Egypte
Finland	0.914	Finlande
France incl. Monaco	0.943	France y comp. Monaco
German Dem. Rep.	0.929	Rép. dém. allemande
Germany, Fed. Rep.	0.957	Allemagne, Rép. féd.
Greece	0.938	Grèce
Hong Kong (1984-1987)	0.764	Hong Kong
Hungary (1984)	0.906	Hongrie
(1985)	0.876	
(1986-1987)	0.867	
Iceland	0.900	Islande
Ireland	0.900	Irlande
Italy and San Marino	0.943	Italie y comp. S. Mrn
Japan (1984)	1.053	Japon
(1985)	1.044	
(1986-1987)	1.043	
Korea, Republic of	0.857	Corée, République de
Luxembourg	0.929	Luxembourg
Mexico (1984)	0.938	Mexique
(1985)	0.919	
(1986-1987)	0.899	
Netherlands	0.929	Pays-Bas
Norway, Svlbd, J. Myn I	1.000	Norvège, Svalbd, J. May
Pakistan	0.991	Pakistan
Peru (1984)	0.855	Pérou
(1985-1986)	0.864	
(1987)	0.820	
Poland	0.771	Pologne
Portugal	0.900	Portugal
Romania	0.914	Roumanie
Spain (1985)	0.953	Espagne
(1986-1987)	0.930	
Sweden	0.900	Suède

HARD COAL (cont'd.)	1984-1987	HOUILLE (suite)
Thailand	0.857	Thailande
Turkey	0.855	Turquie
USSR	0.800	URSS
United Kingdom (1984)	0.958	Royaume-Uni
(1985)	0.978	
(1986-87)	0.976	
United States (1984)	0.834	Etats-Unis
(1985)	0.871	
(1986)	0.875	
(1987)	0.913	
Uruguay	0.810	Uruguay
Venezuela (1984)	0.934	Venezuela
(1985)	0.937	
(1986)	0.900	
(1987)	0.892	
Yugoslavia	0.914	Yougoslavie
LIGNITE		**LIGNITE**
Standard factor	0.385	**Facteur standard**
Austria	0.500	Autriche
France incl. Monaco	0.300	France y comp. Monaco
German Dem. Rep.	0.300	Rép. dém. allemande
Germany, Fed. Rep.	0.330	Allemagne, Rép. féd.
Hungary (1984-85)	0.662	Hongrie
(1986-87)	0.682	
Italy and San Marino	0.500	Italie y comp. S. Mrn
Japan	0.330	Japon
Norway, Svlbd, J. Myn I	0.503	Norvège, Svalbd, J. May
Singapore	0.330	Singapour
Spain	0.600	Espagne
USSR	0.500	URSS
Yugoslavia	0.300	Yougoslavie
PEAT		**TOURBE**
Standard factor	0.325	**Facteur standard**
Denmark	0.500	Danemark
Norway, Svlbd, J. Myn I	0.300	Norvège, Svalbd, J. May
Sweden	0.300	Suède
COKE-OVEN COKE		**COKE DE FOUR**
Standard factor	0.900	**Facteur standard**
Argentina	0.971	Argentine
Brazil (1984)	0.935	Brésil
(1985)	0.971	
(1986-87)	0.976	
Canada (1984-86)	0.980	Canada
(1987)	0.893	
Norway, Svlbd, J. Myn I	0.971	Norvège, Svalbd, J. May
Peru	0.914	Pérou
Sweden	0.957	Suède
LIGNITE BRIQUETTES		**BRIQUETTES DE LIGNITE**
Standard factor	0.670	**Facteur standard**
Hungary (1984)	0.658	Hongrie
(1985)	0.632	
(1986)	0.625	
(1987)	0.617	

Table I (continued — suite)

COEFFICIENTS USED TO CONVERT FROM ORIGINAL UNITS INTO COAL EQUIVALENT

FACTEURS DE CONVERSION DES DIFFERENTES UNITES D'ORIGINE EN EQUIVALENT CHARBON

OTHERS	1984-1987	AUTRES
Oil shale	0.314	Schiste bitumineux
Fuelwood	0.333	Bois de chauffage
Bagasse	0.264	Bagasse
Peat briquettes	0.500	Briquettes de tourbe
Charcoal	0.986	Charbon de bois
Crude petroleum	1.429	Pétrole brut
Natural gas liquids (weighted average)	1.542	Condensats de gaz naturel (moyenne pondérée)
Gasolenes	1.500	Essences
Kerosene and jet fuel	1.474	Pétrole lampant et carburéacteurs
Gas-Diesel oils	1.450	Gazole/carburant Diesel
Residual fuel oil	1.416	Mazout résiduel
Liquefied petroleum gases	1.554	Gaz de pétrole liquéfié
Natural gasolene	1.532	Essence naturelle
Condensate	1.512	Condensats
Other natural gas liquids	1.512	Autres condensats de gaz naturel
Natural gas (In Terajoules) a/	34.121	Gaz naturel (En Térajoules) a/
Other gases (In Terajoules) a/	34.121	Autres gaz (En Térajoules) a/
Hydro, nuclear and geothermal electricity (In 1,000 kWh)	0.123	Electricité hydraulique, nucléaire et géothermique (En 1000 kWh)

a/ The average calorific value of gas is measured in kcal/m^3 (st), i.e., in kcal per cubic metre of gas under standard conditions of I5° C, 1,013.25 mbar, dry.

a/ La valeur calorifique moyenne du gaz est mesurée en kcal/m^3 (n); c'est-à-dire en kcal par mètre cube de gaz dans les conditions normales 15° C, 1.013,25 mbar sèc.

Table II

SPECIFIC GRAVITIES OF CRUDE PETROLEUM

DENSITES DU PETROLE BRUT

Country	1984	1985	1986	1987	Pays
Albania	.94*	.94*	.94*	.94*	Albanie
Algeria	.798	.799	.801	.801	Algérie
Angola	.851*	.851*	.851*	.851*	Angola
Argentina	.885*	.885*	.885*	.885*	Argentine
Australia	.800*	.800*	.800*	.800*	Australie
Austria	.85*	.85*	.85*	.893*	Autriche
Bahrain	.871	.871	.871	.871	Bahreïn
Bangladesh	.86*	.86*	.86*	.86*	Bangladesh
Barbados	.86*	.86*	.86*	.86*	Barbade
Bolivia	.80*	.80*	.80*	.80*	Bolivie
Brazil	.865	.867	.867	.867	Brésil
Brunei	.85	.85	.85	.85	Brunéi
Bulgaria	.86*	.86*	.86*	.86*	Bulgarie
Burma	.89	.89	.89	.89	Birmanie
Cameroon	.87	.87	.87	.87	Cameroun
Canada	.846*	.846*	.847	.847*	Canada
Chile	.84*	.84*	.84*	.84*	Chili
China	.86*	.86*	.86*	.86*	Chine
Colombia	.89*	.869	.869*	.869*	Colombie
Congo	.84	.84	.84	.84	Congo
Côte d'Ivoire	.86*	.86*	.86	.86	Côte d'Ivoire
Cuba	.95*	.95*	.95*	.95*	Cuba
Czechoslovakia	.93*	.93*	.93*	.93*	Tchécoslovaquie
Denmark	.82*	.82*	.82*	.86*	Danemark
Ecuador	.877	.875	.875	.875*	Equateur
Egypt	.862	.908	.908	.908	Egypte
France incl. Monaco	.86*	.86*	.86*	.86*	France y comp. Monaco
Gabon	.866	.866	.866	.866	Gabon
German Dem. Rep.	.86*	.86*	.86*	.86*	Rép. dém. allemande
Germany, Fed. Rep.	.87*	.87*	.87*	.87*	Allemagne, Rép. féd.
Ghana	.86	.86	.86*	.86*	Ghana
Greece	.87*	.87*	.87*	.87*	Grèce
Guatemala	.86*	.86*	.86*	.86*	Guatemala
Hungary	.83*	.83*	.83*	.83*	Hongrie
India	.84	.84	.84	.84	Inde
Indonesia	.848	.848	.848	.848	Indonésie

Table II (continued — suite)

SPECIFIC GRAVITIES OF CRUDE PETROLEUM

DENSITES DU PETROLE BRUT

Country	1984	1985	1986	1987	Pays
Iran (Islamic Rep. of)	.868*	.860	.860*	.860*	Iran (Rép. islamique)
Iraq	.840	.844	.844	.845	Iraq
Israel	.87	.87	.87	.87	Israël
Italy and San Marino	.92*	.92*	.92*	.92*	Italie y comp. S. Mrn
Japan	.85	.85	.85	.85	Japon
Kuwait, part Ntl. Zone	.873	.870	.870	.871	Koweït et prt. Zne. N.
Libyan Arab Jamah.	.830*	.831*	.831*	.831*	Jamah. arabe libyenne
Malaysia	.82	.82	.82	.82	Malaisie
Mexico	.896*	.896*	.896*	.896*	Mexique
Morocco	.83*	.83*	.83*	.83*	Maroc
Netherlands	.92*	.92*	.92*	.89*	Pays-Bas
New Zealand	.775*	.775*	.775*	.775*	Nouvelle-Zélande
Nigeria	.851*	.851*	.851*	.851*	Nigéria
Norway, Svlbd, J. Myn I	.803*	.803*	.803*	.830*	Norvège, Svalbd, J. May
Oman	.855	.855	.855	.855	Oman
Pakistan	.839	.839	.839	.839	Pakistan
Peru	.85*	.85*	.876*	.922*	Pérou
Philippines	.893	.893	.893	.893	Philippines
Poland	.85*	.85*	.85*	.85*	Pologne
Qatar	.830	.831	.831	.831	Qatar
Romania	.84*	.84*	.84*	.84*	Roumanie
S. Arabia, pt. Ntrl. Zn.	.859*	.857*	.857*	.857*	Arab. saoud, p. Zn. neut
Spain	.84*	.84*	.84*	.86*	Espagne
Suriname	.961*	.961*	.961*	.961*	Suriname
Sweden	.86*	.86*	.86*	.86*	Suède
Syrian Arab Republic	.906	.906	.906	.906	Rép. arabe syrienne
Thailand	.92	.92	.92	.92	Thaïlande
Trinidad and Tobago	.89*	.89*	.89*	.89*	Trinité-et-Tobago
Tunisia	.82*	.82*	.82*	.82*	Tunisie
Turkey	.88*	.88*	.88*	.88*	Turquie
USSR	.856*	.856*	.856*	.856*	URSS
United Arab Emirates	.842	.833	.833	.833	Emirats arabes unis
United Kingdom	.843	.843	.843*	.843*	Royaume-Uni
United States	.848*	.848*	.85	.864	Etats-Unis
Venezuela	.904	.904	.904	.904*	Venezuela
Yugoslavia	.85*	.85*	.85*	.85*	Yougoslavie
Zaire	.86	.86	.86	.85*	Zaïre
Unspecified origin	.86	.86	.86	.86	De source non spécifiée

Table III

AVERAGE SPECIFIC GRAVITIES OF PETROLEUM PRODUCTS

DENSITES MOYENNES DES PRODUITS PETROLIERS

ENERGY PETROLEUM PRODUCTS		PRODUITS PETROLIERS ENERGETIQUES
Aviation gasolene	0.73	Essence aviation
Fuel oils (undifferentiated)	0.91	Mazouts (non différenciés)
Gas-diesel oil	0.87	Gazole/carburant Diesel
Jet fuel	0.81	Carburéacteurs
Kerosene	0.81	Pétrole lampant
Liquefied petroleum gas	0.54	Gaz de pétrole liquéfié
Motor gasolene	0.74	Essence auto
Residual fuel oil	0.95	Mazout résiduel

NON-ENERGY PETROLEUM PRODUCTS		PRODUITS PETROLIERS NON ENERGETIQUES
Bitumen	1.04	Bitume
Lubricating oils	0.90	Lubrifiants
Naphthas	0.72	Naphtas
Paraffin wax	0.80	Cires de pétrole (paraffines)
Petroleum coke	1.14	Coke de pétrole
White spirit	0.81	White spirit/essences spéciales

Table IV

SELECTED CONVERSION FACTORS FOR CRUDE PETROLEUM AND PETROLEUM PRODUCTS

QUELQUES FACTEURS DE CONVERSION POUR LE PETROLE BRUT ET LES PRODUITS PETROLIERS

(To convert from metric tons into the following units, multiply by the factor in the appropriate column)

(Pour convertir en unité de volume, une quantité exprimée en tonnes métriques, multiplier celle-ci par le facteur qui figure dans la colonne correspondant à l'unité voulue)

Commodity Produit	Litre Litre	U.S. Gallon Gallon E.-U.	Imperial Gallon Gallon brit.	Barrel Baril	Barrels/ day Barils/ jour	Cubic Metre Mètre cube
Aviation gasolene Essence aviation	1370	362	301	8.62	0.02362	1.370
Bitumen Bitume	962	254	212	6.05	0.01658	0.962
Fuel oils (undifferentiated) Mazouts (non différenciés)	1099	290	242	6.91	0.01893	1.099
Gas-diesel oil Gazole/carburant Diesel	1149	304	253	7.23	0.01981	1.149
Gasolenes (undifferentiated) Essences (non différenciés)	1351	357	297	8.50	0.02329	1.351
Jet fuel Carburéacteurs	1235	326	272	7.77	0.02129	1.235
Kerosene Pétrole lampant	1235	326	272	7.77	0.02129	1.235
Liquefied petroleum gas Gaz de pétrole liquéfie	1852	489	407	11.65	0.03192	1.852
Lubricants Lubrifiants	1111	294	244	6.99	0.01915	1.111
Motor gasolene Essence auto	1351	357	297	8.50	0.02329	1.351
Naphthas (undifferentiated) Naphtas (non différenciés)	1389	367	306	8.74	0.02395	1.389
Natural gasolene Essence naturelle	1590	420	350	10.00	0.02740	1.590
Paraffin wax Cires de pétrole (paraffines)	1250	330	275	7.86	0.02153	1.250
Petroleum coke Coke de pétrole	877	232	193	5.52	0.01512	0.877
Plant condensate Condensat d'usine	1429	378	314	8.99	0.02463	1.429
Residual fuel oil Mazout résiduel	1053	278	232	6.62	0.01814	1.053
White spirit White spirit/essences spéciales	1235	326	272	7.77	0.02129	1.235
Crude petroleum (average specific gravity) Pétrole brut (densité moyene)	1164	308	256	7.32	0.02005	1.164

Table V

HEAT VALUES OF GASES

POUVOIR CALORIFIQUE DES GAZ

NATURAL GAS — GAZ NATUREL

(Kilojoule/Cubic Metre) — (Kilojoule/Mètre Cube)

Standard Heat Value	39021	**Pouvoir calorifique standard**	Ireland	37500*/33864*	Irlande
Algeria	39565 (N)	Algérie	Israel	38728*	Israël
Argentina	34750* (N)	Argentine	Italy and San Marino	38390/34570	Italie y comp. S. Mrn
Australia	37260	Australie	Japan	41031	Japon
Austria	39900/36000	Autriche	Luxembourg	41860*/37874*	Luxembourg
Bangladesh	35064	Bangladesh	Mexico	44257* (G)	Mexique
Belgium	39687/35816	Belgique	Netherlands	35170/31650	Pays-Bas
Bolivia	37259	Bolivie	New Zealand	42537	Nouvelle-Zélande
Brazil	41240 (G)	Brésil	Norway, Svlbd, J. Myn I	40400/36400	Norvège, Svalbd, J.May
Brunei	45217	Brunéi	Pakistan	34805	Pakistan
Bulgaria	35152* (G)	Bulgarie	Peru	34598	Pérou
Canada	38766*/37820	Canada	Poland	31360 (N)	Pologne
Chile	37263	Chili	Romania	39851* (G)	Roumanie
Colombia	34598	Colombie	Spain	42588/38330	Espagne
Czechoslovakia	33742 (N)	Tchécoslovaquie	Switzrld, Liechtenst.	40100/36090	Suisse, Liechtenstein
Denmark	40868* (G)	Danemark	Thailand	37258	Thaïlande
Ecuador	48441* (G)	Equateur	Trinidad and Tobago	38937	Trinité-et-Tobago
Finland	38720/38350	Finlande	Tunisia	46055	Tunisie
France incl. Monaco	41324/37192	France y comp. Monaco	Turkey	37238 (N)	Turquie
German Dem. Rep.	13062* (N)	Rép. dém. allemande	USSR	34400 (N)	URSS
Germany, Fed. Rep.	35169/31736	Allemagne, Rép. féd.	United Kingdom	38461/35234	Royaume-Uni
Greece	53581/48558	Grèce	United States	38473/35278	Etats-Unis
Hungary	32707 (N)	Hongrie	Venezuela	44380 (G)	Venezuela
India	38586 (N)	Inde	Yugoslavia	35588 (N)	Yougoslavie
Iran (Islamic Rep. of)	39356*	Iran (Rép. Islamique)			

COKE OVEN GAS — GAZ DE COKERIE

(Kilojoule/Cubic Metre) — (Kilojoule/Mètre Cube)

Standard Heat Value	17585	**Pouvoir calorifique standard**	Japan	22609	Japon
Australia	19890*	Australie	Mexico	19887* (G)	Mexique
Austria	18400 (N)	Autriche	Netherlands	20290*	Pays-Bas
Belgium	18771/16695	Belgique	New Zealand	42538	Nouvelle-Zélande
Brazil	18841 (G)	Brésil	Norway, Svlbd, J. May I	18020 (N)	Norvège, Svalbd, J. May
Bulgaria	16747*	Bulgarie	Poland	17650 (N)	Pologne
Canada	18610	Canada	Portugal	20896*/18412*	Portugal
Chile	19469	Chili	Romania	17581* (G)	Roumanie
Colombia	20097	Colombie	S. Africa Customs Un.	20000*	Un. douan. d'Afr. mérid
Czechoslovakia	15621 (N)	Tchécoslovaquie	Spain	20193*/18217*	Espagne
France incl. Monaco	17640* (G)	France y comp. Monaco	Sweden	16747* (N)	Suède
German Dem. Rep.	14440 (N)	Rép. dém. allemande	Turkey	18003* (N)	Turquie
Germany, Fed. Rep.	35169/31736	Allemagne, Rép. féd.	USSR	16744 (G)	URSS
Hungary	16961 (N)	Hongrie	United Arab Emirates	39021*	Emirats arabes unis
Indonesia	15072	Indonésie	United Kingdom	19029*/17432*	Royaume-Uni
Italy and San Marino	17791* (G)	Italie y comp. S. Mrn	United States	20494 (G)	Etats-Unis
			Yugoslavia	17372* (G)	Yougoslavie

Table V (continued — suite)

HEAT VALUES OF GASES

POUVOIR CALORIFIQUE DES GAZ

GAS WORKS GAS — GAZ D'USINES A GAZ

(Kilojoule/Cubic Metre) — (Kilojoule/Mètre Cube)

Standard Heat Value	17585	**Pouvoir calorifique standard**	Japan	20934	Japon
Algeria	16747*	Algérie	New Zealand	16747	Nouvelle-Zélande
Australia	19594	Australie	Nigeria	39021*	Nigéria
Austria	27100 (N)	Autriche	Norway, Svlbd, J. Myn I	17600*/15900*	Norvège, Svalbd, J. May
Belgium	28708/26615	Belgique	Panama	20327*	Panama
Brazil	18841 (G)	Brésil	Philippines	22316	Philippines
Chile	20138	Chili	Poland	17910 (N)	Pologne
Cuba	18464*	Cuba	Portugal	18550 (G)	Portugal
Czechoslovakia	14110 (N)	Tchécoslovaquie	Singapore	18548	Singapour
Denmark	17400* (N)	Danemark	S. Africa Customs Un.	13420*	Un. douan. d'Afr. mérid
Finland	17120/15490	Finlande	Spain	17703*/15933*	Espagne
France incl. Monaco	17640* (G)	France y comp. Monaco	Sri Lanka	22353	Sri Lanka
German Dem. Rep.	14530 (N)	Rép. dém. allemande	Sweden	16747* (N)	Suède
Germany, Fed. Rep.	35169*/31736*	Allemagne, Rép. féd.	Switzrld, Liechtenst.	17580*/15900*	Suisse, Liechtenstein
Greece	38511*/35162*	Grèce	Tunisia	18841*	Tunisie
Hong Kong	16915	Hong-kong	Turkey	14654* (N)	Turquie
Hungary	17765 (N)	Hongrie	USSR	16325 (G)	URSS
India	17585	Inde	United Kingdom	18940*/17351*	Royaume-Uni
Indonesia	15072	Indonésie	Uruguay	18003 (G)	Uruguay
Italy and San Marino	17791* (G)	Italie y comp. S. Mrn	Yugoslavia	17713* (N)	Yougoslavie

BLAST FURNACE GAS — GAZ DE HAUT FOURNEAU

(Kilojoule/Cubic Metre) — (Kilojoule/Mètre Cube)

Standard Heat Value	4000	**Pouvoir calorifique standard**	Poland	3920 (N)	Pologne
Austria	3200 (N)	Autriche	Portugal	2861*/2840*	Portugal
Belgium	3975/3918	Belgique	Romania	4102* (G)	Roumanie
Colombia	3349	Colombie	S. Africa Customs Un.	4777*	Un. douan. d'Afr. mérid
Czechoslovakia	3637 (N)	Tchécoslovaquie	Spain	3081*	Espagne
Finland	3400	Finlande	Sweden	3300* (N)	Suède
France incl. Monaco	3600* (G)	France y comp. Monaco	Turkey	4186 (N)	Turquie
German Dem. Rep.	3591 (N)	Rép. dém. allemande	USSR	4186 (G)	URSS
Germany, Fed. Rep.	4187* (G)	Allemagne, Rép. féd.	United Kingdom	3420*	Royaume-Uni
Greece	3200*	Grèce	United States	3542*	Etats-Unis
Hungary	3559 (N)	Hongrie	Yugoslavia	4120* (G)	Yougoslavie
Italy and San Marino	3767* (G)	Italie y comp. S. Mrn			
Japan	3349	Japon			
Luxembourg	4186*/4115*	Luxembourg			
Netherlands	3052*	Pays-Bas			
Norway, Svlbd, J. Myn I	8440* (N)	Norvège, Svalbd, J. May			

(G) = Gross heat value

(N) = Net heat value

Two figures represent (G/N).

(G) = Pouvoir calorifique supérieur

(N) = Pouvoir calorifique inférieur

Deux chiffres représentent (G/N).

TABLES

TABLEAUX

Table 1

Production, Trade and Consumption of Commercial Energy

(Quantities in thousand metric tons and in kilograms per capita of coal equivalent)

Country or area Pays ou zone	Year Année	Primary Energy Production – Production d'énergie primaire					Changes in Stocks Variations des stocks	Imports Importations	Exports Exportations
		Total Totale	Solids Solides	Liquids Liquides	Gas Gaz	Electricity Electricité			
WORLD	**1984**	**9 300 101**	**2 851 299**	**4 031 936**	**2 021 992**	**394 874**	**20 703**	**2 882 314**	**2 788 821**
	1985	**9 519 294**	**2 997 464**	**3996 423**	**2 097 953**	**427 453**	**–37 876**	**2 798 440**	**2 714 290**
	1986	**9 853 658**	**3 071 716**	**4 190 602**	**2 148 076**	**443 263**	**81 757**	**2 987 150**	**2 925 597**
	1987	**10 049463**	**3 108 096**	**4 202 835**	**2 275 731**	**462 801**	**43 107**	**3 060 823**	**2 946 894**
AFRICA	**1984**	**535 703**	**128 545**	**356 495**	**44 474**	**6 190**	**605**	**66 554**	**348 032**
	1985	**571 882**	**136 370**	**374 311**	**54 976**	**6 225**	**3 382**	**67 121**	**372 872**
	1986	**575 835**	**138 821**	**372 771**	**57 970**	**6 272**	**–3 777**	**68 636**	**373 867**
	1987	**579 690**	**140 767**	**370 524**	**62 530**	**5 869**	**–1 391**	**67 165**	**363 721**
Algeria	1984	103 138	7	71 142	31 925	64	957	2 061	78 856
	1985	110 260	8	70 542	39 631	79	–1 006	1 897	84 743
	1986	113 672	9	73 100	40 532	31	–975	1 107	84 055
	1987	123 759	8	78 918	44 797	37	344	1 209	82 780
Angola	1984	14 709	..	14 391	154	164	0	37	12 561
	1985	16 678	..	16 360	154	164	0	27	14 378
	1986	20 229	..	19 894	171	164	0	19	17 965
	1987	25 377	..	25 009	205	164	571	19	22 487
Benin	1984	350	..	350	..	..	0	221	356
	1985	464	..	464	..	..	1	267	472
	1986	521	..	521	..	..	3	225	527
	1987	500	..	500	..	..	4	230	509
Burkina Faso	1984	..	..	..	..	..	0	199	2
	1985	..	..	..	..	..	0	205	2
	1986	..	..	..	..	..	0	213	2
	1987	..	..	..	..	..	3	226	4
Burundi	1984	8	8	..	..	0	4	87	..
	1985	5	5	..	..	0	0	80	..
	1986	8	5	..	..	3	0	82	..
	1987	11	5	..	..	6	0	84	..
Cameroon	1984	10 833	0	10 571	..	261	312	24	7 215
	1985	13 386	1	13 100	..	285	500	17	9 541
	1986	13 109	1	12 823	..	285	234	17	9 492
	1987	12 575	1	12 289	..	286	19	14	9 230
Cape Verde	1984	..	..	..	..	..	0	78	0
	1985	..	..	..	..	..	0	64	0
	1986	..	..	..	..	..	0	27	0
	1987	..	..	..	..	..	0	28	0
Central African Rep.	1984	9	..	..	..	9	3	82	..
	1985	7	..	..	..	7	1	94	..
	1986	9	..	..	..	9	0	85	..
	1987	9	..	..	..	9	–38	104	..
Chad	1984	..	..	..	..	..	1	137	...
	1985	..	..	..	..	..	1	138	...
	1986	..	..	..	..	..	1	131	...
	1987	..	..	..	..	..	0	128	...
Comoros	1984	0	..	..	..	0	0	19	..
	1985	0	..	..	..	0	0	22	..
	1986	0	..	..	..	0	0	21	..
	1987	0	..	..	..	0	0	23	..
Congo	1984	8 613	..	8 581	3	28	13	71	7 834
	1985	8 354	..	8 321	4	28	32	494	7 329
	1986	8 531	..	8 500	3	28	–119	36	7 896
	1987	9054	..	9 023	3	29	596	24	7 710
Côte d'Ivoire	1984	1 614	..	1 569	..	46	–591	1 401	1 029
	1985	1 610	..	1 443	..	167	175	1 859	813
	1986	1 585	..	1 439	..	146	286	1 808	738
	1987	1 416	..	1 257	..	158	183	1 930	601

Table 1

Production, commerce et consommation d'énergie commerciale

(Quantités en milliers de tonnes métriques et en kilogrammes par habitant d'équivalent charbon)

Bunkers – Soutes		Un–allocated Quantités non réparties	Consumption – Consommation						Year Année	Country or area Pays ou zone
Air Avion	Sea Maritime		Per Capita Par habitant	Total Totale	Solids Solides	Liquids Liquides	Gas Gaz	Electricity Electricité		
51 317	**120 403**	**269 230**	**1 873**	**8 931 943**	**2 873 929**	**3 656 794**	**2 006 400**	**394 819**	**1984**	**MONDE**
51 380	**121 761**	**270 295**	**1 895**	**9 197 883**	**3 036 750**	**3 630 585**	**2 102 892**	**427 656**	**1985**	
53 773	**128 305**	**287 604**	**1 896**	**9 363 771**	**3 074 972**	**3 717 095**	**2 127 285**	**444 419**	**1986**	
55 542	**133 927**	**277 215**	**1 921**	**9 653 601**	**3 127 273**	**3 784 390**	**2 278 123**	**463 815**	**1987**	
3 315	**9 052**	**24 122**	**401**	**217 131**	**93 102**	**99 518**	**18 312**	**6 200**	**1984**	**AFRIQUE**
3 414	**9 322**	**27 004**	**400**	**223 010**	**94 886**	**96 873**	**25 000**	**6 251**	**1985**	
3 529	**9 536**	**24 637**	**412**	**236 680**	**99 200**	**101 165**	**30 016**	**6 298**	**1986**	
3 338	**9 823**	**20 466**	**424**	**250 898**	**101 638**	**103 573**	**39 806**	**5 881**	**1987**	
370	610	8 308	765	16 097	1 518	8 070	6 437	73	1984	Algérie
208	471	8 065	907	19 676	1 160	8 155	10 287	75	1985	
200	457	7 150	1 067	23 891	1 027	9 361	13 474	29	1986	
215	428	7 918	1 441	33 283	1 118	9 354	22 780	31	1987	
96	701	458	109	931	0	613	154	164	1984	Angola
236	856	191	119	1 043	0	725	154	164	1985	
221	856	292	102	913	0	579	171	164	1986	
214	963	335	90	826	0	457	205	164	1987	
22	..	0	49	193	..	173	..	20	1984	Bénin
27	..	0	57	231	..	210	..	21	1985	
22	..	0	46	194	..	175	..	19	1986	
24	..	0	45	193	..	174	..	20	1987	
..	..	..	26	198	0	198	..	0	1984	Burkina Faso
..	..	..	26	204	0	204	..	0	1985	
..	..	..	26	211	0	211	..	0	1986	
..	..	..	26	219	0	219	..	0	1987	
3	..	..	19	88	8	73	..	7	1984	Burundi
3	..	..	17	82	5	69	..	8	1985	
3	..	..	18	87	5	70	..	11	1986	
3	..	..	18	92	5	72	..	16	1987	
59	...	379	301	2 892	1	2 630	..	261	1984	Cameroun
67	...	374	296	2 921	2	2 634	..	285	1985	
74	...	310	298	3 016	1	2 730	..	285	1986	
71	...	356	280	2 913	1	2 626	..	286	1987	
0	28	..	155	50	0	50	..	..	1984	Cap–Vert
0	16	..	145	48	0	48	..	..	1985	
0	13	..	41	14	0	14	..	..	1986	
0	12	..	46	16	0	16	..	..	1987	
7	..	..	32	81	..	72	..	9	1984	Rép. centrafricaine
9	..	..	35	91	..	84	..	7	1985	
9	..	..	33	86	..	76	..	9	1986	
18	..	..	50	134	..	125	..	9	1987	
33	..	..	21	103	0	103	..	..	1984	Tchad
34	..	..	21	103	0	103	..	..	1985	
30	..	..	19	100	0	100	..	..	1986	
30	..	..	19	99	0	99	..	..	1987	
0	..	..	44	19	..	19	..	0	1984	Comores
0	..	..	49	22	..	22	..	0	1985	
0	..	..	46	21	..	21	..	0	1986	
0	..	..	51	24	..	23	..	0	1987	
1	11	16	476	807	..	769	3	35	1984	Congo
3	13	860	351	611	..	571	4	35	1985	
3	14	24	419	750	..	712	3	35	1986	
4	10	3	411	756	..	717	3	35	1987	
70	7	102	244	2 397	..	2 352	..	46	1984	Côte d'Ivoire
78	12	41	229	2 351	..	2 185	..	167	1985	
87	10	1	212	2 271	..	2 125	..	146	1986	
82	12	78	214	2 390	..	2 232	..	158	1987	

Table 1

Production, Trade and Consumption of Commercial Energy

(Quantities in thousand metric tons and in kilograms per capita of coal equivalent)

Country or area Pays ou zone	Year Année	Primary Energy Production – Production d'énergie primaire					Changes in Stocks Variations des stocks	Imports Importations	Exports Exportations
		Total Totale	Solids Solides	Liquids Liquides	Gas Gaz	Electricity Electricité			
Djibouti	1984	..	..	..	..	..	0	672	..
	1985	..	..	..	..	..	1	678	..
	1986	..	..	..	..	..	1	689	..
	1987	..	..	..	..	..	0	713	..
Egypt	1984	64 775	..	59 836	3 711	1 228	1 000	3 262	33 190
	1985	70 234	..	64 467	4 772	995	1 143	3 006	36 670
	1986	65 421	..	58 860	5 578	983	1 286	2 616	29 345
	1987	72749	..	66 230	5 782	737	714	2 759	36 049
Equatorial Guinea	1984	0	..	..	..	0	3	37	..
	1985	0	..	..	..	0	3	38	..
	1986	0	..	..	..	0	1	40	..
	1987	0	..	..	..	0	3	37	..
Ethiopia	1984	77	..	..	..	77	16	1 207	362
	1985	79	..	..	..	79	6	1 212	356
	1986	79	..	..	..	79	18	1 440	316
	1987	80	..	..	..	80	–4	1 551	312
Gabon	1984	11 482	..	11 313	95	75	19	65	9 857
	1985	12 504	..	12 313	109	82	754	65	10 323
	1986	12 092	..	11 813	197	83	14	67	10 557
	1987	11428	..	11 116	229	83	22	50	9 763
Gambia	1984	..	..	..	..	..	0	87	4
	1985	..	..	..	..	..	0	87	4
	1986	..	..	..	..	..	0	82	4
	1987	..	..	..	..	..	0	88	1
Ghana	1984	270	..	47	..	223	–7	1 261	134
	1985	388	..	20	..	368	–9	1 598	132
	1986	559	..	14	..	545	33	1 515	168
	1987	574	..	0	..	574	5	1 607	180
Guinea	1984	19	..	..	..	19	4	461	..
	1985	20	..	..	..	20	4	471	..
	1986	20	..	..	..	20	6	476	..
	1987	21	..	..	..	21	6	476	..
Guinea–Bissau	1984	..	..	..	..	..	3	58	0
	1985	..	..	..	..	..	1	63	0
	1986	..	..	..	..	..	1	66	0
	1987	..	..	..	..	..	3	69	0
Kenya	1984	212	..	..	..	212	0	3 060	925
	1985	248	..	..	..	248	0	3 017	860
	1986	252	..	..	..	252	0	3 066	858
	1987	279	..	..	..	279	0	3 244	813
Liberia	1984	28	..	..	..	28	0	415	30
	1985	32	..	..	..	32	0	423	31
	1986	39	..	..	..	39	0	431	34
	1987	39	..	..	..	39	0	434	33
Libyan Arab Jamah.	1984	75 123	..	70 007	5 115	..	–5 081	19	66 525
	1985	77 617	..	71 738	5 879	..	–2 571	4	64 578
	1986	78 819	..	72 425	6 394	..	–8 334	5	71 883
	1987	74 361	..	68 465	5 896	..	–2 571	5	61 616
Madagascar	1984	31	..	..	..	31	125	475	6
	1985	32	..	..	..	32	12	530	54
	1986	33	..	..	..	33	–146	289	57
	1987	33	..	..	..	33	1	480	54
Malawi	1984	58	..	..	..	58	1	249	0
	1985	58	..	..	..	58	1	254	0
	1986	63	..	..	..	63	1	250	0
	1987	69	..	..	..	69	1	223	0

Table 1

Production, commerce et consommation d'énergie commerciale

(Quantités en milliers de tonnes métriques et en kilogrammes par habitant d'équivalent charbon)

Bunkers – Soutes		Un-allocated Quantités non réparties	Consumption – Consommation						Year Année	Country or area Pays ou zone
Air Avion	Sea Maritime		Per Capita Par habitant	Total Totale	Solids Solides	Liquids Liquides	Gas Gaz	Electricity Electricité		
99	480	..	273	93	..	93	..	..	1984	Djibouti
93	491	..	264	93	..	93	..	..	1985	
93	485	..	304	110	..	110	..	..	1986	
94	495	..	332	124	..	124	..	..	1987	
171	1 366	2 543	643	29 767	851	23 977	3 711	1 228	1984	Egypte
223	1 564	2 852	647	30 788	1 041	23 980	4 772	995	1985	
236	1 564	2 931	669	32 675	1 043	25 071	5 578	983	1986	
389	1 801	2 745	674	33 810	1 087	26 204	5 782	737	1987	
..	..	..	89	34	..	34	..	0	1984	Guinée équatoriale
..	..	..	89	35	..	35	..	0	1985	
..	..	..	95	38	..	38	..	0	1986	
..	..	..	83	34	..	34	..	0	1987	
74	14	70	18	747	0	671	..	77	1984	Ethiopie
49	14	53	19	813	0	734	..	79	1985	
114	19	173	20	880	0	800	..	79	1986	
10	6	64	28	1 243	0	1 163	..	80	1987	
36	157	483	1 048	996	..	827	95	75	1984	Gabon
37	114	251	1 105	1 090	..	899	109	82	1985	
39	114	235	1 174	1 200	..	921	197	83	1986	
36	97	324	1 167	1 236	..	924	229	83	1987	
..	..	..	113	82	..	82	..	..	1984	Gambie
..	..	..	110	82	..	82	..	..	1985	
..	..	..	102	78	..	78	..	..	1986	
..	..	..	110	87	..	87	..	..	1987	
41	29	83	101	1 251	2	1 057	..	192	1984	Ghana
44	25	147	128	1 647	2	1 311	..	335	1985	
37	26	81	130	1 729	2	1 216	..	511	1986	
41	25	70	136	1 860	3	1 317	..	540	1987	
9	...	..	79	467	..	448	..	19	1984	Guinée
10	...	..	79	477	..	457	..	20	1985	
10	...	..	77	480	..	460	..	20	1986	
16	...	..	74	474	..	454	..	21	1987	
7	..	..	55	48	..	48	..	..	1984	Guinée–Bissau
7	..	..	61	54	..	54	..	..	1985	
7	..	..	63	57	..	57	..	..	1986	
9	..	..	62	57	..	57	..	..	1987	
264	77	203	92	1 804	119	1 447	..	238	1984	Kenya
332	209	153	84	1 711	87	1 350	..	274	1985	
324	192	211	82	1 734	86	1 367	..	280	1986	
125	206	112	102	2 267	92	1 874	..	300	1987	
16	88	0	146	309	..	281	..	28	1984	Libéria
18	87	0	146	319	..	287	..	32	1985	
18	88	0	147	331	..	292	..	39	1986	
15	87	0	146	339	..	300	..	39	1987	
236	71	2 401	3 023	10 990	1	7 093	3 896	..	1984	Jamah.arabe libyenne
251	71	3 820	3 030	11 473	1	7 103	4 369	..	1985	
265	85	3 301	2 953	11 624	2	6 558	5 064	..	1986	
265	71	3 416	2 833	11 569	2	6 822	4 746	..	1987	
1	14	52	31	308	12	265	..	31	1984	Madagascar
1	19	2	46	474	13	429	..	32	1985	
1	19	1	37	390	14	343	..	33	1986	
1	14	26	38	416	14	369	..	33	1987	
13	..	..	42	292	41	193	..	58	1984	Malawi
13	..	..	42	297	33	206	..	58	1985	
15	..	..	40	297	28	206	..	63	1986	
10	..	..	37	280	26	185	..	69	1987	

Table 1

Production, Trade and Consumption of Commercial Energy

(Quantities in thousand metric tons and in kilograms per capita of coal equivalent)

Country or area Pays ou zone	Year Année	Primary Energy Production – Production d'énergie primaire					Changes in Stocks Variations des stocks	Imports Importations	Exports Exportations
		Total Totale	Solids Solides	Liquids Liquides	Gas Gaz	Electricity Electricité			
Mali	1984	16	..	..	..	16	...	222	..
	1985	16	..	..	..	16	...	212	..
	1986	20	..	..	..	20	...	203	..
	1987	20	..	..	..	20	...	202	..
Mauritania	1984	4	..	..	..	4	0	406	..
	1985	4	..	..	..	4	0	311	..
	1986	2	..	..	..	2	0	1 025	..
	1987	3	..	..	..	3	1	1 656	..
Mauritius	1984	8	..	..	..	8	0	443	0
	1985	14	..	..	..	14	–3	448	0
	1986	14	..	..	..	14	1	619	0
	1987	17	..	..	..	17	0	737	0
Morocco	1984	1 018	838	23	111	46	59	7 096	67
	1985	980	775	31	114	59	821	7 965	64
	1986	1 000	775	33	114	78	102	7 711	51
	1987	985	760	34	115	76	83	7 953	61
Mozambique	1984	229	40	..	..	189	0	685	77
	1985	158	35	..	..	123	0	560	21
	1986	11	4	..	..	7	0	560	0
	1987	50	43	..	..	7	0	534	0
Niger	1984	55	55	..	..	..	1	316	..
	1985	61	61	..	..	..	0	311	..
	1986	50	50	..	..	..	1	303	..
	1987	65	65	..	..	..	1	300	..
Nigeria	1984	102 047	83	98 914	2 731	319	1 429	3 559	82 690
	1985	110 107	139	105 971	3 728	268	1 429	3 016	90 252
	1986	108 814	144	104 007	4 392	270	1 429	4 776	88 400
	1987	94 053	145	88 710	4 926	271	–1 429	4 191	81 313
Réunion	1984	50	..	..	..	50	1	383	1
	1985	60	..	..	..	60	1	337	1
	1986	62	..	..	..	62	0	363	1
	1987	65	..	..	..	65	3	367	1
Rwanda	1984	21	..	..	1	20	0	182	0
	1985	22	..	..	1	20	0	188	0
	1986	22	..	..	1	20	0	184	0
	1987	22	..	..	1	21	0	186	0
St.Helena and Depend	1984	0	0	..	..	..	..	3	..
	1985	0	0	..	..	..	..	3	..
	1986	0	0	..	..	..	..	3	..
	1987	0	0	..	..	..	..	3	..
Sao Tome – Principe	1984	1	..	..	..	1	...	16	..
	1985	1	..	..	..	1	...	16	..
	1986	1	..	..	..	1	...	16	..
	1987	1	..	..	..	1	...	16	..
Senegal	1984	..	..	..	..	..	23	1 773	78
	1985	..	..	..	..	..	–126	1 196	22
	1986	..	..	..	..	..	217	1 532	15
	1987	..	..	..	..	..	16	1 393	13
Seychelles	1984	..	..	..	..	..	0	139	..
	1985	..	..	..	..	..	–7	152	..
	1986	..	..	..	..	..	–9	151	..
	1987	..	..	..	..	..	4	154	..
Sierra Leone	1984	...	..	..	..	...	0	398	1
	1985	...	..	..	..	...	4	409	1
	1986	...	..	..	..	...	4	413	1
	1987	...	..	..	..	...	1	406	3

Table 1

Production, commerce et consommation d'énergie commerciale

(Quantités en milliers de tonnes métriques et en kilogrammes par habitant d'équivalent charbon)

Bunkers – Soutes		Un–allocated Quantités non réparties	Consumption – Consommation						Year Année	Country or area Pays ou zone
Air Avion	Sea Maritime		Per Capita Par habitant	Total Totale	Solids Solides	Liquids Liquides	Gas Gaz	Electricity Electricité		
18	..	..	28	221	..	204	..	16	1984	Mali
22	..	..	25	206	..	190	..	16	1985	
21	..	..	24	202	..	183	..	20	1986	
24	..	..	23	198	..	178	..	20	1987	
16	7	11	218	376	7	365	..	4	1984	Mauritanie
18	6	0	165	292	7	281	..	4	1985	
18	9	115	488	886	5	879	..	2	1986	
18	10	192	771	1 438	6	1 429	..	3	1987	
88	65	..	291	298	25	265	..	8	1984	Maurice
87	42	..	324	336	27	295	..	14	1985	
109	81	..	419	441	96	331	..	14	1986	
111	80	..	530	564	70	476	..	17	1987	
93	20	961	321	6 913	809	5 947	111	46	1984	Maroc
100	17	650	330	7 291	925	6 193	114	59	1985	
103	3	757	339	7 695	1 514	5 988	114	78	1986	
88	3	865	336	7 837	1 592	6 054	115	76	1987	
34	55	20	54	728	125	442	..	161	1984	Mozambique
44	43	0	44	609	106	364	..	139	1985	
59	36	0	34	476	66	366	..	44	1986	
60	43	0	33	481	63	370	..	48	1987	
25	..	..	58	344	55	273	..	16	1984	Niger
21	..	..	58	352	61	275	..	16	1985	
22	..	..	52	329	50	263	..	16	1986	
21	..	..	53	343	65	262	..	17	1987	
551	143	4 578	176	16 215	76	13 107	2 731	302	1984	Nigéria
537	157	6 052	154	14 697	139	10 576	3 728	253	1985	
537	532	5 604	174	17 088	111	12 327	4 392	258	1986	
523	536	409	166	16 891	107	11 598	4 926	259	1987	
16	1	..	768	413	..	362	..	50	1984	Réunion
15	1	..	689	377	..	317	..	60	1985	
15	1	..	732	407	..	346	..	62	1986	
15	1	..	728	412	..	347	..	65	1987	
12	..	..	33	192	..	169	1	21	1984	Rwanda
12	..	..	32	197	..	174	1	22	1985	
13	..	..	30	192	..	169	1	21	1986	
13	..	..	30	195	..	172	1	21	1987	
1	..	..	143	1	0	1	..	..	1984	Ste–Hélène et dépend
1	..	..	143	1	0	1	..	..	1985	
1	..	..	143	1	0	1	..	..	1986	
1	..	..	143	1	0	1	..	..	1987	
0	..	..	177	17	..	16	..	1	1984	Sao Tomé–et–Principe
0	..	..	173	17	..	16	..	1	1985	
0	..	..	168	17	..	16	..	1	1986	
0	..	..	163	17	..	16	..	1	1987	
177	225	30	197	1 241	..	1 241	..	..	1984	Sénégal
180	209	14	139	897	..	897	..	..	1985	
186	200	21	135	894	..	894	..	..	1986	
162	200	49	140	952	..	952	..	..	1987	
18	75	..	712	47	..	47	..	..	1984	Seychelles
12	91	..	864	57	..	57	..	..	1985	
10	87	..	925	62	..	62	..	..	1986	
12	85	..	765	52	..	52	..	..	1987	
27	111	–9	75	267	0	267	..	...	1984	Sierra Leone
24	104	–3	76	279	0	279	..	...	1985	
25	107	–0	73	276	0	276	..	...	1986	
21	100	–1	74	283	0	283	..	...	1987	

Table 1

Production, Trade and Consumption of Commercial Energy

(Quantities in thousand metric tons and in kilograms per capita of coal equivalent)

Country or area Pays ou zone	Year Année	Primary Energy Production – Production d'énergie primaire Total Totale	Solids Solides	Liquids Liquides	Gas Gaz	Electricity Electricité	Changes in Stocks Variations des stocks	Imports Importations	Exports Exportations
Somalia	1984	..	..	..	..	..	3	468	75
	1985	..	..	..	..	..	4	532	72
	1986	..	..	..	..	..	7	561	62
	1987	..	..	..	..	..	0	568	55
S.Africa Customs Un.	1984	124 433	123 863	..	..	569	2 143	25 067	38 184
	1985	132 264	131 688	..	..	576	2 143	25 017	44 286
	1986	133 788	133 216	..	..	572	2 143	25 004	43 037
	1987	134 983	134 409	..	..	574	0	22 860	42 787
Sudan	1984	63	..	..	..	63	29	1 893	71
	1985	63	..	..	..	63	14	1 888	78
	1986	64	..	..	..	64	4	1 775	76
	1987	63	..	..	..	63	7	1 770	57
Togo	1984	0	0	..	..	0	–12	200	24
	1985	0	0	..	..	0	–40	155	24
	1986	0	0	..	..	0	–7	182	16
	1987	0	0	..	..	0	0	178	15
Tunisia	1984	8 465	..	7 829	629	8	144	2 563	5 468
	1985	8 323	..	7 726	584	13	79	2 635	5 355
	1986	8 092	..	7 499	587	6	15	3 265	6 012
	1987	7 715	..	7 124	577	14	18	2 745	5 285
Uganda	1984	79	..	..	..	79	0	310	28
	1985	79	..	..	..	79	0	314	18
	1986	79	..	..	..	79	0	338	17
	1987	79	..	..	..	79	0	342	16
United Rep. Tanzania	1984	79	3	..	..	76	0	958	62
	1985	80	4	..	..	76	7	979	69
	1986	80	4	..	..	76	0	935	63
	1987	78	3	..	..	75	1	1 004	62
Western Sahara	1984	..	..	..	..	..	...	90	..
	1985	..	..	..	..	..	...	87	..
	1986	..	..	..	..	..	...	90	..
	1987	..	..	..	..	..	...	93	..
Zaire	1984	2 606	108	1 921	..	577	1	1 324	1 620
	1985	2 527	110	1 814	..	603	2	1 381	1 679
	1986	2 586	97	1 843	..	646	0	1 328	1 608
	1987	2578	95	1 850	..	633	38	1 369	1 582
Zambia	1984	1 645	431	..	..	1 214	0	873	434
	1985	1 653	430	..	..	1 223	0	843	445
	1986	1 673	469	..	..	1 203	0	836	443
	1987	1 427	390	..	..	1 037	0	846	247
Zimbabwe	1984	3 534	3 109	..	..	425	0	1 441	266
	1985	3 494	3 114	..	..	380	0	1 555	200
	1986	4 435	4 047	..	..	388	0	1 661	167
	1987	5 149	4 843	..	..	306	0	1 532	80
NTH. AMERICA	**1984**	**2 641 463**	**722 833**	**1 055 257**	**736 429**	**126 943**	**53 264**	**550 230**	**396 069**
	1985	**2 621 051**	**724 136**	**1 053 689**	**710 209**	**133 017**	**–38 483**	**500 084**	**396 522**
	1986	**2 568 965**	**723 925**	**1 018 587**	**686 470**	**139 984**	**25 932**	**569 064**	**358 100**
	1987	**2 589 126**	**712 605**	**1 021 294**	**713 798**	**141 429**	**13 351**	**607 475**	**363 805**
Antigua and Barbuda	1984	..	..	..	..	..	0	160	10
	1985	..	..	..	..	..	0	168	9
	1986	..	..	..	..	..	0	184	9
	1987	..	..	..	..	..	0	190	10
Aruba	1984	..	..	..	..	..	...	...	...
	1985	..	..	..	..	..	...	...	...
	1986	..	..	..	..	..	...	48	0
	1987	..	..	..	..	..	...	48	0

Production, commerce et consommation d'énergie commerciale

(Quantités en milliers de tonnes métriques et en kilogrammes par habitant d'équivalent charbon)

Bunkers – Soutes			Consumption – Consommation							
Air Avion	Sea Maritime	Un-allocated Quantités non réparties	Per Capita Par habitant	Total Totale	Solids Solides	Liquids Liquides	Gas Gaz	Electricity Electricité	Year Année	Country or area Pays ou zone
18	41	32	48	299	..	299	..	..	1984	Somalie
21	39	30	57	365	..	365	..	..	1985	
25	42	53	56	371	..	371	..	..	1986	
22	36	44	60	411	..	411	..	..	1987	
147	4 558	2 832	2 852	101 635	85 702	15 324	...	609	1984	Un.douan.d'Afr.mérid
147	4 558	2 681	2 836	103 465	87 429	15 475	...	561	1985	
147	4 402	2 854	2 844	106 209	90 216	15 458	...	535	1986	
147	4 417	2 871	2 816	107 621	91 659	15 425	...	537	1987	
32	7	167	78	1 650	0	1 587	..	63	1984	Soudan
37	7	348	67	1 468	0	1 405	..	63	1985	
44	6	212	67	1 495	0	1 432	..	64	1986	
43	7	238	64	1 481	0	1 417	..	63	1987	
..	...	0	65	188	0	170	..	19	1984	Togo
..	...	0	58	172	0	145	..	27	1985	
..	...	0	57	173	0	144	..	29	1986	
..	...	0	52	164	0	134	..	30	1987	
52	7	302	714	5 056	100	3 783	1 173	–1	1984	Tunisie
4	6	290	719	5 224	95	3 651	1 462	17	1985	
7	3	168	692	5 151	85	4 038	1 021	7	1986	
9	0	184	651	4 964	91	3 840	1 020	14	1987	
0	..	...	24	361	..	308	..	53	1984	Ouganda
0	..	...	24	376	..	313	..	63	1985	
0	..	...	25	401	..	335	..	66	1986	
0	..	...	24	405	..	339	..	66	1987	
13	37	9	42	916	4	836	..	76	1984	Rép.Unie de Tanzanie
13	37	27	40	906	5	825	..	76	1985	
10	35	22	37	885	5	804	..	76	1986	
7	33	44	38	935	4	856	..	75	1987	
6	0	..	553	84	..	84	..	..	1984	Sahara occidental
6	0	..	519	81	..	81	..	..	1985	
6	0	..	522	84	..	84	..	..	1986	
6	0	..	527	87	..	87	..	..	1987	
167	45	19	70	2 078	295	1 220	..	563	1984	Zaïre
177	42	10	65	1 997	297	1 112	..	588	1985	
167	50	6	66	2 084	293	1 158	..	633	1986	
168	45	26	64	2 089	292	1 177	..	620	1987	
56	..	74	290	1 954	426	689	..	839	1984	Zambie
55	..	96	271	1 901	417	639	..	845	1985	
47	..	116	261	1 902	461	616	..	825	1986	
53	..	99	248	1 874	386	633	..	855	1987	
118	..	...	570	4 591	2 927	872	...	792	1984	Zimbabwe
140	..	...	567	4 709	3 034	918	...	758	1985	
147	..	...	675	5 782	4 090	936	...	756	1986	
140	..	...	731	6 461	4 955	1 034	...	472	1987	
11 513	**38 866**	**–3 684**	**6 816**	**2 695 664**	**628 357**	**1 211 960**	**728 347**	**127 001**	**1984**	**AMER DU NORD**
11 706	**36 757**	**–9 038**	**6 794**	**2 723 670**	**655 977**	**1 213 402**	**721 166**	**133 124**	**1985**	
11 646	**32 498**	**840**	**6 668**	**2 709 012**	**639 303**	**1 250 746**	**678 857**	**140 105**	**1986**	
11 828	**32 591**	**8 183**	**6 723**	**2 766 842**	**637 257**	**1 276 663**	**711 938**	**140 984**	**1987**	
80	0	0	864	70	..	70	..	..	1984	Antigua–et–Barbuda
49	0	0	1 341	110	..	110	..	..	1985	
56	0	0	1 434	119	..	119	..	..	1986	
50	0	0	1 536	129	..	129	..	..	1987	
..	..	...	...	...	..	...	..	..	1984	Aruba
..	..	...	...	...	..	...	..	..	1985	
..	..	0	...	48	..	48	..	..	1986	
..	..	0	...	48	..	48	..	..	1987	

Table 1

Production, Trade and Consumption of Commercial Energy

(Quantities in thousand metric tons and in kilograms per capita of coal equivalent)

Country or area Pays ou zone	Year Année	Primary Energy Production – Production d'énergie primaire					Changes in Stocks Variations des stocks	Imports Importations	Exports Exportations
		Total Totale	Solids Solides	Liquids Liquides	Gas Gaz	Electricity Electricité			
Bahamas	1984	..	..	..	..	..	–213	9 909	8 742
	1985	..	..	..	..	..	–240	5 803	4 588
	1986	..	..	..	..	..	–292	2 908	1 998
	1987	..	..	..	..	..	–425	2 675	1 947
Barbados	1984	150	..	124	26	..	21	424	0
	1985	167	..	133	34	..	0	420	0
	1986	147	..	111	35	..	0	444	3
	1987	127	..	97	30	..	0	483	3
Belize	1984	..	..	..	..	..	0	99	0
	1985	..	..	..	..	..	0	109	0
	1986	..	..	..	..	..	0	94	0
	1987	..	..	..	..	..	0	100	0
Bermuda	1984	..	..	..	..	..	0	251	0
	1985	..	..	..	..	..	0	247	0
	1986	..	..	..	..	..	0	233	0
	1987	..	..	..	..	..	0	326	0
British Virgin Islds	1984	..	..	..	..	..	...	16	..
	1985	..	..	..	..	..	...	18	..
	1986	..	..	..	..	..	...	19	..
	1987	..	..	..	..	..	...	21	..
Canada	1984	308 800	47 645	118 074	101 399	41 683	2 620	39 150	98 260
	1985	324 202	50 742	119 920	108 794	44 744	–3 447	37 970	116 555
	1986	316 103	47 160	120 073	101 947	46 923	1 954	44 821	112 482
	1987	332 315	47 559	126 217	110 193	48 346	1 689	48 940	125 730
Cayman Islands	1984	..	..	..	..	..	...	50	..
	1985	..	..	..	..	..	...	47	..
	1986	..	..	..	..	..	...	53	..
	1987	..	..	..	..	..	...	52	..
Costa Rica	1984	369	..	..	..	369	33	934	104
	1985	340	..	..	..	340	–46	1 009	71
	1986	353	..	..	..	353	–50	1 239	168
	1987	354	..	..	..	354	–53	1 236	124
Cuba	1984	1 113	..	1 100	4	9	–338	17 877	3 773
	1985	1 255	..	1 240	9	7	528	19 390	4 680
	1986	1 354	..	1 340	7	7	–695	18 854	5 096
	1987	1 314	..	1 279	30	5	451	20 017	4 685
Dominica	1984	2	..	..	..	2	...	19	..
	1985	2	..	..	..	2	...	19	..
	1986	2	..	..	..	2	...	19	..
	1987	2	..	..	..	2	...	21	..
Dominican Republic	1984	63	..	..	..	63	229	3 404	..
	1985	127	..	..	..	127	0	3 135	..
	1986	111	..	..	..	111	0	2 809	..
	1987	117	..	..	..	117	0	2 761	..
El Salvador	1984	192	..	..	..	192	0	901	0
	1985	205	..	..	..	205	0	910	0
	1986	201	..	..	..	201	0	917	0
	1987	217	..	..	..	217	0	924	0
Greenland	1984	0	0	..	..	..	0	266	..
	1985	0	0	..	..	..	0	247	..
	1986	0	0	..	..	..	0	160	..
	1987	0	0	..	..	..	0	159	..
Grenada	1984	..	..	..	..	..	...	29	..
	1985	..	..	..	..	..	...	28	..
	1986	..	..	..	..	..	...	31	..
	1987	..	..	..	..	..	...	34	..

Production, commerce et consommation d'énergie commerciale

(Quantités en milliers de tonnes métriques et en kilogrammes par habitant d'équivalent charbon)

Bunkers – Soutes		Un-allocated Quantités non réparties	Consumption – Consommation						Year Année	Country or area Pays ou zone
Air Avion	Sea Maritime		Per Capita Par habitant	Total Totale	Solids Solides	Liquids Liquides	Gas Gaz	Electricity Electricité		
53	536	52	3 079	739	0	739	..	..	1984	Bahamas
52	730	27	2 663	647	0	647	..	..	1985	
46	608	0	2 215	547	0	547	..	..	1986	
46	608	0	1 988	499	0	499	..	..	1987	
144	79	4	1 285	325	0	299	26	..	1984	Barbade
144	79	16	1 366	347	0	313	34	..	1985	
118	93	26	1 376	351	0	316	35	..	1986	
121	86	36	1 416	364	0	335	30	..	1987	
16	0	..	513	82	..	82	..	0	1984	Belize
16	0	..	567	93	..	93	..	0	1985	
18	0	..	458	77	..	77	..	0	1986	
18	0	..	485	83	..	83	..	0	1987	
37	7	..	3 632	207	0	207	..	..	1984	Bermudes
34	4	..	3 667	209	0	209	..	..	1985	
32	4	..	3 379	196	0	196	..	..	1986	
55	3	..	4 638	269	0	269	..	..	1987	
..	..	..	1 143	16	..	16	..	..	1984	Iles Vierges brit.
..	..	..	1 286	18	..	18	..	..	1985	
..	..	..	1 357	19	..	19	..	..	1986	
..	..	..	1 500	21	..	21	..	..	1987	
784	2 768	–3 805	9 852	247 322	37 109	100 082	73 249	36 881	1984	Canada
746	2 402	–5 788	9 917	251 703	36 559	98 842	76 511	39 791	1985	
796	2 424	–6 449	9 742	249 716	33 838	99 454	73 674	42 749	1986	
902	2 801	–6 384	9 915	256 518	36 008	103 288	74 276	42 946	1987	
1	..	..	2 333	49	..	49	..	..	1984	Iles Caïmanes
1	..	..	2 190	46	..	46	..	..	1985	
1	..	..	2 476	52	..	52	..	..	1986	
1	..	..	2 273	50	..	50	..	..	1987	
...	0	–50	473	1 216	..	901	..	315	1984	Costa Rica
...	0	55	480	1 268	..	934	..	334	1985	
...	0	69	517	1 405	..	1 042	..	363	1986	
...	0	127	498	1 391	..	1 028	..	363	1987	
134	319	853	1 440	14 249	153	14 083	4	9	1984	Cuba
131	311	1 122	1 395	13 872	135	13 721	9	7	1985	
122	134	1 000	1 454	14 551	160	14 376	7	7	1986	
118	137	1 410	1 442	14 530	164	14 331	30	5	1987	
1	..	..	263	20	..	18	..	2	1984	Dominique
1	..	..	260	20	..	18	..	2	1985	
1	..	..	256	20	..	18	..	2	1986	
1	..	..	266	21	..	19	..	2	1987	
0	...	252	476	2 987	0	2 924	..	63	1984	Rép. dominicaine
0	...	589	417	2 673	0	2 546	..	127	1985	
0	...	59	436	2 861	0	2 750	..	111	1986	
0	...	59	420	2 819	0	2 703	..	117	1987	
6	85	40	204	963	..	770	..	192	1984	El Salvador
6	85	49	204	974	..	769	..	205	1985	
7	71	93	196	947	..	746	..	201	1986	
7	85	115	190	934	..	716	..	217	1987	
..	..	..	4 926	266	1	265	..	..	1984	Groënland
..	..	..	4 574	247	0	247	..	..	1985	
..	..	..	2 909	160	0	160	..	..	1986	
..	..	..	2 891	159	0	159	..	..	1987	
0	...	..	302	29	..	29	..	..	1984	Grenade
0	...	..	289	28	..	28	..	..	1985	
1	...	..	296	29	..	29	..	..	1986	
1	...	..	320	32	..	32	..	..	1987	

Table 1

Production, Trade and Consumption of Commercial Energy

(Quantities in thousand metric tons and in kilograms per capita of coal equivalent)

Country or area Pays ou zone	Year Année	Primary Energy Production – Production d'énergie primaire					Changes in Stocks Variations des stocks	Imports Importations	Exports Exportations
		Total Totale	Solids Solides	Liquids Liquides	Gas Gaz	Electricity Electricité			
Guadeloupe	1984	..	..	..	..	..	3	316	0
	1985	..	..	..	..	..	0	300	0
	1986	..	..	..	..	..	0	331	0
	1987	..	..	..	..	..	0	359	0
Guatemala	1984	413	..	339	..	74	48	1 665	249
	1985	346	..	263	..	83	0	1 677	243
	1986	496	..	413	..	84	0	1 532	250
	1987	341	..	257	..	84	1	1 520	251
Haiti	1984	32	..	..	..	32	0	331	..
	1985	32	..	..	..	32	0	334	..
	1986	39	..	..	..	39	0	318	..
	1987	39	..	..	..	39	0	305	..
Honduras	1984	107	..	..	..	107	0	847	0
	1985	107	..	..	..	107	0	855	0
	1986	108	..	..	..	108	0	843	0
	1987	108	..	..	..	108	0	809	0
Jamaica	1984	18	..	..	..	18	–71	2 282	10
	1985	9	..	..	..	9	0	2 905	15
	1986	14	..	..	..	14	0	2 812	15
	1987	15	..	..	..	15	0	2 778	15
Martinique	1984	..	..	..	..	..	1	651	306
	1985	..	..	..	..	..	24	684	311
	1986	..	..	..	..	..	1	662	304
	1987	..	..	..	..	..	4	673	298
Mexico	1984	263 607	6 801	215 804	37 927	3 074	–687	1 843	124 372
	1985	254 965	6 993	208 105	36 442	3 425	–724	3 388	115 395
	1986	239 746	7 255	195 339	34 275	2 877	–308	4 288	102 738
	1987	249 646	7 955	204 390	34 504	2 797	1 441	5 255	106 067
Montserrat	1984	..	..	..	..	..	...	10	..
	1985	..	..	..	..	..	...	12	..
	1986	..	..	..	..	..	...	12	..
	1987	..	..	..	..	..	...	12	..
Neth.Antil and Aruba	1984	..	..	..	..	..	–211	31 904	24 290
	1985	..	..	..	..	..	–357	14 612	9 396
	1986	..	..	..	..	..	...	...	...
	1987	..	..	..	..	..	...	...	...
Netherlands Antilles	1984	..	..	..	..	..	...	...	...
	1985	..	..	..	..	..	...	...	...
	1986	..	..	..	..	..	–357	13 338	8 222
	1987	..	..	..	..	..	0	15 205	9 401
Nicaragua	1984	62	..	..	..	62	–39	841	0
	1985	69	..	..	..	69	41	981	1
	1986	70	..	..	..	70	0	987	1
	1987	70	..	..	..	70	0	990	1
Panama	1984	183	..	..	..	183	0	5 341	417
	1985	237	..	..	..	237	0	4 927	431
	1986	257	..	..	..	257	0	4 840	431
	1987	250	..	..	..	250	0	4 909	475
Puerto Rico	1984	20	..	..	..	20	–329	10 582	2 198
	1985	23	..	..	..	23	44	10 157	1 827
	1986	28	..	..	..	28	627	10 546	1 626
	1987	32	..	..	..	32	–150	10 182	1 529
St.Kitts–Nevis	1984	..	..	..	..	..	0	25	..
	1985	..	..	..	..	..	0	25	..
	1986	..	..	..	..	..	0	28	..
	1987	..	..	..	..	..	0	26	..

Table 1

Production, commerce et consommation d'énergie commerciale

(Quantités en milliers de tonnes métriques et en kilogrammes par habitant d'équivalent charbon)

Bunkers – Soutes		Un-allocated Quantités non réparties	Consumption – Consommation						Year Année	Country or area Pays ou zone
Air Avion	Sea Maritime		Per Capita Par habitant	Total Totale	Solids Solides	Liquids Liquides	Gas Gaz	Electricity Electricité		
6	...	..	919	307	..	307	..	..	1984	Guadeloupe
6	...	..	878	294	..	294	..	..	1985	
6	...	..	964	325	..	325	..	..	1986	
6	...	..	1 044	353	..	353	..	..	1987	
13	174	15	204	1 579	..	1 505	..	74	1984	Guatemala
15	174	13	198	1 578	..	1 495	..	83	1985	
15	167	70	186	1 527	..	1 443	..	84	1986	
19	174	5	167	1 409	..	1 326	..	84	1987	
25	...	..	58	338	0	306	..	32	1984	Haïti
27	...	..	57	339	0	307	..	32	1985	
27	...	..	55	330	0	291	..	39	1986	
27	...	..	52	317	0	278	..	39	1987	
...	0	2	225	952	0	824	..	128	1984	Honduras
...	0	2	219	960	0	832	..	128	1985	
...	0	28	203	922	0	795	..	128	1986	
...	0	27	190	890	0	763	..	128	1987	
15	50	55	974	2 242	0	2 224	..	18	1984	Jamaïque
29	42	187	1 130	2 641	0	2 631	..	9	1985	
22	42	231	1 061	2 517	0	2 502	..	14	1986	
22	42	177	1 053	2 537	0	2 522	..	15	1987	
..	25	–9	994	327	..	327	..	..	1984	Martinique
..	24	–7	1 006	331	..	331	..	..	1985	
..	14	2	1 030	340	..	340	..	..	1986	
..	17	4	1 058	349	..	349	..	..	1987	
94	57	6 254	1 745	135 360	7 024	89 227	36 046	3 064	1984	Mexique
100	64	5 309	1 741	138 208	7 618	90 672	36 498	3 420	1985	
100	64	6 704	1 659	134 737	7 559	90 128	34 340	2 711	1986	
99	57	6 334	1 697	140 904	7 779	95 991	34 574	2 560	1987	
..	3	..	538	7	..	7	..	..	1984	Montserrat
..	3	..	692	9	..	9	..	..	1905	
..	3	..	692	9	..	9	..	..	1986	
..	1	..	769	10	..	10	..	..	1987	
66	2 839	1 925	16 726	2 994	..	2 994	..	..	1984	Antill.néer.et Aruba
59	2 817	630	11 420	2 067	..	2 067	..	..	1985	
...	...	...	...	...	..	...	..	..	1986	
...	...	...	...	...	..	...	..	..	1987	
...	...	...	...	...	..	...	..	..	1984	Antilles néerland.
...	...	...	...	...	..	...	..	..	1985	
59	2 746	673	...	1 995	..	1 995	..	..	1986	
59	2 746	982	...	2 017	..	2 017	..	..	1987	
0	..	–19	304	962	..	867	..	95	1984	Nicaragua
0	..	2	307	1 006	..	914	..	92	1985	
0	..	17	307	1 039	..	945	..	93	1986	
0	..	21	296	1 037	..	944	..	93	1987	
59	3 524	89	672	1 435	9	1 242	0	183	1984	Panama
37	3 183	71	661	1 442	6	1 199	0	237	1985	
37	3 049	163	636	1 417	5	1 155	0	257	1986	
37	3 134	186	583	1 327	5	1 073	0	250	1987	
60	228	–952	2 765	9 397	100	9 277	..	20	1984	Porto Rico
52	122	–664	2 549	8 799	100	8 676	..	23	1985	
45	100	–436	2 457	8 611	200	8 383	..	28	1986	
37	93	–157	2 493	8 862	200	8 630	..	32	1987	
..	..	..	532	25	..	25	..	..	1984	St–Kitts–Nevis
..	..	..	532	25	..	25	..	..	1985	
..	..	..	583	28	..	28	..	..	1986	
..	..	..	531	26	..	26	..	..	1987	

Table 1

Production, Trade and Consumption of Commercial Energy

(Quantities in thousand metric tons and in kilograms per capita of coal equivalent)

Country or area Pays ou zone	Year Année	Primary Energy Production – Production d'énergie primaire					Changes in Stocks Variations des stocks	Imports Importations	Exports Exportations
		Total Totale	Solids Solides	Liquids Liquides	Gas Gaz	Electricity Electricité			
Saint Lucia	1984	..	..	..	..	..	0	54	..
	1985	..	..	..	..	..	0	60	..
	1986	..	..	..	..	..	0	60	..
	1987	..	..	..	..	..	0	62	..
St.Pierre–Miquelon	1984	..	..	..	..	..	...	58	..
	1985	..	..	..	..	..	...	61	..
	1986	..	..	..	..	..	...	75	..
	1987	..	..	..	..	..	...	97	..
S.Vincent–Grenadines	1984	2	..	..	..	2	...	19	..
	1985	2	..	..	..	2	...	19	..
	1986	2	..	..	..	2	...	19	..
	1987	2	..	..	..	2	...	21	..
Trinidad and Tobago	1984	17 906	..	12 524	5 382	..	–652	14	11 345
	1985	19 548	..	13 008	6 540	..	–371	305	11 844
	1986	17 613	..	12 469	5 143	..	97	502	11 475
	1987	16 927	..	11 525	5 402	..	–362	526	10 998
United States	1984	2 048 421	668 387	707 293	591 691	81 050	53 365	395 385	102 682
	1985	2 019 415	666 401	711 019	558 390	83 604	–34 710	368 298	116 935
	1986	1 992 321	669 509	688 841	545 063	88 908	24 927	448 295	107 038
	1987	1 987 250	657 091	677 528	563 639	88 992	11 025	487 204	99 441
U.S. Virgin Islands	1984	..	..	..	..	..	–516	24 572	19 310
	1985	..	..	..	..	..	775	20 965	14 219
	1986	..	..	..	..	..	–330	20 130	14 466
	1987	..	..	..	..	..	–271	13 811	12 229
STH. AMERICA	**1984**	**359 665**	**13 430**	**259 187**	**55 265**	**31 783**	**2 786**	**68 951**	**142 963**
	1985	**363 290**	**15 872**	**256 337**	**56 472**	**34 609**	**–1 238**	**62 529**	**139 823**
	1986	**389 291**	**17 329**	**275 071**	**61 190**	**35 702**	**406**	**69 228**	**155 498**
	1987	**399 394**	**20 358**	**273 685**	**68 325**	**37 025**	**2 686**	**81 676**	**156 344**
Argentina	1984	56 510	429	36 755	16 315	3 011	324	3 228	2 065
	1985	56 208	337	35 266	17 360	3 245	–1 347	3 331	5 145
	1986	55 851	308	33 404	18 857	3 283	82	3 659	1 642
	1987	59 224	314	33 008	22 416	3 485	405	6 717	826
Bolivia	1984	4 756	..	1 666	2 944	146	–14	1	2 701
	1985	4 648	..	1 589	2 916	142	–70	1	2 632
	1986	4 717	..	1 443	3 133	140	–121	1	2 866
	1987	4 728	..	1 483	3 107	139	–190	0	2 752
Brazil	1984	62 139	5 226	33 818	2 632	20 463	2 179	53 494	10 937
	1985	71 044	5 384	40 033	3 301	22 326	–178	47 791	9 564
	1986	73 433	5 154	42 087	3 767	22 425	–181	53 731	7 529
	1987	73 427	4 718	41 901	3 898	22 911	678	58 321	8 540
Chile	1984	6 931	1 191	3 338	1 256	1 146	–368	4 040	29
	1985	6 719	1 293	2 874	1 280	1 272	–298	3 906	31
	1986	6 931	1 630	2 741	1 170	1 389	995	5 123	11
	1987	6736	1 561	2 535	1 148	1 492	–487	6 345	49
Colombia	1984	27 490	6 427	12 670	5 909	2 485	846	3 010	4 735
	1985	30 228	8 689	13 001	5 862	2 675	240	3 026	7 655
	1986	41 038	10 029	22 136	5 771	3 103	–43	1 354	16 303
	1987	50 473	13 552	27 964	5 818	3 139	–748	828	25 281
Ecuador	1984	19 314	..	18 788	134	393	388	737	9 787
	1985	21 037	..	20 450	129	458	–413	677	13 302
	1986	21 597	..	20 923	144	530	7	596	15 307
	1987	13 366	..	12 713	91	562	1 637	3 996	8 522
Falkland I(Malvinas)	1984	4	4	..	..	..	..	7	..
	1985	5	5	..	..	..	..	7	..
	1986	5	5	..	..	..	..	7	..
	1987	5	5	..	..	..	..	7	..

Table 1

Production, commerce et consommation d'énergie commerciale

(Quantités en milliers de tonnes métriques et en kilogrammes par habitant d'équivalent charbon)

Bunkers – Soutes: Air Avion	Bunkers – Soutes: Sea Maritime	Un-allocated Quantités non réparties	Consumption – Consommation: Per Capita Par habitant	Consumption – Consommation: Total Totale	Consumption – Consommation: Solids Solides	Consumption – Consommation: Liquids Liquides	Consumption – Consommation: Gas Gaz	Consumption – Consommation: Electricity Electricité	Year Année	Country or area Pays ou zone
1	..	..	417	53	..	53	..	..	1984	Sainte–Lucie
0	..	..	465	60	..	60	..	..	1985	
1	..	..	450	59	..	59	..	..	1986	
1	..	..	455	60	..	60	..	..	1987	
..	36	..	3 143	22	0	22	..	..	1984	St.Pierre–Miquelon
..	35	..	3 714	26	0	26	..	..	1985	
..	35	..	5 714	40	0	40	..	..	1986	
..	43	..	7 571	53	0	53	..	..	1987	
0	..	..	202	21	..	19	..	2	1984	S.Vincent–Grenadines
0	..	..	200	21	..	19	..	2	1985	
0	..	..	198	21	..	19	..	2	1986	
0	..	..	215	23	..	21	..	2	1987	
0	414	348	5 540	6 465	0	1 083	5 382	..	1984	Trinité–et–Tobago
0	216	244	6 677	7 919	0	1 379	6 540	..	1985	
0	92	–274	5 580	6 724	0	1 581	5 143	..	1986	
0	127	–374	5 770	7 063	0	1 661	5 402	..	1987	
9 871	26 516	–10 959	9 542	2 262 331	583 961	978 809	613 639	85 922	1984	Etats–Unis
10 171	25 641	–13 778	9 543	2 283 453	611 558	981 688	601 575	88 632	1985	
10 171	24 915	–3 957	9 435	2277 524	597 541	1 021 008	565 657	93 317	1986	
10 244	24 954	5 879	9 542	2 322 910	593 101	1 038 053	597 627	94 130	1987	
44	1 205	2 221	22 183	2 307	...	2 307	..	..	1984	Iles Vierges amér.
29	824	2 883	21 094	2 236	...	2 236	..	..	1985	
22	684	3 495	16 602	1 793	...	1 793	..	..	1986	
15	228	720	8 165	890	...	890	..	..	1987	
1 412	**3 994**	**24 260**	**967**	**253 200**	**18 311**	**147 835**	**55 257**	**31 798**	**1984**	**AMER DU SUD**
1 345	**3 998**	**23 555**	**965**	**258 335**	**21 141**	**145 783**	**56 461**	**34 950**	**1985**	
1 334	**3 375**	**22 936**	**1 006**	**274 971**	**21 458**	**155 549**	**60 998**	**36 965**	**1986**	
1 370	**3 739**	**33 340**	**1 016**	**283 591**	**22 294**	**153 534**	**68 652**	**39 111**	**1987**	
0	984	4 129	1 746	52 236	810	29 479	18 937	3 011	1984	Argentine
0	948	4 778	1 649	50 015	1 035	25 754	19 982	3 244	1985	
0	654	3 542	1 743	53589	1 270	27 559	21 478	3 282	1986	
0	917	4 267	1 912	59 526	1 426	29 138	25 455	3 507	1987	
7	..	53	324	2 010	1	1 540	323	146	1984	Bolivie
7	..	105	310	1 974	1	1 538	292	143	1985	
9	..	78	288	1 887	1	1 426	320	140	1986	
0	..	93	308	2 073	0	1 523	411	139	1987	
929	1 615	11 194	669	88 779	10 690	55 004	2 632	20 453	1984	Brésil
959	1 657	10 714	709	96 120	13 276	56 875	3 301	22 667	1985	
922	1 496	12 461	758	104 936	13 402	64 078	3 767	23 689	1986	
959	1 426	11 695	767	108 451	13 923	65 656	3 898	24 975	1987	
69	0	314	917	10 926	1 884	6 648	1 247	1 146	1984	Chili
0	0	113	889	10 780	1 817	6 420	1 271	1 272	1985	
0	0	–218	914	11 266	1 892	6 814	1 171	1 389	1986	
0	0	1 761	938	11 757	1 841	7 293	1 131	1 492	1987	
15	197	1 784	815	22 923	4 509	10 017	5 909	2 489	1984	Colombie
15	224	1 886	809	23 234	4 594	10 102	5 862	2 676	1985	
13	212	2 239	807	23 667	4 530	10 263	5 771	3 104	1986	
12	272	2 016	817	24 467	4 690	10 820	5 818	3 139	1987	
44	60	3 706	666	6 067	..	5 541	134	393	1984	Equateur
44	51	2 728	640	6 002	..	5 415	129	458	1985	
41	60	453	656	6 325	..	5 650	144	530	1986	
49	149	787	627	6 219	..	5 566	91	562	1987	
..	1	..	3 333	10	4	6	..	..	1984	I Falkland(Malvinas)
..	1	..	3 667	11	5	6	..	..	1985	
..	1	..	3 667	11	5	6	..	..	1986	
..	1	..	3 667	11	5	6	..	..	1987	

Table 1

Production, Trade and Consumption of Commercial Energy

(Quantities in thousand metric tons and in kilograms per capita of coal equivalent)

Country or area Pays ou zone	Year Année	Primary Energy Production – Production d'énergie primaire					Changes in Stocks Variations des stocks	Imports Importations	Exports Exportations
		Total Totale	Solids Solides	Liquids Liquides	Gas Gaz	Electricity Electricité			
French Guiana	1984	..	..	..	..	..	...	154	..
	1985	..	..	..	..	..	...	158	..
	1986	..	..	..	..	..	...	133	..
	1987	..	..	..	..	..	...	178	..
Guyana	1984	1	..	..	..	1	...	668	..
	1985	1	..	..	..	1	...	672	..
	1986	1	..	..	..	1	...	516	..
	1987	1	..	..	..	1	...	486	..
Paraguay	1984	109	..	..	..	109	56	780	3
	1985	154	..	..	..	154	−102	633	...
	1986	201	..	..	..	201	−3	765	...
	1987	346	..	..	..	346	0	756	...
Peru	1984	15 439	103	13 478	805	1 053	121	148	4 987
	1985	15 488	122	13 399	823	1 144	131	171	5 360
	1986	15 223	147	12 968	867	1 242	23	399	4 359
	1987	14 938	147	12 567	867	1 357	78	1 377	3 918
Suriname	1984	165	..	54	..	111	0	403	0
	1985	227	..	114	..	113	0	368	0
	1986	306	..	191	..	114	0	364	0
	1987	338	..	223	..	115	0	386	17
Uruguay	1984	450	..	..	..	450	0	1 896	33
	1985	453	..	..	..	453	−137	1 656	16
	1986	497	..	..	..	497	477	2 224	51
	1987	517	..	..	..	517	−79	1 855	15
Venezuela	1984	166 356	51	138 619	25 270	2 416	−747	384	107 686
	1985	157 078	41	129 610	24 802	2 625	937	131	96 118
	1986	169 491	57	139 177	27 481	2 776	−831	358	107 430
	1987	175 296	62	141 292	30 982	2 960	1 391	425	106 425
ASIA	**1984**	**2 168 337**	**788 253**	**1 159 481**	**159 864**	**60 739**	**2 959**	**781 636**	**929 626**
	1985	**2 229 524**	**859 924**	**1 120 515**	**181 738**	**67 348**	**16 491**	**761 686**	**845 899**
	1986	**2 467 817**	**891 303**	**1 295 503**	**210 191**	**70 821**	**38 303**	**804 303**	**1 000 821**
	1987	**2 518 937**	**925 774**	**1 289 704**	**225 978**	**77 481**	**20 279**	**840 872**	**1 013 890**
Afghanistan	1984	3 868	148	11	3 615	94	41	543	2 969
	1985	4 055	151	12	3 796	96	40	733	2 969
	1986	4 062	160	11	3 803	88	48	546	2 969
	1987	4 119	167	9	3 849	94	33	959	3 003
Bahrain	1984	8 030	..	3 310	4 721	..	78	11 544	10 601
	1985	8 959	..	3 245	5 715	..	85	10 311	9 558
	1986	9 376	..	3 635	5 741	..	223	14226	10 796
	1987	9 162	..	3 423	5 739	..	−26	14 363	11 024
Bangladesh	1984	3 316	..	107	3 099	110	−80	2 135	0
	1985	3 740	..	121	3 528	91	−27	2 386	0
	1986	4 172	..	139	3 978	55	6	2 651	0
	1987	4 906	..	167	4 675	65	0	2 717	0
Bhutan	1984	1	..	..	..	1	..	15	..
	1985	1	..	..	..	1	..	17	..
	1986	1	..	..	..	1	..	17	..
	1987	1	..	..	..	1	..	17	..
Brunei Darussalam	1984	24 133	..	11 710	12 423	..	586	39	22 478
	1985	23 631	..	11 390	12 241	..	513	49	22 100
	1986	23 235	..	11 243	11 993	..	587	34	21 777
	1987	23 198	..	10528	12 669	..	416	45	20 877
Burma	1984	3 371	61	2 266	921	124	...	39	0
	1985	3 500	60	2 074	1 243	123	...	49	0
	1986	3 689	69	2 044	1 444	132	...	49	0
	1987	3152	59	1 442	1 513	138	...	49	0

Production, commerce et consommation d'énergie commerciale

(Quantités en milliers de tonnes métriques et en kilogrammes par habitant d'équivalent charbon)

Bunkers – Soutes		Un-allocated Quantités non réparties	Consumption – Consommation						Year Année	Country or area Pays ou zone
Air Avion	Sea Maritime		Per Capita Par habitant	Total Totale	Solids Solides	Liquids Liquides	Gas Gaz	Electricity Electricité		
1	..	..	1 889	153	..	153	..	..	1984	Guyane française
1	..	..	1 880	156	..	156	..	..	1985	
1	..	..	1 541	131	..	131	..	..	1986	
1	..	..	2 023	176	..	176	..	..	1987	
7	4	..	701	657	0	656	..	1	1984	Guyana
6	4	..	695	663	0	662	..	1	1985	
6	4	..	521	506	0	505	..	1	1986	
6	4	..	481	476	0	476	..	1	1987	
3	..	–1	231	827	..	694	..	133	1984	Paraguay
3	..	3	239	883	..	729	..	155	1985	
3	..	6	252	961	..	759	..	202	1986	
3	..	9	278	1 091	..	743	..	348	1987	
0	122	–191	549	10 547	147	8 542	805	1 053	1984	Pérou
0	115	–199	520	10 252	265	8 021	823	1 144	1985	
0	100	240	539	10 900	191	8 601	867	1 242	1986	
0	100	521	564	11 697	214	9 259	867	1 357	1987	
1	7	54	1 361	505	11	383	..	111	1984	Suriname
1	7	114	1 255	472	11	348	..	113	1985	
1	7	191	1 231	469	11	344	..	114	1986	
1	7	206	1 271	492	11	366	..	115	1987	
34	217	151	639	1 912	2	1 459	..	452	1984	Uruguay
32	220	156	605	1 822	1	1 368	..	453	1985	
37	174	144	605	1 838	1	1 340	..	497	1986	
44	201	183	656	2 007	1	1 490	..	516	1987	
299	786	3 067	3 302	55 648	253	27 713	25 270	2 412	1984	Venezuela
276	771	3 155	3 231	55 952	136	28 389	24 802	2 624	1985	
299	666	3 801	3 287	58484	156	28 072	27 481	2 775	1986	
295	661	11 802	3 018	55 147	183	21 022	30 982	2 960	1987	
11 520	**22 911**	**112 022**	**669**	**1 870 935**	**891 049**	**760 795**	**158 016**	**61 075**	**1984**	**ASIE**
10 510	**22 955**	**111 947**	**697**	**1 983 406**	**970 524**	**763 361**	**181 936**	**67 585**	**1985**	
10 488	**28 789**	**127 933**	**712**	**2 065 786**	**1 013 707**	**774 203**	**207 016**	**70 859**	**1986**	
10 650	**34 769**	**118 557**	**731**	**2 161 663**	**1 053 719**	**802 628**	**228 062**	**77 254**	**1987**	
22	..	0	94	1 378	148	524	612	94	1984	Afghanistan
19	..	0	121	1 759	151	720	793	96	1985	
15	..	0	108	1 576	160	521	807	88	1986	
12	..	0	138	2 030	167	957	812	94	1987	
693	274	2 563	12 961	5 366	0	646	4 721	..	1984	Bahreïn
693	279	2 164	15 063	6 492	0	777	5 715	..	1985	
708	295	4 980	14 730	6 599	0	858	5 741	..	1986	
678	301	4 722	14 680	6 826	0	1 087	5 739	..	1987	
7	49	325	52	5 149	44	1 896	3 099	110	1984	Bangladesh
6	31	379	57	5 737	70	2 048	3 528	91	1985	
7	17	403	61	6 389	106	2 250	3 978	55	1986	
7	14	720	64	6 881	46	2 095	4 675	65	1987	
..	..	..	12	16	1	13	..	2	1984	Bhoutan
..	..	..	13	18	1	15	..	2	1985	
..	..	..	13	18	1	15	..	2	1986	
..	..	..	13	18	1	15	..	2	1987	
..	..	–499	7 406	1 607	0	847	760	..	1984	Brunéi Darussalam
..	..	–495	6 942	1 562	0	705	857	..	1985	
..	..	–416	5 674	1 322	0	668	654	..	1986	
..	..	–467	9 988	2 417	0	976	1 441	..	1987	
0	0	894	68	2 516	100	1 372	921	124	1984	Birmanie
0	0	808	73	2 741	109	1 267	1 243	123	1985	
0	0	995	72	2 743	118	1 049	1 444	132	1986	
0	0	544	68	2 656	108	897	1 513	138	1987	

Table 1

Production, Trade and Consumption of Commercial Energy

(Quantities in thousand metric tons and in kilograms per capita of coal equivalent)

Country or area Pays ou zone	Year Année	Primary Energy Production – Production d'énergie primaire					Changes in Stocks Variations des stocks	Imports Importations	Exports Exportations
		Total Totale	Solids Solides	Liquids Liquides	Gas Gaz	Electricity Electricité			
China	1984	754 254	563 059	163 733	16 803	10 660	13 540	4 193	43 503
	1985	829 421	622 434	178 421	17 215	11 350	18 749	4 107	55 654
	1986	854 590	637 961	186 697	18 320	11 612	8 613	7 651	54 604
	1987	884742	662 169	191 629	18 660	12 284	1 746	7 109	54 930
Cyprus	1984	..	..	..	..	..	–79	1 481	0
	1985	..	..	..	..	..	–30	1 539	0
	1986	..	..	..	..	..	–70	1 674	0
	1987	..	..	..	..	..	–105	1 924	0
Democratic Kampuchea	1984	4	..	..	..	4	...	195	..
	1985	4	..	..	..	4	...	198	..
	1986	4	..	..	..	4	...	205	..
	1987	4	..	..	..	4	...	207	..
Democratic Yemen	1984	..	..	..	..	..	...	5 250	2 695
	1985	..	..	..	..	..	...	5 581	2 427
	1986	..	..	..	..	..	...	5 353	2 544
	1987	..	..	..	..	..	...	5 700	2 783
Hong Kong	1984	..	..	..	..	..	–61	11 208	469
	1985	..	..	..	..	..	–183	11 038	432
	1986	..	..	..	..	..	285	13 625	1 277
	1987	..	..	..	..	..	...	14 204	1 030
India	1984	174 002	122 559	40 034	4 279	7 129	5 082	29 401	10 395
	1985	181 261	126 611	42 774	4 994	6 881	815	28 853	3 474
	1986	196 872	137 699	44 788	7 152	7 234	2 438	27 606	377
	1987	208630	149 407	43 425	8 020	7 778	4 221	32 842	1 391
Indonesia	1984	132 187	1 468	97 891	32 090	738	–2 853	13 891	100 842
	1985	130 995	1 492	96 738	31 984	781	4	7 573	88 195
	1986	142 274	1 725	101 455	38 204	891	–1 971	9 093	100 664
	1987	131 819	1 730	92 329	36 839	921	–3 769	11 005	94 937
Iran(Islamic Rep.of)	1984	176 360	1 241	156 905	17 436	778	–9 086	815	118 337
	1985	177 987	1 252	156 951	18 998	786	5 714	879	99 775
	1986	156 286	1 262	134 465	19 797	762	1 429	5 262	91 669
	1987	186 445	1 240	163 192	21 227	786	–1 429	7 934	122 462
Iraq	1984	84 985	..	84 270	640	75	4 164	10	67 162
	1985	99 829	..	98 686	1 068	75	714	7	84 967
	1986	120 722	..	118 543	2 106	74	1 429	7	104 746
	1987	150 948	..	145 883	4 990	75	1 951	8	130 903
Israel	1984	74	..	13	61	..	501	12 852	1 001
	1985	78	..	13	65	..	–539	13 169	1 300
	1986	70	..	17	53	..	1 278	14 587	1 222
	1987	75	..	20	55	..	–320	14 920	1 970
Japan	1984	44 703	14 887	608	3 130	26 078	–3 947	435 429	6 339
	1985	49 077	14 463	785	3 245	30 584	–2 339	420 860	7 065
	1986	49 332	14 068	924	2 843	31 497	6 406	427 466	7 904
	1987	49121	11 464	889	2 928	33 839	4 633	433 039	10 122
Jordan	1984	0	..	...	..	0	7	3 942	0
	1985	0	..	...	..	0	111	4 118	3
	1986	22	..	21	..	0	–70	4 158	29
	1987	32	..	30	..	2	74	4 625	98
Korea,Dem.Ppl's.Rep.	1984	47 917	44 600	..	..	3 317	...	6 612	50
	1985	49 639	46 200	..	..	3 439	...	7 197	50
	1986	50 562	47 000	..	..	3 562	...	7 340	50
	1987	50 574	47 000	..	..	3 574	...	7 528	50
Korea, Republic of	1984	15 786	14 043	..	..	1 743	–1 931	53 888	3 658
	1985	17 320	14 814	..	..	2 506	82	58 916	4 089
	1986	19 909	15 938	..	..	3 971	7 288	66 883	4 109
	1987	21 437	15 951	..	..	5 486	3 759	70 125	5 192

Production, commerce et consommation d'énergie commerciale

(Quantités en milliers de tonnes métriques et en kilogrammes par habitant d'équivalent charbon)

Bunkers – Soutes: Air Avion	Bunkers – Soutes: Sea Maritime	Un–allocated Quantités non réparties	Consumption – Consommation: Per Capita Par habitant	Total Totale	Solids Solides	Liquids Liquides	Gas Gaz	Electricity Electricité	Year Année	Country or area Pays ou zone
..	...	29 416	652	671 988	547 184	97 247	16 803	10 754	1984	Chine
..	...	31 308	700	727 818	596 544	102 578	17 215	11 481	1985	
..	...	32 236	727	766 788	627 579	109 133	18 320	11 755	1986	
..	...	34 382	749	800 793	653 861	115 988	18 660	12 284	1987	
199	53	26	1 945	1 282	52	1 230	..	..	1984	Chypre
211	49	15	1 943	1 294	74	1 220	..	..	1985	
218	51	53	2 108	1 421	55	1 366	..	..	1986	
249	97	27	2 432	1 656	151	1 505	..	..	1987	
..	..	0	28	199	0	195	..	4	1984	Kampuchea démocrat.
..	..	0	28	202	0	198	..	4	1985	
..	..	0	28	209	0	205	..	4	1986	
..	..	0	27	211	0	207	..	4	1987	
47	556	103	890	1 849	...	1 849	..	..	1984	Yémen démocratique
40	570	499	957	2 045	...	2 045	..	..	1985	
31	414	436	876	1 928	...	1 928	..	..	1986	
24	428	383	917	2 082	...	2 082	..	..	1987	
1 220	809	..	1 630	8 771	3 413	5 449	...	–91	1984	Hong–kong
1 209	756	..	1 617	8 824	4 225	4 729	...	–129	1985	
1 389	919	..	1 762	9 755	4 889	5 015	...	–148	1986	
1 468	1 088	..	1 891	10 618	6 125	4 660	...	–167	1987	
669	303	10 272	235	176 681	118 550	46 736	4 279	7 117	1984	Inde
752	173	12 900	250	192 001	129 437	50 700	4 994	6 870	1985	
855	174	14 161	263	206 473	138 598	53 493	7 152	7 230	1986	
923	325	14 113	275	220 499	148 056	56 648	8 020	7 776	1987	
199	214	4 452	264	43 223	710	33 131	8 644	738	1984	Indonésie
192	229	4 879	271	45 070	934	34 807	8 547	781	1985	
199	229	4 808	280	47438	2 190	34 923	9 435	891	1986	
236	299	3 966	274	47 155	2 941	34 648	8 645	921	1987	
7	2 414	5 249	1 316	60 253	1 291	40 748	17 436	778	1984	Iran(Rép.islamique)
7	2 345	6 866	1 347	64 160	1 352	43 023	18 998	786	1985	
7	1 848	4 985	1 245	61 609	1 412	39 639	19 797	762	1986	
7	1 920	5 508	1 285	65 911	1 440	42 458	21 227	786	1987	
9	212	3 667	637	9 780	1	9 065	640	75	1984	Iraq
6	212	3 336	667	10 600	1	9 457	1 068	75	1985	
6	142	3 679	651	10 728	1	10 254	400	74	1986	
7	283	5 283	735	12 529	1	11 122	1 331	75	1987	
374	...	634	2 501	10 416	2 684	7 703	61	–31	1984	Israël
433	...	1 626	2 462	10 426	2 933	7 465	65	–36	1985	
447	...	692	2 560	11 018	3 223	7 779	53	–37	1986	
448	...	677	2 794	12 220	3398	8 811	55	–44	1987	
1 300	4 024	14 821	3 811	457 595	105 011	276 775	49 730	26 078	1984	Japon
1 691	3 491	3 167	3 783	456 862	109 834	263 048	53 396	30 584	1985	
1 092	2 868	5 622	3 732	452 905	104 216	260 945	56 247	31 497	1986	
963	2 359	7 981	3 741	456 101	102 651	260 999	58 612	33 839	1987	
333	..	204	1 007	3 398	..	3 398	..	0	1984	Jordanie
314	..	178	1 001	3 512	..	3 515	..	–3	1985	
274	..	163	1 038	3 784	..	3 812	..	–28	1986	
271	..	223	1 052	3 991	..	4 034	..	–42	1987	
...	...	23	2 737	54 455	47 020	4 119	..	3 317	1984	Corée,Rép.pop.dém.de
...	...	75	2 782	56 711	48 920	4 352	..	3 439	1985	
...	...	–15	2 771	57 867	49 720	4 585	..	3 562	1986	
...	...	128	2 708	57 924	49 720	4 630	..	3 574	1987	
125	545	4 847	1 542	62 430	28 063	32 623	0	1 743	1984	Corée, République de
152	750	5 776	1 593	65 388	31 127	31 755	0	2 506	1985	
252	1 345	5 842	1 634	67 956	30 916	32 970	99	3 971	1986	
267	1 950	6 244	1 760	74 151	31 466	34 196	3 003	5 486	1987	

Table 1

Production, Trade and Consumption of Commercial Energy

(Quantities in thousand metric tons and in kilograms per capita of coal equivalent)

Country or area Pays ou zone	Year Année	Primary Energy Production – Production d'énergie primaire Total Totale	Solids Solides	Liquids Liquides	Gas Gaz	Electricity Electricité	Changes in Stocks Variations des stocks	Imports Importations	Exports Exportations
Kuwait,part Ntl.Zone	1984	94 282	..	87 027	7 255	..	805	1	72 621
	1985	87 491	..	80 281	7 210	..	296	1	64 571
	1986	113 472	..	106 224	7 248	..	1 525	1 708	88 721
	1987	99 582	..	92 761	6 821	..	–120	3 661	77 860
Lao Peoples Dem.Rep.	1984	117	0	..	..	117	..	90	87
	1985	123	0	..	..	123	..	99	89
	1986	123	0	..	..	123	..	101	93
	1987	129	0	..	..	129	..	102	93
Lebanon	1984	72	..	..	..	72	0	3 192	0
	1985	72	..	..	..	72	0	3 719	0
	1986	69	..	..	..	69	14	3 916	0
	1987	75	..	..	..	75	0	3 992	0
Macau	1984	..	..	..	..	..	...	272	..
	1985	..	..	..	..	..	...	347	..
	1986	..	..	..	..	..	...	416	..
	1987	..	..	..	..	..	...	457	..
Malaysia	1984	38 661	..	30 530	7 713	417	108	8 646	32 182
	1985	41 491	..	30 601	10 426	464	–354	9 184	34 291
	1986	48 547	..	35 439	12 607	500	–290	8 820	39 984
	1987	52 036	..	35 154	16 279	603	–506	9 164	40 278
Maldives	1984	..	..	..	..	..	..	28	..
	1985	..	..	..	..	..	..	31	..
	1986	..	..	..	..	..	..	38	..
	1987	..	..	..	..	..	..	38	..
Mongolia	1984	2 099	2 099	...	..	..	...	1 101	300
	1985	2 474	2 474	...	..	..	...	1 190	225
	1986	2 664	2 664	...	..	..	...	1 196	300
	1987	3 001	3 001	...	..	..	...	1 246	611
Nepal	1984	39	..	..	..	39	0	308	1
	1985	41	..	..	..	41	0	305	1
	1986	54	..	..	..	54	–23	309	29
	1987	63	..	..	..	63	–6	370	29
Oman	1984	38 650	..	36 807	1 843	..	289	0	27 985
	1985	44 967	..	42 638	2 328	..	–177	0	33 846
	1986	49 913	..	47 074	2 839	..	–503	0	38 418
	1987	51 582	..	48 681	2 900	..	–45	58	40 023
Pakistan	1984	13 941	1 260	938	10 128	1 615	189	9 755	105
	1985	15 623	1 508	1 835	10 733	1 546	–133	9 774	0
	1986	17 269	1 406	2 761	11 354	1 748	143	9 821	0
	1987	18 478	1 630	2 885	12 028	1 935	317	10 700	1
Philippines	1984	2 778	822	760	..	1 195	–2 433	11 333	181
	1985	2 709	853	564	..	1 291	–1 360	11 727	80
	1986	2 635	836	493	..	1 306	–1 419	12 160	334
	1987	2 401	790	413	..	1 198	–1 135	14 442	128
Qatar	1984	34 640	..	29 204	5 436	..	1 699	83	26 421
	1985	28 199	..	22 226	5 973	..	34	4	21 127
	1986	30 295	..	22 821	7 474	..	–828	0	22 554
	1987	27589	..	21 297	6 292	..	–262	0	20 480
S.Arabia,pt.Ntrl.Zn.	1984	327 305	..	309 269	18 036	..	1 527	2 701	249 071
	1985	263 656	..	241 921	21 736	..	–1 604	586	177 425
	1986	386 156	..	355 359	30 797	..	13 447	643	261 034
	1987	330 869	..	299 928	30 941	..	10 552	571	217 644
Singapore	1984	..	..	..	..	..	–4 614	59 838	35 676
	1985	..	..	..	..	..	–2 266	59 616	32 640
	1986	..	..	..	..	..	–72	65 620	36 799
	1987	..	..	..	..	..	–2 286	68 018	39 280

Table 1

Production, commerce et consommation d'énergie commerciale

(Quantités en milliers de tonnes métriques et en kilogrammes par habitant d'équivalent charbon)

Bunkers – Soutes: Air Avion	Bunkers – Soutes: Sea Maritime	Un-allocated Quantités non réparties	Consumption – Consommation: Per Capita Par habitant	Total Totale	Solids Solides	Liquids Liquides	Gas Gaz	Electricity Electricité	Year Année	Country or area Pays ou zone
852	1 047	6 080	7 843	12 878	..	5 623	7 255	..	1984	Koweït et prt.Zne.N.
604	1 164	7 627	7 733	13 231	..	6 020	7 210	..	1985	
663	1 162	7 564	8 713	15 544	..	6 590	8 954	..	1986	
663	1 120	6 617	9 191	17 104	..	6 624	10 480	..	1987	
..	..	..	34	119	0	87	..	32	1984	Rép. dém. pop. lao
..	..	..	37	133	0	96	..	36	1985	
..	..	..	36	131	0	99	..	32	1986	
..	..	..	37	138	0	99	..	39	1987	
118	28	26	1 169	3 091	0	3 016	..	76	1984	Liban
118	28	–3	1 367	3 648	0	3 572	..	77	1985	
177	28	84	1 359	3 681	0	3 608	..	72	1986	
206	42	112	1 341	3 706	0	3 627	..	80	1987	
..	..	..	720	272	1	268	..	3	1984	Macao
..	..	..	883	347	0	341	..	6	1985	
..	..	..	1 017	416	0	411	..	5	1986	
..	..	..	1 073	457	0	452	..	5	1987	
0	85	299	970	14 633	405	12 659	1 142	427	1984	Malaisie
0	143	260	1 057	16 336	490	13 027	2 348	471	1985	
0	105	636	1 071	16 932	402	12 987	3 042	500	1986	
0	132	515	1 283	20 781	490	13 727	5 963	600	1987	
..	..	..	157	28	..	28	..	..	1984	Maldives
..	..	..	168	31	..	31	..	..	1985	
..	..	..	200	38	..	38	..	..	1986	
..	..	..	194	38	..	38	..	..	1987	
...	..	...	1 563	2 900	1 813	1 036	..	51	1984	Mongolie
...	..	...	1 801	3 439	2 251	1 169	..	19	1985	
...	..	...	1 810	3 561	2 366	1 176	..	18	1986	
...	..	...	1 793	3 637	2 462	1 166	..	9	1987	
..	..	..	21	345	101	199	..	45	1984	Népal
..	..	..	20	345	80	215	..	50	1985	
..	..	..	21	358	53	247	..	58	1986	
..	..	..	23	409	85	260	..	64	1987	
251	354	–4	8 188	9 776	..	7 933	1 843	..	1984	Oman
254	425	–54	8 586	10 672	..	8 344	2328	..	1985	
256	496	–52	8 758	11 298	..	8 459	2 839	..	1986	
193	354	–36	8353	11 151	..	8 251	2 900	..	1987	
184	68	632	227	22 518	1 812	8 963	10 128	1 615	1984	Pakistan
167	38	1 115	234	24 210	2 218	9 712	10 733	1 546	1985	
186	20	1 000	240	25 741	2 285	10 354	11 354	1 748	1986	
159	14	923	250	27 765	2 425	11 377	12 028	1 935	1987	
312	243	1 636	264	14 171	1 628	11 348	...	1 195	1984	Philippines
286	73	1 941	243	13 416	2 105	10 020	...	1 291	1985	
311	108	1 675	244	13 786	1 663	10 817	...	1 306	1986	
324	142	2 015	265	15 368	1 703	12 467	...	1 198	1987	
124	..	217	21 899	6 263	..	827	5 436	..	1984	Qatar
113	..	114	22 717	6 815	..	842	5 973	..	1985	
111	..	119	26 561	8 340	..	866	7 474	..	1986	
97	..	119	21 881	7 155	..	863	6 292	..	1987	
2 391	2 557	10 285	5 764	64 174	..	46 138	18 036	..	1984	Arab.saoud,p.Zn.neut
1 147	3 153	11 485	6 264	72 637	..	50 901	21 736	..	1985	
1 131	9 185	23 119	6 534	78 884	..	48 086	30 797	..	1986	
1 194	10 091	12 525	6 322	79 435	..	48 495	30 941	..	1987	
731	7 479	9 713	4 288	10 853	8	10 854	..	–9	1984	Singapour
734	7 759	9 889	4 242	10 859	16	10 849	..	–6	1985	
755	7 764	9 626	4 151	10 748	9	10 739	..	0	1986	
792	12 088	5 647	4 776	12 498	16	12 482	..	0	1987	

Table 1

Production, Trade and Consumption of Commercial Energy

(Quantities in thousand metric tons and in kilograms per capita of coal equivalent)

Country or area Pays ou zone	Year Année	Primary Energy Production – Production d'énergie primaire					Changes in Stocks Variations des stocks	Imports Importations	Exports Exportations
		Total Totale	Solids Solides	Liquids Liquides	Gas Gaz	Electricity Electricité			
Sri Lanka	1984	257	..	..	..	257	–43	2 683	136
	1985	294	..	..	..	294	–102	2 660	269
	1986	325	..	..	..	325	–39	2 636	155
	1987	267	..	..	..	267	7	2 810	62
Syrian Arab Republic	1984	13 862	..	13 453	172	237	–722	9 700	9 316
	1985	13 651	..	13 194	205	252	–1 388	7 730	9 385
	1986	13 678	..	13 239	239	201	–49	7 333	7 122
	1987	17 811	..	17 374	252	184	–233	2 649	6 860
Thailand	1984	6 144	881	1 682	3 079	501	–158	15 250	178
	1985	9 517	1 934	3 190	3 939	454	–73	13 397	601
	1986	9 740	2 042	3 266	3 751	682	–440	13 674	780
	1987	11 688	2 573	3 033	5 582	501	240	16 265	673
Turkey	1984	19 129	14 444	2 981	51	1 653	202	25 573	1 574
	1985	23 312	18 731	3 014	87	1 480	156	26 480	2 031
	1986	26 916	21 446	3 420	586	1 464	–284	28 533	2 210
	1987	28 091	21 662	3 757	378	2 294	1 459	33 951	2 857
United Arab Emirates	1984	90 835	..	85 756	5 080	..	143	257	79 935
	1985	102 997	..	89 657	13 340	..	286	184	83 677
	1986	117 100	..	100 757	16 343	..	500	170	94 421
	1987	131 792	..	109 950	21 841	..	357	17	102 873
Viet Nam	1984	5 121	4 900	..	..	221	...	1 943	500
	1985	5 533	5 300	..	..	233	...	2 001	500
	1986	5 746	5 500	..	..	246	...	2 052	500
	1987	5 846	5 600	..	..	246	...	2 054	500
Yemen	1984	...	..	...	..	..	...	1 133	..
	1985	...	..	...	..	..	52	1 288	..
	1986	504	..	504	..	..	–3	787	..
	1987	1 286	..	1 286	..	..	757	956	..
EUROPE	**1984**	**1 325 162**	**604 409**	**291 326**	**306 991**	**122 436**	**–38 614**	**1 352 817**	**537 400**
	1985	**1 398 531**	**646 689**	**300 286**	**316 774**	**134 782**	**–13 221**	**1 356 052**	**530 429**
	1986	**1 407 982**	**655 702**	**307 029**	**305 880**	**139 371**	**18 944**	**1 420 230**	**558 687**
	1987	**1 421 873**	**644 640**	**313 450**	**317 204**	**146 579**	**–9**	**1 405 308**	**550 949**
Albania	1984	6 205	1 005	4 286	512	402	...	219	74
	1985	6 427	1 075	4 429	512	411	...	229	77
	1986	6 365	1 150	4 286	512	418	...	239	80
	1987	6 359	1 150	4 286	512	411	...	241	80
Austria	1984	8 284	1 249	1 738	1 745	3 552	561	23 067	1 229
	1985	8 392	1 324	1 660	1 600	3 807	294	23 878	1 969
	1986	8 106	1 276	1 625	1 377	3 828	429	23 601	1 538
	1987	8 406	1 055	1 547	1 434	4 370	150	23 490	1 693
Belgium	1984	9 263	5 760	..	50	3 452	–1 143	70 905	23 799
	1985	10 032	5 680	..	54	4 297	–676	66 527	19 005
	1986	10 058	5 144	..	32	4 881	1 350	73 628	24 193
	1987	9 232	3 984	..	34	5 214	–293	74 837	24 645
Bulgaria	1984	18 888	16 291	429	204	1 965	...	34 420	609
	1985	18 038	15 551	429	170	1 888	...	35 737	258
	1986	20 056	17 714	429	145	1 768	...	34 940	533
	1987	20 926	18 508	414	164	1 839	...	35 191	382
Czechoslovakia	1984	67 262	65 017	135	820	1 291	480	42 629	6 873
	1985	66 804	63 854	180	789	1 981	–385	42 259	6 915
	1986	67 316	63 609	209	813	2 685	–185	43 131	7 421
	1987	67 914	63 486	215	882	3 331	491	43 590	7 429
Denmark	1984	3 638	0	3 306	322	9	113	26 053	4 778
	1985	5 673	0	4 131	1 530	12	623	28 530	5 221
	1986	7 839	0	5 173	2 646	20	830	26 931	5 660
	1987	9 971	0	6 574	3 371	26	474	26 349	7 003

Table 1

Production, commerce et consommation d'énergie commerciale

(Quantités en milliers de tonnes métriques et en kilogrammes par habitant d'équivalent charbon)

Bunkers – Soutes: Air Avion	Bunkers – Soutes: Sea Maritime	Un-allocated Quantités non réparties	Consumption – Consommation: Per Capita Par habitant	Total Totale	Solids Solides	Liquids Liquides	Gas Gaz	Electricity Electricité	Year Année	Country or area Pays ou zone
106	500	229	127	2 012	3	1 752	...	257	1984	Sri Lanka
94	438	427	113	1 828	3	1 531	...	294	1985	
96	543	303	116	1 902	2	1 575	...	325	1986	
96	625	221	125	2 066	0	1 798	...	267	1987	
404	...	2 983	1 147	11 580	5	11 183	172	220	1984	Rép. arabe syrienne
407	...	2 290	1 022	10 686	2	10 244	205	235	1985	
433	...	2 448	1 020	11 057	1	10 632	239	185	1986	
466	...	1 852	1 025	11 515	1	11 093	252	168	1987	
0	208	160	414	21 005	1 054	16 286	3 079	586	1984	Thaïlande
0	0	489	424	21 897	2 176	15 242	3 939	540	1985	
0	0	393	432	22 683	2 245	15 913	3 751	773	1986	
0	0	751	493	26 288	2 832	17 325	5 582	549	1987	
0	190	2 666	815	40 071	15 995	22 046	51	1 979	1984	Turquie
0	195	2 739	887	44 671	20 482	22 359	87	1 743	1985	
0	428	3 795	958	49 301	24 074	23 081	586	1 559	1986	
0	413	4 913	998	52 400	24 139	25 519	378	2 364	1987	
781	699	–134	7 466	9 669	..	8 355	1 315	..	1984	Emirats arabes unis
796	655	–242	13 331	18 010	..	8 722	9 288	..	1985	
796	648	–95	14 958	21 001	..	8 667	12 334	..	1986	
825	683	–330	18 832	27 401	..	9 387	18 013	..	1987	
...	...	...	112	6 564	4 413	1 929	..	221	1984	Viet Nam
...	...	...	117	7 035	4 813	1 988	..	233	1985	
...	...	...	119	7 298	5 013	2 039	..	246	1986	
...	...	...	118	7 400	5 113	2 041	..	246	1987	
59	..	0	160	1 074	..	1 074	..	..	1984	Yémen
66	..	0	170	1 170	..	1 170	..	..	1985	
74	..	15	170	1 205	..	1 205	..	..	1986	
74	..	63	184	1 348	..	1 348	..	..	1987	
21 295	**37 453**	**8 112**	**4 303**	**2 112 334**	**716 834**	**862 719**	**407 817**	**124 964**	**1984**	**EUROPE**
22 734	**40 772**	**3 496**	**4 409**	**2 170 374**	**758 813**	**851 737**	**422 025**	**137 798**	**1985**	
24 427	**46 516**	**12 588**	**4 392**	**2 167 049**	**747 968**	**859 546**	**416 933**	**142 603**	**1986**	
25 900	**45 298**	**8 960**	**4 440**	**2 196 084**	**750 820**	**858 506**	**436 326**	**150 431**	**1987**	
..	..	2 547	1 310	3 803	1 224	1 739	512	329	1984	Albanie
..	..	2 690	1 313	3 889	1 304	1 739	512	335	1985	
..	..	2 547	1 316	3 977	1 389	1 739	512	338	1986	
..	..	2 547	1 291	3 973	1 391	1 739	512	332	1987	
136	..	847	3 804	28 579	5 985	12 409	6 796	3 389	1984	Autriche
149	..	–66	3 988	29 923	5 944	13 084	7 300	3 596	1985	
149	..	–111	3 961	29 702	5 238	14 432	6 384	3 648	1986	
158	..	–223	4 018	30 118	5 316	14 516	6 605	3 681	1987	
631	3 529	–2 705	5 665	56 056	14 177	26 726	11 663	3 490	1984	Belgique
790	3 359	–2 279	5 691	56 361	13 992	26 445	11 632	4 292	1985	
845	4 155	–2 142	5 578	55 285	12 411	28 668	9 351	4 855	1986	
811	4 845	–1 084	5 560	55 145	12 179	27 540	10 471	4 954	1987	
...	...	1 843	5 685	50 856	22 562	19 177	6 857	2 259	1984	Bulgarie
...	...	1 845	5 766	51 672	22 937	18 956	7 363	2 416	1985	
...	...	1 865	5 861	52 598	23 960	18 680	7 703	2 255	1986	
...	...	2 612	5 912	53 122	24 666	18 633	7 446	2 376	1987	
...	..	5 473	6 273	97 065	64 491	19 388	11 558	1 627	1984	Tchécoslovaquie
...	..	5 174	6 281	97 359	64 069	19 333	11 542	2 416	1985	
...	..	5 428	6 296	97 783	63 955	18 079	12 885	2 864	1986	
...	..	5 365	6 311	98 220	63 062	18 310	13 096	3 751	1987	
771	645	–496	4 660	23 880	9 074	14 046	151	609	1984	Danemark
753	621	–363	5 338	27 348	11 905	14 481	893	68	1985	
769	696	–589	5 350	27 403	11 485	14 256	1 631	30	1986	
846	1 022	–401	5 346	27 376	11 655	13 342	2 056	323	1987	

Table 1

Production, Trade and Consumption of Commercial Energy

(Quantities in thousand metric tons and in kilograms per capita of coal equivalent)

Country or area Pays ou zone	Year Année	Primary Energy Production – Production d'énergie primaire					Changes in Stocks Variations des stocks	Imports Importations	Exports Exportations
		Total Totale	Solids Solides	Liquids Liquides	Gas Gaz	Electricity Electricité			
Faeroe Islands	1984	6	..	..	..	6	...	235	..
	1985	6	..	..	..	6	...	243	..
	1986	6	..	..	..	6	...	227	..
	1987	6	..	..	..	6	...	260	..
Finland	1984	4 997	1 200	..	..	3 797	–1 276	23 315	4 295
	1985	4 834	973	..	..	3 860	182	25 889	3 005
	1986	6 049	2 182	..	..	3 867	807	27628	2 301
	1987	4 850	742	..	..	4 108	–169	28 623	3 437
France incl. Monaco	1984	62 345	19 734	3928	8 419	30 265	405	181 548	19 183
	1985	63 982	18 220	4 701	7 398	33 663	–3 962	178 380	20 308
	1986	65 386	17 597	4 989	5 615	37 186	624	177 445	20 843
	1987	67 111	17 964	5 252	4 686	39 209	2 222	170 988	19 454
German Dem. Rep.	1984	95 304	90 003	60	3 584	1 657	–104	45 949	13 390
	1985	99 307	94 048	57	3 421	1 781	376	46 565	11942
	1986	98 518	93 645	56	3 260	1 557	427	48 720	11 560
	1987	95 931	91 152	59	3 131	1 589	–136	47 831	10 051
Germany, Fed. Rep.	1984	156 642	116 410	5 793	21 055	13 385	–10 444	207 403	28 690
	1985	160 732	117 555	5 864	19 928	17 384	–527	213 277	25 585
	1986	152 788	114 445	5 739	15 868	16 736	7 071	222 047	19 804
	1987	151 416	108 432	5 419	19 045	18 521	4 196	218 367	18 488
Gibraltar	1984	..	..	..	..	..	31	202	..
	1985	..	..	..	..	..	46	462	..
	1986	..	..	..	..	..	80	628	..
	1987	..	..	..	..	..	103	625	..
Greece	1984	8 541	6 175	1 894	121	352	–334	23 627	6 747
	1985	9 225	6 870	1 897	113	345	–50	23 174	5 771
	1986	9 702	7 222	1 913	155	411	1 613	30 054	10 311
	1987	10 799	8 527	1 752	177	342	1 965	28 457	9 472
Hungary	1984	21 820	9 401	4 013	7 921	485	–1 527	23 356	4 924
	1985	22 359	8 959	4 072	8 513	815	421	23 215	3 219
	1986	21 643	8 618	4 010	8 084	931	445	24 429	3 930
	1987	22 012	8 639	3 951	8 053	1 370	–982	24 310	5 715
Iceland	1984	506	..	..	..	506	–60	774	..
	1985	496	..	..	..	496	36	844	..
	1986	505	..	..	..	505	0	870	..
	1987	517	..	..	..	517	1	892	..
Ireland	1984	4 847	1 767	..	2 996	85	–112	7 731	708
	1985	4 280	1 094	..	3 084	102	–676	8 198	882
	1986	3 980	1 666	..	2 159	155	–136	10 166	980
	1987	3 953	1 679	..	2 136	137	–913	8 938	832
Italy and San Marino	1984	27 998	425	3 285	17 897	6 392	2 579	179 368	14 336
	1985	28 559	461	3 446	18 407	6 244	–778	181 492	16 223
	1986	28 978	377	3 658	18 468	6 474	–1 723	183 686	23 122
	1987	30 254	413	5 628	18 973	5 241	1 641	192 087	18 934
Luxembourg	1984	11	..	..	..	11	–19	4 194	63
	1985	9	..	..	..	9	33	4 382	75
	1986	10	..	..	..	10	20	4 315	72
	1987	12	..	..	..	12	29	4 342	77
Malta	1984	..	..	..	..	..	...	754	0
	1985	..	..	..	..	..	...	636	0
	1986	..	..	..	..	..	...	719	0
	1987	..	..	..	..	..	...	720	0
Netherlands	1984	98 243	142	4 942	92 703	456	–806	110 468	110 700
	1985	103 301	126	5 852	96 868	456	–754	110 655	112 413
	1986	96 538	0	7 177	88 842	518	3 106	124 700	110 971
	1987	96 235	0	6 704	89 094	437	–2 713	120 332	108 168

Table 1

Production, commerce et consommation d'énergie commerciale

(Quantités en milliers de tonnes métriques et en kilogrammes par habitant d'équivalent charbon)

Bunkers – Soutes: Air Avion	Bunkers – Soutes: Sea Maritime	Un–allocated Quantités non réparties	Consumption – Consommation: Per Capita Par habitant	Total Totale	Solids Solides	Liquids Liquides	Gas Gaz	Electricity Electricité	Year Année	Country or area Pays ou zone
..	..	..	5 239	241	0	235	..	6	1984	Iles Féroé
..	..	..	5 298	249	0	243	..	6	1985	
..	..	..	4 957	233	0	227	..	6	1986	
..	..	..	5 660	266	0	260	..	6	1987	
212	1 222	357	4 816	23 502	5 676	12 373	1 015	4 438	1984	Finlande
233	672	989	5 230	25 643	6 829	13 085	1 292	4 437	1985	
237	747	2 114	5 581	27 470	6 998	14 332	1 569	4 570	1986	
274	0	1 821	5 692	28 109	6 477	14 760	2 078	4 795	1987	
2 777	3 370	372	3 963	217 787	39 682	113 685	37 197	27 223	1984	France y comp.Monaco
3 115	3 451	–2 434	4 020	221 885	38 389	113 980	38 722	30 794	1985	
3 184	3 472	2 230	3 834	212 478	32 051	107 749	38 620	34 058	1986	
3 243	3 247	3 036	3 720	206 898	29 499	105 978	35 860	35 561	1987	
...	...	4 219	7 429	123 748	91 584	19 893	10 580	1 691	1984	Rép. dém. allemande
...	...	2 953	7 846	130 601	97 444	21 532	9 825	1 801	1985	
...	...	2 174	7 997	133 077	98 589	21 894	10 915	1 680	1986	
...	...	2 522	7 891	131 325	97 492	20 939	10 840	2 054	1987	
3 893	3 243	–8 662	5 681	347 326	118 743	149 994	64 699	13 890	1984	Allemagne, Rép. féd.
4 280	4 111	–9 747	5 740	350 306	115 401	151 760	65 454	17 691	1985	
4 617	5 601	–6 790	5 656	344 533	112 444	155 892	58 831	17 366	1986	
5 012	4 142	–4 037	5 624	341 984	108 025	149 663	65 308	18 989	1987	
3	162	..	200	6	0	6	..	..	1984	Gibraltar
4	405	..	233	7	0	7	..	..	1985	
4	540	..	167	5	0	5	..	..	1986	
6	504	..	400	12	0	12	..	..	1987	
1 027	1 228	1 340	2 239	22 160	7 644	13 729	121	666	1984	Grèce
1 129	1 623	914	2 316	23 012	8 610	13 854	113	435	1985	
991	2 520	47	2 435	24 275	8 901	14 650	155	569	1986	
1 044	2 630	–357	2 452	24 502	9 684	14 223	177	417	1987	
..	..	1 756	3 751	40 022	12 742	13 010	12 524	1 746	1984	Hongrie
..	..	1 108	3 834	40 827	12 565	13 330	12 789	2 143	1985	
..	..	1 694	3 764	40 003	12 248	12 019	13 513	2 223	1986	
..	..	1 079	3 819	40 510	11 977	12 284	13 576	2 674	1987	
25	...	..	5 479	1 315	86	723	..	506	1984	Islande
88	...	..	5 025	1 216	93	627	..	496	1985	
85	...	..	5 261	1 289	103	682	..	505	1986	
85	...	..	5 331	1 322	83	723	..	517	1987	
262	49	–86	3 337	11 756	3 064	5 618	2 990	85	1984	Irlande
274	43	–186	3 417	12 141	3 440	5 510	3 089	102	1985	
314	33	–30	3 622	12 984	4 398	6 273	2 157	155	1986	
355	26	67	3 462	12 524	5 220	5 031	2 136	137	1987	
2 463	4 575	–9 289	3 378	192 703	19 797	121 779	42 169	8 958	1984	Italie y comp. S.Mrn
2 432	4 939	–9 302	3 439	196 536	21 555	122 568	43 261	9 152	1985	
2 506	5 199	–1 786	3 239	185 347	19 518	115 380	41 258	9 191	1986	
1 769	4 808	–9 227	3 570	204 416	20 567	128 583	47 183	8 084	1987	
100	..	..	11 065	4 061	1 905	1 278	443	435	1984	Luxembourg
106	..	..	11 351	4 177	1 873	1 381	481	441	1985	
119	..	..	11 177	4 113	1 709	1 487	479	438	1986	
149	..	..	11 139	4 099	1 387	1 718	545	450	1987	
121	29	..	1 734	605	94	511	...	..	1984	Malte
69	29	..	1 559	538	218	320	...	..	1985	
69	46	..	1 751	604	146	458	...	..	1986	
62	43	..	1 777	615	182	433	...	..	1987	
1 465	10 978	–8 089	6 548	94 463	9 249	35 409	48 920	884	1984	Pays–Bas
1 536	12 657	–10 017	6 774	98 121	9 243	36 593	51 373	912	1985	
1 787	14 069	–13 309	7 194	104 615	8 511	43 707	51 610	786	1986	
1 862	13 771	–10 528	7 263	106 007	9 942	41 793	53 390	882	1987	

Table 1

Production, Trade and Consumption of Commercial Energy

(Quantities in thousand metric tons and in kilograms per capita of coal equivalent)

Country or area Pays ou zone	Year Année	Primary Energy Production – Production d'énergie primaire					Changes in Stocks Variations des stocks	Imports Importations	Exports Exportations
		Total Totale	Solids Solides	Liquids Liquides	Gas Gaz	Electricity Electricité			
Norway,Svlbd,J.Myn I	1984	101 223	439	50 215	37 560	13 009	–485	7 550	82 067
	1985	105 242	493	55 062	37 110	12 576	–440	7 100	84 829
	1986	111 696	564	60 779	38 536	11 817	322	8 572	89 883
	1987	124 789	388	71 209	40 503	12 688	373	8 699	103 404
Poland	1984	173 398	166 948	333	5 705	412	–5 966	31 329	37 637
	1985	175 347	168 988	340	5 541	478	–3 337	31 471	32 041
	1986	178 051	171 920	306	5 360	465	–241	34 172	30 697
	1987	180 410	174 276	251	5 385	498	938	34 782	27 701
Portugal	1984	1 478	194	..	..	1 284	306	14 985	565
	1985	1 559	238	..	..	1 321	–948	14 363	563
	1986	1 246	212	..	..	1 034	–301	16 292	1 287
	1987	1 378	254	..	..	1 124	788	16 833	497
Romania	1984	90 871	20 279	17 132	52 068	1 391	...	28 893	15 057
	1985	90 648	21 172	16 082	51 932	1 461	...	30 749	13 790
	1986	90 017	21 240	15 771	51 522	1 484	...	31 424	13 445
	1987	91 315	21 505	15 342	52 921	1 546	...	32 865	13 170
Spain	1984	29 205	18 960	3 307	234	6 704	–564	78 785	14 048
	1985	31 720	20 951	3 119	365	7 285	53	78 886	12 261
	1986	27 355	16 305	2 659	423	7 969	–1 814	82 404	17 941
	1987	26225	14 460	2 343	915	8 508	–126	82 747	13 788
Sweden	1984	14 629	12	19	..	14 598	–3 289	33 505	9 895
	1985	15 936	11	11	..	15 913	–1 078	36 674	8 765
	1986	16 090	11	6	..	16 073	1 806	39 906	9 521
	1987	17 202	23	4	..	17 174	–3 316	36 036	11 028
Switzrld,Liechtenst.	1984	5 805	..	..	0	5 805	–23	21 845	3 179
	1985	6 534	..	..	24	6 511	–387	21 522	3 408
	1986	6 637	..	..	20	6 617	603	23 333	2 919
	1987	6 892	..	..	11	6 881	–481	21 175	2 787
United Kingdom	1984	280 431	41 713	180 610	50 986	7 122	–17 721	105 010	133 497
	1985	324 363	76 809	182 868	56 801	7 885	–1 843	97 179	141 046
	1986	337 650	88 280	182 164	59 449	7 757	3 352	100 136	148 543
	1987	332 066	85 294	176 797	62 694	7 281	–4 917	95 595	141 177
Yugoslavia	1984	33 321	21 284	5 904	2 088	4 045	784	24 698	1 059
	1985	34 728	22 235	6 084	2 615	3 794	556	23 536	857
	1986	35 399	22 524	6 082	2 592	4 201	458	25 886	1 133
	1987	35 692	22 708	5 703	3 083	4 198	665	26 107	1 537
OCEANIA	**1984**	**155 338**	**97 092**	**33 255**	**20 561**	**4 430**	**–297**	**26 322**	**61 048**
	1985	**175 152**	**108 948**	**39 620**	**22 026**	**4 558**	**–4 807**	**19 131**	**79 669**
	1986	**191 375**	**120 881**	**41 374**	**24 259**	**4 861**	**1 949**	**17 732**	**84 343**
	1987	**204 638**	**134 322**	**41 053**	**24 818**	**4 446**	**8 192**	**22 643**	**89 331**
American Samoa	1984	..	..	..	..	..	...	235	..
	1985	..	..	..	..	..	...	216	..
	1986	..	..	..	..	..	...	223	..
	1987	..	..	..	..	..	...	227	..
Australia	1984	145 419	95 063	32 016	16 681	1 660	–491	17 550	60 500
	1985	165 037	107 027	38 328	17 840	1 842	–4 479	12 160	78 734
	1986	179 882	119 069	39 443	19 486	1 884	1 938	10 490	83 552
	1987	193 494	132 502	39 148	20 095	1 750	8 094	13 847	88 518
Cook Islands	1984	..	..	..	..	..	...	305	..
	1985	..	..	..	..	..	...	305	..
	1986	..	..	..	..	..	...	305	..
	1987	..	..	..	..	..	...	305	..
Fiji	1984	35	..	..	..	35	13	483	93
	1985	36	..	..	..	36	25	472	68
	1986	41	..	..	..	41	6	488	110
	1987	43	..	..	..	43	1	494	110

Table 1

Production, commerce et consommation d'énergie commerciale

(Quantités en milliers de tonnes métriques et en kilogrammes par habitant d'équivalent charbon)

Bunkers – Soutes: Air Avion	Bunkers – Soutes: Sea Maritime	Un-allocated Quantités non réparties	Consumption – Consommation: Per Capita Par habitant	Total Totale	Solids Solides	Liquids Liquides	Gas Gaz	Electricity Electricité	Year Année	Country or area Pays ou zone
96	413	97	6 420	26 586	1 636	11 281	1 677	11 993	1984	Norvège,Svalbd,J.May
97	478	429	6 487	26 948	1 805	10 816	1 818	12 510	1985	
105	488	830	6 875	28 641	1 682	11 516	3 377	12 066	1986	
111	490	774	6 782	28 336	1 148	12 401	2 146	12 642	1987	
..	29	5 681	4535	167 346	137 708	16 777	13 013	–153	1984	Pologne
..	28	5 665	4 634	172 421	142 298	17 504	12 401	219	1985	
..	13	5 604	4 699	176 150	143 685	18 477	13 519	469	1986	
..	0	5 020	4 810	181 534	148 249	18 618	13 959	709	1987	
354	709	1 109	1 328	13 419	546	11 502	..	1 371	1984	Portugal
357	686	1 126	1 392	14 138	2 244	10 298	..	1 596	1985	
638	736	1 649	1 327	13 530	1 878	10 387	..	1 265	1986	
649	777	1 906	1 329	13 594	2 544	9 555	..	1 496	1987	
...	...	3 504	4 472	101 203	26 731	18 333	54 508	1 631	1984	Roumanie
...	...	3 719	4 571	103 888	27 726	19 758	54 542	1 862	1985	
...	...	4 110	4 551	103 886	27 796	19 935	54 303	1 852	1986	
...	...	4 943	4 624	106 067	28 061	20 394	55 685	1 927	1987	
1 386	3 249	6 374	2 172	83 499	26 125	47 150	3 236	6 988	1984	Espagne
1 291	3 820	7 559	2 218	85 621	29 757	44 978	3 733	7 154	1985	
1 496	4 241	6 664	2 096	81 231	24 530	45 369	3 517	7 814	1986	
2 577	5 341	5 460	2 106	81 932	23 732	45 854	4 027	8 319	1987	
254	754	43	4848	40 477	3 462	22 369	0	14 645	1984	Suède
245	812	1 965	5 017	41 900	3 981	22 082	109	15 728	1985	
299	928	2 601	4 890	40 842	4 083	20 972	286	15 501	1986	
368	1 233	2 142	5 004	41 782	4 040	20 684	377	16 681	1987	
1 085	48	–262	3 651	23 623	770	15 704	1 922	5 228	1984	Suisse,Liechtenstein
1 169	0	–516	3 752	24 383	768	16 160	2 012	5 442	1985	
1 247	35	–405	3 923	25 573	669	17 281	2 060	5 562	1986	
1 274	30	–326	3 794	24 783	623	16 231	2 209	5 720	1987	
4 235	3 222	–2 147	4 658	264 356	66 619	121 524	69 090	7 122	1984	Royaume–Uni
4 615	3 039	–875	4 850	275 560	88 144	104 661	74 869	7 885	1985	
4 966	3 000	–4 538	4 966	282 463	92 836	106 253	75 095	8 279	1986	
5 247	2 389	–7 002	5 107	290 767	97 632	105 898	78 527	8 710	1987	
0	0	4 284	2 260	51 891	25 457	16 352	6 176	3 906	1984	Yougoslavie
0	0	3 146	2 323	53 704	26 280	16 653	6 900	3 871	1985	
0	0	2 733	2 448	56 961	26 757	18 747	7 200	4 258	1986	
0	0	2 852	2 423	56 745	25 990	18 394	8 116	4 244	1987	
2 262	**1 666**	**1 765**	**4 746**	**115 216**	**43 093**	**47 133**	**20 560**	**4 430**	**1984**	**OCEANIE**
1 671	**1 491**	**–3 921**	**4 876**	**120 180**	**46 231**	**47 365**	**22 026**	**4 558**	**1985**	
2 350	**1 127**	**–3 161**	**4 896**	**122 498**	**45 707**	**47 670**	**24 259**	**4 861**	**1986**	
2 455	**1 241**	**–1 215**	**5 013**	**127 277**	**49 728**	**48 285**	**24 818**	**4 446**	**1987**	
..	..	..	6 714	235	..	235	..	..	1984	Samoa américaines
..	..	..	6 000	216	..	216	..	..	1985	
..	..	..	6 194	223	..	223	..	..	1986	
..	..	..	6 135	227	..	227	..	..	1987	
1 153	1 004	1 765	6 368	99 039	41 267	39 432	16 681	1 660	1984	Australie
682	1 000	–3 921	6 674	105 179	44 460	41 037	17 840	1 842	1985	
1 319	677	–2 840	6 623	105725	43 938	40 417	19 486	1 884	1986	
1 403	719	–2 035	6 845	110 642	47 984	40 813	20 095	1 750	1987	
..	..	..	15 250	305	..	305	..	..	1984	Iles Cook
..	..	..	14 524	305	..	305	..	..	1985	
..	..	..	14 524	305	..	305	..	..	1986	
..	..	..	14 524	305	..	305	..	..	1987	
111	17	..	419	285	22	227	..	35	1984	Fidji
115	14	..	412	285	16	233	..	36	1985	
130	12	..	386	272	15	216	..	41	1986	
131	12	..	394	282	16	223	..	43	1987	

Table 1

Production, Trade and Consumption of Commercial Energy

(Quantities in thousand metric tons and in kilograms per capita of coal equivalent)

Country or area Pays ou zone	Year Année	Primary Energy Production – Production d'énergie primaire					Changes in Stocks Variations des stocks	Imports Importations	Exports Exportations
		Total Totale	Solids Solides	Liquids Liquides	Gas Gaz	Electricity Electricité			
French Polynesia	1984	3	..	..	..	3	4	378	..
	1985	4	..	..	..	4	22	401	..
	1986	4	..	..	..	4	–3	397	..
	1987	4	..	..	..	4	3	407	..
Guam	1984	..	..	..	..	..	...	674	0
	1985	..	..	..	..	..	...	674	0
	1986	..	..	..	..	..	...	674	0
	1987	..	..	..	..	..	...	674	1
Kiribati	1984	..	..	..	..	..	...	10	..
	1985	..	..	..	..	..	...	10	..
	1986	..	..	..	..	..	...	9	..
	1987	..	..	..	..	..	...	10	..
Nauru	1984	..	..	..	..	..	...	66	..
	1985	..	..	..	..	..	...	66	..
	1986	..	..	..	..	..	...	66	..
	1987	..	..	..	..	..	...	66	..
New Caledonia	1984	49	..	..	..	49	...	539	...
	1985	59	..	..	..	59	...	635	...
	1986	49	..	..	..	49	...	646	...
	1987	32	..	..	..	32	14	691	15
New Zealand	1984	9 779	2 029	1 239	3 880	2 631	213	4 214	418
	1985	9 961	1 921	1 292	4 187	2 561	–375	2 245	826
	1986	11 336	1 812	1 931	4 773	2 821	0	2 533	681
	1987	11 006	1 820	1 905	4 723	2 557	72	3 875	678
Niue	1984	..	..	..	..	..	...	1	..
	1985	..	..	..	..	..	...	1	..
	1986	..	..	..	..	..	...	1	..
	1987	..	..	..	..	..	...	1	..
Pacific Islds(Trust)	1984	0	..	..	..	0	...	81	..
	1985	2	..	..	..	2	...	82	..
	1986	4	..	..	..	4	...	82	..
	1987	4	..	..	..	4	...	82	..
Papua New Guinea	1984	50	..	..	..	50	–37	994	38
	1985	52	..	..	..	52	0	1 070	41
	1986	56	..	..	..	56	7	1 019	0
	1987	54	..	..	..	54	7	1 161	9
Samoa	1984	2	...	..	..	2	...	55	..
	1985	2	...	..	..	2	...	55	..
	1986	2	...	..	..	2	...	55	..
	1987	2	0	..	..	2	...	55	..
Solomon Islands	1984	..	..	..	..	..	...	70	..
	1985	..	..	..	..	..	...	70	..
	1986	..	..	..	..	..	...	70	..
	1987	..	..	..	..	..	...	70	..
Tonga	1984	..	..	..	..	..	...	22	..
	1985	..	..	..	..	..	...	22	..
	1986	..	..	..	..	..	...	26	..
	1987	..	..	..	..	..	...	32	..
Vanuatu	1984	..	..	..	..	..	...	55	..
	1985	..	..	..	..	..	...	56	..
	1986	..	..	..	..	..	...	56	..
	1987	..	..	..	..	..	...	53	..
Wake Island	1984	..	..	..	..	..	...	592	..
	1985	..	..	..	..	..	...	592	..
	1986	..	..	..	..	..	...	592	..
	1987	..	..	..	..	..	...	592	..

Table 1

Production, commerce et consommation d'énergie commerciale

(Quantités en milliers de tonnes métriques et en kilogrammes par habitant d'équivalent charbon)

Bunkers – Soutes: Air Avion	Bunkers – Soutes: Sea Maritime	Un-allocated Quantités non réparties	Consumption – Consommation: Per Capita Par habitant	Total Totale	Solids Solides	Liquids Liquides	Gas Gaz	Electricity Electricité	Year Année	Country or area Pays ou zone
99	62	..	1 335	215	..	212	..	3	1984	Polynésie française
47	56	..	1 701	279	..	275	..	4	1985	
60	55	..	1 725	288	..	284	..	4	1986	
60	58	..	1 696	290	..	285	..	4	1987	
9	86	0	5 079	579	..	579	..	..	1984	Guam
9	86	0	5 035	579	..	579	..	..	1985	
9	86	0	4 949	579	..	579	..	..	1986	
9	86	0	4 898	578	..	578	..	..	1987	
..	..	..	156	10	..	10	..	..	1984	Kiribati
..	..	..	154	10	..	10	..	..	1985	
..	..	..	136	9	..	9	..	..	1986	
..	..	..	149	10	..	10	..	..	1987	
7	..	..	6 556	59	..	59	..	..	1984	Nauru
7	..	..	6 556	59	..	59	..	..	1985	
7	..	..	6 556	59	..	59	..	..	1986	
7	..	..	6 556	59	..	59	..	..	1987	
..	16	..	3 788	572	103	420	..	49	1984	Nouvelle–Calédonie
..	14	..	4 416	680	177	444	..	59	1985	
..	14	..	4 338	681	175	457	..	49	1986	
..	4	..	4 340	690	155	503	..	32	1987	
295	447	–0	3 922	12 621	1 701	4 410	3 880	2 631	1984	Nouvelle–Zélande
221	287	0	3 463	11 247	1 577	2 923	4 187	2 561	1985	
221	251	–321	3 980	13 037	1 578	3 865	4 773	2 821	1986	
236	331	820	3 858	12 744	1 571	3 892	4 723	2 557	1987	
0	..	..	250	1	..	1	..	..	1984	Nioué
0	..	..	250	1	..	1	..	..	1985	
0	..	..	250	1	..	1	..	..	1986	
0	..	..	250	1	..	1	..	..	1987	
7	...	..	480	73	..	73	..	0	1984	I.Pacifique (tutel.)
7	...	..	497	77	..	75	..	2	1985	
7	...	..	497	79	..	75	..	4	1986	
7	...	..	485	79	..	75	..	4	1987	
22	6	..	297	1 015	0	964	..	50	1984	Papouasie–Nvl–Guinée
22	6	..	300	1 053	1	1 001	..	52	1985	
37	4	..	285	1 026	1	969	..	56	1986	
41	4	..	312	1 154	1	1 099	..	54	1987	
..	..	..	346	56	0	55	..	2	1984	Samoa
..	..	..	348	57	0	55	..	2	1985	
..	..	..	345	57	0	55	..	2	1986	
..	..	..	341	57	0	55	..	2	1987	
6	...	..	246	64	..	64	..	..	1984	Iles Salomon
6	...	..	236	64	..	64	..	..	1985	
6	...	..	227	64	..	64	..	..	1986	
6	...	..	218	64	..	64	..	..	1987	
..	..	..	204	22	0	22	..	..	1984	Tonga
..	..	..	200	22	0	22	..	..	1985	
..	..	..	230	26	0	26	..	..	1986	
..	..	..	278	32	0	32	..	..	1987	
..	28	..	188	26	0	26	..	..	1984	Vanuatu
..	28	..	196	28	0	28	..	..	1985	
..	28	..	189	28	0	28	..	..	1986	
..	28	..	164	25	0	25	..	..	1987	
553	..	..	19 000	38	..	38	..	..	1984	Ile de Wake
553	..	..	19 000	38	..	38	..	..	1985	
553	..	..	19 000	38	..	38	..	..	1986	
553	..	..	19 000	38	..	38	..	..	1987	

Table 1

Production, Trade and Consumption of Commercial Energy

(Quantities in thousand metric tons and in kilograms per capita of coal equivalent)

Country or area Pays ou zone	Year Année	Primary Energy Production – Production d'énergie primaire					Changes in Stocks Variations des stocks	Imports Importations	Exports Exportations
		Total Totale	Solids Solides	Liquids Liquides	Gas Gaz	Electricity Electricité			
USSR	**1984**	**2 114 435**	**496 738**	**876 935**	**698 409**	**42 354**	**...**	**35 714**	**373 683**
	1985	**2 159 863**	**505 526**	**851 665**	**755 758**	**46 915**	**...**	**31 745**	**349 076**
	1986	**2 252 392**	**523 755**	**880 268**	**802 117**	**46 253**	**...**	**37 866**	**394 279**
	1987	**2 335 805**	**529 631**	**893 125**	**863 079**	**49 970**	**...**	**35 589**	**408 854**
Antarctic Fisheries	1984	..	..	..	..	..	..	90	..
	1985	..	..	..	..	..	..	93	..
	1986	..	..	..	..	..	..	91	..
	1987	..	..	..	..	..	..	94	..

Production, commerce et consommation d'énergie commerciale

(Quantités en milliers de tonnes métriques et en kilogrammes par habitant d'équivalent charbon)

Bunkers – Soutes		Un–allocated Quantités non réparties	Consumption – Consommation						Year Année	Country or area Pays ou zone
Air Avion	Sea Maritime		Per Capita Par habitant	Total Totale	Solids Solides	Liquids Liquides	Gas Gaz	Electricity Electricité		
...	**6 372**	**102 632**	**6 071**	**1 667 462**	**483184**	**526 835**	**618 092**	**39 352**	**1984**	**URSS**
...	**6 372**	**117 252**	**6 207**	**1 718 908**	**489 178**	**512 064**	**674 277**	**43 389**	**1985**	
...	**6 372**	**101 830**	**6 403**	**1 787 776**	**507 628**	**528 215**	**709 206**	**42 727**	**1986**	
...	**6 372**	**88 924**	**6 634**	**1 867 244**	**511 816**	**541 200**	**768 521**	**45 708**	**1987**	
..	90	..	0	0	..	0	..	..	1984	Pêcheries antarctiq.
..	93	..	0	0	..	0	..	..	1985	
..	91	..	0	0	..	0	..	..	1986	
..	93	..	1 000	1	..	1	..	..	1987	

Table 2

Production, Trade and Consumption of Commercial Energy

(Quantities in thousand metric tons and in kilograms per capita of oil equivalent)

Country or area Pays ou zone	Year Année	Primary Energy Production – Production d'énergie primaire					Changes in Stocks Variations des stocks	Imports Importations	Exports Exportations
		Total Totale	Solids Solides	Liquids Liquides	Gas Gaz	Electricity Electricité			
WORLD	**1984**	**6 510 071**	**1 995 909**	**2 822 355**	**1 415 394**	**276 412**	**14 492**	**2 017 620**	**1 952 175**
	1985	**6 663 506**	**2 098 225**	**2797 496**	**1 468 567**	**299 217**	**–26 513**	**1 958 908**	**1 900 003**
	1986	**6 897 560**	**2 150 201**	**2 933 421**	**1 503 653**	**310 284**	**57 230**	**2 091 005**	**2 047 918**
	1987	**7 034624**	**2 175 667**	**2 941 984**	**1 593 012**	**323 960**	**30 175**	**2 142 576**	**2 062 826**
AFRICA	**1984**	**374 992**	**89 981**	**249 547**	**31 132**	**4 333**	**424**	**46 588**	**243 623**
	1985	**400 318**	**95 459**	**262 018**	**38 483**	**4 358**	**2 367**	**46 985**	**261 011**
	1986	**403 084**	**97 175**	**260 940**	**40 579**	**4 391**	**–2 644**	**48 045**	**261 707**
	1987	**405 783**	**98 537**	**259 367**	**43 771**	**4 109**	**–974**	**47 015**	**254 605**
Algeria	1984	72 197	5	49 799	22 348	45	670	1 442	55 199
	1985	77 182	6	49 380	27 741	56	–704	1 328	59 320
	1986	79 570	6	51 170	28 373	21	–682	775	58 838
	1987	86 632	6	55 243	31 358	26	240	846	57 946
Angola	1984	10 296	..	10 074	107	115	0	26	8 793
	1985	11 674	..	11 452	107	115	0	19	10 064
	1986	14 160	..	13 926	119	115	0	14	12 576
	1987	17 764	..	17 506	143	115	400	14	15 741
Benin	1984	245	..	245	..	..	0	155	249
	1985	325	..	325	..	..	1	187	330
	1986	365	..	365	..	..	2	157	369
	1987	350	..	350	..	..	3	161	356
Burkina Faso	1984	..	..	..	..	..	0	140	1
	1985	..	..	..	..	..	0	144	1
	1986	..	..	..	..	..	0	149	1
	1987	..	..	..	..	..	2	158	3
Burundi	1984	6	5	..	..	0	3	61	..
	1985	4	3	..	..	0	0	56	..
	1986	5	3	..	..	2	0	58	..
	1987	8	3	..	..	4	0	59	..
Cameroon	1984	7 583	0	7 400	..	183	218	17	5 050
	1985	9 370	1	9 170	..	199	350	12	6 678
	1986	9 176	1	8 976	..	200	164	12	6 644
	1987	8 803	1	8 602	..	200	13	10	6 461
Cape Verde	1984	..	..	..	..	..	0	54	0
	1985	..	..	..	..	..	0	45	0
	1986	..	..	..	..	..	0	19	0
	1987	..	..	..	..	..	0	20	0
Central African Rep.	1984	6	..	..	..	6	2	58	..
	1985	5	..	..	..	5	1	66	..
	1986	7	..	..	..	7	0	60	..
	1987	6	..	..	..	6	–27	73	..
Chad	1984	..	..	..	..	..	1	96	...
	1985	..	..	..	..	..	1	97	...
	1986	..	..	..	..	..	1	92	...
	1987	..	..	..	..	..	0	90	...
Comoros	1984	0	..	..	..	0	0	13	..
	1985	0	..	..	..	0	0	15	..
	1986	0	..	..	..	0	0	14	..
	1987	0	..	..	..	0	0	16	..
Congo	1984	6 029	..	6 007	2	20	9	50	5 484
	1985	5 848	..	5 825	3	20	23	346	5 130
	1986	5 972	..	5 950	2	20	–84	25	5 527
	1987	6338	..	6 316	2	20	417	17	5 397
Côte d'Ivoire	1984	1 130	..	1 098	..	32	–413	981	720
	1985	1 127	..	1 010	..	117	122	1 301	569
	1986	1 109	..	1 007	..	102	200	1 265	516
	1987	991	..	880	..	111	128	1 351	421

Table 2

Production, commerce et consommation d'énergie commerciale

(Quantités en milliers de tonnes métriques et en kilogrammes par habitant d'équivalent pétrole)

Bunkers – Soutes		Un-allocated Quantités non réparties	Consumption – Consommation						Year Année	Country or area Pays ou zone
Air Avion	Sea Maritime		Per Capita Par habitant	Total Totale	Solids Solides	Liquids Liquides	Gas Gaz	Electricity Electricité		
35 922	**84 282**	**188 461**	**1 311**	**6 252 360**	**2 011 750**	**2 559 756**	**1 404 480**	**276 374**	**1984**	**MONDE**
35 966	**85 233**	**189 207**	**1 327**	**6 438 518**	**2 125 725**	**2 541 410**	**1 472 024**	**299 359**	**1985**	
37 641	**89 814**	**201 322**	**1 327**	**6 554 640**	**2 152 480**	**2 601 966**	**1 489 100**	**311 093**	**1986**	
38 879	**93 749**	**194 050**	**1 345**	**6 757 521**	**2 189 091**	**2 649 073**	**1 594 686**	**324 670**	**1987**	
2 320	**6 336**	**16 885**	**281**	**151 992**	**65 171**	**69 662**	**12 818**	**4 340**	**1984**	**AFRIQUE**
2 389	**6 526**	**18 903**	**280**	**156 107**	**66 420**	**67 811**	**17 500**	**4 375**	**1985**	
2 470	**6 675**	**17 246**	**288**	**165 676**	**69 440**	**70 816**	**21 011**	**4 409**	**1986**	
2 337	**6 876**	**14 326**	**297**	**175 629**	**71 147**	**72 501**	**27 865**	**4 117**	**1987**	
259	427	5 816	535	11 268	1 063	5 649	4 506	51	1984	Algérie
146	330	5 646	635	13 773	812	5 708	7 201	52	1985	
140	320	5 005	747	16 724	719	6 553	9 432	20	1986	
151	300	5 542	1 008	23 298	783	6 548	15 946	21	1987	
67	490	320	76	652	0	429	107	115	1984	Angola
165	599	134	83	730	0	508	107	115	1985	
155	599	205	71	639	0	405	119	115	1986	
150	674	234	63	578	0	320	143	115	1987	
15	..	0	34	135	..	121	..	14	1984	Bénin
19	..	0	40	162	..	147	..	15	1985	
15	..	0	33	136	..	122	..	13	1986	
17	..	0	31	135	..	122	..	14	1987	
..	..	..	18	139	0	139	..	0	1984	Burkina Faso
..	..	..	18	143	0	143	..	0	1985	
..	..	..	18	148	0	148	..	0	1986	
..	..	..	18	153	0	153	..	0	1987	
2	..	..	14	62	5	51	..	5	1984	Burundi
2	..	..	12	58	3	48	..	6	1985	
2	..	..	13	61	3	49	..	8	1986	
2	..	..	13	65	3	50	..	11	1987	
41	...	265	211	2 025	1	1 841	..	183	1984	Cameroun
47	...	262	207	2 045	1	1 844	..	199	1985	
52	...	217	208	2 111	1	1 911	..	200	1986	
50	...	249	196	2 039	1	1 838	..	200	1987	
0	19	..	109	35	0	35	..	..	1984	Cap–Vert
0	11	..	103	34	0	34	..	..	1985	
0	9	..	27	9	0	9	..	..	1986	
0	8	..	32	11	0	11	..	..	1987	
5	..	..	22	56	..	50	..	6	1984	Rép. centrafricaine
6	..	..	25	64	..	59	..	5	1985	
6	..	..	23	60	..	53	..	7	1986	
12	..	..	35	94	..	87	..	6	1987	
23	..	..	15	72	0	72	..	..	1984	Tchad
24	..	..	14	72	0	72	..	..	1985	
21	..	..	14	70	0	70	..	..	1986	
21	..	..	13	69	0	69	..	..	1987	
0	..	..	32	14	..	13	..	0	1984	Comores
0	..	..	36	16	..	15	..	0	1985	
0	..	..	33	15	..	14	..	0	1986	
0	..	..	36	17	..	16	..	0	1987	
1	8	11	333	565	..	538	2	25	1984	Congo
2	9	602	246	428	..	400	3	25	1985	
2	10	17	293	525	..	498	2	25	1986	
3	7	2	288	529	..	502	2	25	1987	
49	5	72	171	1 678	..	1 646	..	32	1984	Côte d'Ivoire
54	8	28	161	1 646	..	1 529	..	117	1985	
61	7	1	149	1 590	..	1 487	..	102	1986	
57	8	54	150	1 673	..	1 562	..	111	1987	

Table 2

Production, Trade and Consumption of Commercial Energy

(Quantities in thousand metric tons and in kilograms per capita of oil equivalent)

Country or area Pays ou zone	Year Année	Primary Energy Production – Production d'énergie primaire					Changes in Stocks Variations des stocks	Imports Importations	Exports Exportations
		Total Totale	Solids Solides	Liquids Liquides	Gas Gaz	Electricity Electricité			
Djibouti	1984	..	..	..	..	..	0	471	..
	1985	..	..	..	..	..	1	474	..
	1986	..	..	..	..	..	1	483	..
	1987	..	..	..	..	..	0	499	..
Egypt	1984	45 342	..	41 885	2 597	860	700	2 283	23 233
	1985	49 164	..	45 127	3 340	696	800	2 104	25 669
	1986	45 795	..	41 202	3 905	688	900	1 831	20 542
	1987	50924	..	46 361	4 047	516	500	1 932	25 234
Equatorial Guinea	1984	0	..	..	..	0	2	26	..
	1985	0	..	..	..	0	2	27	..
	1986	0	..	..	..	0	1	28	..
	1987	0	..	..	..	0	2	26	..
Ethiopia	1984	54	..	..	..	54	11	845	254
	1985	55	..	..	..	55	4	849	249
	1986	56	..	..	..	56	13	1 008	221
	1987	56	..	..	..	56	–3	1 086	218
Gabon	1984	8 038	..	7 919	66	52	13	45	6 900
	1985	8 753	..	8 619	76	57	528	46	7 226
	1986	8 465	..	8 269	138	58	10	47	7 390
	1987	7999	..	7 781	160	58	15	35	6 834
Gambia	1984	..	..	..	..	..	0	61	3
	1985	..	..	..	..	..	0	61	3
	1986	..	..	..	..	..	0	58	3
	1987	..	..	..	..	..	0	62	1
Ghana	1984	189	..	33	..	156	–5	883	94
	1985	272	..	14	..	258	–6	1 119	93
	1986	391	..	10	..	381	23	1 061	118
	1987	402	..	0	..	402	3	1 125	126
Guinea	1984	13	..	..	..	13	3	323	..
	1985	14	..	..	..	14	3	330	..
	1986	14	..	..	..	14	4	333	..
	1987	14	..	..	..	14	4	333	..
Guinea–Bissau	1984	..	..	..	..	..	2	41	0
	1985	..	..	..	..	..	1	44	0
	1986	..	..	..	..	..	1	46	0
	1987	..	..	..	..	..	2	48	0
Kenya	1984	148	..	..	..	148	0	2 142	647
	1985	173	..	..	..	173	0	2 112	602
	1986	176	..	..	..	176	0	2 146	600
	1987	195	..	..	..	195	0	2 271	569
Liberia	1984	19	..	..	..	19	0	291	21
	1985	23	..	..	..	23	0	296	22
	1986	27	..	..	..	27	0	302	24
	1987	27	..	..	..	27	0	304	23
Libyan Arab Jamah.	1984	52 586	..	49 005	3 581	..	–3 557	13	46 568
	1985	54 332	..	50 216	4 115	..	–1 800	3	45 204
	1986	55 173	..	50 697	4 476	..	–5 834	3	50 318
	1987	52 053	..	47 925	4 127	..	–1 800	3	43 131
Madagascar	1984	22	..	..	..	22	87	332	4
	1985	22	..	..	..	22	8	371	38
	1986	23	..	..	..	23	–102	202	40
	1987	23	..	..	..	23	1	336	38
Malawi	1984	41	..	..	..	41	1	174	0
	1985	41	..	..	..	41	1	177	0
	1986	44	..	..	..	44	1	175	0
	1987	48	..	..	..	48	1	156	0

Table 2

Production, commerce et consommation d'énergie commerciale

(Quantités en milliers de tonnes métriques et en kilogrammes par habitant d'équivalent pétrole)

Bunkers – Soutes		Un-allocated Quantités non réparties	Consumption – Consommation						Year Année	Country or area Pays ou zone
Air Avion	Sea Maritime		Per Capita Par habitant	Total Totale	Solids Solides	Liquids Liquides	Gas Gaz	Electricity Electricité		
69	336	..	191	65	..	65	..	..	1984	Djibouti
65	343	..	185	65	..	65	..	..	1985	
65	339	..	213	77	..	77	..	..	1986	
66	346	..	233	87	..	87	..	..	1987	
120	956	1 780	450	20 837	596	16 784	2 597	860	1984	Egypte
156	1 095	1 996	453	21 552	729	16 786	3 340	696	1985	
165	1 095	2 052	468	22 873	730	17 549	3 905	688	1986	
272	1 261	1 921	472	23 667	761	18 343	4 047	516	1987	
..	..	..	63	24	..	24	..	0	1984	Guinée équatoriale
..	..	..	64	25	..	25	..	0	1985	
..	..	..	67	27	..	27	..	0	1986	
..	..	..	58	24	..	24	..	0	1987	
52	10	49	13	523	0	470	..	54	1984	Ethiopie
34	10	37	13	569	0	514	..	55	1985	
80	13	121	14	616	0	560	..	56	1986	
7	4	45	20	870	0	814	..	56	1987	
25	110	338	734	697	..	579	66	52	1984	Gabon
26	80	176	774	763	..	629	76	57	1985	
27	80	164	822	840	..	644	138	58	1986	
25	68	227	817	865	..	647	160	58	1987	
..	..	..	80	58	..	58	..	..	1984	Gambie
..	..	..	78	58	..	58	..	..	1985	
..	..	..	72	55	..	55	..	..	1986	
..	..	..	77	61	..	61	..	..	1987	
29	20	58	71	876	1	740	..	135	1984	Ghana
31	17	103	90	1 153	1	917	..	234	1985	
26	18	56	91	1 210	1	851	..	358	1986	
29	17	49	95	1 302	2	922	..	378	1987	
6	...	..	55	327	..	314	..	13	1984	Guinée
7	...	..	55	334	..	320	..	14	1985	
7	...	..	54	336	..	322	..	14	1986	
11	...	..	52	332	..	318	..	14	1987	
5	..	..	39	34	..	34	..	..	1984	Guinée–Bissau
5	..	..	43	38	..	38	..	..	1985	
5	..	..	44	40	..	40	..	..	1986	
6	..	..	43	40	..	40	..	..	1987	
185	54	142	65	1 263	83	1 013	..	167	1984	Kenya
232	146	107	59	1 198	61	945	..	192	1985	
227	134	147	57	1 214	60	957	..	196	1986	
88	144	79	72	1 587	64	1 312	..	210	1987	
11	62	0	102	216	..	197	..	19	1984	Libéria
12	61	0	102	223	..	201	..	23	1985	
12	62	0	103	231	..	204	..	27	1986	
10	61	0	102	238	..	210	..	27	1987	
165	50	1 681	2 116	7 693	1	4 965	2 728	..	1984	Jamah.arabe libyenne
175	50	2 674	2 121	8 031	1	4 972	3 058	..	1985	
186	59	2 311	2 067	8 137	1	4 591	3 544	..	1986	
186	50	2 391	1 983	8 098	1	4 775	3 322	..	1987	
1	10	36	22	216	8	186	..	22	1984	Madagascar
1	13	2	32	332	9	301	..	22	1985	
1	13	1	26	273	10	240	..	23	1986	
1	10	18	27	291	10	258	..	23	1987	
9	..	..	30	204	29	135	..	41	1984	Malawi
9	..	..	29	208	23	144	..	41	1985	
10	..	..	28	208	20	144	..	44	1986	
7	..	..	26	196	18	130	..	48	1987	

Table 2

Production, Trade and Consumption of Commercial Energy

(Quantities in thousand metric tons and in kilograms per capita of oil equivalent)

Country or area Pays ou zone	Year Année	Primary Energy Production – Production d'énergie primaire					Changes in Stocks Variations des stocks	Imports Importations	Exports Exportations
		Total Totale	Solids Solides	Liquids Liquides	Gas Gaz	Electricity Electricité			
Mali	1984	12	..	..	..	12	...	156	..
	1985	12	..	..	..	12	...	148	..
	1986	14	..	..	..	14	...	142	..
	1987	14	..	..	..	14	...	141	..
Mauritania	1984	3	..	..	..	3	0	284	..
	1985	3	..	..	..	3	0	218	..
	1986	2	..	..	..	2	0	717	..
	1987	2	..	..	..	2	1	1 159	..
Mauritius	1984	6	..	..	..	6	0	310	0
	1985	10	..	..	..	10	–2	314	0
	1986	9	..	..	..	9	1	433	0
	1987	12	..	..	..	12	0	516	0
Morocco	1984	713	587	16	78	32	42	4 967	47
	1985	686	542	22	80	41	575	5 575	45
	1986	700	542	23	80	55	72	5 398	36
	1987	690	532	24	80	53	58	5 567	43
Mozambique	1984	160	28	..	..	132	0	479	54
	1985	110	24	..	..	86	0	392	15
	1986	8	3	..	..	5	0	392	0
	1987	35	30	..	..	5	0	374	0
Niger	1984	38	38	..	..	..	1	221	..
	1985	43	43	..	..	..	0	218	..
	1986	35	35	..	..	..	1	212	..
	1987	45	45	..	..	..	1	210	..
Nigeria	1984	71 433	58	69 240	1 912	223	1 000	2 491	57 883
	1985	77 075	97	74 180	2 610	188	1 000	2 111	63 176
	1986	76 170	101	72 805	3 075	189	1 000	3 343	61 880
	1987	65 837	101	62 097	3 448	190	–1 000	2 934	56 919
Réunion	1984	35	..	..	..	35	1	268	1
	1985	42	..	..	..	42	1	236	1
	1986	43	..	..	..	43	0	254	1
	1987	46	..	..	..	46	2	257	1
Rwanda	1984	15	..	..	1	14	0	128	0
	1985	15	..	..	1	14	0	132	0
	1986	15	..	..	1	14	0	129	0
	1987	15	..	..	1	15	0	131	0
St.Helena and Depend	1984	0	0	..	..	..	..	2	..
	1985	0	0	..	..	..	..	2	..
	1986	0	0	..	..	..	..	2	..
	1987	0	0	..	..	..	..	2	..
Sao Tome – Principe	1984	1	..	..	..	1	...	11	..
	1985	1	..	..	..	1	...	11	..
	1986	1	..	..	..	1	...	11	..
	1987	1	..	..	..	1	...	11	..
Senegal	1984	..	..	..	..	..	16	1 241	55
	1985	..	..	..	..	..	–88	837	1
	1986	..	..	..	..	..	152	1 073	10
	1987	..	..	..	..	..	11	975	9
Seychelles	1984	..	..	..	..	..	0	98	..
	1985	..	..	..	..	..	–5	107	..
	1986	..	..	..	..	..	–6	106	..
	1987	..	..	..	..	..	3	108	..
Sierra Leone	1984	...	..	..	..	...	0	278	
	1985	...	..	..	..	...	3	286	
	1986	...	..	..	..	...	3	289	
	1987	...	..	..	..	...	1	284	[illegible]

Production, commerce et consommation d'énergie commerciale

(Quantités en milliers de tonnes métriques et en kilogrammes par habitant d'équivalent pétrole)

Bunkers – Soutes		Un-allocated Quantités non réparties	Consumption – Consommation						Year Année	Country or area Pays ou zone
Air Avion	Sea Maritime		Per Capita Par habitant	Total Totale	Solids Solides	Liquids Liquides	Gas Gaz	Electricity Electricité		
12	..	..	20	155	..	143	..	12	1984	Mali
15	..	..	18	144	..	133	..	12	1985	
14	..	..	17	142	..	128	..	14	1986	
17	..	..	16	139	..	125	..	14	1987	
11	5	7	153	263	5	255	..	3	1984	Mauritanie
12	4	0	115	204	5	197	..	3	1985	
12	6	80	342	620	3	615	..	2	1986	
12	7	134	540	1 007	4	1 000	..	2	1987	
62	45	..	204	209	17	185	..	6	1984	Maurice
61	29	..	227	235	19	207	..	10	1985	
76	57	..	294	309	68	232	..	9	1986	
77	56	..	371	395	49	334	..	12	1987	
65	14	673	225	4 839	566	4 163	78	32	1984	Maroc
70	12	455	231	5 104	647	4 335	80	41	1985	
72	2	530	237	5 387	1 060	4 192	80	55	1986	
62	2	605	235	5 486	1 115	4 238	80	53	1987	
24	38	14	38	509	87	309	..	113	1984	Mozambique
31	30	0	31	426	74	255	..	97	1985	
41	25	0	24	333	46	256	..	31	1986	
42	30	0	23	337	44	259	..	34	1987	
18	..	..	41	241	38	191	..	11	1984	Niger
14	..	..	40	246	43	192	..	11	1985	
15	..	..	37	230	35	184	..	11	1986	
14	..	..	37	240	45	183	..	12	1987	
386	100	3 204	123	11 351	53	9 175	1 912	212	1984	Nigéria
376	110	4 236	108	10 288	98	7 403	2 610	177	1985	
376	372	3 923	121	11 962	78	8 629	3 075	181	1986	
366	375	286	116	11 823	75	8 119	3 448	181	1987	
11	1	..	537	289	..	254	..	35	1984	Réunion
10	1	..	483	264	..	222	..	42	1985	
10	1	..	513	285	..	242	..	43	1986	
10	1	..	509	288	..	243	..	46	1987	
8	..	..	23	134	..	118	1	15	1984	Rwanda
8	..	..	23	138	..	122	1	16	1985	
9	..	..	21	134	..	119	1	15	1986	
9	..	..	21	136	..	121	1	15	1987	
1	..	..	143	1	0	1	..	..	1984	Ste–Hélène et dépend
1	..	..	143	1	0	1	..	..	1985	
1	..	..	143	1	0	1	..	..	1986	
1	..	..	143	1	0	1	..	..	1987	
0	..	..	125	12	..	11	..	1	1984	Sao Tomé–et–Principe
0	..	..	122	12	..	11	..	1	1985	
0	..	..	119	12	..	11	..	1	1986	
0	..	..	115	12	..	11	..	1	1987	
124	157	21	138	869	..	869	..	..	1984	Sénégal
126	147	10	97	628	..	628	..	..	1985	
130	140	14	95	626	..	626	..	..	1986	
113	140	34	98	667	..	667	..	..	1987	
12	53	..	500	33	..	33	..	..	1984	Seychelles
8	64	..	606	40	..	40	..	..	1985	
7	61	..	657	44	..	44	..	..	1986	
8	60	..	544	37	..	37	..	..	1987	
19	78	–6	52	187	0	187	..	...	1984	Sierra Leone
17	73	–2	53	195	0	195	..	...	1985	
18	75	–0	51	193	0	193	..	...	1986	
14	70	–1	51	198	0	198	..	...	1987	

Table 2

Production, Trade and Consumption of Commercial Energy

(Quantities in thousand metric tons and in kilograms per capita of oil equivalent)

Country or area Pays ou zone	Year Année	Primary Energy Production – Production d'énergie primaire					Changes in Stocks Variations des stocks	Imports Importations	Exports Exportations
		Total Totale	Solids Solides	Liquids Liquides	Gas Gaz	Electricity Electricité			
Somalia	1984	..	..	..	..	..	2	327	53
	1985	..	..	..	..	..	3	372	51
	1986	..	..	..	..	..	5	392	43
	1987	..	..	..	..	..	0	397	38
S.Africa Customs Un.	1984	87 103	86 704	..	..	399	1 500	17 547	26 729
	1985	92 585	92 182	..	..	403	1 500	17 512	31 000
	1986	93 651	93 251	..	..	401	1 500	17 503	30 126
	1987	94 488	94 086	..	..	402	0	16 002	29 951
Sudan	1984	44	..	..	..	44	20	1 325	50
	1985	44	..	..	..	44	10	1 322	55
	1986	44	..	..	..	44	3	1 242	54
	1987	44	..	..	..	44	5	1 239	40
Togo	1984	0	0	..	..	0	–8	140	17
	1985	0	0	..	..	0	–28	109	17
	1986	0	0	..	..	0	–5	127	11
	1987	0	0	..	..	0	0	125	10
Tunisia	1984	5 926	..	5 480	440	6	101	1 794	3 827
	1985	5 826	..	5 408	409	9	55	1 845	3 749
	1986	5 664	..	5 249	411	4	11	2 286	4 209
	1987	5 400	..	4 987	404	10	13	1 922	3 699
Uganda	1984	56	..	..	..	56	0	217	20
	1985	55	..	..	..	55	0	220	12
	1986	56	..	..	..	56	0	236	12
	1987	55	..	..	..	55	0	240	11
United Rep. Tanzania	1984	55	2	..	..	53	0	670	43
	1985	56	3	..	..	53	5	685	48
	1986	56	3	..	..	53	0	654	44
	1987	55	2	..	..	52	1	703	43
Western Sahara	1984	..	..	..	..	..	...	63	..
	1985	..	..	..	..	..	...	61	..
	1986	..	..	..	..	..	...	63	..
	1987	..	..	..	..	..	...	65	..
Zaire	1984	1 824	76	1 345	..	404	1	927	1 134
	1985	1 769	77	1 270	..	422	1	967	1 176
	1986	1 810	68	1 290	..	452	0	930	1 125
	1987	1805	66	1 295	..	443	26	958	1 107
Zambia	1984	1 152	301	..	..	850	0	611	304
	1985	1 157	301	..	..	856	0	590	311
	1986	1 171	329	..	..	842	0	585	310
	1987	999	273	..	..	726	0	592	173
Zimbabwe	1984	2 474	2 176	..	..	297	0	1 008	186
	1985	2 446	2 180	..	..	266	0	1 088	140
	1986	3 104	2 833	..	..	271	0	1 163	117
	1987	3 605	3 390	..	..	215	0	1 073	56
NTH. AMERICA	**1984**	**1 849 024**	**505 983**	**738 680**	**515 500**	**88 860**	**37 284**	**385 161**	**277 248**
	1985	**1 834 736**	**506 895**	**737 582**	**497 146**	**93 112**	**–26 938**	**350 059**	**277 565**
	1986	**1 798 275**	**506 747**	**713 011**	**480 529**	**97 988**	**18 153**	**398 345**	**250 670**
	1987	**1 812 388**	**498 823**	**714 905**	**499 658**	**99 001**	**9 346**	**425 232**	**254 663**
Antigua and Barbuda	1984	..	..	..	..	..	0	112	7
	1985	..	..	..	..	..	0	117	6
	1986	..	..	..	..	..	0	129	6
	1987	..	..	..	..	..	0	133	7
Aruba	1984	..	..	..	..	..	...	...	...
	1985	..	..	..	..	..	...	...	...
	1986	..	..	..	..	..	...	34	0
	1987	..	..	..	..	..	...	34	0

Table 2

Production, commerce et consommation d'énergie commerciale

(Quantités en milliers de tonnes métriques et en kilogrammes par habitant d'équivalent pétrole)

Bunkers – Soutes: Air Avion	Bunkers – Soutes: Sea Maritime	Un-allocated Quantités non réparties	Consumption – Consommation: Per Capita Par habitant	Total Totale	Solids Solides	Liquids Liquides	Gas Gaz	Electricity Electricité	Year Année	Country or area Pays ou zone
12	28	22	34	209	..	209	..	..	1984	Somalie
14	27	21	40	256	..	256	..	..	1985	
18	29	37	39	260	..	260	..	..	1986	
16	25	31	42	288	..	288	..	..	1987	
103	3 191	1 982	1 996	71 144	59 992	10 727	...	426	1984	Un.douan.d'Afr.mérid
103	3 191	1 877	1 985	72 426	61 200	10 832	...	393	1985	
103	3 082	1 998	1 991	74 346	63 151	10 821	...	375	1986	
103	3 092	2 010	1 971	75 334	64 161	10 797	...	376	1987	
23	5	117	55	1 155	0	1 111	..	44	1984	Soudan
26	5	243	47	1 027	0	983	..	44	1985	
31	4	148	47	1 047	0	1 002	..	44	1986	
30	5	167	45	1 037	0	992	..	44	1987	
..	...	0	46	132	0	119	..	13	1984	Togo
..	...	0	41	120	0	102	..	19	1985	
..	...	0	40	121	0	101	..	20	1986	
..	...	0	37	115	0	94	..	21	1987	
36	5	212	500	3 539	70	2 648	821	–1	1984	Tunisie
3	4	203	504	3 657	66	2 555	1 023	12	1985	
5	2	117	484	3 606	59	2 826	715	5	1986	
6	0	129	456	3 475	63	2 688	714	9	1987	
0	..	...	17	253	..	216	..	37	1984	Ouganda
0	..	...	17	263	..	219	..	44	1985	
0	..	...	17	280	..	234	..	46	1986	
0	..	...	17	284	..	238	..	46	1987	
9	26	6	29	641	3	585	..	53	1984	Rép.Unie de Tanzanie
9	26	19	28	634	3	578	..	53	1985	
7	25	15	26	619	3	563	..	53	1986	
5	23	31	27	654	3	599	..	52	1987	
4	0	..	388	59	..	59	..	..	1984	Sahara occidental
4	0	..	365	57	..	57	..	..	1985	
4	0	..	366	59	..	59	..	..	1986	
4	0	..	370	61	..	61	..	..	1987	
117	32	13	49	1 454	206	854	..	394	1984	Zaïre
124	30	7	46	1 398	208	778	..	412	1985	
117	35	4	46	1 459	205	811	..	443	1986	
118	32	18	45	1 462	204	824	..	434	1987	
39	..	52	203	1 368	298	482	..	587	1984	Zambie
38	..	67	190	1 330	292	447	..	591	1985	
33	..	81	183	1 331	323	431	..	578	1986	
37	..	69	173	1 312	270	443	..	599	1987	
83	..	...	399	3 213	2 049	610	...	554	1984	Zimbabwe
98	..	...	397	3 296	2 124	642	...	530	1985	
103	..	...	472	4 047	2 863	655	...	529	1986	
98	..	...	512	4 523	3 468	724	...	331	1987	
8 059	**27 206**	**–2 579**	**4 771**	**1 886 965**	**439 850**	**848 372**	**509 843**	**88 901**	**1984**	**AMER DU NORD**
8 194	**25 730**	**–6 326**	**4 756**	**1 906 569**	**459 184**	**849 381**	**504 816**	**93 187**	**1985**	
8 152	**22 749**	**588**	**4 668**	**1 896 308**	**447 512**	**875 522**	**475 200**	**98 074**	**1986**	
8 280	**22 814**	**5 728**	**4 706**	**1 936 789**	**446 080**	**893 664**	**498 356**	**98 689**	**1987**	
56	0	0	605	49	..	49	..	..	1984	Antigua–et–Barbuda
34	0	0	939	77	..	77	..	..	1985	
39	0	0	1 000	83	..	83	..	..	1986	
35	0	0	1 071	90	..	90	..	..	1987	
..	..	...	...	...	..	...	..	..	1984	Aruba
..	..	...	...	...	..	...	..	..	1985	
..	..	0	...	34	..	34	..	..	1986	
..	..	0	...	34	..	34	..	..	1987	

Table 2

Production, Trade and Consumption of Commercial Energy

(Quantities in thousand metric tons and in kilograms per capita of oil equivalent)

Country or area Pays ou zone	Year Année	Primary Energy Production – Production d'énergie primaire					Changes in Stocks Variations des stocks	Imports Importations	Exports Exportations
		Total Totale	Solids Solides	Liquids Liquides	Gas Gaz	Electricity Electricité			
Bahamas	1984	..	..	..	..	..	–149	6 936	6 119
	1985	..	..	..	..	..	–168	4 062	3 212
	1986	..	..	..	..	..	–204	2 035	1 399
	1987	..	..	..	..	..	–297	1 873	1 363
Barbados	1984	105	..	87	18	..	15	297	0
	1985	117	..	93	24	..	0	294	0
	1986	103	..	78	25	..	0	311	2
	1987	89	..	68	21	..	0	338	2
Belize	1984	..	..	..	..	..	0	69	0
	1985	..	..	..	..	..	0	76	0
	1986	..	..	..	..	..	0	66	0
	1987	..	..	..	..	..	0	70	0
Bermuda	1984	..	..	..	..	..	0	176	0
	1985	..	..	..	..	..	0	173	0
	1986	..	..	..	..	..	0	163	0
	1987	..	..	..	..	..	0	228	0
British Virgin Islds	1984	..	..	..	..	..	...	11	..
	1985	..	..	..	..	..	...	12	..
	1986	..	..	..	..	..	...	13	..
	1987	..	..	..	..	..	...	14	..
Canada	1984	216 160	33 351	82 651	70 979	29 178	1 834	27 405	68 782
	1985	226 941	35 520	83 944	76 156	31 321	–2 413	26 579	81 588
	1986	221 272	33 012	84 051	71 363	32 846	1 368	31 374	78 738
	1987	232 621	33 291	88 352	77 135	33 842	1 182	34 258	88 011
Cayman Islands	1984	..	..	..	..	..	...	35	..
	1985	..	..	..	..	..	...	33	..
	1986	..	..	..	..	..	...	37	..
	1987	..	..	..	..	..	...	36	..
Costa Rica	1984	259	..	..	..	259	23	654	73
	1985	238	..	..	..	238	–32	706	50
	1986	247	..	..	..	247	–35	867	118
	1987	248	..	..	..	248	–37	865	87
Cuba	1984	779	..	770	3	6	–237	12 514	2 641
	1985	879	..	868	6	5	370	13 573	3 276
	1986	948	..	938	5	5	–486	13 198	3 567
	1987	920	..	895	21	4	315	14 012	3 280
Dominica	1984	1	..	..	..	1	...	13	..
	1985	1	..	..	..	1	...	13	..
	1986	1	..	..	..	1	...	13	..
	1987	1	..	..	..	1	...	14	..
Dominican Republic	1984	44	..	..	..	44	160	2 383	..
	1985	89	..	..	..	89	0	2 195	..
	1986	77	..	..	..	77	0	1 966	..
	1987	82	..	..	..	82	0	1 933	..
El Salvador	1984	134	..	..	..	134	0	631	0
	1985	143	..	..	..	143	0	637	0
	1986	141	..	..	..	141	0	642	0
	1987	152	..	..	..	152	0	647	0
Greenland	1984	0	0	..	..	..	0	186	..
	1985	0	0	..	..	..	0	173	..
	1986	0	0	..	..	..	0	112	..
	1987	0	0	..	..	..	0	111	..
Grenada	1984	..	..	..	..	..	...	21	..
	1985	..	..	..	..	..	...	20	..
	1986	..	..	..	..	..	...	22	..
	1987	..	..	..	..	..	...	24	..

Table 2

Production, commerce et consommation d'énergie commerciale

(Quantités en milliers de tonnes métriques et en kilogrammes par habitant d'équivalent pétrole)

Bunkers – Soutes		Un-allocated Quantités non réparties	Consumption – Consommation						Year Année	Country or area Pays ou zone
Air Avion	Sea Maritime		Per Capita Par habitant	Total Totale	Solids Solides	Liquids Liquides	Gas Gaz	Electricity Electricité		
37	375	37	2 154	517	0	517	..	..	1984	Bahamas
36	511	19	1 864	453	0	453	..	..	1985	
32	426	0	1 551	383	0	383	..	..	1986	
32	426	0	1 390	349	0	349	..	..	1987	
101	55	3	901	228	0	210	18	..	1984	Barbade
101	55	11	957	243	0	219	24	..	1985	
83	65	18	965	246	0	221	25	..	1986	
85	60	25	992	255	0	234	21	..	1987	
11	0	..	363	58	..	58	..	0	1984	Belize
11	0	..	396	65	..	65	..	0	1985	
12	0	..	321	54	..	54	..	0	1986	
12	0	..	339	58	..	58	..	0	1987	
26	5	..	2 544	145	0	145	..	..	1984	Bermudes
24	3	..	2 561	146	0	146	..	..	1985	
23	3	..	2 362	137	0	137	..	..	1986	
38	2	..	3 241	188	0	188	..	..	1987	
..	..	..	786	11	..	11	..	..	1984	Iles Vierges brit.
..	..	..	857	12	..	12	..	..	1985	
..	..	..	929	13	..	13	..	..	1986	
..	..	..	1 000	14	..	14	..	..	1987	
549	1 938	−2 664	6 896	173 126	25 976	70 058	51 275	25 817	1984	Canada
522	1 682	−4 052	6 942	176 192	25 592	69 189	53 557	27 854	1985	
557	1 697	−4 514	6 819	174 801	23 686	69 618	51 572	29 924	1986	
631	1 961	−4 469	6 941	179 562	25 205	72 301	51 993	30 063	1987	
1	..	..	1 619	34	..	34	..	..	1984	Iles Caïmanes
1	..	..	1 524	32	..	32	..	..	1985	
1	..	..	1 714	36	..	36	..	..	1986	
1	..	..	1 591	35	..	35	..	..	1987	
...	0	−35	331	851	..	631	..	221	1984	Costa Rica
...	0	39	336	888	..	654	..	234	1985	
...	0	49	362	983	..	730	..	254	1986	
...	0	89	349	974	..	720	..	254	1987	
94	223	597	1 008	9 975	107	9 858	3	6	1984	Cuba
92	218	786	976	9 710	95	9 605	6	5	1985	
86	94	700	1 018	10 186	112	10 063	5	5	1986	
83	96	987	1 009	10 171	115	10 032	21	4	1987	
1	..	..	184	14	..	12	..	1	1984	Dominique
1	..	..	182	14	..	12	..	1	1985	
1	..	..	179	14	..	12	..	1	1986	
1	..	..	190	15	..	13	..	1	1987	
0	...	177	334	2 091	0	2 046	..	44	1984	Rép. dominicaine
0	...	413	292	1 871	0	1 782	..	89	1985	
0	...	41	305	2 003	0	1 925	..	77	1986	
0	...	41	294	1 973	0	1 892	..	82	1987	
4	59	28	143	674	..	539	..	134	1984	El Salvador
4	59	35	143	682	..	539	..	143	1985	
5	50	65	137	663	..	522	..	141	1986	
5	59	81	133	654	..	501	..	152	1987	
..	..	..	3 444	186	1	185	..	..	1984	Groënland
..	..	..	3 204	173	0	173	..	..	1985	
..	..	..	2 036	112	0	112	..	..	1986	
..	..	..	2 018	111	0	111	..	..	1987	
0	...	..	219	21	..	21	..	..	1984	Grenade
0	...	..	206	20	..	20	..	..	1985	
1	...	..	214	21	..	21	..	..	1986	
1	...	..	230	23	..	23	..	..	1987	

Table 2

Production, Trade and Consumption of Commercial Energy

(Quantities in thousand metric tons and in kilograms per capita of oil equivalent)

Country or area Pays ou zone	Year Année	Primary Energy Production – Production d'énergie primaire					Changes in Stocks Variations des stocks	Imports Importations	Exports Exportations
		Total Totale	Solids Solides	Liquids Liquides	Gas Gaz	Electricity Electricité			
Guadeloupe	1984	..	..	..	..	..	2	221	0
	1985	..	..	..	..	..	0	210	0
	1986	..	..	..	..	..	0	232	0
	1987	..	..	..	..	..	0	251	0
Guatemala	1984	289	..	237	..	52	34	1 166	174
	1985	242	..	184	..	58	0	1 174	170
	1986	347	..	289	..	58	0	1 072	175
	1987	238	..	180	..	58	1	1 064	176
Haiti	1984	22	..	..	..	22	0	231	..
	1985	22	..	..	..	22	0	234	..
	1986	27	..	..	..	27	0	222	..
	1987	28	..	..	..	28	0	213	..
Honduras	1984	75	..	..	..	75	0	593	0
	1985	75	..	..	..	75	0	598	0
	1986	76	..	..	..	76	0	590	0
	1987	76	..	..	..	76	0	567	0
Jamaica	1984	13	..	..	..	13	–50	1 597	7
	1985	7	..	..	..	7	0	2 033	10
	1986	10	..	..	..	10	0	1 969	10
	1987	11	..	..	..	11	0	1 945	10
Martinique	1984	..	..	..	..	..	1	456	214
	1985	..	..	..	..	..	17	479	218
	1986	..	..	..	..	..	1	464	213
	1987	..	..	..	..	..	3	471	209
Mexico	1984	184 525	4 761	151 063	26 549	2 152	–481	1 290	87 060
	1985	178 475	4 895	145 674	25 509	2 397	–507	2 372	80 777
	1986	167 822	5 079	136 737	23 993	2 014	–216	3 002	71 916
	1987	174 752	5 569	143 073	24 153	1 958	1 009	3 679	74 247
Montserrat	1984	..	..	..	..	..	...	7	..
	1985	..	..	..	..	..	...	8	..
	1986	..	..	..	..	..	...	8	..
	1987	..	..	..	..	..	...	8	..
Neth.Antil and Aruba	1984	..	..	..	..	..	–148	22 333	17 003
	1985	..	..	..	..	..	–250	10 228	6 577
	1986	..	..	..	..	..	...	...	...
	1987	..	..	..	..	..	...	...	...
Netherlands Antilles	1984	..	..	..	..	..	...	...	...
	1985	..	..	..	..	..	...	...	...
	1986	..	..	..	..	..	–250	9 337	5 755
	1987	..	..	..	..	..	0	10 644	6 581
Nicaragua	1984	44	..	..	..	44	–28	589	0
	1985	49	..	..	..	49	29	687	1
	1986	49	..	..	..	49	0	691	1
	1987	49	..	..	..	49	0	693	1
Panama	1984	128	..	..	..	128	0	3 739	292
	1985	166	..	..	..	166	0	3 449	302
	1986	180	..	..	..	180	0	3 388	302
	1987	175	..	..	..	175	0	3 436	332
Puerto Rico	1984	14	..	..	..	14	–231	7 407	1 538
	1985	16	..	..	..	16	31	7 110	1 279
	1986	19	..	..	..	19	439	7 382	1 138
	1987	22	..	..	..	22	–105	7 127	1 070
St.Kitts–Nevis	1984	..	..	..	..	..	0	17	..
	1985	..	..	..	..	..	0	17	..
	1986	..	..	..	..	..	0	19	..
	1987	..	..	..	..	..	0	18	..

Table 2

Production, commerce et consommation d'énergie commerciale

(Quantités en milliers de tonnes métriques et en kilogrammes par habitant d'équivalent pétrole)

Bunkers – Soutes		Un-allocated Quantités non réparties	Consumption – Consommation						Year Année	Country or area Pays ou zone
Air Avion	Sea Maritime		Per Capita Par habitant	Total Totale	Solids Solides	Liquids Liquides	Gas Gaz	Electricity Electricité		
4	...	..	644	215	..	215	..	..	1984	Guadeloupe
4	...	..	615	206	..	206	..	..	1985	
4	...	..	677	228	..	228	..	..	1986	
4	...	..	731	247	..	247	..	..	1987	
9	122	10	143	1 105	..	1 053	..	52	1984	Guatemala
10	122	9	139	1 105	..	1 046	..	58	1985	
10	117	49	130	1 069	..	1 010	..	58	1986	
13	122	4	117	986	..	928	..	58	1987	
18	...	..	41	236	0	214	..	22	1984	Haïti
19	...	..	40	237	0	215	..	22	1985	
19	...	..	38	231	0	204	..	27	1986	
19	...	..	36	222	0	195	..	28	1987	
...	0	2	157	666	0	577	..	89	1984	Honduras
...	0	1	153	672	0	582	..	90	1985	
...	0	20	143	646	0	556	..	89	1986	
...	0	19	133	623	0	534	..	89	1987	
10	35	38	682	1 569	0	1 557	..	13	1984	Jamaïque
21	30	131	791	1 849	0	1 842	..	7	1985	
15	30	161	743	1 762	0	1 752	..	10	1986	
15	30	124	737	1 776	0	1 765	..	11	1987	
..	18	–6	696	229	..	229	..	..	1984	Martinique
..	17	–5	705	232	..	232	..	..	1985	
..	10	2	721	238	..	238	..	..	1986	
..	12	3	739	244	..	244	..	..	1987	
66	40	4 378	1 222	94 752	4 916	62 459	25 232	2 145	1984	Mexique
70	45	3 717	1 219	96 746	5 333	63 471	25 549	2 394	1985	
70	45	4 693	1 161	94 316	5 291	63 089	24 038	1 897	1986	
69	40	4 434	1 188	98 633	5 446	67 194	24 202	1 792	1987	
..	2	..	385	5	..	5	..	..	1984	Montserrat
..	2	..	462	6	..	6	..	..	1985	
..	2	..	462	6	..	6	..	..	1986	
..	1	..	538	7	..	7	..	..	1987	
46	1 987	1 347	11 709	2 096	..	2 096	..	..	1984	Antill.néer.et Aruba
41	1 972	441	7 994	1 447	..	1 447	..	..	1985	
...	...	...	...	...	..	...	..	..	1986	
...	...	...	...	...	..	...	..	..	1987	
...	...	...	...	...	..	...	..	..	1984	Antilles néerland.
...	...	...	...	...	..	...	..	..	1985	
41	1 922	471	...	1 396	..	1 396	..	..	1986	
41	1 922	688	...	1 412	..	1 412	..	..	1987	
0	..	–13	213	673	..	607	..	66	1984	Nicaragua
0	..	2	215	704	..	640	..	65	1985	
0	..	12	215	727	..	662	..	65	1986	
0	..	15	207	726	..	661	..	65	1987	
41	2 467	62	470	1 004	6	870	0	128	1984	Panama
26	2 228	50	463	1 010	4	839	0	166	1985	
26	2 134	114	445	992	3	808	0	180	1986	
26	2 194	130	408	929	3	751	0	175	1987	
42	160	–666	1 935	6 578	70	6 494	..	14	1984	Porto Rico
37	85	–465	1 784	6 159	70	6 073	..	16	1985	
31	70	–305	1 720	6 028	140	5 868	..	19	1986	
26	65	–110	1 745	6 203	140	6 041	..	22	1987	
..	..	..	362	17	..	17	..	..	1984	St–Kitts–Nevis
..	..	..	362	17	..	17	..	..	1985	
..	..	..	396	19	..	19	..	..	1986	
..	..	..	367	18	..	18	..	..	1987	

Table 2

Production, Trade and Consumption of Commercial Energy

(Quantities in thousand metric tons and in kilograms per capita of oil equivalent)

Country or area Pays ou zone	Year Année	Primary Energy Production – Production d'énergie primaire					Changes in Stocks Variations des stocks	Imports Importations	Exports Exportations
		Total Totale	Solids Solides	Liquids Liquides	Gas Gaz	Electricity Electricité			
Saint Lucia	1984	..	..	..	..	..	0	38	..
	1985	..	..	..	..	..	0	42	..
	1986	..	..	..	..	..	0	42	..
	1987	..	..	..	..	..	0	43	..
St.Pierre–Miquelon	1984	..	..	..	..	..	...	41	..
	1985	..	..	..	..	..	...	42	..
	1986	..	..	..	..	..	...	53	..
	1987	..	..	..	..	..	...	68	..
S.Vincent–Grenadines	1984	2	..	..	..	2	...	13	..
	1985	2	..	..	..	2	...	13	..
	1986	2	..	..	..	2	...	13	..
	1987	2	..	..	..	2	...	15	..
Trinidad and Tobago	1984	12 534	..	8 767	3 767	..	–456	10	7 941
	1985	13 684	..	9 106	4 578	..	–259	213	8 291
	1986	12 329	..	8 728	3 600	..	68	351	8 032
	1987	11 849	..	8 067	3 781	..	–253	368	7 699
United States	1984	1 433 895	467 871	495 105	414 184	56 735	37 356	276 770	71 878
	1985	1 413 590	466 481	497 714	390 873	58 523	–24 297	257 808	81 855
	1986	1 394 625	468 657	482 189	381 544	62 236	17 449	313 807	74 926
	1987	1 391 075	459 963	474 270	394 548	62 294	7 718	341 043	69 609
U.S. Virgin Islands	1984	..	..	..	..	..	–361	17 201	13 517
	1985	..	..	..	..	..	542	14 676	9 953
	1986	..	..	..	..	..	–231	14 091	10 126
	1987	..	..	..	..	..	–190	9 668	8 561
STH. AMERICA	**1984**	**251 765**	**9 401**	**181 431**	**38 685**	**22 248**	**1 950**	**48 266**	**100 074**
	1985	**254 303**	**11 110**	**179 436**	**39 531**	**24 226**	**–866**	**43 770**	**97 876**
	1986	**272 504**	**12 130**	**192 550**	**42 833**	**24 991**	**284**	**48 460**	**108 849**
	1987	**279 575**	**14 250**	**191 580**	**47 828**	**25 917**	**1 880**	**57 173**	**109 441**
Argentina	1984	39 557	300	25 728	11 421	2 108	227	2 260	1 446
	1985	39 346	236	24 686	12 152	2 271	–943	2 332	3 602
	1986	39 096	215	23 383	13 200	2 298	57	2 561	1 150
	1987	41 457	220	23 105	15 691	2 440	284	4 702	578
Bolivia	1984	3 329	..	1 167	2 060	102	–10	1	1 891
	1985	3 253	..	1 112	2 041	100	–49	1	1 842
	1986	3 302	..	1 010	2 193	98	–85	1	2 006
	1987	3 310	..	1 038	2 175	97	–133	0	1 926
Brazil	1984	43 498	3 658	23 673	1 843	14 324	1 525	37 446	7 656
	1985	49 731	3 769	28 023	2 311	15 628	–125	33 454	6 695
	1986	51 403	3 608	29 461	2 637	15 698	–127	37 612	5 270
	1987	51 399	3 302	29 331	2 728	16 038	474	40 824	5 978
Chile	1984	4 851	833	2 337	879	802	–257	2 828	21
	1985	4 704	905	2 012	896	891	–209	2 734	21
	1986	4 851	1 141	1 919	819	972	696	3 586	8
	1987	4715	1 093	1 775	803	1 044	–341	4 441	34
Colombia	1984	19 243	4 499	8 869	4 136	1 740	592	2 107	3 314
	1985	21 159	6 083	9 101	4 103	1 873	168	2 118	5 359
	1986	28 727	7 020	15 495	4 040	2 172	–30	948	11 412
	1987	35 331	9 486	19 575	4 072	2 198	–524	580	17 697
Ecuador	1984	13 520	..	13 152	94	275	272	516	6 851
	1985	14 726	..	14 315	90	321	–289	474	9 311
	1986	15 118	..	14 646	101	371	5	417	10 715
	1987	9 356	..	8 899	64	393	1 146	2 798	5 965
Falkland I(Malvinas)	1984	3	3	..	..	..	..	5	..
	1985	3	3	..	..	..	..	5	..
	1986	3	3	..	..	..	..	5	..
	1987	3	3	..	..	..	..	5	..

Table 2

Production, commerce et consommation d'énergie commerciale

(Quantités en milliers de tonnes métriques et en kilogrammes par habitant d'équivalent pétrole)

Bunkers – Soutes: Air Avion	Bunkers – Soutes: Sea Maritime	Un-allocated Quantités non réparties	Consumption – Consommation: Per Capita Par habitant	Total Totale	Solids Solides	Liquids Liquides	Gas Gaz	Electricity Electricité	Year Année	Country or area Pays ou zone
1	..	..	291	37	..	37	..	..	1984	Sainte–Lucie
0	..	..	326	42	..	42	..	..	1985	
1	..	..	313	41	..	41	..	..	1986	
1	..	..	318	42	..	42	..	..	1987	
..	25	..	2 143	15	0	15	..	..	1984	St.Pierre–Miquelon
..	24	..	2 571	18	0	18	..	..	1985	
..	24	..	4 000	28	0	28	..	..	1986	
..	30	..	5 286	37	0	37	..	..	1987	
0	..	..	144	15	..	13	..	2	1984	S.Vincent–Grenadines
0	..	..	143	15	..	13	..	2	1985	
0	..	..	142	15	..	13	..	2	1986	
0	..	..	150	16	..	15	..	2	1987	
0	290	244	3 877	4 525	0	758	3 767	..	1984	Trinité–et–Tobago
0	151	171	4 674	5 543	0	965	4 578	..	1985	
0	64	–192	3 906	4 707	0	1 107	3 600	..	1986	
0	89	–262	4 039	4 944	0	1 163	3 781	..	1987	
6 910	18 561	–7 671	6 680	1 583 632	408 773	685 166	429 548	60 145	1984	Etats–Unis
7 119	17 949	–9 644	6 680	1 598 417	428 091	687 182	421 102	62 043	1985	
7 119	17 440	–2 770	6 604	1594 266	418 279	714 706	395 960	65 322	1986	
7 171	17 468	4 115	6 679	1 626 037	415 171	726 637	418 339	65 891	1987	
31	844	1 555	15 529	1 615	...	1 615	..	..	1984	Iles Vierges amér.
21	577	2 018	14 764	1 565	...	1 565	..	..	1985	
15	479	2 446	11 620	1 255	...	1 255	..	..	1986	
10	159	504	5 716	623	...	623	..	..	1987	
988	**2 796**	**16 982**	**677**	**177 240**	**12 818**	**103 484**	**38 680**	**22 259**	**1984**	**AMER DU SUD**
942	**2 799**	**16 488**	**676**	**180 835**	**14 799**	**102 048**	**39 523**	**24 465**	**1985**	
934	**2 363**	**16 055**	**704**	**192 480**	**15 021**	**108 884**	**42 699**	**25 876**	**1986**	
959	**2 617**	**23 338**	**711**	**198 514**	**15 606**	**107 474**	**48 057**	**27 378**	**1987**	
0	689	2 890	1 222	36 565	567	20 635	13 256	2 107	1984	Argentine
0	664	3 345	1 154	35 011	725	18 028	13 987	2 271	1985	
0	458	2 480	1 220	37513	889	19 291	15 035	2 298	1986	
0	642	2 987	1 338	41 668	998	20 396	17 819	2 455	1987	
5	..	37	227	1 407	1	1 078	226	102	1984	Bolivie
5	..	74	217	1 382	1	1 077	205	100	1985	
6	..	54	202	1 321	1	998	224	98	1986	
0	..	65	216	1 451	0	1 066	288	97	1987	
651	1 130	7 836	468	62 145	7 483	38 503	1 843	14 317	1984	Brésil
671	1 160	7 500	496	67 284	9 293	39 813	2 311	15 867	1985	
645	1 048	8 723	530	73 456	9 382	44 855	2 637	16 583	1986	
671	998	8 186	537	75 916	9 746	45 959	2 728	17 482	1987	
48	0	220	642	7 648	1 319	4 654	873	802	1984	Chili
0	0	79	622	7 546	1 272	4 494	889	891	1985	
0	0	–153	640	7 886	1 324	4 770	820	972	1986	
0	0	1 233	656	8 230	1 288	5 105	792	1 044	1987	
10	138	1 249	571	16 046	3 156	7 012	4 136	1 742	1984	Colombie
10	157	1 320	566	16 264	3 216	7 071	4 103	1 873	1985	
9	149	1 567	565	16 567	3 171	7 184	4 040	2 173	1986	
8	190	1 411	572	17 127	3 283	7 574	4 072	2 198	1987	
31	42	2 594	466	4 247	..	3 879	94	275	1984	Equateur
31	36	1 910	448	4 202	..	3 791	90	321	1985	
29	42	317	459	4 427	..	3 955	101	371	1986	
34	104	551	439	4 353	..	3 896	64	393	1987	
..	1	..	2 333	7	3	4	..	..	1984	I Falkland(Malvinas)
..	1	..	2 333	7	3	4	..	..	1985	
..	1	..	2 333	7	3	4	..	..	1986	
..	1	..	2 333	7	3	4	..	..	1987	

Table 2

Production, Trade and Consumption of Commercial Energy

(Quantities in thousand metric tons and in kilograms per capita of oil equivalent)

Country or area Pays ou zone	Year Année	Primary Energy Production – Production d'énergie primaire					Changes in Stocks Variations des stocks	Imports Importations	Exports Exportations
		Total Totale	Solids Solides	Liquids Liquides	Gas Gaz	Electricity Electricité			
French Guiana	1984	..	..	..	..	..	...	108	..
	1985	..	..	..	..	..	...	110	..
	1986	..	..	..	..	..	...	93	..
	1987	..	..	..	..	..	...	124	..
Guyana	1984	0	..	..	..	0	...	468	..
	1985	0	..	..	..	0	...	470	..
	1986	0	..	..	..	0	...	361	..
	1987	0	..	..	..	0	...	340	..
Paraguay	1984	76	..	..	..	76	39	546	2
	1985	108	..	..	..	108	–71	443	...
	1986	141	..	..	..	141	–2	536	...
	1987	242	..	..	..	242	0	529	...
Peru	1984	10 807	72	9 435	564	737	85	104	3 491
	1985	10 842	86	9 379	576	801	91	120	3 752
	1986	10 656	103	9 078	607	869	16	279	3 051
	1987	10 457	103	8 797	607	950	55	964	2 742
Suriname	1984	115	..	38	..	77	0	282	0
	1985	159	..	80	..	79	0	257	0
	1986	214	..	134	..	80	0	255	0
	1987	236	..	156	..	80	0	270	12
Uruguay	1984	315	..	..	..	315	0	1 327	23
	1985	317	..	..	..	317	–96	1 159	11
	1986	348	..	..	..	348	334	1 557	35
	1987	362	..	..	..	362	–56	1 298	11
Venezuela	1984	116 449	36	97 034	17 689	1 691	–523	269	75 380
	1985	109 955	29	90 727	17 361	1 837	656	92	67 283
	1986	118 643	40	97 424	19 237	1 943	–582	251	75 201
	1987	122 707	43	98 904	21 687	2 072	974	297	74 497
ASIA	**1984**	**1 517 836**	**551 777**	**811 637**	**111 905**	**42 518**	**2 071**	**547 145**	**650 738**
	1985	**1 560 667**	**601 946**	**784 360**	**127 216**	**47 144**	**11 544**	**533 180**	**592 130**
	1986	**1 727 472**	**623 912**	**906 852**	**147 134**	**49 574**	**26 812**	**563 012**	**700 575**
	1987	**1 763 256**	**648 042**	**902 793**	**158 184**	**54 237**	**14 195**	**588 610**	**709 723**
Afghanistan	1984	2 707	104	8	2 530	66	29	380	2 078
	1985	2 838	106	9	2 657	67	28	513	2 078
	1986	2 843	112	8	2 662	62	34	382	2 078
	1987	2 883	117	6	2 694	66	23	671	2 102
Bahrain	1984	5 621	..	2 317	3 305	..	54	8 081	7 421
	1985	6 272	..	2 271	4 000	..	60	7 218	6 690
	1986	6 563	..	2 544	4 019	..	156	9958	7 558
	1987	6 414	..	2 396	4 017	..	–19	10 054	7 717
Bangladesh	1984	2 321	..	75	2 169	77	–56	1 494	0
	1985	2 618	..	85	2 470	64	–19	1 670	0
	1986	2 920	..	97	2 784	39	4	1 856	0
	1987	3 435	..	117	3 272	46	0	1 902	0
Bhutan	1984	1	..	..	..	1	..	11	..
	1985	1	..	..	..	1	..	12	..
	1986	1	..	..	..	1	..	12	..
	1987	1	..	..	..	1	..	12	..
Brunei Darussalam	1984	16 893	..	8 197	8 696	..	410	27	15 734
	1985	16 541	..	7 973	8 569	..	359	35	15 470
	1986	16 265	..	7 870	8 395	..	411	24	15 244
	1987	16 238	..	7370	8 868	..	291	31	14 614
Burma	1984	2 360	42	1 586	644	87	...	27	0
	1985	2 450	42	1 452	870	86	...	34	0
	1986	2 582	48	1 431	1 011	92	...	34	0
	1987	2206	42	1 009	1 059	96	...	34	0

Production, commerce et consommation d'énergie commerciale

(Quantités en milliers de tonnes métriques et en kilogrammes par habitant d'équivalent pétrole)

Bunkers – Soutes		Un-allocated Quantités non réparties	Consumption – Consommation						Year Année	Country or area Pays ou zone
Air Avion	Sea Maritime		Per Capita Par habitant	Total Totale	Solids Solides	Liquids Liquides	Gas Gaz	Electricity Electricité		
1	..	..	1 321	107	..	107	..	..	1984	Guyane française
1	..	..	1 313	109	..	109	..	..	1985	
1	..	..	1 082	92	..	92	..	..	1986	
1	..	..	1 414	123	..	123	..	..	1987	
5	3	..	491	460	0	459	..	0	1984	Guyana
4	3	..	486	464	0	463	..	0	1985	
4	3	..	364	354	0	354	..	0	1986	
4	3	..	336	333	0	333	..	0	1987	
2	..	–0	162	579	..	486	..	93	1984	Paraguay
2	..	2	167	618	..	510	..	108	1985	
2	..	4	177	673	..	531	..	141	1986	
2	..	6	194	763	..	520	..	243	1987	
0	85	–134	385	7 383	103	5 980	564	737	1984	Pérou
0	80	–139	364	7 177	185	5 615	576	801	1985	
0	70	168	378	7 630	134	6 020	607	869	1986	
0	70	365	395	8 188	150	6 481	607	950	1987	
1	5	38	951	353	8	268	..	77	1984	Suriname
1	5	80	878	330	8	244	..	79	1985	
1	5	134	861	328	8	241	..	80	1986	
1	5	144	891	345	8	256	..	80	1987	
24	152	105	447	1 338	1	1 021	..	316	1984	Uruguay
23	154	109	423	1 275	1	958	..	317	1985	
26	122	101	424	1 287	1	938	..	348	1986	
31	141	128	459	1 405	1	1 043	..	361	1987	
209	550	2 147	2 311	38 954	177	19 399	17 689	1 688	1984	Venezuela
193	539	2 209	2 262	39 167	95	19 873	17 361	1 837	1985	
209	466	2 660	2 301	40939	109	19 650	19 237	1 943	1986	
206	463	8 261	2 113	38 603	128	14 715	21 687	2 072	1987	
8 064	**16 038**	**78 416**	**468**	**1 309 655**	**623 734**	**532 557**	**110 611**	**42 752**	**1984**	**ASIE**
7 357	**16 069**	**78 363**	**488**	**1 388 384**	**679 367**	**534 352**	**127 355**	**47 310**	**1985**	
7 341	**20 153**	**89 553**	**498**	**1 446 050**	**709 595**	**541 942**	**144 912**	**49 601**	**1986**	
7 455	**24 338**	**82 990**	**512**	**1 513 164**	**737 604**	**561 839**	**159 643**	**54 078**	**1987**	
15	..	0	66	964	104	367	428	66	1984	Afghanistan
13	..	0	85	1 232	106	504	555	67	1985	
10	..	0	76	1 103	112	365	565	62	1986	
8	..	0	97	1 421	117	670	568	66	1987	
485	191	1 794	9 075	3 757	0	452	3 305	..	1984	Bahreïn
485	196	1 515	10 543	4 544	0	544	4 000	..	1985	
495	206	3 486	10 310	4 619	0	601	4 019	..	1986	
475	211	3 306	10 275	4 778	0	761	4 017	..	1987	
5	34	228	37	3 605	31	1 327	2 169	77	1984	Bangladesh
4	22	265	40	4 016	49	1 434	2 470	64	1985	
5	12	282	43	4 472	74	1 575	2 784	39	1986	
5	10	504	45	4 817	33	1 467	3 272	46	1987	
..	..	..	9	12	1	9	..	1	1984	Bhoutan
..	..	..	10	13	1	10	..	1	1985	
..	..	..	9	13	1	10	..	2	1986	
..	..	..	9	13	1	10	..	2	1987	
..	..	–349	5 184	1 125	0	593	532	..	1984	Brunéi Darussalam
..	..	–347	4 862	1 094	0	494	600	..	1985	
..	..	–291	3 970	925	0	467	458	..	1986	
..	..	–327	6 992	1 692	0	683	1 009	..	1987	
0	0	626	48	1 761	70	960	644	87	1984	Birmanie
0	0	565	51	1 919	76	887	870	86	1985	
0	0	697	50	1 920	83	735	1 011	92	1986	
0	0	381	47	1 859	76	628	1 059	96	1987	

Table 2

Production, Trade and Consumption of Commercial Energy

(Quantities in thousand metric tons and in kilograms per capita of oil equivalent)

Country or area Pays ou zone	Year Année	Primary Energy Production – Production d'énergie primaire					Changes in Stocks Variations des stocks	Imports Importations	Exports Exportations
		Total Totale	Solids Solides	Liquids Liquides	Gas Gaz	Electricity Electricité			
China	1984	527 978	394 141	114 613	11 762	7 462	9 478	2 935	30 452
	1985	580 595	435 704	124 895	12 051	7 945	13 124	2 875	38 957
	1986	598 213	446 572	130 688	12 824	8 128	6 029	5 356	38 223
	1987	619320	463 519	134 140	13 062	8 599	1 222	4 977	38 451
Cyprus	1984	..	..	..	..	..	–55	1 037	0
	1985	..	..	..	..	..	–21	1 077	0
	1986	..	..	..	..	..	–49	1 172	0
	1987	..	..	..	..	..	–74	1 347	0
Democratic Kampuchea	1984	3	..	..	..	3	...	137	..
	1985	3	..	..	..	3	...	139	..
	1986	3	..	..	..	3	...	144	..
	1987	3	..	..	..	3	...	145	..
Democratic Yemen	1984	..	..	..	..	..	...	3 675	1 887
	1985	..	..	..	..	..	...	3 907	1 699
	1986	..	..	..	..	..	...	3 747	1 781
	1987	..	..	..	..	..	...	3 990	1 948
Hong Kong	1984	..	..	..	..	..	–43	7 845	328
	1985	..	..	..	..	..	–128	7 727	302
	1986	..	..	..	..	..	200	9 538	894
	1987	..	..	..	..	..	...	9 943	721
India	1984	121 801	85 792	28 024	2 995	4 991	3 557	20 581	7 277
	1985	126 882	88 628	29 942	3 496	4 817	570	20 197	2 432
	1986	137 811	96 389	31 351	5 006	5 064	1 706	19 324	264
	1987	146041	104 585	30 398	5 614	5 444	2 955	22 989	974
Indonesia	1984	92 531	1 028	68 523	22 463	517	–1 997	9 724	70 590
	1985	91 697	1 044	67 716	22 389	547	2	5 301	61 737
	1986	99 592	1 207	71 018	26 743	623	–1 380	6 365	70 465
	1987	92 273	1 211	64 630	25 787	645	–2 638	7 704	66 456
Iran(Islamic Rep.of)	1984	123 452	869	109 834	12 205	545	–6 360	570	82 836
	1985	124 591	876	109 865	13 299	550	4 000	616	69 842
	1986	109 400	883	94 126	13 858	533	1 000	3 683	64 169
	1987	130 511	868	114 235	14 859	550	–1 000	5 554	85 723
Iraq	1984	59 490	..	58 989	448	52	2 915	7	47 014
	1985	69 880	..	69 080	747	52	500	5	59 477
	1986	84 506	..	82 980	1 474	52	1 000	5	73 322
	1987	105 664	..	102 118	3 493	52	1 366	6	91 632
Israel	1984	52	..	9	43	..	350	8 997	701
	1985	54	..	9	45	..	–377	9 219	910
	1986	49	..	12	37	..	894	10 211	855
	1987	52	..	14	38	..	–224	10 444	1 379
Japan	1984	31 292	10 421	426	2 191	18 255	–2 763	304 800	4 437
	1985	34 354	10 124	549	2 271	21 409	–1 637	294 602	4 946
	1986	34 532	9 847	647	1 990	22 048	4 484	299 226	5 533
	1987	34385	8 025	623	2 050	23 687	3 243	303 127	7 085
Jordan	1984	0	..	...	..	0	5	2 759	0
	1985	0	..	...	..	0	77	2 882	2
	1986	15	..	15	..	0	–49	2 910	20
	1987	23	..	21	..	2	51	3 237	69
Korea,Dem.Ppl's.Rep.	1984	33 542	31 220	..	..	2 322	...	4 628	35
	1985	34 748	32 340	..	..	2 408	...	5 038	35
	1986	35 394	32 900	..	..	2 494	...	5 138	35
	1987	35 402	32 900	..	..	2 502	...	5 269	35
Korea, Republic of	1984	11 050	9 830	..	..	1 220	–1 352	37 722	2 561
	1985	12 124	10 370	..	..	1 754	57	41 241	2 862
	1986	13 936	11 156	..	..	2 780	5 102	46 818	2 876
	1987	15 006	11 166	..	..	3 840	2 631	49 088	3 634

Table 2

Production, commerce et consommation d'énergie commerciale

(Quantités en milliers de tonnes métriques et en kilogrammes par habitant d'équivalent pétrole)

Bunkers – Soutes			Consumption – Consommation							
Air Avion	Sea Maritime	Un-allocated Quantités non réparties	Per Capita Par habitant	Total Totale	Solids Solides	Liquids Liquides	Gas Gaz	Electricity Electricité	Year Année	Country or area Pays ou zone
..	...	20 591	456	470 392	383 029	68 073	11 762	7 528	1984	Chine
..	...	21 916	490	509 473	417 581	71 804	12 051	8 037	1985	
..	...	22 566	509	536 751	439 306	76 393	12 824	8 229	1986	
..	...	24 068	524	560 555	457 703	81 192	13 062	8 599	1987	
139	37	18	1 363	898	36	861	..	..	1984	Chypre
148	34	11	1 360	906	52	854	..	..	1985	
153	36	37	1 476	995	38	957	..	..	1986	
174	68	19	1 702	1 159	106	1 054	..	..	1987	
..	..	0	20	139	0	137	..	3	1984	Kampuchea démocrat.
..	..	0	19	141	0	139	..	3	1985	
..	..	0	19	146	0	144	..	3	1986	
..	..	0	19	147	0	145	..	3	1987	
33	389	72	623	1 294	...	1 294	..	..	1984	Yémen démocratique
28	399	349	670	1 432	...	1 432	..	..	1985	
22	290	306	613	1 349	...	1 349	..	..	1986	
17	300	268	642	1 457	...	1 457	..	..	1987	
854	566	..	1 141	6 139	2 389	3 814	...	–64	1984	Hong–kong
846	530	..	1 132	6 177	2 957	3 310	...	–90	1985	
972	644	..	1 234	6 829	3 422	3 510	...	–104	1986	
1 028	762	..	1 324	7 432	4 287	3 262	...	–117	1987	
468	212	7 190	164	123 677	82 985	32 715	2 995	4 982	1984	Inde
526	121	9 030	175	134 401	90 606	35 490	3 496	4 809	1985	
598	122	9 913	184	144 531	97 019	37 445	5 006	5 061	1986	
646	227	9 879	192	154 350	103 639	39 653	5 614	5 443	1987	
139	150	3 117	185	30 256	497	23 191	6 051	517	1984	Indonésie
134	160	3 416	190	31 549	654	24 365	5 983	547	1985	
139	160	3 365	196	33207	1 533	24 446	6 605	623	1986	
165	210	2 776	192	33 009	2 059	24 253	6 052	645	1987	
5	1 690	3 674	921	42 177	904	28 524	12 205	545	1984	Iran(Rép.islamique)
5	1 641	4 806	943	44 912	946	30 116	13 299	550	1985	
5	1 293	3 489	872	43 127	988	27 747	13 858	533	1986	
5	1 344	3 856	899	46 138	1 008	29 721	14 859	550	1987	
6	149	2 567	446	6 846	1	6 345	448	52	1984	Iraq
4	149	2 335	467	7 420	1	6 620	747	52	1985	
4	99	2 575	456	7 510	1	7 178	280	52	1986	
5	198	3 698	514	8 770	1	7 786	931	52	1987	
262	...	444	1 751	7 291	1 879	5 392	43	–22	1984	Israël
303	...	1 138	1 724	7 298	2 053	5 225	45	–26	1985	
313	...	485	1 792	7 713	2 256	5 446	37	–26	1986	
314	...	474	1 956	8 554	2379	6 168	38	–31	1987	
910	2 817	10 375	2 667	320 317	73 508	193 743	34 811	18 255	1984	Japon
1 183	2 444	2 217	2 648	319 804	76 884	184 134	37 377	21 409	1985	
765	2 008	3 935	2 612	317 034	72 951	182 662	39 373	22 048	1986	
674	1 651	5 587	2 619	319 271	71 856	182 700	41 028	23 687	1987	
233	..	143	705	2 378	..	2 378	..	0	1984	Jordanie
220	..	125	701	2 459	..	2 460	..	–2	1985	
192	..	114	726	2 648	..	2 668	..	–20	1986	
190	..	156	737	2 794	..	2 823	..	–30	1987	
...	...	16	1 916	38 119	32 914	2 883	..	2 322	1984	Corée,Rép.pop.dém.de
...	...	53	1 947	39 698	34 244	3 046	..	2 408	1985	
...	...	–10	1 940	40 507	34 804	3 209	..	2 494	1986	
...	...	90	1 896	40 547	34 804	3 241	..	2 502	1987	
88	382	3 393	1 079	43 701	19 644	22 836	0	1 220	1984	Corée, République de
106	525	4 043	1 115	45 772	21 789	22 228	0	1 754	1985	
176	942	4 089	1 144	47 569	21 641	23 079	69	2 780	1986	
187	1 365	4 371	1 232	51 906	22 026	23 937	2 102	3 840	1987	

Table 2

Production, Trade and Consumption of Commercial Energy

(Quantities in thousand metric tons and in kilograms per capita of oil equivalent)

Country or area Pays ou zone	Year Année	Primary Energy Production – Production d'énergie primaire					Changes in Stocks Variations des stocks	Imports Importations	Exports Exportations
		Total Totale	Solids Solides	Liquids Liquides	Gas Gaz	Electricity Electricité			
Kuwait,part Ntl.Zone	1984	65 997	..	60 919	5 078	..	564	1	50 834
	1985	61 244	..	56 196	5 047	..	207	1	45 199
	1986	79 430	..	74 357	5 073	..	1 067	1 195	62 105
	1987	69 708	..	64 933	4 775	..	–84	2 563	54 502
Lao Peoples Dem.Rep.	1984	82	0	..	..	82	..	63	61
	1985	86	0	..	..	86	..	69	62
	1986	86	0	..	..	86	..	71	65
	1987	90	0	..	..	90	..	71	65
Lebanon	1984	50	..	..	..	50	0	2 234	0
	1985	50	..	..	..	50	0	2 604	0
	1986	48	..	..	..	48	10	2 741	0
	1987	52	..	..	..	52	0	2 794	0
Macau	1984	..	..	..	..	..	...	190	..
	1985	..	..	..	..	..	...	243	..
	1986	..	..	..	..	..	...	291	..
	1987	..	..	..	..	..	...	320	..
Malaysia	1984	27 062	..	21 371	5 399	292	76	6 052	22 527
	1985	29 044	..	21 421	7 298	325	–248	6 429	24 003
	1986	33 983	..	24 807	8 825	350	–203	6 174	27 988
	1987	36 425	..	24 608	11 395	422	–354	6 415	28 194
Maldives	1984	..	..	..	..	..	..	19	..
	1985	..	..	..	..	..	..	21	..
	1986	..	..	..	..	..	..	27	..
	1987	..	..	..	..	..	..	27	..
Mongolia	1984	1 469	1 469	...	..	..	...	771	210
	1985	1 732	1 732	...	..	..	...	833	157
	1986	1 865	1 865	...	..	..	...	837	210
	1987	2 101	2 101	...	..	..	...	873	428
Nepal	1984	27	..	..	..	27	0	216	1
	1985	29	..	..	..	29	0	214	1
	1986	38	..	..	..	38	–16	217	20
	1987	44	..	..	..	44	–4	259	20
Oman	1984	27 055	..	25 765	1 290	..	202	0	19 589
	1985	31 477	..	29 847	1 630	..	–124	0	23 692
	1986	34 939	..	32 952	1 987	..	–352	0	26 893
	1987	36 107	..	34 077	2 030	..	–32	41	28 016
Pakistan	1984	9 759	882	656	7 090	1 131	132	6 829	73
	1985	10 936	1 056	1 284	7 513	1 082	–93	6 842	0
	1986	12 088	984	1 932	7 948	1 224	100	6 875	0
	1987	12 935	1 141	2 019	8 420	1 354	222	7 490	1
Philippines	1984	1 944	576	532	..	837	–1 703	7 933	126
	1985	1 896	597	395	..	904	–952	8 209	56
	1986	1 844	585	345	..	914	–993	8 512	234
	1987	1 680	553	289	..	839	–795	10 109	90
Qatar	1984	24 248	..	20 443	3 805	..	1 189	58	18 494
	1985	19 739	..	15 558	4 181	..	24	3	14 789
	1986	21 206	..	15 975	5 232	..	–580	0	15 788
	1987	19312	..	14 908	4 404	..	–183	0	14 336
S.Arabia,pt.Ntrl.Zn.	1984	229 113	..	216 488	12 625	..	1 069	1 891	174 350
	1985	184 559	..	169 344	15 215	..	–1 123	410	124 198
	1986	270 309	..	248 751	21 558	..	9 413	450	182 724
	1987	231 608	..	209 950	21 659	..	7 386	400	152 351
Singapore	1984	..	..	..	..	..	–3 230	41 886	24 973
	1985	..	..	..	..	..	–1 586	41 731	22 848
	1986	..	..	..	..	..	–50	45 934	25 759
	1987	..	..	..	..	..	–1 600	47 613	27 496

Table 2

Production, commerce et consommation d'énergie commerciale

(Quantités en milliers de tonnes métriques et en kilogrammes par habitant d'équivalent pétrole)

Bunkers – Soutes: Air Avion	Bunkers – Soutes: Sea Maritime	Un-allocated Quantités non réparties	Consumption – Consommation: Per Capita Par habitant	Total Totale	Solids Solides	Liquids Liquides	Gas Gaz	Electricity Electricité	Year Année	Country or area Pays ou zone
596	733	4 256	5 490	9 014	..	3 936	5 078	..	1984	Koweït et prt.Zne.N.
423	815	5 339	5 413	9 261	..	4 214	5 047	..	1985	
464	813	5 295	6 099	10 881	..	4 613	6 268	..	1986	
464	784	4 632	6 434	11 973	..	4 637	7 336	..	1987	
..	..	..	24	84	0	61	..	23	1984	Rép. dém. pop. lao
..	..	..	26	93	0	67	..	26	1985	
..	..	..	25	92	0	69	..	22	1986	
..	..	..	25	96	0	69	..	27	1987	
83	20	18	818	2 164	0	2 111	..	53	1984	Liban
83	20	–2	957	2 554	0	2 500	..	54	1985	
124	20	59	951	2 576	0	2 526	..	51	1986	
144	30	78	939	2 595	0	2 539	..	56	1987	
..	..	..	503	190	1	187	..	2	1984	Macao
..	..	..	618	243	0	239	..	4	1985	
..	..	..	711	291	0	287	..	4	1986	
..	..	..	751	320	0	316	..	3	1987	
0	59	209	679	10 243	283	8 862	799	299	1984	Malaisie
0	100	182	740	11 435	343	9 119	1 644	329	1985	
0	74	445	749	11 852	281	9 091	2 130	350	1986	
0	92	361	898	14 547	343	9 609	4 174	420	1987	
..	..	..	107	19	..	19	..	..	1984	Maldives
..	..	..	114	21	..	21	..	..	1985	
..	..	..	142	27	..	27	..	..	1986	
..	..	..	138	27	..	27	..	..	1987	
...	..	...	1 094	2 030	1 269	725	..	36	1984	Mongolie
...	..	...	1 261	2 407	1 576	818	..	13	1985	
...	..	...	1 267	2 492	1 656	823	..	13	1986	
...	..	...	1 255	2 546	1 723	816	..	6	1987	
..	..	..	15	242	71	139	..	32	1984	Népal
..	..	..	14	242	56	151	..	35	1985	
..	..	..	14	250	37	173	..	40	1986	
..	..	..	16	287	59	182	..	45	1987	
175	248	–3	5 731	6 843	..	5 553	1 290	..	1984	Oman
177	297	–38	6 010	7 471	..	5 841	1630	..	1985	
180	347	–36	6 130	7 908	..	5 921	1 987	..	1986	
135	248	–25	5847	7 806	..	5 776	2 030	..	1987	
129	48	442	159	15 763	1 268	6 274	7 090	1 131	1984	Pakistan
117	27	780	164	16 947	1 553	6 799	7 513	1 082	1985	
130	14	700	168	18 019	1 599	7 248	7 948	1 224	1986	
111	10	646	175	19 435	1 697	7 964	8 420	1 354	1987	
219	170	1 145	185	9 920	1 140	7 943	...	837	1984	Philippines
200	51	1 359	170	9 391	1 473	7 014	...	904	1985	
218	76	1 172	171	9 650	1 164	7 572	...	914	1986	
227	100	1 411	185	10 757	1 192	8 727	...	839	1987	
87	..	152	15 329	4 384	..	579	3 805	..	1984	Qatar
79	..	80	15 903	4 771	..	590	4 181	..	1985	
77	..	83	18 592	5 838	..	606	5 232	..	1986	
68	..	83	15 318	5 009	..	604	4 404	..	1987	
1 674	1 790	7 200	4 035	44 922	..	32 297	12 625	..	1984	Arab.saoud,p.Zn.neut
803	2 207	8 040	4 385	50 846	..	35 631	15 215	..	1985	
791	6 429	16 183	4 574	55 219	..	33 660	21 558	..	1986	
836	7 064	8 767	4 426	55 605	..	33 946	21 659	..	1987	
512	5 235	6 799	3 002	7 597	5	7 598	..	–6	1984	Singapour
514	5 432	6 922	2 970	7 602	11	7 595	..	–4	1985	
528	5 434	6 738	2 906	7 524	7	7 517	..	0	1986	
554	8 461	3 953	3 343	8 749	11	8 738	..	0	1987	

Table 2

Production, Trade and Consumption of Commercial Energy

(Quantities in thousand metric tons and in kilograms per capita of oil equivalent)

Country or area Pays ou zone	Year Année	Primary Energy Production – Production d'énergie primaire Total Totale	Solids Solides	Liquids Liquides	Gas Gaz	Electricity Electricité	Changes in Stocks Variations des stocks	Imports Importations	Exports Exportations
Sri Lanka	1984	180	..	..	..	180	–30	1 878	95
	1985	206	..	..	..	206	–71	1 862	188
	1986	227	..	..	..	227	–27	1 845	108
	1987	187	..	..	..	187	5	1 967	44
Syrian Arab Republic	1984	9 703	..	9 417	121	166	–505	6 790	6 521
	1985	9 556	..	9 236	143	177	–971	5 411	6 570
	1986	9 575	..	9 267	167	140	–34	5 133	4 985
	1987	12 468	..	12 162	177	129	–163	1 854	4 802
Thailand	1984	4 301	616	1 178	2 156	351	–111	10 675	125
	1985	6 662	1 354	2 233	2 758	317	–51	9 378	421
	1986	6 818	1 429	2 286	2 626	478	–308	9 572	546
	1987	8 181	1 801	2 123	3 907	350	168	11 385	471
Turkey	1984	13 390	10 111	2 087	36	1 157	141	17 901	1 102
	1985	16 319	13 112	2 110	61	1 036	109	18 536	1 422
	1986	18 842	15 012	2 394	410	1 025	–199	19 973	1 547
	1987	19 664	15 164	2 630	264	1 606	1 021	23 766	2 000
United Arab Emirates	1984	63 585	..	60 029	3 556	..	100	180	55 954
	1985	72 098	..	62 760	9 338	..	200	129	58 574
	1986	81 970	..	70 530	11 440	..	350	119	66 094
	1987	92 254	..	76 965	15 289	..	250	12	72 011
Viet Nam	1984	3 585	3 430	..	..	155	...	1 360	350
	1985	3 873	3 710	..	..	163	...	1 401	350
	1986	4 022	3 850	..	..	172	...	1 437	350
	1987	4 092	3 920	..	..	172	...	1 438	350
Yemen	1984	...	..	...	..	..	...	793	..
	1985	...	..	...	..	..	37	902	..
	1986	353	..	353	..	..	–2	551	..
	1987	900	..	900	..	..	530	669	..
EUROPE	**1984**	**927 613**	**423 086**	**203 929**	**214 893**	**85 705**	**–27 030**	**946 972**	**376 180**
	1985	**978 972**	**452 682**	**210 200**	**221 742**	**94 347**	**–9 255**	**949 236**	**371 300**
	1986	**985 588**	**458 992**	**214 921**	**214 116**	**97 560**	**13 261**	**994 161**	**391 081**
	1987	**995 311**	**451 248**	**219 415**	**222 043**	**102 606**	**–7**	**983 716**	**385 664**
Albania	1984	4 343	703	3 000	358	282	...	153	52
	1985	4 499	752	3 100	358	288	...	160	54
	1986	4 456	805	3 000	358	292	...	167	56
	1987	4 451	805	3 000	358	288	...	169	56
Austria	1984	5 799	874	1 217	1 222	2 486	393	16 147	860
	1985	5 874	927	1 162	1 120	2 665	206	16 714	1 379
	1986	5 674	893	1 138	964	2 679	300	16 521	1 077
	1987	5 884	739	1 083	1 004	3 059	105	16 443	1 185
Belgium	1984	6 484	4 032	..	35	2 417	–800	49 633	16 659
	1985	7 022	3 976	..	38	3 008	–473	46 569	13 304
	1986	7 040	3 601	..	22	3 417	945	51 540	16 935
	1987	6 463	2 789	..	24	3 650	–205	52 386	17 252
Bulgaria	1984	13 222	11 404	300	143	1 375	...	24 094	426
	1985	12 627	10 886	300	119	1 321	...	25 016	180
	1986	14 039	12 400	300	101	1 238	...	24 458	373
	1987	14 648	12 956	290	114	1 287	...	24 634	268
Czechoslovakia	1984	47 084	45 512	94	574	904	336	29 840	4 811
	1985	46 763	44 697	126	553	1 387	–269	29 581	4 841
	1986	47 121	44 527	146	569	1 879	–129	30 192	5 195
	1987	47 540	44 440	150	617	2 332	344	30 513	5 200
Denmark	1984	2 546	0	2 314	226	7	79	18 237	3 344
	1985	3 971	0	2 892	1 071	8	436	19 971	3 655
	1986	5 487	0	3 621	1 852	14	581	18 852	3 962
	1987	6 980	0	4 602	2 360	18	332	18 445	4 902

Table 2

Production, commerce et consommation d'énergie commerciale

(Quantités en milliers de tonnes métriques et en kilogrammes par habitant d'équivalent pétrole)

Bunkers – Soutes: Air Avion	Bunkers – Soutes: Sea Maritime	Un-allocated Quantités non réparties	Consumption – Consommation: Per Capita Par habitant	Total Totale	Solids Solides	Liquids Liquides	Gas Gaz	Electricity Electricité	Year Année	Country or area Pays ou zone
74	350	161	89	1 408	2	1 227	...	180	1984	Sri Lanka
66	307	299	79	1 279	2	1 071	...	206	1985	
67	380	212	81	1 331	1	1 103	...	227	1986	
67	437	155	87	1 446	0	1 259	...	187	1987	
283	...	2 088	803	8 106	3	7 828	121	154	1984	Rép. arabe syrienne
285	...	1 603	715	7 480	1	7 171	143	165	1985	
303	...	1 714	714	7 740	1	7 443	167	129	1986	
326	...	1 296	718	8 060	1	7 765	177	118	1987	
0	146	112	290	14 704	738	11 400	2 156	410	1984	Thaïlande
0	0	342	297	15 328	1 523	10 669	2 758	378	1985	
0	0	275	303	15 878	1 572	11 139	2 626	541	1986	
0	0	526	345	18 402	1 983	12 127	3 907	385	1987	
0	133	1 866	570	28 050	11 196	15 433	36	1 385	1984	Turquie
0	137	1 917	621	31 270	14 338	15 651	61	1 220	1985	
0	300	2 656	671	34 511	16 852	16 157	410	1 091	1986	
0	289	3 439	699	36 680	16 897	17 863	264	1 655	1987	
547	489	–94	5 227	6 769	..	5 848	920	..	1984	Emirats arabes unis
557	458	–170	9 332	12 607	..	6 105	6 502	..	1985	
557	453	–67	10 470	14 700	..	6 067	8 634	..	1986	
578	478	–231	13 182	19 180	..	6 571	12 609	..	1987	
...	...	...	78	4 595	3 089	1 350	..	155	1984	Viet Nam
...	...	...	82	4 924	3 369	1 391	..	163	1985	
...	...	...	83	5 109	3 509	1 427	..	172	1986	
...	...	...	82	5 180	3 579	1 428	..	172	1987	
41	..	0	112	752	..	752	..	..	1984	Yémen
46	..	0	119	819	..	819	..	..	1985	
52	..	11	119	844	..	844	..	..	1986	
52	..	44	129	944	..	944	..	..	1987	
14 906	**26 217**	**5 678**	**3 012**	**1 478 634**	**501 784**	**603 903**	**285 472**	**87 475**	**1984**	**EUROPE**
15 914	**28 541**	**2 447**	**3 087**	**1 519 261**	**531 169**	**596 216**	**295 418**	**96 459**	**1985**	
17 099	**32 561**	**8 812**	**3 074**	**1 516 935**	**523 577**	**601 682**	**291 853**	**99 822**	**1986**	
18 130	**31 709**	**6 272**	**3 108**	**1 537 259**	**525 574**	**600 955**	**305 428**	**105 302**	**1987**	
..	..	1 783	917	2 662	857	1 217	358	230	1984	Albanie
..	..	1 883	919	2 723	913	1 217	358	234	1985	
..	..	1 783	922	2 784	972	1 217	358	236	1986	
..	..	1 783	904	2 781	974	1 217	358	232	1987	
95	..	593	2 663	20 005	4 189	8 686	4 757	2 372	1984	Autriche
104	..	–46	2 792	20 946	4 161	9 159	5 110	2 517	1985	
104	..	–78	2 773	20 791	3 666	10 102	4 469	2 553	1986	
110	..	–156	2 813	21 083	3 721	10 161	4 624	2 577	1987	
442	2 471	–1 893	3 966	39 239	9 924	18 708	8 164	2 443	1984	Belgique
553	2 351	–1 596	3 983	39 452	9 794	18 511	8 143	3 004	1985	
591	2 909	–1 499	3 904	38 700	8 688	20 068	6 546	3 398	1986	
568	3 392	–759	3 892	38 602	8 526	19 278	7 330	3 468	1987	
...	...	1 290	3 979	35 599	15 794	13 424	4 800	1 581	1984	Bulgarie
...	...	1 291	4 036	36 171	16 056	13 269	5 154	1 691	1985	
...	...	1 306	4 102	36 818	16 772	13 076	5 392	1 578	1986	
...	...	1 829	4 138	37 186	17 266	13 043	5 212	1 664	1987	
...	..	3 831	4 391	67 946	45 144	13 572	8 091	1 139	1984	Tchécoslovaquie
...	..	3 622	4 397	68 151	44 848	13 533	8 079	1 691	1985	
...	..	3 799	4 407	68 448	44 768	12 655	9 020	2 005	1986	
...	..	3 755	4 418	68 754	44 143	12 817	9 167	2 626	1987	
540	451	–347	3 262	16 716	6 352	9 832	105	427	1984	Danemark
527	435	–254	3 737	19 143	8 334	10 137	625	48	1985	
539	487	–412	3 745	19 182	8 039	9 979	1 142	21	1986	
592	715	–280	3 742	19 163	8 158	9 340	1 439	226	1987	

Table 2

Production, Trade and Consumption of Commercial Energy

(Quantities in thousand metric tons and in kilograms per capita of oil equivalent)

Country or area Pays ou zone	Year Année	Primary Energy Production – Production d'énergie primaire					Changes in Stocks Variations des stocks	Imports Importations	Exports Exportations
		Total Totale	Solids Solides	Liquids Liquides	Gas Gaz	Electricity Electricité			
Faeroe Islands	1984	4	..	..	..	4	...	164	..
	1985	4	..	..	..	4	...	170	..
	1986	4	..	..	..	4	...	159	..
	1987	4	..	..	..	4	...	182	..
Finland	1984	3 498	840	..	..	2 658	–893	16 320	3 006
	1985	3 384	681	..	..	2 702	128	18 123	2 103
	1986	4 234	1 527	..	..	2 707	565	19340	1 611
	1987	3 395	519	..	..	2 875	–118	20 036	2 406
France incl. Monaco	1984	43 642	13 814	2749	5 893	21 185	283	127 084	13 428
	1985	44 787	12 754	3 291	5 178	23 564	–2 774	124 866	14 215
	1986	45 770	12 318	3 492	3 930	26 030	437	124 212	14 590
	1987	46 978	12 575	3 676	3 280	27 446	1 556	119 692	13 618
German Dem. Rep.	1984	66 713	63 002	42	2 509	1 160	–73	32 164	9 373
	1985	69 515	65 834	40	2 395	1 247	263	32 595	8359
	1986	68 962	65 551	39	2 282	1 090	299	34 104	8 092
	1987	67 152	63 807	41	2 192	1 112	–95	33 481	7 035
Germany, Fed. Rep.	1984	109 650	81 487	4 055	14 738	9 369	–7 311	145 182	20 083
	1985	112 512	82 289	4 105	13 950	12 169	–369	149 294	17 910
	1986	106 951	80 112	4 017	11 108	11 715	4 950	155 433	13 863
	1987	105 991	75 902	3 793	13 331	12 965	2 937	152 857	12 941
Gibraltar	1984	..	..	..	..	..	22	142	..
	1985	..	..	..	..	..	32	323	..
	1986	..	..	..	..	..	56	440	..
	1987	..	..	..	..	..	72	437	..
Greece	1984	5 979	4 323	1 325	84	246	–234	16 539	4 723
	1985	6 457	4 809	1 328	79	241	–35	16 222	4 040
	1986	6 791	5 055	1 339	109	288	1 129	21 038	7 218
	1987	7 559	5 969	1 227	124	239	1 376	19 920	6 630
Hungary	1984	15 274	6 581	2 809	5 545	339	–1 069	16 349	3 447
	1985	15 652	6 272	2 851	5 959	571	294	16 250	2 253
	1986	15 150	6 032	2 807	5 659	652	311	17 100	2 751
	1987	15 409	6 047	2 766	5 637	959	–687	17 017	4 001
Iceland	1984	354	..	..	..	354	–42	542	..
	1985	347	..	..	..	347	25	591	..
	1986	353	..	..	..	353	0	609	..
	1987	362	..	..	..	362	0	624	..
Ireland	1984	3 393	1 237	..	2 097	59	–78	5 412	496
	1985	2 996	766	..	2 159	71	–473	5 739	618
	1986	2 786	1 166	..	1 511	109	–95	7 116	686
	1987	2 767	1 175	..	1 495	96	–639	6 257	582
Italy and San Marino	1984	19 599	297	2 299	12 528	4 474	1 805	125 557	10 035
	1985	19 991	323	2 412	12 885	4 371	–544	127 044	11 356
	1986	20 284	264	2 560	12 928	4 532	–1 206	128 580	16 185
	1987	21 178	289	3 939	13 281	3 669	1 149	134 461	13 254
Luxembourg	1984	8	..	..	..	8	–13	2 936	44
	1985	6	..	..	..	6	23	3 068	53
	1986	7	..	..	..	7	14	3 020	51
	1987	9	..	..	..	9	20	3 039	54
Malta	1984	..	..	..	..	..	...	528	0
	1985	..	..	..	..	..	...	445	0
	1986	..	..	..	..	..	...	503	0
	1987	..	..	..	..	..	...	504	0
Netherlands	1984	68 770	99	3 459	64 892	319	–564	77 327	77 490
	1985	72 311	88	4 096	67 807	319	–528	77 458	78 689
	1986	67 577	0	5 024	62 190	363	2 175	87 290	77 680
	1987	67 365	0	4 693	62 366	306	–1 899	84 232	75 717

Table 2

Production, commerce et consommation d'énergie commerciale

(Quantités en milliers de tonnes métriques et en kilogrammes par habitant d'équivalent pétrole)

Bunkers – Soutes		Un-allocated Quantités non réparties	Consumption – Consommation						Year Année	Country or area Pays ou zone
Air Avion	Sea Maritime		Per Capita Par habitant	Total Totale	Solids Solides	Liquids Liquides	Gas Gaz	Electricity Electricité		
..	..	..	3 674	169	0	164	..	4	1984	Iles Féroé
..	..	..	3 723	175	0	170	..	4	1985	
..	..	..	3 468	163	0	159	..	4	1986	
..	..	..	3 957	186	0	182	..	4	1987	
149	856	250	3 371	16 451	3 973	8 661	710	3 107	1984	Finlande
163	470	692	3 661	17 950	4 780	9 159	904	3 106	1985	
166	523	1 480	3 907	19 229	4 899	10 033	1 099	3 199	1986	
192	0	1 275	3 985	19 676	4 534	10 332	1 455	3 357	1987	
1 944	2 359	260	2 774	152 451	27 778	79 580	26 038	19 056	1984	France y comp.Monaco
2 180	2 416	−1 704	2 814	155 319	26 872	79 786	27 105	21 556	1985	
2 229	2 430	1 561	2 684	148 735	22 436	75 424	27 034	23 841	1986	
2 270	2 273	2 125	2 604	144 828	20 649	74 184	25 102	24 893	1987	
...	...	2 954	5 200	86 624	64 109	13 925	7 406	1 184	1984	Rép. dém. allemande
...	...	2 067	5 492	91 421	68 211	15 073	6 877	1 260	1985	
...	...	1 522	5 598	93 154	69 012	15 326	7 640	1 176	1986	
...	...	1 765	5 524	91 927	68 244	14 657	7 588	1 438	1987	
2 725	2 270	−6 064	3 977	243 128	83 120	104 995	45 289	9 723	1984	Allemagne, Rép. féd.
2 996	2 877	−6 823	4 018	245 214	80 780	106 232	45 818	12 384	1985	
3 232	3 920	−4 753	3 959	241 173	78 711	109 124	41 182	12 156	1986	
3 508	2 899	−2 826	3 936	239 389	75 617	104 764	45 715	13 292	1987	
2	113	..	133	4	0	4	..	..	1984	Gibraltar
3	283	..	167	5	0	5	..	..	1985	
3	378	..	100	3	0	3	..	..	1986	
4	353	..	267	8	0	8	..	..	1987	
719	859	938	1 567	15 512	5 351	9 610	84	466	1984	Grèce
790	1 136	640	1 621	16 109	6 027	9 697	79	305	1985	
693	1 764	33	1 705	16 993	6 230	10 255	109	399	1986	
731	1 841	−250	1 716	17 152	6 779	9 956	124	292	1987	
..	..	1 230	2 625	28 016	8 919	9 107	8 767	1 222	1984	Hongrie
..	..	775	2 683	28 579	8 796	9 331	8 952	1 500	1985	
..	..	1 186	2 634	28 002	8 574	8 413	9 459	1 556	1986	
..	..	755	2 673	28 357	8 384	8 598	9 503	1 872	1987	
18	...	..	3 833	920	60	506	..	354	1984	Islande
62	...	..	3 517	851	65	439	..	347	1985	
60	...	..	3 682	902	72	477	..	353	1986	
60	...	..	3 730	925	58	506	..	362	1987	
184	34	−60	2 336	8 229	2 145	3 932	2 093	59	1984	Irlande
192	30	−130	2 392	8 499	2 408	3 857	2 162	71	1985	
220	23	−21	2 535	9 089	3 079	4 391	1 510	109	1986	
249	18	47	2 423	8 767	3 654	3 522	1 495	96	1987	
1 724	3 202	−6 502	2 364	134 892	13 858	85 245	29 518	6 271	1984	Italie y comp. S.Mrn
1 702	3 457	−6 511	2 407	137 575	15 088	85 797	30 283	6 406	1985	
1 754	3 639	−1 250	2 267	129 743	13 663	80 766	28 881	6 434	1986	
1 238	3 366	−6 459	2 499	143 091	14 397	90 008	33 028	5 659	1987	
70	..	..	7 747	2 843	1 334	894	310	305	1984	Luxembourg
74	..	..	7 946	2 924	1 311	967	337	309	1985	
84	..	..	7 823	2 879	1 196	1 041	336	306	1986	
104	..	..	7 796	2 869	971	1 202	381	315	1987	
85	20	..	1 212	423	66	358	...	..	1984	Malte
48	20	..	1 093	377	153	224	...	..	1985	
48	32	..	1 223	422	102	320	...	..	1986	
43	30	..	1 246	431	127	303	...	..	1987	
1 026	7 684	−5 662	4 584	66 124	6 475	24 787	34 244	619	1984	Pays–Bas
1 075	8 860	−7 012	4 742	68 684	6 470	25 615	35 961	638	1985	
1 251	9 848	−9 317	5 036	73 230	5 958	30 595	36 127	550	1986	
1 303	9 640	−7 369	5 084	74 205	6 959	29 255	37 373	618	1987	

Table 2

Production, Trade and Consumption of Commercial Energy

(Quantities in thousand metric tons and in kilograms per capita of oil equivalent)

Country or area Pays ou zone	Year Année	Primary Energy Production – Production d'énergie primaire					Changes in Stocks Variations des stocks	Imports Importations	Exports Exportations
		Total Totale	Solids Solides	Liquids Liquides	Gas Gaz	Electricity Electricité			
Norway,Svlbd,J.Myn I	1984	70 856	307	35 151	26 292	9 106	–339	5 285	57 447
	1985	73 669	345	38 544	25 977	8 803	–308	4 970	59 380
	1986	78 187	395	42 545	26 975	8 272	226	6 000	62 918
	1987	87 352	272	49 847	28 352	8 882	261	6 089	72 383
Poland	1984	121 379	116 864	233	3 994	288	–4 176	21 931	26 346
	1985	122 743	118 291	238	3 878	335	–2 336	22 030	22 429
	1986	124 636	120 344	214	3 752	325	–168	23 920	21 488
	1987	126 287	121 993	176	3 769	348	656	24 348	19 391
Portugal	1984	1 034	136	..	..	899	214	10 489	396
	1985	1 091	167	..	..	924	–663	10 054	394
	1986	872	148	..	..	723	–211	11 405	901
	1987	965	178	..	..	787	552	11 783	348
Romania	1984	63 610	14 195	11 993	36 448	974	...	20 225	10 540
	1985	63 453	14 820	11 258	36 352	1 023	...	21 524	9 653
	1986	63 012	14 868	11 040	36 066	1 039	...	21 997	9 412
	1987	63 921	15 053	10 740	37 045	1 083	...	23 005	9 219
Spain	1984	20 443	13 272	2 315	164	4 693	–395	55 149	9 833
	1985	22 204	14 666	2 183	255	5 100	37	55 220	8 583
	1986	19 148	11 413	1 861	296	5 578	–1 270	57 683	12 559
	1987	18358	10 122	1 640	640	5 955	–88	57 923	9 651
Sweden	1984	10 240	8	13	..	10 219	–2 302	23 454	6 926
	1985	11 155	8	8	..	11 139	–755	25 672	6 136
	1986	11 263	8	4	..	11 251	1 264	27 934	6 664
	1987	12 041	16	3	..	12 022	–2 321	25 225	7 719
Switzrld,Liechtenst.	1984	4 063	..	..	0	4 063	–16	15 292	2 225
	1985	4 574	..	..	17	4 557	–271	15 065	2 385
	1986	4 646	..	..	14	4 632	422	16 333	2 043
	1987	4 825	..	..	8	4 817	–337	14 823	1 951
United Kingdom	1984	196 302	29 199	126 427	35 690	4 986	–12 405	73 507	93 448
	1985	227 054	53 766	128 008	39 761	5 519	–1 290	68 025	98 732
	1986	236 355	61 796	127 515	41 614	5 430	2 347	70 095	103 980
	1987	232 446	59 705	123 758	43 886	5 097	–3 442	66 917	98 824
Yugoslavia	1984	23 324	14 899	4 133	1 462	2 831	549	17 289	742
	1985	24 310	15 565	4 259	1 830	2 656	390	16 475	600
	1986	24 779	15 767	4 258	1 815	2 940	320	18 120	793
	1987	24 984	15 896	3 992	2 158	2 939	465	18 275	1 076
OCEANIA	**1984**	**108 736**	**67 964**	**23 278**	**14 393**	**3 101**	**–208**	**18 425**	**42 733**
	1985	**122 607**	**76 264**	**27 734**	**15 418**	**3 191**	**–3 365**	**13 392**	**55 768**
	1986	**133 962**	**84 617**	**28 962**	**16 981**	**3 403**	**1 364**	**12 412**	**59 040**
	1987	**143 247**	**94 025**	**28 737**	**17 373**	**3 112**	**5 734**	**15 850**	**62 532**
American Samoa	1984	..	..	..	..	..	...	164	..
	1985	..	..	..	..	..	...	151	..
	1986	..	..	..	..	..	...	156	..
	1987	..	..	..	..	..	...	159	..
Australia	1984	101 793	66 544	22 411	11 676	1 162	–344	12 285	42 35[illegible]
	1985	115 526	74 919	26 830	12 488	1 290	–3 135	8 512	55 11[illegible]
	1986	125 918	83 348	27 610	13 640	1 319	1 357	7 343	58 48[illegible]
	1987	135 446	92 751	27 403	14 066	1 225	5 666	9 693	61 96[illegible]
Cook Islands	1984	..	..	..	..	..	...	213	[illegible]
	1985	..	..	..	..	..	...	213	[illegible]
	1986	..	..	..	..	..	...	213	[illegible]
	1987	..	..	..	..	..	...	213	[illegible]
Fiji	1984	25	..	..	..	25	9	338	6[illegible]
	1985	25	..	..	..	25	18	330	4[illegible]
	1986	29	..	..	..	29	4	342	7[illegible]
	1987	30	..	..	..	30	1	346	7[illegible]

Production, commerce et consommation d'énergie commerciale

(Quantités en milliers de tonnes métriques et en kilogrammes par habitant d'équivalent pétrole)

Bunkers – Soutes		Un-allocated Quantités non réparties	Consumption – Consommation						Year Année	Country or area Pays ou zone
Air Avion	Sea Maritime		Per Capita Par habitant	Total Totale	Solids Solides	Liquids Liquides	Gas Gaz	Electricity Electricité		
67	289	68	4 494	18 610	1 145	7 897	1 174	8 395	1984	Norvège,Svalbd,J.May
68	335	300	4 541	18 864	1 263	7 571	1 273	8 757	1985	
73	341	581	4 813	20 049	1 177	8 061	2 364	8 447	1986	
77	343	542	4 748	19 836	803	8 681	1 502	8 849	1987	
..	20	3 977	3174	117 142	96 396	11 744	9 109	–107	1984	Pologne
..	20	3 966	3 244	120 695	99 609	12 252	8 680	153	1985	
..	9	3 922	3 290	123 305	100 579	12 934	9 464	328	1986	
..	0	3 514	3 367	127 074	103 774	13 032	9 771	496	1987	
248	496	776	929	9 393	382	8 051	..	960	1984	Portugal
250	480	788	974	9 897	1 571	7 209	..	1 118	1985	
447	515	1 154	929	9 471	1 314	7 271	..	886	1986	
454	544	1 334	931	9 516	1 781	6 688	..	1 047	1987	
...	...	2 453	3 130	70 842	18 711	12 833	38 156	1 142	1984	Roumanie
...	...	2 603	3 200	72 721	19 408	13 831	38 180	1 303	1985	
...	...	2 877	3 185	72 720	19 457	13 954	38 012	1 297	1986	
...	...	3 460	3 237	74 247	19 642	14 276	38 980	1 349	1987	
970	2 274	4 462	1 521	58 449	18 288	33 005	2 265	4 892	1984	Espagne
904	2 674	5 291	1 553	59 935	20 830	31 484	2 613	5 007	1985	
1 047	2 969	4 665	1 467	56 861	17 171	31 758	2 462	5 470	1986	
1 804	3 739	3 822	1 474	57 353	16 613	32 097	2 819	5 823	1987	
177	528	30	3394	28 334	2 423	15 659	0	10 252	1984	Suède
171	569	1 376	3 512	29 330	2 787	15 458	76	11 009	1985	
209	649	1 821	3 423	28 589	2 858	14 680	201	10 850	1986	
258	863	1 500	3 503	29 247	2 828	14 479	264	11 677	1987	
759	33	–183	2 555	16 536	539	10 992	1 345	3 660	1984	Suisse,Liechtenstein
818	0	–361	2 626	17 068	537	11 312	1 409	3 810	1985	
873	24	–284	2 746	17 901	468	12 097	1 442	3 894	1986	
891	21	–228	2 656	17 348	436	11 362	1 546	4 004	1987	
2 964	2 256	–1 503	3 261	185 049	46 633	85 067	48 363	4 986	1984	Royaume–Uni
3 231	2 127	–613	3 395	192 892	61 701	73 263	52 408	5 519	1985	
3 476	2 100	–3 176	3 476	197 724	64 985	74 377	52 566	5 796	1986	
3 673	1 672	–4 901	3 575	203 537	68 342	74 129	54 969	6 097	1987	
0	0	2 999	1 582	36 324	17 820	11 447	4 323	2 734	1984	Yougoslavie
0	0	2 202	1 626	37 593	18 396	11 657	4 830	2 710	1985	
0	0	1 913	1 713	39 873	18 730	13 123	5 040	2 981	1986	
0	0	1 996	1 696	39 722	18 193	12 876	5 681	2 971	1987	
1 583	**1 166**	**1 235**	**3 322**	**80 651**	**30 165**	**32 993**	**14 392**	**3 101**	**1984**	**OCEANIE**
1 170	**1 044**	**–2 745**	**3 413**	**84 126**	**32 362**	**33 155**	**15 418**	**3 191**	**1985**	
1 645	**789**	**–2 213**	**3 427**	**85 748**	**31 995**	**33 369**	**16 981**	**3 403**	**1986**	
1 718	**869**	**–850**	**3 509**	**89 094**	**34 810**	**33 800**	**17 373**	**3 112**	**1987**	
..	..	..	4 686	164	..	164	..	..	1984	Samoa américaines
..	..	..	4 194	151	..	151	..	..	1985	
..	..	..	4 333	156	..	156	..	..	1986	
..	..	..	4 297	159	..	159	..	..	1987	
807	703	1 236	4 458	69 327	28 887	27 602	11 676	1 162	1984	Australie
478	700	–2 745	4 672	73 625	31 122	28 726	12 488	1 290	1985	
923	474	–1 988	4 636	74008	30 757	28 292	13 640	1 319	1986	
982	503	–1 424	4 792	77 450	33 589	28 569	14 066	1 225	1987	
..	..	..	10 650	213	..	213	..	..	1984	Iles Cook
..	..	..	10 143	213	..	213	..	..	1985	
..	..	..	10 143	213	..	213	..	..	1986	
..	..	..	10 143	213	..	213	..	..	1987	
77	12	..	293	199	15	159	..	25	1984	Fidji
80	10	..	289	200	11	163	..	25	1985	
91	8	..	270	190	10	151	..	29	1986	
92	8	..	277	198	11	156	..	30	1987	

Table 2

Production, Trade and Consumption of Commercial Energy

(Quantities in thousand metric tons and in kilograms per capita of oil equivalent)

Country or area Pays ou zone	Year Année	Primary Energy Production – Production d'énergie primaire					Changes in Stocks Variations des stocks	Imports Importations	Exports Exportations
		Total Totale	Solids Solides	Liquids Liquides	Gas Gaz	Electricity Electricité			
French Polynesia	1984	2	..	..	..	2	3	264	..
	1985	3	..	..	..	3	15	281	..
	1986	3	..	..	..	3	–2	278	..
	1987	3	..	..	..	3	2	285	..
Guam	1984	..	..	..	..	..	...	472	0
	1985	..	..	..	..	..	...	472	0
	1986	..	..	..	..	..	...	472	0
	1987	..	..	..	..	..	...	472	1
Kiribati	1984	..	..	..	..	..	...	7	..
	1985	..	..	..	..	..	...	7	..
	1986	..	..	..	..	..	...	6	..
	1987	..	..	..	..	..	...	7	..
Nauru	1984	..	..	..	..	..	...	46	..
	1985	..	..	..	..	..	...	46	..
	1986	..	..	..	..	..	...	46	..
	1987	..	..	..	..	..	...	46	..
New Caledonia	1984	34	..	..	..	34	...	377	...
	1985	42	..	..	..	42	...	444	...
	1986	35	..	..	..	35	...	452	...
	1987	22	..	..	..	22	10	484	10
New Zealand	1984	6 845	1 420	867	2 716	1 841	149	2 950	292
	1985	6 973	1 345	905	2 931	1 792	–262	1 571	578
	1986	7 935	1 268	1 352	3 341	1 974	0	1 773	477
	1987	7 704	1 274	1 334	3 306	1 790	51	2 713	475
Niue	1984	..	..	..	..	..	...	1	..
	1985	..	..	..	..	..	...	1	..
	1986	..	..	..	..	..	...	1	..
	1987	..	..	..	..	..	...	1	..
Pacific Islds(Trust)	1984	0	..	..	..	0	...	57	..
	1985	1	..	..	..	1	...	58	..
	1986	3	..	..	..	3	...	58	..
	1987	3	..	..	..	3	...	58	..
Papua New Guinea	1984	35	..	..	..	35	–26	695	26
	1985	36	..	..	..	36	0	749	29
	1986	39	..	..	..	39	5	713	0
	1987	38	..	..	..	38	5	813	6
Samoa	1984	1	...	..	..	1	...	38	..
	1985	1	...	..	..	1	...	38	..
	1986	2	...	..	..	2	...	38	..
	1987	2	0	..	..	2	...	38	..
Solomon Islands	1984	..	..	..	..	..	...	49	..
	1985	..	..	..	..	..	...	49	..
	1986	..	..	..	..	..	...	49	..
	1987	..	..	..	..	..	...	49	..
Tonga	1984	..	..	..	..	..	...	15	..
	1985	..	..	..	..	..	...	15	..
	1986	..	..	..	..	..	...	18	..
	1987	..	..	..	..	..	...	23	..
Vanuatu	1984	..	..	..	..	..	...	38	..
	1985	..	..	..	..	..	...	39	..
	1986	..	..	..	..	..	...	39	..
	1987	..	..	..	..	..	...	37	..
Wake Island	1984	..	..	..	..	..	...	414	..
	1985	..	..	..	..	..	...	414	..
	1986	..	..	..	..	..	...	414	..
	1987	..	..	..	..	..	...	414	..

Table 2

Production, commerce et consommation d'énergie commerciale

(Quantités en milliers de tonnes métriques et en kilogrammes par habitant d'équivalent pétrole)

Bunkers – Soutes		Un-allocated Quantités non réparties	Consumption – Consommation						Year Année	Country or area Pays ou zone
Air Avion	Sea Maritime		Per Capita Par habitant	Total Totale	Solids Solides	Liquids Liquides	Gas Gaz	Electricity Electricité		
69	44	..	938	151	..	149	..	2	1984	Polynésie française
33	39	..	1 195	196	..	193	..	3	1985	
42	39	..	1 210	202	..	199	..	3	1986	
42	41	..	1 187	203	..	200	..	3	1987	
6	60	0	3 561	406	..	406	..	..	1984	Guam
6	60	0	3 530	406	..	406	..	..	1985	
6	60	0	3 470	406	..	406	..	..	1986	
6	60	0	3 432	405	..	405	..	..	1987	
..	..	..	109	7	..	7	..	..	1984	Kiribati
..	..	..	108	7	..	7	..	..	1985	
..	..	..	91	6	..	6	..	..	1986	
..	..	..	104	7	..	7	..	..	1987	
5	..	..	4 556	41	..	41	..	..	1984	Nauru
5	..	..	4 556	41	..	41	..	..	1985	
5	..	..	4 556	41	..	41	..	..	1986	
5	..	..	4 556	41	..	41	..	..	1987	
..	11	..	2 656	401	72	294	..	34	1984	Nouvelle–Calédonie
..	10	..	3 091	476	124	311	..	42	1985	
..	10	..	3 038	477	122	320	..	35	1986	
..	3	..	3 038	483	108	352	..	22	1987	
206	313	–0	2 745	8 834	1 191	3 087	2 716	1 841	1984	Nouvelle–Zélande
155	201	0	2 424	7 873	1 104	2 046	2 931	1 792	1985	
155	176	–225	2 786	9 126	1 105	2 706	3 341	1 974	1986	
165	232	574	2 701	8 921	1 100	2 724	3 306	1 790	1987	
0	..	..	250	1	..	1	..	..	1984	Nioué
0	..	..	250	1	..	1	..	..	1985	
0	..	..	250	1	..	1	..	..	1986	
0	..	..	250	1	..	1	..	..	1987	
5	...	..	336	51	..	51	..	0	1984	I.Pacifique (tutel.)
5	...	..	348	54	..	52	..	1	1985	
5	...	..	346	55	..	52	..	3	1986	
5	...	..	337	55	..	52	..	3	1987	
15	4	..	207	710	0	675	..	35	1984	Papouasie–Nvl–Guinée
15	4	..	210	737	1	700	..	36	1985	
26	3	..	199	718	1	678	..	39	1986	
29	3	..	218	808	1	769	..	38	1987	
..	..	..	247	40	0	38	..	1	1984	Samoa
..	..	..	244	40	0	38	..	1	1985	
..	..	..	242	40	0	38	..	2	1986	
..	..	..	240	40	0	38	..	2	1987	
4	...	..	173	45	..	45	..	..	1984	Iles Salomon
4	...	..	166	45	..	45	..	..	1985	
4	...	..	160	45	..	45	..	..	1986	
4	...	..	154	45	..	45	..	..	1987	
..	..	..	139	15	0	15	..	..	1984	Tonga
..	..	..	136	15	0	15	..	..	1985	
..	..	..	159	18	0	18	..	..	1986	
..	..	..	200	23	0	23	..	..	1987	
..	20	..	130	18	0	18	..	..	1984	Vanuatu
..	20	..	133	19	0	19	..	..	1985	
..	20	..	128	19	0	19	..	..	1986	
..	20	..	112	17	0	17	..	..	1987	
387	..	..	13 500	27	..	27	..	..	1984	Ile de Wake
387	..	..	13 500	27	..	27	..	..	1985	
387	..	..	13 500	27	..	27	..	..	1986	
387	..	..	13 500	27	..	27	..	..	1987	

Table 2

Production, Trade and Consumption of Commercial Energy

(Quantities in thousand metric tons and in kilograms per capita of oil equivalent)

Country or area Pays ou zone	Year Année	Primary Energy Production – Production d'énergie primaire					Changes in Stocks Variations des stocks	Imports Importations	Exports Exportations
		Total Totale	Solids Solides	Liquids Liquides	Gas Gaz	Electricity Electricité			
USSR	**1984**	**1 480 104**	**347 716**	**613 854**	**488 886**	**29 647**	**...**	**25 000**	**261 578**
	1985	**1 511 904**	**353 868**	**596 166**	**529 030**	**32 840**	**...**	**22 222**	**244 353**
	1986	**1 576 675**	**366 629**	**616 187**	**561 482**	**32 377**	**...**	**26 506**	**275 996**
	1987	**1 635 063**	**370 742**	**625 187**	**604 155**	**34 979**	**...**	**24 913**	**286 198**
Antarctic Fisheries	1984	..	..	..	..	..	..	63	..
	1985	..	..	..	..	..	..	65	..
	1986	..	..	..	..	..	..	64	..
	1987	..	..	..	..	..	..	66	..

Production, commerce et consommation d'énergie commerciale

(Quantités en milliers de tonnes métriques et en kilogrammes par habitant d'équivalent pétrole)

Bunkers – Soutes		Un-allocated Quantités non réparties	Consumption – Consommation						Year Année	Country or area Pays ou zone
Air Avion	Sea Maritime		Per Capita Par habitant	Total Totale	Solids Solides	Liquids Liquides	Gas Gaz	Electricity Electricité		
...	**4 460**	**71 843**	**4 250**	**1 167 223**	**338229**	**368 784**	**432 664**	**27 546**	**1984**	**URSS**
...	**4 460**	**82 077**	**4 345**	**1 203 236**	**342 425**	**358 445**	**471 994**	**30 372**	**1985**	
...	**4 460**	**71 281**	**4 482**	**1 251 443**	**355 340**	**369 751**	**496 444**	**29 909**	**1986**	
...	**4 460**	**62 247**	**4 644**	**1 307 071**	**358 271**	**378 840**	**537 965**	**31 996**	**1987**	
..	63	..	0	0	..	0	..	..	1984	Pêcheries antarctiq.
..	65	..	0	0	..	0	..	..	1985	
..	64	..	0	0	..	0	..	..	1986	
..	65	..	1 000	1	..	1	..	..	1987	

Table 3

Production, Trade and Consumption of Commercial Energy

(Quantities in thousand terajoules and in gigajoules per capita)

Country or area Pays ou zone	Year Année	Primary Energy Production – Production d'énergie primaire					Changes in Stocks Variations des stocks	Imports Importations	Exports Exportations
		Total Totale	Solids Solides	Liquids Liquides	Gas Gaz	Electricity Electricité			
WORLD	**1984**	**272 564**	**83 565**	**118 166**	**59 260**	**11 573**	**607**	**84 474**	**81 734**
	1985	**278 988**	**87 848**	**117 126**	**61 486**	**12 528**	**–1 110**	**82 016**	**79 549**
	1986	**288 787**	**90 025**	**122 816**	**62 955**	**12 991**	**2 396**	**87 546**	**85 742**
	1987	**294 526**	**91 091**	**123 175**	**66 696**	**13 564**	**1 263**	**89 705**	**86 366**
AFRICA	**1984**	**15 700**	**3 767**	**10 448**	**1 303**	**181**	**18**	**1 951**	**10 200**
	1985	**16 761**	**3 997**	**10 970**	**1 611**	**182**	**99**	**1 967**	**10 928**
	1986	**16 876**	**4 069**	**10 925**	**1 699**	**184**	**–111**	**2 012**	**10 957**
	1987	**16 989**	**4 126**	**10 859**	**1 833**	**172**	**–41**	**1 968**	**10 660**
Algeria	1984	3 023	0	2 085	936	2	28	60	2 311
	1985	3 231	0	2 067	1 161	2	–29	56	2 484
	1986	3 331	0	2 142	1 188	1	–29	32	2 463
	1987	3 627	0	2 313	1 313	1	10	35	2 426
Angola	1984	431	..	422	5	5	0	1	368
	1985	489	..	479	5	5	0	1	421
	1986	593	..	583	5	5	0	1	527
	1987	744	..	733	6	5	17	1	659
Benin	1984	10	..	10	..	..	0	6	10
	1985	14	..	14	..	..	0	8	14
	1986	15	..	15	..	..	0	7	15
	1987	15	..	15	..	..	0	7	15
Burkina Faso	1984	..	..	..	..	..	0	6	0
	1985	..	..	..	..	..	0	6	0
	1986	..	..	..	..	..	0	6	0
	1987	..	..	..	..	..	0	7	0
Burundi	1984	0	0	..	..	0	0	3	..
	1985	0	0	..	..	0	0	2	..
	1986	0	0	..	..	0	0	2	..
	1987	0	0	..	..	0	0	2	..
Cameroon	1984	317	0	310	..	8	9	1	211
	1985	392	0	384	..	8	15	0	280
	1986	384	0	376	..	8	7	1	278
	1987	369	0	360	..	8	1	0	271
Cape Verde	1984	..	..	..	..	..	0	2	0
	1985	..	..	..	..	..	0	2	0
	1986	..	..	..	..	..	0	1	0
	1987	..	..	..	..	..	0	1	0
Central African Rep.	1984	0	..	..	..	0	0	2	.
	1985	0	..	..	..	0	0	3	.
	1986	0	..	..	..	0	0	2	.
	1987	0	..	..	..	0	–1	3	.
Chad	1984	..	..	..	..	..	0	4	..
	1985	..	..	..	..	..	0	4	..
	1986	..	..	..	..	..	0	4	..
	1987	..	..	..	..	..	0	4	..
Comoros	1984	0	..	..	..	0	0	1	.
	1985	0	..	..	..	0	0	1	
	1986	0	..	..	..	0	0	1	
	1987	0	..	..	..	0	0	1	
Congo	1984	252	..	252	0	1	0	2	23[illegible]
	1985	245	..	244	0	1	1	14	21[illegible]
	1986	250	..	249	0	1	–4	1	23[illegible]
	1987	265	..	264	0	1	17	1	22[illegible]
Côte d'Ivoire	1984	47	..	46	..	1	–17	41	3[illegible]
	1985	47	..	42	..	5	5	54	2[illegible]
	1986	46	..	42	..	4	8	53	2[illegible]
	1987	41	..	37	..	5	5	57	1[illegible]

Table 3

Production, commerce et consommation d'énergie commerciale

(Quantités en milliers de térajoules et en gigajoules par habitant)

Bunkers – Soutes: Air Avion	Bunkers – Soutes: Sea Maritime	Un-allocated Quantités non réparties	Consumption – Consommation: Per Capita Par habitant	Total Totale	Solids Solides	Liquids Liquides	Gas Gaz	Electricity Electricité	Year Année	Country or area Pays ou zone
1 504	**3 529**	**7 890**	**55**	**261 774**	**84 228**	**107 172**	**58 803**	**11 571**	**1984**	**MONDE**
1 506	**3 569**	**7 922**	**56**	**269 568**	**89 000**	**106 404**	**61 631**	**12 534**	**1985**	
1 576	**3 760**	**8 429**	**56**	**274 430**	**90 120**	**108 939**	**62 346**	**13 025**	**1986**	
1 628	**3 925**	**8 125**	**56**	**282 924**	**91 653**	**110 911**	**66 766**	**13 593**	**1987**	
97	**265**	**707**	**12**	**6 364**	**2 729**	**2 917**	**537**	**182**	**1984**	**AFRIQUE**
100	**273**	**791**	**12**	**6 536**	**2 781**	**2 839**	**733**	**183**	**1985**	
103	**279**	**722**	**12**	**6 937**	**2 907**	**2 965**	**880**	**185**	**1986**	
98	**288**	**600**	**12**	**7 353**	**2 979**	**3 035**	**1 167**	**172**	**1987**	
11	18	243	22	472	44	237	189	2	1984	Algérie
6	14	236	27	577	34	239	301	2	1985	
6	13	210	31	700	30	274	395	1	1986	
6	13	232	42	975	33	274	668	1	1987	
3	21	13	3	27	0	18	5	5	1984	Angola
7	25	6	4	31	0	21	5	5	1985	
6	25	9	3	27	0	17	5	5	1986	
6	28	10	3	24	0	13	6	5	1987	
1	..	0	2	6	..	5	..	1	1984	Bénin
1	..	0	2	7	..	6	..	1	1985	
1	..	0	1	6	..	5	..	1	1986	
1	..	0	1	6	..	5	..	1	1987	
..	..	..	1	6	0	6	..	0	1984	Burkina Faso
..	..	..	1	6	0	6	..	0	1985	
..	..	..	1	6	0	6	..	0	1986	
..	..	..	1	6	0	6	..	0	1987	
0	..	..	1	3	0	2	..	0	1984	Burundi
0	..	..	0	2	0	2	..	0	1985	
0	..	..	1	3	0	2	..	0	1986	
0	..	..	1	3	0	2	..	0	1987	
2	...	11	9	85	0	77	..	8	1984	Cameroun
2	...	11	9	86	0	77	..	8	1985	
2	...	9	9	88	0	80	..	8	1986	
2	...	10	8	85	0	77	..	8	1987	
0	1	..	3	1	0	1	..	..	1984	Cap–Vert
0	0	..	3	1	0	1	..	..	1985	
0	0	..	0	0	0	0	..	..	1986	
0	0	..	0	0	0	0	..	..	1987	
0	..	..	1	2	..	2	..	0	1984	Rép. centrafricaine
0	..	..	1	3	..	2	..	0	1985	
0	..	..	1	3	..	2	..	0	1986	
1	..	..	1	4	..	4	..	0	1987	
1	..	..	1	3	0	3	..	..	1984	Tchad
1	..	..	1	3	0	3	..	..	1985	
1	..	..	1	3	0	3	..	..	1986	
1	..	..	1	3	0	3	..	..	1987	
0	..	..	2	1	..	1	..	0	1984	Comores
0	..	..	2	1	..	1	..	0	1985	
0	..	..	2	1	..	1	..	0	1986	
0	..	..	2	1	..	1	..	0	1987	
0	0	0	14	24	..	23	0	1	1984	Congo
0	0	25	10	18	..	17	0	1	1985	
0	0	1	12	22	..	21	0	1	1986	
0	0	0	12	22	..	21	0	1	1987	
2	0	3	7	70	..	69	..	1	1984	Côte d'Ivoire
2	0	1	7	69	..	64	..	5	1985	
3	0	0	6	67	..	62	..	4	1986	
2	0	2	6	70	..	65	..	5	1987	

Table 3

Production, Trade and Consumption of Commercial Energy

(Quantities in thousand terajoules and in gigajoules per capita)

Country or area Pays ou zone	Year Année	Primary Energy Production – Production d'énergie primaire					Changes in Stocks Variations des stocks	Imports Importations	Exports Exportations
		Total Totale	Solids Solides	Liquids Liquides	Gas Gaz	Electricity Electricité			
Djibouti	1984	..	..	..	..	..	0	20	..
	1985	..	..	..	..	..	0	20	..
	1986	..	..	..	..	..	0	20	..
	1987	..	..	..	..	..	0	21	..
Egypt	1984	1 898	..	1 754	109	36	29	96	973
	1985	2 058	..	1 889	140	29	33	88	1 075
	1986	1 917	..	1 725	163	29	38	77	860
	1987	2 132	..	1 941	169	22	21	81	1 057
Equatorial Guinea	1984	0	..	..	..	0	0	1	..
	1985	0	..	..	..	0	0	1	..
	1986	0	..	..	..	0	0	1	..
	1987	0	..	..	..	0	0	1	..
Ethiopia	1984	2	..	..	..	2	0	35	11
	1985	2	..	..	..	2	0	36	10
	1986	2	..	..	..	2	1	42	9
	1987	2	..	..	..	2	–0	45	9
Gabon	1984	337	..	332	3	2	1	2	289
	1985	366	..	361	3	2	22	2	303
	1986	354	..	346	6	2	0	2	309
	1987	335	..	326	7	2	1	1	286
Gambia	1984	..	..	..	..	..	0	3	0
	1985	..	..	..	..	..	0	3	0
	1986	..	..	..	..	..	0	2	0
	1987	..	..	..	..	..	0	3	0
Ghana	1984	8	..	1	..	7	–0	37	4
	1985	11	..	1	..	11	–0	47	4
	1986	16	..	0	..	16	1	44	5
	1987	17	..	0	..	17	0	47	5
Guinea	1984	1	..	..	..	1	0	14	..
	1985	1	..	..	..	1	0	14	..
	1986	1	..	..	..	1	0	14	..
	1987	1	..	..	..	1	0	14	..
Guinea–Bissau	1984	..	..	..	..	..	0	2	0
	1985	..	..	..	..	..	0	2	0
	1986	..	..	..	..	..	0	2	0
	1987	..	..	..	..	..	0	2	0
Kenya	1984	6	..	..	..	6	0	90	27
	1985	7	..	..	..	7	0	88	25
	1986	7	..	..	..	7	0	90	25
	1987	8	..	..	..	8	0	95	24
Liberia	1984	1	..	..	..	1	0	12	1
	1985	1	..	..	..	1	0	12	1
	1986	1	..	..	..	1	0	13	1
	1987	1	..	..	..	1	0	13	1
Libyan Arab Jamah.	1984	2 202	..	2 052	150	..	–149	1	1 950
	1985	2 275	..	2 102	172	..	–75	0	1 893
	1986	2 310	..	2 123	187	..	–244	0	2 107
	1987	2 179	..	2 007	173	..	–75	0	1 806
Madagascar	1984	1	..	..	..	1	4	14	0
	1985	1	..	..	..	1	0	16	2
	1986	1	..	..	..	1	–4	8	2
	1987	1	..	..	..	1	0	14	2
Malawi	1984	2	..	..	..	2	0	7	0
	1985	2	..	..	..	2	0	7	0
	1986	2	..	..	..	2	0	7	0
	1987	2	..	..	..	2	0	7	0

Production, commerce et consommation d'énergie commerciale

(Quantités en milliers de térajoules et en gigajoules par habitant)

Bunkers – Soutes		Un-allocated Quantités non réparties	Consumption – Consommation						Year Année	Country or area Pays ou zone
Air Avion	Sea Maritime		Per Capita Par habitant	Total Totale	Solids Solides	Liquids Liquides	Gas Gaz	Electricity Electricité		
3	14	..	9	3	..	3	..	..	1984	Djibouti
3	14	..	9	3	..	3	..	..	1985	
3	14	..	8	3	..	3	..	..	1986	
3	15	..	11	4	..	4	..	..	1987	
5	40	75	19	872	25	703	109	36	1984	Egypte
7	46	84	19	902	31	703	140	29	1985	
7	46	86	20	958	31	735	163	29	1986	
11	53	80	20	991	32	768	169	22	1987	
..	..	..	3	1	..	1	..	0	1984	Guinée équatoriale
..	..	..	3	1	..	1	..	0	1985	
..	..	..	2	1	..	1	..	0	1986	
..	..	..	2	1	..	1	..	0	1987	
2	0	2	1	22	0	20	..	2	1984	Ethiopie
1	0	2	1	24	0	22	..	2	1985	
3	1	5	1	26	0	23	..	2	1986	
0	0	2	1	36	0	34	..	2	1987	
1	5	14	31	29	..	24	3	2	1984	Gabon
1	3	7	32	32	..	26	3	2	1985	
1	3	7	34	35	..	27	6	2	1986	
1	3	9	34	36	..	27	7	2	1987	
..	..	..	3	2	..	2	..	..	1984	Gambie
..	..	..	3	2	..	2	..	..	1985	
..	..	..	3	2	..	2	..	..	1986	
..	..	..	4	3	..	3	..	..	1987	
1	1	2	3	37	0	31	..	6	1984	Ghana
1	1	4	4	48	0	38	..	10	1985	
1	1	2	4	51	0	36	..	15	1986	
1	1	2	4	55	0	39	..	16	1987	
0	...	..	2	14	..	13	..	1	1984	Guinée
0	...	..	2	14	..	13	..	1	1985	
0	...	..	2	14	..	13	..	1	1986	
0	...	..	2	14	..	13	..	1	1987	
0	..	..	1	1	..	1	..	..	1984	Guinée–Bissau
0	..	..	2	2	..	2	..	..	1985	
0	..	..	2	2	..	2	..	..	1986	
0	..	..	2	2	..	2	..	..	1987	
8	2	6	3	53	3	42	..	7	1984	Kenya
10	6	4	2	50	3	40	..	8	1985	
10	6	6	2	51	3	40	..	8	1986	
4	6	3	3	66	3	55	..	9	1987	
0	3	0	4	9	..	8	..	1	1984	Libéria
1	3	0	4	9	..	8	..	1	1985	
1	3	0	4	10	..	9	..	1	1986	
0	3	0	4	10	..	9	..	1	1987	
7	2	70	89	322	0	208	114	..	1984	Jamah.arabe libyenne
7	2	112	89	336	0	208	128	..	1985	
8	2	97	87	341	0	192	148	..	1986	
8	2	100	83	339	0	200	139	..	1987	
0	0	2	1	9	0	8	..	1	1984	Madagascar
0	1	0	1	14	0	13	..	1	1985	
0	1	0	1	11	0	10	..	1	1986	
0	0	1	1	12	0	11	..	1	1987	
0	..	..	1	9	1	6	..	2	1984	Malawi
0	..	..	1	9	1	6	..	2	1985	
0	..	..	1	9	1	6	..	2	1986	
0	..	..	1	8	1	5	..	2	1987	

Table 3

Production, Trade and Consumption of Commercial Energy

(Quantities in thousand terajoules and in gigajoules per capita)

Country or area Pays ou zone	Year Année	Primary Energy Production – Production d'énergie primaire					Changes in Stocks Variations des stocks	Imports Importations	Exports Exportations
		Total Totale	Solids Solides	Liquids Liquides	Gas Gaz	Electricity Electricité			
Mali	1984	0	..	..	..	0	...	7	..
	1985	0	..	..	..	0	...	6	..
	1986	1	..	..	..	1	...	6	..
	1987	1	..	..	..	1	...	6	..
Mauritania	1984	0	..	..	..	0	0	12	..
	1985	0	..	..	..	0	0	9	..
	1986	0	..	..	..	0	0	30	..
	1987	0	..	..	..	0	0	49	..
Mauritius	1984	0	..	..	..	0	0	13	0
	1985	0	..	..	..	0	–0	13	0
	1986	0	..	..	..	0	0	18	0
	1987	1	..	..	..	1	0	22	0
Morocco	1984	30	25	1	3	1	2	208	2
	1985	29	23	1	3	2	24	233	2
	1986	29	23	1	3	2	3	226	2
	1987	29	22	1	3	2	2	233	2
Mozambique	1984	7	1	..	..	6	0	20	2
	1985	5	1	..	..	4	0	16	1
	1986	0	0	..	..	0	0	16	0
	1987	1	1	..	..	0	0	16	0
Niger	1984	2	2	..	..	..	0	9	..
	1985	2	2	..	..	..	0	9	..
	1986	1	1	..	..	..	0	9	..
	1987	2	2	..	..	..	0	9	..
Nigeria	1984	2 991	2	2 899	80	9	42	104	2 423
	1985	3 227	4	3 106	109	8	42	88	2 645
	1986	3 189	4	3 048	129	8	42	140	2 591
	1987	2 756	4	2 600	144	8	–42	123	2 383
Réunion	1984	1	..	..	..	1	0	11	0
	1985	2	..	..	..	2	0	10	0
	1986	2	..	..	..	2	0	11	0
	1987	2	..	..	..	2	0	11	0
Rwanda	1984	1	..	..	0	1	0	5	0
	1985	1	..	..	0	1	0	6	0
	1986	1	..	..	0	1	0	5	0
	1987	1	..	..	0	1	0	5	0
Sao Tome – Principe	1984	0	..	..	..	0	...	0	..
	1985	0	..	..	..	0	...	0	..
	1986	0	..	..	..	0	...	0	..
	1987	0	..	..	..	0	...	0	..
Senegal	1984	..	..	..	..	..	1	52	2
	1985	..	..	..	..	..	–4	35	1
	1986	..	..	..	..	..	6	45	0
	1987	..	..	..	..	..	0	41	0
Seychelles	1984	..	..	..	..	..	0	4	..
	1985	..	..	..	..	..	–0	4	..
	1986	..	..	..	..	..	–0	4	..
	1987	..	..	..	..	..	0	5	..
Sierra Leone	1984	...	..	..	..	...	0	12	0
	1985	...	..	..	..	...	0	12	0
	1986	...	..	..	..	...	0	12	0
	1987	...	..	..	..	...	0	12	0
Somalia	1984	..	..	..	..	..	0	14	2
	1985	..	..	..	..	..	0	16	2
	1986	..	..	..	..	..	0	16	2
	1987	..	..	..	..	..	0	17	2

Production, commerce et consommation d'énergie commerciale

(Quantités en milliers de térajoules et en gigajoules par habitant)

Bunkers – Soutes		Un-allocated Quantités non réparties	Consumption – Consommation						Year Année	Country or area Pays ou zone
Air Avion	Sea Maritime		Per Capita Par habitant	Total Totale	Solids Solides	Liquids Liquides	Gas Gaz	Electricity Electricité		
1	..	..	1	6	..	6	..	0	1984	**Mali**
1	..	..	1	6	..	6	..	0	1985	
1	..	..	1	6	..	5	..	1	1986	
1	..	..	1	6	..	5	..	1	1987	
0	0	0	6	11	0	11	..	0	1984	**Mauritanie**
1	0	0	5	9	0	8	..	0	1985	
1	0	3	14	26	0	26	..	0	1986	
1	0	6	23	42	0	42	..	0	1987	
3	2	..	9	9	1	8	..	0	1984	**Maurice**
3	1	..	10	10	1	9	..	0	1985	
3	2	..	12	13	3	10	..	0	1986	
3	2	..	16	17	2	14	..	1	1987	
3	1	28	9	203	24	174	3	1	1984	**Maroc**
3	1	19	10	214	27	182	3	2	1985	
3	0	22	10	226	44	176	3	2	1986	
3	0	25	10	230	47	177	3	2	1987	
1	2	1	2	21	4	13	..	5	1984	**Mozambique**
1	1	0	1	18	3	11	..	4	1985	
2	1	0	1	14	2	11	..	1	1986	
2	1	0	1	14	2	11	..	1	1987	
1	..	..	2	10	2	8	..	0	1984	**Niger**
1	..	..	2	10	2	8	..	0	1985	
1	..	..	2	10	1	8	..	0	1986	
1	..	..	2	10	2	8	..	0	1987	
16	4	134	5	475	2	384	80	9	1984	**Nigéria**
16	5	177	5	431	4	310	109	7	1985	
16	16	164	5	501	3	361	129	8	1986	
15	16	12	5	495	3	340	144	8	1987	
0	0	..	22	12	..	11	..	1	1984	**Réunion**
0	0	..	20	11	..	9	..	2	1985	
0	0	..	22	12	..	10	..	2	1986	
0	0	..	21	12	..	10	..	2	1987	
0	..	..	1	6	..	5	0	1	1984	**Rwanda**
0	..	..	1	6	..	5	0	1	1985	
0	..	..	1	6	..	5	0	1	1986	
0	..	..	1	6	..	5	0	1	1987	
0	..	..	10	1	..	0	..	0	1984	**Sao Tomé–et–Principe**
0	..	..	10	1	..	0	..	0	1985	
0	..	..	10	1	..	0	..	0	1986	
0	..	..	10	1	..	0	..	0	1987	
5	7	1	6	36	..	36	..	..	1984	**Sénégal**
5	6	0	4	26	..	26	..	..	1985	
5	6	1	4	26	..	26	..	..	1986	
5	6	1	4	28	..	28	..	..	1987	
1	2	..	15	1	..	1	..	..	1984	**Seychelles**
0	3	..	30	2	..	2	..	..	1985	
0	3	..	30	2	..	2	..	..	1986	
0	3	..	29	2	..	2	..	..	1987	
1	3	–0	2	8	0	8	..	...	1984	**Sierra Leone**
1	3	–0	2	8	0	8	..	...	1985	
1	3	–0	2	8	0	8	..	...	1986	
1	3	–0	2	8	0	8	..	...	1987	
1	1	1	1	9	..	9	..	..	1984	**Somalie**
1	1	1	2	11	..	11	..	..	1985	
1	1	2	2	11	..	11	..	..	1986	
1	1	1	2	12	..	12	..	..	1987	

Table 3

Production, Trade and Consumption of Commercial Energy

(Quantities in thousand terajoules and in gigajoules per capita)

Country or area Pays ou zone	Year Année	Primary Energy Production – Production d'énergie primaire					Changes in Stocks Variations des stocks	Imports Importations	Exports Exportations
		Total Totale	Solids Solides	Liquids Liquides	Gas Gaz	Electricity Electricité			
S.Africa Customs Un.	1984	3 647	3 630	..	..	17	63	735	1 119
	1985	3 876	3 859	..	..	17	63	733	1 298
	1986	3 921	3 904	..	..	17	63	733	1 261
	1987	3 956	3 939	..	..	17	0	670	1 254
Sudan	1984	2	..	..	..	2	1	55	2
	1985	2	..	..	..	2	0	55	2
	1986	2	..	..	..	2	0	52	2
	1987	2	..	..	..	2	0	52	2
Togo	1984	0	0	..	..	0	–0	6	1
	1985	0	0	..	..	0	–1	5	1
	1986	0	0	..	..	0	–0	5	0
	1987	0	0	..	..	0	0	5	0
Tunisia	1984	248	..	229	18	0	4	75	160
	1985	244	..	226	17	0	2	77	157
	1986	237	..	220	17	0	0	96	176
	1987	226	..	209	17	0	1	80	155
Uganda	1984	2	..	..	..	2	0	9	1
	1985	2	..	..	..	2	0	9	1
	1986	2	..	..	..	2	0	10	0
	1987	2	..	..	..	2	0	10	0
United Rep. Tanzania	1984	2	0	..	..	2	0	28	2
	1985	2	0	..	..	2	0	29	2
	1986	2	0	..	..	2	0	27	2
	1987	2	0	..	..	2	0	29	2
Western Sahara	1984	..	..	..	..	..	...	3	..
	1985	..	..	..	..	..	...	3	..
	1986	..	..	..	..	..	...	3	..
	1987	..	..	..	..	..	...	3	..
Zaire	1984	76	3	56	..	17	0	39	47
	1985	74	3	53	..	18	0	40	49
	1986	76	3	54	..	19	0	39	47
	1987	76	3	54	..	19	1	40	46
Zambia	1984	48	13	..	..	36	0	26	13
	1985	48	13	..	..	36	0	25	13
	1986	49	14	..	..	35	0	24	13
	1987	42	11	..	..	30	0	25	7
Zimbabwe	1984	104	91	..	..	12	0	42	8
	1985	102	91	..	..	11	0	46	6
	1986	130	119	..	..	11	0	49	5
	1987	151	142	..	..	9	0	45	2
NTH. AMERICA	**1984**	**77 415**	**21 185**	**30 927**	**21 583**	**3 720**	**1 561**	**16 126**	**11 608**
	1985	**76 817**	**21 223**	**30 881**	**20 815**	**3 898**	**–1 128**	**14 656**	**11 621**
	1986	**75 290**	**21 216**	**29 852**	**20 119**	**4 103**	**760**	**16 678**	**10 495**
	1987	**75 881**	**20 885**	**29 932**	**20 920**	**4 145**	**391**	**17 804**	**10 662**
Antigua and Barbuda	1984	..	..	..	..	..	0	5	0
	1985	..	..	..	..	..	0	5	0
	1986	..	..	..	..	..	0	5	0
	1987	..	..	..	..	..	0	6	0
Aruba	1984	..	..	..	..	..	...	...	...
	1985	..	..	..	..	..	...	...	...
	1986	..	..	..	..	..	...	1	0
	1987	..	..	..	..	..	...	1	0
Bahamas	1984	..	..	..	..	..	–6	290	256
	1985	..	..	..	..	..	–7	170	134
	1986	..	..	..	..	..	–9	85	59
	1987	..	..	..	..	..	–12	78	57

Table 3

Production, commerce et consommation d'énergie commerciale

(Quantités en milliers de térajoules et en gigajoules par habitant)

Bunkers – Soutes: Air Avion	Bunkers – Soutes: Sea Maritime	Un-allocated Quantités non réparties	Consumption – Consommation: Per Capita Par habitant	Total Totale	Solids Solides	Liquids Liquides	Gas Gaz	Electricity Electricité	Year Année	Country or area Pays ou zone
4	134	83	84	2 979	2 512	449	...	18	1984	Un.douan.d'Afr.mérid
4	134	79	83	3 032	2 562	454	...	16	1985	
4	129	84	83	3 113	2 644	453	...	16	1986	
4	129	84	83	3 154	2 686	452	...	16	1987	
1	0	5	2	48	0	47	..	2	1984	Soudan
1	0	10	2	43	0	41	..	2	1985	
1	0	6	2	44	0	42	..	2	1986	
1	0	7	2	43	0	42	..	2	1987	
..	...	0	2	6	0	5	..	1	1984	Togo
..	...	0	2	5	0	4	..	1	1985	
..	...	0	2	5	0	4	..	1	1986	
..	...	0	2	5	0	4	..	1	1987	
2	0	9	21	148	3	111	34	–0	1984	Tunisie
0	0	8	21	153	3	107	43	0	1985	
0	0	5	20	151	2	118	30	0	1986	
0	0	5	19	145	3	113	30	0	1987	
0	..	...	1	11	..	9	..	2	1984	Ouganda
0	..	...	1	11	..	9	..	2	1985	
0	..	...	1	12	..	10	..	2	1986	
0	..	...	1	12	..	10	..	2	1987	
0	1	0	1	27	0	25	..	2	1984	Rép.Unie de Tanzanie
0	1	1	1	27	0	24	..	2	1985	
0	1	1	1	26	0	24	..	2	1986	
0	1	1	1	27	0	25	..	2	1987	
0	0	..	13	2	..	2	..	..	1984	Sahara occidental
0	0	..	13	2	..	2	..	..	1985	
0	0	..	12	2	..	2	..	..	1986	
0	0	..	18	3	..	3	..	..	1987	
5	1	1	2	61	9	36	..	16	1984	Zaïre
5	1	0	2	59	9	33	..	17	1985	
5	1	0	2	61	9	34	..	19	1986	
5	1	1	2	61	9	34	..	18	1987	
2	..	2	8	57	12	20	..	25	1984	Zambie
2	..	3	8	56	12	19	..	25	1985	
1	..	3	8	56	14	18	..	24	1986	
2	..	3	7	55	11	19	..	25	1987	
3	..	...	17	135	86	26	...	23	1984	Zimbabwe
4	..	...	17	138	89	27	...	22	1985	
4	..	...	20	169	120	27	...	22	1986	
4	..	...	21	189	145	30	...	14	1987	
337	**1 139**	**–108**	**200**	**79 003**	**18 416**	**35 520**	**21 346**	**3 722**	**1984**	**AMER DU NORD**
343	**1 077**	**–265**	**199**	**79 824**	**19 225**	**35 562**	**21 136**	**3 902**	**1985**	
341	**952**	**25**	**195**	**79 395**	**18 736**	**36 656**	**19 896**	**4 106**	**1986**	
347	**955**	**240**	**197**	**81 089**	**18 676**	**37 416**	**20 865**	**4 132**	**1987**	
2	0	0	25	2	..	2	..	..	1984	Antigua–et–Barbuda
1	0	0	37	3	..	3	..	..	1985	
2	0	0	36	3	..	3	..	..	1986	
1	0	0	48	4	..	4	..	..	1987	
..	..	...	...	...	..	...	..	..	1984	Aruba
..	..	...	...	...	..	...	..	..	1985	
..	..	0	...	1	..	1	..	..	1986	
..	..	0	...	1	..	1	..	..	1987	
2	16	2	92	22	0	22	..	..	1984	Bahamas
2	21	1	78	19	0	19	..	..	1985	
1	18	0	65	16	0	16	..	..	1986	
1	18	0	60	15	0	15	..	..	1987	

Table 3

Production, Trade and Consumption of Commercial Energy

(Quantities in thousand terajoules and in gigajoules per capita)

Country or area Pays ou zone	Year Année	Primary Energy Production – Production d'énergie primaire: Total Totale	Solids Solides	Liquids Liquides	Gas Gaz	Electricity Electricité	Changes in Stocks Variations des stocks	Imports Importations	Exports Exportations
Barbados	1984	4	..	4	1	..	1	12	0
	1985	5	..	4	1	..	0	12	0
	1986	4	..	3	1	..	0	13	0
	1987	4	..	3	1	..	0	14	0
Belize	1984	..	..	..	..	..	0	3	0
	1985	..	..	..	..	..	0	3	0
	1986	..	..	..	..	..	0	3	0
	1987	..	..	..	..	..	0	3	0
Bermuda	1984	..	..	..	..	..	0	7	0
	1985	..	..	..	..	..	0	7	0
	1986	..	..	..	..	..	0	7	0
	1987	..	..	..	..	..	0	10	0
British Virgin Islds	1984	..	..	..	..	..	...	0	..
	1985	..	..	..	..	..	...	1	..
	1986	..	..	..	..	..	...	1	..
	1987	..	..	..	..	..	...	1	..
Canada	1984	9 050	1 396	3 460	2 972	1 222	77	1 147	2 880
	1985	9 502	1 487	3 515	3 189	1 311	–101	1 113	3 416
	1986	9 264	1 382	3 519	2 988	1 375	57	1 314	3 297
	1987	9 739	1 394	3 699	3 229	1 417	50	1 434	3 685
Cayman Islands	1984	..	..	..	..	..	...	1	..
	1985	..	..	..	..	..	...	1	..
	1986	..	..	..	..	..	...	2	..
	1987	..	..	..	..	..	...	2	..
Costa Rica	1984	11	..	..	..	11	1	27	3
	1985	10	..	..	..	10	–1	30	2
	1986	10	..	..	..	10	–1	36	5
	1987	10	..	..	..	10	–2	36	4
Cuba	1984	33	..	32	0	0	–10	524	111
	1985	37	..	36	0	0	15	568	137
	1986	40	..	39	0	0	–20	553	149
	1987	39	..	37	1	0	13	587	137
Dominica	1984	0	..	..	..	0	...	1	..
	1985	0	..	..	..	0	...	1	..
	1986	0	..	..	..	0	...	1	..
	1987	0	..	..	..	0	...	1	..
Dominican Republic	1984	2	..	..	..	2	7	100	..
	1985	4	..	..	..	4	0	92	..
	1986	3	..	..	..	3	0	82	..
	1987	3	..	..	..	3	0	81	..
El Salvador	1984	6	..	..	..	6	0	26	0
	1985	6	..	..	..	6	0	27	0
	1986	6	..	..	..	6	0	27	0
	1987	6	..	..	..	6	0	27	0
Greenland	1984	0	0	..	..	..	0	8	..
	1985	0	0	..	..	..	0	7	..
	1986	0	0	..	..	..	0	5	..
	1987	0	0	..	..	..	0	5	..
Grenada	1984	..	..	..	..	..	...	1	..
	1985	..	..	..	..	..	...	1	..
	1986	..	..	..	..	..	...	1	..
	1987	..	..	..	..	..	...	1	..
Guadeloupe	1984	..	..	..	..	..	0	9	0
	1985	..	..	..	..	..	0	9	0
	1986	..	..	..	..	..	0	10	0
	1987	..	..	..	..	..	0	11	0

Production, commerce et consommation d'énergie commerciale

(Quantités en milliers de térajoules et en gigajoules par habitant)

Bunkers – Soutes		Un-allocated Quantités non réparties	Consumption – Consommation						Year Année	Country or area Pays ou zone
Air Avion	Sea Maritime		Per Capita Par habitant	Total Totale	Solids Solides	Liquids Liquides	Gas Gaz	Electricity Electricité		
4	2	0	40	10	0	9	1	..	1984	Barbade
4	2	0	39	10	0	9	1	..	1985	
3	3	1	39	10	0	9	1	..	1986	
4	3	1	43	11	0	10	1	..	1987	
0	0	..	13	2	..	2	..	0	1984	Belize
0	0	..	18	3	..	3	..	0	1985	
1	0	..	12	2	..	2	..	0	1986	
1	0	..	12	2	..	2	..	0	1987	
1	0	..	105	6	0	6	..	..	1984	Bermudes
1	0	..	105	6	0	6	..	..	1985	
1	0	..	103	6	0	6	..	..	1986	
2	0	..	138	8	0	8	..	..	1987	
..	..	..	0	0	..	0	..	..	1984	Iles Vierges brit.
..	..	..	71	1	..	1	..	..	1985	
..	..	..	71	1	..	1	..	..	1986	
..	..	..	71	1	..	1	..	..	1987	
23	81	–112	289	7 248	1 088	2 933	2 147	1 081	1984	Canada
22	70	–170	291	7 377	1 071	2 897	2 242	1 166	1985	
23	71	–189	286	7 319	992	2 915	2 159	1 253	1986	
26	82	–187	291	7 518	1 055	3 027	2 177	1 259	1987	
0	..	..	48	1	..	1	..	..	1984	Iles Caïmanes
0	..	..	48	1	..	1	..	..	1985	
0	..	..	95	2	..	2	..	..	1986	
0	..	..	45	1	..	1	..	..	1987	
...	0	–1	14	36	..	26	..	9	1984	Costa Rica
...	0	2	14	37	..	27	..	10	1985	
...	0	2	15	41	..	31	..	11	1986	
...	0	4	15	41	..	30	..	11	1987	
4	9	25	42	418	4	413	0	0	1984	Cuba
4	9	33	41	407	4	402	0	0	1985	
4	4	29	43	426	5	421	0	0	1986	
3	4	41	42	426	5	420	1	0	1987	
0	..	..	13	1	..	1	..	0	1984	Dominique
0	..	..	13	1	..	1	..	0	1985	
0	..	..	13	1	..	1	..	0	1986	
0	..	..	13	1	..	1	..	0	1987	
0	...	7	14	88	0	86	..	2	1984	Rép. dominicaine
0	...	17	12	78	0	75	..	4	1985	
0	...	2	13	84	0	81	..	3	1986	
0	...	2	12	83	0	79	..	3	1987	
0	2	1	6	28	..	23	..	6	1984	El Salvador
0	2	1	6	29	..	23	..	6	1985	
0	2	3	6	28	..	22	..	6	1986	
0	2	3	5	27	..	21	..	6	1987	
..	..	..	148	8	0	8	..	..	1984	Groënland
..	..	..	130	7	0	7	..	..	1985	
..	..	..	91	5	0	5	..	..	1986	
..	..	..	91	5	0	5	..	..	1987	
0	...	..	10	1	..	1	..	..	1984	Grenade
0	...	..	10	1	..	1	..	..	1985	
0	...	..	10	1	..	1	..	..	1986	
0	...	..	10	1	..	1	..	..	1987	
0	...	..	27	9	..	9	..	..	1984	Guadeloupe
0	...	..	27	9	..	9	..	..	1985	
0	...	..	30	10	..	10	..	..	1986	
0	...	..	30	10	..	10	..	..	1987	

Table 3

Production, Trade and Consumption of Commercial Energy

(Quantities in thousand terajoules and in gigajoules per capita)

Country or area Pays ou zone	Year Année	Primary Energy Production – Production d'énergie primaire					Changes in Stocks Variations des stocks	Imports Importations	Exports Exportations
		Total Totale	Solids Solides	Liquids Liquides	Gas Gaz	Electricity Electricité			
Guatemala	1984	12	..	10	..	2	1	49	7
	1985	10	..	8	..	2	0	49	7
	1986	15	..	12	..	2	0	45	7
	1987	10	..	8	..	2	0	45	7
Haiti	1984	1	..	..	..	1	0	10	..
	1985	1	..	..	..	1	0	10	..
	1986	1	..	..	..	1	0	9	..
	1987	1	..	..	..	1	0	9	..
Honduras	1984	3	..	..	..	3	0	25	0
	1985	3	..	..	..	3	0	25	0
	1986	3	..	..	..	3	0	25	0
	1987	3	..	..	..	3	0	24	0
Jamaica	1984	1	..	..	..	1	–2	67	0
	1985	0	..	..	..	0	0	85	0
	1986	0	..	..	..	0	0	82	0
	1987	0	..	..	..	0	0	81	0
Martinique	1984	..	..	..	..	..	0	19	9
	1985	..	..	..	..	..	1	20	9
	1986	..	..	..	..	..	0	19	9
	1987	..	..	..	..	..	0	20	9
Mexico	1984	7 726	199	6 325	1 112	90	–20	54	3 645
	1985	7 472	205	6 099	1 068	100	–21	99	3 382
	1986	7 026	213	5 725	1 005	84	–9	126	3 011
	1987	7 317	233	5 990	1 011	82	42	154	3 109
Neth.Antil and Aruba	1984	..	..	..	..	..	–6	935	712
	1985	..	..	..	..	..	–10	428	275
	1986	..	..	..	..	..	...	...	...
	1987	..	..	..	..	..	...	...	...
Netherlands Antilles	1984	..	..	..	..	..	...	...	...
	1985	..	..	..	..	..	...	...	...
	1986	..	..	..	..	..	–10	391	241
	1987	..	..	..	..	..	0	446	276
Nicaragua	1984	2	..	..	..	2	–1	25	0
	1985	2	..	..	..	2	1	29	0
	1986	2	..	..	..	2	0	29	0
	1987	2	..	..	..	2	0	29	0
Panama	1984	5	..	..	..	5	0	157	12
	1985	7	..	..	..	7	0	144	13
	1986	8	..	..	..	8	0	142	13
	1987	7	..	..	..	7	0	144	14
Puerto Rico	1984	1	..	..	..	1	–10	310	64
	1985	1	..	..	..	1	1	298	54
	1986	1	..	..	..	1	18	309	48
	1987	1	..	..	..	1	–4	298	45
St.Kitts–Nevis	1984	..	..	..	..	..	0	1	..
	1985	..	..	..	..	..	0	1	..
	1986	..	..	..	..	..	0	1	..
	1987	..	..	..	..	..	0	1	..
Saint Lucia	1984	..	..	..	..	..	0	2	..
	1985	..	..	..	..	..	0	2	..
	1986	..	..	..	..	..	0	2	..
	1987	..	..	..	..	..	0	2	..
St.Pierre–Miquelon	1984	..	..	..	..	..	...	2	..
	1985	..	..	..	..	..	...	2	..
	1986	..	..	..	..	..	...	2	..
	1987	..	..	..	..	..	...	3	..

Table 3

Production, commerce et consommation d'énergie commerciale

(Quantités en milliers de térajoules et en gigajoules par habitant)

Bunkers – Soutes		Un-allocated Quantités non réparties	Consumption – Consommation						Year Année	Country or area Pays ou zone
Air Avion	Sea Maritime		Per Capita Par habitant	Total Totale	Solids Solides	Liquids Liquides	Gas Gaz	Electricity Electricité		
0	5	0	6	46	..	44	..	2	1984	Guatemala
0	5	0	6	46	..	44	..	2	1985	
0	5	2	5	45	..	42	..	2	1986	
1	5	0	5	41	..	39	..	2	1987	
1	...	..	2	10	0	9	..	1	1984	Haïti
1	...	..	2	10	0	9	..	1	1985	
1	...	..	2	10	0	9	..	1	1986	
1	...	..	1	9	0	8	..	1	1987	
...	0	0	7	28	0	24	..	4	1984	Honduras
...	0	0	6	28	0	24	..	4	1985	
...	0	1	6	27	0	23	..	4	1986	
...	0	1	6	26	0	22	..	4	1987	
0	1	2	29	66	0	65	..	1	1984	Jamaïque
1	1	5	33	77	0	77	..	0	1985	
1	1	7	31	74	0	73	..	0	1986	
1	1	5	31	74	0	74	..	0	1987	
..	1	–0	30	10	..	10	..	..	1984	Martinique
..	1	–0	30	10	..	10	..	..	1985	
..	0	0	30	10	..	10	..	..	1986	
..	0	0	30	10	..	10	..	..	1987	
3	2	183	51	3 967	206	2 615	1 056	90	1984	Mexique
3	2	156	51	4 051	223	2 657	1 070	100	1985	
3	2	196	49	3 949	222	2 641	1 006	79	1986	
3	2	186	50	4 130	228	2 813	1 013	75	1987	
2	83	56	492	88	..	88	..	..	1984	Antill.néer.et Aruba
2	83	18	337	61	..	61	..	..	1985	
...	...	...	...	...	..	...	..	..	1986	
...	...	...	...	...	..	...	..	..	1987	
...	...	...	...	...	..	...	..	..	1984	Antilles néerland.
...	...	...	...	...	..	...	..	..	1985	
2	80	20	...	58	..	58	..	..	1986	
2	80	29	...	59	..	59	..	..	1987	
0	..	–1	9	28	..	25	..	3	1984	Nicaragua
0	..	0	9	29	..	27	..	3	1985	
0	..	1	9	30	..	28	..	3	1986	
0	..	1	9	30	..	28	..	3	1987	
2	103	3	20	42	0	36	0	5	1984	Panama
1	93	2	19	42	0	35	0	7	1985	
1	89	5	19	42	0	34	0	8	1986	
1	92	5	17	39	0	31	0	7	1987	
2	7	–28	81	275	3	272	..	1	1984	Porto Rico
2	4	–19	75	258	3	254	..	1	1985	
1	3	–13	72	252	6	246	..	1	1986	
1	3	–5	73	260	6	253	..	1	1987	
..	..	..	21	1	..	1	..	..	1984	St–Kitts–Nevis
..	..	..	21	1	..	1	..	..	1985	
..	..	..	21	1	..	1	..	..	1986	
..	..	..	20	1	..	1	..	..	1987	
0	..	..	16	2	..	2	..	..	1984	Sainte–Lucie
0	..	..	16	2	..	2	..	..	1985	
0	..	..	15	2	..	2	..	..	1986	
0	..	..	15	2	..	2	..	..	1987	
..	1	..	143	1	0	1	..	..	1984	St.Pierre–Miquelon
..	1	..	143	1	0	1	..	..	1985	
..	1	..	143	1	0	1	..	..	1986	
..	1	..	286	2	0	2	..	..	1987	

Table 3

Production, Trade and Consumption of Commercial Energy

(Quantities in thousand terajoules and in gigajoules per capita)

Country or area Pays ou zone	Year Année	Primary Energy Production – Production d'énergie primaire					Changes in Stocks Variations des stocks	Imports Importations	Exports Exportations
		Total Totale	Solids Solides	Liquids Liquides	Gas Gaz	Electricity Electricité			
S.Vincent–Grenadines	1984	0	..	..	..	0	...	1	..
	1985	0	..	..	..	0	...	1	..
	1986	0	..	..	..	0	...	1	..
	1987	0	..	..	..	0	...	1	..
Trinidad and Tobago	1984	525	..	367	158	..	−19	0	332
	1985	573	..	381	192	..	−11	9	347
	1986	516	..	365	151	..	3	15	336
	1987	496	..	338	158	..	−11	15	322
United States	1984	60 034	19 589	20 729	17 341	2 375	1 564	11 588	3 009
	1985	59 184	19 531	20 838	16 365	2 450	−1 017	10 794	3 427
	1986	58 390	19 622	20 188	15 974	2 606	731	13 138	3 137
	1987	58 242	19 258	19 857	16 519	2 608	323	14 279	2 914
U.S. Virgin Islands	1984	..	..	..	..	..	−15	720	566
	1985	..	..	..	..	..	23	614	417
	1986	..	..	..	..	..	−10	590	424
	1987	..	..	..	..	..	−8	405	358
STH. AMERICA	**1984**	**10 541**	**394**	**7 596**	**1 620**	**931**	**82**	**2 021**	**4 190**
	1985	**10 647**	**465**	**7 513**	**1 655**	**1 014**	**−36**	**1 833**	**4 098**
	1986	**11 409**	**508**	**8 062**	**1 793**	**1 046**	**12**	**2 029**	**4 557**
	1987	**11 705**	**597**	**8 021**	**2 002**	**1 085**	**79**	**2 394**	**4 582**
Argentina	1984	1 656	13	1 077	478	88	9	95	61
	1985	1 647	10	1 034	509	95	−39	98	151
	1986	1 637	9	979	553	96	2	107	48
	1987	1 736	9	967	657	102	12	197	24
Bolivia	1984	139	..	49	86	4	−0	0	79
	1985	136	..	47	85	4	−2	0	77
	1986	138	..	42	92	4	−4	0	84
	1987	139	..	43	91	4	−6	0	81
Brazil	1984	1 821	153	991	77	600	64	1 568	321
	1985	2 082	158	1 173	97	654	−5	1 401	280
	1986	2 152	151	1 233	110	657	−5	1 575	221
	1987	2 152	138	1 228	114	671	20	1 709	250
Chile	1984	203	35	98	37	34	−11	118	1
	1985	197	38	84	38	37	−9	114	1
	1986	203	48	80	34	41	29	150	0
	1987	197	46	74	34	44	−14	186	1
Colombia	1984	806	188	371	173	73	25	88	139
	1985	886	255	381	172	78	7	89	224
	1986	1 203	294	649	169	91	−1	40	478
	1987	1 479	397	820	171	92	−22	24	741
Ecuador	1984	566	..	551	4	12	11	22	287
	1985	617	..	599	4	13	−12	20	390
	1986	633	..	613	4	16	0	17	449
	1987	392	..	373	3	16	48	117	250
French Guiana	1984	..	..	..	..	..	...	5	..
	1985	..	..	..	..	..	...	5	..
	1986	..	..	..	..	..	...	4	..
	1987	..	..	..	..	..	...	5	..
Guyana	1984	0	..	..	..	0	...	20	..
	1985	0	..	..	..	0	...	20	..
	1986	0	..	..	..	0	...	15	..
	1987	0	..	..	..	0	...	14	..
Paraguay	1984	3	..	..	..	3	2	23	0
	1985	5	..	..	..	5	−3	19	...
	1986	6	..	..	..	6	−0	22	...
	1987	10	..	..	..	10	0	22	...

Production, commerce et consommation d'énergie commerciale

(Quantités en milliers de térajoules et en gigajoules par habitant)

Bunkers – Soutes		Un–allocated Quantités non réparties	Consumption – Consommation						Year Année	Country or area Pays ou zone
Air Avion	Sea Maritime		Per Capita Par habitant	Total Totale	Solids Solides	Liquids Liquides	Gas Gaz	Electricity Electricité		
0	..	..	10	1	..	1	..	0	1984	S.Vincent–Grenadines
0	..	..	10	1	..	1	..	0	1985	
0	..	..	9	1	..	1	..	0	1986	
0	..	..	9	1	..	1	..	0	1987	
0	12	10	162	189	0	32	158	..	1984	Trinité–et–Tobago
0	6	7	196	232	0	40	192	..	1985	
0	3	–8	163	197	0	46	151	..	1986	
0	4	–11	169	207	0	49	158	..	1987	
289	777	–321	280	66 303	17 114	28 687	17 984	2 518	1984	Etats–Unis
298	751	–404	280	66 923	17 923	28 771	17 631	2 598	1985	
298	730	–116	277	66 749	17 513	29 923	16 578	2 735	1986	
300	731	172	280	68 079	17 382	30 423	17 515	2 759	1987	
1	35	65	654	68	...	68	..	..	1984	Iles Vierges amér.
1	24	84	623	66	...	66	..	..	1985	
1	20	102	491	53	...	53	..	..	1986	
0	7	21	239	26	...	26	..	..	1987	
41	**117**	**711**	**28**	**7 421**	**537**	**4 333**	**1 619**	**932**	**1984**	**AMER DU SUD**
39	**117**	**690**	**28**	**7 571**	**620**	**4 273**	**1 655**	**1 024**	**1985**	
39	**99**	**672**	**29**	**8 059**	**629**	**4 559**	**1 788**	**1 083**	**1986**	
40	**110**	**977**	**30**	**8 311**	**653**	**4 500**	**2 012**	**1 146**	**1987**	
0	29	121	51	1 531	24	864	555	88	1984	Argentine
0	28	140	48	1 466	30	755	586	95	1985	
0	19	104	51	1 571	37	808	629	96	1986	
0	27	125	56	1 745	42	854	746	103	1987	
0	..	2	10	59	0	45	9	4	1984	Bolivie
0	..	3	9	58	0	45	9	4	1985	
0	..	2	8	55	0	42	9	4	1986	
0	..	3	9	61	0	45	12	4	1987	
27	47	328	20	2 602	313	1 612	77	599	1984	Brésil
28	49	314	21	2 817	389	1 667	97	664	1985	
27	44	365	22	3 075	393	1 878	110	694	1986	
28	42	343	22	3 178	408	1 924	114	732	1987	
2	0	9	27	320	55	195	37	34	1984	Chili
0	0	3	26	316	53	188	37	37	1985	
0	0	–6	27	330	55	200	34	41	1986	
0	0	52	28	345	54	214	33	44	1987	
0	6	52	24	672	132	294	173	73	1984	Colombie
0	7	55	24	681	135	296	172	78	1985	
0	6	66	24	694	133	301	169	91	1986	
0	8	59	24	717	137	317	171	92	1987	
1	2	109	20	178	..	162	4	12	1984	Equateur
1	1	80	19	176	..	159	4	13	1985	
1	2	13	19	185	..	166	4	16	1986	
1	4	23	18	182	..	163	3	16	1987	
0	..	..	49	4	..	4	..	..	1984	Guyane française
0	..	..	60	5	..	5	..	..	1985	
0	..	..	47	4	..	4	..	..	1986	
0	..	..	57	5	..	5	..	..	1987	
0	0	..	20	19	0	19	..	0	1984	Guyana
0	0	..	20	19	0	19	..	0	1985	
0	0	..	15	15	0	15	..	0	1986	
0	0	..	14	14	0	14	..	0	1987	
0	..	–0	7	24	..	20	..	4	1984	Paraguay
0	..	0	7	26	..	21	..	5	1985	
0	..	0	7	28	..	22	..	6	1986	
0	..	0	8	32	..	22	..	10	1987	

Table 3

Production, Trade and Consumption of Commercial Energy

(Quantities in thousand terajoules and in gigajoules per capita)

Country or area Pays ou zone	Year Année	Primary Energy Production – Production d'énergie primaire					Changes in Stocks Variations des stocks	Imports Importations	Exports Exportations
		Total Totale	Solids Solides	Liquids Liquides	Gas Gaz	Electricity Electricité			
Peru	1984	452	3	395	24	31	4	4	146
	1985	454	4	393	24	34	4	5	157
	1986	446	4	380	25	36	1	12	128
	1987	438	4	368	25	40	2	40	115
Suriname	1984	5	..	2	..	3	0	12	0
	1985	7	..	3	..	3	0	11	0
	1986	9	..	6	..	3	0	11	0
	1987	10	..	7	..	3	0	11	1
Uruguay	1984	13	..	..	..	13	0	56	1
	1985	13	..	..	..	13	–4	49	0
	1986	15	..	..	..	15	14	65	1
	1987	15	..	..	..	15	–2	54	0
Venezuela	1984	4 876	1	4 063	741	71	–22	11	3 156
	1985	4 604	1	3 799	727	77	27	4	2 817
	1986	4 967	2	4 079	805	81	–24	10	3 149
	1987	5 137	2	4 141	908	87	41	12	3 119
ASIA	**1984**	**63 549**	**23 102**	**33 982**	**4 685**	**1 780**	**87**	**22 908**	**27 245**
	1985	**65 342**	**25 202**	**32 840**	**5 326**	**1 974**	**483**	**22 323**	**24 791**
	1986	**72 326**	**26 122**	**37 968**	**6 160**	**2 076**	**1 123**	**23 572**	**29 332**
	1987	**73 824**	**27 132**	**37 798**	**6 623**	**2 271**	**594**	**24 644**	**29 715**
Afghanistan	1984	113	4	0	106	3	1	16	87
	1985	119	4	0	111	3	1	21	87
	1986	119	5	0	111	3	1	16	87
	1987	121	5	0	113	3	1	28	88
Bahrain	1984	235	..	97	138	..	2	338	311
	1985	263	..	95	167	..	2	302	280
	1986	275	..	107	168	..	7	417	316
	1987	269	..	100	168	..	–1	421	323
Bangladesh	1984	97	..	3	91	3	–2	63	0
	1985	110	..	4	103	3	–1	70	0
	1986	122	..	4	117	2	0	78	0
	1987	144	..	5	137	2	0	80	0
Bhutan	1984	0	..	..	..	0	..	0	..
	1985	0	..	..	..	0	..	0	..
	1986	0	..	..	..	0	..	1	..
	1987	0	..	..	..	0	..	1	..
Brunei Darussalam	1984	707	..	343	364	..	17	1	659
	1985	693	..	334	359	..	15	1	648
	1986	681	..	329	351	..	17	1	638
	1987	680	..	309	371	..	12	1	612
Burma	1984	99	2	66	27	4	...	1	0
	1985	103	2	61	36	4	...	1	0
	1986	108	2	60	42	4	...	1	0
	1987	92	2	42	44	4	...	1	0
China	1984	22 105	16 502	4 799	492	312	397	123	1 275
	1985	24 308	18 242	5 229	505	333	549	120	1 631
	1986	25 046	18 697	5 472	537	340	252	224	1 600
	1987	25 930	19 407	5 616	547	360	51	208	1 610
Cyprus	1984	..	..	..	..	..	–2	43	0
	1985	..	..	..	..	..	–1	45	0
	1986	..	..	..	..	..	–2	49	0
	1987	..	..	..	..	..	–3	56	0
Democratic Kampuchea	1984	0	..	..	..	0	...	6	..
	1985	0	..	..	..	0	...	6	..
	1986	0	..	..	..	0	...	6	..
	1987	0	..	..	..	0	...	6	..

Production, commerce et consommation d'énergie commerciale

(Quantités en milliers de térajoules et en gigajoules par habitant)

Bunkers – Soutes		Un–allocated Quantités non réparties	Consumption – Consommation						Year Année	Country or area Pays ou zone
Air Avion	Sea Maritime		Per Capita Par habitant	Total Totale	Solids Solides	Liquids Liquides	Gas Gaz	Electricity Electricité		
0	4	–6	16	309	4	250	24	31	1984	Pérou
0	3	–6	15	300	8	235	24	34	1985	
0	3	7	16	319	6	252	25	36	1986	
0	3	15	17	343	6	271	25	40	1987	
0	0	2	40	15	0	11	..	3	1984	Suriname
0	0	3	37	14	0	10	..	3	1985	
0	0	6	37	14	0	10	..	3	1986	
0	0	6	36	14	0	11	..	3	1987	
1	6	4	19	56	0	43	..	13	1984	Uruguay
1	6	5	18	53	0	40	..	13	1985	
1	5	4	18	54	0	39	..	15	1986	
1	6	5	19	59	0	44	..	15	1987	
9	23	90	97	1 631	7	812	741	71	1984	Venezuela
8	23	92	95	1 640	4	832	727	77	1985	
9	20	111	96	1 714	5	823	805	81	1986	
9	19	346	88	1 616	5	616	908	87	1987	
338	**671**	**3 283**	**20**	**54 833**	**26 115**	**22 297**	**4 631**	**1 790**	**1984**	**ASIE**
308	**673**	**3 281**	**20**	**58 129**	**28 444**	**22 372**	**5 332**	**1 981**	**1985**	
307	**844**	**3 749**	**21**	**60 543**	**29 709**	**22 690**	**6 067**	**2 077**	**1986**	
312	**1 019**	**3 475**	**21**	**63 353**	**30 882**	**23 523**	**6 684**	**2 264**	**1987**	
1	..	0	3	40	4	15	18	3	1984	Afghanistan
1	..	0	4	52	4	21	23	3	1985	
0	..	0	3	46	5	15	24	3	1986	
0	..	0	4	60	5	28	24	3	1987	
20	8	75	379	157	0	19	138	..	1984	Bahreïn
20	8	63	441	190	0	23	167	..	1985	
21	9	146	431	193	0	25	168	..	1986	
20	9	138	430	200	0	32	168	..	1987	
0	1	10	2	151	1	56	91	3	1984	Bangladesh
0	1	11	2	168	2	60	103	3	1985	
0	1	12	2	187	3	66	117	2	1986	
0	0	21	2	202	1	61	137	2	1987	
..	..	..	0	0	0	0	..	0	1984	Bhoutan
..	..	..	1	1	0	0	..	0	1985	
..	..	..	1	1	0	0	..	0	1986	
..	..	..	1	1	0	0	..	0	1987	
..	..	–15	217	47	0	25	22	..	1984	Brunéi Darussalam
..	..	–15	204	46	0	21	25	..	1985	
..	..	–12	167	39	0	20	19	..	1986	
..	..	–14	293	71	0	29	42	..	1987	
0	0	26	2	74	3	40	27	4	1984	Birmanie
0	0	24	2	80	3	37	36	4	1985	
0	0	29	2	80	3	31	42	4	1986	
0	0	16	2	78	3	26	44	4	1987	
..	...	862	19	19 694	16 037	2 850	492	315	1984	Chine
..	...	918	21	21 331	17 483	3 006	505	336	1985	
..	...	945	21	22 473	18 393	3 198	537	345	1986	
..	...	1 008	22	23 469	19 163	3 399	547	360	1987	
6	2	1	58	38	2	36	..	..	1984	Chypre
6	1	0	57	38	2	36	..	..	1985	
6	2	2	62	42	2	40	..	..	1986	
7	3	1	72	49	4	44	..	..	1987	
..	..	0	1	6	0	6	..	0	1984	Kampuchea démocrat.
..	..	0	1	6	0	6	..	0	1985	
..	..	0	1	6	0	6	..	0	1986	
..	..	0	1	6	0	6	..	0	1987	

Table 3

Production, Trade and Consumption of Commercial Energy

(Quantities in thousand terajoules and in gigajoules per capita)

Country or area Pays ou zone	Year Année	Primary Energy Production – Production d'énergie primaire					Changes in Stocks Variations des stocks	Imports Importations	Exports Exportations
		Total Totale	Solids Solides	Liquids Liquides	Gas Gaz	Electricity Electricité			
Democratic Yemen	1984	..	..	..	..	..	...	154	79
	1985	..	..	..	..	..	...	164	71
	1986	..	..	..	..	..	...	157	75
	1987	..	..	..	..	..	...	167	82
Hong Kong	1984	..	..	..	..	..	–2	328	14
	1985	..	..	..	..	..	–5	324	13
	1986	..	..	..	..	..	8	399	37
	1987	..	..	..	..	..	...	416	30
India	1984	5 100	3 592	1 173	125	209	149	862	305
	1985	5 312	3 711	1 254	146	202	24	846	102
	1986	5 770	4 036	1 313	210	212	71	809	11
	1987	6 114	4 379	1 273	235	228	124	963	41
Indonesia	1984	3 874	43	2 869	940	22	–84	407	2 955
	1985	3 839	44	2 835	937	23	0	222	2 585
	1986	4 170	51	2 973	1 120	26	–58	266	2 950
	1987	3 863	51	2 706	1 080	27	–110	323	2 782
Iran(Islamic Rep.of)	1984	5 169	36	4 599	511	23	–266	24	3 468
	1985	5 216	37	4 600	557	23	167	26	2 924
	1986	4 580	37	3 941	580	22	42	154	2 687
	1987	5 464	36	4 783	622	23	–42	233	3 589
Iraq	1984	2 491	..	2 470	19	2	122	0	1 968
	1985	2 926	..	2 892	31	2	21	0	2 490
	1986	3 538	..	3 474	62	2	42	0	3 070
	1987	4 424	..	4 275	146	2	57	0	3 836
Israel	1984	2	..	0	2	..	15	377	29
	1985	2	..	0	2	..	–16	386	38
	1986	2	..	1	2	..	37	428	36
	1987	2	..	1	2	..	–9	437	58
Japan	1984	1 310	436	18	92	764	–116	12 761	186
	1985	1 438	424	23	95	896	–69	12 334	207
	1986	1 446	412	27	83	923	188	12 528	232
	1987	1 440	336	26	86	992	136	12 691	297
Jordan	1984	0	..	...	..	0	0	116	0
	1985	0	..	...	..	0	3	121	0
	1986	1	..	1	..	0	–2	122	1
	1987	1	..	1	..	0	2	136	3
Korea,Dem.Ppl's.Rep.	1984	1 404	1 307	..	..	97	...	194	1
	1985	1 455	1 354	..	..	101	...	211	1
	1986	1 482	1 377	..	..	104	...	215	1
	1987	1 482	1 377	..	..	105	...	221	1
Korea, Republic of	1984	463	412	..	..	51	–57	1 579	107
	1985	508	434	..	..	73	2	1 727	120
	1986	583	467	..	..	116	214	1 960	120
	1987	628	467	..	..	161	110	2 055	152
Kuwait,part Ntl.Zone	1984	2 763	..	2 551	213	..	24	0	2 128
	1985	2 564	..	2 353	211	..	9	0	1 892
	1986	3 326	..	3 113	212	..	45	50	2 600
	1987	2 919	..	2 719	200	..	–4	107	2 282
Lao Peoples Dem.Rep.	1984	3	0	..	..	3	..	3	3
	1985	4	0	..	..	4	..	3	3
	1986	4	0	..	..	4	..	3	3
	1987	4	0	..	..	4	..	3	3
Lebanon	1984	2	..	..	..	2	0	94	0
	1985	2	..	..	..	2	0	109	0
	1986	2	..	..	..	2	0	115	0
	1987	2	..	..	..	2	0	117	0

Production, commerce et consommation d'énergie commerciale

(Quantités en milliers de térajoules et en gigajoules par habitant)

Bunkers – Soutes		Un-allocated Quantités non réparties	Consumption – Consommation						Year Année	Country or area Pays ou zone
Air Avion	Sea Maritime		Per Capita Par habitant	Total Totale	Solids Solides	Liquids Liquides	Gas Gaz	Electricity Electricité		
1	16	3	26	54	...	54	..	..	1984	Yémen démocratique
1	17	15	28	60	...	60	..	..	1985	
1	12	13	25	56	...	56	..	..	1986	
1	13	11	27	61	...	61	..	..	1987	
36	24	..	48	257	100	160	...	–3	1984	Hong-kong
35	22	..	47	259	124	139	...	–4	1985	
41	27	..	52	286	143	147	...	–4	1986	
43	32	..	55	311	179	137	...	–5	1987	
20	9	301	7	5 178	3 474	1 370	125	209	1984	Inde
22	5	378	7	5 627	3 793	1 486	146	201	1985	
25	5	415	8	6 051	4 062	1 568	210	212	1986	
27	10	414	8	6 462	4 339	1 660	235	228	1987	
6	6	130	8	1 267	21	971	253	22	1984	Indonésie
6	7	143	8	1 321	27	1 020	250	23	1985	
6	7	141	8	1 390	64	1 023	277	26	1986	
7	9	116	8	1 382	86	1 015	253	27	1987	
0	71	154	39	1 766	38	1 194	511	23	1984	Iran(Rép.islamique)
0	69	201	39	1 880	40	1 261	557	23	1985	
0	54	146	37	1 806	41	1 162	580	22	1986	
0	56	161	38	1 932	42	1 244	622	23	1987	
0	6	107	19	287	0	266	19	2	1984	Iraq
0	6	98	20	311	0	277	31	2	1985	
0	4	108	19	314	0	301	12	2	1986	
0	8	155	22	367	0	326	39	2	1987	
11	...	19	73	305	79	226	2	–1	1984	Israël
13	...	48	72	306	86	219	2	–1	1985	
13	...	20	75	323	94	228	2	–1	1986	
13	...	20	82	358	100	258	2	–1	1987	
38	118	434	112	13 411	3 078	8 112	1 457	764	1984	Japon
50	102	93	111	13 390	3 219	7 709	1 565	896	1985	
32	84	165	109	13 274	3 054	7 648	1 648	923	1986	
28	69	234	110	13 367	3 008	7 649	1 718	992	1987	
10	..	6	30	100	..	100	..	0	1984	Jordanie
9	..	5	29	103	..	103	..	–0	1985	
8	..	5	30	111	..	112	..	–1	1986	
8	..	7	31	117	..	118	..	–1	1987	
...	...	1	80	1 596	1 378	121	..	97	1984	Corée,Rép.pop.dém.de
...	...	2	82	1 662	1 434	128	..	101	1985	
...	...	–0	81	1 696	1 457	134	..	104	1986	
...	...	4	79	1 698	1 457	136	..	105	1987	
4	16	142	45	1 830	822	956	0	51	1984	Corée, République de
4	22	169	47	1 916	912	931	0	73	1985	
7	39	171	48	1 992	906	966	3	116	1986	
8	57	183	52	2 173	922	1 002	88	161	1987	
25	31	178	230	377	..	165	213	..	1984	Koweït et prt.Zne.N.
18	34	224	227	388	..	176	211	..	1985	
19	34	222	256	456	..	193	262	..	1986	
19	33	194	269	501	..	194	307	..	1987	
..	..	..	1	3	0	3	..	1	1984	Rép. dém. pop. lao
..	..	..	1	4	0	3	..	1	1985	
..	..	..	1	4	0	3	..	1	1986	
..	..	..	1	4	0	3	..	1	1987	
3	1	1	34	91	0	88	..	2	1984	Liban
3	1	–0	40	107	0	105	..	2	1985	
5	1	2	40	108	0	106	..	2	1986	
6	1	3	39	109	0	106	..	2	1987	

Table 3

Production, Trade and Consumption of Commercial Energy

(Quantities in thousand terajoules and in gigajoules per capita)

Country or area Pays ou zone	Year Année	Primary Energy Production – Production d'énergie primaire: Total Totale	Solids Solides	Liquids Liquides	Gas Gaz	Electricity Electricité	Changes in Stocks Variations des stocks	Imports Importations	Exports Exportations
Macau	1984	..	..	..	..	..	...	8	..
	1985	..	..	..	..	..	...	10	..
	1986	..	..	..	..	..	...	12	..
	1987	..	..	..	..	..	...	13	..
Malaysia	1984	1 133	..	895	226	12	3	253	943
	1985	1 216	..	897	306	14	–10	269	1 005
	1986	1 423	..	1 039	369	15	–8	258	1 172
	1987	1 525	..	1 030	477	18	–15	269	1 180
Maldives	1984	..	..	..	..	..	..	1	..
	1985	..	..	..	..	..	..	1	..
	1986	..	..	..	..	..	..	1	..
	1987	..	..	..	..	..	..	1	..
Mongolia	1984	62	62	...	..	..	...	32	9
	1985	73	73	...	..	..	...	35	7
	1986	78	78	...	..	..	...	35	9
	1987	88	88	...	..	..	...	37	18
Nepal	1984	1	..	..	..	1	0	9	0
	1985	1	..	..	..	1	0	9	0
	1986	2	..	..	..	2	–1	9	1
	1987	2	..	..	..	2	–0	11	1
Oman	1984	1 133	..	1 079	54	..	8	0	820
	1985	1 318	..	1 250	68	..	–5	0	992
	1986	1 463	..	1 380	83	..	–15	0	1 126
	1987	1 512	..	1 427	85	..	–1	2	1 173
Pakistan	1984	409	37	27	297	47	6	286	3
	1985	458	44	54	315	45	–4	286	0
	1986	506	41	81	333	51	4	288	0
	1987	542	48	85	353	57	9	314	0
Philippines	1984	81	24	22	..	35	–71	332	5
	1985	79	25	17	..	38	–40	344	2
	1986	77	24	14	..	38	–42	356	10
	1987	70	23	12	..	35	–33	423	4
Qatar	1984	1 015	..	856	159	..	50	2	774
	1985	826	..	651	175	..	1	0	619
	1986	888	..	669	219	..	–24	0	661
	1987	809	..	624	184	..	–8	0	600
S.Arabia,pt.Ntrl.Zn.	1984	9 593	..	9 064	529	..	45	79	7 300
	1985	7 727	..	7 090	637	..	–47	17	5 200
	1986	11 317	..	10 415	903	..	394	19	7 650
	1987	9 697	..	8 790	907	..	309	17	6 379
Singapore	1984	..	..	..	..	..	–135	1 754	1 046
	1985	..	..	..	..	..	–66	1 747	957
	1986	..	..	..	..	..	–2	1 923	1 078
	1987	..	..	..	..	..	–67	1 993	1 151
Sri Lanka	1984	8	..	..	..	8	–1	79	4
	1985	9	..	..	..	9	–3	78	8
	1986	10	..	..	..	10	–1	77	5
	1987	8	..	..	..	8	0	82	2
Syrian Arab Republic	1984	406	..	394	5	7	–21	284	273
	1985	400	..	387	6	7	–41	227	275
	1986	401	..	388	7	6	–1	215	209
	1987	522	..	509	7	5	–7	78	201
Thailand	1984	180	26	49	90	15	–5	447	5
	1985	279	57	93	115	13	–2	393	18
	1986	285	60	96	110	20	–13	401	23
	1987	343	75	89	164	15	7	477	20

Table 3

Production, commerce et consommation d'énergie commerciale

(Quantités en milliers de térajoules et en gigajoules par habitant)

Bunkers – Soutes		Un-allocated Quantités non réparties	Consumption – Consommation						Year Année	Country or area Pays ou zone
Air Avion	Sea Maritime		Per Capita Par habitant	Total Totale	Solids Solides	Liquids Liquides	Gas Gaz	Electricity Electricité		
..	..	..	21	8	0	8	..	0	1984	Macao
..	..	..	25	10	0	10	..	0	1985	
..	..	..	29	12	0	12	..	0	1986	
..	..	..	31	13	0	13	..	0	1987	
0	2	9	28	429	12	371	33	13	1984	Malaisie
0	4	8	31	479	14	382	69	14	1985	
0	3	19	31	496	12	381	89	15	1986	
0	4	15	38	609	14	402	175	18	1987	
..	..	..	6	1	..	1	..	..	1984	Maldives
..	..	..	5	1	..	1	..	..	1985	
..	..	..	5	1	..	1	..	..	1986	
..	..	..	5	1	..	1	..	..	1987	
...	..	...	46	85	53	30	..	2	1984	Mongolie
...	..	...	53	101	66	34	..	1	1985	
...	..	...	53	104	69	34	..	1	1986	
...	..	...	53	107	72	34	..	0	1987	
..	..	..	1	10	3	6	..	1	1984	Népal
..	..	..	1	10	2	6	..	1	1985	
..	..	..	1	10	2	7	..	2	1986	
..	..	..	1	12	2	8	..	2	1987	
7	10	–0	240	287	..	233	54	..	1984	Oman
7	12	–2	252	313	..	245	68	..	1985	
8	15	–2	257	331	..	248	83	..	1986	
6	10	–1	245	327	..	242	85	..	1987	
5	2	19	7	660	53	263	297	47	1984	Pakistan
5	1	33	7	710	65	285	315	45	1985	
5	1	29	7	754	67	303	333	51	1986	
5	0	27	7	814	71	333	353	57	1987	
9	7	48	8	415	48	333	...	35	1984	Philippines
8	2	57	7	393	62	294	...	38	1985	
9	3	49	7	404	49	317	...	38	1986	
10	4	59	8	450	50	365	...	35	1987	
4	..	6	643	184	..	24	159	..	1984	Qatar
3	..	3	667	200	..	25	175	..	1985	
3	..	3	777	244	..	25	219	..	1986	
3	..	3	642	210	..	25	184	..	1987	
70	75	301	169	1 881	..	1 352	529	..	1984	Arab.saoud,p.Zn.neut
34	92	337	184	2 129	..	1 492	637	..	1985	
33	269	678	192	2 312	..	1 409	903	..	1986	
35	296	367	185	2 328	..	1 421	907	..	1987	
21	219	285	126	318	0	318	..	–0	1984	Singapour
22	227	290	124	318	0	318	..	–0	1985	
22	228	282	122	315	0	315	..	0	1986	
23	354	165	140	366	0	366	..	0	1987	
3	15	7	4	59	0	51	...	8	1984	Sri Lanka
3	13	13	3	54	0	45	...	9	1985	
3	16	9	3	56	0	46	...	10	1986	
3	18	6	4	61	0	53	...	8	1987	
12	...	87	34	339	0	328	5	6	1984	Rép. arabe syrienne
12	...	67	30	313	0	300	6	7	1985	
13	...	72	30	324	0	312	7	5	1986	
14	...	54	30	337	0	325	7	5	1987	
0	6	5	12	616	31	477	90	17	1984	Thaïlande
0	0	14	12	642	64	447	115	16	1985	
0	0	12	13	665	66	466	110	23	1986	
0	0	22	14	770	83	508	164	16	1987	

Table 3

Production, Trade and Consumption of Commercial Energy

(Quantities in thousand terajoules and in gigajoules per capita)

Country or area Pays ou zone	Year Année	Primary Energy Production – Production d'énergie primaire					Changes in Stocks Variations des stocks	Imports Importations	Exports Exportations
		Total Totale	Solids Solides	Liquids Liquides	Gas Gaz	Electricity Electricité			
Turkey	1984	561	423	87	1	48	6	749	46
	1985	683	549	88	3	43	5	776	60
	1986	789	629	100	17	43	–8	836	65
	1987	823	635	110	11	67	43	995	84
United Arab Emirates	1984	2 662	..	2 513	149	..	4	8	2 343
	1985	3 019	..	2 628	391	..	8	5	2 452
	1986	3 432	..	2 953	479	..	15	5	2 767
	1987	3 862	..	3 222	640	..	10	1	3 015
Viet Nam	1984	150	144	..	..	6	...	57	15
	1985	162	155	..	..	7	...	59	15
	1986	168	161	..	..	7	...	60	15
	1987	171	164	..	..	7	...	60	15
Yemen	1984	...	..	...	..	..	...	33	..
	1985	...	..	...	..	..	2	38	..
	1986	15	..	15	..	..	–0	23	..
	1987	38	..	38	..	..	22	28	..
EUROPE	**1984**	**38 837**	**17 714**	**8 538**	**8 997**	**3 588**	**–1 132**	**39 648**	**15 750**
	1985	**40 988**	**18 953**	**8 801**	**9 284**	**3 950**	**–387**	**39 743**	**15 546**
	1986	**41 265**	**19 217**	**8 998**	**8 965**	**4 085**	**555**	**41 624**	**16 374**
	1987	**41 672**	**18 893**	**9 186**	**9 296**	**4 296**	**–0**	**41 186**	**16 147**
Albania	1984	182	29	126	15	12	...	6	2
	1985	188	32	130	15	12	...	7	2
	1986	187	34	126	15	12	...	7	2
	1987	186	34	126	15	12	...	7	2
Austria	1984	243	37	51	51	104	16	676	36
	1985	246	39	49	47	112	9	700	58
	1986	238	37	48	40	112	13	692	45
	1987	246	31	45	42	128	4	688	50
Belgium	1984	271	169	..	1	101	–34	2 078	697
	1985	294	166	..	2	126	–20	1 950	557
	1986	295	151	..	1	143	40	2 158	709
	1987	271	117	..	1	153	–9	2 193	722
Bulgaria	1984	554	477	13	6	58	...	1 009	18
	1985	529	456	13	5	55	...	1 047	8
	1986	588	519	13	4	52	...	1 024	16
	1987	613	542	12	5	54	...	1 031	11
Czechoslovakia	1984	1 971	1 905	4	24	38	14	1 249	201
	1985	1 958	1 871	5	23	58	–11	1 239	203
	1986	1 973	1 864	6	24	79	–5	1 264	218
	1987	1 990	1 861	6	26	98	14	1 278	218
Denmark	1984	107	0	97	9	0	3	764	140
	1985	166	0	121	45	0	18	836	153
	1986	230	0	152	78	1	24	789	166
	1987	292	0	193	99	1	14	772	205
Faeroe Islands	1984	0	..	..	..	0	...	7	..
	1985	0	..	..	..	0	...	7	..
	1986	0	..	..	..	0	...	7	..
	1987	0	..	..	..	0	...	8	..
Finland	1984	146	35	..	..	111	–37	683	126
	1985	142	29	..	..	113	5	759	88
	1986	177	64	..	..	113	24	810	67
	1987	142	22	..	..	120	–5	839	101
France incl. Monaco	1984	1 827	578	115	247	887	12	5 321	562
	1985	1 875	534	138	217	987	–116	5 228	595
	1986	1 916	516	146	165	1 090	18	5 200	611
	1987	1 967	526	154	137	1 149	65	5 011	570

Production, commerce et consommation d'énergie commerciale

(Quantités en milliers de térajoules et en gigajoules par habitant)

Bunkers – Soutes: Air Avion	Bunkers – Soutes: Sea Maritime	Un–allocated Quantités non réparties	Consumption – Consommation: Per Capita Par habitant	Consumption – Consommation: Total Totale	Consumption – Consommation: Solids Solides	Consumption – Consommation: Liquids Liquides	Consumption – Consommation: Gas Gaz	Consumption – Consommation: Electricity Electricité	Year Année	Country or area Pays ou zone
0	6	78	24	1 174	469	646	1	58	1984	Turquie
0	6	80	26	1 309	600	655	3	51	1985	
0	13	111	28	1 445	706	676	17	46	1986	
0	12	144	29	1 536	707	748	11	69	1987	
23	20	–4	219	283	..	245	39	..	1984	Emirats arabes unis
23	19	–7	391	528	..	256	272	..	1985	
23	19	–3	438	615	..	254	361	..	1986	
24	20	–10	552	803	..	275	528	..	1987	
...	...	...	3	192	129	57	..	6	1984	Viet Nam
...	...	...	3	206	141	58	..	7	1985	
...	...	...	3	214	147	60	..	7	1986	
...	...	...	3	217	150	60	..	7	1987	
2	..	0	5	31	..	31	..	..	1984	Yémen
2	..	0	5	34	..	34	..	..	1985	
2	..	0	5	35	..	35	..	..	1986	
2	..	2	5	40	..	40	..	..	1987	
624	**1 098**	**238**	**126**	**61 907**	**21 009**	**25 284**	**11 952**	**3 662**	**1984**	**EUROPE**
666	**1 195**	**102**	**129**	**63 608**	**22 239**	**24 962**	**12 369**	**4 039**	**1985**	
716	**1 363**	**369**	**129**	**63 511**	**21 921**	**25 191**	**12 219**	**4 179**	**1986**	
759	**1 328**	**263**	**130**	**64 362**	**22 005**	**25 161**	**12 788**	**4 409**	**1987**	
..	..	75	38	111	36	51	15	10	1984	Albanie
..	..	79	38	114	38	51	15	10	1985	
..	..	75	39	117	41	51	15	10	1986	
..	..	75	38	116	41	51	15	10	1987	
4	..	25	112	838	175	364	199	99	1984	Autriche
4	..	–2	117	877	174	383	214	105	1985	
4	..	–3	116	870	154	423	187	107	1986	
5	..	–7	118	883	156	425	194	108	1987	
18	103	–79	166	1 643	415	783	342	102	1984	Belgique
23	98	–67	167	1 652	410	775	341	126	1985	
25	122	–63	163	1 620	364	840	274	142	1986	
24	142	–32	163	1 616	357	807	307	145	1987	
...	...	54	167	1 490	661	562	201	66	1984	Bulgarie
...	...	54	169	1 514	672	556	216	71	1985	
...	...	55	172	1 542	702	547	226	66	1986	
...	...	77	173	1 557	723	546	218	70	1987	
...	..	160	184	2 845	1 890	568	339	48	1984	Tchécoslovaquie
...	..	152	184	2 853	1 878	567	338	71	1985	
...	..	159	185	2 866	1 874	530	378	84	1986	
...	..	157	185	2 879	1 848	537	384	110	1987	
23	19	–15	137	700	266	412	4	18	1984	Danemark
22	18	–11	156	801	349	424	26	2	1985	
23	20	–17	157	803	337	418	48	1	1986	
25	30	–12	157	802	342	391	60	9	1987	
..	..	..	152	7	0	7	..	0	1984	Iles Féroé
..	..	..	149	7	0	7	..	0	1985	
..	..	..	149	7	0	7	..	0	1986	
..	..	..	170	8	0	8	..	0	1987	
6	36	10	141	689	166	363	30	130	1984	Finlande
7	20	29	153	752	200	383	38	130	1985	
7	22	62	164	805	205	420	46	134	1986	
8	0	53	167	824	190	433	61	141	1987	
81	99	11	116	6 383	1 163	3 332	1 090	798	1984	France y comp.Monaco
91	101	–71	118	6 503	1 125	3 340	1 135	903	1985	
93	102	65	112	6 227	939	3 158	1 132	998	1986	
95	95	89	109	6 064	865	3 106	1 051	1 042	1987	

Table 3

Production, Trade and Consumption of Commercial Energy

(Quantities in thousand terajoules and in gigajoules per capita)

Country or area Pays ou zone	Year Année	Primary Energy Production – Production d'énergie primaire					Changes in Stocks Variations des stocks	Imports Importations	Exports Exportations
		Total Totale	Solids Solides	Liquids Liquides	Gas Gaz	Electricity Electricité			
German Dem. Rep.	1984	2 793	2 638	2	105	49	–3	1 347	392
	1985	2 910	2 756	2	100	52	11	1 365	350
	1986	2 887	2 745	2	96	46	13	1 428	339
	1987	2 812	2 671	2	92	47	–4	1 402	295
Germany, Fed. Rep.	1984	4 591	3 412	170	617	392	–306	6 078	841
	1985	4 711	3 445	172	584	509	–15	6 251	750
	1986	4 478	3 354	168	465	490	207	6 508	580
	1987	4 438	3 178	159	558	543	123	6 400	542
Gibraltar	1984	..	..	..	..	..	1	6	..
	1985	..	..	..	..	..	1	14	..
	1986	..	..	..	..	..	2	18	..
	1987	..	..	..	..	..	3	18	..
Greece	1984	250	181	55	4	10	–10	692	198
	1985	270	201	56	3	10	–1	679	169
	1986	284	212	56	5	12	47	881	302
	1987	316	250	51	5	10	58	834	278
Hungary	1984	639	276	118	232	14	–45	684	144
	1985	655	263	119	249	24	12	680	94
	1986	634	253	118	237	27	13	716	115
	1987	645	253	116	236	40	–29	712	167
Iceland	1984	15	..	..	..	15	–2	23	..
	1985	15	..	..	..	15	1	25	..
	1986	15	..	..	..	15	0	25	..
	1987	15	..	..	..	15	0	26	..
Ireland	1984	142	52	..	88	2	–3	227	21
	1985	125	32	..	90	3	–20	240	26
	1986	117	49	..	63	5	–4	298	29
	1987	116	49	..	63	4	–27	262	24
Italy and San Marino	1984	821	12	96	525	187	76	5 257	420
	1985	837	14	101	539	183	–23	5 319	475
	1986	849	11	107	541	190	–50	5 383	678
	1987	887	12	165	556	154	48	5 630	555
Luxembourg	1984	0	..	..	..	0	–1	123	2
	1985	0	..	..	..	0	1	128	2
	1986	0	..	..	..	0	1	126	2
	1987	0	..	..	..	0	1	127	2
Malta	1984	..	..	..	..	..	...	22	0
	1985	..	..	..	..	..	...	19	0
	1986	..	..	..	..	..	...	21	0
	1987	..	..	..	..	..	...	21	0
Netherlands	1984	2 879	4	145	2 717	13	–24	3 238	3 244
	1985	3 028	4	171	2 839	13	–22	3 243	3 295
	1986	2 829	0	210	2 604	15	91	3 655	3 252
	1987	2 820	0	196	2 611	13	–79	3 527	3 170
Norway, Svlbd, J.Myn I	1984	2 967	13	1 472	1 101	381	–14	221	2 405
	1985	3 084	14	1 614	1 088	369	–13	208	2 486
	1986	3 274	17	1 781	1 129	346	9	251	2 634
	1987	3 657	11	2 087	1 187	372	11	255	3 031
Poland	1984	5 082	4 893	10	167	12	–175	918	1 103
	1985	5 139	4 953	10	162	14	–98	922	939
	1986	5 218	5 039	9	157	14	–7	1 001	900
	1987	5 287	5 108	7	158	15	27	1 019	812
Portugal	1984	43	6	..	..	38	9	439	17
	1985	46	7	..	..	39	–28	421	16
	1986	37	6	..	..	30	–9	477	38
	1987	40	7	..	..	33	23	493	15

Table 3

Production, commerce et consommation d'énergie commerciale

(Quantités en milliers de térajoules et en gigajoules par habitant)

Bunkers – Soutes: Air / Avion	Bunkers – Soutes: Sea / Maritime	Unallocated / Quantités non réparties	Consumption – Consommation: Per Capita / Par habitant	Total / Totale	Solids / Solides	Liquids / Liquides	Gas / Gaz	Electricity / Electricité	Year / Année	Country or area / Pays ou zone
...	...	124	218	3 627	2 684	583	310	50	1984	Rép. dém. allemande
...	...	87	230	3 828	2 856	631	288	53	1985	
...	...	64	234	3 900	2 889	642	320	49	1986	
...	...	74	231	3 849	2 857	614	318	60	1987	
114	95	–254	167	10 179	3 480	4 396	1 896	407	1984	Allemagne, Rép. féd.
125	120	–286	168	10 267	3 382	4 448	1 918	518	1985	
135	164	–199	166	10 097	3 295	4 569	1 724	509	1986	
147	121	–118	165	10 023	3 166	4 386	1 914	557	1987	
0	5	..	0	0	0	0	..	..	1984	Gibraltar
0	12	..	0	0	0	0	..	..	1985	
0	16	..	0	0	0	0	..	..	1986	
0	15	..	0	0	0	0	..	..	1987	
30	36	39	66	649	224	402	4	20	1984	Grèce
33	48	27	68	674	252	406	3	13	1985	
29	74	1	71	711	261	429	5	17	1986	
31	77	–10	72	718	284	417	5	12	1987	
..	..	51	110	1 173	373	381	367	51	1984	Hongrie
..	..	32	112	1 197	368	391	375	63	1985	
..	..	50	110	1 172	359	352	396	65	1986	
..	..	32	112	1 187	351	360	398	78	1987	
1	...	..	163	39	3	21	..	15	1984	Islande
3	...	..	149	36	3	18	..	15	1985	
3	...	..	155	38	3	20	..	15	1986	
3	...	..	157	39	2	21	..	15	1987	
8	1	–3	98	345	90	165	88	2	1984	Irlande
8	1	–5	100	356	101	161	91	3	1985	
9	1	–1	106	381	129	184	63	5	1986	
10	1	2	101	367	153	147	63	4	1987	
72	134	–272	99	5 648	580	3 569	1 236	263	1984	Italie y comp. S.Mrn
71	145	–273	101	5 760	632	3 592	1 268	268	1985	
73	152	–52	95	5 432	572	3 382	1 209	269	1986	
52	141	–270	105	5 991	603	3 768	1 383	237	1987	
3	..	..	324	119	56	37	13	13	1984	Luxembourg
3	..	..	332	122	55	40	14	13	1985	
3	..	..	329	121	50	44	14	13	1986	
4	..	..	326	120	41	50	16	13	1987	
4	1	..	52	18	3	15	...	..	1984	Malte
2	1	..	46	16	6	9	...	..	1985	
2	1	..	52	18	4	13	...	..	1986	
2	1	..	52	18	5	13	...	..	1987	
43	322	–237	192	2 768	271	1 038	1 434	26	1984	Pays–Bas
45	371	–294	199	2 876	271	1 072	1 506	27	1985	
52	412	–390	211	3 066	249	1 281	1 513	23	1986	
55	404	–309	213	3 107	291	1 225	1 565	26	1987	
3	12	3	188	779	48	331	49	351	1984	Norvège,Svalbd,J.May
3	14	13	190	790	53	317	53	367	1985	
3	14	24	201	839	49	338	99	354	1986	
3	14	23	199	830	34	363	63	371	1987	
..	1	167	133	4 905	4 036	492	381	–4	1984	Pologne
..	1	166	136	5 053	4 170	513	363	6	1985	
..	0	164	138	5 163	4 211	542	396	14	1986	
..	0	147	141	5 320	4 345	546	409	21	1987	
10	21	33	39	393	16	337	..	40	1984	Portugal
10	20	33	41	414	66	302	..	47	1985	
19	22	48	39	397	55	304	..	37	1986	
19	23	56	39	398	75	280	..	44	1987	

Table 3

Production, Trade and Consumption of Commercial Energy

(Quantities in thousand terajoules and in gigajoules per capita)

Country or area Pays ou zone	Year Année	Primary Energy Production – Production d'énergie primaire					Changes in Stocks Variations des stocks	Imports Importations	Exports Exportations
		Total Totale	Solids Solides	Liquids Liquides	Gas Gaz	Electricity Electricité			
Romania	1984	2 663	594	502	1 526	41	...	847	441
	1985	2 657	620	471	1 522	43	...	901	404
	1986	2 638	622	462	1 510	43	...	921	394
	1987	2 676	630	450	1 551	45	...	963	386
Spain	1984	856	556	97	7	196	−17	2 309	412
	1985	930	614	91	11	214	2	2 312	359
	1986	802	478	78	12	234	−53	2 415	526
	1987	769	424	69	27	249	−4	2 425	404
Sweden	1984	429	0	1	..	428	−96	982	290
	1985	467	0	0	..	466	−32	1 075	257
	1986	472	0	0	..	471	53	1 170	279
	1987	504	1	0	..	503	−97	1 056	323
Switzrld,Liechtenst.	1984	170	..	..	0	170	−1	640	93
	1985	192	..	..	1	191	−11	631	100
	1986	195	..	..	1	194	18	684	86
	1987	202	..	..	0	202	−14	621	82
United Kingdom	1984	8 219	1 223	5 293	1 494	209	−519	3 078	3 912
	1985	9 506	2 251	5 359	1 665	231	−54	2 848	4 134
	1986	9 896	2 587	5 339	1 742	227	98	2 935	4 353
	1987	9 732	2 500	5 182	1 837	213	−144	2 802	4 138
Yugoslavia	1984	977	624	173	61	119	23	724	31
	1985	1 018	652	178	77	111	16	690	25
	1986	1 037	660	178	76	123	13	759	33
	1987	1 046	666	167	90	123	19	765	45
OCEANIA	**1984**	**4 553**	**2 846**	**975**	**603**	**130**	**−9**	**771**	**1 789**
	1985	**5 133**	**3 193**	**1 161**	**646**	**134**	**−141**	**561**	**2 335**
	1986	**5 609**	**3 543**	**1 213**	**711**	**142**	**57**	**520**	**2 472**
	1987	**5 997**	**3 937**	**1 203**	**727**	**130**	**240**	**664**	**2 618**
American Samoa	1984	..	..	..	..	..	...	7	..
	1985	..	..	..	..	..	...	6	..
	1986	..	..	..	..	..	...	7	..
	1987	..	..	..	..	..	...	7	..
Australia	1984	4 262	2 786	938	489	49	−14	514	1 773
	1985	4 837	3 137	1 123	523	54	−131	356	2 308
	1986	5 272	3 490	1 156	571	55	57	307	2 449
	1987	5 671	3 883	1 147	589	51	237	406	2 594
Cook Islands	1984	..	..	..	..	..	...	9	..
	1985	..	..	..	..	..	...	9	..
	1986	..	..	..	..	..	...	9	..
	1987	..	..	..	..	..	...	9	..
Fiji	1984	1	..	..	..	1	0	14	3
	1985	1	..	..	..	1	1	14	2
	1986	1	..	..	..	1	0	14	3
	1987	1	..	..	..	1	0	14	3
French Polynesia	1984	0	..	..	..	0	0	11	..
	1985	0	..	..	..	0	1	12	..
	1986	0	..	..	..	0	−0	12	..
	1987	0	..	..	..	0	0	12	..
Guam	1984	..	..	..	..	..	...	20	0
	1985	..	..	..	..	..	...	20	0
	1986	..	..	..	..	..	...	20	0
	1987	..	..	..	..	..	...	20	0
Nauru	1984	..	..	..	..	..	...	2	..
	1985	..	..	..	..	..	...	2	..
	1986	..	..	..	..	..	...	2	..
	1987	..	..	..	..	..	...	2	..

Production, commerce et consommation d'énergie commerciale

(Quantités en milliers de térajoules et en gigajoules par habitant)

Bunkers – Soutes: Air Avion	Bunkers – Soutes: Sea Maritime	Un-allocated Quantités non réparties	Consumption – Consommation: Per Capita Par habitant	Total Totale	Solids Solides	Liquids Liquides	Gas Gaz	Electricity Electricité	Year Année	Country or area Pays ou zone
...	...	103	131	2 966	783	537	1 598	48	1984	Roumanie
...	...	109	134	3 045	813	579	1 599	55	1985	
...	...	120	133	3 045	815	584	1 592	54	1986	
...	...	145	136	3 109	822	598	1 632	56	1987	
41	95	187	64	2 447	766	1 382	95	205	1984	Espagne
38	112	222	65	2 509	872	1 318	109	210	1985	
44	124	195	61	2 381	719	1 330	103	229	1986	
76	157	160	62	2 401	696	1 344	118	244	1987	
7	22	1	142	1 186	101	656	0	429	1984	Suède
7	24	58	147	1 228	117	647	3	461	1985	
9	27	76	143	1 197	120	615	8	454	1986	
11	36	63	147	1 225	118	606	11	489	1987	
32	1	–8	107	692	23	460	56	153	1984	Suisse, Liechtenstein
34	0	–15	110	715	23	474	59	159	1985	
37	1	–12	115	749	20	506	60	163	1986	
37	1	–10	111	726	18	476	65	168	1987	
124	94	–63	137	7 748	1 952	3 562	2 025	209	1984	Royaume–Uni
135	89	–26	142	8 076	2 583	3 067	2 194	231	1985	
146	88	–133	146	8 278	2 721	3 114	2 201	243	1986	
154	70	–205	150	8 522	2 861	3 104	2 301	255	1987	
0	0	126	66	1 521	746	479	181	114	1984	Yougoslavie
0	0	92	68	1 574	770	488	202	113	1985	
0	0	80	72	1 669	784	549	211	125	1986	
0	0	84	71	1 663	762	539	238	124	1987	
66	**49**	**52**	**139**	**3 377**	**1 263**	**1 381**	**603**	**130**	**1984**	**OCEANIE**
49	**44**	**–115**	**143**	**3 522**	**1 355**	**1 388**	**646**	**134**	**1985**	
69	**33**	**–93**	**143**	**3 590**	**1 340**	**1 397**	**711**	**142**	**1986**	
72	**36**	**–36**	**147**	**3 730**	**1 457**	**1 415**	**727**	**130**	**1987**	
..	..	..	200	7	..	7	..	..	1984	Samoa américaines
..	..	..	167	6	..	6	..	..	1985	
..	..	..	194	7	..	7	..	..	1986	
..	..	..	189	7	..	7	..	..	1987	
34	29	52	187	2 903	1 209	1 156	489	49	1984	Australie
20	29	–115	196	3 083	1 303	1 203	523	54	1985	
39	20	–83	194	3 099	1 288	1 185	571	55	1986	
41	21	–60	201	3 243	1 406	1 196	589	51	1987	
..	..	..	450	9	..	9	..	..	1984	Iles Cook
..	..	..	429	9	..	9	..	..	1985	
..	..	..	429	9	..	9	..	..	1986	
..	..	..	429	9	..	9	..	..	1987	
3	1	..	12	8	1	7	..	1	1984	Fidji
3	0	..	12	8	0	7	..	1	1985	
4	0	..	11	8	0	6	..	1	1986	
4	0	..	11	8	0	7	..	1	1987	
3	2	..	37	6	..	6	..	0	1984	Polynésie française
1	2	..	49	8	..	8	..	0	1985	
2	2	..	48	8	..	8	..	0	1986	
2	2	..	47	8	..	8	..	0	1987	
0	3	0	149	17	..	17	..	..	1984	Guam
0	3	0	148	17	..	17	..	..	1985	
0	3	0	145	17	..	17	..	..	1986	
0	3	0	144	17	..	17	..	..	1987	
0	..	..	222	2	..	2	..	..	1984	Nauru
0	..	..	222	2	..	2	..	..	1985	
0	..	..	222	2	..	2	..	..	1986	
0	..	..	222	2	..	2	..	..	1987	

Table 3

Production, Trade and Consumption of Commercial Energy

(Quantities in thousand terajoules and in gigajoules per capita)

Country or area Pays ou zone	Year Année	Primary Energy Production – Production d'énergie primaire					Changes in Stocks Variations des stocks	Imports Importations	Exports Exportations
		Total Totale	Solids Solides	Liquids Liquides	Gas Gaz	Electricity Electricité			
New Caledonia	1984	1	..	..	..	1	...	16	...
	1985	2	..	..	..	2	...	19	...
	1986	1	..	..	..	1	...	19	...
	1987	1	..	..	..	1	0	20	0
New Zealand	1984	287	59	36	114	77	6	124	12
	1985	292	56	38	123	75	−11	66	24
	1986	332	53	57	140	83	0	74	20
	1987	323	53	56	138	75	2	114	20
Pacific Islds(Trust)	1984	0	..	..	..	0	...	2	..
	1985	0	..	..	..	0	...	2	..
	1986	0	..	..	..	0	...	2	..
	1987	0	..	..	..	0	...	2	..
Papua New Guinea	1984	1	..	..	..	1	−1	29	1
	1985	2	..	..	..	2	0	31	1
	1986	2	..	..	..	2	0	30	0
	1987	2	..	..	..	2	0	34	0
Samoa	1984	0	...	..	..	0	...	2	..
	1985	0	...	..	..	0	...	2	..
	1986	0	...	..	..	0	...	2	..
	1987	0	0	..	..	0	...	2	..
Solomon Islands	1984	..	..	..	..	..	...	2	..
	1985	..	..	..	..	..	...	2	..
	1986	..	..	..	..	..	...	2	..
	1987	..	..	..	..	..	...	2	..
Tonga	1984	..	..	..	..	..	...	1	..
	1985	..	..	..	..	..	...	1	..
	1986	..	..	..	..	..	...	1	..
	1987	..	..	..	..	..	...	1	..
Vanuatu	1984	..	..	..	..	..	...	2	..
	1985	..	..	..	..	..	...	2	..
	1986	..	..	..	..	..	...	2	..
	1987	..	..	..	..	..	...	2	..
Wake Island	1984	..	..	..	..	..	...	17	..
	1985	..	..	..	..	..	...	17	..
	1986	..	..	..	..	..	...	17	..
	1987	..	..	..	..	..	...	17	..
USSR	**1984**	**61 969**	**14 558**	**25 701**	**20 469**	**1 241**	**...**	**1 047**	**10 952**
	1985	**63 300**	**14 816**	**24 960**	**22 149**	**1 375**	**...**	**930**	**10 231**
	1986	**66 012**	**15 350**	**25 799**	**23 508**	**1 356**	**...**	**1 110**	**11 555**
	1987	**68 457**	**15 522**	**26 175**	**25 295**	**1 465**	**...**	**1 043**	**11 983**
Antarctic Fisheries	1984	..	..	..	..	..	..	3	..
	1985	..	..	..	..	..	..	3	..
	1986	..	..	..	..	..	..	3	..
	1987	..	..	..	..	..	..	3	..

Table 3

Production, commerce et consommation d'énergie commerciale

(Quantités en milliers de térajoules et en gigajoules par habitant)

Bunkers – Soutes		Un-allocated Quantités non réparties	Consumption – Consommation						Year Année	Country or area Pays ou zone
Air Avion	Sea Maritime		Per Capita Par habitant	Total Totale	Solids Solides	Liquids Liquides	Gas Gaz	Electricity Electricité		
..	0	..	113	17	3	12	..	1	1984	Nouvelle–Calédonie
..	0	..	130	20	5	13	..	2	1985	
..	0	..	127	20	5	13	..	1	1986	
..	0	..	126	20	5	15	..	1	1987	
9	13	–0	115	370	50	129	114	77	1984	Nouvelle–Zélande
6	8	0	102	330	46	86	123	75	1985	
6	7	–9	117	382	46	113	140	83	1986	
7	10	24	113	373	46	114	138	75	1987	
0	...	..	13	2	..	2	..	0	1984	I.Pacifique (tutel.)
0	...	..	13	2	..	2	..	0	1985	
0	...	..	13	2	..	2	..	0	1986	
0	...	..	12	2	..	2	..	0	1987	
1	0	..	9	30	0	28	..	1	1984	Papouasie–Nvl–Guinée
1	0	..	9	31	0	29	..	2	1985	
1	0	..	8	30	0	28	..	2	1986	
1	0	..	9	34	0	32	..	2	1987	
..	..	..	12	2	0	2	..	0	1984	Samoa
..	..	..	12	2	0	2	..	0	1985	
..	..	..	12	2	0	2	..	0	1986	
..	..	..	12	2	0	2	..	0	1987	
0	...	..	8	2	..	2	..	..	1984	Iles Salomon
0	...	..	7	2	..	2	..	..	1985	
0	...	..	7	2	..	2	..	..	1986	
0	...	..	7	2	..	2	..	..	1987	
..	..	..	9	1	0	1	..	..	1984	Tonga
..	..	..	9	1	0	1	..	..	1985	
..	..	..	9	1	0	1	..	..	1986	
..	..	..	9	1	0	1	..	..	1987	
..	1	..	7	1	0	1	..	..	1984	Vanuatu
..	1	..	7	1	0	1	..	..	1985	
..	1	..	7	1	0	1	..	..	1986	
..	1	..	7	1	0	1	..	..	1987	
16	..	..	500	1	..	1	..	..	1984	Ile de Wake
16	..	..	500	1	..	1	..	..	1985	
16	..	..	500	1	..	1	..	..	1986	
16	..	..	500	1	..	1	..	..	1987	
...	**187**	**3 008**	**178**	**48 869**	**14 161**	**15 440**	**18 115**	**1 153**	**1984**	**URSS**
...	**187**	**3 436**	**182**	**50 377**	**14 337**	**15 007**	**19 761**	**1 272**	**1985**	
...	**187**	**2 984**	**188**	**52 395**	**14 877**	**15 481**	**20 785**	**1 252**	**1986**	
...	**187**	**2 606**	**194**	**54 724**	**15 000**	**15 861**	**22 524**	**1 340**	**1987**	
..	3	..	0	0	..	0	..	..	1984	Pêcheries antarctiq.
..	3	..	0	0	..	0	..	..	1985	
..	3	..	0	0	..	0	..	..	1986	
..	3	..	0	0	..	0	..	..	1987	

Table 4

Total Energy Requirement in Conventional Fuel Equivalent
Besoins énergétiques totals en équivalent de combustible classique

(Quantities in thousand terajoules and gigajoules per capita)
(Quantités en milliers de térajoules et en gigajoules par habitant)

Country or area Pays ou zone	Year Année	Solids Solides	Liquids Liquides	Gases Gas	Primary Electricity Electricité primaire	Traditional Fuels Combustibles traditionels	Requirement Besoins	
							Total	Per Capita Par habitant
WORLD	**1984**	**84 215**	**107 172**	**58 803**	**38 571**	**18 307**	**306 749**	**64**
MONDE	**1985**	**88 992**	**106 404**	**61 631**	**41 762**	**18 680**	**317 108**	**65**
	1986	**90 117**	**108 939**	**62 346**	**43 333**	**19 016**	**323 349**	**65**
	1987	**91 649**	**110 911**	**66 766**	**45 239**	**19 481**	**333 632**	**66**
AFRICA	**1984**	**2 728**	**2 917**	**537**	**603**	**4 048**	**10 833**	**20**
AFRIQUE	**1985**	**2 781**	**2 839**	**733**	**608**	**4 170**	**11 130**	**20**
	1986	**2 907**	**2 965**	**880**	**614**	**4 290**	**11 655**	**20**
	1987	**2 978**	**3 035**	**1 167**	**573**	**4 388**	**12 142**	**21**
Algeria	1984	44	237	189	7	16	493	23
Algérie	1985	34	239	301	7	16	597	28
	1986	30	274	395	3	17	719	32
	1987	33	274	668	3	17	995	43
Angola	1984	0	18	5	17	38	78	9
Angola	1985	0	21	5	17	39	82	9
	1986	0	17	5	17	40	79	9
	1987	0	13	6	17	41	77	8
Benin	1984	..	5	..	1	40	45	11
Bénin	1985	..	6	..	1	41	48	12
	1986	..	5	..	1	42	48	11
	1987	..	5	..	1	44	49	11
Burkina Faso	1984	0	6	..	0	62	68	9
Burkina Faso	1985	0	6	..	0	63	69	9
	1986	0	6	..	0	65	71	9
	1987	0	6	..	0	67	73	9
Burundi	1984	0	2	..	0	34	37	8
Burundi	1985	0	2	..	0	35	37	8
	1986	0	2	..	0	36	39	8
	1987	0	2	..	0	37	40	8
Cameroon	1984	0	77	..	27	88	192	20
Cameroun	1985	0	77	..	27	91	195	20
	1986	0	80	..	27	94	201	20
	1987	0	77	..	27	96	200	19
Cape Verde	1984	0	1	..	0	..	1	3
Cap–Vert	1985	0	1	..	0	..	1	3
	1986	0	0	..	0	..	0	0
	1987	0	0	..	0	..	0	0
Central African Rep.	1984	..	2	..	0	26	28	11
Rép. centrafricaine	1985	..	2	..	0	29	31	12
	1986	..	2	..	0	29	31	12
	1987	..	4	..	0	34	37	14
Chad	1984	0	3	..	0	30	33	7
Tchad	1985	0	3	..	0	30	33	7
	1986	0	3	..	0	31	34	7
	1987	0	3	..	0	32	35	7
Comoros	1984	..	1	..	0	..	1	2
Comores	1985	..	1	..	0	..	1	2
	1986	..	1	..	0	..	1	2
	1987	..	1	..	0	..	1	2
Congo	1984	..	23	0	3	16	42	25
Congo	1985	..	17	0	3	16	36	21
	1986	..	21	0	3	17	41	23
	1987	..	21	0	3	17	42	23
Côte d'Ivoire	1984	..	69	..	3	78	150	15
Côte d'Ivoire	1985	..	64	..	17	81	162	16
	1986	..	62	..	13	84	159	15
	1987	..	65	..	17	88	170	15

Table 4

Total Energy Requirement in Conventional Fuel Equivalent
Besoins énergétiques totals en équivalent de combustible classique

(Quantities in thousand terajoules and gigajoules per capita)
(Quantités en milliers de térajoules et en gigajoules par habitant)

Country or area Pays ou zone	Year Année	Solids Solides	Liquids Liquides	Gases Gas	Primary Electricity Electricité primaire	Traditional Fuels Combustibles traditionels	Requirement Besoins	
							Total	Per Capita Par habitant
Djibouti	1984	..	3	..	0	..	3	9
Djibouti	1985	..	3	..	0	..	3	9
	1986	..	3	..	0	..	3	8
	1987	..	4	..	0	..	4	11
Egypt	1984	25	703	109	120	36	993	21
Egypte	1985	31	703	140	97	39	1 009	21
	1986	31	735	163	97	41	1 066	22
	1987	32	768	169	73	43	1 085	22
Equatorial Guinea	1984	..	1	..	0	4	5	13
Guinée équatoriale	1985	..	1	..	0	4	5	13
	1986	..	1	..	0	4	5	12
	1987	..	1	..	0	4	5	12
Ethiopia	1984	0	20	..	7	349	376	9
Ethiopie	1985	0	22	..	7	357	386	9
	1986	0	23	..	7	367	398	9
	1987	0	34	..	7	378	419	10
Gabon	1984	..	24	3	7	25	59	62
Gabon	1985	..	26	3	7	25	61	62
	1986	..	27	6	7	26	65	64
	1987	..	27	7	7	26	67	63
Gambia	1984	..	2	..	0	8	10	14
Gambie	1985	..	2	..	0	8	11	15
	1986	..	2	..	0	8	10	13
	1987	..	3	..	0	8	11	14
Ghana	1984	0	31	..	22	237	290	23
Ghana	1985	0	38	..	36	239	314	24
	1986	0	36	..	52	252	339	26
	1987	0	39	..	56	254	349	25
Guinea	1984	..	13	..	3	35	51	9
Guinée	1985	..	13	..	3	36	52	9
	1986	..	13	..	3	37	53	9
	1987	..	13	..	3	38	54	8
Guinea–Bissau	1984	..	1	..	0	4	6	7
Guinée–Bissau	1985	..	2	..	0	4	6	7
	1986	..	2	..	0	4	6	7
	1987	..	2	..	0	4	6	6
Kenya	1984	3	42	..	21	322	389	20
Kenya	1985	3	40	..	24	332	398	20
	1986	3	40	..	24	344	410	19
	1987	3	55	..	28	342	427	19
Liberia	1984	..	8	..	3	37	48	23
Libéria	1985	..	8	..	3	38	50	23
	1986	..	9	..	3	45	57	25
	1987	..	9	..	3	46	58	25
Libyan Arab Jamah.	1984	0	208	114	0	5	327	90
Jamah.arabe libyenne	1985	0	208	128	0	5	341	90
	1986	0	192	148	0	5	346	88
	1987	0	200	139	0	5	344	84
Madagascar	1984	0	8	..	3	60	71	7
Madagascar	1985	0	13	..	3	62	78	8
	1986	0	10	..	3	64	77	7
	1987	0	11	..	3	66	80	7
Malawi	1984	1	6	..	7	128	142	21
Malawi	1985	1	6	..	7	131	145	20
	1986	1	6	..	7	131	145	20
	1987	1	5	..	7	132	145	19

Table 4

Total Energy Requirement in Conventional Fuel Equivalent
Besoins énergétiques totals en équivalent de combustible classique

(Quantities in thousand terajoules and gigajoules per capita)
(Quantités en milliers de térajoules et en gigajoules par habitant)

Country or area Pays ou zone	Year Année	Solids Solides	Liquids Liquides	Gases Gas	Primary Electricity Electricité primaire	Traditional Fuels Combustibles traditionels	Requirement Besoins	
							Total	Per Capita Par habitant
Mali Mali	1984	..	6	..	0	44	50	6
	1985	..	6	..	0	45	51	6
	1986	..	5	..	3	47	55	7
	1987	..	5	..	3	48	56	7
Mauritania Mauritanie	1984	0	11	..	0	0	11	6
	1985	0	8	..	0	0	9	5
	1986	0	26	..	0	0	26	14
	1987	0	42	..	0	0	42	23
Mauritius Maurice	1984	1	8	..	0	12	20	20
	1985	1	9	..	0	18	27	26
	1986	3	10	..	0	19	32	30
	1987	2	14	..	3	19	38	36
Morocco Maroc	1984	24	174	3	3	12	217	10
	1985	27	182	3	7	12	231	10
	1986	44	176	3	7	13	243	11
	1987	47	177	3	7	13	247	11
Mozambique Mozambique	1984	4	13	..	19	138	174	13
	1985	3	11	..	13	141	168	12
	1986	2	11	..	1	140	154	11
	1987	2	11	..	1	140	154	11
Niger Niger	1984	2	8	..	0	35	45	8
	1985	2	8	..	0	36	46	8
	1986	1	8	..	0	36	46	7
	1987	2	8	..	0	38	48	7
Nigeria Nigéria	1984	2	384	80	30	829	1 325	14
	1985	4	310	109	27	857	1 307	14
	1986	3	361	129	27	887	1 407	14
	1987	3	340	144	27	919	1 433	14
Réunion Réunion	1984	..	11	..	3	6	20	37
	1985	..	9	..	7	6	22	40
	1986	..	10	..	7	6	24	43
	1987	..	10	..	7	6	23	41
Rwanda Rwanda	1984	..	5	0	3	53	61	10
	1985	..	5	0	3	55	63	10
	1986	..	5	0	3	55	63	10
	1987	..	5	0	3	55	63	10
Senegal Sénégal	1984	..	36	..	0	39	75	12
	1985	..	26	..	0	39	65	10
	1986	..	26	..	0	40	66	10
	1987	..	28	..	0	40	68	10
Seychelles Seychelles	1984	..	1	..	0	..	1	15
	1985	..	2	..	0	..	2	30
	1986	..	2	..	0	..	2	30
	1987	..	2	..	0	..	2	29
Sierra Leone Sierra Leone	1984	0	8	..	0	73	81	23
	1985	0	8	..	0	75	83	23
	1986	0	8	..	0	76	84	22
	1987	0	8	..	0	78	86	22
Somalia Somalie	1984	..	9	..	0	43	51	8
	1985	..	11	..	0	44	55	9
	1986	..	11	..	0	44	55	8
	1987	..	12	..	0	45	57	8
S.Africa Customs Un. Un.douan.d'Afr.mérid	1984	2 512	449	...	58	137	3 156	89
	1985	2 562	454	...	57	143	3 215	88
	1986	2 644	453	...	56	139	3 292	88
	1987	2 686	452	...	56	137	3 331	87

Table 4

Total Energy Requirement in Conventional Fuel Equivalent
Besoins énergétiques totals en équivalent de combustible classique

(Quantities in thousand terajoules and gigajoules per capita)
(Quantités en milliers de térajoules et en gigajoules par habitant)

Country or area Pays ou zone	Year Année	Solids Solides	Liquids Liquides	Gases Gas	Primary Electricity Electricité primaire	Traditional Fuels Combustibles traditionels	Requirement Besoins Total	 Per Capita Par habitant
Sudan Soudan	1984	0	47	..	7	177	230	11
	1985	0	41	..	7	184	232	11
	1986	0	42	..	7	192	241	11
	1987	0	42	..	7	196	245	11
Togo Togo	1984	0	5	..	1	6	11	4
	1985	0	4	..	1	6	11	4
	1986	0	4	..	1	6	11	4
	1987	0	4	..	1	6	11	3
Tunisia Tunisie	1984	3	111	34	0	26	173	24
	1985	3	107	43	0	26	179	25
	1986	2	118	30	0	27	177	24
	1987	3	113	30	0	27	172	23
Uganda Ouganda	1984	..	9	..	6	103	118	8
	1985	..	9	..	7	107	122	8
	1986	..	10	..	7	110	127	8
	1987	..	10	..	7	114	131	8
United Rep. Tanzania Rép.Unie de Tanzanie	1984	0	25	..	7	207	238	11
	1985	0	24	..	7	214	245	11
	1986	0	24	..	7	222	252	11
	1987	0	25	..	7	230	262	11
Western Sahara Sahara occidental	1984	..	2	..	0	..	2	13
	1985	..	2	..	0	..	2	13
	1986	..	2	..	0	..	2	12
	1987	..	3	..	0	..	3	18
Zaire Zaïre	1984	9	36	..	57	267	368	12
	1985	9	33	..	60	275	376	12
	1986	9	34	..	63	283	388	12
	1987	9	34	..	63	292	398	12
Zambia Zambie	1984	12	20	..	109	96	237	35
	1985	12	19	..	109	96	235	34
	1986	14	18	..	106	95	232	32
	1987	11	19	..	95	95	220	29
Zimbabwe Zimbabwe	1984	86	26	...	51	68	230	29
	1985	89	27	...	48	69	233	28
	1986	120	27	...	48	71	266	31
	1987	145	30	...	35	72	282	32
NTH. AMERICA AMER DU NORD	**1984**	**18 416**	**35 520**	**21 346**	**12 401**	**1 913**	**89 595**	**227**
	1985	**19 225**	**35 562**	**21 136**	**12 995**	**1 919**	**90 836**	**227**
	1986	**18 736**	**36 656**	**19 896**	**13 679**	**1 956**	**90 923**	**224**
	1987	**18 676**	**37 416**	**20 865**	**13 802**	**2 088**	**92 847**	**226**
Antigua and Barbuda Antigua–et–Barbuda	1984	..	2	..	0	0	2	25
	1985	..	3	..	0	0	3	37
	1986	..	3	..	0	0	3	36
	1987	..	4	..	0	...	4	48
Aruba Aruba	1984	..	...	..	0	..	0	...
	1985	..	...	..	0	..	0	...
	1986	..	1	..	0	..	1	...
	1987	..	1	..	0	..	1	...
Bahamas Bahamas	1984	0	22	..	0	...	22	92
	1985	0	19	..	0	...	19	78
	1986	0	16	..	0	...	16	65
	1987	0	15	..	0	...	15	60
Barbados Barbade	1984	0	9	1	0	2	12	47
	1985	0	9	1	0	3	13	51
	1986	0	9	1	0	3	13	51
	1987	0	10	1	0	2	13	51

Table 4

Total Energy Requirement in Conventional Fuel Equivalent
Besoins énergétiques totals en équivalent de combustible classique

(Quantities in thousand terajoules and gigajoules per capita)
(Quantités en milliers de térajoules et en gigajoules par habitant)

Country or area / Pays ou zone	Year / Année	Solids / Solides	Liquids / Liquides	Gases / Gas	Primary Electricity / Electricité primaire	Traditional Fuels / Combustibles traditionels	Requirement / Besoins: Total	Requirement / Besoins: Per Capita / Par habitant
Belize / Belize	1984	..	2	..	0	4	6	38
	1985	..	3	..	0	4	7	43
	1986	..	2	..	0	4	6	36
	1987	..	2	..	0	3	6	35
Bermuda / Bermudes	1984	0	6	..	0	..	6	105
	1985	0	6	..	0	..	6	105
	1986	0	6	..	0	..	6	103
	1987	0	8	..	0	..	8	138
British Virgin Islds / Iles Vierges brit.	1984	..	0	..	0	..	0	0
	1985	..	1	..	0	..	1	71
	1986	..	1	..	0	..	1	71
	1987	..	1	..	0	..	1	71
Canada / Canada	1984	1 088	2 933	2 147	3 932	65	10 165	405
	1985	1 071	2 897	2 242	4 225	65	10 501	414
	1986	992	2 915	2 159	4 461	65	10 591	413
	1987	1 055	3 027	2 177	4 565	65	10 889	421
Cayman Islands / Iles Caïmanes	1984	..	1	..	0	..	1	48
	1985	..	1	..	0	..	1	48
	1986	..	2	..	0	..	2	95
	1987	..	1	..	0	..	1	45
Costa Rica / Costa Rica	1984	..	26	..	35	58	120	47
	1985	..	27	..	33	58	118	45
	1986	..	31	..	33	57	121	45
	1987	..	30	..	33	59	122	44
Cuba / Cuba	1984	4	413	0	0	178	595	60
	1985	4	402	0	0	166	572	58
	1986	5	421	0	0	176	602	60
	1987	5	420	1	0	178	603	60
Dominica / Dominique	1984	..	1	..	0	..	1	13
	1985	..	1	..	0	..	1	13
	1986	..	1	..	0	..	1	13
	1987	..	1	..	0	..	1	13
Dominican Republic / Rép. dominicaine	1984	0	86	..	7	36	129	21
	1985	0	75	..	13	32	119	19
	1986	0	81	..	10	34	125	19
	1987	0	79	..	10	30	119	18
El Salvador / El Salvador	1984	..	23	..	20	50	93	20
	1985	..	23	..	20	53	95	20
	1986	..	22	..	20	54	96	20
	1987	..	21	..	20	55	96	19
Greenland / Groënland	1984	0	8	..	0	..	8	148
	1985	0	7	..	0	..	7	130
	1986	0	5	..	0	..	5	91
	1987	0	5	..	0	..	5	91
Grenada / Grenade	1984	..	1	..	0	..	1	[illegible]
	1985	..	1	..	0	..	1	[illegible]
	1986	..	1	..	0	..	1	[illegible]
	1987	..	1	..	0	..	1	[illegible]
Guadeloupe / Guadeloupe	1984	..	9	..	0	1	10	[illegible]
	1985	..	9	..	0	1	10	[illegible]
	1986	..	10	..	0	2	11	[illegible]
	1987	..	10	..	0	2	12	[illegible]
Guatemala / Guatemala	1984	..	44	..	7	77	128	[illegible]
	1985	..	44	..	7	80	131	[illegible]
	1986	..	42	..	7	83	133	[illegible]
	1987	..	39	..	7	85	131	[illegible]

Table 4

Total Energy Requirement in Conventional Fuel Equivalent
Besoins énergétiques totals en équivalent de combustible classique

(Quantities in thousand terajoules and gigajoules per capita)
(Quantités en milliers de térajoules et en gigajoules par habitant)

Country or area Pays ou zone	Year Année	Solids Solides	Liquids Liquides	Gases Gas	Primary Electricity Electricité primaire	Traditional Fuels Combustibles traditionels	Requirement Besoins Total	 Per Capita Par habitant
Haiti Haïti	1984	0	9	..	3	55	67	12
	1985	0	9	..	3	57	69	12
	1986	0	9	..	3	58	69	11
	1987	0	8	..	3	59	70	11
Honduras Honduras	1984	0	24	..	11	48	83	20
	1985	0	24	..	11	50	85	19
	1986	0	23	..	11	51	85	19
	1987	0	22	..	11	52	85	18
Jamaica Jamaïque	1984	0	65	..	3	5	73	32
	1985	0	77	..	0	5	83	36
	1986	0	73	..	0	5	78	33
	1987	0	74	..	0	5	79	33
Martinique Martinique	1984	..	10	..	0	0	10	30
	1985	..	10	..	0	0	10	30
	1986	..	10	..	0	0	10	30
	1987	..	10	..	0	0	10	30
Mexico Mexique	1984	206	2 615	1 056	300	215	4 392	57
	1985	223	2 657	1 070	333	223	4 506	57
	1986	222	2 641	1 006	275	241	4 385	54
	1987	228	2 813	1 013	266	244	4 565	55
Neth.Antil and Aruba Antill.néer.et Aruba	1984	..	88	..	0	..	88	492
	1985	..	61	..	0	..	61	337
	1986	..	...	..	0	..	0	0
	1987	..	...	..	0	..	0	0
Netherlands Antilles Antilles néerland.	1984	..	...	..	0	..	0	...
	1985	..	...	..	0	..	0	...
	1986	..	58	..	0	..	58	...
	1987	..	59	..	0	..	59	...
Nicaragua Nicaragua	1984	..	25	..	8	34	67	21
	1985	..	27	..	8	32	66	20
	1986	..	28	..	8	33	68	20
	1987	..	28	..	8	38	74	21
Panama Panama	1984	0	36	0	17	21	75	35
	1985	0	35	0	23	21	79	36
	1986	0	34	0	27	20	81	36
	1987	0	31	0	23	19	74	33
Puerto Rico Porto Rico	1984	3	272	..	3	...	278	82
	1985	3	254	..	3	...	260	75
	1986	6	246	..	3	...	255	73
	1987	6	253	..	3	...	262	74
St.Kitts–Nevis St–Kitts–Nevis	1984	..	1	..	0	1	2	43
	1985	..	1	..	0	1	1	21
	1986	..	1	..	0	1	1	21
	1987	..	1	..	0	1	1	20
Saint Lucia Sainte–Lucie	1984	..	2	..	0	..	2	16
	1985	..	2	..	0	..	2	16
	1986	..	2	..	0	..	2	15
	1987	..	2	..	0	..	2	15
St.Pierre–Miquelon St.Pierre–Miquelon	1984	0	1	..	0	..	1	143
	1985	0	1	..	0	..	1	143
	1986	0	1	..	0	..	1	143
	1987	0	2	..	0	..	2	286
S.Vincent–Grenadines S.Vincent–Grenadines	1984	..	1	..	0	..	1	10
	1985	..	1	..	0	..	1	10
	1986	..	1	..	0	..	1	9
	1987	..	1	..	0	..	1	9

Table 4

Total Energy Requirement in Conventional Fuel Equivalent
Besoins énergétiques totals en équivalent de combustible classique

(Quantities in thousand terajoules and gigajoules per capita)
(Quantités en milliers de térajoules et en gigajoules par habitant)

Country or area / Pays ou zone	Year / Année	Solids / Solides	Liquids / Liquides	Gases / Gas	Primary Electricity / Electricité primaire	Traditional Fuels / Combustibles traditionels	Requirement / Besoins: Total	Requirement / Besoins: Per Capita / Par habitant
Trinidad and Tobago / Trinité–et–Tobago	1984	0	32	158	0	2	191	164
	1985	0	40	192	0	2	234	197
	1986	0	46	151	0	3	200	166
	1987	0	49	158	0	3	210	172
United States / Etats–Unis	1984	17 114	28 687	17 984	8 059	1 060	72 904	308
	1985	17 923	28 771	17 631	8 313	1 067	73 705	308
	1986	17 513	29 923	16 578	8 815	1 066	73 895	306
	1987	17 382	30 423	17 515	8 843	1 188	75 351	310
U.S. Virgin Islands / Iles Vierges amér.	1984	...	68	..	0	..	68	654
	1985	...	66	..	0	..	66	623
	1986	...	53	..	0	..	53	491
	1987	...	26	..	0	..	26	239
STH. AMERICA / AMER DU SUD	**1984**	**537**	**4 333**	**1 619**	**3 103**	**2 730**	**12 315**	**47**
	1985	**620**	**4 273**	**1 655**	**3 390**	**2 777**	**12 690**	**47**
	1986	**629**	**4 559**	**1 788**	**3 523**	**2 763**	**13 234**	**48**
	1987	**653**	**4 500**	**2 012**	**3 677**	**2 800**	**13 601**	**49**
Argentina / Argentine	1984	24	864	555	293	102	1 838	61
	1985	30	755	586	317	114	1 785	59
	1986	37	808	629	320	116	1 891	62
	1987	42	854	746	341	125	2 074	67
Bolivia / Bolivie	1984	0	45	9	13	16	84	14
	1985	0	45	9	13	16	82	13
	1986	0	42	9	13	16	80	12
	1987	0	45	12	13	17	87	13
Brazil / Brésil	1984	313	1 612	77	2 000	2 121	6 123	46
	1985	389	1 667	97	2 190	2 145	6 488	48
	1986	393	1 878	110	2 227	2 112	6 721	49
	1987	408	1 924	114	2 296	2 132	6 875	49
Chile / Chili	1984	55	195	37	113	56	456	38
	1985	53	188	37	123	57	458	38
	1986	55	200	34	137	58	485	39
	1987	54	214	33	147	58	505	40
Colombia / Colombie	1984	132	294	173	243	182	1 024	36
	1985	135	296	172	260	191	1 054	37
	1986	133	301	169	303	195	1 101	38
	1987	137	317	171	307	201	1 133	38
Ecuador / Equateur	1984	..	162	4	40	67	273	30
	1985	..	159	4	43	65	270	29
	1986	..	166	4	53	68	291	30
	1987	..	163	3	53	70	289	29
French Guiana / Guyane française	1984	..	4	..	0	1	5	62
	1985	..	5	..	0	1	5	60
	1986	..	4	..	0	1	4	47
	1987	..	5	..	0	1	6	69
Guyana / Guyana	1984	0	19	..	0	7	26	28
	1985	0	19	..	0	7	26	27
	1986	0	15	..	0	7	22	23
	1987	0	14	..	0	6	20	20
Paraguay / Paraguay	1984	..	20	..	11	49	80	22
	1985	..	21	..	17	50	88	24
	1986	..	22	..	20	50	93	24
	1987	..	22	..	33	52	106	27
Peru / Pérou	1984	4	250	24	103	86	461	24
	1985	8	235	24	113	84	458	23
	1986	6	252	25	120	84	481	24
	1987	6	271	25	133	84	514	25

Table 4

Total Energy Requirement in Conventional Fuel Equivalent
Besoins énergétiques totals en équivalent de combustible classique

(Quantities in thousand terajoules and gigajoules per capita)
(Quantités en milliers de térajoules et en gigajoules par habitant)

Country or area Pays ou zone	Year Année	Solids Solides	Liquids Liquides	Gases Gas	Primary Electricity Electricité primaire	Traditional Fuels Combustibles traditionels	Requirement Besoins	
							Total	Per Capita Par habitant
Suriname Suriname	1984	0	11	..	10	0	22	59
	1985	0	10	..	10	0	21	56
	1986	0	10	..	10	0	21	55
	1987	0	11	..	10	0	21	54
Uruguay Uruguay	1984	0	43	..	43	27	111	37
	1985	0	40	..	43	29	110	37
	1986	0	39	..	50	31	119	39
	1987	0	44	..	50	32	124	41
Venezuela Venezuela	1984	7	812	741	237	16	1 813	108
	1985	4	832	727	257	18	1 838	106
	1986	5	823	805	270	23	1 926	108
	1987	5	616	908	290	23	1 843	101
ASIA **ASIE**	**1984**	**26 114**	**22 297**	**4 631**	**5 943**	**8 034**	**66 694**	**24**
	1985	**28 443**	**22 372**	**5 332**	**6 586**	**8 170**	**70 556**	**25**
	1986	**29 709**	**22 690**	**6 067**	**6 920**	**8 348**	**73 357**	**25**
	1987	**30 881**	**23 523**	**6 684**	**7 562**	**8 531**	**76 802**	**26**
Afghanistan Afghanistan	1984	4	15	18	10	48	95	6
	1985	4	21	23	10	48	107	7
	1986	5	15	24	10	50	104	7
	1987	5	28	24	10	53	120	8
Bahrain Bahreïn	1984	0	19	138	0	...	157	379
	1985	0	23	167	0	...	190	441
	1986	0	25	168	0	...	193	431
	1987	0	32	168	0	...	200	430
Bangladesh Bangladesh	1984	1	56	91	10	252	225	2
	1985	2	60	103	10	250	238	2
	1986	3	66	117	7	261	264	3
	1987	1	61	137	7	259	281	3
Bhutan Bhoutan	1984	0	0	..	0	29	29	22
	1985	0	0	..	0	29	29	21
	1986	0	0	..	0	29	29	21
	1987	0	0	..	0	29	29	20
Brunei Darussalam Brunéi Darussalam	1984	0	25	22	0	1	48	221
	1985	0	21	25	0	1	47	209
	1986	0	20	19	0	1	40	172
	1987	0	29	42	0	1	72	298
Burma Birmanie	1984	3	40	27	13	167	250	7
	1985	3	37	36	13	170	260	7
	1986	3	31	42	13	160	250	7
	1987	3	26	44	13	163	250	6
China Chine	1984	16 037	2 850	492	1 043	1 721	22 143	21
	1985	17 483	3 006	505	1 114	1 763	23 871	23
	1986	18 393	3 198	537	1 137	1 818	25 084	24
	1987	19 163	3 399	547	1 200	1 853	26 162	24
Cyprus Chypre	1984	2	36	..	0	0	38	58
	1985	2	36	..	0	0	38	57
	1986	2	40	..	0	0	42	62
	1987	4	44	..	0	0	49	72
Democratic Kampuchea Kampuchea démocrat.	1984	0	6	..	0	45	51	7
	1985	0	6	..	0	46	52	7
	1986	0	6	..	0	47	53	7
	1987	0	6	..	0	49	55	7
Democratic Yemen Yémen démocratique	1984	...	54	..	0	3	57	27
	1985	...	60	..	0	3	63	29
	1986	...	56	..	0	3	59	27
	1987	...	61	..	0	3	64	28

Table 4

Total Energy Requirement in Conventional Fuel Equivalent
Besoins énergétiques totals en équivalent de combustible classique

(Quantities in thousand terajoules and gigajoules per capita)
(Quantités en milliers de térajoules et en gigajoules par habitant)

Country or area Pays ou zone	Year Année	Solids Solides	Liquids Liquides	Gases Gas	Primary Electricity Electricité primaire	Traditional Fuels Combustibles traditionels	Requirement Besoins	
							Total	Per Capita Par habitant
Hong Kong	1984	100	160	...	–3	2	259	48
Hong–kong	1985	124	139	...	–4	2	261	48
	1986	143	147	...	–4	2	288	52
	1987	179	137	...	–5	2	314	56
India	1984	3 474	1 370	125	697	2 298	7 964	11
Inde	1985	3 793	1 486	146	673	2 350	8 448	11
	1986	4 062	1 568	210	707	2 402	8 948	11
	1987	4 339	1 660	235	760	2 481	9 475	12
Indonesia	1984	21	971	253	73	1 264	2 582	16
Indonésie	1985	27	1 020	250	77	1 287	2 662	16
	1986	64	1 023	277	87	1 320	2 771	16
	1987	86	1 015	253	90	1 343	2 788	16
Iran(Islamic Rep.of)	1984	38	1 194	511	77	8	1 829	40
Iran(Rép.islamique)	1985	40	1 261	557	77	10	1 944	41
	1986	41	1 162	580	73	10	1 866	38
	1987	42	1 244	622	77	8	1 994	39
Iraq	1984	0	266	19	7	1	292	19
Iraq	1985	0	277	31	7	1	316	20
	1986	0	301	12	7	1	320	19
	1987	0	326	39	7	1	373	22
Israel	1984	79	226	2	–1	0	305	73
Israël	1985	86	219	2	–1	0	306	72
	1986	94	228	2	–1	0	323	75
	1987	100	258	2	–1	0	358	82
Japan	1984	3 078	8 112	1 457	2 546	9	15 202	127
Japon	1985	3 219	7 709	1 565	2 986	9	15 488	128
	1986	3 054	7 648	1 648	3 076	7	15 433	127
	1987	3 008	7 649	1 718	3 306	7	15 688	129
Jordan	1984	..	100	..	0	0	100	30
Jordanie	1985	..	103	..	0	0	103	29
	1986	..	112	..	–1	0	111	30
	1987	..	118	..	–1	0	117	31
Korea,Dem.Ppl's.Rep.	1984	1 378	121	..	323	38	1 860	93
Corée,Rép.pop.dém.de	1985	1 434	128	..	337	39	1 937	95
	1986	1 457	134	..	347	39	1 978	95
	1987	1 457	136	..	350	40	1 982	93
Korea, Republic of	1984	822	956	0	170	98	2 047	51
Corée, République de	1985	912	931	0	243	85	2 171	53
	1986	906	966	3	387	62	2 324	56
	1987	922	1 002	88	537	55	2 605	62
Kuwait,part Ntl.Zone	1984	..	165	213	0	0	378	230
Koweït et prt.Zne.N.	1985	..	176	211	0	0	388	227
	1986	..	193	262	0	0	456	256
	1987	..	194	307	0	0	502	270
Lao Peoples Dem.Rep.	1984	0	3	..	8	36	46	13
Rép. dém. pop. lao	1985	0	3	..	10	37	50	14
	1986	0	3	..	10	38	51	14
	1987	0	3	..	10	39	52	14
Lebanon	1984	0	88	..	7	4	100	38
Liban	1985	0	105	..	7	4	116	43
	1986	0	106	..	7	5	117	43
	1987	0	106	..	7	5	118	43
Macau	1984	0	8	..	0	0	8	21
Macao	1985	0	10	..	0	0	10	25
	1986	0	12	..	0	0	12	29
	1987	0	13	..	0	0	13	31

Table 4

Total Energy Requirement in Conventional Fuel Equivalent
Besoins énergétiques totals en équivalent de combustible classique

(Quantities in thousand terajoules and gigajoules per capita)
(Quantités en milliers de térajoules et en gigajoules par habitant)

Country or area / Pays ou zone	Year / Année	Solids / Solides	Liquids / Liquides	Gases / Gas	Primary Electricity / Electricité primaire	Traditional Fuels / Combustibles traditionels	Requirement / Besoins: Total	Requirement / Besoins: Per Capita / Par habitant
Malaysia / Malaisie	1984	12	371	33	40	75	532	35
	1985	14	382	69	47	77	589	38
	1986	12	381	89	50	79	610	39
	1987	14	402	175	60	81	732	45
Maldives / Maldives	1984	..	1	..	0	..	1	6
	1985	..	1	..	0	..	1	5
	1986	..	1	..	0	..	1	5
	1987	..	1	..	0	..	1	5
Mongolia / Mongolie	1984	53	30	..	2	13	98	53
	1985	66	34	..	1	13	114	60
	1986	69	34	..	1	13	118	60
	1987	72	34	..	0	13	120	59
Nepal / Népal	1984	3	6	..	3	138	132	8
	1985	2	6	..	3	142	136	8
	1986	2	7	..	7	197	170	10
	1987	2	8	..	7	208	173	10
Oman / Oman	1984	..	233	54	0	..	287	240
	1985	..	245	68	0	..	313	252
	1986	..	248	83	0	..	331	257
	1987	..	242	85	0	..	327	245
Pakistan / Pakistan	1984	53	263	297	157	219	989	10
	1985	65	285	315	150	227	1 041	10
	1986	67	303	333	170	224	1 097	10
	1987	71	333	353	190	235	1 182	11
Philippines / Philippines	1984	48	333	...	117	335	832	15
	1985	62	294	...	127	318	801	15
	1986	49	317	...	127	322	815	14
	1987	50	365	...	117	323	855	15
Qatar / Qatar	1984	..	24	159	0	0	184	643
	1985	..	25	175	0	0	200	667
	1986	..	25	219	0	0	245	780
	1987	..	25	184	0	0	210	642
S.Arabia,pt.Ntrl.Zn. / Arab.saoud,p.Zn.neut	1984	..	1 352	529	0	0	1 881	169
	1985	..	1 492	637	0	0	2 129	184
	1986	..	1 409	903	0	0	2 312	192
	1987	..	1 421	907	0	0	2 328	185
Singapore / Singapour	1984	0	318	..	0	0	318	126
	1985	0	318	..	0	0	318	124
	1986	0	315	..	0	0	315	122
	1987	0	366	..	0	0	366	140
Sri Lanka / Sri Lanka	1984	0	51	...	27	79	157	10
	1985	0	45	...	30	82	157	10
	1986	0	46	...	33	78	157	10
	1987	0	53	...	27	80	160	10
Syrian Arab Republic / Rép. arabe syrienne	1984	0	328	5	23	0	356	35
	1985	0	300	6	22	0	329	31
	1986	0	312	7	20	0	338	31
	1987	0	325	7	17	0	349	31
Thailand / Thaïlande	1984	30	477	90	52	523	1 157	23
	1985	64	447	115	46	551	1 180	23
	1986	66	466	110	70	546	1 215	23
	1987	83	508	164	51	542	1 307	25
Turkey / Turquie	1984	469	646	1	170	396	1 576	32
	1985	600	655	3	151	390	1 700	34
	1986	706	676	17	146	398	1 840	36
	1987	707	748	11	225	416	2 005	38

Table 4

Total Energy Requirement in Conventional Fuel Equivalent
Besoins énergétiques totals en équivalent de combustible classique

(Quantities in thousand terajoules and gigajoules per capita)
(Quantités en milliers de térajoules et en gigajoules par habitant)

Country or area Pays ou zone	Year Année	Solids Solides	Liquids Liquides	Gases Gas	Primary Electricity Electricité primaire	Traditional Fuels Combustibles traditionels	Requirement Besoins	
							Total	Per Capita Par habitant
United Arab Emirates	1984	..	245	39	0	..	283	219
Emirats arabes unis	1985	..	256	272	0	..	528	391
	1986	..	254	361	0	..	615	438
	1987	..	275	528	0	..	803	552
Viet Nam	1984	129	57	..	20	212	418	7
Viet Nam	1985	141	58	..	23	216	438	7
	1986	147	60	..	23	221	450	7
	1987	150	60	..	23	226	459	7
Yemen	1984	..	31	..	0	..	31	5
Yémen	1985	..	34	..	0	..	34	5
	1986	..	35	..	0	..	35	5
	1987	..	40	..	0	..	40	5
EUROPE	**1984**	**20 997**	**25 284**	**11 952**	**12 033**	**613**	**70 897**	**144**
EUROPE	**1985**	**22 231**	**24 962**	**12 369**	**13 253**	**648**	**73 478**	**149**
	1986	**21 919**	**25 191**	**12 219**	**13 710**	**654**	**73 702**	**149**
	1987	**22 002**	**25 161**	**12 788**	**14 432**	**669**	**75 062**	**152**
Albania	1984	36	51	15	38	16	155	53
Albanie	1985	38	51	15	38	16	158	53
	1986	41	51	15	38	16	160	53
	1987	41	51	15	38	16	160	52
Austria	1984	175	364	199	342	15	1 095	146
Autriche	1985	174	383	214	367	15	1 154	154
	1986	154	423	187	368	16	1 147	153
	1987	156	425	194	407	16	1 198	160
Belgium	1984	415	783	342	338	7	1 885	191
Belgique	1985	409	775	341	420	6	1 952	197
	1986	363	840	274	476	6	1 960	198
	1987	357	807	307	502	6	1 979	200
Bulgaria	1984	661	562	201	202	17	1 643	184
Bulgarie	1985	672	556	216	198	17	1 659	185
	1986	702	547	226	187	17	1 680	187
	1987	723	546	218	196	17	1 700	189
Czechoslovakia	1984	1 890	568	339	137	15	2 949	191
Tchécoslovaquie	1985	1 878	567	338	206	13	3 002	194
	1986	1 874	530	378	268	15	3 065	197
	1987	1 848	537	384	339	14	3 122	201
Denmark	1984	266	412	4	18	3	703	137
Danemark	1985	349	424	26	2	3	804	157
	1986	337	418	48	3	3	809	158
	1987	342	391	60	12	4	809	158
Faeroe Islands	1984	0	7	..	0	..	7	152
Iles Féroé	1985	0	7	..	0	..	7	149
	1986	0	7	..	0	..	7	149
	1987	0	8	..	0	..	8	170
Finland	1984	166	363	30	389	31	979	201
Finlande	1985	200	383	38	394	41	1 056	215
	1986	205	420	46	398	38	1 107	225
	1987	190	433	61	420	38	1 141	231
France incl. Monaco	1984	1 163	3 332	1 090	2 867	103	8 554	156
France y comp.Monaco	1985	1 125	3 340	1 135	3 206	102	8 909	161
	1986	939	3 158	1 132	3 541	102	8 873	160
	1987	865	3 106	1 051	3 723	102	8 847	159
German Dem. Rep.	1984	2 684	583	310	164	6	3 748	225
Rép. dém. allemande	1985	2 856	631	288	174	5	3 954	238
	1986	2 889	642	320	157	7	4 014	241
	1987	2 857	614	318	171	7	3 966	238

Table 4

Total Energy Requirement in Conventional Fuel Equivalent
Besoins énergétiques totals en équivalent de combustible classique

(Quantities in thousand terajoules and gigajoules per capita)
(Quantités en milliers de térajoules et en gigajoules par habitant)

Country or area Pays ou zone	Year Année	Solids Solides	Liquids Liquides	Gases Gas	Primary Electricity Electricité primaire	Traditional Fuels Combustibles traditionels	Requirement Besoins Total	 Per Capita Par habitant
Germany, Fed. Rep. Allemagne, Rép. féd.	1984	3 468	4 396	1 896	1 322	37	11 131	182
	1985	3 375	4 448	1 918	1 705	41	11 494	188
	1986	3 293	4 569	1 724	1 651	37	11 277	185
	1987	3 163	4 386	1 914	1 824	37	11 327	186
Greece Grèce	1984	224	402	4	42	19	691	70
	1985	252	406	3	36	19	716	72
	1986	261	429	5	45	19	758	76
	1987	284	417	5	35	20	761	76
Hungary Hongrie	1984	373	381	367	84	20	1 225	115
	1985	368	391	375	119	21	1 274	120
	1986	359	352	396	128	20	1 255	118
	1987	351	360	398	171	28	1 308	123
Iceland Islande	1984	3	21	..	50	...	74	308
	1985	3	18	..	50	...	71	293
	1986	3	20	..	50	...	73	298
	1987	2	21	..	50	...	74	298
Ireland Irlande	1984	90	165	88	7	0	356	101
	1985	101	161	91	10	0	370	104
	1986	129	184	63	17	0	401	112
	1987	153	147	63	13	0	384	106
Italy and San Marino Italie y comp. S.Mrn	1984	580	3 569	1 236	698	54	6 137	108
	1985	632	3 592	1 268	695	54	6 241	109
	1986	572	3 382	1 209	713	54	5 929	104
	1987	603	3 768	1 383	596	49	6 399	112
Luxembourg Luxembourg	1984	56	37	13	12	0	119	324
	1985	55	40	14	13	0	122	332
	1986	50	44	14	13	0	120	326
	1987	40	50	16	13	0	120	326
Malta Malte	1984	3	15	...	0	...	18	52
	1985	6	9	...	0	...	16	46
	1986	4	13	...	0	...	18	52
	1987	5	13	...	0	...	18	52
Netherlands Pays–Bas	1984	271	1 038	1 434	56	1	2 799	194
	1985	271	1 072	1 506	56	1	2 906	201
	1986	249	1 281	1 513	58	1	3 102	213
	1987	291	1 225	1 565	56	2	3 139	215
Norway,Svlbd,J.Myn I Norvège,Svalbd,J.May	1984	48	331	49	1 240	22	1 690	408
	1985	53	317	53	1 228	25	1 676	403
	1986	49	338	99	1 160	24	1 670	401
	1987	34	363	63	1 239	24	1 722	412
Poland Pologne	1984	4 036	492	381	23	31	4 964	135
	1985	4 170	513	363	39	34	5 121	138
	1986	4 211	542	396	47	43	5 239	140
	1987	4 345	546	409	56	37	5 392	143
Portugal Portugal	1984	16	337	..	130	6	488	48
	1985	66	302	..	138	5	511	50
	1986	55	304	..	107	6	472	46
	1987	75	280	..	121	5	481	47
Romania Roumanie	1984	783	537	1 598	144	44	3 107	137
	1985	813	579	1 599	155	44	3 189	140
	1986	815	584	1 592	154	45	3 189	140
	1987	822	598	1 632	161	45	3 258	142
Spain Espagne	1984	766	1 382	95	661	20	2 924	76
	1985	872	1 318	109	709	20	3 029	78
	1986	719	1 330	103	775	20	2 947	76
	1987	696	1 344	118	824	31	3 013	77

Table 4

Total Energy Requirement in Conventional Fuel Equivalent
Besoins énergétiques totals en équivalent de combustible classique

(Quantities in thousand terajoules and gigajoules per capita)
(Quantités en milliers de térajoules et en gigajoules par habitant)

Country or area Pays ou zone	Year Année	Solids Solides	Liquids Liquides	Gases Gas	Primary Electricity Electricité primaire	Traditional Fuels Combustibles traditionels	Requirement Besoins	
							Total	Per Capita Par habitant
Sweden Suède	1984	101	656	0	1 428	93	2 278	273
	1985	117	647	3	1 548	110	2 425	290
	1986	120	615	8	1 553	112	2 408	288
	1987	118	606	11	1 662	118	2 515	301
Switzrld,Liechtenst. Suisse,Liechtenstein	1984	23	460	56	550	9	1 098	170
	1985	23	474	59	606	9	1 170	180
	1986	20	506	60	616	9	1 212	186
	1987	18	476	65	639	9	1 206	185
United Kingdom Royaume-Uni	1984	1 952	3 562	2 025	697	2	8 238	145
	1985	2 583	3 067	2 194	770	3	8 617	152
	1986	2 721	3 114	2 201	772	2	8 810	155
	1987	2 861	3 104	2 301	752	3	9 021	158
Yugoslavia Yougoslavie	1984	746	479	181	393	41	1 841	80
	1985	770	488	202	372	41	1 874	81
	1986	784	549	211	412	41	1 998	86
	1987	762	539	238	411	43	1 993	85
OCEANIA **OCEANIE**	**1984**	**1 263**	**1 381**	**603**	**433**	**158**	**3 834**	**158**
	1985	**1 355**	**1 388**	**646**	**447**	**150**	**3 982**	**162**
	1986	**1 340**	**1 397**	**711**	**473**	**157**	**4 072**	**163**
	1987	**1 457**	**1 415**	**727**	**433**	**157**	**4 185**	**165**
American Samoa Samoa américaines	1984	..	7	..	0	..	7	200
	1985	..	6	..	0	..	6	167
	1986	..	7	..	0	..	7	194
	1987	..	7	..	0	..	7	189
Australia Australie	1984	1 209	1 156	489	163	122	3 138	202
	1985	1 303	1 203	523	180	118	3 327	211
	1986	1 288	1 185	571	183	118	3 345	210
	1987	1 406	1 196	589	170	120	3 481	215
Cook Islands Iles Cook	1984	..	9	..	0	..	9	450
	1985	..	9	..	0	..	9	429
	1986	..	9	..	0	..	9	429
	1987	..	9	..	0	..	9	429
Fiji Fidji	1984	1	7	..	3	10	20	29
	1985	0	7	..	3	5	16	23
	1986	0	6	..	3	11	20	28
	1987	0	7	..	3	9	20	28
French Polynesia Polynésie française	1984	..	6	..	0	..	6	37
	1985	..	8	..	0	..	8	49
	1986	..	8	..	0	..	8	48
	1987	..	8	..	0	..	8	47
Guam Guam	1984	..	17	..	0	..	17	149
	1985	..	17	..	0	..	17	148
	1986	..	17	..	0	..	17	145
	1987	..	17	..	0	..	17	144
Nauru Nauru	1984	..	2	..	0	..	2	222
	1985	..	2	..	0	..	2	222
	1986	..	2	..	0	..	2	222
	1987	..	2	..	0	..	2	222
New Caledonia Nouvelle-Calédonie	1984	3	12	..	3	0	18	119
	1985	5	13	..	7	0	25	162
	1986	5	13	..	3	0	22	140
	1987	5	15	..	3	...	22	138
New Zealand Nouvelle-Zélande	1984	50	129	114	257	1	550	171
	1985	46	86	123	250	1	505	155
	1986	46	113	140	277	0	577	176
	1987	46	114	138	250	0	549	166

Table 4

Total Energy Requirement in Conventional Fuel Equivalent
Besoins énergétiques totals en équivalent de combustible classique

(Quantities in thousand terajoules and gigajoules per capita)
(Quantités en milliers de térajoules et en gigajoules par habitant)

Country or area Pays ou zone	Year Année	Solids Solides	Liquids Liquides	Gases Gas	Primary Electricity Electricité primaire	Traditional Fuels Combustibles traditionels	Requirement Besoins Total	 Per Capita Par habitant
Pacific Islds(Trust) I.Pacifique (tutel.)	1984	..	2	..	0	..	2	13
	1985	..	2	..	0	..	2	13
	1986	..	2	..	0	..	2	13
	1987	..	2	..	0	..	2	12
Papua New Guinea Papouasie–Nvl–Guinée	1984	0	28	..	3	21	50	15
	1985	0	29	..	7	21	55	16
	1986	0	28	..	7	23	54	15
	1987	0	32	..	7	24	59	16
Samoa Samoa	1984	0	2	..	0	1	2	12
	1985	0	2	..	0	1	2	12
	1986	0	2	..	0	1	2	12
	1987	0	2	..	0	1	2	12
Solomon Islands Iles Salomon	1984	..	2	..	0	4	4	15
	1985	..	2	..	0	4	4	15
	1986	..	2	..	0	4	4	14
	1987	..	2	..	0	2	4	14
Tonga Tonga	1984	0	1	..	0	..	1	9
	1985	0	1	..	0	..	1	9
	1986	0	1	..	0	..	1	9
	1987	0	1	..	0	..	1	9
Vanuatu Vanuatu	1984	0	1	..	0	0	1	7
	1985	0	1	..	0	0	1	7
	1986	0	1	..	0	0	1	7
	1987	0	1	..	0	0	1	7
Wake Island Ile de Wake	1984	..	1	..	0	..	1	500
	1985	..	1	..	0	..	1	500
	1986	..	1	..	0	..	1	500
	1987	..	1	..	0	..	1	500
USSR **URSS**	**1984**	**14 161**	**15 440**	**18 115**	**4 048**	**812**	**52 576**	**191**
	1985	**14 337**	**15 007**	**19 761**	**4 480**	**848**	**54 433**	**197**
	1986	**14 877**	**15 481**	**20 785**	**4 417**	**848**	**56 408**	**202**
	1987	**15 000**	**15 861**	**22 524**	**4 758**	**848**	**58 991**	**210**

Table 5

Production, Trade and Consumption of Solid Fuels
Production, commerce et consommation de combustibles solides

(Quantities in thousand metric tons and in kilograms per capita of coal equivalent)
(Quantités en milliers de tonnes métriques et en kilogrammes par habitant d'équivalent charbon)

Country or area Pays ou zone	Year Année	Production	Imports Importations	Exports Exportations	Bunkers Soutes	Changes in Stocks Variation des stocks	Consumption Consommation	
							Total Totale	Per Capita Par habitant
WORLD	**1984**	**2 851 299**	**318 925**	**288 146**	**1**	**8 147**	**2 873 929**	**603**
MONDE	**1985**	**2 997 464**	**348 274**	**316 565**	**0**	**–7 577**	**3 036 750**	**626**
	1986	**3 071 716**	**343 693**	**312 858**	**0**	**27 579**	**3 074 972**	**623**
	1987	**3 108 096**	**342 093**	**308 709**	**0**	**14 207**	**3 127 273**	**622**
AFRICA	**1984**	**128 545**	**3 300**	**38 540**	**0**	**203**	**93 102**	**172**
AFRIQUE	**1985**	**136 370**	**3 341**	**44 566**	**0**	**259**	**94 886**	**170**
	1986	**138 821**	**3 712**	**43 283**	**0**	**50**	**99 200**	**173**
	1987	**140 767**	**3 858**	**42 955**	**0**	**32**	**101 638**	**172**
Algeria	1984	7	1 511	0	..	...	1 518	72
Algérie	1985	8	1 152	0	..	...	1 160	53
	1986	9	1 018	0	..	...	1 027	46
	1987	8	1 110	0	..	...	1 118	48
Burundi	1984	8	..	..	..	..	8	2
Burundi	1985	5	..	..	..	..	5	1
	1986	5	..	..	..	..	5	1
	1987	5	..	..	..	..	5	1
Cameroon	1984	0	1	..	..	..	1	0
Cameroun	1985	1	1	..	..	..	2	0
	1986	1	0	..	..	..	1	0
	1987	1	0	..	..	..	1	0
Egypt	1984	..	867	16	..	...	851	18
Egypte	1985	..	1 058	17	..	...	1 041	22
	1986	..	1 061	18	..	...	1 043	21
	1987	..	1 101	14	..	...	1 087	22
Ghana	1984	..	2	..	..	0	2	0
Ghana	1985	..	2	..	..	0	2	0
	1986	..	2	..	..	0	2	0
	1987	..	3	..	..	0	3	0
Kenya	1984	..	119	...	..	..	119	6
Kenya	1985	..	87	...	..	..	87	4
	1986	..	86	...	..	..	86	4
	1987	..	93	1	..	..	92	4
Libyan Arab Jamah.	1984	..	1	..	..	..	1	0
Jamah.arabe libyenne	1985	..	1	..	..	..	1	0
	1986	..	2	..	..	..	2	1
	1987	..	2	..	..	..	2	0
Madagascar	1984	..	12	..	..	...	12	1
Madagascar	1985	..	13	..	..	...	13	1
	1986	..	14	..	..	...	14	1
	1987	..	14	..	..	...	14	1
Malawi	1984	..	41	..	..	0	41	6
Malawi	1985	..	33	..	..	0	33	5
	1986	..	28	..	..	0	28	4
	1987	..	26	..	..	0	26	3
Mauritania	1984	..	7	..	..	..	7	4
Mauritanie	1985	..	7	..	..	..	7	4
	1986	..	5	..	..	..	5	3
	1987	..	6	..	..	..	6	3
Mauritius	1984	..	25	..	..	..	25	24
Maurice	1985	..	27	..	..	..	27	26
	1986	..	96	..	..	..	96	91
	1987	..	70	..	..	..	70	66
Morocco	1984	838	239	66	..	202	809	38
Maroc	1985	775	470	63	..	257	925	42
	1986	775	839	50	..	50	1 514	67
	1987	760	922	60	..	30	1 592	68

Table 5

Production, Trade and Consumption of Solid Fuels
Production, commerce et consommation de combustibles solides

(Quantities in thousand metric tons and in kilograms per capita of coal equivalent)
(Quantités en milliers de tonnes métriques et en kilogrammes par habitant d'équivalent charbon)

Country or area Pays ou zone	Year Année	Production	Imports Importations	Exports Exportations	Bunkers Soutes	Changes in Stocks Variation des stocks	Consumption Consommation	
							Total Totale	Per Capita Par habitant
Mozambique	1984	40	100	15	..	...	125	9
Mozambique	1985	35	80	9	..	...	106	8
	1986	4	62	0	..	...	66	5
	1987	43	20	0	..	...	63	4
Niger	1984	55	..	..	..	..	55	9
Niger	1985	61	..	..	..	..	61	10
	1986	50	..	..	..	..	50	8
	1987	65	..	..	..	..	65	10
Nigeria	1984	83	4	11	..	0	76	1
Nigéria	1985	139	5	5	..	0	139	1
	1986	144	7	40	..	0	111	1
	1987	145	7	45	..	0	107	1
S.Africa Customs Un.	1984	123 863	0	38 161	0	0	85 702	2 405
Un.douan.d'Afr.mérid	1985	131 688	0	44 259	0	0	87 429	2 397
	1986	133 216	0	43 000	0	0	90 216	2 416
	1987	134 409	0	42 750	0	0	91 659	2 398
Tunisia	1984	..	100	..	..	...	100	14
Tunisie	1985	..	95	..	..	...	95	13
	1986	..	85	..	..	...	85	11
	1987	..	91	..	..	...	91	12
United Rep. Tanzania	1984	3	1	..	...	...	4	0
Rép.Unie de Tanzanie	1985	4	1	..	...	...	5	0
	1986	4	1	..	...	...	5	0
	1987	3	1	..	...	...	4	0
Zaire	1984	108	188	..	..	1	295	10
Zaïre	1985	110	189	..	..	2	297	10
	1986	97	196	..	..	0	293	9
	1987	95	199	..	..	2	292	9
Zambia	1984	431	0	5	..	0	426	63
Zambie	1985	430	0	13	..	0	417	60
	1986	469	0	8	..	0	461	63
	1987	390	0	4	..	0	386	51
Zimbabwe	1984	3 109	84	266	..	0	2 927	363
Zimbabwe	1985	3 114	120	200	..	0	3 034	365
	1986	4 047	209	167	..	0	4 090	477
	1987	4 843	192	80	..	0	4 955	560
NTH. AMERICA	**1984**	**722 833**	**18 087**	**89 268**	**0**	**23 295**	**628 357**	**1 589**
AMER DU NORD	**1985**	**724 136**	**15 877**	**101 076**	**0**	**-17 040**	**655 977**	**1 636**
	1986	**723 925**	**14 923**	**93 803**	**0**	**5 741**	**639 303**	**1 574**
	1987	**712 605**	**14 920**	**84 948**	**0**	**5 320**	**637 257**	**1 548**
Canada	1984	47 645	16 118	25 142	*0	1 512	37 109	1 478
Canada	1985	50 742	12 923	27 392	0	-286	36 559	1 440
	1986	47 160	12 076	25 905	0	-507	33 838	1 320
	1987	47 559	12 202	25 250	0	-1 497	36 008	1 392
Cuba	1984	..	159	..	..	6	153	15
Cuba	1985	..	184	..	..	48	135	14
	1986	..	175	..	..	15	160	16
	1987	..	161	..	..	-3	164	16
Greenland	1984	0	1	..	..	0	1	19
Groënland	1985	0	0	..	..	0	0	0
	1986	0	0	..	..	0	0	0
	1987	0	0	..	..	0	0	0
Mexico	1984	6 801	290	0	..	68	7 024	91
Mexique	1985	6 993	651	90	..	-65	7 618	96
	1986	7 255	442	24	..	115	7 559	93
	1987	7 955	153	46	..	283	7 779	94

Table 5

Production, Trade and Consumption of Solid Fuels
Production, commerce et consommation de combustibles solides

(Quantities in thousand metric tons and in kilograms per capita of coal equivalent)
(Quantités en milliers de tonnes métriques et en kilogrammes par habitant d'équivalent charbon)

Country or area Pays ou zone	Year Année	Production	Imports Importations	Exports Exportations	Bunkers Soutes	Changes in Stocks Variation des stocks	Consumption Consommation	
							Total Totale	Per Capita Par habitant
Panama Panama	1984	..	9	..	..	...	9	4
	1985	..	6	..	..	...	6	3
	1986	..	5	..	..	...	5	2
	1987	..	5	..	..	...	5	2
Puerto Rico Porto Rico	1984	..	100	..	..	..	100	29
	1985	..	100	..	..	..	100	29
	1986	..	200	..	..	..	200	57
	1987	..	200	..	..	..	200	56
United States Etats–Unis	1984	668 387	1 410	64 127	0	21 709	583 961	2 463
	1985	666 401	2 013	73 593	0	–16 737	611 558	2 556
	1986	669 509	2 025	67 874	0	6 119	597 541	2 475
	1987	657 091	2 200	59 652	0	6 538	593 101	2 436
STH. AMERICA AMER DU SUD	**1984**	**13 430**	**7 623**	**976**	**...**	**1 765**	**18 311**	**70**
	1985	**15 872**	**8 344**	**3 485**	**...**	**–410**	**21 141**	**79**
	1986	**17 329**	**9 029**	**5 863**	**...**	**–963**	**21 458**	**78**
	1987	**20 358**	**10 759**	**9 629**	**...**	**–806**	**22 294**	**80**
Argentina Argentine	1984	429	450	0	..	69	810	27
	1985	337	634	0	..	–64	1 035	34
	1986	308	969	0	..	7	1 270	41
	1987	314	1 045	0	..	–67	1 426	46
Bolivia Bolivie	1984	..	1	..	..	..	1	0
	1985	..	1	..	..	..	1	0
	1986	..	1	..	..	..	1	0
	1987	..	0	..	..	..	0	0
Brazil Brésil	1984	5 226	6 511	0	...	1 046	10 690	81
	1985	5 384	7 034	0	...	–859	13 276	98
	1986	5 154	7 336	75	...	–987	13 402	97
	1987	4 718	8 998	0	...	–207	13 923	98
Chile Chili	1984	1 191	406	0	..	–287	1 884	158
	1985	1 293	414	31	..	–140	1 817	150
	1986	1 630	499	11	..	227	1 892	153
	1987	1 561	475	12	..	184	1 841	147
Colombia Colombie	1984	6 427	0	976	..	941	4 509	160
	1985	8 689	0	3 454	..	641	4 594	160
	1986	10 029	0	5 709	..	–210	4 530	154
	1987	13 552	0	9 578	..	–717	4 690	157
Falkland I(Malvinas) I Falkland(Malvinas)	1984	4	..	..	..	..	4	1 333
	1985	5	..	..	..	..	5	1 667
	1986	5	..	..	..	..	5	1 667
	1987	5	..	..	..	..	5	1 667
Peru Pérou	1984	103	39	0	..	–5	147	8
	1985	122	154	0	..	12	265	13
	1986	147	113	68	..	0	191	9
	1987	147	107	39	..	0	214	10
Suriname Suriname	1984	..	11	..	..	...	11	30
	1985	..	11	..	..	...	11	29
	1986	..	11	..	..	...	11	29
	1987	..	11	..	..	...	11	28
Uruguay Uruguay	1984	..	2	..	..	0	2	1
	1985	..	1	..	..	0	1	0
	1986	..	1	..	..	0	1	0
	1987	..	2	..	..	1	1	0
Venezuela Venezuela	1984	51	202	..	..	...	253	15
	1985	41	95	..	..	...	136	8
	1986	57	99	..	..	...	156	9
	1987	62	121	..	..	...	183	10

Table 5

Production, Trade and Consumption of Solid Fuels
Production, commerce et consommation de combustibles solides

(Quantities in thousand metric tons and in kilograms per capita of coal equivalent)
(Quantités en milliers de tonnes métriques et en kilogrammes par habitant d'équivalent charbon)

Country or area Pays ou zone	Year Année	Production	Imports Importations	Exports Exportations	Bunkers Soutes	Changes in Stocks Variation des stocks	Consumption Consommation	
							Total Totale	Per Capita Par habitant
ASIA	**1984**	**788 253**	**125 650**	**9 322**	**0**	**13 531**	**891 049**	**318**
ASIE	**1985**	**859 924**	**144 178**	**10 002**	**0**	**23 576**	**970 524**	**341**
	1986	**891 303**	**144 262**	**11 569**	**0**	**10 288**	**1 013 707**	**349**
	1987	**925 774**	**150 422**	**15 385**	**0**	**7 091**	**1 053 719**	**357**
Afghanistan	1984	148	0	0	..	...	148	10
Afghanistan	1985	151	0	0	..	...	151	10
	1986	160	0	0	..	...	160	11
	1987	167	0	0	..	...	167	11
Bangladesh	1984	..	44	..	..	0	44	0
Bangladesh	1985	..	70	..	..	0	70	1
	1986	..	106	..	..	0	106	1
	1987	..	46	..	..	...	46	0
Bhutan	1984	..	1	..	..	..	1	1
Bhoutan	1985	..	1	..	..	..	1	1
	1986	..	1	..	..	..	1	1
	1987	..	1	..	..	..	1	1
Burma	1984	61	39	..	..	...	100	3
Birmanie	1985	60	49	..	..	...	109	3
	1986	69	49	..	..	...	118	3
	1987	59	49	..	..	...	108	3
China	1984	563 059	2 490	5 324	..	13 041	547 184	531
Chine	1985	622 434	2 329	5 902	..	22 317	596 544	573
	1986	637 961	2 471	7 451	..	5 401	627 579	595
	1987	662 169	1 941	10 249	..	...	653 861	612
Cyprus	1904	..	52	..	..	...	52	79
Chypre	1985	..	74	..	..	...	74	111
	1986	..	55	..	..	...	55	82
	1987	..	151	..	..	...	151	222
Hong Kong	1984	..	3 413	0	..	...	3 413	634
Hong–kong	1985	..	4 225	0	..	...	4 225	774
	1986	..	4 890	1	..	...	4 889	883
	1987	..	6 126	1	..	...	6 125	1 091
India	1984	122 559	350	75	0	4 285	118 550	158
Inde	1985	126 611	1 817	178	0	−1 187	129 437	168
	1986	137 699	2 375	111	0	1 365	138 598	176
	1987	149 407	2 004	199	0	3 157	148 056	185
Indonesia	1984	1 468	24	882	..	−100	710	4
Indonésie	1985	1 492	688	1 080	..	166	934	6
	1986	1 725	1 298	999	..	−166	2 190	13
	1987	1 730	2 104	893	..	...	2 941	17
Iran(Islamic Rep.of)	1984	1 241	50	0	..	...	1 291	28
Iran(Rép.islamique)	1985	1 252	100	0	..	...	1 352	28
	1986	1 262	150	0	..	...	1 412	29
	1987	1 240	200	0	..	...	1 440	28
Iraq	1984	..	1	..	..	..	1	0
Iraq	1985	..	1	..	..	..	1	0
	1986	..	1	..	..	..	1	0
	1987	..	1	..	..	..	1	0
Israel	1984	..	2 670	..	..	−14	2 684	644
Israël	1985	..	3 064	..	..	131	2 933	693
	1986	..	3 085	..	..	−138	3 223	749
	1987	..	3 519	..	..	121	3 398	777
Japan	1984	14 887	91 959	2 169	0	−334	105 011	874
Japon	1985	14 463	97 605	2 044	0	190	109 834	910
	1986	14 068	94 336	2 101	0	2 087	104 216	859
	1987	11 464	94 951	2 854	0	911	102 651	842

Table 5

Production, Trade and Consumption of Solid Fuels
Production, commerce et consommation de combustibles solides

(Quantities in thousand metric tons and in kilograms per capita of coal equivalent)
(Quantités en milliers de tonnes métriques et en kilogrammes par habitant d'équivalent charbon)

Country or area / Pays ou zone	Year / Année	Production	Imports / Importations	Exports / Exportations	Bunkers / Soutes	Changes in Stocks / Variation des stocks	Consumption / Consommation: Total / Totale	Consumption / Consommation: Per Capita / Par habitant
Korea,Dem.Ppl's.Rep. / Corée,Rép.pop.dém.de	1984	44 600	2 470	50	...	...	47 020	2 363
	1985	46 200	2 770	50	...	...	48 920	2 400
	1986	47 000	2 770	50	...	...	49 720	2 381
	1987	47 000	2 770	50	...	...	49 720	2 324
Korea, Republic of / Corée, République de	1984	14 043	11 276	0	..	–2 744	28 063	693
	1985	14 814	16 779	0	..	466	31 127	758
	1986	15 938	17 559	0	..	2 580	30 916	743
	1987	15 951	17 717	0	..	2 202	31 466	747
Macau / Macao	1984	..	1	..	..	...	1	3
	1985	..	0	..	..	...	0	0
	1986	..	0	..	..	...	0	0
	1987	..	0	..	..	...	0	0
Malaysia / Malaisie	1984	..	405	..	..	..	405	27
	1985	..	490	..	..	..	490	32
	1986	..	402	..	..	..	402	25
	1987	..	490	..	..	..	490	30
Mongolia / Mongolie	1984	2 099	14	300	..	...	1 813	977
	1985	2 474	2	225	..	...	2 251	1 179
	1986	2 664	2	300	..	...	2 366	1 203
	1987	3 001	72	611	..	...	2 462	1 214
Nepal / Népal	1984	..	101	..	..	...	101	6
	1985	..	80	..	..	...	80	5
	1986	..	53	..	..	...	53	3
	1987	..	85	..	..	...	85	5
Pakistan / Pakistan	1984	1 260	487	0	..	–65	1 812	18
	1985	1 508	710	0	..	...	2 218	21
	1986	1 406	844	0	..	–34	2 285	21
	1987	1 630	802	1	..	7	2 425	22
Philippines / Philippines	1984	822	831	..	..	25	1 628	30
	1985	853	1 336	..	..	85	2 105	38
	1986	836	1 035	..	..	208	1 663	29
	1987	790	705	..	..	–208	1 703	29
Singapore / Singapour	1984	..	17	9	0	...	8	3
	1985	..	29	13	0	...	16	6
	1986	..	25	15	0	...	9	3
	1987	..	29	13	0	...	16	6
Sri Lanka / Sri Lanka	1984	..	3	..	..	...	3	0
	1985	..	3	..	..	...	3	0
	1986	..	2	..	..	...	2	0
	1987	..	0	..	..	...	0	0
Syrian Arab Republic / Rép. arabe syrienne	1984	..	5	..	..	...	5	0
	1985	..	2	..	..	...	2	0
	1986	..	1	..	..	...	1	0
	1987	..	1	..	..	...	1	0
Thailand / Thaïlande	1984	881	198	1	..	23	1 054	21
	1985	1 934	262	0	..	21	2 176	42
	1986	2 042	223	1	..	19	2 245	43
	1987	2 573	289	1	..	29	2 832	53
Turkey / Turquie	1984	14 444	1 695	0	..	144	15 995	325
	1985	18 731	2 276	1	..	524	20 482	407
	1986	21 446	2 571	27	..	–84	24 074	468
	1987	21 662	3 349	0	..	872	24 139	460
Viet Nam / Viet Nam	1984	4 900	13	500	..	...	4 413	75
	1985	5 300	13	500	..	...	4 813	80
	1986	5 500	13	500	..	...	5 013	82
	1987	5 600	13	500	..	...	5 113	81

Table 5

Production, Trade and Consumption of Solid Fuels
Production, commerce et consommation de combustibles solides

(Quantities in thousand metric tons and in kilograms per capita of coal equivalent)
(Quantités en milliers de tonnes métriques et en kilogrammes par habitant d'équivalent charbon)

Country or area Pays ou zone	Year Année	Production	Imports Importations	Exports Exportations	Bunkers Soutes	Changes in Stocks Variation des stocks	Consumption / Consommation: Total Totale	Consumption / Consommation: Per Capita Par habitant
EUROPE	**1984**	**604 409**	**153 190**	**71 605**	**1**	**–30 841**	**716 834**	**1 460**
EUROPE	**1985**	**646 689**	**167 358**	**64 235**	**0**	**–9 001**	**758 813**	**1 542**
	1986	**655 702**	**161 539**	**59 326**	**0**	**9 948**	**747 968**	**1 516**
	1987	**644 640**	**153 616**	**52 117**	**0**	**–4 682**	**750 820**	**1 518**
Albania	1984	1 005	219	...	..	...	1 224	421
Albanie	1985	1 075	229	...	..	...	1 304	440
	1986	1 150	239	...	..	...	1 389	460
	1987	1 150	241	...	..	...	1 391	452
Austria	1984	1 249	4 782	6	..	40	5 985	797
Autriche	1985	1 324	4 882	8	..	254	5 944	792
	1986	1 276	4 602	7	..	634	5 238	699
	1987	1 055	4 820	6	..	553	5 316	709
Belgium	1984	5 760	10 024	1 797	0	–190	14 177	1 433
Belgique	1985	5 680	9 961	1 629	0	21	13 992	1 413
	1986	5 144	9 089	1 649	0	174	12 411	1 252
	1987	3 984	9 529	1 602	0	–269	12 179	1 228
Bulgaria	1984	16 291	6 558	287	..	...	22 562	2 522
Bulgarie	1985	15 551	7 386	0	..	...	22 937	2 559
	1986	17 714	6 572	326	..	...	23 960	2 670
	1987	18 508	6 397	239	..	...	24 666	2 745
Czechoslovakia	1984	65 017	4 468	4 534	..	460	64 491	4 168
Tchécoslovaquie	1985	63 854	4 452	4 586	..	–350	64 069	4 133
	1986	63 609	4 361	4 175	..	–160	63 955	4 118
	1987	63 486	3 900	3 848	..	476	63 062	4 052
Denmark	1984	0	9 621	80	0	466	9 074	1 771
Danemark	1985	0	12 462	74	0	482	11 905	2 324
	1986	0	11 898	69	0	344	11 485	2 242
	1987	0	11 791	55	0	80	11 655	2 276
Finland	1984	1 200	4 300	39	..	–215	5 676	1 163
Finlande	1985	973	5 761	31	..	–125	6 829	1 393
	1986	2 182	5 985	0	..	1 168	6 998	1 422
	1987	742	5 176	13	..	–571	6 477	1 312
France incl. Monaco	1984	19 734	22 345	1 728	0	668	39 682	722
France y comp.Monaco	1985	18 220	19 916	1 638	0	–1 891	38 389	695
	1986	17 597	17 540	1 182	0	1 904	32 051	578
	1987	17 964	13 827	1 270	0	1 021	29 499	530
German Dem. Rep.	1984	90 003	5 006	3 424	...	0	91 584	5 498
Rép. dém. allemande	1985	94 048	6 351	2 955	...	0	97 444	5 854
	1986	93 645	8 162	2 970	...	248	98 589	5 924
	1987	91 152	8 866	2 711	...	–183	97 492	5 858
Germany, Fed. Rep.	1984	116 410	11 812	17 769	0	–8 289	118 743	1 942
Allemagne, Rép. féd.	1985	117 555	12 466	15 329	0	–709	115 401	1 891
	1986	114 445	12 595	11 667	0	2 930	112 444	1 846
	1987	108 432	10 216	9 779	0	845	108 025	1 776
Greece	1984	6 175	1 810	50	..	292	7 644	772
Grèce	1985	6 870	1 962	225	..	–3	8 610	867
	1986	7 222	1 675	26	..	–30	8 901	893
	1987	8 527	1 726	123	..	445	9 684	969
Hungary	1984	9 401	2 698	291	..	–934	12 742	1 194
Hongrie	1985	8 959	4 017	353	..	59	12 565	1 180
	1986	8 618	4 177	346	..	201	12 248	1 152
	1987	8 639	2 801	73	..	–611	11 977	1 129
Iceland	1984	..	86	..	..	..	86	358
Islande	1985	..	93	..	..	..	93	384
	1986	..	103	..	..	..	103	420
	1987	..	83	..	..	..	83	335

Table 5

Production, Trade and Consumption of Solid Fuels
Production, commerce et consommation de combustibles solides

(Quantities in thousand metric tons and in kilograms per capita of coal equivalent)
(Quantités en milliers de tonnes métriques et en kilogrammes par habitant d'équivalent charbon)

Country or area Pays ou zone	Year Année	Production	Imports Importations	Exports Exportations	Bunkers Soutes	Changes in Stocks Variation des stocks	Consumption Consommation	
							Total Totale	Per Capita Par habitant
Ireland Irlande	1984	1 767	1 286	37	..	–48	3 064	870
	1985	1 094	1 742	27	..	–631	3 440	968
	1986	1 666	2 364	22	..	–390	4 398	1 227
	1987	1 679	2 648	58	..	–951	5 220	1 443
Italy and San Marino Italie y comp. S.Mrn	1984	425	19 570	515	..	–316	19 797	347
	1985	461	21 074	451	..	–471	21 555	377
	1986	377	19 493	164	..	189	19 518	341
	1987	413	20 258	154	..	–51	20 567	359
Luxembourg Luxembourg	1984	..	1 893	..	..	–12	1 905	5 191
	1985	..	1 880	..	..	6	1 873	5 090
	1986	..	1 711	..	..	2	1 709	4 644
	1987	..	1 387	..	..	0	1 387	3 769
Malta Malte	1984	..	94	..	0	..	94	269
	1985	..	218	..	0	..	218	632
	1986	..	146	..	0	..	146	423
	1987	..	182	..	0	..	182	526
Netherlands Pays–Bas	1984	142	10 976	2 116	0	–247	9 249	641
	1985	126	11 332	2 272	0	–57	9 243	638
	1986	0	11 896	3 237	0	147	8 511	585
	1987	0	12 459	2 594	0	–76	9 942	681
Norway,Svlbd,J.Myn I Norvège,Svalbd,J.May	1984	439	1 383	305	..	–119	1 636	395
	1985	493	1 602	348	..	–58	1 805	435
	1986	564	1 362	240	..	4	1 682	404
	1987	388	1 238	339	..	139	1 148	275
Poland Pologne	1984	166 948	795	36 000	* 1	–5 966	137 708	3 732
	1985	168 988	818	30 619	0	–3 112	142 298	3 825
	1986	171 920	887	29 435	0	–313	143 685	3 833
	1987	174 276	842	26 271	0	598	148 249	3 928
Portugal Portugal	1984	194	496	0	0	144	546	54
	1985	238	1 397	0	0	–609	2 244	221
	1986	212	1 604	0	0	–62	1 878	184
	1987	254	2 288	0	0	–2	2 544	249
Romania Roumanie	1984	20 279	6 451	...	...	...	26 731	1 181
	1985	21 172	6 554	...	...	...	27 726	1 220
	1986	21 240	6 556	...	...	...	27 796	1 218
	1987	21 505	6 556	...	...	...	28 061	1 223
Spain Espagne	1984	18 960	7 057	2	0	–110	26 125	680
	1985	20 951	8 243	14	0	–577	29 757	771
	1986	16 305	8 385	28	0	131	24 530	633
	1987	14 460	8 393	49	0	–928	23 732	610
Sweden Suède	1984	12	3 817	229	..	138	3 462	415
	1985	11	4 724	190	..	564	3 981	477
	1986	11	4 355	206	..	78	4 083	489
	1987	23	3 803	273	..	–486	4 040	484
Switzrld,Liechtenst. Suisse,Liechtenstein	1984	..	672	6	..	–104	770	119
	1985	..	595	2	..	–175	768	118
	1986	..	724	2	..	53	669	103
	1987	..	621	14	..	–16	623	95
United Kingdom Royaume–Uni	1984	41 713	10 469	2 221	0	–16 658	66 619	1 174
	1985	76 809	12 891	3 176	0	–1 620	88 144	1 551
	1986	88 280	10 584	3 332	0	2 697	92 836	1 632
	1987	85 294	9 901	2 259	0	–4 696	97 632	1 715
Yugoslavia Yougoslavie	1984	21 284	4 500	168	0	160	25 457	1 109
	1985	22 235	4 353	308	0	0	26 280	1 137
	1986	22 524	4 475	242	0	0	26 757	1 150
	1987	22 708	3 669	387	0	0	25 990	1 110

Table 5

Production, Trade and Consumption of Solid Fuels
Production, commerce et consommation de combustibles solides

(Quantities in thousand metric tons and in kilograms per capita of coal equivalent)
(Quantités en milliers de tonnes métriques et en kilogrammes par habitant d'équivalent charbon)

Country or area Pays ou zone	Year Année	Production	Imports Importations	Exports Exportations	Bunkers Soutes	Changes in Stocks Variation des stocks	Consumption Consommation	
							Total Totale	Per Capita Par habitant
OCEANIA	**1984**	**97 092**	**125**	**53 931**	**0**	**193**	**43 093**	**1 775**
OCEANIE	**1985**	**108 948**	**194**	**67 872**	**0**	**–4 961**	**46 231**	**1 876**
	1986	**120 881**	**191**	**72 850**	**0**	**2 515**	**45 707**	**1 827**
	1987	**134 322**	**169**	**77 511**	**0**	**7 252**	**49 728**	**1 959**
Australia	1984	95 063	0	53 624	* 0	172	41 267	2 653
Australie	1985	107 027	0	67 528	* 0	–4 961	44 460	2 821
	1986	119 069	0	72 616	* 0	2 515	43 938	2 752
	1987	132 502	0	77 263	* 0	7 255	47 984	2 969
Fiji	1984	..	22	..	..	..	22	32
Fidji	1985	..	16	..	..	..	16	23
	1986	..	15	..	..	..	15	21
	1987	..	16	..	..	..	16	22
New Caledonia	1984	..	103	..	..	...	103	682
Nouvelle–Calédonie	1985	..	177	..	..	...	177	1 149
	1986	..	175	..	..	...	175	1 115
	1987	..	152	..	..	–3	155	975
New Zealand	1984	2 029	0	307	..	21	1 701	529
Nouvelle–Zélande	1985	1 921	0	345	..	0	1 577	486
	1986	1 812	0	234	..	0	1 578	482
	1987	1 820	0	249	..	0	1 571	476
Papua New Guinea	1984	..	0	..	..	..	0	0
Papouasie–Nvl–Guinée	1985	..	1	..	..	..	1	0
	1986	..	1	..	..	..	1	0
	1987	..	1	..	..	..	1	0
USSR	**1984**	**496 738**	**10 950**	**24 504**	**..**	**...**	**483 184**	**1 759**
URSS	**1985**	**505 526**	**8 981**	**25 329**	**..**	**...**	**489 178**	**1 766**
	1986	**523 755**	**10 037**	**26 164**	**..**	**...**	**507 628**	**1 818**
	1987	**529 631**	**8 349**	**26 164**	**..**	**...**	**511 816**	**1 818**

Table 6

Production, Trade and Consumption of Hard Coal
Production, commerce et consommation de houille

(Quantities in thousand metric tons and in kilograms per capita)
(Quantités en milliers de tonnes métriques et en kilogrammes par habitant)

Country or area Pays ou zone	Year Année	Production	Imports Importations	Exports Exportations	Bunkers Soutes	Changes in Stocks Variation des stocks	Consumption Consommation	
							Total Totale	Per Capita Par habitant
WORLD	**1984**	**2 999 705**	**310 946**	**302 014**	**1**	**14 908**	**2 993 728**	**628**
MONDE	**1985**	**3 161 399**	**342 881**	**334 535**	**0**	**270**	**3 169 475**	**653**
	1986	**3 248 031**	**341 321**	**334 646**	**0**	**31 804**	**3 222 902**	**653**
	1987	**3 334 069**	**342 426**	**336 654**	**0**	**14 844**	**3 324 997**	**662**
AFRICA	**1984**	**168 181**	**3 102**	**38 433**	**0**	**203**	**132 647**	**245**
AFRIQUE	**1985**	**178 491**	**3 128**	**44 470**	**0**	**259**	**136 890**	**246**
	1986	**181 418**	**3 379**	**43 165**	**0**	**50**	**141 582**	**247**
	1987	**183 708**	**3 526**	**42 916**	**0**	**32**	**144 286**	**244**
Algeria	1984	* 7	1 499	..	..	...	1 506	72
Algérie	1985	* 8	1 138	..	..	...	1 146	53
	1986	* 9	1 009	..	..	...	1 018	45
	1987	* 8	* 1 100	..	..	...	1 108	48
Cameroon	1984	* 0	* 1	..	..	..	1	0
Cameroun	1985	* 1	* 1	..	..	..	2	0
	1986	* 1	* 0	..	..	..	1	0
	1987	* 1	* 0	..	..	..	1	0
Egypt	1984	..	989	...	..	...	989	21
Egypte	1985	..	* 1 200	...	..	...	1 200	25
	1986	..	* 1 200	...	..	...	1 200	25
	1987	..	* 1 250	...	..	...	1 250	25
Ghana	1984	..	* 2	..	..	0	2	0
Ghana	1985	..	* 2	..	..	0	2	0
	1986	..	* 2	..	..	0	2	0
	1987	..	* 3	..	..	0	3	0
Kenya	1984	..	118	...	..	..	118	6
Kenya	1985	..	86	...	..	..	86	4
	1986	..	* 85	...	..	..	85	4
	1987	..	92	1	..	..	91	4
Libyan Arab Jamah.	1984	..	* 1	..	..	..	1	0
Jamah.arabe libyenne	1985	..	* 1	..	..	..	1	0
	1986	..	* 2	..	..	..	2	1
	1987	..	* 2	..	..	..	2	0
Madagascar	1984	..	7	..	..	...	7	1
Madagascar	1985	..	8	..	..	...	8	1
	1986	..	* 9	..	..	...	9	1
	1987	..	* 8	..	..	...	8	1
Malawi	1984	..	41	..	..	0	41	6
Malawi	1985	..	33	..	..	0	33	5
	1986	..	28	..	..	0	28	4
	1987	..	26	..	..	0	26	3
Mauritania	1984	..	* 7	..	..	..	7	4
Mauritanie	1985	..	* 7	..	..	..	7	4
	1986	..	* 5	..	..	..	5	3
	1987	..	* 6	..	..	..	6	3
Mauritius	1984	..	25	..	..	..	25	24
Maurice	1985	..	27	..	..	..	27	26
	1986	..	56	..	..	..	56	53
	1987	..	30	..	..	..	30	28
Morocco	1984	838	218	66	..	202	788	37
Maroc	1985	775	448	63	..	257	903	41
	1986	775	817	50	..	50	1 492	66
	1987	* 760	* 900	* 60	..	30	1 570	67
Mozambique	1984	40	* 100	15	..	...	125	9
Mozambique	1985	* 35	* 80	9	..	...	106	8
	1986	4	62	0	..	...	66	5
	1987	43	* 20	0	..	...	63	4

Table 6

Production, Trade and Consumption of Hard Coal
Production, commerce et consommation de houille

(Quantities in thousand metric tons and in kilograms per capita)
(Quantités en milliers de tonnes métriques et en kilogrammes par habitant)

Country or area Pays ou zone	Year Année	Production	Imports Importations	Exports Exportations	Bunkers Soutes	Changes in Stocks Variation des stocks	Consumption Consommation	
							Total Totale	Per Capita Par habitant
Niger	1984	* 55	..	..	..	..	55	9
Niger	1985	* 61	..	..	..	..	61	10
	1986	* 50	..	..	..	..	50	8
	1987	* 65	..	..	..	..	65	10
Nigeria	1984	83	* 0	11	..	0	72	1
Nigéria	1985	139	* 0	5	..	0	134	1
	1986	144	* 0	40	..	0	104	1
	1987	* 145	* 0	* 45	..	0	100	1
S.Africa Customs Un.	1984	163 427	* 0	38 161	0	0	125 266	3 515
Un.douan.d'Afr.mérid	1985	173 734	* 0	44 259	0	0	129 475	3 549
	1986	175 730	* 0	* 43 000	0	0	132 730	3 555
	1987	177 282	* 0	* 42 750	0	0	134 532	3 520
Tunisia	1984	..	24	..	..	...	24	3
Tunisie	1985	..	21	..	..	...	21	3
	1986	..	12	..	..	...	12	2
	1987	..	* 16	..	..	...	16	2
United Rep. Tanzania	1984	* 3	* 0	..	...	...	3	0
Rép.Unie de Tanzanie	1985	* 4	* 0	..	...	...	4	0
	1986	* 4	* 0	..	...	...	4	0
	1987	* 3	* 0	..	...	...	3	0
Zaire	1984	* 108	* 34	..	..	1	141	5
Zaïre	1985	* 110	* 35	..	..	2	143	5
	1986	* 97	* 40	..	..	0	137	4
	1987	* 95	* 43	..	..	2	136	4
Zambia	1984	511	* 0	6	..	0	505	75
Zambie	1985	510	* 0	15	..	0	495	71
	1986	557	* 0	* 10	..	0	547	75
	1987	463	* 0	* 5	..	0	458	61
Zimbabwe	1984	3 109	36	174	..	0	2 971	369
Zimbabwe	1985	3 114	41	119	..	0	3 036	366
	1986	4 047	52	65	..	0	4 034	471
	1987	4 843	* 30	* 55	..	0	4 818	545
NTH. AMERICA	**1984**	**791 847**	**19 950**	**99 049**	**0**	**25 561**	**687 187**	**1 737**
AMER DU NORD	**1985**	**780 023**	**17 172**	**111 426**	**0**	**–20 096**	**705 865**	**1 761**
	1986	**779 626**	**15 886**	**103 448**	**0**	**8 021**	**684 043**	**1 684**
	1987	**804 884**	**16 243**	**98 990**	**0**	**7 347**	**714 790**	**1 737**
Canada	1984	32 063	18 376	25 138	* 0	1 419	23 882	951
Canada	1985	34 310	14 579	27 378	0	–11	21 522	848
	1986	30 542	13 311	25 904	0	–1 145	19 094	745
	1987	32 651	14 345	26 740	0	–1 737	21 993	850
Cuba	1984	..	110	..	..	9	101	10
Cuba	1985	..	126	..	..	40	86	9
	1986	..	119	..	..	19	100	10
	1987	..	85	..	..	–22	107	11
Greenland	1984	* 0	1	..	..	0	1	19
Groënland	1985	0	0	..	..	0	0	0
	1986	* 0	0	..	..	0	0	0
	1987	* 0	* 0	..	..	0	0	0
Mexico	1984	9 522	234	0	..	112	9 644	124
Mexique	1985	9 790	590	0	..	5	10 375	131
	1986	10 157	244	1	..	39	10 361	128
	1987	11 137	23	64	..	568	10 528	127
Panama	1984	..	9	..	..	...	9	4
Panama	1985	..	* 6	..	..	...	6	3
	1986	..	* 5	..	..	...	5	2
	1987	..	* 5	..	..	...	5	2

Table 6

Production, Trade and Consumption of Hard Coal
Production, commerce et consommation de houille

(Quantities in thousand metric tons and in kilograms per capita)
(Quantités en milliers de tonnes métriques et en kilogrammes par habitant)

Country or area Pays ou zone	Year Année	Production	Imports Importations	Exports Exportations	Bunkers Soutes	Changes in Stocks Variation des stocks	Consumption Consommation Total Totale	 Per Capita Par habitant
Puerto Rico	1984	..	* 100	..	..	..	100	29
Porto Rico	1985	..	* 100	..	..	..	100	29
	1986	..	* 200	..	..	..	200	57
	1987	..	* 200	..	..	..	200	56
United States	1984	750 262	1 120	73 911	0	24 021	653 450	2 756
Etats–Unis	1985	735 923	1 771	84 048	0	–20 130	673 776	2 816
	1986	738 927	2 007	77 543	0	9 108	654 283	2 710
	1987	761 096	1 585	72 186	0	8 538	681 957	2 801
STH. AMERICA	**1984**	**16 005**	**8 537**	**957**	**...**	**2 091**	**21 494**	**82**
AMER DU SUD	**1985**	**18 543**	**9 278**	**3 536**	**...**	**–594**	**24 879**	**93**
	1986	**20 396**	**10 137**	**6 290**	**...**	**–1 400**	**25 643**	**94**
	1987	**23 625**	**11 428**	**10 317**	**...**	**–1 084**	**25 820**	**92**
Argentina	1984	509	538	0	..	85	962	32
Argentine	1985	400	764	* 0	..	–39	1 203	40
	1986	365	1 157	0	..	–3	1 525	50
	1987	373	1 253	0	..	–81	1 707	55
Bolivia	1984	..	* 1	..	..	..	1	0
Bolivie	1985	..	* 1	..	..	..	1	0
	1986	..	* 1	..	..	..	1	0
	1987	..	0	..	..	..	0	0
Brazil	1984	7 519	7 576	0	...	1 329	13 766	104
Brésil	1985	7 712	8 049	0	...	–1 100	16 861	124
	1986	7 391	8 442	107	...	–1 405	17 131	124
	1987	6 884	9 660	0	...	–425	16 969	120
Chile	1984	1 184	342	* 0	..	–302	1 828	153
Chili	1985	1 291	372	* 0	..	–129	1 792	148
	1986	1 633	* 459	* 0	..	234	1 858	151
	1987	1 562	433	0	..	193	1 802	144
Colombia	1984	6 637	0	957	..	972	4 708	167
Colombie	1985	8 974	0	3 536	..	662	4 776	166
	1986	10 800	0	6 113	..	–226	4 913	168
	1987	14 594	0	10 277	..	–772	5 089	170
Peru	1984	105	46	0	..	7	144	8
Pérou	1985	125	44	0	..	12	157	8
	1986	* 150	* 25	* 70	..	0	105	5
	1987	* 150	* 30	* 40	..	0	140	7
Suriname	1984	..	* 1	..	..	...	1	3
Suriname	1985	..	* 1	..	..	...	1	3
	1986	..	* 1	..	..	...	1	3
	1987	..	* 1	..	..	...	1	3
Uruguay	1984	..	0	..	..	0	0	0
Uruguay	1985	..	0	..	..	0	0	0
	1986	..	0	..	..	0	0	0
	1987	..	1	..	..	1	0	0
Venezuela	1984	51	33	..	..	...	84	5
Venezuela	1985	41	47	..	..	...	88	5
	1986	57	52	..	..	...	109	6
	1987	62	* 50	..	..	...	112	6
ASIA	**1984**	**1 027 101**	**123 739**	**8 788**	**0**	**17 285**	**1 124 767**	**402**
ASIE	**1985**	**1 117 595**	**144 599**	**9 842**	**0**	**31 276**	**1 221 076**	**429**
	1986	**1 154 931**	**145 390**	**11 804**	**0**	**13 572**	**1 274 945**	**439**
	1987	**1 199 759**	**152 266**	**15 826**	**0**	**8 252**	**1 327 947**	**449**
Afghanistan	1984	148	0	0	..	...	148	10
Afghanistan	1985	151	0	0	..	...	151	10
	1986	160	* 0	* 0	..	...	160	11
	1987	167	* 0	* 0	..	...	167	11

Table 6

Production, Trade and Consumption of Hard Coal
Production, commerce et consommation de houille

(Quantities in thousand metric tons and in kilograms per capita)
(Quantités en milliers de tonnes métriques et en kilogrammes par habitant)

Country or area Pays ou zone	Year Année	Production	Imports Importations	Exports Exportations	Bunkers Soutes	Changes in Stocks Variation des stocks	Consumption Consommation Total Totale	Consumption Consommation Per Capita Par habitant
Bangladesh	1984	..	62	..	..	0	62	1
Bangladesh	1985	..	98	..	..	0	98	1
	1986	..	148	..	..	0	148	1
	1987	..	* 65	..	..	...	65	1
Bhutan	1984	..	* 1	..	..	..	1	1
Bhoutan	1985	..	* 1	..	..	..	1	1
	1986	..	* 1	..	..	..	1	1
	1987	..	* 1	..	..	..	1	1
Burma	1984	44	* 30	..	..	...	74	2
Birmanie	1985	43	* 40	..	..	...	83	2
	1986	* 51	* 40	..	..	...	91	2
	1987	46	* 40	..	..	...	86	2
China	1984	789 230	2 490	6 960	..	17 070	767 690	745
Chine	1985	872 280	2 310	7 770	..	30 220	836 600	804
	1986	894 039	2 471	9 817	..	7 834	878 859	834
	1987	927 965	1 941	13 530	..	...	916 376	857
Cyprus	1984	..	52	..	..	...	52	79
Chypre	1985	..	74	..	..	...	74	111
	1986	..	55	..	..	...	55	82
	1987	..	151	..	..	...	151	222
Hong Kong	1984	..	4 462	0	..	..	4 462	829
Hong–kong	1985	..	5 523	0	..	..	5 523	1 012
	1986	..	6 393	0	..	..	6 393	1 155
	1987	..	8 010	0	..	..	8 010	1 427
India	1984	144 870	350	90	0	5 177	139 953	186
Inde	1985	149 710	1 817	215	0	–1 461	152 773	199
	1986	163 360	2 375	134	0	1 617	163 984	209
	1987	176 986	2 004	240	0	3 804	174 946	218
Indonesia	1984	1 468	0	882	..	–100	686	4
Indonésie	1985	1 492	* 662	1 080	..	166	908	5
	1986	1 725	* 1 272	999	..	–166	2 164	13
	1987	1 730	2 077	893	..	...	2 914	17
Iran(Islamic Rep.of)	1984	1 241	* 50	* 0	..	...	1 291	28
Iran(Rép.islamique)	1985	1 252	* 100	* 0	..	...	1 352	28
	1986	1 262	* 150	* 0	..	...	1 412	29
	1987	* 1 240	* 200	* 0	..	...	1 440	28
Israel	1984	..	2 669	..	..	–14	2 683	644
Israël	1985	..	3 063	..	..	131	2 932	692
	1986	..	3 084	..	..	–138	3 222	749
	1987	..	3 518	..	..	121	3 397	777
Japan	1984	16 644	87 228	5	0	–68	103 935	866
Japon	1985	16 382	93 448	1	0	438	109 391	906
	1986	16 012	90 392	1	0	1 763	104 640	862
	1987	13 049	90 915	1	0	1 488	102 475	841
Korea,Dem.Ppl's.Rep.	1984	* 38 000	* 2 200	* 50	...	..	40 150	2 018
Corée,Rép.pop.dém.de	1985	* 39 000	* 2 500	* 50	...	..	41 450	2 033
	1986	* 39 500	* 2 500	* 50	...	..	41 950	2 009
	1987	* 39 500	* 2 500	* 50	...	..	41 950	1 961
Korea, Republic of	1984	21 370	12 998	0	..	–3 806	38 174	943
Corée, République de	1985	22 543	19 464	0	..	612	41 395	1 008
	1986	24 253	20 352	0	..	3 452	41 153	989
	1987	24 274	20 616	0	..	2 979	41 911	995
Macau	1984	..	1	..	..	...	1	3
Macao	1985	..	0	..	..	...	0	0
	1986	..	0	..	..	...	0	0
	1987	..	0	..	..	...	0	0

Table 6

Production, Trade and Consumption of Hard Coal
Production, commerce et consommation de houille

(Quantities in thousand metric tons and in kilograms per capita)
(Quantités en milliers de tonnes métriques et en kilogrammes par habitant)

Country or area Pays ou zone	Year Année	Production	Imports Importations	Exports Exportations	Bunkers Soutes	Changes in Stocks Variation des stocks	Consumption Consommation: Total Totale	Consumption Consommation: Per Capita Par habitant
Malaysia Malaisie	1984	..	385	..	..	..	385	26
	1985	..	476	..	..	..	476	31
	1986	..	* 390	..	..	..	390	25
	1987	..	* 475	..	..	..	475	29
Mongolia Mongolie	1984	458	12	300	..	...	170	92
	1985	480	0	225	..	...	255	134
	1986	497	* 0	300	..	...	197	100
	1987	655	70	611	..	...	114	56
Nepal Népal	1984	..	101	..	..	...	101	6
	1985	..	80	..	..	...	80	5
	1986	..	53	..	..	...	53	3
	1987	..	* 85	..	..	...	85	5
Pakistan Pakistan	1984	1 869	491	..	..	–97	2 457	25
	1985	2 238	716	..	..	...	2 954	29
	1986	2 086	852	..	..	–51	2 989	28
	1987	2 419	809	..	..	10	3 218	29
Philippines Philippines	1984	1 216	513	..	..	37	1 692	32
	1985	1 261	1 258	..	..	126	2 393	43
	1986	1 235	959	..	..	309	1 885	33
	1987	1 168	615	..	..	–308	2 091	36
Singapore Singapour	1984	..	1	0	0	...	1	0
	1985	..	0	0	0	...	0	0
	1986	..	0	0	0	...	0	0
	1987	..	0	0	0	...	0	0
Sri Lanka Sri Lanka	1984	..	1	..	..	...	1	0
	1985	..	1	..	..	...	1	0
	1986	..	1	..	..	...	1	0
	1987	..	0	..	..	...	0	0
Syrian Arab Republic Rép. arabe syrienne	1984	..	* 2	..	..	...	2	0
	1985	..	0	..	..	...	0	0
	1986	..	0	..	..	...	0	0
	1987	..	* 0	..	..	...	0	0
Thailand Thaïlande	1984	0	145	1	..	...	144	3
	1985	0	214	0	..	...	214	4
	1986	0	219	1	..	...	218	4
	1987	0	277	1	..	...	276	5
Turkey Turquie	1984	3 632	1 982	0	..	–64	5 678	115
	1985	3 605	2 662	1	..	77	6 189	123
	1986	3 526	2 998	2	..	18	6 504	126
	1987	3 461	3 917	0	..	158	7 220	137
Viet Nam Viet Nam	1984	4 900	...	* 500	..	...	4 400	75
	1985	* 5 300	...	* 500	..	...	4 800	80
	1986	* 5 500	...	* 500	..	...	5 000	81
	1987	* 5 600	...	* 500	..	...	5 100	81
EUROPE **EUROPE**	**1984**	**406 780**	**142 659**	**62 894**	**1**	**–30 470**	**517 014**	**1 053**
	1985	**452 664**	**158 137**	**55 046**	**0**	**–4 300**	**560 055**	**1 138**
	1986	**463 287**	**154 645**	**52 773**	**0**	**8 737**	**556 422**	**1 128**
	1987	**453 143**	**149 211**	**45 591**	**0**	**–8 476**	**565 239**	**1 143**
Albania Albanie	1984	..	* 210	..	..	..	210	72
	1985	..	* 220	..	..	..	220	74
	1986	..	* 230	..	..	..	230	76
	1987	..	* 230	..	..	..	230	75
Austria Autriche	1984	0	3 792	..	..	343	3 449	459
	1985	0	3 599	..	..	451	3 148	420
	1986	0	3 752	..	..	346	3 406	454
	1987	0	4 155	..	..	380	3 775	504

Table 6

Production, Trade and Consumption of Hard Coal
Production, commerce et consommation de houille

(Quantities in thousand metric tons and in kilograms per capita)
(Quantités en milliers de tonnes métriques et en kilogrammes par habitant)

Country or area Pays ou zone	Year Année	Production	Imports Importations	Exports Exportations	Bunkers Soutes	Changes in Stocks Variation des stocks	Consumption Consommation Total Totale	Consumption Consommation Per Capita Par habitant
Belgium	1984	6 298	9 318	1 025	0	–169	14 760	1 492
Belgique	1985	6 211	9 320	871	0	12	14 648	1 479
	1986	5 625	8 521	1 045	0	193	12 908	1 302
	1987	4 356	9 133	942	0	–281	12 828	1 293
Bulgaria	1984	223	7 200	287	..	...	7 136	798
Bulgarie	1985	223	8 054	0	..	...	8 277	924
	1986	207	7 294	326	..	...	7 175	799
	1987	198	7 247	239	..	...	7 206	802
Czechoslovakia	1984	26 421	4 536	2 645	..	–236	28 548	1 845
Tchécoslovaquie	1985	26 223	4 630	2 620	..	–76	28 309	1 826
	1986	25 658	4 792	2 444	..	511	27 495	1 770
	1987	25 720	4 192	1 961	..	–231	28 182	1 811
Denmark	1984	..	9 807	76	0	484	9 247	1 804
Danemark	1985	..	12 712	71	0	494	12 147	2 371
	1986	..	12 143	63	0	359	11 721	2 288
	1987	..	12 055	52	0	82	11 921	2 328
Finland	1984	..	3 507	9	..	–235	3 733	765
Finlande	1985	..	5 089	19	..	–137	5 207	1 062
	1986	..	5 454	0	..	909	4 545	923
	1987	..	4 617	3	..	–625	5 239	1 061
France incl. Monaco	1984	18 278	21 618	700	0	1 222	37 974	691
France y comp.Monaco	1985	17 103	18 700	1 003	0	–1 583	36 383	659
	1986	16 315	16 994	687	0	1 968	30 654	553
	1987	16 294	13 309	841	0	–291	29 053	522
German Dem. Rep.	1984	0	3 619	285	...	...	3 334	200
Rép. dém. allemande	1985	0	5 098	300	...	...	4 798	288
	1986	0	7 014	319	...	...	6 695	402
	1987	0	7 766	308	...	...	7 458	448
Germany, Fed. Rep.	1984	84 868	9 338	10 489	0	–3 752	87 469	1 431
Allemagne, Rép. féd.	1985	88 489	10 170	8 957	0	2 123	87 579	1 435
	1986	87 125	10 419	7 190	0	887	89 467	1 469
	1987	82 380	8 286	6 295	0	–691	85 062	1 399
Greece	1984	..	1 886	50	..	28	1 808	183
Grèce	1985	..	2 040	225	..	65	1 750	176
	1986	..	1 756	26	..	–34	1 764	177
	1987	..	1 793	123	..	117	1 553	155
Hungary	1984	2 573	1 610	517	..	–648	4 314	404
Hongrie	1985	2 639	2 518	481	..	160	4 516	424
	1986	2 325	2 317	413	..	–408	4 637	436
	1987	2 360	1 955	125	..	–741	4 931	465
Iceland	1984	..	55	..	..	..	55	229
Islande	1985	..	69	..	..	..	69	285
	1986	..	74	..	..	..	74	302
	1987	..	60	..	..	..	60	242
Ireland	1984	70	1 394	25	..	–52	1 491	423
Irlande	1985	57	1 917	17	..	370	1 587	447
	1986	54	2 622	12	..	357	2 307	644
	1987	45	2 935	50	..	–323	3 253	899
Italy and San Marino	1984	0	20 629	0	..	60	20 569	361
Italie y comp. S.Mrn	1985	0	22 153	0	..	–319	22 472	393
	1986	0	20 570	0	..	93	20 477	358
	1987	14	21 285	0	..	156	21 143	369
Luxembourg	1984	..	189	..	..	0	189	515
Luxembourg	1985	..	199	..	..	0	199	541
	1986	..	183	..	..	–1	184	500
	1987	..	198	..	..	0	198	538

Table 6

Production, Trade and Consumption of Hard Coal
Production, commerce et consommation de houille

(Quantities in thousand metric tons and in kilograms per capita)
(Quantités en milliers de tonnes métriques et en kilogrammes par habitant)

Country or area Pays ou zone	Year Année	Production	Imports Importations	Exports Exportations	Bunkers Soutes	Changes in Stocks Variation des stocks	Consumption Consommation	
							Total Totale	Per Capita Par habitant
Malta Malte	1984	..	94	..	0	..	94	269
	1985	..	212	..	0	..	212	614
	1986	..	146	..	0	..	146	423
	1987	..	182	..	0	..	182	526
Netherlands Pays–Bas	1984	142	11 007	1 209	0	–308	10 248	710
	1985	126	11 741	1 417	0	–6	10 456	722
	1986	0	12 288	2 379	0	227	9 682	666
	1987	0	13 107	1 813	0	–60	11 354	778
Norway, Svlbd, J.Myn I Norvège, Svalbd, J.May	1984	451	772	190	..	–108	1 141	276
	1985	507	917	236	..	–70	1 258	303
	1986	580	772	123	..	–44	1 273	306
	1987	399	745	190	..	84	870	208
Poland Pologne	1984	191 592	1 031	42 918	* 1	–7 107	156 811	4 250
	1985	191 642	1 060	36 155	0	–3 324	159 871	4 297
	1986	192 080	1 150	34 940	0	–451	158 741	4 235
	1987	193 011	1 092	30 179	0	706	163 218	4 324
Portugal Portugal	1984	194	513	0	0	149	558	55
	1985	238	1 395	0	0	–581	2 214	218
	1986	212	1 700	0	0	–51	1 963	192
	1987	254	2 512	0	0	7	2 759	270
Romania Roumanie	1984	8 458	5 300	...	...	...	13 758	608
	1985	8 657	* 5 300	...	...	...	13 957	614
	1986	* 8 700	* 5 300	...	...	...	14 000	613
	1987	* 8 800	* 5 300	...	...	...	14 100	615
Spain Espagne	1984	15 629	6 994	3	0	–116	22 736	592
	1985	16 091	8 396	2	0	–723	25 208	653
	1986	15 895	8 715	0	0	151	24 459	631
	1987	14 473	8 806	0	0	–1 150	24 429	628
Sweden Suède	1984	13	3 950	23	..	349	3 591	430
	1985	12	4 834	112	..	594	4 140	496
	1986	12	4 434	58	..	158	4 230	506
	1987	25	3 966	104	..	–281	4 168	499
Switzrld, Liechtenst. Suisse, Liechtenstein	1984	..	542	3	..	–109	648	100
	1985	..	470	2	..	–172	640	98
	1986	..	614	0	..	65	549	84
	1987	..	524	13	..	–10	521	80
United Kingdom Royaume–Uni	1984	51 182	8 894	2 440	0	–20 265	77 901	1 373
	1985	94 046	12 635	2 558	0	–1 578	105 701	1 860
	1986	108 092	10 554	2 748	0	3 502	112 396	1 976
	1987	104 435	9 781	2 353	0	–5 324	117 187	2 058
Yugoslavia Yougoslavie	1984	388	4 854	0	0	...	5 242	228
	1985	400	4 689	0	0	...	5 089	220
	1986	407	4 837	0	0	...	5 244	225
	1987	379	3 980	0	0	...	4 359	186
OCEANIA OCEANIE	**1984**	**106 512**	**125**	**66 893**	**0**	**238**	**39 506**	**1 627**
	1985	**119 686**	**194**	**84 215**	**0**	**–6 275**	**41 940**	**1 701**
	1986	**135 477**	**191**	**90 166**	**0**	**2 824**	**42 678**	**1 706**
	1987	**149 865**	**169**	**96 014**	**0**	**8 773**	**45 247**	**1 782**
Australia Australie	1984	104 205	0	66 522	* 0	214	37 469	2 409
	1985	117 504	* 0	83 799	* 0	–6 275	39 980	2 537
	1986	133 383	* 0	89 884	* 0	2 824	40 675	2 548
	1987	147 765	* 0	95 714	* 0	8 776	43 275	2 677
Fiji Fidji	1984	..	22	..	..	..	22	32
	1985	..	16	..	..	..	16	23
	1986	..	15	..	..	..	15	21
	1987	..	* 16	..	..	..	16	22

Table 6

Production, Trade and Consumption of Hard Coal
Production, commerce et consommation de houille

(Quantities in thousand metric tons and in kilograms per capita)
(Quantités en milliers de tonnes métriques et en kilogrammes par habitant)

Country or area Pays ou zone	Year Année	Production	Imports Importations	Exports Exportations	Bunkers Soutes	Changes in Stocks Variation des stocks	Consumption Consommation	
							Total Totale	Per Capita Par habitant
New Caledonia Nouvelle-Calédonie	1984	..	103	..	..	...	103	682
	1985	..	177	..	..	...	177	1 149
	1986	..	175	..	..	...	175	1 115
	1987	..	152	..	..	–3	155	975
New Zealand Nouvelle-Zélande	1984	2 307	0	371	..	24	1 912	594
	1985	2 182	* 0	416	..	0	1 766	544
	1986	2 094	* 0	282	..	0	1 812	553
	1987	* 2 100	* 0	300	..	0	1 800	545
Papua New Guinea Papouasie-Nvl-Guinée	1984	..	* 0	..	..	..	0	0
	1985	..	1	..	..	..	1	0
	1986	..	1	..	..	..	1	0
	1987	..	* 1	..	..	..	1	0
USSR URSS	**1984**	**483 279**	*** 12 834**	*** 25 000**	..	...	**471 113**	**1 715**
	1985	**494 397**	*** 10 373**	*** 26 000**	..	...	**478 770**	**1 729**
	1986	**512 896**	*** 11 693**	*** 27 000**	..	...	**497 589**	**1 782**
	1987	**519 085**	*** 9 583**	*** 27 000**	..	...	**501 668**	**1 782**

Table 7

International Trade of Hard Coal (Principal Importers/Exporters) 1986

(Quantities in thousand metric tons)

IMPORTERS	EXPORTERS				
	WORLD MONDE	AUSTRALIA AUSTRALIE	UNTD STATES ETATS–UNIS	S.AFR.CUST.U UN.DO.AFRQ.M	POLAND POLOGNE
Japan	90 392	42 274	12 177	8 834	..
Italy and San Marino	20 570	2 396	9 270	5 685	1 141
Korea, Republic of	20 352	8 083	2 897	* 5 000	..
France incl. Monaco	16 994	4 795	4 816	1 546	241
Canada	13 311	..	13 311	..	..
Netherlands	12 288	4 072	4 864	1 451	559
Denmark	12 143	2 569	2 034	2 662	1 547
USSR	* 11 693	..	..	..	* 11 693
United Kingdom	10 554	3 822	3 560	317	1 217
Germany, Fed. Rep.	10 419	832	810	4 055	2 637
Spain	8 715	1 709	2 167	3 979	291
Belgium	8 521	150	3 720	2 133	382
Brazil	8 442	841	* 4 489	..	2 133
Bulgaria	7 294	..	140	..	31
German Dem. Rep.	7 014	..	..	..	* 638
Hong Kong	6 393	2 417	..	2 524	..
Finland	5 454	354	396	..	2 460
Romania	* 5 300	* 883	* 1 007	...	* 1 940
Yugoslavia	4 837	229	584	11	509
Czechoslovakia	4 792	..	..	..	1 670
Sweden	4 434	1 215	1 160	...	1 062
Austria	3 752	...	531	...	1 641

Table 7

Commerce international de houille
(Principaux importateurs/exportateurs)
1986

(Quantités en milliers de tonnes métriques)

EXPORTATEURS						
USSR URSS	CANADA CANADA	CHINA CHINE	GERMANY, FR ALLEM.R.FED.	UNTD KINGDOM ROYAUME-UNI	CZECHOSLOVAK TCHECOSLOV.	IMPORTATEURS
5 323	17 610	3 770	..	..	..	Japon
278	...	..	1 586	9	..	Italie y comp. S.Mrn
..	3 199	...	...	..	..	Corée, République de
116	* 981	237	2 274	517	..	France y comp.Monaco
..	..	..	..	..	..	Canada
...	150	75	700	* 38	...	Pays-Bas
608	283	..	6	1 067	9	Danemark
..	..	..	..	..	..	URSS
48	449	26	439	..	...	Royaume-Uni
514	91	4	..	221	290	Allemagne, Rép. féd.
...	54	..	...	3	..	Espagne
83	...	178	1 620	51	...	Belgique
..	979	..	...	..	..	Brésil
6 502	..	..	..	..	..	Bulgarie
* 5 127	..	..	* 489	..	* 760	Rép. dém. allemande
..	245	1 078	..	..	..	Hong-kong
1 551	...	19	..	60	..	Finlande
...	..	...	...	..	* 432	Roumanie
2 470	60	..	...	..	111	Yougoslavie
3 122	..	..	..	..	..	Tchécoslovaquie
549	258	15	2	99	...	Suède
680	...	...	64	..	602	Autriche

Table 7

International Trade of Hard Coal
(Principal Importers/Exporters)
1987

(Quantities in thousand metric tons)

IMPORTERS	EXPORTERS				
	WORLD MONDE	AUSTRALIA AUSTRALIE	UNTD STATES ETATS–UNIS	S.AFR.CUST.U UN.DO.AFRQ.M	POLAND POLOGNE
Japan	90 915	47 126	9 256	7 560	..
Italy and San Marino	21 285	2 614	8 643	6 483	1 178
Korea, Republic of	20 616	7 821	3 624	* 4 800	..
Canada	14 345	..	14 345	..	..
France incl. Monaco	13 309	4 802	2 904	780	582
Netherlands	13 107	4 648	3 663	* 1 680	802
Denmark	12 055	3 938	1 083	...	2 027
United Kingdom	9 781	3 459	2 890	* 36	1 083
Brazil	9 660	850	* 4 810	..	* 1 942
USSR	* 9 583	..	..	..	* 9 583
Belgium	9 133	513	3 859	2 370	490
Spain	8 806	1 309	2 164	4 446	447
Germany, Fed. Rep.	8 286	1 127	582	2 654	2 192
Hong Kong	8 010	2 972	..	2 559	..
German Dem. Rep.	7 766	..	..	..	* 605
Bulgaria	7 247	..	68	..	199
Romania	* 5 300	* 1 899	* 1 000	...	* 1 717
Finland	4 617	* 99	* 156	..	2 169
Czechoslovakia	4 192	..	..	..	1 155
Austria	4 155	...	495	* 186	1 898
Yugoslavia	3 980	* 242	* 806	...	* 600
Sweden	3 966	1 240	699	...	880

Commerce international de houille
(Principaux importateurs/exportateurs)
1987

(Quantités en milliers de tonnes métriques)

EXPORTATEURS						IMPORTATEURS
USSR URSS	CANADA CANADA	CHINA CHINE	GERMANY, FR ALLEM.R.FED.	UNTD KINGDOM ROYAUME–UNI	CZECHOSLOVAK TCHECOSLOV.	
6 367	16 845	4 301	..	..	..	Japon
439	...	..	* 1 275	...	..	Italie y comp. S.Mrn
..	3 991	...	...	..	..	Corée, République de
..	..	...	..	..	..	Canada
...	553	* 240	1 964	* 217	..	France y comp.Monaco
...	...	...	577	...	...	Pays–Bas
...	301	..	...	1 148	...	Danemark
...	362	...	256	..	...	Royaume–Uni
..	* 1 233	..	...	..	..	Brésil
..	..	..	..	..	..	URSS
...	...	* 140	1 512	...	...	Belgique
...	...	..	...	...	..	Espagne
362	...	...	..	...	188	Allemagne, Rép. féd.
..	313	1 963	..	..	..	Hong–kong
...	..	..	* 672	..	* 600	Rép. dém. allemande
7 070	..	..	..	..	..	Bulgarie
...	..	...	...	..	* 266	Roumanie
1 881	...	194	..	* 64	..	Finlande
3 037	..	..	..	...	..	Tchécoslovaquie
812	* 10	* 33	36	..	591	Autriche
...	...	..	...	..	* 101	Yougoslavie
422	325	...	...	146	...	Suède

Table 8

Production, Trade and Consumption of Lignite
Production, commerce et consommation de lignite

(Quantities in thousand metric tons and in kilograms per capita)
(Quantités en milliers de tonnes métriques et en kilogrammes par habitant)

Country or area Pays ou zone	Year Année	Production	Imports Importations	Exports Exportations	Changes in Stocks Variation des stocks	Consumption Consommation	
						Total Totale	Per Capita Par habitant
WORLD **MONDE**	**1984**	**1 152 766**	**3 364**	**2 898**	**4 707**	**1 148 525**	**241**
	1985	**1 201 767**	**4 229**	**3 850**	**3 536**	**1 198 610**	**247**
	1986	**1 221 287**	**3 988**	**3 619**	**−2 057**	**1 223 713**	**248**
	1987	**1 239 209**	**2 953**	**2 392**	**6 644**	**1 233 126**	**245**
NTH. AMERICA **AMER DU NORD**	**1984**	**82 601**	**0**	**8**	**2 289**	**80 304**	**203**
	1985	**92 244**	**0**	**30**	**3 466**	**88 748**	**221**
	1986	**93 300**	**0**	**37**	**−2 051**	**95 314**	**235**
	1987	**99 214**	**0**	**32**	**622**	**98 560**	**239**
Canada Canada	1984	25 339	..	0	180	25 159	1 002
	1985	26 544	..	0	−110	26 654	1 050
	1986	26 506	..	0	746	25 760	1 005
	1987	28 556	..	0	−121	28 677	1 108
United States Etats–Unis	1984	57 262	0	8	2 109	55 145	233
	1985	65 700	0	30	3 576	62 094	259
	1986	66 794	0	37	−2 797	69 554	288
	1987	70 658	0	32	743	69 883	287
STH. AMERICA **AMER DU SUD**	**1984**	**40**	..	..	...	**40**	**0**
	1985	**35**	..	..	...	**35**	**0**
	1986	**35**	..	..	...	**35**	**0**
	1987	**36**	..	..	...	**36**	**0**
Chile Chili	1984	40	..	..	...	40	3
	1985	35	..	..	...	35	3
	1986	35	..	..	...	35	3
	1987	36	..	..	...	36	3
ASIA **ASIE**	**1984**	**52 370**	**26**	**1**	**532**	**51 863**	**19**
	1985	**67 445**	**34**	**0**	**1 219**	**66 260**	**23**
	1986	**74 587**	**26**	**0**	**−105**	**74 718**	**26**
	1987	**78 445**	**38**	**0**	**2 335**	**76 148**	**26**
Burma Birmanie	1984	43	..	..	...	43	1
	1985	43	..	..	...	43	1
	1986	47	..	..	...	47	1
	1987	35	..	..	...	35	1
India Inde	1984	7 649	..	..	−14	7 663	10
	1985	7 775	..	..	72	7 703	10
	1986	7 102	..	..	76	7 026	9
	1987	8 369	..	..	14	8 355	10
Japan Japon	1984	0	25	..	...	25	0
	1985	0	32	..	...	32	0
	1986	0	25	..	...	25	0
	1987	0	37	..	...	37	0
Korea,Dem.Ppl's.Rep. Corée,Rép.pop.dém.de	1984	11 000	..	..	...	11 000	553
	1985	12 000	..	..	...	12 000	589
	1986	12 500	..	..	...	12 500	599
	1987	12 500	..	..	...	12 500	584
Mongolia Mongolie	1984	4 973	...	..	...	4 973	2 681
	1985	6 043	...	..	...	6 043	3 166
	1986	6 567	...	..	...	6 567	3 339
	1987	7 110	...	..	...	7 110	3 506
Philippines Philippines	1984	3	..	..	...	3	0
	1985	4	..	..	...	4	0
	1986	4	..	..	...	4	0
	1987	3	..	..	...	3	0
Singapore Singapour	1984	..	1	0	..	1	0
	1985	..	2	0	..	2	1
	1986	..	1	0	..	1	0
	1987	..	1	0	..	1	0

Table 8

Production, Trade and Consumption of Lignite
Production, commerce et consommation de lignite

(Quantities in thousand metric tons and in kilograms per capita)
(Quantités en milliers de tonnes métriques et en kilogrammes par habitant)

Country or area Pays ou zone	Year Année	Production	Imports Importations	Exports Exportations	Changes in Stocks Variation des stocks	Consumption Consommation	
						Total Totale	Per Capita Par habitant
Thailand Thaïlande	1984	2 362	..	1	63	2 298	45
	1985	5 188	..	0	56	5 132	99
	1986	5 476	..	0	50	5 426	103
	1987	6 901	..	0	78	6 823	128
Turkey Turquie	1984	26 340	0	0	483	25 857	526
	1985	36 392	0	0	1 091	35 301	701
	1986	42 891	0	0	–231	43 122	838
	1987	43 527	0	0	2 243	41 284	786
EUROPE EUROPE	**1984**	**797 334**	**3 323**	**2 889**	**1 886**	**795 882**	**1 621**
	1985	**817 695**	**4 180**	**3 820**	**–1 149**	**819 204**	**1 664**
	1986	**825 329**	**3 947**	**3 582**	**99**	**825 595**	**1 673**
	1987	**826 336**	**2 900**	**2 360**	**3 687**	**823 189**	**1 664**
Albania Albanie	1984	2 010	..	...	...	2 010	692
	1985	2 150	..	...	...	2 150	726
	1986	2 300	..	...	...	2 300	761
	1987	2 300	..	...	...	2 300	747
Austria Autriche	1984	2 928	191	8	–652	3 763	501
	1985	3 081	341	8	–413	3 827	510
	1986	2 969	207	5	694	2 477	330
	1987	2 786	50	4	639	2 193	293
Belgium Belgique	1984	..	196	0	..	196	20
	1985	..	278	3	..	275	28
	1986	..	257	0	..	257	26
	1987	..	264	6	..	258	26
Bulgaria Bulgarie	1984	32 136	0	...	...	32 136	3 592
	1985	30 657	0	...	...	30 657	3 421
	1986	35 015	0	...	...	35 015	3 901
	1987	36 621	21	...	...	36 642	4 078
Czechoslovakia Tchécoslovaquie	1984	102 857	...	2 630	1 267	98 960	6 395
	1985	100 387	...	2 797	–662	98 252	6 338
	1986	100 771	...	2 794	–1 398	99 375	6 398
	1987	100 352	...	2 259	1 628	96 465	6 198
France incl. Monaco France y comp.Monaco	1984	2 426	9	2	–109	2 542	46
	1985	1 861	37	4	–543	2 437	44
	1986	2 136	40	0	–70	2 246	41
	1987	2 783	49	0	138	2 694	48
German Dem. Rep. Rép. dém. allemande	1984	296 341	0	0	...	296 341	17 791
	1985	312 156	200	0	...	312 356	18 766
	1986	311 260	0	0	202	311 058	18 692
	1987	302 976	0	0	44	302 932	18 203
Germany, Fed. Rep. Allemagne, Rép. féd.	1984	126 703	2 603	8	–82	129 380	2 116
	1985	120 718	2 452	7	–13	123 176	2 018
	1986	114 360	2 478	5	186	116 647	1 915
	1987	108 852	2 162	* 4	313	110 697	1 820
Greece Grèce	1984	32 502	..	..	1 487	31 015	3 133
	1985	35 888	..	..	–326	36 214	3 645
	1986	38 096	..	..	25	38 071	3 819
	1987	44 612	..	..	1 740	42 872	4 290
Hungary Hongrie	1984	22 474	0	17	–390	22 847	2 141
	1985	21 403	479	294	517	21 071	1 978
	1986	20 804	688	365	415	20 712	1 949
	1987	20 484	60	17	–57	20 584	1 940
Italy and San Marino Italie y comp. S.Mrn	1984	1 750	80	..	0	1 830	32
	1985	1 900	132	..	–20	2 052	36
	1986	1 554	80	..	0	1 634	29
	1987	1 642	131	..	0	1 773	31

Table 8

Production, Trade and Consumption of Lignite
Production, commerce et consommation de lignite

(Quantities in thousand metric tons and in kilograms per capita)
(Quantités en milliers de tonnes métriques et en kilogrammes par habitant)

Country or area Pays ou zone	Year Année	Production	Imports Importations	Exports Exportations	Changes in Stocks Variation des stocks	Consumption Consommation	
						Total Totale	Per Capita Par habitant
Netherlands Pays–Bas	1984	0	146	5	2	139	10
	1985	0	144	1	3	140	10
	1986	0	138	4	0	134	9
	1987	0	108	2	5	101	7
Poland Pologne	1984	50 378	..	0	–276	50 654	1 373
	1985	57 746	..	201	–20	57 565	1 547
	1986	67 258	..	1	124	67 133	1 791
	1987	73 194	..	1	–241	73 434	1 946
Romania Roumanie	1984	35 822	...	...	...	35 822	1 583
	1985	37 924	...	...	...	37 924	1 669
	1986	38 000	...	...	...	38 000	1 665
	1987	38 500	...	...	...	38 500	1 679
Spain Espagne	1984	24 323	2	0	147	24 178	629
	1985	23 752	2	0	328	23 426	607
	1986	22 425	2	0	–79	22 506	581
	1987	20 480	21	0	–522	21 023	540
Yugoslavia Yougoslavie	1984	64 684	96	219	492	64 069	2 790
	1985	68 072	115	505	0	67 682	2 927
	1986	68 381	57	408	0	68 030	2 923
	1987	70 754	34	67	0	70 721	3 019
OCEANIA OCEANIE	**1984**	**34 734**	..	**0**	**0**	**34 734**	**1 431**
	1985	**38 607**	..	**0**	**0**	**38 607**	**1 566**
	1986	**36 229**	..	**0**	**0**	**36 229**	**1 448**
	1987	**41 964**	..	**0**	**0**	**41 964**	**1 653**
Australia Australie	1984	34 499	..	* 0	...	34 499	2 218
	1985	38 380	..	* 0	...	38 380	2 435
	1986	36 075	..	* 0	...	36 075	2 260
	1987	41 804	..	0	...	41 804	2 586
New Zealand Nouvelle–Zélande	1984	235	..	..	0	235	73
	1985	227	..	..	0	227	70
	1986	154	..	..	0	154	47
	1987	160	..	..	0	160	48
USSR URSS	**1984**	**185 687**	*** 15**	...	...	**185 702**	**676**
	1985	**185 741**	*** 15**	...	...	**185 756**	**671**
	1986	**191 807**	*** 15**	...	...	**191 822**	**687**
	1987	**193 214**	*** 15**	...	...	**193 229**	**687**

Table 9

Production, Trade and Consumption of Coke
Production, commerce et consommation de coke

(Quantities in thousand metric tons and in kilograms per capita)
(Quantités en milliers de tonnes métriques et en kilogrammes par habitant)

Country or area Pays ou zone	Year Année	Production	Imports Importations	Exports Exportations	Changes in Stocks Variation des stocks	Consumption Consommation	
						Total Totale	Per Capita Par habitant
WORLD	**1984**	**353 910**	**20 573**	**21 792**	**–5 348**	**358 039**	**75**
MONDE	**1985**	**361 907**	**19 335**	**20 764**	**–5 198**	**365 676**	**75**
	1986	**357 530**	**17 929**	**18 392**	**2 734**	**354 333**	**72**
	1987	**360 568**	**16 780**	**18 454**	**817**	**358 077**	**71**
AFRICA	**1984**	**2 997**	**263**	**120**	**0**	**3 140**	**6**
AFRIQUE	**1985**	**3 105**	**307**	**109**	**0**	**3 303**	**6**
	1986	**3 020**	**444**	**133**	**0**	**3 331**	**6**
	1987	**3 078**	**448**	**44**	**0**	**3 482**	**6**
Algeria	1984	..	0	0	..	0	0
Algérie	1985	..	1	0	..	1	0
	1986	..	0	0	..	0	0
	1987	..	0	0	..	0	0
Egypt	1984	932	6	18	...	920	20
Egypte	1985	1 004	14	19	...	999	21
	1986	1 014	16	20	...	1 010	21
	1987	1 025	12	16	...	1 021	20
Kenya	1984	..	1	..	..	1	0
Kenya	1985	..	1	..	..	1	0
	1986	..	1	..	..	1	0
	1987	..	1	..	..	1	0
Mauritius	1984	..	0	..	..	0	0
Maurice	1985	..	0	..	..	0	0
	1986	..	45	..	..	45	43
	1987	..	45	..	..	45	42
Morocco	1984	..	23	..	...	23	1
Maroc	1985	..	24	..	...	24	1
	1986	..	25	..	...	25	1
	1987	..	25	..	...	25	1
Nigeria	1984	..	4	..	...	4	0
Nigéria	1985	..	6	..	...	6	0
	1986	..	8	..	...	8	0
	1987	..	8	..	...	8	0
S.Africa Customs Un.	1984	1 850	0	0	...	1 850	52
Un.douan.d'Afr.mérid	1985	1 850	0	0	...	1 850	51
	1986	1 850	0	0	...	1 850	50
	1987	1 900	0	0	...	1 900	50
Tunisia	1984	..	84	..	...	84	12
Tunisie	1985	..	82	..	...	82	11
	1986	..	81	..	...	81	11
	1987	..	83	..	...	83	11
United Rep. Tanzania	1984	0	1	..	...	1	0
Rép.Unie de Tanzanie	1985	1	1	..	...	2	0
	1986	1	1	..	...	2	0
	1987	1	1	..	...	2	0
Zaire	1984	..	91	..	0	91	3
Zaïre	1985	..	90	..	0	90	3
	1986	..	92	..	0	92	3
	1987	..	93	..	0	93	3
Zambia	1984	35	0	..	...	35	5
Zambie	1985	30	0	..	...	30	4
	1986	30	0	..	...	30	4
	1987	32	0	..	...	32	4
Zimbabwe	1984	180	53	102	...	131	16
Zimbabwe	1985	220	88	90	...	218	26
	1986	125	175	113	...	187	22
	1987	120	180	28	...	272	31

Table 9

Production, Trade and Consumption of Coke
Production, commerce et consommation de coke

(Quantities in thousand metric tons and in kilograms per capita)
(Quantités en milliers de tonnes métriques et en kilogrammes par habitant)

Country or area Pays ou zone	Year Année	Production	Imports Importations	Exports Exportations	Changes in Stocks Variation des stocks	Consumption Consommation	
						Total Totale	Per Capita Par habitant
NTH. AMERICA **AMER DU NORD**	**1984**	**35 530**	**1 076**	**959**	**169**	**35 478**	**90**
	1985	**33 580**	**1 049**	**1 135**	**−1 328**	**34 822**	**87**
	1986	**30 046**	**1 200**	**944**	**−216**	**30 518**	**75**
	1987	**32 412**	**1 563**	**591**	**−897**	**34 281**	**83**
Canada Canada	1984	4 901	415	11	5	5 300	211
	1985	4 684	340	22	−210	5 212	205
	1986	4 496	593	9	140	4 940	193
	1987	4 637	496	70	120	4 943	191
Cuba Cuba	1984	..	55	..	−3	58	6
	1985	..	64	..	9	55	6
	1986	..	62	..	−5	67	7
	1987	..	84	..	21	63	6
Mexico Mexique	1984	2 905	78	0	−13	2 996	39
	1985	2 904	121	95	−72	3 002	38
	1986	2 380	247	24	91	2 512	31
	1987	2 340	147	0	−129	2 616	32
United States Etats–Unis	1984	27 724	528	948	180	27 124	114
	1985	25 992	524	1 018	−1 055	26 553	111
	1986	23 170	298	911	−442	22 999	95
	1987	25 435	836	521	−909	26 659	110
STH. AMERICA **AMER DU SUD**	**1984**	**7 393**	**329**	**55**	**−41**	**7 708**	**29**
	1985	**8 570**	**335**	**68**	**−2**	**8 839**	**33**
	1986	**8 855**	**304**	**48**	**177**	**8 934**	**33**
	1987	**9 229**	**954**	**52**	**164**	**9 967**	**36**
Argentina Argentine	1984	336	0	0	−2	338	11
	1985	663	0	0	−33	696	23
	1986	808	0	0	10	798	26
	1987	859	0	0	1	858	28
Brazil Brésil	1984	6 357	60	0	−38	6 455	49
	1985	7 216	97	0	45	7 268	54
	1986	7 320	93	0	171	7 242	52
	1987	7 619	724	0	170	8 173	58
Chile Chili	1984	300	77	0	12	365	31
	1985	309	53	34	−14	342	28
	1986	312	52	12	−4	356	29
	1987	325	54	13	−7	373	30
Colombia Colombie	1984	364	..	55	...	309	11
	1985	344	..	34	...	310	11
	1986	377	..	36	...	341	12
	1987	388	..	39	...	349	12
Peru Pérou	1984	35	0	..	−13	48	3
	1985	37	127	..	0	164	8
	1986	37	100	..	0	137	7
	1987	37	90	..	0	127	6
Uruguay Uruguay	1984	1	2	..	0	3	1
	1985	1	1	..	0	2	1
	1986	1	1	..	0	2	1
	1987	1	1	..	0	2	1
Venezuela Venezuela	1984	0	190	..	...	190	11
	1985	0	57	..	...	57	3
	1986	0	58	..	...	58	3
	1987	0	85	..	...	85	5
ASIA **ASIE**	**1984**	**121 526**	**948**	**2 797**	**609**	**119 068**	**43**
	1985	**125 667**	**684**	**2 662**	**534**	**123 155**	**43**
	1986	**125 568**	**722**	**2 850**	**408**	**123 032**	**42**
	1987	**129 336**	**761**	**3 813**	**−676**	**126 960**	**43**

Table 9

Production, Trade and Consumption of Coke
Production, commerce et consommation de coke

(Quantities in thousand metric tons and in kilograms per capita)
(Quantités en milliers de tonnes métriques et en kilogrammes par habitant)

Country or area Pays ou zone	Year Année	Production	Imports Importations	Exports Exportations	Changes in Stocks Variation des stocks	Consumption Consommation	
						Total Totale	Per Capita Par habitant
Burma Birmanie	1984	..	10	..	...	10	0
	1985	..	10	..	...	10	0
	1986	..	10	..	...	10	0
	1987	..	10	..	...	10	0
China Chine	1984	45 572	0	370	889	44 313	43
	1985	48 021	21	369	776	46 897	45
	1986	52 757	0	460	–195	52 492	50
	1987	57 951	0	613	...	57 338	54
Hong Kong Hong–kong	1984	..	3	0	...	3	1
	1985	..	4	0	...	4	1
	1986	..	4	1	...	3	1
	1987	..	4	1	...	3	1
India Inde	1984	10 969	0	0	...	10 969	15
	1985	11 637	0	0	...	11 637	15
	1986	9 619	0	0	...	9 619	12
	1987	8 536	0	0	...	8 536	11
Indonesia Indonésie	1984	0	27	0	...	27	0
	1985	0	29	0	...	29	0
	1986	0	29	0	...	29	0
	1987	0	30	0	...	30	0
Iran(Islamic Rep.of) Iran(Rép.islamique)	1984	350	0	..	...	350	8
	1985	400	0	..	...	400	8
	1986	350	0	..	...	350	7
	1987	400	0	..	...	400	8
Iraq Iraq	1984	..	1	..	..	1	0
	1985	..	1	..	..	1	0
	1986	..	1	..	..	1	0
	1987	..	1	..	..	1	0
Israel Israël	1984	..	1	..	...	1	0
	1985	..	1	..	...	1	0
	1986	..	1	..	...	1	0
	1987	..	1	..	...	1	0
Japan Japon	1984	51 275	0	2 405	–304	49 174	410
	1985	51 741	0	2 270	–237	49 708	412
	1986	48 140	45	2 333	609	45 243	373
	1987	46 430	115	3 170	–450	43 825	359
Korea,Dem.Ppl's.Rep. Corée,Rép.pop.dém.de	1984	3 400	300	..	..	3 700	186
	1985	3 500	300	..	..	3 800	186
	1986	3 500	300	..	..	3 800	182
	1987	3 500	300	..	..	3 800	178
Korea, Republic of Corée, République de	1984	5 199	150	0	...	5 349	132
	1985	5 253	106	0	...	5 359	131
	1986	5 280	127	0	...	5 407	130
	1987	6 240	51	0	...	6 291	149
Malaysia Malaisie	1984	..	22	..	..	22	1
	1985	..	16	..	..	16	1
	1986	..	13	..	..	13	1
	1987	..	17	..	..	17	1
Mongolia Mongolie	1984	..	2	..	...	2	1
	1985	..	2	..	...	2	1
	1986	..	2	..	...	2	1
	1987	..	2	..	...	2	1
Pakistan Pakistan	1984	370	0	0	...	370	4
	1985	451	0	0	...	451	4
	1986	610	0	0	...	610	6
	1987	630	0	1	...	629	6

Table 9

Production, Trade and Consumption of Coke
Production, commerce et consommation de coke

(Quantities in thousand metric tons and in kilograms per capita)
(Quantités en milliers de tonnes métriques et en kilogrammes par habitant)

Country or area Pays ou zone	Year Année	Production	Imports Importations	Exports Exportations	Changes in Stocks Variation des stocks	Consumption Consommation	
						Total Totale	Per Capita Par habitant
Philippines Philippines	1984	..	353	..	...	353	7
	1985	..	87	..	...	87	2
	1986	..	85	..	...	85	2
	1987	..	100	..	...	100	2
Singapore Singapour	1984	..	17	10	..	7	3
	1985	..	32	15	..	17	7
	1986	..	27	17	..	10	4
	1987	..	32	15	..	17	6
Sri Lanka Sri Lanka	1984	..	2	..	...	2	0
	1985	..	2	..	...	2	0
	1986	..	1	..	...	1	0
	1987	..	0	..	...	0	0
Syrian Arab Republic Rép. arabe syrienne	1984	..	3	..	...	3	0
	1985	..	2	..	...	2	0
	1986	..	1	..	...	1	0
	1987	..	1	..	...	1	0
Thailand Thaïlande	1984	..	24	..	...	24	0
	1985	..	42	..	...	42	1
	1986	..	38	..	...	38	1
	1987	..	57	..	...	57	1
Turkey Turquie	1984	2 503	0	0	0	2 503	51
	1985	2 707	0	0	–12	2 719	54
	1986	3 196	0	26	0	3 170	62
	1987	3 349	0	0	–226	3 575	68
Viet Nam Viet Nam	1984	...	15	..	...	15	0
	1985	...	15	..	...	15	0
	1986	...	15	..	...	15	0
	1987	...	15	..	...	15	0
EUROPE EUROPE	**1984**	**98 884**	**17 207**	**13 846**	**–6 086**	**108 331**	**221**
	1985	**102 365**	**16 210**	**12 779**	**–4 474**	**110 270**	**224**
	1986	**100 247**	**14 509**	**10 200**	**2 121**	**102 435**	**208**
	1987	**96 895**	**12 304**	**9 785**	**1 994**	**97 420**	**197**
Albania Albanie	1984	19	10	...	...	29	10
	1985	20	10	...	...	30	10
	1986	21	10	...	...	31	10
	1987	22	12	...	...	34	11
Austria Autriche	1984	1 854	1 083	3	10	2 924	389
	1985	1 751	1 274	5	27	2 993	399
	1986	1 744	889	5	25	2 603	347
	1987	1 727	843	5	–32	2 597	346
Belgium Belgique	1984	5 926	829	876	–38	5 917	598
	1985	5 964	647	847	2	5 762	582
	1986	5 131	637	707	–6	5 067	511
	1987	5 226	491	757	–5	4 965	501
Bulgaria Bulgarie	1984	1 186	544	...	...	1 730	193
	1985	1 087	664	...	...	1 751	195
	1986	1 156	471	...	...	1 627	181
	1987	1 314	309	...	...	1 623	181
Czechoslovakia Tchécoslovaquie	1984	10 343	...	1 312	126	8 905	575
	1985	10 340	...	1 300	...	9 040	583
	1986	10 131	...	1 002	...	9 129	588
	1987	10 626	...	1 315	...	9 311	598
Denmark Danemark	1984	0	61	2	–5	64	12
	1985	0	76	1	5	70	14
	1986	0	69	3	–5	71	14
	1987	0	49	1	3	45	9

Table 9

Production, Trade and Consumption of Coke
Production, commerce et consommation de coke

(Quantities in thousand metric tons and in kilograms per capita)
(Quantités en milliers de tonnes métriques et en kilogrammes par habitant)

Country or area Pays ou zone	Year Année	Production	Imports Importations	Exports Exportations	Changes in Stocks Variation des stocks	Consumption / Consommation: Total Totale	Consumption / Consommation: Per Capita Par habitant
Finland Finlande	1984	0	1 215	18	0	1 197	245
	1985	0	1 231	13	0	1 218	248
	1986	0	1 109	0	0	1 109	225
	1987	79	1 061	11	0	1 129	229
France incl. Monaco France y comp.Monaco	1984	8 999	1 971	1 041	–403	10 332	188
	1985	8 691	2 288	657	–93	10 415	189
	1986	8 254	1 451	542	167	8 996	162
	1987	7 463	1 241	467	1 354	6 883	124
German Dem. Rep. Rép. dém. allemande	1984	1 179	1 828	...	...	3 007	181
	1985	1 257	1 730	...	...	2 987	179
	1986	1 307	1 832	0	...	3 139	189
	1987	1 256	1 839	36	...	3 059	184
Germany, Fed. Rep. Allemagne, Rép. féd.	1984	21 467	770	6 671	–4 790	20 356	333
	1985	23 232	831	5 461	–2 756	21 358	350
	1986	23 101	948	3 776	2 116	18 157	298
	1987	20 218	805	2 848	1 426	16 749	275
Greece Grèce	1984	5	45	0	–17	67	7
	1985	0	53	0	–2	55	6
	1986	0	30	0	–3	33	3
	1987	0	48	0	3	45	5
Hungary Hongrie	1984	703	946	0	–435	2 084	195
	1985	607	1 186	0	–217	2 010	189
	1986	665	1 319	6	83	1 895	178
	1987	971	699	0	–62	1 732	163
Iceland Islande	1984	..	41	..	..	41	171
	1985	..	34	..	..	34	140
	1986	..	40	..	..	40	163
	1987	..	32	..	..	32	129
Ireland Irlande	1984	0	8	0	..	8	2
	1985	0	7	0	..	7	2
	1986	0	5	0	..	5	1
	1987	0	7	0	..	7	2
Italy and San Marino Italie y comp. S.Mrn	1984	6 943	89	515	–373	6 890	121
	1985	7 410	134	451	–165	7 258	127
	1986	7 193	65	164	101	6 993	122
	1987	6 753	137	154	–198	6 934	121
Luxembourg Luxembourg	1984	0	1 889	..	–13	1 902	5 183
	1985	0	1 853	..	7	1 846	5 016
	1986	0	1 691	..	3	1 688	4 587
	1987	0	1 310	..	0	1 310	3 560
Netherlands Pays–Bas	1984	2 726	777	931	37	2 535	176
	1985	2 973	407	879	–56	2 557	177
	1986	2 849	478	881	–66	2 512	173
	1987	2 736	269	802	–20	2 223	152
Norway,Svlbd,J.Myn I Norvège,Svalbd,J.May	1984	321	624	124	–15	836	202
	1985	312	700	122	11	879	212
	1986	313	601	124	48	742	178
	1987	284	502	159	59	568	136
Poland Pologne	1984	17 115	...	1 794	–223	15 544	421
	1985	16 239	...	1 639	–482	15 082	405
	1986	16 609	...	1 541	16	15 052	402
	1987	17 442	...	2 255	107	15 080	400
Portugal Portugal	1984	237	38	..	–6	281	28
	1985	275	157	..	–31	463	46
	1986	280	82	..	–12	374	37
	1987	267	30	..	–10	307	30

Table 9

Production, Trade and Consumption of Coke
Production, commerce et consommation de coke

(Quantities in thousand metric tons and in kilograms per capita)
(Quantités en milliers de tonnes métriques et en kilogrammes par habitant)

Country or area Pays ou zone	Year Année	Production	Imports Importations	Exports Exportations	Changes in Stocks Variation des stocks	Consumption Consommation	
						Total Totale	Per Capita Par habitant
Romania Roumanie	1984	4 849	1 784	..	...	6 633	293
	1985	4 743	1 898	..	...	6 641	292
	1986	4 800	1 900	..	...	6 700	293
	1987	4 800	1 900	..	...	6 700	292
Spain Espagne	1984	3 283	269	0	–51	3 603	94
	1985	3 440	163	12	–118	3 709	96
	1986	3 093	198	27	–12	3 276	85
	1987	2 883	162	47	–49	3 047	78
Sweden Suède	1984	1 231	264	206	–138	1 427	171
	1985	1 203	381	77	34	1 473	176
	1986	1 176	364	142	–61	1 459	175
	1987	1 096	228	169	–243	1 398	167
Switzrld,Liechtenst. Suisse,Liechtenstein	1984	...	87	3	7	77	12
	1985	...	77	0	–5	82	13
	1986	...	67	2	–15	80	12
	1987	...	60	1	–3	62	9
United Kingdom Royaume–Uni	1984	6 982	1 998	249	241	8 490	150
	1985	9 276	374	1 163	–635	9 122	161
	1986	8 929	213	1 163	–258	8 237	145
	1987	8 772	248	360	–336	8 996	158
Yugoslavia Yougoslavie	1984	3 516	37	101	...	3 452	150
	1985	3 545	35	152	...	3 428	148
	1986	3 495	40	115	...	3 420	147
	1987	2 960	22	398	...	2 584	110
OCEANIA OCEANIE	**1984**	**3 580**	**0**	**15**	**1**	**3 564**	**147**
	1985	**3 620**	**0**	**11**	**72**	**3 537**	**143**
	1986	**3 794**	**0**	**217**	**244**	**3 333**	**133**
	1987	**3 618**	**0**	**169**	**232**	**3 217**	**127**
Australia Australie	1984	3 563	0	15	0	3 548	228
	1985	3 603	0	11	72	3 520	223
	1986	3 776	0	217	244	3 315	208
	1987	3 600	0	169	232	3 199	198
New Zealand Nouvelle–Zélande	1984	17	0	0	1	16	5
	1985	17	0	0	0	17	5
	1986	18	0	0	0	18	5
	1987	18	0	0	0	18	5
USSR URSS	**1984**	**84 000**	**750**	**4 000**	**...**	**80 750**	**294**
	1985	**85 000**	**750**	**4 000**	**...**	**81 750**	**295**
	1986	**86 000**	**750**	**4 000**	**...**	**82 750**	**296**
	1987	**86 000**	**750**	**4 000**	**...**	**82 750**	**294**

Table 10

Production, Trade and Consumption of Hard Coal Briquettes
Production, commerce et consommation d'agglomérés (briquettes de houille)

(Quantities in thousand metric tons and in kilograms per capita)
(Quantités en milliers de tonnes métriques et en kilogrammes par habitant)

Country or area Pays ou zone	Year Année	Production	Imports Importations	Exports Exportations	Changes in Stocks Variation des stocks	Consumption Consommation	
						Total Totale	Per Capita Par habitant
WORLD MONDE	**1984**	**26 045**	**549**	**723**	**–45**	**25 916**	**5**
	1985	**28 743**	**618**	**866**	**78**	**28 417**	**6**
	1986	**29 766**	**411**	**553**	**–42**	**29 666**	**6**
	1987	**28 812**	**391**	**407**	**2**	**28 794**	**6**
AFRICA AFRIQUE	**1984**	**0**	**84**	**...**	**...**	**84**	**0**
	1985	**0**	**86**	**...**	**...**	**86**	**0**
	1986	**0**	**82**	**...**	**...**	**82**	**0**
	1987	**0**	**82**	**...**	**...**	**82**	**0**
Algeria Algérie	1984	* 0	12	..	..	12	1
	1985	* 0	13	..	..	13	1
	1986	* 0	9	..	..	9	0
	1987	* 0	* 10	..	..	10	0
Zaire Zaïre	1984	* 0	* 72	..	...	72	2
	1985	* 0	* 73	..	...	73	2
	1986	* 0	* 73	..	...	73	2
	1987	* 0	* 72	..	...	72	2
STH. AMERICA AMER DU SUD	**1984**	**...**	**10**	**0**	**...**	**10**	**0**
	1985	**...**	**10**	**0**	**...**	**10**	**0**
	1986	**...**	**10**	**0**	**...**	**10**	**0**
	1987	**...**	**10**	**0**	**...**	**10**	**0**
Suriname Suriname	1984	..	* 10	..	...	10	27
	1985	..	* 10	..	...	10	27
	1986	..	* 10	..	...	10	26
	1987	..	* 10	..	...	10	26
ASIA ASIE	**1984**	**21 603**	**45**	**0**	**...**	**21 648**	**8**
	1985	**23 456**	**37**	**0**	**...**	**23 493**	**8**
	1986	**24 610**	**0**	**0**	**...**	**24 610**	**8**
	1987	**23 849**	**0**	**0**	**...**	**23 849**	**8**
Afghanistan Afghanistan	1984	* 40	..	..	...	40	3
	1985	* 40	..	..	...	40	3
	1986	* 41	..	..	...	41	3
	1987	* 41	..	..	...	41	3
Japan Japon	1984	231	..	..	..	231	2
	1985	300	..	..	..	300	2
	1986	* 300	..	..	..	300	2
	1987	* 205	..	..	..	205	2
Korea, Republic of Corée, République de	1984	21 316	0	..	..	21 316	526
	1985	23 100	0	..	..	23 100	563
	1986	24 252	0	..	..	24 252	583
	1987	23 587	0	..	..	23 587	560
Thailand Thaïlande	1984	..	45	..	..	45	1
	1985	..	37	..	..	37	1
	1986	..	0	..	..	0	0
	1987	..	* 0	..	..	0	0
Turkey Turquie	1984	16	0	* 0	...	16	0
	1985	16	* 0	* 0	...	16	0
	1986	17	0	0	...	17	0
	1987	16	* 0	* 0	...	16	0
EUROPE EUROPE	**1984**	**4 436**	**410**	**723**	**–45**	**4 168**	**8**
	1985	**5 281**	**485**	**866**	**78**	**4 822**	**10**
	1986	**5 151**	**319**	**553**	**–42**	**4 959**	**10**
	1987	**4 958**	**299**	**407**	**2**	**4 848**	**10**
Belgium Belgique	1984	45	98	6	0	137	14
	1985	28	132	6	0	154	16
	1986	18	88	4	0	102	10
	1987	20	73	2	0	91	9

Table 10

Production, Trade and Consumption of Hard Coal Briquettes
Production, commerce et consommation d'agglomérés (briquettes de houille)

(Quantities in thousand metric tons and in kilograms per capita)
(Quantités en milliers de tonnes métriques et en kilogrammes par habitant)

Country or area Pays ou zone	Year Année	Production	Imports Importations	Exports Exportations	Changes in Stocks Variation des stocks	Consumption Consommation	
						Total Totale	Per Capita Par habitant
Denmark Danemark	1984	..	0	..	..	0	0
	1985	..	1	..	..	1	0
	1986	..	5	..	..	5	1
	1987	..	4	..	..	4	1
France incl. Monaco France y comp.Monaco	1984	1 448	104	90	2	1 460	27
	1985	1 408	126	41	–1	1 494	27
	1986	1 174	119	7	–60	1 346	24
	1987	1 072	77	9	–6	1 146	21
Germany, Fed. Rep. Allemagne, Rép. féd.	1984	1 437	0	627	–39	849	14
	1985	1 564	2	668	3	895	15
	1986	1 235	2	475	–5	767	13
	1987	1 071	2	352	3	718	12
Ireland Irlande	1984	..	24	..	..	24	7
	1985	..	10	..	..	10	3
	1986	..	0	..	..	0	0
	1987	..	0	..	..	0	0
Luxembourg Luxembourg	1984	..	1	..	..	1	3
	1985	..	1	..	..	1	3
	1986	..	1	..	..	1	3
	1987	..	1	..	..	1	3
Netherlands Pays–Bas	1984	...	0	0	0	0	0
	1985	...	8	0	0	8	1
	1986	...	2	0	0	2	0
	1987	...	5	0	2	3	0
Poland Pologne	1984	569	..	0	..	569	15
	1985	858	..	151	..	707	19
	1986	1 154	..	66	..	1 088	29
	1987	1 221	..	43	..	1 178	31
Romania Roumanie	1984	* 750	..	..	...	750	33
	1985	* 750	..	..	...	750	33
	1986	* 750	..	..	...	750	33
	1987	* 750	..	..	...	750	33
Spain Espagne	1984	16	..	..	0	16	0
	1985	11	..	..	0	11	0
	1986	11	..	..	0	11	0
	1987	11	..	..	0	11	0
Switzrld,Liechtenst. Suisse,Liechtenstein	1984	..	12	0	–2	14	2
	1985	..	13	0	0	13	2
	1986	..	13	0	1	12	2
	1987	..	8	0	–1	9	1
United Kingdom Royaume–Uni	1984	171	171	0	–6	348	6
	1985	662	192	0	76	778	14
	1986	809	89	1	22	875	15
	1987	813	129	1	4	937	16
OCEANIA **OCEANIE**	**1984**	**6**	...	..	**0**	**6**	**0**
	1985	**6**	...	..	**0**	**6**	**0**
	1986	**5**	...	..	**0**	**5**	**0**
	1987	**5**	...	..	**0**	**5**	**0**
New Zealand Nouvelle–Zélande	1984	6	..	..	0	6	2
	1985	* 6	..	..	0	6	2
	1986	* 5	..	..	0	5	2
	1987	* 5	..	..	0	5	2

Table 11

Production, Trade and Consumption of Briquettes of Lignite and Peat
Production, commerce et consommation de briquettes de lignite et de tourbe

(Quantities in thousand metric tons and in kilograms per capita)
(Quantités en milliers de tonnes métriques et en kilogrammes par habitant)

Country or area Pays ou zone	Year Année	Production	Imports Importations	Exports Exportations	Changes in Stocks Variation des stocks	Consumption Consommation Total Totale	Consumption Consommation Per Capita Par habitant
WORLD MONDE	**1984**	**75 437**	**4 519**	**5 560**	**-51**	**74 447**	**16**
	1985	**75 881**	**4 191**	**5 123**	**41**	**74 908**	**15**
	1986	**75 227**	**3 840**	**4 934**	**546**	**73 587**	**15**
	1987	**73 802**	**3 456**	**4 478**	**-517**	**73 297**	**15**
AFRICA AFRIQUE	**1984**	**0**	**7**	**0**	**...**	**7**	**0**
	1985	**0**	**7**	**0**	**...**	**7**	**0**
	1986	**0**	**9**	**0**	**...**	**9**	**0**
	1987	**0**	**11**	**0**	**...**	**11**	**0**
Egypt Egypte	1984	..	0	..	...	0	0
	1985	..	0	..	...	0	0
	1986	..	2	..	...	2	0
	1987	..	2	..	...	2	0
Madagascar Madagascar	1984	..	7	..	..	7	1
	1985	..	7	..	..	7	1
	1986	..	7	..	..	7	1
	1987	..	9	..	..	9	1
ASIA ASIE	**1984**	**189**	**11**	**..**	**-11**	**211**	**0**
	1985	**252**	**6**	**..**	**0**	**258**	**0**
	1986	**191**	**30**	**..**	**0**	**221**	**0**
	1987	**218**	**20**	**..**	**-10**	**248**	**0**
India Inde	1984	144	..	..	...	144	0
	1985	205	..	..	...	205	0
	1986	144	..	..	...	144	0
	1987	172	..	..	...	172	0
Japan Japon	1984	..	0	..	...	0	0
	1985	..	0	..	...	0	0
	1986	..	17	..	...	17	0
	1987	..	19	..	...	19	0
Thailand Thaïlande	1984	..	11	..	..	11	0
	1985	..	6	..	..	6	0
	1986	..	2	..	..	2	0
	1987	..	1	..	..	1	0
Turkey Turquie	1984	45	0	..	-11	56	1
	1985	47	0	..	0	47	1
	1986	47	11	..	0	58	1
	1987	46	0	..	-10	56	1
EUROPE EUROPE	**1984**	**68 911**	**4 501**	**5 506**	**-40**	**67 946**	**138**
	1985	**69 943**	**4 178**	**5 076**	**2**	**69 043**	**140**
	1986	**69 314**	**3 801**	**4 872**	**505**	**67 738**	**137**
	1987	**67 747**	**3 425**	**4 425**	**-492**	**67 239**	**136**
Austria Autriche	1984	0	447	..	..	447	60
	1985	0	486	..	..	486	65
	1986	0	480	..	..	480	64
	1987	0	443	..	..	443	59
Belgium Belgique	1984	..	79	3	0	76	8
	1985	..	129	3	0	126	13
	1986	..	76	2	-1	75	8
	1987	..	60	0	0	60	6
Bulgaria Bulgarie	1984	1 213	..	..	...	1 213	136
	1985	1 316	..	..	...	1 316	147
	1986	1 461	..	..	...	1 461	163
	1987	1 466	..	..	...	1 466	163
Czechoslovakia Tchécoslovaquie	1984	1 069	708	14	19	1 744	113
	1985	1 118	737	39	-11	1 827	118
	1986	1 098	658	17	-4	1 743	112
	1987	1 086	702	23	-14	1 779	114

Table 11

Production, Trade and Consumption of Briquettes of Lignite and Peat
Production, commerce et consommation de briquettes de lignite et de tourbe

(Quantities in thousand metric tons and in kilograms per capita)
(Quantités en milliers de tonnes métriques et en kilogrammes par habitant)

Country or area / Pays ou zone	Year / Année	Production	Imports / Importations	Exports / Exportations	Changes in Stocks / Variation des stocks	Consumption / Consommation: Total / Totale	Consumption / Consommation: Per Capita / Par habitant
Denmark / Danemark	1984	...	41	1	1	39	8
	1985	...	47	0	-3	50	10
	1986	...	34	0	0	34	7
	1987	...	26	0	-3	29	6
France incl. Monaco / France y comp.Monaco	1984	..	122	..	0	122	2
	1985	..	132	..	0	132	2
	1986	..	120	..	0	120	2
	1987	..	104	..	0	104	2
German Dem. Rep. / Rép. dém. allemande	1984	56 060	...	4 607	0	51 453	3 089
	1985	56 348	...	3 911	0	52 437	3 150
	1986	56 035	...	3 915	273	51 847	3 116
	1987	54 744	...	3 500	-309	51 553	3 098
Germany, Fed. Rep. / Allemagne, Rép. féd.	1984	6 372	1 974	852	1	7 493	123
	1985	6 693	1 750	1 112	-8	7 339	120
	1986	5 939	1 418	923	-18	6 452	106
	1987	5 533	1 262	892	20	5 883	97
Greece / Grèce	1984	184	..	..	0	184	19
	1985	129	..	..	0	129	13
	1986	93	..	..	0	93	9
	1987	121	..	..	0	121	12
Hungary / Hongrie	1984	1 549	589	11	-67	2 194	206
	1985	1 722	676	0	-11	2 409	226
	1986	2 006	818	0	253	2 571	242
	1987	2 134	707	0	-184	3 025	285
Ireland / Irlande	1984	410	..	18	-3	395	112
	1985	486	..	11	31	444	125
	1986	500	..	15	0	485	135
	1987	500	..	10	0	490	135
Luxembourg / Luxembourg	1984	..	25	..	..	25	68
	1985	..	39	..	..	39	106
	1986	..	27	..	..	27	73
	1987	..	34	..	..	34	92
Malta / Malte	1984	..	0	..	..	0	0
	1985	..	9	..	..	9	26
	1986	..	0	..	..	0	0
	1987	..	0	..	..	0	0
Poland / Pologne	1984	150	...	...	...	150	4
	1985	153	...	...	...	153	4
	1986	155	...	...	...	155	4
	1987	158	...	...	...	158	4
Romania / Roumanie	1984	950	..	..	..	950	42
	1985	950	..	..	..	950	42
	1986	950	..	..	..	950	42
	1987	950	..	..	..	950	41
Spain / Espagne	1984	..	477	..	..	477	12
	1985	..	138	..	..	138	4
	1986	..	144	..	..	144	4
	1987	..	62	..	..	62	2
Sweden / Suède	1984	..	9	..	8	1	0
	1985	..	2	..	2	0	0
	1986	..	3	..	1	2	0
	1987	..	5	..	1	4	0
Switzrld,Liechtenst. / Suisse,Liechtenstein	1984	..	30	0	1	29	4
	1985	..	33	0	2	31	5
	1986	..	23	0	1	22	3
	1987	..	20	0	-3	23	4

Table 11

Production, Trade and Consumption of Briquettes of Lignite and Peat
Production, commerce et consommation de briquettes de lignite et de tourbe

(Quantities in thousand metric tons and in kilograms per capita)
(Quantités en milliers de tonnes métriques et en kilogrammes par habitant)

Country or area Pays ou zone	Year Année	Production	Imports Importations	Exports Exportations	Changes in Stocks Variation des stocks	Consumption Consommation	
						Total Totale	Per Capita Par habitant
Yugoslavia Yougoslavie	1984	954	0	0	...	954	42
	1985	1 028	0	0	...	1 028	44
	1986	1 077	0	0	...	1 077	46
	1987	1 055	0	0	...	1 055	45
OCEANIA OCEANIE	**1984**	**818**	..	**54**	**0**	**764**	**31**
	1985	**802**	..	**47**	**39**	**716**	**29**
	1986	**851**	..	**62**	**41**	**748**	**30**
	1987	**828**	..	**53**	**–15**	**790**	**31**
Australia Australie	1984	818	..	54	0	764	49
	1985	802	..	47	39	716	45
	1986	851	..	62	41	748	47
	1987	828	..	53	–15	790	49
USSR URSS	**1984**	**5 519**	...	...	...	**5 519**	**20**
	1985	**4 884**	...	...	...	**4 884**	**18**
	1986	**4 871**	...	...	...	**4 871**	**17**
	1987	**5 009**	...	...	...	**5 009**	**18**

Table 12

Production, Trade and Consumption of Peat
Production, commerce et consommation de tourbe

(Quantities in thousand metric tons and in kilograms per capita)
(Quantités en milliers de tonnes métriques et en kilogrammes par habitant)

Country or area Pays ou zone	Year Année	Production	Imports Importations	Exports Exportations	Changes in Stocks Variation des stocks	Consumption Consommation	
						Total Totale	Per Capita Par habitant
WORLD **MONDE**	**1984**	**27 307**	**110**	**305**	**–165**	**27 277**	**6**
	1985	**22 955**	**155**	**281**	**–3 132**	**25 961**	**5**
	1986	**27 775**	**189**	**271**	**–1 161**	**28 854**	**6**
	1987	**23 065**	**188**	**286**	**–2 105**	**25 072**	**5**
AFRICA **AFRIQUE**	**1984**	**15**	**0**	**0**	..	**15**	**0**
	1985	**10**	**0**	**0**	..	**10**	**0**
	1986	**10**	**0**	**0**	..	**10**	**0**
	1987	**10**	**0**	**0**	..	**10**	**0**
Burundi Burundi	1984	15	..	..	..	15	3
	1985	10	..	..	..	10	2
	1986	* 10	..	..	..	10	2
	1987	* 10	..	..	..	10	2
STH. AMERICA **AMER DU SUD**	**1984**	**13**	..	..	..	**13**	**0**
	1985	**15**	..	..	..	**15**	**0**
	1986	**15**	..	..	..	**15**	**0**
	1987	**15**	..	..	..	**15**	**0**
Falkland I(Malvinas) I Falkland(Malvinas)	1984	* 13	..	..	..	13	4 333
	1985	* 15	..	..	..	15	5 000
	1986	* 15	..	..	..	15	5 000
	1987	* 15	..	..	..	15	5 000
ASIA **ASIE**	**1984**	..	**0**	..	..	**0**	**0**
	1985	..	**26**	..	..	**26**	**0**
	1986	..	**32**	..	..	**32**	**0**
	1987	..	**36**	..	..	**36**	**0**
Japan Japon	1984	..	0	..	..	0	0
	1985	..	26	..	..	26	0
	1986	..	32	..	..	32	0
	1987	..	36	..	..	36	0
EUROPE **EUROPE**	**1984**	**9 779**	**110**	**305**	**–165**	**9 749**	**20**
	1985	**6 930**	**129**	**281**	**–3 132**	**9 910**	**20**
	1986	**12 750**	**157**	**271**	**–1 161**	**13 797**	**28**
	1987	**8 040**	**152**	**286**	**–2 105**	**10 011**	**20**
Czechoslovakia Tchécoslovaquie	1984	* 100	..	..	..	100	6
	1985	* 100	..	..	..	100	6
	1986	* 100	..	..	..	100	6
	1987	* 100	..	..	..	100	6
Denmark Danemark	1984	..	23	4	..	19	4
	1985	..	25	7	..	18	4
	1986	..	* 25	* 10	..	15	3
	1987	..	29	7	..	22	4
Finland Finlande	1984	4 000	1	46	0	3 955	810
	1985	3 245	0	0	0	3 245	662
	1986	7 272	0	0	1 124	6 148	1 249
	1987	2 473	0	0	0	2 473	501
Germany, Fed. Rep. Allemagne, Rép. féd.	1984	277	..	213	..	64	1
	1985	284	..	224	..	60	1
	1986	246	..	204	..	42	1
	1987	265	..	225	..	40	1
Ireland Irlande	1984	* 5 400	0	* 10	0	5 390	1 530
	1985	3 299	0	13	–3 117	6 403	1 802
	1986	5 130	0	7	–2 262	7 385	2 060
	1987	* 5 200	0	* 10	–2 100	7 290	2 015
Norway,Svlbd,J.Myn I Norvège,Svalbd,J.May	1984	1	17	..	..	18	4
	1985	1	18	..	..	19	5
	1986	1	* 20	..	..	21	5
	1987	1	* 18	..	..	19	5

Table 12

Production, Trade and Consumption of Peat
Production, commerce et consommation de tourbe

(Quantities in thousand metric tons and in kilograms per capita)
(Quantités en milliers de tonnes métriques et en kilogrammes par habitant)

Country or area Pays ou zone	Year Année	Production	Imports Importations	Exports Exportations	Changes in Stocks Variation des stocks	Consumption Consommation	
						Total Totale	Per Capita Par habitant
Poland Pologne	1984	* 1	..	..	..	1	0
	1985	* 1	..	..	..	1	0
	1986	* 1	..	..	..	1	0
	1987	* 1	..	..	..	1	0
Sweden Suède	1984	..	10	32	–165	143	17
	1985	..	24	37	–15	2	0
	1986	..	48	50	–23	21	3
	1987	..	39	44	–5	0	0
Switzrld,Liechtenst. Suisse,Liechtenstein	1984	..	59	..	..	59	9
	1985	..	62	..	..	62	10
	1986	..	64	..	..	64	10
	1987	..	66	..	..	66	10
USSR **URSS**	**1984**	**17 500**	..	..	...	**17 500**	**64**
	1985	**16 000**	..	..	...	**16 000**	**58**
	1986	**15 000**	..	..	...	**15 000**	**54**
	1987	*** 15 000**	..	..	...	**15 000**	**53**

Table 13

Selected Series of Statistics on Fuelwood, Charcoal and Bagasse
Séries de statistiques du bois de chauffage, du charbon de bois et de la bagasse

Country or area Pays ou zone	Year Année	Quantities in thousand cubic metres Quantitiés en milliers de métres cubes			Quantities in thousand metric tons Quantités en milliers de tonnes métriques		
		Fuelwood Bois de chauffage			Charcoal Charbon de bois		Bagasse
		Production	Imports Importations	Exports Exportations	Imports Importations	Exports Exportations	Production
WORLD **MONDE**	**1984**	**1 625 149**	**1 278**	**247**	**429**	**346**	**211 208**
	1985	**1 655 006**	**1 178**	**286**	**463**	**455**	**217 204**
	1986	**1 681 018**	**938**	**293**	**450**	**452**	**223 408**
	1987	**1 715 258**	**893**	**429**	**443**	**366**	**241 792**
AFRICA **AFRIQUE**	**1984**	**394 492**	**0**	**0**	**0**	**8**	**21 609**
	1985	**405 513**	**0**	**0**	**0**	**8**	**23 413**
	1986	**417 831**	**0**	**0**	**0**	**8**	**23 426**
	1987	**427 527**	**0**	**0**	**0**	**8**	**23 892**
Algeria Algérie	1984	* 1 604	..	..	0	..	..
	1985	* 1 654	..	..	* 0	..	..
	1986	* 1 708	..	..	* 0	..	..
	1987	* 1 764	..	..	* 0	..	..
Angola Angola	1984	* 3 805	..	..	..	..	163
	1985	* 3 900	..	..	..	..	163
	1986	* 4 005	..	..	..	..	163
	1987	* 4 114	..	..	..	..	98
Benin Bénin	1984	* 4 056	..	..	..	..	10
	1985	* 4 178	..	..	..	..	16
	1986	* 4 309	..	..	..	..	16
	1987	* 4 444	..	..	..	..	16
Burkina Faso Burkina Faso	1984	* 6 294	..	..	..	..	88
	1985	* 6 443	..	..	..	..	33
	1986	* 6 618	..	..	..	..	33
	1987	* 6 792	..	..	..	..	82
Burundi Burundi	1984	* 3 492	..	..	..	..	..
	1985	* 3 590	..	..	..	..	..
	1986	* 3 697	..	..	..	..	..
	1987	* 3 803	..	..	..	..	..
Cameroon Cameroun	1984	* 8 885	..	..	..	..	192
	1985	* 9 129	..	..	..	..	241
	1986	* 9 389	..	..	..	..	245
	1987	* 9 656	..	..	..	..	228
Central African Rep. Rép. centrafricaine	1984	* 2 680	..	..	..	..	..
	1985	* 2 925	..	..	..	..	..
	1986	* 2 990	..	..	..	..	..
	1987	3 450	..	..	..	..	..
Chad Tchad	1984	* 2 989	..	..	..	..	49
	1985	* 3 062	..	..	..	..	26
	1986	* 3 137	..	..	..	..	33
	1987	* 3 217	..	..	..	..	65
Congo Congo	1984	* 1 543	..	..	..	..	101
	1985	* 1 584	..	..	..	..	82
	1986	* 1 628	..	..	..	..	104
	1987	* 1 683	..	..	..	..	114
Côte d'Ivoire Côte d'Ivoire	1984	* 7 686	..	..	0	..	396
	1985	* 7 972	..	..	0	..	408
	1986	* 8 252	..	..	0	..	391
	1987	* 8 541	..	..	* 0	..	538
Egypt Egypte	1984	* 1 872	0	..	..	..	2 315
	1985	* 1 918	* 0	..	..	..	2 657
	1986	* 1 962	* 0	..	..	..	2 771
	1987	* 2 007	* 0	..	..	..	2 967
Equatorial Guinea Guinée équatoriale	1984	* 447	..	..	..	..	..
	1985	* 447	..	..	..	..	..
	1986	* 447	..	..	..	..	..
	1987	* 447	..	..	..	..	..

Table 13

Selected Series of Statistics on Fuelwood, Charcoal and Bagasse
Séries de statistiques du bois de chauffage, du charbon de bois et de la bagasse

Country or area Pays ou zone	Year Année	Quantities in thousand cubic metres Quantitiés en milliers de métres cubes			Quantities in thousand metric tons Quantités en milliers de tonnes métriques		
		Fuelwood Bois de chauffage			Charcoal Charbon de bois		Bagasse
		Production	Imports Importations	Exports Exportations	Imports Importations	Exports Exportations	Production
Ethiopia Ethiopie	1984	* 35 209	..	..	..	..	651
	1985	* 36 083	..	..	..	..	623
	1986	* 37 105	..	..	..	..	629
	1987	* 38 155	..	..	..	..	636
Gabon Gabon	1984	* 2 482	..	..	..	..	36
	1985	* 2 522	..	..	..	..	39
	1986	* 2 572	..	..	..	..	59
	1987	* 2 625	..	..	..	..	62
Gambia Gambie	1984	* 823	..	..	..	..	..
	1985	* 829	..	..	..	..	..
	1986	* 835	..	..	..	..	..
	1987	* 841	..	..	..	..	..
Ghana Ghana	1984	* 24 260	..	..	..	..	0
	1985	* 24 510	..	..	..	..	0
	1986	* 25 770	..	..	..	..	0
	1987	* 26 053	..	..	..	..	0
Guinea Guinée	1984	* 3 561	..	..	..	..	33
	1985	* 3 645	..	..	..	..	16
	1986	* 3 736	..	..	..	..	16
	1987	* 3 830	..	..	..	..	33
Guinea–Bissau Guinée–Bissau	1984	* 422	..	..	..	..	..
	1985	* 422	..	..	..	..	..
	1986	* 422	..	..	..	..	..
	1987	* 422	..	..	..	..	..
Kenya Kenya	1984	* 29 593	..	..	..	* 0	1 210
	1985	* 30 854	..	..	..	* 0	848
	1986	* 32 174	..	..	..	* 0	652
	1987	31 565	..	..	..	* 0	1 190
Liberia Libéria	1984	* 3 756	..	..	..	..	10
	1985	* 3 910	..	..	..	..	10
	1986	* 4 620	..	..	..	..	10
	1987	* 4 686	..	..	..	..	10
Libyan Arab Jamah. Jamah.arabe libyenne	1984	* 536	..	..	..	..	..
	1985	* 536	..	..	..	..	..
	1986	* 536	..	..	..	..	..
	1987	* 536	..	..	..	..	..
Madagascar Madagascar	1984	* 5 909	..	..	..	..	256
	1985	* 6 080	..	..	..	..	323
	1986	* 6 259	..	..	..	..	319
	1987	* 6 443	..	..	..	..	349
Malawi Malawi	1984	12 699	..	..	..	..	523
	1985	13 038	..	..	..	..	504
	1986	13 010	..	..	..	..	547
	1987	* 13 015	..	..	..	..	590
Mali Mali	1984	* 4 470	..	..	..	..	33
	1985	* 4 596	..	..	..	..	68
	1986	* 4 732	..	..	..	..	67
	1987	* 4 870	..	..	..	..	57
Mauritania Mauritanie	1984	* 7	..	..	..	..	..
	1985	* 7	..	..	..	..	..
	1986	* 7	..	..	..	..	..
	1987	* 7	..	..	..	..	..
Mauritius Maurice	1984	30	..	..	..	..	1 462
	1985	30	..	..	..	..	2 228
	1986	40	..	..	..	..	2 440
	1987	40	..	..	..	..	2 389

Table 13

Selected Series of Statistics on Fuelwood, Charcoal and Bagasse
Séries de statistiques du bois de chauffage, du charbon de bois et de la bagasse

Country or area Pays ou zone	Year Année	Quantities in thousand cubic metres Quantitiés en milliers de métres cubes			Quantities in thousand metric tons Quantités en milliers de tonnes métriques		
		Fuelwood Bois de chauffage			Charcoal Charbon de bois		Bagasse
		Production	Imports Importations	Exports Exportations	Imports Importations	Exports Exportations	Production
Morocco Maroc	1984	* 1 256	..	..	..	..	..
	1985	* 1 274	..	..	..	..	..
	1986	* 1 292	..	..	..	..	..
	1987	* 1 310	..	..	..	..	..
Mozambique Mozambique	1984	* 14 070	..	..	..	...	128
	1985	* 14 270	..	..	..	...	196
	1986	* 14 270	..	..	..	...	130
	1987	* 14 270	..	..	..	...	82
Niger Niger	1984	* 3 572	..	..	..	..	..
	1985	* 3 678	..	..	..	..	..
	1986	* 3 690	..	..	..	..	..
	1987	* 3 906	..	..	..	..	..
Nigeria Nigéria	1984	* 84 682	..	..	...	..	196
	1985	* 87 587	..	..	...	..	163
	1986	* 90 699	..	..	...	..	147
	1987	* 93 918	..	..	...	..	163
Réunion Réunion	1984	* 31	..	..	..	..	802
	1985	* 31	..	..	..	..	747
	1986	* 31	..	..	..	..	795
	1987	* 31	..	..	..	..	737
Rwanda Rwanda	1984	* 5 402	..	..	..	..	7
	1985	* 5 602	..	..	..	..	7
	1986	* 5 602	..	..	..	..	7
	1987	* 5 602	..	..	..	..	13
St.Helena and Depend Ste–Hélène et dépend	1984	1	..	..	..	..	..
	1985	1	..	..	..	..	..
	1986	1	..	..	..	..	..
	1987	* 1	..	..	..	..	..
Senegal Sénégal	1984	* 3 520	..	..	..	..	152
	1985	* 3 457	..	..	..	..	212
	1986	* 3 538	..	..	..	..	237
	1987	* 3 621	..	..	..	..	231
Sierra Leone Sierra Leone	1984	* 7 492	..	..	..	..	18
	1985	* 7 634	..	..	..	..	16
	1986	* 7 779	..	..	..	..	16
	1987	* 7 931	..	..	..	..	20
Somalia Somalie	1984	* 4 242	..	..	..	..	147
	1985	* 4 368	..	..	..	..	176
	1986	* 4 464	..	..	..	..	98
	1987	* 4 556	..	..	..	..	114
S.Africa Customs Un. Un.douan.d'Afr.mérid	1984	* 7 078	..	..	0	* 8	8 818
	1985	* 7 078	..	..	0	* 8	9 573
	1986	* 7 078	..	..	* 0	* 8	9 078
	1987	* 7 078	..	..	* 0	* 8	8 789
Sudan Soudan	1984	* 17 184	..	..	..	..	1 174
	1985	* 17 684	..	..	..	..	1 467
	1986	* 18 202	..	..	..	..	1 793
	1987	* 18 731	..	..	..	..	1 712
Togo Togo	1984	* 585	..	..	..	..	..
	1985	* 602	..	..	..	..	..
	1986	* 621	..	..	..	..	..
	1987	* 640	..	..	..	..	..
Tunisia Tunisie	1984	* 2 617	..	..	..	0	..
	1985	* 2 669	..	..	..	0	..
	1986	* 2 731	..	..	..	* 0	..
	1987	* 2 787	..	..	..	* 0	..

Table 13

Selected Series of Statistics on Fuelwood, Charcoal and Bagasse
Séries de statistiques du bois de chauffage, du charbon de bois et de la bagasse

Country or area Pays ou zone	Year Année	Quantities in thousand cubic metres Quantités en milliers de métres cubes			Quantities in thousand metric tons Quantités en milliers de tonnes métriques		
		Fuelwood Bois de chauffage			Charcoal Charbon de bois		Bagasse
		Production	Imports Importations	Exports Exportations	Imports Importations	Exports Exportations	Production
Uganda Ouganda	1984	* 10 502	..	..	0	..	65
	1985	* 10 856	..	..	* 0	..	65
	1986	* 11 245	..	..	* 0	..	33
	1987	* 11 641	..	..	* 0	..	65
United Rep. Tanzania Rép.Unie de Tanzanie	1984	* 20 836	..	..	..	* 0	421
	1985	* 21 588	..	..	..	* 0	342
	1986	* 22 388	..	..	..	* 0	375
	1987	* 23 217	..	..	..	* 0	375
Zaire Zaïre	1984	* 27 161	..	..	...	..	192
	1985	* 27 971	..	..	...	..	212
	1986	* 28 834	..	..	...	..	179
	1987	* 29 723	..	..	...	..	245
Zambia Zambie	1984	* 9 418	..	..	..	..	460
	1985	* 9 418	..	..	..	..	467
	1986	* 9 418	..	..	..	..	389
	1987	* 9 418	..	..	..	..	425
Zimbabwe Zimbabwe	1984	* 5 733	..	* 0	..	..	1 501
	1985	* 5 881	..	* 0	..	..	1 485
	1986	* 5 988	..	* 0	..	..	1 654
	1987	* 6 140	..	* 0	..	..	1 497
NTH. AMERICA AMER DU NORD	**1984**	**156 205**	**3**	**1**	**27**	**16**	**49 414**
	1985	**156 684**	**3**	**3**	**28**	**16**	**49 576**
	1986	**157 678**	**3**	**3**	**27**	**15**	**53 207**
	1987	**170 816**	**3**	**3**	**28**	**14**	**54 069**
Barbados Barbade	1984	..	..	..	..	..	318
	1985	..	..	..	..	..	331
	1986	..	..	..	..	..	367
	1987	..	..	..	..	..	252
Belize Belize	1984	* 126	..	..	..	..	354
	1985	* 126	..	..	..	..	357
	1986	* 126	..	..	..	..	341
	1987	* 126	..	..	..	..	286
Canada Canada	1984	* 6 634	..	..	9	..	..
	1985	* 6 669	..	..	* 7	..	..
	1986	* 6 600	..	..	* 7	..	..
	1987	* 6 600	..	..	* 4	..	..
Costa Rica Costa Rica	1984	5 311	..	..	..	..	* 761
	1985	* 5 300	..	..	..	..	750
	1986	* 5 300	..	..	..	..	716
	1987	* 5 400	..	..	..	..	750
Cuba Cuba	1984	2 435	..	..	..	..	19 635
	1985	2 328	..	..	..	..	18 315
	1986	2 370	..	..	..	..	19 584
	1987	2 272	..	..	..	..	19 969
Dominican Republic Rép. dominicaine	1984	* 963	..	..	* 0	..	3 189
	1985	* 976	..	..	* 0	..	2 614
	1986	* 976	..	..	* 0	..	2 916
	1987	* 976	..	..	* 0	..	2 659
El Salvador El Salvador	1984	* 4 530	0	..	..	..	788
	1985	* 4 670	* 0	..	..	..	909
	1986	* 4 818	* 0	..	..	..	953
	1987	* 4 972	* 0	..	..	..	853
Guadeloupe Guadeloupe	1984	* 15	..	..	..	..	134
	1985	* 15	..	..	..	..	135
	1986	* 15	..	..	..	..	214
	1987	* 15	..	..	..	..	206

Table 13

Selected Series of Statistics on Fuelwood, Charcoal and Bagasse
Séries de statistiques du bois de chauffage, du charbon de bois et de la bagasse

Country or area Pays ou zone	Year Année	Quantities in thousand cubic metres Quantitiés en milliers de mètres cubes			Quantities in thousand metric tons Quantités en milliers de tonnes métriques		
		Fuelwood Bois de chauffage			Charcoal Charbon de bois		Bagasse
		Production	Imports Importations	Exports Exportations	Imports Importations	Exports Exportations	Production
Guatemala Guatemala	1984	* 6 489	..	* 0	..	..	1 808
	1985	* 6 674	..	* 0	..	..	1 900
	1986	* 6 869	..	* 0	..	..	2 122
	1987	* 7 070	..	* 0	..	..	2 085
Haiti Haïti	1984	* 5 522	..	..	..	..	134
	1985	* 5 663	..	..	..	..	163
	1986	* 5 817	..	..	..	..	130
	1987	* 5 968	..	..	..	..	114
Honduras Honduras	1984	* 4 393	..	..	..	..	675
	1985	* 4 538	..	..	..	..	766
	1986	* 4 682	..	..	..	..	739
	1987	* 4 829	..	..	..	..	619
Jamaica Jamaïque	1984	* 13	..	..	...	..	612
	1985	* 13	..	..	...	..	682
	1986	* 13	..	..	...	..	648
	1987	* 13	..	..	...	..	618
Martinique Martinique	1984	* 10	..	..	..	..	18
	1985	* 10	..	..	..	..	18
	1986	* 10	..	..	..	..	27
	1987	* 10	..	..	..	..	21
Mexico Mexique	1984	* 13 501	* 3	* 1	0	* 1	10 784
	1985	* 13 844	* 3	* 3	* 1	* 1	11 382
	1986	* 14 180	* 3	* 3	* 1	* 1	13 262
	1987	* 14 522	* 3	* 3	* 1	* 1	13 238
Nicaragua Nicaragua	1984	* 2 611	..	..	..	..	945
	1985	2 206	..	..	..	..	1 212
	1986	* 2 250	..	..	..	..	* 1 300
	1987	* 2 890	..	..	..	..	* 1 300
Panama Panama	1984	* 1 708	..	..	...	..	575
	1985	* 1 708	..	..	...	..	523
	1986	* 1 708	..	..	...	..	452
	1987	* 1 708	..	..	...	..	326
St.Kitts–Nevis St–Kitts–Nevis	1984	..	..	..	..	..	100
	1985	..	..	..	..	..	90
	1986	..	..	..	..	..	88
	1987	..	..	..	..	..	80
Trinidad and Tobago Trinité–et–Tobago	1984	* 22	..	..	..	..	217
	1985	* 22	..	..	..	..	261
	1986	* 22	..	..	..	..	310
	1987	* 22	..	..	..	..	326
United States Etats–Unis	1984	* 101 922	...	...	18	15	8 367
	1985	* 101 922	...	...	* 20	* 15	9 168
	1986	* 101 922	...	...	* 19	* 14	9 038
	1987	* 113 423	...	...	* 23	* 13	10 367
STH. AMERICA **AMER DU SUD**	**1984**	**193 887**	**0**	..	**0**	**3**	**69 095**
	1985	**191 896**	**0**	..	**0**	**3**	**74 059**
	1986	**191 342**	**0**	..	**0**	**0**	**70 523**
	1987	**186 994**	**0**	..	**0**	**0**	**81 536**
Argentina Argentine	1984	* 5 900	..	..	..	..	4 707
	1985	* 5 755	..	..	..	..	4 256
	1986	* 5 755	..	..	..	..	4 130
	1987	* 5 755	..	..	..	..	4 528
Bolivia Bolivie	1984	* 1 133	..	..	..	..	645
	1985	* 1 168	..	..	..	..	571
	1986	* 1 199	..	..	..	..	587
	1987	* 1 230	..	..	..	..	652

Table 13

Selected Series of Statistics on Fuelwood, Charcoal and Bagasse
Séries de statistiques du bois de chauffage, du charbon de bois et de la bagasse

Country or area Pays ou zone	Year Année	Quantities in thousand cubic metres Quantitiés en milliers de métres cubes			Quantities in thousand metric tons Quantités en milliers de tonnes métriques		
		Fuelwood Bois de chauffage			Charcoal Charbon de bois		Bagasse
		Production	Imports Importations	Exports Exportations	Imports Importations	Exports Exportations	Production
Brazil Brésil	1984	147 369	0	..	0	3	52 113
	1985	144 935	0	..	0	3	56 929
	1986	143 287	0	..	0	0	52 757
	1987	138 495	0	..	0	0	62 764
Chile Chili	1984	5 775	..	..	..	..	..
	1985	5 806	..	..	..	..	..
	1986	5 953	..	..	..	..	..
	1987	5 890	..	..	..	..	..
Colombia Colombie	1984	14 078	..	..	..	..	5 424
	1985	14 308	..	..	..	..	6 302
	1986	14 574	..	..	..	..	6 451
	1987	14 796	..	..	..	..	6 885
Ecuador Equateur	1984	* 6 002	..	..	..	..	1 073
	1985	* 5 879	..	..	..	..	978
	1986	* 6 238	..	..	..	..	932
	1987	* 6 304	..	..	..	..	1 111
French Guiana Guyane française	1984	* 66	..	..	..	..	..
	1985	* 66	..	..	..	..	..
	1986	* 66	..	..	..	..	..
	1987	* 66	..	..	..	..	..
Guyana Guyana	1984	* 18	..	..	..	..	833
	1985	* 18	..	..	..	..	840
	1986	* 18	..	..	..	..	849
	1987	* 18	..	..	..	..	762
Paraguay Paraguay	1984	* 4 773	..	..	..	..	300
	1985	* 4 903	..	..	..	..	261
	1986	* 4 970	..	..	..	..	245
	1987	* 5 087	..	..	..	..	245
Peru Pérou	1984	5 640	..	..	..	..	2 537
	1985	5 715	..	..	..	..	2 201
	1986	* 5 700	..	..	..	..	* 2 250
	1987	* 5 700	..	..	..	..	* 2 250
Suriname Suriname	1984	* 13	..	..	..	..	33
	1985	* 14	..	..	..	..	23
	1986	* 14	..	..	..	..	33
	1987	* 14	..	..	..	..	33
Uruguay Uruguay	1984	2 472	..	..	..	..	159
	1985	2 663	..	..	..	..	166
	1986	2 884	..	..	..	..	170
	1987	* 2 937	..	..	..	..	171
Venezuela Venezuela	1984	* 648	..	..	0	..	1 271
	1985	* 666	..	..	* 0	..	1 532
	1986	* 684	..	..	* 0	..	2 119
	1987	* 702	..	..	* 0	..	2 135
ASIA ASIE	**1984**	**726 685**	**281**	**9**	**157**	**191**	**62 774**
	1985	**739 869**	**210**	**4**	**160**	**312**	**62 788**
	1986	**752 208**	**77**	**4**	**170**	**305**	**68 358**
	1987	**766 128**	**74**	**39**	**171**	**216**	**74 345**
Afghanistan Afghanistan	1984	* 4 887	..	..	..	..	..
	1985	* 4 915	..	..	..	..	..
	1986	* 5 159	..	..	..	..	..
	1987	* 5 414	..	..	..	..	..
Bangladesh Bangladesh	1984	* 5 250	..	..	..	..	* 2 100
	1985	* 5 400	..	..	..	..	* 1 300
	1986	* 5 500	..	..	..	..	* 2 300
	1987	* 5 600	..	..	..	..	* 2 500

Table 13

Selected Series of Statistics on Fuelwood, Charcoal and Bagasse
Séries de statistiques du bois de chauffage, du charbon de bois et de la bagasse

Country or area Pays ou zone	Year Année	Quantities in thousand cubic metres Quantités en milliers de métres cubes			Quantities in thousand metric tons Quantités en milliers de tonnes métriques		
		Fuelwood Bois de chauffage			Charcoal Charbon de bois		Bagasse
		Production	Imports Importations	Exports Exportations	Imports Importations	Exports Exportations	Production
Bhutan Bhoutan	1984	* 2 946	..	..	..	..	..
	1985	* 2 946	..	..	..	..	..
	1986	* 2 946	..	..	..	..	..
	1987	* 2 946	..	..	..	..	..
Brunei Darussalam Brunéi Darussalam	1984	* 79	..	..	0	..	..
	1985	* 79	..	..	* 0	..	..
	1986	* 79	..	..	* 0	..	..
	1987	* 79	..	..	0	..	..
Burma Birmanie	1984	* 15 548	..	..	..	..	287
	1985	* 15 853	..	..	..	..	329
	1986	* 16 156	..	..	..	..	342
	1987	* 16 465	..	..	..	..	326
China Chine	1984	* 167 307	..	..	..	..	11 247
	1985	* 170 653	..	..	..	..	12 456
	1986	* 174 000	..	..	..	..	15 368
	1987	* 177 610	..	..	..	..	15 286
Cyprus Chypre	1984	27	..	..	0	..	..
	1985	27	..	..	0	..	..
	1986	28	..	..	0	..	..
	1987	28	..	..	0	..	..
Democratic Kampuchea Kampuchea démocrat.	1984	* 4 615	..	..	..	..	..
	1985	* 4 736	..	..	..	..	..
	1986	* 4 855	..	..	..	..	..
	1987	* 4 978	..	..	..	..	..
Democratic Yemen Yémen démocratique	1984	* 276	..	..	..	...	..
	1985	* 288	..	..	..	...	..
	1986	* 294	..	..	..	...	..
	1987	* 306	..	..	..	...	..
Hong Kong Hong–kong	1984	* 179	0	0	23	1	..
	1985	* 180	0	0	22	2	..
	1986	* 186	0	0	22	2	..
	1987	* 186	0	0	20	1	..
India Inde	1984	* 218 172	* 7	0	..	* 2	21 628
	1985	* 222 437	* 7	* 0	..	* 2	22 872
	1986	* 226 298	* 7	* 0	..	* 2	24 758
	1987	* 230 229	* 7	* 0	..	* 2	30 042
Indonesia Indonésie	1984	* 124 895	..	..	..	34	5 734
	1985	* 127 356	..	..	..	* 34	5 558
	1986	* 129 587	..	..	..	* 38	7 007
	1987	* 131 857	..	..	..	* 37	7 172
Iran(Islamic Rep.of) Iran(Rép.islamique)	1984	300	..	..	2	..	489
	1985	* 300	..	..	* 2	..	652
	1986	* 310	..	..	* 2	..	652
	1987	* 310	..	..	* 2	..	443
Iraq Iraq	1984	* 87	..	..	* 0	..	0
	1985	* 87	..	..	* 0	..	0
	1986	* 93	..	..	* 0	..	0
	1987	* 93	..	..	* 0	..	0
Israel Israël	1984	* 11	..	..	..	..	..
	1985	* 11	..	..	..	..	..
	1986	* 11	..	..	..	..	..
	1987	* 11	..	..	..	..	..
Japan Japon	1984	93	243	..	6	..	588
	1985	86	196	..	7	..	609
	1986	103	63	..	7	..	532
	1987	* 103	* 60	..	* 7	..	* 550

Table 13

Selected Series of Statistics on Fuelwood, Charcoal and Bagasse
Séries de statistiques du bois de chauffage, du charbon de bois et de la bagasse

Country or area Pays ou zone	Year Année	Quantities in thousand cubic metres Quantitiés en milliers de métres cubes			Quantities in thousand metric tons Quantités en milliers de tonnes métriques		
		Fuelwood Bois de chauffage			Charcoal Charbon de bois		Bagasse
		Production	Imports Importations	Exports Exportations	Imports Importations	Exports Exportations	Production
Jordan Jordanie	1984	* 5	0	..	* 0	..	..
	1985	* 5	* 0	..	* 1	..	..
	1986	* 5	* 0	..	* 1	..	..
	1987	* 6	* 0	..	* 1	..	..
Korea,Dem.Ppl's.Rep. Corée,Rép.pop.dém.de	1984	* 3 890	..	..	..	..	..
	1985	* 3 943	..	..	..	..	..
	1986	* 3 995	..	..	..	..	..
	1987	* 4 049	..	..	..	..	..
Korea, Republic of Corée, République de	1984	10 033	..	..	..	..	..
	1985	8 712	..	..	..	..	..
	1986	6 340	..	..	..	..	..
	1987	5 658	..	..	..	..	..
Kuwait,part Ntl.Zone Koweït et prt.Zne.N.	1984	..	..	* 2	* 10	* 1	..
	1985	..	..	* 2	* 10	* 1	..
	1986	..	..	* 2	* 10	* 1	..
	1987	..	..	* 2	* 10	* 1	..
Lao Peoples Dem.Rep. Rép. dém. pop. lao	1984	* 3 720	..	..	..	..	..
	1985	* 3 807	..	..	..	..	..
	1986	* 3 895	..	..	..	..	..
	1987	* 3 992	..	..	..	..	..
Lebanon Liban	1984	* 445	* 6	..	* 2	..	..
	1985	* 448	* 6	..	* 2	..	..
	1986	* 461	* 6	..	* 2	..	..
	1987	* 468	* 6	..	* 2	..	..
Macau Macao	1984	..	0	..	2	..	..
	1985	..	0	..	2	..	..
	1986	..	0	..	2	..	..
	1907	..	0	..	2	..	..
Malaysia Malaisie	1984	* 7 401	* 0	* 1	* 61	* 19	245
	1985	* 7 582	* 0	* 2	* 61	* 19	228
	1986	* 7 742	* 0	* 2	* 61	* 19	228
	1987	* 7 910	* 0	* 2	* 61	* 19	293
Mongolia Mongolie	1984	* 1 350	..	..	..	..	..
	1985	* 1 350	..	..	..	..	..
	1986	* 1 350	..	..	..	..	..
	1987	* 1 350	..	..	..	..	..
Nepal Népal	1984	12 272	..	..	..	..	57
	1985	12 598	..	..	..	..	82
	1986	15 787	..	..	..	..	49
	1987	* 15 919	..	..	..	..	65
Pakistan Pakistan	1984	* 19 023	..	..	..	..	4 287
	1985	* 19 613	..	..	..	..	4 597
	1986	* 20 055	..	..	..	..	3 680
	1987	* 20 508	..	..	..	..	4 535
Philippines Philippines	1984	* 28 479	..	* 6	..	* 20	7 363
	1985	* 29 172	..	* 0	..	* 45	4 326
	1986	* 29 755	..	* 0	..	* 49	4 059
	1987	* 30 427	..	* 0	..	* 49	* 3 500
Qatar Qatar	1984	..	* 1	..	* 6	..	..
	1985	..	* 1	..	* 6	..	..
	1986	..	* 1	..	* 6	..	..
	1987	..	* 1	..	* 6	..	..
S.Arabia,pt.Ntrl.Zn. Arab.saoud,p.Zn.neut	1984	..	0	..	* 12	..	..
	1985	..	* 0	..	* 4	..	..
	1986	..	* 0	..	* 13	..	..
	1987	..	* 0	..	* 13	..	..

Table 13

Selected Series of Statistics on Fuelwood, Charcoal and Bagasse
Séries de statistiques du bois de chauffage, du charbon de bois et de la bagasse

Country or area Pays ou zone	Year Année	Quantities in thousand cubic metres Quantitiés en milliers de métres cubes			Quantities in thousand metric tons Quantités en milliers de tonnes métriques		
		Fuelwood Bois de chauffage			Charcoal Charbon de bois		Bagasse
		Production	Imports Importations	Exports Exportations	Imports Importations	Exports Exportations	Production
Singapore Singapour	1984	..	* 24	0	22	32	..
	1985	..	* 0	* 0	31	32	..
	1986	..	* 0	* 0	31	32	..
	1987	..	* 0	* 0	* 32	* 30	..
Sri Lanka Sri Lanka	1984	* 8 000	..	..	..	34	73
	1985	8 294	..	..	..	129	95
	1986	7 890	..	..	..	123	88
	1987	8 130	..	..	..	34	62
Syrian Arab Republic Rép. arabe syrienne	1984	* 15	0	0	..	* 1	..
	1985	* 15	* 0	* 0	..	* 1	..
	1986	* 15	* 0	* 0	..	* 1	..
	1987	* 15	* 0	* 0	..	* 1	..
Thailand Thaïlande	1984	* 36 458	..	...	11	47	5 913
	1985	37 450	..	...	12	47	6 835
	1986	36 995	..	...	13	38	6 897
	1987	36 840	..	35	15	42	6 863
Turkey Turquie	1984	29 649	..	..	..	..	..
	1985	29 842	..	..	..	..	..
	1986	30 189	..	..	..	..	..
	1987	32 115	..	..	..	..	..
Viet Nam Viet Nam	1984	* 21 205	..	..	..	..	600
	1985	* 21 622	..	..	..	..	600
	1986	* 22 069	..	..	..	..	652
	1987	* 22 526	..	..	..	..	815
EUROPE EUROPE	**1984**	**61 540**	**994**	**237**	**245**	**128**	**48**
	1985	**65 056**	**965**	**279**	**275**	**116**	**46**
	1986	**65 928**	**858**	**286**	**253**	**124**	**20**
	1987	**67 696**	**816**	**387**	**244**	**128**	**20**
Albania Albanie	1984	* 1 608	..	..	..	..	..
	1985	* 1 608	..	..	..	..	..
	1986	* 1 608	..	..	..	..	..
	1987	* 1 608	..	..	..	..	..
Austria Autriche	1984	* 1 413	117	27	5	0	..
	1985	* 1 413	154	13	* 6	0	..
	1986	* 1 413	199	9	* 7	0	..
	1987	* 1 413	* 228	* 28	* 7	0	..
Belgium Belgique	1984	* 518	118	2	13	* 1	..
	1985	* 518	* 59	* 1	* 8	* 1	..
	1986	* 518	66	3	* 8	* 1	..
	1987	* 518	* 40	* 6	* 10	* 2	..
Bulgaria Bulgarie	1984	1 709	..	0	..	0	..
	1985	1 751	..	* 0	..	0	..
	1986	1 731	..	* 0	..	0	..
	1987	1 746	..	* 0	..	* 0	..
Czechoslovakia Tchécoslovaquie	1984	1 554	..	* 0	..	..	..
	1985	* 1 382	..	* 0	..	..	..
	1986	* 1 488	..	* 0	..	..	..
	1987	* 1 476	..	* 0	..	..	..
Denmark Danemark	1984	* 351	29	77	* 4	0	..
	1985	323	46	60	* 2	* 0	..
	1986	324	19	10	* 4	* 0	..
	1987	* 406	* 28	* 11	* 3	* 0	..
Finland Finlande	1984	* 3 160	41	* 1	1	..	..
	1985	4 116	* 45	* 1	* 1	..	..
	1986	3 867	36	1	* 1	..	..
	1987	3 846	* 52	* 7	* 2	..	..

Table 13

Selected Series of Statistics on Fuelwood, Charcoal and Bagasse
Séries de statistiques du bois de chauffage, du charbon de bois et de la bagasse

Country or area Pays ou zone	Year Année	Quantities in thousand cubic metres Quantités en milliers de mètres cubes			Quantities in thousand metric tons Quantités en milliers de tonnes métriques		
		Fuelwood Bois de chauffage			Charcoal Charbon de bois		Bagasse
		Production	Imports Importations	Exports Exportations	Imports Importations	Exports Exportations	Production
France incl. Monaco	1984	* 10 424	0	47	47	7	..
France y comp.Monaco	1985	* 10 424	1	65	* 43	* 7	..
	1986	* 10 430	1	62	* 38	* 9	..
	1987	* 10 430	* 5	* 45	* 28	* 9	..
German Dem. Rep.	1984	* 656	..	..	..	..	..
Rép. dém. allemande	1985	562	..	..	..	..	..
	1986	* 710	..	..	..	..	..
	1987	* 710	..	..	..	..	..
Germany, Fed. Rep.	1984	3 629	17	5	57	6	..
Allemagne, Rép. féd.	1985	3 914	29	6	* 83	* 9	..
	1986	* 3 656	24	5	* 58	* 6	..
	1987	* 3 656	* 31	* 8	* 49	* 7	..
Greece	1984	* 1 915	0	..	0	..	..
Grèce	1985	* 1 915	* 0	..	* 1	..	..
	1986	* 1 915	* 0	..	* 0	..	..
	1987	* 2 014	* 0	..	* 1	..	..
Hungary	1984	2 032	0	44	4	10	..
Hongrie	1985	2 239	0	70	2	8	..
	1986	2 102	0	70	* 0	4	..
	1987	* 2 982	0	* 131	* 0	* 2	..
Ireland	1984	* 46	0	0	..	..	..
Irlande	1985	* 46	* 0	* 0	..	..	..
	1986	* 46	* 0	* 0	..	..	..
	1987	* 46	* 0	* 0	..	..	..
Italy and San Marino	1984	* 4 844	642	1	19	2	..
Italie y comp. S.Mrn	1985	* 4 891	588	1	* 21	* 1	..
	1986	* 4 979	461	1	* 29	* 2	..
	1987	* 4 506	* 378	* 1	* 32	* 1	..
Luxembourg	1984	* 20	..	..	..	..	..
Luxembourg	1985	* 20	..	..	..	..	..
	1986	* 20	..	..	..	..	..
	1987	* 20	..	..	..	..	..
Netherlands	1984	* 84	1	7	21	7	..
Pays–Bas	1985	* 96	* 1	* 20	* 19	* 4	..
	1986	* 116	1	19	* 22	* 4	..
	1987	* 116	* 2	* 19	* 26	* 5	..
Norway,Svlbd,J.Myn I	1984	* 2 200	4	0	11	0	..
Norvège,Svalbd,J.May	1985	2 476	4	1	* 18	* 0	..
	1986	2 396	12	1	* 16	* 1	..
	1987	* 2 400	* 10	* 0	* 7	* 1	..
Poland	1984	* 3 208	..	..	..	..	..
Pologne	1985	* 3 510	..	..	..	..	..
	1986	* 4 453	..	..	..	..	..
	1987	* 3 751	..	..	..	..	..
Portugal	1984	* 617	0	3	...	20	20
Portugal	1985	* 598	0	* 5	...	* 16	20
	1986	* 598	0	1	...	* 15	20
	1987	* 598	* 0	* 5	...	* 20	20
Romania	1984	* 4 569	..	* 2	..	* 4	..
Roumanie	1985	* 4 569	..	* 2	..	* 4	..
	1986	* 4 575	..	* 2	..	* 4	..
	1987	* 4 575	..	* 2	..	* 4	..
Spain	1984	* 2 277	2	* 1	..	69	28
Espagne	1985	* 2 253	* 6	* 9	..	* 65	26
	1986	* 2 253	* 6	* 9	..	* 65	0
	1987	* 3 390	* 6	* 9	..	* 65	0

Table 13

Selected Series of Statistics on Fuelwood, Charcoal and Bagasse
Séries de statistiques du bois de chauffage, du charbon de bois et de la bagasse

Country or area / Pays ou zone	Year / Année	Fuelwood / Bois de chauffage (Quantities in thousand cubic metres / Quantitiés en milliers de métres cubes): Production	Fuelwood: Imports / Importations	Fuelwood: Exports / Exportations	Charcoal / Charbon de bois (Quantities in thousand metric tons / Quantités en milliers de tonnes métriques): Imports / Importations	Charcoal: Exports / Exportations	Bagasse: Production
Sweden / Suède	1984	9 472	5	14	21	2	..
	1985	11 222	* 5	20	* 29	* 1	..
	1986	11 381	2	9	* 30	* 1	..
	1987	* 12 000	* 4	* 10	* 31	* 1	..
Switzrld,Liechtenst. / Suisse,Liechtenstein	1984	* 870	14	6	8	..	..
	1985	* 870	* 23	* 5	* 8	..	..
	1986	* 870	* 26	* 5	* 9	..	..
	1987	* 870	* 10	* 4	9	..	..
United Kingdom / Royaume–Uni	1984	* 140	4	0	34	..	..
	1985	* 159	* 4	* 0	* 34	..	..
	1986	* 147	* 1	* 0	* 28	..	..
	1987	* 147	* 3	* 0	* 38	..	..
Yugoslavia / Yougoslavie	1984	* 4 224	0	0	0	0	..
	1985	* 4 181	0	0	0	0	..
	1986	* 4 332	* 4	* 79	* 3	* 12	..
	1987	* 4 472	* 19	* 101	* 1	* 11	..
OCEANIA / OCEANIE	**1984**	**9 240**	...	...	**0**	**0**	**8 268**
	1985	**9 188**	...	...	**0**	**0**	**7 322**
	1986	**9 231**	...	...	**0**	**0**	**7 874**
	1987	**9 297**	...	...	**0**	**0**	**7 930**
Australia / Australie	1984	6 726	..	..	* 0	* 0	7 228
	1985	* 6 700	..	..	* 0	* 0	* 6 850
	1986	* 6 700	..	..	* 0	* 0	* 6 850
	1987	* 6 725	..	..	0	0	* 6 995
Fiji / Fidji	1984	300	..	..	..	..	920
	1985	264	..	..	..	..	366
	1986	300	..	..	..	..	984
	1987	* 300	..	..	..	..	* 850
New Zealand / Nouvelle–Zélande	1984	* 50	..	..	0	..	..
	1985	* 50	..	..	* 0	..	..
	1986	* 50	..	..	* 0	..	..
	1987	* 50	..	..	* 0	..	..
Papua New Guinea / Papouasie–Nvl–Guinée	1984	* 1 860	...	...	..	..	110
	1985	* 1 870	...	...	..	..	98
	1986	1 877	...	...	..	..	33
	1987	1 918	...	...	..	..	78
Samoa / Samoa	1984	* 70	..	..	..	..	10
	1985	* 70	..	..	..	..	8
	1986	* 70	..	..	..	..	7
	1987	* 70	..	..	..	..	7
Solomon Islands / Iles Salomon	1984	* 210	..	..	..	..	..
	1985	* 210	..	..	..	..	..
	1986	* 210	..	..	..	..	..
	1987	* 210	..	..	..	..	..
Vanuatu / Vanuatu	1984	* 24	..	..	..	..	..
	1985	* 24	..	..	..	..	..
	1986	* 24	..	..	..	..	..
	1987	* 24	..	..	..	..	..
USSR / URSS	**1984**	*** 83 100**	..	..	..	..	..
	1985	*** 86 800**	..	..	..	..	..
	1986	*** 86 800**	..	..	..	..	..
	1987	*** 86 800**	..	..	..	..	..

Table 14

Production, Trade and Consumption of Crude Petroleum
Production, commerce et consommation de pétrole brut

(Quantities in thousand metric tons and in kilograms per capita)
(Quantités en milliers de tonnes métriques et en kilogrammes par habitant)

Country or area Pays ou zone	Year Année	Production: Total Totale	Production: of which: off-shore dont: en mer	Imports Importations	Exports Exportations	Changes in Stocks Variations des stocks	Consumption: Total Consommation: Totale	Consumption: Per Capita Consommation: Par Habitant
WORLD	**1984**	**2 678 740**	**696 994**	**1 176 283**	**1 078 717**	**2 370**	**2 773 936**	**582**
MONDE	**1985**	**2 653 920**	**711 081**	**1 098 043**	**1 008 960**	**2 118**	**2 740 885**	**565**
	1986	**2 787 085**	**721 023**	**1 200 463**	**1 140 248**	**21 398**	**2 825 902**	**572**
	1987	**2 786 988**	**728 138**	**1 213 852**	**1 147 218**	**16 968**	**2 836 654**	**565**
AFRICA	**1984**	**229 990**	**87 478**	**30 330**	**165 711**	**23**	**94 586**	**175**
AFRIQUE	**1985**	**242 116**	**92 924**	**31 090**	**173 771**	**2 032**	**97 403**	**175**
	1986	**239 167**	**81 229**	**31 182**	**174 538**	**–3 023**	**98 834**	**172**
	1987	**234 897**	**89 723**	**30 317**	**169 395**	**–1 190**	**97 009**	**164**
Algeria	1984	32 422	..	359	* 11 165	500	21 116	1 003
Algérie	1985	31 264	..	* 500	* 10 761	–876	21 879	1 008
	1986	31 334	..	0	* 9 704	–970	22 600	1 010
	1987	33 090	..	* 0	* 10 690	100	22 300	965
Angola	1984	10 074	8 642	..	8 657	0	1 417	166
Angola	1985	11 452	8 395	..	9 931	0	1 521	174
	1986	13 926	9 165	..	12 440	0	1 486	165
	1987	17 506	15 326	..	15 600	400	1 506	163
Benin	1984	* 245	..	..	* 245	..	0	0
Bénin	1985	* 325	..	..	* 325	..	0	0
	1986	* 365	..	..	* 365	..	0	0
	1987	* 350	..	..	* 350	..	0	0
Cameroon	1984	* 7 400	* 6 190	..	5 040	175	2 185	227
Cameroun	1985	* 9 170	* 8 975	..	6 663	317	2 190	222
	1986	* 8 976	* 7 970	..	* 6 631	135	2 210	218
	1987	* 8 602	* 8 102	..	* 6 450	2	2 150	207
Congo	1984	6 007	5 728	..	5 480	0	527	311
Congo	1985	5 825	5 574	..	5 125	50	650	373
	1986	5 950	* 5 706	..	5 513	–90	527	295
	1907	6 316	* 5 795	..	* 5 389	417	510	277
Côte d'Ivoire	1984	1 098	* 995	765	366	–433	1 930	196
Côte d'Ivoire	1985	1 010	* 990	1 098	170	108	1 830	178
	1986	* 1 007	* 982	1 060	* 150	192	1 725	161
	1987	* 880	* 695	* 1 095	* 65	115	1 795	161
Egypt	1984	41 217	37 613	0	* 20 976	700	19 541	422
Egypte	1985	44 312	39 142	0	* 23 294	800	20 218	425
	1986	40 237	* 35 409	0	* 18 204	900	21 133	433
	1987	45 177	* 39 700	* 0	* 22 247	500	22 430	447
Ethiopia	1984	..	..	726	..	5	721	17
Ethiopie	1985	..	..	718	..	3	715	17
	1986	..	..	845	..	26	819	19
	1987	..	..	812	..	–4	816	19
Gabon	1984	7 919	* 6 580	..	* 6 760	9	1 150	1 211
Gabon	1985	8 619	* 7 210	..	* 7 087	522	1 010	1 024
	1986	* 8 269	* 5 712	..	* 7 250	4	1 015	993
	1987	* 7 781	* 6 750	..	* 6 710	3	1 068	1 008
Ghana	1984	33	33	747	* 0	5	775	63
Ghana	1985	14	* 10	966	* 0	5	975	76
	1986	10	* 0	883	* 0	8	885	67
	1987	* 0	* 0	950	* 0	–5	955	70
Kenya	1984	..	..	1 938	..	0	1 938	99
Kenya	1985	..	..	1 981	..	0	1 981	97
	1986	..	..	* 2 000	..	0	2 000	94
	1987	..	..	2 103	..	0	2 103	95
Libyan Arab Jamah.	1984	47 494	..	..	44 841	–3 557	6 210	1 708
Jamah.arabe libyenne	1985	49 245	..	..	43 035	–1 800	8 010	2 115
	1986	49 726	..	..	* 48 000	–5 854	7 580	1 926
	1987	46 792	..	..	* 41 000	–1 800	7 592	1 859

Table 14

Production, Trade and Consumption of Crude Petroleum
Production, commerce et consommation de pétrole brut

(Quantities in thousand metric tons and in kilograms per capita)
(Quantités en milliers de tonnes métriques et en kilogrammes par habitant)

Country or area Pays ou zone	Year Année	Production		Imports Importations	Exports Exportations	Changes in Stocks Variations des stocks	Consumption Consommation	
		Total Totale	of which: off–shore dont: en mer				Total Totale	Per Capita Par Habitant
Madagascar	1984	..	..	197	..	102	95	10
Madagascar	1985	..	..	297	..	2	295	29
	1986	..	..	* 113	..	–97	210	20
	1987	..	..	* 250	..	0	250	23
Mauritania	1984	..	..	64	..	2	62	36
Mauritanie	1985	..	..	0	..	0	0	0
	1986	..	..	510	..	0	510	281
	1987	..	..	975	..	0	975	523
Morocco	1984	16	..	4 644	..	–68	4 728	220
Maroc	1985	22	..	5 025	..	424	4 623	209
	1986	23	..	4 507	..	10	4 520	199
	1987	* 24	..	* 4 610	..	10	4 624	198
Mozambique	1984	..	..	* 130	..	0	130	10
Mozambique	1985	..	..	0	..	0	0	0
	1986	..	..	0	..	0	0	0
	1987	..	..	0	..	0	0	0
Nigeria	1984	69 240	19 047	..	57 255	1 000	10 985	119
Nigéria	1985	74 180	20 537	..	62 492	1 000	10 688	112
	1986	72 805	14 297	..	61 198	1 000	10 607	108
	1987	62 097	* 11 500	..	56 219	–1 000	6 878	67
Senegal	1984	..	..	384	..	14	370	59
Sénégal	1985	..	..	133	..	–89	222	34
	1986	..	..	648	..	150	498	75
	1987	..	..	* 540	..	10	530	78
Sierra Leone	1984	..	..	* 235	..	0	235	66
Sierra Leone	1985	..	..	* 240	..	3	237	65
	1986	..	..	* 243	..	3	240	64
	1987	..	..	* 236	..	1	235	61
Somalia	1984	..	..	180	..	2	178	29
Somalie	1985	..	..	225	..	3	222	35
	1986	..	..	245	..	5	240	36
	1987	..	..	* 248	..	0	248	36
S.Africa Customs Un.	1984	..	..	* 17 500	..	1 500	16 000	449
Un.douan.d'Afr.mérid	1985	..	..	* 17 500	..	1 500	16 000	439
	1986	..	..	* 17 500	..	1 500	16 000	428
	1987	..	..	* 16 000	..	0	16 000	419
Sudan	1984	..	..	* 1 150	..	20	1 130	53
Soudan	1985	..	..	* 1 095	..	10	1 085	50
	1986	..	..	* 1 010	..	3	1 007	45
	1987	..	..	* 1 015	..	5	1 010	44
Tunisia	1984	5 480	1 284	0	3 821	47	1 612	228
Tunisie	1985	5 408	1 211	2	3 748	45	1 617	223
	1986	5 249	1 160	413	3 988	52	1 622	218
	1987	4 987	* 1 020	* 243	* 3 600	30	1 600	210
United Rep. Tanzania	1984	..	..	* 535	...	0	535	24
Rép.Unie de Tanzanie	1985	..	..	* 550	...	5	545	24
	1986	..	..	* 525	...	0	525	22
	1987	..	..	* 550	...	1	549	22
Zaire	1984	1 345	1 366	* 180	* 1 105	0	420	14
Zaïre	1985	* 1 270	880	* 185	* 1 140	0	315	10
	1986	* 1 290	828	* 110	* 1 095	0	305	10
	1987	* 1 295	* 835	* 115	* 1 075	25	310	9
Zambia	1984	..	..	596	..	0	596	88
Zambie	1985	..	..	575	..	0	575	82
	1986	..	..	* 570	..	0	570	78
	1987	..	..	* 575	..	0	575	76

Table 14

Production, Trade and Consumption of Crude Petroleum
Production, commerce et consommation de pétrole brut

(Quantities in thousand metric tons and in kilograms per capita)
(Quantités en milliers de tonnes métriques et en kilogrammes par habitant)

Country or area Pays ou zone	Year Année	Production		Imports Importations	Exports Exportations	Changes in Stocks Variations des stocks	Consumption Consommation	
		Total Totale	of which: off–shore dont: en mer				Total Totale	Per Capita Par Habitant
NTH. AMERICA	**1984**	**658 593**	**159 182**	**244 994**	**112 746**	**8 707**	**782 134**	**1 977**
AMER DU NORD	**1985**	**659 480**	**158 003**	**218 589**	**115 295**	**1 654**	**761 120**	**1 898**
	1986	**636 694**	**149 939**	**260 511**	**109 226**	**3 657**	**784 322**	**1 931**
	1987	**635 099**	**154 281**	**283 515**	**113 474**	**7 346**	**797 794**	**1 939**
Bahamas	1984	..	..	* 5 500	* 0	–400	5 900	24 583
Bahamas	1985	..	..	* 1 000	* 0	125	875	3 601
	1986	..	..	* 0	* 0	0	0	0
	1987	..	..	* 0	* 0	0	0	0
Barbados	1984	87	..	* 125	..	15	197	779
Barbade	1985	93	..	* 125	..	0	218	858
	1986	78	..	* 170	..	0	248	973
	1987	68	..	* 185	..	0	253	984
Canada	1984	70 668	..	12 451	17 560	125	65 434	2 606
Canada	1985	72 004	..	14 249	23 942	182	62 129	2 448
	1986	72 302	..	17 799	28 762	–33	61 372	2 394
	1987	75 206	..	20 017	30 512	963	63 748	2 464
Costa Rica	1984	..	..	380	..	21	359	140
Costa Rica	1985	..	..	409	..	–14	423	160
	1986	..	..	623	..	–27	650	239
	1987	..	..	616	..	–38	654	234
Cuba	1984	770	..	7 235	1 298	–83	6 790	686
Cuba	1985	868	..	8 046	1 891	117	6 906	694
	1986	938	..	7 366	1 450	–22	6 876	687
	1987	895	..	* 8 175	* 1 500	237	7 333	728
Dominican Republic	1984	..	..	1 755	..	160	1 595	254
Rép. dominicaine	1985	..	..	1 711	..	0	1 711	267
	1986	..	..	* 1 500	..	0	1 500	228
	1987	..	..	* 1 450	..	0	1 450	216
El Salvador	1984	..	..	614	..	0	614	130
El Salvador	1985	..	..	* 620	..	0	620	130
	1986	..	..	* 625	..	0	625	129
	1987	..	..	* 630	..	0	630	128
Guatemala	1984	237	..	736	174	40	759	98
Guatemala	1985	184	..	* 740	* 170	0	754	95
	1986	289	..	* 650	* 175	0	764	93
	1987	180	..	605	176	0	609	72
Honduras	1984	..	..	* 265	..	0	265	63
Honduras	1985	..	..	* 270	..	0	270	62
	1986	..	..	* 275	..	0	275	61
	1987	..	..	* 260	..	0	260	56
Jamaica	1984	..	..	616	..	–50	666	289
Jamaïque	1985	..	..	* 1 050	..	0	1 050	449
	1986	..	..	* 1 000	..	0	1 000	421
	1987	..	..	* 950	..	0	950	394
Martinique	1984	..	..	* 445	..	0	445	1 353
Martinique	1985	..	..	* 467	..	15	452	1 374
	1986	..	..	* 450	..	0	450	1 364
	1987	..	..	* 455	..	2	453	1 373
Mexico	1984	139 946	89 050	0	80 206	–567	60 307	778
Mexique	1985	135 755	89 461	0	74 340	–585	62 000	781
	1986	126 211	81 765	0	66 746	77	59 388	731
	1987	132 086	88 629	0	69 854	536	61 696	743
Neth.Antil and Aruba	1984	..	..	* 20 000	* 200	–200	20 000	111 732
Antill.néer.et Aruba	1985	..	..	* 8 450	* 100	–250	8 600	47 514
	1986	..	..	...	...	...	...	...
	1987	..	..	...	...	...	...	...

Table 14

Production, Trade and Consumption of Crude Petroleum
Production, commerce et consommation de pétrole brut

(Quantities in thousand metric tons and in kilograms per capita)
(Quantités en milliers de tonnes métriques et en kilogrammes par habitant)

Country or area Pays ou zone	Year Année	Production: Total Totale	Production: of which: off–shore dont: en mer	Imports Importations	Exports Exportations	Changes in Stocks Variations des stocks	Consumption Consommation: Total Totale	Consumption Consommation: Per Capita Par Habitant
Netherlands Antilles	1984	..	..	...	...	...	...	...
Antilles néerland.	1985	..	..	...	...	...	...	...
	1986	..	..	* 8 150	* 100	–250	8 300	...
	1987	..	..	* 9 800	* 100	0	9 700	...
Nicaragua	1984	..	..	439	..	9	430	136
Nicaragua	1985	..	..	491	..	–7	498	152
	1986	..	..	* 490	..	0	490	145
	1987	..	..	* 500	..	0	500	143
Panama	1984	..	..	* 1 500	..	0	1 500	703
Panama	1985	..	..	* 1 261	..	0	1 261	578
	1986	..	..	* 1 275	..	0	1 275	572
	1987	..	..	* 1 300	..	0	1 300	571
Puerto Rico	1984	..	..	4 890	..	–97	4 987	1 467
Porto Rico	1985	..	..	* 4 550	..	–100	4 650	1 347
	1986	..	..	* 4 900	..	400	4 500	1 284
	1987	..	..	* 4 700	..	–100	4 800	1 350
Trinidad and Tobago	1984	8 758	6 837	0	4 378	0	4 380	3 753
Trinité–et–Tobago	1985	9 097	7 050	189	4 806	–300	4 780	4 030
	1986	8 722	6 331	217	4 498	–300	4 741	3 934
	1987	8 061	5 668	249	3 882	–500	4 928	4 026
United States	1984	438 127	63 295	171 943	8 930	9 834	591 306	2 494
Etats–Unis	1985	441 479	61 492	160 861	10 046	2 471	589 823	2 465
	1986	428 154	61 843	209 471	7 595	3 862	626 168	2 594
	1987	418 603	59 984	233 923	7 550	6 436	638 540	2 623
U.S. Virgin Islands	1984	..	..	* 16 100	..	–100	16 200	155 769
Iles Vierges amér.	1985	..	..	* 14 100	..	0	14 100	133 019
	1986	..	..	* 13 700	..	–300	14 000	129 630
	1987	..	..	9 500	..	–190	9 690	88 899
STH. AMERICA	**1984**	**176 688**	**66 453**	**37 262**	**59 491**	**–535**	**154 994**	**592**
AMER DU SUD	**1985**	**174 300**	**65 903**	**31 274**	**53 558**	**–1 032**	**153 048**	**572**
	1986	**186 302**	**69 592**	**33 948**	**64 692**	**1 080**	**154 478**	**565**
	1987	**185 247**	**69 853**	**38 288**	**66 634**	**1 687**	**155 214**	**556**
Argentina	1984	24 637	0	0	0	183	24 454	817
Argentine	1985	23 607	0	0	462	–395	23 540	776
	1986	22 283	0	0	101	141	22 041	717
	1987	21 999	0	0	102	50	21 847	702
Bolivia	1984	969	..	* 0	39	–25	955	154
Bolivie	1985	917	..	* 0	0	–55	972	153
	1986	816	..	* 0	34	–84	866	132
	1987	836	..	* 0	39	–142	939	140
Brazil	1984	23 216	15 926	32 425	0	...	55 641	419
Brésil	1985	27 493	* 19 000	26 980	0	...	54 473	402
	1986	28 784	* 19 750	29 746	0	...	58 530	423
	1987	28 463	* 19 530	30 902	0	...	59 365	420
Chile	1984	1 879	* 1 200	1 969	...	0	3 848	323
Chili	1985	1 591	1 044	2 058	...	–55	3 704	306
	1986	1 485	1 059	2 597	...	330	3 752	304
	1987	1 318	934	3 804	...	–188	5 310	423
Colombia	1984	8 653	..	1 407	0	14	10 046	357
Colombie	1985	8 887	..	964	0	–86	9 937	346
	1986	15 289	..	0	4 425	52	10 812	369
	1987	19 415	..	0	7 336	28	12 051	402
Ecuador	1984	13 088	..	* 0	5 906	250	6 932	761
Equateur	1985	14 243	..	* 0	8 579	–300	5 964	636
	1986	14 351	..	* 0	9 710	5	4 836	501
	1987	8 856	..	1 918	5 103	1 146	4 525	456

Table 14

Production, Trade and Consumption of Crude Petroleum
Production, commerce et consommation de pétrole brut

(Quantities in thousand metric tons and in kilograms per capita)
(Quantités en milliers de tonnes métriques et en kilogrammes par habitant)

Country or area Pays ou zone	Year Année	Production		Imports Importations	Exports Exportations	Changes in Stocks Variations des stocks	Consumption Consommation	
		Total Totale	of which: off–shore dont: en mer				Total Totale	Per Capita Par Habitant
Paraguay Paraguay	1984	..	..	179	..	29	150	42
	1985	..	..	157	..	–43	200	54
	1986	..	..	205	..	–10	215	56
	1987	..	..	* 210	..	0	210	54
Peru Pérou	1984	9 358	1 325	0	1 000	1	8 357	435
	1985	9 296	1 359	0	* 1 190	–34	8 140	413
	1986	9 027	1 358	0	* 656	–75	8 446	418
	1987	8 754	1 239	* 275	* 166	100	8 763	423
Suriname Suriname	1984	* 38	..	..	* 0	..	38	102
	1985	* 80	..	..	* 0	..	80	213
	1986	* 134	..	..	* 0	..	134	352
	1987	* 156	..	..	* 12	..	144	372
Uruguay Uruguay	1984	..	..	1 282	..	7	1 275	426
	1985	..	..	1 115	..	–8	1 123	373
	1986	..	..	1 400	..	318	1 082	356
	1987	..	..	1 179	..	–116	1 295	423
Venezuela Venezuela	1984	94 850	* 48 002	..	52 546	–994	43 298	2 569
	1985	88 186	* 44 500	..	43 327	–56	44 915	2 594
	1986	93 933	* 47 425	..	49 766	403	43 764	2 460
	1987	95 450	* 48 150	..	* 53 876	809	40 765	2 231
ASIA ASIE	**1984**	**784 590**	**194 381**	**353 788**	**504 094**	**–2 083**	**636 367**	**227**
	1985	**757 195**	**194 995**	**325 516**	**440 271**	**–193**	**642 633**	**226**
	1986	**879 299**	**218 337**	**338 828**	**534 858**	**18 359**	**664 910**	**229**
	1987	**872 667**	**205 867**	**334 004**	**529 784**	**6 518**	**670 369**	**227**
Bahrain Bahreïn	1984	2 022	..	* 8 081	* 0	–19	10 122	24 449
	1985	2 024	..	* 7 218	* 0	142	9 100	21 114
	1986	2 145	..	9 958	* 0	35	12 068	26 938
	1987	1 986	..	10 054	* 0	50	12 090	26 000
Bangladesh Bangladesh	1984	20	..	1 004	..	–37	1 061	11
	1985	22	..	992	..	–14	1 028	10
	1986	23	..	983	..	–12	1 018	10
	1987	* 25	..	* 1 248	..	0	1 273	12
Brunei Darussalam Brunéi Darussalam	1984	7 750	6 165	..	7 500	410	–160	–737
	1985	7 500	5 920	..	7 300	359	–159	–707
	1986	7 450	5 857	..	7 100	411	–61	–262
	1987	6 950	* 5 450	..	6 750	291	–91	–376
Burma Birmanie	1984	1 585	..	0	0	...	1 585	43
	1985	1 451	..	* 0	* 0	...	1 451	39
	1986	* 1 430	..	* 0	* 0	...	1 430	37
	1987	1 008	..	* 0	* 0	...	1 008	26
China Chine	1984	114 613	...	246	22 293	420	92 146	89
	1985	124 895	* 100	* 250	30 030	–300	95 415	92
	1986	130 688	* 400	456	28 498	472	102 174	97
	1987	134 140	* 400	* 500	27 225	225	107 190	100
Cyprus Chypre	1984	..	..	558	..	–1	559	848
	1985	..	..	466	..	21	445	668
	1986	..	..	559	..	–9	568	843
	1987	..	..	616	..	6	610	896
Democratic Yemen Yémen démocratique	1984	..	..	* 3 410	..	...	3 410	1 642
	1985	..	..	* 3 550	..	...	3 550	1 660
	1986	..	..	* 3 300	..	...	3 300	1 499
	1987	..	..	* 3 400	..	...	3 400	1 498
India Inde	1984	27 933	19 150	14 620	6 760	558	35 235	47
	1985	29 860	20 645	14 811	2 044	1 401	41 226	54
	1986	31 157	21 294	14 534	0	751	44 940	57
	1987	30 142	20 109	18 043	0	745	47 440	59

Table 14

Production, Trade and Consumption of Crude Petroleum
Production, commerce et consommation de pétrole brut

(Quantities in thousand metric tons and in kilograms per capita)
(Quantités en milliers de tonnes métriques et en kilogrammes par habitant)

Country or area Pays ou zone	Year Année	Production		Imports Importations	Exports Exportations	Changes in Stocks Variations des stocks	Consumption Consommation	
		Total Totale	of which: off–shore dont: en mer				Total Totale	Per Capita Par Habitant
Indonesia	1984	68 518	* 25 590	5 533	45 779	428	27 844	170
Indonésie	1985	67 710	* 25 288	3 655	39 185	2 517	29 663	178
	1986	71 012	* 20 590	3 794	44 454	–1 808	32 160	190
	1987	64 625	* 20 000	3 928	39 134	–2 339	31 758	184
Iran(Islamic Rep.of)	1984	109 186	12 895	..	* 81 046	–6 360	34 500	754
Iran(Rép.islamique)	1985	108 948	30 467	..	* 67 948	4 000	37 000	777
	1986	93 370	* 25 650	..	* 63 380	1 000	28 990	586
	1987	113 371	* 27 000	..	* 85 331	–1 000	29 040	566
Iraq	1984	58 741	..	..	42 036	2 915	13 790	898
Iraq	1985	68 778	..	..	53 812	500	14 466	910
	1986	82 667	..	..	67 191	1 000	14 476	879
	1987	101 816	..	..	83 450	1 366	17 000	997
Israel	1984	9	..	7 053	..	62	7 000	1 681
Israël	1985	9	..	6 292	..	–635	6 936	1 638
	1986	12	..	7 360	..	897	6 475	1 504
	1987	14	..	6 696	..	–372	7 082	1 619
Japan	1984	405	* 30	182 020	0	–2 969	185 394	1 544
Japon	1985	530	* 30	164 596	0	–477	165 603	1 371
	1986	626	* 30	165 338	0	3 503	162 461	1 339
	1987	* 602	* 30	157 649	0	1 779	156 472	1 283
Jordan	1984	...	..	2 616	..	27	2 589	768
Jordanie	1985	...	..	2 481	..	–28	2 509	715
	1986	15	..	2 282	..	–21	2 318	636
	1987	21	..	2 538	..	54	2 505	661
Korea,Dem.Ppl's.Rep.	1984	..	..	* 2 400	..	...	2 400	121
Corée,Rép.pop.dém.de	1985	..	..	* 2 600	..	...	2 600	128
	1986	..	..	* 2 700	..	...	2 700	129
	1987	..	..	* 2 800	..	...	2 800	131
Korea, Republic of	1984	..	..	27 279	..	–308	27 587	681
Corée, République de	1985	..	..	27 092	..	–385	27 477	669
	1986	..	..	31 429	..	2 777	28 652	689
	1987	..	..	29 530	..	716	28 814	684
Kuwait,part Ntl.Zone	1984	58 947	7 830	..	32 720	1 052	25 175	15 332
Koweït et prt.Zne.N.	1985	53 771	6 569	..	24 107	–89	29 753	17 389
	1986	71 516	* 8 580	..	* 40 716	900	29 900	16 760
	1987	61 439	* 7 373	..	* 32 285	–300	29 454	15 827
Lebanon	1984	..	..	* 760	..	0	760	287
Liban	1985	..	..	625	..	0	625	234
	1986	..	..	* 1 120	..	10	1 110	410
	1987	..	..	* 1 250	..	0	1 250	452
Malaysia	1984	21 371	21 371	2 554	16 497	79	7 349	487
Malaisie	1985	21 246	21 246	2 252	16 723	–166	6 941	449
	1986	24 489	24 489	1 937	19 297	–139	7 268	460
	1987	24 257	24 257	1 547	18 416	167	7 221	446
Oman	1984	20 746	..	..	18 358	170	2 218	1 858
Oman	1985	24 709	..	..	22 376	–126	2 459	1 978
	1986	27 771	..	..	25 487	–342	2 626	2 036
	1987	28 885	..	..	26 792	–13	2 106	1 578
Pakistan	1984	651	..	4 294	..	119	4 826	49
Pakistan	1985	1 278	..	4 018	..	–151	5 447	53
	1986	1 926	..	3 797	..	185	5 538	52
	1987	2 013	..	3 713	..	58	5 668	51
Philippines	1984	532	532	6 756	..	–907	8 195	153
Philippines	1985	395	395	6 672	..	–402	7 469	136
	1986	345	345	6 887	..	–692	7 924	140
	1987	289	289	8 354	..	–830	9 473	163

Table 14

Production, Trade and Consumption of Crude Petroleum
Production, commerce et consommation de pétrole brut

(Quantities in thousand metric tons and in kilograms per capita)
(Quantités en milliers de tonnes métriques et en kilogrammes par habitant)

Country or area Pays ou zone	Year Année	Production		Imports Importations	Exports Exportations	Changes in Stocks Variations des stocks	Consumption Consommation	
		Total Totale	of which: off–shore dont: en mer				Total Totale	Per Capita Par Habitant
Qatar Qatar	1984	19 455	9 776	..	17 268	1 249	938	3 280
	1985	14 779	6 745	..	13 513	−14	1 280	4 267
	1986	15 136	7 626	..	14 093	−537	1 580	5 032
	1987	14 064	* 7 500	..	12 790	−194	1 468	4 489
S.Arabia,pt.Ntrl.Zn. Arab.saoud,p.Zn.neut	1984	204 180	* 59 000	500	159 521	1 859	43 300	3 889
	1985	158 491	* 43 790	* 410	107 359	−1 458	53 000	4 571
	1986	238 460	* 65 000	* 450	162 778	9 382	66 750	5 529
	1987	198 137	* 53 497	* 400	130 738	7 103	60 696	4 831
Singapore Singapour	1984	..	..	36 113	332	−659	36 440	14 397
	1985	..	..	32 352	85	−2 128	34 395	13 436
	1986	..	..	* 35 100	90	100	34 910	13 484
	1987	..	..	33 184	98	−1 600	34 686	13 254
Sri Lanka Sri Lanka	1984	..	..	1 733	..	12	1 721	108
	1985	..	..	1 657	..	−32	1 689	105
	1986	..	..	1 693	..	−3	1 696	104
	1987	..	..	1 706	..	−3	1 709	103
Syrian Arab Republic Rép. arabe syrienne	1984	9 417	..	6 223	5 127	−587	11 100	1 099
	1985	9 236	..	5 067	4 445	−1 710	11 568	1 106
	1986	9 267	..	* 4 933	* 3 100	100	11 000	1 015
	1987	12 162	..	* 1 504	* 2 317	−100	11 449	1 020
Thailand Thaïlande	1984	788	42	6 902	0	60	7 630	151
	1985	1 158	50	6 745	0	−39	7 942	154
	1986	1 132	58	7 171	0	−124	8 427	161
	1987	956	62	7 860	0	47	8 769	164
Turkey Turquie	1984	2 087	..	15 590	..	−68	17 745	361
	1985	2 110	..	15 532	..	−274	17 916	356
	1986	2 394	..	16 862	..	−136	19 392	377
	1987	2 630	..	20 102	..	12	22 720	433
United Arab Emirates Emirats arabes unis	1984	55 517	* 32 000	..	* 48 857	100	6 560	5 066
	1985	58 194	* 33 750	..	* 51 344	200	6 650	4 922
	1986	65 824	* 38 418	..	* 58 674	350	6 800	4 843
	1987	72 108	* 39 900	..	* 64 458	250	7 400	5 086
Yemen Yémen	1984	...	..	..	..	...	...	...
	1985	...	..	..	..	...	...	...
	1986	* 353	..	..	..	...	353	50
	1987	* 900	..	..	..	500	400	55
EUROPE EUROPE	**1984**	**194 772**	**162 103**	**486 461**	**110 231**	**−3 700**	**574 702**	**1 171**
	1985	**200 407**	**166 741**	**474 199**	**114 458**	**−550**	**560 698**	**1 139**
	1986	**204 051**	**168 236**	**515 757**	**123 073**	**1 394**	**595 341**	**1 206**
	1987	**208 678**	**173 734**	**505 805**	**126 894**	**2 427**	**585 162**	**1 183**
Albania Albanie	1984	* 3 000	..	...	...	...	3 000	1 033
	1985	* 3 100	..	...	...	...	3 100	1 046
	1986	* 3 000	..	...	...	...	3 000	993
	1987	* 3 000	..	...	...	...	3 000	975
Austria Autriche	1984	1 205	..	5 907	0	35	7 077	942
	1985	1 147	..	6 206	0	−6	7 359	981
	1986	1 116	..	6 188	0	1	7 303	974
	1987	1 060	..	6 233	0	...	7 293	973
Belgium Belgique	1984	..	..	18 450	78	−351	18 723	1 892
	1985	..	..	16 329	0	59	16 270	1 643
	1986	..	..	23 262	5	34	23 223	2 343
	1987	..	..	24 029	0	201	23 828	2 402
Bulgaria Bulgarie	1984	* 300	..	* 12 500	...	...	12 800	1 431
	1985	* 300	..	* 12 500	...	...	12 800	1 428
	1986	* 300	..	* 12 500	...	...	12 800	1 426
	1987	* 290	..	* 13 000	...	...	13 290	1 479

Table 14

Production, Trade and Consumption of Crude Petroleum
Production, commerce et consommation de pétrole brut

(Quantities in thousand metric tons and in kilograms per capita)
(Quantités en milliers de tonnes métriques et en kilogrammes par habitant)

Country or area Pays ou zone	Year Année	Production Total Totale	Production of which: off-shore dont: en mer	Imports Importations	Exports Exportations	Changes in Stocks Variations des stocks	Consumption Consommation Total Totale	Consumption Consommation Per Capita Par Habitant
Czechoslovakia Tchécoslovaquie	1984	91	..	17 200	0	...	17 291	1 117
	1985	123	..	16 900	* 0	...	17 023	1 098
	1986	143	..	16 900	0	...	17 043	1 097
	1987	147	..	16 990	0	...	17 137	1 101
Denmark Danemark	1984	2 314	2 314	5 314	876	–59	6 811	1 329
	1985	2 892	2 892	4 654	971	27	6 548	1 278
	1986	3 621	3 621	4 304	840	–70	7 155	1 397
	1987	4 602	4 621	4 329	1 739	36	7 156	1 397
Finland Finlande	1984	..	..	9 343	..	–281	9 624	1 972
	1985	..	..	9 828	..	–160	9 988	2 037
	1986	..	..	9 934	..	171	9 763	1 984
	1987	..	..	10 685	..	–16	10 701	2 167
France incl. Monaco France y comp.Monaco	1984	2 065	..	68 245	..	–696	71 006	1 292
	1985	2 642	..	67 043	..	–175	69 860	1 266
	1986	2 948	..	66 010	..	–531	69 489	1 254
	1987	3 235	..	62 081	..	114	65 202	1 172
German Dem. Rep. Rép. dém. allemande	1984	42	..	23 236	..	...	23 278	1 397
	1985	40	..	22 802	..	...	22 842	1 372
	1986	39	..	22 250	..	...	22 289	1 339
	1987	41	..	20 949	..	...	20 990	1 261
Germany, Fed. Rep. Allemagne, Rép. féd.	1984	4 055	0	66 934	5	–504	71 488	1 169
	1985	4 105	0	64 193	1	–669	68 966	1 130
	1986	4 017	0	66 569	0	1 307	69 279	1 137
	1987	3 793	55	63 840	0	730	66 903	1 100
Greece Grèce	1984	1 251	..	12 120	728	9	12 634	1 276
	1985	1 250	..	11 265	749	–315	12 081	1 216
	1986	1 253	..	16 812	2 084	1 119	14 862	1 491
	1987	1 149	..	15 179	1 233	65	15 030	1 504
Hungary Hongrie	1984	2 007	..	8 816	* 2 134	...	8 689	814
	1985	2 012	..	7 253	* 816	...	8 449	793
	1986	2 005	..	7 561	* 845	...	8 721	820
	1987	1 914	..	8 499	* 2 076	...	8 337	786
Ireland Irlande	1984	..	..	1 171	0	–12	1 183	336
	1985	..	..	1 320	104	45	1 171	330
	1986	..	..	1 408	0	–23	1 431	399
	1987	..	..	1 452	21	–28	1 459	403
Italy and San Marino Italie y comp. S.Mrn	1984	2 240	1 198	66 357	..	–179	68 776	1 205
	1985	2 352	1 468	63 551	..	265	65 638	1 148
	1986	2 529	519	71 882	..	–308	74 719	1 306
	1987	3 908	1 220	67 436	..	643	70 701	1 235
Netherlands Pays–Bas	1984	3 102	1 673	42 484	403	–381	45 564	3 158
	1985	3 728	1 248	37 394	1 440	–221	39 903	2 755
	1986	4 628	1 081	44 186	1 255	310	47 249	3 249
	1987	4 291	1 504	44 752	915	297	47 831	3 277
Norway,Svlbd,J.Myn I Norvège,Svalbd,J.May	1984	33 780	33 780	1 846	28 709	–191	7 108	1 716
	1985	37 014	37 014	1 217	30 876	–107	7 462	1 796
	1986	40 527	40 527	1 571	34 526	112	7 460	1 791
	1987	47 758	47 758	2 434	40 727	398	9 067	2 170
Poland Pologne	1984	189	..	13 612	..	0	13 801	374
	1985	195	..	13 712	..	–135	14 042	377
	1986	167	..	14 140	..	27	14 280	381
	1987	149	..	14 169	..	154	14 164	375
Portugal Portugal	1984	..	..	7 662	0	141	7 521	744
	1985	..	..	7 193	0	–21	7 214	710
	1986	..	..	8 266	0	–222	8 488	832
	1987	..	..	8 302	0	387	7 915	774

Table 14

Production, Trade and Consumption of Crude Petroleum
Production, commerce et consommation de pétrole brut

(Quantities in thousand metric tons and in kilograms per capita)
(Quantités en milliers de tonnes métriques et en kilogrammes par habitant)

Country or area Pays ou zone	Year Année	Production		Imports Importations	Exports Exportations	Changes in Stocks Variations des stocks	Consumption Consommation	
		Total Totale	of which: off–shore dont: en mer				Total Totale	Per Capita Par Habitant
Romania Roumanie	1984	11 453	..	13 534	...	...	24 987	1 104
	1985	10 718	..	14 626	...	...	25 344	1 115
	1986	* 10 500	..	* 15 000	...	...	25 500	1 117
	1987	* 10 200	..	* 16 000	...	...	26 200	1 142
Spain Espagne	1984	2 315	2 177	40 895	4	–369	43 575	1 134
	1985	2 183	* 2 050	43 318	72	766	44 663	1 157
	1986	1 861	1 754	46 161	44	–362	48 340	1 247
	1987	1 640	* 1 546	44 316	0	...	45 956	1 181
Sweden Suède	1984	13	..	12 936	0	–273	13 222	1 584
	1985	8	..	13 841	94	–260	14 015	1 678
	1986	4	..	15 863	133	134	15 600	1 868
	1987	3	..	15 312	140	–957	16 132	1 932
Switzrld,Liechtenst. Suisse,Liechtenstein	1984	..	..	3 973	..	0	3 973	614
	1985	..	..	3 810	..	12	3 798	584
	1986	..	..	3 909	..	–19	3 928	603
	1987	..	..	3 895	..	30	3 865	592
United Kingdom Royaume–Uni	1984	121 306	120 961	24 233	77 294	–667	68 912	1 214
	1985	122 449	122 069	26 596	79 335	268	69 442	1 222
	1986	121 238	120 734	30 663	83 341	–286	68 846	1 210
	1987	117 613	117 030	31 090	80 043	192	68 468	1 202
Yugoslavia Yougoslavie	1984	4 044	..	9 693	0	78	13 659	595
	1985	4 149	..	8 648	0	77	12 720	550
	1986	4 155	..	10 418	0	0	14 573	626
	1987	3 885	..	10 833	0	181	14 537	621
OCEANIA OCEANIE	**1984**	**21 397**	**18 997**	**8 998**	**844**	**–42**	**29 593**	**1 219**
	1985	**25 422**	**24 290**	**4 325**	**4 707**	**207**	**24 833**	**1 007**
	1986	**26 572**	**24 690**	**3 642**	**4 266**	**–69**	**26 017**	**1 040**
	1987	**26 400**	**24 680**	**5 711**	**4 450**	**180**	**27 481**	**1 082**
Australia Australie	1984	20 586	18 564	7 441	844	–86	27 269	1 753
	1985	24 579	23 700	3 492	4 404	207	23 460	1 489
	1986	25 282	* 24 000	2 490	4 041	–69	23 800	1 491
	1987	25 128	* 24 000	3 614	4 402	180	24 160	1 495
New Zealand Nouvelle–Zélande	1984	811	433	1 557	* 0	44	2 324	722
	1985	* 843	* 590	* 833	303	0	1 373	423
	1986	* 1 290	* 690	1 152	225	0	2 217	677
	1987	1 272	* 680	2 097	48	0	3 321	1 005
USSR URSS	**1984**	**612 710**	*** 8 400**	*** 14 450**	*** 125 600**	...	**501 560**	**1 826**
	1985	**595 000**	*** 8 225**	*** 13 050**	*** 106 900**	...	**501 150**	**1 810**
	1986	**615 000**	*** 9 000**	**16 595**	*** 129 595**	...	**502 000**	**1 798**
	1987	**624 000**	*** 10 000**	**16 212**	**136 587**	...	**503 625**	**1 789**

Table 15

International Trade of Crude Petroleum (Principal Importers/Exporters) 1986

(Quantities in thousand metric tons)

IMPORTERS	EXPORTERS						
	WORLD MONDE	S.ARAB,P.N.Z ARAB.SD,Z.N.	USSR URSS	UNTD KINGDOM ROYAUME–UNI	IRAQ IRAQ	MEXICO MEXIQUE	IRAN(ISLM.R) IRAN(R.ISLM)
United States	209 471	31 082	78	15 819	3 672	31 755	4 348
Japan	165 338	30 582	97	519	8 067	9 589	10 986
Italy and San Marino	71 882	15 068	6 888	1 796	3 923	490	6 733
Germany, Fed. Rep.	66 569	7 254	3 786	18 551	733	...	2 037
France incl. Monaco	66 010	14 435	5 092	8 075	4 722	2 894	2 924
Spain	44 316	4 588	506	2 588	6 291	9 013	3 362
Netherlands	44 186	9 795	1 040	9 162	3 131	1 105	3 946
Singapore	* 35 100	2 474	...	..	..	..	6 725
Korea, Republic of	31 429	3 326	..	...	..	494	..
United Kingdom	30 663	3 461	1 969	..	3 362	1 110	486
Brazil	29 746	* 5 034	* 282	..	* 9 680	* 1 537	* 2 500
Belgium	23 262	6 389	2 048	4 203	1 127	104	1 091
German Dem. Rep.	22 250	..	* 17 000	..	* 560	..	..
Canada	17 799	890	..	7 497	...	1 008	1 344
S.Africa Customs Un.	* 17 500	..	..	..	..	..	..
Czechoslovakia	16 900	..	* 16 900	..	..	..	..
Turkey	16 862	1 406	521	..	6 591	..	1 900
Greece	16 812	6 076	2 449	84	620	..	739
USSR	16 595	2 880	..	..	3 170	..	0
Sweden	15 863	1 148	1 236	6 552	...	..	652
Romania	* 15 000	...	* 6 450	..	...	..	* 2 000
India	14 534	* 2 500	* 1 900	..	* 810	* 1 200	* 4 600
Poland	14 140	..	13 690	..	135	..	264
U.S. Virgin Islands	13 700	...	..	...	..	957	3 554
Bulgaria	* 12 500	..	* 11 500	..	..	..	..
Yugoslavia	10 418	..	2 105	...	5 324	..	1 049
Bahrain	9 958	* 9 958	..	..	..	..	..
Finland	9 934	945	8 512	181	..	..	168
Portugal	8 266	1 021	193	256	1 189	514	895
Neth.Antil and Aruba	* 8 150	..	..	..	..	..	..
Hungary	7 561	..	* 6 160	..	..	..	..
Cuba	7 366	..	* 2 800	..	..	* 95	..

Table 15

Commerce international de pétrole brut
(Principaux importateurs/exportateurs)
1986

(Quantités en milliers de tonnes métriques)

EXPORTATEURS							
NIGERIA NIGERIA	UNTD ARAB EM EMIR.ARAB.UN	VENEZUELA VENEZUELA	LIBY ARAB JM JM.ARABE.LIB	INDONESIA INDONESIE	KWT,PT.NTL.Z KWT+PRT.ZN. N	NORWY,SVD,J M NORV.SVAL.JM	IMPORTATEURS
20 811	1 879	21 951	..	13 946	1 136	2 564	Etats–Unis
..	34 605	338	..	18 925	5 190	..	Japon
5 477	1 169	806	13 889	...	3 060	616	Italie y comp. S.Mrn
9 714	81	5 756	6 717	27	7	4 657	Allemagne, Rép. féd.
6 415	1 526	636	1 929	...	...	3 869	France y comp.Monaco
2 320	616	451	6 382	..	799	...	Espagne
3 406	216	284	811	...	3 724	5 292	Pays–Bas
..	2 142	..	..	* 3 168	7 018	..	Singapour
..	2 463	..	581	2 223	1 786	...	Corée, République de
2 864	...	786	479	...	...	10 935	Royaume–Uni
* 2 966	...	* 1 127	..	..	...	..	Brésil
2 691	...	305	1 729	...	257	640	Belgique
..	..	..	* 200	..	..	..	Rép. dém. allemande
1 975	..	2 136	73	..	..	397	Canada
..	..	..	..	..	..	..	Un.douan.d'Afr.mérid
..	..	..	..	..	..	..	Tchécoslovaquie
..	1 514	..	2 553	..	1 625	..	Turquie
...	...	..	1 941	..	1 887	..	Grèce
..	..	..	4 600	..	..	..	URSS
861	...	888	470	..	..	3 291	Suède
..	..	..	* 1 700	..	...	..	Roumanie
..	* 1 600	* 500	..	..	* 170	..	Inde
..	..	..	...	..	..	..	Pologne
...	...	...	..	332	..	..	Iles Vierges amér.
..	..	..	* 1 000	..	..	..	Bulgarie
..	..	..	1 324	..	..	..	Yougoslavie
..	..	..	..	..	..	..	Bahreïn
..	..	..	..	..	..	...	Finlande
721	988	...	224	..	..	...	Portugal
* 60	..	* 6 560	* 143	..	..	..	Antill.néer.et Aruba
..	..	..	..	..	..	..	Hongrie
..	..	* 354	* 800	..	..	..	Cuba

Table 15

International Trade of Crude Petroleum (Principal Importers/Exporters) 1987

(Quantities in thousand metric tons)

IMPORTERS	EXPORTERS						
	WORLD MONDE	USSR URSS	S.ARAB,P.N.Z ARAB.SD,Z.N.	IRAN(ISLM.R) IRAN(R.ISLM)	IRAQ IRAQ	UNTD KINGDOM ROYAUME–UNI	MEXICO MEXIQUE
United States	233 923	47	17 628	10 830	2 979	13 856	25 467
Japan	157 649	30	33 989	11 667	4 939	...	9 291
Italy and San Marino	67 436	6 665	6 178	7 068	6 589	1 166	...
Germany, Fed. Rep.	63 840	4 816	3 295	997	2 199	20 752	420
France incl. Monaco	62 081	5 088	6 819	4 431	6 390	12 186	4 482
Netherlands	44 752	1 067	6 811	7 407	1 733	6 875	1 307
Spain	44 316	3 467	4 608	4 823	4 937	2 036	12 695
Singapore	33 184	* 196	5 240	3 459	..	..	..
United Kingdom	31 090	1 455	2 460	1 711	...	..	2 514
Brazil	30 902	378	6 834	2 667	11 188	..	535
Korea, Republic of	29 530	..	4 560	..	..	...	493
Belgium	24 029	2 538	2 951	2 535	2 225	3 592	1 038
German Dem. Rep.	20 949	19 800	..	..	...	..	..
Turkey	20 102	418	824	6 679	7 907	..	..
Canada	20 017	..	936	522	444	9 761	802
India	18 043	* 4 393	...	...	...	..	...
Czechoslovakia	16 990	* 16 990	..	..	..	..	..
USSR	16 212	..	...	220	9 680	..	..
S.Africa Customs Un.	* 16 000	..	..	..	..	..	..
Romania	16 000	* 4 690	* 2 500	* 4 000	...	..	..
Sweden	15 312	2 200	701	605	135	4 545	..
Greece	15 179	2 454	3 987	223	876	84	..
Poland	14 169	* 13 750	..	...	...	..	..
Bulgaria	* 13 000	* 11 560	..	..	..	..	..
Yugoslavia	10 833	4 371	..	1 079	3 482	48	..
Finland	10 685	8 557	1 116	...	..	1 012	..
Bahrain	10 054	..	* 10 054	..	..	..	..
Neth.Antil and Aruba	* 9 800	..	..	..	..	..	..
U.S. Virgin Islands	9 500	..	...	* 4 000	..	...	* 1 000
Hungary	8 499	* 7 470	..	..	..	..	..
Portugal	8 302	183	1 528	...	918	390	521
Cuba	* 8 175	3 974	..	..	..	..	* 100

Table 15

Commerce international de pétrole brut (Principaux importateurs/exportateurs) 1987

(Quantités en milliers de tonnes métriques)

EXPORTATEURS							
UNTD ARAB EM EMIR.ARAB.UN	NIGERIA NIGERIA	VENEZUELA VENEZUELA	LIBY ARAB JM JM.ARABE.LIB	NORWY,SVD,J M NORV.SVAL.JM	INDONESIA INDONESIE	KWT,PT.NTL.Z KWT+PRT.ZN. N	IMPORTATEURS
4 112	20 555	23 595	..	3 376	11 080	3 119	Etats–Unis
28 918	.	...	..	..	19 973	8 902	Japon
3 519	1 958	617	14 779	337	...	2 951	Italie y comp. S.Mrn
1 124	4 749	4 549	7 076	3 822	64	357	Allemagne, Rép. féd.
1 874	4 025	509	2 031	4 242	...	504	France y comp.Monaco
783	2 690	712	896	5 716	...	4 941	Pays–Bas
594	5 892	220	4 747	...	..	464	Espagne
3 398	..	..	..	..	2 095	4 016	Singapour
208	864	842	80	15 699	...	...	Royaume–Uni
527	1 466	472	..	..	..	1 121	Brésil
3 024	..	..	653	...	2 349	1 586	Corée, République de
192	1 048	551	2 573	1 750	...	16	Belgique
..	..	..	...	..	..	..	Rép. dém. allemande
264	..	..	2 060	..	..	...	Turquie
..	1 332	1 620	...	...	..	..	Canada
...	..	...	..	..	..	...	Inde
..	..	..	..	..	..	..	Tchécoslovaquie
..	..	..	2 580	..	..	..	URSS
..	..	..	..	..	..	..	Un.douan.d'Afr.mérid
..	..	..	...	..	..	...	Roumanie
131	373	1 102	78	4 457	..	..	Suède
...	240	..	1 787	..	..	2 288	Grèce
..	..	..	...	..	..	..	Pologne
..	..	..	...	..	..	..	Bulgarie
..	..	..	1 186	..	..	..	Yougoslavie
..	..	..	..	...	..	..	Finlande
..	..	..	..	..	..	..	Bahreïn
..	...	* 8 000	...	..	..	..	Antill.néer.et Aruba
...	...	...	...	..	..	..	Iles Vierges amér.
..	..	..	..	..	..	..	Hongrie
920	989	...	...	...	..	..	Portugal
..	..	* 450	...	..	..	..	Cuba

Table 16

Refinery Distillation Capacity, Throughput and Output
Capacité de traitement des raffineries, quantités traitées et production totale

(Quantities in thousand metric tons)
(Quantités en milliers de tonnes métriques)

Country or area Pays ou zone	Year Année	Capacity Capacité	Throughput Quantités traitées	Output Production totale
WORLD	**1984**	**3 829 000**	**2 883 827**	**2 801 250**
MONDE	**1985**	**3 782 796**	**2 867 823**	**2 765 866**
	1986	**3 694 660**	**2 946 089**	**2 846 994**
	1987	**3 726 609**	**2 964 332**	**2 872 203**
AFRICA	**1984**	**133 537**	**93 463**	**86 697**
AFRIQUE	**1985**	**134 403**	**96 002**	**87 493**
	1986	**136 964**	**98 261**	**90 935**
	1987	**137 036**	**96 786**	**91 969**
Algeria	1984	22 860	* 21 116	19 663
Algérie	1985	* 22 860	* 21 900	20 668
	1986	* 22 860	* 22 600	22 385
	1987	* 22 860	* 22 300	21 635
Angola	1984	* 2 250	* 1 350	1 105
Angola	1985	* 2 250	* 1 450	1 389
	1986	* 2 250	* 1 450	1 285
	1987	* 2 250	* 1 400	1 277
Cameroon	1984	* 3 500	* 2 185	2 016
Cameroun	1985	* 3 500	* 2 190	2 028
	1986	* 3 500	* 2 210	2 091
	1987	* 3 500	* 2 150	1 995
Congo	1984	* 1 100	* 527	513
Congo	1985	* 1 100	* 50	48
	1986	* 1 100	* 527	508
	1987	* 1 100	* 510	506
Côte d'Ivoire	1984	* 3 000	* 1 930	1 895
Côte d'Ivoire	1985	* 3 000	* 1 830	1 796
	1986	* 3 000	* 1 725	1 712
	1987	* 3 000	* 1 795	1 718
Egypt	1984	* 22 700	19 541	18 541
Egypte	1985	* 22 700	20 218	19 064
	1986	* 22 700	21 133	19 994
	1987	22 700	22 430	21 283
Ethiopia	1984	804	721	679
Ethiopie	1985	* 804	715	682
	1986	804	819	702
	1987	876	816	775
Gabon	1984	2 300	* 1 150	924
Gabon	1985	2 300	* 1 010	942
	1986	* 2 300	* 1 015	938
	1987	* 2 300	* 1 068	926
Ghana	1984	1 320	* 775	759
Ghana	1985	1 320	* 975	894
	1986	* 1 320	* 885	846
	1987	* 1 320	* 955	927
Kenya	1984	4 750	1 867	1 817
Kenya	1985	4 750	1 913	1 890
	1986	* 4 750	* 1 930	1 867
	1987	* 4 750	2 019	2 026
Liberia	1984	* 750	* 0	0
Libéria	1985	* 750	* 0	0
	1986	750	* 0	0
	1987	* 750	* 0	0
Libyan Arab Jamah.	1984	15 153	* 6 210	6 057
Jamah.arabe libyenne	1985	16 019	* 8 010	6 928
	1986	18 280	* 7 580	6 874
	1987	18 280	* 7 592	6 810

Table 16

Refinery Distillation Capacity, Throughput and Output
Capacité de traitement des raffineries, quantités traitées et production totale

(Quantities in thousand metric tons)
(Quantités en milliers de tonnes métriques)

Country or area Pays ou zone	Year Année	Capacity Capacité	Throughput Quantités traitées	Output Production totale
Madagascar Madagascar	1984	* 810	* 95	78
	1985	* 810	* 295	290
	1986	* 810	* 210	209
	1987	* 810	* 250	239
Mauritania Mauritanie	1984	* 1 150	* 62	63
	1985	* 1 150	* 0	0
	1986	* 1 150	* 510	479
	1987	* 1 150	* 975	941
Morocco Maroc	1984	* 7 000	4 728	4 378
	1985	* 7 000	4 623	4 442
	1986	* 7 000	* 4 660	4 268
	1987	* 7 000	* 4 670	4 296
Mozambique Mozambique	1984	* 800	* 130	120
	1985	* 800	0	0
	1986	* 800	0	0
	1987	* 800	0	0
Nigeria Nigéria	1984	* 12 200	* 10 000	7 596
	1985	12 200	* 10 000	6 310
	1986	12 500	* 10 000	6 540
	1987	12 500	* 6 800	6 450
Senegal Sénégal	1984	* 900	* 370	355
	1985	* 900	* 222	212
	1986	* 900	* 498	479
	1987	* 900	* 530	492
Sierra Leone Sierra Leone	1984	* 700	* 235	253
	1985	* 700	* 237	252
	1986	* 700	* 240	253
	1987	* 700	* 235	251
Somalia Somalie	1984	* 500	* 178	160
	1985	* 500	* 222	202
	1986	* 500	* 240	202
	1987	* 500	* 248	217
S.Africa Customs Un. Un.douan.d'Afr.mérid	1984	21 090	16 000	15 550
	1985	21 090	16 000	15 630
	1986	21 090	16 000	15 500
	1987	21 090	16 000	15 425
Sudan Soudan	1984	1 290	* 1 130	1 121
	1985	* 1 290	* 1 085	945
	1986	* 1 290	* 1 007	952
	1987	* 1 290	* 1 010	943
Togo Togo	1984	* 1 000	* 0	0
	1985	* 1 000	* 0	0
	1986	* 1 000	* 0	0
	1987	* 1 000	* 0	0
Tunisia Tunisie	1984	1 690	1 612	1 574
	1985	1 690	1 617	1 531
	1986	1 690	1 622	1 550
	1987	* 1 690	* 1 600	1 516
United Rep. Tanzania Rép.Unie de Tanzanie	1984	* 850	* 535	522
	1985	* 850	* 550	519
	1986	* 850	* 525	503
	1987	* 850	* 548	511
Zaire Zaïre	1984	850	* 420	400
	1985	* 850	* 315	303
	1986	* 850	* 305	295
	1987	* 850	* 310	287

Table 16

Refinery Distillation Capacity, Throughput and Output
Capacité de traitement des raffineries, quantités traitées et production totale

(Quantities in thousand metric tons)
(Quantités en milliers de tonnes métriques)

Country or area Pays ou zone	Year Année	Capacity Capacité	Throughput Quantités traitées	Output Production totale
Zambia Zambie	1984	* 1 220	596	558
	1985	* 1 220	575	528
	1986	* 1 220	* 570	503
	1987	* 1 220	* 575	523
Zimbabwe Zimbabwe	1984	* 1 000	0	..
	1985	* 1 000	0	..
	1986	* 1 000	* 0	..
	1987	* 1 000	* 0	..
NTH. AMERICA AMER DU NORD	**1984**	**1 077 101**	**839 769**	**840 306**
	1985	**1 047 581**	**821 753**	**824 354**
	1986	**1 005 641**	**846 332**	**843 338**
	1987	**1 036 661**	**862 291**	**852 640**
Antigua and Barbuda Antigua–et–Barbuda	1984	900	* 0	0
	1985	* 900	* 0	0
	1986	* 900	* 0	0
	1987	900	* 0	0
Bahamas Bahamas	1984	* 17 500	* 5 900	5 807
	1985	* 17 500	* 875	850
	1986	* 0	* 0	0
	1987	* 0	* 0	0
Barbados Barbade	1984	* 200	* 197	196
	1985	* 230	* 218	210
	1986	* 250	* 248	238
	1987	* 250	* 250	233
Canada Canada	1984	97 630	* 70 714	70 777
	1985	98 963	* 69 605	69 185
	1986	86 492	* 69 172	68 247
	1987	85 008	* 72 848	71 142
Costa Rica Costa Rica	1984	678	401	402
	1985	* 678	410	402
	1986	* 680	612	605
	1987	* 680	617	571
Cuba Cuba	1984	7 970	6 616	6 828
	1985	* 7 970	6 587	6 805
	1986	7 970	6 577	6 826
	1987	* 7 970	6 827	7 073
Dominican Republic Rép. dominicaine	1984	* 2 350	* 1 420	1 395
	1985	* 2 350	* 1 711	1 277
	1986	* 2 350	* 1 500	1 434
	1987	* 2 350	* 1 450	1 382
El Salvador El Salvador	1984	* 800	* 614	596
	1985	* 800	* 620	595
	1986	* 800	* 625	569
	1987	* 800	* 630	559
Guatemala Guatemala	1984	* 1 250	691	672
	1985	* 1 250	* 670	665
	1986	* 1 250	* 700	646
	1987	* 1 250	572	557
Honduras Honduras	1984	* 700	* 265	259
	1985	* 700	* 270	264
	1986	* 700	* 275	251
	1987	* 700	* 260	237
Jamaica Jamaïque	1984	* 1 850	* 700	648
	1985	* 1 850	* 1 050	935
	1986	* 1 850	* 1 000	857
	1987	* 1 850	* 950	845

Table 16

Refinery Distillation Capacity, Throughput and Output
Capacité de traitement des raffineries, quantités traitées et production totale

(Quantities in thousand metric tons)
(Quantités en milliers de tonnes métriques)

Country or area Pays ou zone	Year Année	Capacity Capacité	Throughput Quantités traitées	Output Production totale
Martinique Martinique	1984	* 580	* 445	440
	1985	* 580	* 452	447
	1986	* 580	* 450	438
	1987	* 580	* 453	440
Mexico Mexique	1984	* 72 500	* 59 500	57 048
	1985	* 72 500	* 62 000	59 203
	1986	* 70 134	* 59 778	55 382
	1987	* 72 447	61 695	58 099
Neth.Antil and Aruba Antill.néer.et Aruba	1984	* 37 725	* 20 000	19 470
	1985	* 16 675	* 8 600	8 420
	1986	...	...	...
	1987	...	...	...
Netherlands Antilles Antilles néerland.	1984	...	...	...
	1985	...	...	...
	1986	* 16 675	* 8 300	8 050
	1987	* 16 675	* 9 700	9 315
Nicaragua Nicaragua	1984	* 750	* 445	440
	1985	* 750	498	496
	1986	* 750	* 490	477
	1987	* 750	* 500	483
Panama Panama	1984	* 5 000	* 1 500	1 485
	1985	* 5 000	* 1 261	1 245
	1986	* 5 000	* 1 275	1 187
	1987	* 5 000	* 1 300	1 201
Puerto Rico Porto Rico	1984	* 12 225	* 7 433	7 247
	1985	* 12 225	* 6 700	6 600
	1986	* 12 225	* 6 300	6 200
	1987	* 12 225	* 6 400	6 300
Trinidad and Tobago Trinité-et-Tobago	1984	* 18 680	* 4 400	4 214
	1985	* 18 680	* 4 900	4 640
	1986	* 18 680	* 5 100	4 926
	1987	* 18 680	* 5 200	5 180
United States Etats-Unis	1984	770 563	* 642 328	646 282
	1985	760 730	* 641 226	648 107
	1986	767 780	* 678 230	681 194
	1987	797 971	* 692 839	688 840
U.S. Virgin Islands Iles Vierges amér.	1984	27 250	* 16 200	16 100
	1985	* 27 250	* 14 100	14 008
	1986	* 27 250	* 14 000	13 862
	1987	27 250	9 500	9 497
STH. AMERICA AMER DU SUD	**1984**	**212 391**	**154 057**	**149 537**
	1985	**210 916**	**155 147**	**149 734**
	1986	**202 864**	**157 054**	**153 398**
	1987	**212 596**	**154 423**	**149 906**
Argentina Argentine	1984	34 600	23 981	23 453
	1985	34 600	23 270	22 360
	1986	34 600	21 920	21 648
	1987	34 455	21 504	20 949
Bolivia Bolivie	1984	* 3 000	* 1 015	987
	1985	* 3 000	* 1 028	987
	1986	* 3 000	* 920	884
	1987	* 3 000	* 990	955
Brazil Brésil	1984	* 76 780	54 097	53 221
	1985	* 75 000	54 393	53 420
	1986	* 66 500	57 593	57 258
	1987	* 74 500	58 844	58 952

Table 16

Refinery Distillation Capacity, Throughput and Output
Capacité de traitement des raffineries, quantités traitées et production totale

(Quantities in thousand metric tons)
(Quantités en milliers de tonnes métriques)

Country or area Pays ou zone	Year Année	Capacity Capacité	Throughput Quantités traitées	Output Production totale
Chile Chili	1984	6 000	3 848	3 770
	1985	6 000	* 3 800	3 733
	1986	6 000	* 4 100	4 024
	1987	6 000	* 5 000	4 207
Colombia Colombie	1984	* 10 810	9 660	9 008
	1985	* 10 900	9 292	8 810
	1986	11 672	10 098	9 416
	1987	11 672	11 392	10 783
Ecuador Equateur	1984	4 800	* 4 547	4 408
	1985	* 4 950	* 4 407	4 135
	1986	5 043	4 741	4 621
	1987	* 6 701	4 188	4 072
Paraguay Paraguay	1984	* 375	* 150	147
	1985	* 375	* 200	193
	1986	* 375	* 215	206
	1987	* 375	* 210	199
Peru Pérou	1984	* 9 200	8 641	8 499
	1985	* 9 200	8 570	8 316
	1986	9 045	* 8 510	8 464
	1987	* 9 000	* 8 500	8 432
Uruguay Uruguay	1984	2 408	1 276	1 220
	1985	2 408	1 123	1 053
	1986	2 408	* 1 082	1 036
	1987	2 408	1 295	1 257
Venezuela Venezuela	1984	64 418	* 46 842	44 823
	1985	64 483	* 49 064	46 728
	1986	64 221	* 47 875	45 842
	1987	* 64 485	* 42 500	40 099
ASIA **ASIE**	**1984**	**865 850**	**610 687**	**593 825**
	1985	**886 745**	**628 138**	**600 528**
	1986	**867 800**	**645 437**	**611 368**
	1987	**863 620**	**656 226**	**625 987**
Bahrain Bahreïn	1984	12 500	10 235	9 833
	1985	12 500	9 282	9 018
	1986	12 500	12 268	10 004
	1987	12 500	* 12 300	10 310
Bangladesh Bangladesh	1984	1 500	1 061	942
	1985	1 500	1 028	892
	1986	1 500	1 018	878
	1987	* 1 500	* 1 273	902
Brunei Darussalam Brunéi Darussalam	1984	500	* 214	193
	1985	500	* 235	194
	1986	500	* 300	233
	1987	500	* 270	238
Burma Birmanie	1984	* 2 850	* 1 585	1 178
	1985	* 2 850	* 1 451	1 114
	1986	* 2 850	* 1 430	906
	1987	* 2 500	1 008	752
China Chine	1984	102 500	82 510	72 409
	1985	107 000	85 889	74 315
	1986	110 000	92 599	80 669
	1987	* 111 000	* 100 980	84 169
Cyprus Chypre	1984	750	559	560
	1985	750	445	451
	1986	750	568	548
	1987	750	610	612

Table 16

Refinery Distillation Capacity, Throughput and Output
Capacité de traitement des raffineries, quantités traitées et production totale

(Quantities in thousand metric tons)
(Quantités en milliers de tonnes métriques)

Country or area / Pays ou zone	Year / Année	Capacity / Capacité	Throughput / Quantités traitées	Output / Production totale
Democratic Yemen / Yémen démocratique	1984	* 8 900	* 3 410	3 305
	1985	* 8 900	* 3 550	3 170
	1986	* 8 900	* 3 300	2 964
	1987	* 8 900	* 3 400	3 101
India / Inde	1984	45 550	35 235	33 224
	1985	45 550	41 226	38 606
	1986	45 550	44 940	42 526
	1987	* 48 000	47 440	45 094
Indonesia / Indonésie	1984	43 000	* 27 684	26 719
	1985	45 000	* 29 500	28 319
	1986	45 000	* 32 000	30 772
	1987	45 000	* 31 610	30 843
Iran(Islamic Rep.of) / Iran(Rép.islamique)	1984	* 54 400	* 34 500	32 500
	1985	* 59 930	* 37 000	33 969
	1986	* 30 700	* 29 000	27 350
	1987	* 30 700	* 29 000	27 110
Iraq / Iraq	1984	17 880	* 13 790	11 990
	1985	17 880	* 15 000	13 040
	1986	17 880	* 15 000	12 775
	1987	17 880	* 17 000	14 390
Israel / Israël	1984	* 11 000	7 199	6 971
	1985	* 11 000	6 936	6 227
	1986	* 11 000	6 475	6 341
	1987	* 11 000	7 082	6 815
Japan / Japon	1984	245 265	165 109	175 601
	1985	245 265	155 526	162 390
	1986	241 230	147 637	156 717
	1987	* 239 000	143 619	150 754
Jordan / Jordanie	1984	4 125	2 589	2 537
	1985	4 950	2 512	2 486
	1986	4 950	2 323	2 303
	1987	4 950	2 505	2 452
Korea,Dem.Ppl's.Rep. / Corée,Rép.pop.dém.de	1984	* 2 500	* 2 400	2 330
	1985	* 3 000	* 2 600	2 490
	1986	* 3 000	* 2 700	2 650
	1987	* 3 000	* 2 800	2 650
Korea, Republic of / Corée, République de	1984	* 39 500	27 587	27 935
	1985	* 39 500	27 477	27 227
	1986	* 39 500	28 652	28 394
	1987	* 39 500	28 814	28 569
Kuwait,part Ntl.Zone / Koweït et prt.Zne.N.	1984	30 700	25 175	23 908
	1985	30 700	29 753	28 224
	1986	36 413	* 29 762	28 474
	1987	36 413	* 29 454	28 666
Lebanon / Liban	1984	* 2 600	* 760	735
	1985	* 2 600	* 625	615
	1986	* 2 600	* 1 100	1 030
	1987	* 2 600	* 1 250	1 150
Malaysia / Malaisie	1984	* 10 250	7 488	7 596
	1985	* 10 250	7 430	7 257
	1986	* 10 250	7 401	7 378
	1987	* 10 250	7 526	7 439
Mongolia / Mongolie	1984	* 70	...	...
	1985	* 70	...	...
	1986	* 70	...	...
	1987	* 70	...	...

Table 16

Refinery Distillation Capacity, Throughput and Output
Capacité de traitement des raffineries, quantités traitées et production totale

(Quantities in thousand metric tons)
(Quantités en milliers de tonnes métriques)

Country or area Pays ou zone	Year Année	Capacity Capacité	Throughput Quantités traitées	Output Production totale
Oman Oman	1984	2 482	* 2 368	2 272
	1985	* 3 820	* 2 619	2 525
	1986	* 3 820	* 2 796	2 679
	1987	* 3 820	* 2 266	2 151
Pakistan Pakistan	1984	* 6 400	4 831	4 673
	1985	* 6 700	5 453	5 047
	1986	* 6 700	5 544	5 279
	1987	* 6 700	5 674	5 476
Philippines Philippines	1984	14 240	8 195	7 299
	1985	14 240	7 469	6 309
	1986	14 300	7 924	6 969
	1987	14 300	9 473	8 339
Qatar Qatar	1984	3 040	* 900	724
	1985	3 040	* 1 240	1 140
	1986	3 040	* 1 540	1 433
	1987	3 040	* 1 428	1 322
S.Arabia,pt.Ntrl.Zn. Arab.saoud,p.Zn.neut	1984	64 700	* 43 300	41 242
	1985	* 71 882	* 53 000	49 094
	1986	* 74 379	* 66 750	54 749
	1987	* 74 379	* 60 696	56 200
Singapore Singapour	1984	54 580	* 36 440	34 375
	1985	50 900	* 34 395	32 407
	1986	48 000	* 34 910	32 050
	1987	43 000	* 34 686	34 256
Sri Lanka Sri Lanka	1984	2 350	1 721	1 748
	1985	2 350	1 620	1 554
	1986	2 350	1 678	1 673
	1987	2 350	1 691	1 716
Syrian Arab Republic Rép. arabe syrienne	1984	12 218	* 11 100	10 126
	1985	12 218	* 11 570	11 123
	1986	12 218	* 11 000	10 295
	1987	12 218	11 449	11 078
Thailand Thaïlande	1984	8 800	7 939	7 694
	1985	9 700	8 163	7 773
	1986	9 700	8 537	8 340
	1987	9 700	8 515	8 422
Turkey Turquie	1984	23 050	17 925	17 516
	1985	23 050	17 937	17 500
	1986	28 500	19 206	18 658
	1987	28 450	22 837	21 735
United Arab Emirates Emirats arabes unis	1984	8 650	* 7 800	7 092
	1985	8 650	* 7 900	7 268
	1986	8 650	* 7 970	7 325
	1987	8 650	* 8 600	8 226
Yemen Yémen	1984	...	...	0
	1985	...	...	0
	1986	500	* 353	337
	1987	* 500	* 400	350
EUROPE EUROPE	**1984**	**888 512**	**652 907**	**640 225**
	1985	**849 542**	**636 895**	**626 066**
	1986	**826 782**	**667 678**	**657 180**
	1987	**822 087**	**660 918**	**649 920**
Albania Albanie	1984	* 3 700	* 3 000	2 630
	1985	* 3 700	* 3 100	2 630
	1986	* 3 700	* 3 000	2 630
	1987	* 3 700	* 3 000	2 630

Table 16

Refinery Distillation Capacity, Throughput and Output
Capacité de traitement des raffineries, quantités traitées et production totale

(Quantities in thousand metric tons)
(Quantités en milliers de tonnes métriques)

Country or area Pays ou zone	Year Année	Capacity Capacité	Throughput Quantités traitées	Output Production totale
Austria Autriche	1984	9 720	7 595	7 272
	1985	9 720	8 224	8 106
	1986	9 700	8 215	8 171
	1987	9 700	8 244	8 017
Belgium Belgique	1984	35 810	23 679	23 397
	1985	35 810	20 489	20 384
	1986	35 270	27 659	27 524
	1987	35 170	27 548	27 352
Bulgaria Bulgarie	1984	* 15 000	* 12 750	12 086
	1985	* 15 000	* 12 750	12 085
	1986	* 15 000	* 12 750	12 035
	1987	* 15 000	* 13 290	12 007
Czechoslovakia Tchécoslovaquie	1984	* 22 700	17 291	14 807
	1985	* 22 700	17 023	14 769
	1986	* 22 700	17 043	14 638
	1987	22 700	17 137	14 764
Denmark Danemark	1984	8 700	7 342	7 284
	1985	8 700	7 020	6 937
	1986	8 700	7 736	7 687
	1987	* 8 700	7 629	7 556
Finland Finlande	1984	12 000	10 593	10 453
	1985	12 000	10 180	10 339
	1986	12 000	9 436	9 320
	1987	* 12 000	10 527	10 429
France incl. Monaco France y comp.Monaco	1984	109 572	79 397	78 806
	1985	108 772	79 914	79 438
	1986	95 572	76 518	75 205
	1987	95 977	* 73 577	70 298
German Dem. Rep. Rép. dém. allemande	1984	* 26 600	23 278	21 215
	1985	* 26 600	22 842	21 680
	1986	* 26 600	22 289	21 689
	1987	26 600	20 990	20 116
Germany, Fed. Rep. Allemagne, Rép. féd.	1984	105 280	91 985	90 038
	1985	* 96 000	89 627	87 740
	1986	* 95 000	87 361	85 596
	1987	* 90 000	83 257	81 917
Greece Grèce	1984	18 000	12 693	12 585
	1985	19 500	12 138	12 019
	1986	18 200	16 105	16 014
	1987	18 200	16 451	16 352
Hungary Hongrie	1984	11 000	8 689	9 116
	1985	11 010	8 447	9 307
	1986	11 010	8 703	9 278
	1987	11 010	8 336	9 365
Ireland Irlande	1984	2 790	1 239	1 235
	1985	2 790	1 335	1 296
	1986	2 790	1 544	1 482
	1987	2 790	1 532	1 489
Italy and San Marino Italie y comp. S.Mrn	1984	145 300	82 641	81 218
	1985	123 400	79 501	78 174
	1986	127 800	82 983	82 089
	1987	127 800	* 83 500	83 334
Netherlands Pays-Bas	1984	76 200	62 059	62 059
	1985	76 200	55 808	55 682
	1986	69 100	67 669	67 272
	1987	69 100	67 845	67 432

Table 16

Refinery Distillation Capacity, Throughput and Output
Capacité de traitement des raffineries, quantités traitées et production totale

(Quantities in thousand metric tons)
(Quantités en milliers de tonnes métriques)

Country or area Pays ou zone	Year Année	Capacity Capacité	Throughput Quantités traitées	Output Production totale
Norway,Svlbd,J.Myn I Norvège,Svalbd,J.May	1984	12 090	7 455	7 608
	1985	12 090	7 742	7 723
	1986	12 090	7 709	7 346
	1987	12 090	9 254	9 297
Poland Pologne	1984	19 500	13 801	12 112
	1985	19 500	14 042	12 428
	1986	19 500	14 280	12 904
	1987	19 500	14 164	13 244
Portugal Portugal	1984	14 000	7 576	7 515
	1985	14 400	7 263	7 166
	1986	14 400	8 484	8 474
	1987	14 400	7 626	7 587
Romania Roumanie	1984	* 30 900	* 24 987	24 411
	1985	* 30 900	* 25 344	24 630
	1986	* 30 900	* 25 500	24 512
	1987	* 30 900	* 26 200	24 665
Spain Espagne	1984	68 900	43 473	45 002
	1985	64 400	44 583	45 362
	1986	64 400	48 513	50 294
	1987	* 64 400	46 470	47 430
Sweden Suède	1984	22 600	14 383	13 944
	1985	21 800	14 175	13 395
	1986	20 600	15 137	14 596
	1987	20 600	15 489	15 500
Switzrld,Liechtenst. Suisse,Liechtenstein	1984	6 850	4 225	4 214
	1985	6 850	4 197	4 191
	1986	6 850	4 316	4 295
	1987	6 850	3 866	4 185
United Kingdom Royaume–Uni	1984	95 800	79 117	78 503
	1985	92 800	78 431	78 076
	1986	89 900	80 155	79 493
	1987	89 900	80 449	80 352
Yugoslavia Yougoslavie	1984	* 15 500	13 659	12 713
	1985	* 14 900	12 720	12 510
	1986	* 15 000	14 573	14 636
	1987	* 15 000	14 537	14 602
OCEANIA OCEANIE	**1984**	**41 609**	**31 394**	**30 270**
	1985	**41 609**	**28 888**	**29 715**
	1986	**41 609**	**29 327**	**29 442**
	1987	**41 609**	**30 063**	**29 728**
Australia Australie	1984	36 093	* 29 000	27 886
	1985	* 36 093	* 27 252	28 250
	1986	* 36 093	26 737	26 960
	1987	* 36 093	26 742	26 931
Guam Guam	1984	* 2 016	* 0	0
	1985	* 2 016	* 0	0
	1986	* 2 016	* 0	0
	1987	* 2 016	* 0	0
New Zealand Nouvelle–Zélande	1984	3 500	* 2 394	2 384
	1985	* 3 500	* 1 636	1 465
	1986	* 3 500	* 2 590	2 482
	1987	* 3 500	* 3 321	2 797
USSR URSS	**1984**	**610 000**	***501 550**	**460 390**
	1985	**612 000**	***501 000**	**447 975**
	1986	**613 000**	***502 000**	**461 334**
	1987	**613 000**	***503 625**	**472 053**

Table 17

Production, Trade and Consumption of Liquefied Petroleum Gas
Production, commerce et consommation de gaz de pétrole liquéfiés

(Quantities in thousand metric tons and in kilograms per capita)
(Quantités en milliers de tonnes métriques et en kilogrammes par habitant)

Country or area Pays ou zone	Year Année	Production	Imports Importations	Exports Exportations	Changes in Stocks Variation des stocks	Consumption Consommation Total Totale	Consumption Consommation Per Capita Par habitant
WORLD MONDE	**1984**	**142 582**	**30 544**	**28 216**	**493**	**144 417**	**30**
	1985	**143 482**	**31 162**	**27 895**	**–1 753**	**148 502**	**31**
	1986	**146 307**	**33 125**	**29 290**	**2 655**	**147 487**	**30**
	1987	**153 769**	**33 969**	**31 051**	**1 078**	**155 609**	**31**
AFRICA AFRIQUE	**1984**	**4 203**	**491**	**2 031**	**–11**	**2 674**	**5**
	1985	**4 357**	**542**	**2 164**	**–16**	**2 751**	**5**
	1986	**5 034**	**634**	**2 774**	**9**	**2 885**	**5**
	1987	**5 994**	**569**	**3 614**	**12**	**2 937**	**5**
Algeria Algérie	1984	2 806	* 0	1 645	...	1 161	55
	1985	2 910	* 0	* 1 790	...	1 120	52
	1986	3 590	* 0	* 2 430	...	1 160	52
	1987	4 380	* 0	* 3 210	...	1 170	51
Angola Angola	1984	13	* 5	..	...	18	2
	1985	18	* 3	..	...	21	2
	1986	15	* 3	..	...	18	2
	1987	15	* 3	..	...	18	2
Burkina Faso Burkina Faso	1984	..	* 1	* 1	..	0	0
	1985	..	* 1	* 1	..	0	0
	1986	..	* 1	* 1	..	0	0
	1987	..	* 1	* 1	..	0	0
Cameroon Cameroun	1984	19	* 1	..	0	20	2
	1985	18	0	..	0	18	2
	1986	19	* 0	..	0	19	2
	1987	17	* 0	..	0	17	2
Cape Verde Cap–Vert	1984	..	* 1	..	..	1	3
	1985	..	4	..	..	4	12
	1986	..	3	..	..	3	9
	1987	..	* 3	..	..	3	9
Congo Congo	1984	3	* 3	..	0	6	4
	1985	0	* 2	..	0	2	1
	1986	3	* 1	..	0	4	2
	1987	3	* 1	..	0	4	2
Côte d'Ivoire Côte d'Ivoire	1984	8	* 9	* 1	0	16	2
	1985	8	* 9	* 1	0	16	2
	1986	10	* 10	* 1	0	19	2
	1987	10	* 8	* 1	0	17	2
Djibouti Djibouti	1984	..	* 5	..	0	5	15
	1985	..	* 4	..	0	4	11
	1986	..	* 5	..	0	5	14
	1987	..	* 4	..	0	4	11
Egypt Egypte	1984	417	* 163	..	...	580	13
	1985	462	* 153	..	...	615	13
	1986	499	* 167	..	...	666	14
	1987	603	* 136	..	...	739	15
Ethiopia Ethiopie	1984	5	* 0	..	0	5	0
	1985	5	* 0	..	0	5	0
	1986	6	0	..	0	6	0
	1987	7	0	..	1	6	0
Gabon Gabon	1984	6	* 0	* 1	0	5	5
	1985	6	* 0	* 1	0	5	5
	1986	6	* 0	* 1	0	5	5
	1987	5	* 0	* 1	0	4	4
Ghana Ghana	1984	4	* 1	..	..	5	0
	1985	5	* 1	..	..	6	0
	1986	3	* 1	..	..	4	0
	1987	4	1	..	..	5	0

Table 17

Production, Trade and Consumption of Liquefied Petroleum Gas
Production, commerce et consommation de gaz de pétrole liquéfiés

(Quantities in thousand metric tons and in kilograms per capita)
(Quantités en milliers de tonnes métriques et en kilogrammes par habitant)

Country or area Pays ou zone	Year Année	Production	Imports Importations	Exports Exportations	Changes in Stocks Variation des stocks	Consumption Consommation	
						Total Totale	Per Capita Par habitant
Guinea–Bissau Guinée–Bissau	1984	..	* 1	..	..	1	1
	1985	..	* 1	..	..	1	1
	1986	..	* 1	..	..	1	1
	1987	..	* 1	..	..	1	1
Kenya Kenya	1984	23	0	1	...	22	1
	1985	22	0	1	...	21	1
	1986	20	* 0	* 1	...	19	1
	1987	26	0	1	...	25	1
Liberia Libéria	1984	0	* 1	..	..	1	0
	1985	0	* 1	..	..	1	0
	1986	0	* 1	..	..	1	0
	1987	0	* 1	..	..	1	0
Libyan Arab Jamah. Jamah.arabe libyenne	1984	480	* 0	* 380	..	100	28
	1985	480	* 0	* 370	..	110	29
	1986	480	* 0	* 340	..	140	36
	1987	540	* 0	* 400	..	140	34
Madagascar Madagascar	1984	1	* 0	* 0	...	1	0
	1985	3	* 0	* 0	...	3	0
	1986	2	* 0	* 0	...	2	0
	1987	0	* 0	* 0	...	0	0
Malawi Malawi	1984	..	4	..	..	4	1
	1985	..	4	..	..	4	1
	1986	..	3	..	..	3	0
	1987	..	4	..	..	4	1
Mauritania Mauritanie	1984	..	* 4	..	...	4	2
	1985	..	4	..	...	4	2
	1986	..	* 4	..	...	4	2
	1987	..	* 4	..	...	4	2
Mauritius Maurice	1984	..	3	..	...	3	3
	1985	..	2	..	...	2	2
	1986	..	4	..	...	4	4
	1987	..	11	..	...	11	10
Morocco Maroc	1984	207	125	* 0	–21	353	16
	1985	202	168	* 0	–13	383	17
	1986	204	231	* 0	10	425	19
	1987	206	* 240	* 0	10	436	19
Mozambique Mozambique	1984	1	* 5	* 0	..	6	0
	1985	0	* 5	* 0	..	5	0
	1986	0	4	* 0	..	4	0
	1987	0	* 4	* 0	..	4	0
Nigeria Nigéria	1984	94	* 0	..	..	94	1
	1985	100	* 0	..	..	100	1
	1986	50	10	..	..	60	1
	1987	55	* 10	..	..	65	1
Réunion Réunion	1984	..	15	..	...	15	28
	1985	..	* 14	..	...	14	26
	1986	..	* 15	..	...	15	27
	1987	..	* 13	..	...	13	23
Senegal Sénégal	1984	2	* 12	* 2	...	12	2
	1985	1	17	0	...	18	3
	1986	3	16	0	...	19	3
	1987	2	* 17	* 0	...	19	3
S.Africa Customs Un. Un.douan.d'Afr.mérid	1984	65	* 0	* 0	...	65	2
	1985	70	* 0	* 0	...	70	2
	1986	70	* 0	* 0	...	70	2
	1987	65	* 0	* 0	...	65	2

Table 17

Production, Trade and Consumption of Liquefied Petroleum Gas
Production, commerce et consommation de gaz de pétrole liquéfiés

(Quantities in thousand metric tons and in kilograms per capita)
(Quantités en milliers de tonnes métriques et en kilogrammes par habitant)

Country or area Pays ou zone	Year Année	Production	Imports Importations	Exports Exportations	Changes in Stocks Variation des stocks	Consumption Consommation	
						Total Totale	Per Capita Par habitant
Sudan	1984	5	2	..	...	7	0
Soudan	1985	4	4	..	...	8	0
	1986	4	* 5	..	...	9	0
	1987	5	* 5	..	...	10	0
Tunisia	1984	31	128	..	10	149	21
Tunisie	1985	29	142	..	–3	174	24
	1986	34	146	..	–1	181	24
	1987	36	* 100	..	1	135	18
United Rep. Tanzania	1984	7	...	..	0	7	0
Rép.Unie de Tanzanie	1985	6	...	..	0	6	0
	1986	7	...	..	0	7	0
	1987	6	...	..	0	6	0
Zaire	1984	1	* 0	..	...	1	0
Zaïre	1985	1	* 0	..	...	1	0
	1986	1	* 0	..	...	1	0
	1987	1	* 0	..	...	1	0
Zambia	1984	5	* 0	..	...	5	1
Zambie	1985	7	* 0	..	...	7	1
	1986	8	* 0	..	...	8	1
	1987	8	* 0	..	...	8	1
Zimbabwe	1984	..	* 2	..	...	2	0
Zimbabwe	1985	..	* 3	..	...	3	0
	1986	..	* 3	..	...	3	0
	1987	..	* 2	..	...	2	0
NTH. AMERICA	**1984**	**68 266**	**7 425**	**6 174**	**279**	**69 238**	**175**
AMER DU NORD	**1985**	**68 252**	**7 334**	**6 299**	**–2 606**	**71 893**	**179**
	1986	**67 971**	**8 673**	**4 574**	**3 104**	**68 966**	**170**
	1987	**71 098**	**6 924**	**4 613**	**128**	**73 281**	**178**
Antigua and Barbuda	1984	0	* 2	* 0	...	2	25
Antigua–et–Barbuda	1985	0	* 2	* 0	...	2	24
	1986	0	* 2	* 0	...	2	24
	1987	0	2	0	...	2	24
Aruba	1984	..	...	..	..	...	...
Aruba	1985	..	...	..	..	...	...
	1986	..	1	..	..	1	...
	1987	..	* 1	..	..	1	...
Bahamas	1984	20	* 6	* 15	...	11	46
Bahamas	1985	0	* 15	* 0	...	15	62
	1986	0	* 10	* 0	...	10	40
	1987	0	* 10	* 2	...	8	32
Barbados	1984	..	* 10	* 0	0	10	40
Barbade	1985	..	* 10	* 0	0	10	39
	1986	..	* 9	* 0	0	9	35
	1987	..	* 10	* 0	0	10	39
Belize	1984	..	* 2	..	...	2	13
Belize	1985	..	3	..	...	3	18
	1986	..	3	..	...	3	18
	1987	..	* 3	..	...	3	18
Bermuda	1984	..	3	..	...	3	53
Bermudes	1985	..	3	..	...	3	53
	1986	..	* 3	..	...	3	52
	1987	..	3	..	...	3	52
Canada	1984	9 346	1	4 351	236	4 760	190
Canada	1985	9 033	0	3 739	–211	5 505	217
	1986	8 603	4	2 680	564	5 363	209
	1987	9 759	131	2 916	573	6 401	247

Table 17

Production, Trade and Consumption of Liquefied Petroleum Gas
Production, commerce et consommation de gaz de pétrole liquéfiés

(Quantities in thousand metric tons and in kilograms per capita)
(Quantités en milliers de tonnes métriques et en kilogrammes par habitant)

Country or area Pays ou zone	Year Année	Production	Imports Importations	Exports Exportations	Changes in Stocks Variation des stocks	Consumption Consommation	
						Total Totale	Per Capita Par habitant
Cayman Islands	1984	..	1	..	...	1	48
Iles Caïmanes	1985	..	2	..	...	2	95
	1986	..	2	..	...	2	95
	1987	..	* 2	..	...	2	91
Costa Rica	1984	4	9	..	–2	15	6
Costa Rica	1985	5	12	..	–2	19	7
	1986	7	9	..	1	15	6
	1987	7	11	..	0	18	6
Cuba	1984	116	4	1	–2	121	12
Cuba	1985	125	0	0	1	124	12
	1986	116	9	0	–2	127	13
	1987	123	8	0	2	129	13
Dominican Republic	1984	43	51	..	...	94	15
Rép. dominicaine	1985	38	52	..	...	90	14
	1986	24	* 50	..	...	74	11
	1987	17	* 50	..	...	67	10
El Salvador	1984	27	* 2	* 0	...	29	6
El Salvador	1985	28	* 2	* 0	...	30	6
	1986	25	* 2	* 0	...	27	6
	1987	23	* 2	* 0	...	25	5
Grenada	1984	..	1	..	..	1	10
Grenade	1985	..	* 1	..	..	1	10
	1986	..	* 1	..	..	1	10
	1987	..	* 1	..	..	1	10
Guadeloupe	1984	..	11	..	...	11	33
Guadeloupe	1985	..	* 12	..	...	12	36
	1986	..	* 12	..	...	12	36
	1987	..	* 12	..	...	12	36
Guatemala	1984	5	58	* 0	...	63	8
Guatemala	1985	5	* 60	* 0	...	65	8
	1986	5	* 55	* 0	...	60	7
	1987	9	80	0	...	89	11
Haiti	1984	..	* 4	..	...	4	1
Haïti	1985	..	* 4	..	...	4	1
	1986	..	* 4	..	...	4	1
	1987	..	* 4	..	...	4	1
Honduras	1984	4	* 10	* 0	...	14	3
Honduras	1985	4	* 10	* 0	...	14	3
	1986	4	* 9	* 0	...	13	3
	1987	4	* 10	* 0	...	14	3
Jamaica	1984	9	21	* 0	...	30	13
Jamaïque	1985	9	* 20	* 0	...	29	12
	1986	5	* 20	* 0	...	25	11
	1987	5	* 20	* 0	...	25	10
Martinique	1984	15	* 1	* 10	...	6	18
Martinique	1985	15	* 1	* 8	...	8	24
	1986	14	* 1	* 8	...	7	21
	1987	15	* 1	* 9	...	7	21
Mexico	1984	4 903	897	251	17	5 532	71
Mexique	1985	5 236	1 108	568	–24	5 800	73
	1986	5 745	783	547	40	5 941	73
	1987	6 036	505	477	31	6 033	73
Neth.Antil and Aruba	1984	75	* 15	* 25	...	65	363
Antill.néer.et Aruba	1985	30	* 35	* 5	...	60	331
	1986	...	...	...	...	...	...
	1987	...	...	...	...	...	...

Table 17

Production, Trade and Consumption of Liquefied Petroleum Gas
Production, commerce et consommation de gaz de pétrole liquéfiés

(Quantities in thousand metric tons and in kilograms per capita)
(Quantités en milliers de tonnes métriques et en kilogrammes par habitant)

Country or area Pays ou zone	Year Année	Production	Imports Importations	Exports Exportations	Changes in Stocks Variation des stocks	Consumption Consommation Total Totale	 Per Capita Par habitant
Netherlands Antilles Antilles néerland.	1984	...	...	...	..	...	...
	1985	...	...	...	..	...	...
	1986	30	* 35	* 5	..	60	...
	1987	45	* 20	* 5	..	60	...
Nicaragua Nicaragua	1984	14	5	* 0	0	19	6
	1985	18	2	0	0	20	6
	1986	15	* 2	* 0	0	17	5
	1987	17	* 2	* 0	0	19	5
Panama Panama	1984	20	* 30	..	...	50	23
	1985	20	* 30	..	...	50	23
	1986	20	* 30	..	...	50	22
	1987	22	* 28	..	...	50	22
Puerto Rico Porto Rico	1984	275	* 138	* 0	6	407	120
	1985	200	* 100	* 0	–25	325	94
	1986	200	* 70	* 0	0	270	77
	1987	200	* 70	* 0	0	270	76
Saint Lucia Sainte–Lucie	1984	..	* 1	..	...	1	8
	1985	..	2	..	...	2	16
	1986	..	* 2	..	...	2	15
	1987	..	* 2	..	...	2	15
S.Vincent–Grenadines S.Vincent–Grenadines	1984	..	* 1	..	..	1	10
	1985	..	* 1	..	..	1	10
	1986	..	* 1	..	..	1	9
	1987	..	* 1	..	..	1	9
Trinidad and Tobago Trinité–et–Tobago	1984	50	9	15	...	44	38
	1985	64	0	23	...	41	35
	1986	64	0	17	...	47	39
	1987	60	3	15	...	48	39
United States Etats–Unis	1984	53 310	6 131	1 506	24	57 911	244
	1985	53 397	5 846	1 955	–2 345	59 633	249
	1986	53 104	7 580	1 322	2 501	56 861	236
	1987	54 788	5 953	1 194	–478	60 025	247
U.S. Virgin Islands Iles Vierges amér.	1984	30	* 1	* 0	..	31	298
	1985	25	* 1	* 1	..	25	236
	1986	20	* 0	* 0	..	20	185
	1987	13	0	0	..	13	119
STH. AMERICA **AMER DU SUD**	**1984**	**6 924**	**503**	**227**	**289**	**6 911**	**26**
	1985	**7 060**	**633**	**230**	**284**	**7 179**	**27**
	1986	**8 044**	**814**	**909**	**33**	**7 916**	**29**
	1987	**8 271**	**1 130**	**741**	**227**	**8 433**	**30**
Argentina Argentine	1984	1 203	0	53	–61	1 211	40
	1985	1 138	0	27	–11	1 122	37
	1986	1 138	44	16	6	1 160	38
	1987	1 108	83	0	–1	1 192	38
Bolivia Bolivie	1984	162	..	15	...	147	24
	1985	159	..	5	...	154	24
	1986	173	..	2	...	171	26
	1987	183	..	0	...	183	27
Brazil Brésil	1984	2 920	241	41	99	3 021	23
	1985	3 112	471	41	248	3 294	24
	1986	3 209	590	19	138	3 642	26
	1987	3 499	751	41	249	3 960	28
Chile Chili	1984	448	0	17	–4	435	37
	1985	425	* 0	* 0	–1	426	35
	1986	442	13	0	10	445	36
	1987	466	21	0	–119	606	48

Table 17

Production, Trade and Consumption of Liquefied Petroleum Gas
Production, commerce et consommation de gaz de pétrole liquéfiés

(Quantities in thousand metric tons and in kilograms per capita)
(Quantités en milliers de tonnes métriques et en kilogrammes par habitant)

Country or area Pays ou zone	Year Année	Production	Imports Importations	Exports Exportations	Changes in Stocks Variation des stocks	Consumption Consommation	
						Total Totale	Per Capita Par habitant
Colombia Colombie	1984	367	..	..	...	367	13
	1985	372	..	..	...	372	13
	1986	394	..	..	...	394	13
	1987	369	..	..	...	369	12
Ecuador Equateur	1984	94	68	0	20	142	16
	1985	95	69	* 0	10	154	16
	1986	140	77	* 0	0	217	22
	1987	71	184	0	0	255	26
French Guiana Guyane française	1984	..	1	..	..	1	12
	1985	..	2	..	..	2	24
	1986	..	2	..	..	2	24
	1987	..	3	..	..	3	34
Guyana Guyana	1984	..	32	..	..	32	34
	1985	..	30	..	..	30	31
	1986	..	* 25	..	..	25	26
	1987	..	* 20	..	..	20	20
Paraguay Paraguay	1984	3	26	..	...	29	8
	1985	4	28	..	...	32	9
	1986	3	27	..	...	30	8
	1987	3	* 25	..	...	28	7
Peru Pérou	1984	129	9	0	17	121	6
	1985	130	4	0	0	134	7
	1986	141	* 10	* 0	0	151	7
	1987	122	* 20	* 0	–3	145	7
Suriname Suriname	1984	..	* 7	..	0	7	19
	1985	..	* 6	..	0	6	16
	1986	..	* 5	..	0	5	13
	1987	..	* 5	..	0	5	13
Uruguay Uruguay	1984	47	2	0	1	48	16
	1985	47	0	0	–2	49	16
	1986	44	7	0	–1	52	17
	1987	50	8	0	1	57	19
Venezuela Venezuela	1984	1 551	* 117	101	217	1 350	80
	1985	1 578	23	157	40	1 404	81
	1986	2 360	14	872	–120	1 622	91
	1987	2 400	* 10	* 700	100	1 610	88
ASIA ASIE	**1984**	**33 674**	**13 736**	**14 379**	**–23**	**33 054**	**12**
	1985	**34 551**	**13 863**	**13 522**	**603**	**34 289**	**12**
	1986	**35 708**	**14 452**	**14 836**	**–353**	**35 677**	**12**
	1987	**38 019**	**15 685**	**15 941**	**467**	**37 296**	**13**
Bahrain Bahreïn	1984	204	* 0	158	30	16	39
	1985	179	* 0	150	11	18	42
	1986	215	* 0	* 185	10	20	45
	1987	230	* 0	* 200	8	22	47
Bangladesh Bangladesh	1984	6	..	..	...	6	0
	1985	8	..	..	1	7	0
	1986	9	..	..	0	9	0
	1987	10	..	..	...	10	0
Bhutan Bhoutan	1984	..	* 2	..	..	2	1
	1985	..	* 2	..	..	2	1
	1986	..	* 2	..	..	2	1
	1987	..	* 2	..	..	2	1
Brunei Darussalam Brunéi Darussalam	1984	32	..	..	..	32	147
	1985	34	..	..	..	34	151
	1986	21	..	..	..	21	90
	1987	21	..	..	..	21	87

Table 17

Production, Trade and Consumption of Liquefied Petroleum Gas
Production, commerce et consommation de gaz de pétrole liquéfiés

(Quantities in thousand metric tons and in kilograms per capita)
(Quantités en milliers de tonnes métriques et en kilogrammes par habitant)

Country or area Pays ou zone	Year Année	Production	Imports Importations	Exports Exportations	Changes in Stocks Variation des stocks	Consumption Consommation	
						Total Totale	Per Capita Par habitant
Burma Birmanie	1984	3	..	..	...	3	0
	1985	4	..	..	...	4	0
	1986	5	..	..	...	5	0
	1987	4	..	..	...	4	0
China Chine	1984	1 542	..	0	12	1 530	1
	1985	1 597	..	19	5	1 573	2
	1986	2 020	..	18	–3	2 005	2
	1987	2 153	..	17	4	2 132	2
Cyprus Chypre	1984	19	19	* 0	–3	41	62
	1985	15	29	0	2	42	63
	1986	21	23	0	1	43	64
	1987	22	21	0	–3	46	68
Democratic Yemen Yémen démocratique	1984	26	0	8	...	18	9
	1985	25	0	6	...	19	9
	1986	24	5	2	...	27	12
	1987	41	0	22	...	19	8
Hong Kong Hong–kong	1984	..	153	8	1	144	27
	1985	..	152	9	0	143	26
	1986	..	172	10	–1	163	29
	1987	..	177	13	...	164	29
India Inde	1984	844	67	1	...	910	1
	1985	1 130	67	1	...	1 196	2
	1986	1 428	15	2	...	1 441	2
	1987	1 532	84	2	...	1 614	2
Indonesia Indonésie	1984	879	0	403	30	446	3
	1985	815	0	525	–55	345	2
	1986	817	0	663	30	124	1
	1987	755	0	548	...	207	1
Iran(Islamic Rep.of) Iran(Rép.islamique)	1984	1 000	..	* 350	...	650	14
	1985	1 200	..	* 350	...	850	18
	1986	1 000	..	* 250	...	750	15
	1987	1 100	..	* 250	...	850	17
Iraq Iraq	1984	280	* 0	* 70	...	210	14
	1985	400	* 0	* 70	...	330	21
	1986	390	* 0	* 70	...	320	19
	1987	410	* 0	* 70	...	340	20
Israel Israël	1984	194	* 0	26	0	168	40
	1985	218	0	26	0	192	45
	1986	235	* 0	30	0	205	48
	1987	295	* 0	36	0	259	59
Japan Japon	1984	8 151	11 359	24	–200	19 686	164
	1985	8 365	11 521	35	374	19 477	161
	1986	7 844	11 871	15	–228	19 928	164
	1987	8 227	12 612	43	403	20 393	167
Jordan Jordanie	1984	77	5	0	1	81	24
	1985	80	10	0	3	87	25
	1986	87	7	0	–2	96	26
	1987	89	17	0	2	104	27
Korea, Republic of Corée, République de	1984	556	534	0	43	1 047	26
	1985	636	576	0	–11	1 223	30
	1986	834	676	0	1	1 509	36
	1987	941	877	9	–12	1 821	43
Kuwait,part Ntl.Zone Koweït et prt.Zne.N.	1984	1 279	..	1 169	30	80	49
	1985	1 611	..	1 431	100	80	47
	1986	2 012	..	* 1 842	80	90	50
	1987	2 514	..	* 2 364	50	100	54

Table 17

Production, Trade and Consumption of Liquefied Petroleum Gas
Production, commerce et consommation de gaz de pétrole liquéfiés

(Quantities in thousand metric tons and in kilograms per capita)
(Quantités en milliers de tonnes métriques et en kilogrammes par habitant)

Country or area Pays ou zone	Year Année	Production	Imports Importations	Exports Exportations	Changes in Stocks Variation des stocks	Consumption / Consommation Total Totale	Per Capita Par habitant
Lao Peoples Dem.Rep. Rép. dém. pop. lao	1984	..	* 7	..	..	7	2
	1985	..	* 7	..	..	7	2
	1986	..	* 8	..	..	8	2
	1987	..	* 8	..	..	8	2
Lebanon Liban	1984	15	* 60	* 0	...	75	28
	1985	20	* 70	* 0	...	90	34
	1986	20	* 71	* 0	...	91	34
	1987	20	* 75	* 0	...	95	34
Macau Macao	1984	..	6	..	..	6	16
	1985	..	7	..	..	7	18
	1986	..	8	..	..	8	20
	1987	..	9	..	..	9	21
Malaysia Malaisie	1984	130	43	0	-2	175	12
	1985	289	46	95	27	213	14
	1986	410	67	232	-2	247	16
	1987	426	120	233	0	313	19
Nepal Népal	1984	..	1	..	..	1	0
	1985	..	3	..	..	3	0
	1986	..	2	..	..	2	0
	1987	..	2	..	..	2	0
Oman Oman	1984	4 519	...	* 350	..	4 169	3 492
	1985	4 624	...	* 350	..	4 274	3 438
	1986	4 659	...	* 370	..	4 289	3 325
	1987	4 675	...	* 390	..	4 285	3 210
Pakistan Pakistan	1984	67	..	0	0	67	1
	1985	70	..	0	0	70	1
	1986	69	..	0	0	69	1
	1987	100	..	0	0	100	1
Philippines Philippines	1984	136	52	0	-1	189	4
	1985	133	53	0	-4	190	3
	1986	161	50	2	-2	211	4
	1987	198	61	0	1	258	4
Qatar Qatar	1984	727	* 0	746	-55	36	126
	1985	588	* 0	539	4	45	150
	1986	639	* 0	652	-61	48	153
	1987	652	* 0	* 603	0	49	150
S.Arabia,pt.Ntrl.Zn. Arab.saoud,p.Zn.neut	1984	9 274	..	8 718	-4	560	50
	1985	8 675	..	7 611	100	964	83
	1986	8 691	..	8 044	-203	850	70
	1987	9 381	..	8 560	10	811	65
Singapore Singapour	1984	266	77	249	66	28	11
	1985	72	234	196	70	40	16
	1986	89	200	219	30	40	15
	1987	71	200	231	...	40	15
Sri Lanka Sri Lanka	1984	9	1	..	...	10	1
	1985	12	1	..	...	13	1
	1986	16	1	..	...	17	1
	1987	18	2	..	...	20	1
Syrian Arab Republic Rép. arabe syrienne	1984	141	113	* 0	...	254	25
	1985	107	91	* 0	...	198	19
	1986	175	98	* 0	...	273	25
	1987	152	* 130	* 0	...	282	25
Thailand Thaïlande	1984	132	389	0	27	494	10
	1985	476	119	0	23	572	11
	1986	556	54	0	6	604	12
	1987	531	117	0	-1	649	12

Table 17

Production, Trade and Consumption of Liquefied Petroleum Gas
Production, commerce et consommation de gaz de pétrole liquéfiés

(Quantities in thousand metric tons and in kilograms per capita)
(Quantités en milliers de tonnes métriques et en kilogrammes par habitant)

Country or area Pays ou zone	Year Année	Production	Imports Importations	Exports Exportations	Changes in Stocks Variation des stocks	Consumption Consommation	
						Total Totale	Per Capita Par habitant
Turkey	1984	496	425	0	–1	922	19
Turquie	1985	481	453	0	1	933	19
	1986	483	481	0	–3	967	19
	1987	561	585	0	5	1 141	22
United Arab Emirates	1984	2 124	..	* 2 099	0	25	19
Emirats arabes unis	1985	2 138	..	* 2 109	0	29	21
	1986	2 260	..	* 2 230	0	30	21
	1987	2 390	..	* 2 350	0	40	27
Viet Nam	1984	..	* 5	..	...	5	0
Viet Nam	1985	..	* 5	..	...	5	0
	1986	..	* 5	..	...	5	0
	1987	..	* 6	..	...	6	0
Yemen	1984	..	* 35	..	..	35	5
Yémen	1985	..	36	..	..	36	5
	1986	..	58	..	..	58	8
	1987	..	* 80	..	..	80	11
EUROPE	**1984**	**18 115**	**8 183**	**3 365**	**–46**	**22 979**	**47**
EUROPE	**1985**	**17 335**	**8 585**	**3 715**	**–24**	**22 229**	**45**
	1986	**17 405**	**8 350**	**4 034**	**–142**	**21 863**	**44**
	1987	**18 354**	**9 437**	**4 132**	**180**	**23 479**	**47**
Austria	1984	76	72	28	3	117	16
Autriche	1985	90	79	27	0	142	19
	1986	65	70	6	–3	132	18
	1987	75	70	4	3	138	18
Belgium	1984	371	316	201	–12	498	50
Belgique	1985	421	298	243	–4	480	48
	1986	520	202	295	3	424	43
	1987	533	214	237	3	507	51
Bulgaria	1984	86	..	* 30	...	56	6
Bulgarie	1985	85	..	35	...	50	6
	1986	72	..	17	...	55	6
	1987	90	..	17	...	73	8
Czechoslovakia	1984	138	0	0	0	138	9
Tchécoslovaquie	1985	138	0	0	0	138	9
	1986	146	0	3	5	138	9
	1987	142	0	2	1	139	9
Denmark	1984	144	118	26	–2	238	46
Danemark	1985	131	109	29	0	211	41
	1986	162	59	37	6	178	35
	1987	162	51	66	...	147	29
Finland	1984	147	7	0	–1	155	32
Finlande	1985	158	6	0	8	156	32
	1986	177	10	0	12	175	36
	1987	200	0	0	8	192	39
France incl. Monaco	1984	2 664	1 251	465	27	3 423	62
France y comp.Monaco	1985	2 894	1 130	669	–2	3 357	61
	1986	2 591	1 320	841	–116	3 186	57
	1987	2 500	1 526	897	42	3 087	55
German Dem. Rep.	1984	239	30	35	–4	238	14
Rép. dém. allemande	1985	252	30	36	4	242	15
	1986	257	31	48	18	222	13
	1987	260	29	69	0	220	13
Germany, Fed. Rep.	1984	2 148	691	512	16	2 311	38
Allemagne, Rép. féd.	1985	2 230	890	488	8	2 624	43
	1986	2 049	978	433	–19	2 613	43
	1987	2 204	1 122	438	3	2 885	47

Table 17

Production, Trade and Consumption of Liquefied Petroleum Gas
Production, commerce et consommation de gaz de pétrole liquéfiés

(Quantities in thousand metric tons and in kilograms per capita)
(Quantités en milliers de tonnes métriques et en kilogrammes par habitant)

Country or area Pays ou zone	Year Année	Production	Imports Importations	Exports Exportations	Changes in Stocks Variation des stocks	Consumption Consommation	
						Total Totale	Per Capita Par habitant
Greece Grèce	1984	246	3	69	–1	181	18
	1985	217	2	41	–4	182	18
	1986	283	6	86	5	198	20
	1987	303	0	91	6	206	21
Hungary Hongrie	1984	336	18	43	–17	328	31
	1985	328	22	40	–18	328	31
	1986	303	22	36	–20	309	29
	1987	327	22	51	–16	314	30
Ireland Irlande	1984	16	135	6	0	145	41
	1985	16	134	0	3	147	41
	1986	25	128	9	–2	146	41
	1987	22	114	1	2	133	37
Italy and San Marino Italie y comp. S.Mrn	1984	2 039	938	212	37	2 728	48
	1985	1 876	1 227	220	14	2 869	50
	1986	1 833	926	235	–14	2 538	44
	1987	1 821	1 138	238	6	2 715	47
Luxembourg Luxembourg	1984	..	26	1	..	25	68
	1985	..	25	1	..	24	65
	1986	..	24	0	..	24	65
	1987	..	24	0	..	24	65
Malta Malte	1984	..	* 14	..	..	14	40
	1985	..	* 8	..	..	8	23
	1986	..	13	..	..	13	38
	1987	..	15	..	..	15	43
Netherlands Pays–Bas	1984	2 544	2 289	927	–24	3 930	272
	1985	1 945	2 502	1 005	–5	3 447	238
	1986	2 175	2 373	1 050	12	3 486	240
	1987	2 367	2 414	1 072	6	3 703	254
Norway,Svlbd,J.Myn I Norvège,Svalbd,J.May	1984	1 011	152	99	0	1 064	257
	1985	937	139	141	–2	937	226
	1986	723	236	136	2	821	197
	1987	961	279	166	3	1 071	256
Poland Pologne	1984	162	5	1	..	166	4
	1985	170	0	0	..	170	5
	1986	178	2	0	..	180	5
	1987	171	0	0	..	171	5
Portugal Portugal	1984	253	290	1	–6	548	54
	1985	246	286	0	–5	537	53
	1986	285	299	13	7	564	55
	1987	255	363	7	–6	617	60
Romania Roumanie	1984	250	...	...	...	250	11
	1985	250	...	...	...	250	11
	1986	250	...	...	...	250	11
	1987	250	...	...	...	250	11
Spain Espagne	1984	1 486	828	63	–90	2 341	61
	1985	1 679	1 096	118	–6	2 663	69
	1986	1 882	685	179	–48	2 436	63
	1987	1 842	1 018	186	109	2 565	66
Sweden Suède	1984	163	381	47	–9	506	61
	1985	180	262	44	–11	409	49
	1986	234	377	62	5	544	65
	1987	211	513	43	–4	685	82
Switzrld,Liechtenst. Suisse,Liechtenstein	1984	142	28	29	0	141	22
	1985	148	39	25	1	161	25
	1986	144	37	28	–1	154	24
	1987	171	28	30	1	168	26

Table 17

Production, Trade and Consumption of Liquefied Petroleum Gas
Production, commerce et consommation de gaz de pétrole liquéfiés

(Quantities in thousand metric tons and in kilograms per capita)
(Quantités en milliers de tonnes métriques et en kilogrammes par habitant)

Country or area Pays ou zone	Year Année	Production	Imports Importations	Exports Exportations	Changes in Stocks Variation des stocks	Consumption Consommation	
						Total Totale	Per Capita Par habitant
United Kingdom Royaume–Uni	1984	3 151	482	570	33	3 030	53
	1985	2 633	240	553	–12	2 332	41
	1986	2 696	528	520	4	2 700	47
	1987	3 100	464	517	10	3 037	53
Yugoslavia Yougoslavie	1984	303	109	0	4	408	18
	1985	311	61	0	7	365	16
	1986	355	24	0	2	377	16
	1987	387	33	0	3	417	18
OCEANIA **OCEANIE**	**1984**	**2 250**	**206**	**1 540**	**5**	**911**	**38**
	1985	**2 647**	**205**	**1 415**	**6**	**1 431**	**58**
	1986	**2 645**	**202**	**1 613**	**4**	**1 230**	**49**
	1987	**2 533**	**224**	**1 450**	**64**	**1 243**	**49**
Australia Australie	1984	2 203	3	1 540	5	661	43
	1985	2 597	2	1 415	6	1 178	75
	1986	2 595	* 0	1 613	4	978	61
	1987	2 483	21	1 450	64	990	61
Cook Islands Iles Cook	1984	..	* 180	..	..	180	9 000
	1985	..	* 180	..	..	180	8 571
	1986	..	* 180	..	..	180	8 571
	1987	..	* 180	..	..	180	8 571
Fiji Fidji	1984	..	4	0	..	4	6
	1985	..	4	0	..	4	6
	1986	..	4	0	..	4	6
	1987	..	* 4	* 0	..	4	6
French Polynesia Polynésie française	1984	..	6	..	...	6	37
	1985	..	6	..	...	6	37
	1986	..	* 6	..	...	6	36
	1987	..	* 6	..	...	6	35
Guam Guam	1984	0	* 4	..	...	4	35
	1985	0	* 4	..	...	4	35
	1986	0	* 4	..	...	4	34
	1987	0	* 4	..	...	4	34
New Caledonia Nouvelle–Calédonie	1984	..	5	...	...	5	33
	1985	..	5	...	...	5	32
	1986	..	6	...	...	6	38
	1987	..	6	...	...	6	38
New Zealand Nouvelle–Zélande	1984	47	* 0	..	..	47	15
	1985	50	* 0	..	..	50	15
	1986	50	* 0	..	..	50	15
	1987	50	* 0	..	..	50	15
Papua New Guinea Papouasie–Nvl–Guinée	1984	..	4	..	...	4	1
	1985	..	* 4	..	...	4	1
	1986	..	2	..	...	2	1
	1987	..	3	..	...	3	1
USSR **URSS**	**1984**	**9 150**	..	*** 500**	...	**8 650**	**31**
	1985	**9 280**	..	*** 550**	...	**8 730**	**32**
	1986	**9 500**	..	*** 550**	...	**8 950**	**32**
	1987	**9 500**	..	*** 560**	...	**8 940**	**32**

Table 18

Production, Trade and Consumption of Aviation Gasolene
Production, commerce et consommation d'essence aviation

(Quantities in thousand metric tons and in kilograms per capita)
(Quantités en milliers de tonnes métriques et en kilogrammes par habitant)

Country or area Pays ou zone	Year Année	Production	Imports Importations	Exports Exportations	Bunkers Soutes	Changes in Stocks Variation des stocks	Consumption Consommation Total Totale	Consumption Consommation Per Capita Par habitant
WORLD	**1984**	**4 060**	**738**	**554**	**255**	**55**	**3 934**	**1**
MONDE	**1985**	**4 026**	**587**	**486**	**245**	**-66**	**3 948**	**1**
	1986	**4 289**	**614**	**283**	**246**	**22**	**4 352**	**1**
	1987	**4 026**	**578**	**311**	**226**	**19**	**4 048**	**1**
AFRICA	**1984**	**16**	**161**	**3**	**99**	**3**	**72**	**0**
AFRIQUE	**1985**	**17**	**160**	**3**	**103**	**2**	**69**	**0**
	1986	**19**	**161**	**3**	**109**	**2**	**66**	**0**
	1987	**21**	**159**	**2**	**104**	**1**	**73**	**0**
Algeria	1984	..	* 1	0	1	...	0	0
Algérie	1985	..	* 1	* 0	* 1	...	0	0
	1986	..	1	* 0	* 1	...	0	0
	1987	..	* 1	* 0	* 1	...	0	0
Benin	1984	..	* 1	..	* 1	...	0	0
Bénin	1985	..	* 0	..	* 0	...	0	0
	1986	..	* 0	..	* 0	...	0	0
	1987	..	* 1	..	* 1	...	0	0
Cameroon	1984	10	* 1	..	* 8	...	3	0
Cameroun	1985	10	0	..	* 8	...	2	0
	1986	12	* 1	..	* 9	...	4	0
	1987	12	* 1	..	* 8	...	5	0
Central African Rep.	1984	..	* 1	..	1	0	0	0
Rép. centrafricaine	1985	..	* 1	..	1	0	0	0
	1986	..	* 1	..	* 0	0	1	0
	1987	..	0	..	0	0	0	0
Chad	1984	..	* 7	..	* 5	1	1	0
Tchad	1985	..	* 7	..	* 5	1	1	0
	1986	..	* 7	..	* 5	1	1	0
	1987	..	* 6	..	* 6	0	0	0
Comoros	1984	..	* 1	..	* 0	0	1	2
Comores	1985	..	* 1	..	* 0	0	1	2
	1986	..	* 1	..	* 0	0	1	2
	1987	..	* 1	..	* 0	0	1	2
Congo	1984	..	* 1	..	* 1	..	0	0
Congo	1985	..	* 1	..	* 1	..	0	0
	1986	..	* 1	..	* 1	..	0	0
	1987	..	* 1	..	* 1	..	0	0
Côte d'Ivoire	1984	..	* 40	..	* 40	..	0	0
Côte d'Ivoire	1985	..	* 40	..	* 40	..	0	0
	1986	..	* 42	..	* 42	..	0	0
	1987	..	* 43	..	* 40	..	3	0
Djibouti	1984	..	* 3	..	* 2	..	1	3
Djibouti	1985	..	* 1	..	* 1	..	0	0
	1986	..	* 1	..	* 1	..	0	0
	1987	..	* 1	..	* 1	..	0	0
Egypt	1984	..	3	..	* 0	...	3	0
Egypte	1985	..	* 3	..	* 0	...	3	0
	1986	..	* 3	..	* 0	...	3	0
	1987	..	* 3	..	* 0	...	3	0
Ethiopia	1984	..	* 5	..	* 5	0	0	0
Ethiopie	1985	..	* 7	..	* 5	0	2	0
	1986	..	10	..	6	0	4	0
	1987	..	3	..	0	0	3	0
Gabon	1984	..	* 9	* 1	* 6	0	2	2
Gabon	1985	..	* 10	* 1	* 7	0	2	2
	1986	..	* 10	* 1	* 7	0	2	2
	1987	..	* 9	* 1	* 7	0	1	1

Table 18

Production, Trade and Consumption of Aviation Gasolene
Production, commerce et consommation d'essence aviation

(Quantities in thousand metric tons and in kilograms per capita)
(Quantités en milliers de tonnes métriques et en kilogrammes par habitant)

Country or area Pays ou zone	Year Année	Production	Imports Importations	Exports Exportations	Bunkers Soutes	Changes in Stocks Variation des stocks	Consumption Consommation	
							Total Totale	Per Capita Par habitant
Ghana Ghana	1984	..	*2	..	*0	..	2	0
	1985	..	*3	..	*0	..	3	0
	1986	..	*3	..	*0	..	3	0
	1987	..	*4	..	*1	..	3	0
Guinea Guinée	1984	..	7	..	*3	..	4	1
	1985	..	9	..	*4	..	5	1
	1986	..	9	..	*4	..	5	1
	1987	..	*9	..	*8	..	1	0
Kenya Kenya	1984	..	9	2	*0	...	7	0
	1985	..	5	2	*0	...	3	0
	1986	..	*5	*2	*0	...	3	0
	1987	..	5	1	0	...	4	0
Liberia Libéria	1984	..	*1	..	*1	...	0	0
	1985	..	*2	..	*2	...	0	0
	1986	..	2	..	*2	...	0	0
	1987	..	*2	..	*2	...	0	0
Libyan Arab Jamah. Jamah.arabe libyenne	1984	..	*2	..	...	...	2	1
	1985	..	*2	..	...	...	2	1
	1986	..	*2	..	...	...	2	1
	1987	..	*2	..	...	...	2	0
Mali Mali	1984	..	*0	..	*0	...	0	0
	1985	..	*0	..	*0	...	0	0
	1986	..	*0	..	*0	...	0	0
	1987	..	*1	..	*1	...	0	0
Mauritania Mauritanie	1984	..	*4	..	..	..	4	2
	1985	..	*3	..	..	..	3	2
	1986	..	*2	..	..	..	2	1
	1987	..	*3	..	..	..	3	2
Morocco Maroc	1984	..	1	..	*0	0	1	0
	1985	..	1	..	*0	0	1	0
	1986	..	1	..	*0	0	1	0
	1987	..	*1	..	*0	0	1	0
Niger Niger	1984	..	*3	..	*0	1	2	0
	1985	..	*2	..	*0	0	2	0
	1986	..	*3	..	*0	1	2	0
	1987	..	*2	..	*0	1	1	0
Nigeria Nigéria	1984	..	*9	*0	*4	...	5	0
	1985	..	*10	*0	*4	...	6	0
	1986	..	*9	*0	*4	...	5	0
	1987	..	*10	*0	*5	...	5	0
Senegal Sénégal	1984	..	*14	..	*1	1	12	2
	1985	..	*13	..	*1	1	11	2
	1986	..	*9	..	*1	0	8	1
	1987	..	*10	..	*0	0	10	1
Seychelles Seychelles	1984	..	1	..	0	..	1	15
	1985	..	1	..	0	..	1	15
	1986	..	*1	..	*0	..	1	15
	1987	..	*1	..	*0	..	1	15
Sierra Leone Sierra Leone	1984	..	*2	*0	*2	...	0	0
	1985	..	*2	*0	*2	...	0	0
	1986	..	*2	*0	*2	...	0	0
	1987	..	*3	*0	*3	...	0	0
Somalia Somalie	1984	4	*1	..	*3	...	2	0
	1985	5	*1	..	*3	...	3	0
	1986	5	*1	..	*4	...	2	0
	1987	6	*1	..	*3	...	4	1

Table 18

Production, Trade and Consumption of Aviation Gasolene
Production, commerce et consommation d'essence aviation

(Quantities in thousand metric tons and in kilograms per capita)
(Quantités en milliers de tonnes métriques et en kilogrammes par habitant)

Country or area Pays ou zone	Year Année	Production	Imports Importations	Exports Exportations	Bunkers Soutes	Changes in Stocks Variation des stocks	Consumption Consommation Total Totale	Per Capita Par habitant
S.Africa Customs Un. Un.douan.d'Afr.mérid	1984	..	* 3	* 0	0	...	3	0
	1985	..	* 3	* 0	0	...	3	0
	1986	..	* 3	* 0	0	...	3	0
	1987	..	* 2	* 0	0	...	2	0
Sudan Soudan	1984	2	* 5	..	* 0	...	7	0
	1985	2	* 6	..	* 2	...	6	0
	1986	2	* 5	..	* 5	...	2	0
	1987	3	* 7	..	* 3	...	7	0
Togo Togo	1984	..	* 1	..	..	..	1	0
	1985	..	1	..	..	..	1	0
	1986	..	* 1	..	..	..	1	0
	1987	..	* 1	..	..	..	1	0
United Rep. Tanzania Rép.Unie de Tanzanie	1984	..	* 6	..	* 4	0	2	0
	1985	..	* 6	..	* 4	0	2	0
	1986	..	* 7	..	* 3	0	4	0
	1987	..	* 5	..	* 2	0	3	0
Western Sahara Sahara occidental	1984	..	* 2	..	* 2	...	0	0
	1985	..	* 2	..	* 2	...	0	0
	1986	..	* 2	..	* 2	...	0	0
	1987	..	* 2	..	* 2	...	0	0
Zaire Zaïre	1984	..	* 10	..	* 9	...	1	0
	1985	..	* 10	..	* 10	...	0	0
	1986	..	* 10	..	* 10	...	0	0
	1987	..	* 12	..	* 9	...	3	0
Zambia Zambie	1984	0	* 3	..	..	...	3	0
	1985	0	* 3	..	..	...	3	0
	1986	0	* 3	..	..	...	3	0
	1987	0	* 3	..	..	...	3	0
Zimbabwe Zimbabwe	1984	..	2	* 0	..	..	2	0
	1985	..	3	* 0	..	..	3	0
	1986	..	3	* 0	..	..	3	0
	1987	..	* 3	* 0	..	..	3	0
NTH. AMERICA **AMER DU NORD**	**1984**	**1 414**	**176**	**156**	**58**	**62**	**1 314**	**3**
	1985	**1 334**	**159**	**73**	**52**	**–68**	**1 436**	**4**
	1986	**1 550**	**148**	**5**	**49**	**7**	**1 637**	**4**
	1987	**1 282**	**132**	**16**	**41**	**12**	**1 345**	**3**
Antigua and Barbuda Antigua–et–Barbuda	1984	0	* 3	* 0	* 2	...	1	12
	1985	0	* 3	* 0	* 3	...	0	0
	1986	0	* 4	* 0	* 3	...	1	12
	1987	0	1	0	* 1	...	0	0
Bahamas Bahamas	1984	..	6	* 0	* 1	3	2	8
	1985	..	7	* 0	* 1	5	1	4
	1986	..	* 2	* 0	* 1	–1	2	8
	1987	..	* 2	* 0	* 1	0	1	4
Barbados Barbade	1984	..	* 1	..	* 0	0	1	4
	1985	..	* 1	..	* 0	0	1	4
	1986	..	* 1	..	* 0	0	1	4
	1987	..	* 1	..	0	0	1	4
Belize Belize	1984	..	* 1	..	* 0	0	1	6
	1985	..	0	..	* 0	0	0	0
	1986	..	1	..	* 0	0	1	6
	1987	..	* 1	..	0	0	1	6
Canada Canada	1984	150	0	0	..	11	139	6
	1985	131	0	0	..	–4	135	5
	1986	135	0	1	..	0	134	5
	1987	177	0	11	..	–2	168	6

Table 18

Production, Trade and Consumption of Aviation Gasolene
Production, commerce et consommation d'essence aviation

(Quantities in thousand metric tons and in kilograms per capita)
(Quantités en milliers de tonnes métriques et en kilogrammes par habitant)

Country or area Pays ou zone	Year Année	Production	Imports Importations	Exports Exportations	Bunkers Soutes	Changes in Stocks Variation des stocks	Consumption Consommation	
							Total Totale	Per Capita Par habitant
Costa Rica Costa Rica	1984	..	15	..	...	–1	16	6
	1985	..	3	..	...	1	2	1
	1986	..	4	..	...	–1	5	2
	1987	..	2	..	...	–3	5	2
Cuba Cuba	1984	...	16	..	1	–1	16	2
	1985	...	24	..	1	4	19	2
	1986	...	19	..	* 0	–3	22	2
	1987	...	13	..	0	1	12	1
Dominica Dominique	1984	..	* 1	..	* 1	..	0	0
	1985	..	* 1	..	* 1	..	0	0
	1986	..	* 1	..	* 1	..	0	0
	1987	..	* 1	..	* 1	..	0	0
Dominican Republic Rép. dominicaine	1984	..	2	..	* 0	0	2	0
	1985	..	3	..	* 0	0	3	0
	1986	..	* 3	..	* 0	0	3	0
	1987	..	* 2	..	* 0	0	2	0
El Salvador El Salvador	1984	..	* 7	* 0	* 4	...	3	1
	1985	..	* 7	* 0	* 4	...	3	1
	1986	..	* 8	* 0	* 5	...	3	1
	1987	..	* 7	* 0	* 5	...	2	0
Grenada Grenade	1984	..	* 0	..	* 0	..	0	0
	1985	..	* 0	..	* 0	..	0	0
	1986	..	* 1	..	* 1	..	0	0
	1987	..	* 1	..	* 1	..	0	0
Guadeloupe Guadeloupe	1984	..	* 4	..	* 4	..	0	0
	1985	..	* 4	..	* 4	..	0	0
	1986	..	* 4	..	* 4	..	0	0
	1987	..	* 4	..	* 4	..	0	0
Guatemala Guatemala	1984	..	* 8	..	* 0	0	8	1
	1985	..	* 8	..	* 0	0	8	1
	1986	..	* 7	..	* 0	0	7	1
	1987	..	3	..	* 0	0	3	0
Haiti Haïti	1984	..	* 8	..	..	...	8	1
	1985	..	* 8	..	..	...	8	1
	1986	..	* 7	..	..	...	7	1
	1987	..	* 6	..	..	...	6	1
Honduras Honduras	1984	..	* 6	..	...	...	6	1
	1985	..	* 6	..	...	...	6	1
	1986	..	* 5	..	...	...	5	1
	1987	..	* 5	..	...	...	5	1
Jamaica Jamaïque	1984	..	* 2	* 0	* 0	0	2	1
	1985	..	* 2	* 0	* 0	0	2	1
	1986	..	* 2	* 0	* 0	0	2	1
	1987	..	* 3	* 0	* 0	0	3	1
Martinique Martinique	1984	..	* 9	..	..	..	9	27
	1985	..	* 10	..	..	..	10	30
	1986	..	* 12	..	..	..	12	36
	1987	..	* 13	..	..	..	13	39
Mexico Mexique	1984	48	4	..	4	...	48	1
	1985	45	0	..	3	...	42	1
	1986	46	0	..	* 3	...	43	1
	1987	46	0	..	* 2	...	44	1
Neth.Antil and Aruba Antill.néer.et Aruba	1984	150	* 0	* 149	* 0	...	1	6
	1985	70	* 0	* 69	* 0	...	1	6
	1986	...	...	...	...	...	...	...
	1987	...	...	...	...	...	...	...

Table 18

Production, Trade and Consumption of Aviation Gasolene
Production, commerce et consommation d'essence aviation

(Quantities in thousand metric tons and in kilograms per capita)
(Quantités en milliers de tonnes métriques et en kilogrammes par habitant)

Country or area Pays ou zone	Year Année	Production	Imports Importations	Exports Exportations	Bunkers Soutes	Changes in Stocks Variation des stocks	Consumption / Consommation Total Totale	 Per Capita Par habitant
Netherlands Antilles Antilles néerland.	1984	...	...	...	...	..	...	...
	1985	...	...	...	...	..	...	...
	1986	50	* 1	* 50	* 0	..	1	...
	1987	50	* 1	* 50	* 0	..	1	...
Nicaragua Nicaragua	1984	..	7	..	* 0	0	7	2
	1985	..	7	..	* 0	0	7	2
	1986	..	* 7	..	* 0	0	7	2
	1987	..	* 6	..	* 0	0	6	2
Panama Panama	1984	..	* 2	* 0	* 0	...	2	1
	1985	..	* 2	* 0	* 0	...	2	1
	1986	..	* 2	* 0	* 0	...	2	1
	1987	..	* 2	* 0	* 0	...	2	1
Puerto Rico Porto Rico	1984	0	* 70	..	* 40	0	30	9
	1985	0	* 60	..	* 35	0	25	7
	1986	0	* 50	..	* 30	0	20	6
	1987	0	* 45	..	* 25	...	20	6
Saint Lucia Sainte–Lucie	1984	..	* 1	..	* 1	...	0	0
	1985	..	* 1	..	* 0	...	1	8
	1986	..	* 1	..	* 1	...	0	0
	1987	..	* 1	..	* 1	...	0	0
Trinidad and Tobago Trinité–et–Tobago	1984	9	* 0	* 7	* 0	0	2	2
	1985	5	0	* 4	* 0	0	1	1
	1986	8	0	* 4	* 0	0	4	3
	1987	6	0	* 5	0	0	1	1
United States Etats–Unis	1984	1 057	2	0	0	50	1 009	4
	1985	1 083	1	0	* 0	–74	1 158	5
	1986	1 361	6	0	* 0	12	1 355	6
	1987	1 053	12	0	* 0	16	1 049	4
U.S. Virgin Islands Iles Vierges amér.	1984	0	* 1	* 0	...	...	1	10
	1985	0	* 1	* 0	...	...	1	9
	1986	0	* 1	* 0	...	...	1	9
	1987	0	1	* 0	...	...	1	9
STH. AMERICA AMER DU SUD	**1984**	**133**	**77**	**49**	**50**	**–8**	**119**	**0**
	1985	**196**	**20**	**45**	**44**	**11**	**116**	**0**
	1986	**171**	**27**	**19**	**44**	**12**	**123**	**0**
	1987	**142**	**24**	**27**	**37**	**–10**	**112**	**0**
Argentina Argentine	1984	15	0	0	0	0	15	1
	1985	16	0	0	0	0	16	1
	1986	14	0	0	0	–2	16	1
	1987	10	0	1	0	–1	10	0
Bolivia Bolivie	1984	12	* 0	..	* 5	...	7	1
	1985	10	* 0	..	* 5	...	5	1
	1986	9	0	..	6	...	3	0
	1987	9	0	..	0	...	9	1
Brazil Brésil	1984	0	61	11	* 30	–8	28	0
	1985	66	6	10	* 25	7	30	0
	1986	71	14	9	* 25	10	41	0
	1987	60	7	12	* 25	–6	36	0
Chile Chili	1984	6	* 0	2	* 0	–1	5	0
	1985	3	* 0	0	* 0	–2	5	0
	1986	9	* 0	0	* 0	4	5	0
	1987	8	0	4	0	–1	5	0
Colombia Colombie	1984	37	* 0	..	* 10	–1	28	1
	1985	40	0	..	* 10	3	27	1
	1986	36	0	..	* 9	1	26	1
	1987	31	* 0	..	* 8	1	22	1

Table 18

Production, Trade and Consumption of Aviation Gasolene
Production, commerce et consommation d'essence aviation

(Quantities in thousand metric tons and in kilograms per capita)
(Quantités en milliers de tonnes métriques et en kilogrammes par habitant)

Country or area / Pays ou zone	Year / Année	Production	Imports / Importations	Exports / Exportations	Bunkers / Soutes	Changes in Stocks / Variation des stocks	Consumption / Consommation: Total / Totale	Consumption / Consommation: Per Capita / Par habitant
Ecuador	1984	..	3	..	...	0	3	0
Equateur	1985	..	3	..	...	0	3	0
	1986	..	3	..	...	0	3	0
	1987	..	4	..	...	0	4	0
French Guiana	1984	..	* 1	..	* 1	..	0	0
Guyane française	1985	..	* 1	..	* 1	..	0	0
	1986	..	* 1	..	* 1	..	0	0
	1987	..	* 1	..	* 1	..	0	0
Guyana	1984	..	1	..	* 0	...	1	1
Guyana	1985	..	1	..	* 0	...	1	1
	1986	..	* 1	..	* 0	...	1	1
	1987	..	* 1	..	* 0	...	1	1
Paraguay	1984	..	3	..	* 2	–1	2	1
Paraguay	1985	..	3	..	* 2	0	1	0
	1986	..	3	..	* 2	0	1	0
	1987	..	* 3	..	* 2	0	1	0
Peru	1984	0	* 4	* 0	* 0	0	4	0
Pérou	1985	0	* 3	* 0	* 0	0	3	0
	1986	0	* 3	* 0	* 0	0	3	0
	1987	0	* 4	* 0	* 0	0	4	0
Suriname	1984	..	* 2	..	* 1	...	1	3
Suriname	1985	..	* 1	..	* 1	...	0	0
	1986	..	* 1	..	* 1	...	0	0
	1987	..	* 1	..	* 1	...	0	0
Uruguay	1984	3	2	..	1	0	4	1
Uruguay	1985	1	2	..	0	–1	4	1
	1986	1	1	..	0	0	2	1
	1987	2	3	..	0	2	3	1
Venezuela	1984	60	..	36	0	3	21	1
Venezuela	1985	60	..	* 35	0	4	21	1
	1986	31	..	* 10	0	–1	22	1
	1987	22	..	* 10	* 0	–5	17	1
ASIA	**1984**	**199**	**62**	**37**	**17**	**–3**	**210**	**0**
ASIE	**1985**	**220**	**62**	**36**	**15**	**9**	**222**	**0**
	1986	**198**	**61**	**26**	**13**	**7**	**213**	**0**
	1987	**205**	**57**	**22**	**15**	**0**	**225**	**0**
Afghanistan	1984	..	* 4	..	* 0	0	4	0
Afghanistan	1985	..	* 4	..	* 0	–1	5	0
	1986	..	4	..	0	–1	5	0
	1987	..	* 2	..	0	–1	3	0
Bangladesh	1984	0	* 2	* 0	* 0	..	2	0
Bangladesh	1985	0	* 2	* 0	* 0	..	2	0
	1986	0	* 1	* 0	* 0	..	1	0
	1987	0	* 1	* 0	* 0	..	1	0
China	1984	61	..	..	..	..	61	0
Chine	1985	70	..	..	..	..	70	0
	1986	70	..	..	..	..	70	0
	1987	70	..	..	..	..	70	0
Democratic Yemen	1984	..	* 2	..	* 2	..	0	0
Yémen démocratique	1985	..	* 2	..	* 2	..	0	0
	1986	..	* 1	..	* 1	..	0	0
	1987	..	* 1	..	* 1	..	0	0
Indonesia	1984	8	0	0	0	0	8	0
Indonésie	1985	7	* 0	* 0	0	0	7	0
	1986	8	* 0	* 0	0	0	8	0
	1987	5	0	0	0	0	5	0

Table 18

Production, Trade and Consumption of Aviation Gasolene
Production, commerce et consommation d'essence aviation

(Quantities in thousand metric tons and in kilograms per capita)
(Quantités en milliers de tonnes métriques et en kilogrammes par habitant)

Country or area Pays ou zone	Year Année	Production	Imports Importations	Exports Exportations	Bunkers Soutes	Changes in Stocks Variation des stocks	Consumption Consommation	
							Total Totale	Per Capita Par habitant
Iran(Islamic Rep.of) Iran(Rép.islamique)	1984	80	..	* 25	* 5	...	50	1
	1985	90	..	* 30	* 5	...	55	1
	1986	80	..	* 20	* 5	...	55	1
	1987	90	..	* 20	* 5	...	65	1
Iraq Iraq	1984	...	* 6	...	* 6	...	0	0
	1985	...	* 4	...	* 4	...	0	0
	1986	...	* 4	...	* 4	...	0	0
	1987	...	* 5	...	* 5	...	0	0
Israel Israël	1984	..	* 10	* 0	* 4	1	5	1
	1985	..	* 10	* 0	* 4	1	5	1
	1986	..	* 11	* 0	* 3	1	7	2
	1987	..	* 11	* 0	* 4	1	6	1
Japan Japon	1984	10	0	0	0	0	10	0
	1985	9	0	0	0	1	8	0
	1986	9	0	0	0	0	9	0
	1987	10	0	0	0	0	10	0
Jordan Jordanie	1984	19	...	..	..	0	19	6
	1985	21	...	..	..	0	21	6
	1986	0	...	..	..	0	0	0
	1987	0	...	..	..	0	0	0
Kuwait,part Ntl.Zone Koweït et prt.Zne.N.	1984	..	* 1	* 0	* 0	..	1	1
	1985	..	* 1	* 0	* 0	..	1	1
	1986	..	* 1	* 0	* 0	..	1	1
	1987	..	* 1	* 0	* 0	..	1	1
Lao Peoples Dem.Rep. Rép. dém. pop. lao	1984	..	* 4	..	..	..	4	1
	1985	..	* 5	..	..	..	5	1
	1986	..	* 5	..	..	..	5	1
	1987	..	* 5	..	..	..	5	1
Lebanon Liban	1984	..	* 1	* 0	* 0	...	1	0
	1985	..	* 1	* 0	* 0	...	1	0
	1986	..	* 1	* 0	* 0	...	1	0
	1987	..	* 0	* 0	* 0	...	0	0
Malaysia Malaisie	1984	..	3	0	0	...	3	0
	1985	..	2	0	0	...	2	0
	1986	..	2	0	0	...	2	0
	1987	..	1	0	0	...	1	0
Pakistan Pakistan	1984	0	0	..	..	...	0	0
	1985	0	2	..	..	...	2	0
	1986	0	4	..	..	...	4	0
	1987	0	4	..	..	...	4	0
Philippines Philippines	1984	0	3	0	0	−1	4	0
	1985	1	4	0	0	1	4	0
	1986	0	4	0	0	0	4	0
	1987	0	8	0	0	0	8	0
Singapore Singapour	1984	0	9	12	* 0	−4	1	0
	1985	0	10	6	* 0	3	1	0
	1986	0	9	6	* 0	2	1	0
	1987	0	5	2	0	0	3	1
Syrian Arab Republic Rép. arabe syrienne	1984	..	* 3	* 0	* 0	...	3	0
	1985	..	* 3	* 0	* 0	...	3	0
	1986	..	* 2	* 0	* 0	...	2	0
	1987	..	* 1	* 0	* 0	...	1	0
Thailand Thaïlande	1984	..	12	0	0	...	12	0
	1985	..	10	0	0	...	10	0
	1986	..	10	0	0	...	10	0
	1987	..	* 10	0	0	...	10	0

Table 18

Production, Trade and Consumption of Aviation Gasolene
Production, commerce et consommation d'essence aviation

(Quantities in thousand metric tons and in kilograms per capita)
(Quantités en milliers de tonnes métriques et en kilogrammes par habitant)

Country or area Pays ou zone	Year Année	Production	Imports Importations	Exports Exportations	Bunkers Soutes	Changes in Stocks Variation des stocks	Consumption Consommation	
							Total Totale	Per Capita Par habitant
United Arab Emirates Emirats arabes unis	1984	..	* 2	..	..	..	2	2
	1985	..	* 2	..	..	..	2	1
	1986	..	* 2	..	..	..	2	1
	1987	..	* 2	..	..	..	2	1
EUROPE **EUROPE**	**1984**	**254**	**198**	**257**	**4**	**1**	**190**	**0**
	1985	**243**	**121**	**269**	**4**	**–1**	**92**	**0**
	1986	**211**	**153**	**180**	**4**	**–9**	**189**	**0**
	1987	**232**	**136**	**193**	**2**	**6**	**167**	**0**
Austria Autriche	1984	..	2	..	...	..	2	0
	1985	..	3	..	...	..	3	0
	1986	..	3	..	...	..	3	0
	1987	..	3	..	...	..	3	0
Belgium Belgique	1984	21	3	21	2	0	1	0
	1985	17	3	17	1	0	2	0
	1986	17	7	21	1	0	2	0
	1987	17	* 5	* 19	* 1	0	2	0
Denmark Danemark	1984	..	5	..	0	1	4	1
	1985	..	4	..	0	0	4	1
	1986	..	4	..	0	0	4	1
	1987	..	4	..	0	0	4	1
Finland Finlande	1984	..	4	..	0	0	4	1
	1985	..	4	..	0	0	4	1
	1986	..	5	..	0	0	5	1
	1987	..	5	..	0	0	5	1
France incl. Monaco France y comp.Monaco	1984	46	80	74	..	–4	56	1
	1985	62	2	92	..	7	–35	–1
	1986	49	8	18	..	–4	43	1
	1987	52	8	26	..	2	32	1
Germany, Fed. Rep. Allemagne, Rép. féd.	1984	..	20	1	...	0	19	0
	1985	..	21	1	...	0	20	0
	1986	..	23	2	...	–1	22	0
	1987	..	20	1	...	...	19	0
Greece Grèce	1984	..	8	1	0	0	7	1
	1985	..	8	0	0	0	8	1
	1986	..	4	0	0	–4	8	1
	1987	..	6	0	0	0	6	1
Iceland Islande	1984	..	1	..	...	0	1	4
	1985	..	2	..	...	0	2	8
	1986	..	2	..	...	0	2	8
	1987	..	3	..	...	1	2	8
Ireland Irlande	1984	..	0	0	0	0	0	0
	1985	..	0	0	0	–1	1	0
	1986	..	9	0	0	0	9	3
	1987	..	* 2	0	0	...	2	1
Italy and San Marino Italie y comp. S.Mrn	1984	89	0	78	...	0	11	0
	1985	84	0	73	...	0	11	0
	1986	85	0	69	...	0	16	0
	1987	87	0	* 75	...	...	12	0
Netherlands Pays–Bas	1984	84	3	81	1	2	3	0
	1985	65	16	73	2	3	3	0
	1986	49	20	67	2	–3	3	0
	1987	64	10	71	1	–4	6	0
Norway,Svlbd,J.Myn I Norvège,Svalbd,J.May	1984	0	0	..	0	–1	1	0
	1985	0	2	..	0	2	0	0
	1986	0	2	..	0	0	2	0
	1987	0	2	..	0	0	2	0

Table 18

Production, Trade and Consumption of Aviation Gasolene
Production, commerce et consommation d'essence aviation

(Quantities in thousand metric tons and in kilograms per capita)
(Quantités en milliers de tonnes métriques et en kilogrammes par habitant)

Country or area Pays ou zone	Year Année	Production	Imports Importations	Exports Exportations	Bunkers Soutes	Changes in Stocks Variation des stocks	Consumption Consommation	
							Total Totale	Per Capita Par habitant
Portugal Portugal	1984	0	2	..	0	1	1	0
	1985	0	1	..	0	0	1	0
	1986	0	2	..	0	0	2	0
	1987	0	* 2	..	0	...	2	0
Romania Roumanie	1984	10	..	..	..	...	10	0
	1985	10	..	..	..	...	10	0
	1986	10	..	..	..	...	10	0
	1987	10	..	..	..	...	10	0
Spain Espagne	1984	2	13	* 0	1	0	14	0
	1985	0	12	0	1	−2	13	0
	1986	0	* 12	0	1	0	11	0
	1987	0	10	0	0	−1	11	0
Sweden Suède	1984	..	11	0	...	−1	12	1
	1985	..	7	0	...	−2	9	1
	1986	..	9	0	...	0	9	1
	1987	..	13	0	...	...	13	2
Switzrld,Liechtenst. Suisse,Liechtenstein	1984	..	6	..	0	0	6	1
	1985	..	7	..	0	0	7	1
	1986	..	7	..	0	0	7	1
	1987	..	7	..	0	1	6	1
United Kingdom Royaume–Uni	1984	1	33	1	0	3	30	1
	1985	4	25	13	0	−8	24	0
	1986	0	31	3	0	3	25	0
	1987	0	34	1	0	7	26	0
Yugoslavia Yougoslavie	1984	1	7	0	0	...	8	0
	1985	1	4	0	0	...	5	0
	1986	1	5	0	0	...	6	0
	1987	2	2	0	0	...	4	0
OCEANIA OCEANIE	**1984**	**144**	**64**	**52**	**27**	**0**	**129**	**5**
	1985	**116**	**65**	**60**	**27**	**−19**	**113**	**5**
	1986	**140**	**64**	**50**	**27**	**3**	**124**	**5**
	1987	**144**	**70**	**51**	**27**	**10**	**126**	**5**
Australia Australie	1984	144	* 0	51	0	1	92	6
	1985	116	0	59	* 0	−19	76	5
	1986	140	* 0	49	* 0	3	88	6
	1987	144	5	49	0	10	90	6
Fiji Fidji	1984	..	2	1	0	...	1	1
	1985	..	2	1	0	...	1	1
	1986	..	3	1	* 0	...	2	3
	1987	..	* 2	* 1	* 0	...	1	1
French Polynesia Polynésie française	1984	..	1	..	1	...	0	0
	1985	..	1	..	1	0	0	0
	1986	..	* 1	..	* 1	...	0	0
	1987	..	* 1	..	* 1	...	0	0
Guam Guam	1984	...	* 1	...	* 1	..	0	0
	1985	...	* 1	...	* 1	..	0	0
	1986	...	* 1	...	* 1	..	0	0
	1987	...	* 1	* 1	* 1	..	−1	−8
New Caledonia Nouvelle–Calédonie	1984	..	1	..	..	...	1	7
	1985	..	0	..	..	...	0	0
	1986	..	0	..	..	...	0	0
	1987	..	0	..	..	...	0	0
New Zealand Nouvelle–Zélande	1984	..	13	..	...	−2	15	5
	1985	..	* 15	..	...	0	15	5
	1986	..	* 15	..	...	0	15	5
	1987	..	* 16	..	...	0	16	5

Table 18

Production, Trade and Consumption of Aviation Gasolene
Production, commerce et consommation d'essence aviation

(Quantities in thousand metric tons and in kilograms per capita)
(Quantités en milliers de tonnes métriques et en kilogrammes par habitant)

Country or area Pays ou zone	Year Année	Production	Imports Importations	Exports Exportations	Bunkers Soutes	Changes in Stocks Variation des stocks	Consumption Consommation	
							Total Totale	Per Capita Par habitant
Papua New Guinea	1984	..	8	..	...	1	7	2
Papouasie–Nvl–Guinée	1985	..	* 8	..	...	...	8	2
	1986	..	6	..	...	...	6	2
	1987	..	7	..	...	...	7	2
Solomon Islands	1984	..	* 2	..	..	..	2	8
Iles Salomon	1985	..	* 2	..	..	..	2	7
	1986	..	* 2	..	..	..	2	7
	1987	..	* 2	..	..	..	2	7
Vanuatu	1984	..	* 1	..	..	..	1	7
Vanuatu	1985	..	* 1	..	..	..	1	7
	1986	..	* 1	..	..	..	1	7
	1987	..	* 1	..	..	..	1	7
Wake Island	1984	..	* 35	..	* 25	...	10	5 000
Ile de Wake	1985	..	* 35	..	* 25	...	10	5 000
	1986	..	* 35	..	* 25	...	10	5 000
	1987	..	* 35	..	* 25	...	10	5 000
USSR	**1984**	**1 900**	...	...	...	...	**1 900**	**7**
URSS	**1985**	**1 900**	...	...	...	...	**1 900**	**7**
	1986	**2 000**	...	...	...	...	**2 000**	**7**
	1987	**2 000**	...	...	...	...	**2 000**	**7**

Table 19

Production, Trade and Consumption of Motor Gasolene
Production, commerce et consommation d'essence auto

(Quantities in thousand metric tons and in kilograms per capita)
(Quantités en milliers de tonnes métriques et en kilogrammes par habitant)

Country or area Pays ou zone	Year Année	Production	Imports Importations	Exports Exportations	Changes in Stocks Variation des stocks	Consumption Consommation	
						Total Totale	Per Capita Par habitant
WORLD	**1984**	**667 156**	**46 556**	**57 490**	**1 097**	**655 125**	**137**
MONDE	**1985**	**670 891**	**50 688**	**59 761**	**–2 363**	**664 181**	**137**
	1986	**698 773**	**55 279**	**64 000**	**2 029**	**688 023**	**139**
	1987	**708 099**	**62 465**	**66 397**	**2 284**	**701 883**	**140**
AFRICA	**1984**	**14 395**	**2 913**	**1 062**	**44**	**16 202**	**30**
AFRIQUE	**1985**	**14 259**	**2 732**	**1 152**	**5**	**15 834**	**28**
	1986	**14 489**	**3 323**	**1 136**	**17**	**16 659**	**29**
	1987	**15 045**	**3 321**	**1 423**	**14**	**16 929**	**29**
Algeria	1984	1 774	* 0	99	8	1 667	79
Algérie	1985	1 800	* 0	* 110	10	1 680	77
	1986	1 889	* 0	* 90	10	1 789	80
	1987	1 846	0	* 120	10	1 716	74
Angola	1984	95	* 5	* 25	...	75	9
Angola	1985	104	* 5	* 25	...	84	10
	1986	100	* 5	* 30	...	75	8
	1987	105	* 5	* 35	...	75	8
Benin	1984	..	42	* 1	0	41	10
Bénin	1985	..	61	* 1	1	59	15
	1986	..	* 53	* 1	2	50	12
	1987	..	* 55	* 2	1	52	12
Burkina Faso	1984	..	* 50	..	0	50	7
Burkina Faso	1985	..	* 51	..	0	51	6
	1986	..	* 47	..	0	47	6
	1987	..	* 52	..	...	52	6
Burundi	1984	..	18	..	0	18	4
Burundi	1985	..	17	..	0	17	4
	1986	..	* 18	..	0	18	4
	1987	..	* 17	..	0	17	3
Cameroon	1984	370	* 0	* 2	..	368	38
Cameroun	1985	415	* 0	* 2	..	413	42
	1986	410	* 0	* 2	..	408	40
	1987	401	* 0	* 1	..	400	38
Cape Verde	1984	..	3	* 0	..	3	9
Cap–Vert	1985	..	* 3	* 0	..	3	9
	1986	..	2	0	..	2	6
	1987	..	* 2	* 0	..	2	6
Central African Rep.	1984	..	14	..	1	13	5
Rép. centrafricaine	1985	..	15	..	0	15	6
	1986	..	* 15	..	0	15	6
	1987	..	12	..	–7	19	7
Chad	1984	..	* 25	...	0	25	5
Tchad	1985	..	* 25	...	0	25	5
	1986	..	* 23	...	0	23	4
	1987	..	* 24	...	0	24	5
Comoros	1984	..	* 3	..	0	3	7
Comores	1985	..	* 3	..	0	3	7
	1986	..	* 3	..	0	3	7
	1987	..	* 3	..	0	3	6
Congo	1984	52	4	* 0	9	47	28
Congo	1985	3	9	* 0	–30	42	24
	1986	55	0	* 0	10	45	25
	1987	61	0	0	0	61	33
Côte d'Ivoire	1984	245	* 95	* 60	0	280	28
Côte d'Ivoire	1985	250	* 90	* 65	3	272	27
	1986	270	* 87	* 71	2	284	27
	1987	295	* 93	* 69	3	316	28

Table 19

Production, Trade and Consumption of Motor Gasolene
Production, commerce et consommation d'essence auto

(Quantities in thousand metric tons and in kilograms per capita)
(Quantités en milliers de tonnes métriques et en kilogrammes par habitant)

Country or area Pays ou zone	Year Année	Production	Imports Importations	Exports Exportations	Changes in Stocks Variation des stocks	Consumption / Consommation: Total Totale	Consumption / Consommation: Per Capita Par habitant
Djibouti Djibouti	1984	..	* 11	..	...	11	32
	1985	..	* 12	..	1	11	31
	1986	..	* 12	..	1	11	30
	1987	..	* 11	..	0	11	29
Egypt Egypte	1984	2 506	* 0	* 697	...	1 809	39
	1985	2 712	* 0	* 754	...	1 958	41
	1986	2 804	* 0	* 779	...	2 025	41
	1987	3 275	* 0	1 035	...	2 240	45
Equatorial Guinea Guinée équatoriale	1984	..	* 5	..	1	4	10
	1985	..	* 6	..	1	5	13
	1986	..	* 6	..	1	5	12
	1987	..	* 6	..	1	5	12
Ethiopia Ethiopie	1984	99	* 10	..	0	109	3
	1985	101	* 15	..	0	116	3
	1986	107	12	..	–4	123	3
	1987	122	2	..	0	124	3
Gabon Gabon	1984	58	* 5	* 30	0	33	35
	1985	65	* 7	* 34	0	38	39
	1986	62	* 9	* 31	0	40	39
	1987	59	* 5	* 25	0	39	37
Gambia Gambie	1984	..	* 23	..	...	23	32
	1985	..	* 22	..	...	22	29
	1986	..	* 23	..	...	23	30
	1987	..	* 24	..	...	24	30
Ghana Ghana	1984	172	* 52	* 0	–11	235	19
	1985	216	* 66	* 0	2	280	22
	1986	200	* 84	* 0	3	281	21
	1987	210	* 82	* 0	4	288	21
Guinea Guinée	1984	..	* 66	..	0	66	11
	1985	..	* 65	..	0	65	11
	1986	..	67	..	0	67	11
	1987	..	* 67	..	1	66	10
Guinea–Bissau Guinée–Bissau	1984	..	* 9	..	2	7	8
	1985	..	* 8	..	1	7	8
	1986	..	* 10	..	1	9	10
	1987	..	* 10	..	2	8	9
Kenya Kenya	1984	304	4	102	...	206	11
	1985	319	11	91	...	239	12
	1986	332	19	97	...	254	12
	1987	336	7	91	...	252	11
Liberia Libéria	1984	0	* 49	* 1	0	48	23
	1985	0	* 50	* 1	0	49	22
	1986	0	51	1	0	50	22
	1987	0	* 50	* 1	0	49	21
Libyan Arab Jamah. Jamah.arabe libyenne	1984	945	* 10	* 0	...	955	263
	1985	988	* 0	* 5	...	983	260
	1986	900	* 0	* 0	...	900	229
	1987	1 000	* 0	* 5	...	995	244
Madagascar Madagascar	1984	10	* 0	* 0	–15	25	3
	1985	53	* 0	* 0	5	48	5
	1986	15	* 0	* 0	–5	20	2
	1987	17	* 0	* 0	1	16	1
Malawi Malawi	1984	..	47	0	0	47	7
	1985	..	46	* 0	0	46	6
	1986	..	46	0	0	46	6
	1987	..	43	0	0	43	6

Table 19

Production, Trade and Consumption of Motor Gasolene
Production, commerce et consommation d'essence auto

(Quantities in thousand metric tons and in kilograms per capita)
(Quantités en milliers de tonnes métriques et en kilogrammes par habitant)

Country or area Pays ou zone	Year Année	Production	Imports Importations	Exports Exportations	Changes in Stocks Variation des stocks	Consumption Consommation	
						Total Totale	Per Capita Par habitant
Mali Mali	1984	..	58	..	...	58	7
	1985	..	51	..	...	51	6
	1986	..	52	..	...	52	6
	1987	..	* 51	..	...	51	6
Mauritania Mauritanie	1984	..	* 31	..	0	31	18
	1985	..	* 32	..	0	32	18
	1986	..	* 29	..	0	29	16
	1987	..	* 31	..	1	30	16
Mauritius Maurice	1984	..	34	* 0	...	34	33
	1985	..	32	0	...	32	31
	1986	..	41	* 0	...	41	39
	1987	..	47	* 0	...	47	44
Morocco Maroc	1984	342	2	...	2	342	16
	1985	331	3	...	2	332	15
	1986	319	* 3	...	2	320	14
	1987	320	* 3	...	2	321	14
Mozambique Mozambique	1984	16	* 50	* 0	...	66	5
	1985	0	* 40	* 0	...	40	3
	1986	0	33	* 0	...	33	2
	1987	0	* 35	* 0	...	35	2
Niger Niger	1984	..	* 43	..	0	43	7
	1985	..	* 42	..	0	42	7
	1986	..	* 39	..	0	39	6
	1987	..	* 41	..	0	41	6
Nigeria Nigéria	1984	2 327	* 1 359	* 10	...	3 676	40
	1985	1 791	* 1 218	* 30	...	2 979	31
	1986	1 875	1 782	2	...	3 655	37
	1987	1 900	* 1 750	* 3	...	3 647	36
Réunion Réunion	1984	..	98	..	1	97	180
	1985	..	70	..	1	69	126
	1986	..	77	..	0	77	138
	1987	..	* 75	..	1	74	131
Rwanda Rwanda	1984	..	* 19	..	0	19	3
	1985	..	* 21	..	0	21	3
	1986	..	* 23	..	0	23	4
	1987	..	* 22	..	0	22	3
Sao Tome – Principe Sao Tomé–et–Principe	1984	..	* 5	..	...	5	52
	1985	..	* 5	..	...	5	51
	1986	..	* 5	..	...	5	50
	1987	..	* 5	..	...	5	48
Senegal Sénégal	1984	66	* 90	* 2	0	154	25
	1985	30	79	1	0	108	17
	1986	78	88	7	0	159	24
	1987	75	* 90	* 5	0	160	24
Seychelles Seychelles	1984	..	7	..	..	7	106
	1985	..	5	..	..	5	76
	1986	..	* 5	..	..	5	75
	1987	..	* 6	..	..	6	88
Sierra Leone Sierra Leone	1984	28	* 0	* 0	..	28	8
	1985	30	* 0	* 0	..	30	8
	1986	30	* 0	* 0	..	30	8
	1987	23	* 0	* 0	..	23	6
Somalia Somalie	1984	25	11	* 19	...	17	3
	1985	73	12	* 17	...	68	11
	1986	75	* 12	* 10	...	77	12
	1987	79	* 11	* 8	...	82	12

Table 19

Production, Trade and Consumption of Motor Gasolene
Production, commerce et consommation d'essence auto

(Quantities in thousand metric tons and in kilograms per capita)
(Quantités en milliers de tonnes métriques et en kilogrammes par habitant)

Country or area Pays ou zone	Year Année	Production	Imports Importations	Exports Exportations	Changes in Stocks Variation des stocks	Consumption Consommation	
						Total Totale	Per Capita Par habitant
S.Africa Customs Un.	1984	4 400	* 0	* 0	...	4 400	123
Un.douan.d'Afr.mérid	1985	4 400	* 0	* 0	...	4 400	121
	1986	4 400	* 0	* 0	...	4 400	118
	1987	4 350	* 0	* 0	...	4 350	114
Sudan	1984	98	* 80	...	...	178	8
Soudan	1985	110	* 84	...	...	194	9
	1986	105	* 85	...	...	190	8
	1987	112	* 80	* 8	...	184	8
Togo	1984	0	41	* 1	0	40	14
Togo	1985	0	36	2	0	34	11
	1986	0	* 37	* 1	0	36	12
	1987	0	* 35	* 1	0	34	11
Tunisia	1984	211	37	0	46	202	29
Tunisie	1985	228	0	0	8	220	30
	1986	214	0	0	–6	220	30
	1987	210	* 0	* 0	–6	216	28
Uganda	1984	..	* 78	* 1	0	77	5
Ouganda	1985	..	* 80	* 1	0	79	5
	1986	..	* 87	* 2	0	85	5
	1987	..	* 93	* 2	0	91	5
United Rep. Tanzania	1984	82	* 5	* 2	0	85	4
Rép.Unie de Tanzanie	1985	85	* 5	* 3	0	87	4
	1986	83	* 4	* 2	0	85	4
	1987	85	* 7	* 2	0	90	4
Western Sahara	1984	..	* 6	..	..	6	39
Sahara occidental	1985	..	* 6	..	..	6	38
	1986	..	* 6	..	..	6	37
	1987	..	* 5	..	..	5	30
Zaire	1984	55	* 137	* 0	...	192	6
Zaïre	1985	35	* 140	* 0	...	175	6
	1986	51	* 125	* 0	...	176	6
	1987	47	* 135	* 0	...	182	6
Zambia	1984	115	* 0	* 10	...	105	16
Zambie	1985	120	* 0	* 10	...	110	16
	1986	115	* 0	* 10	...	105	14
	1987	117	* 0	* 10	...	107	14
Zimbabwe	1984	..	172	* 0	...	172	21
Zimbabwe	1985	..	184	* 0	...	184	22
	1986	..	198	* 0	...	198	23
	1987	..	* 229	0	...	229	26
NTH. AMERICA	**1984**	**326 858**	**15 267**	**9 384**	**2 164**	**330 577**	**836**
AMER DU NORD	**1985**	**322 041**	**18 897**	**7 030**	**–1 271**	**335 179**	**836**
	1986	**334 777**	**16 531**	**5 920**	**720**	**344 668**	**848**
	1987	**340 226**	**19 391**	**5 847**	**–196**	**353 966**	**860**
Antigua and Barbuda	1984	94	17	4	...	107	1 321
Antigua–et–Barbuda	1985	95	* 19	* 3	...	111	1 354
	1986	94	* 21	* 3	...	112	1 349
	1987	95	22	5	...	112	1 333
Aruba	1984	..	...	..	...	...	...
Aruba	1985	..	...	..	...	...	...
	1986	..	* 8	..	...	8	...
	1987	..	* 8	..	...	8	...
Bahamas	1984	700	* 247	* 893	–6	60	250
Bahamas	1985	50	* 112	* 121	–9	50	206
	1986	0	* 70	* 25	0	45	182
	1987	0	* 75	* 20	10	45	179

Table 19

Production, Trade and Consumption of Motor Gasolene
Production, commerce et consommation d'essence auto

(Quantities in thousand metric tons and in kilograms per capita)
(Quantités en milliers de tonnes métriques et en kilogrammes par habitant)

Country or area / Pays ou zone	Year / Année	Production	Imports / Importations	Exports / Exportations	Changes in Stocks / Variation des stocks	Consumption / Consommation: Total / Totale	Consumption / Consommation: Per Capita / Par habitant
Barbados / Barbade	1984	42	* 6	* 0	...	48	190
	1985	44	3	* 0	...	47	185
	1986	47	2	2	...	47	184
	1987	50	* 3	* 2	...	51	198
Belize / Belize	1984	..	* 20	* 0	...	20	125
	1985	..	24	* 0	...	24	146
	1986	..	18	* 0	...	18	107
	1987	..	* 20	0	...	20	117
Bermuda / Bermudes	1984	..	22	0	...	22	386
	1985	..	21	0	...	21	368
	1986	..	* 20	* 0	...	20	345
	1987	..	26	0	...	26	448
British Virgin Islds / Iles Vierges brit.	1984	..	* 4	..	...	4	286
	1985	..	* 4	..	...	4	286
	1986	..	* 4	..	...	4	286
	1987	..	* 5	..	...	5	357
Canada / Canada	1984	23 965	382	1 195	32	23 120	921
	1985	23 976	685	1 915	250	22 496	886
	1986	23 537	911	1 522	245	22 681	885
	1987	24 617	1 034	1 495	250	23 906	924
Cayman Islands / Iles Caïmanes	1984	..	* 11	..	...	11	524
	1985	..	* 10	..	...	10	476
	1986	..	* 12	..	...	12	571
	1987	..	* 12	..	...	12	545
Costa Rica / Costa Rica	1984	74	40	..	−11	125	49
	1985	75	77	..	−11	163	62
	1986	121	51	..	−7	179	66
	1987	113	55	..	3	165	59
Cuba / Cuba	1984	1 057	224	16	−7	1 272	129
	1985	1 029	384	251	6	1 156	116
	1986	1 058	391	254	−9	1 204	120
	1987	1 042	* 390	* 250	−14	1 196	119
Dominica / Dominique	1984	..	* 6	..	...	6	79
	1985	..	* 6	..	...	6	78
	1986	..	* 6	..	...	6	77
	1987	..	* 7	..	...	7	89
Dominican Republic / Rép. dominicaine	1984	295	4	..	...	299	48
	1985	291	6	..	...	297	46
	1986	344	* 2	..	...	346	53
	1987	361	0	..	...	361	54
El Salvador / El Salvador	1984	127	* 5	* 0	..	132	28
	1985	130	* 5	* 0	..	135	28
	1986	125	* 4	* 0	..	129	27
	1987	120	* 4	* 0	..	124	25
Greenland / Groënland	1984	..	7	..	...	7	130
	1985	..	6	..	...	6	111
	1986	..	7	..	...	7	127
	1987	..	* 7	..	...	7	127
Grenada / Grenade	1984	..	6	..	...	6	63
	1985	..	* 5	..	...	5	52
	1986	..	* 6	..	...	6	61
	1987	..	* 7	..	...	7	70
Guadeloupe / Guadeloupe	1984	..	* 59	..	0	59	177
	1985	..	* 59	..	0	59	176
	1986	..	* 55	..	0	55	163
	1987	..	* 57	..	0	57	169

Table 19

Production, Trade and Consumption of Motor Gasolene
Production, commerce et consommation d'essence auto

(Quantities in thousand metric tons and in kilograms per capita)
(Quantités en milliers de tonnes métriques et en kilogrammes par habitant)

Country or area / Pays ou zone	Year / Année	Production	Imports / Importations	Exports / Exportations	Changes in Stocks / Variation des stocks	Consumption / Consommation: Total / Totale	Consumption / Consommation: Per Capita / Par habitant
Guatemala / Guatemala	1984	122	125	...	...	247	32
	1985	120	* 130	...	...	250	31
	1986	115	* 120	...	...	235	29
	1987	127	139	...	...	266	32
Haiti / Haïti	1984	..	* 40	..	...	40	7
	1985	..	* 42	..	...	42	7
	1986	..	* 41	..	...	41	7
	1987	..	* 40	..	...	40	7
Honduras / Honduras	1984	55	* 70	* 0	...	125	30
	1985	60	* 70	* 0	...	130	30
	1986	58	* 65	* 0	...	123	27
	1987	55	* 60	* 0	...	115	25
Jamaica / Jamaïque	1984	86	47	* 0	...	133	58
	1985	116	* 45	* 0	...	161	69
	1986	98	* 40	* 0	...	138	58
	1987	100	* 45	* 0	...	145	60
Martinique / Martinique	1984	135	* 0	* 48	0	87	264
	1985	113	* 0	* 47	0	66	201
	1986	115	* 0	* 48	0	67	203
	1987	114	* 1	* 45	0	70	212
Mexico / Mexique	1984	15 057	0	1 511	–200	13 746	177
	1985	14 891	3	823	100	13 971	176
	1986	14 923	2	435	–102	14 592	180
	1987	15 500	216	485	94	15 137	182
Montserrat / Montserrat	1984	..	* 3	..	...	3	231
	1985	..	* 3	..	...	3	231
	1986	..	* 3	..	...	3	231
	1987	..	* 3	..	...	3	231
Neth.Antil and Aruba / Antill.néer.et Aruba	1984	2 050	* 350	* 2 250	50	100	559
	1985	1 000	* 200	* 1 100	0	100	552
	1986	...	...	...	...	...	...
	1987	...	...	...	...	...	...
Netherlands Antilles / Antilles néerland.	1984	...	...	...	...	...	...
	1985	...	...	...	...	...	...
	1986	900	* 100	* 900	0	100	...
	1987	1 150	* 100	* 1 150	0	100	...
Nicaragua / Nicaragua	1984	61	53	0	–10	124	39
	1985	72	57	* 0	8	121	37
	1986	70	* 60	* 0	0	130	38
	1987	73	* 55	* 0	0	128	37
Panama / Panama	1984	190	* 45	* 30	...	205	96
	1985	170	* 46	* 30	...	186	85
	1986	165	* 45	* 30	...	180	81
	1987	170	* 40	* 35	...	175	77
Puerto Rico / Porto Rico	1984	1 959	541	633	–15	1 882	554
	1985	1 800	* 500	* 550	50	1 700	492
	1986	1 600	* 500	* 450	0	1 650	471
	1987	1 700	* 500	* 400	0	1 800	506
St.Kitts–Nevis / St–Kitts–Nevis	1984	..	* 5	..	0	5	106
	1985	..	* 5	..	0	5	106
	1986	..	* 5	..	0	5	104
	1987	..	* 5	..	0	5	102
Saint Lucia / Sainte–Lucie	1984	..	* 14	..	...	14	110
	1985	..	15	..	...	15	116
	1986	..	* 15	..	...	15	115
	1987	..	* 15	..	...	15	114

Table 19

Production, Trade and Consumption of Motor Gasolene
Production, commerce et consommation d'essence auto

(Quantities in thousand metric tons and in kilograms per capita)
(Quantités en milliers de tonnes métriques et en kilogrammes par habitant)

Country or area Pays ou zone	Year Année	Production	Imports Importations	Exports Exportations	Changes in Stocks Variation des stocks	Consumption Consommation	
						Total Totale	Per Capita Par habitant
St.Pierre–Miquelon	1984	..	* 1	..	..	1	143
St.Pierre–Miquelon	1985	..	* 1	..	..	1	143
	1986	..	* 2	..	..	2	286
	1987	..	3	..	..	3	429
S.Vincent–Grenadines	1984	..	* 5	..	...	5	48
S.Vincent–Grenadines	1985	..	* 5	..	...	5	48
	1986	..	* 5	..	...	5	47
	1987	..	* 6	..	...	6	56
Trinidad and Tobago	1984	702	* 0	* 405	0	297	254
Trinité–et–Tobago	1985	766	0	* 364	0	402	339
	1986	1 014	0	* 345	200	469	389
	1987	1 001	0	* 461	100	440	359
United States	1984	277 887	12 858	249	2 316	288 180	1 216
Etats–Unis	1985	275 654	16 349	409	–1 751	293 345	1 226
	1986	289 962	13 992	1 432	463	302 059	1 251
	1987	293 788	16 495	1 493	–639	309 429	1 271
U.S. Virgin Islands	1984	2 200	* 50	* 2 150	15	85	817
Iles Vierges amér.	1985	1 589	* 0	* 1 417	86	86	811
	1986	1 331	* 56	* 1 374	–70	83	769
	1987	1 200	44	1 156	0	88	807
STH. AMERICA	**1984**	**34 539**	**1 160**	**5 764**	**85**	**29 850**	**114**
AMER DU SUD	**1985**	**35 120**	**1 632**	**6 631**	**–191**	**30 312**	**113**
	1986	**38 491**	**1 482**	**6 310**	**86**	**33 577**	**123**
	1987	**36 584**	**1 307**	**6 932**	**–27**	**30 986**	**111**
Argentina	1984	4 971	0	31	8	4 932	165
Argentine	1985	4 681	0	379	–81	4 383	145
	1986	4 630	0	76	23	4 531	147
	1987	4 467	125	29	14	4 549	146
Bolivia	1984	342	* 0	* 1	20	321	52
Bolivie	1985	343	* 0	* 0	3	340	53
	1986	325	0	0	4	321	49
	1987	360	0	0	4	356	53
Brazil	1984	13 888	0	3 119	83	10 686	81
Brésil	1985	14 913	150	3 506	–155	11 712	86
	1986	17 266	81	2 700	57	14 590	105
	1987	17 749	0	3 790	–10	13 969	99
Chile	1984	956	96	0	–5	1 057	89
Chili	1985	960	39	* 0	2	997	82
	1986	907	138	* 0	6	1 039	84
	1987	1 010	64	13	–9	1 070	85
Colombia	1984	2 696	* 664	..	0	3 360	120
Colombie	1985	2 521	1 099	..	–19	3 639	127
	1986	2 893	* 902	..	31	3 764	128
	1987	3 365	* 552	..	–15	3 932	131
Ecuador	1984	922	250	..	...	1 172	129
Equateur	1985	913	176	..	...	1 089	116
	1986	1 030	207	..	...	1 237	128
	1987	816	381	..	...	1 197	121
Falkland I(Malvinas)	1984	..	* 1	..	..	1	333
I Falkland(Malvinas)	1985	..	* 1	..	..	1	333
	1986	..	* 1	..	..	1	333
	1987	..	* 1	..	..	1	333
French Guiana	1984	..	17	..	...	17	210
Guyane française	1985	..	22	..	...	22	265
	1986	..	17	..	...	17	200
	1987	..	27	..	...	27	310

Table 19

Production, Trade and Consumption of Motor Gasolene
Production, commerce et consommation d'essence auto

(Quantities in thousand metric tons and in kilograms per capita)
(Quantités en milliers de tonnes métriques et en kilogrammes par habitant)

Country or area Pays ou zone	Year Année	Production	Imports Importations	Exports Exportations	Changes in Stocks Variation des stocks	Consumption Consommation	
						Total Totale	Per Capita Par habitant
Guyana Guyana	1984	..	47	..	...	47	50
	1985	..	49	..	...	49	51
	1986	..	* 30	..	...	30	31
	1987	..	* 30	..	...	30	30
Paraguay Paraguay	1984	47	43	..	–1	91	25
	1985	68	44	..	0	112	30
	1986	79	43	..	–1	123	32
	1987	76	* 45	..	0	121	31
Peru Pérou	1984	1 348	2	156	7	1 187	62
	1985	1 359	4	246	–12	1 129	57
	1986	1 377	* 3	108	72	1 200	59
	1987	1 350	* 25	* 100	–25	1 300	63
Suriname Suriname	1984	..	* 40	..	...	40	108
	1985	..	* 48	..	...	48	128
	1986	..	* 45	..	...	45	118
	1987	..	* 43	..	...	43	111
Uruguay Uruguay	1984	173	0	0	6	167	56
	1985	162	0	0	–4	166	55
	1986	174	15	26	–6	169	56
	1987	179	14	0	14	179	59
Venezuela Venezuela	1984	9 196	..	2 457	–33	6 772	402
	1985	9 200	..	* 2 500	75	6 625	383
	1986	9 810	..	* 3 400	–100	6 510	366
	1987	7 212	..	* 3 000	0	4 212	231
ASIA ASIE	**1984**	**74 642**	**2 708**	**4 562**	**–1 084**	**73 872**	**26**
	1985	**80 466**	**3 082**	**6 346**	**–192**	**77 394**	**27**
	1986	**83 956**	**4 710**	**8 591**	**859**	**79 216**	**27**
	1987	**85 682**	**7 681**	**8 696**	**924**	**83 743**	**28**
Afghanistan Afghanistan	1984	..	91	..	...	91	6
	1985	..	95	..	...	95	7
	1986	..	55	..	...	55	4
	1987	..	123	..	...	123	8
Bahrain Bahreïn	1984	663	* 0	542	–38	159	384
	1985	911	* 0	683	58	170	394
	1986	1 010	* 0	* 780	30	200	446
	1987	1 090	* 0	* 800	–10	300	645
Bangladesh Bangladesh	1984	38	0	..	3	35	0
	1985	39	0	..	–1	40	0
	1986	50	7	..	4	53	1
	1987	52	* 1	..	...	53	0
Bhutan Bhoutan	1984	..	* 1	..	..	1	1
	1985	..	* 1	..	..	1	1
	1986	..	* 1	..	..	1	1
	1987	..	* 1	..	..	1	1
Brunei Darussalam Brunéi Darussalam	1984	106	26	..	...	132	608
	1985	77	33	..	...	110	489
	1986	125	* 23	..	...	148	635
	1987	132	* 30	..	...	162	669
Burma Birmanie	1984	259	..	..	...	259	7
	1985	234	..	..	...	234	6
	1986	210	..	..	...	210	5
	1987	195	..	..	...	195	5
China Chine	1984	13 501	0	1 161	147	12 193	12
	1985	14 719	3	1 299	–573	13 996	13
	1986	16 848	99	1 084	861	15 002	14
	1987	17 370	128	1 165	100	16 233	15

Table 19

Production, Trade and Consumption of Motor Gasolene
Production, commerce et consommation d'essence auto

(Quantities in thousand metric tons and in kilograms per capita)
(Quantités en milliers de tonnes métriques et en kilogrammes par habitant)

Country or area Pays ou zone	Year Année	Production	Imports Importations	Exports Exportations	Changes in Stocks Variation des stocks	Consumption / Consommation: Total Totale	Consumption / Consommation: Per Capita Par habitant
Cyprus Chypre	1984	101	14	* 0	–3	118	179
	1985	93	31	0	0	124	186
	1986	117	14	0	1	130	193
	1987	128	11	0	–1	140	206
Democratic Kampuchea Kampuchea démocrat.	1984	0	* 25	..	..	25	4
	1985	0	* 25	..	..	25	3
	1986	0	* 30	..	..	30	4
	1987	0	* 30	..	..	30	4
Democratic Yemen Yémen démocratique	1984	206	79	* 0	...	285	137
	1985	210	62	* 0	...	272	127
	1986	170	35	* 0	...	205	93
	1987	180	104	* 0	...	284	125
Hong Kong Hong–kong	1984	..	214	15	–3	202	38
	1985	..	216	17	4	195	36
	1986	..	200	18	–4	186	34
	1987	..	216	19	...	197	35
India Inde	1984	2 062	0	13	...	2 049	3
	1985	2 252	0	14	...	2 238	3
	1986	2 464	0	15	...	2 449	3
	1987	2 629	16	15	...	2 630	3
Indonesia Indonésie	1984	2 271	78	0	–635	2 984	18
	1985	3 234	15	* 0	238	3 011	18
	1986	3 240	36	0	–100	3 376	20
	1987	3 482	13	0	246	3 249	19
Iran(Islamic Rep.of) Iran(Rép.islamique)	1984	4 368	* 0	* 90	...	4 278	93
	1985	4 547	* 0	* 90	...	4 457	94
	1986	3 950	* 350	* 0	...	4 300	87
	1987	3 910	* 400	* 0	...	4 310	84
Iraq Iraq	1984	1 600	* 0	* 200	...	1 400	91
	1985	1 650	* 0	* 200	...	1 450	91
	1986	1 650	* 0	* 100	...	1 550	94
	1987	1 740	* 0	* 100	...	1 640	96
Israel Israël	1984	1 117	31	139	...	1 009	242
	1985	1 175	4	165	...	1 014	239
	1986	1 293	52	226	...	1 119	260
	1987	1 410	121	268	...	1 263	289
Japan Japon	1984	26 866	0	0	54	26 812	223
	1985	26 907	0	0	–169	27 076	224
	1986	25 351	1 094	0	46	26 399	218
	1987	25 424	3 110	146	193	28 195	231
Jordan Jordanie	1984	352	0	0	14	338	100
	1985	335	0	0	3	332	95
	1986	350	0	0	3	347	95
	1987	350	0	0	12	338	89
Korea,Dem.Ppl's.Rep. Corée,Rép.pop.dém.de	1984	800	* 100	..	...	900	45
	1985	850	* 100	..	...	950	47
	1986	900	* 100	..	...	1 000	48
	1987	900	* 120	..	...	1 020	48
Korea, Republic of Corée, République de	1984	646	0	5	6	635	16
	1985	1 145	0	328	3	814	20
	1986	1 153	0	134	12	1 007	24
	1987	1 263	0	46	–1	1 218	29
Kuwait,part Ntl.Zone Koweït et prt.Zne.N.	1984	1 253	* 0	188	...	1 065	649
	1985	1 317	* 0	* 190	...	1 127	659
	1986	1 320	* 0	* 200	...	1 120	628
	1987	1 372	* 0	* 220	...	1 152	619

Table 19

Production, Trade and Consumption of Motor Gasolene
Production, commerce et consommation d'essence auto

(Quantities in thousand metric tons and in kilograms per capita)
(Quantités en milliers de tonnes métriques et en kilogrammes par habitant)

Country or area Pays ou zone	Year Année	Production	Imports Importations	Exports Exportations	Changes in Stocks Variation des stocks	Consumption Consommation Total Totale	Consumption Consommation Per Capita Par habitant
Lao Peoples Dem.Rep. Rép. dém. pop. lao	1984	..	* 12	..	..	12	3
	1985	..	* 14	..	..	14	4
	1986	..	* 14	..	..	14	4
	1987	..	* 14	..	..	14	4
Lebanon Liban	1984	110	* 530	* 0	...	640	242
	1985	150	* 589	* 0	...	739	277
	1986	300	* 366	* 0	...	666	246
	1987	310	* 370	* 0	...	680	246
Macau Macao	1984	..	14	..	...	14	37
	1985	..	14	..	...	14	36
	1986	..	15	..	...	15	37
	1987	..	15	..	...	15	35
Malaysia Malaisie	1984	1 148	610	1	7	1 750	116
	1985	1 130	823	26	–28	1 955	127
	1986	1 162	869	0	11	2 020	128
	1987	1 208	939	0	–29	2 176	134
Maldives Maldives	1984	..	* 1	..	..	1	6
	1985	..	* 1	..	..	1	5
	1986	..	* 1	..	..	1	5
	1987	..	* 1	..	..	1	5
Mongolia Mongolie	1984	..	* 250	...	...	250	135
	1985	..	* 260	...	...	260	136
	1986	..	* 260	...	...	260	132
	1987	..	* 260	...	...	260	128
Nepal Népal	1984	..	12	0	0	12	1
	1985	..	13	0	0	13	1
	1986	..	14	1	1	14	1
	1987	..	15	* 1	–1	15	1
Oman Oman	1984	352	* 0	..	0	352	295
	1985	382	* 0	..	–15	397	319
	1986	421	* 0	..	10	411	319
	1987	337	* 0	..	–10	347	260
Pakistan Pakistan	1984	642	117	0	4	755	8
	1985	675	120	0	11	784	8
	1986	713	85	0	–25	823	8
	1987	770	112	0	10	872	8
Philippines Philippines	1984	997	0	11	–33	1 019	19
	1985	1 032	* 0	33	7	992	18
	1986	1 104	* 0	126	–96	1 074	19
	1987	1 391	0	73	125	1 193	21
Qatar Qatar	1984	237	* 10	..	...	247	864
	1985	247	* 0	..	...	247	823
	1986	249	* 0	..	...	249	793
	1987	250	* 0	..	...	250	765
S.Arabia,pt.Ntrl.Zn. Arab.saoud,p.Zn.neut	1984	5 110	..	* 0	–690	5 800	521
	1985	6 935	..	* 635	200	6 100	526
	1986	9 292	..	* 2 872	350	6 070	503
	1987	9 300	..	* 2 990	200	6 110	486
Singapore Singapour	1984	2 175	79	1 412	84	758	299
	1985	2 200	257	1 806	–44	695	271
	1986	2 400	645	2 315	30	700	270
	1987	1 960	1 018	2 283	0	695	266
Sri Lanka Sri Lanka	1984	116	0	1	4	111	7
	1985	124	0	1	0	123	8
	1986	131	0	1	–1	131	8
	1987	140	0	0	–1	141	9

Table 19

Production, Trade and Consumption of Motor Gasolene
Production, commerce et consommation d'essence auto

(Quantities in thousand metric tons and in kilograms per capita)
(Quantités en milliers de tonnes métriques et en kilogrammes par habitant)

Country or area Pays ou zone	Year Année	Production	Imports Importations	Exports Exportations	Changes in Stocks Variation des stocks	Consumption Consommation	
						Total Totale	Per Capita Par habitant
Syrian Arab Republic Rép. arabe syrienne	1984	850	0	34	78	738	73
	1985	965	0	40	80	845	81
	1986	995	* 0	* 10	80	905	84
	1987	852	* 0	* 0	–60	912	81
Thailand Thaïlande	1984	1 485	49	0	–70	1 604	32
	1985	1 511	29	0	–7	1 547	30
	1986	1 629	6	0	–45	1 680	32
	1987	1 782	165	0	48	1 899	36
Turkey Turquie	1984	2 224	0	423	31	1 770	36
	1985	2 251	0	609	22	1 620	32
	1986	2 178	0	504	–49	1 723	33
	1987	2 355	8	290	103	1 970	38
United Arab Emirates Emirats arabes unis	1984	947	* 0	327	...	620	479
	1985	980	* 0	* 210	...	770	570
	1986	985	* 0	* 205	...	780	556
	1987	1 100	* 0	* 280	...	820	564
Viet Nam Viet Nam	1984	..	* 260	...	...	260	4
	1985	..	* 270	...	...	270	4
	1986	..	* 280	...	...	280	5
	1987	..	* 280	...	...	280	4
Yemen Yémen	1984	0	* 105	..	...	105	16
	1985	0	107	..	...	107	16
	1986	95	59	..	...	154	22
	1987	100	* 60	..	...	160	22
EUROPE EUROPE	**1984**	**125 177**	**22 778**	**27 767**	**–150**	**120 338**	**245**
	1985	**128 165**	**22 820**	**29 831**	**–476**	**121 630**	**247**
	1986	**134 546**	**27 845**	**33 185**	**490**	**128 716**	**261**
	1987	**138 015**	**28 801**	**34 628**	**1 348**	**130 840**	**265**
Albania Albanie	1984	200	...	...	...	200	69
	1985	200	...	...	...	200	67
	1986	200	...	...	...	200	66
	1987	210	...	...	...	210	68
Austria Autriche	1984	1 987	577	120	–6	2 450	326
	1985	2 071	559	231	–5	2 404	320
	1986	2 095	502	186	–42	2 453	327
	1987	2 324	480	319	–30	2 515	336
Belgium Belgique	1984	3 709	1 365	2 461	10	2 603	263
	1985	3 853	1 382	2 673	50	2 512	254
	1986	4 906	1 173	3 296	2	2 781	281
	1987	4 857	1 292	3 275	23	2 851	287
Bulgaria Bulgarie	1984	1 800	...	...	...	1 800	201
	1985	1 800	...	...	...	1 800	201
	1986	1 800	...	...	...	1 800	201
	1987	1 750	...	...	...	1 750	195
Czechoslovakia Tchécoslovaquie	1984	1 500	508	106	...	1 902	123
	1985	1 500	* 500	* 100	...	1 900	123
	1986	1 500	* 500	* 100	...	1 900	122
	1987	1 500	* 600	* 90	...	2 010	129
Denmark Danemark	1984	1 227	693	398	15	1 507	294
	1985	1 203	758	398	–10	1 573	307
	1986	1 307	668	423	14	1 538	300
	1987	1 232	801	493	8	1 532	299
Faeroe Islands Iles Féroé	1984	..	15	..	...	15	326
	1985	..	14	..	...	14	298
	1986	..	12	..	...	12	255
	1987	..	22	..	...	22	468

Table 19

Production, Trade and Consumption of Motor Gasolene
Production, commerce et consommation d'essence auto

(Quantities in thousand metric tons and in kilograms per capita)
(Quantités en milliers de tonnes métriques et en kilogrammes par habitant)

Country or area Pays ou zone	Year Année	Production	Imports Importations	Exports Exportations	Changes in Stocks Variation des stocks	Consumption Consommation	
						Total Totale	Per Capita Par habitant
Finland Finlande	1984	2 475	1	858	44	1 574	323
	1985	2 420	18	686	34	1 718	350
	1986	2 214	36	538	20	1 692	344
	1987	2 763	0	941	–33	1 855	376
France incl. Monaco France y comp.Monaco	1984	16 141	2 953	743	–3	18 354	334
	1985	17 191	1 702	1 431	–601	18 063	327
	1986	16 798	2 899	1 388	–270	18 579	335
	1987	17 068	3 158	1 425	185	18 616	335
German Dem. Rep. Rép. dém. allemande	1984	4 140	...	702	...	3 438	206
	1985	4 302	...	727	...	3 575	215
	1986	4 329	...	685	...	3 644	219
	1987	4 680	...	664	...	4 016	241
Germany, Fed. Rep. Allemagne, Rép. féd.	1984	19 813	6 687	1 042	–267	25 725	421
	1985	20 141	6 670	1 145	224	25 442	417
	1986	19 302	7 613	859	172	25 884	425
	1987	18 832	9 308	710	501	26 929	443
Gibraltar Gibraltar	1984	..	4	..	..	4	133
	1985	..	5	..	..	5	167
	1986	..	4	..	..	4	133
	1987	..	8	..	..	8	267
Greece Grèce	1984	1 663	455	664	–218	1 672	169
	1985	1 954	389	527	21	1 795	181
	1986	1 958	257	417	–52	1 850	186
	1987	2 423	437	733	1 139	988	99
Hungary Hongrie	1984	1 019	328	128	...	1 219	114
	1985	1 147	320	* 227	...	1 240	116
	1986	1 268	349	* 290	...	1 327	125
	1987	1 301	325	* 336	...	1 290	122
Iceland Islande	1984	..	94	..	–4	98	408
	1985	..	92	..	4	88	364
	1986	..	120	..	0	120	490
	1987	..	120	..	1	119	480
Ireland Irlande	1984	307	597	0	–12	916	260
	1985	317	578	0	16	879	247
	1986	325	545	17	6	847	236
	1987	297	502	0	–8	807	223
Italy and San Marino Italie y comp. S.Mrn	1984	15 370	376	3 319	210	12 217	214
	1985	15 283	319	3 424	–317	12 495	219
	1986	16 099	404	4 158	207	12 138	212
	1987	16 234	292	4 274	–38	12 290	215
Luxembourg Luxembourg	1984	..	296	3	0	293	798
	1985	..	314	2	8	304	826
	1986	..	302	0	–7	309	840
	1987	..	334	2	5	327	889
Malta Malte	1984	..	* 41	..	...	41	117
	1985	..	* 20	..	...	20	58
	1986	..	46	..	...	46	133
	1987	..	* 40	..	...	40	116
Netherlands Pays–Bas	1984	9 897	3 263	8 893	84	4 183	290
	1985	10 180	4 144	8 895	–19	5 448	376
	1986	12 651	5 670	10 393	218	7 710	530
	1987	12 736	4 735	10 950	–338	6 859	470
Norway,Svlbd,J.Myn I Norvège,Svalbd,J.May	1984	1 290	267	95	–32	1 494	361
	1985	1 319	430	113	–7	1 643	396
	1986	1 214	643	73	–1	1 785	428
	1987	1 438	486	109	–7	1 822	436

Table 19

Production, Trade and Consumption of Motor Gasolene
Production, commerce et consommation d'essence auto

(Quantities in thousand metric tons and in kilograms per capita)
(Quantités en milliers de tonnes métriques et en kilogrammes par habitant)

Country or area Pays ou zone	Year Année	Production	Imports Importations	Exports Exportations	Changes in Stocks Variation des stocks	Consumption Consommation	
						Total Totale	Per Capita Par habitant
Poland Pologne	1984	2 262	704	* 10	...	2 956	80
	1985	2 311	556	0	−42	2 909	78
	1986	2 653	853	91	−104	3 519	94
	1987	2 707	903	39	37	3 534	94
Portugal Portugal	1984	783	31	26	−14	802	79
	1985	844	16	31	−29	858	84
	1986	1 056	0	80	35	941	92
	1987	986	61	9	1	1 037	101
Romania Roumanie	1984	5 321	..	3 665	...	1 656	73
	1985	5 305	..	3 900	...	1 405	62
	1986	5 300	..	3 800	...	1 500	66
	1987	5 400	..	* 3 700	...	1 700	74
Spain Espagne	1984	5 871	28	384	−72	5 587	145
	1985	6 709	4	903	−16	5 826	151
	1986	7 783	113	1 976	−119	6 039	156
	1987	7 704	311	1 515	−14	6 514	167
Sweden Suède	1984	3 286	1 145	718	−16	3 729	447
	1985	2 996	1 474	719	97	3 654	438
	1986	3 161	1 366	810	188	3 529	423
	1987	3 589	1 378	1 031	−30	3 966	475
Switzrld,Liechtenst. Suisse,Liechtenstein	1984	989	2 139	2	40	3 086	477
	1985	998	2 039	17	−46	3 066	472
	1986	1 006	2 256	3	53	3 206	492
	1987	1 025	2 292	0	−17	3 334	510
United Kingdom Royaume–Uni	1984	22 237	211	3 352	−69	19 165	338
	1985	22 254	513	3 558	115	19 094	336
	1986	23 360	1 483	3 599	71	21 173	372
	1987	24 680	816	3 654	−103	21 945	385
Yugoslavia Yougoslavie	1984	1 890	0	78	160	1 652	72
	1985	1 867	4	124	47	1 700	74
	1986	2 261	31	3	99	2 190	94
	1987	2 279	100	359	66	1 954	83
OCEANIA **OCEANIE**	**1984**	**12 545**	**1 230**	**451**	**38**	**13 286**	**547**
	1985	**12 040**	**1 025**	**271**	**−238**	**13 032**	**529**
	1986	**13 014**	**888**	**358**	**−143**	**13 687**	**547**
	1987	**12 547**	**1 514**	**371**	**221**	**13 469**	**531**
American Samoa Samoa américaines	1984	..	9	..	...	9	257
	1985	..	* 8	..	...	8	222
	1986	..	* 8	..	...	8	222
	1987	..	* 8	..	...	8	216
Australia Australie	1984	11 255	247	432	−146	11 216	721
	1985	11 334	437	254	12	11 505	730
	1986	11 477	371	289	−143	11 702	733
	1987	11 195	937	183	221	11 728	726
Cook Islands Iles Cook	1984	..	* 2	..	...	2	100
	1985	..	* 2	..	...	2	95
	1986	..	* 2	..	...	2	95
	1987	..	* 2	..	...	2	95
Fiji Fidji	1984	..	57	16	...	41	60
	1985	..	59	14	...	45	65
	1986	..	59	18	...	41	58
	1987	..	* 60	* 17	...	43	60
French Polynesia Polynésie française	1984	..	37	..	1	36	224
	1985	..	36	..	0	36	220
	1986	..	* 37	..	0	37	222
	1987	..	* 38	..	0	38	222

Table 19

Production, Trade and Consumption of Motor Gasolene
Production, commerce et consommation d'essence auto

(Quantities in thousand metric tons and in kilograms per capita)
(Quantités en milliers de tonnes métriques et en kilogrammes par habitant)

Country or area / Pays ou zone	Year / Année	Production	Imports / Importations	Exports / Exportations	Changes in Stocks / Variation des stocks	Consumption / Consommation	
						Total / Totale	Per Capita / Par habitant
Guam / Guam	1984	..	* 85	..	...	85	746
	1985	..	* 85	..	...	85	739
	1986	..	* 85	..	...	85	726
	1987	..	* 85	..	...	85	720
Kiribati / Kiribati	1984	..	1	..	...	1	16
	1985	..	1	..	...	1	15
	1986	..	1	..	...	1	15
	1987	..	1	..	...	1	15
Nauru / Nauru	1984	..	* 6	..	...	6	667
	1985	..	* 6	..	...	6	667
	1986	..	* 6	..	...	6	667
	1987	..	* 6	..	...	6	667
New Caledonia / Nouvelle–Calédonie	1984	..	52	...	...	52	344
	1985	..	47	...	...	47	305
	1986	..	50	...	...	50	318
	1987	..	51	2	...	49	308
New Zealand / Nouvelle–Zélande	1984	1 290	605	0	183	1 712	532
	1985	706	214	0	–250	1 170	360
	1986	1 537	* 150	51	0	1 636	499
	1987	1 352	* 200	169	0	1 383	419
Pacific Islds(Trust) / I.Pacifique (tutel.)	1984	..	* 15	..	...	15	99
	1985	..	* 14	..	...	14	90
	1986	..	* 14	..	...	14	88
	1987	..	* 14	..	...	14	86
Papua New Guinea / Papouasie–Nvl–Guinée	1984	..	85	3	...	82	24
	1985	..	* 87	* 3	...	84	24
	1986	..	76	0	0	76	21
	1987	..	83	0	0	83	22
Samoa / Samoa	1984	..	* 14	..	...	14	86
	1985	..	* 14	..	...	14	85
	1986	..	* 14	..	...	14	85
	1987	..	* 14	..	...	14	84
Solomon Islands / Iles Salomon	1984	..	* 6	..	...	6	23
	1985	..	* 6	..	...	6	22
	1986	..	* 6	..	...	6	21
	1987	..	* 6	..	...	6	20
Tonga / Tonga	1984	..	4	..	...	4	37
	1985	..	* 4	..	...	4	36
	1986	..	* 4	..	...	4	35
	1987	..	6	..	...	6	52
Vanuatu / Vanuatu	1984	..	5	..	..	5	36
	1985	..	* 5	..	..	5	35
	1986	..	* 5	..	..	5	34
	1987	..	* 3	..	..	3	20
USSR / URSS	**1984**	**79 000**	*** 500**	*** 8 500**	...	**71 000**	**259**
	1985	**78 800**	*** 500**	*** 8 500**	...	**70 800**	**256**
	1986	**79 500**	*** 500**	*** 8 500**	...	**71 500**	**256**
	1987	**80 000**	*** 450**	*** 8 500**	...	**71 950**	**256**

Table 20

Production, Trade and Consumption of Kerosene
Production, commerce et consommation de pétrole lampant

(Quantities in thousand metric tons and in kilograms per capita)
(Quantités en milliers de tonnes métriques et en kilogrammes par habitant)

Country or area Pays ou zone	Year Année	Production	Imports Importations	Exports Exportations	Changes in Stocks Variation des stocks	Consumption Consommation	
						Total Totale	Per Capita Par habitant
WORLD MONDE	**1984**	**111 675**	**8 712**	**14 543**	**924**	**104 920**	**22**
	1985	**109 270**	**7 370**	**13 857**	**–1 336**	**104 119**	**21**
	1986	**110 795**	**10 746**	**14 920**	**295**	**106 326**	**22**
	1987	**107 949**	**14 446**	**15 036**	**–421**	**107 780**	**21**
AFRICA AFRIQUE	**1984**	**5 483**	**407**	**324**	**13**	**5 553**	**10**
	1985	**5 396**	**406**	**279**	**–2**	**5 525**	**10**
	1986	**5 817**	**1 370**	**389**	**20**	**6 778**	**12**
	1987	**5 982**	**955**	**385**	**20**	**6 532**	**11**
Algeria Algérie	1984	120	* 10	* 35	7	88	4
	1985	130	* 10	* 30	7	103	5
	1986	110	47	26	10	121	5
	1987	100	* 56	* 20	5	131	6
Angola Angola	1984	40	* 0	* 0	..	40	5
	1985	46	* 0	* 0	..	46	5
	1986	40	* 0	* 0	..	40	4
	1987	45	* 0	* 0	..	45	5
Benin Bénin	1984	..	* 16	* 3	0	13	3
	1985	..	* 21	* 3	0	18	4
	1986	..	* 11	* 2	0	9	2
	1987	..	* 13	* 2	1	10	2
Burkina Faso Burkina Faso	1984	..	* 14	..	...	14	2
	1985	..	* 16	..	...	16	2
	1986	..	* 18	..	...	18	2
	1987	..	* 19	..	1	18	2
Burundi Burundi	1984	..	* 4	..	1	3	1
	1985	..	* 3	..	0	3	1
	1986	..	* 3	..	0	3	1
	1987	..	* 3	..	0	3	1
Cameroon Cameroun	1984	290	* 1	* 7	4	280	29
	1985	310	1	* 12	2	297	30
	1986	313	* 1	* 10	3	301	30
	1987	295	* 1	* 9	1	286	27
Cape Verde Cap–Vert	1984	..	3	* 0	..	3	9
	1985	..	* 3	* 0	..	3	9
	1986	..	2	0	..	2	6
	1987	..	* 2	* 0	..	2	6
Central African Rep. Rép. centrafricaine	1984	..	8	..	...	8	3
	1985	..	6	..	...	6	2
	1986	..	3	..	...	3	1
	1987	..	18	..	...	18	7
Chad Tchad	1984	..	* 5	..	0	5	1
	1985	..	* 6	..	0	6	1
	1986	..	* 6	..	0	6	1
	1987	..	* 5	..	0	5	1
Comoros Comores	1984	..	* 3	..	0	3	7
	1985	..	* 3	..	0	3	7
	1986	..	* 3	..	0	3	7
	1987	..	* 3	..	0	3	6
Congo Congo	1984	0	8	* 3	0	5	3
	1985	0	14	* 3	4	7	4
	1986	0	1	2	–4	3	2
	1987	0	0	0	0	0	0
Côte d'Ivoire Côte d'Ivoire	1984	318	* 22	* 18	12	310	32
	1985	320	* 20	* 20	10	310	30
	1986	321	* 10	* 21	5	305	29
	1987	317	* 12	* 15	7	307	28

Table 20

Production, Trade and Consumption of Kerosene
Production, commerce et consommation de pétrole lampant

(Quantities in thousand metric tons and in kilograms per capita)
(Quantités en milliers de tonnes métriques et en kilogrammes par habitant)

Country or area Pays ou zone	Year Année	Production	Imports Importations	Exports Exportations	Changes in Stocks Variation des stocks	Consumption Consommation	
						Total Totale	Per Capita Par habitant
Djibouti Djibouti	1984	..	* 10	..	0	10	29
	1985	..	* 10	..	0	10	28
	1986	..	* 11	..	0	11	30
	1987	..	* 11	..	0	11	29
Egypt Egypte	1984	2 245	* 0	* 127	...	2 118	46
	1985	2 257	* 0	* 68	...	2 189	46
	1986	2 488	* 0	* 160	...	2 328	48
	1987	2 604	* 0	* 220	...	2 384	48
Equatorial Guinea Guinée équatoriale	1984	..	* 7	..	...	7	18
	1985	..	* 6	..	...	6	15
	1986	..	* 7	..	...	7	17
	1987	..	* 6	..	...	6	15
Ethiopia Ethiopie	1984	10	* 0	..	0	10	0
	1985	7	* 0	..	0	7	0
	1986	8	0	..	0	8	0
	1987	13	* 0	..	0	13	0
Gabon Gabon	1984	82	* 17	* 3	1	95	100
	1985	87	* 15	* 3	1	98	99
	1986	72	* 13	* 4	0	81	79
	1987	70	* 10	3	1	76	72
Gambia Gambie	1984	..	* 6	* 1	0	5	7
	1985	..	* 6	* 1	0	5	7
	1986	..	* 5	* 1	0	4	5
	1987	..	* 6	...	0	6	8
Ghana Ghana	1984	86	* 0	* 0	–3	89	7
	1985	120	0	* 0	–18	138	11
	1986	150	* 0	* 0	8	142	11
	1987	137	* 0	* 0	3	134	10
Guinea Guinée	1984	..	* 20	..	0	20	3
	1985	..	* 20	..	0	20	3
	1986	..	* 19	..	0	19	3
	1987	..	* 21	..	0	21	3
Guinea–Bissau Guinée–Bissau	1984	..	* 1	* 0	0	1	1
	1985	..	* 2	* 0	0	2	2
	1986	..	* 2	* 0	0	2	2
	1987	..	* 3	* 0	0	3	3
Kenya Kenya	1984	107	22	35	...	94	5
	1985	105	4	31	...	78	4
	1986	100	* 5	* 30	...	75	4
	1987	166	5	34	...	137	6
Liberia Libéria	1984	0	* 6	* 0	0	6	3
	1985	0	* 7	* 0	0	7	3
	1986	0	7	* 0	0	7	3
	1987	0	* 8	* 0	0	8	3
Libyan Arab Jamah. Jamah.arabe libyenne	1984	170	...	* 60	...	110	30
	1985	190	...	* 60	...	130	34
	1986	250	...	* 110	...	140	36
	1987	160	...	* 60	...	100	24
Madagascar Madagascar	1984	6	23	* 1	...	28	3
	1985	39	11	* 2	...	48	5
	1986	31	* 23	* 2	...	52	5
	1987	32	* 19	* 1	...	50	5
Malawi Malawi	1984	..	4	* 0	...	4	1
	1985	..	5	* 0	...	5	1
	1986	..	7	* 0	...	7	1
	1987	..	1	* 0	...	1	0

Table 20

Production, Trade and Consumption of Kerosene
Production, commerce et consommation de pétrole lampant

(Quantities in thousand metric tons and in kilograms per capita)
(Quantités en milliers de tonnes métriques et en kilogrammes par habitant)

Country or area Pays ou zone	Year Année	Production	Imports Importations	Exports Exportations	Changes in Stocks Variation des stocks	Consumption Consommation: Total Totale	Consumption Consommation: Per Capita Par habitant
Mali Mali	1984	..	13	..	...	13	2
	1985	..	12	..	...	12	1
	1986	..	13	..	...	13	2
	1987	..	12	..	...	12	1
Mauritania Mauritanie	1984	7	* 4	..	0	11	6
	1985	0	* 4	..	0	4	2
	1986	57	2	..	0	59	33
	1987	275	1	..	0	276	148
Mauritius Maurice	1984	..	5	* 0	...	5	5
	1985	..	18	0	...	18	17
	1986	..	21	0	...	21	20
	1987	..	20	* 0	...	20	19
Morocco Maroc	1984	60	* 0	..	2	58	3
	1985	55	* 0	..	2	53	2
	1986	48	* 0	..	3	45	2
	1987	48	* 0	..	3	45	2
Mozambique Mozambique	1984	7	* 5	..	...	12	1
	1985	0	* 5	..	...	5	0
	1986	0	4	..	...	4	0
	1987	0	* 4	..	...	4	0
Niger Niger	1984	..	2	..	0	2	0
	1985	..	3	..	0	3	0
	1986	..	* 3	..	0	3	0
	1987	..	* 3	..	0	3	0
Nigeria Nigéria	1984	1 196	* 0	* 15	...	1 181	13
	1985	1 001	* 0	* 30	...	971	10
	1986	1 109	928	9	...	2 028	21
	1987	1 000	* 500	* 10	...	1 490	15
Réunion Réunion	1984	..	* 13	* 1	0	12	22
	1985	..	* 12	* 1	0	11	20
	1986	..	* 17	* 1	0	16	29
	1987	..	* 18	* 1	1	16	28
Rwanda Rwanda	1984	..	* 6	..	...	6	1
	1985	..	* 7	..	...	7	1
	1986	..	* 6	..	...	6	1
	1987	..	* 7	..	...	7	1
Sao Tome – Principe Sao Tomé–et–Principe	1984	..	* 1	..	..	1	10
	1985	..	* 1	..	..	1	10
	1986	..	* 1	..	..	1	10
	1987	..	* 1	..	..	1	10
Senegal Sénégal	1984	9	5	0	0	14	2
	1985	7	4	1	0	10	2
	1986	10	* 2	* 1	1	10	2
	1987	11	* 3	* 1	0	13	2
Seychelles Seychelles	1984	..	2	..	...	2	30
	1985	..	3	..	...	3	45
	1986	..	* 3	..	...	3	45
	1987	..	* 3	..	1	2	29
Sierra Leone Sierra Leone	1984	18	* 0	..	...	18	5
	1985	18	* 0	..	...	18	5
	1986	18	* 0	..	...	18	5
	1987	18	* 0	..	...	18	5
Somalia Somalie	1984	12	* 16	..	...	28	5
	1985	12	* 15	..	...	27	4
	1986	10	* 16	..	...	26	4
	1987	9	* 14	..	...	23	3

Table 20

Production, Trade and Consumption of Kerosene
Production, commerce et consommation de pétrole lampant

(Quantities in thousand metric tons and in kilograms per capita)
(Quantités en milliers de tonnes métriques et en kilogrammes par habitant)

Country or area Pays ou zone	Year Année	Production	Imports Importations	Exports Exportations	Changes in Stocks Variation des stocks	Consumption Consommation Total Totale	 Per Capita Par habitant
S.Africa Customs Un. Un.douan.d'Afr.mérid	1984	450	* 0	* 0	...	450	13
	1985	440	* 0	* 0	...	440	12
	1986	430	* 0	* 0	...	430	12
	1987	425	* 0	* 0	...	425	11
Sudan Soudan	1984	15	* 21	..	...	36	2
	1985	17	31	..	...	48	2
	1986	16	* 35	..	...	51	2
	1987	17	* 34	..	...	51	2
Togo Togo	1984	0	11	14	–3	0	0
	1985	0	7	14	–7	0	0
	1986	0	* 10	* 10	0	0	0
	1987	0	* 9	* 9	0	0	0
Tunisia Tunisie	1984	126	...	..	–8	134	19
	1985	133	...	..	–3	136	19
	1986	133	...	..	–6	139	19
	1987	136	...	..	–4	140	18
Uganda Ouganda	1984	..	* 33	* 0	...	33	2
	1985	..	* 33	* 0	0	33	2
	1986	..	* 35	* 0	0	35	2
	1987	..	* 34	* 0	0	34	2
United Rep. Tanzania Rép.Unie de Tanzanie	1984	36	* 22	* 1	0	57	3
	1985	36	* 22	* 0	0	58	3
	1986	33	* 20	* 0	0	53	2
	1987	34	* 21	* 0	0	55	2
Western Sahara Sahara occidental	1984	..	* 3	..	..	3	20
	1985	..	* 3	..	..	3	19
	1986	..	* 3	..	..	3	19
	1987	..	* 3	..	..	3	18
Zaire Zaïre	1984	50	* 35	..	...	85	3
	1985	40	* 35	..	...	75	2
	1986	45	* 47	..	...	92	3
	1987	43	* 45	..	...	88	3
Zambia Zambie	1984	23	* 0	* 0	...	23	3
	1985	26	* 0	* 0	...	26	4
	1986	25	* 0	* 0	...	25	3
	1987	27	* 0	* 0	...	27	4
Zimbabwe Zimbabwe	1984	..	0	* 0	...	0	0
	1985	..	2	* 0	...	2	0
	1986	..	0	* 0	...	0	0
	1987	..	* 1	* 0	...	1	0
NTH. AMERICA AMER DU NORD	**1984**	**10 336**	**1 046**	**748**	**607**	**10 027**	**25**
	1985	**9 146**	**773**	**555**	**–603**	**9 967**	**25**
	1986	**8 897**	**1 084**	**716**	**70**	**9 195**	**23**
	1987	**8 254**	**1 404**	**536**	**68**	**9 054**	**22**
Antigua and Barbuda Antigua–et–Barbuda	1984	0	0	* 0	0	0	0
	1985	0	* 0	* 0	0	0	0
	1986	0	* 0	* 0	0	0	0
	1987	0	1	0	0	1	12
Bahamas Bahamas	1984	0	* 36	* 0	6	30	125
	1985	0	* 38	* 0	8	30	123
	1986	0	* 20	* 0	–5	25	101
	1987	0	* 10	* 0	–10	20	80
Barbados Barbade	1984	5	* 0	* 0	0	5	20
	1985	5	* 0	* 0	0	5	20
	1986	5	* 0	* 0	0	5	20
	1987	4	* 0	* 0	0	4	16

Table 20

Production, Trade and Consumption of Kerosene
Production, commerce et consommation de pétrole lampant

(Quantities in thousand metric tons and in kilograms per capita)
(Quantités en milliers de tonnes métriques et en kilogrammes par habitant)

Country or area Pays ou zone	Year Année	Production	Imports Importations	Exports Exportations	Changes in Stocks Variation des stocks	Consumption Consommation	
						Total Totale	Per Capita Par habitant
Belize Belize	1984	..	* 2	..	...	2	13
	1985	..	* 2	..	...	2	12
	1986	..	* 1	..	...	1	6
	1987	..	* 1	..	...	1	6
British Virgin Islds Iles Vierges brit.	1984	..	* 0	..	...	0	0
	1985	..	* 0	..	...	0	0
	1986	..	* 1	..	...	1	71
	1987	..	* 1	..	...	1	71
Canada Canada	1984	1 780	128	19	99	1 790	71
	1985	1 748	72	38	–37	1 819	72
	1986	1 798	179	34	–78	2 021	79
	1987	1 689	343	85	19	1 928	75
Cayman Islands Iles Caïmanes	1984	..	4	..	...	4	190
	1985	..	4	..	...	4	190
	1986	..	4	..	...	4	190
	1987	..	* 4	..	...	4	182
Costa Rica Costa Rica	1984	12	2	...	1	13	5
	1985	16	3	...	3	16	6
	1986	10	0	...	–3	13	5
	1987	16	0	...	–3	19	7
Cuba Cuba	1984	506	150	0	–1	657	66
	1985	528	128	* 0	–14	670	67
	1986	568	131	* 0	27	672	67
	1987	546	* 100	0	–4	650	65
Dominica Dominique	1984	..	* 2	..	...	2	26
	1985	..	* 2	..	...	2	26
	1986	..	* 2	..	...	2	26
	1987	..	* 2	..	...	2	25
Dominican Republic Rép. dominicaine	1984	93	* 1	..	...	94	15
	1985	72	* 0	..	...	72	11
	1986	107	* 0	..	...	107	16
	1987	123	0	..	...	123	18
El Salvador El Salvador	1984	26	* 2	* 0	...	28	6
	1985	28	* 2	* 0	...	30	6
	1986	27	* 2	* 0	...	29	6
	1987	25	* 3	* 0	...	28	6
Greenland Groënland	1984	..	18	..	...	18	333
	1985	..	9	..	...	9	167
	1986	..	7	..	...	7	127
	1987	..	* 7	..	...	7	127
Grenada Grenade	1984	..	1	..	...	1	10
	1985	..	* 1	..	...	1	10
	1986	..	* 1	..	...	1	10
	1987	..	* 1	..	...	1	10
Guadeloupe Guadeloupe	1984	..	* 36	* 0	2	34	102
	1985	..	* 34	* 0	0	34	101
	1986	..	* 35	* 0	0	35	104
	1987	..	* 36	* 0	0	36	107
Guatemala Guatemala	1984	33	31	..	0	64	8
	1985	30	* 30	..	0	60	8
	1986	28	* 30	..	0	58	7
	1987	16	19	..	1	34	4
Haiti Haïti	1984	..	* 10	..	...	10	2
	1985	..	* 10	..	...	10	2
	1986	..	* 9	..	...	9	1
	1987	..	* 9	..	...	9	1

Table 20

Production, Trade and Consumption of Kerosene
Production, commerce et consommation de pétrole lampant

(Quantities in thousand metric tons and in kilograms per capita)
(Quantités en milliers de tonnes métriques et en kilogrammes par habitant)

Country or area Pays ou zone	Year Année	Production	Imports Importations	Exports Exportations	Changes in Stocks Variation des stocks	Consumption Consommation	
						Total Totale	Per Capita Par habitant
Honduras	1984	8	* 40	* 0	0	48	11
Honduras	1985	8	* 40	* 0	0	48	11
	1986	9	* 40	* 0	0	49	11
	1987	10	* 40	* 0	0	50	11
Jamaica	1984	50	* 0	* 0	...	50	22
Jamaïque	1985	62	* 0	* 0	...	62	27
	1986	52	* 0	* 0	...	52	22
	1987	50	* 0	* 0	...	50	21
Martinique	1984	120	* 0	* 65	1	54	164
Martinique	1985	125	* 0	* 70	2	53	161
	1986	127	* 0	* 70	1	56	170
	1987	125	* 0	* 63	1	61	185
Mexico	1984	1 477	* 0	0	0	1 477	19
Mexique	1985	1 442	0	0	0	1 442	18
	1986	1 253	0	0	0	1 253	15
	1987	1 408	0	0	0	1 408	17
Montserrat	1984	..	* 0	..	...	0	0
Montserrat	1985	..	* 1	..	...	1	77
	1986	..	* 1	..	...	1	77
	1987	..	* 1	..	...	1	77
Neth.Antil and Aruba	1984	45	* 3	* 20	...	28	156
Antill.néer.et Aruba	1985	20	* 25	* 15	...	30	166
	1986	...	...	...	...	...	...
	1987	...	...	...	...	...	...
Netherlands Antilles	1984	...	...	...	..	...	...
Antilles néerland.	1985	...	...	...	..	...	...
	1986	20	* 15	* 5	..	30	...
	1987	20	* 15	* 5	..	30	...
Nicaragua	1984	27	* 0	* 0	0	27	9
Nicaragua	1985	21	* 0	* 0	0	21	6
	1986	20	* 0	* 0	0	20	6
	1987	22	* 0	* 0	0	22	6
Panama	1984	15	* 5	* 0	0	20	9
Panama	1985	10	* 5	* 0	0	15	7
	1986	10	* 5	* 0	0	15	7
	1987	10	* 6	* 0	0	16	7
Puerto Rico	1984	100	* 0	* 10	10	80	24
Porto Rico	1985	100	* 0	* 20	0	80	23
	1986	50	* 0	* 10	–15	55	16
	1987	50	* 0	* 0	–5	55	15
St.Kitts–Nevis	1984	..	* 2	..	..	2	43
St–Kitts–Nevis	1985	..	* 2	..	..	2	43
	1986	..	* 2	..	..	2	42
	1987	..	* 2	..	..	2	41
Saint Lucia	1984	..	* 0	..	...	0	0
Sainte–Lucie	1985	..	1	..	...	1	8
	1986	..	* 1	..	...	1	8
	1987	..	* 1	..	...	1	8
S.Vincent–Grenadines	1984	..	* 1	..	...	1	10
S.Vincent–Grenadines	1985	..	* 1	..	...	1	10
	1986	..	* 1	..	...	1	9
	1987	..	* 1	..	...	1	9
Trinidad and Tobago	1984	154	0	* 158	–30	26	22
Trinité–et–Tobago	1985	115	3	* 59	0	59	50
	1986	79	0	0	30	49	41
	1987	114	0	0	60	54	44

Table 20

Production, Trade and Consumption of Kerosene
Production, commerce et consommation de pétrole lampant

(Quantities in thousand metric tons and in kilograms per capita)
(Quantités en milliers de tonnes métriques et en kilogrammes par habitant)

Country or area Pays ou zone	Year Année	Production	Imports Importations	Exports Exportations	Changes in Stocks Variation des stocks	Consumption Consommation	
						Total Totale	Per Capita Par habitant
United States Etats–Unis	1984	5 385	572	6	519	5 432	23
	1985	4 441	360	13	–565	5 353	22
	1986	4 204	612	85	113	4 618	19
	1987	3 695	816	57	9	4 445	18
U.S. Virgin Islands Iles Vierges amér.	1984	500	* 0	* 470	...	30	288
	1985	375	* 0	* 340	...	35	330
	1986	550	* 0	* 517	...	33	306
	1987	351	* 0	* 331	...	20	183
STH. AMERICA AMER DU SUD	**1984**	**3 133**	**175**	**278**	**–184**	**3 214**	**12**
	1985	**2 912**	**88**	**161**	**156**	**2 683**	**10**
	1986	**2 909**	**81**	**71**	**–39**	**2 958**	**11**
	1987	**2 685**	**387**	**34**	**22**	**3 016**	**11**
Argentina Argentine	1984	457	106	1	2	560	19
	1985	419	51	4	18	448	15
	1986	414	0	0	–51	465	15
	1987	321	191	0	9	503	16
Bolivia Bolivie	1984	87	* 0	0	3	84	14
	1985	89	* 0	0	4	85	13
	1986	45	0	0	3	42	6
	1987	46	0	* 0	3	43	6
Brazil Brésil	1984	495	0	185	–62	372	3
	1985	412	0	82	10	320	2
	1986	403	0	62	–3	344	2
	1987	417	0	29	31	357	3
Chile Chili	1984	111	41	..	–38	190	16
	1985	97	* 0	..	–17	114	9
	1986	125	15	..	–6	146	12
	1987	138	12	..	–21	171	14
Colombia Colombie	1984	260	0	..	–8	268	10
	1985	278	0	..	–2	280	10
	1986	276	0	..	2	274	9
	1987	265	0	..	0	265	9
Ecuador Equateur	1984	293	0	..	...	293	32
	1985	274	0	..	...	274	29
	1986	287	* 0	..	...	287	30
	1987	204	* 0	..	...	204	21
French Guiana Guyane française	1984	..	13	..	..	13	160
	1985	..	13	..	..	13	157
	1986	..	12	..	..	12	141
	1987	..	14	..	..	14	161
Guyana Guyana	1984	..	13	..	...	13	14
	1985	..	12	..	...	12	13
	1986	..	* 11	..	...	11	11
	1987	..	* 9	..	...	9	9
Paraguay Paraguay	1984	11	1	..	1	11	3
	1985	7	11	..	0	18	5
	1986	3	12	..	0	15	4
	1987	3	* 10	..	0	13	3
Peru Pérou	1984	801	0	0	–50	851	44
	1985	851	0	0	100	751	38
	1986	894	30	* 0	10	914	45
	1987	875	* 150	* 0	–6	1 031	50
Suriname Suriname	1984	..	* 1	..	...	1	3
	1985	..	* 1	..	...	1	3
	1986	..	* 1	..	...	1	3
	1987	..	* 1	..	...	1	3

Table 20

Production, Trade and Consumption of Kerosene
Production, commerce et consommation de pétrole lampant

(Quantities in thousand metric tons and in kilograms per capita)
(Quantités en milliers de tonnes métriques et en kilogrammes par habitant)

Country or area Pays ou zone	Year Année	Production	Imports Importations	Exports Exportations	Changes in Stocks Variation des stocks	Consumption Consommation	
						Total Totale	Per Capita Par habitant
Uruguay Uruguay	1984	66	0	..	–4	70	23
	1985	49	0	..	–7	56	19
	1986	49	0	..	–5	54	18
	1987	59	0	..	6	53	17
Venezuela Venezuela	1984	552	..	92	–28	488	29
	1985	436	..	75	50	311	18
	1986	413	..	9	11	393	22
	1987	357	..	* 5	0	352	19
ASIA ASIE	**1984**	**48 778**	**6 155**	**7 283**	**643**	**47 007**	**17**
	1985	**48 001**	**5 002**	**7 534**	**–814**	**46 283**	**16**
	1986	**49 232**	**6 821**	**7 855**	**256**	**47 942**	**17**
	1987	**45 915**	**10 500**	**7 681**	**–471**	**49 205**	**17**
Afghanistan Afghanistan	1984	..	10	..	...	10	1
	1985	..	21	..	...	21	1
	1986	..	19	..	...	19	1
	1987	..	30	..	...	30	2
Bahrain Bahreïn	1984	306	* 0	288	8	10	24
	1985	348	0	342	–4	10	23
	1986	339	* 0	* 325	4	10	22
	1987	330	* 0	* 314	4	12	26
Bangladesh Bangladesh	1984	285	39	0	–21	345	4
	1985	281	76	* 0	–5	362	4
	1986	268	119	0	2	385	4
	1987	274	* 95	0	...	369	3
Bhutan Bhoutan	1984	..	* 3	..	..	3	2
	1985	..	* 4	..	..	4	3
	1986	..	* 4	..	..	4	3
	1987	..	* 4	..	..	4	3
Brunei Darussalam Brunéi Darussalam	1984	5	0	0	...	5	23
	1985	7	0	0	...	7	31
	1986	9	* 0	* 0	...	9	39
	1987	11	0	0	...	11	45
Burma Birmanie	1984	18	0	..	...	18	0
	1985	7	* 0	..	...	7	0
	1986	8	* 0	..	...	8	0
	1987	5	* 0	..	...	5	0
China Chine	1984	4 080	120	495	–25	3 730	4
	1985	4 053	152	460	–87	3 832	4
	1986	4 164	162	464	6	3 856	4
	1987	4 183	221	538	76	3 790	4
Cyprus Chypre	1984	8	* 0	..	...	8	12
	1985	7	0	..	...	7	11
	1986	8	0	..	...	8	12
	1987	9	0	..	...	9	13
Democratic Kampuchea Kampuchea démocrat.	1984	0	* 35	..	..	35	5
	1985	0	* 35	..	..	35	5
	1986	0	* 35	..	..	35	5
	1987	0	* 35	..	..	35	5
Democratic Yemen Yémen démocratique	1984	150	40	* 70	...	120	58
	1985	175	32	* 80	...	127	59
	1986	160	43	* 80	...	123	56
	1987	160	14	51	...	123	54
Hong Kong Hong–kong	1984	..	171	3	3	165	31
	1985	..	69	2	–3	70	13
	1986	..	76	4	6	66	12
	1987	..	99	4	...	95	17

Table 20

Production, Trade and Consumption of Kerosene
Production, commerce et consommation de pétrole lampant

(Quantities in thousand metric tons and in kilograms per capita)
(Quantités en milliers de tonnes métriques et en kilogrammes par habitant)

Country or area Pays ou zone	Year Année	Production	Imports Importations	Exports Exportations	Changes in Stocks Variation des stocks	Consumption Consommation Total Totale	 Per Capita Par habitant
India Inde	1984	3 304	2 697	39	...	5 962	8
	1985	3 842	2 466	41	...	6 267	8
	1986	4 739	2 078	52	...	6 765	9
	1987	5 114	2 215	62	...	7 267	9
Indonesia Indonésie	1984	4 874	1 079	0	135	5 818	36
	1985	5 329	329	* 0	−231	5 889	35
	1986	5 723	217	0	50	5 890	35
	1987	5 511	310	25	−609	6 405	37
Iran(Islamic Rep.of) Iran(Rép.islamique)	1984	3 100	* 450	* 0	0	3 550	78
	1985	3 100	* 450	* 0	0	3 550	75
	1986	2 900	* 700	* 0	0	3 600	73
	1987	2 900	* 800	* 0	0	3 700	72
Iraq Iraq	1984	700	* 0	* 250	...	450	29
	1985	750	* 0	* 300	...	450	28
	1986	750	* 0	* 200	...	550	33
	1987	790	* 0	* 190	...	600	35
Israel Israël	1984	190	* 0	* 12	75	103	25
	1985	210	* 0	* 60	10	140	33
	1986	200	* 0	* 40	−10	170	39
	1987	210	* 0	* 35	10	165	38
Japan Japon	1984	21 741	340	2	580	21 499	179
	1985	19 641	74	53	−714	20 376	169
	1986	19 512	2 068	175	237	21 168	174
	1987	16 316	4 892	150	−67	21 125	173
Jordan Jordanie	1984	147	0	* 0	−27	174	52
	1985	191	0	0	18	173	49
	1986	224	0	0	−12	236	65
	1987	204	* 0	0	27	177	47
Korea,Dem.Ppl's.Rep. Corée,Rép.pop.dém.de	1984	180	* 40	..	...	220	11
	1985	190	* 40	..	...	230	11
	1986	200	* 40	..	...	240	11
	1987	200	* 50	..	...	250	12
Korea, Republic of Corée, République de	1984	1 172	0	172	−35	1 035	26
	1985	1 377	0	244	112	1 021	25
	1986	1 227	0	222	−23	1 028	25
	1987	919	333	166	36	1 050	25
Kuwait,part Ntl.Zone Koweït et prt.Zne.N.	1984	1 148	..	* 1 108	...	40	24
	1985	1 698	..	* 1 658	...	40	23
	1986	1 710	..	* 1 680	...	30	17
	1987	1 700	..	* 1 670	...	30	16
Lao Peoples Dem.Rep. Rép. dém. pop. lao	1984	..	* 11	..	..	11	3
	1985	..	* 12	..	..	12	3
	1986	..	* 12	..	..	12	3
	1987	..	* 12	..	..	12	3
Lebanon Liban	1984	10	* 30	* 0	...	40	15
	1985	30	* 40	* 0	...	70	26
	1986	30	* 50	* 0	...	80	30
	1987	30	* 30	* 0	...	60	22
Macau Macao	1984	..	10	..	...	10	26
	1985	..	12	..	...	12	31
	1986	..	12	..	...	12	29
	1987	..	14	..	...	14	33
Malaysia Malaisie	1984	788	85	555	−3	321	21
	1985	691	96	452	2	333	22
	1986	674	89	477	7	279	18
	1987	660	65	489	8	228	14

Table 20

Production, Trade and Consumption of Kerosene
Production, commerce et consommation de pétrole lampant

(Quantities in thousand metric tons and in kilograms per capita)
(Quantités en milliers de tonnes métriques et en kilogrammes par habitant)

Country or area Pays ou zone	Year Année	Production	Imports Importations	Exports Exportations	Changes in Stocks Variation des stocks	Consumption Consommation	
						Total Totale	Per Capita Par habitant
Maldives	1984	..	1	..	..	1	6
Maldives	1985	..	1	..	..	1	5
	1986	..	3	..	..	3	16
	1987	..	* 3	..	..	3	15
Mongolia	1984	...	* 22	..	...	22	12
Mongolie	1985	...	* 25	..	...	25	13
	1986	...	* 25	..	...	25	13
	1987	...	* 25	..	...	25	12
Nepal	1984	..	36	0	0	36	2
Népal	1985	..	38	0	0	38	2
	1986	..	48	6	–5	47	3
	1987	..	61	* 6	5	50	3
Oman	1984	11	* 0	* 0	0	11	9
Oman	1985	9	* 0	* 0	0	9	7
	1986	10	* 0	* 0	0	10	8
	1987	10	* 0	* 0	0	10	7
Pakistan	1984	258	411	0	–21	690	7
Pakistan	1985	307	489	0	37	759	7
	1986	300	492	0	–19	811	8
	1987	347	558	0	27	878	8
Philippines	1984	300	0	0	15	285	5
Philippines	1985	267	0	0	6	261	5
	1986	290	* 0	* 0	4	286	5
	1987	333	0	0	5	328	6
Qatar	1984	0	4	0	...	4	14
Qatar	1985	4	* 0	0	...	4	13
	1986	4	* 0	* 0	...	4	13
	1987	4	* 0	* 0	...	4	12
S.Arabia,pt.Ntrl.Zn.	1984	1 226	* 0	* 1 026	...	200	18
Arab.saoud,p.Zn.neut	1985	1 832	* 0	* 1 687	...	145	13
	1986	2 434	* 0	* 2 292	...	142	12
	1987	2 490	* 0	* 2 340	...	150	12
Singapore	1984	3 675	255	* 3 060	–30	900	356
Singapour	1985	2 622	* 255	* 1 947	10	920	359
	1986	2 378	306	1 764	–10	930	359
	1987	2 100	389	1 538	...	951	363
Sri Lanka	1984	148	9	0	–6	163	10
Sri Lanka	1985	154	8	0	11	151	9
	1986	150	3	0	–1	154	9
	1987	150	5	0	–2	157	9
Syrian Arab Republic	1984	203	* 0	* 0	...	203	20
Rép. arabe syrienne	1985	164	* 45	* 0	...	209	20
	1986	220	* 0	* 0	...	220	20
	1987	202	* 10	* 0	...	212	19
Thailand	1984	198	42	0	5	235	5
Thaïlande	1985	133	8	0	17	124	2
	1986	120	0	0	4	116	2
	1987	114	0	0	1	113	2
Turkey	1984	335	0	80	–10	265	5
Turquie	1985	463	0	203	10	250	5
	1986	293	0	69	–14	238	5
	1987	393	0	97	8	288	5
United Arab Emirates	1984	30	* 0	* 0	0	30	23
Emirats arabes unis	1985	40	* 0	* 5	0	35	26
	1986	35	* 0	* 5	0	30	21
	1987	46	* 0	* 6	0	40	27

Table 20

Production, Trade and Consumption of Kerosene
Production, commerce et consommation de pétrole lampant

(Quantities in thousand metric tons and in kilograms per capita)
(Quantités en milliers de tonnes métriques et en kilogrammes par habitant)

Country or area Pays ou zone	Year Année	Production	Imports Importations	Exports Exportations	Changes in Stocks Variation des stocks	Consumption Consommation Total Totale	 Per Capita Par habitant
Viet Nam	1984	..	* 140	..	...	140	2
Viet Nam	1985	..	* 150	..	...	150	2
	1986	..	* 160	..	...	160	3
	1987	..	* 160	..	...	160	3
Yemen	1984	..	* 70	..	...	70	10
Yémen	1985	..	* 75	..	...	75	11
	1986	..	* 60	..	...	60	8
	1987	..	* 70	..	...	70	10
EUROPE	**1984**	**7 164**	**728**	**2 387**	**–119**	**5 624**	**11**
EUROPE	**1985**	**7 250**	**904**	**2 165**	**–54**	**6 043**	**12**
	1986	**7 209**	**1 174**	**2 375**	**–12**	**6 020**	**12**
	1987	**8 272**	**983**	**2 378**	**–83**	**6 960**	**14**
Albania	1984	80	...	..	..	80	28
Albanie	1985	80	...	..	..	80	27
	1986	80	...	..	..	80	26
	1987	70	...	..	..	70	23
Austria	1984	6	8	4	1	9	1
Autriche	1985	7	14	4	0	17	2
	1986	6	11	3	0	14	2
	1987	3	16	3	0	16	2
Belgium	1984	9	6	1	1	13	1
Belgique	1985	22	6	2	–1	27	3
	1986	73	10	26	35	22	2
	1987	41	18	29	–6	36	4
Bulgaria	1984	220	...	..	...	220	25
Bulgarie	1985	220	...	..	...	220	25
	1986	220	...	..	...	220	25
	1987	220	...	..	...	220	24
Czechoslovakia	1984	404	* 40	* 5	...	439	28
Tchécoslovaquie	1985	425	* 40	* 5	...	460	30
	1986	370	* 40	* 5	...	405	26
	1987	390	* 30	* 5	...	415	27
Denmark	1984	55	12	15	–1	53	10
Danemark	1985	16	36	3	–3	52	10
	1986	22	* 24	3	1	42	8
	1987	43	16	9	8	42	8
Faeroe Islands	1984	..	0	..	..	0	0
Iles Féroé	1985	..	0	..	..	0	0
	1986	..	2	..	..	2	43
	1987	..	0	..	..	0	0
Finland	1984	13	2	..	0	15	3
Finlande	1985	8	13	..	–1	22	4
	1986	7	24	..	–3	34	7
	1987	6	33	..	1	38	8
France incl. Monaco	1984	50	6	25	–6	37	1
France y comp. Monaco	1985	60	5	25	–4	44	1
	1986	48	93	41	2	98	2
	1987	59	70	13	1	115	2
German Dem. Rep.	1984	15	...	...	...	15	1
Rép. dém. allemande	1985	16	...	...	...	16	1
	1986	13	...	...	...	13	1
	1987	13	...	...	...	13	1
Germany, Fed. Rep.	1984	81	89	10	5	155	3
Allemagne, Rép. féd.	1985	74	35	9	–3	103	2
	1986	54	44	7	–2	93	2
	1987	67	19	15	–2	73	1

Table 20

Production, Trade and Consumption of Kerosene
Production, commerce et consommation de pétrole lampant

(Quantities in thousand metric tons and in kilograms per capita)
(Quantités en milliers de tonnes métriques et en kilogrammes par habitant)

Country or area Pays ou zone	Year Année	Production	Imports Importations	Exports Exportations	Changes in Stocks Variation des stocks	Consumption Consommation Total Totale	Consumption Consommation Per Capita Par habitant
Greece Grèce	1984	26	0	0	–1	27	3
	1985	39	0	0	6	33	3
	1986	29	0	0	1	28	3
	1987	26	0	0	–1	27	3
Hungary Hongrie	1984	196	160	* 151	...	205	19
	1985	260	157	* 190	...	227	21
	1986	288	159	* 220	...	227	21
	1987	333	137	* 246	...	224	21
Iceland Islande	1984	..	1	..	–1	2	8
	1985	..	1	..	1	0	0
	1986	..	0	..	0	0	0
	1987	..	1	..	0	1	4
Ireland Irlande	1984	0	72	0	–9	81	23
	1985	0	125	0	0	125	35
	1986	0	74	0	0	74	21
	1987	0	67	0	0	67	19
Italy and San Marino Italie y comp. S.Mrn	1984	2 372	29	1 172	–62	1 291	23
	1985	2 103	19	1 038	–8	1 092	19
	1986	2 171	30	1 259	–41	983	17
	1987	2 332	9	1 419	–54	976	17
Luxembourg Luxembourg	1984	..	0	..	..	0	0
	1985	..	1	..	..	1	3
	1986	..	0	..	..	0	0
	1987	..	0	..	..	0	0
Malta Malte	1984	..	* 18	0	...	18	52
	1985	..	* 10	0	...	10	29
	1986	..	2	0	...	2	6
	1987	..	* 5	0	...	5	14
Netherlands Pays–Bas	1984	579	102	437	6	238	16
	1985	458	151	295	–70	384	27
	1986	601	419	478	–25	567	39
	1987	502	314	391	13	412	28
Norway,Svlbd,J.Myn I Norvège,Svalbd,J.May	1984	60	35	4	9	82	20
	1985	70	46	11	–24	129	31
	1986	73	29	3	13	86	21
	1987	538	18	0	–9	565	135
Poland Pologne	1984	175	* 50	* 0	0	225	6
	1985	183	197	8	0	372	10
	1986	185	* 150	* 5	0	330	9
	1987	180	100	10	0	270	7
Portugal Portugal	1984	33	0	0	–2	35	3
	1985	29	0	0	–4	33	3
	1986	30	0	0	–3	33	3
	1987	32	0	0	0	32	3
Romania Roumanie	1984	600	..	...	...	600	27
	1985	487	..	...	...	487	21
	1986	450	..	...	...	450	20
	1987	460	..	...	...	460	20
Spain Espagne	1984	106	0	82	–7	31	1
	1985	356	5	211	40	110	3
	1986	317	4	113	17	191	5
	1987	150	41	0	–32	223	6
Sweden Suède	1984	15	69	5	11	68	8
	1985	26	19	6	–22	61	7
	1986	22	18	8	2	30	4
	1987	33	51	2	21	61	7

Table 20

Production, Trade and Consumption of Kerosene
Production, commerce et consommation de pétrole lampant

(Quantities in thousand metric tons and in kilograms per capita)
(Quantités en milliers de tonnes métriques et en kilogrammes par habitant)

Country or area Pays ou zone	Year Année	Production	Imports Importations	Exports Exportations	Changes in Stocks Variation des stocks	Consumption Consommation	
						Total Totale	Per Capita Par habitant
Switzrld,Liechtenst. Suisse,Liechtenstein	1984	3	10	..	0	13	2
	1985	4	8	..	0	12	2
	1986	3	2	..	0	5	1
	1987	4	14	..	0	18	3
United Kingdom Royaume–Uni	1984	2 066	19	476	–63	1 672	29
	1985	2 307	16	358	39	1 926	34
	1986	2 147	39	204	–9	1 991	35
	1987	2 770	24	236	–23	2 581	45
OCEANIA OCEANIE	**1984**	**281**	**51**	**23**	**–36**	**345**	**14**
	1985	**265**	**47**	**13**	**–19**	**318**	**13**
	1986	**231**	**66**	**14**	**0**	**283**	**11**
	1987	**241**	**67**	**22**	**23**	**263**	**10**
American Samoa Samoa américaines	1984	..	* 0	..	...	0	0
	1985	..	* 0	..	...	0	0
	1986	..	* 0	..	...	0	0
	1987	..	* 1	..	...	1	27
Australia Australie	1984	281	0	20	–36	297	19
	1985	265	* 0	11	–19	273	17
	1986	231	* 0	9	–3	225	14
	1987	241	0	16	23	202	12
Fiji Fidji	1984	..	12	3	...	9	13
	1985	..	11	2	...	9	13
	1986	..	18	5	...	13	18
	1987	..	* 18	* 6	...	12	17
French Polynesia Polynésie française	1984	..	2	..	0	2	12
	1985	..	0	..	0	0	0
	1986	..	* 0	..	0	0	0
	1987	..	* 1	..	0	1	6
Kiribati Kiribati	1984	..	1	..	...	1	16
	1985	..	1	..	...	1	15
	1986	..	0	..	...	0	0
	1987	..	0	..	...	0	0
New Caledonia Nouvelle–Calédonie	1984	..	1	..	...	1	7
	1985	..	0	..	...	0	0
	1986	..	1	..	...	1	6
	1987	..	1	..	...	1	6
New Zealand Nouvelle–Zélande	1984	..	10	..	0	10	3
	1985	..	* 8	..	0	8	2
	1986	..	* 8	..	0	8	2
	1987	..	* 9	..	0	9	3
Pacific Islds(Trust) I.Pacifique (tutel.)	1984	..	* 5	..	...	5	33
	1985	..	* 7	..	...	7	45
	1986	..	* 7	..	...	7	44
	1987	..	* 7	..	...	7	43
Papua New Guinea Papouasie–Nvl–Guinée	1984	..	10	...	...	10	3
	1985	..	* 10	...	...	10	3
	1986	..	22	0	3	19	5
	1987	..	20	0	0	20	5
Samoa Samoa	1984	..	* 7	..	...	7	43
	1985	..	* 7	..	...	7	43
	1986	..	* 7	..	...	7	42
	1987	..	* 7	..	...	7	42
Solomon Islands Iles Salomon	1984	..	* 1	..	...	1	4
	1985	..	* 1	..	...	1	4
	1986	..	* 1	..	...	1	4
	1987	..	* 1	..	...	1	3

Table 20

Production, Trade and Consumption of Kerosene
Production, commerce et consommation de pétrole lampant

(Quantities in thousand metric tons and in kilograms per capita)
(Quantités en milliers de tonnes métriques et en kilogrammes par habitant)

Country or area Pays ou zone	Year Année	Production	Imports Importations	Exports Exportations	Changes in Stocks Variation des stocks	Consumption Consommation	
						Total Totale	Per Capita Par habitant
Tonga Tonga	1984	..	1	..	...	1	9
	1985	..	* 1	..	...	1	9
	1986	..	* 1	..	...	1	9
	1987	..	1	..	...	1	9
Vanuatu Vanuatu	1984	..	1	..	..	1	7
	1985	..	1	..	..	1	7
	1986	..	* 1	..	..	1	7
	1987	..	* 1	..	..	1	7
USSR **URSS**	**1984**	**36 500**	*** 150**	*** 3 500**	...	**33 150**	**121**
	1985	**36 300**	*** 150**	*** 3 150**	...	**33 300**	**120**
	1986	**36 500**	*** 150**	*** 3 500**	...	**33 150**	**119**
	1987	**36 600**	*** 150**	*** 4 000**	...	**32 750**	**116**

Table 21

Production, Trade and Consumption of Jet Fuels
Production, commerce et consommation de carburéacteurs

(Quantities in thousand metric tons and in kilograms per capita)
(Quantités en milliers de tonnes métriques et en kilogrammes par habitant)

Country or area Pays ou zone	Year Année	Production	Imports Importations	Exports Exportations	Bunkers Soutes	Changes in Stocks Variation des stocks	Consumption Consommation Total Totale	Consumption Consommation Per Capita Par habitant
WORLD	**1984**	**116 572**	**18 398**	**24 224**	**34 555**	**910**	**75 281**	**16**
MONDE	**1985**	**118 390**	**15 674**	**22 553**	**34 608**	**–466**	**77 369**	**16**
	1986	**127 977**	**17 461**	**24 880**	**36 231**	**863**	**83 464**	**17**
	1987	**133 587**	**19 956**	**27 787**	**37 451**	**–514**	**88 819**	**18**
AFRICA	**1984**	**2 611**	**1 636**	**331**	**2 148**	**32**	**1 736**	**3**
AFRIQUE	**1985**	**2 772**	**1 688**	**397**	**2 211**	**22**	**1 830**	**3**
	1986	**2 825**	**1 605**	**403**	**2 283**	**36**	**1 708**	**3**
	1987	**2 890**	**1 819**	**529**	**2 159**	**6**	**2 015**	**3**
Algeria	1984	487	* 0	* 100	* 250	...	137	7
Algérie	1985	500	* 0	* 210	* 140	...	150	7
	1986	511	* 0	* 215	* 135	...	161	7
	1987	525	* 0	* 220	* 145	...	160	7
Angola	1984	65	* 0	* 0	* 65	...	0	0
Angola	1985	173	* 0	* 0	* 160	...	13	1
	1986	150	* 0	* 0	* 150	...	0	0
	1987	145	0	0	* 145	...	0	0
Benin	1984	..	* 17	..	* 14	..	3	1
Bénin	1985	..	* 18	..	* 18	..	0	0
	1986	..	* 18	..	* 15	..	3	1
	1987	..	* 15	..	* 15	..	0	0
Burundi	1984	..	* 2	..	* 2	..	0	0
Burundi	1985	..	* 2	..	* 2	..	0	0
	1986	..	* 2	..	* 2	..	0	0
	1987	..	* 2	..	* 2	..	0	0
Cameroon	1984	93	* 0	..	* 32	38	23	2
Cameroun	1985	95	* 0	..	* 37	30	28	3
	1986	97	* 0	..	* 41	25	31	3
	1987	95	* 0	..	* 40	10	45	4
Central African Rep.	1984	..	* 10	..	4	1	5	2
Rép. centrafricaine	1985	..	* 11	..	* 5	1	5	2
	1986	..	* 11	..	* 6	0	5	2
	1987	..	18	..	12	–8	14	5
Chad	1984	..	* 19	..	* 17	0	2	0
Tchad	1985	..	* 20	..	* 18	0	2	0
	1986	..	* 17	..	* 15	0	2	0
	1987	..	* 18	..	* 14	0	4	1
Congo	1984	27	13	* 1	* 0	..	39	23
Congo	1985	0	12	* 2	* 1	..	9	5
	1986	10	13	2	1	..	20	11
	1987	12	4	* 3	* 2	..	11	6
Côte d'Ivoire	1984	96	* 1	* 10	* 7	5	75	8
Côte d'Ivoire	1985	98	* 1	* 12	* 12	0	75	7
	1986	97	* 1	* 12	* 16	0	70	7
	1987	95	* 1	* 10	* 15	1	70	6
Djibouti	1984	..	* 65	..	* 65	..	0	0
Djibouti	1985	..	62	..	* 62	..	0	0
	1986	..	* 62	..	* 62	..	0	0
	1987	..	* 64	..	* 63	..	1	3
Egypt	1984	0	* 396	..	* 116	...	280	6
Egypte	1985	0	* 437	..	* 151	...	286	6
	1986	0	* 364	..	* 160	...	204	4
	1987	0	* 514	..	* 264	...	250	5
Ethiopia	1984	51	* 51	..	* 45	1	56	1
Ethiopie	1985	52	* 50	..	* 28	1	73	2
	1986	58	47	..	71	0	34	1
	1987	66	88	..	7	0	147	3

Table 21

Production, Trade and Consumption of Jet Fuels
Production, commerce et consommation de carburéacteurs

(Quantities in thousand metric tons and in kilograms per capita)
(Quantités en milliers de tonnes métriques et en kilogrammes par habitant)

Country or area Pays ou zone	Year Année	Production	Imports Importations	Exports Exportations	Bunkers Soutes	Changes in Stocks Variation des stocks	Consumption Consommation	
							Total Totale	Per Capita Par habitant
Gabon Gabon	1984	70	..	* 52	* 18	0	0	0
	1985	70	..	* 52	* 18	0	0	0
	1986	71	..	* 52	* 19	0	0	0
	1987	67	..	* 47	* 17	1	2	2
Ghana Ghana	1984	28	* 0	* 0	* 28	0	0	0
	1985	30	* 0	* 0	* 30	0	0	0
	1986	25	* 0	* 0	* 25	0	0	0
	1987	27	* 0	* 0	* 27	0	0	0
Guinea Guinée	1984	..	* 3	..	* 3	..	0	0
	1985	..	* 3	..	* 3	..	0	0
	1986	..	* 3	..	* 3	..	0	0
	1987	..	* 3	..	* 3	..	0	0
Guinea–Bissau Guinée–Bissau	1984	..	* 5	..	* 5	0	0	0
	1985	..	* 6	..	* 5	0	1	1
	1986	..	* 7	..	* 5	0	2	2
	1987	..	* 6	..	* 6	0	0	0
Kenya Kenya	1984	250	2	57	* 179	0	16	1
	1985	246	7	10	* 225	0	18	1
	1986	240	* 10	* 10	* 220	0	20	1
	1987	247	6	130	85	0	38	2
Liberia Libéria	1984	0	* 10	..	* 10	..	0	0
	1985	0	* 10	..	* 10	..	0	0
	1986	0	11	..	10	..	1	0
	1987	0	* 10	..	* 8	..	2	1
Libyan Arab Jamah. Jamah.arabe libyenne	1984	540	...	* 80	* 160	...	300	83
	1985	600	...	* 80	* 170	...	350	92
	1986	650	...	* 80	* 180	...	390	99
	1987	700	...	* 90	* 180	...	430	105
Madagascar Madagascar	1984	1	..	..	* 1	...	0	0
	1985	1	..	..	* 1	...	0	0
	1986	1	..	..	* 1	...	0	0
	1987	1	..	..	* 1	...	0	0
Malawi Malawi	1984	..	11	0	* 9	0	2	0
	1985	..	10	* 0	* 9	0	1	0
	1986	..	11	0	* 10	0	1	0
	1987	..	* 9	* 0	* 7	0	2	0
Mali Mali	1984	..	12	..	12	..	0	0
	1985	..	15	..	15	..	0	0
	1986	..	14	..	14	..	0	0
	1987	..	* 15	..	* 15	..	0	0
Mauritania Mauritanie	1984	..	* 12	..	* 11	...	1	1
	1985	..	* 12	..	* 12	...	0	0
	1986	..	* 12	..	* 12	...	0	0
	1987	..	* 13	..	* 12	...	1	1
Mauritius Maurice	1984	..	60	..	60	0	0	0
	1985	..	59	..	59	0	0	0
	1986	..	74	..	74	0	0	0
	1987	..	107	..	* 75	0	32	30
Morocco Maroc	1984	198	...	..	63	−13	148	7
	1985	214	...	..	68	−10	156	7
	1986	204	...	..	* 70	10	124	5
	1987	206	...	..	* 60	0	146	6
Mozambique Mozambique	1984	3	* 20	* 0	* 23	0	0	0
	1985	0	* 30	* 0	* 30	0	0	0
	1986	0	40	* 0	* 40	0	0	0
	1987	0	* 41	* 0	* 41	0	0	0

Table 21

Production, Trade and Consumption of Jet Fuels
Production, commerce et consommation de carburéacteurs

(Quantities in thousand metric tons and in kilograms per capita)
(Quantités en milliers de tonnes métriques et en kilogrammes par habitant)

Country or area Pays ou zone	Year Année	Production	Imports Importations	Exports Exportations	Bunkers Soutes	Changes in Stocks Variation des stocks	Consumption / Consommation: Total Totale	Consumption / Consommation: Per Capita Par habitant
Niger Niger	1984	..	26	..	17	...	9	2
	1985	..	22	..	14	...	8	1
	1986	..	21	..	15	...	6	1
	1987	..	* 23	..	* 14	...	9	1
Nigeria Nigéria	1984	42	* 360	* 10	* 370	...	22	0
	1985	50	* 350	* 10	* 360	...	30	0
	1986	55	* 350	* 10	* 360	...	35	0
	1987	45	* 340	* 10	* 350	...	25	0
Réunion Réunion	1984	..	* 41	..	* 11	...	30	56
	1985	..	* 40	..	* 10	...	30	55
	1986	..	* 42	..	* 10	...	32	58
	1987	..	* 41	..	* 10	...	31	55
Rwanda Rwanda	1984	..	* 11	..	* 8	...	3	1
	1985	..	* 11	..	* 8	...	3	0
	1986	..	* 10	..	* 9	...	1	0
	1987	..	* 11	..	* 9	...	2	0
St.Helena and Depend Ste–Hélène et dépend	1984	..	* 1	..	* 1	..	0	0
	1985	..	* 1	..	* 1	..	0	0
	1986	..	* 1	..	* 1	..	0	0
	1987	..	* 1	..	* 1	..	0	0
Senegal Sénégal	1984	42	87	0	* 119	0	10	2
	1985	18	128	0	* 121	0	25	4
	1986	68	66	0	* 125	1	8	1
	1987	70	* 68	* 0	* 110	1	27	4
Seychelles Seychelles	1984	..	14	..	12	0	2	30
	1985	..	12	..	8	0	4	61
	1986	..	* 13	..	* 7	0	6	90
	1987	..	* 12	..	* 8	1	3	44
Sierra Leone Sierra Leone	1984	16	..	..	* 16	..	0	0
	1985	15	..	..	* 14	..	1	0
	1986	16	..	..	* 15	..	1	0
	1987	12	..	..	* 11	..	1	0
Somalia Somalie	1984	25	* 32	* 21	* 9	..	27	4
	1985	20	* 33	* 21	* 11	..	21	3
	1986	19	* 31	* 22	* 13	..	15	2
	1987	21	* 34	* 19	* 12	..	24	3
S.Africa Customs Un. Un.douan.d'Afr.mérid	1984	400	* 0	* 0	100	...	300	8
	1985	410	* 0	* 0	100	...	310	8
	1986	400	* 0	* 0	100	...	300	8
	1987	400	* 0	* 0	100	...	300	8
Sudan Soudan	1984	70	* 30	..	* 22	...	78	4
	1985	72	* 28	..	* 23	...	77	4
	1986	78	* 31	..	* 25	...	84	4
	1987	75	* 32	..	* 26	...	81	4
Tunisia Tunisie	1984	0	146	..	35	..	111	16
	1985	0	102	..	3	..	99	14
	1986	0	91	..	5	..	86	12
	1987	0	* 100	..	* 6	..	94	12
Uganda Ouganda	1984	..	* 10	* 0	..	0	10	1
	1985	..	* 10	* 0	..	0	10	1
	1986	..	* 11	* 0	..	0	11	1
	1987	..	* 12	* 0	..	0	12	1
United Rep. Tanzania Rép.Unie de Tanzanie	1984	27	* 7	* 0	* 5	0	29	1
	1985	27	* 7	* 0	* 5	0	29	1
	1986	25	* 5	* 0	* 4	0	26	1
	1987	27	* 6	* 0	* 3	0	30	1

Table 21

Production, Trade and Consumption of Jet Fuels
Production, commerce et consommation de carburéacteurs

(Quantities in thousand metric tons and in kilograms per capita)
(Quantités en milliers de tonnes métriques et en kilogrammes par habitant)

Country or area Pays ou zone	Year Année	Production	Imports Importations	Exports Exportations	Bunkers Soutes	Changes in Stocks Variation des stocks	Consumption Consommation	
							Total Totale	Per Capita Par habitant
Western Sahara Sahara occidental	1984	..	* 2	..	* 2	..	0	0
	1985	..	* 2	..	* 2	..	0	0
	1986	..	* 2	..	* 2	..	0	0
	1987	..	* 3	..	* 2	..	1	6
Zaire Zaïre	1984	40	* 70	..	* 104	0	6	0
	1985	42	* 75	..	* 110	0	7	0
	1986	15	* 95	..	* 103	0	7	0
	1987	16	* 97	..	* 105	0	8	0
Zambia Zambie	1984	40	* 0	...	* 38	...	2	0
	1985	39	* 0	...	* 37	...	2	0
	1986	35	* 0	...	* 32	...	3	0
	1987	38	* 0	...	* 36	...	2	0
Zimbabwe Zimbabwe	1984	..	90	* 0	* 80	...	10	1
	1985	..	102	* 0	* 95	...	7	1
	1986	..	119	* 0	* 100	...	19	2
	1987	..	* 105	* 0	* 95	...	10	1
NTH. AMERICA AMER DU NORD	**1984**	**61 872**	**4 083**	**3 935**	**7 752**	**578**	**53 690**	**136**
	1985	**62 911**	**2 887**	**2 720**	**7 889**	**–264**	**55 453**	**138**
	1986	**67 630**	**3 625**	**2 597**	**7 851**	**1 292**	**59 515**	**147**
	1987	**70 479**	**4 243**	**3 473**	**7 983**	**–37**	**63 303**	**154**
Antigua and Barbuda Antigua–et–Barbuda	1984	..	53	1	52	..	0	0
	1985	..	* 54	* 1	30	..	23	280
	1986	..	* 53	* 1	35	..	17	205
	1987	..	* 58	0	33	..	25	298
Bahamas Bahamas	1984	737	* 0	* 702	* 35	...	0	0
	1985	50	* 0	* 16	* 34	...	0	0
	1986	0	* 80	* 50	* 30	...	0	0
	1987	0	* 75	* 45	* 30	...	0	0
Barbados Barbade	1984	..	* 100	...	98	0	2	8
	1985	..	* 100	...	* 98	0	2	8
	1986	..	* 82	...	* 80	0	2	8
	1987	..	* 85	...	* 82	0	3	12
Belize Belize	1984	..	12	..	* 11	0	1	6
	1985	..	12	..	* 11	0	1	6
	1986	..	13	..	* 12	0	1	6
	1987	..	* 13	..	* 12	0	1	6
Bermuda Bermudes	1984	..	25	..	25	0	0	0
	1985	..	23	..	23	0	0	0
	1986	..	* 22	..	* 22	0	0	0
	1987	..	37	..	37	0	0	0
Canada Canada	1984	3 403	376	91	532	33	3 123	124
	1985	3 568	224	136	506	–48	3 198	126
	1986	3 756	436	390	540	95	3 167	124
	1987	4 119	564	766	612	40	3 265	126
Cayman Islands Iles Caïmanes	1984	..	1	..	1	..	0	0
	1985	..	1	..	1	..	0	0
	1986	..	1	..	1	..	0	0
	1987	..	* 1	..	* 1	..	0	0
Costa Rica Costa Rica	1984	13	0	0	..	2	11	4
	1985	16	2	0	..	–2	20	8
	1986	20	3	0	..	1	22	8
	1987	33	0	3	..	–2	32	11
Cuba Cuba	1984	89	99	..	90	2	96	10
	1985	81	113	..	88	4	102	10
	1986	69	97	..	83	–2	85	8
	1987	104	* 100	..	* 80	1	123	12

Table 21

Production, Trade and Consumption of Jet Fuels
Production, commerce et consommation de carburéacteurs

(Quantities in thousand metric tons and in kilograms per capita)
(Quantités en milliers de tonnes métriques et en kilogrammes par habitant)

Country or area Pays ou zone	Year Année	Production	Imports Importations	Exports Exportations	Bunkers Soutes	Changes in Stocks Variation des stocks	Consumption Consommation	
							Total Totale	Per Capita Par habitant
Dominican Republic Rép. dominicaine	1984	20	* 0	..	...	...	20	3
	1985	20	* 0	..	...	...	20	3
	1986	20	* 0	..	...	...	20	3
	1987	20	* 0	..	...	...	20	3
El Salvador El Salvador	1984	18	* 0	* 0	...	...	18	4
	1985	18	* 0	* 0	...	...	18	4
	1986	17	* 0	* 0	...	...	17	4
	1987	16	* 0	* 0	...	...	16	3
Guatemala Guatemala	1984	29	* 0	..	* 9	..	20	3
	1985	30	* 0	..	* 10	..	20	3
	1986	28	* 0	..	* 10	..	18	2
	1987	40	0	..	* 13	..	27	3
Haiti Haïti	1984	..	* 20	..	* 17	0	3	1
	1985	..	* 20	..	* 18	0	2	0
	1986	..	* 19	..	* 18	0	1	0
	1987	..	* 19	..	* 18	0	1	0
Honduras Honduras	1984	12	* 9	..	..	...	21	5
	1985	12	* 9	..	..	...	21	5
	1986	10	* 9	..	..	...	19	4
	1987	8	* 10	..	..	...	18	4
Jamaica Jamaïque	1984	25	* 0	* 5	* 10	...	10	4
	1985	47	* 0	* 5	* 20	...	22	9
	1986	40	* 0	* 5	* 15	...	20	8
	1987	35	* 0	* 5	* 15	...	15	6
Mexico Mexique	1984	1 573	57	216	* 60	25	1 329	17
	1985	1 547	51	243	* 65	–20	1 310	17
	1986	1 578	63	319	* 65	–21	1 278	16
	1987	1 892	70	604	* 65	–29	1 322	16
Neth.Antil and Aruba Antill.néer.et Aruba	1984	1 100	* 295	* 1 350	* 45	...	0	0
	1985	500	* 350	* 810	* 40	...	0	0
	1986	...	...	...	...	...	...	...
	1987	...	...	...	...	...	...	...
Netherlands Antilles Antilles néerland.	1984	...	...	...	...	..	...	...
	1985	...	...	...	...	..	...	...
	1986	400	* 200	* 560	* 40	..	0	...
	1987	600	* 100	* 660	* 40	..	0	...
Nicaragua Nicaragua	1984	16	* 0	..	...	0	16	5
	1985	15	* 0	..	...	0	15	5
	1986	15	* 0	..	...	0	15	4
	1987	14	* 0	..	...	0	14	4
Panama Panama	1984	75	..	* 10	* 40	...	25	12
	1985	60	..	* 10	* 25	...	25	11
	1986	55	..	* 10	* 25	...	20	9
	1987	57	..	* 15	* 25	...	17	7
Puerto Rico Porto Rico	1984	270	* 129	* 65	...	82	252	74
	1985	200	* 100	* 55	...	–5	250	72
	1986	225	* 50	* 45	...	0	230	66
	1987	225	* 50	* 40	...	0	235	66
Trinidad and Tobago Trinité–et–Tobago	1984	246	* 0	* 220	0	0	26	22
	1985	291	0	* 265	0	0	26	22
	1986	318	10	279	0	25	24	20
	1987	295	3	353	0	–70	15	12
United States Etats–Unis	1984	53 356	2 907	425	6 697	434	48 707	205
	1985	55 876	1 828	629	* 6 900	–193	50 368	210
	1986	60 779	2 687	823	* 6 900	1 194	54 549	226
	1987	63 112	3 155	1 143	* 6 950	23	58 151	239

Table 21

Production, Trade and Consumption of Jet Fuels
Production, commerce et consommation de carburéacteurs

(Quantities in thousand metric tons and in kilograms per capita)
(Quantités en milliers de tonnes métriques et en kilogrammes par habitant)

Country or area Pays ou zone	Year Année	Production	Imports Importations	Exports Exportations	Bunkers Soutes	Changes in Stocks Variation des stocks	Consumption Consommation: Total Totale	Consumption Consommation: Per Capita Par habitant
U.S. Virgin Islands Iles Vierges amér.	1984	890	* 0	* 850	* 30	...	10	96
	1985	580	* 0	* 550	* 20	...	10	94
	1986	700	* 0	* 675	* 15	...	10	93
	1987	509	3	499	* 10	...	3	28
STH. AMERICA AMER DU SUD	**1984**	**6 589**	**57**	**2 715**	**907**	**230**	**2 794**	**11**
	1985	**6 933**	**87**	**2 853**	**868**	**295**	**3 004**	**11**
	1986	**7 152**	**115**	**2 675**	**860**	**284**	**3 448**	**13**
	1987	**7 320**	**95**	**2 768**	**892**	**–45**	**3 800**	**14**
Argentina Argentine	1984	662	0	0	...	51	611	20
	1985	690	0	34	...	–157	813	27
	1986	702	0	18	...	–23	707	23
	1987	746	0	11	...	12	723	23
Bolivia Bolivie	1984	76	* 0	* 0	...	...	76	12
	1985	82	0	0	...	...	82	13
	1986	78	0	0	...	...	78	12
	1987	73	* 0	* 0	...	...	73	11
Brazil Brésil	1984	2 884	0	1 004	* 600	230	1 050	8
	1985	2 749	36	685	* 625	359	1 116	8
	1986	2 521	37	370	* 600	284	1 304	9
	1987	2 572	0	370	* 625	–75	1 652	12
Chile Chili	1984	164	0	..	47	0	117	10
	1985	156	19	..	* 0	24	151	12
	1986	177	43	..	* 0	29	191	15
	1987	208	14	..	0	13	209	17
Colombia Colombie	1984	449	..	109	...	...	340	12
	1985	470	..	113	...	...	357	12
	1986	493	..	115	...	...	378	13
	1987	486	..	116	...	...	370	12
Ecuador Equateur	1984	135	0	..	30	...	105	12
	1985	145	* 0	..	* 30	...	115	12
	1986	135	* 0	..	28	...	107	11
	1987	161	4	..	33	...	132	13
Guyana Guyana	1984	..	16	..	5	...	11	12
	1985	..	13	..	4	...	9	9
	1986	..	* 10	..	* 4	...	6	6
	1987	..	* 7	..	* 4	...	3	3
Paraguay Paraguay	1984	2	16	..	...	–1	19	5
	1985	15	4	..	...	–1	20	5
	1986	21	10	..	...	–1	32	8
	1987	20	* 10	..	...	0	30	8
Peru Pérou	1984	342	0	..	...	10	332	17
	1985	252	0	..	...	20	232	12
	1986	328	* 0	..	...	0	328	16
	1987	300	* 50	..	...	2	348	17
Suriname Suriname	1984	..	* 10	..	...	...	10	27
	1985	..	* 15	..	...	...	15	40
	1986	..	* 12	..	...	...	12	31
	1987	..	* 10	..	...	...	10	26
Uruguay Uruguay	1984	9	15	..	22	0	2	1
	1985	22	0	..	22	0	0	0
	1986	22	3	..	25	0	0	0
	1987	33	0	..	30	3	0	0
Venezuela Venezuela	1984	1 866	0	1 602	203	–60	121	7
	1985	2 352	0	2 021	187	50	94	5
	1986	2 675	0	2 172	203	–5	305	17
	1987	2 721	* 0	* 2 271	* 200	0	250	14

Table 21

Production, Trade and Consumption of Jet Fuels
Production, commerce et consommation de carburéacteurs

(Quantities in thousand metric tons and in kilograms per capita)
(Quantités en milliers de tonnes métriques et en kilogrammes par habitant)

Country or area Pays ou zone	Year Année	Production	Imports Importations	Exports Exportations	Bunkers Soutes	Changes in Stocks Variation des stocks	Consumption Consommation Total Totale	Per Capita Par habitant
ASIA	**1984**	**18 782**	**4 936**	**8 407**	**7 798**	**114**	**7 399**	**3**
ASIE	**1985**	**19 034**	**4 271**	**8 696**	**7 115**	**–231**	**7 725**	**3**
	1986	**21 353**	**4 451**	**10 107**	**7 102**	**–319**	**8 914**	**3**
	1987	**23 465**	**5 787**	**12 206**	**7 210**	**–3**	**9 839**	**3**
Afghanistan	1984	..	120	..	* 15	5	100	7
Afghanistan	1985	..	106	..	* 13	5	88	6
	1986	..	82	..	* 10	15	57	4
	1987	..	151	..	* 8	...	143	10
Bahrain	1984	1 565	..	* 1 073	* 470	10	12	29
Bahreïn	1985	1 479	..	* 984	* 470	10	15	35
	1986	1 550	..	* 1 045	* 480	10	15	33
	1987	1 560	..	* 1 063	* 460	–20	57	123
Bangladesh	1984	4	52	..	5	1	50	1
Bangladesh	1985	7	62	..	4	1	64	1
	1986	3	71	..	* 5	1	68	1
	1987	2	* 60	..	* 5	...	57	1
Brunei Darussalam	1984	25	0	6	..	0	19	88
Brunéi Darussalam	1985	23	0	6	..	...	17	76
	1986	18	* 0	* 3	..	...	15	64
	1987	20	0	* 4	..	...	16	66
Burma	1984	37	0	..	..	...	37	1
Birmanie	1985	32	* 0	..	..	...	32	1
	1986	25	* 0	..	..	...	25	1
	1987	20	* 0	..	..	...	20	1
Cyprus	1984	46	79	..	135	–10	0	0
Chypre	1985	21	125	..	143	3	0	0
	1986	26	121	..	148	–1	0	0
	1987	20	151	..	169	2	0	0
Democratic Yemen	1984	288	* 0	* 188	* 30	..	70	34
Yémen démocratique	1985	260	* 0	* 150	* 25	..	85	40
	1986	250	* 0	* 155	* 20	..	75	34
	1987	250	* 0	* 160	* 15	..	75	33
Hong Kong	1984	..	883	0	828	–23	78	14
Hong–kong	1985	..	968	0	820	12	136	25
	1986	..	1 150	0	942	25	183	33
	1987	..	1 191	0	996	...	195	35
India	1984	1 332	103	18	454	...	963	1
Inde	1985	1 462	121	19	510	...	1 054	1
	1986	1 505	95	18	580	...	1 002	1
	1987	1 653	29	22	626	...	1 034	1
Indonesia	1984	325	227	1	* 135	–77	493	3
Indonésie	1985	340	51	0	* 130	–210	471	3
	1986	280	218	0	* 135	–117	480	3
	1987	150	615	0	* 160	...	605	4
Iran(Islamic Rep.of)	1984	300	0	* 0	...	...	300	7
Iran(Rép.islamique)	1985	350	0	* 0	...	...	350	7
	1986	300	* 60	* 0	...	...	360	7
	1987	300	* 70	* 0	...	...	370	7
Iraq	1984	370	* 0	* 270	...	...	100	7
Iraq	1985	380	* 0	* 280	...	...	100	6
	1986	375	* 0	* 180	...	...	195	12
	1987	410	* 0	* 160	...	...	250	15
Israel	1984	473	* 0	* 0	* 250	213	10	2
Israël	1985	470	* 0	* 0	* 290	150	30	7
	1986	465	* 0	* 0	* 300	100	65	15
	1987	460	* 0	* 0	* 300	50	110	25

Table 21

Production, Trade and Consumption of Jet Fuels
Production, commerce et consommation de carburéacteurs

(Quantities in thousand metric tons and in kilograms per capita)
(Quantités en milliers de tonnes métriques et en kilogrammes par habitant)

Country or area Pays ou zone	Year Année	Production	Imports Importations	Exports Exportations	Bunkers Soutes	Changes in Stocks Variation des stocks	Consumption Consommation	
							Total Totale	Per Capita Par habitant
Japan Japon	1984	3 390	1 563	2 700	882	39	1 332	11
	1985	3 149	2 208	2 943	1 147	–26	1 293	11
	1986	3 148	1 968	2 722	741	–27	1 680	14
	1987	3 161	2 582	3 233	653	–17	1 874	15
Jordan Jordanie	1984	239	0	..	226	–7	20	6
	1985	241	0	..	213	7	21	6
	1986	182	0	..	186	–4	0	0
	1987	187	0	..	184	3	0	0
Korea, Republic of Corée, République de	1984	1 347	0	264	* 85	68	930	23
	1985	1 381	0	481	* 103	–82	879	21
	1986	1 778	0	484	171	26	1 097	26
	1987	1 758	0	411	181	–3	1 169	28
Kuwait,part Ntl.Zone Koweït et prt.Zne.N.	1984	887	* 0	* 259	* 578	50	0	0
	1985	1 218	0	* 748	* 410	60	0	0
	1986	1 210	* 0	* 750	* 450	10	0	0
	1987	1 220	* 0	* 760	* 450	10	0	0
Lao Peoples Dem.Rep. Rép. dém. pop. lao	1984	..	* 4	..	..	..	4	1
	1985	..	* 5	..	..	..	5	1
	1986	..	* 5	..	..	..	5	1
	1987	..	* 5	..	..	..	5	1
Lebanon Liban	1984	10	* 90	* 0	* 80	...	20	8
	1985	20	* 100	* 0	* 80	...	40	15
	1986	70	* 80	* 0	* 120	...	30	11
	1987	80	* 100	* 0	* 140	...	40	14
Malaysia Malaisie	1984	250	88	18	...	3	317	21
	1985	195	123	15	...	–1	304	20
	1986	305	142	36	...	20	431	27
	1987	284	168	14	...	–6	444	27
Maldives Maldives	1984	..	* 4	..	..	..	4	22
	1985	..	* 4	..	..	..	4	22
	1986	..	* 5	..	..	..	5	26
	1987	..	* 5	..	..	..	5	26
Nepal Népal	1984	..	19	0	..	0	19	1
	1985	..	18	0	..	0	18	1
	1986	..	18	1	..	–1	18	1
	1987	..	21	* 1	..	–1	21	1
Oman Oman	1984	180	* 0	..	* 170	...	10	8
	1985	182	* 0	..	* 172	...	10	8
	1986	189	* 0	..	* 174	...	15	12
	1987	116	* 20	..	* 131	...	5	4
Pakistan Pakistan	1984	474	..	..	125	8	341	3
	1985	464	..	..	113	5	346	3
	1986	496	..	..	126	–3	373	3
	1987	512	..	..	108	48	356	3
Philippines Philippines	1984	417	0	69	212	–219	355	7
	1985	326	0	0	194	–209	341	6
	1986	366	0	23	211	–209	341	6
	1987	518	15	1	* 220	–113	425	7
Qatar Qatar	1984	111	* 0	* 27	* 84	..	0	0
	1985	74	* 3	* 0	* 77	..	0	0
	1986	85	* 0	* 10	* 75	..	0	0
	1987	76	* 0	* 10	* 66	..	0	0
S.Arabia,pt.Ntrl.Zn. Arab.saoud,p.Zn.neut	1984	594	* 1 348	* 0	* 1 622	...	320	29
	1985	1 279	* 0	* 0	* 778	...	501	43
	1986	1 520	* 0	* 0	* 767	...	753	62
	1987	1 590	* 0	* 0	* 810	...	780	62

Table 21

Production, Trade and Consumption of Jet Fuels
Production, commerce et consommation de carburéacteurs

(Quantities in thousand metric tons and in kilograms per capita)
(Quantités en milliers de tonnes métriques et en kilogrammes par habitant)

Country or area Pays ou zone	Year Année	Production	Imports Importations	Exports Exportations	Bunkers Soutes	Changes in Stocks Variation des stocks	Consumption Consommation	
							Total Totale	Per Capita Par habitant
Singapore	1984	2 992	96	* 2 572	496	10	10	4
Singapour	1985	2 394	124	* 2 005	498	5	10	4
	1986	3 833	201	3 524	512	–10	8	3
	1987	5 675	207	5 337	537	...	8	3
Sri Lanka	1984	116	0	..	72	0	44	3
Sri Lanka	1985	73	48	..	64	–1	58	4
	1986	95	12	..	65	–5	47	3
	1987	69	39	..	65	4	39	2
Syrian Arab Republic	1984	210	71	...	* 274	...	7	1
Rép. arabe syrienne	1985	246	* 40	...	* 276	...	10	1
	1986	294	* 10	...	* 294	...	10	1
	1987	328	* 0	...	* 316	...	12	1
Thailand	1984	828	149	2	0	10	965	19
Thaïlande	1985	834	120	37	0	–76	993	19
	1986	931	163	61	0	–66	1 099	21
	1987	911	308	* 19	0	13	1 187	22
Turkey	1984	309	0	129	0	2	178	4
Turquie	1985	359	0	162	0	5	192	4
	1986	432	0	239	0	–13	206	4
	1987	445	0	145	0	27	273	5
United Arab Emirates	1984	1 063	* 0	* 530	* 530	...	3	2
Emirats arabes unis	1985	1 070	* 0	* 527	* 540	...	3	2
	1986	1 080	* 0	* 537	* 540	...	3	2
	1987	1 090	* 0	* 526	* 560	...	4	3
Yemen	1984	..	* 40	..	* 40	..	0	0
Yémen	1985	..	* 45	..	* 45	..	0	0
	1986	..	* 50	..	* 50	..	0	0
	1987	..	* 50	..	* 50	..	0	0
EUROPE	**1984**	**24 751**	**6 591**	**8 520**	**14 443**	**–17**	**8 396**	**17**
EUROPE	**1985**	**24 686**	**5 643**	**7 532**	**15 419**	**–288**	**7 666**	**16**
	1986	**26 890**	**6 523**	**8 811**	**16 568**	**–459**	**8 493**	**17**
	1987	**27 264**	**6 798**	**8 542**	**17 569**	**–451**	**8 402**	**17**
Austria	1984	183	29	18	92	–4	106	14
Autriche	1985	180	51	16	101	4	110	15
	1986	173	32	0	101	–6	110	15
	1987	197	29	8	107	1	110	15
Belgium	1984	1 192	132	819	426	4	75	8
Belgique	1985	1 196	167	801	535	–22	49	5
	1986	1 265	190	819	572	–25	89	9
	1987	1 242	193	841	549	–42	87	9
Denmark	1984	83	601	0	523	10	151	29
Danemark	1985	125	670	102	511	–14	196	38
	1986	209	610	77	522	39	181	35
	1987	213	568	1	574	18	188	37
Finland	1984	362	0	105	144	16	97	20
Finlande	1985	350	4	93	158	–9	112	23
	1986	398	0	130	161	5	102	21
	1987	414	0	140	186	–21	109	22
France incl. Monaco	1984	4 449	35	1 067	1 884	37	1 496	27
France y comp.Monaco	1985	4 280	125	786	2 113	–7	1 513	27
	1986	4 236	282	734	* 2 160	61	1 563	28
	1987	4 394	445	793	* 2 200	–63	1 909	34
Germany, Fed. Rep.	1984	1 665	1 892	126	2 641	–21	811	13
Allemagne, Rép. féd.	1985	1 728	2 070	166	2 904	43	685	11
	1986	1 768	2 206	75	3 132	2	765	13
	1987	1 846	2 335	106	* 3 400	5	670	11

Table 21

Production, Trade and Consumption of Jet Fuels
Production, commerce et consommation de carburéacteurs

(Quantities in thousand metric tons and in kilograms per capita)
(Quantités en milliers de tonnes métriques et en kilogrammes par habitant)

Country or area Pays ou zone	Year Année	Production	Imports Importations	Exports Exportations	Bunkers Soutes	Changes in Stocks Variation des stocks	Consumption / Consommation: Total Totale	Consumption / Consommation: Per Capita Par habitant
Gibraltar	1984	..	3	..	2	1	0	0
Gibraltar	1985	..	4	..	3	1	0	0
	1986	..	3	..	* 3	1	–1	–33
	1987	..	5	..	4	1	0	0
Greece	1984	1 465	515	772	697	122	389	39
Grèce	1985	1 341	340	483	766	50	382	38
	1986	1 936	193	1 003	672	79	375	38
	1987	1 996	223	1 021	708	–28	518	52
Iceland	1984	..	56	..	17	–7	46	192
Islande	1985	..	66	..	60	–1	7	29
	1986	..	65	..	58	0	7	29
	1987	..	68	..	58	2	8	32
Ireland	1984	0	211	..	178	4	29	8
Irlande	1985	0	211	..	186	–4	29	8
	1986	0	229	..	* 213	1	15	4
	1987	0	262	..	* 241	6	15	4
Italy and San Marino	1984	1 890	29	441	1 671	–289	96	2
Italie y comp. S.Mrn	1985	2 124	2	491	1 650	–184	169	3
	1986	1 526	0	538	* 1 700	–776	64	1
	1987	1 452	0	337	* 1 200	–361	276	5
Luxembourg	1984	..	70	..	68	2	0	0
Luxembourg	1985	..	72	..	72	0	0	0
	1986	..	81	..	81	0	0	0
	1987	..	101	..	101	0	0	0
Malta	1984	..	* 82	..	* 82	...	0	0
Malte	1985	..	* 47	..	* 47	...	0	0
	1986	..	47	..	47	...	0	0
	1987	..	* 42	..	* 42	...	0	0
Netherlands	1984	3 536	357	2 694	993	–20	226	16
Pays–Bas	1985	3 410	522	2 596	1 040	–25	321	22
	1986	3 803	615	2 775	1 210	33	400	28
	1987	3 826	466	2 756	1 262	2	272	19
Norway,Svlbd,J.Myn I	1984	672	95	138	65	–4	568	137
Norvège,Svalbd,J.May	1985	722	85	200	66	–1	542	130
	1986	670	245	194	71	26	624	150
	1987	289	221	142	75	–39	332	79
Portugal	1984	551	99	183	240	19	208	21
Portugal	1985	517	63	137	242	–7	208	20
	1986	651	23	200	433	4	37	4
	1987	572	0	114	* 440	–35	53	5
Spain	1984	2 412	1 223	1 651	939	71	974	25
Espagne	1985	2 460	9	986	875	–66	674	17
	1986	3 469	72	1 496	* 1 014	40	991	26
	1987	3 496	49	1 371	1 748	28	398	10
Sweden	1984	473	278	111	172	9	459	55
Suède	1985	514	234	118	166	41	423	51
	1986	443	336	45	203	60	471	56
	1987	650	378	76	* 250	6	696	83
Switzrld,Liechtenst.	1984	257	565	..	736	0	86	13
Suisse,Liechtenstein	1985	240	630	..	793	–7	84	13
	1986	250	673	..	846	–7	84	13
	1987	281	673	..	864	8	82	13
United Kingdom	1984	5 352	170	375	2 873	20	2 254	40
Royaume–Uni	1985	5 257	164	536	3 131	–87	1 841	32
	1986	5 813	520	699	3 369	–1	2 266	40
	1987	6 063	670	803	* 3 560	56	2 314	41

Table 21

Production, Trade and Consumption of Jet Fuels
Production, commerce et consommation de carburéacteurs

(Quantities in thousand metric tons and in kilograms per capita)
(Quantités en milliers de tonnes métriques et en kilogrammes par habitant)

Country or area Pays ou zone	Year Année	Production	Imports Importations	Exports Exportations	Bunkers Soutes	Changes in Stocks Variation des stocks	Consumption Consommation Total Totale	Consumption Consommation Per Capita Par habitant
Yugoslavia Yougoslavie	1984	209	149	20	...	13	325	14
	1985	242	107	21	...	7	321	14
	1986	280	101	26	...	5	350	15
	1987	333	70	33	...	5	365	16
OCEANIA **OCEANIE**	**1984**	**1 967**	**1 095**	**316**	**1 507**	**–27**	**1 266**	**52**
	1985	**2 054**	**1 098**	**355**	**1 106**	**0**	**1 691**	**69**
	1986	**2 127**	**1 142**	**287**	**1 567**	**29**	**1 386**	**55**
	1987	**2 169**	**1 214**	**269**	**1 638**	**16**	**1 460**	**58**
American Samoa Samoa américaines	1984	..	31	..	..	..	31	886
	1985	..	* 40	..	..	..	40	1 111
	1986	..	* 35	..	..	..	35	972
	1987	..	* 35	..	..	..	35	946
Australia Australie	1984	1 967	49	302	782	–31	963	62
	1985	2 054	75	339	463	–23	1 350	86
	1986	2 127	132	260	895	29	1 075	67
	1987	2 169	175	238	952	14	1 140	71
Cook Islands Iles Cook	1984	..	* 10	..	..	..	10	500
	1985	..	* 10	..	..	..	10	476
	1986	..	* 10	..	..	..	10	476
	1987	..	* 10	..	..	..	10	476
Fiji Fidji	1984	..	98	14	75	9	0	0
	1985	..	111	16	78	17	0	0
	1986	..	119	27	88	4	0	0
	1987	..	* 121	* 27	* 89	1	4	6
French Polynesia Polynésie française	1984	..	78	..	66	–1	13	81
	1985	..	86	..	31	6	49	299
	1986	..	* 87	..	* 40	–4	51	305
	1987	..	* 88	..	* 40	1	47	275
Guam Guam	1984	0	* 75	* 0	* 5	...	70	614
	1985	0	* 75	* 0	* 5	...	70	609
	1986	0	* 75	* 0	* 5	...	70	598
	1987	0	* 75	* 0	* 5	...	70	593
Kiribati Kiribati	1984	..	1	..	..	..	1	16
	1985	..	1	..	..	..	1	15
	1986	..	1	..	..	..	1	15
	1987	..	1	..	..	..	1	15
Nauru Nauru	1984	..	* 5	..	* 5	..	0	0
	1985	..	* 5	..	* 5	..	0	0
	1986	..	* 5	..	* 5	..	0	0
	1987	..	* 5	..	* 5	..	0	0
New Caledonia Nouvelle–Calédonie	1984	..	21	...	..	..	21	139
	1985	..	23	...	..	..	23	149
	1986	..	24	...	..	..	24	153
	1987	..	25	4	..	..	21	132
New Zealand Nouvelle–Zélande	1984	..	303	* 0	200	–8	111	34
	1985	..	* 250	* 0	* 150	0	100	31
	1986	..	* 250	* 0	* 150	0	100	31
	1987	..	* 260	* 0	* 160	0	100	30
Pacific Islds(Trust) I.Pacifique (tutel.)	1984	..	* 5	..	* 5	..	0	0
	1985	..	* 5	..	* 5	..	0	0
	1986	..	* 5	..	* 5	..	0	0
	1987	..	* 5	..	* 5	..	0	0
Papua New Guinea Papouasie–Nvl–Guinée	1984	..	62	* 0	15	4	43	13
	1985	..	* 60	* 0	* 15	0	45	13
	1986	..	42	* 0	25	0	17	5
	1987	..	55	0	28	0	27	7

Table 21

Production, Trade and Consumption of Jet Fuels
Production, commerce et consommation de carburéacteurs

(Quantities in thousand metric tons and in kilograms per capita)
(Quantités en milliers de tonnes métriques et en kilogrammes par habitant)

Country or area Pays ou zone	Year Année	Production	Imports Importations	Exports Exportations	Bunkers Soutes	Changes in Stocks Variation des stocks	Consumption Consommation	
							Total Totale	Per Capita Par habitant
Solomon Islands Iles Salomon	1984	..	* 4	..	* 4	...	0	0
	1985	..	* 4	..	* 4	...	0	0
	1986	..	* 4	..	* 4	...	0	0
	1987	..	* 4	..	* 4	...	0	0
Tonga Tonga	1984	..	3	..	..	..	3	28
	1985	..	* 3	..	..	..	3	27
	1986	..	* 3	..	..	..	3	27
	1987	..	5	..	..	..	5	43
Wake Island Ile de Wake	1984	..	* 350	..	* 350	..	0	0
	1985	..	* 350	..	* 350	..	0	0
	1986	..	* 350	..	* 350	..	0	0
	1987	..	* 350	..	* 350	..	0	0

Table 22

Production, Trade and Consumption of Gas–Diesel Oils
Production, commerce et consommation de gazole carburant Diesel

(Quantities in thousand metric tons and in kilograms per capita)
(Quantités en milliers de tonnes métriques et en kilogrammes par habitant)

Country or area Pays ou zone	Year Année	Production	Imports Importations	Exports Exportations	Bunkers Soutes	Changes in Stocks Variation des stocks	Consumption / Consommation: Total Totale	Consumption / Consommation: Per Capita Par habitant
WORLD	**1984**	**717 991**	**108 403**	**122 558**	**16 108**	**1 951**	**685 777**	**144**
MONDE	**1985**	**725 520**	**108 387**	**123 268**	**16 854**	**–6 398**	**700 183**	**144**
	1986	**742 426**	**124 979**	**133 671**	**17 237**	**4 315**	**712 182**	**144**
	1987	**739 372**	**128 597**	**125 835**	**17 741**	**–3 976**	**728 369**	**145**
AFRICA	**1984**	**25 294**	**5 343**	**5 924**	**1 728**	**120**	**22 865**	**42**
AFRIQUE	**1985**	**24 382**	**4 712**	**5 632**	**1 814**	**130**	**21 518**	**39**
	1986	**25 275**	**3 984**	**5 848**	**1 890**	**154**	**21 367**	**37**
	1987	**25 655**	**4 324**	**5 589**	**1 915**	**64**	**22 411**	**38**
Algeria	1984	7 260	* 0	5 262	119	100	1 779	85
Algérie	1985	6 866	* 0	4 685	* 120	100	1 961	90
	1986	7 673	* 0	4 875	* 120	169	2 509	112
	1987	7 522	* 0	* 4 812	* 100	50	2 560	111
Angola	1984	300	* 15	* 20	* 200	...	95	11
Angola	1985	354	* 10	* 8	* 200	...	156	18
	1986	315	* 5	* 5	* 200	...	115	13
	1987	310	* 5	* 5	* 225	...	85	9
Benin	1984	..	* 49	..	..	0	49	12
Bénin	1985	..	* 54	..	..	0	54	13
	1986	..	* 45	..	..	0	45	11
	1987	..	* 47	..	..	1	46	11
Burkina Faso	1984	..	* 50	..	..	...	50	7
Burkina Faso	1985	..	* 54	..	..	...	54	7
	1986	..	* 61	..	..	...	61	8
	1987	..	* 63	..	..	1	62	7
Burundi	1984	..	26	..	..	1	25	5
Burundi	1985	..	22	..	..	0	22	5
	1986	..	* 22	..	..	0	22	5
	1987	..	* 24	..	..	0	24	5
Cameroon	1984	410	* 1	..	...	0	411	43
Cameroun	1985	450	0	..	...	0	450	46
	1986	455	* 0	..	...	0	455	45
	1987	435	* 0	..	...	0	435	42
Cape Verde	1984	..	22	..	19	0	3	9
Cap–Vert	1985	..	26	..	* 11	0	15	45
	1986	..	11	..	9	0	2	6
	1987	..	* 12	..	* 8	0	4	11
Central African Rep.	1984	..	22	..	..	0	22	9
Rép. centrafricaine	1985	..	29	..	..	0	29	11
	1986	..	* 25	..	..	0	25	9
	1987	..	20	..	..	–12	32	12
Chad	1984	..	* 36	..	..	0	36	7
Tchad	1985	..	* 35	..	..	0	35	7
	1986	..	* 36	..	..	0	36	7
	1987	..	* 34	..	..	0	34	6
Comoros	1984	..	* 6	..	..	0	6	14
Comores	1985	..	* 8	..	..	0	8	18
	1986	..	* 7	..	..	0	7	15
	1987	..	* 9	..	..	0	9	19
Congo	1984	113	* 13	* 0	...	...	126	74
Congo	1985	5	* 4	* 0	...	...	9	5
	1986	110	* 2	* 0	...	...	112	63
	1987	90	* 3	* 0	...	...	93	51
Côte d'Ivoire	1984	650	* 40	* 150	* 5	0	535	54
Côte d'Ivoire	1985	575	* 35	* 170	* 8	0	432	42
	1986	478	* 47	* 160	* 7	0	358	33
	1987	485	* 90	* 145	* 8	1	421	38

Table 22

Production, Trade and Consumption of Gas–Diesel Oils
Production, commerce et consommation de gazole carburant Diesel

(Quantities in thousand metric tons and in kilograms per capita)
(Quantités en milliers de tonnes métriques et en kilogrammes par habitant)

Country or area Pays ou zone	Year Année	Production	Imports Importations	Exports Exportations	Bunkers Soutes	Changes in Stocks Variation des stocks	Consumption / Consommation: Total Totale	Consumption / Consommation: Per Capita Par habitant
Djibouti Djibouti	1984	..	* 60	..	* 55	...	5	15
	1985	..	* 64	..	* 60	...	4	11
	1986	..	* 65	..	* 58	...	7	19
	1987	..	* 67	..	* 59	...	8	21
Egypt Egypte	1984	3 107	* 1 071	* 0	117	...	4 061	88
	1985	3 326	* 732	* 0	* 200	...	3 858	81
	1986	3 355	* 520	* 0	* 200	...	3 675	75
	1987	3 764	* 472	* 0	* 210	...	4 026	80
Equatorial Guinea Guinée équatoriale	1984	..	13	..	..	1	12	31
	1985	..	* 14	..	..	1	13	33
	1986	..	* 14	..	..	0	14	35
	1987	..	* 13	..	..	1	12	29
Ethiopia Ethiopie	1984	191	* 50	* 40	* 5	0	196	5
	1985	195	* 55	* 25	* 5	0	220	5
	1986	199	90	44	3	0	242	6
	1987	215	175	1	* 4	0	385	9
Gabon Gabon	1984	195	* 13	* 37	* 25	3	143	151
	1985	208	* 12	* 35	* 25	5	155	157
	1986	256	* 13	* 37	* 23	6	203	199
	1987	251	* 10	* 35	* 25	10	191	180
Gambia Gambie	1984	..	* 29	* 2	..	0	27	37
	1985	..	* 30	* 2	..	0	28	38
	1986	..	* 27	* 2	..	0	25	33
	1987	..	* 29	* 1	..	0	28	35
Ghana Ghana	1984	218	* 63	* 5	* 20	2	254	21
	1985	268	* 67	* 0	* 17	3	315	25
	1986	275	* 72	* 0	* 18	3	326	25
	1987	275	* 75	0	* 17	...	333	24
Guinea Guinée	1984	..	64	..	...	3	61	10
	1985	..	66	..	...	3	63	10
	1986	..	66	..	...	4	62	10
	1987	..	* 65	..	...	3	62	10
Guinea–Bissau Guinée–Bissau	1984	..	* 16	..	..	...	16	18
	1985	..	* 17	..	..	...	17	19
	1986	..	* 17	..	..	...	17	19
	1987	..	* 18	..	..	...	18	19
Kenya Kenya	1984	469	63	162	14	...	356	18
	1985	498	19	132	13	...	372	18
	1986	480	* 20	* 130	* 10	...	360	17
	1987	581	63	140	* 10	...	494	22
Liberia Libéria	1984	0	* 70	* 0	* 9	..	61	29
	1985	0	* 69	* 0	* 9	..	60	28
	1986	0	* 71	* 0	9	..	62	28
	1987	0	* 75	* 0	* 6	..	69	30
Libyan Arab Jamah. Jamah.arabe libyenne	1984	1 929	* 0	* 65	..	0	1 864	513
	1985	1 979	* 0	* 414	..	0	1 565	413
	1986	1 866	* 0	* 455	..	10	1 401	356
	1987	1 800	* 0	* 300	..	0	1 500	367
Madagascar Madagascar	1984	18	102	* 1	* 3	1	115	12
	1985	83	53	* 1	* 3	1	131	13
	1986	24	55	* 1	* 3	0	75	7
	1987	60	* 56	* 1	* 2	0	113	10
Malawi Malawi	1984	..	74	* 0	..	1	73	11
	1985	..	84	0	..	1	83	12
	1986	..	81	0	..	1	80	11
	1987	..	77	* 0	..	1	76	10

Table 22

Production, Trade and Consumption of Gas–Diesel Oils
Production, commerce et consommation de gazole carburant Diesel

(Quantities in thousand metric tons and in kilograms per capita)
(Quantités en milliers de tonnes métriques et en kilogrammes par habitant)

Country or area Pays ou zone	Year Année	Production	Imports Importations	Exports Exportations	Bunkers Soutes	Changes in Stocks Variation des stocks	Consumption Consommation Total Totale	 Per Capita Par habitant
Mali Mali	1984	..	60	..	..	...	60	8
	1985	..	60	..	..	...	60	7
	1986	..	* 53	..	..	...	53	6
	1987	..	* 51	..	..	...	51	6
Mauritania Mauritanie	1984	30	* 121	..	* 5	..	146	85
	1985	0	119	..	* 4	..	115	65
	1986	175	* 115	..	* 6	..	284	156
	1987	200	* 117	..	* 7	..	310	166
Mauritius Maurice	1984	..	97	0	33	...	64	63
	1985	..	94	0	24	...	70	68
	1986	..	145	0	52	...	93	88
	1987	..	153	* 0	* 50	...	103	97
Morocco Maroc	1984	1 143	0	...	12	10	1 121	52
	1985	1 270	* 0	...	10	10	1 250	57
	1986	1 193	8	...	0	5	1 196	53
	1987	1 196	* 6	...	* 0	5	1 197	51
Mozambique Mozambique	1984	23	* 125	* 0	* 28	...	120	9
	1985	0	* 200	* 0	* 30	...	170	12
	1986	0	220	* 0	* 25	...	195	14
	1987	0	* 225	* 0	* 30	...	195	13
Niger Niger	1984	..	* 125	..	..	...	125	21
	1985	..	* 127	..	..	...	127	21
	1986	..	* 125	..	..	...	125	20
	1987	..	* 119	..	..	...	119	18
Nigeria Nigéria	1984	2 325	* 671	* 100	* 50	...	2 846	31
	1985	1 668	* 450	* 100	* 50	...	1 968	21
	1986	1 644	126	87	148	...	1 535	16
	1987	1 650	* 200	* 90	* 150	...	1 610	16
Réunion Réunion	1984	..	* 87	..	* 1	0	86	160
	1985	..	* 86	..	* 1	0	85	155
	1986	..	* 88	..	* 1	0	87	156
	1987	..	* 96	..	* 1	0	95	168
Rwanda Rwanda	1984	..	83	..	..	...	83	14
	1985	..	* 84	..	..	...	84	14
	1986	..	* 81	..	..	...	81	13
	1987	..	* 82	..	..	...	82	13
St.Helena and Depend Ste–Hélène et dépend	1984	..	* 1	..	..	..	1	143
	1985	..	* 1	..	..	..	1	143
	1986	..	* 1	..	..	..	1	143
	1987	..	* 1	..	..	..	1	143
Sao Tome – Principe Sao Tomé–et–Principe	1984	..	* 5	..	..	..	5	52
	1985	..	* 5	..	..	..	5	51
	1986	..	* 5	..	..	..	5	50
	1987	..	* 5	..	..	..	5	48
Senegal Sénégal	1984	90	* 395	* 30	* 67	1	387	62
	1985	57	213	8	* 75	0	187	29
	1986	156	99	2	* 60	0	193	29
	1987	167	* 103	* 3	* 65	0	202	30
Seychelles Seychelles	1984	..	57	..	45	0	12	182
	1985	..	64	..	56	–5	13	197
	1986	..	* 65	..	* 55	–6	16	239
	1987	..	* 65	..	* 53	1	11	162
Sierra Leone Sierra Leone	1984	95	* 25	* 1	* 60	...	59	16
	1985	93	* 27	* 1	* 57	...	62	17
	1986	91	* 28	* 1	* 58	...	60	16
	1987	95	* 26	* 2	* 55	...	64	17

Table 22

Production, Trade and Consumption of Gas–Diesel Oils
Production, commerce et consommation de gazole carburant Diesel

(Quantities in thousand metric tons and in kilograms per capita)
(Quantités en milliers de tonnes métriques et en kilogrammes par habitant)

Country or area Pays ou zone	Year Année	Production	Imports Importations	Exports Exportations	Bunkers Soutes	Changes in Stocks Variation des stocks	Consumption Consommation Total Totale	Per Capita Par habitant
Somalia Somalie	1984	70	* 82	* 11	* 28	...	113	18
	1985	70	* 81	* 11	* 27	...	113	18
	1986	72	* 82	* 10	* 29	...	115	17
	1987	82	* 83	* 10	* 25	...	130	19
S.Africa Customs Un. Un.douan.d'Afr.mérid	1984	5 200	* 0	* 0	800	...	4 400	123
	1985	5 250	* 0	* 0	800	...	4 450	122
	1986	5 200	* 0	* 0	790	...	4 410	118
	1987	5 250	* 0	* 0	800	...	4 450	116
Sudan Soudan	1984	512	* 21	...	* 5	...	528	25
	1985	313	32	...	* 5	...	340	16
	1986	323	* 30	...	* 4	...	349	16
	1987	325	* 27	...	* 5	...	347	15
Togo Togo	1984	0	* 25	1	..	0	24	8
	1985	0	* 24	0	..	0	24	8
	1986	0	* 25	* 0	..	0	25	8
	1987	0	* 27	* 0	..	0	27	9
Tunisia Tunisie	1984	423	584	0	3	–3	1 007	142
	1985	418	617	0	4	11	1 020	140
	1986	475	472	0	2	–38	983	132
	1987	450	* 520	* 0	* 0	2	968	127
Uganda Ouganda	1984	..	* 57	* 0	..	0	57	4
	1985	..	* 57	* 0	..	0	57	4
	1986	..	* 60	* 0	..	0	60	4
	1987	..	* 59	* 0	..	0	59	4
United Rep. Tanzania Rép.Unie de Tanzanie	1984	138	* 92	* 12	* 0	0	218	10
	1985	140	* 92	* 15	* 0	0	217	10
	1986	145	* 90	* 12	* 0	0	223	9
	1987	147	* 110	* 14	* 0	0	243	10
Western Sahara Sahara occidental	1984	..	* 34	..	* 0	...	34	224
	1985	..	* 34	..	* 0	...	34	218
	1986	..	* 34	..	* 0	...	34	211
	1987	..	* 35	..	* 0	...	35	212
Zaire Zaïre	1984	135	* 210	...	...	...	345	12
	1985	90	* 250	...	...	...	340	11
	1986	110	* 235	...	...	...	345	11
	1987	95	* 240	...	...	...	335	10
Zambia Zambie	1984	250	* 10	* 25	..	...	235	35
	1985	206	* 10	* 25	..	...	191	27
	1986	205	* 10	* 27	..	...	188	26
	1987	210	* 12	* 30	..	...	192	25
Zimbabwe Zimbabwe	1984	..	408	* 0	..	...	408	51
	1985	..	426	* 0	..	...	426	51
	1986	..	415	* 0	..	...	415	48
	1987	..	* 460	* 0	..	...	460	52
NTH. AMERICA AMER DU NORD	**1984**	**178 834**	**19 176**	**13 243**	**3 611**	**3 041**	**178 115**	**450**
	1985	**175 006**	**15 120**	**11 160**	**3 473**	**–2 953**	**178 446**	**445**
	1986	**175 666**	**17 176**	**12 363**	**3 235**	**1 298**	**175 946**	**433**
	1987	**174 388**	**17 464**	**8 774**	**3 344**	**–2 626**	**182 360**	**443**
Antigua and Barbuda Antigua–et–Barbuda	1984	0	23	2	* 0	...	21	259
	1985	0	* 25	* 2	* 0	...	23	280
	1986	0	* 34	* 2	* 0	...	32	386
	1987	0	36	2	0	...	34	405
Aruba Aruba	1984	..	...	..	..	...	...	...
	1985	..	...	..	..	...	...	...
	1986	..	10	..	..	...	10	...
	1987	..	* 10	..	..	...	10	...

Table 22

Production, Trade and Consumption of Gas–Diesel Oils
Production, commerce et consommation de gazole carburant Diesel

(Quantities in thousand metric tons and in kilograms per capita)
(Quantités en milliers de tonnes métriques et en kilogrammes par habitant)

Country or area Pays ou zone	Year Année	Production	Imports Importations	Exports Exportations	Bunkers Soutes	Changes in Stocks Variation des stocks	Consumption Consommation	
							Total Totale	Per Capita Par habitant
Bahamas Bahamas	1984	1 450	* 248	* 1 470	* 28	...	200	833
	1985	375	* 552	* 728	* 29	...	170	700
	1986	0	* 500	* 325	* 29	...	146	591
	1987	0	* 350	* 200	* 29	...	121	482
Barbados Barbade	1984	40	35	* 0	25	0	50	198
	1985	34	* 40	* 0	* 25	0	49	193
	1986	40	* 35	* 0	* 25	0	50	196
	1987	36	* 40	* 0	* 25	0	51	198
Belize Belize	1984	..	* 27	..	* 0	...	27	169
	1985	..	30	..	* 0	...	30	183
	1986	..	27	..	0	...	27	161
	1987	..	* 28	..	0	...	28	164
Bermuda Bermudes	1984	..	106	..	3	...	103	1 807
	1985	..	87	..	2	...	85	1 491
	1986	..	* 85	..	* 2	...	83	1 431
	1987	..	121	..	1	...	120	2 069
British Virgin Islds Iles Vierges brit.	1984	..	* 7	..	..	...	7	500
	1985	..	* 8	..	..	...	8	571
	1986	..	* 8	..	..	...	8	571
	1987	..	* 8	..	..	...	8	571
Canada Canada	1984	20 115	1 477	2 183	794	251	18 364	731
	1985	19 410	901	2 434	775	–981	18 083	712
	1986	19 549	1 263	2 566	747	–46	17 545	684
	1987	20 376	907	2 989	842	14	17 438	674
Cayman Islands Iles Caïmanes	1984	..	* 17	..	..	...	17	810
	1985	..	* 15	..	..	...	15	714
	1986	..	* 17	..	..	...	17	810
	1987	..	* 16	..	..	...	16	727
Costa Rica Costa Rica	1984	104	201	0	..	24	281	109
	1985	88	192	0	..	–18	298	113
	1986	173	156	0	..	9	320	118
	1987	158	160	1	..	–2	319	114
Cuba Cuba	1984	1 020	1 231	0	49	12	2 190	221
	1985	979	1 311	30	40	77	2 143	215
	1986	992	1 227	31	27	–199	2 360	236
	1987	1 085	* 1 300	* 30	19	43	2 293	228
Dominica Dominique	1984	..	* 3	..	..	...	3	39
	1985	..	* 3	..	..	...	3	39
	1986	..	* 3	..	..	...	3	38
	1987	..	* 3	..	..	...	3	38
Dominican Republic Rép. dominicaine	1984	407	91	..	...	...	498	79
	1985	344	18	..	...	...	362	56
	1986	411	* 10	..	...	...	421	64
	1987	438	* 5	..	...	...	443	66
El Salvador El Salvador	1984	181	* 0	* 0	...	...	181	38
	1985	180	* 0	* 0	...	...	180	38
	1986	175	* 0	* 0	...	...	175	36
	1987	170	* 0	* 0	...	...	170	34
Greenland Groënland	1984	..	157	..	..	...	157	2 907
	1985	..	155	..	..	...	155	2 870
	1986	..	96	..	..	...	96	1 745
	1987	..	* 95	..	..	...	95	1 727
Grenada Grenade	1984	..	12	..	...	...	12	125
	1985	..	* 12	..	...	...	12	124
	1986	..	* 12	..	...	...	12	122
	1987	..	* 13	..	...	...	13	130

Table 22

Production, Trade and Consumption of Gas–Diesel Oils
Production, commerce et consommation de gazole carburant Diesel

(Quantities in thousand metric tons and in kilograms per capita)
(Quantités en milliers de tonnes métriques et en kilogrammes par habitant)

Country or area Pays ou zone	Year Année	Production	Imports Importations	Exports Exportations	Bunkers Soutes	Changes in Stocks Variation des stocks	Consumption / Consommation: Total Totale	Consumption / Consommation: Per Capita Par habitant
Guadeloupe	1984	..	* 43	..	...	...	43	129
Guadeloupe	1985	..	* 34	..	...	...	34	101
	1986	..	* 35	..	...	...	35	104
	1987	..	* 43	..	...	...	43	127
Guatemala	1984	232	192	* 0	* 120	–5	309	40
Guatemala	1985	230	* 190	* 0	* 120	0	300	38
	1986	225	* 195	* 0	* 115	0	305	37
	1987	200	* 200	* 0	* 120	0	280	33
Haiti	1984	..	* 85	..	...	...	85	15
Haïti	1985	..	* 85	..	...	...	85	14
	1986	..	* 80	..	...	...	80	13
	1987	..	* 75	..	...	...	75	12
Honduras	1984	90	* 160	* 0	..	0	250	59
Honduras	1985	90	* 160	* 0	..	0	250	57
	1986	85	* 155	* 0	..	0	240	53
	1987	80	* 150	* 0	..	0	230	49
Jamaica	1984	138	36	* 2	...	0	172	75
Jamaïque	1985	176	* 20	* 5	...	0	191	82
	1986	139	* 30	* 5	...	0	164	69
	1987	140	* 30	* 5	...	0	165	68
Martinique	1984	38	* 0	* 21	..	0	17	52
Martinique	1985	40	* 0	* 21	..	0	19	58
	1986	39	* 0	* 19	..	0	20	61
	1987	41	* 0	* 22	..	0	19	58
Mexico	1984	11 792	0	547	...	172	11 073	143
Mexique	1985	11 940	0	729	...	11	11 200	141
	1986	11 779	0	1 234	...	–55	10 600	131
	1987	11 286	0	531	...	20	10 735	129
Montserrat	1984	..	* 4	..	* 2	...	2	154
Montserrat	1985	..	* 4	..	* 2	...	2	154
	1986	..	* 4	..	* 2	...	2	154
	1987	..	* 4	..	* 1	...	3	231
Neth.Antil and Aruba	1984	2 650	* 250	* 2 400	* 200	...	300	1 676
Antill.néer.et Aruba	1985	1 000	* 150	* 715	* 185	...	250	1 381
	1986	...	...	...	...	...	...	...
	1987	...	...	...	...	...	...	...
Netherlands Antilles	1984	...	...	...	...	..	...	...
Antilles néerland.	1985	...	...	...	...	..	...	...
	1986	900	* 125	* 640	* 185	..	200	...
	1987	1 100	* 100	* 800	* 185	..	215	...
Nicaragua	1984	127	* 45	* 0	..	–12	184	58
Nicaragua	1985	129	101	* 0	..	15	215	66
	1986	125	* 100	* 0	..	0	225	66
	1987	120	* 100	* 0	..	0	220	63
Panama	1984	350	* 600	* 100	* 585	...	265	124
Panama	1985	300	* 600	* 100	* 540	...	260	119
	1986	275	* 625	* 100	* 540	...	260	117
	1987	270	* 630	* 110	* 550	...	240	105
Puerto Rico	1984	1 091	* 200	* 770	* 50	71	400	118
Porto Rico	1985	900	* 200	* 600	* 40	60	400	116
	1986	925	* 50	* 600	* 25	0	350	100
	1987	925	* 50	* 600	* 25	0	350	98
St.Kitts–Nevis	1984	..	* 10	..	..	..	10	213
St–Kitts–Nevis	1985	..	* 10	..	..	..	10	213
	1986	..	* 12	..	..	..	12	250
	1987	..	* 11	..	..	..	11	224

Table 22

Production, Trade and Consumption of Gas–Diesel Oils
Production, commerce et consommation de gazole carburant Diesel

(Quantities in thousand metric tons and in kilograms per capita)
(Quantités en milliers de tonnes métriques et en kilogrammes par habitant)

Country or area Pays ou zone	Year Année	Production	Imports Importations	Exports Exportations	Bunkers Soutes	Changes in Stocks Variation des stocks	Consumption / Consommation: Total Totale	Consumption / Consommation: Per Capita Par habitant
Saint Lucia	1984	..	* 20	..	..	...	20	157
Sainte–Lucie	1985	..	21	..	..	...	21	163
	1986	..	* 21	..	..	...	21	160
	1987	..	* 22	..	..	...	22	167
St.Pierre–Miquelon	1984	..	* 36	..	* 25	...	11	1 571
St.Pierre–Miquelon	1985	..	* 34	..	* 24	...	10	1 429
	1986	..	* 40	..	* 24	...	16	2 286
	1987	..	* 44	..	* 30	...	14	2 000
S.Vincent–Grenadines	1984	..	* 6	..	..	...	6	58
S.Vincent–Grenadines	1985	..	* 6	..	..	...	6	57
	1986	..	* 6	..	..	...	6	57
	1987	..	* 6	..	..	...	6	56
Trinidad and Tobago	1984	587	* 0	645	109	–175	8	7
Trinité–et–Tobago	1985	585	21	526	30	40	10	8
	1986	555	122	498	30	100	49	41
	1987	637	111	506	38	150	54	44
United States	1984	135 722	13 754	2 578	1 571	2 878	142 449	601
Etats–Unis	1985	135 682	10 110	3 402	1 581	–2 407	143 216	599
	1986	138 008	12 203	4 913	1 588	1 544	142 166	589
	1987	137 853	12 888	3 321	* 1 585	–2 851	148 686	611
U.S. Virgin Islands	1984	2 700	* 100	* 2 525	* 50	–175	400	3 846
Iles Vierges amér.	1985	2 524	* 25	* 1 868	* 80	250	351	3 311
	1986	2 171	* 25	* 2 070	* 81	–55	100	926
	1987	573	18	457	* 79	0	55	505
STH. AMERICA	**1984**	**41 484**	**1 020**	**7 189**	**725**	**125**	**34 465**	**132**
AMER DU SUD	**1985**	**44 351**	**1 198**	**10 089**	**729**	**–589**	**35 320**	**132**
	1986	**45 048**	**1 929**	**8 389**	**775**	**12**	**37 801**	**138**
	1987	**43 969**	**2 478**	**7 329**	**817**	**101**	**38 200**	**137**
Argentina	1984	7 921	0	214	172	–27	7 562	253
Argentine	1985	7 897	0	685	186	–47	7 073	233
	1986	7 504	0	195	234	–68	7 143	232
	1987	7 308	636	105	266	88	7 485	240
Bolivia	1984	230	* 0	..	..	...	230	37
Bolivie	1985	229	* 0	..	..	...	229	36
	1986	240	* 0	..	..	...	240	37
	1987	277	* 0	..	..	...	277	41
Brazil	1984	17 735	2	1 113	270	35	16 319	123
Brésil	1985	17 753	372	875	251	–465	17 464	129
	1986	19 640	708	546	243	169	19 390	140
	1987	20 910	501	548	243	109	20 511	145
Chile	1984	1 107	269	* 0	...	–32	1 408	118
Chili	1985	1 193	195	* 0	...	–54	1 442	119
	1986	1 313	339	* 0	...	95	1 557	126
	1987	1 358	138	8	...	–160	1 648	131
Colombia	1984	1 453	0	0	* 77	10	1 366	49
Colombie	1985	1 542	0	0	* 81	–2	1 463	51
	1986	1 543	0	0	* 83	12	1 448	49
	1987	1 944	0	328	* 90	–18	1 544	52
Ecuador	1984	749	174	..	8	...	915	100
Equateur	1985	748	208	..	6	...	950	101
	1986	842	111	..	8	...	945	98
	1987	854	267	..	14	...	1 107	112
Falkland I(Malvinas)	1984	..	* 2	..	..	..	2	667
I Falkland(Malvinas)	1985	..	* 2	..	..	..	2	667
	1986	..	* 2	..	..	..	2	667
	1987	..	* 2	..	..	..	2	667

Table 22

Production, Trade and Consumption of Gas–Diesel Oils
Production, commerce et consommation de gazole carburant Diesel

(Quantities in thousand metric tons and in kilograms per capita)
(Quantités en milliers de tonnes métriques et en kilogrammes par habitant)

Country or area Pays ou zone	Year Année	Production	Imports Importations	Exports Exportations	Bunkers Soutes	Changes in Stocks Variation des stocks	Consumption / Consommation: Total Totale	Consumption / Consommation: Per Capita Par habitant
French Guiana Guyane française	1984	..	49	..	..	...	49	605
	1985	..	48	..	..	...	48	578
	1986	..	40	..	..	...	40	471
	1987	..	42	..	..	...	42	483
Guyana Guyana	1984	..	104	..	..	...	104	111
	1985	..	113	..	..	...	113	118
	1986	..	* 80	..	..	...	80	82
	1987	..	* 70	..	..	...	70	71
Paraguay Paraguay	1984	71	242	..	..	12	301	84
	1985	86	185	..	..	–26	297	80
	1986	88	221	..	..	8	301	79
	1987	88	* 212	..	..	0	300	76
Peru Pérou	1984	1 647	59	32	* 40	34	1 600	83
	1985	1 670	0	132	* 40	–1	1 499	76
	1986	1 464	* 150	* 40	* 35	–24	1 563	77
	1987	1 425	* 350	* 30	* 35	10	1 700	82
Suriname Suriname	1984	..	* 96	..	* 5	0	91	245
	1985	..	* 75	..	* 5	0	70	186
	1986	..	* 55	..	* 5	0	50	131
	1987	..	* 55	..	* 5	0	50	129
Uruguay Uruguay	1984	444	23	0	55	29	383	128
	1985	388	0	0	67	–44	365	121
	1986	315	111	0	79	–5	352	116
	1987	441	55	10	79	43	364	119
Venezuela Venezuela	1984	10 127	0	5 830	98	64	4 135	245
	1985	12 845	0	8 397	93	50	4 305	249
	1986	12 099	112	7 608	88	–175	4 690	264
	1987	9 364	* 150	* 6 300	* 85	29	3 100	170
ASIA ASIE	**1984**	**153 560**	**15 890**	**21 065**	**2 794**	**–1 356**	**146 947**	**53**
	1985	**164 136**	**14 159**	**21 541**	**3 223**	**–891**	**154 422**	**54**
	1986	**165 872**	**19 384**	**23 252**	**3 100**	**–57**	**158 961**	**55**
	1987	**172 516**	**25 909**	**23 577**	**3 561**	**1 017**	**170 270**	**58**
Afghanistan Afghanistan	1984	..	134	..	..	...	134	9
	1985	..	267	..	..	...	267	18
	1986	..	206	..	..	...	206	14
	1987	..	340	..	..	...	340	23
Bahrain Bahreïn	1984	3 048	* 0	2 855	91	–14	116	280
	1985	2 607	0	2 390	95	5	117	271
	1986	3 020	* 0	* 2 799	* 96	5	120	268
	1987	3 100	* 0	* 2 870	* 100	10	120	258
Bangladesh Bangladesh	1984	238	270	0	13	–11	506	5
	1985	211	375	0	9	–5	582	6
	1986	182	477	0	5	1	653	6
	1987	199	* 394	* 0	* 5	...	588	6
Bhutan Bhoutan	1984	..	* 3	..	..	..	3	2
	1985	..	* 3	..	..	..	3	2
	1986	..	* 3	..	..	..	3	2
	1987	..	* 3	..	..	..	3	2
Brunei Darussalam Brunéi Darussalam	1984	61	0	0	..	...	61	281
	1985	92	0	0	..	...	92	409
	1986	83	* 0	* 0	..	...	83	356
	1987	77	0	0	..	...	77	318
Burma Birmanie	1984	410	0	..	* 0	...	410	11
	1985	397	0	..	* 0	...	397	11
	1986	320	0	..	* 0	...	320	8
	1987	269	0	..	* 0	...	269	7

Table 22

Production, Trade and Consumption of Gas–Diesel Oils
Production, commerce et consommation de gazole carburant Diesel

(Quantities in thousand metric tons and in kilograms per capita)
(Quantités en milliers de tonnes métriques et en kilogrammes par habitant)

Country or area Pays ou zone	Year Année	Production	Imports Importations	Exports Exportations	Bunkers Soutes	Changes in Stocks Variation des stocks	Consumption / Consommation: Total Totale	Consumption / Consommation: Per Capita Par habitant
China	1984	19 465	38	2 105	...	–129	17 527	17
Chine	1985	20 232	45	2 256	...	–1 420	19 441	19
	1986	22 305	1 489	2 130	...	551	21 113	20
	1987	23 657	1 706	1 459	...	515	23 389	22
Cyprus	1984	156	53	* 0	12	0	197	299
Chypre	1985	133	65	0	14	–20	204	306
	1986	163	60	0	15	–10	218	323
	1987	181	66	0	16	–8	239	351
Democratic Kampuchea	1984	0	* 34	..	..	..	34	5
Kampuchea démocrat.	1985	0	* 35	..	..	..	35	5
	1986	0	* 35	..	..	..	35	5
	1987	0	* 36	..	..	..	36	5
Democratic Yemen	1984	1 237	73	* 877	* 100	...	333	160
Yémen démocratique	1985	1 100	30	* 750	* 100	...	280	131
	1986	1 160	102	* 820	* 90	...	352	160
	1987	1 120	138	* 900	* 100	...	258	114
Hong Kong	1984	..	1 289	57	91	21	1 120	208
Hong–kong	1985	..	1 115	44	93	–38	1 016	186
	1986	..	1 851	344	136	61	1 310	237
	1987	..	1 731	264	148	...	1 319	235
India	1984	12 151	2 542	69	50	...	14 574	19
Inde	1985	14 882	1 331	66	43	...	16 104	21
	1986	16 342	855	75	36	...	17 086	22
	1987	17 351	1 102	88	55	...	18 310	23
Indonesia	1984	5 685	663	79	* 55	–150	6 364	39
Indonésie	1985	6 927	167	68	* 60	50	6 916	42
	1986	6 360	669	179	* 60	–50	6 840	40
	1987	6 833	655	93	* 60	70	7 265	42
Iran(Islamic Rep.of)	1984	10 667	* 70	* 0	* 200	...	10 537	230
Iran(Rép.islamique)	1985	11 359	* 80	* 0	* 250	...	11 189	235
	1986	7 300	* 2 000	* 0	* 200	...	9 100	184
	1987	7 800	* 3 450	* 0	* 250	...	11 000	214
Iraq	1984	3 400	* 0	* 1 090	...	...	2 310	151
Iraq	1985	3 900	* 0	* 1 500	...	...	2 400	151
	1986	3 700	* 0	* 1 090	...	...	2 610	158
	1987	4 000	* 0	* 1 110	...	...	2 890	169
Israel	1984	1 499	* 0	479	..	...	1 020	245
Israël	1985	1 595	* 0	606	..	...	989	234
	1986	1 526	* 0	505	..	...	1 021	237
	1987	2 084	* 0	970	..	...	1 114	255
Japan	1984	38 265	2 129	0	198	9	40 187	335
Japon	1985	38 651	1 917	43	551	–94	40 068	332
	1986	39 606	2 976	420	406	–183	41 939	346
	1987	38 515	5 188	562	416	–39	42 764	351
Jordan	1984	686	0	0	..	–4	690	205
Jordanie	1985	738	0	0	..	36	702	200
	1986	614	50	0	..	–29	693	190
	1987	728	37	37	..	–28	756	199
Korea,Dem.Ppl's.Rep.	1984	850	* 250	..	...	...	1 100	55
Corée,Rép.pop.dém.de	1985	900	* 250	..	...	...	1 150	56
	1986	950	* 250	..	...	...	1 200	57
	1987	950	* 250	..	...	...	1 200	56
Korea, Republic of	1984	7 492	246	630	37	205	6 866	170
Corée, République de	1985	7 568	346	641	64	–9	7 218	176
	1986	8 122	580	697	80	22	7 903	190
	1987	8 244	1 412	768	126	–26	8 788	209

Table 22

Production, Trade and Consumption of Gas–Diesel Oils
Production, commerce et consommation de gazole carburant Diesel

(Quantities in thousand metric tons and in kilograms per capita)
(Quantités en milliers de tonnes métriques et en kilogrammes par habitant)

Country or area Pays ou zone	Year Année	Production	Imports Importations	Exports Exportations	Bunkers Soutes	Changes in Stocks Variation des stocks	Consumption Consommation Total Totale	Per Capita Par habitant
Kuwait,part Ntl.Zone Koweït et prt.Zne.N.	1984	5 324	* 0	4 750	31	–857	1 400	853
	1985	6 056	* 0	* 4 500	* 31	75	1 450	847
	1986	6 100	* 0	* 4 590	* 30	20	1 460	818
	1987	6 100	* 0	* 4 530	* 30	100	1 440	774
Lao Peoples Dem.Rep. Rép. dém. pop. lao	1984	..	* 15	..	..	..	15	4
	1985	..	* 16	..	..	..	16	4
	1986	..	* 16	..	..	..	16	4
	1987	..	* 16	..	..	..	16	4
Lebanon Liban	1984	190	* 345	* 0	* 0	...	535	202
	1985	210	* 337	* 0	* 0	...	547	205
	1986	270	* 239	* 0	* 0	...	509	188
	1987	310	* 210	* 0	* 0	...	520	188
Macau Macao	1984	..	52	..	..	...	52	138
	1985	..	81	..	..	...	81	206
	1986	..	115	..	..	...	115	281
	1987	..	111	..	..	...	111	261
Malaysia Malaisie	1984	2 489	862	273	31	–22	3 069	203
	1985	2 340	1 110	279	69	–27	3 129	203
	1986	2 363	923	265	21	–30	3 030	192
	1987	2 423	865	260	11	5	3 012	186
Maldives Maldives	1984	..	* 13	..	..	..	13	73
	1985	..	* 15	..	..	..	15	82
	1986	..	17	..	..	..	17	89
	1987	..	* 17	..	..	..	17	87
Mongolia Mongolie	1984	...	* 160	..	..	...	160	86
	1985	...	* 170	..	..	...	170	89
	1986	...	* 175	..	..	...	175	89
	1987	...	* 168	..	..	...	168	83
Nepal Népal	1984	..	62	0	..	0	62	4
	1985	..	66	0	..	0	66	4
	1986	..	74	10	..	–9	73	4
	1987	..	78	* 10	..	–7	75	4
Oman Oman	1984	452	* 0	..	..	22	430	360
	1985	544	* 0	..	..	8	536	431
	1986	536	* 0	..	..	–22	558	433
	1987	478	* 20	..	..	–10	508	381
Pakistan Pakistan	1984	1 341	1 400	0	6	83	2 652	27
	1985	1 538	1 262	0	4	13	2 783	27
	1986	1 640	1 337	0	5	–8	2 980	28
	1987	1 638	1 952	0	2	89	3 499	32
Philippines Philippines	1984	2 267	65	5	26	26	2 275	42
	1985	1 961	18	21	19	–151	2 090	38
	1986	2 102	208	0	19	3	2 288	40
	1987	2 467	376	10	* 20	345	2 468	43
Qatar Qatar	1984	187	43	* 0	..	...	230	804
	1985	225	* 0	* 1	..	...	224	747
	1986	422	* 0	* 192	..	...	230	732
	1987	360	* 0	* 124	..	...	236	722
S.Arabia,pt.Ntrl.Zn. Arab.saoud,p.Zn.neut	1984	13 298	* 0	* 900	* 1 000	...	11 398	1 024
	1985	15 292	* 0	* 1 000	* 1 100	...	13 192	1 138
	1986	15 117	* 0	* 997	* 1 100	...	13 020	1 078
	1987	15 200	* 0	* 900	* 1 100	...	13 200	1 051
Singapore Singapour	1984	6 707	1 069	6 774	* 527	–785	1 260	498
	1985	7 729	1 270	7 287	* 530	–100	1 282	501
	1986	8 717	1 226	8 023	* 530	100	1 290	498
	1987	9 302	1 398	8 448	* 852	...	1 400	535

Table 22

Production, Trade and Consumption of Gas–Diesel Oils
Production, commerce et consommation de gazole carburant Diesel

(Quantities in thousand metric tons and in kilograms per capita)
(Quantités en milliers de tonnes métriques et en kilogrammes par habitant)

Country or area Pays ou zone	Year Année	Production	Imports Importations	Exports Exportations	Bunkers Soutes	Changes in Stocks Variation des stocks	Consumption Consommation Total Totale	 Per Capita Par habitant
Sri Lanka Sri Lanka	1984	466	131	2	49	9	537	34
	1985	376	142	1	16	–10	511	32
	1986	417	132	7	26	1	515	32
	1987	512	210	3	53	–2	668	40
Syrian Arab Republic Rép. arabe syrienne	1984	2 865	197	* 0	..	0	3 062	303
	1985	3 700	* 0	* 0	..	645	3 055	292
	1986	2 642	55	* 0	..	–215	2 912	269
	1987	2 916	* 184	* 0	..	0	3 100	276
Thailand Thaïlande	1984	2 408	2 220	0	* 85	–32	4 575	90
	1985	2 923	1 869	0	* 0	–13	4 805	93
	1986	3 198	1 834	0	* 0	35	4 997	95
	1987	3 191	2 320	0	* 0	–54	5 565	104
Turkey Turquie	1984	5 152	188	36	52	42	5 210	106
	1985	5 089	483	36	75	–11	5 472	109
	1986	5 684	542	43	145	0	6 038	117
	1987	6 391	616	111	107	47	6 742	128
United Arab Emirates Emirats arabes unis	1984	2 065	* 175	..	* 140	...	2 100	1 622
	1985	2 080	* 125	..	* 100	...	2 105	1 558
	1986	2 100	* 115	..	* 100	...	2 115	1 506
	1987	2 500	* 10	..	* 110	...	2 400	1 649
Viet Nam Viet Nam	1984	..	* 450	..	...	...	450	8
	1985	..	* 460	..	...	...	460	8
	1986	..	* 470	..	...	...	470	8
	1987	..	* 470	..	...	...	470	7
Yemen Yémen	1984	0	* 450	..	..	...	450	67
	1985	0	549	..	..	36	513	74
	1986	117	303	..	..	–36	456	64
	1987	120	* 380	..	..	10	490	67
EUROPE EUROPE	**1984**	**201 622**	**65 253**	**44 171**	**6 833**	**347**	**215 524**	**439**
	1985	**201 211**	**71 365**	**43 293**	**7 288**	**–2 057**	**224 052**	**455**
	1986	**213 280**	**80 668**	**52 257**	**7 920**	**2 982**	**230 789**	**468**
	1987	**205 207**	**76 304**	**49 016**	**7 720**	**–2 790**	**227 565**	**460**
Albania Albanie	1984	325	...	...	..	...	325	112
	1985	325	...	...	..	...	325	110
	1986	325	...	...	..	...	325	108
	1987	325	...	...	..	...	325	106
Austria Autriche	1984	2 083	395	56	..	53	2 369	315
	1985	2 209	371	35	..	34	2 511	335
	1986	2 491	276	22	..	–52	2 797	373
	1987	2 534	380	4	..	56	2 854	381
Belgium Belgique	1984	8 028	4 341	5 065	565	–124	6 863	694
	1985	7 336	4 154	3 640	472	–227	7 605	768
	1986	9 483	4 999	4 529	648	189	9 116	920
	1987	9 073	4 434	4 211	534	–191	8 953	903
Bulgaria Bulgarie	1984	3 400	* 600	...	...	..	4 000	447
	1985	3 400	* 600	...	...	..	4 000	446
	1986	3 400	* 600	...	...	..	4 000	446
	1987	3 400	* 600	...	...	..	4 000	445
Czechoslovakia Tchécoslovaquie	1984	3 688	19	266	..	...	3 441	222
	1985	3 595	* 25	* 250	..	...	3 370	217
	1986	3 756	29	208	..	...	3 577	230
	1987	4 076	1	471	..	...	3 606	232
Denmark Danemark	1984	3 130	2 480	703	187	4	4 716	920
	1985	3 017	2 928	605	184	–35	5 191	1 013
	1986	3 341	2 560	667	184	–36	5 086	993
	1987	3 160	2 700	600	200	102	4 958	968

Table 22

Production, Trade and Consumption of Gas–Diesel Oils
Production, commerce et consommation de gazole carburant Diesel

(Quantities in thousand metric tons and in kilograms per capita)
(Quantités en milliers de tonnes métriques et en kilogrammes par habitant)

Country or area Pays ou zone	Year Année	Production	Imports Importations	Exports Exportations	Bunkers Soutes	Changes in Stocks Variation des stocks	Consumption / Consommation Total Totale	Consumption / Consommation Per Capita Par habitant
Faeroe Islands Iles Féroé	1984	..	120	..	..	...	120	2 609
	1985	..	123	..	..	...	123	2 617
	1986	..	113	..	..	...	113	2 404
	1987	..	139	..	..	...	139	2 957
Finland Finlande	1984	4 004	1 275	1 317	96	–125	3 991	818
	1985	4 054	1 124	1 131	68	–235	4 214	859
	1986	3 616	1 419	717	78	–162	4 402	894
	1987	3 934	1 615	1 111	0	–31	4 469	905
France incl. Monaco France y comp.Monaco	1984	29 265	8 539	2 658	288	407	34 451	627
	1985	29 691	7 515	2 988	312	–544	34 450	624
	1986	27 287	9 436	3 206	325	–601	33 793	610
	1987	24 252	10 995	2 059	324	–69	32 933	592
German Dem. Rep. Rép. dém. allemande	1984	6 117	...	819	..	...	5 298	318
	1985	6 335	...	607	..	...	5 728	344
	1986	6 311	...	709	..	...	5 602	337
	1987	6 368	...	603	..	...	5 765	346
Germany, Fed. Rep. Allemagne, Rép. féd.	1984	34 886	17 295	1 068	549	–176	50 740	830
	1985	34 429	20 878	1 036	662	–367	53 976	884
	1986	34 826	25 990	842	673	1 383	57 918	951
	1987	31 768	23 633	843	535	311	53 712	883
Gibraltar Gibraltar	1984	..	26	..	18	8	0	0
	1985	..	36	..	31	5	0	0
	1986	..	62	..	44	18	0	0
	1987	..	60	..	44	16	0	0
Greece Grèce	1984	3 798	1 041	1 104	252	–112	3 595	363
	1985	3 231	1 363	460	291	148	3 695	372
	1986	3 741	1 152	1 176	394	–13	3 336	335
	1987	3 808	1 267	1 188	403	–200	3 684	369
Hungary Hongrie	1984	3 522	757	* 641	..	...	3 638	341
	1985	3 512	764	* 522	..	...	3 754	352
	1986	3 516	756	* 947	..	...	3 325	313
	1987	3 556	761	* 849	..	...	3 468	327
Iceland Islande	1984	..	205	..	...	–21	226	942
	1985	..	255	..	...	9	246	1 017
	1986	..	250	..	...	0	250	1 020
	1987	..	292	..	...	7	285	1 149
Ireland Irlande	1984	416	924	12	21	12	1 295	368
	1985	434	920	13	16	–22	1 347	379
	1986	505	1 134	50	9	63	1 517	423
	1987	526	842	2	8	–17	1 375	380
Italy and San Marino Italie y comp. S.Mrn	1984	23 868	5 291	1 983	613	780	25 783	452
	1985	23 891	6 376	2 407	671	–66	27 255	477
	1986	27 218	4 467	4 614	724	299	26 048	455
	1987	27 275	6 133	3 520	698	–126	29 316	512
Luxembourg Luxembourg	1984	..	486	8	..	–6	484	1 319
	1985	..	551	13	..	9	529	1 438
	1986	..	586	13	..	17	556	1 511
	1987	..	615	14	..	8	593	1 611
Malta Malte	1984	..	* 64	..	* 10	...	54	155
	1985	..	* 36	..	* 10	...	26	75
	1986	..	66	..	22	...	44	128
	1987	..	* 60	..	* 20	...	40	116
Netherlands Pays–Bas	1984	16 091	8 612	16 013	2 028	160	6 502	451
	1985	14 920	11 044	17 722	2 149	–93	6 186	427
	1986	19 746	13 086	21 204	2 233	1 224	8 171	562
	1987	17 902	9 555	20 666	2 176	–1 614	6 229	427

Table 22

Production, Trade and Consumption of Gas–Diesel Oils
Production, commerce et consommation de gazole carburant Diesel

(Quantities in thousand metric tons and in kilograms per capita)
(Quantités en milliers de tonnes métriques et en kilogrammes par habitant)

Country or area Pays ou zone	Year Année	Production	Imports Importations	Exports Exportations	Bunkers Soutes	Changes in Stocks Variation des stocks	Consumption / Consommation Total Totale	Consumption / Consommation Per Capita Par habitant
Norway,Svlbd,J.Myn I	1984	3 321	859	1 276	100	18	2 786	673
Norvège,Svalbd,J.May	1985	3 594	794	1 273	106	–69	3 078	741
	1986	3 519	1 134	1 342	142	63	3 106	746
	1987	4 538	961	2 078	160	–138	3 399	814
Poland	1984	4 694	1 170	296	..	...	5 568	151
Pologne	1985	4 842	1 219	300	..	–62	5 823	157
	1986	4 833	1 311	88	..	56	6 000	160
	1987	5 009	1 308	132	..	–4	6 189	164
Portugal	1984	1 856	152	60	190	–82	1 840	182
Portugal	1985	1 945	127	108	184	–101	1 881	185
	1986	2 248	60	165	193	56	1 894	186
	1987	1 898	400	35	185	4	2 074	203
Romania	1984	6 809	..	2 715	...	...	4 094	181
Roumanie	1985	6 842	..	2 771	...	...	4 071	179
	1986	6 800	..	* 2 700	...	...	4 100	180
	1987	6 790	..	* 2 700	...	...	4 090	178
Spain	1984	10 788	1 343	695	632	183	10 621	276
Espagne	1985	11 474	872	519	850	–84	11 061	287
	1986	12 309	785	856	953	–66	11 351	293
	1987	12 053	1 400	513	1 455	97	11 388	293
Sweden	1984	4 582	2 748	2 497	102	–865	5 596	670
Suède	1985	4 622	2 927	2 180	108	–439	5 700	683
	1986	5 464	2 840	2 292	136	240	5 636	675
	1987	5 570	2 508	2 936	164	–604	5 582	669
Switzrld,Liechtenst.	1984	1 767	4 759	23	33	43	6 427	993
Suisse,Liechtenstein	1985	1 809	4 812	15	0	–74	6 680	1 028
	1986	1 826	5 665	8	24	359	7 100	1 089
	1987	1 703	4 412	7	21	–346	6 433	985
United Kingdom	1984	21 549	1 724	4 739	1 149	73	17 312	305
Royaume–Uni	1985	21 702	1 539	4 650	1 174	50	17 367	306
	1986	22 409	1 741	5 870	1 138	–179	17 321	305
	1987	21 427	1 233	4 391	793	–117	17 593	309
Yugoslavia	1984	3 635	28	157	...	117	3 389	148
Yougoslavie	1985	4 002	12	48	...	106	3 860	167
	1986	4 310	151	32	...	124	4 305	185
	1987	4 262	0	83	...	66	4 113	176
OCEANIA	**1984**	**7 697**	**1 559**	**966**	**355**	**–326**	**8 261**	**340**
OCEANIE	**1985**	**7 434**	**1 669**	**553**	**263**	**–38**	**8 325**	**338**
	1986	**7 785**	**1 675**	**562**	**254**	**–74**	**8 718**	**348**
	1987	**8 137**	**1 953**	**550**	**320**	**258**	**8 962**	**353**
American Samoa	1984	..	121	..	..	...	121	3 457
Samoa américaines	1985	..	* 100	..	..	...	100	2 778
	1986	..	* 110	..	..	...	110	3 056
	1987	..	* 112	..	..	...	112	3 027
Australia	1984	7 081	276	916	96	–228	6 573	423
Australie	1985	7 106	572	518	97	–40	7 103	451
	1986	7 173	622	540	87	–78	7 246	454
	1987	7 142	869	483	102	202	7 224	447
Cook Islands	1984	..	* 5	..	..	...	5	250
Iles Cook	1985	..	* 5	..	..	...	5	238
	1986	..	* 5	..	..	...	5	238
	1987	..	* 5	..	..	...	5	238
Fiji	1984	..	135	27	12	..	96	141
Fidji	1985	..	113	10	7	..	96	139
	1986	..	113	22	8	..	83	118
	1987	..	* 114	* 22	* 8	..	84	117

Table 22

Production, Trade and Consumption of Gas–Diesel Oils
Production, commerce et consommation de gazole carburant Diesel

(Quantities in thousand metric tons and in kilograms per capita)
(Quantités en milliers de tonnes métriques et en kilogrammes par habitant)

Country or area Pays ou zone	Year Année	Production	Imports Importations	Exports Exportations	Bunkers Soutes	Changes in Stocks Variation des stocks	Consumption / Consommation: Total Totale	Consumption / Consommation: Per Capita Par habitant
French Polynesia Polynésie française	1984	..	108	..	* 42	3	63	391
	1985	..	112	..	35	2	75	457
	1986	..	* 110	..	* 36	2	72	431
	1987	..	* 112	..	* 37	1	74	433
Guam Guam	1984	0	* 100	* 0	* 20	...	80	702
	1985	0	* 100	* 0	* 20	...	80	696
	1986	0	* 100	* 0	* 20	...	80	684
	1987	0	* 100	* 0	* 20	...	80	678
Kiribati Kiribati	1984	..	4	..	..	...	4	63
	1985	..	4	..	..	...	4	62
	1986	..	4	..	..	...	4	61
	1987	..	5	..	..	...	5	75
Nauru Nauru	1984	..	* 3	..	..	...	3	333
	1985	..	* 3	..	..	...	3	333
	1986	..	* 3	..	..	...	3	333
	1987	..	* 3	..	..	...	3	333
New Caledonia Nouvelle–Calédonie	1984	..	45	...	..	...	45	298
	1985	..	51	...	..	...	51	331
	1986	..	48	...	..	...	48	306
	1987	..	51	4	..	...	47	296
New Zealand Nouvelle–Zélande	1984	616	367	* 0	181	–101	903	281
	1985	328	* 197	* 0	* 100	0	425	131
	1986	612	* 150	* 0	* 100	0	662	202
	1987	995	* 100	* 35	* 150	50	860	260
Niue Nioué	1984	..	* 1	..	..	...	1	250
	1985	..	* 1	..	..	...	1	250
	1986	..	* 1	..	..	...	1	250
	1987	..	* 1	..	..	...	1	250
Pacific Islds(Trust) I.Pacifique (tutel.)	1984	..	* 30	..	...	...	30	197
	1985	..	* 30	..	...	...	30	194
	1986	..	* 30	..	...	...	30	189
	1987	..	* 30	..	...	...	30	184
Papua New Guinea Papouasie–Nvl–Guinée	1984	..	283	23	4	...	256	75
	1985	..	* 300	* 25	* 4	...	271	77
	1986	..	295	0	3	2	290	80
	1987	..	367	6	3	5	353	95
Samoa Samoa	1984	..	* 16	..	..	...	16	99
	1985	..	* 16	..	..	...	16	98
	1986	..	* 16	..	..	...	16	97
	1987	..	* 16	..	..	...	16	96
Solomon Islands Iles Salomon	1984	..	* 35	..	...	...	35	135
	1985	..	* 35	..	...	...	35	129
	1986	..	* 35	..	...	...	35	124
	1987	..	* 35	..	...	...	35	119
Tonga Tonga	1984	..	7	..	..	...	7	65
	1985	..	* 7	..	..	...	7	64
	1986	..	* 10	..	..	...	10	88
	1987	..	10	..	..	...	10	87
Vanuatu Vanuatu	1984	..	7	..	..	...	7	51
	1985	..	* 7	..	..	...	7	49
	1986	..	* 7	..	..	...	7	47
	1987	..	* 7	..	..	...	7	46
Wake Island Ile de Wake	1984	..	* 16	..	..	...	16	8 000
	1985	..	* 16	..	..	...	16	8 000
	1986	..	* 16	..	..	...	16	8 000
	1987	..	* 16	..	..	...	16	8 000

Table 22

Production, Trade and Consumption of Gas–Diesel Oils
Production, commerce et consommation de gazole carburant Diesel
(Quantities in thousand metric tons and in kilograms per capita)
(Quantités en milliers de tonnes métriques et en kilogrammes par habitant)

Country or area Pays ou zone	Year Année	Production	Imports Importations	Exports Exportations	Bunkers Soutes	Changes in Stocks Variation des stocks	Consumption Consommation	
							Total Totale	Per Capita Par habitant
USSR	**1984**	**109 500**	*** 100**	*** 30 000**	**...**	**...**	**79 600**	**290**
URSS	**1985**	**109 000**	*** 100**	*** 31 000**	**...**	**...**	**78 100**	**282**
	1986	**109 500**	*** 100**	*** 31 000**	**...**	**...**	**78 600**	**282**
	1987	**109 500**	*** 100**	*** 31 000**	**...**	**...**	**78 600**	**279**
Antarctic Fisheries	1984	..	* 62	..	* 62	..	0	0
Pêcheries antarctiq.	1985	..	* 64	..	* 64	..	0	0
	1986	..	* 63	..	* 63	..	0	0
	1987	..	* 65	..	* 64	..	1	1 000

Table 23

Production, Trade and Consumption of Residual Fuel Oil
Production, commerce et consommation de mazout résiduel

(Quantities in thousand metric tons and in kilograms per capita)
(Quantités en milliers de tonnes métriques et en kilogrammes par habitant)

Country or area Pays ou zone	Year Année	Production	Imports Importations	Exports Exportations	Bunkers Soutes	Changes in Stocks Variation des stocks	Consumption Consommation	
							Total Totale	Per Capita Par habitant
WORLD	**1984**	**749 031**	**145 267**	**173 062**	**68 535**	**–4 457**	**657 158**	**138**
MONDE	**1985**	**701 833**	**130 468**	**159 640**	**68 731**	**–2 573**	**606 503**	**125**
	1986	**712 299**	**137 270**	**159 748**	**72 960**	**–1 866**	**618 727**	**125**
	1987	**718 896**	**135 067**	**159 238**	**76 414**	**3 506**	**614 805**	**122**
AFRICA	**1984**	**28 593**	**1 882**	**6 747**	**4 623**	**0**	**19 105**	**35**
AFRIQUE	**1985**	**29 848**	**2 007**	**8 293**	**4 726**	**–42**	**18 878**	**34**
	1986	**31 262**	**2 142**	**8 753**	**4 799**	**5**	**19 847**	**35**
	1987	**31 349**	**1 951**	**8 288**	**4 976**	**–1**	**20 037**	**34**
Algeria	1984	5 108	0	4 196	309	...	603	29
Algérie	1985	6 402	* 0	5 692	* 210	...	500	23
	1986	6 782	* 0	6 002	* 200	...	580	26
	1987	6 262	* 0	* 5 482	* 200	...	580	25
Angola	1984	575	0	* 90	* 290	...	195	23
Angola	1985	679	0	* 100	* 400	...	179	20
	1986	650	* 0	* 100	* 400	...	150	17
	1987	640	* 0	* 100	* 450	...	90	10
Benin	1984	..	* 12	* 0	..	0	12	3
Bénin	1985	..	* 13	* 1	..	0	12	3
	1986	..	* 13	* 1	..	0	12	3
	1987	..	* 12	* 2	..	0	10	2
Burkina Faso	1984	..	* 21	...	..	0	21	3
Burkina Faso	1985	..	* 18	...	..	0	18	2
	1986	..	* 18	...	..	0	18	2
	1987	..	* 19	* 2	..	0	17	2
Burundi	1984	..	* 5	..	..	1	4	1
Burundi	1985	..	* 5	..	..	0	5	1
	1986	..	* 5	..	..	0	5	1
	1987	..	* 5	..	..	0	5	1
Cameroon	1984	695	* 12	* 1	...	0	706	73
Cameroun	1985	593	* 10	* 1	...	0	602	61
	1986	650	* 10	* 1	...	0	659	65
	1987	610	* 8	* 1	...	0	617	59
Cape Verde	1984	..	25	..	* 0	0	25	78
Cap–Vert	1985	..	8	..	0	0	8	24
	1986	..	0	..	0	0	0	0
	1987	..	* 0	..	* 0	0	0	0
Central African Rep.	1984	..	1	..	..	0	1	0
Rép. centrafricaine	1985	..	2	..	..	0	2	1
	1986	..	3	..	..	0	3	1
	1987	..	3	..	..	1	2	1
Chad	1984	..	* 1	..	..	..	1	0
Tchad	1985	..	* 1	..	..	..	1	0
	1986	..	* 0	..	..	..	0	0
	1987	..	* 0	..	..	..	0	0
Congo	1984	318	* 2	* 0	* 8	...	312	184
Congo	1985	40	* 300	* 0	* 9	...	331	190
	1986	330	* 2	* 10	* 10	...	312	174
	1987	340	* 3	* 5	* 7	...	331	180
Côte d'Ivoire	1984	510	* 0	* 110	* 0	2	398	40
Côte d'Ivoire	1985	520	* 0	* 125	* 0	1	394	38
	1986	518	* 0	* 95	* 0	1	422	39
	1987	507	* 0	* 110	* 0	1	396	36
Djibouti	1984	..	* 315	..	* 283	0	32	94
Djibouti	1985	..	* 320	..	* 285	0	35	99
	1986	..	* 325	..	283	0	42	116
	1987	..	* 340	..	* 289	0	51	137

Table 23

Production, Trade and Consumption of Residual Fuel Oil
Production, commerce et consommation de mazout résiduel

(Quantities in thousand metric tons and in kilograms per capita)
(Quantités en milliers de tonnes métriques et en kilogrammes par habitant)

Country or area Pays ou zone	Year Année	Production	Imports Importations	Exports Exportations	Bunkers Soutes	Changes in Stocks Variation des stocks	Consumption Consommation	
							Total Totale	Per Capita Par habitant
Egypt Egypte	1984	9 475	* 0	* 908	845	...	7 722	167
	1985	9 482	* 0	* 926	* 900	...	7 656	161
	1986	9 973	* 0	* 646	* 900	...	8 427	172
	1987	10 357	* 0	873	* 1 057	...	8 427	168
Ethiopia Ethiopie	1984	308	* 0	* 215	* 5	5	83	2
	1985	310	* 0	* 226	* 5	0	79	2
	1986	311	0	178	10	–9	132	3
	1987	338	0	219	0	0	119	3
Gabon Gabon	1984	393	* 0	* 12	* 85	0	296	312
	1985	390	* 0	* 9	* 55	0	326	331
	1986	375	* 0	* 10	* 57	0	308	301
	1987	381	* 0	* 9	* 43	0	329	311
Gambia Gambie	1984	..	* 1	..	..	..	1	1
	1985	..	* 1	..	..	..	1	1
	1986	..	* 1	..	..	..	1	1
	1987	..	* 1	..	..	..	1	1
Ghana Ghana	1984	195	* 13	* 68	* 0	3	137	11
	1985	215	* 10	* 70	* 0	2	153	12
	1986	157	* 11	* 95	* 0	1	72	5
	1987	235	* 5	* 103	* 0	1	136	10
Guinea Guinée	1984	..	* 159	..	...	...	159	27
	1985	..	* 163	..	...	...	163	27
	1986	..	* 165	..	...	...	165	27
	1987	..	* 164	..	...	...	164	26
Guinea–Bissau Guinée–Bissau	1984	..	* 8	..	..	..	8	9
	1985	..	* 9	..	..	..	9	10
	1986	..	* 8	..	..	..	8	9
	1987	..	* 9	..	..	..	9	10
Kenya Kenya	1984	613	* 0	* 280	* 40	0	293	15
	1985	653	4	330	134	0	193	9
	1986	650	* 5	* 325	* 125	0	205	10
	1987	633	0	161	135	0	337	15
Liberia Libéria	1984	0	* 151	* 20	* 53	0	78	37
	1985	0	* 154	* 21	* 52	0	81	37
	1986	0	156	23	* 53	0	80	36
	1987	0	* 155	* 22	* 55	0	78	34
Libyan Arab Jamah. Jamah.arabe libyenne	1984	1 852	...	* 252	* 50	0	1 550	426
	1985	1 941	...	* 141	* 50	0	1 750	462
	1986	1 968	...	* 362	* 60	10	1 536	390
	1987	2 000	...	* 430	* 50	0	1 520	372
Madagascar Madagascar	1984	22	* 0	2	* 7	0	13	1
	1985	110	* 0	35	* 10	0	65	6
	1986	135	* 0	* 37	* 10	0	88	8
	1987	120	* 0	* 36	* 8	0	76	7
Malawi Malawi	1984	..	* 1	..	..	...	1	0
	1985	..	* 1	..	..	...	1	0
	1986	..	3	..	..	...	3	0
	1987	..	* 0	..	..	...	0	0
Mali Mali	1984	..	8	..	..	...	8	1
	1985	..	6	..	..	...	6	1
	1986	..	* 6	..	..	...	6	1
	1987	..	* 7	..	..	...	7	1
Mauritania Mauritanie	1984	17	* 35	..	...	–2	54	31
	1985	0	* 35	..	...	0	35	20
	1986	195	* 36	..	...	0	231	127
	1987	357	* 7	..	...	0	364	195

Table 23

Production, Trade and Consumption of Residual Fuel Oil
Production, commerce et consommation de mazout résiduel

(Quantities in thousand metric tons and in kilograms per capita)
(Quantités en milliers de tonnes métriques et en kilogrammes par habitant)

Country or area Pays ou zone	Year Année	Production	Imports Importations	Exports Exportations	Bunkers Soutes	Changes in Stocks Variation des stocks	Consumption Consommation Total Totale	Per Capita Par habitant
Mauritius Maurice	1984	..	89	..	12	0	77	75
	1985	..	85	..	5	–2	82	79
	1986	..	74	..	4	1	69	66
	1987	..	120	..	* 5	0	115	108
Morocco Maroc	1984	2 063	17	1	2	–10	2 087	97
	1985	2 052	35	* 1	2	–19	2 103	95
	1986	1 980	* 40	* 1	* 2	–5	2 022	89
	1987	2 000	* 40	* 1	* 2	6	2 031	87
Mozambique Mozambique	1984	65	* 45	* 0	* 10	...	100	7
	1985	0	* 30	* 0	* 0	...	30	2
	1986	0	15	* 0	* 0	...	15	1
	1987	0	* 16	* 0	* 0	...	16	1
Niger Niger	1984	..	* 6	..	..	0	6	1
	1985	..	* 6	..	..	0	6	1
	1986	..	* 5	..	..	0	5	1
	1987	..	* 6	..	..	0	6	1
Nigeria Nigéria	1984	1 612	* 0	* 475	* 50	...	1 087	12
	1985	1 700	* 0	* 500	* 60	...	1 140	12
	1986	1 807	* 0	540	224	...	1 043	11
	1987	1 800	* 0	* 550	* 225	...	1 025	10
Réunion Réunion	1984	..	5	..	..	...	5	9
	1985	..	* 6	..	..	...	6	11
	1986	..	* 7	..	..	...	7	13
	1987	..	* 6	..	..	...	6	11
Rwanda Rwanda	1984	..	* 5	..	..	...	5	1
	1985	..	* 4	..	..	...	4	1
	1986	..	* 5	..	..	...	5	1
	1987	..	* 5	..	..	...	5	1
Senegal Sénégal	1984	135	241	* 20	* 90	...	266	42
	1985	97	239	5	* 71	...	260	40
	1986	161	136	0	* 80	...	217	33
	1987	163	* 135	* 0	* 75	...	223	33
Seychelles Seychelles	1984	..	15	..	7	..	8	121
	1985	..	20	..	7	..	13	197
	1986	..	* 17	..	* 5	..	12	179
	1987	..	* 19	..	* 6	..	13	191
Sierra Leone Sierra Leone	1984	81	* 16	..	* 17	...	80	22
	1985	80	* 17	..	* 15	...	82	22
	1986	82	* 16	..	* 16	...	82	22
	1987	85	* 19	..	* 14	...	90	23
Somalia Somalie	1984	16	* 2	..	* 0	...	18	3
	1985	15	* 2	..	* 0	...	17	3
	1986	16	* 2	..	* 0	...	18	3
	1987	14	* 3	..	* 0	...	17	2
S.Africa Customs Un. Un.douan.d'Afr.mérid	1984	3 200	* 0	* 0	2 400	...	800	22
	1985	3 250	* 0	* 0	2 400	...	850	23
	1986	3 200	* 0	* 0	2 300	...	900	24
	1987	3 200	* 0	* 0	2 300	...	900	24
Sudan Soudan	1984	298	* 10	* 50	..	...	258	12
	1985	313	* 35	* 55	..	...	293	13
	1986	320	* 34	* 54	..	...	300	13
	1987	295	* 32	* 32	..	...	295	13
Togo Togo	1984	0	47	* 0	...	–5	52	18
	1985	0	20	* 0	...	–21	41	14
	1986	0	32	* 0	...	–5	37	12
	1987	0	* 30	* 0	...	0	30	10

Table 23

Production, Trade and Consumption of Residual Fuel Oil
Production, commerce et consommation de mazout résiduel

(Quantities in thousand metric tons and in kilograms per capita)
(Quantités en milliers de tonnes métriques et en kilogrammes par habitant)

Country or area Pays ou zone	Year Année	Production	Imports Importations	Exports Exportations	Bunkers Soutes	Changes in Stocks Variation des stocks	Consumption Consommation	
							Total Totale	Per Capita Par habitant
Tunisia	1984	591	425	0	2	6	1 008	142
Tunisie	1985	587	275	0	0	–3	865	119
	1986	629	783	222	0	11	1 179	158
	1987	620	* 570	* 100	0	–10	1 100	144
Uganda	1984	..	* 33	..	..	0	33	2
Ouganda	1985	..	* 34	..	..	0	34	2
	1986	..	* 37	..	..	0	37	2
	1987	..	* 35	..	..	0	35	2
United Rep. Tanzania	1984	232	* 0	* 28	* 26	0	178	8
Rép.Unie de Tanzanie	1985	225	* 0	* 30	* 26	0	169	7
	1986	210	* 0	* 30	* 25	0	155	7
	1987	212	* 0	* 27	* 23	0	162	7
Western Sahara	1984	..	* 15	..	* 0	...	15	99
Sahara occidental	1985	..	* 13	..	* 0	...	13	83
	1986	..	* 15	..	* 0	...	15	93
	1987	..	* 16	..	* 0	...	16	97
Zaire	1984	119	* 140	* 19	* 32	...	208	7
Zaïre	1985	95	* 125	* 25	* 30	...	165	5
	1986	73	* 157	* 21	* 35	...	174	5
	1987	85	* 161	* 23	* 32	...	191	6
Zambia	1984	100	* 0	...	..	0	100	15
Zambie	1985	99	* 0	...	..	0	99	14
	1986	90	* 0	...	..	0	90	12
	1987	95	* 0	...	..	0	95	13
Zimbabwe	1984	..	* 1	* 0	..	...	1	0
Zimbabwe	1985	..	* 1	* 0	..	...	1	0
	1986	..	* 0	* 0	..	...	0	0
	1987	..	* 0	* 0	..	...	0	0
NTH. AMERICA	**1984**	**111 970**	**49 652**	**37 547**	**23 750**	**–202**	**100 527**	**254**
AMER DU NORD	**1985**	**101 383**	**41 535**	**29 517**	**22 402**	**–469**	**91 468**	**228**
	1986	**94 681**	**49 927**	**22 665**	**19 638**	**–1 010**	**103 315**	**254**
	1987	**96 851**	**45 681**	**24 987**	**19 592**	**316**	**97 637**	**237**
Antigua and Barbuda	1984	0	11	0	* 0	...	11	136
Antigua–et–Barbuda	1985	0	* 11	* 0	* 0	...	11	134
	1986	0	* 11	* 0	* 0	...	11	133
	1987	0	9	0	0	...	9	107
Aruba	1984	..	...	..	..	...	...	...
Aruba	1985	..	...	..	..	...	...	...
	1986	..	14	..	..	...	14	...
	1987	..	* 14	..	..	...	14	...
Bahamas	1984	2 900	* 883	* 2 975	* 350	250	208	867
Bahamas	1985	375	* 2 342	* 2 350	* 486	–300	181	745
	1986	0	* 1 350	* 1 000	* 400	–200	150	607
	1987	0	* 1 350	* 1 100	* 400	–300	150	598
Barbados	1984	105	* 15	* 0	* 30	0	90	356
Barbade	1985	122	* 10	* 0	* 30	0	102	402
	1986	136	* 8	* 0	* 40	0	104	408
	1987	136	* 10	* 0	* 35	0	111	432
Belize	1984	..	* 3	..	..	...	3	19
Belize	1985	..	* 3	..	..	...	3	18
	1986	..	1	..	..	...	1	6
	1987	..	* 2	..	..	...	2	12
Bermuda	1984	..	16	..	2	...	14	246
Bermudes	1985	..	36	..	1	...	35	614
	1986	..	* 30	..	* 1	...	29	500
	1987	..	37	..	1	...	36	621

Table 23

Production, Trade and Consumption of Residual Fuel Oil
Production, commerce et consommation de mazout résiduel

(Quantities in thousand metric tons and in kilograms per capita)
(Quantités en milliers de tonnes métriques et en kilogrammes par habitant)

Country or area Pays ou zone	Year Année	Production	Imports Importations	Exports Exportations	Bunkers Soutes	Changes in Stocks Variation des stocks	Consumption Consommation	
							Total Totale	Per Capita Par habitant
Canada	1984	8 261	962	1 763	1 142	–330	6 648	265
Canada	1985	6 682	1 010	1 869	903	–243	5 163	203
	1986	6 224	1 389	1 331	947	–92	5 427	212
	1987	6 642	2 060	1 378	1 116	376	5 832	225
Costa Rica	1984	183	* 0	35	0	–11	159	62
Costa Rica	1985	188	* 0	46	0	12	130	49
	1986	270	* 0	110	* 0	–8	168	62
	1987	237	0	75	0	8	154	55
Cuba	1984	3 340	3 435	1 337	175	–162	5 425	548
Cuba	1985	3 318	3 421	1 101	179	141	5 318	535
	1986	3 314	3 822	1 835	67	–286	5 520	552
	1987	3 378	* 3 800	* 1 500	77	52	5 549	551
Dominica	1984	..	* 1	..	..	...	1	13
Dominique	1985	..	* 1	..	..	...	1	13
	1986	..	* 1	..	..	...	1	13
	1987	..	* 1	..	..	...	1	13
Dominican Republic	1984	537	477	..	...	...	1 014	162
Rép. dominicaine	1985	512	403	..	...	...	915	143
	1986	528	* 400	..	...	...	928	141
	1987	423	* 425	..	...	...	848	126
El Salvador	1984	196	* 0	..	* 60	...	136	29
El Salvador	1985	190	* 0	..	* 60	...	130	27
	1986	180	* 0	..	* 50	...	130	27
	1987	185	* 0	..	* 60	...	125	25
Guadeloupe	1984	..	* 63	..	...	...	63	189
Guadeloupe	1985	..	* 62	..	...	...	62	185
	1986	..	* 86	..	...	...	86	255
	1987	..	* 94	..	...	...	94	278
Guatemala	1984	251	0	...	0	–1	252	33
Guatemala	1985	250	* 0	...	* 0	0	250	31
	1986	245	* 0	...	* 0	0	245	30
	1987	165	0	...	0	0	165	20
Haiti	1984	..	* 60	..	...	...	60	10
Haïti	1985	..	* 60	..	...	...	60	10
	1986	..	* 58	..	...	...	58	10
	1987	..	* 56	..	...	...	56	9
Honduras	1984	90	* 10	* 0	* 0	0	100	24
Honduras	1985	90	* 10	* 0	* 0	0	100	23
	1986	85	* 10	* 0	* 0	0	95	21
	1987	80	* 10	* 0	* 0	0	90	19
Jamaica	1984	296	878	* 0	* 35	...	1 139	495
Jamaïque	1985	484	* 900	* 0	* 30	...	1 354	579
	1986	483	* 880	* 0	* 30	...	1 333	562
	1987	475	* 900	* 0	* 30	...	1 345	558
Martinique	1984	132	* 0	* 65	* 18	0	49	149
Martinique	1985	154	* 0	* 67	* 17	0	70	213
	1986	143	* 0	* 63	* 10	0	70	212
	1987	145	* 0	* 65	* 12	0	68	206
Mexico	1984	20 724	0	691	* 40	31	19 962	257
Mexique	1985	22 700	615	1 400	* 45	55	21 815	275
	1986	22 125	1 734	2 274	* 45	–234	21 774	268
	1987	24 214	2 688	1 914	* 40	184	24 764	298
Neth.Antil and Aruba	1984	12 500	* 1 400	* 10 500	* 1 800	...	1 600	8 939
Antill.néer.et Aruba	1985	5 500	* 1 000	* 3 700	* 1 800	...	1 000	5 525
	1986	...	...	...	...	...	...	...
	1987	...	...	...	...	...	...	...

Table 23

Production, Trade and Consumption of Residual Fuel Oil
Production, commerce et consommation de mazout résiduel

(Quantities in thousand metric tons and in kilograms per capita)
(Quantités en milliers de tonnes métriques et en kilogrammes par habitant)

Country or area Pays ou zone	Year Année	Production	Imports Importations	Exports Exportations	Bunkers Soutes	Changes in Stocks Variation des stocks	Consumption / Consommation: Total Totale	Consumption / Consommation: Per Capita Par habitant
Netherlands Antilles	1984	...	...	...	...	..	...	...
Antilles néerland.	1985	...	...	...	...	..	...	...
	1986	5 500	* 700	* 3 450	* 1 750	..	1 000	...
	1987	6 000	* 500	* 3 750	* 1 750	..	1 000	...
Nicaragua	1984	180	13	..	..	–14	207	65
Nicaragua	1985	222	7	..	..	12	217	66
	1986	215	* 10	..	..	0	225	66
	1987	220	* 8	..	..	0	228	65
Panama	1984	775	* 1 550	* 150	* 1 890	...	285	133
Panama	1985	640	* 1 500	* 160	* 1 695	...	285	131
	1986	625	* 1 400	* 160	* 1 600	...	265	119
	1987	630	* 1 425	* 170	* 1 650	...	235	103
Puerto Rico	1984	1 824	* 1 331	15	* 110	–294	3 324	978
Porto Rico	1985	1 800	* 1 500	* 15	* 45	50	3 190	924
	1986	1 700	* 1 600	* 0	* 45	55	3 200	913
	1987	1 700	* 1 550	* 0	* 40	0	3 210	903
Saint Lucia	1984	..	* 1	..	..	0	1	8
Sainte–Lucie	1985	..	* 1	..	..	0	1	8
	1986	..	* 1	..	..	0	1	8
	1987	..	* 1	..	..	0	1	8
St.Pierre–Miquelon	1984	..	* 3	..	...	..	3	429
St.Pierre–Miquelon	1985	..	* 7	..	...	..	7	1 000
	1986	..	* 10	..	...	..	10	1 429
	1987	..	* 20	..	...	..	20	2 857
Trinidad and Tobago	1984	2 209	* 0	2 088	181	–250	190	163
Trinité–et–Tobago	1985	2 622	* 0	2 225	122	0	275	232
	1986	2 719	* 0	2 377	34	0	308	256
	1987	2 905	0	2 455	51	0	399	326
United States	1984	49 267	37 640	10 528	17 117	679	58 583	247
Etats–Unis	1985	48 634	28 136	10 884	16 489	–396	49 793	208
	1986	48 989	36 876	8 115	15 969	–445	62 226	258
	1987	48 816	31 135	10 250	* 16 000	–4	53 705	221
U.S. Virgin Islands	1984	8 200	* 900	* 7 400	* 800	–100	1 000	9 615
Iles Vierges amér.	1985	6 900	* 500	* 5 700	* 500	200	1 000	9 434
	1986	6 700	* 250	* 5 400	* 400	200	950	8 796
	1987	6 500	* 100	6 080	80	0	440	4 037
STH. AMERICA	**1984**	**47 105**	**694**	**21 505**	**2 078**	**677**	**23 539**	**90**
AMER DU SUD	**1985**	**43 572**	**767**	**19 603**	**2 077**	**461**	**22 198**	**83**
	1986	**42 923**	**847**	**19 252**	**1 590**	**–548**	**23 476**	**86**
	1987	**39 233**	**2 144**	**15 847**	**1 804**	**463**	**23 263**	**83**
Argentina	1984	6 113	0	1 147	519	26	4 421	148
Argentine	1985	5 312	0	1 995	479	–217	3 055	101
	1986	5 147	0	741	222	29	4 155	135
	1987	4 838	770	329	375	158	4 746	152
Bolivia	1984	101	* 0	0	..	–9	110	18
Bolivie	1985	80	0	0	..	–1	81	13
	1986	37	0	0	..	–8	45	7
	1987	29	0	0	..	2	27	4
Brazil	1984	12 498	135	1 977	864	401	9 391	71
Brésil	1985	11 809	222	1 290	913	457	9 371	69
	1986	12 630	349	1 364	808	–119	10 926	79
	1987	12 056	853	981	758	303	10 867	77
Chile	1984	1 005	160	..	* 0	20	1 145	96
Chili	1985	958	129	..	* 0	–14	1 101	91
	1986	1 085	77	..	* 0	67	1 095	89
	1987	1 046	48	..	0	18	1 076	86

Table 23

Production, Trade and Consumption of Residual Fuel Oil
Production, commerce et consommation de mazout résiduel

(Quantities in thousand metric tons and in kilograms per capita)
(Quantités en milliers de tonnes métriques et en kilogrammes par habitant)

Country or area Pays ou zone	Year Année	Production	Imports Importations	Exports Exportations	Bunkers Soutes	Changes in Stocks Variation des stocks	Consumption Consommation	
							Total Totale	Per Capita Par habitant
Colombia	1984	3 025	0	2 541	* 60	-82	506	18
Colombie	1985	2 994	0	2 849	* 75	-175	245	9
	1986	3 174	0	2 898	* 65	17	194	7
	1987	3 570	0	3 232	* 100	-17	255	9
Ecuador	1984	2 131	..	953	34	...	1 144	126
Equateur	1985	1 865	..	739	* 30	...	1 096	117
	1986	2 087	..	1 014	34	...	1 039	108
	1987	1 839	..	870	91	...	878	88
Falkland I(Malvinas)	1984	..	* 2	..	* 1	..	1	333
I Falkland(Malvinas)	1985	..	* 2	..	* 1	..	1	333
	1986	..	* 2	..	* 1	..	1	333
	1987	..	* 2	..	* 1	..	1	333
French Guiana	1984	..	25	..	..	..	25	309
Guyane française	1985	..	22	..	..	..	22	265
	1986	..	19	..	..	..	19	224
	1987	..	35	..	..	..	35	402
Guyana	1984	..	249	..	* 3	...	246	263
Guyana	1985	..	247	..	* 3	...	244	256
	1986	..	* 200	..	* 3	...	197	203
	1987	..	* 200	..	* 3	...	197	199
Paraguay	1984	22	8	..	..	0	30	8
Paraguay	1985	28	3	..	..	-1	32	9
	1986	33	6	..	..	2	37	10
	1987	30	* 5	..	..	0	35	9
Peru	1984	4 076	0	2 315	* 45	69	1 647	86
Pérou	1985	3 906	0	2 189	* 40	7	1 670	85
	1986	3 942	0	* 2 213	* 35	30	1 664	82
	1987	4 200	* 0	* 2 435	* 35	-22	1 752	85
Suriname	1984	..	* 115	..	...	0	115	310
Suriname	1985	..	* 100	..	...	0	100	266
	1986	..	* 125	..	...	0	125	328
	1987	..	* 145	..	...	0	145	375
Uruguay	1984	392	0	23	97	-40	312	104
Uruguay	1985	310	42	* 11	87	-29	283	94
	1986	346	16	* 8	42	34	278	92
	1987	363	36	* 0	61	-11	349	114
Venezuela	1984	17 742	0	12 549	455	292	4 446	264
Venezuela	1985	16 310	0	10 530	449	434	4 897	283
	1986	14 442	53	11 014	380	-600	3 701	208
	1987	11 262	* 50	* 8 000	* 380	32	2 900	159
ASIA	**1984**	**212 332**	**27 152**	**41 608**	**13 319**	**-1 929**	**186 486**	**67**
ASIE	**1985**	**200 795**	**29 252**	**43 001**	**12 911**	**-750**	**174 885**	**61**
	1986	**202 277**	**32 260**	**45 972**	**17 157**	**-103**	**171 511**	**59**
	1987	**205 110**	**37 182**	**50 726**	**20 908**	**1 118**	**169 540**	**57**
Afghanistan	1984	..	10	..	..	...	10	1
Afghanistan	1985	..	7	..	..	...	7	0
	1986	..	7	..	..	...	7	0
	1987	..	8	..	..	...	8	1
Bahrain	1984	2 582	* 0	2 399	100	77	6	14
Bahreïn	1985	1 972	0	2 034	* 100	-168	6	14
	1986	2 480	* 0	* 2 303	* 110	60	7	16
	1987	2 500	* 0	* 2 346	* 110	40	4	9
Bangladesh	1984	305	90	0	21	10	364	4
Bangladesh	1985	267	105	0	13	4	355	4
	1986	286	111	0	7	8	382	4
	1987	311	* 60	* 0	* 5	...	366	3

Table 23

Production, Trade and Consumption of Residual Fuel Oil
Production, commerce et consommation de mazout résiduel

(Quantities in thousand metric tons and in kilograms per capita)
(Quantités en milliers de tonnes métriques et en kilogrammes par habitant)

Country or area Pays ou zone	Year Année	Production	Imports Importations	Exports Exportations	Bunkers Soutes	Changes in Stocks Variation des stocks	Consumption / Consommation: Total Totale	Consumption / Consommation: Per Capita Par habitant
Brunei Darussalam Brunéi Darussalam	1984	0	0	..	..	..	0	0
	1985	0	* 0	..	..	..	0	0
	1986	1	* 0	..	..	..	1	4
	1987	1	0	..	..	..	1	4
Burma Birmanie	1984	213	0	..	* 0	...	213	6
	1985	194	0	..	* 0	...	194	5
	1986	150	0	..	* 0	...	150	4
	1987	120	0	..	* 0	...	120	3
China Chine	1984	28 570	721	568	...	–82	28 805	28
	1985	28 358	700	649	...	–71	28 480	27
	1986	29 862	1 295	713	...	313	30 131	29
	1987	31 306	1 033	781	...	289	31 269	29
Cyprus Chypre	1984	190	274	* 0	25	–38	477	724
	1985	147	303	0	20	–27	457	686
	1986	170	352	0	21	–31	532	789
	1987	202	371	0	52	–70	591	868
Democratic Kampuchea Kampuchea démocrat.	1984	0	* 40	..	..	..	40	6
	1985	0	* 41	..	..	..	41	6
	1986	0	* 41	..	..	..	41	5
	1987	0	* 41	..	..	..	41	5
Democratic Yemen Yémen démocratique	1984	1 398	65	* 728	* 290	...	445	214
	1985	1 400	228	* 700	* 300	...	628	294
	1986	1 200	258	* 710	* 200	...	548	249
	1987	1 350	328	* 800	* 200	...	678	299
Hong Kong Hong–kong	1984	..	2 693	181	478	–42	2 076	386
	1985	..	2 195	139	439	–104	1 721	315
	1986	..	2 597	410	510	112	1 565	283
	1987	..	2 167	300	617	...	1 250	223
India Inde	1984	7 915	175	314	163	...	7 613	10
	1985	8 096	20	110	78	...	7 928	10
	1986	7 928	0	16	86	...	7 826	10
	1987	8 618	0	644	173	...	7 801	10
Indonesia Indonésie	1984	10 144	2 090	5 639	* 95	44	6 456	39
	1985	8 962	592	2 254	* 100	100	7 100	43
	1986	11 751	501	5 152	* 100	–100	7 100	42
	1987	11 630	676	6 300	* 150	...	5 856	34
Iran(Islamic Rep.of) Iran(Rép.islamique)	1984	11 265	0	* 1 300	* 1 500	...	8 465	185
	1985	11 683	0	* 1 400	* 1 400	...	8 883	187
	1986	10 100	* 400	* 500	* 1 100	...	8 900	180
	1987	9 300	* 600	* 100	* 1 100	...	8 700	170
Iraq Iraq	1984	4 900	* 0	* 3 000	* 150	...	1 750	114
	1985	5 100	* 0	* 3 200	* 150	...	1 750	110
	1986	5 100	* 0	* 3 200	* 100	...	1 800	109
	1987	6 000	* 0	* 3 900	* 200	...	1 900	111
Israel Israël	1984	2 993	32	6	...	...	3 019	725
	1985	2 024	774	6	...	...	2 792	659
	1986	2 161	631	6	...	...	2 786	647
	1987	2 018	1 156	7	...	...	3 167	724
Japan Japon	1984	54 378	9 358	106	2 639	–80	61 071	509
	1985	43 850	9 890	345	1 901	–611	52 105	431
	1986	40 079	9 107	636	* 1 610	–512	47 452	391
	1987	35 900	10 240	834	* 1 240	394	43 672	358
Jordan Jordanie	1984	886	139	0	..	1	1 024	304
	1985	709	394	0	..	37	1 066	304
	1986	678	575	0	..	17	1 236	339
	1987	711	649	0	..	–20	1 380	364

Table 23

Production, Trade and Consumption of Residual Fuel Oil
Production, commerce et consommation de mazout résiduel

(Quantities in thousand metric tons and in kilograms per capita)
(Quantités en milliers de tonnes métriques et en kilogrammes par habitant)

Country or area Pays ou zone	Year Année	Production	Imports Importations	Exports Exportations	Bunkers Soutes	Changes in Stocks Variation des stocks	Consumption Consommation	
							Total Totale	Per Capita Par habitant
Korea,Dem.Ppl's.Rep. Corée,Rép.pop.dém.de	1984	500	* 100	..	...	...	600	30
	1985	550	* 100	..	...	...	650	32
	1986	600	* 100	..	...	...	700	34
	1987	600	* 100	..	...	...	700	33
Korea, Republic of Corée, République de	1984	12 820	1 734	1 479	347	587	12 141	300
	1985	11 110	1 439	1 129	464	104	10 852	264
	1986	11 199	1 635	1 311	868	399	10 256	247
	1987	11 061	2 263	2 221	1 248	303	9 552	227
Kuwait,part Ntl.Zone Koweït et prt.Zne.N.	1984	11 907	* 0	9 923	708	300	976	594
	1985	13 837	0	* 11 797	* 790	50	1 200	701
	1986	13 840	* 0	* 11 445	* 790	50	1 555	872
	1987	14 000	* 0	* 11 636	* 760	50	1 554	835
Lao Peoples Dem.Rep. Rép. dém. pop. lao	1984	..	* 6	..	..	..	6	2
	1985	..	* 6	..	..	..	6	2
	1986	..	* 7	..	..	..	7	2
	1987	..	* 7	..	..	..	7	2
Lebanon Liban	1984	400	* 378	* 0	* 20	0	758	287
	1985	185	* 800	* 0	* 20	0	965	362
	1986	340	* 786	* 0	* 20	0	1 106	408
	1987	400	* 730	* 0	* 30	0	1 100	398
Macau Macao	1984	..	104	..	..	...	104	275
	1985	..	123	..	..	...	123	313
	1986	..	135	..	..	...	135	330
	1987	..	165	..	..	...	165	387
Malaysia Malaisie	1984	2 044	1 477	566	28	14	2 913	193
	1985	1 952	1 574	737	30	–56	2 815	182
	1986	1 962	1 809	865	53	59	2 794	177
	1987	1 946	1 887	1 003	82	27	2 721	168
Mongolia Mongolie	1984	...	* 280	..	..	...	280	151
	1985	...	* 350	..	..	...	350	183
	1986	...	* 350	..	..	...	350	178
	1987	...	* 350	..	..	...	350	173
Nepal Népal	1984	..	6	..	..	..	6	0
	1985	..	9	..	..	..	9	1
	1986	..	15	..	..	..	15	1
	1987	..	* 15	..	..	..	15	1
Oman Oman	1984	1 148	* 0	* 858	* 250	10	30	25
	1985	1 294	* 0	* 944	* 300	10	40	32
	1986	1 414	* 0	* 1 012	* 350	2	50	39
	1987	1 107	* 0	* 807	* 250	2	48	36
Pakistan Pakistan	1984	1 534	228	74	42	–16	1 662	17
	1985	1 539	417	0	23	–10	1 943	19
	1986	1 542	533	0	9	–4	2 070	19
	1987	1 570	542	0	8	–19	2 123	19
Philippines Philippines	1984	2 819	474	39	145	–598	3 707	69
	1985	2 299	526	0	32	–253	3 046	55
	1986	2 630	636	76	57	–137	3 270	58
	1987	3 031	797	2	* 80	–192	3 938	68
Qatar Qatar	1984	152	* 0	* 147	..	0	5	17
	1985	551	* 0	* 541	..	0	10	33
	1986	625	* 0	* 610	..	0	15	48
	1987	590	* 0	* 585	..	0	5	15
S.Arabia,pt.Ntrl.Zn. Arab.saoud,p.Zn.neut	1984	14 794	* 0	* 400	* 782	...	13 612	1 223
	1985	18 446	* 0	* 3 100	* 1 100	...	14 246	1 229
	1986	20 892	* 0	* 3 200	* 5 360	...	12 332	1 021
	1987	21 900	* 0	* 3 500	* 6 000	...	12 400	987

Table 23

Production, Trade and Consumption of Residual Fuel Oil
Production, commerce et consommation de mazout résiduel

(Quantities in thousand metric tons and in kilograms per capita)
(Quantités en milliers de tonnes métriques et en kilogrammes par habitant)

Country or area Pays ou zone	Year Année	Production	Imports Importations	Exports Exportations	Bunkers Soutes	Changes in Stocks Variation des stocks	Consumption Consommation	
							Total Totale	Per Capita Par habitant
Singapore Singapour	1984	13 500	4 175	10 266	* 4 742	−1 926	4 593	1 815
	1985	12 171	7 207	9 241	* 4 937	600	4 600	1 797
	1986	10 390	8 217	9 467	* 4 940	−300	4 500	1 738
	1987	11 233	11 181	9 150	* 7 664	...	5 600	2 140
Sri Lanka Sri Lanka	1984	658	0	93	303	−50	312	20
	1985	606	0	188	293	−40	165	10
	1986	617	0	101	357	−18	177	11
	1987	610	0	41	387	9	173	10
Syrian Arab Republic Rép. arabe syrienne	1984	4 675	166	1 359	...	...	3 482	345
	1985	4 700	154	2 089	...	...	2 765	264
	1986	4 882	25	1 880	...	...	3 027	279
	1987	5 636	* 10	* 2 496	...	...	3 150	280
Thailand Thaïlande	1984	2 340	641	0	* 60	−127	3 048	60
	1985	1 931	189	0	0	45	2 075	40
	1986	1 992	75	15	* 0	−141	2 193	42
	1987	1 943	306	28	* 0	82	2 139	40
Turkey Turquie	1984	6 833	246	409	81	43	6 546	133
	1985	6 800	246	372	61	−12	6 625	132
	1986	7 110	173	643	154	79	6 407	125
	1987	8 486	0	1 345	182	203	6 756	129
United Arab Emirates Emirats arabes unis	1984	2 305	* 0	* 250	* 350	...	1 705	1 317
	1985	2 400	* 0	* 260	* 360	...	1 780	1 318
	1986	2 415	* 0	* 250	* 355	...	1 810	1 289
	1987	2 600	* 0	* 300	* 370	...	1 930	1 326
Viet Nam Viet Nam	1984	...	* 475	...	...	...	475	8
	1985	...	* 485	...	...	...	485	8
	1986	...	* 490	...	...	...	490	8
	1987	...	* 490	...	...	...	490	8
Yemen Yémen	1984	0	* 75	..	..	...	75	11
	1985	0	70	..	..	...	70	10
	1986	125	5	..	..	35	95	13
	1987	130	* 10	..	..	20	120	16
EUROPE EUROPE	**1984**	**170 739**	**63 776**	**50 090**	**19 452**	**−2 956**	**167 929**	**342**
	1985	**157 604**	**55 065**	**44 696**	**21 331**	**−1 846**	**148 488**	**302**
	1986	**163 667**	**50 220**	**48 384**	**24 740**	**−99**	**140 862**	**285**
	1987	**158 629**	**46 117**	**43 624**	**24 085**	**1 706**	**135 331**	**274**
Albania Albanie	1984	600	...	..	..	...	600	207
	1985	600	...	..	..	...	600	202
	1986	600	...	..	..	...	600	199
	1987	600	...	..	..	...	600	195
Austria Autriche	1984	1 748	866	42	..	−174	2 746	366
	1985	2 408	883	380	..	116	2 795	373
	1986	2 032	1 110	208	..	−89	3 023	403
	1987	1 861	937	0	..	−191	2 989	399
Belgium Belgique	1984	6 535	3 849	5 546	1 914	−355	3 279	331
	1985	4 274	3 930	3 646	1 889	−213	2 882	291
	1986	7 548	3 990	5 258	2 271	255	3 754	379
	1987	7 885	3 218	5 410	2 875	−223	3 041	307
Bulgaria Bulgarie	1984	5 900	* 1 350	...	...	...	7 250	810
	1985	5 900	* 1 200	...	...	...	7 100	792
	1986	5 900	* 1 000	...	...	...	6 900	769
	1987	5 900	* 1 000	...	...	...	6 900	768
Czechoslovakia Tchécoslovaquie	1984	7 357	* 150	* 250	..	...	7 257	469
	1985	7 363	* 150	* 250	..	...	7 263	469
	1986	7 110	80	945	..	...	6 245	402
	1987	6 890	52	707	..	...	6 235	401

Table 23

Production, Trade and Consumption of Residual Fuel Oil
Production, commerce et consommation de mazout résiduel

(Quantities in thousand metric tons and in kilograms per capita)
(Quantités en milliers de tonnes métriques et en kilogrammes par habitant)

Country or area Pays ou zone	Year Année	Production	Imports Importations	Exports Exportations	Bunkers Soutes	Changes in Stocks Variation des stocks	Consumption Consommation	
							Total Totale	Per Capita Par habitant
Denmark Danemark	1984	2 179	1 014	886	264	–239	2 282	445
	1985	1 994	1 280	685	250	89	2 250	439
	1986	2 155	1 325	965	303	312	1 900	371
	1987	2 260	519	929	517	–56	1 389	271
Faeroe Islands Iles Féroé	1984	..	27	..	..	...	27	587
	1985	..	31	..	..	...	31	660
	1986	..	30	..	..	...	30	638
	1987	..	18	..	..	...	18	383
Finland Finlande	1984	2 094	1 476	602	765	–400	2 603	533
	1985	2 047	1 700	37	405	585	2 720	555
	1986	1 607	2 083	143	448	–298	3 397	690
	1987	1 779	2 088	94	0	379	3 394	687
France incl. Monaco France y comp.Monaco	1984	15 691	1 754	4 245	2 085	–134	11 249	205
	1985	14 690	922	4 063	2 118	–434	9 865	179
	1986	14 155	923	4 073	2 119	–75	8 961	162
	1987	11 991	885	3 441	1 961	–138	7 612	137
German Dem. Rep. Rép. dém. allemande	1984	9 000	27	4 900	..	...	4 127	248
	1985	9 000	25	4 375	..	...	4 650	279
	1986	9 000	26	4 026	..	...	5 000	300
	1987	7 000	25	3 268	..	...	3 757	226
Germany, Fed. Rep. Allemagne, Rép. féd.	1984	14 245	9 388	2 367	1 728	–510	20 048	328
	1985	12 377	9 441	1 686	2 225	–154	18 061	296
	1986	11 590	9 546	1 079	3 266	55	16 736	275
	1987	10 928	8 256	1 108	2 377	23	15 676	258
Gibraltar Gibraltar	1984	..	109	..	96	13	0	0
	1985	..	280	..	254	26	0	0
	1986	..	373	..	336	37	0	0
	1987	..	366	..	311	55	0	0
Greece Grèce	1984	4 283	859	1 278	609	–230	3 485	352
	1985	4 435	1 361	1 566	848	57	3 325	335
	1986	6 543	471	2 351	1 376	120	3 167	318
	1987	6 303	384	2 171	1 445	16	3 055	306
Hungary Hongrie	1984	2 374	234	* 0	..	–288	2 896	271
	1985	2 339	552	* 0	..	38	2 853	268
	1986	2 045	425	* 0	..	158	2 312	218
	1987	1 961	233	* 0	..	–163	2 357	222
Iceland Islande	1984	..	116	..	...	–8	124	517
	1985	..	100	..	...	12	88	364
	1986	..	89	..	...	0	89	363
	1987	..	70	..	...	–11	81	327
Ireland Irlande	1984	458	1 297	455	13	–29	1 316	374
	1985	487	1 144	486	14	–48	1 179	332
	1986	576	1 833	598	14	137	1 660	463
	1987	547	1 082	522	10	69	1 028	284
Italy and San Marino Italie y comp. S.Mrn	1984	26 154	8 301	2 093	2 603	1 092	28 667	502
	1985	23 513	8 745	2 995	2 801	–623	27 085	474
	1986	23 560	7 774	3 119	2 930	–1 054	26 339	460
	1987	24 437	11 723	1 307	2 681	2 075	30 097	526
Luxembourg Luxembourg	1984	..	69	1	..	–1	69	188
	1985	..	85	0	..	1	84	228
	1986	..	130	0	..	3	127	345
	1987	..	240	0	..	7	233	633
Malta Malte	1984	..	* 238	0	* 10	...	228	653
	1985	..	* 169	0	* 10	...	159	461
	1986	..	223	0	10	...	213	617
	1987	..	* 211	0	* 10	...	201	581

Table 23

Production, Trade and Consumption of Residual Fuel Oil
Production, commerce et consommation de mazout résiduel

(Quantities in thousand metric tons and in kilograms per capita)
(Quantités en milliers de tonnes métriques et en kilogrammes par habitant)

Country or area Pays ou zone	Year Année	Production	Imports Importations	Exports Exportations	Bunkers Soutes	Changes in Stocks Variation des stocks	Consumption Consommation	
							Total Totale	Per Capita Par habitant
Netherlands Pays–Bas	1984	15 427	6 649	12 190	5 676	–283	4 493	311
	1985	12 988	8 506	10 566	6 738	–16	4 206	290
	1986	14 074	7 128	9 495	7 649	20	4 038	278
	1987	13 837	7 029	9 297	7 497	51	4 021	275
Norway,Svlbd,J.Myn I Norvège,Svalbd,J.May	1984	1 070	524	375	189	–18	1 048	253
	1985	815	597	430	229	–45	798	192
	1986	803	753	239	199	14	1 104	265
	1987	1 085	503	544	182	–41	903	216
Poland Pologne	1984	2 366	266	40	* 20	...	2 572	70
	1985	2 399	396	32	* 20	27	2 716	73
	1986	2 323	355	23	9	37	2 609	70
	1987	2 373	251	67	0	–14	2 571	68
Portugal Portugal	1984	3 087	1 585	0	306	90	4 276	423
	1985	2 672	931	0	296	–105	3 412	336
	1986	2 879	1 261	347	322	–5	3 476	341
	1987	2 658	564	121	359	181	2 561	250
Romania Roumanie	1984	8 120	..	3 669	...	...	4 451	197
	1985	8 432	..	2 565	...	...	5 867	258
	1986	8 400	..	* 2 500	...	...	5 900	258
	1987	8 400	..	* 2 400	...	...	6 000	262
Spain Espagne	1984	17 117	2 311	6 664	1 647	–107	11 224	292
	1985	15 228	842	5 279	1 827	–225	9 189	238
	1986	16 152	846	7 358	2 019	–536	8 157	210
	1987	15 384	1 027	5 533	2 282	194	8 402	216
Sweden Suède	1984	4 449	1 733	2 739	428	–1 331	4 346	521
	1985	4 085	2 377	2 042	463	–626	4 583	549
	1986	4 217	3 029	2 404	516	635	3 691	442
	1987	4 314	1 576	2 572	703	–460	3 075	368
Switzrld,Liechtenst. Suisse,Liechtenstein	1984	763	264	332	..	–25	720	111
	1985	712	224	291	..	–32	677	104
	1986	724	273	181	..	–7	823	126
	1987	679	123	113	..	3	686	105
United Kingdom Royaume–Uni	1984	15 488	18 271	1 387	1 099	–74	31 347	552
	1985	15 084	7 828	3 313	944	–418	19 073	336
	1986	14 657	4 341	2 695	953	98	15 252	268
	1987	14 759	2 816	3 899	875	–191	12 992	228
Yugoslavia Yougoslavie	1984	4 234	1 049	29	...	55	5 199	226
	1985	3 762	1 366	9	...	142	4 977	215
	1986	5 017	803	377	...	84	5 359	230
	1987	4 798	921	121	...	141	5 457	233
OCEANIA OCEANIE	**1984**	**3 292**	**2 111**	**565**	**813**	**–47**	**4 072**	**168**
	1985	**3 231**	**1 842**	**530**	**784**	**73**	**3 686**	**150**
	1986	**2 489**	**1 874**	**722**	**536**	**–111**	**3 216**	**129**
	1987	**2 724**	**1 992**	**766**	**549**	**–96**	**3 497**	**138**
Australia Australie	1984	2 947	1 363	485	611	–27	3 241	208
	1985	2 930	1 048	493	607	66	2 812	178
	1986	2 281	1 092	685	389	–111	2 410	151
	1987	2 404	1 179	724	403	–108	2 564	159
Fiji Fidji	1984	..	6	2	0	...	4	6
	1985	..	10	3	3	...	4	6
	1986	..	6	2	0	...	4	6
	1987	..	* 6	* 2	* 0	...	4	6
French Polynesia Polynésie française	1984	..	26	..	1	...	25	155
	1985	..	33	..	4	7	22	134
	1986	..	* 30	..	* 2	...	28	168
	1987	..	* 32	..	* 3	...	29	170

Table 23

Production, Trade and Consumption of Residual Fuel Oil
Production, commerce et consommation de mazout résiduel

(Quantities in thousand metric tons and in kilograms per capita)
(Quantités en milliers de tonnes métriques et en kilogrammes par habitant)

Country or area Pays ou zone	Year Année	Production	Imports Importations	Exports Exportations	Bunkers Soutes	Changes in Stocks Variation des stocks	Consumption Consommation	
							Total Totale	Per Capita Par habitant
Guam Guam	1984	0	* 200	* 0	* 40	...	160	1 404
	1985	0	* 200	* 0	* 40	...	160	1 391
	1986	0	* 200	* 0	* 40	...	160	1 368
	1987	0	* 200	* 0	* 40	...	160	1 356
Nauru Nauru	1984	..	* 32	..	..	...	32	3 556
	1985	..	* 32	..	..	...	32	3 556
	1986	..	* 32	..	..	...	32	3 556
	1987	..	* 32	..	..	...	32	3 556
New Caledonia Nouvelle–Calédonie	1984	..	177	..	11	...	166	1 099
	1985	..	192	..	10	...	182	1 182
	1986	..	198	..	* 10	...	188	1 197
	1987	..	241	..	3	12	226	1 421
New Zealand Nouvelle–Zélande	1984	345	49	78	130	11	175	54
	1985	301	* 32	* 34	* 100	0	199	61
	1986	208	* 30	* 35	* 75	0	128	39
	1987	320	* 10	* 40	* 80	0	210	64
Papua New Guinea Papouasie–Nvl–Guinée	1984	..	234	..	..	–31	265	77
	1985	..	* 270	..	..	0	270	77
	1986	..	261	..	..	0	261	72
	1987	..	267	..	..	0	267	72
Vanuatu Vanuatu	1984	..	* 24	..	* 20	...	4	29
	1985	..	* 25	..	* 20	...	5	35
	1986	..	* 25	..	* 20	...	5	34
	1987	..	* 25	..	* 20	...	5	33
USSR **URSS**	**1984**	**175 000**	...	*** 15 000**	*** 4 500**	...	**155 500**	**566**
	1985	**165 400**	...	*** 14 000**	*** 4 500**	...	**146 900**	**530**
	1986	**175 000**	...	*** 14 000**	*** 4 500**	...	**156 500**	**560**
	1987	**185 000**	...	*** 15 000**	*** 4 500**	...	**165 500**	**588**

Table 24

Production, Trade and Consumption of Energy Petroleum Products
Production, commerce et consommation de produits pétroliers énergétiques

(Quantities in thousand metric tons and in kilograms per capita)
(Quantités en milliers de tonnes métriques et en kilogrammes par habitant)

Country or area Pays ou zone	Year Année	Production	Imports Importations	Exports Exportations	Bunkers Soutes	Changes in Stocks Variation des stocks	Consumption Consommation	
							Total Totale	Per Capita Par habitant
WORLD	**1984**	**2 649 790**	**400 704**	**445 508**	**119 453**	**1 620**	**2 483 913**	**521**
MONDE	**1985**	**2 613 465**	**387 904**	**432 666**	**120 438**	**−14 826**	**2 463 091**	**507**
	1986	**2 685 291**	**422 999**	**452 296**	**126 674**	**7 708**	**2 521 612**	**511**
	1987	**2 712 167**	**441 828**	**452 945**	**131 832**	**1 838**	**2 567 380**	**511**
AFRICA	**1984**	**94 944**	**12 833**	**30 721**	**8 598**	**251**	**68 207**	**126**
AFRIQUE	**1985**	**96 065**	**12 247**	**32 924**	**8 854**	**149**	**66 385**	**119**
	1986	**100 871**	**13 219**	**35 366**	**9 081**	**333**	**69 310**	**121**
	1987	**104 458**	**13 098**	**37 257**	**9 154**	**186**	**70 959**	**120**
Algeria	1984	31 448	11	25 180	679	165	5 435	258
Algérie	1985	33 091	11	26 970	471	167	5 494	253
	1986	36 042	48	29 035	456	279	6 320	282
	1987	37 378	57	30 537	446	135	6 317	273
Angola	1984	1 088	25	135	555	...	423	50
Angola	1985	1 374	18	133	760	...	499	57
	1986	1 270	13	135	750	...	398	44
	1987	1 260	13	140	820	...	313	34
Benin	1984	..	137	4	15	0	118	30
Bénin	1985	..	167	5	18	1	143	35
	1986	..	140	4	15	2	119	28
	1987	..	143	6	16	3	118	27
Burkina Faso	1984	..	136	1	..	0	135	18
Burkina Faso	1985	..	140	1	..	0	139	18
	1986	..	145	1	..	0	144	18
	1987	..	154	3	..	2	149	18
Burundi	1984	..	55	..	2	3	50	11
Burundi	1985	..	49	..	2	0	47	10
	1986	..	50	..	2	0	48	10
	1987	..	51	..	2	0	49	10
Cameroon	1984	1 887	16	10	40	42	1 811	188
Cameroun	1985	1 891	11	15	45	32	1 810	183
	1986	1 956	12	13	50	28	1 877	185
	1987	1 865	10	11	48	11	1 805	174
Cape Verde	1984	..	54	0	19	0	35	109
Cap–Vert	1985	..	44	0	11	0	33	100
	1986	..	18	0	9	0	9	27
	1987	..	19	0	8	0	11	32
Central African Rep.	1984	..	56	..	5	2	49	19
Rép. centrafricaine	1985	..	64	..	6	1	57	22
	1986	..	58	..	6	0	52	20
	1987	..	71	..	12	−26	85	31
Chad	1984	..	93	...	22	1	70	14
Tchad	1985	..	94	...	23	1	70	14
	1986	..	89	...	20	1	68	13
	1987	..	87	...	20	0	67	13
Comoros	1984	..	13	..	0	0	13	30
Comores	1985	..	15	..	0	0	15	34
	1986	..	14	..	0	0	14	31
	1987	..	16	..	0	0	16	34
Congo	1984	513	44	4	9	9	535	315
Congo	1985	48	342	5	11	−26	400	230
	1986	508	20	14	12	6	496	277
	1987	506	12	8	10	0	500	272
Côte d'Ivoire	1984	1 827	207	349	52	19	1 614	164
Côte d'Ivoire	1985	1 771	195	393	60	14	1 499	146
	1986	1 694	197	360	65	8	1 458	136
	1987	1 709	247	350	63	13	1 530	137

Table 24

Production, Trade and Consumption of Energy Petroleum Products
Production, commerce et consommation de produits pétroliers énergétiques

(Quantities in thousand metric tons and in kilograms per capita)
(Quantités en milliers de tonnes métriques et en kilogrammes par habitant)

Country or area Pays ou zone	Year Année	Production	Imports Importations	Exports Exportations	Bunkers Soutes	Changes in Stocks Variation des stocks	Consumption Consommation	
							Total Totale	Per Capita Par habitant
Djibouti Djibouti	1984	..	469	..	405	0	64	188
	1985	..	473	..	408	1	64	182
	1986	..	481	..	404	1	76	210
	1987	..	498	..	412	0	86	231
Egypt Egypte	1984	18 206	1 633	2 188	1 078	...	16 573	358
	1985	18 790	1 325	2 299	1 251	...	16 565	348
	1986	19 782	1 054	2 248	1 260	...	17 328	355
	1987	21 382	1 125	2 882	1 531	...	18 094	361
Equatorial Guinea Guinée équatoriale	1984	..	25	..	..	2	23	60
	1985	..	26	..	..	2	24	61
	1986	..	27	..	..	1	26	65
	1987	..	25	..	..	2	23	56
Ethiopia Ethiopie	1984	664	116	255	60	6	459	11
	1985	670	127	251	43	1	502	12
	1986	689	159	222	90	−13	549	13
	1987	761	268	220	11	1	797	18
Gabon Gabon	1984	804	44	136	134	4	574	604
	1985	826	44	135	105	6	624	633
	1986	842	45	136	106	6	639	625
	1987	833	34	121	92	12	642	606
Gambia Gambie	1984	..	59	3	..	0	56	77
	1985	..	59	3	..	0	56	75
	1986	..	56	3	..	0	53	69
	1987	..	60	1	..	0	59	75
Ghana Ghana	1984	703	131	73	48	−9	722	58
	1985	854	147	70	47	−11	895	70
	1986	810	171	95	43	15	828	62
	1987	888	167	103	45	8	899	66
Guinea Guinée	1984	..	319	..	6	3	310	52
	1985	..	326	..	7	3	316	52
	1986	..	329	..	7	4	318	51
	1987	..	329	..	11	4	314	49
Guinea–Bissau Guinée–Bissau	1984	..	40	0	5	2	33	38
	1985	..	43	0	5	1	37	42
	1986	..	45	0	5	1	39	43
	1987	..	47	0	6	2	39	42
Kenya Kenya	1984	1 766	100	639	233	0	994	51
	1985	1 843	50	597	372	0	924	45
	1986	1 822	64	595	355	0	936	44
	1987	1 989	86	558	230	0	1 287	58
Liberia Libéria	1984	0	288	21	73	0	194	92
	1985	0	293	22	73	0	198	91
	1986	0	299	24	74	0	201	89
	1987	0	301	23	71	0	207	89
Libyan Arab Jamah. Jamah.arabe libyenne	1984	5 916	12	837	210	0	4 881	1 342
	1985	6 178	2	1 070	220	0	4 890	1 291
	1986	6 114	2	1 347	240	20	4 509	1 146
	1987	6 200	2	1 285	230	0	4 687	1 148
Madagascar Madagascar	1984	58	125	4	11	−14	182	18
	1985	289	64	38	14	6	295	29
	1986	208	78	40	14	−5	237	22
	1987	230	75	38	11	1	255	23
Malawi Malawi	1984	..	141	0	9	1	131	19
	1985	..	150	0	9	1	140	20
	1986	..	151	0	10	1	140	19
	1987	..	134	0	7	1	126	17

Table 24

Production, Trade and Consumption of Energy Petroleum Products
Production, commerce et consommation de produits pétroliers énergétiques

(Quantities in thousand metric tons and in kilograms per capita)
(Quantités en milliers de tonnes métriques et en kilogrammes par habitant)

Country or area Pays ou zone	Year Année	Production	Imports Importations	Exports Exportations	Bunkers Soutes	Changes in Stocks Variation des stocks	Consumption Consommation	
							Total Totale	Per Capita Par habitant
Mali Mali	1984	..	151	..	12	...	139	18
	1985	..	144	..	15	...	129	16
	1986	..	138	..	14	...	124	15
	1987	..	137	..	16	...	121	14
Mauritania Mauritanie	1984	54	211	..	16	−2	251	146
	1985	0	209	..	16	0	193	109
	1986	427	200	..	18	0	609	336
	1987	832	176	..	19	1	988	530
Mauritius Maurice	1984	..	288	0	105	0	183	179
	1985	..	290	0	88	−2	204	197
	1986	..	359	0	130	1	228	217
	1987	..	458	0	130	0	328	308
Morocco Maroc	1984	4 013	145	1	77	−30	4 110	191
	1985	4 124	207	1	80	−28	4 278	193
	1986	3 948	283	1	72	25	4 133	182
	1987	3 976	290	1	62	26	4 177	179
Mozambique Mozambique	1984	115	250	0	61	0	304	23
	1985	0	310	0	60	0	250	18
	1986	0	316	0	65	0	251	18
	1987	0	325	0	71	0	254	18
Niger Niger	1984	..	205	..	17	1	187	31
	1985	..	202	..	14	0	188	31
	1986	..	196	..	15	1	180	29
	1987	..	194	..	14	1	179	28
Nigeria Nigéria	1984	7 596	2 399	610	474	...	8 911	97
	1985	6 310	2 028	670	474	...	7 194	76
	1986	6 540	3 205	648	736	...	8 361	85
	1987	6 450	2 810	663	730	...	7 867	77
Réunion Réunion	1984	..	259	1	12	1	245	455
	1985	..	228	1	11	1	215	393
	1986	..	246	1	11	0	234	421
	1987	..	249	1	11	2	235	415
Rwanda Rwanda	1984	..	124	..	8	0	116	20
	1985	..	127	..	8	0	119	19
	1986	..	125	..	9	0	116	18
	1987	..	127	..	9	0	118	18
St.Helena and Depend Ste–Hélène et dépend	1984	..	2	..	1	..	1	143
	1985	..	2	..	1	..	1	143
	1986	..	2	..	1	..	1	143
	1987	..	2	..	1	..	1	143
Sao Tome – Principe Sao Tomé–et–Principe	1984	..	11	..	0	...	11	115
	1985	..	11	..	0	...	11	112
	1986	..	11	..	0	...	11	109
	1987	..	11	..	0	...	11	106
Senegal Sénégal	1984	344	844	54	277	2	855	136
	1985	210	693	15	268	1	619	96
	1986	476	416	10	266	2	614	93
	1987	488	426	9	250	1	654	96
Seychelles Seychelles	1984	..	96	..	64	0	32	485
	1985	..	105	..	71	−5	39	591
	1986	..	104	..	67	−6	43	642
	1987	..	106	..	67	3	36	529
Sierra Leone Sierra Leone	1984	238	43	1	95	...	185	52
	1985	236	46	1	88	...	193	53
	1986	237	46	1	91	...	191	51
	1987	233	48	2	83	...	196	51

Table 24

Production, Trade and Consumption of Energy Petroleum Products
Production, commerce et consommation de produits pétroliers énergétiques

(Quantities in thousand metric tons and in kilograms per capita)
(Quantités en milliers de tonnes métriques et en kilogrammes par habitant)

Country or area Pays ou zone	Year Année	Production	Imports Importations	Exports Exportations	Bunkers Soutes	Changes in Stocks Variation des stocks	Consumption Consommation Total Totale	Consumption Consommation Per Capita Par habitant
Somalia Somalie	1984	152	144	51	40	...	205	33
	1985	195	144	49	41	...	249	39
	1986	197	144	42	46	...	253	38
	1987	211	146	37	40	...	280	41
S.Africa Customs Un. Un.douan.d'Afr.mérid	1984	13 715	3	0	3 300	...	10 418	292
	1985	13 820	3	0	3 300	...	10 523	288
	1986	13 700	3	0	3 190	...	10 513	282
	1987	13 690	2	0	3 200	...	10 492	274
Sudan Soudan	1984	1 000	169	50	27	...	1 092	52
	1985	831	220	55	30	...	966	44
	1986	848	225	54	34	...	985	44
	1987	832	217	40	34	...	975	42
Togo Togo	1984	0	125	16	...	−8	117	41
	1985	0	88	16	...	−28	100	34
	1986	0	105	11	...	−5	99	32
	1987	0	102	10	...	0	92	29
Tunisia Tunisie	1984	1 382	1 320	0	40	51	2 611	369
	1985	1 395	1 136	0	7	10	2 514	346
	1986	1 485	1 492	222	7	−40	2 788	375
	1987	1 452	1 290	100	6	−17	2 653	348
Uganda Ouganda	1984	...	211	1	0	0	210	14
	1985	...	214	1	0	0	213	14
	1986	...	230	2	0	0	228	14
	1987	...	233	2	0	0	231	14
United Rep. Tanzania Rép.Unie de Tanzanie	1984	522	132	43	35	0	576	26
	1985	519	132	48	35	0	568	25
	1986	503	126	44	32	0	553	23
	1987	511	149	43	28	0	589	24
Western Sahara Sahara occidental	1984	..	62	..	4	...	58	382
	1985	..	60	..	4	...	56	359
	1986	..	62	..	4	...	58	360
	1987	..	64	..	4	...	60	364
Zaire Zaïre	1984	400	602	19	145	0	838	28
	1985	303	635	25	150	0	763	25
	1986	295	669	21	148	0	795	25
	1987	287	690	23	146	0	808	25
Zambia Zambie	1984	533	13	35	38	0	473	70
	1985	497	13	35	37	0	438	63
	1986	478	13	37	32	0	422	58
	1987	495	15	40	36	0	434	57
Zimbabwe Zimbabwe	1984	..	675	0	80	...	595	74
	1985	..	721	0	95	...	626	75
	1986	..	738	0	100	...	638	74
	1987	..	800	0	95	...	705	80
NTH. AMERICA AMER DU NORD	**1984**	**835 867**	**100 050**	**74 773**	**35 171**	**6 631**	**819 342**	**2 072**
	1985	**816 908**	**89 623**	**61 085**	**33 816**	**−8 205**	**819 835**	**2 045**
	1986	**830 629**	**101 797**	**50 524**	**30 773**	**5 461**	**845 667**	**2 082**
	1987	**841 908**	**99 122**	**49 636**	**30 960**	**−2 343**	**862 777**	**2 096**
Antigua and Barbuda Antigua–et–Barbuda	1984	0	109	7	54	0	48	593
	1985	0	114	6	33	0	75	915
	1986	0	125	6	38	0	81	976
	1987	0	129	7	34	0	88	1 048
Aruba Aruba	1984	..	...	...	..	...	...	...
	1985	..	...	...	..	...	...	...
	1986	..	33	0	..	...	33	...
	1987	..	33	0	..	...	33	...

Table 24

Production, Trade and Consumption of Energy Petroleum Products
Production, commerce et consommation de produits pétroliers énergétiques

(Quantities in thousand metric tons and in kilograms per capita)
(Quantités en milliers de tonnes métriques et en kilogrammes par habitant)

Country or area Pays ou zone	Year Année	Production	Imports Importations	Exports Exportations	Bunkers Soutes	Changes in Stocks Variation des stocks	Consumption Consommation	
							Total Totale	Per Capita Par habitant
Bahamas Bahamas	1984	5 807	1 426	6 055	414	253	511	2 129
	1985	850	3 066	3 215	550	–296	447	1 840
	1986	0	2 032	1 400	460	–206	378	1 530
	1987	0	1 872	1 367	460	–300	345	1 375
Barbados Barbade	1984	192	167	0	153	0	206	814
	1985	205	164	0	153	0	216	850
	1986	228	137	2	145	0	218	855
	1987	226	149	2	142	0	231	899
Belize Belize	1984	..	67	0	11	0	56	350
	1985	..	74	0	11	0	63	384
	1986	..	64	0	12	0	52	310
	1987	..	68	0	12	0	56	327
Bermuda Bermudes	1984	..	172	0	30	0	142	2 491
	1985	..	170	0	26	0	144	2 526
	1986	..	160	0	25	0	135	2 328
	1987	..	224	0	39	0	185	3 190
British Virgin Islds Iles Vierges brit.	1984	..	11	..	..	...	11	786
	1985	..	12	..	..	...	12	857
	1986	..	13	..	..	...	13	929
	1987	..	14	..	..	...	14	1 000
Canada Canada	1984	77 249	3 413	10 161	2 468	319	67 714	2 697
	1985	75 293	2 994	10 601	2 184	–1 277	66 779	2 631
	1986	74 824	4 379	9 084	2 234	698	67 187	2 621
	1987	78 395	5 221	10 034	2 570	1 281	69 732	2 695
Cayman Islands Iles Caïmanes	1984	..	34	..	1	...	33	1 571
	1985	..	32	..	1	...	31	1 476
	1986	..	36	..	1	...	35	1 667
	1987	..	35	..	1	...	34	1 545
Costa Rica Costa Rica	1984	389	267	35	0	2	619	241
	1985	380	289	46	0	–17	640	242
	1986	594	223	110	0	–8	715	263
	1987	557	228	79	0	1	705	253
Cuba Cuba	1984	6 129	5 159	1 354	315	–159	9 778	988
	1985	6 057	5 381	1 382	308	219	9 529	958
	1986	6 111	5 696	2 120	177	–474	9 984	998
	1987	6 280	5 711	1 780	176	81	9 954	988
Dominica Dominique	1984	..	13	..	1	...	12	158
	1985	..	13	..	1	...	12	156
	1986	..	13	..	1	...	12	154
	1987	..	14	..	1	...	13	165
Dominican Republic Rép. dominicaine	1984	1 395	626	..	0	0	2 021	322
	1985	1 277	482	..	0	0	1 759	274
	1986	1 434	465	..	0	0	1 899	289
	1987	1 382	482	..	0	0	1 864	278
El Salvador El Salvador	1984	575	16	0	64	...	527	112
	1985	574	16	0	64	...	526	110
	1986	549	16	0	55	...	510	105
	1987	539	16	0	65	...	490	99
Greenland Groënland	1984	..	182	..	..	...	182	3 370
	1985	..	170	..	..	...	170	3 148
	1986	..	110	..	..	...	110	2 000
	1987	..	109	..	..	...	109	1 982
Grenada Grenade	1984	..	20	..	0	...	20	208
	1985	..	19	..	0	...	19	196
	1986	..	21	..	1	...	20	204
	1987	..	23	..	1	...	22	220

Table 24

Production, Trade and Consumption of Energy Petroleum Products
Production, commerce et consommation de produits pétroliers énergétiques

(Quantities in thousand metric tons and in kilograms per capita)
(Quantités en milliers de tonnes métriques et en kilogrammes par habitant)

Country or area Pays ou zone	Year Année	Production	Imports Importations	Exports Exportations	Bunkers Soutes	Changes in Stocks Variation des stocks	Consumption Consommation Total Totale	Consumption Consommation Per Capita Par habitant
Guadeloupe Guadeloupe	1984	..	216	0	4	2	210	629
	1985	..	205	0	4	0	201	600
	1986	..	227	0	4	0	223	662
	1987	..	246	0	4	0	242	716
Guatemala Guatemala	1984	672	414	0	129	–6	963	124
	1985	665	418	0	130	0	953	120
	1986	646	407	0	125	0	928	113
	1987	557	441	0	133	1	864	102
Haiti Haïti	1984	..	227	..	17	0	210	36
	1985	..	229	..	18	0	211	36
	1986	..	218	..	18	0	200	33
	1987	..	209	..	18	0	191	31
Honduras Honduras	1984	259	305	0	0	0	564	133
	1985	264	305	0	0	0	569	130
	1986	251	293	0	0	0	544	120
	1987	237	285	0	0	0	522	112
Jamaica Jamaïque	1984	621	984	7	45	0	1 553	675
	1985	911	987	10	50	0	1 838	786
	1986	833	972	10	45	0	1 750	737
	1987	820	998	10	45	0	1 763	732
Martinique Martinique	1984	440	10	209	18	1	222	675
	1985	447	11	213	17	2	226	687
	1986	438	13	208	10	1	232	703
	1987	440	15	204	12	1	238	721
Mexico Mexique	1984	65 211	958	5 273	104	44	60 748	783
	1985	66 437	1 777	6 148	113	122	61 831	779
	1986	63 551	2 582	4 943	113	–372	61 449	757
	1987	66 533	3 479	4 104	107	271	65 530	789
Montserrat Montserrat	1984	..	7	..	2	...	5	385
	1985	..	8	..	2	...	6	462
	1986	..	8	..	2	...	6	462
	1987	..	8	..	1	...	7	538
Neth.Antil and Aruba Antill.néer.et Aruba	1984	18 570	2 313	16 694	2 045	50	2 094	11 698
	1985	8 120	1 760	6 414	2 025	0	1 441	7 961
	1986	...	...	...	...	...	...	...
	1987	...	...	...	...	...	...	...
Netherlands Antilles Antilles néerland.	1984	...	...	...	...	...	...	...
	1985	...	...	...	...	...	...	...
	1986	7 800	1 176	5 610	1 975	0	1 391	...
	1987	8 965	836	6 420	1 975	0	1 406	...
Nicaragua Nicaragua	1984	437	123	0	0	–36	596	188
	1985	490	174	0	0	35	629	192
	1986	472	179	0	0	0	651	192
	1987	479	171	0	0	0	650	186
Panama Panama	1984	1 425	2 232	290	2 515	0	852	399
	1985	1 200	2 183	300	2 260	0	823	377
	1986	1 150	2 107	300	2 165	0	792	355
	1987	1 159	2 131	330	2 225	0	735	323
Puerto Rico Porto Rico	1984	5 519	2 409	1 493	200	–140	6 375	1 876
	1985	5 000	2 460	1 240	120	130	5 970	1 729
	1986	4 700	2 320	1 105	100	40	5 775	1 648
	1987	4 800	2 265	1 040	90	–5	5 940	1 671
St.Kitts–Nevis St–Kitts–Nevis	1984	..	17	..	..	0	17	362
	1985	..	17	..	..	0	17	362
	1986	..	19	..	..	0	19	396
	1987	..	18	..	..	0	18	367

Table 24

Production, Trade and Consumption of Energy Petroleum Products
Production, commerce et consommation de produits pétroliers énergétiques

(Quantities in thousand metric tons and in kilograms per capita)
(Quantités en milliers de tonnes métriques et en kilogrammes par habitant)

Country or area Pays ou zone	Year Année	Production	Imports Importations	Exports Exportations	Bunkers Soutes	Changes in Stocks Variation des stocks	Consumption Consommation Total Totale	 Per Capita Par habitant
Saint Lucia Sainte–Lucie	1984	..	37	..	1	0	36	283
	1985	..	41	..	0	0	41	318
	1986	..	41	..	1	0	40	305
	1987	..	42	..	1	0	41	311
St.Pierre–Miquelon St.Pierre–Miquelon	1984	..	40	..	25	...	15	2 143
	1985	..	42	..	24	...	18	2 571
	1986	..	52	..	24	...	28	4 000
	1987	..	67	..	30	...	37	5 286
S.Vincent–Grenadines S.Vincent–Grenadines	1984	..	13	..	0	...	13	125
	1985	..	13	..	0	...	13	124
	1986	..	13	..	0	...	13	123
	1987	..	14	..	0	...	14	131
Trinidad and Tobago Trinité–et–Tobago	1984	4 102	9	3 538	290	–455	738	632
	1985	4 575	24	3 466	152	40	941	793
	1986	4 885	132	3 520	64	355	1 078	895
	1987	5 143	117	3 795	89	240	1 136	928
United States Etats–Unis	1984	632 355	76 952	16 262	25 385	7 016	660 644	2 787
	1985	632 170	65 396	18 168	24 970	–7 699	662 127	2 767
	1986	658 492	78 337	17 680	24 457	5 352	689 340	2 856
	1987	665 214	74 155	18 361	24 535	–3 914	700 387	2 877
U.S. Virgin Islands Iles Vierges amér.	1984	14 520	1 102	13 395	880	–260	1 607	15 452
	1985	11 993	577	9 876	600	536	1 558	14 698
	1986	11 472	387	10 036	496	75	1 252	11 593
	1987	9 146	166	8 523	169	0	620	5 688
STH. AMERICA AMER DU SUD	**1984**	**140 053**	**3 686**	**37 727**	**3 760**	**1 217**	**101 035**	**386**
	1985	**138 929**	**4 425**	**39 612**	**3 718**	**429**	**99 596**	**372**
	1986	**141 722**	**5 295**	**37 640**	**3 269**	**–142**	**106 250**	**389**
	1987	**135 328**	**7 565**	**33 703**	**3 550**	**731**	**104 909**	**376**
Argentina Argentine	1984	22 182	106	1 446	691	–1	20 152	673
	1985	20 817	51	3 124	665	–495	17 574	579
	1986	20 210	44	1 046	456	–86	18 838	613
	1987	19 525	1 805	475	641	279	19 935	640
Bolivia Bolivie	1984	1 071	0	16	5	14	1 036	167
	1985	1 050	0	5	5	6	1 034	162
	1986	963	0	2	6	–1	956	146
	1987	1 030	0	0	0	9	1 021	152
Brazil Brésil	1984	47 310	439	7 450	1 764	778	37 757	285
	1985	46 542	1 257	6 489	1 814	461	39 035	288
	1986	49 487	1 779	5 070	1 676	536	43 984	318
	1987	50 982	2 112	5 771	1 651	601	45 071	319
Chile Chili	1984	3 975	566	19	47	–60	4 535	381
	1985	3 938	382	0	0	–62	4 381	361
	1986	4 228	625	0	0	205	4 648	377
	1987	4 413	297	25	0	–279	4 964	396
Colombia Colombie	1984	8 806	664	2 650	147	–81	6 754	240
	1985	8 636	1 099	2 962	166	–195	6 802	237
	1986	9 232	902	3 013	157	63	6 901	235
	1987	10 559	552	3 676	198	–49	7 286	243
Ecuador Equateur	1984	4 340	495	953	72	20	3 790	416
	1985	4 063	456	739	66	10	3 704	395
	1986	4 541	398	1 014	70	0	3 855	400
	1987	3 961	840	870	138	0	3 793	382
Falkland I(Malvinas) I Falkland(Malvinas)	1984	..	5	..	1	..	4	1 333
	1985	..	5	..	1	..	4	1 333
	1986	..	5	..	1	..	4	1 333
	1987	..	5	..	1	..	4	1 333

Table 24

Production, Trade and Consumption of Energy Petroleum Products
Production, commerce et consommation de produits pétroliers énergétiques

(Quantities in thousand metric tons and in kilograms per capita)
(Quantités en milliers de tonnes métriques et en kilogrammes par habitant)

Country or area Pays ou zone	Year Année	Production	Imports Importations	Exports Exportations	Bunkers Soutes	Changes in Stocks Variation des stocks	Consumption Consommation Total Totale	Consumption Consommation Per Capita Par habitant
French Guiana Guyane française	1984	..	106	..	1	...	105	1 296
	1985	..	108	..	1	...	107	1 289
	1986	..	91	..	1	...	90	1 059
	1987	..	122	..	1	...	121	1 391
Guyana Guyana	1984	..	462	..	8	...	454	485
	1985	..	465	..	7	...	458	480
	1986	..	357	..	7	...	350	360
	1987	..	337	..	7	...	330	333
Paraguay Paraguay	1984	147	339	..	2	10	474	132
	1985	193	278	..	2	−28	497	135
	1986	206	322	..	2	8	518	136
	1987	199	310	..	2	0	507	129
Peru Pérou	1984	8 462	74	2 503	85	87	5 861	305
	1985	8 255	11	2 567	80	114	5 505	279
	1986	8 220	196	2 361	70	88	5 897	292
	1987	8 340	599	2 565	70	−44	6 348	306
Suriname Suriname	1984	..	271	..	6	0	265	714
	1985	..	246	..	6	0	240	638
	1986	..	244	..	6	0	238	625
	1987	..	260	..	6	0	254	656
Uruguay Uruguay	1984	1 151	42	23	175	−8	1 003	335
	1985	996	44	11	176	−87	940	312
	1986	965	153	34	146	17	921	303
	1987	1 147	116	10	170	58	1 025	335
Venezuela Venezuela	1984	42 608	117	22 667	756	458	18 844	1 118
	1985	44 440	23	23 715	729	704	19 315	1 115
	1986	43 671	179	25 100	671	−972	19 051	1 071
	1987	35 171	210	20 311	665	156	14 249	780
ASIA ASIE	**1984**	**559 683**	**70 639**	**102 094**	**23 928**	**−3 664**	**507 964**	**182**
	1985	**564 557**	**69 691**	**104 918**	**23 264**	**−2 222**	**508 288**	**178**
	1986	**574 975**	**82 139**	**114 744**	**27 372**	**200**	**514 798**	**177**
	1987	**589 863**	**103 196**	**123 517**	**31 694**	**3 130**	**534 718**	**181**
Afghanistan Afghanistan	1984	7	369	..	15	5	356	24
	1985	8	500	..	13	4	491	34
	1986	7	373	..	10	14	356	25
	1987	6	654	..	8	−1	653	44
Bahrain Bahreïn	1984	8 481	0	7 315	661	73	432	1 043
	1985	7 678	0	6 583	665	−88	518	1 202
	1986	8 814	0	7 437	686	119	572	1 277
	1987	9 020	0	7 593	670	32	725	1 559
Bangladesh Bangladesh	1984	876	453	0	39	−18	1 308	13
	1985	813	620	0	26	−5	1 412	14
	1986	798	786	0	17	16	1 551	15
	1987	848	611	0	15	...	1 444	14
Bhutan Bhoutan	1984	..	9	..	..	..	9	7
	1985	..	10	..	..	..	10	7
	1986	..	10	..	..	..	10	7
	1987	..	10	..	..	..	10	7
Brunei Darussalam Brunéi Darussalam	1984	603	26	66	..	0	563	2 594
	1985	627	33	188	..	...	472	2 098
	1986	618	23	193	..	...	448	1 923
	1987	623	30	4	..	...	649	2 682
Burma Birmanie	1984	941	0	..	0	...	941	26
	1985	869	0	..	0	...	869	23
	1986	719	0	..	0	...	719	19
	1987	614	0	..	0	...	614	16

Table 24

Production, Trade and Consumption of Energy Petroleum Products
Production, commerce et consommation de produits pétroliers énergétiques

(Quantities in thousand metric tons and in kilograms per capita)
(Quantités en milliers de tonnes métriques et en kilogrammes par habitant)

Country or area Pays ou zone	Year Année	Production	Imports Importations	Exports Exportations	Bunkers Soutes	Changes in Stocks Variation des stocks	Consumption Consommation	
							Total Totale	Per Capita Par habitant
China Chine	1984	67 219	879	4 329	...	–77	63 846	62
	1985	69 029	900	4 683	...	–2 146	67 392	65
	1986	75 269	3 045	4 409	...	1 728	72 177	68
	1987	78 739	3 088	3 960	...	984	76 883	72
Cyprus Chypre	1984	532	439	0	172	–54	853	1 294
	1985	427	553	0	177	–42	845	1 269
	1986	521	570	0	184	–40	947	1 405
	1987	581	620	0	237	–80	1 044	1 533
Democratic Kampuchea Kampuchea démocrat.	1984	0	134	..	..	..	134	19
	1985	0	136	..	..	..	136	19
	1986	0	141	..	..	..	141	19
	1987	0	142	..	..	..	142	18
Democratic Yemen Yémen démocratique	1984	3 305	259	1 871	422	...	1 271	612
	1985	3 170	354	1 686	427	...	1 411	660
	1986	2 964	444	1 767	311	...	1 330	604
	1987	3 101	585	1 933	316	...	1 437	633
Hong Kong Hong–kong	1984	..	5 403	264	1 397	–43	3 785	703
	1985	..	4 715	211	1 352	–129	3 281	601
	1986	..	6 046	786	1 588	199	3 473	627
	1987	..	5 581	600	1 761	...	3 220	574
India Inde	1984	27 692	5 584	454	667	...	32 155	43
	1985	31 740	4 005	251	631	...	34 863	45
	1986	34 586	3 043	178	702	...	36 749	47
	1987	37 134	3 446	833	854	...	38 893	48
Indonesia Indonésie	1984	24 380	4 137	6 122	285	–653	22 763	139
	1985	25 815	1 154	2 847	290	–108	23 940	144
	1986	28 384	1 641	5 994	295	–287	24 023	142
	1987	28 566	2 269	6 966	370	–293	23 792	138
Iran(Islamic Rep.of) Iran(Rép.islamique)	1984	30 980	520	1 765	1 705	0	28 030	612
	1985	32 579	530	1 870	1 655	0	29 584	621
	1986	25 830	3 510	770	1 305	0	27 265	551
	1987	25 600	5 320	370	1 355	0	29 195	569
Iraq Iraq	1984	11 320	6	4 950	156	...	6 220	405
	1985	12 260	4	5 630	154	...	6 480	408
	1986	12 045	4	4 920	104	...	7 025	427
	1987	13 430	5	5 610	205	...	7 620	447
Israel Israël	1984	6 466	73	662	254	289	5 334	1 281
	1985	5 692	788	863	294	161	5 162	1 219
	1986	5 880	694	807	303	91	5 373	1 248
	1987	6 477	1 288	1 316	304	61	6 084	1 391
Japan Japon	1984	160 044	24 749	2 832	3 719	402	177 840	1 481
	1985	147 460	25 610	3 419	3 599	–1 239	167 291	1 385
	1986	141 708	29 084	3 968	2 757	–667	164 734	1 357
	1987	134 820	38 624	4 968	2 309	867	165 300	1 356
Jordan Jordanie	1984	2 406	144	0	226	–22	2 346	696
	1985	2 341	404	0	213	104	2 428	692
	1986	2 162	632	0	186	–27	2 635	723
	1987	2 307	703	37	184	–4	2 793	737
Korea,Dem.Ppl's.Rep. Corée,Rép.pop.dém.de	1984	2 330	490	..	...	...	2 820	142
	1985	2 490	490	..	...	...	2 980	146
	1986	2 650	490	..	...	...	3 140	150
	1987	2 650	520	..	...	...	3 170	148
Korea, Republic of Corée, République de	1984	24 033	2 514	2 550	469	874	22 654	559
	1985	23 217	2 361	2 823	631	117	22 007	536
	1986	24 313	2 891	2 848	1 119	437	22 800	548
	1987	24 186	4 885	3 621	1 555	297	23 598	560

Table 24

Production, Trade and Consumption of Energy Petroleum Products
Production, commerce et consommation de produits pétroliers énergétiques

(Quantities in thousand metric tons and in kilograms per capita)
(Quantités en milliers de tonnes métriques et en kilogrammes par habitant)

Country or area Pays ou zone	Year Année	Production	Imports Importations	Exports Exportations	Bunkers Soutes	Changes in Stocks Variation des stocks	Consumption Consommation	
							Total Totale	Per Capita Par habitant
Kuwait,part Ntl.Zone Koweït et prt.Zne.N.	1984	22 637	1	17 936	1 317	–477	3 862	2 352
	1985	26 530	1	20 877	1 231	285	4 138	2 418
	1986	27 096	1	21 127	1 270	160	4 540	2 545
	1987	27 913	1	21 903	1 240	210	4 561	2 451
Lao Peoples Dem.Rep. Rép. dém. pop. lao	1984	..	59	..	..	..	59	17
	1985	..	65	..	..	..	65	18
	1986	..	67	..	..	..	67	18
	1987	..	67	..	..	..	67	18
Lebanon Liban	1984	735	1 434	0	100	0	2 069	782
	1985	615	1 937	0	100	0	2 452	919
	1986	1 030	1 593	0	140	0	2 483	917
	1987	1 150	1 515	0	170	0	2 495	903
Macau Macao	1984	..	186	..	..	...	186	492
	1985	..	237	..	..	...	237	603
	1986	..	285	..	..	...	285	697
	1987	..	314	..	..	...	314	737
Malaysia Malaisie	1984	7 019	3 168	1 413	59	–3	8 718	578
	1985	6 806	3 774	1 604	99	–83	8 960	580
	1986	6 998	3 901	1 875	74	25	8 925	564
	1987	7 064	4 440	1 999	93	5	9 407	581
Maldives Maldives	1984	..	19	..	..	..	19	107
	1985	..	21	..	..	..	21	114
	1986	..	26	..	..	..	26	137
	1987	..	26	..	..	..	26	133
Mongolia Mongolie	1984	...	712	...	...	...	712	384
	1985	...	805	...	...	...	805	422
	1986	...	810	...	...	...	810	412
	1987	...	803	...	...	...	803	396
Nepal Népal	1984	..	136	0	..	0	136	8
	1985	..	147	0	..	0	147	9
	1986	..	171	18	..	–16	169	10
	1987	..	192	18	..	–4	178	10
Oman Oman	1984	6 812	0	1 208	420	32	5 152	4 315
	1985	7 195	0	1 294	472	3	5 426	4 365
	1986	7 399	0	1 382	524	–10	5 503	4 266
	1987	6 883	40	1 197	381	–18	5 363	4 017
Pakistan Pakistan	1984	4 321	2 156	74	173	58	6 172	62
	1985	4 599	2 290	0	140	56	6 693	65
	1986	4 766	2 451	0	140	–59	7 136	67
	1987	4 943	3 168	0	118	155	7 838	71
Philippines Philippines	1984	6 956	594	124	383	–811	7 854	146
	1985	6 019	601	54	245	–603	6 924	126
	1986	6 653	898	227	287	–437	7 474	132
	1987	7 938	1 257	86	320	171	8 618	149
Qatar Qatar	1984	1 639	57	1 145	84	–55	522	1 825
	1985	1 862	3	1 223	77	35	530	1 767
	1986	2 210	0	1 628	75	–39	546	1 739
	1987	2 104	0	1 484	66	10	544	1 664
S.Arabia,pt.Ntrl.Zn. Arab.saoud,p.Zn.neut	1984	47 015	1 348	13 820	3 404	–751	31 890	2 864
	1985	54 399	0	15 958	2 978	315	35 148	3 031
	1986	59 359	0	18 926	7 227	39	33 167	2 747
	1987	62 124	0	20 495	7 910	268	33 451	2 662
Singapore Singapour	1984	29 315	5 760	24 345	5 765	–2 585	7 550	2 983
	1985	27 188	9 357	22 488	5 965	544	7 548	2 948
	1986	27 807	10 804	25 318	5 982	–158	7 469	2 885
	1987	30 341	14 398	26 989	9 053	0	8 697	3 323

Table 24

Production, Trade and Consumption of Energy Petroleum Products
Production, commerce et consommation de produits pétroliers énergétiques

(Quantities in thousand metric tons and in kilograms per capita)
(Quantités en milliers de tonnes métriques et en kilogrammes par habitant)

Country or area Pays ou zone	Year Année	Production	Imports Importations	Exports Exportations	Bunkers Soutes	Changes in Stocks Variation des stocks	Consumption Consommation	
							Total Totale	Per Capita Par habitant
Sri Lanka Sri Lanka	1984	1 544	141	96	424	–43	1 208	76
	1985	1 375	199	190	373	–40	1 051	65
	1986	1 467	148	109	448	–24	1 082	66
	1987	1 536	256	44	505	8	1 235	75
Syrian Arab Republic Rép. arabe syrienne	1984	8 942	550	1 393	274	78	7 747	767
	1985	9 880	333	2 129	276	725	7 083	677
	1986	9 208	190	1 890	294	–135	7 349	678
	1987	10 086	335	2 496	316	–60	7 669	683
Thailand Thaïlande	1984	7 752	3 502	115	145	–187	11 181	221
	1985	8 461	2 344	397	0	–25	10 433	202
	1986	9 073	2 142	516	0	–196	10 895	208
	1987	9 169	3 226	445	0	99	11 851	222
Turkey Turquie	1984	15 686	859	1 077	133	107	15 228	310
	1985	15 801	1 182	1 382	136	15	15 450	307
	1986	16 539	1 196	1 498	299	0	15 938	310
	1987	19 066	1 209	1 988	289	393	17 605	335
United Arab Emirates Emirats arabes unis	1984	10 744	177	4 176	1 020	0	5 725	4 421
	1985	10 958	127	4 111	1 000	0	5 974	4 422
	1986	11 135	117	4 317	995	0	5 940	4 231
	1987	12 026	12	4 562	1 040	0	6 436	4 423
Viet Nam Viet Nam	1984	...	1 330	...	...	...	1 330	23
	1985	...	1 370	...	...	...	1 370	23
	1986	...	1 405	...	...	...	1 405	23
	1987	...	1 406	...	...	...	1 406	22
Yemen Yémen	1984	0	775	..	40	...	735	110
	1985	0	882	..	45	36	801	116
	1986	337	535	..	50	–1	823	116
	1987	350	650	..	50	30	920	126
EUROPE **EUROPE**	**1984**	**565 245**	**203 605**	**138 738**	**40 732**	**–2 513**	**591 893**	**1 206**
	1985	**554 058**	**202 426**	**133 542**	**44 042**	**–4 885**	**583 785**	**1 186**
	1986	**581 802**	**211 335**	**152 866**	**49 232**	**2 176**	**588 863**	**1 193**
	1987	**574 521**	**208 346**	**146 116**	**49 376**	**–323**	**587 698**	**1 188**
Albania Albanie	1984	1 205	...	...	..	...	1 205	415
	1985	1 205	...	...	..	...	1 205	407
	1986	1 205	...	...	..	...	1 205	399
	1987	1 205	...	...	..	...	1 205	391
Austria Autriche	1984	6 368	2 454	268	92	–55	8 517	1 134
	1985	7 291	2 468	693	101	–11	8 976	1 196
	1986	7 267	3 006	425	101	–154	9 901	1 320
	1987	7 321	3 022	338	107	–55	9 953	1 328
Belgium Belgique	1984	20 296	14 978	14 491	2 907	–360	18 236	1 843
	1985	17 524	14 078	11 187	2 897	–532	18 050	1 822
	1986	24 312	14 022	14 780	3 492	424	19 638	1 981
	1987	24 189	13 138	14 910	3 959	–382	18 840	1 899
Bulgaria Bulgarie	1984	11 406	1 950	30	...	...	13 326	1 490
	1985	11 405	1 800	35	...	...	13 170	1 470
	1986	11 392	1 600	17	...	...	12 975	1 446
	1987	11 360	1 600	17	...	...	12 943	1 440
Czechoslovakia Tchécoslovaquie	1984	13 373	717	627	...	0	13 463	870
	1985	13 315	715	605	...	0	13 425	866
	1986	13 153	649	1 261	...	5	12 536	807
	1987	13 284	683	1 275	...	1	12 691	815
Denmark Danemark	1984	7 052	5 430	2 064	974	–211	9 655	1 884
	1985	6 698	6 199	1 928	945	64	9 960	1 944
	1986	7 449	5 914	2 261	1 009	303	9 790	1 911
	1987	7 325	5 369	2 199	1 291	55	9 149	1 787

Table 24

Production, Trade and Consumption of Energy Petroleum Products
Production, commerce et consommation de produits pétroliers énergétiques

(Quantities in thousand metric tons and in kilograms per capita)
(Quantités en milliers de tonnes métriques et en kilogrammes par habitant)

Country or area Pays ou zone	Year Année	Production	Imports Importations	Exports Exportations	Bunkers Soutes	Changes in Stocks Variation des stocks	Consumption Consommation	
							Total Totale	Per Capita Par habitant
Faeroe Islands Iles Féroé	1984	..	162	..	..	...	162	3 522
	1985	..	168	..	..	...	168	3 574
	1986	..	157	..	..	...	157	3 340
	1987	..	179	..	..	...	179	3 809
Finland Finlande	1984	9 184	2 765	2 882	1 005	–466	8 528	1 748
	1985	9 107	2 869	1 947	631	382	9 016	1 839
	1986	8 104	3 577	1 528	687	–426	9 892	2 010
	1987	9 214	3 741	2 286	186	303	10 180	2 062
France incl. Monaco France y comp.Monaco	1984	69 943	21 647	9 349	4 257	431	77 553	1 411
	1985	70 642	20 014	10 163	4 543	–1 732	77 682	1 407
	1986	66 981	20 362	10 409	4 604	–1 134	73 464	1 326
	1987	62 043	23 421	8 834	4 485	–40	72 185	1 298
German Dem. Rep. Rép. dém. allemande	1984	20 083	57	6 456	...	–4	13 688	822
	1985	20 521	55	5 745	...	4	14 827	891
	1986	20 512	57	5 468	...	18	15 083	906
	1987	18 933	54	4 604	...	0	14 383	864
Germany, Fed. Rep. Allemagne, Rép. féd.	1984	75 919	36 062	5 126	4 918	–953	102 890	1 683
	1985	74 121	40 005	4 531	5 791	–249	104 053	1 705
	1986	72 409	46 400	3 297	7 071	1 590	106 851	1 754
	1987	68 153	44 693	3 221	6 312	841	102 472	1 685
Gibraltar Gibraltar	1984	..	142	..	116	22	4	133
	1985	..	325	..	288	32	5	167
	1986	..	442	..	383	56	3	100
	1987	..	439	..	359	72	8	267
Greece Grèce	1984	11 599	2 881	3 888	1 558	–440	9 474	957
	1985	11 349	3 463	3 077	1 905	278	9 552	961
	1986	14 732	2 847	5 033	2 442	37	10 067	1 010
	1987	15 144	3 353	5 204	2 556	945	9 792	980
Hungary Hongrie	1984	8 106	1 497	963	..	–305	8 945	838
	1985	8 346	1 815	979	..	20	9 162	860
	1986	8 165	1 711	1 493	..	138	8 245	776
	1987	8 253	1 478	1 482	..	–179	8 428	794
Iceland Islande	1984	..	473	..	17	–41	497	2 071
	1985	..	516	..	60	25	431	1 781
	1986	..	526	..	58	0	468	1 910
	1987	..	554	..	58	0	496	2 000
Ireland Irlande	1984	1 224	3 285	473	212	–36	3 860	1 096
	1985	1 282	3 143	499	216	–73	3 783	1 065
	1986	1 431	4 001	674	236	200	4 322	1 206
	1987	1 392	2 901	525	259	55	3 454	955
Italy and San Marino Italie y comp. S.Mrn	1984	74 122	25 516	9 329	4 887	1 729	83 693	1 467
	1985	70 991	28 055	10 664	5 122	–902	84 162	1 473
	1986	74 712	23 833	15 377	5 354	–1 486	79 300	1 386
	1987	75 901	30 729	12 596	4 579	1 034	88 421	1 544
Luxembourg Luxembourg	1984	..	947	13	68	–5	871	2 373
	1985	..	1 048	16	72	18	942	2 560
	1986	..	1 123	13	81	13	1 016	2 761
	1987	..	1 314	16	101	20	1 177	3 198
Malta Malte	1984	..	457	0	102	...	355	1 017
	1985	..	290	0	67	...	223	646
	1986	..	397	0	79	...	318	922
	1987	..	373	0	72	...	301	870
Netherlands Pays–Bas	1984	50 605	23 400	41 294	8 698	–14	24 027	1 666
	1985	46 347	29 297	41 162	9 929	–247	24 800	1 712
	1986	55 802	32 098	45 476	11 094	1 714	29 616	2 037
	1987	54 448	27 904	45 216	10 936	–2 077	28 277	1 937

Table 24

Production, Trade and Consumption of Energy Petroleum Products
Production, commerce et consommation de produits pétroliers énergétiques

(Quantities in thousand metric tons and in kilograms per capita)
(Quantités en milliers de tonnes métriques et en kilogrammes par habitant)

Country or area Pays ou zone	Year Année	Production	Imports Importations	Exports Exportations	Bunkers Soutes	Changes in Stocks Variation des stocks	Consumption Consommation	
							Total Totale	Per Capita Par habitant
Norway,Svlbd,J.Myn I Norvège,Svalbd,J.May	1984	7 716	2 338	2 103	354	–62	7 659	1 850
	1985	7 759	2 229	2 395	401	–158	7 350	1 769
	1986	7 306	3 042	1 987	412	109	7 840	1 882
	1987	9 179	2 470	3 039	417	–231	8 424	2 016
Poland Pologne	1984	9 684	2 195	347	20	0	11 512	312
	1985	9 930	2 368	340	20	–77	12 015	323
	1986	10 197	2 671	207	9	–11	12 663	338
	1987	10 465	2 562	248	0	19	12 760	338
Portugal Portugal	1984	6 664	2 277	270	736	–23	7 958	787
	1985	6 339	1 552	276	722	–215	7 108	700
	1986	7 226	1 747	805	948	53	7 167	703
	1987	6 485	1 519	286	984	168	6 566	642
Romania Roumanie	1984	22 699	...	10 049	...	...	12 650	559
	1985	22 913	...	9 236	...	...	13 677	602
	1986	22 797	...	9 000	...	...	13 797	604
	1987	22 909	...	8 800	...	...	14 109	615
Spain Espagne	1984	38 598	6 629	9 539	3 219	81	32 388	843
	1985	38 761	3 294	8 016	3 553	–341	30 827	799
	1986	42 958	3 153	12 022	3 987	–962	31 064	801
	1987	41 426	5 115	9 118	5 485	562	31 376	806
Sweden Suède	1984	12 968	7 185	6 244	702	–2 127	15 334	1 837
	1985	12 423	7 847	5 268	737	–897	15 162	1 816
	1986	13 541	8 507	5 761	855	1 067	14 365	1 720
	1987	14 367	6 638	6 772	1 117	–1 020	14 136	1 693
Switzrld,Liechtenst. Suisse,Liechtenstein	1984	4 066	7 870	386	769	54	10 727	1 658
	1985	4 068	7 954	348	793	–157	11 038	1 698
	1986	4 120	9 174	220	870	396	11 808	1 811
	1987	3 998	7 763	150	885	–350	11 076	1 696
United Kingdom Royaume–Uni	1984	71 760	28 949	12 263	5 121	–77	83 402	1 470
	1985	71 250	19 305	14 230	5 249	–426	71 502	1 258
	1986	73 442	19 204	14 914	5 460	–88	72 360	1 272
	1987	75 060	16 208	14 384	5 228	–345	72 001	1 265
Yugoslavia Yougoslavie	1984	10 603	1 342	284	0	349	11 312	493
	1985	10 472	1 554	202	0	309	11 515	498
	1986	12 589	1 115	438	0	314	12 952	557
	1987	12 467	1 126	596	0	281	12 716	543
OCEANIA **OCEANIE**	**1984**	**29 248**	**9 079**	**3 955**	**2 702**	**–302**	**31 972**	**1 317**
	1985	**28 892**	**8 678**	**3 385**	**2 180**	**–92**	**32 097**	**1 302**
	1986	**29 559**	**8 401**	**3 606**	**2 384**	**–320**	**32 290**	**1 291**
	1987	**29 636**	**9 736**	**3 656**	**2 534**	**457**	**32 725**	**1 289**
American Samoa Samoa américaines	1984	..	161	..	..	...	161	4 600
	1985	..	148	..	..	...	148	4 111
	1986	..	153	..	..	...	153	4 250
	1987	..	156	..	..	...	156	4 216
Australia Australie	1984	26 943	4 701	3 788	1 489	–371	26 738	1 719
	1985	27 500	4 861	3 277	1 167	126	27 791	1 764
	1986	27 145	4 707	3 445	1 371	–327	27 363	1 714
	1987	26 912	5 888	3 320	1 457	387	27 636	1 710
Cook Islands Iles Cook	1984	..	197	..	..	...	197	9 850
	1985	..	197	..	..	...	197	9 381
	1986	..	197	..	..	...	197	9 381
	1987	..	197	..	..	...	197	9 381
Fiji Fidji	1984	..	314	63	87	9	155	228
	1985	..	310	46	88	17	159	230
	1986	..	322	75	96	4	147	209
	1987	..	325	75	97	1	152	212

Table 24

Production, Trade and Consumption of Energy Petroleum Products
Production, commerce et consommation de produits pétroliers énergétiques

(Quantities in thousand metric tons and in kilograms per capita)
(Quantités en milliers de tonnes métriques et en kilogrammes par habitant)

Country or area Pays ou zone	Year Année	Production	Imports Importations	Exports Exportations	Bunkers Soutes	Changes in Stocks Variation des stocks	Consumption Consommation	
							Total Totale	Per Capita Par habitant
French Polynesia Polynésie française	1984	..	258	..	110	3	145	901
	1985	..	274	..	71	15	188	1 146
	1986	..	271	..	79	−2	194	1 162
	1987	..	278	..	81	2	195	1 140
Guam Guam	1984	0	465	0	66	...	399	3 500
	1985	0	465	0	66	...	399	3 470
	1986	0	465	0	66	...	399	3 410
	1987	0	465	1	66	...	398	3 373
Kiribati Kiribati	1984	..	7	..	..	...	7	109
	1985	..	7	..	..	...	7	108
	1986	..	6	..	..	...	6	91
	1987	..	7	..	..	...	7	104
Nauru Nauru	1984	..	46	..	5	...	41	4 556
	1985	..	46	..	5	...	41	4 556
	1986	..	46	..	5	...	41	4 556
	1987	..	46	..	5	...	41	4 556
New Caledonia Nouvelle–Calédonie	1984	..	302	...	11	...	291	1 927
	1985	..	318	...	10	...	308	2 000
	1986	..	327	...	10	...	317	2 019
	1987	..	375	10	3	12	350	2 201
New Zealand Nouvelle–Zélande	1984	2 305	1 347	78	511	83	2 980	926
	1985	1 392	716	34	350	−250	1 974	608
	1986	2 414	603	86	325	0	2 606	795
	1987	2 724	595	244	390	50	2 635	798
Niue Nioué	1984	..	1	..	0	...	1	250
	1985	..	1	..	0	...	1	250
	1986	..	1	..	0	...	1	250
	1987	..	1	..	0	...	1	250
Pacific Islds(Trust) I.Pacifique (tutel.)	1984	..	55	..	5	...	50	329
	1985	..	56	..	5	...	51	329
	1986	..	56	..	5	...	51	321
	1987	..	56	..	5	...	51	313
Papua New Guinea Papouasie–Nvl–Guinée	1984	..	686	26	19	−26	667	195
	1985	..	739	28	19	0	692	197
	1986	..	704	0	28	5	671	186
	1987	..	802	6	31	5	760	205
Samoa Samoa	1984	..	37	..	..	...	37	228
	1985	..	37	..	..	...	37	226
	1986	..	37	..	..	...	37	224
	1987	..	37	..	..	...	37	222
Solomon Islands Iles Salomon	1984	..	48	..	4	...	44	169
	1985	..	48	..	4	...	44	162
	1986	..	48	..	4	...	44	156
	1987	..	48	..	4	...	44	150
Tonga Tonga	1984	..	15	..	..	...	15	139
	1985	..	15	..	..	...	15	136
	1986	..	18	..	..	...	18	159
	1987	..	22	..	..	...	22	191
Vanuatu Vanuatu	1984	..	38	..	20	...	18	130
	1985	..	39	..	20	...	19	133
	1986	..	39	..	20	...	19	128
	1987	..	37	..	20	...	17	112
Wake Island Ile de Wake	1984	..	401	..	375	...	26	13 000
	1985	..	401	..	375	...	26	13 000
	1986	..	401	..	375	...	26	13 000
	1987	..	401	..	375	...	26	13 000

Table 24

Production, Trade and Consumption of Energy Petroleum Products
Production, commerce et consommation de produits pétroliers énergétiques

(Quantities in thousand metric tons and in kilograms per capita)
(Quantités en milliers de tonnes métriques et en kilogrammes par habitant)

Country or area Pays ou zone	Year Année	Production	Imports Importations	Exports Exportations	Bunkers Soutes	Changes in Stocks Variation des stocks	Consumption Consommation	
							Total Totale	Per Capita Par habitant
USSR	**1984**	**424 750**	**750**	**57 500**	**4 500**	**...**	**363 500**	**1 323**
URSS	**1985**	**414 055**	**750**	**57 200**	**4 500**	**...**	**353 105**	**1 275**
	1986	**425 734**	**750**	**57 550**	**4 500**	**...**	**364 434**	**1 305**
	1987	**436 453**	**700**	**59 060**	**4 500**	**...**	**373 593**	**1 327**
Antarctic Fisheries	1984	..	62	..	62	..	0	0
Pêcheries antarctiq.	1985	..	64	..	64	..	0	0
	1986	..	63	..	63	..	0	0
	1987	..	65	..	64	..	1	1 000

Table 25

Production of Non–Energy Products from Refineries – by type
Production des raffineries – produits non–énergétiques – par catégorie

(Quantities in thousand metric tons)
(Quantités en milliers de tonnes métriques)

Country or area Pays ou zone	Year Année	Total Totale	Naphthas Naphtas	White Spirit	Lubricants Lubrifiants	Bitumen (Asphalt) Bitume (brai)	Petroleum Waxes Cires de pétrole	Petroleum Coke Coke de pétrole	**Others Autres**
WORLD	**1984**	**279 596**	**80 970**	**2 681**	**38 145**	**97 482**	**2 468**	**38 102**	**19 748**
MONDE	**1985**	**279 725**	**80 167**	**2 471**	**36 606**	**98 472**	**2 387**	**39 718**	**19 904**
	1986	**290 840**	**83 083**	**2 739**	**37 856**	**100 478**	**2 462**	**42 952**	**21 270**
	1987	**297 692**	**86 299**	**2 687**	**39 129**	**103 810**	**2 561**	**44 029**	**19 177**
AFRICA	**1984**	**8 871**	**5 063**	**30**	**785**	**1 373**	**8**	**120**	**1 492**
AFRIQUE	**1985**	**9 366**	**5 590**	**34**	**789**	**1 405**	**7**	**136**	**1 405**
	1986	**9 735**	**5 901**	**32**	**795**	**1 393**	**38**	**167**	**1 409**
	1987	**9 581**	**5 861**	**29**	**792**	**1 371**	**86**	**175**	**1 267**
Algeria	1984	4 314	4 022	..	83	209	..	..	..
Algérie	1985	4 360	* 4 060	..	* 90	* 210	..	..	..
	1986	4 720	* 4 400	..	* 100	* 220	..	..	..
	1987	4 780	* 4 460	..	* 100	* 220	..	..	..
Angola	1984	17	* 5	..	..	* 12	..	..	..
Angola	1985	15	7	..	..	8	..	..	..
	1986	15	* 5	..	..	* 10	..	..	..
	1987	17	* 6	..	..	* 11	..	..	..
Cameroon	1984	129	..	* 15	* 110	* 4	..	..	..
Cameroun	1985	137	..	* 17	* 115	* 5	..	..	..
	1986	135	..	* 17	* 113	* 5	..	..	..
	1987	130	..	* 15	* 110	* 5	..	..	..
Côte d'Ivoire	1984	68	..	..	* 4	..	..	..	*** 64**
Côte d'Ivoire	1985	25	..	..	* 2	..	..	..	*** 23**
	1986	18	..	..	* 3	..	..	..	*** 15**
	1987	9	..	..	* 5	..	..	..	*** 4**
Egypt	1984	954	..	..	154	564	..	* 120	*** 116**
Egypte	1985	1 029	..	..	167	599	..	136	**127**
	1986	1 106	..	..	181	606	..	167	**152**
	1987	998	..	..	179	576	..	175	**68**
Ethiopia	1984	15	..	..	..	15	..	..	..
Ethiopie	1985	12	..	..	..	12	..	..	..
	1986	13	..	..	..	13	..	..	..
	1987	14	..	..	..	14	..	..	..
Gabon	1984	120	78	* 11	..	* 8	..	..	*** 23**
Gabon	1985	116	77	* 13	..	* 9	..	..	*** 17**
	1986	96	68	* 11	..	* 2	..	..	*** 15**
	1987	93	65	* 10	..	* 1	..	..	*** 17**
Ghana	1984	56	..	..	23	..	..	..	*** 33**
Ghana	1985	40	..	..	21	..	..	..	*** 19**
	1986	36	..	..	* 19	..	..	..	*** 17**
	1987	39	..	..	* 20	..	..	..	*** 19**
Kenya	1984	51	..	..	..	31	..	..	*** 20**
Kenya	1985	47	..	..	..	27	..	..	*** 20**
	1986	45	..	..	..	* 25	..	..	*** 20**
	1987	37	..	..	..	31	..	..	**6**
Libyan Arab Jamah.	1984	541	* 450	..	..	91	..	..	..
Jamah.arabe	1985	1 150	* 1 050	..	..	* 100	..	..	..
libyenne	1986	1 160	* 1 100	..	..	* 60	..	..	..
	1987	1 060	* 1 000	..	..	* 60	..	..	..
Madagascar	1984	20	..	..	* 0	* 0	..	..	*** 20**
Madagascar	1985	1	..	..	* 0	* 0	..	..	*** 1**
	1986	1	..	..	0	* 0	..	..	*** 1**
	1987	9	..	..	* 0	* 0	..	..	*** 9**
Mauritania	1984	9	..	..	..	* 4	* 5	..	*** 0**
Mauritanie	1985	0	..	..	..	* 0	* 0	..	*** 0**
	1986	52	..	..	..	* 17	* 35	..	*** 0**
	1987	109	..	..	..	26	83	..	**0**

Table 25

Production of Non–Energy Products from Refineries – by type
Production des raffineries – produits non–énergétiques – par catégorie

(Quantities in thousand metric tons)
(Quantités en milliers de tonnes métriques)

Country or area Pays ou zone	Year Année	Total Totale	Naphthas Naphtas	White Spirit	Lubricants Lubrifiants	Bitumen (Asphalt) Bitume (brai)	Petroleum Waxes Cires de pétrole	Petroleum Coke Coke de pétrole	Others Autres
Morocco	1984	365	300	..	..	62	3	..	..
Maroc	1985	318	241	..	..	70	7	..	..
	1986	320	* 245	..	..	72	3	..	..
	1987	320	* 245	..	..	* 72	* 3	..	..
Mozambique	1984	5	..	..	..	5	..	..	..
Mozambique	1985	0	..	..	..	0	..	..	..
	1986	0	..	..	..	0	..	..	..
	1987	0	..	..	..	* 0	..	..	..
Senegal	1984	11	..	..	11	..	..	..	* 0
Sénégal	1985	2	..	..	2	..	..	..	* 0
	1986	3	..	..	* 2	..	..	..	* 1
	1987	4	..	..	* 3	..	..	..	* 1
Sierra Leone	1984	15	* 4	..	* 11	..	..	..	* 0
Sierra Leone	1985	16	* 5	..	* 11	..	..	..	* 0
	1986	16	* 5	..	* 10	..	..	..	* 1
	1987	18	* 6	..	* 11	..	..	..	* 1
Somalia	1984	8	..	..	* 4	* 3	..	..	* 1
Somalie	1985	7	..	..	* 1	* 3	..	..	* 3
	1986	5	..	..	* 2	* 3	..	..	* 0
	1987	6	..	..	* 2	* 4	..	..	* 0
S.Africa Customs	1984	1 835	..	..	375	360	..	..	1 100
Un.	1985	1 810	..	..	360	350	..	..	1 100
Un.douan.d'Afr.mér	1986	1 800	..	..	350	350	..	..	1 100
id	1987	1 735	..	..	345	340	..	..	1 050
Sudan	1984	121	* 16	..	* 10	..	..	..	* 95
Soudan	1985	114	* 18	..	20	..	..	..	* 76
	1986	104	* 17	..	* 15	..	..	..	* 72
	1987	111	* 19	..	* 17	..	..	..	* 75
Tunisia	1984	192	188	4	..	..	..	..	..
Tunisie	1985	136	132	4	..	..	..	..	..
	1986	65	61	4	..	..	..	..	..
	1987	64	* 60	* 4	..	..	..	..	..
Zambia	1984	25	..	..	..	* 5	..	..	* 20
Zambie	1985	31	..	..	..	12	..	..	19
	1986	25	..	..	..	* 10	..	..	* 15
	1987	28	..	..	..	* 11	..	..	* 17
NTH. AMERICA	**1984**	**78 534**	**3 547**	**91**	**10 330**	**28 289**	**773**	**29 968**	**5 536**
AMER DU NORD	**1985**	**79 393**	**3 507**	**91**	**9 253**	**29 091**	**768**	**30 883**	**5 800**
	1986	**83 280**	**3 477**	**91**	**9 764**	**28 777**	**787**	**34 022**	**6 362**
	1987	**84 541**	**3 717**	**91**	**10 113**	**30 739**	**834**	**34 691**	**4 356**
Barbados	1984	4	..	..	..	* 4	..	..	..
Barbade	1985	5	..	..	..	5	..	..	..
	1986	10	..	..	..	10	..	..	..
	1987	7	..	..	..	7	..	..	..
Canada	1984	4 630	340	..	831	2 662	..	797	..
Canada	1985	4 954	368	..	823	3 015	..	748	..
	1986	4 308	260	..	775	2 718	..	555	..
	1987	4 926	282	..	705	3 148	..	791	..
Costa Rica	1984	13	..	..	..	13	..	..	..
Costa Rica	1985	22	..	..	..	22	..	..	..
	1986	11	..	..	..	11	..	..	..
	1987	14	..	..	..	14	..	..	..
Cuba	1984	699	311	..	130	234	..	24	..
Cuba	1985	748	361	..	123	238	..	26	..
	1986	715	328	..	117	245	..	25	..
	1987	793	406	..	123	242	..	22	..

Table 25

Production of Non–Energy Products from Refineries – by type
Production des raffineries – produits non–énergétiques – par catégorie

(Quantities in thousand metric tons)
(Quantités en milliers de tonnes métriques)

Country or area Pays ou zone	Year Année	Total Totale	Naphthas Naphtas	White Spirit	Lubricants Lubrifiants	Bitumen (Asphalt) Bitume (brai)	Petroleum Waxes Cires de pétrole	Petroleum Coke Coke de pétrole	Others Autres
El Salvador El Salvador	1984	21	..	..	..	* 21	..	..	..
	1985	21	..	..	..	* 21	..	..	..
	1986	20	..	..	..	* 20	..	..	..
	1987	20	..	..	..	* 20	..	..	..
Jamaica Jamaïque	1984	27	..	..	* 20	7	..	..	..
	1985	24	..	..	* 18	6	..	..	..
	1986	24	..	..	* 20	4	..	..	..
	1987	25	..	..	* 20	* 5	..	..	..
Mexico Mexique	1984	2 136	..	* 90	358	1 371	88	29	* 200
	1985	1 955	..	* 90	344	1 334	68	19	* 100
	1986	1 583	..	* 90	329	966	73	0	* 125
	1987	1 745	..	* 90	355	1 061	86	3	* 150
Neth.Antil and Aruba Antill.néer.et Aruba	1984	900	..	..	* 350	* 550	* 0	..	..
	1985	300	..	..	* 100	* 200	* 0	..	..
	1986	...	..	..	...	...	...	..	..
	1987	...	..	..	...	...	...	..	..
Netherlands Antilles Antilles néerland.	1984	...	..	..	...	...	...	..	..
	1985	...	..	..	...	...	...	..	..
	1986	250	..	..	* 100	* 150	* 0	..	..
	1987	350	..	..	* 200	* 150	* 0	..	..
Nicaragua Nicaragua	1984	3	..	..	..	3	..	..	..
	1985	6	..	..	..	6	..	..	..
	1986	5	..	..	..	* 5	..	..	..
	1987	4	..	..	..	* 4	..	..	..
Panama Panama	1984	60	* 40	..	..	* 20	..	..	..
	1985	45	* 30	..	..	* 15	..	..	..
	1986	37	* 25	..	..	* 12	..	..	..
	1987	42	* 27	..	..	* 15	..	..	..
Puerto Rico Porto Rico	1984	1 728	561	..	300	...	..	...	* 867
	1985	1 600	* 550	..	* 250	...	..	...	* 800
	1986	1 500	* 600	..	* 200	...	..	...	* 700
	1987	1 500	* 600	..	* 200	...	..	...	* 700
Trinidad and Tobago Trinité–et–Tobago	1984	120	39	1	6	34	* 0	..	* 40
	1985	73	8	1	0	34	* 0	..	* 30
	1986	47	4	* 1	* 0	27	* 0	..	* 15
	1987	43	* 5	* 1	* 0	27	* 0	..	* 10
United States Etats–Unis	1984	66 613	2 256	..	8 335	23 370	685	29 118	2 849
	1985	67 625	2 190	..	7 595	24 195	700	30 090	2 855
	1986	72 630	2 260	..	8 323	24 759	714	33 442	3 132
	1987	75 071	2 397	..	8 710	26 196	748	33 875	3 145
U.S. Virgin Islands Iles Vierges amér.	1984	1 580	...	..	..	...	..	..	* 1 580
	1985	2 015	...	..	..	...	..	..	* 2 015
	1986	2 390	...	..	..	...	..	..	* 2 390
	1987	351	...	..	..	...	..	..	351
STH. AMERICA AMER DU SUD	**1984**	**13 755**	**7 426**	**404**	**1 432**	**2 892**	**32**	**1 359**	**210**
	1985	**15 448**	**8 122**	**452**	**1 397**	**3 384**	**53**	**1 703**	**337**
	1986	**17 372**	**8 659**	**583**	**1 487**	**4 173**	**45**	**1 725**	**700**
	1987	**20 346**	**11 865**	**594**	**1 547**	**4 167**	**45**	**1 771**	**357**
Argentina Argentine	1984	2 282	707	..	258	367	* 6	944	...
	1985	2 543	716	..	274	381	10	1 162	...
	1986	2 457	663	..	274	412	11	1 097	...
	1987	2 449	643	..	298	478	11	1 019	...
Bolivia Bolivie	1984	99	..	1	16	1	1	..	* 80
	1985	118	..	0	* 15	0	1	..	102
	1986	101	..	* 0	9	0	* 1	..	91
	1987	112	..	0	8	1	1	..	102

Table 25

Production of Non–Energy Products from Refineries – by type
Production des raffineries – produits non–énergétiques – par catégorie

(Quantities in thousand metric tons)
(Quantités en milliers de tonnes métriques)

Country or area Pays ou zone	Year Année	Total Totale	Naphthas Naphtas	White Spirit	Lubricants Lubrifiants	Bitumen (Asphalt) Bitume (brai)	Petroleum Waxes Cires de pétrole	Petroleum Coke Coke de pétrole	Others Autres
Brazil	1984	6 333	4 489	126	700	740	...	278	...
Brésil	1985	7 368	5 200	198	659	1 020	...	291	...
	1986	8 397	5 550	325	735	1 422	...	365	...
	1987	8 772	5 811	359	752	1 314	...	536	...
Chile	1984	143	62	15	59	7	...	..	..
Chili	1985	114	31	18	55	4	6	..	..
	1986	127	32	19	57	12	7	..	..
	1987	135	34	19	61	13	8	..	..
Colombia	1984	402	...	* 240	* 2	160	..	...	...
Colombie	1985	372	...	* 217	* 2	153	..	...	...
	1986	375	...	* 212	* 2	161	..	...	...
	1987	372	...	192	* 2	178	..	...	...
Ecuador	1984	127	..	7	39	66	..	..	15
Equateur	1985	139	..	* 9	40	* 75	..	..	* 15
	1986	168	..	* 10	41	97	..	..	* 20
	1987	151	..	9	42	85	..	..	15
Peru	1984	62	* 0	..	* 17	* 35	..	..	* 10
Pérou	1985	95	* 0	..	* 10	* 35	..	..	* 50
	1986	271	* 18	..	9	55	..	..	* 189
	1987	117	* 18	..	* 9	* 50	..	..	* 40
Uruguay	1984	69	11	4	* 6	37	..	11	..
Uruguay	1985	57	9	3	7	27	..	11	..
	1986	71	10	5	7	32	..	17	..
	1987	110	14	5	8	67	..	16	..
Venezuela	1984	4 238	* 2 157	* 11	335	1 479	* 25	* 126	* 105
Venezuela	1985	4 642	* 2 166	* 7	335	1 689	* 36	* 239	* 170
	1986	5 405	* 2 386	* 12	353	1 982	* 26	* 246	* 400
	1987	8 128	5 345	* 10	367	1 981	* 25	* 200	* 200
ASIA	**1984**	**59 194**	**31 818**	**616**	**6 785**	**15 983**	**822**	**1 569**	**1 601**
ASIE	**1985**	**61 140**	**32 411**	**624**	**6 797**	**16 847**	**848**	**1 631**	**1 982**
	1986	**61 895**	**33 619**	**645**	**6 956**	**16 028**	**876**	**1 736**	**2 035**
	1987	**64 004**	**33 821**	**668**	**7 650**	**17 405**	**903**	**1 799**	**1 758**
Bahrain	1984	1 625	1 282	..	168	175	..	..	* 0
Bahreïn	1985	1 671	1 334	..	* 170	167	..	..	0
	1986	1 560	* 1 200	..	* 180	* 180	..	..	* 0
	1987	1 670	* 1 300	..	* 190	180	..	..	* 0
Bangladesh	1984	104	85	..	19	..	..	..	..
Bangladesh	1985	106	82	..	24	..	..	..	..
	1986	112	87	..	25	..	..	..	..
	1987	94	66	..	* 28	..	..	..	..
Brunei Darussalam	1984	4	4	..	..	..	..	..	..
Brunéi Darussalam	1985	5	* 5	..	..	..	..	..	..
	1986	4	* 4	..	..	..	..	..	..
	1987	4	* 4	..	..	..	..	..	..
Burma	1984	238	0	..	* 16	..	* 12	* 25	* 185
Birmanie	1985	246	* 0	..	* 18	..	* 13	* 20	* 195
	1986	188	* 0	..	* 20	..	* 13	* 15	* 140
	1987	139	* 0	..	* 16	..	* 10	* 13	* 100
China	1984	5 190	...	...	1 637	2 089	505	959	..
Chine	1985	5 286	...	...	* 1 700	* 2 100	* 520	966	..
	1986	5 400	...	...	* 1 700	* 2 200	* 525	* 975	..
	1987	5 430	...	...	* 1 700	* 2 200	* 530	* 1 000	..
Cyprus	1984	28	..	..	..	28	* 0	..	..
Chypre	1985	24	..	..	..	24	0	..	..
	1986	27	..	..	..	27	0	..	..
	1987	31	..	..	..	31	0	..	..

Table 25

Production of Non–Energy Products from Refineries – by type
Production des raffineries – produits non–énergétiques – par catégorie

(Quantities in thousand metric tons)
(Quantités en milliers de tonnes métriques)

Country or area Pays ou zone	Year Année	Total Totale	Naphthas Naphtas	White Spirit	Lubricants Lubrifiants	Bitumen (Asphalt) Bitume (brai)	Petroleum Waxes Cires de pétrole	Petroleum Coke Coke de pétrole	Others Autres
India	1984	5 616	3 479	133	455	919	66	174	390
Inde	1985	6 942	4 586	134	470	1 069	77	180	426
	1986	8 120	5 300	144	478	1 247	84	249	618
	1987	8 197	5 518	163	507	1 352	72	260	325
Indonesia	1984	2 344	* 1 687	* 50	* 77	* 135	* 20	* 25	* 350
Indonésie	1985	2 510	* 1 769	* 100	* 79	* 150	* 27	* 30	* 355
	1986	2 394	* 1 690	* 100	* 80	* 145	* 29	* 30	* 320
	1987	2 282	* 1 620	* 95	* 75	* 140	* 30	* 32	* 290
Iran(Islamic Rep.of)	1984	2 120	136	* 80	460	1 444	..	..	..
Iran(Rép.islamique)	1985	2 240	142	* 80	* 394	1 624	..	..	..
	1986	2 220	* 140	* 70	* 400	* 1 610	..	..	..
	1987	2 310	* 140	* 70	* 460	* 1 640	..	..	..
Iraq	1984	900	* 400	..	* 100	* 340	* 60	..	..
Iraq	1985	1 060	* 500	..	* 100	* 400	* 60	..	..
	1986	1 020	* 450	..	* 100	* 400	* 70	..	..
	1987	1 240	* 600	..	* 150	* 410	* 80	..	..
Israel	1984	505	274	..	* 40	90	* 1	..	* 100
Israël	1985	535	* 326	..	* 40	69	* 0	..	* 100
	1986	461	* 294	..	* 30	87	* 0	..	* 50
	1987	338	* 167	..	* 10	111	* 0	..	* 50
Japan	1984	15 575	7 994	52	2 025	5 137	151	216	..
Japon	1985	14 948	7 451	49	2 024	4 999	141	284	..
	1986	15 028	6 964	41	2 009	5 587	144	283	..
	1987	15 953	6 438	* 45	* 2 370	* 6 600	* 170	* 330	..
Jordan	1984	131	..	..	8	123	..	..	..
Jordanie	1985	145	..	..	9	136	..	..	..
	1986	141	..	..	10	131	..	..	..
	1987	145	..	..	11	134	..	..	..
Korea, Republic of	1984	3 902	3 100	105	282	415	..	..	..
Corée, République	1985	4 010	3 137	52	343	478	..	..	..
de	1986	4 081	3 147	69	373	492	..	..	..
	1987	4 383	3 422	75	415	471	..	..	..
Kuwait,part	1984	3 089	2 809	* 0	..	145	..	..	135
Ntl.Zone	1985	3 858	3 502	* 0	..	158	..	..	198
Koweït et	1986	4 010	* 3 650	* 0	..	* 160	..	..	* 200
prt.Zne.N.	1987	3 990	* 3 640	* 0	..	* 150	..	..	* 200
Malaysia	1984	577	329	..	80	168	..	..	..
Malaisie	1985	613	349	..	* 85	* 179	..	..	..
	1986	675	* 450	..	* 90	* 135	..	..	..
	1987	700	* 460	..	* 100	* 140	..	..	..
Oman	1984	110	..	..	* 60	* 20	..	..	* 30
Oman	1985	90	..	..	* 40	* 20	..	..	* 30
	1986	80	..	..	* 30	* 20	..	..	* 30
	1987	78	..	..	* 60	* 16	..	..	* 2
Pakistan	1984	357	103	..	106	127	..	..	21
Pakistan	1985	454	145	..	125	155	..	..	29
	1986	519	146	..	172	171	..	..	30
	1987	539	119	..	190	193	..	..	37
Philippines	1984	343	* 160	23	100	60	..	..	0
Philippines	1985	290	* 126	22	102	40	..	..	0
	1986	316	144	25	105	42	..	..	0
	1987	401	211	35	* 109	46	..	..	0
S.Arabia,pt.Ntrl.Zn	1984	5 630	* 3 000	..	* 230	* 2 400	..	..	..
.	1985	4 750	* 2 700	..	* 250	* 1 800	..	..	..
Arab.saoud,p.Zn.ne	1986	4 924	3 517	..	* 250	* 1 157	..	..	..
ut	1987	5 020	* 3 520	..	* 300	* 1 200	..	..	..

Table 25

Production of Non-Energy Products from Refineries – by type
Production des raffineries – produits non-énergétiques – par catégorie

(Quantities in thousand metric tons)
(Quantités en milliers de tonnes métriques)

Country or area / Pays ou zone	Year / Année	Total / Totale	Naphthas / Naphtas	White Spirit	Lubricants / Lubrifiants	Bitumen (Asphalt) / Bitume (brai)	Petroleum Waxes / Cires de pétrole	Petroleum Coke / Coke de pétrole	Others / Autres
Singapore / Singapour	1984	5 060	* 3 675	* 130	* 575	* 660	..	..	* 20
	1985	5 219	* 3 085	* 125	* 516	* 1 468	..	..	* 25
	1986	4 243	* 2 994	* 132	* 563	* 534	..	..	* 20
	1987	3 915	* 2 700	* 130	* 600	* 460	..	..	* 25
Sri Lanka / Sri Lanka	1984	204	149	0	20	35	..	..	..
	1985	179	127	2	18	32	..	..	..
	1986	206	137	2	20	47	..	..	..
	1987	180	124	3	20	33	..	..	..
Syrian Arab Republic / Rép. arabe syrienne	1984	1 184	612	..	..	402	...	170	..
	1985	1 243	620	..	..	472	...	151	..
	1986	1 087	630	..	..	273	...	184	..
	1987	992	603	..	..	224	* 1	164	..
Thailand / Thaïlande	1984	303	* 150	..	0	153	..	..	..
	1985	308	* 155	..	* 0	153	..	..	..
	1986	336	* 160	..	* 0	176	..	..	..
	1987	334	* 170	..	* 0	164	..	..	..
Turkey / Turquie	1984	1 830	1 089	8	212	488	7	..	26
	1985	1 699	897	28	168	562	10	..	34
	1986	2 119	1 207	29	194	653	11	..	25
	1987	2 669	1 499	12	209	910	10	..	29
United Arab Emirates / Emirats arabes unis	1984	528	528	..	..	..	..	..	..
	1985	540	* 540	..	..	..	..	..	..
	1986	550	* 550	..	..	..	..	..	..
	1987	700	* 700	..	..	..	..	..	..
EUROPE / EUROPE	**1984**	**79 775**	**32 972**	**1 464**	**9 606**	**20 348**	**818**	**4 665**	**9 902**
	1985	**76 418**	**30 401**	**1 207**	**9 629**	**20 275**	**701**	**4 922**	**9 283**
	1986	**79 764**	**31 325**	**1 327**	**9 680**	**21 433**	**701**	**5 002**	**10 296**
	1987	**80 267**	**30 989**	**1 240**	**9 814**	**21 465**	**677**	**5 218**	**10 864**
Albania / Albanie	1984	1 425	..	..	* 25	* 1 400	..	..	..
	1985	1 425	..	..	* 25	* 1 400	..	..	..
	1986	1 425	..	..	* 25	* 1 400	..	..	..
	1987	1 425	..	..	* 25	* 1 400	..	..	..
Austria / Autriche	1984	904	64	8	92	274	..	..	466
	1985	815	62	6	101	225	..	..	421
	1986	904	24	1	243	235	..	..	401
	1987	696	33	* 2	* 185	* 181	..	..	* 295
Belgium / Belgique	1984	3 101	1 290	270	37	532	..	180	792
	1985	2 860	1 304	258	27	516	..	186	569
	1986	3 212	998	361	10	666	..	251	926
	1987	3 163	1 427	328	2	652	..	246	508
Bulgaria / Bulgarie	1984	680	..	..	* 130	* 550	..	..	..
	1985	680	..	..	* 130	* 550	..	..	..
	1986	643	..	..	* 130	513	..	..	..
	1987	647	..	..	* 130	517	..	..	..
Czechoslovakia / Tchécoslovaquie	1984	1 437	..	..	348	1 074	* 15	...	..
	1985	1 457	..	..	356	1 086	* 15	...	..
	1986	1 488	..	..	364	1 109	* 15	...	..
	1987	1 484	..	..	359	* 1 110	* 15	...	..
Denmark / Danemark	1984	232	145	0	1	86	..	..	0
	1985	239	154	0	1	84	..	..	0
	1986	238	181	0	1	56	..	..	0
	1987	231	185	0	0	46	..	..	0
Finland / Finlande	1984	1 269	347	40	0	379	..	..	503
	1985	1 232	328	41	0	334	..	..	529
	1986	1 216	265	31	0	445	..	..	475
	1987	1 215	189	34	0	466	..	..	526

Table 25

Production of Non–Energy Products from Refineries – by type
Production des raffineries – produits non–énergétiques – par catégorie

(Quantities in thousand metric tons)
(Quantités en milliers de tonnes métriques)

Country or area Pays ou zone	Year Année	Total Totale	Naphthas Naphtas	White Spirit	Lubricants Lubrifiants	Bitumen (Asphalt) Bitume (brai)	Petroleum Waxes Cires de pétrole	Petroleum Coke Coke de pétrole	Others Autres
France incl. Monaco	1984	9 464	3 030	156	1 523	2 302	103	667	1 683
France y	1985	9 395	2 806	84	1 628	2 396	109	723	1 649
comp.Monaco	1986	8 728	2 144	79	1 627	2 567	106	721	1 484
	1987	8 664	2 024	95	1 568	2 757	105	765	* 1 350
German Dem. Rep.	1984	1 132	..	..	462	670	..	..	..
Rép. dém.	1985	1 159	..	..	478	681	..	..	..
allemande	1986	1 177	..	..	474	703	..	..	..
	1987	1 183	..	..	481	702	..	..	..
Germany, Fed.	1984	14 119	6 371	237	1 504	3 059	183	1 188	1 577
Rep.	1985	13 619	5 937	262	1 359	2 818	176	1 299	1 768
Allemagne, Rép.	1986	13 187	5 659	251	1 461	2 792	160	1 235	1 629
féd.	1987	13 764	5 780	155	1 351	2 683	* 170	1 225	* 2 400
Greece	1984	986	678	..	156	152	0	0	0
Grèce	1985	670	386	..	121	163	0	0	0
	1986	1 282	791	..	162	171	1	64	93
	1987	1 208	753	..	183	132	3	70	67
Hungary	1984	1 753	950	39	200	530	34	..	..
Hongrie	1985	1 738	927	36	216	527	32	..	..
	1986	1 856	981	68	214	559	34	..	..
	1987	1 901	1 024	66	209	572	30	..	..
Ireland	1984	11	11	..	..	..	..	..	0
Irlande	1985	14	14	..	..	..	..	..	0
	1986	51	42	..	..	..	..	..	9
	1987	97	43	..	..	..	..	..	54
Italy and San	1984	7 096	3 166	33	1 056	1 897	39	674	231
Marino	1985	7 183	3 219	35	974	2 064	41	741	109
Italie y comp. S.Mrn	1986	7 377	3 155	27	973	2 107	31	738	346
	1987	7 433	2 703	24	1 315	2 174	31	836	* 350
Netherlands	1984	11 705	7 504	196	807	805	221	...	2 252
Pays–Bas	1985	9 676	5 898	192	792	701	115	...	1 978
	1986	11 837	7 763	201	731	833	132	...	2 177
	1987	13 356	8 629	223	818	750	118	...	2 818
Norway,Svlbd,J.M	1984	744	381	30	17	101	..	179	36
yn I	1985	725	426	41	3	64	..	161	30
Norvège,Svalbd,J.	1986	620	294	40	26	82	..	153	25
May	1987	936	492	52	0	94	..	183	115
Poland	1984	2 453	728	11	502	1 118	27	..	67
Pologne	1985	2 523	736	18	537	1 129	33	..	70
	1986	2 732	798	38	515	1 256	39	..	86
	1987	2 804	913	28	500	1 220	25	..	118
Portugal	1984	851	194	202	81	82	6	..	286
Portugal	1985	827	551	4	103	116	9	..	44
	1986	1 248	688	19	111	121	10	..	299
	1987	1 102	501	19	115	136	* 11	..	* 320
Romania	1984	2 212	* 730	...	577	* 650	* 35	* 220	..
Roumanie	1985	2 217	* 740	...	572	* 650	* 35	* 220	..
	1986	2 215	* 740	...	* 570	* 650	* 35	* 220	..
	1987	2 256	* 740	...	* 580	* 650	* 36	* 250	..
Spain	1984	6 600	3 075	65	433	1 365	49	107	1 506
Espagne	1985	6 801	3 036	71	427	1 491	45	128	1 603
	1986	7 570	2 960	* 90	* 523	* 1 825	* 55	* 157	1 960
	1987	6 216	2 414	77	382	1 599	47	150	1 547
Sweden	1984	976	200	11	71	665	..	..	29
Suède	1985	972	129	9	57	752	..	..	25
	1986	1 055	180	4	132	714	..	..	25
	1987	1 133	203	* 5	* 140	* 760	..	..	* 25

Table 25

Production of Non–Energy Products from Refineries – by type
Production des raffineries – produits non–énergétiques – par catégorie

(Quantities in thousand metric tons)
(Quantités en milliers de tonnes métriques)

Country or area Pays ou zone	Year Année	Total Totale	Naphthas Naphtas	White Spirit	Lubricants Lubrifiants	Bitumen (Asphalt) Bitume (brai)	Petroleum Waxes Cires de pétrole	Petroleum Coke Coke de pétrole	Others Autres
Switzrld,Liechtenst. Suisse,Liechtenstein	1984	148	9	0	..	139	..	..	0
	1985	123	9	0	..	114	..	..	0
	1986	175	18	0	..	153	..	..	4
	1987	187	23	0	..	159	..	..	5
United Kingdom Royaume–Uni	1984	8 220	3 243	142	1 110	1 795	80	1 388	462
	1985	7 944	2 909	140	1 188	1 764	71	1 403	469
	1986	7 401	2 694	104	909	1 887	58	1 409	340
	1987	6 948	2 051	118	886	2 056	57	1 436	344
Yugoslavia Yougoslavie	1984	2 177	856	24	474	723	26	62	12
	1985	2 124	830	10	534	650	20	61	19
	1986	2 127	950	13	479	589	25	54	17
	1987	2 218	862	14	585	649	29	57	22
OCEANIA OCEANIE	**1984**	**2 767**	**144**	**76**	**507**	**597**	**15**	**421**	**1 007**
	1985	**2 960**	**136**	**63**	**541**	**670**	**10**	**443**	**1 097**
	1986	**2 094**	**102**	**61**	**474**	**674**	**15**	**300**	**468**
	1987	**2 253**	**46**	**65**	**513**	**663**	**16**	**375**	**575**
Australia Australie	1984	2 634	144	76	507	464	15	421	1 007
	1985	2 830	136	63	541	540	10	443	1 097
	1986	1 969	102	61	474	549	15	300	468
	1987	2 123	46	65	513	533	16	375	575
New Zealand Nouvelle–Zélande	1984	133	..	..	...	133	..	..	..
	1985	130	..	..	...	* 130	..	..	..
	1986	125	..	..	...	* 125	..	..	..
	1987	130	..	..	...	* 130	..	..	..
USSR URSS	**1984**	**36 700**	**..**	**...**	*** 8 700**	*** 28 000**	**...**	**...**	**..**
	1985	**35 000**	**..**	**...**	**8 200**	**26 800**	**...**	**...**	**..**
	1986	**36 700**	**..**	**...**	*** 8 700**	*** 28 000**	**...**	**...**	**..**
	1987	**36 700**	**..**	**...**	*** 8 700**	*** 28 000**	**...**	**...**	**..**

Table 26

Production of Energy Products from Refineries – by type
Production des raffineries – produits énergétiques – par catégorie

(Quantities in thousand metric tons)
(Quantités en milliers de tonnes métriques)

Country or area Pays ou zone	Year Année	Total Totale	Aviation Gasolene Essence aviation	Motor Gasolene Essence auto	Jet Fuels Carbu–réacteurs	Kerosene Pétrole lampant	Gas–Diesel Oil Gazole carburant Diesel	Residual Fuel Oil Mazout résiduel	L.P.G. G.P.L.	Refinery Gas Gaz de raffinerie
WORLD	**1984**	**2 521 654**	**4 060**	**661 285**	**116 572**	**111 674**	**717 883**	**748 976**	**60 669**	**78 302**
MONDE	**1985**	**2 486 141**	**3 862**	**663 702**	**118 390**	**109 269**	**725 427**	**701 818**	**61 354**	**79 269**
	1986	**2 556 154**	**4 289**	**689 527**	**127 977**	**110 795**	**742 342**	**712 282**	**62 110**	**83 317**
	1987	**2 574 511**	**4 026**	**698 690**	**133 587**	**107 949**	**739 282**	**718 875**	**64 793**	**85 174**
AFRICA	**1984**	**77 826**	**16**	**14 395**	**2 611**	**5 483**	**25 294**	**28 593**	**1 434**	**0**
AFRIQUE	**1985**	**78 127**	**17**	**14 259**	**2 772**	**5 396**	**24 382**	**29 848**	**1 453**	**0**
	1986	**81 200**	**19**	**14 489**	**2 825**	**5 817**	**25 275**	**31 262**	**1 513**	**0**
	1987	**82 388**	**21**	**15 045**	**2 890**	**5 982**	**25 655**	**31 349**	**1 446**	**0**
Algeria	1984	15 349	..	1 774	* 487	* 120	7 260	5 108	600	..
Algérie	1985	16 308	..	* 1 800	* 500	* 130	6 866	* 6 402	* 610	..
	1986	17 665	..	1 889	* 511	* 110	7 673	* 6 782	* 700	..
	1987	16 855	..	1 846	* 525	* 100	7 522	* 6 262	* 600	..
Angola	1984	1 088	..	* 95	* 65	* 40	* 300	* 575	* 13	..
Angola	1985	1 374	..	* 104	173	46	* 354	679	18	..
	1986	1 270	..	* 100	* 150	* 40	* 315	* 650	* 15	..
	1987	1 260	..	* 105	* 145	* 45	* 310	* 640	* 15	..
Cameroon	1984	1 887	10	* 370	* 93	* 290	* 410	* 695	* 19	..
Cameroun	1985	1 891	10	* 415	* 95	* 310	* 450	* 593	* 18	..
	1986	1 956	* 12	* 410	* 97	* 313	* 455	* 650	* 19	..
	1987	1 865	* 12	* 401	* 95	* 295	* 435	* 610	* 17	..
Congo	1984	513	..	52	27	* 0	113	318	3	..
Congo	1985	48	..	* 3	* 0	* 0	* 5	* 40	* 0	..
	1986	508	..	* 55	* 10	* 0	* 110	* 330	3	..
	1987	506	..	* 61	* 12	* 0	* 90	* 340	* 3	..
Côte d'Ivoire	1984	1 827	..	* 245	* 96	318	* 650	510	* 8	..
Côte d'Ivoire	1985	1 771	..	* 250	* 98	* 320	* 575	* 520	* 8	..
	1986	1 694	..	* 270	* 97	* 321	* 478	* 518	* 10	..
	1987	1 709	..	* 295	* 95	* 317	* 485	* 507	* 10	..
Egypt	1984	17 587	..	2 506	* 0	2 245	3 107	9 475	254	..
Egypte	1985	18 035	..	2 712	* 0	2 257	3 326	9 482	258	..
	1986	18 888	..	2 804	* 0	2 488	3 355	9 973	268	..
	1987	20 285	..	3 275	* 0	2 604	3 764	10 357	285	..
Ethiopia	1984	664	..	99	51	* 10	191	308	5	* 0
Ethiopie	1985	670	..	* 101	* 52	7	195	* 310	* 5	* 0
	1986	689	..	107	58	8	199	311	6	0
	1987	761	..	122	66	13	215	338	7	0
Gabon	1984	804	..	58	* 70	82	* 195	* 393	* 6	..
Gabon	1985	826	..	65	* 70	87	* 208	* 390	* 6	..
	1986	842	..	62	* 71	72	* 256	* 375	* 6	..
	1987	833	..	* 59	* 67	* 70	* 251	* 381	* 5	..
Ghana	1984	703	..	172	* 28	86	* 218	* 195	* 4	..
Ghana	1985	854	..	216	* 30	120	* 268	* 215	* 5	..
	1986	810	..	200	* 25	* 150	* 275	* 157	* 3	..
	1987	888	..	* 210	* 27	* 137	* 275	* 235	* 4	..
Kenya	1984	1 766	..	304	* 250	107	469	613	23	..
Kenya	1985	1 843	..	319	246	105	498	653	22	..
	1986	1 822	..	332	* 240	* 100	* 480	* 650	* 20	..
	1987	1 989	..	336	247	166	581	633	26	..
Libyan Arab Jamah.	1984	5 516	..	945	* 540	* 170	1 929	1 852	* 80	..
Jamah.arabe	1985	5 778	..	988	* 600	* 190	1 979	1 941	* 80	..
libyenne	1986	5 714	..	* 900	* 650	* 250	1 866	1 968	* 80	..
	1987	5 750	..	* 1 000	* 700	* 160	* 1 800	* 2 000	* 90	..
Madagascar	1984	58	..	10	* 1	6	18	22	1	..
Madagascar	1985	289	..	53	* 1	39	83	110	3	..
	1986	208	..	15	* 1	* 31	24	* 135	2	..
	1987	230	..	* 17	* 1	* 32	* 60	* 120	* 0	..

Table 26

Production of Energy Products from Refineries – by type
Production des raffineries – produits énergétiques – par catégorie

(Quantities in thousand metric tons)
(Quantités en milliers de tonnes métriques)

Country or area Pays ou zone	Year Année	Total Totale	Aviation Gasolene Essence aviation	Motor Gasolene Essence auto	Jet Fuels Carbu–réacteurs	Kerosene Pétrole lampant	Gas–Diesel Oil Gazole carburant Diesel	Residual Fuel Oil Mazout résiduel	L.P.G. G.P.L.	Refinery Gas Gaz de raffinerie
Mauritania	1984	54	..	..	..	* 7	* 30	* 17	..	..
Mauritanie	1985	0	..	..	..	* 0	* 0	* 0	..	..
	1986	427	..	..	..	57	* 175	* 195	..	..
	1987	832	..	..	..	275	200	357	..	..
Morocco	1984	4 013	..	342	198	60	1 143	2 063	207	..
Maroc	1985	4 124	..	331	214	55	1 270	2 052	202	..
	1986	3 948	..	319	204	48	1 193	1 980	204	..
	1987	3 976	..	* 320	* 206	* 48	* 1 196	* 2 000	* 206	..
Mozambique	1984	115	..	16	3	* 7	23	65	1	..
Mozambique	1985	0	..	0	0	0	0	0	0	..
	1986	0	..	0	0	0	0	0	0	..
	1987	0	..	0	0	0	0	0	0	..
Nigeria	1984	7 596	..	2 327	42	1 196	2 325	* 1 612	94	..
Nigéria	1985	6 310	..	1 791	* 50	1 001	1 668	* 1 700	* 100	..
	1986	6 540	..	1 875	* 55	1 109	1 644	1 807	50	..
	1987	6 450	..	* 1 900	* 45	* 1 000	* 1 650	* 1 800	* 55	..
Senegal	1984	344	..	66	42	9	90	135	2	..
Sénégal	1985	210	..	30	18	7	57	97	1	..
	1986	476	..	78	68	10	156	161	3	..
	1987	488	..	* 75	* 70	* 11	* 167	* 163	* 2	..
Sierra Leone	1984	238	..	* 28	* 16	18	* 95	* 81	..	..
Sierra Leone	1985	236	..	* 30	* 15	18	* 93	* 80	..	..
	1986	237	..	* 30	* 16	* 18	* 91	* 82	..	..
	1987	233	..	* 23	* 12	* 18	* 95	* 85	..	..
Somalia	1984	152	* 4	* 25	* 25	* 12	70	* 16	* 0	..
Somalie	1985	195	* 5	* 73	* 20	* 12	* 70	* 15	* 0	..
	1986	197	* 5	* 75	* 19	* 10	* 72	* 16	* 0	..
	1987	211	* 6	* 79	* 21	* 9	* 82	* 14	* 0	..
S.Africa Customs	1984	13 715	..	4 400	400	450	5 200	3 200	65	..
Un.	1985	13 820	..	4 400	410	440	5 250	3 250	70	..
Un.douan.d'Afr.mér	1986	13 700	..	4 400	400	430	5 200	3 200	70	..
id	1987	13 690	..	4 350	400	425	5 250	3 200	65	..
Sudan	1984	1 000	* 2	98	* 70	* 15	* 512	* 298	5	..
Soudan	1985	831	* 2	110	* 72	* 17	313	* 313	4	..
	1986	848	* 2	* 105	* 78	* 16	* 323	* 320	* 4	..
	1987	832	* 3	* 112	* 75	* 17	* 325	* 295	* 5	..
Tunisia	1984	1 382	..	211	* 0	126	423	591	31	..
Tunisie	1985	1 395	..	228	* 0	133	418	587	29	..
	1986	1 485	..	214	0	133	475	629	34	..
	1987	1 452	..	* 210	* 0	* 136	* 450	* 620	* 36	..
United Rep.	1984	522	..	* 82	* 27	* 36	* 138	* 232	* 7	..
Tanzania	1985	519	..	* 85	* 27	* 36	* 140	* 225	* 6	..
Rép.Unie de	1986	503	..	* 83	* 25	* 33	* 145	* 210	* 7	..
Tanzanie	1987	511	..	* 85	* 27	* 34	* 147	* 212	* 6	..
Zaire	1984	400	..	* 55	* 40	* 50	* 135	* 119	* 1	..
Zaïre	1985	303	..	* 35	* 42	* 40	* 90	* 95	* 1	..
	1986	295	..	* 51	* 15	* 45	* 110	* 73	* 1	..
	1987	287	..	* 47	* 16	* 43	* 95	* 85	* 1	..
Zambia	1984	533	* 0	* 115	* 40	* 23	* 250	* 100	* 5	..
Zambie	1985	497	* 0	120	39	26	* 206	99	7	..
	1986	478	* 0	* 115	* 35	* 25	* 205	* 90	* 8	..
	1987	495	* 0	* 117	* 38	* 27	* 210	* 95	* 8	..
NTH. AMERICA	**1984**	**761 772**	**1 414**	**326 682**	**61 872**	**10 335**	**178 765**	**111 970**	**15 701**	**35 102**
AMER DU NORD	**1985**	**744 961**	**1 170**	**321 860**	**62 911**	**9 145**	**174 925**	**101 383**	**16 254**	**36 890**
	1986	**760 058**	**1 550**	**334 583**	**67 630**	**8 897**	**175 597**	**94 681**	**16 387**	**40 018**
	1987	**768 099**	**1 282**	**340 028**	**70 479**	**8 254**	**174 317**	**96 851**	**17 442**	**40 411**

Table 26

Production of Energy Products from Refineries – by type
Production des raffineries – produits énergétiques – par catégorie

(Quantities in thousand metric tons)
(Quantités en milliers de tonnes métriques)

Country or area Pays ou zone	Year Année	Total Totale	Aviation Gasolene Essence aviation	Motor Gasolene Essence auto	Jet Fuels Carbu–réacteurs	Kerosene Pétrole lampant	Gas–Diesel Oil Gazole carburant Diesel	Residual Fuel Oil Mazout résiduel	L.P.G. G.P.L.	Refinery Gas Gaz de raffinerie
Bahamas	1984	5 807	..	* 700	* 737	* 0	* 1 450	* 2 900	* 20	...
Bahamas	1985	850	..	* 50	* 50	* 0	* 375	* 375	* 0	...
	1986	0	..	* 0	* 0	* 0	* 0	* 0	* 0	...
	1987	0	..	* 0	* 0	* 0	* 0	* 0	* 0	...
Barbados	1984	192	..	42	..	5	40	105	..	..
Barbade	1985	205	..	44	..	5	34	122	..	..
	1986	228	..	47	..	5	40	136	..	..
	1987	226	..	50	..	4	36	136	..	..
Canada	1984	66 147	150	23 965	3 403	1 780	20 115	8 261	1 804	3 519
Canada	1985	64 231	131	23 976	3 568	1 748	19 410	6 682	1 753	3 804
	1986	63 939	135	23 537	3 756	1 798	19 549	6 224	1 537	3 712
	1987	66 216	177	24 617	4 119	1 689	20 376	6 642	1 651	3 994
Costa Rica	1984	389	..	73	13	12	104	183	4	..
Costa Rica	1985	380	..	67	16	16	88	188	5	..
	1986	594	..	114	20	10	173	270	7	..
	1987	557	..	106	33	16	158	237	7	..
Cuba	1984	6 129	...	984	89	506	1 020	3 340	116	74
Cuba	1985	6 057	...	953	81	528	979	3 318	125	73
	1986	6 111	...	979	69	568	992	3 314	116	73
	1987	6 280	...	960	104	546	1 085	3 378	123	84
Dominican Republic	1984	1 395	..	295	* 20	93	407	537	43	..
Rép. dominicaine	1985	1 277	..	291	* 20	72	344	512	38	..
	1986	1 434	..	344	* 20	107	411	528	24	..
	1987	1 382	..	361	* 20	123	438	423	17	..
El Salvador	1984	575	..	* 127	* 18	* 26	181	* 196	* 27	..
El Salvador	1985	574	..	* 130	* 18	* 28	* 180	* 190	* 28	..
	1986	549	..	* 125	* 17	* 27	* 175	* 180	* 25	..
	1987	539	..	* 120	* 16	* 25	* 170	* 185	* 23	..
Guatemala	1984	672	..	122	29	33	232	251	5	..
Guatemala	1985	665	..	* 120	* 30	* 30	* 230	* 250	* 5	..
	1986	646	..	* 115	* 28	* 28	* 225	* 245	* 5	..
	1987	557	..	127	40	16	* 200	165	9	..
Honduras	1984	259	..	* 55	* 12	* 8	* 90	* 90	* 4	..
Honduras	1985	264	..	* 60	* 12	* 8	* 90	* 90	* 4	..
	1986	251	..	* 58	* 10	* 9	* 85	* 85	* 4	..
	1987	237	..	* 55	* 8	* 10	* 80	* 80	* 4	..
Jamaica	1984	621	..	86	* 25	* 50	138	296	9	* 17
Jamaïque	1985	911	..	116	* 47	* 62	176	484	9	* 17
	1986	833	..	98	* 40	* 52	139	483	5	* 16
	1987	820	..	* 100	* 35	* 50	* 140	* 475	* 5	* 15
Martinique	1984	440	..	* 135	..	* 120	* 38	* 132	* 15	..
Martinique	1985	447	..	* 113	..	* 125	* 40	* 154	* 15	..
	1986	438	..	* 115	..	* 127	* 39	* 143	* 14	..
	1987	440	..	* 114	..	* 125	* 41	* 145	* 15	..
Mexico	1984	54 912	48	15 057	1 573	1 477	11 792	20 724	1 797	388
Mexique	1985	57 248	45	14 891	1 547	1 442	11 940	22 700	* 1 669	629
	1986	53 799	46	14 923	1 578	1 253	11 779	22 125	1 255	706
	1987	56 354	46	15 500	1 892	1 408	11 286	24 214	1 222	722
Neth.Antil and	1984	18 570	* 150	* 2 050	* 1 100	* 45	* 2 650	* 12 500	* 75	...
Aruba	1985	8 120	* 70	* 1 000	* 500	* 20	* 1 000	* 5 500	* 30	...
Antill.néer.et Aruba	1986	...	...	...	...	...	...	...	...	...
	1987	...	...	...	...	...	...	...	...	...
Netherlands Antilles	1984	...	...	...	...	...	...	...	...	..
Antilles néerland.	1985	...	...	...	...	...	...	...	...	..
	1986	7 800	* 50	* 900	* 400	* 20	* 900	* 5 500	* 30	..
	1987	8 965	* 50	* 1 150	* 600	* 20	* 1 100	* 6 000	* 45	..

Table 26

Production of Energy Products from Refineries – by type
Production des raffineries – produits énergétiques – par catégorie

(Quantities in thousand metric tons)
(Quantités en milliers de tonnes métriques)

Country or area / Pays ou zone	Year / Année	Total / Totale	Aviation Gasolene / Essence aviation	Motor Gasolene / Essence auto	Jet Fuels / Carbu–réacteurs	Kerosene / Pétrole lampant	Gas–Diesel Oil / Gazole carburant Diesel	Residual Fuel Oil / Mazout résiduel	L.P.G. / G.P.L.	Refinery Gas / Gaz de raffinerie
Nicaragua	1984	437	..	61	* 16	27	127	180	14	12
Nicaragua	1985	490	..	72	* 15	21	129	222	18	13
	1986	472	..	* 70	* 15	* 20	* 125	* 215	* 15	* 12
	1987	479	..	* 73	* 14	* 22	* 120	* 220	* 17	* 13
Panama	1984	1 425	..	* 190	* 75	* 15	* 350	* 775	* 20	..
Panama	1985	1 200	..	* 170	* 60	* 10	* 300	* 640	* 20	..
	1986	1 150	..	* 165	* 55	* 10	* 275	* 625	* 20	..
	1987	1 159	..	* 170	* 57	* 10	* 270	* 630	* 22	..
Puerto Rico	1984	5 519	* 0	1 959	* 270	* 100	* 1 091	1 824	* 275	..
Porto Rico	1985	5 000	* 0	* 1 800	* 200	* 100	* 900	* 1 800	* 200	..
	1986	4 700	* 0	* 1 600	* 225	* 50	* 925	* 1 700	* 200	..
	1987	4 800	* 0	1 700	* 225	* 50	* 925	* 1 700	* 200	..
Trinidad and	1984	4 094	9	702	246	154	587	2 209	50	* 137
Tobago	1985	4 567	5	766	291	115	585	2 622	64	119
Trinité–et–Tobago	1986	4 879	8	1 014	318	79	555	2 719	64	122
	1987	5 137	* 6	1 001	295	* 114	637	2 905	* 60	* 119
United States	1984	579 669	1 057	277 879	53 356	5 384	135 653	49 267	11 393	30 955
Etats–Unis	1985	580 482	919	275 652	55 876	4 440	135 601	48 634	12 246	32 235
	1986	608 564	1 361	289 948	60 779	4 204	137 939	48 989	13 076	35 378
	1987	613 769	1 053	293 774	63 112	3 695	137 782	48 816	14 054	35 463
U.S. Virgin Islands	1984	14 520	* 0	* 2 200	* 890	* 500	* 2 700	* 8 200	* 30	..
Iles Vierges amér.	1985	11 993	* 0	* 1 589	* 580	* 375	* 2 524	* 6 900	* 25	..
	1986	11 472	* 0	* 1 331	* 700	* 550	* 2 171	* 6 700	* 20	..
	1987	9 146	* 0	1 200	* 509	351	573	6 500	13	..
STH. AMERICA	**1984**	**135 782**	**133**	**29 146**	**6 589**	**3 133**	**41 484**	**47 105**	**4 117**	**4 075**
AMER DU SUD	**1985**	**134 286**	**196**	**28 486**	**6 933**	**2 912**	**44 351**	**43 572**	**4 026**	**3 810**
	1986	**136 026**	**171**	**29 748**	**7 152**	**2 909**	**45 048**	**42 923**	**4 009**	**4 066**
	1987	**129 560**	**142**	**27 627**	**7 320**	**2 685**	**43 969**	**39 233**	**4 287**	**4 297**
Argentina	1984	21 171	15	4 971	662	457	7 921	6 113	429	603
Argentine	1985	19 817	16	4 681	690	419	7 897	5 312	363	439
	1986	19 191	14	4 630	702	414	7 504	5 147	351	429
	1987	18 500	10	4 467	746	321	7 308	4 838	350	460
Bolivia	1984	888	12	342	76	87	230	101	39	* 1
Bolivie	1985	869	10	343	82	89	229	80	34	2
	1986	783	9	325	78	45	240	37	47	2
	1987	843	9	360	73	46	277	29	47	2
Brazil	1984	46 888	0	8 506	2 884	495	17 735	12 498	2 628	2 142
Brésil	1985	46 052	66	8 296	2 749	412	17 753	11 809	2 763	2 204
	1986	48 861	71	8 546	2 521	403	19 640	12 630	2 751	2 299
	1987	50 180	60	8 815	2 572	417	20 910	12 056	2 909	2 441
Chile	1984	3 627	6	956	164	111	1 107	1 005	196	82
Chili	1985	3 619	3	960	156	97	1 193	958	177	75
	1986	3 897	9	907	177	125	1 313	1 085	* 200	81
	1987	4 072	8	1 010	208	138	1 358	1 046	* 215	89
Colombia	1984	8 606	37	2 696	449	260	1 453	3 025	244	442
Colombie	1985	8 438	40	2 521	470	278	1 542	2 994	246	347
	1986	9 041	36	2 893	493	276	1 543	3 174	275	351
	1987	10 411	31	3 365	486	265	1 944	3 570	297	453
Ecuador	1984	4 281	..	920	135	293	749	2 131	53	..
Equateur	1985	3 996	..	* 911	145	274	748	1 865	* 53	..
	1986	4 453	..	1 028	135	287	842	2 087	74	..
	1987	3 921	..	814	161	204	854	1 839	49	..
Paraguay	1984	147	..	38	2	11	71	22	3	..
Paraguay	1985	193	..	53	15	7	86	28	4	..
	1986	206	..	58	21	3	88	33	3	..
	1987	199	..	* 55	* 20	* 3	88	* 30	* 3	..

Table 26

Production of Energy Products from Refineries – by type
Production des raffineries – produits énergétiques – par catégorie

(Quantities in thousand metric tons)
(Quantités en milliers de tonnes métriques)

Country or area Pays ou zone	Year Année	Total Totale	Aviation Gasolene Essence aviation	Motor Gasolene Essence auto	Jet Fuels Carbu–réacteurs	Kerosene Pétrole lampant	Gas–Diesel Oil Gazole carburant Diesel	Residual Fuel Oil Mazout résiduel	L.P.G. G.P.L.	Refinery Gas Gaz de raffinerie
Peru	1984	8 437	* 0	1 348	* 342	* 801	1 647	4 076	124	99
Pérou	1985	8 221	* 0	1 359	* 252	* 851	1 670	3 906	122	61
	1986	8 193	* 0	1 377	328	894	1 464	3 942	135	53
	1987	8 315	* 0	* 1 350	* 300	* 875	1 425	* 4 200	* 117	* 48
Uruguay	1984	1 151	3	173	9	66	444	392	47	17
Uruguay	1985	996	1	162	22	49	388	310	47	17
	1986	965	1	174	22	49	315	346	44	14
	1987	1 147	2	179	33	59	441	363	50	20
Venezuela	1984	40 585	* 60	9 196	1 866	552	10 127	17 742	354	688
Venezuela	1985	42 086	* 60	* 9 200	2 352	436	12 845	16 310	217	666
	1986	40 437	31	* 9 810	2 675	413	12 099	14 442	129	838
	1987	31 971	22	7 212	2 721	357	9 364	11 262	250	783
ASIA	**1984**	**534 631**	**199**	**74 629**	**18 782**	**48 778**	**153 546**	**212 308**	**15 788**	**8 299**
ASIE	**1985**	**539 388**	**220**	**80 452**	**19 034**	**48 001**	**164 124**	**200 780**	**16 197**	**7 953**
	1986	**549 473**	**198**	**83 948**	**21 353**	**49 232**	**165 857**	**202 260**	**16 623**	**7 202**
	1987	**561 983**	**205**	**85 674**	**23 465**	**45 915**	**172 497**	**205 089**	**17 652**	**8 386**
Bahrain	1984	8 208	* 0	663	1 565	306	3 048	2 582	44	..
Bahreïn	1985	7 347	* 0	911	1 479	348	2 607	1 972	30	..
	1986	8 444	* 0	* 1 010	* 1 550	* 339	* 3 020	* 2 480	* 45	..
	1987	8 640	* 0	* 1 090	* 1 560	* 330	* 3 100	* 2 500	* 60	..
Bangladesh	1984	838	0	38	4	285	224	281	6	..
Bangladesh	1985	786	* 0	39	7	281	199	252	8	..
	1986	766	* 0	50	3	268	167	269	9	..
	1987	808	* 0	52	* 2	274	180	290	* 10	..
Brunei Darussalam	1984	189	..	95	25	5	61	0	3	..
Brunéi Darussalam	1985	189	..	65	23	* 7	92	* 0	2	..
	1986	229	..	117	18	* 9	83	* 1	1	..
	1987	234	..	124	* 20	* 11	77	* 1	1	..
Burma	1984	940	* 0	259	* 37	18	410	213	* 3	..
Birmanie	1985	868	* 0	234	* 32	7	397	194	* 4	..
	1986	718	* 0	* 210	* 25	* 8	* 320	* 150	* 5	..
	1987	613	* 0	195	* 20	5	269	* 120	* 4	..
China	1984	67 219	61	13 501	...	4 080	19 465	28 570	1 542	...
Chine	1985	69 029	* 70	14 719	...	4 053	20 232	28 358	1 597	...
	1986	75 269	* 70	16 848	...	4 164	22 305	29 862	2 020	...
	1987	78 739	* 70	17 370	...	4 183	23 657	31 306	2 153	...
Cyprus	1984	532	..	101	46	8	156	190	19	12
Chypre	1985	427	..	93	21	7	133	147	15	11
	1986	521	..	117	26	8	163	170	21	16
	1987	581	..	128	20	9	181	202	22	19
Democratic Yemen	1984	3 305	..	206	* 288	* 150	1 237	1 398	26	..
Yémen	1985	3 170	..	* 210	* 260	* 175	* 1 100	* 1 400	* 25	..
démocratique	1986	2 964	..	* 170	* 250	* 160	* 1 160	* 1 200	* 24	..
	1987	3 101	..	* 180	* 250	* 160	* 1 120	* 1 350	* 41	..
India	1984	27 608	0	2 062	1 332	3 304	12 151	7 915	844	0
Inde	1985	31 664	0	2 252	1 462	3 842	14 882	8 096	1 130	0
	1986	34 406	0	2 464	1 505	4 739	16 342	7 928	1 428	0
	1987	36 897	0	2 629	1 653	5 114	17 351	8 618	1 532	0
Indonesia	1984	24 375	8	2 271	* 325	* 4 874	5 685	10 144	878	* 190
Indonésie	1985	25 809	* 7	3 234	* 340	5 329	6 927	* 8 962	814	* 196
	1986	28 378	* 8	* 3 240	* 280	* 5 723	* 6 360	* 11 751	816	* 200
	1987	28 561	* 5	3 482	* 150	5 511	6 833	* 11 630	* 755	* 195
Iran(Islamic Rep.of)	1984	30 380	* 80	4 368	* 300	* 3 100	10 667	11 265	* 600	..
Iran(Rép.islamique)	1985	31 729	* 90	4 547	* 350	* 3 100	11 359	11 683	* 600	..
	1986	25 130	* 80	* 3 950	* 300	* 2 900	* 7 300	* 10 100	* 500	..
	1987	24 800	* 90	* 3 910	* 300	* 2 900	* 7 800	* 9 300	* 500	..

Table 26

Production of Energy Products from Refineries – by type
Production des raffineries – produits énergétiques – par catégorie

(Quantities in thousand metric tons)
(Quantités en milliers de tonnes métriques)

Country or area Pays ou zone	Year Année	Total Totale	Aviation Gasolene Essence aviation	Motor Gasolene Essence auto	Jet Fuels Carbu–réacteurs	Kerosene Pétrole lampant	Gas–Diesel Oil Gazole carburant Diesel	Residual Fuel Oil Mazout résiduel	L.P.G. G.P.L.	Refinery Gas Gaz de raffinerie
Iraq	1984	11 090	...	* 1 600	* 370	* 700	* 3 400	* 4 900	* 120	..
Iraq	1985	11 980	...	* 1 650	* 380	* 750	* 3 900	* 5 100	* 200	..
	1986	11 755	...	* 1 650	* 375	* 750	* 3 700	* 5 100	* 180	..
	1987	13 150	...	* 1 740	* 410	* 790	* 4 000	* 6 000	* 210	..
Israel	1984	6 466	..	* 1 117	* 473	* 190	* 1 499	* 2 993	* 194	..
Israël	1985	5 692	..	* 1 175	* 470	* 210	* 1 595	* 2 024	* 218	..
	1986	5 880	..	* 1 293	* 465	* 200	* 1 526	* 2 161	* 235	..
	1987	6 477	..	1 410	* 460	* 210	2 084	2 018	295	..
Japan	1984	160 026	10	26 866	3 390	21 741	38 265	54 378	8 138	7 238
Japon	1985	147 442	9	26 907	3 149	19 641	38 651	43 850	8 353	6 882
	1986	141 689	9	25 351	3 148	19 512	39 606	40 079	7 831	6 153
	1987	134 801	* 10	25 424	3 161	16 316	38 515	35 900	* 8 214	* 7 261
Jordan	1984	2 406	19	352	239	147	686	886	77	0
Jordanie	1985	2 341	21	335	241	191	738	709	80	* 26
	1986	2 162	0	350	182	224	614	678	87	27
	1987	2 307	0	350	187	204	728	711	89	38
Korea,Dem.Ppl's.Re	1984	2 330	..	* 800	..	* 180	* 850	* 500	..	..
p.	1985	2 490	..	* 850	..	* 190	* 900	* 550	..	..
Corée,Rép.pop.dé	1986	2 650	..	* 900	..	* 200	* 950	* 600	..	..
m.de	1987	2 650	..	* 900	..	* 200	* 950	* 600	..	..
Korea, Republic of	1984	24 033	..	646	1 347	1 172	7 492	12 820	556	..
Corée, République	1985	23 217	..	1 145	1 381	1 377	7 568	11 110	636	..
de	1986	24 313	..	1 153	1 778	1 227	8 122	11 199	834	..
	1987	24 186	..	1 263	1 758	919	8 244	11 061	941	..
Kuwait,part	1984	20 819	..	1 253	887	1 148	5 324	11 907	..	300
Ntl.Zone	1985	24 366	..	1 317	1 218	1 698	6 056	13 837	..	240
Koweït et	1986	24 464	..	* 1 320	* 1 210	* 1 710	* 6 100	* 13 840	..	* 284
prt.Zne.N.	1987	24 676	..	* 1 372	* 1 220	* 1 700	* 6 100	* 14 000	..	* 284
Lebanon	1984	735	..	* 110	* 10	* 10	* 190	* 400	* 15	..
Liban	1985	615	..	* 150	* 20	* 30	* 210	* 185	* 20	..
	1986	1 030	..	* 300	* 70	* 30	* 270	* 340	* 20	..
	1987	1 150	..	* 310	* 80	* 30	* 310	* 400	* 20	..
Malaysia	1984	7 019	..	1 148	250	788	2 489	2 044	130	170
Malaisie	1985	6 644	..	1 130	195	691	2 340	1 952	127	209
	1986	6 703	..	1 162	305	674	2 363	1 962	115	122
	1987	6 739	..	1 208	284	660	2 423	1 946	101	117
Oman	1984	2 162	..	352	* 180	* 11	452	1 148	19	..
Oman	1985	2 435	..	382	* 182	* 9	544	1 294	24	..
	1986	2 599	..	421	* 189	* 10	536	1 414	29	..
	1987	2 073	..	337	* 116	* 10	478	1 107	25	..
Pakistan	1984	4 316	0	642	474	258	1 341	1 534	67	..
Pakistan	1985	4 593	0	675	464	307	1 538	1 539	70	..
	1986	4 760	0	713	496	300	1 640	1 542	69	..
	1987	4 937	0	770	512	347	1 638	1 570	100	..
Philippines	1984	6 956	0	997	417	300	2 267	2 819	136	20
Philippines	1985	6 019	1	1 032	326	267	1 961	2 299	133	0
	1986	6 653	0	1 104	366	290	2 102	2 630	161	0
	1987	7 938	0	1 391	518	333	2 467	3 031	198	0
Qatar	1984	724	..	237	111	0	187	152	37	..
Qatar	1985	1 140	..	247	74	4	225	551	39	..
	1986	1 433	..	249	85	4	422	625	48	..
	1987	1 322	..	* 250	* 76	* 4	* 360	* 590	42	..
S.Arabia,pt.Ntrl.Zn	1984	35 612	* 0	5 110	594	1 226	13 298	14 794	* 590	..
	1985	44 344	* 0	6 935	1 279	1 832	15 292	18 446	* 560	..
Arab.saoud,p.Zn.ne	1986	49 825	* 0	9 292	1 520	2 434	15 117	20 892	* 570	..
ut	1987	51 180	* 0	* 9 300	* 1 590	* 2 490	* 15 200	* 21 900	* 700	..

Table 26

Production of Energy Products from Refineries – by type
Production des raffineries – produits énergétiques – par catégorie

(Quantities in thousand metric tons)
(Quantités en milliers de tonnes métriques)

Country or area Pays ou zone	Year Année	Total Totale	Aviation Gasolene Essence aviation	Motor Gasolene Essence auto	Jet Fuels Carbu–réacteurs	Kerosene Pétrole lampant	Gas–Diesel Oil Gazole carburant Diesel	Residual Fuel Oil Mazout résiduel	L.P.G. G.P.L.	Refinery Gas Gaz de raffinerie
Singapore	1984	29 315	0	* 2 175	* 2 992	* 3 675	* 6 707	* 13 500	266	..
Singapour	1985	27 188	0	* 2 200	* 2 394	* 2 622	* 7 729	* 12 171	* 72	..
	1986	27 807	0	* 2 400	* 3 833	* 2 378	* 8 717	* 10 390	* 89	..
	1987	30 341	0	* 1 960	* 5 675	* 2 100	* 9 302	* 11 233	* 71	..
Sri Lanka	1984	1 544	..	116	116	148	466	658	9	31
Sri Lanka	1985	1 375	..	124	73	154	376	606	12	30
	1986	1 467	..	131	95	150	417	617	16	41
	1987	1 536	..	140	69	150	512	610	18	37
Syrian Arab	1984	8 942	..	848	210	203	2 865	4 675	141	..
Republic	1985	9 880	..	963	246	164	3 700	* 4 700	107	..
Rép. arabe syrienne	1986	9 208	..	995	294	220	2 642	4 882	175	..
	1987	10 086	..	852	328	202	2 916	5 636	152	..
Thailand	1984	7 391	..	1 485	828	198	2 408	2 340	132	..
Thaïlande	1985	7 465	..	1 511	834	133	2 923	1 931	133	..
	1986	8 004	..	1 629	931	120	3 198	1 992	134	..
	1987	8 088	..	1 782	911	114	3 191	1 943	147	..
Turkey	1984	15 686	0	2 224	309	335	5 152	6 833	496	337
Turquie	1985	15 801	0	2 251	359	463	5 089	6 800	481	358
	1986	16 539	0	2 178	432	293	5 684	7 110	483	359
	1987	19 066	0	2 355	445	393	6 391	8 486	561	435
United Arab	1984	6 564	..	947	1 063	* 30	2 065	2 305	154	..
Emirates	1985	6 728	..	* 980	* 1 070	* 40	* 2 080	* 2 400	* 158	..
Emirats arabes unis	1986	6 775	..	* 985	* 1 080	* 35	* 2 100	* 2 415	* 160	..
	1987	7 526	..	* 1 100	* 1 090	* 46	* 2 500	* 2 600	* 190	..
Yemen	1984	0	..	0	..	..	0	0	..	..
Yémen	1985	0	..	0	..	..	0	0	..	..
	1986	337	..	95	..	..	117	125	..	..
	1987	350	..	* 100	..	..	* 120	* 130	..	..
EUROPE	**1984**	**560 450**	**254**	**124 888**	**24 751**	**7 164**	**201 597**	**170 708**	**15 027**	**16 061**
EUROPE	**1985**	**549 648**	**243**	**127 805**	**24 686**	**7 250**	**201 211**	**157 604**	**14 707**	**16 142**
	1986	**577 416**	**211**	**134 245**	**26 890**	**7 209**	**213 280**	**163 667**	**14 737**	**17 177**
	1987	**569 653**	**232**	**137 769**	**27 264**	**8 272**	**205 207**	**158 629**	**15 187**	**17 093**
Albania	1984	1 205	..	* 200	...	* 80	* 325	* 600	..	..
Albanie	1985	1 205	..	* 200	...	* 80	* 325	* 600	..	..
	1986	1 205	..	* 200	...	* 80	* 325	* 600	..	..
	1987	1 205	..	* 210	...	* 70	* 325	* 600	..	..
Austria	1984	6 368	..	1 987	183	6	2 083	1 748	76	285
Autriche	1985	7 291	..	2 071	180	7	2 209	2 408	90	326
	1986	7 267	..	2 095	173	6	2 491	2 032	65	405
	1987	7 321	..	2 324	197	3	2 534	1 861	75	* 327
Belgium	1984	20 296	21	3 709	1 192	9	8 028	6 535	371	431
Belgique	1985	17 524	17	3 853	1 196	22	7 336	4 274	421	405
	1986	24 312	17	4 906	1 265	73	9 483	7 548	520	500
	1987	24 189	* 17	4 857	1 242	41	9 073	7 885	533	541
Bulgaria	1984	11 406	..	* 1 800	...	* 220	* 3 400	* 5 900	86	..
Bulgarie	1985	11 405	..	* 1 800	...	* 220	* 3 400	* 5 900	85	..
	1986	11 392	..	* 1 800	...	* 220	* 3 400	* 5 900	72	..
	1987	11 360	..	* 1 750	...	* 220	* 3 400	* 5 900	* 90	..
Czechoslovakia	1984	13 370	...	* 1 500	...	404	3 688	7 357	138	283
Tchécoslovaquie	1985	13 312	...	* 1 500	...	425	3 595	7 363	138	291
	1986	13 150	...	* 1 500	...	370	3 756	7 110	146	268
	1987	13 280	...	* 1 500	...	* 390	4 076	6 890	142	282
Denmark	1984	7 052	..	1 227	83	55	3 130	2 179	144	234
Danemark	1985	6 698	..	1 203	125	16	3 017	1 994	131	212
	1986	7 449	..	1 307	209	22	3 341	2 155	162	253
	1987	7 325	..	1 232	213	43	3 160	2 260	162	255

Table 26

Production of Energy Products from Refineries – by type
Production des raffineries – produits énergétiques – par catégorie

(Quantities in thousand metric tons)
(Quantités en milliers de tonnes métriques)

Country or area Pays ou zone	Year Année	Total Totale	Aviation Gasolene Essence aviation	Motor Gasolene Essence auto	Jet Fuels Carbu–réacteurs	Kerosene Pétrole lampant	Gas–Diesel Oil Gazole carburant Diesel	Residual Fuel Oil Mazout résiduel	L.P.G. G.P.L.	Refinery Gas Gaz de raffinerie
Finland	1984	9 184	..	2 475	362	13	4 004	2 094	147	89
Finlande	1985	9 107	..	2 420	350	8	4 054	2 047	158	70
	1986	8 104	..	2 214	398	7	3 616	1 607	177	85
	1987	9 214	..	2 763	414	6	3 934	1 779	200	118
France incl. Monaco	1984	69 342	46	15 852	4 449	50	29 240	15 660	2 408	1 637
France y	1985	70 043	62	16 831	4 280	60	29 691	14 690	2 655	1 774
comp.Monaco	1986	66 477	49	16 497	4 236	48	27 287	14 155	2 388	1 817
	1987	61 634	52	16 822	4 394	59	24 252	11 991	2 337	1 727
German Dem. Rep.	1984	20 083	...	4 140	...	15	6 117	* 9 000	239	572
Rép. dém.	1985	20 521	...	4 302	...	16	6 335	* 9 000	252	616
allemande	1986	20 512	...	4 329	...	13	6 311	* 9 000	257	602
	1987	18 933	...	4 680	...	13	6 368	* 7 000	260	612
Germany, Fed.	1984	75 919	..	19 813	1 665	81	34 886	14 245	2 148	3 081
Rep.	1985	74 121	..	20 141	1 728	74	34 429	12 377	2 230	3 142
Allemagne, Rép.	1986	72 409	..	19 302	1 768	54	34 826	11 590	2 049	2 820
féd.	1987	68 153	..	18 832	1 846	67	31 768	10 928	2 204	* 2 508
Greece	1984	11 599	..	1 663	1 465	26	3 798	4 283	246	118
Grèce	1985	11 349	..	1 954	1 341	39	3 231	4 435	217	132
	1986	14 732	..	1 958	1 936	29	3 741	6 543	283	242
	1987	15 144	..	2 423	1 996	26	3 808	6 303	303	285
Hungary	1984	7 363	...	1 019	...	196	3 522	2 374	96	156
Hongrie	1985	7 569	...	1 147	...	260	3 512	2 339	104	207
	1986	7 422	...	1 268	...	288	3 516	2 045	82	223
	1987	7 464	...	1 301	...	333	3 556	1 961	92	221
Ireland	1984	1 224	..	307	0	0	416	458	16	27
Irlande	1985	1 282	..	317	0	0	434	487	16	28
	1986	1 431	..	325	0	0	505	576	25	0
	1987	1 392	..	297	0	0	526	547	22	0
Italy and San	1984	74 122	89	15 370	1 890	2 372	23 868	26 154	2 039	2 340
Marino	1985	70 991	84	15 283	2 124	2 103	23 891	23 513	1 876	2 117
Italie y comp. S.Mrn	1986	74 712	85	16 099	1 526	2 171	27 218	23 560	1 833	2 220
	1987	75 901	87	16 234	1 452	2 332	27 275	24 437	1 821	2 263
Netherlands	1984	50 274	84	9 897	3 536	579	16 091	15 427	2 544	2 116
Pays–Bas	1985	46 006	65	10 180	3 410	458	14 920	12 988	1 945	2 040
	1986	55 435	49	12 651	3 803	601	19 746	14 074	2 175	2 336
	1987	54 076	64	12 736	3 826	502	17 902	13 837	2 367	2 842
Norway,Svlbd,J.M	1984	6 864	0	1 290	672	60	3 321	1 070	159	292
yn I	1985	6 998	0	1 319	722	70	3 594	815	176	302
Norvège,Svalbd,J.	1986	6 726	0	1 214	670	73	3 519	803	143	304
May	1987	8 361	0	1 438	289	538	4 538	1 085	143	330
Poland	1984	9 659	...	2 262	...	* 175	4 694	2 366	162	..
Pologne	1985	9 905	...	2 311	...	183	4 842	2 399	170	..
	1986	10 172	...	2 653	...	* 185	4 833	2 323	178	..
	1987	10 440	...	2 707	...	180	5 009	2 373	171	..
Portugal	1984	6 664	0	783	551	33	1 856	3 087	253	101
Portugal	1985	6 339	0	844	517	29	1 945	2 672	246	86
	1986	7 226	0	1 056	651	30	2 248	2 879	285	77
	1987	6 485	0	986	572	32	1 898	2 658	255	* 84
Romania	1984	22 199	* 10	5 321	...	* 600	6 809	8 120	* 250	* 1 089
Roumanie	1985	22 413	* 10	5 305	...	* 487	6 842	8 432	* 250	* 1 087
	1986	22 297	* 10	* 5 300	...	* 450	* 6 800	* 8 400	* 250	* 1 087
	1987	22 409	* 10	* 5 400	...	* 460	* 6 790	* 8 400	* 250	* 1 099
Spain	1984	38 402	2	5 871	2 412	106	10 788	17 117	1 290	816
Espagne	1985	38 561	0	6 709	2 460	356	11 474	15 228	1 479	855
	1986	42 724	0	7 783	3 469	317	12 309	16 152	1 648	* 1 046
	1987	41 214	0	7 704	3 496	150	12 053	15 384	1 630	797

Table 26

Production of Energy Products from Refineries – by type
Production des raffineries – produits énergétiques – par catégorie

(Quantities in thousand metric tons)
(Quantités en milliers de tonnes métriques)

Country or area Pays ou zone	Year Année	Total Totale	Aviation Gasolene Essence aviation	Motor Gasolene Essence auto	Jet Fuels Carbu–réacteurs	Kerosene Pétrole lampant	Gas–Diesel Oil Gazole carburant Diesel	Residual Fuel Oil Mazout résiduel	L.P.G. G.P.L.	Refinery Gas Gaz de raffinerie
Sweden Suède	1984	12 968	..	3 286	473	15	4 582	4 449	163	..
	1985	12 423	..	2 996	514	26	4 622	4 085	180	..
	1986	13 541	..	3 161	443	22	5 464	4 217	234	..
	1987	14 367	..	3 589	650	33	5 570	4 314	211	..
Switzrld,Liechtenst. Suisse,Liechtenstein	1984	4 066	..	989	257	3	1 767	763	142	145
	1985	4 068	..	998	240	4	1 809	712	148	157
	1986	4 120	..	1 006	250	3	1 826	724	144	167
	1987	3 998	..	1 025	281	4	1 703	679	171	135
United Kingdom Royaume–Uni	1984	70 283	1	22 237	5 352	2 066	21 549	15 488	1 674	1 916
	1985	70 132	4	22 254	5 257	2 307	21 702	15 084	1 515	2 009
	1986	72 092	0	23 360	5 813	2 147	22 409	14 657	1 346	2 360
	1987	73 404	0	24 680	6 063	2 770	21 427	14 759	1 444	2 261
Yugoslavia Yougoslavie	1984	10 536	1	1 890	209	0	3 635	4 234	236	331
	1985	10 386	1	1 867	242	0	4 002	3 762	225	287
	1986	12 509	1	2 261	280	0	4 310	5 017	275	365
	1987	12 384	2	2 279	333	0	4 262	4 798	304	406
OCEANIA **OCEANIE**	**1984**	**27 503**	**144**	**12 545**	**1 967**	**281**	**7 697**	**3 292**	**512**	**1 065**
	1985	**26 755**	**116**	**12 040**	**2 054**	**265**	**7 434**	**3 231**	**517**	**1 098**
	1986	**27 348**	**140**	**13 014**	**2 127**	**231**	**7 785**	**2 489**	**441**	**1 121**
	1987	**27 475**	**144**	**12 547**	**2 169**	**241**	**8 137**	**2 724**	**379**	**1 134**
Australia Australie	1984	25 252	144	11 255	1 967	281	7 081	2 947	512	1 065
	1985	25 420	116	11 334	2 054	265	7 106	2 930	517	1 098
	1986	24 991	140	11 477	2 127	231	7 173	2 281	441	1 121
	1987	24 808	144	11 195	2 169	241	7 142	2 404	379	1 134
New Zealand Nouvelle–Zélande	1984	2 251	..	1 290	..	..	616	345	..	..
	1985	1 335	..	706	..	..	328	301	..	..
	1986	2 357	..	1 537	..	..	612	208	..	..
	1987	2 667	..	1 352	..	..	995	320	..	..
USSR **URSS**	**1984**	**423 690**	*** 1 900**	*** 79 000**	**..**	*** 36 500**	*** 109 500**	*** 175 000**	*** 8 090**	*** 13 700**
	1985	**412 975**	**1 900**	**78 800**	**..**	**36 300**	**109 000**	**165 400**	*** 8 200**	*** 13 375**
	1986	**424 634**	*** 2 000**	*** 79 500**	**..**	*** 36 500**	*** 109 500**	*** 175 000**	*** 8 400**	*** 13 734**
	1987	**435 353**	*** 2 000**	*** 80 000**	**..**	*** 36 600**	*** 109 500**	*** 185 000**	*** 8 400**	*** 13 853**

Table 27

Capacity and Production of Natural Gas Liquid Plants – by type
Capacité et production des usines d'extraction de condensats de gaz naturel – par catégorie

(Capacities in million cubic metres and production in thousand metric tons)
(Capacités en million de métres cubes et production en milliers de tonnes métriques)

Country or area Pays ou zone	Year Année	Capacity Capacité	Total Production Production totale	Natural Gasolene Essence naturelle	Condensate Condensats d'usine	L.P.G. G.P.L.	Other Natural Gas Liquids Autres condensats de gaz naturel
WORLD	**1984**	**1 405 869**	**129 431**	**23 916**	**21 703**	**81 913**	**1 899**
MONDE	**1985**	**1 451 175**	**128 480**	**23 483**	**20 923**	**82 128**	**1 946**
	1986	**1 476 634**	**129 917**	**22 440**	**21 906**	**84 197**	**1 374**
	1987	**1 480 506**	**138 527**	**24 573**	**23 514**	**88 976**	**1 464**
AFRICA	**1984**	**82 811**	**18 118**	**0**	**14 349**	**2 769**	**1 000**
AFRIQUE	**1985**	**84 289**	**18 438**	**0**	**15 034**	**2 904**	**500**
	1986	**84 806**	**20 171**	**0**	**16 150**	**3 521**	**500**
	1987	**89 250**	**22 670**	**25**	**17 497**	**4 548**	**600**
Algeria	1984	55 143	16 099	..	13 893	2 206	0
Algérie	1985	55 143	16 783	..	14 483	* 2 300	0
	1986	55 143	18 377	..	15 487	2 890	0
	1987	55 143	20 523	..	16 743	3 780	0
Egypt	1984	8 537	619	* 0	456	163	..
Egypte	1985	10 015	755	* 0	551	204	..
	1986	10 532	894	* 0	663	231	..
	1987	14 976	1 097	* 25	754	318	..
Libyan Arab Jamah.	1984	19 131	1 400	..	..	* 400	1 000
Jamah.arabe libyenne	1985	19 131	900	..	..	* 400	500
	1986	19 131	900	..	..	* 400	500
	1987	19 131	1 050	..	..	* 450	600
NTH. AMERICA	**1984**	**967 853**	**74 196**	**16 704**	**4 748**	**52 565**	**179**
AMER DU NORD	**1985**	**980 549**	**72 357**	**16 625**	**3 076**	**51 998**	**658**
	1986	**998 471**	**70 703**	**15 866**	**3 038**	**51 584**	**215**
	1987	**1 000 713**	**73 936**	**16 876**	**3 192**	**53 656**	**212**
Canada	1984	227 396	11 102	3 456	104	7 542	..
Canada	1985	235 726	11 062	3 663	119	7 280	..
	1986	242 465	10 885	3 734	85	7 066	..
	1987	254 837	12 179	3 958	113	8 108	..
Mexico	1984	39 348	10 299	2 549	* 4 644	3 106	0
Mexique	1985	44 795	9 189	* 2 665	* 2 957	* 3 567	0
	1986	44 795	9 752	2 309	* 2 953	4 490	0
	1987	44 795	10 179	2 286	* 3 079	4 814	0
Trinidad and Tobago	1984	...	8	* 8	..	..	..
Trinité–et–Tobago	1985	...	8	* 8	..	..	..
	1986	...	6	* 6	..	..	..
	1987	...	6	* 6	..	..	..
United States	1984	701 109	52 787	10 691	...	41 917	179
Etats–Unis	1985	700 028	52 098	10 289	...	41 151	658
	1986	711 211	50 060	9 817	...	40 028	215
	1987	701 081	51 572	10 626	...	40 734	212
STH. AMERICA	**1984**	**60 597**	**4 394**	**977**	**355**	**2 807**	**255**
AMER DU SUD	**1985**	**77 262**	**4 758**	**1 178**	**288**	**3 034**	**258**
	1986	**78 430**	**5 788**	**1 425**	**66**	**4 035**	**262**
	1987	**62 775**	**5 867**	**1 470**	**100**	**3 984**	**313**
Argentina	1984	17 735	1 011	237	..	774	..
Argentine	1985	17 735	1 000	225	..	775	..
	1986	17 735	1 019	232	..	787	..
	1987	13 899	1 025	267	..	758	..
Bolivia	1984	4 899	183	* 60	..	* 123	..
Bolivie	1985	4 899	181	56	..	* 125	..
	1986	4 899	180	54	..	126	..
	1987	4 899	187	51	..	136	..
Brazil	1984	3 225	423	..	..	292	131
Brésil	1985	3 818	491	..	..	349	142
	1986	3 818	627	..	..	458	169
	1987	4 525	804	..	..	590	214

Table 27

Capacity and Production of Natural Gas Liquid Plants – by type
Capacité et production des usines d'extraction de condensats de gaz naturel – par catégorie

(Capacities in million cubic metres and production in thousand metric tons)
(Capacités en million de mètres cubes et production en milliers de tonnes métriques)

Country or area Pays ou zone	Year Année	Capacity Capacité	Total Production Production totale	Natural Gasolene Essence naturelle	Condensate Condensats d'usine	L.P.G. G.P.L.	Other Natural Gas Liquids Autres condensats de gaz naturel
Chile Chili	1984	4 858	424	96	* 0	252	76
	1985	4 858	390	71	* 0	248	71
	1986	4 858	402	89	* 0	* 242	71
	1987	4 858	423	90	0	* 251	82
Colombia Colombie	1984	1 292	200	77	..	123	..
	1985	1 292	198	72	..	126	..
	1986	2 460	191	72	..	119	..
	1987	3 339	148	76	..	72	..
Ecuador Equateur	1984	...	59	16	..	41	2
	1985	...	67	23	..	* 42	2
	1986	...	88	* 20	..	66	2
	1987	424	40	16	..	22	2
Peru Pérou	1984	723	71	20	..	5	46
	1985	723	77	* 26	..	8	43
	1986	723	47	21	..	6	20
	1987	723	40	* 20	..	* 5	15
Venezuela Venezuela	1984	27 865	2 023	* 471	355	1 197	..
	1985	43 937	2 354	705	288	1 361	..
	1986	43 937	3 234	937	66	2 231	..
	1987	30 108	3 200	* 950	* 100	* 2 150	..
ASIA **ASIE**	**1984**	**143 603**	**25 074**	**5 197**	**1 920**	**17 886**	**71**
	1985	**144 249**	**25 283**	**4 592**	**2 184**	**18 354**	**153**
	1986	**148 848**	**25 539**	**4 092**	**2 285**	**19 085**	**77**
	1987	**131 321**	**27 925**	**5 112**	**2 353**	**20 367**	**93**
Afghanistan Afghanistan	1984	...	7	..	* 7	..	..
	1985	...	8	..	8	..	..
	1986	...	7	..	* 7	..	..
	1987	...	6	..	6	..	..
Bahrain Bahreïn	1984	1 499	273	113	..	160	..
	1985	1 478	331	182	..	149	..
	1986	1 736	370	* 200	..	* 170	..
	1987	1 736	380	* 210	..	* 170	..
Bangladesh Bangladesh	1984	4 754	51	..	..	..	51
	1985	4 754	58	..	..	..	58
	1986	4 754	69	..	..	..	69
	1987	2 481	85	..	..	..	85
Brunei Darussalam Brunéi Darussalam	1984	10 315	414	73	* 301	29	11
	1985	10 315	438	* 79	* 315	* 32	12
	1986	10 315	389	* 60	* 301	* 20	8
	1987	10 666	389	* 60	* 301	* 20	8
Burma Birmanie	1984	...	1	* 1	..	..	..
	1985	...	1	* 1	..	..	..
	1986	...	1	* 1	..	..	..
	1987	...	1	* 1	..	..	..
India Inde	1984	...	84	84	..	..	..
	1985	...	76	76	..	..	..
	1986	...	180	180	..	..	..
	1987	...	237	237	..	..	..
Indonesia Indonésie	1984	9 645	5	* 4	..	* 1	..
	1985	9 140	6	* 5	..	* 1	..
	1986	9 140	6	* 5	..	* 1	..
	1987	6 517	5	* 5	..	0	..
Iran(Islamic Rep.of) Iran(Rép.islamique)	1984	...	600	* 200	..	* 400	..
	1985	...	850	* 250	..	* 600	..
	1986	...	700	* 200	..	* 500	..
	1987	...	800	* 200	..	* 600	..

Table 27

Capacity and Production of Natural Gas Liquid Plants – by type
Capacité et production des usines d'extraction de condensats de gaz naturel – par catégorie

(Capacities in million cubic metres and production in thousand metric tons)
(Capacités en million de mètres cubes et production en milliers de tonnes métriques)

Country or area Pays ou zone	Year Année	Capacity Capacité	Total Production Production totale	Natural Gasolene Essence naturelle	Condensate Condensats d'usine	L.P.G. G.P.L.	Other Natural Gas Liquids Autres condensats de gaz naturel
Iraq	1984	...	230	* 70	..	* 160	..
Iraq	1985	...	280	* 80	..	* 200	..
	1986	...	290	* 80	..	* 210	..
	1987	...	280	* 80	..	* 200	..
Japan	1984	..	18	5	..	13	..
Japon	1985	..	18	6	..	12	..
	1986	..	19	6	..	* 13	..
	1987	..	19	* 6	..	* 13	..
Kuwait,part Ntl.Zone	1984	17 364	1 827	539	..	1 279	9
Koweït et prt.Zne.N.	1985	17 364	2 247	553	..	1 611	83
	1986	17 364	2 632	* 620	..	* 2 012	0
	1987	5 788	3 237	* 723	..	* 2 514	0
Malaysia	1984	2 584	...	..	..	...	..
Malaisie	1985	2 915	162	..	..	162	..
	1986	2 915	295	..	..	295	..
	1987	2 915	325	..	..	325	..
Oman	1984	...	4 650	* 150	..	* 4 500	..
Oman	1985	...	4 760	* 160	..	* 4 600	..
	1986	...	4 800	* 170	..	* 4 630	..
	1987	6 470	4 810	* 160	..	* 4 650	..
Pakistan	1984	9 819	5	..	* 5	..	..
Pakistan	1985	9 819	6	..	* 6	..	..
	1986	9 819	6	..	* 6	..	..
	1987	11 318	6	..	* 6	..	..
Qatar	1984	5 981	915	225	..	690	..
Qatar	1985	5 995	722	173	..	549	..
	1986	5 788	777	186	..	591	..
	1987	5 984	782	* 172	..	* 610	..
S.Arabia,pt.Ntrl.Zn.	1984	44 444	11 403	2 719	..	8 684	..
Arab.saoud,p.Zn.neut	1985	44 444	10 055	1 940	..	8 115	..
	1986	44 444	9 534	1 413	..	8 121	..
	1987	44 444	10 944	2 263	..	8 681	..
Thailand	1984	...	361	26	335	0	..
Thaïlande	1985	...	996	73	580	343	..
	1986	...	1 069	68	579	422	..
	1987	...	1 081	80	617	384	..
United Arab Emirates	1984	34 397	4 180	970	* 1 240	1 970	..
Emirats arabes unis	1985	35 224	4 230	* 1 000	* 1 250	* 1 980	..
	1986	39 772	4 360	* 890	* 1 370	* 2 100	..
	1987	30 201	4 500	* 900	* 1 400	* 2 200	..
EUROPE	**1984**	**132 370**	**4 844**	**1 031**	**331**	**3 088**	**394**
EUROPE	**1985**	**142 439**	**4 427**	**1 081**	**341**	**2 628**	**377**
	1986	**142 772**	**4 405**	**1 050**	**367**	**2 668**	**320**
	1987	**161 047**	**4 868**	**1 083**	**372**	**3 167**	**246**
Austria	1984	59	..	..	..	..	..
Autriche	1985	59	..	..	..	..	..
	1986	59	..	..	..	..	..
	1987	204	..	..	..	..	..
Czechoslovakia	1984	...	3	* 3	..	..	..
Tchécoslovaquie	1985	...	3	* 3	..	..	..
	1986	...	3	* 3	..	..	..
	1987	...	4	* 4	..	..	..
Denmark	1984	4 186	..	..	..	..	..
Danemark	1985	4 651	..	..	..	..	..
	1986	4 651	..	..	..	..	..
	1987	4 651	..	..	..	..	..

Table 27

Capacity and Production of Natural Gas Liquid Plants – by type
Capacité et production des usines d'extraction de condensats de gaz naturel – par catégorie

(Capacities in million cubic metres and production in thousand metric tons)
(Capacités en million de mètres cubes et production en milliers de tonnes métriques)

Country or area Pays ou zone	Year Année	Capacity Capacité	Total Production Production totale	Natural Gasolene Essence naturelle	Condensate Condensats d'usine	L.P.G. G.P.L.	Other Natural Gas Liquids Autres condensats de gaz naturel
France incl. Monaco	1984	9 302	634	..	..	256	378
France y comp.Monaco	1985	8 031	601	..	..	239	362
	1986	5 891	504	..	..	203	301
	1987	5 891	409	..	..	163	246
Germany, Fed. Rep.	1984	5 611	..	..	..	..	..
Allemagne, Rép. féd.	1985	5 611	..	..	..	..	..
	1986	5 611	..	..	..	..	..
	1987	4 124	..	..	..	..	..
Greece	1984	403	..	..	..	..	..
Grèce	1985	109	..	..	..	..	..
	1986	109	..	..	..	..	..
	1987	109	..	..	..	..	..
Hungary	1984	8 150	743	503	..	240	..
Hongrie	1985	8 846	777	553	..	224	..
	1986	9 789	743	522	..	221	..
	1987	11 143	789	554	..	235	..
Italy and San Marino	1984	73 394	..	..	..	..	..
Italie y comp. S.Mrn	1985	73 394	..	..	..	..	..
	1986	74 924	..	..	..	..	..
	1987	74 066	..	..	..	..	..
Netherlands	1984	4 548	331	..	331	..	..
Pays–Bas	1985	4 548	341	..	341	..	..
	1986	4 548	367	..	367	..	..
	1987	4 548	372	..	372	..	..
Norway,Svlbd,J.Myn I	1984	3 617	852	..	..	852	...
Norvège,Svalbd,J.May	1985	9 819	761	..	..	761	...
	1986	9 819	580	..	..	580	...
	1987	9 819	818	..	..	818	...
Poland	1984	...	41	* 25	..	0	16
Pologne	1985	...	40	* 25	..	0	15
	1986	...	44	* 25	..	0	19
	1987	...	25	25	..	0	0
Romania	1984	...	500	* 500	..	..	..
Roumanie	1985	...	500	* 500	..	..	..
	1986	...	500	* 500	..	..	..
	1987	...	500	* 500	..	..	..
Spain	1984	...	196	..	..	196	..
Espagne	1985	...	200	..	..	200	..
	1986	...	234	..	..	234	..
	1987	4 424	212	..	..	212	..
United Kingdom	1984	23 100	1 477	0	0	1 477	...
Royaume–Uni	1985	27 371	1 118	0	0	1 118	...
	1986	27 371	1 350	0	0	1 350	...
	1987	42 068	1 656	0	0	1 656	...
Yugoslavia	1984	...	67	..	..	67	..
Yougoslavie	1985	...	86	..	..	86	..
	1986	...	80	..	..	80	..
	1987	...	83	..	..	83	..
OCEANIA	**1984**	**18 635**	**1 745**	**7**	..	**1 738**	..
OCEANIE	**1985**	**22 387**	**2 137**	**7**	..	**2 130**	..
	1986	**23 307**	**2 211**	**7**	..	**2 204**	..
	1987	**35 400**	**2 161**	**7**	..	**2 154**	..
Australia	1984	17 643	1 691	..	..	1 691	..
Australie	1985	21 395	2 080	..	..	2 080	..
	1986	20 744	2 154	..	..	2 154	..
	1987	26 594	2 104	..	..	2 104	..

Table 27

Capacity and Production of Natural Gas Liquid Plants – by type
Capacité et production des usines d'extraction de condensats de gaz naturel – par catégorie

(Capacities in million cubic metres and production in thousand metric tons)
(Capacités en million de métres cubes et production en milliers de tonnes métriques)

Country or area Pays ou zone	Year Année	Capacity Capacité	Total Production Production totale	Natural Gasolene Essence naturelle	Condensate Condensats d'usine	L.P.G. G.P.L.	Other Natural Gas Liquids Autres condensats de gaz naturel
New Zealand Nouvelle–Zélande	1984	992	54	7	..	47	..
	1985	992	57	* 7	..	* 50	..
	1986	2 563	57	* 7	..	* 50	..
	1987	8 806	57	* 7	..	* 50	..
USSR **URSS**	**1984**	...	**1 060**	...	..	*** 1 060**	..
	1985	...	**1 080**	...	..	*** 1 080**	..
	1986	...	**1 100**	...	..	*** 1 100**	..
	1987	...	**1 100**	...	..	*** 1 100**	..

Table 28

Production, Trade and Consumption of Natural Gas
Production, commerce et consommation de gaz naturel

(Quantities in terajoules and in megajoules per capita)
(Quantités en térajoules et en mégajoules par habitant)

Country or area / Pays ou zone	Year / Année	Production	Imports / Importations	Exports / Exportations	Changes in Stocks / Variation des stocks	Consumption / Consommation: Total / Totale	Consumption / Consommation: Per Capita / Par habitant
WORLD / MONDE	**1984**	**59 259 732**	**8 007 992**	**8 275 022**	**188 203**	**58 804 499**	**12 328**
	1985	**61 485 978**	**8 450 791**	**8 645 379**	**–340 327**	**61 631 717**	**12 699**
	1986	**62 954 957**	**8 319 534**	**8 577 283**	**351 211**	**62 345 997**	**12 625**
	1987	**66 696 217**	**9 047 335**	**8 921 132**	**54 536**	**66 767 884**	**13 289**
AFRICA / AFRIQUE	**1984**	**1 303 426**	**15 968**	**782 724**	**...**	**536 670**	**992**
	1985	**1 611 216**	**25 739**	**904 259**	**...**	**732 696**	**1 314**
	1986	**1 698 971**	**12 725**	**832 000**	**...**	**879 696**	**1 532**
	1987	**1 832 597**	**13 000**	**678 966**	**...**	**1 166 631**	**1 971**
Algeria / Algérie	1984	935 650	..	* 747 000	...	188 650	8 964
	1985	1 161 480	..	* 860 000	...	301 480	13 892
	1986	1 187 900	..	* 793 000	...	394 900	17 640
	1987	1 312 880	..	* 645 248	...	667 632	28 898
Angola / Angola	1984	4 500	..	..	...	4 500	527
	1985	4 500	..	..	...	4 500	514
	1986	5 000	..	..	...	5 000	557
	1987	6 000	..	..	...	6 000	650
Congo / Congo	1984	81	..	..	...	81	48
	1985	124	..	..	...	124	71
	1986	81	..	..	...	81	45
	1987	85	..	..	...	85	46
Egypt / Egypte	1984	108 748	..	..	..	108 748	2 348
	1985	139 852	..	..	..	139 852	2 939
	1986	163 492	..	..	..	163 492	3 346
	1987	169 449	..	..	..	169 449	3 379
Gabon / Gabon	1984	2 771	..	* 0	...	2 771	2 917
	1985	3 199	..	* 0	...	3 199	3 244
	1986	5 775	..	* 0	...	5 775	5 651
	1987	6 710	..	* 0	...	6 710	6 336
Libyan Arab Jamah. / Jamah.arabe libyenne	1984	149 920	..	* 35 724	..	114 196	31 407
	1985	172 300	..	* 44 259	..	128 041	33 811
	1986	187 400	..	* 39 000	..	148 400	37 703
	1987	172 800	..	* 33 718	..	139 082	34 055
Morocco / Maroc	1984	3 260	..	..	...	3 260	151
	1985	3 350	..	..	...	3 350	151
	1986	3 350	..	..	...	3 350	148
	1987	3 360	..	..	...	3 360	144
Nigeria / Nigéria	1984	80 032	..	..	..	80 032	869
	1985	109 259	..	..	..	109 259	1 148
	1986	128 731	..	..	..	128 731	1 307
	1987	144 378	..	..	..	144 378	1 417
Rwanda / Rwanda	1984	40	..	..	...	40	7
	1985	40	..	..	...	40	7
	1986	37	..	..	...	37	6
	1987	35	..	..	...	35	5
Tunisia / Tunisie	1984	18 424	15 968	..	...	34 392	4 856
	1985	17 112	25 739	..	...	42 851	5 901
	1986	17 205	12 725	..	...	29 930	4 021
	1987	16 900	* 13 000	..	...	29 900	3 920
NTH. AMERICA / AMER DU NORD	**1984**	**21 582 966**	**919 010**	**929 319**	**226 567**	**21 346 090**	**53 970**
	1985	**20 814 526**	**1 036 517**	**1 054 466**	**–339 060**	**21 135 637**	**52 720**
	1986	**20 118 785**	**828 835**	**857 713**	**194 231**	**19 895 676**	**48 975**
	1987	**20 919 702**	**1 086 286**	**1 113 242**	**27 560**	**20 865 186**	**50 701**
Barbados / Barbade	1984	760	..	..	...	760	3 004
	1985	993	..	..	...	993	3 909
	1986	1 028	..	..	...	1 028	4 031
	1987	865	..	..	...	865	3 366

Table 28

Production, Trade and Consumption of Natural Gas
Production, commerce et consommation de gaz naturel

(Quantities in terajoules and in megajoules per capita)
(Quantités en térajoules et en mégajoules par habitant)

Country or area / Pays ou zone	Year / Année	Production	Imports / Importations	Exports / Exportations	Changes in Stocks / Variation des stocks	Consumption / Consommation: Total / Totale	Consumption / Consommation: Per Capita / Par habitant
Canada	1984	2 971 752	136	812 620	12 503	2 146 765	85 511
Canada	1985	3 188 504	192	992 254	–45 900	2 242 342	88 351
	1986	2 987 809	9 836	796 776	41 647	2 159 222	84 233
	1987	3 229 488	3 525	1 059 298	–3 140	2 176 855	84 143
Cuba	1984	124	..	..	...	124	13
Cuba	1985	255	..	..	...	255	26
	1986	209	..	..	...	209	21
	1987	884	..	..	...	884	88
Mexico	1984	1 111 560	2 010	57 157	...	1 056 413	13 621
Mexique	1985	1 068 027	1 645	0	...	1 069 672	13 476
	1986	1 004 518	1 919	0	...	1 006 437	12 394
	1987	1 011 234	2 037	0	...	1 013 271	12 202
Trinidad and Tobago	1984	157 731	..	..	...	157 731	135 159
Trinité–et–Tobago	1985	191 668	..	..	...	191 668	161 609
	1986	150 738	..	..	...	150 738	125 094
	1987	158 311	..	..	...	158 311	129 339
United States	1984	17 341 039	916 864	59 542	214 064	17 984 297	75 856
Etats–Unis	1985	16 365 079	1 034 680	62 212	–293 160	17 630 707	73 681
	1986	15 974 483	817 080	60 937	152 584	16 578 042	68 674
	1987	16 518 920	1 080 724	53 944	30 700	17 515 000	71 947
STH. AMERICA	**1984**	**1 619 675**	**76 833**	**76 808**	**0**	**1 619 700**	**6 184**
AMER DU SUD	**1985**	**1 655 071**	**76 832**	**76 898**	**0**	**1 655 005**	**6 184**
	1986	**1 793 332**	**76 829**	**82 468**	**0**	**1 787 693**	**6 539**
	1987	**2 002 454**	**89 068**	**79 010**	**0**	**2 012 512**	**7 208**
Argentina	1984	478 162	76 833	..	...	554 995	18 547
Argentine	1985	508 791	76 832	..	...	585 623	19 307
	1986	552 639	76 829	..	...	629 468	20 478
	1987	656 968	89 068	..	...	746 036	23 958
Bolivia	1984	86 268	..	* 76 808	...	9 460	1 526
Bolivie	1985	85 464	..	76 898	...	8 566	1 344
	1986	91 835	..	82 468	...	9 367	1 431
	1987	91 053	..	79 010	...	12 043	1 789
Brazil	1984	77 144	..	..	...	77 144	582
Brésil	1985	96 742	..	..	...	96 742	714
	1986	110 400	..	..	...	110 400	797
	1987	114 234	..	..	...	114 234	808
Chile	1984	36 802	..	* 0	0	36 802	3 088
Chili	1985	37 506	..	* 0	0	37 506	3 094
	1986	34 299	..	* 0	0	34 299	2 782
	1987	33 634	..	0	0	33 634	2 682
Colombia	1984	173 169	..	..	...	173 169	6 160
Colombie	1985	171 796	..	..	...	171 796	5 983
	1986	169 130	..	..	...	169 130	5 767
	1987	170 502	..	..	...	170 502	5 694
Ecuador	1984	3 921	..	..	...	3 921	430
Equateur	1985	3 775	..	..	...	3 775	402
	1986	4 234	..	..	...	4 234	439
	1987	2 663	..	..	...	2 663	268
Peru	1984	23 597	..	..	...	23 597	1 229
Pérou	1985	24 108	..	..	...	24 108	1 224
	1986	25 400	..	..	...	25 400	1 257
	1987	25 400	..	..	...	25 400	1 225
Venezuela	1984	740 612	..	..	..	740 612	43 943
Venezuela	1985	726 889	..	..	..	726 889	41 973
	1986	805 395	..	..	..	805 395	45 270
	1987	908 000	..	..	..	908 000	49 696

Table 28

Production, Trade and Consumption of Natural Gas
Production, commerce et consommation de gaz naturel

(Quantities in terajoules and in megajoules per capita)
(Quantités en térajoules et en mégajoules par habitant)

Country or area Pays ou zone	Year Année	Production	Imports Importations	Exports Exportations	Changes in Stocks Variation des stocks	Consumption Consommation	
						Total Totale	Per Capita Par habitant
ASIA	**1984**	**4 685 224**	**1 367 100**	**1 488 897**	**–67 634**	**4 631 061**	**1 655**
ASIE	**1985**	**5 326 297**	**1 467 312**	**1 568 312**	**–106 818**	**5 332 115**	**1 873**
	1986	**6 160 194**	**1 629 755**	**1 678 939**	**43 840**	**6 067 170**	**2 091**
	1987	**6 622 864**	**1 827 278**	**1 787 100**	**–20 905**	**6 683 947**	**2 262**
Afghanistan	1984	105 940	..	* 87 000	1 000	17 940	1 221
Afghanistan	1985	111 240	..	* 87 000	1 000	23 240	1 601
	1986	111 444	..	* 87 000	800	23 644	1 627
	1987	112 800	..	* 88 000	1 000	23 800	1 618
Bahrain	1984	138 357	..	..	..	138 357	334 196
Bahreïn	1985	167 488	..	..	..	167 488	388 603
	1986	168 256	..	..	..	168 256	375 571
	1987	168 200	..	..	..	168 200	361 720
Bangladesh	1984	90 817	..	..	...	90 817	922
Bangladesh	1985	103 396	..	..	...	103 396	1 022
	1986	116 572	..	..	...	116 572	1 122
	1987	137 000	..	..	...	137 000	1 284
Brunei Darussalam	1984	364 093	..	341 808	...	22 285	102 696
Brunéi Darussalam	1985	358 754	..	333 629	...	25 125	111 667
	1986	351 479	..	332 306	...	19 173	82 288
	1987	371 306	..	329 073	...	42 233	174 517
Burma	1984	26 980	..	..	...	26 980	734
Birmanie	1985	36 420	..	..	...	36 420	970
	1986	42 310	..	..	...	42 310	1 104
	1987	44 345	..	..	...	44 345	1 133
China	1984	492 445	..	..	...	492 445	478
Chine	1985	504 542	..	..	...	504 542	485
	1986	536 929	..	..	...	536 929	509
	1987	546 879	..	..	...	546 879	512
India	1984	125 405	..	..	...	125 405	167
Inde	1985	146 357	..	..	...	146 357	190
	1986	209 599	..	..	...	209 599	267
	1987	235 045	..	..	...	235 045	293
Indonesia	1984	940 480	..	757 150	–70 000	253 330	1 550
Indonésie	1985	937 377	..	792 202	–105 325	250 500	1 505
	1986	1 119 657	..	808 135	35 000	276 522	1 633
	1987	1 079 657	..	826 291	...	253 366	1 471
Iran(Islamic Rep.of)	1984	511 000	..	0	...	511 000	11 164
Iran(Rép.islamique)	1985	556 800	..	* 0	...	556 800	11 691
	1986	580 200	..	* 0	...	580 200	11 729
	1987	622 100	..	* 0	...	622 100	12 124
Iraq	1984	18 752	..	...	..	18 752	1 222
Iraq	1985	31 290	..	...	..	31 290	1 968
	1986	61 710	..	* 50 000	..	11 710	711
	1987	146 250	..	107 250	..	39 000	2 287
Israel	1984	1 780	..	..	...	1 780	427
Israël	1985	1 900	..	..	...	1 900	449
	1986	1 544	..	..	...	1 544	359
	1987	1 600	..	..	...	1 600	366
Japan	1984	91 737	1 367 100	..	1 366	1 457 471	12 137
Japon	1985	95 097	1 467 312	..	–2 493	1 564 902	12 959
	1986	83 331	1 573 342	..	8 213	1 648 460	13 583
	1987	85 825	1 628 662	..	–3 285	1 717 772	14 090
Korea, Republic of	1984	..	0	..	...	0	0
Corée, République de	1985	..	0	..	...	0	0
	1986	..	6 413	..	3 509	2 904	70
	1987	..	91 366	..	3 346	88 020	2 090

Production, Trade and Consumption of Natural Gas
Production, commerce et consommation de gaz naturel

(Quantities in terajoules and in megajoules per capita)
(Quantités en térajoules et en mégajoules par habitant)

Country or area Pays ou zone	Year Année	Production	Imports Importations	Exports Exportations	Changes in Stocks Variation des stocks	Consumption Consommation	
						Total Totale	Per Capita Par habitant
Kuwait,part Ntl.Zone Koweït et prt.Zne.N.	1984	212 615	0	..	..	212 615	129 485
	1985	211 317	0	..	..	211 317	123 505
	1986	212 410	* 50 000	..	..	262 410	147 091
	1987	199 900	* 107 250	..	..	307 150	165 046
Malaysia Malaisie	1984	226 062	...	192 589	...	33 473	2 218
	1985	305 557	...	236 731	...	68 826	4 455
	1986	369 490	...	284 008	–3 682	89 164	5 638
	1987	477 101	...	324 302	–21 966	174 765	10 793
Oman Oman	1984	54 010	..	..	..	54 010	45 235
	1985	68 230	..	..	..	68 230	54 891
	1986	83 200	..	..	..	83 200	64 496
	1987	85 000	..	..	..	85 000	63 670
Pakistan Pakistan	1984	296 835	..	..	...	296 835	2 987
	1985	314 561	..	..	...	314 561	3 047
	1986	332 749	..	..	...	332 749	3 106
	1987	352 509	..	..	...	352 509	3 175
Qatar Qatar	1984	159 320	..	..	..	159 320	557 063
	1985	175 054	..	..	..	175 054	583 513
	1986	219 040	..	..	..	219 040	697 580
	1987	184 390	..	..	..	184 390	563 884
S.Arabia,pt.Ntrl.Zn. Arab.saoud,p.Zn.neut	1984	528 580	..	..	...	528 580	47 474
	1985	637 020	..	..	...	637 020	54 934
	1986	902 600	..	..	...	902 600	74 762
	1987	906 800	..	..	...	906 800	72 174
Syrian Arab Republic Rép. arabe syrienne	1984	5 050	..	..	...	5 050	500
	1985	6 000	..	..	...	6 000	574
	1986	7 000	..	..	...	7 000	646
	1987	7 400	..	..	...	7 400	659
Thailand Thaïlande	1984	90 252	..	..	..	90 252	1 780
	1985	115 453	..	..	..	115 453	2 237
	1986	109 931	..	..	..	109 931	2 095
	1987	163 582	..	..	..	163 582	3 068
Turkey Turquie	1984	1 490	..	..	..	1 490	30
	1985	2 557	..	..	..	2 557	51
	1986	17 183	..	..	..	17 183	334
	1987	11 065	..	..	..	11 065	211
United Arab Emirates Emirats arabes unis	1984	148 880	..	* 110 350	...	38 530	29 753
	1985	390 970	..	* 118 750	...	272 220	201 495
	1986	478 960	..	* 117 490	...	361 470	257 457
	1987	640 110	..	* 112 184	...	527 926	362 836
EUROPE **EUROPE**	**1984**	**8 997 161**	**5 542 081**	**2 556 374**	**29 247**	**11 953 621**	**24 351**
	1985	**9 283 886**	**5 757 391**	**2 566 444**	**105 551**	**12 369 282**	**25 130**
	1986	**8 964 596**	**5 684 390**	**2 316 163**	**113 140**	**12 219 683**	**24 764**
	1987	**9 296 484**	**5 943 703**	**2 403 556**	**47 881**	**12 788 750**	**25 857**
Albania Albanie	1984	15 000	..	..	...	15 000	5 165
	1985	15 000	..	..	...	15 000	5 062
	1986	15 000	..	..	...	15 000	4 965
	1987	15 000	..	..	...	15 000	4 873
Austria Autriche	1984	51 148	163 885	..	15 852	199 181	26 515
	1985	46 901	169 258	..	2 228	213 931	28 513
	1986	40 351	147 201	..	443	187 109	24 955
	1987	42 024	141 778	..	–9 776	193 578	25 828
Belgium Belgique	1984	1 479	352 851	10 986	1 540	341 804	34 543
	1985	1 591	350 972	12 027	–376	340 912	34 422
	1986	940	299 090	10 653	15 308	274 069	27 650
	1987	996	324 364	11 676	6 792	306 892	30 940

Table 28

Production, Trade and Consumption of Natural Gas
Production, commerce et consommation de gaz naturel

(Quantities in terajoules and in megajoules per capita)
(Quantités en térajoules et en mégajoules par habitant)

Country or area Pays ou zone	Year Année	Production	Imports Importations	Exports Exportations	Changes in Stocks Variation des stocks	Consumption Consommation	
						Total Totale	Per Capita Par habitant
Bulgaria Bulgarie	1984	5 975	* 195 000	..	...	200 975	22 465
	1985	4 987	210 800	..	...	215 787	24 078
	1986	4 235	221 513	..	...	225 748	25 153
	1987	4 793	213 443	..	...	218 236	24 286
Czechoslovakia Tchécoslovaquie	1984	24 032	329 366	14 056	...	339 342	21 930
	1985	23 137	330 586	16 506	...	337 217	21 755
	1986	23 833	364 124	11 291	...	376 666	24 251
	1987	25 848	379 013	20 688	...	384 173	24 683
Denmark Danemark	1984	9 450	1 449	5 677	808	4 414	861
	1985	44 840	0	18 338	339	26 163	5 107
	1986	77 547	0	25 158	4 593	47 796	9 332
	1987	98 800	0	30 894	7 640	60 266	11 768
Finland Finlande	1984	..	29 737	..	...	29 737	6 094
	1985	..	37 868	..	...	37 868	7 723
	1986	..	45 992	..	...	45 992	9 344
	1987	..	60 901	..	...	60 901	12 333
France incl. Monaco France y comp.Monaco	1984	246 747	852 444	6 314	2 714	1 090 163	19 837
	1985	216 805	949 295	10 372	20 884	1 134 844	20 559
	1986	164 560	1 013 533	12 506	33 739	1 131 848	20 423
	1987	137 337	962 283	17 010	31 634	1 050 976	18 894
German Dem. Rep. Rép. dém. allemande	1984	105 044	209 424	7 094	–3 608	310 982	18 670
	1985	100 268	207 684	8 987	9 026	289 939	17 419
	1986	95 550	237 061	8 107	3 017	321 487	19 319
	1987	91 760	235 674	8 142	673	318 619	19 145
Germany, Fed. Rep. Allemagne, Rép. féd.	1984	617 058	1 323 482	46 093	–1 716	1 896 163	31 016
	1985	584 040	1 425 243	47 588	43 386	1 918 309	31 435
	1986	465 056	1 299 234	41 127	–984	1 724 147	28 303
	1987	558 151	1 437 926	50 873	31 196	1 914 008	31 474
Greece Grèce	1984	3 536	..	..	..	3 536	357
	1985	3 324	..	..	..	3 324	335
	1986	4 554	..	..	..	4 554	457
	1987	5 200	..	..	..	5 200	520
Hungary Hongrie	1984	232 149	130 576	342	–4 670	367 053	34 397
	1985	249 481	135 905	712	9 852	374 822	35 195
	1986	236 936	161 296	678	1 506	396 048	37 261
	1987	236 001	165 924	7 436	–3 390	397 879	37 507
Ireland Irlande	1984	87 794	..	..	166	87 628	24 873
	1985	90 394	..	..	–141	90 535	25 481
	1986	63 268	..	..	41	63 227	17 637
	1987	62 605	..	..	–8	62 613	17 306
Italy and San Marino Italie y comp. S.Mrn	1984	524 507	731 195	0	19 830	1 235 872	21 661
	1985	539 470	746 185	0	17 765	1 267 890	22 185
	1986	541 257	693 127	5 773	19 442	1 209 169	21 132
	1987	556 058	808 554	0	–18 197	1 382 809	24 148
Luxembourg Luxembourg	1984	..	12 979	..	..	12 979	35 365
	1985	..	14 109	..	..	14 109	38 340
	1986	..	14 051	..	..	14 051	38 182
	1987	..	15 960	..	..	15 960	43 370
Netherlands Pays–Bas	1984	2 716 916	120 240	1 403 863	–437	1 433 730	99 385
	1985	2 838 958	73 540	1 407 433	–546	1 505 611	103 943
	1986	2 603 758	69 865	1 160 899	146	1 512 578	104 014
	1987	2 611 144	74 868	1 121 849	–565	1 564 728	107 203
Norway,Svlbd,J.Myn I Norvège,Svalbd,J.May	1984	1 100 805	..	1 051 657	..	49 148	11 869
	1985	1 087 606	..	1 034 321	..	53 285	12 827
	1986	1 129 393	..	1 030 434	..	98 959	23 754
	1987	1 187 041	..	1 124 152	..	62 889	15 052

Table 28

Production, Trade and Consumption of Natural Gas
Production, commerce et consommation de gaz naturel

(Quantities in terajoules and in megajoules per capita)
(Quantités en térajoules et en mégajoules par habitant)

Country or area Pays ou zone	Year Année	Production	Imports Importations	Exports Exportations	Changes in Stocks Variation des stocks	Consumption Consommation	
						Total Totale	Per Capita Par habitant
Poland Pologne	1984	167 200	214 190	...	...	381 390	10 335
	1985	162 382	203 233	...	2 404	363 211	9 763
	1986	157 086	240 582	...	1 634	396 034	10 565
	1987	157 813	253 741	36	2 619	408 899	10 833
Romania Roumanie	1984	1 526 000	* 80 000	* 8 500	..	1 597 500	70 589
	1985	1 522 000	* 85 000	* 8 500	..	1 598 500	70 338
	1986	1 510 000	* 90 000	* 8 500	..	1 591 500	69 714
	1987	1 551 000	* 90 000	* 9 000	..	1 632 000	71 151
Spain Espagne	1984	6 856	86 746	..	−1 232	94 834	2 467
	1985	10 686	99 420	..	691	109 415	2 834
	1986	12 389	89 840	..	−854	103 083	2 659
	1987	26 808	90 479	..	−737	118 024	3 033
Sweden Suède	1984	..	0	..	0	0	0
	1985	..	3 227	..	39	3 188	382
	1986	..	8 476	..	81	8 395	1 005
	1987	..	* 11 055	..	...	11.055	1 324
Switzrld,Liechtenst. Suisse,Liechtenstein	1984	0	58 115	1 792	...	56 323	8 704
	1985	698	59 934	1 660	...	58 972	9 074
	1986	598	60 818	1 037	...	60 379	9 262
	1987	335	66 208	1 800	...	64 743	9 912
United Kingdom Royaume–Uni	1984	1 494 266	530 601	..	...	2 024 867	35 680
	1985	1 664 693	529 546	..	...	2 194 239	38 619
	1986	1 742 306	493 565	..	35 028	2 200 843	38 693
	1987	1 837 415	464 017	..	...	2 301 432	40 419
Yugoslavia Yougoslavie	1984	61 199	119 801	..	..	181 000	7 882
	1985	76 625	125 586	..	..	202 211	8 746
	1986	75 979	135 022	..	..	211 001	9 066
	1987	90 355	147 515	..	..	237 870	10 155
OCEANIA OCEANIE	**1984**	**602 590**	..	..	**23**	**602 567**	**24 820**
	1985	**645 541**	..	..	**0**	**645 541**	**26 189**
	1986	**710 961**	..	..	**0**	**710 961**	**28 416**
	1987	**727 353**	..	..	**0**	**727 353**	**28 648**
Australia Australie	1984	488 867	..	..	...	488 867	31 434
	1985	522 843	..	..	...	522 843	33 177
	1986	571 088	..	..	...	571 088	35 776
	1987	588 928	..	..	...	588 928	36 437
New Zealand Nouvelle–Zélande	1984	113 723	..	..	23	113 700	35 333
	1985	122 698	..	..	0	122 698	37 776
	1986	139 873	..	..	0	139 873	42 696
	1987	138 425	..	..	0	138 425	41 909
USSR URSS	**1984**	**20 468 690**	*** 87 000**	*** 2 440 900**	...	**18 114 790**	**65 954**
	1985	**22 149 441**	*** 87 000**	*** 2 475 000**	...	**19 761 441**	**71 355**
	1986	**23 508 118**	*** 87 000**	*** 2 810 000**	...	**20 785 118**	**74 441**
	1987	**25 294 763**	*** 88 000**	*** 2 859 258**	...	**22 523 505**	**80 023**

Table 29

International Trade of Natural Gas
(Principal Importers/Exporters)
1986

(Quantities in terajoules)

IMPORTERS	EXPORTERS					
	WORLD MONDE	USSR URSS	NETHERLANDS PAYS-BAS	NORWY,SVD,J M NORV.SVAL.JM	INDONESIA INDONESIE	CANADA CANADA	ALGERIA ALGERIE
Japan	1 573 342	..	..	..	808 135	..	..
Germany, Fed. Rep.	1 299 234	513 828	527 481	233 647	..	..	..
France incl. Monaco	1 013 533	355 039	194 450	148 334	..	..	310 288
United States	817 080	..	..	..	..	796 776	...
Italy and San Marino	693 127	264 180	138 890	..	..	..	290 057
United Kingdom	493 565	..	..	493 565	..	..	..
Czechoslovakia	364 124	364 124	..	..	..	..	..
Belgium	299 090	..	140 551	60 443	..	..	98 096
Poland	240 582	* 240 582	..	..	..	..	..
German Dem. Rep.	237 061	* 237 061	..	..	..	..	..
Bulgaria	221 513	221 513	..	..	..	..	..
Hungary	161 296	159 199	..	..	..	..	..
Austria	147 201	143 608	..	..	..	..	..
Yugoslavia	135 022	* 135 022	..	..	..	..	..
Romania	* 90 000	* 90 000	..	..	..	..	..
Spain	89 840	..	..	..	..	..	56 173
USSR	* 87 000	..	..	..	..	..	..
Argentina	76 829	..	..	..	..	..	..
Netherlands	69 865	..	..	69 865	..	..	..
Switzrld,Liechtenst.	60 818	..	19 936	...	..	..	..
Kuwait,part Ntl.Zone	* 50 000	..	..	..	..	..	..
Finland	45 992	45 992	..	..	..	..	..

Table 29

International Trade of Natural Gas
(Principaux importateurs/exportateurs)
1986

(Quantités en terajoules)

EXPORTATEURS							IMPORTATEURS
BRUNEI DAR. BRUNEI DAR.	MALAYSIA MALAISIE	UNTD ARAB EM EMIR.ARAB.UN	AFGHANISTAN AFGHANISTAN	BOLIVIA BOLIVIE	UNTD STATES ETATS–UNIS	IRAQ IRAQ	
310 215	284 008	117 490	..	..	53 494	..	Japon
..	..	..	..	..	..	..	Allemagne, Rép. féd.
..	..	..	..	..	..	..	France y comp.Monaco
..	..	..	..	..	..	..	Etats–Unis
..	..	..	..	..	..	..	Italie y comp. S.Mrn
..	..	..	..	..	..	..	Royaume–Uni
..	..	..	..	..	..	..	Tchécoslovaquie
..	..	..	..	..	..	..	Belgique
..	..	..	..	..	..	..	Pologne
..	..	..	..	..	..	..	Rép. dém. allemande
..	..	..	..	..	..	..	Bulgarie
..	..	..	..	..	..	..	Hongrie
..	..	..	..	..	..	..	Autriche
..	..	..	..	..	..	..	Yougoslavie
..	..	..	..	..	..	..	Roumanie
..	..	..	..	..	..	..	Espagne
..	..	..	* 87 000	..	..	..	URSS
..	..	..	..	76 829	..	..	Argentine
..	..	..	..	..	..	..	Pays–Bas
..	..	..	..	..	..	..	Suisse,Liechtenstein
..	..	..	..	..	..	* 50 000	Koweït et prt.Zne.N.
..	..	..	..	..	..	..	Finlande

Table 29

International Trade of Natural Gas (Principal Importers/Exporters) 1987

(Quantities in terajoules)

IMPORTERS	EXPORTERS						
	WORLD MONDE	USSR URSS	NORWY,SVD,J M NORV.SVAL.JM	NETHERLANDS PAYS–BAS	CANADA CANADA	INDONESIA INDONESIE	ALGERIA ALGERIE
Japan	1 628 662	..	..	..	..	826 291	..
Germany, Fed. Rep.	1 437 926	582 225	274 082	566 091	..	..	..
United States	1 080 724	..	..	..	984 396	..	...
France incl. Monaco	962 283	291 321	187 155	135 513	..	..	...
Italy and San Marino	808 554	285 155	..	143 355	..	..	373 040
United Kingdom	464 017	..	425 084	..	..	..	..
Czechoslovakia	379 013	379 013	..	..	..	..	..
Belgium	324 364	..	67 116	153 485	..	..	103 763
Poland	253 741	253 719	..	..	..	..	..
German Dem. Rep.	235 674	* 235 674	..	..	..	..	..
Bulgaria	213 443	* 213 443	..	..	..	..	..
Hungary	165 924	165 924	..	..	..	..	..
Yugoslavia	147 515	147 515	..	..	..	..	..
Austria	141 778	137 883	..	..	..	..	..
Kuwait,part Ntl.Zone	* 107 250	..	..	..	..	..	..
Spain	90 479	..	..	..	..	..	58 445
Romania	* 90 000	* 90 000	..	..	..	..	.
Argentina	89 068	..	..	..	..	..	.
USSR	* 88 000	..	..	..	..	..	.
Netherlands	* 74 868	..	* 74 868	..	..	..	.
Switzrld,Liechtenst.	66 208	..	...	16 845	..	..	
Finland	* 60 901	* 60 901	..	..	..	..	

Table 29

Commerce international du gaz naturel
(Principaux importateurs/exportateurs)
1987

(Quantités en terajoules)

EXPORTATEURS							IMPORTATEURS
BRUNEI DAR. BRUNEI DAR.	MALAYSIA MALAISIE	UNTD ARAB EM EMIR.ARAB.UN	IRAQ IRAQ	AFGHANISTAN AFGHANISTAN	BOLIVIA BOLIVIE	UNTD STATES ETATS–UNIS	
274 138	324 302	112 184	..	..	..	49 315	Japon
..	..	..	..	..	..	..	Allemagne, Rép. féd.
..	..	..	..	..	..	..	Etats–Unis
..	..	..	..	..	..	..	France y comp.Monaco
..	..	..	..	..	..	..	Italie y comp. S.Mrn
..	..	..	..	..	..	..	Royaume–Uni
..	..	..	..	..	..	..	Tchécoslovaquie
..	..	..	..	..	..	..	Belgique
..	..	..	..	..	..	..	Pologne
..	..	..	..	..	..	..	Rép. dém. allemande
..	..	..	..	..	..	..	Bulgarie
..	..	..	..	..	..	..	Hongrie
..	..	..	..	..	..	..	Yougoslavie
..	..	..	..	..	..	..	Autriche
..	..	..	* 107 250	..	..	..	Koweït et prt.Zne.N.
..	..	..	..	..	..	..	Espagne
..	..	..	..	..	..	..	Roumanie
..	..	..	..	..	79 010	..	Argentine
..	..	..	..	* 88 000	..	..	URSS
..	..	..	..	..	..	..	Pays–Bas
..	..	..	..	..	..	..	Suisse,Liechtenstein
..	..	..	..	..	..	..	Finlande

Table 30

Production of Other Gases – by type
Production d'autres gaz – par catégorie

(Quantities in terajoules)
(Quantités en térajoules)

Country or area Pays ou zone	Year Année	Total Totale	L.P.G. G.P.L.	Refinery Gas Gaz de raffinerie	Gasworks Gas Gaz d'usines à gaz	Coke–oven Gas Gaz de cokerie	Blast Furnace Gas Gaz de haut–fourneau
WORLD	**1984**	**15 128 422**	**6 493 755**	**3 278 366**	**888 105**	**2 112 194**	**2 356 002**
MONDE	**1985**	**15 215 622**	**6 534 744**	**3 318 816**	**892 499**	**2 104 892**	**2 364 671**
	1986	**15 378 991**	**6 663 406**	**3 488 335**	**933 755**	**2 037 686**	**2 255 809**
	1987	**15 757 235**	**7 003 255**	**3 566 057**	**943 240**	**2 000 802**	**2 243 881**
AFRICA	**1984**	**330 834**	**191 421**	**13**	**32 800**	**45 600**	**61 000**
AFRIQUE	**1985**	**339 362**	**198 435**	**11**	**33 316**	**46 100**	**61 500**
	1986	**370 177**	**229 268**	**16**	**33 193**	**46 200**	**61 500**
	1987	**415 268**	**272 991**	**17**	**33 710**	**46 800**	**61 750**
Algeria	1984	127 796	127 796	..	* 0	..	..
Algérie	1985	132 533	132 533	..	* 0	..	..
	1986	163 503	163 503	..	* 0	..	..
	1987	199 483	199 483	..	* 0	..	..
Angola	1984	592	592	..	..	..	..
Angola	1985	820	820	..	..	..	..
	1986	683	683	..	..	..	..
	1987	683	683	..	..	..	..
Cameroon	1984	865	865	..	..	..	..
Cameroun	1985	820	820	..	..	..	..
	1986	865	865	..	..	..	..
	1987	774	774	..	..	..	..
Congo	1984	137	137	..	..	..	..
Congo	1985	0	0	..	..	..	..
	1986	137	137	..	..	..	..
	1987	137	137	..	..	..	..
Côte d'Ivoire	1984	364	364	..	..	..	..
Côte d'Ivoire	1985	364	364	..	..	..	..
	1986	455	455	..	..	..	..
	1987	455	455	..	..	..	..
Egypt	1984	19 192	18 992	..	* 200	...	..
Egypte	1985	21 241	21 041	..	* 200	...	..
	1986	22 926	22 726	..	* 200	...	..
	1987	27 663	27 463	..	* 200	...	..
Ethiopia	1984	241	228	13	..	..	..
Ethiopie	1985	239	228	11	..	..	..
	1986	289	273	16	..	..	..
	1987	336	319	17	..	..	..
Gabon	1984	273	273	..	..	..	..
Gabon	1985	273	273	..	..	..	..
	1986	273	273	..	..	..	..
	1987	228	228	..	..	..	..
Ghana	1984	182	182	..	..	..	..
Ghana	1985	228	228	..	..	..	..
	1986	137	137	..	..	..	..
	1987	182	182	..	..	..	..
Kenya	1984	1 048	1 048	..	..	..	..
Kenya	1985	1 002	1 002	..	..	..	..
	1986	911	911	..	..	..	..
	1987	1 184	1 184	..	..	..	..
Libyan Arab Jamah.	1984	21 891	21 861	..	* 30	..	..
Jamah.arabe	1985	21 891	21 861	..	* 30	..	..
libyenne	1986	21 891	21 861	..	* 30	..	..
	1987	24 624	24 594	..	* 30	..	..
Madagascar	1984	46	46	..	..	..	..
Madagascar	1985	137	137	..	..	..	..
	1986	91	91	..	..	..	..
	1987	0	0	..	..	..	..

Table 30

Production of Other Gases – by type
Production d'autres gaz – par catégorie

(Quantities in terajoules)
(Quantités en térajoules)

Country or area Pays ou zone	Year Année	Total Totale	L.P.G. G.P.L.	Refinery Gas Gaz de raffinerie	Gasworks Gas Gaz d'usines à gaz	Coke–oven Gas Gaz de cokerie	Blast Furnace Gas Gaz de haut–fourneau
Morocco Maroc	1984	9 428	9 428	..	..	..	..
	1985	9 200	9 200	..	..	..	..
	1986	9 291	9 291	..	..	..	..
	1987	9 382	9 382	..	..	..	..
Mozambique Mozambique	1984	46	46	..	..	..	..
	1985	0	0	..	..	..	..
	1986	0	0	..	..	..	..
	1987	0	0	..	..	..	..
Nigeria Nigéria	1984	4 281	4 281	..	..	..	..
	1985	4 554	4 554	..	..	..	..
	1986	2 277	2 277	..	..	..	..
	1987	2 505	2 505	..	..	..	..
Senegal Sénégal	1984	91	91	..	..	..	..
	1985	46	46	..	..	..	..
	1986	137	137	..	..	..	..
	1987	91	91	..	..	..	..
S.Africa Customs Un. Un.douan.d'Afr.méri d	1984	140 460	2 960	..	32 000	44 500	61 000
	1985	142 188	3 188	..	32 500	45 000	61 500
	1986	142 188	3 188	..	32 500	45 000	61 500
	1987	143 210	2 960	..	33 000	45 500	61 750
Sudan Soudan	1984	228	228	..	..	..	..
	1985	182	182	..	..	..	..
	1986	182	182	..	..	..	..
	1987	228	228	..	..	..	..
Tunisia Tunisie	1984	1 982	1 412	..	570	..	..
	1985	1 907	1 321	..	586	..	..
	1986	2 011	1 548	..	463	..	..
	1987	2 120	1 640	..	* 480	..	..
United Rep. Tanzania Rép.Unie de Tanzanie	1984	319	319	..	..	..	..
	1985	273	273	..	..	..	..
	1986	319	319	..	..	..	..
	1987	273	273	..	..	..	..
Zaire Zaïre	1984	46	46	..	..	..	..
	1985	46	46	..	..	..	..
	1986	46	46	..	..	..	..
	1987	46	46	..	..	..	..
Zambia Zambie	1984	228	228	..	..	..	..
	1985	319	319	..	..	..	..
	1986	364	364	..	..	..	..
	1987	364	364	..	..	..	..
Zimbabwe Zimbabwe	1984	1 100	..	..	..	* 1 100	..
	1985	1 100	..	..	..	* 1 100	..
	1986	1 200	..	..	..	* 1 200	..
	1987	1 300	..	..	..	* 1 300	..
NTH. AMERICA **AMER DU NORD**	**1984**	**5 152 129**	**3 109 107**	**1 469 660**	**2 764**	**331 324**	**239 274**
	1985	**5 176 563**	**3 108 469**	**1 544 497**	**2 655**	**285 682**	**235 260**
	1986	**5 209 044**	**3 095 671**	**1 675 457**	**2 682**	**248 888**	**186 346**
	1987	**5 367 250**	**3 238 087**	**1 691 918**	**2 732**	**248 428**	**186 085**
Bahamas Bahamas	1984	911	911	...	..	..	..
	1985	0	0	...	..	..	..
	1986	0	0	...	..	..	..
	1987	0	0	...	..	..	..
Canada Canada	1984	618 519	425 654	147 322	* 0	45 453	90
	1985	614 057	411 399	159 255	* 0	43 103	300
	1986	589 319	391 815	155 400	* 0	41 759	* 345
	1987	653 216	444 464	167 239	* 0	41 428	* 85

Table 30

Production of Other Gases – by type
Production d'autres gaz – par catégorie

(Quantities in terajoules)
(Quantités en térajoules)

Country or area Pays ou zone	Year Année	Total Totale	L.P.G. G.P.L.	Refinery Gas Gaz de raffinerie	Gasworks Gas Gaz d'usines à gaz	Coke–oven Gas Gaz de cokerie	Blast Furnace Gas Gaz de haut–fourneau
Costa Rica Costa Rica	1984	182	182	..	..	..	..
	1985	228	228	..	..	..	..
	1986	319	319	..	..	..	..
	1987	319	319	..	..	..	..
Cuba Cuba	1984	11 127	5 283	3 098	2 746	..	..
	1985	11 386	5 693	3 056	2 637	..	..
	1986	11 001	5 283	3 056	2 662	..	..
	1987	11 831	5 602	3 517	2 712	..	..
Dominican Republic Rép. dominicaine	1984	1 958	1 958	..	..	..	..
	1985	1 731	1 731	..	..	..	..
	1986	1 093	1 093	..	..	..	..
	1987	774	774	..	..	..	..
El Salvador El Salvador	1984	1 230	1 230	..	..	..	..
	1985	1 275	1 275	..	..	..	..
	1986	1 139	1 139	..	..	..	..
	1987	1 048	1 048	..	..	..	..
Guatemala Guatemala	1984	228	228	..	..	..	..
	1985	228	228	..	..	..	..
	1986	228	228	..	..	..	..
	1987	410	410	..	..	..	..
Honduras Honduras	1984	182	182	..	..	..	..
	1985	182	182	..	..	..	..
	1986	182	182	..	..	..	..
	1987	182	182	..	..	..	..
Jamaica Jamaïque	1984	1 110	410	700	..	..	..
	1985	1 110	410	700	..	..	..
	1986	878	228	650	..	..	..
	1987	858	228	630	..	..	..
Martinique Martinique	1984	683	683	..	..	..	..
	1985	683	683	..	..	..	..
	1986	638	638	..	..	..	..
	1987	683	683	..	..	..	..
Mexico Mexique	1984	265 064	223 302	16 262	..	* 25 500	..
	1985	290 823	238 468	26 355	..	* 26 000	..
	1986	317 189	261 650	29 539	..	* 26 000	..
	1987	331 116	274 904	30 212	..	* 26 000	..
Neth.Antil and Aruba Antill.néer.et Aruba	1984	3 416	3 416	...	..	..	..
	1985	1 366	1 366	...	..	..	..
	1986	...	...	...	..	..	..
	1987	...	...	...	..	..	..
Netherlands Antilles Antilles néerland.	1984	...	...	..	..	..	..
	1985	...	...	..	..	..	..
	1986	1 366	1 366	..	..	..	..
	1987	2 049	2 049	..	..	..	..
Nicaragua Nicaragua	1984	1 157	638	519	..	..	..
	1985	1 364	820	544	..	..	..
	1986	1 183	683	500	..	..	..
	1987	1 324	774	550	..	..	..
Panama Panama	1984	929	911	..	* 18	..	..
	1985	929	911	..	* 18	..	..
	1986	931	911	..	* 20	..	..
	1987	1 022	1 002	..	* 20	..	..
Puerto Rico Porto Rico	1984	12 525	12 525	..	..	..	..
	1985	9 109	9 109	..	..	..	..
	1986	9 109	9 109	..	..	..	..
	1987	9 109	9 109	..	..	..	..

Table 30

Production of Other Gases – by type
Production d'autres gaz – par catégorie

(Quantities in terajoules)
(Quantités en térajoules)

Country or area Pays ou zone	Year Année	Total Totale	L.P.G. G.P.L.	Refinery Gas Gaz de raffinerie	Gasworks Gas Gaz d'usines à gaz	Coke–oven Gas Gaz de cokerie	Blast Furnace Gas Gaz de haut–fourneau
Trinidad and Tobago Trinité–et–Tobago	1984	8 027	2 277	5 750	..	..	..
	1985	7 883	2 915	4 968	..	..	..
	1986	8 021	2 915	5 106	..	..	..
	1987	7 733	2 733	5 000	..	..	..
United States Etats–Unis	1984	4 223 515	2 427 951	1 296 009	0	260 371	* 239 184
	1985	4 233 071	2 431 913	1 349 619	0	* 216 579	* 234 960
	1986	4 266 905	2 418 569	1 481 206	0	181 129	* 186 001
	1987	4 347 035	2 495 265	1 484 770	0	* 181 000	* 186 000
U.S. Virgin Islands Iles Vierges amér.	1984	1 366	1 366	..	..	..	..
	1985	1 139	1 139	..	..	..	..
	1986	911	911	..	..	..	..
	1987	592	592	..	..	..	..
STH. AMERICA AMER DU SUD	**1984**	**570 083**	**315 347**	**170 606**	**20 419**	**60 726**	**2 985**
	1985	**582 277**	**321 541**	**159 537**	**20 535**	**68 152**	**12 512**
	1986	**638 784**	**366 356**	**170 231**	**21 196**	**70 415**	**10 586**
	1987	**669 990**	**376 694**	**179 911**	**21 888**	**78 822**	**12 675**
Argentina Argentine	1984	83 890	54 789	25 265	...	3 836	* 0
	1985	85 262	51 829	18 366	...	6 040	9 027
	1986	83 400	51 829	17 945	...	6 750	6 876
	1987	84 876	50 463	19 260	...	7 096	8 057
Bolivia Bolivie	1984	7 438	7 378	60	..	..	..
	1985	7 316	7 241	75	..	..	..
	1986	7 965	7 879	86	..	..	..
	1987	8 410	8 335	75	..	..	..
Brazil Brésil	1984	287 253	132 988	89 678	14 093	50 494	...
	1985	304 722	141 733	92 279	14 413	56 297	...
	1986	315 139	146 151	96 243	15 280	57 465	...
	1987	342 423	159 358	102 219	15 600	65 246	...
Chile Chili	1984	33 835	20 404	3 425	5 895	4 111	..
	1985	32 048	19 356	3 121	5 728	3 843	..
	1986	32 886	20 130	3 389	5 493	3 874	..
	1987	34 689	21 224	3 747	5 845	3 873	..
Colombia Colombie	1984	39 890	16 715	18 512	* 0	1 991	2 672
	1985	35 755	16 942	14 528	* 0	* 1 740	* 2 545
	1986	37 875	17 944	14 695	* 0	2 126	3 110
	1987	42 205	16 806	18 974	* 0	2 407	4 018
Ecuador Equateur	1984	4 281	4 281	..	..	..	..
	1985	4 327	4 327	..	..	..	..
	1986	6 376	6 376	..	..	..	..
	1987	3 234	3 234	..	..	..	..
Paraguay Paraguay	1984	137	137	..	..	..	..
	1985	182	182	..	..	..	..
	1986	137	137	..	..	..	..
	1987	137	137	..	..	..	..
Peru Pérou	1984	10 619	5 875	4 137	..	* 294	* 313
	1985	9 660	5 921	2 567	..	* 232	* 940
	1986	9 448	6 422	2 226	..	* 200	* 600
	1987	8 356	5 556	2 000	..	* 200	* 600
Uruguay Uruguay	1984	3 284	2 141	712	431	..	..
	1985	3 247	2 141	712	394	..	..
	1986	2 996	2 004	569	423	..	..
	1987	3 553	2 277	833	443	..	..
Venezuela Venezuela	1984	99 456	70 639	28 817	..	..	..
	1985	99 757	71 868	27 889	..	..	..
	1986	142 562	107 484	35 078	..	..	..
	1987	142 109	109 306	32 803	..	..	..

Table 30

Production of Other Gases – by type
Production d'autres gaz – par catégorie

(Quantities in terajoules)
(Quantités en térajoules)

Country or area Pays ou zone	Year Année	Total Totale	L.P.G. G.P.L.	Refinery Gas Gaz de raffinerie	Gasworks Gas Gaz d'usines à gaz	Coke–oven Gas Gaz de cokerie	Blast Furnace Gas Gaz de haut–fourneau
ASIA	**1984**	**3 213 530**	**1 533 649**	**347 450**	**541 954**	**367 459**	**423 018**
ASIE	**1985**	**3 263 201**	**1 573 591**	**332 956**	**555 883**	**372 357**	**428 414**
	1986	**3 271 688**	**1 626 285**	**301 530**	**586 316**	**349 801**	**407 756**
	1987	**3 432 937**	**1 731 537**	**351 096**	**601 400**	**336 511**	**412 393**
Bahrain	1984	9 291	9 291	..	..	..	..
Bahreïn	1985	8 152	8 152	..	..	..	..
	1986	9 792	9 792	..	..	..	..
	1987	10 475	10 475	..	..	..	..
Bangladesh	1984	273	273	..	..	..	..
Bangladesh	1985	364	364	..	..	..	..
	1986	410	410	..	..	..	..
	1987	455	455	..	..	..	..
Brunei Darussalam	1984	1 457	1 457	..	..	..	..
Brunéi Darussalam	1985	1 548	1 548	..	..	..	..
	1986	956	956	..	..	..	..
	1987	956	956	..	..	..	..
Burma	1984	137	137	..	..	..	..
Birmanie	1985	182	182	..	..	..	..
	1986	228	228	..	..	..	..
	1987	182	182	..	..	..	..
China	1984	70 229	70 229	...	..	...	..
Chine	1985	72 734	72 734	...	..	...	..
	1986	91 999	91 999	...	..	...	..
	1987	98 056	98 056	...	..	...	..
Cyprus	1984	1 352	865	487	..	..	..
Chypre	1985	1 138	683	455	..	..	..
	1986	1 643	956	687	..	..	..
	1987	1 792	1 002	790	..	..	..
Democratic Yemen	1984	1 184	1 184	..	..	..	..
Yémen démocratique	1985	1 139	1 139	..	..	..	..
	1986	1 093	1 093	..	..	..	..
	1987	1 867	1 867	..	..	..	..
Hong Kong	1984	6 907	..	..	6 907	..	..
Hong–kong	1985	7 979	..	..	7 979	..	..
	1986	9 043	..	..	9 043	..	..
	1987	10 584	..	..	10 584	..	..
India	1984	65 939	38 439	0	* 0	* 27 500	..
Inde	1985	81 965	51 465	0	* 0	* 30 500	..
	1986	90 037	65 037	0	* 0	* 25 000	..
	1987	91 773	69 773	0	* 0	* 22 000	..
Indonesia	1984	49 393	40 033	7 955	1 315	* 90	..
Indonésie	1985	46 481	37 118	8 190	* 1 078	* 95	..
	1986	46 742	37 209	8 358	* 1 080	* 95	..
	1987	43 736	34 386	8 160	* 1 100	* 90	..
Iran(Islamic Rep.of)	1984	45 544	45 544	..	..	..	..
Iran(Rép.islamique)	1985	54 653	54 653	..	..	..	..
	1986	45 544	45 544	..	..	..	..
	1987	50 098	50 098	..	..	..	..
Iraq	1984	12 752	12 752	..	..	..	..
Iraq	1985	18 218	18 218	..	..	..	..
	1986	17 762	17 762	..	..	..	..
	1987	18 673	18 673	..	..	..	..
Israel	1984	8 836	8 836	..	..	..	..
Israël	1985	9 929	9 929	..	..	..	..
	1986	10 703	10 703	..	..	..	..
	1987	13 435	13 435	..	..	..	..

Table 30

Production of Other Gases – by type
Production d'autres gaz – par catégorie

(Quantities in terajoules)
(Quantités en térajoules)

Country or area Pays ou zone	Year Année	Total Totale	L.P.G. G.P.L.	Refinery Gas Gaz de raffinerie	Gasworks Gas Gaz d'usines à gaz	Coke–oven Gas Gaz de cokerie	Blast Furnace Gas Gaz de haut–fourneau
Japan Japon	1984	1 904 765	371 229	303 061	510 120	321 747	398 608
	1985	1 916 482	380 976	288 154	521 319	322 208	403 825
	1986	1 845 230	357 247	257 613	547 093	301 830	381 447
	1987	1 910 500	374 690	304 000	556 810	* 290 000	* 385 000
Jordan Jordanie	1984	3 507	3 507	0	..	..	..
	1985	4 724	3 644	1 080	..	..	..
	1986	5 111	3 962	1 149	..	..	..
	1987	5 628	4 053	1 575	..	..	..
Korea, Republic of Corée, République de	1984	27 474	25 322	..	2 152	..	..
	1985	32 469	28 966	..	3 503	..	..
	1986	43 750	37 984	..	5 766	..	..
	1987	51 441	42 857	..	8 584	..	..
Kuwait,part Ntl.Zone Koweït et prt.Zne.N.	1984	70 821	58 251	12 570	..	..	..
	1985	83 430	73 371	10 059	..	..	..
	1986	103 525	91 635	11 890	..	..	..
	1987	126 398	114 498	11 900	..	..	..
Lebanon Liban	1984	683	683	..	..	..	..
	1985	911	911	..	..	..	..
	1986	911	911	..	..	..	..
	1987	911	911	..	..	..	..
Malaysia Malaisie	1984	13 033	5 921	7 112	..	..	..
	1985	21 907	13 162	8 745	..	..	..
	1986	23 778	18 673	5 105	..	..	..
	1987	24 298	19 402	4 896	..	..	..
Oman Oman	1984	205 813	205 813	..	..	..	..
	1985	210 595	210 595	..	..	..	..
	1986	212 189	212 189	..	..	..	..
	1987	212 918	212 918	..	..	..	..
Pakistan Pakistan	1984	3 051	3 051	..	..	..	..
	1985	3 188	3 188	..	..	..	..
	1986	3 143	3 143	..	..	..	..
	1987	4 554	4 554	..	..	..	..
Philippines Philippines	1984	7 197	6 194	831	172	..	..
	1985	6 212	6 057	0	155	..	..
	1986	7 494	7 333	0	161	..	..
	1987	9 198	9 018	0	180	..	..
Qatar Qatar	1984	33 110	33 110	..	..	..	..
	1985	26 780	26 780	..	..	..	..
	1986	29 103	29 103	..	..	..	..
	1987	29 695	29 695	..	..	..	..
S.Arabia,pt.Ntrl.Zn. Arab.saoud,p.Zn.neu t	1984	422 375	422 375	..	..	..	..
	1985	395 094	395 094	..	..	..	..
	1986	395 823	395 823	..	..	..	..
	1987	427 248	427 248	..	..	..	..
Singapore Singapour	1984	14 309	12 115	..	2 194	..	..
	1985	5 331	3 279	..	2 052	..	..
	1986	6 131	4 053	..	2 078	..	..
	1987	5 478	3 234	..	2 244	..	..
Sri Lanka Sri Lanka	1984	1 735	410	1 306	19	..	..
	1985	1 852	547	1 265	40	..	..
	1986	2 485	729	1 716	* 40	..	..
	1987	2 431	820	1 559	52	..	..
Syrian Arab Republic Rép. arabe syrienne	1984	6 422	6 422	..	..	..	..
	1985	4 873	4 873	..	..	..	..
	1986	7 970	7 970	..	..	..	..
	1987	6 923	6 923	..	..	..	..

Table 30

Production of Other Gases – by type
Production d'autres gaz – par catégorie

(Quantities in terajoules)
(Quantités en térajoules)

Country or area / Pays ou zone	Year / Année	Total / Totale	L.P.G. / G.P.L.	Refinery Gas / Gaz de raffinerie	Gasworks Gas / Gaz d'usines à gaz	Coke–oven Gas / Gaz de cokerie	Blast Furnace Gas / Gaz de haut–fourneau
Thailand / Thaïlande	1984	6 012	6 012	..	..	..	..
	1985	21 679	21 679	..	..	..	..
	1986	25 322	25 322	..	..	..	..
	1987	24 184	24 184	..	..	..	..
Turkey / Turquie	1984	81 201	22 590	14 128	1 951	18 122	24 410
	1985	83 042	21 907	15 008	1 984	19 554	* 24 589
	1986	88 095	21 998	15 012	1 900	22 876	* 26 309
	1987	97 426	25 550	18 216	1 846	24 421	* 27 393
United Arab Emirates / Emirats arabes unis	1984	96 735	96 735	..	..	..	..
	1985	97 373	97 373	..	..	..	..
	1986	102 929	102 929	..	..	..	..
	1987	108 850	108 850	..	..	..	..
EUROPE / EUROPE	**1984**	**3 295 864**	**825 030**	**672 438**	**271 607**	**714 328**	**812 461**
	1985	**3 299 312**	**789 505**	**675 842**	**258 239**	**753 116**	**822 610**
	1986	**3 298 098**	**792 693**	**719 167**	**271 200**	**740 059**	**774 979**
	1987	**3 276 126**	**835 915**	**715 637**	**265 951**	**707 395**	**751 228**
Austria / Autriche	1984	47 911	3 461	11 932	950	13 845	17 723
	1985	49 190	4 099	13 648	1 021	12 908	17 514
	1986	50 604	2 960	16 956	967	13 284	16 437
	1987	47 878	3 416	13 690	925	12 920	16 927
Belgium / Belgique	1984	129 350	16 897	18 045	33	45 850	48 525
	1985	126 393	19 174	16 957	33	44 945	45 284
	1986	124 987	23 683	20 934	21	39 126	41 223
	1987	124 992	24 275	22 650	* 24	35 840	42 203
Bulgaria / Bulgarie	1984	25 580	3 917	..	..	7 840	13 823
	1985	26 146	3 871	..	..	7 899	14 376
	1986	24 274	3 279	..	..	8 016	12 979
	1987	27 051	4 099	..	..	9 260	13 692
Czechoslovakia / Tchécoslovaquie	1984	195 357	6 285	11 833	48 871	67 718	60 650
	1985	191 803	6 285	12 167	46 951	66 662	59 738
	1986	186 907	6 649	11 231	43 500	67 062	58 465
	1987	184 317	6 467	11 824	42 159	67 398	56 469
Denmark / Danemark	1984	20 757	6 558	9 797	4 402	..	..
	1985	18 886	5 966	8 876	4 044	..	..
	1986	20 768	7 378	10 593	2 797	..	..
	1987	20 507	7 378	10 676	2 453	..	..
Finland / Finlande	1984	22 214	6 695	3 733	257	0	11 529
	1985	19 626	7 196	2 930	239	0	9 261
	1986	20 826	8 061	3 559	205	0	9 001
	1987	24 533	9 109	4 941	188	762	9 533
France incl. Monaco / France y comp.Monaco	1984	356 639	121 329	68 538	842	79 491	86 439
	1985	369 462	131 804	74 274	864	76 325	86 195
	1986	336 788	118 005	76 072	733	67 667	74 311
	1987	308 964	113 860	72 304	* 640	* 58 220	* 63 940
German Dem. Rep. / Rép. dém. allemande	1984	167 064	10 885	23 967	111 922	...	20 290
	1985	172 780	11 477	25 791	113 070	...	22 442
	1986	199 193	11 705	25 223	139 795	...	* 22 470
	1987	200 710	11 841	25 642	140 727	...	* 22 500
Germany, Fed. Rep. / Allemagne, Rép. féd.	1984	612 870	97 829	128 995	38 750	173 634	173 662
	1985	629 745	101 563	131 549	32 508	188 177	175 948
	1986	588 075	93 320	118 068	26 355	189 184	161 148
	1987	550 453	100 379	105 000	25 420	166 103	153 551
Greece / Grèce	1984	16 486	11 204	4 939	343	0	0
	1985	15 898	9 883	5 525	490	0	0
	1986	23 561	12 889	10 132	540	0	0
	1987	26 399	13 800	11 933	666	0	0

Table 30

Production of Other Gases – by type
Production d'autres gaz – par catégorie

(Quantities in terajoules)
(Quantités en térajoules)

Country or area Pays ou zone	Year Année	Total Totale	L.P.G. G.P.L.	Refinery Gas Gaz de raffinerie	Gasworks Gas Gaz d'usines à gaz	Coke–oven Gas Gaz de cokerie	Blast Furnace Gas Gaz de haut–fourneau
Hungary Hongrie	1984	50 479	15 303	6 550	7 135	4 079	17 412
	1985	49 209	14 938	8 659	6 156	3 477	15 979
	1986	47 781	13 800	9 344	4 105	3 969	16 563
	1987	48 186	14 893	9 249	2 933	6 488	14 623
Ireland Irlande	1984	4 657	729	1 130	2 798	..	..
	1985	4 342	729	1 172	2 441	..	..
	1986	1 909	1 139	0	770	..	..
	1987	2 002	1 002	0	* 1 000	..	..
Italy and San Marino Italie y comp. S.Mrn	1984	328 029	92 864	97 971	17 862	53 409	65 923
	1985	318 435	85 441	88 625	11 922	56 574	75 873
	1986	324 132	83 482	92 947	13 332	61 571	72 800
	1987	305 505	82 936	94 747	10 802	54 009	63 011
Luxembourg Luxembourg	1984	18 510	..	..	0	..	18 510
	1985	17 455	..	..	0	..	17 455
	1986	17 036	..	..	0	..	17 036
	1987	17 500	..	..	0	..	* 17 500
Netherlands Pays–Bas	1984	258 537	115 864	88 610	0	25 434	28 629
	1985	230 494	88 583	85 427	0	27 424	29 060
	1986	252 738	99 058	97 803	0	27 403	28 474
	1987	279 504	107 803	118 989	0	25 841	26 871
Norway,Svlbd,J.My n l Norvège,Svalbd,J.M ay	1984	63 023	46 045	12 229	36	2 522	2 191
	1985	60 385	42 675	12 644	0	2 629	2 437
	1986	50 496	32 928	12 728	0	2 659	2 181
	1987	62 584	43 768	13 816	0	* 2 700	* 2 300
Poland Pologne	1984	203 225	7 378	..	7 155	108 229	80 463
	1985	206 583	7 742	..	7 929	112 504	78 408
	1986	207 421	8 107	..	7 579	115 313	76 422
	1987	207 895	7 788	..	6 558	120 323	73 226
Portugal Portugal	1984	22 388	11 523	4 229	2 576	1 959	2 101
	1985	21 616	11 204	3 601	2 554	2 252	2 005
	1986	22 970	12 980	3 224	2 286	2 433	2 047
	1987	22 294	11 614	3 500	2 580	* 2 500	* 2 100
Romania Roumanie	1984	139 986	11 386	45 600	..	* 26 000	* 57 000
	1985	139 886	11 386	45 500	..	* 26 000	* 57 000
	1986	139 886	11 386	45 500	..	* 26 000	* 57 000
	1987	140 386	11 386	46 000	..	* 26 000	* 57 000
Spain Espagne	1984	174 012	67 678	34 164	17 325	26 681	28 164
	1985	188 390	76 468	35 797	17 920	29 789	28 416
	1986	197 017	85 714	43 794	18 845	23 480	25 184
	1987	186 272	83 892	33 369	19 452	25 179	24 380
Sweden Suède	1984	29 907	7 424	..	2 462	9 094	10 927
	1985	31 299	8 198	..	2 428	9 210	11 463
	1986	33 909	10 657	..	1 959	9 344	11 949
	1987	33 560	9 610	..	* 2 200	* 9 450	* 12 300
Switzrld,Liechtenst. Suisse,Liechtenstein	1984	13 035	6 467	6 078	490	..	..
	1985	13 818	6 741	6 558	519	..	..
	1986	14 064	6 558	6 984	522	..	..
	1987	14 012	7 788	5 652	572	..	..
United Kingdom Royaume–Uni	1984	326 697	143 509	80 219	5 484	46 210	51 275
	1985	327 788	119 917	84 113	5 485	63 727	54 546
	1986	338 587	122 787	98 808	5 380	61 391	50 221
	1987	364 032	141 186	94 644	* 5 150	63 001	60 051
Yugoslavia Yougoslavie	1984	69 151	13 800	13 879	1 914	22 333	17 225
	1985	69 682	14 164	12 029	1 665	22 614	19 210
	1986	74 169	16 168	15 267	1 509	22 157	19 068
	1987	76 591	17 626	17 011	1 502	21 401	19 051

Table 30

Production of Other Gases – by type
Production d'autres gaz – par catégorie

(Quantities in terajoules)
(Quantités en térajoules)

Country or area Pays ou zone	Year Année	Total Totale	L.P.G. G.P.L.	Refinery Gas Gaz de raffinerie	Gasworks Gas Gaz d'usines à gaz	Coke–oven Gas Gaz de cokerie	Blast Furnace Gas Gaz de haut–fourneau
OCEANIA	**1984**	**218 833**	**102 474**	**44 609**	**10 701**	**28 280**	**32 769**
OCEANIE	**1985**	**240 457**	**120 555**	**45 973**	**15 276**	**26 833**	**31 820**
	1986	**242 531**	**120 464**	**46 934**	**13 168**	**27 323**	**34 642**
	1987	**235 996**	**115 363**	**47 478**	**11 559**	**26 846**	**34 750**
Australia	1984	216 504	100 333	44 609	10 513	28 280	32 769
Australie	1985	237 943	118 278	45 973	15 039	26 833	31 820
	1986	240 090	118 187	46 934	13 004	27 323	34 642
	1987	233 607	113 086	47 478	11 447	26 846	34 750
New Zealand	1984	2 329	2 141	..	188	..	..
Nouvelle–Zélande	1985	2 514	2 277	..	237	..	..
	1986	2 441	2 277	..	164	..	..
	1987	2 389	2 277	..	112	..	..
USSR	**1984**	**2 347 150**	**416 728**	**573 590**	**7 860**	**564 477**	**784 495**
URSS	**1985**	**2 314 450**	**422 648**	**560 000**	**6 595**	**552 652**	**772 555**
	1986	**2 348 668**	**432 668**	**575 000**	*** 6 000**	*** 555 000**	*** 780 000**
	1987	**2 359 668**	**432 668**	**580 000**	*** 6 000**	*** 556 000**	*** 785 000**

Table 31

Production, Trade and Consumption of Gases
Production, commerce et consommation de gaz

(Quantities in terajoules and in megajoules per capita)
(Quantités en térajoules et en mégajoules par habitant)

Country or area Pays ou zone	Year Année	Production	Imports Importations	Exports Exportations	Changes in Stocks Variation des stocks	Consumption Consommation Total Totale	Consumption Consommation Per Capita Par habitant
WORLD	**1984**	**74 388 154**	**9 399 182**	**9 560 353**	**212 695**	**74 014 288**	**15 517**
MONDE	**1985**	**76 701 600**	**9 870 273**	**9 916 037**	**–419 153**	**77 074 989**	**15 880**
	1986	**78 333 948**	**9 828 382**	**9 911 456**	**473 314**	**77 777 560**	**15 750**
	1987	**82 453 452**	**10 594 661**	**10 335 525**	**105 602**	**82 606 986**	**16 441**
AFRICA	**1984**	**1 634 260**	**38 330**	**875 224**	**–501**	**797 868**	**1 474**
AFRIQUE	**1985**	**1 950 578**	**50 424**	**1 002 816**	**–729**	**998 915**	**1 792**
	1986	**2 069 148**	**41 600**	**958 339**	**410**	**1 151 999**	**2 006**
	1987	**2 247 865**	**38 915**	**843 562**	**547**	**1 442 671**	**2 438**
Algeria	1984	1 063 446	0	821 920	...	241 527	11 477
Algérie	1985	1 294 013	0	941 524	...	352 489	16 243
	1986	1 351 403	0	903 672	...	447 731	20 000
	1987	1 512 363	0	791 444	...	720 918	31 205
Angola	1984	5 092	228	..	...	5 320	623
Angola	1985	5 320	137	..	...	5 456	623
	1986	5 683	137	..	...	5 820	648
	1987	6 683	137	..	...	6 820	739
Burkina Faso	1984	..	46	46	..	0	0
Burkina Faso	1985	..	46	46	..	0	0
	1986	..	46	46	..	0	0
	1987	..	46	46	..	0	0
Cameroon	1984	865	46	..	0	911	95
Cameroun	1985	820	0	..	0	820	83
	1986	865	0	..	0	865	85
	1987	774	0	..	0	774	74
Cape Verde	1984	..	46	..	..	46	143
Cap–Vert	1985	..	182	..	..	182	550
	1986	..	137	..	..	137	404
	1987	..	137	..	..	137	393
Congo	1984	218	137	..	0	354	209
Congo	1985	124	91	..	0	215	123
	1986	218	46	..	0	263	147
	1987	222	46	..	0	267	145
Côte d'Ivoire	1984	364	410	46	0	729	74
Côte d'Ivoire	1985	364	410	46	0	729	71
	1986	455	455	46	0	865	81
	1987	455	364	46	0	774	69
Djibouti	1984	..	228	..	0	228	669
Djibouti	1985	..	182	..	0	182	517
	1986	..	228	..	0	228	630
	1987	..	182	..	0	182	488
Egypt	1984	127 940	7 424	..	...	135 364	2 922
Egypte	1985	161 093	6 968	..	...	168 062	3 532
	1986	186 418	7 606	..	...	194 024	3 971
	1987	197 112	6 194	..	...	203 306	4 054
Ethiopia	1984	241	0	..	0	241	6
Ethiopie	1985	239	0	..	0	239	6
	1986	289	0	..	0	289	7
	1987	336	0	..	46	290	7
Gabon	1984	3 044	0	46	0	2 999	3 157
Gabon	1985	3 472	0	46	0	3 427	3 476
	1986	6 048	0	46	0	6 003	5 874
	1987	6 938	0	46	0	6 892	6 508
Ghana	1984	182	46	..	..	228	18
Ghana	1985	228	46	..	..	273	21
	1986	137	46	..	..	182	14
	1987	182	46	..	..	228	17

Table 31

Production, Trade and Consumption of Gases
Production, commerce et consommation de gaz

(Quantities in terajoules and in megajoules per capita)
(Quantités en térajoules et en mégajoules par habitant)

Country or area Pays ou zone	Year Année	Production	Imports Importations	Exports Exportations	Changes in Stocks Variation des stocks	Consumption / Consommation: Total Totale	Consumption / Consommation: Per Capita Par habitant
Guinea–Bissau Guinée–Bissau	1984	..	46	..	..	46	53
	1985	..	46	..	..	46	52
	1986	..	46	..	..	46	51
	1987	..	46	..	..	46	50
Kenya Kenya	1984	1 048	0	46	...	1 002	51
	1985	1 002	0	46	...	956	47
	1986	911	0	46	...	865	41
	1987	1 184	0	46	...	1 139	51
Liberia Libéria	1984	0	46	..	..	46	22
	1985	0	46	..	..	46	21
	1986	0	46	..	..	46	20
	1987	0	46	..	..	46	20
Libyan Arab Jamah. Jamah.arabe libyenne	1984	171 811	0	53 031	..	118 780	32 668
	1985	194 191	0	61 110	..	133 081	35 142
	1986	209 291	0	54 485	..	154 806	39 331
	1987	197 424	0	51 936	..	145 488	35 624
Madagascar Madagascar	1984	46	0	0	...	46	5
	1985	137	0	0	...	137	13
	1986	91	0	0	...	91	9
	1987	0	0	0	...	0	0
Malawi Malawi	1984	..	182	..	..	182	26
	1985	..	182	..	..	182	25
	1986	..	137	..	..	137	19
	1987	..	182	..	..	182	24
Mauritania Mauritanie	1984	..	182	..	...	182	106
	1985	..	182	..	...	182	103
	1986	..	182	..	...	182	100
	1987	..	182	..	...	182	98
Mauritius Maurice	1984	..	137	..	...	137	134
	1985	..	91	..	...	91	88
	1986	..	182	..	...	182	173
	1987	..	501	..	...	501	470
Morocco Maroc	1984	12 688	5 693	0	–956	19 337	898
	1985	12 550	7 651	0	–592	20 793	940
	1986	12 641	10 521	0	455	22 706	1 000
	1987	12 742	10 931	0	455	23 217	996
Mozambique Mozambique	1984	46	228	0	..	273	20
	1985	0	228	0	..	228	17
	1986	0	182	0	..	182	13
	1987	0	182	0	..	182	13
Nigeria Nigéria	1984	84 313	0	..	..	84 313	916
	1985	113 813	0	..	..	113 813	1 196
	1986	131 008	455	..	..	131 464	1 335
	1987	146 883	455	..	..	147 338	1 446
Réunion Réunion	1984	..	683	..	...	683	1 270
	1985	..	638	..	...	638	1 166
	1986	..	683	..	...	683	1 228
	1987	..	592	..	...	592	1 046
Rwanda Rwanda	1984	40	..	..	...	40	7
	1985	40	..	..	...	40	7
	1986	37	..	..	...	37	6
	1987	35	..	..	...	35	5
Senegal Sénégal	1984	91	547	91	...	547	87
	1985	46	774	0	...	820	127
	1986	137	729	0	...	865	131
	1987	91	774	0	...	865	127

Table 31

Production, Trade and Consumption of Gases
Production, commerce et consommation de gaz

(Quantities in terajoules and in megajoules per capita)
(Quantités en térajoules et en mégajoules par habitant)

Country or area / Pays ou zone	Year / Année	Production	Imports / Importations	Exports / Exportations	Changes in Stocks / Variation des stocks	Consumption / Consommation: Total / Totale	Consumption / Consommation: Per Capita / Par habitant
S.Africa Customs Un. / Un.douan.d'Afr.mérid	1984	140 460	0	0	...	140 460	3 942
	1985	142 188	0	0	...	142 188	3 898
	1986	142 188	0	0	...	142 188	3 808
	1987	143 210	0	0	...	143 210	3 747
Sudan / Soudan	1984	228	91	..	...	319	15
	1985	182	182	..	...	364	17
	1986	182	228	..	...	410	18
	1987	228	228	..	...	455	20
Tunisia / Tunisie	1984	20 406	21 798	..	455	41 748	5 895
	1985	19 019	32 206	..	−137	51 362	7 073
	1986	19 216	19 374	..	−46	38 636	5 190
	1987	19 020	17 554	..	46	36 528	4 789
United Rep. Tanzania / Rép.Unie de Tanzanie	1984	319	...	..	0	319	15
	1985	273	...	..	0	273	12
	1986	319	...	..	0	319	14
	1987	273	...	..	0	273	11
Zaire / Zaïre	1984	46	0	..	...	46	2
	1985	46	0	..	...	46	1
	1986	46	0	..	...	46	1
	1987	46	0	..	...	46	1
Zambia / Zambie	1984	228	0	..	...	228	34
	1985	319	0	..	...	319	46
	1986	364	0	..	...	364	50
	1987	364	0	..	...	364	48
Zimbabwe / Zimbabwe	1984	1 100	91	..	...	1 191	148
	1985	1 100	137	..	...	1 237	149
	1986	1 200	137	..	...	1 337	156
	1987	1 300	91	..	...	1 391	157
NTH. AMERICA / AMER DU NORD	**1984**	**26 735 095**	**1 257 174**	**1 210 508**	**239 431**	**26 542 330**	**67 108**
	1985	**25 991 089**	**1 370 537**	**1 341 348**	**−457 881**	**26 478 159**	**66 046**
	1986	**25 327 829**	**1 223 838**	**1 066 031**	**335 647**	**25 149 990**	**61 909**
	1987	**26 286 952**	**1 401 633**	**1 323 336**	**33 763**	**26 331 486**	**63 984**
Antigua and Barbuda / Antigua–et–Barbuda	1984	0	91	0	...	91	1 123
	1985	0	91	0	...	91	1 110
	1986	0	91	0	...	91	1 096
	1987	0	91	0	...	91	1 083
Aruba / Aruba	1984	..	...	..	..	...	...
	1985	..	...	..	..	...	...
	1986	..	46	..	..	46	...
	1987	..	46	..	..	46	...
Bahamas / Bahamas	1984	911	273	683	...	501	2 088
	1985	0	683	0	...	683	2 811
	1986	0	455	0	...	455	1 842
	1987	0	455	91	...	364	1 450
Barbados / Barbade	1984	760	455	0	0	1 215	4 802
	1985	993	455	0	0	1 448	5 701
	1986	1 028	410	0	0	1 438	5 639
	1987	865	455	0	0	1 320	5 136
Belize / Belize	1984	..	91	..	...	91	569
	1985	..	137	..	...	137	835
	1986	..	137	..	...	137	815
	1987	..	137	..	...	137	801
Bermuda / Bermudes	1984	..	137	..	...	137	2 404
	1985	..	137	..	...	137	2 404
	1986	..	137	..	...	137	2 362
	1987	..	137	..	...	137	2 362

Table 31

Production, Trade and Consumption of Gases
Production, commerce et consommation de gaz

(Quantities in terajoules and in megajoules per capita)
(Quantités en térajoules et en mégajoules par habitant)

Country or area Pays ou zone	Year Année	Production	Imports Importations	Exports Exportations	Changes in Stocks Variation des stocks	Consumption Consommation Total Totale	Consumption Consommation Per Capita Par habitant
Canada	1984	3 590 271	182	1 010 782	23 408	2 556 262	101 823
Canada	1985	3 802 561	192	1 162 543	–55 643	2 695 853	106 220
	1986	3 577 128	10 018	918 834	67 381	2 600 931	101 464
	1987	3 882 704	9 491	1 192 104	23 330	2 676 761	103 466
Cayman Islands	1984	..	46	..	...	46	2 190
Iles Caïmanes	1985	..	91	..	...	91	4 333
	1986	..	91	..	...	91	4 333
	1987	..	91	..	...	91	4 136
Costa Rica	1984	182	410	..	–91	683	266
Costa Rica	1985	228	547	..	–91	865	327
	1986	319	410	..	46	683	251
	1987	319	501	..	0	820	294
Cuba	1984	11 251	182	46	–91	11 479	1 160
Cuba	1985	11 641	0	0	46	11 595	1 166
	1986	11 210	410	0	–91	11 711	1 170
	1987	12 715	364	0	91	12 988	1 289
Dominican Republic	1984	1 958	2 323	..	...	4 281	683
Rép. dominicaine	1985	1 731	2 368	..	...	4 099	639
	1986	1 093	2 277	..	...	3 370	513
	1987	774	2 277	..	...	3 051	454
El Salvador	1984	1 230	91	0	...	1 321	280
El Salvador	1985	1 275	91	0	...	1 366	286
	1986	1 139	91	0	...	1 230	254
	1987	1 048	91	0	...	1 139	231
Grenada	1984	..	46	..	..	46	479
Grenade	1985	..	46	..	..	46	474
	1986	..	46	..	..	46	469
	1987	..	46	..	..	46	460
Guadeloupe	1984	..	501	..	...	501	1 500
Guadeloupe	1985	..	547	..	...	547	1 633
	1986	..	547	..	...	547	1 623
	1987	..	547	..	...	547	1 618
Guatemala	1984	228	2 642	0	...	2 869	371
Guatemala	1985	228	2 733	0	...	2 960	372
	1986	228	2 505	0	...	2 733	333
	1987	410	3 644	0	...	4 053	481
Haiti	1984	..	182	..	...	182	31
Haïti	1985	..	182	..	...	182	31
	1986	..	182	..	...	182	30
	1987	..	182	..	...	182	30
Honduras	1984	182	455	0	...	638	151
Honduras	1985	182	455	0	...	638	146
	1986	182	410	0	...	592	131
	1987	182	455	0	...	638	136
Jamaica	1984	1 110	956	0	...	2 066	897
Jamaïque	1985	1 110	911	0	...	2 021	864
	1986	878	911	0	...	1 789	754
	1987	858	911	0	...	1 769	734
Martinique	1984	683	46	455	...	273	830
Martinique	1985	683	46	364	...	364	1 106
	1986	638	46	364	...	319	967
	1987	683	46	410	...	319	967
Mexico	1984	1 376 624	42 863	68 589	774	1 350 124	17 409
Mexique	1985	1 358 850	52 108	25 869	–1 093	1 386 182	17 463
	1986	1 321 707	37 580	24 913	1 822	1 332 553	16 410
	1987	1 342 350	25 037	21 724	1 412	1 344 250	16 188

Table 31

Production, Trade and Consumption of Gases
Production, commerce et consommation de gaz

(Quantities in terajoules and in megajoules per capita)
(Quantités en térajoules et en mégajoules par habitant)

Country or area Pays ou zone	Year Année	Production	Imports Importations	Exports Exportations	Changes in Stocks Variation des stocks	Consumption / Consommation Total Totale	Consumption / Consommation Per Capita Par habitant
Neth.Antil and Aruba	1984	3 416	683	1 139	...	**2 960**	**16 536**
Antill.néer.et Aruba	1985	1 366	1 594	228	...	**2 733**	**15 099**
	1986	...	...	...	...	...	...
	1987	...	...	...	...	...	...
Netherlands Antilles	1984	...	...	...	..	...	...
Antilles néerland.	1985	...	...	...	..	...	...
	1986	1 366	1 594	228	..	**2 733**	...
	1987	2 049	911	228	..	**2 733**	...
Nicaragua	1984	1 157	228	0	0	**1 384**	**437**
Nicaragua	1985	1 364	91	0	0	**1 455**	**445**
	1986	1 183	91	0	0	**1 274**	**376**
	1987	1 324	91	0	0	**1 415**	**404**
Panama	1984	929	1 366	0	...	**2 295**	**1 075**
Panama	1985	929	1 366	0	...	**2 295**	**1 052**
	1986	931	1 366	0	...	**2 297**	**1 031**
	1987	1 022	1 275	0	...	**2 297**	**1 010**
Puerto Rico	1984	12 525	6 285	0	273	**18 536**	**5 453**
Porto Rico	1985	9 109	4 554	0	−1 139	**14 802**	**4 288**
	1986	9 109	3 188	0	0	**12 297**	**3 509**
	1987	9 109	3 188	0	0	**12 297**	**3 459**
Saint Lucia	1984	..	46	..	...	**46**	**362**
Sainte–Lucie	1985	..	91	..	...	**91**	**705**
	1986	..	91	..	...	**91**	**695**
	1987	..	91	..	...	**91**	**689**
S.Vincent–Grenadines	1984	..	46	..	..	**46**	**442**
S.Vincent–Grenadines	1985	..	46	..	..	**46**	**438**
	1986	..	46	..	..	**46**	**434**
	1987	..	46	..	..	**46**	**430**
Trinidad and Tobago	1984	165 758	410	683	...	**165 485**	**141 804**
Trinité–et–Tobago	1985	199 551	0	1 048	...	**198 503**	**167 372**
	1986	158 759	0	774	...	**157 985**	**131 108**
	1987	166 044	137	683	...	**165 497**	**135 210**
United States	1984	21 564 554	1 196 094	128 131	215 157	**22 417 360**	**94 554**
Etats–Unis	1985	20 598 150	1 300 930	151 251	−399 961	**22 147 790**	**92 559**
	1986	20 241 388	1 162 304	121 146	266 490	**21 016 055**	**87 058**
	1987	20 865 955	1 351 847	108 324	8 930	**22 100 549**	**90 784**
U.S. Virgin Islands	1984	1 366	46	0	..	**1 412**	**13 577**
Iles Vierges amér.	1985	1 139	46	46	..	**1 139**	**10 745**
	1986	911	0	0	..	**911**	**8 435**
	1987	592	0	0	..	**592**	**5 431**
STH. AMERICA	**1984**	**2 189 758**	**99 742**	**87 146**	**13 548**	**2 188 805**	**8 356**
AMER DU SUD	**1985**	**2 237 348**	**105 661**	**87 373**	**13 274**	**2 242 361**	**8 379**
	1986	**2 432 116**	**113 902**	**123 867**	**2 239**	**2 419 911**	**8 852**
	1987	**2 672 444**	**140 533**	**112 758**	**10 815**	**2 689 404**	**9 633**
Argentina	1984	562 052	76 833	2 414	−2 778	**639 250**	**21 363**
Argentine	1985	594 053	76 832	1 230	−501	**670 156**	**22 094**
	1986	636 039	78 833	729	273	**713 870**	**23 224**
	1987	741 844	92 848	0	−46	**834 737**	**26 807**
Bolivia	1984	93 706	..	77 491	...	**16 215**	**2 615**
Bolivie	1985	92 780	..	77 126	...	**15 655**	**2 457**
	1986	99 800	..	82 559	...	**17 241**	**2 633**
	1987	99 463	..	79 010	...	**20 453**	**3 039**
Brazil	1984	364 397	10 976	1 867	4 509	**368 997**	**2 782**
Brésil	1985	401 464	21 451	1 867	11 295	**409 753**	**3 023**
	1986	425 539	26 871	865	6 285	**445 259**	**3 215**
	1987	456 657	34 204	1 867	11 340	**477 653**	**3 377**

Table 31

Production, Trade and Consumption of Gases
Production, commerce et consommation de gaz

(Quantities in terajoules and in megajoules per capita)
(Quantités en térajoules et en mégajoules par habitant)

Country or area Pays ou zone	Year Année	Production	Imports Importations	Exports Exportations	Changes in Stocks Variation des stocks	Consumption Consommation	
						Total Totale	Per Capita Par habitant
Chile Chili	1984	70 637	0	774	69	69 794	5 857
	1985	69 554	0	0	239	69 315	5 718
	1986	67 185	592	0	438	67 339	5 461
	1987	68 323	956	0	–4 943	74 222	5 919
Colombia Colombie	1984	213 059	..	..	...	213 059	7 579
	1985	207 551	..	..	...	207 551	7 228
	1986	207 005	..	..	...	207 005	7 059
	1987	212 707	..	..	...	212 707	7 103
Ecuador Equateur	1984	8 202	3 097	0	911	10 388	1 140
	1985	8 102	3 143	0	455	10 789	1 150
	1986	10 610	3 507	0	0	14 117	1 463
	1987	5 897	8 380	0	0	14 277	1 439
French Guiana Guyane française	1984	..	46	..	..	46	568
	1985	..	91	..	..	91	1 096
	1986	..	91	..	..	91	1 071
	1987	..	137	..	..	137	1 575
Guyana Guyana	1984	..	1 457	..	..	1 457	1 555
	1985	..	1 366	..	..	1 366	1 432
	1986	..	1 139	..	..	1 139	1 172
	1987	..	911	..	..	911	920
Paraguay Paraguay	1984	137	1 184	..	...	1 321	369
	1985	182	1 275	..	...	1 457	394
	1986	137	1 230	..	...	1 366	359
	1987	137	1 139	..	...	1 275	325
Peru Pérou	1984	34 216	410	0	774	33 852	1 763
	1985	33 768	182	0	0	33 950	1 723
	1986	34 848	455	0	0	35 303	1 747
	1987	33 756	911	0	–137	34 804	1 679
Suriname Suriname	1984	0	319	..	0	319	860
	1985	0	273	..	0	273	726
	1986	0	228	..	0	228	598
	1987	0	228	..	0	228	589
Uruguay Uruguay	1984	3 284	91	0	46	3 329	1 113
	1985	3 247	0	0	–91	3 338	1 108
	1986	2 996	319	0	–46	3 360	1 107
	1987	3 553	364	0	46	3 872	1 266
Venezuela Venezuela	1984	840 068	5 329	4 600	10 018	830 778	49 293
	1985	826 646	1 048	7 150	1 877	818 667	47 273
	1986	947 957	638	39 714	–4 712	913 592	51 351
	1987	1 050 109	455	31 881	4 554	1 014 129	55 505
ASIA **ASIE**	**1984**	**7 898 754**	**1 992 692**	**2 143 774**	**–68 692**	**7 816 363**	**2 793**
	1985	**8 589 498**	**2 098 688**	**2 184 158**	**–79 359**	**8 583 387**	**3 014**
	1986	**9 431 882**	**2 287 957**	**2 354 630**	**27 778**	**9 337 431**	**3 219**
	1987	**10 055 801**	**2 541 636**	**2 513 117**	**364**	**10 083 956**	**3 412**
Afghanistan Afghanistan	1984	105 940	..	87 000	1 000	17 940	1 221
	1985	111 240	..	87 000	1 000	23 240	1 601
	1986	111 444	..	87 000	800	23 644	1 627
	1987	112 800	..	88 000	1 000	23 800	1 618
Bahrain Bahreïn	1984	147 648	0	7 196	1 366	139 086	335 957
	1985	175 640	0	6 832	501	168 308	390 506
	1986	178 048	0	8 426	455	169 167	377 605
	1987	178 675	0	9 109	364	169 202	363 875
Bangladesh Bangladesh	1984	91 090	..	..	...	91 090	925
	1985	103 760	..	..	46	103 715	1 025
	1986	116 982	..	..	0	116 982	1 126
	1987	137 455	..	..	...	137 455	1 288

Table 31

Production, Trade and Consumption of Gases
Production, commerce et consommation de gaz

(Quantities in terajoules and in megajoules per capita)
(Quantités en térajoules et en mégajoules par habitant)

Country or area Pays ou zone	Year Année	Production	Imports Importations	Exports Exportations	Changes in Stocks Variation des stocks	Consumption Consommation	
						Total Totale	Per Capita Par habitant
Bhutan Bhoutan	1984	..	91	..	..	91	68
	1985	..	91	..	..	91	67
	1986	..	91	..	..	91	65
	1987	..	91	..	..	91	64
Brunei Darussalam Brunéi Darussalam	1984	365 550	..	341 808	...	23 742	109 410
	1985	360 302	..	333 629	...	26 673	118 547
	1986	352 435	..	332 306	...	20 129	86 391
	1987	372 262	..	329 073	...	43 189	178 467
Burma Birmanie	1984	27 117	..	..	...	27 117	737
	1985	36 602	..	..	...	36 602	975
	1986	42 538	..	..	...	42 538	1 110
	1987	44 527	..	..	...	44 527	1 138
China Chine	1984	562 674	..	0	547	562 127	545
	1985	577 276	..	865	228	576 183	554
	1986	628 928	..	820	–137	628 245	596
	1987	644 935	..	774	182	643 979	602
Cyprus Chypre	1984	1 352	865	0	–137	2 354	3 572
	1985	1 138	1 321	0	91	2 368	3 556
	1986	1 643	1 048	0	46	2 645	3 924
	1987	1 792	956	0	–137	2 885	4 236
Democratic Yemen Yémen démocratique	1984	1 184	0	364	...	820	395
	1985	1 139	0	273	...	865	405
	1986	1 093	228	91	...	1 230	559
	1987	1 867	0	1 002	...	865	381
Hong Kong Hong–kong	1984	6 907	6 968	364	46	13 465	2 502
	1985	7 979	6 923	410	0	14 492	2 656
	1986	9 043	7 834	455	–46	16 467	2 975
	1987	10 584	8 061	592	...	18 053	3 216
India Inde	1984	191 344	3 051	46	...	194 350	258
	1985	228 322	3 051	46	...	231 328	301
	1986	299 636	683	91	...	300 228	382
	1987	326 818	3 826	91	...	330 553	412
Indonesia Indonésie	1984	989 873	0	775 504	–68 634	283 003	1 731
	1985	983 858	0	816 113	–107 830	275 576	1 655
	1986	1 166 399	0	838 331	36 366	291 702	1 722
	1987	1 123 393	0	851 249	...	272 144	1 581
Iran(Islamic Rep.of) Iran(Rép.islamique)	1984	556 544	..	15 940	...	540 604	11 811
	1985	611 453	..	15 940	...	595 512	12 504
	1986	625 744	..	11 386	...	614 358	12 419
	1987	672 198	..	11 386	...	660 812	12 879
Iraq Iraq	1984	31 504	0	3 188	...	28 316	1 845
	1985	49 508	0	3 188	...	46 320	2 913
	1986	79 472	0	53 188	...	26 284	1 596
	1987	164 923	0	110 438	...	54 485	3 195
Israel Israël	1984	10 616	0	1 184	0	9 431	2 264
	1985	11 829	0	1 184	0	10 644	2 514
	1986	12 247	0	1 366	0	10 881	2 528
	1987	15 035	0	1 640	0	13 396	3 063
Japan Japon	1984	1 996 502	1 884 434	1 093	–7 743	3 887 586	32 374
	1985	2 011 579	1 992 024	1 594	14 540	3 987 468	33 021
	1986	1 928 561	2 113 995	683	–2 171	4 044 044	33 322
	1987	1 996 325	2 203 063	1 958	15 069	4 182 361	34 307
Jordan Jordanie	1984	3 507	228	0	46	3 689	1 094
	1985	4 724	455	0	137	5 042	1 438
	1986	5 111	319	0	–91	5 521	1 514
	1987	5 628	774	0	91	6 312	1 665

Table 31

Production, Trade and Consumption of Gases
Production, commerce et consommation de gaz

(Quantities in terajoules and in megajoules per capita)
(Quantités en térajoules et en mégajoules par habitant)

Country or area Pays ou zone	Year Année	Production	Imports Importations	Exports Exportations	Changes in Stocks Variation des stocks	Consumption Consommation	
						Total Totale	Per Capita Par habitant
Korea, Republic of Corée, République de	1984	27 474	24 320	0	1 958	49 837	1 231
	1985	32 469	26 233	0	–501	59 203	1 442
	1986	43 750	37 201	0	3 555	77 396	1 861
	1987	51 441	131 308	410	2 799	179 540	4 263
Kuwait,part Ntl.Zone Koweït et prt.Zne.N.	1984	283 436	0	53 241	1 366	228 829	139 360
	1985	294 747	0	65 173	4 554	225 020	131 514
	1986	315 935	50 000	83 892	3 644	278 399	156 053
	1987	326 298	107 250	107 666	2 277	323 604	173 887
Lao Peoples Dem.Rep. Rép. dém. pop. lao	1984	..	319	..	..	319	91
	1985	..	319	..	..	319	89
	1986	..	364	..	..	364	99
	1987	..	364	..	..	364	96
Lebanon Liban	1984	683	2 733	0	...	3 416	1 291
	1985	911	3 188	0	...	4 099	1 536
	1986	911	3 234	0	...	4 145	1 531
	1987	911	3 416	0	...	4 327	1 566
Macau Macao	1984	..	273	..	..	273	722
	1985	..	319	..	..	319	812
	1986	..	364	..	..	364	890
	1987	..	410	..	..	410	962
Malaysia Malaisie	1984	239 095	1 958	192 589	–91	48 555	3 217
	1985	327 464	2 095	241 058	1 230	87 272	5 649
	1986	393 268	3 051	294 574	–3 773	105 518	6 672
	1987	501 399	5 465	334 914	–21 966	193 916	11 976
Nepal Népal	1984	..	46	..	..	46	3
	1985	..	137	..	..	137	8
	1986	..	91	..	..	91	5
	1987	..	91	..	..	91	5
Oman Oman	1984	259 823	...	15 940	..	243 883	204 257
	1985	278 825	...	15 940	..	262 885	211 492
	1986	295 389	...	16 851	..	278 538	215 921
	1987	297 918	...	17 762	..	280 156	209 855
Pakistan Pakistan	1984	299 886	..	0	0	299 886	3 018
	1985	317 749	..	0	0	317 749	3 078
	1986	335 892	..	0	0	335 892	3 135
	1987	357 063	..	0	0	357 063	3 216
Philippines Philippines	1984	7 197	2 368	0	–46	9 611	179
	1985	6 212	2 414	0	–182	8 808	160
	1986	7 494	2 277	91	–91	9 771	173
	1987	9 198	2 778	0	46	11 930	206
Qatar Qatar	1984	192 430	0	33 976	–2 505	160 960	562 797
	1985	201 834	0	24 548	182	177 103	590 343
	1986	248 143	0	29 695	–2 778	221 226	704 541
	1987	214 085	0	27 463	0	186 622	570 709
S.Arabia,pt.Ntrl.Zn. Arab.saoud,p.Zn.neut	1984	950 955	..	397 053	–182	554 085	49 765
	1985	1 032 114	..	346 635	4 554	680 924	58 721
	1986	1 298 423	..	366 356	–9 245	941 312	77 968
	1987	1 334 048	..	389 857	455	943 736	75 114
Singapore Singapour	1984	14 309	3 507	11 340	3 006	3 469	1 371
	1985	5 331	10 657	8 927	3 188	3 874	1 513
	1986	6 131	9 109	9 974	1 366	3 900	1 506
	1987	5 478	9 109	10 521	...	4 066	1 554
Sri Lanka Sri Lanka	1984	1 735	46	..	...	1 780	112
	1985	1 852	46	..	...	1 897	118
	1986	2 485	46	..	...	2 530	155
	1987	2 431	91	..	...	2 522	152

Table 31

Production, Trade and Consumption of Gases
Production, commerce et consommation de gaz

(Quantities in terajoules and in megajoules per capita)
(Quantités en térajoules et en mégajoules par habitant)

Country or area Pays ou zone	Year Année	Production	Imports Importations	Exports Exportations	Changes in Stocks Variation des stocks	Consumption / Consommation: Total Totale	Consumption / Consommation: Per Capita Par habitant
Syrian Arab Republic Rép. arabe syrienne	1984	11 472	5 146	0	...	16 618	1 646
	1985	10 873	4 145	0	...	15 018	1 436
	1986	14 970	4 463	0	...	19 434	1 793
	1987	14 323	5 921	0	...	20 243	1 803
Thailand Thaïlande	1984	96 264	17 717	0	1 230	112 751	2 224
	1985	137 132	5 420	0	1 048	141 504	2 742
	1986	135 253	2 459	0	273	137 440	2 619
	1987	187 766	5 329	0	–46	193 140	3 623
Turkey Turquie	1984	82 691	19 356	0	–46	102 093	2 076
	1985	85 599	20 631	0	46	106 185	2 109
	1986	105 278	21 907	0	–137	127 321	2 474
	1987	108 491	26 643	0	228	134 907	2 569
United Arab Emirates Emirats arabes unis	1984	245 615	..	205 947	0	39 669	30 632
	1985	488 343	..	214 802	0	273 541	202 473
	1986	581 889	..	219 053	0	362 836	258 430
	1987	748 960	..	219 212	0	529 748	364 088
Viet Nam Viet Nam	1984	..	228	..	...	228	4
	1985	..	228	..	...	228	4
	1986	..	228	..	...	228	4
	1987	..	273	..	...	273	4
Yemen Yémen	1984	..	1 594	..	..	1 594	238
	1985	..	1 640	..	..	1 640	238
	1986	..	2 642	..	..	2 642	372
	1987	..	3 644	..	..	3 644	498
EUROPE **EUROPE**	**1984**	**12 293 025**	**5 914 862**	**2 709 891**	**28 658**	**15 469 337**	**31 513**
	1985	**12 583 198**	**6 148 626**	**2 735 848**	**105 226**	**15 890 751**	**32 284**
	1986	**12 262 694**	**6 064 885**	**2 500 076**	**107 059**	**15 720 445**	**31 858**
	1987	**12 572 610**	**6 373 744**	**2 591 950**	**57 199**	**16 297 205**	**32 951**
Albania Albanie	1984	15 000	..	..	...	15 000	5 165
	1985	15 000	..	..	...	15 000	5 062
	1986	15 000	..	..	...	15 000	4 965
	1987	15 000	..	..	...	15 000	4 873
Austria Autriche	1984	99 059	167 164	1 275	15 989	248 960	33 142
	1985	96 091	172 856	1 230	2 228	265 489	35 384
	1986	90 955	150 389	273	306	240 765	32 111
	1987	89 902	144 966	182	–9 639	244 325	32 598
Belgium Belgique	1984	130 829	367 243	20 140	993	476 938	48 200
	1985	127 984	364 544	23 094	–558	469 992	47 455
	1986	125 927	308 290	24 088	15 445	394 684	39 819
	1987	125 988	334 110	22 470	6 929	430 700	43 422
Bulgaria Bulgarie	1984	31 555	195 000	1 366	...	225 188	25 172
	1985	31 133	210 800	1 594	...	240 339	26 818
	1986	28 509	221 513	774	...	249 248	27 771
	1987	31 844	213 443	774	...	244 513	27 210
Czechoslovakia Tchécoslovaquie	1984	219 389	329 417	14 097	601	534 108	34 516
	1985	214 940	330 602	16 510	–1 030	530 062	34 195
	1986	210 740	364 142	11 428	–731	564 186	36 324
	1987	210 165	379 063	20 782	442	568 005	36 495
Denmark Danemark	1984	30 207	6 823	6 861	717	29 452	5 747
	1985	63 726	4 964	19 659	339	48 693	9 505
	1986	98 315	2 687	26 843	4 866	69 293	13 529
	1987	119 307	2 323	33 900	7 640	80 090	15 640
Finland Finlande	1984	22 214	30 056	0	–46	52 315	10 720
	1985	19 626	38 141	0	364	57 403	11 708
	1986	20 826	46 447	0	547	66 727	13 557
	1987	24 533	60 901	0	364	85 069	17 227

Table 31

Production, Trade and Consumption of Gases
Production, commerce et consommation de gaz

(Quantities in terajoules and in megajoules per capita)
(Quantités en térajoules et en mégajoules par habitant)

Country or area Pays ou zone	Year Année	Production	Imports Importations	Exports Exportations	Changes in Stocks Variation des stocks	Consumption / Consommation: Total Totale	Consumption / Consommation: Per Capita Par habitant
France incl. Monaco	1984	603 386	909 420	27 492	3 944	1 481 370	26 955
France y comp.Monaco	1985	586 267	1 000 760	40 841	20 793	1 525 393	27 634
	1986	501 348	1 073 651	50 809	28 456	1 495 734	26 989
	1987	446 301	1 031 783	57 863	33 547	1 386 674	24 929
German Dem. Rep.	1984	272 108	210 833	8 908	−3 058	477 091	28 642
Rép. dém. allemande	1985	273 048	209 054	10 831	11 006	460 266	27 652
	1986	294 743	238 473	10 482	5 245	517 489	31 097
	1987	292 470	236 995	11 488	1 404	516 574	31 040
Germany, Fed. Rep.	1984	1 229 928	1 354 953	69 412	−987	2 516 456	41 162
Allemagne, Rép. féd.	1985	1 213 785	1 465 777	69 813	43 750	2 565 998	42 048
	1986	1 053 131	1 343 776	60 848	−1 912	2 337 971	38 380
	1987	1 108 604	1 489 026	70 821	31 326	2 495 483	41 035
Greece	1984	20 022	137	3 143	−46	17 061	1 724
Grèce	1985	19 222	91	1 867	−182	17 628	1 774
	1986	28 115	273	3 917	228	24 244	2 432
	1987	31 599	0	4 145	273	27 181	2 720
Hungary	1984	282 628	131 396	2 300	−5 444	417 167	39 094
Hongrie	1985	298 690	136 907	2 534	9 032	424 031	39 815
	1986	284 717	162 298	2 318	595	444 102	41 782
	1987	284 187	166 926	9 759	−4 119	445 473	41 994
Ireland	1984	92 451	6 148	273	167	98 159	27 862
Irlande	1985	94 736	6 103	0	−4	100 843	28 382
	1986	65 177	5 830	410	−50	70 646	19 706
	1987	64 607	5 192	46	83	69 670	19 256
Italy and San Marino	1984	852 536	773 915	9 655	21 515	1 595 281	27 961
Italie y comp. S.Mrn	1985	857 905	802 067	10 020	18 403	1 631 550	28 548
	1986	865 389	735 301	16 476	18 804	1 565 410	27 358
	1987	861 563	860 383	10 839	−17 924	1 729 030	30 195
Luxembourg	1984	18 510	14 163	46	..	32 628	88 905
Luxembourg	1985	17 455	15 248	46	..	32 657	88 742
	1986	17 036	15 144	0	..	32 180	87 446
	1987	17 500	17 053	0	..	34 553	93 894
Malta	1984	0	638	..	...	638	1 828
Malte	1985	0	364	..	...	364	1 055
	1986	0	592	..	...	592	1 716
	1987	0	683	..	...	683	1 974
Netherlands	1984	2 975 453	224 490	1 446 082	−1 348	1 755 209	121 670
Pays–Bas	1985	3 069 452	187 491	1 453 205	−774	1 804 512	124 578
	1986	2 856 496	177 941	1 208 720	693	1 825 024	125 500
	1987	2 890 648	184 811	1 170 672	−292	1 905 078	130 521
Norway,Svlbd,J.Myn I	1984	1 163 828	6 923	1 056 166	−5	114 590	27 672
Norvège,Svalbd,J.May	1985	1 147 991	6 331	1 040 743	−91	113 670	27 364
	1986	1 179 889	10 748	1 036 628	91	153 919	36 946
	1987	1 249 625	12 707	1 131 712	137	130 483	31 231
Poland	1984	370 425	214 418	46	...	584 797	15 848
Pologne	1985	368 965	203 453	0	2 404	570 014	15 321
	1986	364 507	240 858	0	1 634	603 731	16 106
	1987	365 708	253 933	36	2 619	616 986	16 347
Portugal	1984	22 388	13 208	46	−273	35 823	3 544
Portugal	1985	21 616	13 026	0	−228	34 869	3 433
	1986	22 970	13 618	592	319	35 677	3 498
	1987	22 294	16 532	319	−273	38 781	3 792
Romania	1984	1 665 986	80 000	8 500	...	1 737 486	76 775
Roumanie	1985	1 661 886	85 000	8 500	...	1 738 386	76 493
	1986	1 649 886	90 000	8 500	...	1 731 386	75 842
	1987	1 691 386	90 000	9 000	...	1 772 386	77 272

Table 31

Production, Trade and Consumption of Gases
Production, commerce et consommation de gaz

(Quantities in terajoules and in megajoules per capita)
(Quantités en térajoules et en mégajoules par habitant)

Country or area Pays ou zone	Year Année	Production	Imports Importations	Exports Exportations	Changes in Stocks Variation des stocks	Consumption Consommation	
						Total Totale	Per Capita Par habitant
Spain Espagne	1984	180 868	124 456	2 869	–5 336	307 792	8 008
	1985	199 076	149 336	5 374	418	342 621	8 876
	1986	209 406	121 038	8 152	–3 040	325 331	8 393
	1987	213 080	136 843	8 471	4 227	337 224	8 667
Sweden Suède	1984	29 907	17 352	2 141	–410	45 528	5 453
	1985	31 299	15 160	2 004	–462	44 916	5 379
	1986	33 909	25 646	2 824	309	56 423	6 756
	1987	33 560	34 419	1 958	–182	66 203	7 929
Switzrld, Liechtenst. Suisse, Liechtenstein	1984	13 035	59 390	3 113	0	69 313	10 711
	1985	14 516	61 710	2 799	46	73 382	11 291
	1986	14 662	62 503	2 312	–46	74 899	11 489
	1987	14 347	67 483	3 166	46	78 618	12 036
United Kingdom Royaume–Uni	1984	1 820 963	552 553	25 960	1 503	2 346 053	41 339
	1985	1 992 481	540 477	25 186	–547	2 508 319	44 147
	1986	2 080 893	517 612	23 683	35 210	2 539 612	44 649
	1987	2 201 447	485 149	23 546	455	2 662 595	46 761
Yugoslavia Yougoslavie	1984	130 350	124 765	0	182	254 933	11 101
	1985	146 307	128 364	0	319	274 353	11 866
	1986	150 148	136 115	0	91	286 172	12 296
	1987	166 946	149 018	0	137	315 827	13 484
OCEANIA OCEANIE	**1984**	**821 423**	**9 382**	**70 138**	**251**	**760 417**	**31 323**
	1985	**885 998**	**9 337**	**64 445**	**315**	**830 574**	**33 696**
	1986	**953 492**	**9 200**	**73 462**	**182**	**889 047**	**35 533**
	1987	**963 349**	**10 202**	**66 039**	**2 915**	**904 597**	**35 629**
Australia Australie	1984	705 371	137	70 138	228	635 143	40 840
	1985	760 786	91	64 445	315	696 117	44 173
	1986	811 178	0	73 462	182	737 533	46 203
	1987	822 535	956	66 039	2 915	754 538	46 683
Cook Islands Iles Cook	1984	..	8 198	..	..	8 198	409 900
	1985	..	8 198	..	..	8 198	390 381
	1986	..	8 198	..	..	8 198	390 381
	1987	..	8 198	..	..	8 198	390 381
Fiji Fidji	1984	..	182	0	..	182	268
	1985	..	182	0	..	182	263
	1986	..	182	0	..	182	259
	1987	..	182	0	..	182	254
French Polynesia Polynésie française	1984	..	273	..	...	273	1 696
	1985	..	273	..	...	273	1 665
	1986	..	273	..	...	273	1 635
	1987	..	273	..	...	273	1 596
Guam Guam	1984	0	182	..	...	182	1 596
	1985	0	182	..	...	182	1 583
	1986	0	182	..	...	182	1 556
	1987	0	182	..	...	182	1 542
New Caledonia Nouvelle–Calédonie	1984	..	228	...	...	228	1 510
	1985	..	228	...	...	228	1 481
	1986	..	273	...	...	273	1 739
	1987	..	273	...	...	273	1 717
New Zealand Nouvelle–Zélande	1984	116 052	0	..	23	116 029	36 056
	1985	125 212	0	..	0	125 212	38 550
	1986	142 314	0	..	0	142 314	43 441
	1987	140 814	0	..	0	140 814	42 632
Papua New Guinea Papouasie–Nvl–Guinée	1984	..	182	..	...	182	53
	1985	..	182	..	...	182	52
	1986	..	91	..	...	91	25
	1987	..	137	..	...	137	37

Table 31

Production, Trade and Consumption of Gases
Production, commerce et consommation de gaz

(Quantities in terajoules and in megajoules per capita)
(Quantités en térajoules et en mégajoules par habitant)

Country or area Pays ou zone	Year Année	Production	Imports Importations	Exports Exportations	Changes in Stocks Variation des stocks	Consumption Consommation	
						Total Totale	Per Capita Par habitant
USSR **URSS**	**1984**	**22 815 840**	**87 000**	**2 463 672**	**...**	**20 439 168**	**74 417**
	1985	**24 463 891**	**87 000**	**2 500 049**	**...**	**22 050 842**	**79 621**
	1986	**25 856 786**	**87 000**	**2 835 049**	**...**	**23 108 737**	**82 763**
	1987	**27 654 431**	**88 000**	**2 884 763**	**...**	**24 857 668**	**88 316**

Table 32

Net Installed Capacity of Electric Generating Plants – by type

(Quantities in thousand kilowatts)

Country or area Pays ou zone	Year Année	Self–Producers and Public Autoproducteurs et publics					Self– Auto–	
		Total Totale	Thermal Thermique	Hydro Hydraulique	Nuclear Nucléaire	Geothermal Géothermique	Total Totale	Thermal Thermique
WORLD	**1984**	**2 338 245**	**1 578 908**	**540 244**	**214 929**	**4 164**	**165 108**	**143 082**
	1985	**2 431 968**	**1 613 048**	**560 712**	**251 620**	**6 588**	**170 164**	**146 563**
	1986	**2 491 047**	**1 629 108**	**574 275**	**280 526**	**7 138**	**172 602**	**148 825**
	1987	**2 556 036**	**1 657 460**	**584 977**	**306 233**	**7 366**	**174 327**	**150 296**
AFRICA	**1984**	**57 541**	**39 743**	**16 803**	**965**	**30**	**4 424**	**3 140**
	1985	**59 880**	**41 260**	**17 610**	**965**	**45**	**4 506**	**3 191**
	1986	**60 457**	**41 828**	**17 619**	**965**	**45**	**4 512**	**3 197**
	1987	**61 088**	**42 049**	**18 029**	**965**	**45**	**4 517**	**3 201**
Algeria	1984	3 436	3 151	285	..	..	351	351
	1985	3 546	3 261	285	..	..	351	351
	1986	3 736	3 451	285	..	..	351	351
	1987	3 836	3 551	285	..	..	351	* 351
Angola	1984	600	200	400	..	..	150	* 135
	1985	600	200	400	..	..	150	* 135
	1986	600	200	400	..	..	150	* 135
	1987	605	205	400	..	..	150	* 135
Benin	1984	15	15	..	..	..	..	..
	1985	15	15	..	..	..	..	..
	1986	15	15	..	..	..	..	..
	1987	15	15	..	..	..	..	..
Burkina Faso	1984	59	59	..	..	..	..	..
	1985	59	59	..	..	..	..	..
	1986	59	59	..	..	..	..	..
	1987	59	59	..	..	..	..	..
Burundi	1984	9	7	2	..	..	..	..
	1985	9	7	2	..	..	..	..
	1986	15	7	8	..	..	..	..
	1987	19	7	12	..	..	..	..
Cameroon	1984	572	75	497	..	..	499	* 2
	1985	603	75	528	..	..	530	* 2
	1986	605	77	528	..	..	530	* 2
	1987	605	77	528	..	..	530	* 2
Cape Verde	1984	4	4	..	..	..	2	* 2
	1985	5	5	..	..	..	2	* 2
	1986	5	5	..	..	..	2	* 2
	1987	5	5	..	..	..	2	* 2
Central African Rep.	1984	43	21	22	..	..	..	..
	1985	43	21	22	..	..	..	..
	1986	43	21	22	..	..	..	..
	1987	43	21	22	..	..	..	..
Chad	1984	31	31	..	..	..	..	..
	1985	31	31	..	..	..	..	..
	1986	31	31	..	..	..	..	..
	1987	31	31	..	..	..	..	..
Comoros	1984	5	4	1	..	..	1	..
	1985	5	4	1	..	..	1	..
	1986	5	4	1	..	..	1	..
	1987	5	4	1	..	..	1	..
Congo	1984	149	29	120	..	..	..	..
	1985	149	29	120	..	..	..	..
	1986	149	29	120	..	..	..	..
	1987	149	29	120	..	..	..	..
Côte d'Ivoire	1984	1 163	278	885	..	..	..	..
	1985	1 163	278	885	..	..	..	..
	1986	1 163	278	885	..	..	..	..
	1987	1 163	278	885	..	..	..	..

Puissance nette installée des centrales électriques – par catégorie

(Quantités en milliers de kilowatts)

Producers producteurs			Public Publics					Year Année	Country or area Pays ou zone
Hydro Hydraulique	Nuclear Nucléaire	Geothermal Géother-mique	Total Totale	Thermal Thermique	Hydro Hydraulique	Nuclear Nucléaire	Geothermal Géothermique		
20 978	**985**	**63**	**2 173 137**	**1 435 826**	**519 266**	**213 944**	**4 101**	**1984**	**MONDE**
20 823	**980**	**1 798**	**2 261 804**	**1 466 485**	**539 889**	**250 640**	**4 790**	**1985**	
20 553	**980**	**2 244**	**2 318 445**	**1 480 283**	**553 722**	**279 546**	**4 894**	**1986**	
20 773	**980**	**2 278**	**2 381 709**	**1 507 164**	**564 204**	**305 253**	**5 088**	**1987**	
1 284	..	..	**53 117**	**36 603**	**15 519**	**965**	**30**	**1984**	**AFRIQUE**
1 315	..	..	**55 374**	**38 069**	**16 295**	**965**	**45**	**1985**	
1 315	..	..	**55 945**	**38 631**	**16 304**	**965**	**45**	**1986**	
1 316	..	..	**56 571**	**38 848**	**16 713**	**965**	**45**	**1987**	
..	..	..	3 085	* 2 800	* 285	..	..	1984	Algérie
..	..	..	3 195	* 2 910	* 285	..	..	1985	
..	..	..	3 385	* 3 100	* 285	..	..	1986	
..	..	..	3 485	* 3 200	* 285	..	..	1987	
* 15	..	..	450	* 65	* 385	..	..	1984	Angola
* 15	..	..	450	* 65	* 385	..	..	1985	
* 15	..	..	450	* 65	* 385	..	..	1986	
* 15	..	..	455	* 70	* 385	..	..	1987	
..	..	..	15	* 15	..	..	..	1984	Bénin
..	..	..	15	* 15	..	..	..	1985	
..	..	..	15	* 15	..	..	..	1986	
..	..	..	15	* 15	..	..	..	1987	
..	..	..	59	59	..	..	..	1984	Burkina Faso
..	..	..	59	* 59	..	..	..	1985	
..	..	..	59	* 59	..	..	..	1986	
..	..	..	59	* 59	..	..	..	1987	
..	..	..	9	* 7	* 2	..	..	1984	Burundi
..	..	..	9	* 7	* 2	..	..	1985	
..	..	..	15	* 7	* 8	..	..	1986	
..	..	..	19	* 7	* 12	..	..	1987	
* 497	..	..	73	* 73	* 0	..	..	1984	Cameroun
* 528	..	..	73	73	0	..	..	1985	
* 528	..	..	75	* 75	* 0	..	..	1986	
* 528	..	..	75	* 75	* 0	..	..	1987	
..	..	..	2	2	..	..	..	1984	Cap–Vert
..	..	..	3	* 3	..	..	..	1985	
..	..	..	3	* 3	..	..	..	1986	
..	..	..	3	* 3	..	..	..	1987	
..	..	..	43	21	22	..	..	1984	Rép. centrafricaine
..	..	..	43	21	22	..	..	1985	
..	..	..	43	* 21	* 22	..	..	1986	
..	..	..	43	21	22	..	..	1987	
..	..	..	31	* 31	..	..	..	1984	Tchad
..	..	..	31	* 31	..	..	..	1985	
..	..	..	31	* 31	..	..	..	1986	
..	..	..	31	* 31	..	..	..	1987	
* 1	..	..	4	* 4	..	..	..	1984	Comores
* 1	..	..	4	* 4	..	..	..	1985	
* 1	..	..	4	* 4	..	..	..	1986	
* 1	..	..	4	* 4	..	..	..	1987	
..	..	..	149	* 29	* 120	..	..	1984	Congo
..	..	..	149	* 29	* 120	..	..	1985	
..	..	..	149	* 29	* 120	..	..	1986	
..	..	..	149	* 29	* 120	..	..	1987	
..	..	..	1 163	* 278	* 885	..	..	1984	Côte d'Ivoire
..	..	..	1 163	* 278	* 885	..	..	1985	
..	..	..	1 163	* 278	* 885	..	..	1986	
..	..	..	1 163	* 278	* 885	..	..	1987	

Table 32

Net Installed Capacity of Electric Generating Plants – by type

(Quantities in thousand kilowatts)

Country or area Pays ou zone	Year Année	Self–Producers and Public Autoproducteurs et publics					Self– Auto–	
		Total Totale	Thermal Thermique	Hydro Hydraulique	Nuclear Nucléaire	Geothermal Géothermique	Total Totale	Thermal Thermique
Djibouti	1984	38	38	..	..	..	..	..
	1985	38	38	..	..	..	..	..
	1986	38	38	..	..	..	..	..
	1987	38	38	..	..	..	..	..
Egypt	1984	5 409	2 874	2 535	..	..	174	* 174
	1985	6 050	3 350	2 700	..	..	250	* 250
	1986	6 250	3 550	2 700	..	..	250	* 250
	1987	6 340	3 640	2 700	..	..	250	* 250
Equatorial Guinea	1984	5	4	1	..	..	..	..
	1985	5	4	1	..	..	..	..
	1986	5	4	1	..	..	..	..
	1987	5	4	1	..	..	..	..
Ethiopia	1984	358	133	225	..	..	37	* 37
	1985	358	133	225	..	..	37	* 37
	1986	358	133	225	..	..	37	* 37
	1987	363	133	230	..	..	37	* 37
Gabon	1984	200	75	125	..	..	..	..
	1985	200	75	125	..	..	..	..
	1986	200	75	125	..	..	..	..
	1987	200	75	125	..	..	..	..
Gambia	1984	11	11	..	..	..	2	* 2
	1985	11	11	..	..	..	2	* 2
	1986	11	11	..	..	..	2	* 2
	1987	11	11	..	..	..	2	* 2
Ghana	1984	1 065	113	952	..	..	25	* 25
	1985	1 185	113	1 072	..	..	25	* 25
	1986	1 185	113	1 072	..	..	25	* 25
	1987	1 185	113	1 072	..	..	25	* 25
Guinea	1984	166	123	43	..	..	97	* 97
	1985	166	123	43	..	..	97	* 97
	1986	176	129	47	..	..	103	103
	1987	176	129	47	..	..	103	* 103
Guinea–Bissau	1984	7	7	..	..	..	1	* 1
	1985	7	7	..	..	..	1	* 1
	1986	7	7	..	..	..	1	* 1
	1987	7	7	..	..	..	1	* 1
Kenya	1984	544	160	354	..	30	17	12
	1985	559	160	354	..	45	17	12
	1986	559	160	354	..	45	17	* 12
	1987	575	176	354	..	45	17	12
Liberia	1984	325	244	81	..	..	148	* 143
	1985	325	244	81	..	..	148	* 143
	1986	325	244	81	..	..	148	* 143
	1987	325	244	81	..	..	148	* 143
Libyan Arab Jamah.	1984	1 300	1 300	..	..	..	..	..
	1985	1 800	1 800	..	..	..	..	..
	1986	2 000	2 000	..	..	..	..	..
	1987	2 000	2 000	..	..	..	..	..
Madagascar	1984	102	57	45	..	..	32	* 32
	1985	102	57	45	..	..	32	* 32
	1986	102	57	45	..	..	32	* 32
	1987	102	57	45	..	..	32	* 32
Malawi	1984	160	34	126	..	..	11	10
	1985	160	34	126	..	..	11	10
	1986	160	34	126	..	..	11	* 10
	1987	185	39	146	..	..	15	14

Table 32

Puissance nette installée des centrales électriques – par catégorie

(Quantités en milliers de kilowatts)

Producers producteurs			Public Publics					Year Année	Country or area Pays ou zone
Hydro Hydraulique	Nuclear Nucléaire	Geothermal Géother–mique	Total Totale	Thermal Thermique	Hydro Hydraulique	Nuclear Nucléaire	Geothermal Géothermique		
..	..	..	38	* 38	..	..	..	1984	Djibouti
..	..	..	38	* 38	..	..	..	1985	
..	..	..	38	* 38	..	..	..	1986	
..	..	..	38	* 38	..	..	..	1987	
..	..	..	5 235	* 2 700	* 2 535	..	..	1984	Egypte
..	..	..	5 800	* 3 100	* 2 700	..	..	1985	
..	..	..	6 000	* 3 300	* 2 700	..	..	1986	
..	..	..	6 090	* 3 390	* 2 700	..	..	1987	
..	..	..	5	* 4	* 1	..	..	1984	Guinée équatoriale
..	..	..	5	* 4	* 1	..	..	1985	
..	..	..	5	* 4	* 1	..	..	1986	
..	..	..	5	* 4	* 1	..	..	1987	
..	..	..	321	96	* 225	..	..	1984	Ethiopie
..	..	..	321	* 96	* 225	..	..	1985	
..	..	..	321	* 96	* 225	..	..	1986	
..	..	..	326	* 96	* 230	..	..	1987	
..	..	..	200	* 75	* 125	..	..	1984	Gabon
..	..	..	200	* 75	* 125	..	..	1985	
..	..	..	200	* 75	* 125	..	..	1986	
..	..	..	200	* 75	* 125	..	..	1987	
..	..	..	9	* 9	..	..	..	1984	Gambie
..	..	..	9	* 9	..	..	..	1985	
..	..	..	9	* 9	..	..	..	1986	
..	..	..	9	* 9	..	..	..	1987	
..	..	..	1 040	* 88	* 952	..	..	1984	Ghana
..	..	..	1 160	* 88	1 072	..	..	1985	
..	..	..	1 160	* 88	1 072	..	..	1986	
..	..	..	1 160	* 88	* 1 072	..	..	1987	
..	..	..	69	* 26	* 43	..	..	1984	Guinée
..	..	..	69	* 26	* 43	..	..	1985	
..	..	..	73	26	47	..	..	1986	
..	..	..	73	* 26	* 47	..	..	1987	
..	..	..	6	* 6	..	..	..	1984	Guinée–Bissau
..	..	..	6	* 6	..	..	..	1985	
..	..	..	6	* 6	..	..	..	1986	
..	..	..	6	* 6	..	..	..	1987	
5	..	..	527	148	349	..	30	1984	Kenya
5	..	..	542	148	349	..	45	1985	
* 5	..	..	542	* 148	* 349	..	45	1986	
5	..	..	558	164	349	..	45	1987	
* 5	..	..	177	* 101	* 76	..	..	1984	Libéria
* 5	..	..	177	* 101	* 76	..	..	1985	
* 5	..	..	177	101	76	..	..	1986	
* 5	..	..	177	* 101	* 76	..	..	1987	
..	..	..	1 300	* 1 300	..	..	..	1984	Jamah.arabe libyenne
..	..	..	1 800	* 1 800	..	..	..	1985	
..	..	..	2 000	* 2 000	..	..	..	1986	
..	..	..	2 000	* 2 000	..	..	..	1987	
..	..	..	70	* 25	* 45	..	..	1984	Madagascar
..	..	..	70	* 25	* 45	..	..	1985	
..	..	..	70	* 25	* 45	..	..	1986	
..	..	..	70	* 25	* 45	..	..	1987	
1	..	..	149	24	125	..	..	1984	Malawi
1	..	..	149	* 24	* 125	..	..	1985	
* 1	..	..	149	* 24	* 125	..	..	1986	
1	..	..	170	25	145	..	..	1987	

Table 32

Net Installed Capacity of Electric Generating Plants – by type

(Quantities in thousand kilowatts)

Country or area Pays ou zone	Year Année	Self–Producers and Public Autoproducteurs et publics					Self– Auto–	
		Total Totale	Thermal Thermique	Hydro Hydraulique	Nuclear Nucléaire	Geothermal Géothermique	Total Totale	Thermal Thermique
Mali	1984	82	42	40	..	..	6	* 6
	1985	82	42	40	..	..	6	* 6
	1986	87	42	45	..	..	6	* 6
	1987	87	42	45	..	..	6	* 6
Mauritania	1984	114	114	..	..	..	61	* 61
	1985	114	114	..	..	..	61	* 61
	1986	114	114	..	..	..	61	* 61
	1987	114	114	..	..	..	61	61
Mauritius	1984	274	220	54	..	..	74	74
	1985	274	220	54	..	..	74	74
	1986	274	220	54	..	..	74	74
	1987	279	220	59	..	..	74	74
Morocco	1984	2 119	1 495	624	..	..	275	* 270
	1985	2 271	1 647	624	..	..	275	* 270
	1986	2 235	1 617	618	..	..	275	* 270
	1987	2 236	1 617	619	..	..	276	* 270
Mozambique	1984	1 803	280	1 523	..	..	113	* 110
	1985	1 803	280	1 523	..	..	113	* 110
	1986	1 803	280	1 523	..	..	113	* 110
	1987	1 803	280	1 523	..	..	113	* 110
Niger	1984	63	63	..	..	..	..	..
	1985	63	63	..	..	..	..	..
	1986	63	63	..	..	..	..	..
	1987	63	63	..	..	..	..	..
Nigeria	1984	4 040	2 140	1 900	..	..	20	* 20
	1985	4 040	2 140	1 900	..	..	20	* 20
	1986	4 040	2 140	1 900	..	..	20	* 20
	1987	4 040	2 140	1 900	..	..	20	* 20
Réunion	1984	151	26	125	..	..	5	* 5
	1985	151	26	125	..	..	5	* 5
	1986	151	26	125	..	..	5	* 5
	1987	151	26	125	..	..	5	* 5
Rwanda	1984	59	4	55	..	..	31	1
	1985	60	4	56	..	..	31	* 1
	1986	60	4	56	..	..	31	* 1
	1987	60	4	56	..	..	31	* 1
St.Helena and Depend	1984	2	2	..	..	..	1	* 1
	1985	2	2	..	..	..	1	* 1
	1986	2	2	..	..	..	1	* 1
	1987	2	2	..	..	..	1	* 1
Sao Tome – Principe	1984	6	4	2	..	..	1	1
	1985	6	4	2	..	..	1	* 1
	1986	6	4	2	..	..	1	* 1
	1987	6	4	2	..	..	1	* 1
Senegal	1984	207	207	..	..	..	5	* 5
	1985	207	207	..	..	..	5	* 5
	1986	207	207	..	..	..	5	* 5
	1987	207	207	..	..	..	5	* 5
Seychelles	1984	19	19	..	..	..	0	* 0
	1985	19	19	..	..	..	0	0
	1986	19	19	..	..	..	0	* 0
	1987	19	19	..	..	..	0	* 0
Sierra Leone	1984	110	108	2	..	..	47	* 47
	1985	110	108	2	..	..	47	* 47
	1986	110	108	2	..	..	47	* 47
	1987	110	108	2	..	..	47	* 47

Table 32

Puissance nette installée des centrales électriques – par catégorie

(Quantités en milliers de kilowatts)

Producers producteurs			Public Publics					Year Année	Country or area Pays ou zone
Hydro Hydraulique	Nuclear Nucléaire	Geothermal Géothermique	Total Totale	Thermal Thermique	Hydro Hydraulique	Nuclear Nucléaire	Geothermal Géothermique		
..	..	..	76	* 36	* 40	..	..	1984	Mali
..	..	..	76	* 36	* 40	..	..	1985	
..	..	..	81	* 36	* 45	..	..	1986	
..	..	..	81	* 36	* 45	..	..	1987	
..	..	..	53	* 53	..	..	..	1984	Mauritanie
..	..	..	53	* 53	..	..	..	1985	
..	..	..	53	* 53	..	..	..	1986	
..	..	..	53	* 53	..	..	..	1987	
..	..	..	200	146	54	..	..	1984	Maurice
..	..	..	200	146	54	..	..	1985	
..	..	..	200	146	54	..	..	1986	
..	..	..	205	146	59	..	..	1987	
* 5	..	..	1 844	1 225	619	..	..	1984	Maroc
* 5	..	..	1 996	1 377	619	..	..	1985	
* 5	..	..	1 960	1 347	613	..	..	1986	
* 6	..	..	1 960	* 1 347	* 613	..	..	1987	
* 3	..	..	1 690	* 170	* 1 520	..	..	1984	Mozambique
* 3	..	..	1 690	* 170	* 1 520	..	..	1985	
* 3	..	..	1 690	* 170	* 1 520	..	..	1986	
* 3	..	..	1 690	* 170	* 1 520	..	..	1987	
..	..	..	63	63	..	..	..	1984	Niger
..	..	..	63	63	..	..	..	1985	
..	..	..	63	63	..	..	..	1986	
..	..	..	63	* 63	..	..	..	1987	
..	..	..	4 020	* 2 120	* 1 900	..	..	1984	Nigéria
..	..	..	4 020	* 2 120	* 1 900	..	..	1985	
..	..	..	4 020	* 2 120	* 1 900	..	..	1986	
..	..	..	4 020	* 2 120	* 1 900	..	..	1987	
..	..	..	146	21	* 125	..	..	1984	Réunion
..	..	..	146	* 21	* 125	..	..	1985	
..	..	..	146	* 21	* 125	..	..	1986	
..	..	..	146	* 21	* 125	..	..	1987	
* 30	..	..	28	* 3	25	..	..	1984	Rwanda
* 30	..	..	29	* 3	26	..	..	1985	
* 30	..	..	29	* 3	26	..	..	1986	
* 30	..	..	29	* 3	* 26	..	..	1987	
..	..	..	1	* 1	..	..	..	1984	Ste–Hélène et dépend
..	..	..	1	* 1	..	..	..	1985	
..	..	..	1	* 1	..	..	..	1986	
..	..	..	1	* 1	..	..	..	1987	
* 0	..	..	5	3	2	..	..	1984	Sao Tomé–et–Principe
* 0	..	..	5	* 3	* 2	..	..	1985	
* 0	..	..	5	* 3	* 2	..	..	1986	
* 0	..	..	5	* 3	* 2	..	..	1987	
..	..	..	202	202	..	..	..	1984	Sénégal
..	..	..	202	202	..	..	..	1985	
..	..	..	202	* 202	..	..	..	1986	
..	..	..	202	* 202	..	..	..	1987	
..	..	..	19	* 19	..	..	..	1984	Seychelles
..	..	..	19	19	..	..	..	1985	
..	..	..	19	* 19	..	..	..	1986	
..	..	..	19	* 19	..	..	..	1987	
..	..	..	63	61	* 2	..	..	1984	Sierra Leone
..	..	..	63	61	* 2	..	..	1985	
..	..	..	63	* 61	* 2	..	..	1986	
..	..	..	63	* 61	* 2	..	..	1987	

Table 32

Net Installed Capacity of Electric Generating Plants – by type

(Quantities in thousand kilowatts)

Country or area Pays ou zone	Year Année	Self–Producers and Public Autoproducteurs et publics					Self– Auto–	
		Total Totale	Thermal Thermique	Hydro Hydraulique	Nuclear Nucléaire	Geothermal Géothermique	Total Totale	Thermal Thermique
Somalia	1984	60	60	..	..	..	..	..
	1985	60	60	..	..	..	..	..
	1986	60	60	..	..	..	..	..
	1987	60	60	..	..	..	..	..
S.Africa Customs Un.	1984	24 754	23 217	572	965	..	1 111	1 100
	1985	24 727	23 190	572	965	..	1 066	1 055
	1986	24 727	23 190	572	965	..	1 066	1 055
	1987	24 732	23 195	572	965	..	1 066	1 055
Sudan	1984	390	205	185	..	..	80	80
	1985	450	225	225	..	..	100	100
	1986	450	225	225	..	..	100	* 100
	1987	450	225	225	..	..	100	* 100
Togo	1984	34	30	4	..	..	17	17
	1985	34	30	4	..	..	17	17
	1986	34	30	4	..	..	17	* 17
	1987	34	30	4	..	..	17	* 17
Tunisia	1984	1 130	1 066	64	..	..	50	50
	1985	1 414	1 350	64	..	..	50	50
	1986	1 414	1 350	64	..	..	50	50
	1987	1 414	1 350	64	..	..	50	* 50
Uganda	1984	163	7	156	..	..	7	* 2
	1985	163	7	156	..	..	7	* 2
	1986	163	7	156	..	..	7	* 2
	1987	163	7	156	..	..	7	* 2
United Rep. Tanzania	1984	439	180	259	..	..	20	* 20
	1985	439	180	259	..	..	20	* 20
	1986	439	180	259	..	..	20	* 20
	1987	439	180	259	..	..	20	* 20
Western Sahara	1984	56	56	..	..	..	..	..
	1985	56	56	..	..	..	..	..
	1986	56	56	..	..	..	..	..
	1987	56	56	..	..	..	..	..
Zaire	1984	1 716	55	1 661	..	..	686	* 25
	1985	2 166	55	2 111	..	..	686	* 25
	1986	2 166	55	2 111	..	..	686	* 25
	1987	2 541	55	2 486	..	..	686	* 25
Zambia	1984	2 435	190	2 245	..	..	216	* 171
	1985	2 436	191	2 245	..	..	216	* 171
	1986	2 436	191	2 245	..	..	216	* 171
	1987	2 436	191	2 245	..	..	216	* 171
Zimbabwe	1984	1 539	906	633	..	..	51	51
	1985	1 539	906	633	..	..	51	* 51
	1986	1 539	906	633	..	..	51	* 51
	1987	1 539	906	633	..	..	51	* 51
NTH. AMERICA	**1984**	**823 020**	**596 008**	**145 278**	**80 031**	**1 703**	**28 799**	**23 734**
	1985	**848 636**	**604 379**	**148 848**	**91 556**	**3 853**	**34 380**	**27 220**
	1986	**871 827**	**611 417**	**152 637**	**103 417**	**4 356**	**36 729**	**28 879**
	1987	**886 547**	**614 137**	**154 418**	**113 504**	**4 488**	**37 042**	**29 184**
Antigua and Barbuda	1984	26	26	..	..	..	1	1
	1985	26	26	..	..	..	1	* 1
	1986	26	26	..	..	..	1	* 1
	1987	26	26	..	..	..	1	1
Aruba	1984	...	...	..	..	..	...	...
	1985	...	...	..	..	..	...	...
	1986	90	90	..	..	..	...	...
	1987	90	90	..	..	..	...	...

Table 32

Puissance nette installée des centrales électriques – par catégorie

(Quantités en milliers de kilowatts)

Producers producteurs			Public Publics					Year Année	Country or area Pays ou zone
Hydro Hydraulique	Nuclear Nucléaire	Geothermal Géother–mique	Total Totale	Thermal Thermique	Hydro Hydraulique	Nuclear Nucléaire	Geothermal Géothermique		
..	..	..	60	60	..	..	..	1984	**Somalie**
..	..	..	60	* 60	..	..	..	1985	
..	..	..	60	* 60	..	..	..	1986	
..	..	..	60	* 60	..	..	..	1987	
11	..	..	23 643	22 117	561	965	..	1984	**Un.douan.d'Afr.mérid**
11	..	..	23 661	22 135	561	965	..	1985	
11	..	..	23 661	22 135	561	965	..	1986	
11	..	..	23 666	22 140	561	965	..	1987	
..	..	..	310	* 125	* 185	..	..	1984	**Soudan**
..	..	..	350	* 125	* 225	..	..	1985	
..	..	..	350	* 125	* 225	..	..	1986	
..	..	..	350	* 125	* 225	..	..	1987	
..	..	..	17	* 13	* 4	..	..	1984	**Togo**
..	..	..	17	* 13	* 4	..	..	1985	
..	..	..	17	* 13	* 4	..	..	1986	
..	..	..	17	* 13	* 4	..	..	1987	
..	..	..	1 080	1 016	64	..	..	1984	**Tunisie**
..	..	..	1 364	1 300	64	..	..	1985	
..	..	..	1 364	1 300	64	..	..	1986	
..	..	..	1 364	* 1 300	* 64	..	..	1987	
* 5	..	..	156	* 5	* 151	..	..	1984	**Ouganda**
* 5	..	..	156	* 5	* 151	..	..	1985	
* 5	..	..	156	* 5	* 151	..	..	1986	
* 5	..	..	156	* 5	* 151	..	..	1987	
..	..	..	419	* 160	* 259	..	..	1984	**Rép.Unie de Tanzanie**
..	..	..	419	* 160	* 259	..	..	1985	
..	..	..	419	* 160	* 259	..	..	1986	
..	..	..	419	* 160	* 259	..	..	1987	
..	..	..	56	^ 56	..	..	..	1984	**Sahara occidental**
..	..	..	56	* 56	..	..	..	1985	
..	..	..	56	* 56	..	..	..	1986	
..	..	..	56	* 56	..	..	..	1987	
* 661	..	..	1 030	* 30	* 1 000	..	..	1984	**Zaïre**
* 661	..	..	1 480	* 30	* 1 450	..	..	1985	
* 661	..	..	1 480	* 30	* 1 450	..	..	1986	
* 661	..	..	1 855	* 30	* 1 825	..	..	1987	
* 45	..	..	2 219	* 19	* 2 200	..	..	1984	**Zambie**
* 45	..	..	2 220	* 20	* 2 200	..	..	1985	
* 45	..	..	2 220	* 20	* 2 200	..	..	1986	
* 45	..	..	2 220	* 20	* 2 200	..	..	1987	
..	..	..	1 488	855	633	..	..	1984	**Zimbabwe**
..	..	..	1 488	* 855	* 633	..	..	1985	
..	..	..	1 488	* 855	* 633	..	..	1986	
..	..	..	1 488	* 855	* 633	..	..	1987	
5 065	..	**...**	**794 221**	**572 274**	**140 213**	**80 031**	**1 703**	1984	**AMER DU NORD**
5 449	..	**1 711**	**814 256**	**577 159**	**143 399**	**91 556**	**2 142**	1985	
5 725	..	**2 125**	**835 098**	**582 538**	**146 912**	**103 417**	**2 231**	1986	
5 733	..	**2 125**	**849 505**	**584 953**	**148 685**	**113 504**	**2 363**	1987	
..	..	..	25	25	..	..	..	1984	**Antigua–et–Barbuda**
..	..	..	25	* 25	..	..	..	1985	
..	..	..	25	* 25	..	..	..	1986	
..	..	..	25	25	..	..	..	1987	
..	..	..	...	...	..	..	..	1984	**Aruba**
..	..	..	...	...	..	..	..	1985	
..	..	..	90	* 90	..	..	..	1986	
..	..	..	90	* 90	..	..	..	1987	

Table 32

Net Installed Capacity of Electric Generating Plants – by type

(Quantities in thousand kilowatts)

Country or area Pays ou zone	Year Année	Self–Producers and Public Autoproducteurs et publics					Self– Auto–	
		Total Totale	Thermal Thermique	Hydro Hydraulique	Nuclear Nucléaire	Geothermal Géothermique	Total Totale	Thermal Thermique
Bahamas	1984	357	357	..	..	..	55	* 55
	1985	357	357	..	..	..	55	* 55
	1986	357	357	..	..	..	55	* 55
	1987	357	357	..	..	..	55	* 55
Barbados	1984	94	94	..	..	..	..	..
	1985	94	94	..	..	..	..	..
	1986	95	95	..	..	..	..	..
	1987	100	100	..	..	..	..	..
Belize	1984	21	21	..	..	..	..	..
	1985	21	21	..	..	..	..	..
	1986	22	22	..	..	..	..	..
	1987	22	22	..	..	..	..	..
Bermuda	1984	137	137	..	..	..	..	..
	1985	149	149	..	..	..	..	..
	1986	150	150	..	..	..	..	..
	1987	123	123	..	..	..	..	..
British Virgin Islds	1984	5	5	..	..	..	..	..
	1985	5	5	..	..	..	..	..
	1986	5	5	..	..	..	..	..
	1987	6	6	..	..	..	..	..
Canada	1984	95 224	30 728	54 949	9 547	..	6 187	1 877
	1985	97 356	30 492	55 705	11 159	..	6 200	1 890
	1986	98 400	30 600	56 800	11 000	..	6 250	1 890
	1987	100 600	31 852	56 848	11 900	..	6 350	1 990
Cayman Islands	1984	28	28	..	..	..	..	..
	1985	31	31	..	..	..	..	..
	1986	35	35	..	..	..	..	..
	1987	35	35	..	..	..	..	..
Costa Rica	1984	819	188	631	..	..	44	33
	1985	825	188	637	..	..	44	33
	1986	909	176	733	..	..	44	* 33
	1987	914	178	736	..	..	44	* 33
Cuba	1984	3 111	3 066	45	..	..	615	615
	1985	3 229	3 184	45	..	..	620	620
	1986	3 419	3 373	46	..	..	734	734
	1987	3 532	3 483	49	..	..	795	795
Dominica	1984	7	3	4	..	..	..	..
	1985	7	3	4	..	..	..	..
	1986	7	3	4	..	..	..	..
	1987	7	3	4	..	..	..	..
Dominican Republic	1984	960	795	165	..	..	330	* 330
	1985	960	795	165	..	..	330	* 330
	1986	960	795	165	..	..	330	* 330
	1987	1 065	900	165	..	..	350	* 350
El Salvador	1984	500	172	233	..	95	37	* 36
	1985	500	172	233	..	95	37	* 36
	1986	500	172	233	..	95	37	* 36
	1987	500	172	233	..	95	37	* 36
Greenland	1984	88	88	..	..	..	16	* 16
	1985	88	88	..	..	..	16	* 16
	1986	88	88	..	..	..	16	* 16
	1987	88	88	..	..	..	16	* 16
Grenada	1984	8	8	..	..	..	..	..
	1985	8	8	..	..	..	..	..
	1986	8	8	..	..	..	..	..
	1987	8	8	..	..	..	..	..

Puissance nette installée des centrales électriques – par catégorie

(Quantités en milliers de kilowatts)

Producers producteurs			Public Publics					Year Année	Country or area Pays ou zone
Hydro Hydraulique	Nuclear Nucléaire	Geothermal Géother-mique	Total Totale	Thermal Thermique	Hydro Hydraulique	Nuclear Nucléaire	Geothermal Géothermique		
..	..	..	302	302	..	..	..	1984	Bahamas
..	..	..	302	* 302	..	..	..	1985	
..	..	..	302	* 302	..	..	..	1986	
..	..	..	302	* 302	..	..	..	1987	
..	..	..	94	* 94	..	..	..	1984	Barbade
..	..	..	94	* 94	..	..	..	1985	
..	..	..	95	* 95	..	..	..	1986	
..	..	..	100	* 100	..	..	..	1987	
..	..	..	21	* 21	..	..	..	1984	Belize
..	..	..	21	* 21	..	..	..	1985	
..	..	..	22	* 22	..	..	..	1986	
..	..	..	22	* 22	..	..	..	1987	
..	..	..	137	137	..	..	..	1984	Bermudes
..	..	..	149	149	..	..	..	1985	
..	..	..	150	* 150	..	..	..	1986	
..	..	..	123	123	..	..	..	1987	
..	..	..	5	* 5	..	..	..	1984	Iles Vierges brit.
..	..	..	5	* 5	..	..	..	1985	
..	..	..	5	* 5	..	..	..	1986	
..	..	..	6	* 6	..	..	..	1987	
4 310	..	..	89 037	28 851	50 639	9 547	..	1984	Canada
4 310	..	..	91 156	28 602	51 395	11 159	..	1985	
4 360	..	..	92 150	28 710	52 440	11 000	..	1986	
4 360	..	..	94 250	29 862	52 488	11 900	..	1987	
..	..	..	28	28	..	..	..	1984	Iles Caïmanes
..	..	..	31	31	..	..	..	1985	
..	..	..	35	35	..	..	..	1986	
..	..	..	35	* 35	..	..	..	1987	
11	..	..	775	155	620	..	..	1984	Costa Rica
11	..	..	781	155	626	..	..	1985	
* 11	..	..	865	* 143	* 722	..	..	1986	
* 11	..	..	870	* 145	* 725	..	..	1987	
..	..	..	2 496	2 451	45	..	..	1984	Cuba
..	..	..	2 609	2 564	45	..	..	1985	
..	..	..	2 685	2 639	46	..	..	1986	
..	..	..	2 737	2 688	49	..	..	1987	
..	..	..	7	* 3	* 4	..	..	1984	Dominique
..	..	..	7	* 3	* 4	..	..	1985	
..	..	..	7	* 3	* 4	..	..	1986	
..	..	..	7	* 3	* 4	..	..	1987	
..	..	..	630	* 465	* 165	..	..	1984	Rép. dominicaine
..	..	..	630	* 465	* 165	..	..	1985	
..	..	..	630	* 465	* 165	..	..	1986	
..	..	..	715	* 550	* 165	..	..	1987	
* 1	..	..	463	* 136	* 232	..	95	1984	El Salvador
* 1	..	..	463	* 136	* 232	..	95	1985	
* 1	..	..	463	* 136	* 232	..	95	1986	
* 1	..	..	463	* 136	* 232	..	95	1987	
..	..	..	72	* 72	..	..	..	1984	Groënland
..	..	..	72	72	..	..	..	1985	
..	..	..	72	* 72	..	..	..	1986	
..	..	..	72	* 72	..	..	..	1987	
..	..	..	8	8	..	..	..	1984	Grenade
..	..	..	8	* 8	..	..	..	1985	
..	..	..	8	* 8	..	..	..	1986	
..	..	..	8	* 8	..	..	..	1987	

Table 32

Net Installed Capacity of Electric Generating Plants – by type

(Quantities in thousand kilowatts)

Country or area Pays ou zone	Year Année	Self–Producers and Public Autoproducteurs et publics					Self– Auto–	
		Total Totale	Thermal Thermique	Hydro Hydraulique	Nuclear Nucléaire	Geothermal Géothermique	Total Totale	Thermal Thermique
Guadeloupe	1984	103	103	..	..	..	..	..
	1985	103	103	..	..	..	..	..
	1986	103	103	..	..	..	..	..
	1987	103	103	..	..	..	..	..
Guatemala	1984	743	300	443	..	..	30	* 30
	1985	777	335	442	..	..	30	* 30
	1986	780	335	445	..	..	30	* 30
	1987	785	340	445	..	..	30	* 30
Haiti	1984	126	76	50	..	..	23	* 23
	1985	126	76	50	..	..	23	* 23
	1986	146	76	70	..	..	23	* 23
	1987	146	76	70	..	..	23	* 23
Honduras	1984	285	155	130	..	..	15	* 15
	1985	285	155	130	..	..	15	* 15
	1986	285	155	130	..	..	15	* 15
	1987	285	155	130	..	..	15	* 15
Jamaica	1984	740	715	25	..	..	250	* 250
	1985	740	715	25	..	..	250	* 250
	1986	740	715	25	..	..	250	* 250
	1987	740	715	25	..	..	250	* 250
Martinique	1984	65	65	..	..	..	..	..
	1985	65	65	..	..	..	..	..
	1986	65	65	..	..	..	..	..
	1987	65	65	..	..	..	..	..
Mexico	1984	22 624	15 818	6 601	..	205	3 264	3 195
	1985	24 085	17 059	6 601	..	425	3 278	3 209
	1986	24 826	17 493	6 798	..	535	3 262	3 194
	1987	26 788	18 358	7 780	..	650	3 384	3 308
Montserrat	1984	4	4	..	..	..	..	..
	1985	4	4	..	..	..	..	..
	1986	4	4	..	..	..	..	..
	1987	4	4	..	..	..	..	..
Neth.Antil and Aruba	1984	350	350	..	..	..	200	* 200
	1985	350	350	..	..	..	200	* 200
	1986	...	...	..	..	..	...	...
	1987	...	...	..	..	..	...	...
Netherlands Antilles	1984	...	...	..	..	..	...	...
	1985	...	...	..	..	..	...	...
	1986	200	200	..	..	..	100	* 100
	1987	200	200	..	..	..	100	* 100
Nicaragua	1984	394	256	103	..	35	55	52
	1985	394	256	103	..	35	55	52
	1986	395	257	103	..	35	55	* 52
	1987	395	257	103	..	35	55	* 52
Panama	1984	879	328	551	...	..	40	* 40
	1985	898	347	551	...	..	40	* 40
	1986	894	343	551	...	..	40	* 40
	1987	898	347	551	...	..	50	* 50
Puerto Rico	1984	4 100	4 015	85	..	..	65	* 65
	1985	4 100	4 015	85	..	..	65	* 65
	1986	4 200	4 115	85	..	..	65	* 65
	1987	4 200	4 115	85	..	..	65	* 65
St.Kitts–Nevis	1984	15	15	..	..	..	4	* 4
	1985	15	15	..	..	..	4	* 4
	1986	15	15	..	..	..	4	* 4
	1987	15	15	..	..	..	4	* 4

Puissance nette installée des centrales électriques – par catégorie

(Quantités en milliers de kilowatts)

Producers producteurs: Hydro Hydraulique	Producers producteurs: Nuclear Nucléaire	Producers producteurs: Geothermal Géothermique	Public Publics: Total Totale	Public Publics: Thermal Thermique	Public Publics: Hydro Hydraulique	Public Publics: Nuclear Nucléaire	Public Publics: Geothermal Géothermique	Year Année	Country or area Pays ou zone
..	..	..	103	* 103	..	..	..	1984	Guadeloupe
..	..	..	103	* 103	..	..	..	1985	
..	..	..	103	* 103	..	..	..	1986	
..	..	..	103	* 103	..	..	..	1987	
...	..	..	713	270	443	..	..	1984	Guatemala
...	..	..	747	305	442	..	..	1985	
...	..	..	750	* 305	* 445	..	..	1986	
...	..	..	755	* 310	* 445	..	..	1987	
..	..	..	103	* 53	* 50	..	..	1984	Haïti
..	..	..	103	* 53	* 50	..	..	1985	
..	..	..	123	* 53	* 70	..	..	1986	
..	..	..	123	* 53	* 70	..	..	1987	
* 0	..	..	270	140	130	..	..	1984	Honduras
* 0	..	..	270	* 140	* 130	..	..	1985	
* 0	..	..	270	* 140	* 130	..	..	1986	
* 0	..	..	270	* 140	* 130	..	..	1987	
..	..	..	490	* 465	* 25	..	..	1984	Jamaïque
..	..	..	490	* 465	* 25	..	..	1985	
..	..	..	490	* 465	* 25	..	..	1986	
..	..	..	490	* 465	* 25	..	..	1987	
..	..	..	65	* 65	..	..	..	1984	Martinique
..	..	..	65	* 65	..	..	..	1985	
..	..	..	65	* 65	..	..	..	1986	
..	..	..	65	* 65	..	..	..	1987	
69	..	..	19 360	12 623	6 532	..	205	1984	Mexique
69	..	..	20 807	13 850	6 532	..	425	1985	
68	..	..	21 564	14 299	6 730	..	535	1986	
76	..	..	23 404	15 050	7 704	..	650	1987	
..	..	..	4	* 4	..	..	..	1984	Montserrat
..	..	..	4	* 4	..	..	..	1985	
..	..	..	4	* 4	..	..	..	1986	
..	..	..	4	* 4	..	..	..	1987	
..	..	..	150	* 150	..	..	..	1984	Antill.néer.et Aruba
..	..	..	150	* 150	..	..	..	1985	
..	..	..	...	...	..	..	..	1986	
..	..	..	...	...	..	..	..	1987	
..	..	..	...	...	..	..	..	1984	Antilles néerland.
..	..	..	...	...	..	..	..	1985	
..	..	..	100	* 100	..	..	..	1986	
..	..	..	100	* 100	..	..	..	1987	
3	..	..	339	204	100	..	35	1984	Nicaragua
3	..	..	339	204	100	..	35	1985	
* 3	..	..	340	* 205	* 100	..	35	1986	
* 3	..	..	340	* 205	* 100	..	35	1987	
..	..	..	839	288	551	...	..	1984	Panama
..	..	..	858	307	551	...	..	1985	
..	..	..	854	303	551	...	..	1986	
..	..	..	848	297	551	...	..	1987	
..	..	..	4 035	* 3 950	* 85	..	..	1984	Porto Rico
..	..	..	4 035	* 3 950	* 85	..	..	1985	
..	..	..	4 135	* 4 050	* 85	..	..	1986	
..	..	..	4 135	* 4 050	* 85	..	..	1987	
..	..	..	11	* 11	..	..	..	1984	St–Kitts–Nevis
..	..	..	11	* 11	..	..	..	1985	
..	..	..	11	* 11	..	..	..	1986	
..	..	..	11	* 11	..	..	..	1987	

Table 32

Net Installed Capacity of Electric Generating Plants – by type

(Quantities in thousand kilowatts)

Country or area Pays ou zone	Year Année	Self–Producers and Public Autoproducteurs et publics					Self– Auto–	
		Total Totale	Thermal Thermique	Hydro Hydraulique	Nuclear Nucléaire	Geothermal Géothermique	Total Totale	Thermal Thermique
Saint Lucia	1984	16	16	..	..	..	..	..
	1985	20	20	..	..	..	..	..
	1986	20	20	..	..	..	..	..
	1987	20	20	..	..	..	..	..
St.Pierre–Miquelon	1984	17	17	..	..	..	..	..
	1985	21	21	..	..	..	..	..
	1986	24	24	..	..	..	..	..
	1987	24	24	..	..	..	..	..
S.Vincent–Grenadines	1984	10	8	2	..	..	..	..
	1985	10	8	2	..	..	..	..
	1986	10	8	2	..	..	..	..
	1987	10	8	2	..	..	..	..
Trinidad and Tobago	1984	982	982	..	..	..	50	* 50
	1985	985	985	..	..	..	50	* 50
	1986	985	985	..	..	..	50	* 50
	1987	985	985	..	..	..	50	* 50
Turks and Caicos Is.	1984	8	8	..	..	..	4	* 4
	1985	8	8	..	..	..	4	* 4
	1986	8	8	..	..	..	4	* 4
	1987	8	8	..	..	..	4	* 4
United States	1984	689 833	536 720	81 261	70 484	1 368	17 371	* 16 700
	1985	711 653	543 888	84 070	80 397	3 298	22 920	20 154
	1986	733 005	550 450	86 447	92 417	3 691	25 321	21 914
	1987	743 377	550 873	87 192	101 604	3 708	25 321	* 21 914
U.S. Virgin Islands	1984	341	341	..	..	..	143	* 143
	1985	341	341	..	..	..	143	* 143
	1986	341	341	..	..	..	143	* 143
	1987	316	316	..	..	..	143	143
STH. AMERICA	**1984**	**87 931**	**31 024**	**55 889**	**1 018**	..	**9 185**	**7 883**
	1985	**95 635**	**33 805**	**60 155**	**1 675**	..	**9 414**	**8 116**
	1986	**98 675**	**34 610**	**62 390**	**1 675**	..	**9 451**	**8 136**
	1987	**103 830**	**35 072**	**67 083**	**1 675**	..	**9 612**	**8 238**
Argentina	1984	15 297	8 895	5 384	1 018	..	1 967	1 943
	1985	16 058	9 050	5 990	1 018	..	1 958	1 934
	1986	16 255	9 021	6 216	1 018	..	1 960	1 936
	1987	16 593	8 984	6 591	1 018	..	1 957	1 933
Bolivia	1984	471	176	295	..	..	24	* 5
	1985	469	174	295	..	..	24	* 5
	1986	469	174	295	..	..	24	* 5
	1987	469	174	295	..	..	24	* 5
Brazil	1984	41 568	6 142	35 426	0	..	3 169	2 547
	1985	44 035	6 367	37 011	657	..	3 289	2 665
	1986	44 508	6 288	37 563	657	..	3 289	2 665
	1987	47 244	6 481	40 106	657	..	3 354	2 718
Chile	1984	3 352	1 580	1 772	..	..	790	695
	1985	3 967	1 700	2 267	..	..	873	784
	1986	3 987	1 706	2 281	..	..	885	793
	1987	4 033	1 754	2 279	..	..	934	845
Colombia	1984	6 875	2 641	4 234	..	..	525	* 450
	1985	7 119	2 616	4 503	..	..	525	* 450
	1986	7 291	2 616	4 675	..	..	525	* 450
	1987	7 291	2 616	4 675	..	..	525	* 450
Ecuador	1984	1 778	1 037	741	..	..	156	139
	1985	1 778	900	878	..	..	156	* 139
	1986	1 790	800	990	..	..	156	* 139
	1987	1 961	1 044	917	..	..	156	139

Puissance nette installée des centrales électriques – par catégorie

(Quantités en milliers de kilowatts)

Producers producteurs			Public Publics					Year Année	Country or area Pays ou zone
Hydro Hydraulique	Nuclear Nucléaire	Geothermal Géother–mique	Total Totale	Thermal Thermique	Hydro Hydraulique	Nuclear Nucléaire	Geothermal Géothermique		
..	..	..	16	* 16	..	..	..	1984	Sainte–Lucie
..	..	..	20	20	..	..	..	1985	
..	..	..	20	20	..	..	..	1986	
..	..	..	20	* 20	..	..	..	1987	
..	..	..	17	* 17	..	..	..	1984	St.Pierre–Miquelon
..	..	..	21	* 21	..	..	..	1985	
..	..	..	24	* 24	..	..	..	1986	
..	..	..	24	* 24	..	..	..	1987	
..	..	..	10	* 8	* 2	..	..	1984	S.Vincent–Grenadines
..	..	..	10	* 8	* 2	..	..	1985	
..	..	..	10	* 8	* 2	..	..	1986	
..	..	..	10	* 8	* 2	..	..	1987	
..	..	..	932	* 932	..	..	..	1984	Trinité–et–Tobago
..	..	..	935	* 935	..	..	..	1985	
..	..	..	935	* 935	..	..	..	1986	
..	..	..	935	* 935	..	..	..	1987	
..	..	..	4	* 4	..	..	..	1984	Iles Turques,Caïques
..	..	..	4	* 4	..	..	..	1985	
..	..	..	4	* 4	..	..	..	1986	
..	..	..	4	* 4	..	..	..	1987	
* 671	..	...	672 462	* 520 020	80 590	70 484	1 368	1984	Etats–Unis
1 055	..	1 711	688 733	* 523 734	83 015	80 397	1 587	1985	
1 282	..	2 125	707 684	* 528 536	85 165	92 417	1 566	1986	
* 1 282	..	2 125	718 056	* 528 959	85 910	101 604	1 583	1987	
..	..	..	198	* 198	..	..	..	1984	Iles Vierges amér.
..	..	..	198	* 198	..	..	..	1985	
..	..	..	198	* 198	..	..	..	1986	
..	..	..	173	173	..	..	..	1987	
1 302	..	..	**78 746**	**23 141**	**54 587**	**1 018**	..	**1984**	**AMER DU SUD**
1 298	..	..	**86 221**	**25 689**	**58 857**	**1 675**	..	**1985**	
1 315	..	..	**89 224**	**26 474**	**61 075**	**1 675**	..	**1986**	
1 374	..	..	**94 218**	**26 834**	**65 709**	**1 675**	..	**1987**	
24	..	..	13 330	6 952	5 360	1 018	..	1984	Argentine
24	..	..	14 100	7 116	5 966	1 018	..	1985	
24	..	..	14 295	7 085	6 192	1 018	..	1986	
24	..	..	14 636	7 051	6 567	1 018	..	1987	
* 19	..	..	447	171	276	..	..	1984	Bolivie
* 19	..	..	445	* 169	* 276	..	..	1985	
* 19	..	..	445	* 169	* 276	..	..	1986	
* 19	..	..	445	* 169	276	..	..	1987	
622	..	..	38 399	3 595	34 804	0	..	1984	Brésil
624	..	..	40 746	3 702	36 387	657	..	1985	
624	..	..	41 219	3 623	36 939	657	..	1986	
636	..	..	43 890	3 763	39 470	657	..	1987	
95	..	..	2 562	885	1 677	..	..	1984	Chili
89	..	..	3 094	916	2 178	..	..	1985	
92	..	..	3 102	913	2 189	..	..	1986	
89	..	..	3 099	909	2 190	..	..	1987	
* 75	..	..	6 350	2 191	4 159	..	..	1984	Colombie
* 75	..	..	6 594	2 166	4 428	..	..	1985	
* 75	..	..	6 766	* 2 166	* 4 600	..	..	1986	
* 75	..	..	6 766	* 2 166	* 4 600	..	..	1987	
17	..	..	1 622	898	724	..	..	1984	Equateur
* 17	..	..	1 622	* 761	* 861	..	..	1985	
* 17	..	..	1 634	* 661	* 973	..	..	1986	
17	..	..	1 805	905	900	..	..	1987	

Table 32

Net Installed Capacity of Electric Generating Plants – by type

(Quantities in thousand kilowatts)

Country or area Pays ou zone	Year Année	Self–Producers and Public Autoproducteurs et publics					Self– Auto–	
		Total Totale	Thermal Thermique	Hydro Hydraulique	Nuclear Nucléaire	Geothermal Géothermique	Total Totale	Thermal Thermique
Falkland I(Malvinas)	1984	1	1	..	..	..	..	..
	1985	1	1	..	..	..	..	..
	1986	1	1	..	..	..	..	..
	1987	1	1	..	..	..	..	..
French Guiana	1984	60	60	..	..	..	..	..
	1985	71	71	..	..	..	..	..
	1986	75	75	..	..	..	..	..
	1987	89	89	..	..	..	..	..
Guyana	1984	168	166	2	..	..	62	62
	1985	168	166	2	..	..	62	62
	1986	168	166	2	..	..	62	* 62
	1987	168	166	2	..	..	62	* 62
Paraguay	1984	644	104	540	..	..	20	* 20
	1985	1 250	10	1 240	..	..	0	* 0
	1986	1 600	10	1 590	..	..	0	* 0
	1987	3 350	10	3 340	..	..	0	* 0
Peru	1984	3 502	1 503	1 999	..	..	1 162	901
	1985	3 502	1 503	1 999	..	..	1 162	* 901
	1986	3 575	1 525	2 050	..	..	1 185	* 910
	1987	3 675	1 525	2 150	..	..	1 235	* 910
Suriname	1984	415	226	189	..	..	350	* 161
	1985	415	226	189	..	..	350	* 161
	1986	415	226	189	..	..	350	* 161
	1987	415	226	189	..	..	350	* 161
Uruguay	1984	1 301	420	881	..	..	40	* 40
	1985	1 291	410	881	..	..	40	* 40
	1986	1 449	410	1 039	..	..	40	* 40
	1987	1 449	410	1 039	..	..	40	* 40
Venezuela	1984	12 499	8 073	4 426	..	..	920	* 920
	1985	15 511	10 611	4 900	..	..	975	* 975
	1986	17 092	11 592	5 500	..	..	975	* 975
	1987	17 092	11 592	5 500	..	..	975	* 975
ASIA	**1984**	**429 097**	**301 726**	**98 152**	**28 066**	**1 153**	**37 108**	**34 537**
	1985	**455 223**	**316 210**	**103 697**	**34 163**	**1 153**	**38 299**	**35 719**
	1986	**476 726**	**331 507**	**106 530**	**37 542**	**1 147**	**39 968**	**37 236**
	1987	**495 841**	**344 432**	**109 270**	**40 992**	**1 147**	**41 309**	**38 577**
Afghanistan	1984	450	178	272	..	..	60	* 53
	1985	450	178	272	..	..	60	* 53
	1986	470	189	281	..	..	64	* 57
	1987	470	189	281	..	..	64	* 57
Bahrain	1984	888	888	..	..	..	55	* 55
	1985	1 079	1 079	..	..	..	70	* 70
	1986	1 099	1 099	..	..	..	90	* 90
	1987	1 099	1 099	..	..	..	90	* 90
Bangladesh	1984	1 289	1 159	130	..	..	168	168
	1985	1 308	1 178	130	..	..	168	168
	1986	1 925	1 728	197	..	..	168	168
	1987	1 925	1 728	197	..	..	168	* 168
Bhutan	1984	19	16	3	..	..	10	1[illegible]
	1985	19	16	3	..	..	10	* 1[illegible]
	1986	19	16	3	..	..	10	* 1[illegible]
	1987	19	16	3	..	..	10	* 1[illegible]
Brunei Darussalam	1984	240	240	..	..	..	44	* 4[illegible]
	1985	240	240	..	..	..	44	* 4[illegible]
	1986	285	285	..	..	..	48	4[illegible]
	1987	288	288	..	..	..	48	* 4[illegible]

Puissance nette installée des centrales électriques – par catégorie

(Quantités en milliers de kilowatts)

Producers producteurs			Public Publics					Year Année	Country or area Pays ou zone
Hydro Hydraulique	Nuclear Nucléaire	Geothermal Géother-mique	Total Totale	Thermal Thermique	Hydro Hydraulique	Nuclear Nucléaire	Geothermal Géothermique		
..	..	..	1	* 1	..	..	..	1984	I Falkland(Malvinas)
..	..	..	1	* 1	..	..	..	1985	
..	..	..	1	* 1	..	..	..	1986	
..	..	..	1	* 1	..	..	..	1987	
..	..	..	60	* 60	..	..	..	1984	Guyane française
..	..	..	71	* 71	..	..	..	1985	
..	..	..	75	* 75	..	..	..	1986	
..	..	..	89	89	..	..	..	1987	
..	..	..	106	* 104	2	..	..	1984	Guyana
..	..	..	106	* 104	* 2	..	..	1985	
..	..	..	106	* 104	* 2	..	..	1986	
..	..	..	106	* 104	* 2	..	..	1987	
..	..	..	624	84	* 540	..	..	1984	Paraguay
..	..	..	1 250	* 10	* 1 240	..	..	1985	
..	..	..	1 600	* 10	* 1 590	..	..	1986	
..	..	..	3 350	* 10	* 3 340	..	..	1987	
261	..	..	2 340	602	1 738	..	..	1984	Pérou
* 261	..	..	2 340	* 602	* 1 738	..	..	1985	
* 275	..	..	2 390	* 615	* 1 775	..	..	1986	
* 325	..	..	2 440	* 615	* 1 825	..	..	1987	
* 189	..	..	65	* 65	..	..	..	1984	Suriname
* 189	..	..	65	* 65	..	..	..	1985	
* 189	..	..	65	* 65	..	..	..	1986	
* 189	..	..	65	* 65	..	..	..	1987	
..	..	..	1 261	380	881	..	..	1984	Uruguay
..	..	..	1 251	370	881	..	..	1985	
..	..	..	1 409	370	1 039	..	..	1986	
..	..	..	1 409	370	1 039	..	..	1987	
..	..	..	11 579	7 153	4 426	..	..	1984	Venezuela
..	..	..	14 536	* 9 636	* 4 900	..	..	1985	
..	..	..	16 117	* 10 617	* 5 500	..	..	1986	
..	..	..	16 117	* 10 617	* 5 500	..	..	1987	
2 372	**165**	**34**	**391 989**	**267 189**	**95 780**	**27 901**	**1 119**	**1984**	**ASIE**
2 381	**165**	**34**	**416 924**	**280 491**	**101 316**	**33 998**	**1 119**	**1985**	
2 533	**165**	**34**	**436 758**	**294 271**	**103 997**	**37 377**	**1 113**	**1986**	
2 533	**165**	**34**	**454 532**	**305 855**	**106 737**	**40 827**	**1 113**	**1987**	
* 7	..	..	390	* 125	* 265	..	..	1984	Afghanistan
* 7	..	..	390	* 125	* 265	..	..	1985	
* 7	..	..	406	* 132	* 274	..	..	1986	
* 7	..	..	406	132	* 274	..	..	1987	
..	..	..	833	833	..	..	..	1984	Bahreïn
..	..	..	1 009	1 009	..	..	..	1985	
..	..	..	1 009	* 1 009	..	..	..	1986	
..	..	..	1 009	* 1 009	..	..	..	1987	
..	..	..	1 121	991	130	..	..	1984	Bangladesh
..	..	..	1 140	1 010	130	..	..	1985	
..	..	..	1 757	* 1 560	* 197	..	..	1986	
..	..	..	1 757	* 1 560	* 197	..	..	1987	
..	..	..	9	6	3	..	..	1984	Bhoutan
..	..	..	9	* 6	3	..	..	1985	
..	..	..	9	* 6	* 3	..	..	1986	
..	..	..	9	* 6	* 3	..	..	1987	
..	..	..	196	* 196	..	..	..	1984	Brunéi Darussalam
..	..	..	196	* 196	..	..	..	1985	
..	..	..	237	237	..	..	..	1986	
..	..	..	240	* 240	..	..	..	1987	

Table 32

Net Installed Capacity of Electric Generating Plants – by type

(Quantities in thousand kilowatts)

Country or area Pays ou zone	Year Année	Self–Producers and Public Autoproducteurs et publics					Self– Auto–	
		Total Totale	Thermal Thermique	Hydro Hydraulique	Nuclear Nucléaire	Geothermal Géothermique	Total Totale	Thermal Thermique
Burma	1984	816	646	170	..	..	196	196
	1985	892	667	225	..	..	208	208
	1986	945	712	233	..	..	225	* 225
	1987	1 001	743	258	..	..	255	255
China	1984	79 597	54 000	25 597	..	..	..	..
	1985	82 200	55 700	26 500	..	..	..	..
	1986	87 000	60 000	27 000	..	..	..	..
	1987	92 000	64 000	28 000	..	..	..	..
Cyprus	1984	389	389	..	..	..	5	5
	1985	389	389	..	..	..	5	5
	1986	389	389	..	..	..	5	5
	1987	389	389	..	..	..	5	5
Democratic Kampuchea	1984	35	25	10	..	..	..	..
	1985	35	25	10	..	..	..	..
	1986	35	25	10	..	..	..	..
	1987	35	25	10	..	..	..	..
Democratic Yemen	1984	150	150	..	..	..	30	* 30
	1985	160	160	..	..	..	30	* 30
	1986	160	160	..	..	..	30	* 30
	1987	160	160	..	..	..	30	* 30
Hong Kong	1984	5 268	5 268	..	..	..	..	..
	1985	5 580	5 580	..	..	..	..	..
	1986	5 953	5 953	..	..	..	..	..
	1987	6 614	6 614	..	..	..	..	..
India	1984	47 705	32 147	14 463	1 095	..	5 120	5 11[illegible]
	1985	52 273	35 468	15 475	1 330	..	5 504	5 50[illegible]
	1986	55 406	37 877	16 199	1 330	..	6 140	* 6 13[illegible]
	1987	58 433	40 100	17 003	1 330	..	6 503	* 6 50[illegible]
Indonesia	1984	7 850	6 366	1 454	..	30	3 335	2 41[illegible]
	1985	8 634	7 150	1 454	..	30	3 335	* 2 41[illegible]
	1986	9 734	8 044	1 660	..	30	3 660	* 2 61[illegible]
	1987	10 430	8 800	1 600	..	30	3 700	* 2 70[illegible]
Iran(Islamic Rep.of)	1984	13 025	11 221	1 804	..	..	1 600	* 1 60[illegible]
	1985	13 404	11 600	1 804	..	..	1 600	* 1 60[illegible]
	1986	13 404	11 600	1 804	..	..	1 600	* 1 60[illegible]
	1987	13 404	11 600	1 804	..	..	1 600	* 1 60[illegible]
Iraq	1984	2 900	2 800	100	..	..	200	* 20[illegible]
	1985	3 400	3 300	100	..	..	200	* 20[illegible]
	1986	3 700	3 600	100	..	..	200	* 20[illegible]
	1987	3 700	3 600	100	..	..	200	* 20[illegible]
Israel	1984	4 137	4 137	..	..	..	75	* 7[illegible]
	1985	4 137	4 137	..	..	..	75	* 7[illegible]
	1986	4 137	4 137	..	..	..	75	* 7[illegible]
	1987	4 137	4 137	..	..	..	75	* 7[illegible]
Japan	1984	163 290	108 384	33 966	20 726	214	14 953	13 61[illegible]
	1985	169 399	110 162	34 337	24 686	214	15 070	13 72[illegible]
	1986	173 329	111 800	35 150	26 165	214	15 149	* 13 80[illegible]
	1987	176 419	112 890	34 650	28 665	214	15 239	* 13 89[illegible]
Jordan	1984	695	695	0	..	..	93	[illegible]
	1985	712	712	0	..	..	110	1[illegible]
	1986	979	972	7	..	..	114	1[illegible]
	1987	983	972	11	..	..	114	1[illegible]
Korea,Dem.Ppl's.Rep.	1984	8 500	4 000	4 500	..	..	..	
	1985	8 700	4 200	4 500	..	..	..	
	1986	8 700	4 200	4 500	..	..	..	
	1987	8 900	4 300	4 600	..	..	..	

Puissance nette installée des centrales électriques – par catégorie

(Quantités en milliers de kilowatts)

Producers producteurs			Public Publics					Year Année	Country or area Pays ou zone
Hydro Hydraulique	Nuclear Nucléaire	Geothermal Géother-mique	Total Totale	Thermal Thermique	Hydro Hydraulique	Nuclear Nucléaire	Geothermal Géothermique		
* 0	..	..	620	450	170	..	..	1984	Birmanie
* 0	..	..	684	459	225	..	..	1985	
* 0	..	..	720	* 487	* 233	..	..	1986	
0	..	..	746	488	258	..	..	1987	
..	..	..	79 597	* 54 000	25 597	..	..	1984	Chine
..	..	..	82 200	* 55 700	* 26 500	..	..	1985	
..	..	..	87 000	* 60 000	* 27 000	..	..	1986	
..	..	..	92 000	* 64 000	* 28 000	..	..	1987	
..	..	..	384	384	..	..	..	1984	Chypre
..	..	..	384	384	..	..	..	1985	
..	..	..	384	384	..	..	..	1986	
..	..	..	384	384	..	..	..	1987	
..	..	..	35	25	10	..	..	1984	Kampuchea démocrat.
..	..	..	35	* 25	* 10	..	..	1985	
..	..	..	35	* 25	* 10	..	..	1986	
..	..	..	35	* 25	* 10	..	..	1987	
..	..	..	120	* 120	..	..	..	1984	Yémen démocratique
..	..	..	130	* 130	..	..	..	1985	
..	..	..	130	* 130	..	..	..	1986	
..	..	..	130	* 130	..	..	..	1987	
..	..	..	5 268	5 268	..	..	..	1984	Hong–kong
..	..	..	5 580	5 580	..	..	..	1985	
..	..	..	5 953	5 953	..	..	..	1986	
..	..	..	6 614	6 614	..	..	..	1987	
3	..	..	42 585	27 030	14 460	1 095	..	1984	Inde
* 3	..	..	46 769	29 967	15 472	1 330	..	1985	
* 3	..	..	49 266	31 740	16 196	1 330	..	1986	
* 3	..	..	51 930	* 33 600	* 17 000	* 1 330	..	1987	
918	..	..	4 515	3 949	536	..	30	1984	Indonésie
* 918	..	..	5 299	* 4 733	536	..	30	1985	
* 1 050	..	..	6 074	* 5 434	* 610	..	30	1986	
* 1 000	..	..	6 730	* 6 100	* 600	..	30	1987	
..	..	..	11 425	9 621	1 804	..	..	1984	Iran(Rép.islamique)
..	..	..	11 804	* 10 000	* 1 804	..	..	1985	
..	..	..	11 804	* 10 000	* 1 804	..	..	1986	
..	..	..	11 804	* 10 000	* 1 804	..	..	1987	
..	..	..	2 700	* 2 600	* 100	..	..	1984	Iraq
..	..	..	3 200	* 3 100	* 100	..	..	1985	
..	..	..	3 500	* 3 400	* 100	..	..	1986	
..	..	..	3 500	* 3 400	100	..	..	1987	
..	..	..	4 062	4 062	..	..	..	1984	Israël
..	..	..	4 062	4 062	..	..	..	1985	
..	..	..	4 062	4 062	..	..	..	1986	
..	..	..	4 062	* 4 062	..	..	..	1987	
1 138	165	34	148 337	94 768	32 828	20 561	180	1984	Japon
1 142	165	34	154 329	96 433	33 195	24 521	180	1985	
* 1 150	* 165	34	158 180	* 98 000	* 34 000	* 26 000	180	1986	
* 1 150	* 165	34	161 180	* 99 000	* 33 500	* 28 500	180	1987	
0	..	..	602	602	0	..	..	1984	Jordanie
0	..	..	602	602	0	..	..	1985	
4	..	..	865	862	3	..	..	1986	
4	..	..	869	862	7	..	..	1987	
..	..	..	8 500	* 4 000	* 4 500	..	..	1984	Corée,Rép.pop.dém.de
..	..	..	8 700	* 4 200	* 4 500	..	..	1985	
..	..	..	8 700	* 4 200	* 4 500	..	..	1986	
..	..	..	8 900	* 4 300	* 4 600	..	..	1987	

Table 32

Net Installed Capacity of Electric Generating Plants – by type

(Quantities in thousand kilowatts)

Country or area Pays ou zone	Year Année	Self–Producers and Public Autoproducteurs et publics					Self– Auto–	
		Total Totale	Thermal Thermique	Hydro Hydraulique	Nuclear Nucléaire	Geothermal Géothermique	Total Totale	Thermal Thermique
Korea, Republic of	1984	15 544	12 427	1 202	1 915	..	1 354	1 354
	1985	17 670	12 581	2 223	2 866	..	1 533	1 533
	1986	19 607	12 616	2 225	4 766	..	1 546	1 546
	1987	20 982	13 030	2 236	5 716	..	1 957	1 957
Kuwait,part Ntl.Zone	1984	5 230	5 230	..	..	..	144	144
	1985	5 230	5 230	..	..	..	144	144
	1986	5 530	5 530	..	..	..	144	* 144
	1987	6 060	6 060	..	..	..	160	* 160
Lao Peoples Dem.Rep.	1984	225	25	200	..	..	0	0
	1985	225	25	200	..	..	0	* 0
	1986	225	25	200	..	..	0	* 0
	1987	225	25	200	..	..	0	* 0
Lebanon	1984	819	573	246	..	..	80	* 53
	1985	819	573	246	..	..	80	* 53
	1986	819	573	246	..	..	80	* 53
	1987	819	573	246	..	..	80	* 53
Macau	1984	137	137	..	..	..	..	..
	1985	137	137	..	..	..	..	..
	1986	135	135	..	..	..	..	..
	1987	159	159	..	..	..	..	..
Malaysia	1984	3 947	2 993	954	..	..	463	* 428
	1985	4 168	3 133	1 035	..	..	468	* 433
	1986	4 390	3 350	1 040	..	..	490	* 450
	1987	4 490	3 400	1 090	..	..	490	* 450
Maldives	1984	3	3	..	..	..	..	..
	1985	4	4	..	..	..	..	..
	1986	4	4	..	..	..	..	..
	1987	4	4	..	..	..	..	..
Mongolia	1984	622	622	..	..	..	100	* 100
	1985	758	758	..	..	..	100	* 100
	1986	843	843	..	..	..	111	* 111
	1987	877	877	..	..	..	115	* 115
Nepal	1984	178	50	128	..	..	11	* 11
	1985	171	42	129	..	..	13	13
	1986	190	42	148	..	..	13	* 13
	1987	203	42	161	..	..	13	* 13
Oman	1984	904	904	..	..	..	169	169
	1985	1 107	1 107	..	..	..	169	169
	1986	1 200	1 200	..	..	..	200	* 200
	1987	1 200	1 200	..	..	..	200	* 200
Pakistan	1984	5 010	2 325	2 548	137	..	883	883
	1985	5 615	2 580	2 898	137	..	1 138	1 138
	1986	6 298	3 263	2 898	137	..	1 138	1 138
	1987	6 653	3 615	2 901	137	..	1 138	1 138
Philippines	1984	5 909	3 348	1 667	..	894	713	700
	1985	6 222	3 366	1 962	..	894	672	654
	1986	6 456	3 425	2 143	..	888	674	656
	1987	6 375	3 334	2 153	..	888	715	697
Qatar	1984	905	905	..	..	..	5	* 5
	1985	1 005	1 005	..	..	..	5	* 5
	1986	1 005	1 005	..	..	..	5	* 5
	1987	1 005	1 005	..	..	..	5	* 5
S.Arabia,pt.Ntrl.Zn.	1984	11 853	11 853	..	..	..	270	* 270
	1985	13 710	13 710	..	..	..	310	* 310
	1986	14 340	14 340	..	..	..	340	* 340
	1987	14 970	14 970	..	..	..	370	* 370

Table 32

Puissance nette installée des centrales électriques – par catégorie

(Quantités en milliers de kilowatts)

Producers producteurs			Public Publics					Year Année	Country or area Pays ou zone
Hydro Hydraulique	Nuclear Nucléaire	Geothermal Géother-mique	Total Totale	Thermal Thermique	Hydro Hydraulique	Nuclear Nucléaire	Geothermal Géothermique		
..	..	..	14 190	11 073	1 202	1 915	..	1984	Corée, République de
..	..	..	16 137	11 048	2 223	2 866	..	1985	
..	..	..	18 061	11 070	2 225	4 766	..	1986	
..	..	..	19 025	11 073	2 236	5 716	..	1987	
..	..	..	5 086	5 086	..	..	..	1984	Koweït et prt.Zne.N.
..	..	..	5 086	5 086	..	..	..	1985	
..	..	..	5 386	5 386	..	..	..	1986	
..	..	..	5 900	* 5 900	..	..	..	1987	
..	..	..	225	* 25	* 200	..	..	1984	Rép. dém. pop. lao
..	..	..	225	* 25	* 200	..	..	1985	
..	..	..	225	* 25	* 200	..	..	1986	
..	..	..	225	* 25	* 200	..	..	1987	
* 27	..	..	739	* 520	* 219	..	..	1984	Liban
* 27	..	..	739	* 520	* 219	..	..	1985	
* 27	..	..	739	* 520	* 219	..	..	1986	
* 27	..	..	739	* 520	* 219	..	..	1987	
..	..	..	137	137	..	..	..	1984	Macao
..	..	..	137	137	..	..	..	1985	
..	..	..	135	135	..	..	..	1986	
..	..	..	159	159	..	..	..	1987	
* 35	..	..	3 484	2 565	919	..	..	1984	Malaisie
* 35	..	..	3 700	* 2 700	* 1 000	..	..	1985	
* 40	..	..	3 900	* 2 900	* 1 000	..	..	1986	
* 40	..	..	4 000	* 2 950	* 1 050	..	..	1987	
..	..	..	3	3	..	..	..	1984	Maldives
..	..	..	4	* 4	..	..	..	1985	
..	..	..	4	* 4	..	..	..	1986	
..	..	..	4	* 4	..	..	..	1987	
..	..	..	522	* 522	..	..	..	1984	Mongolie
..	..	..	658	* 658	..	..	..	1985	
..	..	..	732	* 732	..	..	..	1986	
..	..	..	762	* 762	..	..	..	1987	
..	..	..	167	39	128	..	..	1984	Népal
..	..	..	158	29	129	..	..	1985	
..	..	..	177	* 29	148	..	..	1986	
..	..	..	190	29	161	..	..	1987	
..	..	..	735	735	..	..	..	1984	Oman
..	..	..	938	938	..	..	..	1985	
..	..	..	1 000	1 000	..	..	..	1986	
..	..	..	1 000	* 1 000	..	..	..	1987	
..	..	..	4 127	1 442	2 548	137	..	1984	Pakistan
..	..	..	4 477	1 442	2 898	137	..	1985	
..	..	..	5 160	2 125	2 898	137	..	1986	
..	..	..	5 515	2 477	2 901	137	..	1987	
13	..	..	5 196	2 648	1 654	..	894	1984	Philippines
18	..	..	5 550	2 712	1 944	..	894	1985	
18	..	..	5 782	2 769	2 125	..	888	1986	
* 18	..	..	5 660	2 637	2 135	..	888	1987	
..	..	..	900	* 900	..	..	..	1984	Qatar
..	..	..	1 000	* 1 000	..	..	..	1985	
..	..	..	1 000	* 1 000	..	..	..	1986	
..	..	..	1 000	* 1 000	..	..	..	1987	
..	..	..	11 583	* 11 583	..	..	..	1984	Arab.saoud,p.Zn.neut
..	..	..	13 400	* 13 400	..	..	..	1985	
..	..	..	14 000	* 14 000	..	..	..	1986	
..	..	..	14 600	* 14 600	..	..	..	1987	

Table 32

Net Installed Capacity of Electric Generating Plants – by type

(Quantities in thousand kilowatts)

Country or area Pays ou zone	Year Année	Self–Producers and Public Autoproducteurs et publics					Self– Auto–	
		Total Totale	Thermal Thermique	Hydro Hydraulique	Nuclear Nucléaire	Geothermal Géothermique	Total Totale	Thermal Thermique
Singapore	1984	2 691	2 691	..	..	..	..	..
	1985	2 691	2 691	..	..	..	..	..
	1986	2 741	2 741	..	..	..	..	..
	1987	3 371	3 371	..	..	..	..	..
Sri Lanka	1984	812	270	542	..	..	0	0
	1985	949	270	679	..	..	0	0
	1986	1 065	264	801	..	..	0	0
	1987	1 071	270	801	..	..	0	0
Syrian Arab Republic	1984	2 841	2 014	827	..	..	957	957
	1985	2 918	2 091	827	..	..	957	* 957
	1986	2 918	2 091	827	..	..	957	* 957
	1987	2 918	2 091	827	..	..	957	* 957
Thailand	1984	6 742	5 028	1 714	..	..	614	614
	1985	7 395	5 391	2 004	..	..	690	690
	1986	7 550	5 454	2 096	..	..	765	765
	1987	7 801	5 545	2 256	..	..	816	816
Turkey	1984	8 474	4 584	3 875	..	15	1 272	1 041
	1985	9 119	5 229	3 875	..	15	1 327	1 096
	1986	10 113	6 220	3 878	..	15	1 327	1 093
	1987	12 493	7 474	5 004	..	15	1 482	1 198
United Arab Emirates	1984	3 800	3 800	..	..	..	3 200	* 3 200
	1985	3 820	3 820	..	..	..	3 200	* 3 200
	1986	4 300	4 300	..	..	..	3 600	* 3 600
	1987	4 420	4 420	..	..	..	3 700	* 3 700
Viet Nam	1984	1 220	920	300	..	..	...	..
	1985	1 250	930	320	..	..	...	..
	1986	1 260	940	320	..	..	...	..
	1987	1 260	940	320	..	..	...	..
Yemen	1984	104	104	..	..	..	5	*
	1985	260	260	..	..	..	5	*
	1986	478	478	..	..	..	5	*
	1987	490	490	..	..	..	10	* 1
EUROPE	**1984**	**597 331**	**361 718**	**153 743**	**80 749**	**1 121**	**61 496**	**49 70**
	1985	**615 735**	**362 626**	**156 817**	**95 151**	**1 141**	**59 446**	**48 21**
	1986	**619 269**	**350 300**	**160 961**	**106 817**	**1 191**	**57 841**	**47 29**
	1987	**633 585**	**356 113**	**161 485**	**114 697**	**1 290**	**57 730**	**46 99**
Albania	1984	715	90	625	..	..	..	
	1985	735	85	650	..	..	..	
	1986	760	85	675	..	..	..	
	1987	765	85	680	..	..	..	
Austria	1984	14 933	5 010	9 923	..	..	1 621	1 06
	1985	15 241	5 070	10 171	..	..	1 586	1 01
	1986	15 784	5 361	10 423	..	..	1 527	95
	1987	16 045	5 470	10 575	..	..	1 545	* 97
Belgium	1984	12 309	7 518	1 326	3 465	0	800	80
	1985	14 152	7 401	1 326	5 425	0	766	76
	1986	14 168	7 331	1 327	5 510	0	779	77
	1987	14 058	7 225	1 328	5 500	5	783	78
Bulgaria	1984	9 798	6 063	1 975	1 760	..	1 066	1 06
	1985	10 243	6 508	1 975	1 760	..	1 066	1 06
	1986	10 243	6 508	1 975	1 760	..	1 066	1 06
	1987	10 743	6 508	1 975	2 260	..	1 066	1 06
Czechoslovakia	1984	18 600	14 667	2 840	1 093	..	2 428	2 3
	1985	19 547	14 632	2 875	2 040	..	2 436	2 3
	1986	20 371	14 614	2 897	2 860	..	2 422	2 3
	1987	21 017	14 607	2 890	3 520	..	2 183	2 1

Puissance nette installée des centrales électriques – par catégorie

(Quantités en milliers de kilowatts)

Producers producteurs			Public Publics					Year Année	Country or area Pays ou zone
Hydro Hydraulique	Nuclear Nucléaire	Geothermal Géothermique	Total Totale	Thermal Thermique	Hydro Hydraulique	Nuclear Nucléaire	Geothermal Géothermique		
..	..	..	2 691	2 691	..	..	..	1984	Singapour
..	..	..	2 691	2 691	..	..	..	1985	
..	..	..	2 741	2 741	..	..	..	1986	
..	..	..	3 371	3 371	..	..	..	1987	
0	..	..	812	270	542	..	..	1984	Sri Lanka
0	..	..	949	270	679	..	..	1985	
0	..	..	1 065	264	801	..	..	1986	
0	..	..	1 071	270	801	..	..	1987	
..	..	..	1 884	1 057	* 827	..	..	1984	Rép. arabe syrienne
..	..	..	1 961	1 134	* 827	..	..	1985	
..	..	..	1 961	* 1 134	* 827	..	..	1986	
..	..	..	1 961	* 1 134	* 827	..	..	1987	
..	..	..	6 128	4 414	1 714	..	..	1984	Thaïlande
..	..	..	6 705	4 701	2 004	..	..	1985	
..	..	..	6 785	4 689	2 096	..	..	1986	
..	..	..	6 985	4 729	2 256	..	..	1987	
231	..	..	7 202	3 543	3 644	..	15	1984	Turquie
231	..	..	7 792	4 133	3 644	..	15	1985	
234	..	..	8 786	5 127	3 644	..	15	1986	
284	..	..	11 011	6 276	4 720	..	15	1987	
..	..	..	600	* 600	..	..	..	1984	Emirats arabes unis
..	..	..	620	* 620	..	..	..	1985	
..	..	..	700	* 700	..	..	..	1986	
..	..	..	720	* 720	..	..	..	1987	
..	..	..	1 220	* 920	* 300	..	..	1984	Viet Nam
..	..	..	1 250	* 930	* 320	..	..	1985	
..	..	..	1 260	* 940	* 320	..	..	1986	
..	..	..	1 260	* 940	* 320	..	..	1987	
..	..	..	99	99	..	..	..	1984	Yémen
..	..	..	255	255	..	..	..	1985	
..	..	..	473	473	..	..	..	1986	
..	..	..	480	* 480	..	..	..	1987	
10 942	**820**	**29**	**535 835**	**312 013**	**142 801**	**79 929**	**1 092**	**1984**	**EUROPE**
10 367	**815**	**53**	**556 289**	**314 415**	**146 450**	**94 336**	**1 088**	**1985**	
9 649	**815**	**85**	**561 428**	**303 008**	**151 312**	**106 002**	**1 106**	**1986**	
9 801	**815**	**119**	**575 855**	**309 118**	**151 684**	**113 882**	**1 171**	**1987**	
..	..	..	715	* 90	* 625	..	..	1984	Albanie
..	..	..	735	* 85	* 650	..	..	1985	
..	..	..	760	* 85	* 675	..	..	1986	
..	..	..	765	* 85	* 680	..	..	1987	
555	..	..	13 312	3 944	9 368	..	..	1984	Autriche
571	..	..	13 655	4 055	9 600	..	..	1985	
569	..	..	14 257	4 403	9 854	..	..	1986	
* 575	..	..	14 500	* 4 500	* 10 000	..	..	1987	
0	..	..	11 509	6 718	1 326	3 465	0	1984	Belgique
0	..	..	13 386	6 635	1 326	5 425	0	1985	
0	..	..	13 389	6 552	1 327	5 510	0	1986	
0	..	..	13 275	6 442	1 328	5 500	5	1987	
0	..	..	8 732	4 997	1 975	1 760	..	1984	Bulgarie
0	..	..	9 177	5 442	1 975	1 760	..	1985	
0	..	..	9 177	5 442	1 975	1 760	..	1986	
* 0	..	..	9 677	5 442	1 975	2 260	..	1987	
37	..	..	16 172	12 276	2 803	1 093	..	1984	Tchécoslovaquie
37	..	..	17 111	12 233	2 838	2 040	..	1985	
44	..	..	17 949	12 236	2 853	2 860	..	1986	
37	..	..	18 834	12 461	2 853	3 520	..	1987	

Table 32

Net Installed Capacity of Electric Generating Plants – by type

(Quantities in thousand kilowatts)

Country or area Pays ou zone	Year Année	Self–Producers and Public Autoproducteurs et publics					Self– Auto–	
		Total Totale	Thermal Thermique	Hydro Hydraulique	Nuclear Nucléaire	Geothermal Géothermique	Total Totale	Thermal Thermique
Denmark	1984	8 145	8 108	11	..	26	141	114
	1985	8 573	8 511	12	..	50	144	92
	1986	8 625	8 529	12	..	84	191	105
	1987	8 557	8 429	10	..	118	231	111
Faeroe Islands	1984	68	50	18	..	..	..	..
	1985	68	50	18	..	..	..	..
	1986	68	50	18	..	..	..	..
	1987	68	50	18	..	..	..	..
Finland	1984	11 314	6 517	2 497	2 300	..	1 465	1 465
	1985	11 313	6 508	2 505	2 300	..	1 475	1 475
	1986	11 641	6 736	2 555	2 350	..	1 511	1 511
	1987	11 661	6 725	2 586	2 350	..	1 521	1 521
France incl. Monaco	1984	84 680	30 298	21 435	32 947	..	8 854	7 437
	1985	86 551	27 235	21 829	37 487	..	8 525	7 100
	1986	92 482	24 760	23 020	44 702	..	8 757	7 184
	1987	97 600	24 100	24 100	49 400	..	8 600	7 000
German Dem. Rep.	1984	21 517	17 836	1 851	1 830	..	2 090	2 075
	1985	21 944	18 269	1 845	1 830	..	2 061	2 046
	1986	22 059	18 385	1 844	1 830	..	2 050	2 036
	1987	23 525	19 851	1 844	1 830	..	2 227	2 213
Germany, Fed. Rep.	1984	88 615	69 400	6 560	12 655	0	14 515	* 13 800
	1985	92 704	69 938	6 668	16 095	3	14 180	13 489
	1986	82 660	57 076	6 710	18 874	0	13 256	12 552
	1987	84 110	57 700	6 760	19 650	0	13 410	* 12 700
Gibraltar	1984	21	21	..	..	..	..	..
	1985	21	21	..	..	..	..	..
	1986	21	21	..	..	..	..	..
	1987	21	21	..	..	..	..	..
Greece	1984	8 299	6 585	1 714	..	0	191	191
	1985	7 116	5 084	2 032	..	0	131	131
	1986	7 525	5 385	2 137	..	3	133	133
	1987	10 198	8 059	2 137	..	2	143	143
Hungary	1984	5 781	4 933	46	802	...	327	327
	1985	5 782	4 919	46	817	...	315	315
	1986	6 230	4 954	46	1 230	...	324	324
	1987	6 629	4 940	46	1 643	...	324	324
Iceland	1984	946	149	755	..	42	29	23
	1985	945	150	753	..	42	26	22
	1986	949	151	756	..	42	27	22
	1987	951	153	756	..	42	29	24
Ireland	1984	3 319	2 805	514	..	..	65	63
	1985	3 195	2 679	516	..	..	72	69
	1986	3 915	3 399	516	..	..	72	69
	1987	3 880	3 368	512	..	..	75	71
Italy and San Marino	1984	53 970	34 907	17 343	1 273	447	8 468	6 568
	1985	55 626	36 098	17 816	1 273	439	8 040	6 153
	1986	56 205	36 617	17 863	1 273	452	7 799	5 985
	1987	56 403	36 745	17 879	1 273	506	7 381	5 561
Luxembourg	1984	1 438	106	1 332	..	..	100	100
	1985	1 238	106	1 132	..	..	100	100
	1986	1 238	106	1 132	..	..	100	100
	1987	1 238	106	1 132	..	..	100	100
Malta	1984	177	177	..	..	..	..	..
	1985	205	205	..	..	..	..	..
	1986	205	205	..	..	..	..	..
	1987	252	252	..	..	..	..	..

Puissance nette installée des centrales électriques – par catégorie

(Quantités en milliers de kilowatts)

Producers producteurs			Public Publics					Year Année	Country or area Pays ou zone
Hydro Hydraulique	Nuclear Nucléaire	Geothermal Géother–mique	Total Totale	Thermal Thermique	Hydro Hydraulique	Nuclear Nucléaire	Geothermal Géothermique		
1	..	26	8 004	7 994	10	..	..	1984	Danemark
2	..	50	8 429	8 419	10	..	..	1985	
2	..	84	8 434	8 424	10	..	..	1986	
2	..	118	8 326	8 318	8	..	..	1987	
..	..	..	68	50	18	..	..	1984	Iles Féroé
..	..	..	68	* 50	* 18	..	..	1985	
..	..	..	68	* 50	* 18	..	..	1986	
..	..	..	68	* 50	* 18	..	..	1987	
0	..	..	9 849	5 052	2 497	2 300	..	1984	Finlande
0	..	..	9 838	5 033	2 505	2 300	..	1985	
0	..	..	10 130	5 225	2 555	2 350	..	1986	
0	..	..	10 140	5 204	2 586	2 350	..	1987	
1 417	..	..	75 826	22 861	20 018	32 947	..	1984	France y comp.Monaco
1 425	..	..	78 026	20 135	20 404	37 487	..	1985	
1 573	..	..	83 725	17 576	21 447	44 702	..	1986	
1 600	..	..	89 000	17 100	22 500	49 400	..	1987	
15	..	..	19 427	15 761	1 836	1 830	..	1984	Rép. dém. allemande
15	..	..	19 883	16 223	1 830	1 830	..	1985	
14	..	..	20 009	16 349	1 830	1 830	..	1986	
14	..	..	21 298	17 638	1 830	1 830	..	1987	
* 560	* 155	..	74 100	* 55 600	* 6 000	* 12 500	0	1984	Allemagne, Rép. féd.
541	150	..	78 524	56 449	6 127	15 945	3	1985	
554	150	..	69 404	44 524	6 156	18 724	0	1986	
* 560	* 150	..	70 700	* 45 000	* 6 200	* 19 500	0	1987	
..	..	..	21	21	..	..	..	1984	Gibraltar
..	..	..	21	21	..	..	..	1985	
..	..	..	21	21	..	..	..	1986	
..	..	..	21	21	..	..	..	1987	
0	..	..	8 108	6 394	1 714	..	0	1984	Grèce
0	..	..	6 985	4 953	2 032	..	0	1985	
0	..	..	7 392	5 252	2 137	..	3	1986	
0	..	..	10 055	7 916	2 137	..	2	1987	
..	..	...	5 454	4 606	46	802	..	1984	Hongrie
..	..	...	5 467	4 604	46	817	..	1985	
..	..	...	5 906	4 630	46	1 230	..	1986	
..	..	...	6 305	4 616	46	1 643	..	1987	
3	..	3	917	126	752	..	39	1984	Islande
1	..	3	919	128	752	..	39	1985	
4	..	1	922	129	752	..	41	1986	
4	..	1	922	129	752	..	41	1987	
2	..	..	3 254	2 742	512	..	..	1984	Irlande
3	..	..	3 123	2 610	513	..	..	1985	
3	..	..	3 843	3 330	513	..	..	1986	
4	..	..	3 805	3 297	508	..	..	1987	
1 900	..	..	45 502	28 339	15 443	1 273	447	1984	Italie y comp. S.Mrn
1 887	..	..	47 586	29 945	15 929	1 273	439	1985	
1 814	..	..	48 406	30 632	16 049	1 273	452	1986	
1 820	..	..	49 022	31 184	16 059	1 273	506	1987	
..	..	..	1 338	6	1 332	..	..	1984	Luxembourg
..	..	..	1 138	6	1 132	..	..	1985	
..	..	..	1 138	6	1 132	..	..	1986	
..	..	..	1 138	6	1 132	..	..	1987	
..	..	..	177	177	..	..	..	1984	Malte
..	..	..	205	205	..	..	..	1985	
..	..	..	205	205	..	..	..	1986	
..	..	..	252	252	..	..	..	1987	

Table 32

Net Installed Capacity of Electric Generating Plants – by type

(Quantities in thousand kilowatts)

Country or area Pays ou zone	Year Année	Self–Producers and Public Autoproducteurs et publics					Self– Auto–	
		Total Totale	Thermal Thermique	Hydro Hydraulique	Nuclear Nucléaire	Geothermal Géothermique	Total Totale	Thermal Thermique
Netherlands	1984	16 576	16 068	0	508	0	1 600	1 600
	1985	16 607	16 100	0	507	0	1 600	* 1 600
	1986	17 381	16 868	2	508	3	1 786	1 786
	1987	17 386	16 866	2	508	10	1 950	1 950
Norway,Svlbd,J.Myn I	1984	23 312	249	23 063	..	..	3 787	187
	1985	23 658	254	23 404	..	..	3 196	155
	1986	24 793	252	24 541	..	..	2 392	163
	1987	25 646	252	25 394	..	..	2 392	163
Poland	1984	27 787	25 812	1 975	..	..	2 881	2 881
	1985	29 038	27 063	1 975	..	..	2 945	2 945
	1986	29 773	27 797	1 976	..	..	2 971	2 971
	1987	30 110	28 134	1 976	..	..	2 894	2 894
Portugal	1984	5 725	2 694	3 030	..	1	428	413
	1985	6 079	3 001	3 077	..	1	452	438
	1986	6 458	3 297	3 160	..	1	459	446
	1987	6 851	3 677	3 173	..	1	470	457
Romania	1984	18 825	14 762	4 063	..	..	1 603	1 570
	1985	19 580	15 159	4 421	..	..	1 532	* 1 500
	1986	19 682	15 250	4 432	..	..	1 582	* 1 550
	1987	20 200	15 560	4 640	..	..	1 600	* 1 560
Spain	1984	31 912	14 020	13 233	4 659	..	992	505
	1985	34 015	14 558	13 911	5 546	..	986	505
	1986	35 079	15 102	14 431	5 546	..	986	505
	1987	36 044	15 112	14 453	6 479	..	996	515
Sweden	1984	30 865	8 060	15 445	7 355	5	2 482	882
	1985	33 170	8 020	15 690	9 455	5	2 500	900
	1986	33 100	7 634	15 813	9 648	5	2 500	900
	1987	33 455	7 250	16 700	9 500	5	2 550	* 850
Switzrld,Liechtenst.	1984	15 100	700	11 480	2 920	..	780	* 170
	1985	15 150	750	11 480	2 920	..	800	* 190
	1986	15 210	750	11 510	2 950	..	800	190
	1987	15 250	790	11 510	2 950	..	810	200
United Kingdom	1984	66 902	56 163	4 189	6 550	0	4 033	3 26
	1985	67 607	56 352	4 190	7 064	1	3 812	3 04
	1986	66 512	55 177	4 190	7 144	1	3 651	2 87
	1987	64 772	56 178	1 409	7 184	1	3 750	2 97
Yugoslavia	1984	15 682	7 950	6 500	632	600	750	* 75
	1985	15 632	7 900	6 500	632	600	700	* 70
	1986	16 132	7 900	7 000	632	600	700	* 70
	1987	16 150	7 900	7 000	650	600	700	* 70
OCEANIA	**1984**	**39 632**	**28 335**	**11 140**	**...**	**157**	**1 896**	**1 88**
	1985	**41 971**	**29 714**	**11 861**	**...**	**396**	**1 919**	**1 90**
	1986	**42 422**	**30 026**	**11 997**	**...**	**399**	**1 901**	**1 88**
	1987	**42 879**	**30 486**	**11 997**	**...**	**396**	**1 917**	**1 90**
American Samoa	1984	32	32	..	..	..	..	
	1985	32	32	..	..	..	..	
	1986	32	32	..	..	..	..	
	1987	32	32	..	..	..	..	
Australia	1984	31 130	24 567	6 563	..	...	1 577	1 57
	1985	32 945	25 782	6 913	..	250	1 577	* 1 57
	1986	33 478	26 199	7 029	..	250	1 577	* 1 57
	1987	33 849	26 570	7 029	..	250	1 577	* 1 57
Cook Islands	1984	6	6	..	..	..	..	
	1985	6	6	..	..	..	..	
	1986	6	6	..	..	..	..	
	1987	6	6	..	..	..	..	

Table 32

Puissance nette installée des centrales électriques – par catégorie

(Quantités en milliers de kilowatts)

Producers producteurs			Public Publics					Year Année	Country or area Pays ou zone
Hydro Hydraulique	Nuclear Nucléaire	Geothermal Géothermique	Total Totale	Thermal Thermique	Hydro Hydraulique	Nuclear Nucléaire	Geothermal Géothermique		
..	..	..	14 976	14 468	0	508	0	1984	Pays–Bas
..	..	..	15 007	* 14 500	0	507	0	1985	
..	..	..	15 595	15 082	2	508	3	1986	
..	..	..	15 436	14 916	2	508	10	1987	
3 600	..	..	19 525	62	19 463	..	..	1984	Norvège,Svalbd,J.May
3 041	..	..	20 462	99	20 363	..	..	1985	
2 229	..	..	22 401	89	22 312	..	..	1986	
2 229	..	..	23 254	89	23 165	..	..	1987	
..	..	..	24 906	22 931	1 975	..	..	1984	Pologne
..	..	..	26 093	24 118	1 975	..	..	1985	
..	..	..	26 802	24 826	1 976	..	..	1986	
..	..	..	27 216	25 240	1 976	..	..	1987	
15	..	..	5 297	2 281	3 015	..	1	1984	Portugal
14	..	..	5 627	2 563	3 063	..	1	1985	
13	..	..	5 999	2 851	3 147	..	1	1986	
13	..	..	6 381	3 220	3 160	..	1	1987	
33	..	..	17 222	13 192	4 030	..	..	1984	Roumanie
* 32	..	..	18 048	* 13 659	4 389	..	..	1985	
* 32	..	..	18 100	* 13 700	* 4 400	..	..	1986	
* 40	..	..	18 600	* 14 000	* 4 600	..	..	1987	
487	..	..	30 920	13 515	12 746	4 659	..	1984	Espagne
481	..	..	33 029	14 053	13 430	5 546	..	1985	
481	..	..	34 093	14 597	13 950	5 546	..	1986	
481	..	..	35 048	14 597	13 972	6 479	..	1987	
1 600	..	..	28 383	7 178	13 845	7 355	5	1984	Suède
1 600	..	..	30 670	7 120	14 090	9 455	5	1985	
1 600	..	..	30 600	6 734	14 213	9 648	5	1986	
* 1 700	..	..	30 905	* 6 400	* 15 000	* 9 500	5	1987	
* 610	..	..	14 320	* 530	* 10 870	2 920	..	1984	Suisse,Liechtenstein
* 610	..	..	14 350	* 560	* 10 870	2 920	..	1985	
610	..	..	14 410	560	10 900	2 950	..	1986	
610	..	..	14 440	590	10 900	2 950	..	1987	
107	665	..	62 869	52 902	4 082	5 885	0	1984	Royaume–Uni
107	665	..	63 795	53 312	4 083	6 399	1	1985	
107	665	..	62 861	52 298	4 083	6 479	1	1986	
112	665	..	61 022	53 205	1 297	6 519	1	1987	
0	..	..	14 932	* 7 200	* 6 500	* 632	600	1984	Yougoslavie
0	..	..	14 932	* 7 200	* 6 500	* 632	600	1985	
0	..	..	15 432	* 7 200	* 7 000	632	600	1986	
0	..	..	15 450	* 7 200	* 7 000	* 650	600	1987	
13	**..**	**..**	**37 736**	**26 452**	**11 127**	**...**	**157**	**1984**	**OCEANIE**
13	**..**	**..**	**40 052**	**27 808**	**11 848**	**...**	**396**	**1985**	
16	**..**	**..**	**40 521**	**28 141**	**11 981**	**...**	**399**	**1986**	
16	**..**	**..**	**40 962**	**28 585**	**11 981**	**...**	**396**	**1987**	
..	..	..	32	* 32	..	..	..	1984	Samoa américaines
..	..	..	32	* 32	..	..	..	1985	
..	..	..	32	* 32	..	..	..	1986	
..	..	..	32	* 32	..	..	..	1987	
7	..	..	29 553	22 997	6 556	..	...	1984	Australie
* 7	..	..	31 368	* 24 212	* 6 906	..	250	1985	
* 7	..	..	31 901	* 24 629	* 7 022	..	250	1986	
* 7	..	..	32 272	* 25 000	* 7 022	..	250	1987	
..	..	..	6	* 6	..	..	..	1984	Iles Cook
..	..	..	6	* 6	..	..	..	1985	
..	..	..	6	* 6	..	..	..	1986	
..	..	..	6	* 6	..	..	..	1987	

Table 32

Net Installed Capacity of Electric Generating Plants – by type

(Quantities in thousand kilowatts)

Country or area Pays ou zone	Year Année	Self–Producers and Public Autoproducteurs et publics					Self– Auto–	
		Total Totale	Thermal Thermique	Hydro Hydraulique	Nuclear Nucléaire	Geothermal Géothermique	Total Totale	Thermal Thermique
Fiji	1984	189	109	80	..	..	27	27
	1985	202	122	80	..	..	40	40
	1986	197	117	80	..	..	40	* 40
	1987	200	120	80	..	..	40	* 40
French Polynesia	1984	76	69	7	..	..	..	..
	1985	79	69	10	..	..	..	..
	1986	79	69	10	..	..	..	..
	1987	79	69	10	..	..	..	..
Guam	1984	302	302	..	..	..	...	...
	1985	302	302	..	..	..	...	...
	1986	302	302	..	..	..	...	...
	1987	302	302	..	..	..	...	...
Kiribati	1984	2	2	..	..	..	..	..
	1985	2	2	..	..	..	..	..
	1986	2	2	..	..	..	..	..
	1987	2	2	..	..	..	..	..
Nauru	1984	10	10	..	..	..	..	..
	1985	10	10	..	..	..	..	..
	1986	10	10	..	..	..	..	..
	1987	10	10	..	..	..	..	..
New Caledonia	1984	367	292	75	...	..	24	* 24
	1985	367	292	75	...	..	24	24
	1986	367	292	75	...	..	24	24
	1987	391	316	75	...	..	24	* 24
New Zealand	1984	6 952	2 500	4 295	..	157	..	..
	1985	7 435	2 641	4 648	..	146	..	..
	1986	7 388	2 591	4 648	..	149	..	..
	1987	7 434	2 640	4 648	..	146	..	..
Niue	1984	1	1	..	..	..	..	..
	1985	1	1	..	..	..	..	..
	1986	1	1	..	..	..	..	..
	1987	1	1	..	..	..	..	..
Pacific Islds(Trust)	1984	48	48	0	..	..	3	* 3
	1985	52	47	5	..	..	2	* 2
	1986	57	47	10	..	..	2	* 2
	1987	57	47	10	..	..	2	* 2
Papua New Guinea	1984	470	355	115	..	..	256	* 250
	1985	491	366	125	..	..	267	261
	1986	456	316	140	..	..	249	240
	1987	469	329	140	..	..	265	256
Samoa	1984	17	12	5	..	..	2	* 2
	1985	17	12	5	..	..	2	* 2
	1986	17	12	5	..	..	2	* 2
	1987	17	12	5	..	..	2	* 2
Solomon Islands	1984	13	13	..	..	..	5	* 5
	1985	13	13	..	..	..	5	* 5
	1986	13	13	..	..	..	5	* 5
	1987	13	13	..	..	..	5	* 5
Tonga	1984	6	6	..	..	..	..	..
	1985	6	6	..	..	..	..	..
	1986	6	6	..	..	..	..	..
	1987	6	6	..	..	..	..	..
Vanuatu	1984	11	11	..	..	..	2	* 2
	1985	11	11	..	..	..	2	* 2
	1986	11	11	..	..	..	2	* 2
	1987	11	11	..	..	..	2	* 2

Puissance nette installée des centrales électriques – par catégorie

(Quantités en milliers de kilowatts)

Producers producteurs: Hydro Hydraulique	Producers producteurs: Nuclear Nucléaire	Producers producteurs: Geothermal Géother-mique	Public Publics: Total Totale	Public Publics: Thermal Thermique	Public Publics: Hydro Hydraulique	Public Publics: Nuclear Nucléaire	Public Publics: Geothermal Géothermique	Year Année	Country or area Pays ou zone
..	..	..	162	82	80	..	..	1984	Fidji
..	..	..	162	82	80	..	..	1985	
..	..	..	157	77	80	..	..	1986	
..	..	..	160	* 80	* 80	..	..	1987	
..	..	..	76	69	7	..	..	1984	Polynésie française
..	..	..	79	69	10	..	..	1985	
..	..	..	79	69	10	..	..	1986	
..	..	..	79	69	10	..	..	1987	
..	..	..	302	* 302	..	..	..	1984	Guam
..	..	..	302	* 302	..	..	..	1985	
..	..	..	302	* 302	..	..	..	1986	
..	..	..	302	* 302	..	..	..	1987	
..	..	..	2	* 2	..	..	..	1984	Kiribati
..	..	..	2	* 2	..	..	..	1985	
..	..	..	2	* 2	..	..	..	1986	
..	..	..	2	* 2	..	..	..	1987	
..	..	..	10	* 10	..	..	..	1984	Nauru
..	..	..	10	* 10	..	..	..	1985	
..	..	..	10	* 10	..	..	..	1986	
..	..	..	10	* 10	..	..	..	1987	
..	..	..	343	* 268	* 75	...	..	1984	Nouvelle–Calédonie
..	..	..	343	268	75	...	..	1985	
..	..	..	343	268	75	...	..	1986	
..	..	..	367	292	75	...	..	1987	
..	..	..	6 952	* 2 500	4 295	..	157	1984	Nouvelle–Zélande
..	..	..	7 435	2 641	4 648	..	146	1985	
..	..	..	7 388	2 591	4 648	..	149	1986	
..	..	..	7 434	* 2 640	* 4 648	..	146	1987	
..	..	..	1	1	..	..	..	1984	Nioué
..	..	..	1	* 1	..	..	..	1985	
..	..	..	1	* 1	..	..	..	1986	
..	..	..	1	* 1	..	..	..	1987	
..	..	..	45	* 45	0	..	..	1984	I.Pacifique (tutel.)
..	..	..	50	* 45	* 5	..	..	1985	
..	..	..	55	* 45	* 10	..	..	1986	
..	..	..	55	* 45	* 10	..	..	1987	
* 6	..	..	214	* 105	* 109	..	..	1984	Papouasie–Nvl–Guinée
6	..	..	224	* 105	* 119	..	..	1985	
9	..	..	207	76	131	..	..	1986	
9	..	..	204	73	131	..	..	1987	
..	..	..	15	10	5	..	..	1984	Samoa
..	..	..	15	* 10	* 5	..	..	1985	
..	..	..	15	* 10	* 5	..	..	1986	
..	..	..	15	* 10	* 5	..	..	1987	
..	..	..	8	* 8	..	..	..	1984	Iles Salomon
..	..	..	8	* 8	..	..	..	1985	
..	..	..	8	* 8	..	..	..	1986	
..	..	..	8	* 8	..	..	..	1987	
..	..	..	6	6	..	..	..	1984	Tonga
..	..	..	6	* 6	..	..	..	1985	
..	..	..	6	* 6	..	..	..	1986	
..	..	..	6	6	..	..	..	1987	
..	..	..	9	* 9	..	..	..	1984	Vanuatu
..	..	..	9	* 9	..	..	..	1985	
..	..	..	9	* 9	..	..	..	1986	
..	..	..	9	* 9	..	..	..	1987	

Table 32

Net Installed Capacity of Electric Generating Plants – by type

(Quantities in thousand kilowatts)

Country or area Pays ou zone	Year Année	Self–Producers and Public Autoproducteurs et publics					Self– Auto–	
		Total Totale	Thermal Thermique	Hydro Hydraulique	Nuclear Nucléaire	Geothermal Géothermique	Total Totale	Thermal Thermique
USSR	**1984**	**303 693**	**220 354**	**59 239**	**24 100**	..	**22 200**	*** 22 200**
	1985	**314 888**	**225 054**	**61 724**	**28 110**	..	**22 200**	*** 22 200**
	1986	**321 671**	**229 420**	**62 141**	**30 110**	..	**22 200**	*** 22 200**
	1987	**332 266**	**235 171**	**62 695**	**34 400**	..	**22 200**	*** 22 200**

Puissance nette installée des centrales électriques – par catégorie

(Quantités en milliers de kilowatts)

Producers producteurs			Public Publics					Year Année	Country or area Pays ou zone
Hydro Hydraulique	Nuclear Nucléaire	Geothermal Géother–mique	Total Totale	Thermal Thermique	Hydro Hydraulique	Nuclear Nucléaire	Geothermal Géothermique		
...	..	..	**281 493**	*** 198 154**	**59 239**	**24 100**	..	**1984**	**URSS**
...	..	..	**292 688**	*** 202 854**	**61 724**	**28 110**	..	**1985**	
...	..	..	**299 471**	*** 207 220**	**62 141**	**30 110**	..	**1986**	
...	..	..	**310 066**	*** 212 971**	**62 695**	**34 400**	..	**1987**	

Table 33

Utilization of Installed Electric Generating Capacity – by type

(Quantities in kilowatt hours produced per kilowatt)

Country or area Pays ou zone	Year Année	Self–Producers and Public Autoproducteurs et publics					Self– Auto–	
		Total Totale	Thermal Thermique	Hydro Hydraulique	Nuclear Nucléaire	Geothermal Géothermique	Total Totale	Thermal Thermique
WORLD	**1984**	**3 989**	**3 871**	**3 645**	**5 683**	**5 828**	**3 698**	**3 492**
	1985	**4 008**	**3 885**	**3 561**	**5 781**	**4 317**	**3 810**	**3 662**
	1986	**4 027**	**3 943**	**3 515**	**5 552**	**4 596**	**3 876**	**3 765**
	1987	**4 095**	**4 042**	**3 483**	**5 534**	**4 814**	**3 921**	**3 808**
AFRICA	**1984**	**4 024**	**4 558**	**2 751**	**4 067**	**7 767**	**3 937**	**3 944**
	1985	**4 029**	**4 619**	**2 636**	**4 067**	**7 467**	**3 842**	**3 845**
	1986	**4 096**	**4 700**	**2 655**	**4 067**	**8 178**	**3 773**	**3 794**
	1987	**4 103**	**4 825**	**2 412**	**4 073**	**7 978**	**3 815**	**3 857**
Algeria	1984	3 254	3 383	1 828	...	...	3 333	3 333
	1985	3 461	3 566	2 267	...	...	2 997	2 997
	1986	3 475	3 689	877	...	...	2 849	2 849
	1987	3 493	3 689	1 053	...	...	3 134	3 134
Angola	1984	2 983	2 275	3 338	...	...	1 000	481
	1985	2 983	2 275	3 338	...	...	1 000	481
	1986	2 983	2 275	3 338	...	...	1 000	481
	1987	2 975	2 268	3 338	...	...	1 000	481
Benin	1984	333	333	...	...	...	...	...
	1985	333	333	...	...	...	...	...
	1986	333	333	...	...	...	...	...
	1987	333	333	...	...	...	...	...
Burkina Faso	1984	2 051	2 051	...	...	...	...	...
	1985	2 085	2 085	...	...	...	...	...
	1986	2 085	2 085	...	...	...	...	...
	1987	2 119	2 119	...	...	...	...	...
Burundi	1984	667	286	2 000	...	...	...	...
	1985	667	286	2 000	...	...	...	...
	1986	1 533	286	2 625	...	...	...	...
	1987	2 842	286	4 333	...	...	...	...
Cameroon	1984	3 879	1 213	4 282	...	...	4 265	...
	1985	4 002	1 253	4 392	...	...	4 375	...
	1986	3 942	831	4 396	...	...	4 379	...
	1987	3 954	870	4 403	...	...	4 387	...
Cape Verde	1984	6 250	6 250	...	...	...	500	500
	1985	5 000	5 000	...	...	...	500	500
	1986	5 600	5 600	...	...	...	500	500
	1987	5 600	5 600	...	...	...	500	500
Central African Rep.	1984	1 698	143	3 182	...	...	...	...
	1985	1 814	810	2 773	...	...	...	...
	1986	2 186	810	3 500	...	...	...	...
	1987	2 140	857	3 364	...	...	...	...
Chad	1984	1 581	1 581	...	...	...	...	...
	1985	1 645	1 645	...	...	...	...	...
	1986	1 645	1 645	...	...	...	...	...
	1987	1 645	1 645	...	...	...	...	...
Comoros	1984	2 400	2 500	2 000	...	...	0	...
	1985	2 800	3 000	2 000	...	...	0	...
	1986	2 800	3 000	2 000	...	...	0	...
	1987	2 800	3 000	2 000	...	...	0	...
Congo	1984	1 570	69	1 933	...	...	...	...
	1985	1 564	69	1 925	...	...	...	...
	1986	1 570	69	1 933	...	...	...	...
	1987	1 577	69	1 942	...	...	...	...
Côte d'Ivoire	1984	1 413	4 568	421	...	...	...	...
	1985	1 738	2 385	1 534	...	...	...	...
	1986	1 794	3 219	1 346	...	...	...	...
	1987	1 892	3 273	1 458	...	...	...	...

Utilisation de la capacité des centrales électriques – par catégorie

(Quantités en kilowatt–heures par kilowatt)

Producers producteurs			Public Publics					Year Année	Country or area Pays ou zone
Hydro Hydraulique	Nuclear Nucléaire	Geothermal Géother–mique	Total Totale	Thermal Thermique	Hydro Hydraulique	Nuclear Nucléaire	Geothermal Géothermique		
4 967	**6 494**	**4 651**	**4 011**	**3 908**	**3 591**	**5 679**	**5 846**	**1984**	**MONDE**
4 930	**6 667**	**1 347**	**4 023**	**3 907**	**3 508**	**5 778**	**5 432**	**1985**	
4 762	**7 022**	**1 719**	**4 039**	**3 961**	**3 468**	**5 547**	**5 915**	**1986**	
4 826	**7 146**	**1 727**	**4 108**	**4 065**	**3 434**	**5 529**	**6 197**	**1987**	
3 921	...	...	**4 031**	**4 610**	**2 655**	**4 067**	**7 767**	**1984**	**AFRIQUE**
3 836	...	...	**4 044**	**4 683**	**2 539**	**4 067**	**7 467**	**1985**	
3 722	...	...	**4 122**	**4 775**	**2 568**	**4 067**	**8 178**	**1986**	
3 712	...	...	**4 126**	**4 904**	**2 310**	**4 073**	**7 978**	**1987**	
...	...	...	3 245	3 390	1 828	...	...	1984	Algérie
...	...	...	3 512	3 634	2 267	...	...	1985	
...	...	...	3 539	3 784	877	...	...	1986	
...	...	...	3 529	3 750	1 053	...	...	1987	
5 667	...	...	3 644	6 000	3 247	...	...	1984	Angola
5 667	...	...	3 644	6 000	3 247	...	...	1985	
5 667	...	...	3 644	6 000	3 247	...	...	1986	
5 667	...	...	3 626	5 714	3 247	...	...	1987	
...	...	...	333	333	...	...	...	1984	Bénin
...	...	...	333	333	...	...	...	1985	
...	...	...	333	333	...	...	...	1986	
...	...	...	333	333	...	...	...	1987	
...	...	...	2 051	2 051	...	...	...	1984	Burkina Faso
...	...	...	2 085	2 085	...	...	...	1985	
...	...	...	2 085	2 085	...	...	...	1986	
...	...	...	2 119	2 119	...	...	...	1987	
...	...	...	667	286	2 000	...	...	1984	Burundi
...	...	...	667	286	2 000	...	...	1985	
...	...	...	1 533	286	2 625	...	...	1986	
...	...	...	2 842	286	4 333	...	...	1987	
4 282	...	...	1 247	1 247	0	...	...	1984	Cameroun
4 392	...	...	1 288	1 288	0	...	...	1985	
4 396	...	...	853	853	0	...	...	1986	
4 403	...	...	893	893	0	...	...	1987	
...	...	...	12 000	12 000	...	...	...	1984	Cap–Vert
...	...	...	8 000	8 000	...	...	...	1985	
...	...	...	9 000	9 000	...	...	...	1986	
...	...	...	9 000	9 000	...	...	...	1987	
...	...	...	1 698	143	3 182	...	...	1984	Rép. centrafricaine
...	...	...	1 814	810	2 773	...	...	1985	
...	...	...	2 186	810	3 500	...	...	1986	
...	...	...	2 140	857	3 364	...	...	1987	
...	...	...	1 581	1 581	...	...	...	1984	Tchad
...	...	...	1 645	1 645	...	...	...	1985	
...	...	...	1 645	1 645	...	...	...	1986	
...	...	...	1 645	1 645	...	...	...	1987	
0	...	...	3 000	2 500	...	...	...	1984	Comores
0	...	...	3 500	3 000	...	...	...	1985	
0	...	...	3 500	3 000	...	...	...	1986	
0	...	...	3 500	3 000	...	...	...	1987	
...	...	...	1 570	69	1 933	...	...	1984	Congo
...	...	...	1 564	69	1 925	...	...	1985	
...	...	...	1 570	69	1 933	...	...	1986	
...	...	...	1 577	69	1 942	...	...	1987	
...	...	...	1 413	4 568	421	...	...	1984	Côte d'Ivoire
...	...	...	1 738	2 385	1 534	...	...	1985	
...	...	...	1 794	3 219	1 346	...	...	1986	
...	...	...	1 892	3 273	1 458	...	...	1987	

Table 33

Utilization of Installed Electric Generating Capacity – by type

(Quantities in kilowatt hours produced per kilowatt)

Country or area Pays ou zone	Year Année	Self–Producers and Public Autoproducteurs et publics					Self– Auto–	
		Total Totale	Thermal Thermique	Hydro Hydraulique	Nuclear Nucléaire	Geothermal Géothermique	Total Totale	Thermal Thermique
Djibouti	1984	3 842	3 842	...	...	...	...	...
	1985	4 316	4 316	...	...	...	...	...
	1986	4 500	4 500	...	...	...	...	...
	1987	4 526	4 526	...	...	...	...	...
Egypt	1984	5 158	6 228	3 945	...	...	4 310	4 310
	1985	5 008	6 627	3 000	...	...	3 600	3 600
	1986	5 144	6 803	2 963	...	...	3 600	3 600
	1987	5 126	7 280	2 222	...	...	3 600	3 600
Equatorial Guinea	1984	3 000	3 250	2 000	...	...	...	...
	1985	4 400	5 000	2 000	...	...	...	...
	1986	3 200	3 500	2 000	...	...	...	...
	1987	3 400	3 750	2 000	...	...	...	...
Ethiopia	1984	2 207	1 241	2 778	...	...	1 351	1 351
	1985	2 223	1 173	2 844	...	...	1 243	1 243
	1986	2 251	1 195	2 876	...	...	1 270	1 270
	1987	2 231	1 203	2 826	...	...	1 243	1 243
Gabon	1984	3 975	2 467	4 880	...	...	...	...
	1985	4 305	2 587	5 336	...	...	...	...
	1986	4 335	2 600	5 376	...	...	...	...
	1987	4 380	2 680	5 400	...	...	...	...
Gambia	1984	3 818	3 818	...	...	...	4 500	4 500
	1985	3 909	3 909	...	...	...	4 000	4 000
	1986	3 909	3 909	...	...	...	4 500	4 500
	1987	4 000	4 000	...	...	...	4 500	4 500
Ghana	1984	1 798	885	1 907	...	...	120	120
	1985	2 597	717	2 795	...	...	160	160
	1986	3 809	699	4 137	...	...	160	160
	1987	4 015	726	4 362	...	...	160	160
Guinea	1984	2 892	2 626	3 651	...	...	2 990	2 990
	1985	2 946	2 650	3 791	...	...	3 031	3 031
	1986	2 824	2 574	3 511	...	...	2 883	2 883
	1987	2 841	2 581	3 553	...	...	2 893	2 893
Guinea–Bissau	1984	2 000	2 000	...	...	...	3 000	3 000
	1985	2 000	2 000	...	...	...	3 000	3 000
	1986	2 000	2 000	...	...	...	3 000	3 000
	1987	2 000	2 000	...	...	...	3 000	3 000
Kenya	1984	4 142	3 306	4 212	...	7 767	4 118	4 167
	1985	4 458	2 975	4 746	...	7 467	4 118	4 167
	1986	4 522	3 000	4 746	...	8 178	4 118	4 167
	1987	4 572	2 040	5 398	...	7 978	4 118	4 167
Liberia	1984	2 246	2 070	2 778	...	...	2 872	2 867
	1985	2 354	2 061	3 235	...	...	2 905	2 888
	1986	2 520	2 053	3 926	...	...	2 939	2 909
	1987	2 538	2 074	3 938	...	...	2 926	2 902
Libyan Arab Jamah.	1984	7 077	7 077	...	...	...	...	...
	1985	6 580	6 580	...	...	...	...	...
	1986	6 640	6 640	...	...	...	...	...
	1987	7 130	7 130	...	...	...	...	...
Madagascar	1984	4 843	4 193	5 667	...	...	3 344	3 344
	1985	4 922	4 281	5 733	...	...	3 500	3 500
	1986	4 902	4 070	5 956	...	...	3 594	3 594
	1987	4 941	4 105	6 000	...	...	3 531	3 531
Malawi	1984	3 038	353	3 762	...	...	1 364	1 100
	1985	3 069	471	3 770	...	...	1 273	1 100
	1986	3 300	382	4 087	...	...	1 364	1 100
	1987	3 124	359	3 863	...	...	1 067	857

Utilisation de la capacité des centrales électriques – par catégorie

(Quantités en kilowatt–heures par kilowatt)

Producers producteurs			Public Publics					Year Année	Country or area Pays ou zone
Hydro Hydraulique	Nuclear Nucléaire	Geothermal Géother–mique	Total Totale	Thermal Thermique	Hydro Hydraulique	Nuclear Nucléaire	Geothermal Géothermique		
...	...	...	3 842	3 842	...	...	...	1984	Djibouti
...	...	...	4 316	4 316	...	...	...	1985	
...	...	...	4 500	4 500	...	...	...	1986	
...	...	...	4 526	4 526	...	...	...	1987	
...	...	...	5 186	6 352	3 945	...	...	1984	Egypte
...	...	...	5 069	6 871	3 000	...	...	1985	
...	...	...	5 208	7 045	2 963	...	...	1986	
...	...	...	5 189	7 552	2 222	...	...	1987	
...	...	...	3 000	3 250	2 000	...	...	1984	Guinée équatoriale
...	...	...	4 400	5 000	2 000	...	...	1985	
...	...	...	3 200	3 500	2 000	...	...	1986	
...	...	...	3 400	3 750	2 000	...	...	1987	
...	...	...	2 305	1 198	2 778	...	...	1984	Ethiopie
...	...	...	2 336	1 146	2 844	...	...	1985	
...	...	...	2 364	1 167	2 876	...	...	1986	
...	...	...	2 344	1 188	2 826	...	...	1987	
...	...	...	3 975	2 467	4 880	...	...	1984	Gabon
...	...	...	4 305	2 587	5 336	...	...	1985	
...	...	...	4 335	2 600	5 376	...	...	1986	
...	...	...	4 380	2 680	5 400	...	...	1987	
...	...	...	3 667	3 667	...	...	...	1984	Gambie
...	...	...	3 889	3 889	...	...	...	1985	
...	...	...	3 778	3 778	...	...	...	1986	
...	...	...	3 889	3 889	...	...	...	1987	
...	...	...	1 838	1 102	1 907	...	...	1984	Ghana
...	...	...	2 649	875	2 795	...	...	1985	
...	...	...	3 888	852	4 137	...	...	1986	
...	...	...	4 098	886	4 362	...	...	1987	
...	...	...	2 754	1 269	3 651	...	...	1984	Guinée
...	...	...	2 826	1 231	3 791	...	...	1985	
...	...	...	2 740	1 346	3 511	...	...	1986	
...	...	...	2 767	1 346	3 553	...	...	1987	
...	...	...	1 833	1 833	...	...	...	1984	Guinée–Bissau
...	...	...	1 833	1 833	...	...	...	1985	
...	...	...	1 833	1 833	...	...	...	1986	
...	...	...	1 833	1 833	...	...	...	1987	
4 000	...	...	4 142	3 236	4 215	...	7 767	1984	Kenya
4 000	...	...	4 469	2 878	4 756	...	7 467	1985	
4 000	...	...	4 535	2 905	4 756	...	8 178	1986	
4 000	...	...	4 586	1 884	5 418	...	7 978	1987	
3 000	...	...	1 723	941	2 763	...	...	1984	Libéria
3 400	...	...	1 893	891	3 224	...	...	1985	
3 800	...	...	2 169	842	3 934	...	...	1986	
3 600	...	...	2 215	901	3 961	...	...	1987	
...	...	...	7 077	7 077	...	...	...	1984	Jamah.arabe libyenne
...	...	...	6 580	6 580	...	...	...	1985	
...	...	...	6 640	6 640	...	...	...	1986	
...	...	...	7 130	7 130	...	...	...	1987	
...	...	...	5 529	5 280	5 667	...	...	1984	Madagascar
...	...	...	5 571	5 280	5 733	...	...	1985	
...	...	...	5 500	4 680	5 956	...	...	1986	
...	...	...	5 586	4 840	6 000	...	...	1987	
4 000	...	...	3 161	42	3 760	...	...	1984	Malawi
3 000	...	...	3 201	208	3 776	...	...	1985	
4 000	...	...	3 443	83	4 088	...	...	1986	
4 000	...	...	3 306	80	3 862	...	...	1987	

Table 33

Utilization of Installed Electric Generating Capacity – by type

(Quantities in kilowatt hours produced per kilowatt)

Country or area Pays ou zone	Year Année	Self–Producers and Public Autoproducteurs et publics					Self– Auto–	
		Total Totale	Thermal Thermique	Hydro Hydraulique	Nuclear Nucléaire	Geothermal Géothermique	Total Totale	Thermal Thermique
Mali	1984	2 012	738	3 350	...	...	2 167	2 167
	1985	2 049	810	3 350	...	...	2 333	2 333
	1986	2 299	952	3 556	...	...	2 000	2 000
	1987	2 345	1 000	3 600	...	...	2 167	2 167
Mauritania	1984	904	588	...	...	...	590	...
	1985	947	675	...	...	...	508	...
	1986	965	807	...	...	...	295	...
	1987	1 053	833	...	...	...	410	...
Mauritius	1984	1 865	2 023	1 222	...	...	1 770	1 757
	1985	1 901	1 845	2 130	...	...	1 770	1 757
	1986	1 891	1 855	2 037	...	...	1 568	1 554
	1987	1 749	1 582	2 373	...	...	1 419	1 405
Morocco	1984	3 244	4 347	603	...	...	2 756	2 770
	1985	3 086	3 964	769	...	...	2 760	2 774
	1986	3 183	4 007	1 028	...	...	2 498	2 507
	1987	3 184	4 020	1 002	...	...	2 536	2 556
Mozambique	1984	1 079	1 464	1 008	...	...	1 327	1 364
	1985	782	1 464	657	...	...	1 327	1 364
	1986	276	1 568	38	...	...	1 327	1 364
	1987	277	1 571	39	...	...	1 327	1 364
Niger	1984	2 175	2 175	...	...	...	...	...
	1985	2 444	2 444	...	...	...	...	...
	1986	2 476	2 476	...	...	...	...	...
	1987	2 492	2 492	...	...	...	...	...
Nigeria	1984	2 224	2 985	1 366	...	...	3 550	3 550
	1985	2 450	3 605	1 149	...	...	3 800	3 800
	1986	2 444	3 586	1 158	...	...	3 750	3 750
	1987	2 452	3 596	1 163	...	...	3 750	3 750
Réunion	1984	3 444	4 308	3 264	...	...	0	0
	1985	3 702	2 731	3 904	...	...	0	0
	1986	4 066	4 308	4 016	...	...	0	0
	1987	4 517	5 846	4 240	...	...	0	0
Rwanda	1984	2 814	750	2 964	...	...	3 419	1 000
	1985	2 783	750	2 929	...	...	3 548	1 000
	1986	2 833	1 000	2 964	...	...	3 613	2 000
	1987	2 900	1 000	3 036	...	...	3 677	2 000
St.Helena and Depend	1984	1 000	1 000	...	...	...	0	0
	1985	1 000	1 000	...	...	...	0	0
	1986	1 000	1 000	...	...	...	0	0
	1987	1 000	1 000	...	...	...	0	0
Sao Tome – Principe	1984	2 500	1 750	4 000	...	...	0	0
	1985	2 500	1 750	4 000	...	...	0	0
	1986	2 333	1 750	3 500	...	...	0	0
	1987	2 500	1 750	4 000	...	...	0	0
Senegal	1984	3 357	3 357	...	...	...	2 200	2 200
	1985	3 652	3 652	...	...	...	2 200	2 200
	1986	3 667	3 667	...	...	...	2 400	2 400
	1987	3 633	3 633	...	...	...	2 400	2 400
Seychelles	1984	2 947	2 947	...	...	...	0	0
	1985	3 263	3 263	...	...	...	0	0
	1986	3 474	3 474	...	...	...	0	0
	1987	3 526	3 526	...	...	...	0	0
Sierra Leone	1984	2 364	2 407	...	...	...	1 362	1 362
	1985	1 600	1 630	...	...	...	1 362	1 362
	1986	1 673	1 704	...	...	...	1 362	1 362
	1987	1 782	1 815	...	...	...	1 383	1 383

Table 33

Utilisation de la capacité des centrales électriques – par catégorie

(Quantités en kilowatt–heures par kilowatt)

Producers producteurs			Public Publics					Year Année	Country or area Pays ou zone
Hydro Hydraulique	Nuclear Nucléaire	Geothermal Géother–mique	Total Totale	Thermal Thermique	Hydro Hydraulique	Nuclear Nucléaire	Geothermal Géothermique		
...	...	...	2 000	500	3 350	...	...	1984	Mali
...	...	...	2 026	556	3 350	...	...	1985	
...	...	...	2 321	778	3 556	...	...	1986	
...	...	...	2 358	806	3 600	...	...	1987	
...	...	...	1 264	1 264	...	...	...	1984	Mauritanie
...	...	...	1 453	1 453	...	...	...	1985	
...	...	...	1 736	1 736	...	...	...	1986	
...	...	...	1 792	1 792	...	...	...	1987	
...	...	...	1 900	2 158	1 204	...	...	1984	Maurice
...	...	...	1 950	1 890	2 111	...	...	1985	
...	...	...	2 010	2 007	2 019	...	...	1986	
...	...	...	1 868	1 671	2 356	...	...	1987	
2 000	...	...	3 317	4 695	591	...	...	1984	Maroc
2 000	...	...	3 131	4 198	759	...	...	1985	
2 000	...	...	3 280	4 308	1 020	...	...	1986	
1 667	...	...	3 276	4 313	995	...	...	1987	
0	...	...	1 062	1 529	1 010	...	...	1984	Mozambique
0	...	...	746	1 529	658	...	...	1985	
0	...	...	205	1 700	38	...	...	1986	
0	...	...	207	1 706	39	...	...	1987	
...	...	...	2 175	2 175	...	...	...	1984	Niger
...	...	...	2 444	2 444	...	...	...	1985	
...	...	...	2 476	2 476	...	...	...	1986	
...	...	...	2 492	2 492	...	...	...	1987	
...	...	...	2 217	2 979	1 366	...	...	1984	Nigéria
...	...	...	2 444	3 603	1 149	...	...	1985	
...	...	...	2 438	3 585	1 158	...	...	1986	
...	...	...	2 445	3 594	1 163	...	...	1987	
...	...	...	3 562	5 333	3 264	...	...	1984	Réunion
...	...	...	3 829	3 381	3 904	...	...	1985	
...	...	...	4 205	5 333	4 016	...	...	1986	
...	...	...	4 671	7 238	4 240	...	...	1987	
3 500	...	...	2 143	667	2 320	...	...	1984	Rwanda
3 633	...	...	1 966	667	2 115	...	...	1985	
3 667	...	...	2 000	667	2 154	...	...	1986	
3 733	...	...	2 069	667	2 231	...	...	1987	
...	...	...	2 000	2 000	...	...	...	1984	Ste–Hélène et dépend
...	...	...	2 000	2 000	...	...	...	1985	
...	...	...	2 000	2 000	...	...	...	1986	
...	...	...	2 000	2 000	...	...	...	1987	
0	...	...	3 000	2 333	4 000	...	...	1984	Sao Tomé–et–Principe
0	...	...	3 000	2 333	4 000	...	...	1985	
0	...	...	2 800	2 333	3 500	...	...	1986	
0	...	...	3 000	2 333	4 000	...	...	1987	
...	...	...	3 386	3 386	...	...	...	1984	Sénégal
...	...	...	3 688	3 688	...	...	...	1985	
...	...	...	3 698	3 698	...	...	...	1986	
...	...	...	3 663	3 663	...	...	...	1987	
...	...	...	2 947	2 947	...	...	...	1984	Seychelles
...	...	...	3 263	3 263	...	...	...	1985	
...	...	...	3 474	3 474	...	...	...	1986	
...	...	...	3 526	3 526	...	...	...	1987	
...	...	...	3 111	3 213	...	...	...	1984	Sierra Leone
...	...	...	1 778	1 836	...	...	...	1985	
...	...	...	1 905	1 967	...	...	...	1986	
...	...	...	2 079	2 148	...	...	...	1987	

Table 33

Utilization of Installed Electric Generating Capacity – by type

(Quantities in kilowatt hours produced per kilowatt)

Country or area Pays ou zone	Year Année	Self–Producers and Public Autoproducteurs et publics					Self– Auto–	
		Total Totale	Thermal Thermique	Hydro Hydraulique	Nuclear Nucléaire	Geothermal Géothermique	Total Totale	Thermal Thermique
Somalia	1984	2 333	2 333	...	...	...	...	...
	1985	3 683	3 683	...	...	...	...	...
	1986	4 217	4 217	...	...	...	...	...
	1987	4 250	4 250	...	...	...	...	...
S.Africa Customs Un.	1984	4 944	5 072	1 241	4 067	...	6 546	6 594
	1985	4 949	5 074	1 341	4 067	...	6 784	6 836
	1986	4 952	5 079	1 281	4 067	...	6 773	6 825
	1987	4 952	5 078	1 302	4 073	...	6 773	6 825
Sudan	1984	2 646	2 537	2 768	...	...	1 375	1 375
	1985	2 311	2 333	2 289	...	...	1 150	1 150
	1986	2 338	2 378	2 298	...	...	1 200	1 200
	1987	2 344	2 396	2 293	...	...	1 230	1 230
Togo	1984	3 265	3 633	500	...	...	1 471	1 471
	1985	1 000	1 000	1 000	...	...	59	59
	1986	1 029	1 033	1 000	...	...	59	59
	1987	1 176	1 200	1 000	...	...	59	59
Tunisia	1984	3 439	3 583	1 047	...	...	9 320	9 320
	1985	2 844	2 899	1 703	...	...	9 000	9 000
	1986	2 972	3 074	813	...	...	9 040	9 040
	1987	3 217	3 286	1 766	...	...	10 660	10 660
Uganda	1984	4 025	1 286	4 147	...	...	5 143	2 000
	1985	4 006	1 286	4 128	...	...	5 143	2 000
	1986	4 025	1 286	4 147	...	...	5 143	2 000
	1987	4 018	1 571	4 128	...	...	5 143	2 500
United Rep. Tanzania	1984	1 989	1 433	2 375	...	...	4 650	4 650
	1985	1 979	1 400	2 382	...	...	4 250	4 250
	1986	2 009	1 456	2 394	...	...	4 600	4 600
	1987	1 991	1 467	2 355	...	...	4 650	4 650
Western Sahara	1984	1 393	1 393	...	...	...	...	...
	1985	1 357	1 357	...	...	...	...	...
	1986	1 411	1 411	...	...	...	...	...
	1987	1 446	1 446	...	...	...	...	...
Zaire	1984	2 815	2 455	2 827	...	...	3 627	3 600
	1985	2 328	2 455	2 324	...	...	3 359	3 640
	1986	2 491	2 473	2 491	...	...	3 105	3 600
	1987	2 084	2 527	2 074	...	...	3 080	3 680
Zambia	1984	4 082	284	4 404	...	...	1 014	228
	1985	4 102	194	4 435	...	...	954	129
	1986	4 034	157	4 364	...	...	1 065	88
	1987	3 481	199	3 760	...	...	1 093	135
Zimbabwe	1984	2 949	1 192	5 463	...	...	3 882	3 882
	1985	3 264	2 127	4 893	...	...	2 667	2 667
	1986	3 891	3 127	4 984	...	...	2 549	2 549
	1987	4 968	5 684	3 942	...	...	2 941	2 941
NTH. AMERICA	**1984**	**3 712**	**3 391**	**4 420**	**4 752**	**6 468**	**3 964**	**3 439**
	1985	**3 737**	**3 455**	**4 196**	**4 852**	**3 664**	**4 380**	**4 189**
	1986	**3 690**	**3 398**	**4 167**	**4 693**	**4 185**	**4 443**	**4 326**
	1987	**3 769**	**3 566**	**3 879**	**4 692**	**4 432**	**4 457**	**4 384**
Antigua and Barbuda	1984	2 923	2 923	...	...	...	7 000	7 000
	1985	2 962	2 962	...	...	...	7 000	7 000
	1986	3 308	3 308	...	...	...	0	0
	1987	3 500	3 500	...	...	...	0	0
Aruba	1984	...	...	...	...	...	...	...
	1985	...	...	...	...	...	...	...
	1986	3 233	3 233	...	...	...	...	...
	1987	3 444	3 444	...	...	...	...	...

Table 33

Utilisation de la capacité des centrales électriques – par catégorie

(Quantités en kilowatt–heures par kilowatt)

Producers producteurs			Public Publics					Year Année	Country or area Pays ou zone
Hydro Hydraulique	Nuclear Nucléaire	Geothermal Géother–mique	Total Totale	Thermal Thermique	Hydro Hydraulique	Nuclear Nucléaire	Geothermal Géothermique		
...	...	...	2 333	2 333	...	...	...	1984	Somalie
...	...	...	3 683	3 683	...	...	...	1985	
...	...	...	4 217	4 217	...	...	...	1986	
...	...	...	4 250	4 250	...	...	...	1987	
1 818	...	...	4 869	4 996	1 230	4 067	...	1984	Un.douan.d'Afr.mérid
1 818	...	...	4 866	4 991	1 332	4 067	...	1985	
1 818	...	...	4 870	4 996	1 271	4 067	...	1986	
1 818	...	...	4 870	4 995	1 292	4 073	...	1987	
...	...	...	2 974	3 280	2 768	...	...	1984	Soudan
...	...	...	2 643	3 280	2 289	...	...	1985	
...	...	...	2 663	3 320	2 298	...	...	1986	
...	...	...	2 663	3 328	2 293	...	...	1987	
...	...	...	5 059	6 462	500	...	...	1984	Togo
...	...	...	1 941	2 231	1 000	...	...	1985	
...	...	...	2 000	2 308	1 000	...	...	1986	
...	...	...	2 294	2 692	1 000	...	...	1987	
...	...	...	3 167	3 300	1 047	...	...	1984	Tunisie
...	...	...	2 619	2 664	1 703	...	...	1985	
...	...	...	2 749	2 845	813	...	...	1986	
...	...	...	2 944	3 002	1 766	...	...	1987	
6 400	...	...	3 974	1 000	4 073	...	...	1984	Ouganda
6 400	...	...	3 955	1 000	4 053	...	...	1985	
6 400	...	...	3 974	1 000	4 073	...	...	1986	
6 200	...	...	3 968	1 200	4 060	...	...	1987	
...	...	...	1 862	1 031	2 375	...	...	1984	Rép.Unie de Tanzanie
...	...	...	1 871	1 044	2 382	...	...	1985	
...	...	...	1 885	1 063	2 394	...	...	1986	
...	...	...	1 864	1 069	2 355	...	...	1987	
...	...	...	1 393	1 393	...	...	...	1984	Sahara occidental
...	...	...	1 357	1 357	...	...	...	1985	
...	...	...	1 411	1 411	...	...	...	1986	
...	...	...	1 446	1 446	...	...	...	1987	
3 628	...	...	2 274	1 500	2 297	...	...	1984	Zaïre
3 348	...	...	1 850	1 467	1 858	...	...	1985	
3 086	...	...	2 206	1 533	2 220	...	...	1986	
3 057	...	...	1 715	1 567	1 718	...	...	1987	
4 000	...	...	4 381	789	4 412	...	...	1984	Zambie
4 089	...	...	4 409	750	4 442	...	...	1985	
4 778	...	...	4 323	750	4 355	...	...	1986	
4 733	...	...	3 713	750	3 740	...	...	1987	
...	...	...	2 917	1 032	5 463	...	...	1984	Zimbabwe
...	...	...	3 285	2 095	4 893	...	...	1985	
...	...	...	3 937	3 161	4 984	...	...	1986	
...	...	...	5 037	5 848	3 942	...	...	1987	
6 422	**...**	**...**	**3 702**	**3 389**	**4 347**	**4 752**	**6 468**	**1984**	**AMER DU NORD**
6 324	**...**	**1 227**	**3 710**	**3 421**	**4 115**	**4 852**	**5 612**	**1985**	
6 079	**...**	**1 633**	**3 657**	**3 352**	**4 093**	**4 693**	**6 615**	**1986**	
5 869	**...**	**1 647**	**3 739**	**3 525**	**3 802**	**4 692**	**6 936**	**1987**	
...	...	...	2 760	2 760	...	...	...	1984	Antigua–et–Barbuda
...	...	...	2 800	2 800	...	...	...	1985	
...	...	...	3 440	3 440	...	...	...	1986	
...	...	...	3 640	3 640	...	...	...	1987	
...	...	...	...	...	...	...	...	1984	Aruba
...	...	...	...	...	...	...	...	1985	
...	...	...	3 233	3 233	...	...	...	1986	
...	...	...	3 444	3 444	...	...	...	1987	

Table 33

Utilization of Installed Electric Generating Capacity – by type

(Quantities in kilowatt hours produced per kilowatt)

Country or area Pays ou zone	Year Année	Self–Producers and Public Autoproducteurs et publics					Self– Auto–	
		Total Totale	Thermal Thermique	Hydro Hydraulique	Nuclear Nucléaire	Geothermal Géothermique	Total Totale	Thermal Thermique
Bahamas	1984	2 426	2 426	...	...	...	1 182	1 182
	1985	2 392	2 392	...	...	...	1 182	1 182
	1986	2 549	2 549	...	...	...	1 182	1 182
	1987	2 703	2 703	...	...	...	1 182	1 182
Barbados	1984	4 074	4 074	...	...	...	...	...
	1985	4 149	4 149	...	...	...	...	...
	1986	4 105	4 105	...	...	...	...	...
	1987	4 250	4 250	...	...	...	...	...
Belize	1984	3 190	3 190	...	...	...	...	...
	1985	3 381	3 381	...	...	...	...	...
	1986	3 364	3 364	...	...	...	...	...
	1987	3 409	3 409	...	...	...	...	...
Bermuda	1984	2 788	2 788	...	...	...	...	...
	1985	2 651	2 651	...	...	...	...	...
	1986	2 667	2 667	...	...	...	...	...
	1987	3 537	3 537	...	...	...	...	...
British Virgin Islds	1984	5 800	5 800	...	...	...	...	...
	1985	6 000	6 000	...	...	...	...	...
	1986	6 000	6 000	...	...	...	...	...
	1987	5 333	5 333	...	...	...	...	...
Canada	1984	4 600	3 210	5 217	5 520	...	6 244	4 625
	1985	4 715	3 108	5 453	5 424	...	6 231	4 590
	1986	4 762	2 830	5 471	6 479	...	6 119	4 611
	1987	4 934	3 226	5 564	6 493	...	5 922	4 581
Cayman Islands	1984	3 964	3 964	...	...	...	...	...
	1985	4 000	4 000	...	...	...	...	...
	1986	3 914	3 914	...	...	...	...	...
	1987	3 943	3 943	...	...	...	...	...
Costa Rica	1984	3 747	324	4 767	...	...	1 318	1 455
	1985	3 425	314	4 344	...	...	1 318	1 455
	1986	3 210	244	3 922	...	...	1 068	1 121
	1987	3 206	281	3 913	...	...	1 136	1 212
Cuba	1984	3 951	3 986	1 556	...	...	2 421	2 421
	1985	3 778	3 814	1 200	...	...	2 355	2 355
	1986	3 854	3 889	1 283	...	...	2 095	2 095
	1987	3 849	3 890	898	...	...	2 003	2 003
Dominica	1984	2 571	667	4 000	...	...	...	...
	1985	2 571	667	4 000	...	...	...	...
	1986	2 571	667	4 000	...	...	...	...
	1987	2 714	667	4 250	...	...	...	...
Dominican Republic	1984	4 176	4 396	3 115	...	...	1 748	1 748
	1985	4 405	4 016	6 279	...	...	3 173	3 173
	1986	4 806	4 672	5 455	...	...	3 900	3 900
	1987	4 973	4 829	5 758	...	...	3 857	3 857
El Salvador	1984	3 368	698	3 820	...	7 095	1 622	1 667
	1985	3 570	698	4 013	...	7 684	1 622	1 667
	1986	3 514	698	3 893	...	7 684	1 622	1 667
	1987	3 800	756	4 421	...	7 789	1 622	1 667
Greenland	1984	2 068	2 068	...	...	...	3 125	3 125
	1985	2 102	2 102	...	...	...	3 125	3 125
	1986	2 102	2 102	...	...	...	3 125	3 125
	1987	2 136	2 136	...	...	...	3 125	3 125
Grenada	1984	3 125	3 125	...	...	...	...	...
	1985	3 125	3 125	...	...	...	...	...
	1986	3 125	3 125	...	...	...	...	...
	1987	3 125	3 125	...	...	...	...	...

Table 33

Utilisation de la capacité des centrales électriques – par catégorie

(Quantités en kilowatt–heures par kilowatt)

Producers producteurs: Hydro Hydraulique	Producers producteurs: Nuclear Nucléaire	Producers producteurs: Geothermal Géothermique	Public Publics: Total Totale	Public Publics: Thermal Thermique	Public Publics: Hydro Hydraulique	Public Publics: Nuclear Nucléaire	Public Publics: Geothermal Géothermique	Year Année	Country or area Pays ou zone
...	...	...	2 652	2 652	...	...	...	1984	Bahamas
...	...	...	2 613	2 613	...	...	...	1985	
...	...	...	2 798	2 798	...	...	...	1986	
...	...	...	2 980	2 980	...	...	...	1987	
...	...	...	4 074	4 074	...	...	...	1984	Barbade
...	...	...	4 149	4 149	...	...	...	1985	
...	...	...	4 105	4 105	...	...	...	1986	
...	...	...	4 250	4 250	...	...	...	1987	
...	...	...	3 190	3 190	...	...	...	1984	Belize
...	...	...	3 381	3 381	...	...	...	1985	
...	...	...	3 364	3 364	...	...	...	1986	
...	...	...	3 409	3 409	...	...	...	1987	
...	...	...	2 788	2 788	...	...	...	1984	Bermudes
...	...	...	2 651	2 651	...	...	...	1985	
...	...	...	2 667	2 667	...	...	...	1986	
...	...	...	3 537	3 537	...	...	...	1987	
...	...	...	5 800	5 800	...	...	...	1984	Iles Vierges brit.
...	...	...	6 000	6 000	...	...	...	1985	
...	...	...	6 000	6 000	...	...	...	1986	
...	...	...	5 333	5 333	...	...	...	1987	
6 949	...	...	4 485	3 118	5 069	5 520	...	1984	Canada
6 951	...	...	4 612	3 010	5 327	5 424	...	1985	
6 772	...	...	4 670	2 713	5 362	6 479	...	1986	
6 533	...	...	4 867	3 136	5 484	6 493	...	1987	
...	...	...	3 964	3 964	...	...	...	1984	Iles Caïmanes
...	...	...	4 000	4 000	...	...	...	1985	
...	...	...	3 914	3 914	...	...	...	1986	
...	...	...	3 943	3 943	...	...	...	1987	
909	...	...	3 885	84	4 835	...	...	1984	Costa Rica
909	...	...	3 544	71	4 404	...	...	1985	
909	...	...	3 319	42	3 968	...	...	1986	
909	...	...	3 310	69	3 959	...	...	1987	
...	...	...	4 328	4 379	1 556	...	...	1984	Cuba
...	...	...	4 116	4 167	1 200	...	...	1985	
...	...	...	4 334	4 388	1 283	...	...	1986	
...	...	...	4 385	4 449	898	...	...	1987	
...	...	...	2 571	667	4 000	...	...	1984	Dominique
...	...	...	2 571	667	4 000	...	...	1985	
...	...	...	2 571	667	4 000	...	...	1986	
...	...	...	2 714	667	4 250	...	...	1987	
...	...	...	5 448	6 275	3 115	...	...	1984	Rép. dominicaine
...	...	...	5 051	4 615	6 279	...	...	1985	
...	...	...	5 281	5 219	5 455	...	...	1986	
...	...	...	5 519	5 447	5 758	...	...	1987	
...	...	...	3 508	441	3 836	...	7 095	1984	El Salvador
...	...	...	3 726	441	4 030	...	7 684	1985	
...	...	...	3 665	441	3 909	...	7 684	1986	
...	...	...	3 974	515	4 440	...	7 789	1987	
...	...	...	1 833	1 833	...	...	...	1984	Groënland
...	...	...	1 875	1 875	...	...	...	1985	
...	...	...	1 875	1 875	...	...	...	1986	
...	...	...	1 917	1 917	...	...	...	1987	
...	...	...	3 125	3 125	...	...	...	1984	Grenade
...	...	...	3 125	3 125	...	...	...	1985	
...	...	...	3 125	3 125	...	...	...	1986	
...	...	...	3 125	3 125	...	...	...	1987	

Table 33

Utilization of Installed Electric Generating Capacity – by type

(Quantities in kilowatt hours produced per kilowatt)

Country or area Pays ou zone	Year Année	Self–Producers and Public Autoproducteurs et publics					Self– Auto–	
		Total Totale	Thermal Thermique	Hydro Hydraulique	Nuclear Nucléaire	Geothermal Géothermique	Total Totale	Thermal Thermique
Guadeloupe	1984	4 476	4 476	...	...	...	...	...
	1985	4 485	4 485	...	...	...	...	...
	1986	4 485	4 485	...	...	...	...	...
	1987	4 485	4 485	...	...	...	...	...
Guatemala	1984	2 275	3 617	1 366	...	...	7 000	7 000
	1985	2 259	3 215	1 534	...	...	7 000	7 000
	1986	2 256	3 224	1 528	...	...	7 000	7 000
	1987	2 255	3 206	1 528	...	...	7 000	7 000
Haiti	1984	2 976	1 513	5 200	...	...	1 087	1 087
	1985	2 976	1 513	5 200	...	...	1 087	1 087
	1986	3 000	1 579	4 543	...	...	870	870
	1987	3 082	1 711	4 571	...	...	870	870
Honduras	1984	3 719	1 200	6 723	...	...	3 333	3 333
	1985	3 737	1 226	6 731	...	...	3 333	3 333
	1986	3 772	1 258	6 769	...	...	3 333	3 333
	1987	3 807	1 323	6 769	...	...	3 667	3 667
Jamaica	1984	3 204	3 106	6 000	...	...	3 400	3 400
	1985	3 089	3 090	3 080	...	...	3 400	3 400
	1986	3 204	3 154	4 640	...	...	3 400	3 400
	1987	3 223	3 161	5 000	...	...	3 400	3 400
Martinique	1984	4 200	4 200	...	...	...	...	...
	1985	4 231	4 231	...	...	...	...	...
	1986	4 231	4 231	...	...	...	...	...
	1987	4 246	4 246	...	...	...	...	...
Mexico	1984	3 844	3 916	3 576	...	6 946	2 287	2 288
	1985	3 878	3 841	3 975	...	3 861	2 457	2 462
	1986	3 912	4 213	2 946	...	6 348	2 377	2 383
	1987	3 912	4 468	2 370	...	6 665	2 516	2 531
Montserrat	1984	3 000	3 000	...	...	...	...	...
	1985	3 000	3 000	...	...	...	...	...
	1986	3 000	3 000	...	...	...	...	...
	1987	3 250	3 250	...	...	...	...	...
Neth.Antil and Aruba	1984	3 357	3 357	...	...	...	3 225	3 225
	1985	3 214	3 214	...	...	...	3 000	3 000
	1986	...	...	...	...	...	...	...
	1987	...	...	...	...	...	...	...
Netherlands Antilles	1984	...	...	...	...	...	...	...
	1985	...	...	...	...	...	...	...
	1986	3 000	3 000	...	...	...	3 200	3 200
	1987	3 125	3 125	...	...	...	3 250	3 250
Nicaragua	1984	2 470	1 820	2 282	...	7 771	1 418	1 308
	1985	2 688	1 930	2 563	...	8 600	1 327	1 250
	1986	2 691	1 926	2 602	...	8 571	1 327	1 250
	1987	2 691	1 926	2 602	...	8 571	1 327	1 250
Panama	1984	2 585	2 378	2 708	...	...	1 525	1 525
	1985	2 728	1 501	3 501	...	...	750	750
	1986	3 008	1 729	3 804	...	...	2 575	2 575
	1987	3 232	2 507	3 688	...	...	4 620	4 620
Puerto Rico	1984	3 063	3 086	1 941	...	...	4 538	4 538
	1985	3 004	3 021	2 176	...	...	4 462	4 462
	1986	3 064	3 073	2 647	...	...	4 615	4 615
	1987	3 275	3 280	3 059	...	...	4 769	4 769
St.Kitts–Nevis	1984	2 333	2 333	...	...	...	1 750	1 750
	1985	2 333	2 333	...	...	...	1 750	1 750
	1986	2 333	2 333	...	...	...	1 750	1 750
	1987	2 400	2 400	...	...	...	1 750	1 750

Table 33

Utilisation de la capacité des centrales électriques – par catégorie

(Quantités en kilowatt–heures par kilowatt)

Producers / producteurs			Public / Publics					Year / Année	Country or area / Pays ou zone
Hydro / Hydraulique	Nuclear / Nucléaire	Geothermal / Géothermique	Total / Totale	Thermal / Thermique	Hydro / Hydraulique	Nuclear / Nucléaire	Geothermal / Géothermique		
...	...	...	4 476	4 476	...	...	...	1984	Guadeloupe
...	...	...	4 485	4 485	...	...	...	1985	
...	...	...	4 485	4 485	...	...	...	1986	
...	...	...	4 485	4 485	...	...	...	1987	
...	...	...	2 076	3 241	1 366	...	...	1984	Guatemala
...	...	...	2 068	2 843	1 534	...	...	1985	
...	...	...	2 067	2 852	1 528	...	...	1986	
...	...	...	2 066	2 839	1 528	...	...	1987	
...	...	...	3 398	1 698	5 200	...	...	1984	Haïti
...	...	...	3 398	1 698	5 200	...	...	1985	
...	...	...	3 398	1 887	4 543	...	...	1986	
...	...	...	3 496	2 075	4 571	...	...	1987	
0	...	...	3 741	971	6 723	...	...	1984	Honduras
0	...	...	3 759	1 000	6 731	...	...	1985	
0	...	...	3 796	1 036	6 769	...	...	1986	
0	...	...	3 815	1 071	6 769	...	...	1987	
...	...	...	3 104	2 948	6 000	...	...	1984	Jamaïque
...	...	...	2 931	2 923	3 080	...	...	1985	
...	...	...	3 104	3 022	4 640	...	...	1986	
...	...	...	3 133	3 032	5 000	...	...	1987	
...	...	...	4 200	4 200	...	...	...	1984	Martinique
...	...	...	4 231	4 231	...	...	...	1985	
...	...	...	4 231	4 231	...	...	...	1986	
...	...	...	4 246	4 246	...	...	...	1987	
2 246	...	...	4 107	4 328	3 590	...	6 946	1984	Mexique
2 232	...	...	4 102	4 161	3 994	...	3 861	1985	
2 088	...	...	4 144	4 622	2 954	...	6 348	1986	
1 868	...	...	4 114	4 894	2 374	...	6 665	1987	
...	...	...	3 000	3 000	...	...	...	1984	Montserrat
...	...	...	3 000	3 000	...	...	...	1985	
...	...	...	3 000	3 000	...	...	...	1986	
...	...	...	3 250	3 250	...	...	...	1987	
...	...	...	3 533	3 533	...	...	...	1984	Antill.néer.et Aruba
...	...	...	3 500	3 500	...	...	...	1985	
...	...	...	...	...	...	...	...	1986	
...	...	...	...	...	...	...	...	1987	
...	...	...	...	...	...	...	...	1984	Antilles néerland.
...	...	...	...	...	...	...	...	1985	
...	...	...	2 800	2 800	...	...	...	1986	
...	...	...	3 000	3 000	...	...	...	1987	
3 333	...	...	2 640	1 951	2 250	...	7 771	1984	Nicaragua
2 667	...	...	2 909	2 103	2 560	...	8 600	1985	
2 667	...	...	2 912	2 098	2 600	...	8 571	1986	
2 667	...	...	2 912	2 098	2 600	...	8 571	1987	
...	...	...	2 635	2 497	2 708	...	...	1984	Panama
...	...	...	2 821	1 599	3 501	...	...	1985	
...	...	...	3 028	1 617	3 804	...	...	1986	
...	...	...	3 150	2 152	3 688	...	...	1987	
...	...	...	3 039	3 063	1 941	...	...	1984	Porto Rico
...	...	...	2 980	2 998	2 176	...	...	1985	
...	...	...	3 040	3 048	2 647	...	...	1986	
...	...	...	3 252	3 256	3 059	...	...	1987	
...	...	...	2 545	2 545	...	...	...	1984	St–Kitts–Nevis
...	...	...	2 545	2 545	...	...	...	1985	
...	...	...	2 545	2 545	...	...	...	1986	
...	...	...	2 636	2 636	...	...	...	1987	

Table 33

Utilization of Installed Electric Generating Capacity – by type

(Quantities in kilowatt hours produced per kilowatt)

Country or area Pays ou zone	Year Année	Self–Producers and Public Autoproducteurs et publics					Self– Auto–	
		Total Totale	Thermal Thermique	Hydro Hydraulique	Nuclear Nucléaire	Geothermal Géothermique	Total Totale	Thermal Thermique
Saint Lucia	1984	4 250	4 250	...	...	...	...	...
	1985	3 650	3 650	...	...	...	...	...
	1986	3 650	3 650	...	...	...	...	...
	1987	3 700	3 700	...	...	...	...	...
St.Pierre–Miquelon	1984	1 882	1 882	...	...	...	...	...
	1985	1 667	1 667	...	...	...	...	...
	1986	1 542	1 542	...	...	...	...	...
	1987	1 583	1 583	...	...	...	...	...
S.Vincent–Grenadines	1984	3 000	1 500	9 000	...	...	...	...
	1985	3 000	1 500	9 000	...	...	...	...
	1986	3 000	1 500	9 000	...	...	...	...
	1987	3 100	1 500	9 500	...	...	...	...
Trinidad and Tobago	1984	3 053	3 053	...	...	...	2 300	2 300
	1985	3 064	3 064	...	...	...	2 300	2 300
	1986	3 347	3 347	...	...	...	2 300	2 300
	1987	3 365	3 365	...	...	...	2 300	2 300
Turks and Caicos Is.	1984	1 125	1 125	...	...	...	1 000	1 000
	1985	1 125	1 125	...	...	...	1 000	1 000
	1986	1 125	1 125	...	...	...	1 000	1 000
	1987	1 125	1 125	...	...	...	1 000	1 000
United States	1984	3 594	3 390	3 982	4 648	6 319	3 627	3 629
	1985	3 609	3 471	3 396	4 772	3 471	4 297	4 567
	1986	3 546	3 407	3 424	4 480	3 739	4 424	4 719
	1987	3 613	3 560	2 921	4 481	3 915	4 482	4 791
U.S. Virgin Islands	1984	2 581	2 581	...	...	...	2 867	2 867
	1985	2 639	2 639	...	...	...	2 937	2 937
	1986	2 698	2 698	...	...	...	2 937	2 937
	1987	3 047	3 047	...	...	...	2 937	2 937
STH. AMERICA	**1984**	**3 812**	**2 463**	**4 547**	**4 559**	**...**	**2 963**	**2 616**
	1985	**3 719**	**2 187**	**4 532**	**5 461**	**...**	**2 793**	**2 394**
	1986	**3 825**	**2 506**	**4 565**	**3 496**	**...**	**3 080**	**2 676**
	1987	**3 764**	**2 550**	**4 382**	**4 439**	**...**	**3 096**	**2 696**
Argentina	1984	2 936	2 293	3 691	4 559	...	2 084	2 061
	1985	2 819	2 083	3 447	5 664	...	1 941	1 917
	1986	3 013	2 467	3 381	5 611	...	2 041	2 020
	1987	3 144	2 648	3 324	6 351	...	2 095	2 070
Bolivia	1984	3 208	1 835	4 027	...	...	5 625	3 000
	1985	3 220	2 011	3 932	...	...	5 000	2 000
	1986	3 230	2 155	3 864	...	...	4 375	1 000
	1987	3 241	2 247	3 827	...	...	4 083	1 000
Brazil	1984	4 295	1 944	4 703	0	...	2 756	2 235
	1985	4 377	1 724	4 820	5 146	...	2 546	2 002
	1986	4 524	2 988	4 856	219	...	3 004	2 421
	1987	4 282	2 433	4 626	1 478	...	3 004	2 420
Chile	1984	4 027	2 637	5 266	...	...	3 847	3 278
	1985	3 539	2 166	4 569	...	...	3 507	3 029
	1986	3 717	2 059	4 957	...	...	3 546	3 134
	1987	3 877	1 989	5 330	...	...	3 554	3 099
Colombia	1984	4 347	3 656	4 778	...	...	4 478	4 456
	1985	4 252	3 244	4 837	...	...	3 099	3 220
	1986	4 603	3 174	5 404	...	...	4 236	4 29[illegible]
	1987	4 851	3 750	5 467	...	...	3 356	3 45[illegible]
Ecuador	1984	2 366	975	4 313	...	...	90	94
	1985	2 672	1 133	4 248	...	...	1 282	1 22[illegible]
	1986	2 961	1 233	4 359	...	...	1 609	1 55[illegible]
	1987	2 890	1 048	4 988	...	...	2 019	1 97[illegible]

Utilisation de la capacité des centrales électriques – par catégorie

(Quantités en kilowatt–heures par kilowatt)

Producers producteurs: Hydro Hydraulique	Producers producteurs: Nuclear Nucléaire	Producers producteurs: Geothermal Géother–mique	Public Publics: Total Totale	Public Publics: Thermal Thermique	Public Publics: Hydro Hydraulique	Public Publics: Nuclear Nucléaire	Public Publics: Geothermal Géothermique	Year Année	Country or area Pays ou zone
...	...	...	4 250	4 250	...	...	...	1984	Sainte–Lucie
...	...	...	3 650	3 650	...	...	...	1985	
...	...	...	3 650	3 650	...	...	...	1986	
...	...	...	3 700	3 700	...	...	...	1987	
...	...	...	1 882	1 882	...	...	...	1984	St.Pierre–Miquelon
...	...	...	1 667	1 667	...	...	...	1985	
...	...	...	1 542	1 542	...	...	...	1986	
...	...	...	1 583	1 583	...	...	...	1987	
...	...	...	3 000	1 500	9 000	...	...	1984	S.Vincent–Grenadines
...	...	...	3 000	1 500	9 000	...	...	1985	
...	...	...	3 000	1 500	9 000	...	...	1986	
...	...	...	3 100	1 500	9 500	...	...	1987	
...	...	...	3 093	3 093	...	...	...	1984	Trinité–et–Tobago
...	...	...	3 105	3 105	...	...	...	1985	
...	...	...	3 403	3 403	...	...	...	1986	
...	...	...	3 422	3 422	...	...	...	1987	
...	...	...	1 250	1 250	...	...	...	1984	Iles Turques,Caïques
...	...	...	1 250	1 250	...	...	...	1985	
...	...	...	1 250	1 250	...	...	...	1986	
...	...	...	1 250	1 250	...	...	...	1987	
3 577	...	...	3 593	3 382	3 985	4 648	6 319	1984	Etats–Unis
4 106	...	1 227	3 586	3 429	3 387	4 772	5 890	1985	
3 991	...	1 633	3 515	3 353	3 415	4 480	6 597	1986	
3 900	...	1 647	3 582	3 509	2 906	4 481	6 960	1987	
...	...	...	2 374	2 374	...	...	...	1984	Iles Vierges amér.
...	...	...	2 424	2 424	...	...	...	1985	
...	...	...	2 525	2 525	...	...	...	1986	
...	...	...	3 139	3 139	...	...	...	1987	
5 065	**...**	**...**	**3 911**	**2 411**	**4 534**	**4 559**	**...**	**1984**	**AMER DU SUD**
5 285	**...**	**...**	**3 820**	**2 121**	**4 515**	**5 461**	**...**	**1985**	
5 581	**...**	**...**	**3 903**	**2 454**	**4 543**	**3 496**	**...**	**1986**	
5 496	**...**	**...**	**3 833**	**2 506**	**4 359**	**4 439**	**...**	**1987**	
3 958	...	...	3 062	2 358	3 690	4 559	...	1984	Argentine
3 833	...	...	2 941	2 128	3 446	5 664	...	1985	
3 750	...	...	3 147	2 590	3 379	5 611	...	1986	
4 083	...	...	3 284	2 807	3 321	6 351	...	1987	
6 316	...	...	3 078	1 801	3 870	...	...	1984	Bolivie
5 789	...	...	3 124	2 012	3 804	...	...	1985	
5 263	...	...	3 169	2 189	3 768	...	...	1986	
4 895	...	...	3 196	2 284	3 754	...	...	1987	
4 889	...	...	4 422	1 737	4 699	0	...	1984	Brésil
4 873	...	...	4 525	1 524	4 819	5 146	...	1985	
5 494	...	...	4 645	3 405	4 846	219	...	1986	
5 497	...	...	4 379	2 443	4 612	1 478	...	1987	
8 011	...	...	4 082	2 133	5 111	...	...	1984	Chili
7 719	...	...	3 548	1 427	4 440	...	...	1985	
7 098	...	...	3 766	1 126	4 867	...	...	1986	
7 865	...	...	3 975	957	5 227	...	...	1987	
4 613	...	...	4 337	3 492	4 781	...	...	1984	Colombie
2 373	...	...	4 343	3 249	4 879	...	...	1985	
3 907	...	...	4 632	2 941	5 428	...	...	1986	
2 787	...	...	4 967	3 812	5 511	...	...	1987	
59	...	...	2 585	1 111	4 413	...	...	1984	Equateur
1 765	...	...	2 805	1 117	4 297	...	...	1985	
2 059	...	...	3 091	1 165	4 399	...	...	1986	
2 412	...	...	2 966	906	5 037	...	...	1987	

Table 33

Utilization of Installed Electric Generating Capacity – by type

(Quantities in kilowatt hours produced per kilowatt)

Country or area Pays ou zone	Year Année	Self–Producers and Public Autoproducteurs et publics					Self– Auto–	
		Total Totale	Thermal Thermique	Hydro Hydraulique	Nuclear Nucléaire	Geothermal Géothermique	Total Totale	Thermal Thermique
Falkland I(Malvinas)	1984	3 000	3 000	...	...	...	...	...
	1985	3 000	3 000	...	...	...	...	...
	1986	3 000	3 000	...	...	...	...	...
	1987	3 000	3 000	...	...	...	...	...
French Guiana	1984	3 017	3 017	...	...	...	...	...
	1985	2 915	2 915	...	...	...	...	...
	1986	2 973	2 973	...	...	...	...	...
	1987	2 798	2 798	...	...	...	...	...
Guyana	1984	2 381	2 380	2 500	...	...	2 823	2 823
	1985	2 321	2 319	2 500	...	...	2 742	2 742
	1986	2 321	2 319	2 500	...	...	2 742	2 742
	1987	2 292	2 289	2 500	...	...	2 661	2 661
Paraguay	1984	1 429	327	1 641	...	...	1 250	1 250
	1985	1 008	400	1 013	...	...	0	0
	1986	1 027	400	1 031	...	...	0	0
	1987	843	500	844	...	...	0	0
Peru	1984	3 346	2 093	4 288	...	...	3 134	2 566
	1985	3 459	1 862	4 660	...	...	3 215	2 147
	1986	3 632	1 885	4 932	...	...	3 165	2 133
	1987	3 863	2 062	5 140	...	...	3 321	2 332
Suriname	1984	3 012	1 549	4 762	...	...	3 071	1 087
	1985	3 133	1 681	4 868	...	...	3 214	1 273
	1986	3 193	1 748	4 921	...	...	3 257	1 304
	1987	3 205	1 748	4 947	...	...	3 271	1 304
Uruguay	1984	2 922	326	4 159	...	...	2 000	2 000
	1985	2 971	368	4 183	...	...	1 975	1 975
	1986	2 888	332	3 897	...	...	2 125	2 125
	1987	3 124	771	4 052	...	...	1 950	1 950
Venezuela	1984	3 547	3 055	4 443	...	...	4 178	4 178
	1985	3 094	2 509	4 361	...	...	4 099	4 099
	1986	2 989	2 458	4 109	...	...	4 481	4 481
	1987	3 201	2 640	4 382	...	...	4 718	4 718
ASIA	**1984**	**3 924**	**3 942**	**3 192**	**6 237**	**5 296**	**3 316**	**3 206**
	1985	**3 947**	**3 949**	**3 195**	**6 158**	**5 742**	**3 480**	**3 370**
	1986	**3 981**	**3 986**	**3 202**	**6 100**	**5 571**	**3 476**	**3 367**
	1987	**4 103**	**4 076**	**3 260**	**6 541**	**5 580**	**3 522**	**3 413**
Afghanistan	1984	2 322	1 573	2 813	...	...	3 867	3 849
	1985	2 356	1 584	2 860	...	...	3 883	3 868
	1986	2 491	2 386	2 562	...	...	5 797	5 807
	1987	2 674	2 608	2 719	...	...	5 922	6 228
Bahrain	1984	2 722	2 722	...	...	...	4 182	4 182
	1985	2 722	2 722	...	...	...	4 286	4 286
	1986	2 702	2 702	...	...	...	3 556	3 556
	1987	2 748	2 748	...	...	...	3 556	3 556
Bangladesh	1984	3 330	2 929	6 900	...	...	1 935	1 935
	1985	3 723	3 507	5 685	...	...	1 935	1 935
	1986	2 662	2 705	2 284	...	...	1 935	1 935
	1987	3 062	3 105	2 690	...	...	1 935	1 935
Bhutan	1984	1 053	750	2 667	...	...	900	900
	1985	1 105	813	2 667	...	...	1 000	1 000
	1986	1 105	813	2 667	...	...	1 000	1 000
	1987	1 105	813	2 667	...	...	1 000	1 000
Brunei Darussalam	1984	3 463	3 463	...	...	...	4 500	4 500
	1985	3 767	3 767	...	...	...	4 636	4 636
	1986	3 361	3 361	...	...	...	4 250	4 250
	1987	3 465	3 465	...	...	...	1 271	1 27[illegible]

Utilisation de la capacité des centrales électriques – par catégorie

(Quantités en kilowatt–heures par kilowatt)

Producers producteurs			Public Publics					Year Année	Country or area Pays ou zone
Hydro Hydraulique	Nuclear Nucléaire	Geothermal Géother–mique	Total Totale	Thermal Thermique	Hydro Hydraulique	Nuclear Nucléaire	Geothermal Géothermique		
...	...	...	3 000	3 000	...	...	...	1984	I Falkland(Malvinas)
...	...	...	3 000	3 000	...	...	...	1985	
...	...	...	3 000	3 000	...	...	...	1986	
...	...	...	3 000	3 000	...	...	...	1987	
...	...	...	3 017	3 017	...	...	...	1984	Guyane française
...	...	...	2 915	2 915	...	...	...	1985	
...	...	...	2 973	2 973	...	...	...	1986	
...	...	...	2 798	2 798	...	...	...	1987	
...	...	...	2 123	2 115	2 500	...	...	1984	Guyana
...	...	...	2 075	2 067	2 500	...	...	1985	
...	...	...	2 075	2 067	2 500	...	...	1986	
...	...	...	2 075	2 067	2 500	...	...	1987	
...	...	...	1 434	107	1 641	...	...	1984	Paraguay
...	...	...	1 008	400	1 013	...	...	1985	
...	...	...	1 027	400	1 031	...	...	1986	
...	...	...	843	500	844	...	...	1987	
5 096	...	...	3 451	1 385	4 166	...	...	1984	Pérou
6 904	...	...	3 581	1 437	4 323	...	...	1985	
6 582	...	...	3 864	1 519	4 676	...	...	1986	
6 092	...	...	4 136	1 663	4 970	...	...	1987	
4 762	...	...	2 692	2 692	...	...	...	1984	Suriname
4 868	...	...	2 692	2 692	...	...	...	1985	
4 921	...	...	2 846	2 846	...	...	...	1986	
4 947	...	...	2 846	2 846	...	...	...	1987	
...	...	...	2 951	150	4 159	...	...	1984	Uruguay
...	...	...	3 003	195	4 183	...	...	1985	
...	...	...	2 910	138	3 897	...	...	1986	
...	...	...	3 157	643	4 052	...	...	1987	
...	...	...	3 497	2 911	4 443	...	...	1984	Venezuela
...	...	...	3 027	2 348	4 361	...	...	1985	
...	...	...	2 899	2 272	4 109	...	...	1986	
...	...	...	3 109	2 449	4 382	...	...	1987	
4 659	**6 279**	**7 059**	**3 981**	**4 037**	**3 156**	**6 237**	**5 242**	**1984**	**ASIE**
5 079	**3 606**	**7 353**	**3 990**	**4 023**	**3 150**	**6 170**	**5 693**	**1985**	
4 861	**6 061**	**7 353**	**4 027**	**4 064**	**3 162**	**6 100**	**5 517**	**1986**	
4 877	**7 273**	**7 353**	**4 156**	**4 159**	**3 222**	**6 538**	**5 526**	**1987**	
4 000	...	...	2 085	608	2 781	...	...	1984	Afghanistan
4 000	...	...	2 121	616	2 830	...	...	1985	
5 714	...	...	1 970	909	2 482	...	...	1986	
3 429	...	...	2 163	1 045	2 701	...	...	1987	
...	...	...	2 625	2 625	...	...	...	1984	Bahreïn
...	...	...	2 613	2 613	...	...	...	1985	
...	...	...	2 626	2 626	...	...	...	1986	
...	...	...	2 676	2 676	...	...	...	1987	
...	...	...	3 539	3 098	6 900	...	...	1984	Bangladesh
...	...	...	3 987	3 768	5 685	...	...	1985	
...	...	...	2 732	2 788	2 284	...	...	1986	
...	...	...	3 170	3 231	2 690	...	...	1987	
...	...	...	1 222	500	2 667	...	...	1984	Bhoutan
...	...	...	1 222	500	2 667	...	...	1985	
...	...	...	1 222	500	2 667	...	...	1986	
...	...	...	1 222	500	2 667	...	...	1987	
...	...	...	3 230	3 230	...	...	...	1984	Brunéi Darussalam
...	...	...	3 571	3 571	...	...	...	1985	
...	...	...	3 181	3 181	...	...	...	1986	
...	...	...	3 904	3 904	...	...	...	1987	

Table 33

Utilization of Installed Electric Generating Capacity – by type

(Quantities in kilowatt hours produced per kilowatt)

Country or area Pays ou zone	Year Année	Self–Producers and Public Autoproducteurs et publics					Self– Auto–	
		Total Totale	Thermal Thermique	Hydro Hydraulique	Nuclear Nucléaire	Geothermal Géothermique	Total Totale	Thermal Thermique
Burma	1984	2 316	1 361	5 947	...	...	255	255
	1985	2 377	1 675	4 458	...	...	264	264
	1986	2 346	1 608	4 601	...	...	276	276
	1987	2 277	1 559	4 345	...	...	259	259
China	1984	4 736	5 374	3 390	...	...	...	...
	1985	4 996	5 715	3 487	...	...	...	...
	1986	5 167	5 917	3 501	...	...	...	...
	1987	5 405	6 207	3 572	...	...	...	...
Cyprus	1984	3 213	3 213	...	...	...	0	0
	1985	3 391	3 391	...	...	...	0	0
	1986	3 658	3 658	...	...	...	0	0
	1987	3 887	3 887	...	...	...	2 200	2 200
Democratic Kampuchea	1984	2 000	1 600	3 000	...	...	...	...
	1985	2 000	1 600	3 000	...	...	...	...
	1986	2 000	1 600	3 000	...	...	...	...
	1987	2 000	1 600	3 000	...	...	...	...
Democratic Yemen	1984	2 733	2 733	...	...	...	3 233	3 233
	1985	2 581	2 581	...	...	...	3 267	3 267
	1986	2 825	2 825	...	...	...	3 333	3 333
	1987	2 906	2 906	...	...	...	3 333	3 333
Hong Kong	1984	3 402	3 402	...	...	...	...	...
	1985	3 447	3 447	...	...	...	...	...
	1986	3 597	3 597	...	...	...	...	...
	1987	3 591	3 591	...	...	...	...	...
India	1984	3 547	3 458	3 731	3 721	...	2 411	2 409
	1985	3 508	3 591	3 298	3 746	...	2 369	2 367
	1986	3 648	3 781	3 325	3 776	...	2 329	2 327
	1987	3 722	3 845	3 406	4 060	...	2 399	2 397
Indonesia	1984	3 027	2 788	3 983	...	7 233	3 040	2 675
	1985	3 472	3 303	4 231	...	7 000	4 118	3 986
	1986	3 423	3 240	4 241	...	7 000	3 784	3 697
	1987	3 337	3 103	4 556	...	7 000	3 865	3 704
Iran(Islamic Rep.of)	1984	2 854	2 748	3 511	...	...	1 563	1 563
	1985	2 783	2 664	3 548	...	...	1 563	1 563
	1986	2 745	2 638	3 437	...	...	1 563	1 563
	1987	2 828	2 716	3 548	...	...	1 569	1 569
Iraq	1984	6 338	6 346	6 100	...	...	3 250	3 250
	1985	6 175	6 177	6 100	...	...	3 250	3 250
	1986	6 026	6 027	6 000	...	...	3 250	3 250
	1987	6 178	6 181	6 100	...	...	3 250	3 250
Israel	1984	3 604	3 604	...	...	...	2 667	2 667
	1985	3 795	3 795	...	...	...	2 800	2 800
	1986	3 838	3 838	...	...	...	4 973	4 973
	1987	4 228	4 228	...	...	...	2 920	2 920
Japan	1984	3 972	4 025	2 258	6 478	6 201	4 439	4 336
	1985	3 967	3 840	2 561	6 464	6 822	4 514	4 401
	1986	3 876	3 715	2 463	6 433	7 243	4 637	4 493
	1987	3 962	3 751	2 426	6 622	7 477	4 741	4 608
Jordan	1984	3 259	3 259	0	...	...	3 839	3 839
	1985	3 504	3 504	0	...	...	3 573	3 573
	1986	3 018	3 037	429	...	...	3 009	3 118
	1987	3 546	3 567	1 727	...	...	3 412	3 536
Korea,Dem.Ppl's.Rep.	1984	5 294	4 500	6 000	...	...	...	...
	1985	5 517	4 762	6 222	...	...	...	...
	1986	5 747	5 000	6 444	...	...	...	...
	1987	5 640	4 907	6 326	...	...	...	...

Table 33

Utilisation de la capacité des centrales électriques – par catégorie

(Quantités en kilowatt–heures par kilowatt)

Producers producteurs: Hydro Hydraulique	Producers producteurs: Nuclear Nucléaire	Producers producteurs: Geothermal Géother–mique	Public Publics: Total Totale	Public Publics: Thermal Thermique	Public Publics: Hydro Hydraulique	Public Publics: Nuclear Nucléaire	Public Publics: Geothermal Géothermique	Year Année	Country or area Pays ou zone
0	...	...	2 968	1 842	5 947	...	...	1984	Birmanie
0	...	...	3 019	2 314	4 458	...	...	1985	
0	...	...	2 993	2 224	4 601	...	...	1986	
0	...	...	2 966	2 238	4 345	...	...	1987	
...	...	...	4 736	5 374	3 390	...	...	1984	Chine
...	...	...	4 996	5 715	3 487	...	...	1985	
...	...	...	5 167	5 917	3 501	...	...	1986	
...	...	...	5 405	6 207	3 572	...	...	1987	
...	...	...	3 255	3 255	...	...	...	1984	Chypre
...	...	...	3 435	3 435	...	...	...	1985	
...	...	...	3 706	3 706	...	...	...	1986	
...	...	...	3 909	3 909	...	...	...	1987	
...	...	...	2 000	1 600	3 000	...	...	1984	Kampuchea démocrat.
...	...	...	2 000	1 600	3 000	...	...	1985	
...	...	...	2 000	1 600	3 000	...	...	1986	
...	...	...	2 000	1 600	3 000	...	...	1987	
...	...	...	2 608	2 608	...	...	...	1984	Yémen démocratique
...	...	...	2 423	2 423	...	...	...	1985	
...	...	...	2 708	2 708	...	...	...	1986	
...	...	...	2 808	2 808	...	...	...	1987	
...	...	...	3 402	3 402	...	...	...	1984	Hong–kong
...	...	...	3 447	3 447	...	...	...	1985	
...	...	...	3 597	3 597	...	...	...	1986	
...	...	...	3 591	3 591	...	...	...	1987	
6 000	...	...	3 683	3 657	3 731	3 721	...	1984	Inde
6 000	...	...	3 642	3 816	3 298	3 746	...	1985	
6 000	...	...	3 812	4 062	3 325	3 776	...	1986	
6 000	...	...	3 888	4 125	3 406	4 060	...	1987	
4 000	...	...	3 017	2 858	3 953	...	7 233	1984	Indonésie
4 466	...	...	3 066	2 954	3 828	...	7 000	1985	
4 000	...	...	3 205	3 021	4 656	...	7 000	1986	
4 300	...	...	3 048	2 038	4 983	...	7 000	1987	
...	...	...	3 034	2 945	3 511	...	...	1984	Iran(Rép.islamique)
...	...	...	2 948	2 840	3 548	...	...	1985	
...	...	...	2 906	2 810	3 437	...	...	1986	
...	...	...	2 999	2 900	3 548	...	...	1987	
...	...	...	6 566	6 584	6 100	...	...	1984	Iraq
...	...	...	6 358	6 366	6 100	...	...	1985	
...	...	...	6 185	6 190	6 000	...	...	1986	
...	...	...	6 346	6 353	6 100	...	...	1987	
...	...	...	3 621	3 621	...	...	...	1984	Israël
...	...	...	3 813	3 813	...	...	...	1985	
...	...	...	3 817	3 817	...	...	...	1986	
...	...	...	4 252	4 252	...	...	...	1987	
5 329	6 279	7 059	3 925	3 981	2 152	6 480	6 039	1984	Japon
5 915	3 606	7 353	3 913	3 760	2 446	6 484	6 722	1985	
6 087	6 061	7 353	3 803	3 606	2 340	6 435	7 222	1986	
5 913	7 273	7 353	3 888	3 631	2 307	6 618	7 500	1987	
...	...	...	3 169	3 169	0	...	...	1984	Jordanie
...	...	...	3 492	3 492	0	...	...	1985	
...	...	...	3 020	3 027	1 000	...	...	1986	
...	...	...	3 564	3 571	2 714	...	...	1987	
...	...	...	5 294	4 500	6 000	...	...	1984	Corée,Rép.pop.dém.de
...	...	...	5 517	4 762	6 222	...	...	1985	
...	...	...	5 747	5 000	6 444	...	...	1986	
...	...	...	5 640	4 907	6 326	...	...	1987	

Table 33

Utilization of Installed Electric Generating Capacity – by type

(Quantities in kilowatt hours produced per kilowatt)

Country or area Pays ou zone	Year Année	Self–Producers and Public Autoproducteurs et publics					Self– Auto–	
		Total Totale	Thermal Thermique	Hydro Hydraulique	Nuclear Nucléaire	Geothermal Géothermique	Total Totale	Thermal Thermique
Korea, Republic of	1984	3 754	3 554	1 996	6 158	...	3 356	3 356
	1985	3 549	3 363	1 646	5 843	...	3 072	3 072
	1986	3 558	2 967	1 806	5 940	...	3 278	3 278
	1987	3 825	2 732	2 390	6 878	...	3 285	3 285
Kuwait,part Ntl.Zone	1984	2 714	2 714	...	...	...	2 097	2 097
	1985	3 000	3 000	...	...	...	1 889	1 889
	1986	3 113	3 113	...	...	...	1 944	1 944
	1987	3 036	3 036	...	...	...	1 938	1 938
Lao Peoples Dem.Rep.	1984	4 400	1 600	4 750	...	...	0	0
	1985	4 667	2 000	5 000	...	...	0	0
	1986	4 667	2 000	5 000	...	...	0	0
	1987	4 889	2 000	5 250	...	...	0	0
Lebanon	1984	3 663	4 215	2 378	...	...	1 688	1 321
	1985	4 714	5 717	2 378	...	...	1 688	1 321
	1986	5 092	6 300	2 276	...	...	1 625	1 321
	1987	5 617	6 963	2 480	...	...	1 625	1 321
Macau	1984	3 102	3 102	...	...	...	...	...
	1985	3 248	3 248	...	...	...	...	...
	1986	3 800	3 800	...	...	...	...	...
	1987	3 874	3 874	...	...	...	...	...
Malaysia	1984	3 459	3 426	3 561	...	...	1 177	1 243
	1985	3 598	3 581	3 647	...	...	1 741	1 841
	1986	3 667	3 590	3 917	...	...	1 937	2 056
	1987	3 872	3 670	4 505	...	...	2 000	2 111
Maldives	1984	3 000	3 000	...	...	...	...	...
	1985	2 750	2 750	...	...	...	...	...
	1986	3 250	3 250	...	...	...	...	...
	1987	3 250	3 250	...	...	...	...	...
Mongolia	1984	3 640	3 640	...	...	...	3 000	3 000
	1985	3 536	3 536	...	...	...	3 000	3 000
	1986	3 554	3 554	...	...	...	2 703	2 703
	1987	3 595	3 595	...	...	...	2 609	2 609
Nepal	1984	1 933	600	2 453	...	...	2 455	2 455
	1985	2 129	690	2 597	...	...	1 923	1 923
	1986	2 432	595	2 953	...	...	1 692	1 692
	1987	2 650	619	3 180	...	...	1 923	1 923
Oman	1984	2 665	2 665	...	...	...	2 059	2 059
	1985	2 619	2 619	...	...	...	2 308	2 308
	1986	2 989	2 989	...	...	...	2 000	2 000
	1987	3 161	3 161	...	...	...	2 050	2 05[illegible]
Pakistan	1984	5 075	5 281	5 034	2 365	...	4 026	4 02[illegible]
	1985	4 903	5 792	4 224	2 526	...	3 979	3 97[illegible]
	1986	4 791	4 884	4 763	3 139	...	4 026	4 02[illegible]
	1987	5 032	4 903	5 257	3 664	...	4 193	4 19[illegible]
Philippines	1984	3 567	3 390	3 114	...	5 078	3 386	3 41[illegible]
	1985	3 682	3 682	2 838	...	5 531	6 179	6 26[illegible]
	1986	3 457	3 412	2 822	...	5 164	4 536	4 57[illegible]
	1987	3 741	4 229	2 425	...	5 104	4 137	4 15[illegible]
Qatar	1984	3 937	3 937	...	...	...	3 000	3 00[illegible]
	1985	3 929	3 929	...	...	...	3 000	3 00[illegible]
	1986	4 282	4 282	...	...	...	3 000	3 00[illegible]
	1987	4 398	4 398	...	...	...	4 000	4 00[illegible]
S.Arabia,pt.Ntrl.Zn.	1984	2 618	2 618	...	...	...	2 778	2 77[illegible]
	1985	2 364	2 364	...	...	...	2 613	2 61[illegible]
	1986	2 517	2 517	...	...	...	2 647	2 64[illegible]
	1987	2 478	2 478	...	...	...	2 703	2 70[illegible]

Table 33

Utilisation de la capacité des centrales électriques – par catégorie

(Quantités en kilowatt–heures par kilowatt)

Producers producteurs			Public Publics					Year Année	Country or area Pays ou zone
Hydro Hydraulique	Nuclear Nucléaire	Geothermal Géother–mique	Total Totale	Thermal Thermique	Hydro Hydraulique	Nuclear Nucléaire	Geothermal Géothermique		
...	...	...	3 792	3 578	1 996	6 158	...	1984	Corée, République de
...	...	...	3 595	3 404	1 646	5 843	...	1985	
...	...	...	3 582	2 924	1 806	5 940	...	1986	
...	...	...	3 880	2 634	2 390	6 878	...	1987	
...	...	...	2 732	2 732	...	...	...	1984	Koweït et prt.Zne.N.
...	...	...	3 031	3 031	...	...	...	1985	
...	...	...	3 144	3 144	...	...	...	1986	
...	...	...	3 066	3 066	...	...	...	1987	
...	...	...	4 400	1 600	4 750	...	...	1984	Rép. dém. pop. lao
...	...	...	4 667	2 000	5 000	...	...	1985	
...	...	...	4 667	2 000	5 000	...	...	1986	
...	...	...	4 889	2 000	5 250	...	...	1987	
2 407	...	...	3 877	4 510	2 374	...	...	1984	Liban
2 407	...	...	5 042	6 165	2 374	...	...	1985	
2 222	...	...	5 467	6 808	2 283	...	...	1986	
2 222	...	...	6 049	7 538	2 511	...	...	1987	
...	...	...	3 102	3 102	...	...	...	1984	Macao
...	...	...	3 248	3 248	...	...	...	1985	
...	...	...	3 800	3 800	...	...	...	1986	
...	...	...	3 648	3 648	...	...	...	1987	
371	...	...	3 762	3 790	3 682	...	...	1984	Malaisie
514	...	...	3 832	3 860	3 757	...	...	1985	
600	...	...	3 885	3 828	4 050	...	...	1986	
750	...	...	4 102	3 907	4 648	...	...	1987	
...	...	...	3 000	3 000	...	...	...	1984	Maldives
...	...	...	2 750	2 750	...	...	...	1985	
...	...	...	3 250	3 250	...	...	...	1986	
...	...	...	3 250	3 250	...	...	...	1987	
...	...	...	3 762	3 762	...	...	...	1984	Mongolie
...	...	...	3 617	3 617	...	...	...	1985	
...	...	...	3 683	3 683	...	...	...	1986	
...	...	...	3 744	3 744	...	...	...	1987	
...	...	...	1 898	77	2 453	...	...	1984	Népal
...	...	...	2 146	138	2 597	...	...	1985	
...	...	...	2 486	103	2 953	...	...	1986	
...	...	...	2 700	34	3 180	...	...	1987	
...	...	...	2 804	2 804	...	...	...	1984	Oman
...	...	...	2 675	2 675	...	...	...	1985	
...	...	...	3 187	3 187	...	...	...	1986	
...	...	...	3 383	3 383	...	...	...	1987	
...	...	...	5 300	6 049	5 034	2 365	...	1984	Pakistan
...	...	...	5 138	7 223	4 224	2 526	...	1985	
...	...	...	4 959	5 344	4 763	3 139	...	1986	
...	...	...	5 205	5 229	5 257	3 664	...	1987	
1 846	...	...	3 592	3 383	3 124	...	5 078	1984	Philippines
3 056	...	...	3 380	3 060	2 836	...	5 531	1985	
3 222	...	...	3 332	3 138	2 818	...	5 164	1986	
3 333	...	...	3 692	4 248	2 417	...	5 104	1987	
...	...	...	3 942	3 942	...	...	...	1984	Qatar
...	...	...	3 934	3 934	...	...	...	1985	
...	...	...	4 288	4 288	...	...	...	1986	
...	...	...	4 400	4 400	...	...	...	1987	
...	...	...	2 614	2 614	...	...	...	1984	Arab.saoud,p.Zn.neut
...	...	...	2 358	2 358	...	...	...	1985	
...	...	...	2 514	2 514	...	...	...	1986	
...	...	...	2 473	2 473	...	...	...	1987	

Table 33

Utilization of Installed Electric Generating Capacity – by type

(Quantities in kilowatt hours produced per kilowatt)

Country or area Pays ou zone	Year Année	Self–Producers and Public Autoproducteurs et publics					Self– Auto–	
		Total Totale	Thermal Thermique	Hydro Hydraulique	Nuclear Nucléaire	Geothermal Géothermique	Total Totale	Thermal Thermique
Singapore	1984	3 493	3 493	...	...	...	...	...
	1985	3 670	3 670	...	...	...	...	...
	1986	3 859	3 859	...	...	...	...	...
	1987	3 505	3 505	...	...	...	...	...
Sri Lanka	1984	2 784	630	3 858	...	...	0	0
	1985	2 596	256	3 527	...	...	0	0
	1986	2 490	27	3 302	...	...	0	0
	1987	2 528	1 963	2 718	...	...	0	0
Syrian Arab Republic	1984	2 573	2 672	2 331	...	...	432	432
	1985	2 755	2 861	2 485	...	...	608	608
	1986	2 722	3 017	1 975	...	...	951	951
	1987	2 454	2 707	1 814	...	...	1 045	1 045
Thailand	1984	3 268	3 570	2 381	...	...	1 637	1 637
	1985	3 270	3 800	1 842	...	...	1 601	1 601
	1986	3 435	3 736	2 650	...	...	1 588	1 588
	1987	3 845	4 674	1 806	...	...	1 642	1 642
Turkey	1984	3 616	3 749	3 467	...	1 467	3 087	2 652
	1985	3 653	4 067	3 108	...	400	2 313	1 839
	1986	3 925	4 466	3 062	...	2 933	3 184	3 029
	1987	3 550	3 436	3 721	...	3 867	3 154	3 016
United Arab Emirates	1984	2 684	2 684	...	...	...	2 819	2 819
	1985	3 040	3 040	...	...	...	3 258	3 258
	1986	2 933	2 933	...	...	...	3 169	3 169
	1987	2 964	2 964	...	...	...	3 213	3 213
Viet Nam	1984	3 934	3 261	6 000	...	...	...	...
	1985	4 000	3 333	5 938	...	...	...	...
	1986	4 127	3 404	6 250	...	...	...	...
	1987	4 206	3 511	6 250	...	...	...	...
Yemen	1984	4 433	4 433	...	...	...	3 000	3 000
	1985	1 912	1 912	...	...	...	3 000	3 000
	1986	1 490	1 490	...	...	...	3 000	3 000
	1987	1 465	1 465	...	...	...	1 800	1 800
EUROPE	**1984**	**3 991**	**3 836**	**3 093**	**6 384**	**5 062**	**3 844**	**3 662**
	1985	**4 035**	**3 825**	**3 011**	**6 512**	**4 827**	**3 856**	**3 715**
	1986	**4 092**	**3 994**	**2 835**	**6 296**	**4 875**	**3 930**	**3 867**
	1987	**4 136**	**4 008**	**3 040**	**6 065**	**5 320**	**4 020**	**3 923**
Albania	1984	5 322	5 889	5 240	...	...	...	...
	1985	5 238	5 882	5 154	...	...	...	...
	1986	5 105	5 647	5 037	...	...	...	...
	1987	5 020	5 765	4 926	...	...	...	...
Austria	1984	2 801	2 577	2 914	...	...	3 468	3 144
	1985	2 882	2 551	3 047	...	...	3 571	3 380
	1986	2 796	2 420	2 990	...	...	3 655	3 563
	1987	3 130	2 676	3 365	...	...	3 948	3 814
Belgium	1984	4 363	3 404	272	8 007	0	3 603	3 603
	1985	3 982	2 888	290	6 378	0	3 743	3 743
	1986	4 067	2 440	258	7 150	0	3 656	3 656
	1987	4 437	2 758	359	7 630	1 200	3 682	3 682
Bulgaria	1984	4 559	4 730	1 651	7 236	...	4 271	4 271
	1985	4 065	4 036	1 133	7 461	...	4 399	4 398
	1986	4 082	4 213	1 178	6 859	...	4 173	4 173
	1987	4 046	4 379	1 285	5 502	...	4 159	4 159
Czechoslovakia	1984	4 214	4 628	1 151	6 623	...	4 465	4 475
	1985	4 125	4 408	1 513	5 774	...	4 326	4 334
	1986	4 162	4 305	1 378	6 247	...	4 266	4 290
	1987	4 084	4 019	1 697	6 311	...	4 724	4 740

Utilisation de la capacité des centrales électriques – par catégorie

(Quantités en kilowatt–heures par kilowatt)

Producers producteurs			Public Publics					Year Année	Country or area Pays ou zone
Hydro Hydraulique	Nuclear Nucléaire	Geothermal Géother-mique	Total Totale	Thermal Thermique	Hydro Hydraulique	Nuclear Nucléaire	Geothermal Géothermique		
...	...	...	3 493	3 493	...	...	...	1984	Singapour
...	...	...	3 670	3 670	...	...	...	1985	
...	...	...	3 859	3 859	...	...	...	1986	
...	...	...	3 505	3 505	...	...	...	1987	
0	...	...	2 784	630	3 858	...	...	1984	Sri Lanka
0	...	...	2 596	256	3 527	...	...	1985	
0	...	...	2 490	27	3 302	...	...	1986	
0	...	...	2 528	1 963	2 718	...	...	1987	
...	...	...	3 661	4 701	2 331	...	...	1984	Rép. arabe syrienne
...	...	...	3 802	4 763	2 485	...	...	1985	
...	...	...	3 586	4 761	1 975	...	...	1986	
...	...	...	3 142	4 110	1 814	...	...	1987	
...	...	...	3 431	3 839	2 381	...	...	1984	Thaïlande
...	...	...	3 441	4 123	1 842	...	...	1985	
...	...	...	3 643	4 087	2 650	...	...	1986	
...	...	...	4 102	5 197	1 806	...	...	1987	
5 048	...	...	3 710	4 072	3 367	...	1 467	1984	Turquie
4 558	...	...	3 881	4 657	3 016	...	400	1985	
3 906	...	...	4 037	4 772	3 007	...	2 933	1986	
3 736	...	...	3 604	3 516	3 720	...	3 867	1987	
...	...	...	1 967	1 967	...	...	...	1984	Emirats arabes unis
...	...	...	1 919	1 919	...	...	...	1985	
...	...	...	1 714	1 714	...	...	...	1986	
...	...	...	1 683	1 683	...	...	...	1987	
...	...	...	3 934	3 261	6 000	...	...	1984	Viet Nam
...	...	...	4 000	3 333	5 938	...	...	1985	
...	...	...	4 127	3 404	6 250	...	...	1986	
...	...	...	4 206	3 511	6 250	...	...	1987	
...	...	...	4 505	4 505	...	...	...	1984	Yémen
...	...	...	1 890	1 890	...	...	...	1985	
...	...	...	1 474	1 474	...	...	...	1986	
...	...	...	1 458	1 458	...	...	...	1987	
4 471	**6 538**	**1 828**	**4 008**	**3 863**	**2 988**	**6 382**	**5 147**	**1984**	**EUROPE**
4 255	**7 287**	**1 377**	**4 054**	**3 842**	**2 923**	**6 505**	**4 995**	**1985**	
3 983	**7 217**	**1 600**	**4 108**	**4 014**	**2 761**	**6 289**	**5 127**	**1986**	
4 255	**7 120**	**1 538**	**4 148**	**4 021**	**2 961**	**6 057**	**5 705**	**1987**	
...	...	...	5 322	5 889	5 240	...	...	1984	Albanie
...	...	...	5 238	5 882	5 154	...	...	1985	
...	...	...	5 105	5 647	5 037	...	...	1986	
...	...	...	5 020	5 765	4 926	...	...	1987	
4 088	...	...	2 720	2 424	2 844	...	...	1984	Autriche
3 909	...	...	2 802	2 343	2 996	...	...	1985	
3 810	...	...	2 704	2 171	2 942	...	...	1986	
4 174	...	...	3 043	2 431	3 318	...	...	1987	
0	...	...	4 415	3 381	272	8 007	0	1984	Belgique
0	...	...	3 996	2 789	290	6 378	0	1985	
0	...	...	4 091	2 295	258	7 150	0	1986	
0	...	...	4 482	2 645	359	7 630	1 200	1987	
0	...	...	4 594	4 828	1 651	7 236	...	1984	Bulgarie
1 000	...	...	4 026	3 965	1 132	7 461	...	1985	
0	...	...	4 072	4 221	1 178	6 859	...	1986	
0	...	...	4 034	4 422	1 285	5 502	...	1987	
3 784	...	...	4 177	4 658	1 116	6 623	...	1984	Tchécoslovaquie
3 784	...	...	4 096	4 423	1 483	5 774	...	1985	
2 977	...	...	4 147	4 308	1 353	6 247	...	1986	
3 838	...	...	4 009	3 895	1 669	6 311	...	1987	

Table 33

Utilization of Installed Electric Generating Capacity – by type

(Quantities in kilowatt hours produced per kilowatt)

Country or area Pays ou zone	Year Année	Self–Producers and Public Autoproducteurs et publics					Self– Auto–	
		Total Totale	Thermal Thermique	Hydro Hydraulique	Nuclear Nucléaire	Geothermal Géothermique	Total Totale	Thermal Thermique
Denmark	1984	2 777	2 780	3 091	...	1 654	2 369	2 518
	1985	3 390	3 404	2 750	...	1 260	2 354	2 967
	1986	3 564	3 585	2 417	...	1 619	2 387	3 000
	1987	3 436	3 463	2 900	...	1 551	2 165	2 820
Faeroe Islands	1984	2 618	2 560	2 778	...	...	...	...
	1985	2 618	2 560	2 778	...	...	...	...
	1986	2 618	2 560	2 778	...	...	...	...
	1987	2 647	2 600	2 778	...	...	...	...
Finland	1984	3 821	1 889	5 252	7 739	...	4 083	4 083
	1985	4 398	2 816	4 923	8 302	...	4 780	4 780
	1986	4 189	2 565	4 849	8 126	...	4 629	4 629
	1987	4 585	2 978	5 334	8 360	...	4 936	4 936
France incl. Monaco	1984	3 627	2 006	3 016	5 516	...	3 439	3 386
	1985	3 763	1 898	2 793	5 684	...	3 343	3 310
	1986	3 710	1 632	2 662	5 401	...	3 246	3 268
	1987	3 650	1 535	2 817	5 087	...	3 442	3 429
German Dem. Rep.	1984	5 117	5 416	944	6 415	...	4 049	4 047
	1985	5 187	5 437	953	6 961	...	3 951	3 952
	1986	5 226	5 582	958	5 961	...	4 080	4 082
	1987	4 854	5 100	936	6 126	...	3 697	3 704
Germany, Fed. Rep.	1984	4 433	4 090	2 537	7 295	...	4 371	4 374
	1985	4 387	3 792	2 343	7 822	...	4 388	4 364
	1986	4 916	4 733	2 483	6 336	...	4 652	4 673
	1987	4 944	4 593	2 801	6 710	...	4 542	4 532
Gibraltar	1984	2 905	2 905	...	...	...	...	...
	1985	3 000	3 000	...	...	...	...	...
	1986	3 095	3 095	...	...	...	...	...
	1987	3 333	3 333	...	...	...	...	...
Greece	1984	2 991	3 335	1 670	...	0	1 393	1 393
	1985	3 898	4 905	1 380	...	0	3 176	3 176
	1986	3 752	4 622	1 567	...	0	4 060	4 060
	1987	2 950	3 388	1 300	...	1 500	3 741	3 741
Hungary	1984	4 550	4 532	3 935	4 696	...	3 394	3 394
	1985	4 634	4 099	3 370	7 931	...	3 095	3 095
	1986	4 504	4 135	3 348	6 036	...	3 160	3 160
	1987	4 488	3 764	3 674	6 687	...	3 071	3 071
Iceland	1984	4 358	27	5 204	...	4 524	517	43
	1985	4 279	27	5 113	...	4 524	577	45
	1986	4 335	33	5 138	...	5 357	185	45
	1987	4 427	33	5 234	...	5 905	172	42
Ireland	1984	3 385	3 760	1 339	...	...	2 600	2 556
	1985	3 674	4 072	1 609	...	...	2 347	2 261
	1986	3 144	3 249	2 450	...	...	2 583	2 507
	1987	3 257	3 420	2 180	...	...	2 640	2 535
Italy and San Marino	1984	3 327	3 653	2 440	5 410	6 353	3 011	2 697
	1985	3 277	3 641	2 309	5 518	6 107	2 969	2 621
	1986	3 362	3 722	2 306	6 880	6 106	3 194	2 943
	1987	3 516	4 235	2 210	137	5 901	3 226	2 944
Luxembourg	1984	374	4 208	69	...	...	4 100	4 100
	1985	405	4 075	62	...	...	3 940	3 940
	1986	462	4 623	72	...	...	4 540	4 540
	1987	463	4 462	88	...	...	4 290	4 290
Malta	1984	3 955	3 955	...	...	...	...	...
	1985	3 824	3 824	...	...	...	...	...
	1986	4 146	4 146	...	...	...	...	...
	1987	3 746	3 746	...	...	...	...	...

Table 33

Utilisation de la capacité des centrales électriques – par catégorie

(Quantités en kilowatt–heures par kilowatt)

Producers producteurs			Public Publics					Year Année	Country or area Pays ou zone
Hydro Hydraulique	Nuclear Nucléaire	Geothermal Géother–mique	Total Totale	Thermal Thermique	Hydro Hydraulique	Nuclear Nucléaire	Geothermal Géothermique		
4 000	...	1 654	2 784	2 784	3 000	...	...	1984	Danemark
1 500	...	1 260	3 408	3 408	3 000	...	...	1985	
2 500	...	1 619	3 591	3 592	2 400	...	...	1986	
2 000	...	1 551	3 471	3 471	3 125	...	...	1987	
...	...	...	2 618	2 560	2 778	...	...	1984	Iles Féroé
...	...	...	2 618	2 560	2 778	...	...	1985	
...	...	...	2 618	2 560	2 778	...	...	1986	
...	...	...	2 647	2 600	2 778	...	...	1987	
0	...	...	3 782	1 253	5 252	7 739	...	1984	Finlande
0	...	...	4 341	2 240	4 923	8 302	...	1985	
0	...	...	4 123	1 968	4 849	8 126	...	1986	
0	...	...	4 532	2 405	5 334	8 360	...	1987	
3 718	...	...	3 649	1 557	2 966	5 516	...	1984	France y comp.Monaco
3 509	...	...	3 809	1 400	2 743	5 684	...	1985	
3 146	...	...	3 759	964	2 627	5 401	...	1986	
3 500	...	...	3 670	760	2 769	5 087	...	1987	
4 267	...	...	5 231	5 597	917	6 415	...	1984	Rép. dém. allemande
3 800	...	...	5 316	5 625	930	6 961	...	1985	
3 857	...	...	5 344	5 768	936	5 961	...	1986	
2 643	...	...	4 975	5 275	923	6 126	...	1987	
3 936	5 677	...	4 445	4 019	2 406	7 316	...	1984	Allemagne, Rép. féd.
4 007	7 993	...	4 387	3 655	2 196	7 821	...	1985	
3 973	5 387	...	4 967	4 750	2 349	6 343	...	1986	
4 468	5 647	...	5 020	4 611	2 650	6 718	...	1987	
...	...	...	2 905	2 905	...	...	...	1984	Gibraltar
...	...	...	3 000	3 000	...	...	...	1985	
...	...	...	3 095	3 095	...	...	...	1986	
...	...	...	3 333	3 333	...	...	...	1987	
0	...	...	3 028	3 393	1 670	...	0	1984	Grèce
0	...	...	3 912	4 950	1 380	...	0	1985	
0	...	...	3 747	4 636	1 567	...	0	1986	
0	...	...	2 939	3 382	1 300	...	1 500	1987	
...	...	...	4 619	4 613	3 935	4 696	...	1984	Hongrie
...	...	...	4 723	4 167	3 370	7 931	...	1985	
...	...	...	4 578	4 203	3 348	6 036	...	1986	
...	...	...	4 561	3 813	3 674	6 687	...	1987	
1 333	...	3 333	4 480	24	5 219	...	4 615	1984	Islande
4 000	...	3 333	4 384	23	5 114	...	4 615	1985	
1 000	...	0	4 457	31	5 160	...	5 488	1986	
1 000	...	0	4 561	31	5 257	...	6 049	1987	
4 000	...	...	3 401	3 788	1 328	...	...	1984	Irlande
4 333	...	...	3 704	4 120	1 593	...	...	1985	
4 333	...	...	3 154	3 264	2 439	...	...	1986	
4 500	...	...	3 269	3 439	2 161	...	...	1987	
4 095	...	...	3 386	3 874	2 236	5 410	6 353	1984	Italie y comp. S.Mrn
4 104	...	...	3 329	3 851	2 096	5 518	6 107	1985	
4 023	...	...	3 390	3 874	2 112	6 880	6 106	1986	
4 087	...	...	3 559	4 466	1 997	137	5 901	1987	
...	...	...	96	6 000	69	...	...	1984	Luxembourg
...	...	...	95	6 333	62	...	...	1985	
...	...	...	104	6 000	72	...	...	1986	
...	...	...	127	7 333	88	...	...	1987	
...	...	...	3 955	3 955	...	...	...	1984	Malte
...	...	...	3 824	3 824	...	...	...	1985	
...	...	...	4 146	4 146	...	...	...	1986	
...	...	...	3 746	3 746	...	...	...	1987	

Table 33

Utilization of Installed Electric Generating Capacity – by type

(Quantities in kilowatt hours produced per kilowatt)

Country or area Pays ou zone	Year Année	Self–Producers and Public Autoproducteurs et publics					Self– Auto–	
		Total Totale	Thermal Thermique	Hydro Hydraulique	Nuclear Nucléaire	Geothermal Géothermique	Total Totale	Thermal Thermique
Netherlands	1984	3 787	3 676	0	7 305	0	4 767	4 767
	1985	3 790	3 678	0	7 323	0	4 799	4 799
	1986	3 864	3 731	1 500	8 299	333	4 740	4 740
	1987	3 935	3 845	500	7 000	200	5 068	5 068
Norway,Svlbd,J.Myn I	1984	4 557	1 313	4 592	...	...	5 479	979
	1985	4 342	1 362	4 375	...	...	5 000	1 619
	1986	3 895	1 448	3 920	...	...	4 700	1 436
	1987	4 048	2 040	4 068	...	...	5 083	2 209
Poland	1984	4 851	5 092	1 697	...	...	3 160	3 160
	1985	4 742	4 945	1 972	...	...	2 994	2 994
	1986	4 712	4 911	1 914	...	...	2 930	2 930
	1987	4 843	5 039	2 051	...	...	2 909	2 909
Portugal	1984	3 497	3 552	3 448	...	3 000	2 271	2 274
	1985	3 127	2 751	3 493	...	4 000	2 511	2 507
	1986	3 132	3 582	2 662	...	2 000	2 649	2 643
	1987	2 934	2 978	2 884	...	1 000	2 555	2 547
Romania	1984	3 807	4 088	2 788	...	...	2 247	2 243
	1985	3 668	3 953	2 691	...	...	2 304	2 300
	1986	3 637	3 902	2 726	...	...	2 263	2 258
	1987	3 618	3 888	2 713	...	...	2 244	2 244
Spain	1984	3 701	4 532	2 380	4 955	...	3 390	3 689
	1985	3 692	4 553	2 248	5 057	...	3 586	4 147
	1986	3 682	4 256	1 900	6 754	...	3 765	4 537
	1987	3 695	4 229	1 937	6 368	...	4 183	5 126
Sweden	1984	3 994	550	4 397	6 924	1 000	3 031	3 074
	1985	4 116	871	4 524	6 194	1 200	2 995	2 764
	1986	4 171	943	3 851	7 250	1 200	3 154	3 423
	1987	4 383	939	4 325	7 113	1 200	3 372	3 428
Switzrld,Liechtenst.	1984	3 188	1 263	2 601	5 958	...	5 299	3 447
	1985	3 556	1 159	2 763	7 288	...	5 533	3 216
	1986	3 607	1 317	2 829	7 221	...	5 266	3 358
	1987	3 736	1 213	2 981	7 356	...	5 373	3 260
United Kingdom	1984	4 191	3 960	956	8 241	0	4 086	3 484
	1985	4 345	4 073	977	8 507	0	4 612	4 011
	1986	4 483	4 259	971	8 270	1 000	5 154	4 536
	1987	4 635	4 289	2 864	7 689	0	5 269	4 736
Yugoslavia	1984	4 656	5 042	3 987	6 994	4 322	3 707	3 707
	1985	4 785	5 559	3 734	6 413	4 273	4 571	4 571
	1986	4 830	5 534	3 929	6 359	4 458	4 633	4 633
	1987	5 003	5 901	3 750	6 915	5 713	5 000	5 000
OCEANIA	**1984**	**3 629**	**3 803**	**3 126**	**...**	**7 904**	**4 942**	**4 934**
	1985	**3 648**	**3 904**	**2 972**	**...**	**4 694**	**5 044**	**5 035**
	1986	**3 755**	**3 987**	**3 131**	**...**	**5 040**	**5 462**	**5 457**
	1987	**3 826**	**4 195**	**2 854**	**...**	**4 924**	**5 699**	**5 693**
American Samoa	1984	2 313	2 313	...	...	...	...	...
	1985	2 344	2 344	...	...	...	...	...
	1986	2 344	2 344	...	...	...	...	...
	1987	2 344	2 344	...	...	...	...	...
Australia	1984	3 628	4 048	2 059	...	...	5 257	5 246
	1985	3 673	4 111	2 065	...	2 880	5 422	5 409
	1986	3 770	4 232	2 063	...	3 348	5 770	5 761
	1987	3 905	4 438	1 907	...	3 360	6 059	6 048
Cook Islands	1984	1 833	1 833	...	...	...	...	...
	1985	2 000	2 000	...	...	...	...	...
	1986	2 000	2 000	...	...	...	...	...
	1987	2 000	2 000	...	...	...	...	...

Utilisation de la capacité des centrales électriques – par catégorie

(Quantités en kilowatt–heures par kilowatt)

Producers producteurs			Public Publics					Year Année	Country or area Pays ou zone
Hydro Hydraulique	Nuclear Nucléaire	Geothermal Géother–mique	Total Totale	Thermal Thermique	Hydro Hydraulique	Nuclear Nucléaire	Geothermal Géothermique		
...	...	...	3 683	3 555	0	7 305	0	1984	Pays–Bas
...	...	...	3 682	3 555	0	7 323	0	1985	
...	...	...	3 764	3 612	1 500	8 299	333	1986	
...	...	...	3 792	3 685	500	7 000	200	1987	
5 713	...	...	4 378	2 323	4 385	...	...	1984	Norvège,Svalbd,J.May
5 173	...	...	4 239	960	4 255	...	...	1985	
4 939	...	...	3 809	1 472	3 818	...	...	1986	
5 293	...	...	3 941	1 730	3 950	...	...	1987	
...	...	...	5 046	5 335	1 697	...	...	1984	Pologne
...	...	...	4 940	5 183	1 972	...	...	1985	
...	...	...	4 910	5 148	1 914	...	...	1986	
...	...	...	5 049	5 284	2 051	...	...	1987	
2 200	...	...	3 596	3 784	3 454	...	3 000	1984	Portugal
2 643	...	...	3 176	2 793	3 497	...	4 000	1985	
2 846	...	...	3 169	3 729	2 661	...	2 000	1986	
2 846	...	...	2 962	3 039	2 884	...	1 000	1987	
2 424	...	...	3 952	4 307	2 791	...	...	1984	Roumanie
2 500	...	...	3 784	4 134	2 692	...	...	1985	
2 500	...	...	3 757	4 088	2 727	...	...	1986	
2 250	...	...	3 737	4 071	2 717	...	...	1987	
3 080	...	...	3 711	4 563	2 353	4 955	...	1984	Espagne
2 998	...	...	3 696	4 568	2 221	5 057	...	1985	
2 954	...	...	3 679	4 246	1 863	6 754	...	1986	
3 173	...	...	3 681	4 197	1 895	6 368	...	1987	
3 008	...	...	4 078	240	4 557	6 924	1 000	1984	Suède
3 125	...	...	4 207	631	4 683	6 194	1 200	1985	
3 002	...	...	4 254	612	3 946	7 250	1 200	1986	
3 344	...	...	4 466	609	4 437	7 113	1 200	1987	
5 815	...	...	3 073	562	2 421	5 958	...	1984	Suisse,Liechtenstein
6 254	...	...	3 446	461	2 567	7 288	...	1985	
5 861	...	...	3 515	625	2 660	7 221	...	1986	
6 066	...	...	3 644	519	2 809	7 356	...	1987	
5 953	6 738	...	4 198	3 990	825	8 411	0	1984	Royaume–Uni
6 056	7 128	...	4 329	4 077	844	8 650	0	1985	
6 374	7 630	...	4 444	4 244	829	8 335	1 000	1986	
6 455	7 453	...	4 597	4 265	2 554	7 713	0	1987	
0	...	...	4 703	5 181	3 987	6 994	4 322	1984	Yougoslavie
0	...	...	4 795	5 655	3 734	6 413	4 273	1985	
0	...	...	4 839	5 622	3 929	6 359	4 458	1986	
0	...	...	5 003	5 988	3 750	6 915	5 713	1987	
6 077	**...**	**...**	**3 563**	**3 723**	**3 122**	**...**	**7 904**	**1984**	**OCEANIE**
6 385	**...**	**...**	**3 581**	**3 826**	**2 968**	**...**	**4 694**	**1985**	
6 000	**...**	**...**	**3 675**	**3 889**	**3 127**	**...**	**5 040**	**1986**	
6 438	**...**	**...**	**3 739**	**4 095**	**2 850**	**...**	**4 924**	**1987**	
...	...	...	2 313	2 313	...	...	...	1984	Samoa américaines
...	...	...	2 344	2 344	...	...	...	1985	
...	...	...	2 344	2 344	...	...	...	1986	
...	...	...	2 344	2 344	...	...	...	1987	
7 714	...	...	3 541	3 966	2 053	...	...	1984	Australie
8 286	...	...	3 585	4 027	2 059	...	2 880	1985	
7 714	...	...	3 671	4 134	2 058	...	3 348	1986	
8 571	...	...	3 799	4 337	1 901	...	3 360	1987	
...	...	...	1 833	1 833	...	...	...	1984	Iles Cook
...	...	...	2 000	2 000	...	...	...	1985	
...	...	...	2 000	2 000	...	...	...	1986	
...	...	...	2 000	2 000	...	...	...	1987	

Table 33

Utilization of Installed Electric Generating Capacity – by type

(Quantities in kilowatt hours produced per kilowatt)

Country or area Pays ou zone	Year Année	Self–Producers and Public Autoproducteurs et publics					Self– Auto–	
		Total Totale	Thermal Thermique	Hydro Hydraulique	Nuclear Nucléaire	Geothermal Géothermique	Total Totale	Thermal Thermique
Fiji	1984	2 048	917	3 588	...	...	2 963	2 963
	1985	1 955	836	3 663	...	...	2 050	2 050
	1986	2 061	632	4 150	...	...	1 350	1 350
	1987	2 150	667	4 375	...	...	1 500	1 500
French Polynesia	1984	2 671	2 594	3 429	...	...	...	...
	1985	2 785	2 725	3 200	...	...	...	...
	1986	2 848	2 754	3 500	...	...	...	...
	1987	2 848	2 754	3 500	...	...	...	...
Guam	1984	3 311	3 311	...	...	...	...	...
	1985	3 642	3 642	...	...	...	...	...
	1986	3 642	3 642	...	...	...	...	...
	1987	3 311	3 311	...	...	...	...	...
Kiribati	1984	3 000	3 000	...	...	...	...	...
	1985	3 000	3 000	...	...	...	...	...
	1986	3 000	3 000	...	...	...	...	...
	1987	3 500	3 500	...	...	...	...	...
Nauru	1984	2 800	2 800	...	...	...	...	...
	1985	2 800	2 800	...	...	...	...	...
	1986	2 900	2 900	...	...	...	...	...
	1987	2 900	2 900	...	...	...	...	...
New Caledonia	1984	2 493	1 760	5 347	...	...	833	833
	1985	3 052	2 178	6 453	...	...	833	833
	1986	3 022	2 421	5 360	...	...	833	833
	1987	2 568	2 364	3 427	...	...	833	833
New Zealand	1984	3 815	2 042	4 697	...	7 904	...	...
	1985	3 676	2 457	4 240	...	7 801	...	...
	1986	3 812	2 006	4 688	...	7 879	...	...
	1987	3 636	2 352	4 241	...	7 603	...	...
Niue	1984	3 000	3 000	...	...	...	...	...
	1985	3 000	3 000	...	...	...	...	...
	1986	3 000	3 000	...	...	...	...	...
	1987	3 000	3 000	...	...	...	...	...
Pacific Islds(Trust)	1984	3 125	3 125	0	...	...	3 333	3 333
	1985	3 154	3 149	3 200	...	...	4 000	4 000
	1986	2 947	2 936	3 000	...	...	4 000	4 000
	1987	2 965	2 957	3 000	...	...	4 000	4 000
Papua New Guinea	1984	3 160	3 028	3 565	...	...	3 711	3 700
	1985	3 147	3 074	3 360	...	...	3 745	3 736
	1986	3 675	3 858	3 264	...	...	4 751	4 754
	1987	3 832	4 131	3 129	...	...	4 766	4 766
Samoa	1984	2 412	2 083	3 200	...	...	4 000	4 000
	1985	2 471	2 083	3 400	...	...	4 000	4 000
	1986	2 647	2 083	4 000	...	...	4 000	4 000
	1987	2 706	2 333	3 600	...	...	4 000	4 000
Solomon Islands	1984	2 154	2 154	...	...	...	1 000	1 000
	1985	2 231	2 231	...	...	...	1 000	1 000
	1986	2 308	2 308	...	...	...	1 000	1 000
	1987	2 308	2 308	...	...	...	1 000	1 000
Tonga	1984	2 000	2 000	...	...	...	...	...
	1985	2 000	2 000	...	...	...	...	...
	1986	2 000	2 000	...	...	...	...	...
	1987	2 667	2 667	...	...	...	...	...
Vanuatu	1984	2 182	2 182	...	...	...	3 000	3 000
	1985	2 273	2 273	...	...	...	3 000	3 000
	1986	2 364	2 364	...	...	...	3 000	3 000
	1987	2 364	2 364	...	...	...	3 000	3 000

Utilisation de la capacité des centrales électriques – par catégorie

(Quantités en kilowatt–heures par kilowatt)

Producers producteurs			Public Publics						
Hydro Hydraulique	Nuclear Nucléaire	Geothermal Géother–mique	Total Totale	Thermal Thermique	Hydro Hydraulique	Nuclear Nucléaire	Geothermal Géothermique	Year Année	Country or area Pays ou zone
...	...	...	1 895	244	3 588	...	...	1984	Fidji
...	...	...	1 932	244	3 663	...	...	1985	
...	...	...	2 242	260	4 150	...	...	1986	
...	...	...	2 313	250	4 375	...	...	1987	
...	...	...	2 671	2 594	3 429	...	...	1984	Polynésie française
...	...	...	2 785	2 725	3 200	...	...	1985	
...	...	...	2 848	2 754	3 500	...	...	1986	
...	...	...	2 848	2 754	3 500	...	...	1987	
...	...	...	3 311	3 311	...	...	...	1984	Guam
...	...	...	3 642	3 642	...	...	...	1985	
...	...	...	3 642	3 642	...	...	...	1986	
...	...	...	3 311	3 311	...	...	...	1987	
...	...	...	3 000	3 000	...	...	...	1984	Kiribati
...	...	...	3 000	3 000	...	...	...	1985	
...	...	...	3 000	3 000	...	...	...	1986	
...	...	...	3 500	3 500	...	...	...	1987	
...	...	...	2 800	2 800	...	...	...	1984	Nauru
...	...	...	2 800	2 800	...	...	...	1985	
...	...	...	2 900	2 900	...	...	...	1986	
...	...	...	2 900	2 900	...	...	...	1987	
...	...	...	2 609	1 843	5 347	...	...	1984	Nouvelle–Calédonie
...	...	...	3 207	2 299	6 453	...	...	1985	
...	...	...	3 175	2 563	5 360	...	...	1986	
...	...	...	2 681	2 490	3 427	...	...	1987	
...	...	...	3 815	2 042	4 697	...	7 904	1984	Nouvelle–Zélande
...	...	...	3 676	2 457	4 240	...	7 801	1985	
...	...	...	3 812	2 006	4 688	...	7 879	1986	
...	...	...	3 636	2 352	4 241	...	7 603	1987	
...	...	...	3 000	3 000	...	...	...	1984	Nioué
...	...	...	3 000	3 000	...	...	...	1985	
...	...	...	3 000	3 000	...	...	...	1986	
...	...	...	3 000	3 000	...	...	...	1987	
...	...	...	3 111	3 111	0	...	...	1984	I.Pacifique (tutel.)
...	...	...	3 120	3 111	3 200	...	...	1985	
...	...	...	2 909	2 889	3 000	...	...	1986	
...	...	...	2 927	2 911	3 000	...	...	1987	
4 167	...	...	2 500	1 429	3 532	...	...	1984	Papouasie–Nvl–Guinée
4 167	...	...	2 433	1 429	3 319	...	...	1985	
4 667	...	...	2 382	1 026	3 168	...	...	1986	
4 778	...	...	2 618	1 904	3 015	...	...	1987	
...	...	...	2 200	1 700	3 200	...	...	1984	Samoa
...	...	...	2 267	1 700	3 400	...	...	1985	
...	...	...	2 467	1 700	4 000	...	...	1986	
...	...	...	2 533	2 000	3 600	...	...	1987	
...	...	...	2 875	2 875	...	...	...	1984	Iles Salomon
...	...	...	3 000	3 000	...	...	...	1985	
...	...	...	3 125	3 125	...	...	...	1986	
...	...	...	3 125	3 125	...	...	...	1987	
...	...	...	2 000	2 000	...	...	...	1984	Tonga
...	...	...	2 000	2 000	...	...	...	1985	
...	...	...	2 000	2 000	...	...	...	1986	
...	...	...	2 667	2 667	...	...	...	1987	
...	...	...	2 000	2 000	...	...	...	1984	Vanuatu
...	...	...	2 111	2 111	...	...	...	1985	
...	...	...	2 222	2 222	...	...	...	1986	
...	...	...	2 222	2 222	...	...	...	1987	

Table 33

Utilization of Installed Electric Generating Capacity – by type

(Quantities in kilowatt hours produced per kilowatt)

Country or area Pays ou zone	Year Année	Self–Producers and Public Autoproducteurs et publics					Self– Auto–	
		Total Totale	Thermal Thermique	Hydro Hydraulique	Nuclear Nucléaire	Geothermal Géothermique	Total Totale	Thermal Thermique
USSR	**1984**	**4 916**	**5 211**	**3 423**	**5 892**	...	**3 739**	**3 739**
	1985	**4 904**	**5 164**	**3 476**	**5 955**	...	**3 694**	**3 694**
	1986	**4 971**	**5 328**	**3 472**	**5 341**	...	**3 739**	**3 739**
	1987	**5 011**	**5 350**	**3 506**	**5 436**	...	**3 739**	**3 739**

Utilisation de la capacité des centrales électriques – par catégorie

(Quantités en kilowatt–heures par kilowatt)

Producers producteurs: Hydro Hydraulique	Producers producteurs: Nuclear Nucléaire	Producers producteurs: Geothermal Géother–mique	Public Publics: Total Totale	Public Publics: Thermal Thermique	Public Publics: Hydro Hydraulique	Public Publics: Nuclear Nucléaire	Public Publics: Geothermal Géothermique	Year Année	Country or area Pays ou zone
...	...	...	**5 009**	**5 376**	**3 423**	**5 892**	...	**1984**	**URSS**
...	...	...	**4 995**	**5 325**	**3 476**	**5 955**	...	**1985**	
...	...	...	**5 062**	**5 498**	**3 472**	**5 341**	...	**1986**	
...	...	...	**5 102**	**5 518**	**3 506**	**5 436**	...	**1987**	

Table 34

Production of Electricity – by type

(Quantities in million kilowatt hours)

Country or area Pays ou zone	Year Année	Self–Producers and Public Autoproducteurs et publics					Self– Auto–	
		Total Totale	Thermal Thermique	Hydro Hydraulique	Nuclear Nucléaire	Geothermal Géothermique	Total Totale	Thermal Thermique
WORLD	**1984**	**9 326 218**	**6 111 545**	**1 968 969**	**1 221 435**	**24 269**	**610 582**	**499 690**
	1985	**9 746 643**	**6 266 745**	**1 996 807**	**1 454 648**	**28 443**	**648 391**	**536 780**
	1986	**10 032 180**	**6 423 572**	**2 018 336**	**1 557 469**	**32 803**	**668 979**	**560 362**
	1987	**10 467 157**	**6 699 498**	**2 037 585**	**1 694 613**	**35 461**	**683 543**	**572 364**
AFRICA	**1984**	**231 530**	**181 139**	**46 233**	**3 925**	**233**	**17 419**	**12 385**
	1985	**241 242**	**190 562**	**46 419**	**3 925**	**336**	**17 314**	**12 270**
	1986	**247 641**	**196 577**	**46 771**	**3 925**	**368**	**17 024**	**12 129**
	1987	**250 658**	**202 875**	**43 494**	**3 930**	**359**	**17 232**	**12 347**
Algeria	1984	11 182	10 661	521	..	..	1 170	1 170
	1985	12 274	11 628	646	..	..	1 052	1 052
	1986	12 981	12 731	250	..	..	1 000	1 000
	1987	13 400	13 100	300	..	..	1 100	* 1 100
Angola	1984	1 790	455	1 335	..	..	150	* 65
	1985	1 790	455	1 335	..	..	150	* 65
	1986	1 790	455	1 335	..	..	150	* 65
	1987	1 800	465	1 335	..	..	150	* 65
Benin	1984	5	5	..	..	..	..	..
	1985	5	5	..	..	..	..	..
	1986	5	5	..	..	..	..	..
	1987	5	5	..	..	..	..	..
Burkina Faso	1984	121	121	..	..	..	..	..
	1985	123	123	..	..	..	..	..
	1986	123	123	..	..	..	..	..
	1987	125	125	..	..	..	..	..
Burundi	1984	6	2	4	..	..	..	..
	1985	6	2	4	..	..	..	..
	1986	23	2	21	..	..	..	..
	1987	54	2	52	..	..	..	..
Cameroon	1984	2 219	91	2 128	..	..	2 128	..
	1985	2 413	94	2 319	..	..	2 319	..
	1986	2 385	64	2 321	..	..	2 321	..
	1987	2 392	67	2 325	..	..	2 325	..
Cape Verde	1984	25	25	..	..	..	1	* 1
	1985	25	25	..	..	..	1	* 1
	1986	28	28	..	..	..	1	1
	1987	28	28	..	..	..	1	* 1
Central African Rep.	1984	73	3	70	..	..	..	..
	1985	78	17	61	..	..	..	..
	1986	94	17	77	..	..	..	..
	1987	92	18	74	..	..	..	..
Chad	1984	49	49	..	..	..	..	..
	1985	51	51	..	..	..	..	..
	1986	51	51	..	..	..	..	..
	1987	51	51	..	..	..	..	..
Comoros	1984	12	10	2	..	..	0	..
	1985	14	12	2	..	..	0	..
	1986	14	12	2	..	..	0	..
	1987	14	12	2	..	..	0	..
Congo	1984	234	2	232	..	..	..	..
	1985	233	2	231	..	..	..	..
	1986	234	2	232	..	..	..	..
	1987	235	2	233	..	..	..	..
Côte d'Ivoire	1984	1 643	1 270	373	..	..	..	..
	1985	2 021	663	1 358	..	..	..	..
	1986	2 086	895	1 191	..	..	..	..
	1987	2 200	910	1 290	..	..	..	..

Production d'électricite – par catégorie

(Quantités en millions de kilowatt–heures)

Producers producteurs Hydro Hydraulique	Nuclear Nucléaire	Geothermal Géother–mique	Public Publics Total Totale	Thermal Thermique	Hydro Hydraulique	Nuclear Nucléaire	Geothermal Géothermique	Year Année	Country or area Pays ou zone
104 202	**6 397**	**293**	**8 715 636**	**5 611 855**	**1 864 767**	**1 215 038**	**23 976**	**1984**	**MONDE**
102 655	**6 534**	**2 422**	**9 098 252**	**5 729 965**	**1 894 152**	**1 448 114**	**26 021**	**1985**	
97 878	**6 882**	**3 857**	**9 363 201**	**5 863 210**	**1 920 458**	**1 550 587**	**28 946**	**1986**	
100 243	**7 003**	**3 933**	**9 783 614**	**6 127 134**	**1 937 342**	**1 687 610**	**31 528**	**1987**	
5 034	..	..	**214 111**	**168 754**	**41 199**	**3 925**	**233**	**1984**	**AFRIQUE**
5 044	..	..	**223 928**	**178 292**	**41 375**	**3 925**	**336**	**1985**	
4 895	..	..	**230 617**	**184 448**	**41 876**	**3 925**	**368**	**1986**	
4 885	..	..	**233 426**	**190 528**	**38 609**	**3 930**	**359**	**1987**	
..	..	..	10 012	9 491	521	..	..	1984	Algérie
..	..	..	11 222	10 576	646	..	..	1985	
..	..	..	11 981	11 731	250	..	..	1986	
..	..	..	12 300	* 12 000	* 300	..	..	1987	
* 85	..	..	1 640	* 390	* 1 250	..	..	1984	Angola
* 85	..	..	1 640	* 390	* 1 250	..	..	1985	
* 85	..	..	1 640	* 390	* 1 250	..	..	1986	
* 85	..	..	1 650	* 400	* 1 250	..	..	1987	
..	..	..	5	* 5	..	..	..	1984	Bénin
..	..	..	5	* 5	..	..	..	1985	
..	..	..	5	* 5	..	..	..	1986	
..	..	..	5	* 5	..	..	..	1987	
..	..	..	121	121	..	..	..	1984	Burkina Faso
..	..	..	123	123	..	..	..	1985	
..	..	..	123	123	..	..	..	1986	
..	..	..	125	* 125	..	..	..	1987	
..	..	..	6	* 2	4	..	..	1984	Burundi
..	..	..	6	* 2	4	..	..	1985	
..	..	..	23	* 2	21	..	..	1986	
..	..	..	54	* 2	52	..	..	1987	
* 2 128	..	..	91	* 91	* 0	..	..	1984	Cameroun
* 2 319	..	..	94	94	* 0	..	..	1985	
* 2 321	..	..	64	64	* 0	..	..	1986	
* 2 325	..	..	67	* 67	* 0	..	..	1987	
..	..	..	24	24	..	..	..	1984	Cap–Vert
..	..	..	24	* 24	..	..	..	1985	
..	..	..	27	27	..	..	..	1986	
..	..	..	27	* 27	..	..	..	1987	
..	..	..	73	3	70	..	..	1984	Rép. centrafricaine
..	..	..	78	17	61	..	..	1985	
..	..	..	94	* 17	77	..	..	1986	
..	..	..	92	18	74	..	..	1987	
..	..	..	49	49	..	..	..	1984	Tchad
..	..	..	51	* 51	..	..	..	1985	
..	..	..	51	* 51	..	..	..	1986	
..	..	..	51	* 51	..	..	..	1987	
* 0	..	..	12	10	* 2	..	..	1984	Comores
* 0	..	..	14	12	* 2	..	..	1985	
* 0	..	..	14	12	* 2	..	..	1986	
* 0	..	..	14	* 12	* 2	..	..	1987	
..	..	..	234	* 2	* 232	..	..	1984	Congo
..	..	..	233	* 2	* 231	..	..	1985	
..	..	..	234	* 2	* 232	..	..	1986	
..	..	..	235	* 2	* 233	..	..	1987	
..	..	..	1 643	1 270	373	..	..	1984	Côte d'Ivoire
..	..	..	2 021	663	1 358	..	..	1985	
..	..	..	2 086	* 895	1 191	..	..	1986	
..	..	..	2 200	* 910	* 1 290	..	..	1987	

Table 34

Production of Electricity – by type

(Quantities in million kilowatt hours)

Country or area Pays ou zone	Year Année	Self–Producers and Public Autoproducteurs et publics					Self– Auto–	
		Total Totale	Thermal Thermique	Hydro Hydraulique	Nuclear Nucléaire	Geothermal Géothermique	Total Totale	Thermal Thermique
Djibouti	1984	146	146	..	..	..	..	..
	1985	164	164	..	..	..	..	..
	1986	171	171	..	..	..	..	..
	1987	172	172	..	..	..	..	..
Egypt	1984	27 900	17 900	10 000	..	..	750	* 750
	1985	30 300	22 200	8 100	..	..	900	* 900
	1986	32 150	24 150	8 000	..	..	900	* 900
	1987	32 500	26 500	6 000	..	..	900	* 900
Equatorial Guinea	1984	15	13	2	..	..	..	..
	1985	22	20	2	..	..	..	..
	1986	16	14	2	..	..	..	..
	1987	17	15	2	..	..	..	..
Ethiopia	1984	790	165	625	..	..	50	50
	1985	796	156	640	..	..	46	46
	1986	806	159	647	..	..	47	* 47
	1987	810	160	650	..	..	46	* 46
Gabon	1984	795	185	610	..	..	..	..
	1985	861	194	667	..	..	..	..
	1986	867	195	672	..	..	..	..
	1987	876	201	675	..	..	..	..
Gambia	1984	42	42	..	..	..	9	* 9
	1985	43	43	..	..	..	8	* 8
	1986	43	43	..	..	..	9	* 9
	1987	44	44	..	..	..	9	* 9
Ghana	1984	1 915	100	1 815	..	..	3	* 3
	1985	3 077	81	2 996	..	..	4	* 4
	1986	4 514	79	4 435	..	..	4	* 4
	1987	4 758	82	4 676	..	..	4	* 4
Guinea	1984	480	323	157	..	..	290	* 290
	1985	489	326	163	..	..	294	* 294
	1986	497	332	165	..	..	297	297
	1987	500	333	167	..	..	298	* 298
Guinea–Bissau	1984	14	14	..	..	..	3	* 3
	1985	14	14	..	..	..	3	* 3
	1986	14	14	..	..	..	3	* 3
	1987	14	14	..	..	..	3	* 3
Kenya	1984	2 253	529	1 491	..	233	70	50
	1985	2 492	476	1 680	..	336	70	50
	1986	2 528	480	1 680	..	368	70	* 50
	1987	2 629	359	1 911	..	359	70	50
Liberia	1984	730	505	225	..	..	425	* 410
	1985	765	503	262	..	..	430	* 413
	1986	819	501	318	..	..	435	* 416
	1987	825	506	319	..	..	433	* 415
Libyan Arab Jamah.	1984	9 200	9 200	..	..	..	..	..
	1985	11 844	11 844	..	..	..	..	..
	1986	13 280	13 280	..	..	..	..	..
	1987	14 260	14 260	..	..	..	..	..
Madagascar	1984	494	239	255	..	..	107	107
	1985	502	244	258	..	..	112	112
	1986	500	232	268	..	..	115	* 115
	1987	504	234	270	..	..	113	* 113
Malawi	1984	486	12	474	..	..	15	11
	1985	491	16	475	..	..	14	11
	1986	528	13	515	..	..	15	11
	1987	578	14	564	..	..	16	12

Table 34

Production d'électricite – par catégorie

(Quantités en millions de kilowatt–heures)

Producers producteurs: Hydro Hydraulique	Producers producteurs: Nuclear Nucléaire	Producers producteurs: Geothermal Géothermique	Public Publics: Total Totale	Public Publics: Thermal Thermique	Public Publics: Hydro Hydraulique	Public Publics: Nuclear Nucléaire	Public Publics: Geothermal Géothermique	Year Année	Country or area Pays ou zone
..	..	..	146	146	..	..	..	1984	Djibouti
..	..	..	164	164	..	..	..	1985	
..	..	..	171	171	..	..	..	1986	
..	..	..	172	* 172	..	..	..	1987	
..	..	..	27 150	* 17 150	* 10 000	..	..	1984	Egypte
..	..	..	29 400	* 21 300	* 8 100	..	..	1985	
..	..	..	31 250	* 23 250	* 8 000	..	..	1986	
..	..	..	31 600	* 25 600	* 6 000	..	..	1987	
..	..	..	15	13	* 2	..	..	1984	Guinée équatoriale
..	..	..	22	20	* 2	..	..	1985	
..	..	..	16	14	* 2	..	..	1986	
..	..	..	17	* 15	* 2	..	..	1987	
..	..	..	740	115	* 625	..	..	1984	Ethiopie
..	..	..	750	110	* 640	..	..	1985	
..	..	..	759	* 112	* 647	..	..	1986	
..	..	..	764	* 114	* 650	..	..	1987	
..	..	..	795	185	610	..	..	1984	Gabon
..	..	..	861	194	667	..	..	1985	
..	..	..	867	* 195	* 672	..	..	1986	
..	..	..	876	* 201	* 675	..	..	1987	
..	..	..	33	* 33	..	..	..	1984	Gambie
..	..	..	35	* 35	..	..	..	1985	
..	..	..	34	* 34	..	..	..	1986	
..	..	..	35	* 35	..	..	..	1987	
..	..	..	1 912	97	1 815	..	..	1984	Ghana
..	..	..	3 073	77	2 996	..	..	1985	
..	..	..	4 510	* 75	4 435	..	..	1986	
..	..	..	4 754	* 78	4 676	..	..	1987	
..	..	..	190	* 33	157	..	..	1984	Guinée
..	..	..	195	* 32	* 163	..	..	1985	
..	..	..	200	35	165	..	..	1986	
..	..	..	202	* 35	* 167	..	..	1987	
..	..	..	11	* 11	..	..	..	1984	Guinée–Bissau
..	..	..	11	* 11	..	..	..	1985	
..	..	..	11	* 11	..	..	..	1986	
..	..	..	11	* 11	..	..	..	1987	
20	..	..	2 183	* 479	1 471	..	233	1984	Kenya
20	..	..	2 422	* 426	1 660	..	336	1985	
* 20	..	..	2 458	* 430	* 1 660	..	368	1986	
20	..	..	2 559	309	1 891	..	359	1987	
* 15	..	..	305	* 95	* 210	..	..	1984	Libéria
* 17	..	..	335	* 90	* 245	..	..	1985	
* 19	..	..	384	* 85	* 299	..	..	1986	
* 18	..	..	392	* 91	* 301	..	..	1987	
..	..	..	9 200	* 9 200	..	..	..	1984	Jamah.arabe libyenne
..	..	..	11 844	* 11 844	..	..	..	1985	
..	..	..	13 280	* 13 280	..	..	..	1986	
..	..	..	14 260	* 14 260	..	..	..	1987	
..	..	..	387	132	255	..	..	1984	Madagascar
..	..	..	390	132	258	..	..	1985	
..	..	..	385	* 117	268	..	..	1986	
..	..	..	391	* 121	* 270	..	..	1987	
4	..	..	471	* 1	470	..	..	1984	Malawi
* 3	..	..	477	* 5	* 472	..	..	1985	
* 4	..	..	513	2	511	..	..	1986	
4	..	..	562	2	560	..	..	1987	

Table 34

Production of Electricity – by type

(Quantities in million kilowatt hours)

Country or area Pays ou zone	Year Année	Self–Producers and Public Autoproducteurs et publics					Self– Auto–	
		Total Totale	Thermal Thermique	Hydro Hydraulique	Nuclear Nucléaire	Geothermal Géothermique	Total Totale	Thermal Thermique
Mali	1984	165	31	134	..	..	13	13
	1985	168	34	134	..	..	14	14
	1986	200	40	160	..	..	12	12
	1987	204	42	162	..	..	13	* 13
Mauritania	1984	103	67	36	..	..	36	..
	1985	108	77	31	..	..	31	..
	1986	110	92	18	..	..	18	..
	1987	120	95	25	..	..	25	..
Mauritius	1984	511	445	66	..	..	131	130
	1985	521	406	115	..	..	131	130
	1986	518	408	110	..	..	116	115
	1987	488	348	140	..	..	105	104
Morocco	1984	6 875	6 499	376	..	..	758	748
	1985	7 009	6 529	480	..	..	759	749
	1986	7 115	6 480	635	..	..	687	677
	1987	7 120	6 500	620	..	..	700	* 690
Mozambique	1984	1 945	410	1 535	..	..	150	* 150
	1985	1 410	410	1 000	..	..	150	* 150
	1986	497	439	58	..	..	150	* 150
	1987	500	440	60	..	..	150	* 150
Niger	1984	137	137	..	..	..	..	..
	1985	154	154	..	..	..	..	..
	1986	156	156	..	..	..	..	..
	1987	157	157	..	..	..	..	..
Nigeria	1984	8 983	6 387	2 596	..	..	71	71
	1985	9 899	7 715	2 184	..	..	76	76
	1986	9 875	7 675	2 200	..	..	75	* 75
	1987	9 905	7 695	2 210	..	..	75	* 75
Réunion	1984	520	112	408	..	..	0	* 0
	1985	559	71	488	..	..	0	* 0
	1986	614	112	502	..	..	0	* 0
	1987	682	152	530	..	..	0	* 0
Rwanda	1984	166	3	163	..	..	106	* 1
	1985	167	3	164	..	..	110	* 1
	1986	170	4	166	..	..	112	* 2
	1987	174	4	170	..	..	114	* 2
St.Helena and Depend	1984	2	2	..	..	..	0	* 0
	1985	2	2	..	..	..	0	* 0
	1986	2	2	..	..	..	0	* 0
	1987	2	2	..	..	..	0	* 0
Sao Tome – Principe	1984	15	7	8	..	..	0	0
	1985	15	7	8	..	..	0	* 0
	1986	14	7	7	..	..	0	* 0
	1987	15	7	8	..	..	0	* 0
Senegal	1984	695	695	..	..	..	11	* 11
	1985	756	756	..	..	..	11	* 11
	1986	759	759	..	..	..	12	* 12
	1987	752	752	..	..	..	12	* 12
Seychelles	1984	56	56	..	..	..	0	0
	1985	62	62	..	..	..	0	0
	1986	66	66	..	..	..	0	* 0
	1987	67	67	..	..	..	0	* 0
Sierra Leone	1984	260	260	...	..	..	64	64
	1985	176	176	...	..	..	64	64
	1986	184	184	...	..	..	64	* 64
	1987	196	196	...	..	..	65	* 65

Production d'électricite – par catégorie

(Quantités en millions de kilowatt–heures)

Producers producteurs			Public Publics					Year Année	Country or area Pays ou zone
Hydro Hydraulique	Nuclear Nucléaire	Geothermal Géother–mique	Total Totale	Thermal Thermique	Hydro Hydraulique	Nuclear Nucléaire	Geothermal Géothermique		
..	..	..	152	18	134	..	..	1984	Mali
..	..	..	154	20	134	..	..	1985	
..	..	..	188	28	* 160	..	..	1986	
..	..	..	191	* 29	* 162	..	..	1987	
36	..	..	67	67	..	..	..	1984	Mauritanie
31	..	..	77	77	..	..	..	1985	
18	..	..	92	92	..	..	..	1986	
25	..	..	95	95	..	..	..	1987	
1	..	..	380	315	65	..	..	1984	Maurice
1	..	..	390	276	114	..	..	1985	
1	..	..	402	293	109	..	..	1986	
1	..	..	383	244	139	..	..	1987	
* 10	..	..	6 117	5 751	366	..	..	1984	Maroc
* 10	..	..	6 250	* 5 780	* 470	..	..	1985	
* 10	..	..	6 428	5 803	625	..	..	1986	
* 10	..	..	6 420	* 5 810	* 610	..	..	1987	
* 0	..	..	1 795	* 260	* 1 535	..	..	1984	Mozambique
* 0	..	..	1 260	* 260	* 1 000	..	..	1985	
* 0	..	..	347	289	58	..	..	1986	
* 0	..	..	350	* 290	* 60	..	..	1987	
..	..	..	137	137	..	..	..	1984	Niger
..	..	..	154	154	..	..	..	1985	
..	..	..	156	156	..	..	..	1986	
..	..	..	157	* 157	..	..	..	1987	
..	..	..	8 912	6 316	2 596	..	..	1984	Nigéria
..	..	..	9 823	7 639	2 184	..	..	1985	
..	..	..	9 800	* 7 600	* 2 200	..	..	1986	
..	..	..	9 830	* 7 620	* 2 210	..	..	1987	
..	..	..	520	112	408	..	..	1984	Réunion
..	..	..	559	71	488	..	..	1985	
..	..	..	614	112	502	..	..	1986	
..	..	..	682	152	530	..	..	1987	
105	..	..	60	2	58	..	..	1984	Rwanda
109	..	..	57	* 2	55	..	..	1985	
* 110	..	..	58	* 2	* 56	..	..	1986	
* 112	..	..	60	* 2	* 58	..	..	1987	
..	..	..	2	* 2	..	..	..	1984	Ste–Hélène et dépend
..	..	..	2	* 2	..	..	..	1985	
..	..	..	2	* 2	..	..	..	1986	
..	..	..	2	* 2	..	..	..	1987	
0	..	..	15	7	8	..	..	1984	Sao Tomé–et–Principe
* 0	..	..	15	* 7	* 8	..	..	1985	
* 0	..	..	14	* 7	* 7	..	..	1986	
* 0	..	..	15	* 7	* 8	..	..	1987	
..	..	..	684	684	..	..	..	1984	Sénégal
..	..	..	745	745	..	..	..	1985	
..	..	..	747	* 747	..	..	..	1986	
..	..	..	740	* 740	..	..	..	1987	
..	..	..	56	56	..	..	..	1984	Seychelles
..	..	..	62	62	..	..	..	1985	
..	..	..	66	66	..	..	..	1986	
..	..	..	67	* 67	..	..	..	1987	
..	..	..	196	* 196	...	..	..	1984	Sierra Leone
..	..	..	112	* 112	...	..	..	1985	
..	..	..	120	* 120	...	..	..	1986	
..	..	..	131	* 131	...	..	..	1987	

Table 34

Production of Electricity – by type

(Quantities in million kilowatt hours)

Country or area Pays ou zone	Year Année	Self–Producers and Public Autoproducteurs et publics					Self– Auto–	
		Total Totale	Thermal Thermique	Hydro Hydraulique	Nuclear Nucléaire	Geothermal Géothermique	Total Totale	Thermal Thermique
Somalia	1984	140	140	..	..	..	..	..
	1985	221	221	..	..	..	..	..
	1986	253	253	..	..	..	..	..
	1987	255	255	..	..	..	..	..
S.Africa Customs Un.	1984	122 394	117 759	710	3 925	..	7 273	7 253
	1985	122 369	117 677	767	3 925	..	7 232	7 212
	1986	122 445	117 787	733	3 925	..	7 220	7 200
	1987	122 465	117 790	745	3 930	..	7 220	7 200
Sudan	1984	1 032	520	512	..	..	110	* 110
	1985	1 040	525	515	..	..	115	* 115
	1986	1 052	535	517	..	..	120	* 120
	1987	1 055	539	516	..	..	123	* 123
Togo	1984	111	109	2	..	..	25	25
	1985	34	30	4	..	..	1	1
	1986	35	31	4	..	..	1	1
	1987	40	36	4	..	..	1	* 1
Tunisia	1984	3 886	3 819	67	..	..	466	466
	1985	4 022	3 913	109	..	..	450	450
	1986	4 202	4 150	52	..	..	452	452
	1987	4 549	4 436	113	..	..	533	533
Uganda	1984	656	9	647	..	..	36	* 4
	1985	653	9	644	..	..	36	* 4
	1986	656	9	647	..	..	36	* 4
	1987	655	11	644	..	..	36	* 5
United Rep. Tanzania	1984	873	258	615	..	..	93	* 93
	1985	869	252	617	..	..	85	* 85
	1986	882	262	620	..	..	92	* 92
	1987	874	264	610	..	..	93	* 93
Western Sahara	1984	78	78	..	..	..	..	..
	1985	76	76	..	..	..	..	..
	1986	79	79	..	..	..	..	..
	1987	81	81	..	..	..	..	..
Zaire	1984	4 830	135	4 695	..	..	2 488	* 90
	1985	5 042	135	4 907	..	..	2 304	* 91
	1986	5 395	136	5 259	..	..	2 130	* 90
	1987	5 295	139	5 156	..	..	2 113	* 92
Zambia	1984	9 940	54	9 886	..	..	219	39
	1985	9 993	37	9 956	..	..	206	22
	1986	9 827	30	9 797	..	..	230	15
	1987	8 479	38	8 441	..	..	236	23
Zimbabwe	1984	4 538	1 080	3 458	..	..	198	198
	1985	5 024	1 927	3 097	..	..	136	136
	1986	5 988	2 833	3 155	..	..	130	130
	1987	7 645	5 150	2 495	..	..	150	* 150
NTH. AMERICA	**1984**	**3 054 729**	**2 021 285**	**642 094**	**380 335**	**11 015**	**114 153**	**81 627**
	1985	**3 171 257**	**2 088 367**	**624 559**	**444 212**	**14 119**	**150 585**	**114 025**
	1986	**3 217 164**	**2 077 558**	**636 073**	**485 305**	**18 228**	**163 204**	**124 929**
	1987	**3 341 495**	**2 190 118**	**598 957**	**532 531**	**19 889**	**165 080**	**127 934**
Antigua and Barbuda	1984	76	76	..	..	..	7	7
	1985	77	77	..	..	..	7	* 7
	1986	86	86	..	..	..	0	0
	1987	91	91	..	..	..	0	0
Aruba	1984	...	...	..	..	..	...	...
	1985	...	...	..	..	..	...	...
	1986	291	291	..	..	..	...	...
	1987	310	310	..	..	..	...	...

Production d'électricite – par catégorie

(Quantités en millions de kilowatt–heures)

Producers producteurs			Public Publics					Year Année	Country or area Pays ou zone
Hydro Hydraulique	Nuclear Nucléaire	Geothermal Géother–mique	Total Totale	Thermal Thermique	Hydro Hydraulique	Nuclear Nucléaire	Geothermal Géothermique		
..	..	..	140	140	..	..	..	1984	Somalie
..	..	..	221	221	..	..	..	1985	
..	..	..	253	253	..	..	..	1986	
..	..	..	255	* 255	..	..	..	1987	
20	..	..	115 121	110 506	690	3 925	..	1984	Un.douan.d'Afr.mérid
20	..	..	115 137	110 465	747	3 925	..	1985	
20	..	..	115 225	110 587	713	3 925	..	1986	
20	..	..	115 245	110 590	725	3 930	..	1987	
..	..	..	922	* 410	* 512	..	..	1984	Soudan
..	..	..	925	* 410	* 515	..	..	1985	
..	..	..	932	* 415	* 517	..	..	1986	
..	..	..	932	* 416	* 516	..	..	1987	
..	..	..	86	84	2	..	..	1984	Togo
..	..	..	33	29	4	..	..	1985	
..	..	..	34	30	* 4	..	..	1986	
..	..	..	39	* 35	* 4	..	..	1987	
..	..	..	3 420	3 353	67	..	..	1984	Tunisie
..	..	..	3 572	3 463	109	..	..	1985	
..	..	..	3 750	3 698	52	..	..	1986	
..	..	..	4 016	3 903	113	..	..	1987	
* 32	..	..	620	* 5	* 615	..	..	1984	Ouganda
* 32	..	..	617	* 5	* 612	..	..	1985	
* 32	..	..	620	* 5	* 615	..	..	1986	
* 31	..	..	619	* 6	* 613	..	..	1987	
..	..	..	780	* 165	* 615	..	..	1984	Rép.Unie de Tanzanie
..	..	..	784	* 167	* 617	..	..	1985	
..	..	..	790	* 170	* 620	..	..	1986	
..	..	..	781	* 171	* 610	..	..	1987	
..	..	..	78	* 78	..	..	..	1984	Sahara occidental
..	..	..	76	* 76	..	..	..	1985	
..	..	..	79	* 79	..	..	..	1986	
..	..	..	81	* 81	..	..	..	1987	
* 2 398	..	..	2 342	* 45	2 297	..	..	1984	Zaïre
* 2 213	..	..	2 738	* 44	* 2 694	..	..	1985	
* 2 040	..	..	3 265	* 46	3 219	..	..	1986	
* 2 021	..	..	3 182	* 47	* 3 135	..	..	1987	
180	..	..	9 721	* 15	9 706	..	..	1984	Zambie
184	..	..	9 787	* 15	9 772	..	..	1985	
215	..	..	9 597	* 15	9 582	..	..	1986	
213	..	..	8 243	* 15	8 228	..	..	1987	
..	..	..	4 340	882	3 458	..	..	1984	Zimbabwe
..	..	..	4 888	1 791	3 097	..	..	1985	
..	..	..	5 858	2 703	3 155	..	..	1986	
..	..	..	7 495	* 5 000	* 2 495	..	..	1987	
32 526	**..**	**...**	**2 940 576**	**1 939 658**	**609 568**	**380 335**	**11 015**	**1984**	**AMER DU NORD**
34 461	**..**	**2 099**	**3 020 672**	**1 974 342**	**590 098**	**444 212**	**12 020**	**1985**	
34 804	**..**	**3 471**	**3 053 960**	**1 952 629**	**601 269**	**485 305**	**14 757**	**1986**	
33 646	**..**	**3 500**	**3 176 415**	**2 062 184**	**565 311**	**532 531**	**16 389**	**1987**	
..	..	..	69	69	..	..	..	1984	Antigua–et–Barbuda
..	..	..	70	* 70	..	..	..	1985	
..	..	..	86	86	..	..	..	1986	
..	..	..	91	91	..	..	..	1987	
..	..	..	...	...	..	..	..	1984	Aruba
..	..	..	...	...	..	..	..	1985	
..	..	..	291	* 291	..	..	..	1986	
..	..	..	310	* 310	..	..	..	1987	

Table 34

Production of Electricity – by type

(Quantities in million kilowatt hours)

Country or area Pays ou zone	Year Année	Self–Producers and Public Autoproducteurs et publics					Self– Auto–	
		Total Totale	Thermal Thermique	Hydro Hydraulique	Nuclear Nucléaire	Geothermal Géothermique	Total Totale	Thermal Thermique
Bahamas	1984	866	866	..	..	..	65	* 65
	1985	854	854	..	..	..	65	* 65
	1986	910	910	..	..	..	65	* 65
	1987	965	965	..	..	..	65	* 65
Barbados	1984	383	383	..	..	..	..	..
	1985	390	390	..	..	..	..	..
	1986	390	390	..	..	..	..	..
	1987	425	425	..	..	..	..	..
Belize	1984	67	67	..	..	..	..	..
	1985	71	71	..	..	..	..	..
	1986	74	74	..	..	..	..	..
	1987	75	75	..	..	..	..	..
Bermuda	1984	382	382	..	..	..	..	..
	1985	395	395	..	..	..	..	..
	1986	400	400	..	..	..	..	..
	1987	435	435	..	..	..	..	..
British Virgin Islds	1984	29	29	..	..	..	..	..
	1985	30	30	..	..	..	..	..
	1986	30	30	..	..	..	..	..
	1987	32	32	..	..	..	..	..
Canada	1984	437 990	98 645	286 644	52 701	..	38 633	8 682
	1985	459 045	94 781	303 743	60 521	..	38 633	8 676
	1986	468 593	86 596	310 730	71 267	..	38 243	8 715
	1987	496 335	102 752	316 322	77 261	..	37 603	9 117
Cayman Islands	1984	111	111	..	..	..	..	..
	1985	124	124	..	..	..	..	..
	1986	137	137	..	..	..	..	..
	1987	138	138	..	..	..	..	..
Costa Rica	1984	3 069	61	3 008	..	..	58	48
	1985	2 826	59	2 767	..	..	58	48
	1986	2 918	43	2 875	..	..	47	37
	1987	2 930	50	2 880	..	..	50	* 40
Cuba	1984	12 292	12 222	70	..	..	1 489	1 489
	1985	12 199	12 145	54	..	..	1 460	1 460
	1986	13 176	13 117	59	..	..	1 538	1 538
	1987	13 594	13 550	44	..	..	1 592	1 592
Dominica	1984	18	2	16	..	..	..	..
	1985	18	2	16	..	..	..	..
	1986	18	2	16	..	..	..	..
	1987	19	2	17	..	..	..	..
Dominican Republic	1984	4 009	3 495	514	..	..	577	* 577
	1985	4 229	3 193	1 036	..	..	1 047	1 047
	1986	4 614	3 714	900	..	..	1 287	1 287
	1987	5 296	4 346	950	..	..	1 350	* 1 350
El Salvador	1984	1 684	120	890	..	674	60	* 60
	1985	1 785	120	935	..	730	60	* 60
	1986	1 757	120	907	..	730	60	* 60
	1987	1 900	130	1 030	..	740	60	* 60
Greenland	1984	182	182	..	..	..	50	50
	1985	185	185	..	..	..	50	* 50
	1986	185	185	..	..	..	50	* 50
	1987	188	188	..	..	..	50	* 50
Grenada	1984	25	25	..	..	..	..	..
	1985	25	25	..	..	..	..	..
	1986	25	25	..	..	..	..	..
	1987	25	25	..	..	..	..	..

Production d'électricite – par catégorie

(Quantités en millions de kilowatt–heures)

Producers producteurs			Public Publics					Year Année	Country or area Pays ou zone
Hydro Hydraulique	Nuclear Nucléaire	Geothermal Géother–mique	Total Totale	Thermal Thermique	Hydro Hydraulique	Nuclear Nucléaire	Geothermal Géothermique		
..	..	..	801	801	..	..	..	1984	Bahamas
..	..	..	789	* 789	..	..	..	1985	
..	..	..	845	* 845	..	..	..	1986	
..	..	..	900	* 900	..	..	..	1987	
..	..	..	383	383	..	..	..	1984	Barbade
..	..	..	390	390	..	..	..	1985	
..	..	..	390	390	..	..	..	1986	
..	..	..	425	425	..	..	..	1987	
..	..	..	67	67	..	..	..	1984	Belize
..	..	..	71	71	..	..	..	1985	
..	..	..	74	74	..	..	..	1986	
..	..	..	75	* 75	..	..	..	1987	
..	..	..	382	382	..	..	..	1984	Bermudes
..	..	..	395	395	..	..	..	1985	
..	..	..	400	* 400	..	..	..	1986	
..	..	..	435	435	..	..	..	1987	
..	..	..	29	29	..	..	..	1984	Iles Vierges brit.
..	..	..	30	* 30	..	..	..	1985	
..	..	..	30	* 30	..	..	..	1986	
..	..	..	32	* 32	..	..	..	1987	
29 951	..	..	399 357	89 963	256 693	52 701	..	1984	Canada
29 957	..	..	420 412	86 105	273 786	60 521	..	1985	
29 528	..	..	430 350	77 881	281 202	71 267	..	1986	
28 486	..	..	458 732	93 635	287 836	77 261	..	1987	
..	..	..	111	111	..	..	..	1984	Iles Caïmanes
..	..	..	124	124	..	..	..	1985	
..	..	..	137	137	..	..	..	1986	
..	..	..	138	* 138	..	..	..	1987	
10	..	..	3 011	13	2 998	..	..	1984	Costa Rica
10	..	..	2 768	11	2 757	..	..	1985	
10	..	..	2 871	6	2 865	..	..	1986	
* 10	..	..	2 880	* 10	* 2 870	..	..	1987	
..	..	..	10 803	10 733	70	..	..	1984	Cuba
..	..	..	10 739	10 685	54	..	..	1985	
..	..	..	11 638	11 579	59	..	..	1986	
..	..	..	12 002	11 958	44	..	..	1987	
..	..	..	18	* 2	* 16	..	..	1984	Dominique
..	..	..	18	* 2	* 16	..	..	1985	
..	..	..	18	* 2	* 16	..	..	1986	
..	..	..	19	* 2	* 17	..	..	1987	
..	..	..	3 432	* 2 918	514	..	..	1984	Rép. dominicaine
..	..	..	3 182	2 146	1 036	..	..	1985	
..	..	..	3 327	2 427	900	..	..	1986	
..	..	..	3 946	* 2 996	* 950	..	..	1987	
...	..	..	1 624	* 60	* 890	..	674	1984	El Salvador
...	..	..	1 725	* 60	* 935	..	730	1985	
...	..	..	1 697	* 60	* 907	..	730	1986	
...	..	..	1 840	* 70	* 1 030	..	740	1987	
..	..	..	132	132	..	..	..	1984	Groënland
..	..	..	135	* 135	..	..	..	1985	
..	..	..	135	* 135	..	..	..	1986	
..	..	..	138	* 138	..	..	..	1987	
..	..	..	25	25	..	..	..	1984	Grenade
..	..	..	25	* 25	..	..	..	1985	
..	..	..	25	* 25	..	..	..	1986	
..	..	..	25	* 25	..	..	..	1987	

Table 34

Production of Electricity – by type

(Quantities in million kilowatt hours)

Country or area Pays ou zone	Year Année	Self–Producers and Public Autoproducteurs et publics					Self– Auto–	
		Total Totale	Thermal Thermique	Hydro Hydraulique	Nuclear Nucléaire	Geothermal Géothermique	Total Totale	Thermal Thermique
Guadeloupe	1984	461	461	..	..	..	..	..
	1985	462	462	..	..	..	..	..
	1986	462	462	..	..	..	..	..
	1987	462	462	..	..	..	..	..
Guatemala	1984	1 690	1 085	605	..	..	210	210
	1985	1 755	1 077	678	..	..	210	210
	1986	1 760	1 080	680	..	..	210	* 210
	1987	1 770	1 090	680	..	..	210	* 210
Haiti	1984	375	115	260	..	..	25	* 25
	1985	375	115	260	..	..	25	* 25
	1986	438	120	318	..	..	20	* 20
	1987	450	130	320	..	..	20	* 20
Honduras	1984	1 060	186	874	..	..	50	* 50
	1985	1 065	190	875	..	..	50	* 50
	1986	1 075	195	880	..	..	50	* 50
	1987	1 085	205	880	..	..	55	* 55
Jamaica	1984	2 371	2 221	150	..	..	850	* 850
	1985	2 286	2 209	77	..	..	850	* 850
	1986	2 371	2 255	116	..	..	850	* 850
	1987	2 385	2 260	125	..	..	850	* 850
Martinique	1984	273	273	..	..	..	..	..
	1985	275	275	..	..	..	..	..
	1986	275	275	..	..	..	..	..
	1987	276	276	..	..	..	..	..
Mexico	1984	86 971	61 944	23 603	..	1 424	7 464	7 309
	1985	93 405	65 523	26 241	..	1 641	8 053	* 7 899
	1986	97 117	73 696	20 025	..	3 396	7 754	7 612
	1987	104 791	82 024	18 435	..	4 332	8 515	8 373
Montserrat	1984	12	12	..	..	..	..	..
	1985	12	12	..	..	..	..	..
	1986	12	12	..	..	..	..	..
	1987	13	13	..	..	..	..	..
Neth.Antil and Aruba	1984	1 175	1 175	..	..	..	645	* 645
	1985	1 125	1 125	..	..	..	600	* 600
	1986	...	...	..	..	..	...	...
	1987	...	...	..	..	..	...	...
Netherlands Antilles	1984	...	...	..	..	..	...	...
	1985	...	...	..	..	..	...	...
	1986	600	600	..	..	..	320	* 320
	1987	625	625	..	..	..	325	* 325
Nicaragua	1984	973	466	235	..	272	78	68
	1985	1 059	494	264	..	301	73	65
	1986	1 063	495	268	..	300	73	* 65
	1987	1 063	495	268	..	300	73	* 65
Panama	1984	2 272	780	1 492	...	..	61	61
	1985	2 450	521	1 929	...	..	30	30
	1986	2 689	593	2 096	...	..	103	103
	1987	2 902	870	2 032	...	..	231	231
Puerto Rico	1984	12 557	12 392	165	0	..	295	295
	1985	12 316	12 131	185	0	..	290	* 290
	1986	12 870	12 645	225	0	..	300	* 300
	1987	13 757	13 497	260	0	..	310	* 310
St.Kitts–Nevis	1984	35	35	..	..	..	7	* 7
	1985	35	35	..	..	..	7	* 7
	1986	35	35	..	..	..	7	* 7
	1987	36	36	..	..	..	7	* 7

Production d'électricite – par catégorie

(Quantités en millions de kilowatt–heures)

Producers producteurs: Hydro Hydraulique	Producers producteurs: Nuclear Nucléaire	Producers producteurs: Geothermal Géother–mique	Public Publics: Total Totale	Public Publics: Thermal Thermique	Public Publics: Hydro Hydraulique	Public Publics: Nuclear Nucléaire	Public Publics: Geothermal Géothermique	Year Année	Country or area Pays ou zone
..	..	..	461	461	..	..	..	1984	Guadeloupe
..	..	..	462	* 462	..	..	..	1985	
..	..	..	462	* 462	..	..	..	1986	
..	..	..	462	* 462	..	..	..	1987	
* 0	..	..	1 480	875	605	..	..	1984	Guatemala
* 0	..	..	1 545	867	678	..	..	1985	
* 0	..	..	1 550	* 870	* 680	..	..	1986	
* 0	..	..	1 560	* 880	* 680	..	..	1987	
..	..	..	350	* 90	* 260	..	..	1984	Haïti
..	..	..	350	* 90	* 260	..	..	1985	
..	..	..	418	* 100	* 318	..	..	1986	
..	..	..	430	* 110	* 320	..	..	1987	
* 0	..	..	1 010	136	874	..	..	1984	Honduras
* 0	..	..	1 015	* 140	* 875	..	..	1985	
* 0	..	..	1 025	* 145	* 880	..	..	1986	
* 0	..	..	1 030	* 150	* 880	..	..	1987	
..	..	..	1 521	* 1 371	* 150	..	..	1984	Jamaïque
..	..	..	1 436	1 359	77	..	..	1985	
..	..	..	1 521	1 405	116	..	..	1986	
..	..	..	1 535	* 1 410	* 125	..	..	1987	
..	..	..	273	* 273	..	..	..	1984	Martinique
..	..	..	275	* 275	..	..	..	1985	
..	..	..	275	* 275	..	..	..	1986	
..	..	..	276	* 276	..	..	..	1987	
155	..	..	79 507	54 635	23 448	..	1 424	1984	Mexique
154	..	..	85 352	57 624	26 087	..	1 641	1985	
142	..	..	89 363	66 084	19 883	..	3 396	1986	
142	..	..	96 276	73 651	18 293	..	4 332	1987	
..	..	..	12	12	..	..	..	1984	Montserrat
..	..	..	12	* 12	..	..	..	1905	
..	..	..	12	* 12	..	..	..	1986	
..	..	..	13	* 13	..	..	..	1987	
..	..	..	530	* 530	..	..	..	1984	Antill.néer.et Aruba
..	..	..	525	* 525	..	..	..	1985	
..	..	..	...	...	..	..	..	1986	
..	..	..	...	...	..	..	..	1987	
..	..	..	...	...	..	..	..	1984	Antilles néerland.
..	..	..	...	...	..	..	..	1985	
..	..	..	280	* 280	..	..	..	1986	
..	..	..	300	* 300	..	..	..	1987	
10	..	..	895	398	225	..	272	1984	Nicaragua
8	..	..	986	429	256	..	301	1985	
* 8	..	..	990	* 430	* 260	..	300	1986	
* 8	..	..	990	* 430	* 260	..	300	1987	
..	..	..	2 211	719	1 492	...	..	1984	Panama
..	..	..	2 420	491	1 929	...	..	1985	
..	..	..	2 586	490	2 096	...	..	1986	
..	..	..	2 671	639	2 032	...	..	1987	
..	..	..	12 262	12 097	165	0	..	1984	Porto Rico
..	..	..	12 026	* 11 841	* 185	0	..	1985	
..	..	..	12 570	* 12 345	* 225	0	..	1986	
..	..	..	13 447	* 13 187	* 260	0	..	1987	
..	..	..	28	* 28	..	..	..	1984	St–Kitts–Nevis
..	..	..	28	* 28	..	..	..	1985	
..	..	..	28	* 28	..	..	..	1986	
..	..	..	29	* 29	..	..	..	1987	

Table 34

Production of Electricity – by type

(Quantities in million kilowatt hours)

Country or area Pays ou zone	Year Année	Self–Producers and Public Autoproducteurs et publics					Self– Auto–	
		Total Totale	Thermal Thermique	Hydro Hydraulique	Nuclear Nucléaire	Geothermal Géothermique	Total Totale	Thermal Thermique
Saint Lucia	1984	68	68	..	..	..	..	..
	1985	73	73	..	..	..	..	..
	1986	73	73	..	..	..	..	..
	1987	74	74	..	..	..	..	..
St.Pierre–Miquelon	1984	32	32	..	..	..	..	..
	1985	35	35	..	..	..	..	..
	1986	37	37	..	..	..	..	..
	1987	38	38	..	..	..	..	..
S.Vincent–Grenadines	1984	30	12	18	..	..	..	..
	1985	30	12	18	..	..	..	..
	1986	30	12	18	..	..	..	..
	1987	31	12	19	..	..	..	..
Trinidad and Tobago	1984	2 998	2 998	..	..	..	115	* 115
	1985	3 018	3 018	..	..	..	115	* 115
	1986	3 297	3 297	..	..	..	115	* 115
	1987	3 315	3 315	..	..	..	115	* 115
Turks and Caicos Is.	1984	9	9	..	..	..	4	* 4
	1985	9	9	..	..	..	4	* 4
	1986	9	9	..	..	..	4	* 4
	1987	9	9	..	..	..	4	* 4
United States	1984	2 479 304	1 819 475	323 550	327 634	8 645	63 000	* 60 600
	1985	2 568 319	1 887 700	285 481	383 691	11 447	98 478	92 047
	1986	2 599 318	1 875 518	295 960	414 038	13 802	112 008	103 421
	1987	2 685 627	1 961 145	254 695	455 270	14 517	113 500	* 105 000
U.S. Virgin Islands	1984	880	880	..	..	..	410	* 410
	1985	900	900	..	..	..	420	* 420
	1986	920	920	..	..	..	420	* 420
	1987	963	963	..	..	..	420	420
STH. AMERICA	**1984**	**335 152**	**76 405**	**254 106**	**4 641**	..	**27 214**	**20 620**
	1985	**355 672**	**73 920**	**272 605**	**9 147**	..	**26 291**	**19 431**
	1986	**377 384**	**86 737**	**284 791**	**5 856**	..	**29 113**	**21 774**
	1987	**390 861**	**89 442**	**293 983**	**7 436**	..	**29 758**	**22 206**
Argentina	1984	44 914	20 399	19 874	4 641	..	4 100	4 005
	1985	45 265	18 850	20 649	5 766	..	3 800	3 708
	1986	48 984	22 257	21 015	5 712	..	4 000	3 910
	1987	52 165	23 791	21 909	6 465	..	4 100	4 002
Bolivia	1984	1 511	323	1 188	..	..	135	* 15
	1985	1 510	350	1 160	..	..	120	* 10
	1986	1 515	375	1 140	..	..	105	* 5
	1987	1 520	391	1 129	..	..	98	5
Brazil	1984	178 532	11 939	166 593	0	..	8 734	5 693
	1985	192 731	10 975	178 375	3 381	..	8 375	5 334
	1986	201 353	18 790	182 419	144	..	9 880	6 452
	1987	202 287	15 770	185 546	971	..	10 074	6 578
Chile	1984	13 498	4 166	9 332	..	..	3 039	2 278
	1985	14 040	3 682	10 358	..	..	3 062	2 375
	1986	14 820	3 513	11 307	..	..	3 138	2 485
	1987	15 636	3 489	12 147	..	..	3 319	2 619
Colombia	1984	29 888	9 656	20 232	..	..	2 351	2 005
	1985	30 268	8 487	21 781	..	..	1 627	1 449
	1986	33 564	8 302	25 262	..	..	2 224	1 931
	1987	35 368	9 810	25 558	..	..	1 762	1 553
Ecuador	1984	4 207	1 011	3 196	..	..	14	13
	1985	4 750	1 020	3 730	..	..	200	* 170
	1986	5 301	986	4 315	..	..	251	* 216
	1987	5 668	1 094	4 574	..	..	315	274

Production d'électricite – par catégorie

(Quantités en millions de kilowatt–heures)

Producers producteurs			Public Publics					Year Année	Country or area Pays ou zone
Hydro Hydraulique	Nuclear Nucléaire	Geothermal Géother–mique	Total Totale	Thermal Thermique	Hydro Hydraulique	Nuclear Nucléaire	Geothermal Géothermique		
..	..	..	68	68	..	..	..	1984	Sainte–Lucie
..	..	..	73	73	..	..	..	1985	
..	..	..	73	* 73	..	..	..	1986	
..	..	..	74	* 74	..	..	..	1987	
..	..	..	32	32	..	..	..	1984	St.Pierre–Miquelon
..	..	..	35	35	..	..	..	1985	
..	..	..	37	37	..	..	..	1986	
..	..	..	38	38	..	..	..	1987	
..	..	..	30	* 12	* 18	..	..	1984	S.Vincent–Grenadines
..	..	..	30	* 12	* 18	..	..	1985	
..	..	..	30	* 12	* 18	..	..	1986	
..	..	..	31	* 12	* 19	..	..	1987	
..	..	..	2 883	2 883	..	..	..	1984	Trinité–et–Tobago
..	..	..	2 903	2 903	..	..	..	1985	
..	..	..	3 182	3 182	..	..	..	1986	
..	..	..	3 200	* 3 200	..	..	..	1987	
..	..	..	5	* 5	..	..	..	1984	Iles Turques,Caïques
..	..	..	5	* 5	..	..	..	1985	
..	..	..	5	* 5	..	..	..	1986	
..	..	..	5	* 5	..	..	..	1987	
* 2 400	..	...	2 416 304	* 1 758 875	321 150	327 634	8 645	1984	Etats–Unis
4 332	..	2 099	2 469 841	* 1 795 653	281 149	383 691	9 348	1985	
5 116	..	3 471	2 487 310	* 1 772 097	290 844	414 038	10 331	1986	
* 5 000	..	3 500	2 572 127	* 1 856 145	249 695	455 270	11 017	1987	
..	..	..	470	* 470	..	..	..	1984	Iles Vierges amér.
..	..	..	480	* 480	..	..	..	1985	
..	..	..	500	* 500	..	..	..	1986	
..	..	..	543	543	..	..	..	1987	
6 591	..	**..**	**307 938**	**55 785**	**247 512**	**4 641**	**..**	**1984**	**AMER DU SUD**
6 860	**..**	**..**	**329 381**	**54 489**	**265 745**	**9 147**	**..**	**1985**	
7 339	**..**	**..**	**348 271**	**64 963**	**277 452**	**5 856**	**..**	**1986**	
7 552	**..**	**..**	**361 103**	**67 236**	**286 431**	**7 436**	**..**	**1987**	
95	..	..	40 814	16 394	19 779	4 641	..	1984	Argentine
92	..	..	41 465	15 142	20 557	5 766	..	1985	
90	..	..	44 984	18 347	20 925	5 712	..	1986	
98	..	..	48 065	19 789	21 811	6 465	..	1987	
* 120	..	..	1 376	308	1 068	..	..	1984	Bolivie
* 110	..	..	1 390	* 340	* 1 050	..	..	1985	
* 100	..	..	1 410	* 370	* 1 040	..	..	1986	
93	..	..	1 422	386	1 036	..	..	1987	
3 041	..	..	169 798	6 246	163 552	0	..	1984	Brésil
3 041	..	..	184 356	5 641	175 334	3 381	..	1985	
3 428	..	..	191 473	12 338	178 991	144	..	1986	
3 496	..	..	192 213	9 192	182 050	971	..	1987	
761	..	..	10 459	1 888	8 571	..	..	1984	Chili
687	..	..	10 978	1 307	9 671	..	..	1985	
653	..	..	11 682	1 028	10 654	..	..	1986	
700	..	..	12 317	870	11 447	..	..	1987	
346	..	..	27 537	7 651	19 886	..	..	1984	Colombie
178	..	..	28 641	7 038	21 603	..	..	1985	
293	..	..	31 340	6 371	24 969	..	..	1986	
209	..	..	33 606	8 257	25 349	..	..	1987	
1	..	..	4 193	998	3 195	..	..	1984	Equateur
* 30	..	..	4 550	* 850	* 3 700	..	..	1985	
* 35	..	..	5 050	* 770	* 4 280	..	..	1986	
41	..	..	5 353	820	4 533	..	..	1987	

Table 34

Production of Electricity – by type

(Quantities in million kilowatt hours)

Country or area Pays ou zone	Year Année	Self–Producers and Public Autoproducteurs et publics					Self– Auto–	
		Total Totale	Thermal Thermique	Hydro Hydraulique	Nuclear Nucléaire	Geothermal Géothermique	Total Totale	Thermal Thermique
Falkland I(Malvinas)	1984	3	3	..	..	..	..	..
	1985	3	3	..	..	..	..	..
	1986	3	3	..	..	..	..	..
	1987	3	3	..	..	..	..	..
French Guiana	1984	181	181	..	..	..	..	..
	1985	207	207	..	..	..	..	..
	1986	223	223	..	..	..	..	..
	1987	249	249	..	..	..	..	..
Guyana	1984	400	395	5	..	..	175	* 175
	1985	390	385	5	..	..	170	* 170
	1986	390	385	5	..	..	170	* 170
	1987	385	380	5	..	..	165	* 165
Paraguay	1984	920	34	886	..	..	25	* 25
	1985	1 260	4	1 256	..	..	0	* 0
	1986	1 643	4	1 639	..	..	0	* 0
	1987	2 825	5	2 820	..	..	0	* 0
Peru	1984	11 717	3 146	8 571	..	..	3 642	2 312
	1985	12 115	2 799	9 316	..	..	3 736	* 1 934
	1986	12 985	2 875	10 110	..	..	3 751	* 1 941
	1987	14 195	3 145	11 050	..	..	4 102	* 2 122
Suriname	1984	1 250	350	900	..	..	1 075	* 175
	1985	1 300	380	920	..	..	1 125	* 205
	1986	1 325	395	930	..	..	1 140	* 210
	1987	1 330	395	935	..	..	1 145	* 210
Uruguay	1984	3 801	137	3 664	..	..	80	80
	1985	3 836	151	3 685	..	..	79	79
	1986	4 185	136	4 049	..	..	85	85
	1987	4 526	316	4 210	..	..	78	78
Venezuela	1984	44 330	24 665	19 665	..	..	3 844	3 844
	1985	47 997	26 627	21 370	..	..	3 997	* 3 997
	1986	51 093	28 493	22 600	..	..	4 369	* 4 369
	1987	54 704	30 604	24 100	..	..	4 600	* 4 600
ASIA	**1984**	**1 683 751**	**1 189 272**	**313 329**	**175 044**	**6 106**	**123 057**	**110 731**
	1985	**1 796 920**	**1 248 640**	**331 281**	**210 378**	**6 621**	**133 294**	**120 357**
	1986	**1 897 937**	**1 321 386**	**341 147**	**229 014**	**6 390**	**138 938**	**125 374**
	1987	**2 034 571**	**1 403 797**	**356 248**	**268 126**	**6 400**	**145 479**	**131 676**
Afghanistan	1984	1 045	280	765	..	..	232	* 204
	1985	1 060	282	778	..	..	233	* 205
	1986	1 171	451	720	..	..	371	* 331
	1987	1 257	493	764	..	..	379	* 355
Bahrain	1984	2 417	2 417	..	..	..	230	* 230
	1985	2 937	2 937	..	..	..	300	* 300
	1986	2 970	2 970	..	..	..	320	* 320
	1987	3 020	3 020	..	..	..	320	* 320
Bangladesh	1984	4 292	3 395	897	..	..	325	325
	1985	4 870	4 131	739	..	..	325	* 325
	1986	5 125	4 675	450	..	..	325	325
	1987	5 895	5 365	530	..	..	325	* 325
Bhutan	1984	20	12	8	..	..	9	9
	1985	21	13	8	..	..	10	* 10
	1986	21	13	8	..	..	10	* 10
	1987	21	13	8	..	..	10	* 10
Brunei Darussalam	1984	831	831	..	..	..	198	198
	1985	904	904	..	..	..	204	* 204
	1986	958	958	..	..	..	204	204
	1987	998	998	..	..	..	61	61

Production d'électricite – par catégorie

(Quantités en millions de kilowatt–heures)

Producers producteurs			Public Publics					Year Année	Country or area Pays ou zone
Hydro Hydraulique	Nuclear Nucléaire	Geothermal Géother–mique	Total Totale	Thermal Thermique	Hydro Hydraulique	Nuclear Nucléaire	Geothermal Géothermique		
..	..	..	3	* 3	..	..	..	1984	I Falkland(Malvinas)
..	..	..	3	* 3	..	..	..	1985	
..	..	..	3	* 3	..	..	..	1986	
..	..	..	3	* 3	..	..	..	1987	
..	..	..	181	181	..	..	..	1984	Guyane française
..	..	..	207	* 207	..	..	..	1985	
..	..	..	223	223	..	..	..	1986	
..	..	..	249	249	..	..	..	1987	
..	..	..	225	220	* 5	..	..	1984	Guyana
..	..	..	220	* 215	* 5	..	..	1985	
..	..	..	220	* 215	* 5	..	..	1986	
..	..	..	220	* 215	* 5	..	..	1987	
..	..	..	895	9	886	..	..	1984	Paraguay
..	..	..	1 260	4	1 256	..	..	1985	
..	..	..	1 643	4	1 639	..	..	1986	
..	..	..	2 825	* 5	* 2 820	..	..	1987	
1 330	..	..	8 075	834	7 241	..	..	1984	Pérou
1 802	..	..	8 379	* 865	* 7 514	..	..	1985	
* 1 810	..	..	9 234	* 934	* 8 300	..	..	1986	
* 1 980	..	..	10 093	* 1 023	* 9 070	..	..	1987	
* 900	..	..	175	* 175	..	..	..	1984	Suriname
* 920	..	..	175	* 175	..	..	..	1985	
* 930	..	..	185	* 185	..	..	..	1986	
* 935	..	..	185	* 185	..	..	..	1987	
..	..	..	3 721	57	3 664	..	..	1984	Uruguay
..	..	..	3 757	72	3 685	..	..	1985	
..	..	..	4 100	51	4 049	..	..	1986	
..	..	..	4 448	238	4 210	..	..	1987	
..	..	..	40 486	20 821	19 665	..	..	1984	Venezuela
..	..	..	44 000	* 22 630	* 21 370	..	..	1985	
..	..	..	46 724	* 24 124	* 22 600	..	..	1986	
..	..	..	50 104	* 26 004	* 24 100	..	..	1987	
11 050	**1 036**	**240**	**1 560 694**	**1 078 541**	**302 279**	**174 008**	**5 866**	**1984**	**ASIE**
12 092	**595**	**250**	**1 663 626**	**1 128 283**	**319 189**	**209 783**	**6 371**	**1985**	
12 314	**1 000**	**250**	**1 758 999**	**1 196 012**	**328 833**	**228 014**	**6 140**	**1986**	
12 353	**1 200**	**250**	**1 889 092**	**1 272 121**	**343 895**	**266 926**	**6 150**	**1987**	
* 28	..	..	813	* 76	* 737	..	..	1984	Afghanistan
* 28	..	..	827	* 77	* 750	..	..	1985	
* 40	..	..	800	* 120	* 680	..	..	1986	
* 24	..	..	878	138	740	..	..	1987	
..	..	..	2 187	2 187	..	..	..	1984	Bahreïn
..	..	..	2 637	2 637	..	..	..	1985	
..	..	..	2 650	* 2 650	..	..	..	1986	
..	..	..	2 700	* 2 700	..	..	..	1987	
..	..	..	3 967	3 070	897	..	..	1984	Bangladesh
..	..	..	4 545	3 806	739	..	..	1985	
..	..	..	4 800	4 350	450	..	..	1986	
..	..	..	5 570	* 5 040	* 530	..	..	1987	
..	..	..	11	3	8	..	..	1984	Bhoutan
..	..	..	11	3	8	..	..	1985	
..	..	..	11	* 3	* 8	..	..	1986	
..	..	..	11	* 3	* 8	..	..	1987	
..	..	..	633	633	..	..	..	1984	Brunéi Darussalam
..	..	..	700	* 700	..	..	..	1985	
..	..	..	754	754	..	..	..	1986	
..	..	..	937	937	..	..	..	1987	

Table 34

Production of Electricity – by type

(Quantities in million kilowatt hours)

Country or area Pays ou zone	Year Année	Self–Producers and Public Autoproducteurs et publics					Self– Auto–	
		Total Totale	Thermal Thermique	Hydro Hydraulique	Nuclear Nucléaire	Geothermal Géothermique	Total Totale	Thermal Thermique
Burma	1984	1 890	879	1 011	..	..	50	* 50
	1985	2 120	1 117	1 003	..	..	55	* 55
	1986	2 217	1 145	1 072	..	..	62	* 62
	1987	2 279	1 158	1 121	..	..	66	66
China	1984	376 990	290 210	86 780	..	..	..	..
	1985	410 700	318 300	92 400	..	..	..	..
	1986	449 530	355 000	94 530	..	..	..	..
	1987	497 267	397 260	100 007	..	..	..	..
Cyprus	1984	1 250	1 250	..	..	..	0	0
	1985	1 319	1 319	..	..	..	0	0
	1986	1 423	1 423	..	..	..	0	0
	1987	1 512	1 512	..	..	..	11	11
Democratic Kampuchea	1984	70	40	30	..	..	..	..
	1985	70	40	30	..	..	..	..
	1986	70	40	30	..	..	..	..
	1987	70	40	30	..	..	..	..
Democratic Yemen	1984	410	410	..	..	..	97	97
	1985	413	413	..	..	..	98	* 98
	1986	452	452	..	..	..	100	* 100
	1987	465	465	..	..	..	100	* 100
Hong Kong	1984	17 923	17 923	..	..	..	..	..
	1985	19 235	19 235	..	..	..	..	..
	1986	21 412	21 412	..	..	..	..	..
	1987	23 753	23 753	..	..	..	..	..
India	1984	169 205	111 164	53 966	4 075	..	12 346	12 328
	1985	183 390	127 369	51 039	4 982	..	13 040	* 13 022
	1986	202 099	143 208	53 869	5 022	..	14 300	* 14 282
	1987	217 500	154 182	57 918	5 400	..	15 600	* 15 582
Indonesia	1984	23 759	17 751	5 791	..	217	10 137	6 465
	1985	29 978	23 616	6 152	..	210	13 733	* 9 633
	1986	33 315	26 065	7 040	..	210	13 850	* 9 650
	1987	34 810	27 310	7 290	..	210	14 300	* 10 000
Iran(Islamic Rep.of)	1984	37 168	30 834	6 334	..	..	2 500	* 2 500
	1985	37 300	30 900	6 400	..	..	2 500	* 2 500
	1986	36 800	30 600	6 200	..	..	2 500	* 2 500
	1987	37 910	31 510	6 400	..	..	2 510	* 2 510
Iraq	1984	18 379	17 769	610	..	..	650	* 650
	1985	20 994	20 384	610	..	..	650	* 650
	1986	22 297	21 697	600	..	..	650	* 650
	1987	22 860	22 250	610	..	..	650	650
Israel	1984	14 909	14 909	..	..	..	200	* 200
	1985	15 698	15 698	..	..	..	210	* 210
	1986	15 876	15 876	..	..	..	373	* 373
	1987	17 491	17 491	..	..	..	219	219
Japan	1984	648 572	436 270	76 711	134 264	1 327	66 377	59 037
	1985	671 952	422 967	87 947	159 578	1 460	68 026	* 60 426
	1986	671 770	415 350	86 560	168 310	1 550	70 250	* 62 000
	1987	698 970	423 490	84 070	189 810	1 600	72 250	* 64 000
Jordan	1984	2 265	2 265	0	..	..	357	357
	1985	2 495	2 495	0	..	..	393	393
	1986	2 955	2 952	3	..	..	343	343
	1987	3 486	3 467	19	..	..	389	389
Korea,Dem.Ppl's.Rep.	1984	45 000	18 000	27 000	..	..	..	..
	1985	48 000	20 000	28 000	..	..	..	..
	1986	50 000	21 000	29 000	..	..	..	..
	1987	50 200	21 100	29 100	..	..	..	..

Production d'électricite – par catégorie

(Quantités en millions de kilowatt–heures)

Producers producteurs			Public Publics					Year Année	Country or area Pays ou zone
Hydro Hydraulique	Nuclear Nucléaire	Geothermal Géother–mique	Total Totale	Thermal Thermique	Hydro Hydraulique	Nuclear Nucléaire	Geothermal Géothermique		
0	..	..	1 840	* 829	1 011	..	..	1984	Birmanie
0	..	..	2 065	* 1 062	1 003	..	..	1985	
0	..	..	2 155	* 1 083	* 1 072	..	..	1986	
0	..	..	2 213	1 092	1 121	..	..	1987	
..	..	..	376 990	290 210	86 780	..	..	1984	Chine
..	..	..	410 700	318 300	92 400	..	..	1985	
..	..	..	449 530	355 000	94 530	..	..	1986	
..	..	..	497 267	397 260	100 007	..	..	1987	
..	..	..	1 250	1 250	..	..	..	1984	Chypre
..	..	..	1 319	1 319	..	..	..	1985	
..	..	..	1 423	1 423	..	..	..	1986	
..	..	..	1 501	1 501	..	..	..	1987	
..	..	..	70	40	30	..	..	1984	Kampuchea démocrat.
..	..	..	70	* 40	* 30	..	..	1985	
..	..	..	70	* 40	* 30	..	..	1986	
..	..	..	70	* 40	* 30	..	..	1987	
..	..	..	313	313	..	..	..	1984	Yémen démocratique
..	..	..	315	* 315	..	..	..	1985	
..	..	..	352	* 352	..	..	..	1986	
..	..	..	365	* 365	..	..	..	1987	
..	..	..	17 923	17 923	..	..	..	1984	Hong–kong
..	..	..	19 235	19 235	..	..	..	1985	
..	..	..	21 412	21 412	..	..	..	1986	
..	..	..	23 753	23 753	..	..	..	1987	
18	..	..	156 859	98 836	53 948	4 075	..	1984	Inde
18	..	..	170 350	114 347	51 021	4 982	..	1985	
* 18	..	..	187 799	128 926	53 851	5 022	..	1986	
* 18	..	..	201 900	* 138 600	* 57 900	* 5 400	..	1987	
3 672	..	..	13 622	11 286	2 119	..	217	1984	Indonésie
* 4 100	..	..	16 245	* 13 983	* 2 052	..	210	1985	
* 4 200	..	..	19 465	* 16 415	* 2 840	..	210	1986	
* 4 300	..	..	20 510	* 17 310	* 2 990	..	210	1987	
..	..	..	34 668	28 334	6 334	..	..	1984	Iran(Rép.islamique)
..	..	..	34 800	* 28 400	* 6 400	..	..	1985	
..	..	..	34 300	* 28 100	* 6 200	..	..	1986	
..	..	..	35 400	* 29 000	* 6 400	..	..	1987	
..	..	..	17 729	17 119	* 610	..	..	1984	Iraq
..	..	..	20 344	19 734	* 610	..	..	1985	
..	..	..	21 647	21 047	* 600	..	..	1986	
..	..	..	22 210	* 21 600	* 610	..	..	1987	
..	..	..	14 709	* 14 709	..	..	..	1984	Israël
..	..	..	15 488	* 15 488	..	..	..	1985	
..	..	..	15 503	15 503	..	..	..	1986	
..	..	..	17 272	17 272	..	..	..	1987	
6 064	1 036	240	582 195	377 233	70 647	133 228	1 087	1984	Japon
6 755	595	250	603 926	* 362 541	81 192	158 983	1 210	1985	
* 7 000	* 1 000	250	601 520	* 353 350	79 560	167 310	1 300	1986	
* 6 800	* 1 200	250	626 720	* 359 490	77 270	188 610	1 350	1987	
..	..	..	1 908	1 908	0	..	..	1984	Jordanie
..	..	..	2 102	2 102	0	..	..	1985	
..	..	..	2 612	2 609	3	..	..	1986	
..	..	..	3 097	3 078	19	..	..	1987	
..	..	..	45 000	* 18 000	* 27 000	..	..	1984	Corée,Rép.pop.dém.de
..	..	..	48 000	* 20 000	* 28 000	..	..	1985	
..	..	..	50 000	* 21 000	* 29 000	..	..	1986	
..	..	..	50 200	* 21 100	* 29 100	..	..	1987	

Table 34

Production of Electricity – by type

(Quantities in million kilowatt hours)

Country or area Pays ou zone	Year Année	Self–Producers and Public Autoproducteurs et publics					Self– Auto–	
		Total Totale	Thermal Thermique	Hydro Hydraulique	Nuclear Nucléaire	Geothermal Géothermique	Total Totale	Thermal Thermique
Korea, Republic of	1984	58 352	44 161	2 399	11 792	..	4 544	4 544
	1985	62 716	42 312	3 659	16 745	..	4 709	4 709
	1986	69 763	37 433	4 019	28 311	..	5 068	5 068
	1987	80 250	35 592	5 344	39 314	..	6 428	6 428
Kuwait,part Ntl.Zone	1984	14 196	14 196	..	..	..	302	302
	1985	15 689	15 689	..	..	..	272	272
	1986	17 216	17 216	..	..	..	280	280
	1987	18 400	18 400	..	..	..	310	* 310
Lao Peoples Dem.Rep.	1984	990	40	950	..	..	0	0
	1985	1 050	50	1 000	..	..	0	0
	1986	1 050	50	1 000	..	..	0	0
	1987	1 100	50	1 050	..	..	0	* 0
Lebanon	1984	3 000	2 415	585	..	..	135	* 70
	1985	3 861	3 276	585	..	..	135	* 70
	1986	4 170	3 610	560	..	..	130	* 70
	1987	4 600	3 990	610	..	..	130	* 70
Macau	1984	425	425	..	..	..	...	...
	1985	445	445	..	..	..	...	...
	1986	513	513	..	..	..	...	...
	1987	616	616	..	..	..	36	* 36
Malaysia	1984	13 651	10 254	3 397	..	..	545	532
	1985	14 995	11 220	3 775	..	..	815	797
	1986	16 099	12 025	4 074	..	..	949	* 925
	1987	17 387	12 477	4 910	..	..	980	* 950
Maldives	1984	9	9	..	..	..	..	..
	1985	11	11	..	..	..	..	..
	1986	13	13	..	..	..	..	..
	1987	13	13	..	..	..	..	..
Mongolia	1984	2 264	2 264	..	..	..	300	* 300
	1985	2 680	2 680	..	..	..	300	* 300
	1986	2 996	2 996	..	..	..	300	* 300
	1987	3 153	3 153	..	..	..	300	* 300
Nepal	1984	344	30	314	..	..	27	* 27
	1985	364	29	335	..	..	25	* 25
	1986	462	25	437	..	..	22	* 22
	1987	538	26	512	..	..	25	* 25
Oman	1984	2 409	2 409	..	..	..	348	348
	1985	2 899	2 899	..	..	..	390	390
	1986	3 587	3 587	..	..	..	400	400
	1987	3 793	3 793	..	..	..	410	* 410
Pakistan	1984	25 428	12 278	12 826	324	..	3 555	3 555
	1985	27 531	14 944	12 241	346	..	4 528	4 528
	1986	30 171	15 937	13 804	430	..	4 582	4 582
	1987	33 475	17 723	15 250	502	..	4 772	4 772
Philippines	1984	21 080	11 349	5 191	..	4 540	2 414	2 390
	1985	22 909	12 395	5 569	..	4 945	4 152	4 097
	1986	22 320	11 687	6 047	..	4 586	3 057	2 999
	1987	23 852	14 100	5 220	..	4 532	2 958	* 2 898
Qatar	1984	3 563	3 563	..	..	..	15	* 15
	1985	3 949	3 949	..	..	..	15	* 15
	1986	4 303	4 303	..	..	..	15	* 15
	1987	4 420	4 420	..	..	..	20	* 20
S.Arabia,pt.Ntrl.Zn.	1984	31 028	31 028	..	..	..	750	* 750
	1985	32 410	32 410	..	..	..	810	* 810
	1986	36 100	36 100	..	..	..	900	* 900
	1987	37 100	37 100	..	..	..	1 000	* 1 000

Production d'électricite – par catégorie

(Quantités en millions de kilowatt–heures)

Producers producteurs			Public Publics					Year Année	Country or area Pays ou zone
Hydro Hydraulique	Nuclear Nucléaire	Geothermal Géother–mique	Total Totale	Thermal Thermique	Hydro Hydraulique	Nuclear Nucléaire	Geothermal Géothermique		
..	..	..	53 808	39 617	2 399	11 792	..	1984	Corée, République de
..	..	..	58 007	37 603	3 659	16 745	..	1985	
..	..	..	64 695	32 365	4 019	28 311	..	1986	
..	..	..	73 822	29 164	5 344	39 314	..	1987	
..	..	..	13 894	13 894	..	..	..	1984	Koweït et prt.Zne.N.
..	..	..	15 417	15 417	..	..	..	1985	
..	..	..	16 936	16 936	..	..	..	1986	
..	..	..	18 090	18 090	..	..	..	1987	
..	..	..	990	* 40	* 950	..	..	1984	Rép. dém. pop. lao
..	..	..	1 050	* 50	* 1 000	..	..	1985	
..	..	..	1 050	* 50	* 1 000	..	..	1986	
..	..	..	1 100	* 50	* 1 050	..	..	1987	
* 65	..	..	2 865	* 2 345	* 520	..	..	1984	Liban
* 65	..	..	3 726	* 3 206	* 520	..	..	1985	
* 60	..	..	4 040	* 3 540	* 500	..	..	1986	
* 60	..	..	4 470	* 3 920	* 550	..	..	1987	
..	..	..	425	425	..	..	..	1984	Macao
..	..	..	445	445	..	..	..	1985	
..	..	..	513	513	..	..	..	1986	
..	..	..	580	580	..	..	..	1987	
13	..	..	13 106	9 722	3 384	..	..	1984	Malaisie
18	..	..	14 180	10 423	3 757	..	..	1985	
* 24	..	..	15 150	* 11 100	* 4 050	..	..	1986	
* 30	..	..	16 407	* 11 527	* 4 880	..	..	1987	
..	..	..	9	9	..	..	..	1984	Maldives
..	..	..	11	* 11	..	..	..	1985	
..	..	..	13	* 13	..	..	..	1986	
..	..	..	13	* 13	..	..	..	1987	
..	..	..	1 964	* 1 964	..	..	..	1984	Mongolie
..	..	..	2 380	2 380	..	..	..	1985	
..	..	..	2 696	2 696	..	..	..	1986	
..	..	..	2 853	2 853	..	..	..	1987	
..	..	..	317	3	314	..	..	1984	Népal
..	..	..	339	4	335	..	..	1985	
..	..	..	440	* 3	437	..	..	1986	
..	..	..	513	1	512	..	..	1987	
..	..	..	2 061	2 061	..	..	..	1984	Oman
..	..	..	2 509	2 509	..	..	..	1985	
..	..	..	3 187	3 187	..	..	..	1986	
..	..	..	3 383	3 383	..	..	..	1987	
..	..	..	21 873	8 723	12 826	324	..	1984	Pakistan
..	..	..	23 003	10 416	12 241	346	..	1985	
..	..	..	25 589	11 355	13 804	430	..	1986	
..	..	..	28 703	12 951	15 250	502	..	1987	
24	..	..	18 666	8 959	5 167	..	4 540	1984	Philippines
55	..	..	18 757	8 298	5 514	..	4 945	1985	
58	..	..	19 263	8 688	5 989	..	4 586	1986	
* 60	..	..	20 894	* 11 202	* 5 160	..	4 532	1987	
..	..	..	3 548	* 3 548	..	..	..	1984	Qatar
..	..	..	3 934	* 3 934	..	..	..	1985	
..	..	..	4 288	4 288	..	..	..	1986	
..	..	..	4 400	* 4 400	..	..	..	1987	
..	..	..	30 278	* 30 278	..	..	..	1984	Arab.saoud,p.Zn.neut
..	..	..	31 600	* 31 600	..	..	..	1985	
..	..	..	35 200	* 35 200	..	..	..	1986	
..	..	..	36 100	* 36 100	..	..	..	1987	

Table 34

Production of Electricity – by type

(Quantities in million kilowatt hours)

Country or area Pays ou zone	Year Année	Self–Producers and Public Autoproducteurs et publics					Self– Auto–	
		Total Totale	Thermal Thermique	Hydro Hydraulique	Nuclear Nucléaire	Geothermal Géothermique	Total Totale	Thermal Thermique
Singapore	1984	9 401	9 401	..	..	..	..	..
	1985	9 876	9 876	..	..	..	..	..
	1986	10 577	10 577	..	..	..	..	..
	1987	11 814	11 814	..	..	..	..	..
Sri Lanka	1984	2 261	170	2 091	..	..	0	0
	1985	2 464	69	2 395	..	..	0	0
	1986	2 652	7	2 645	..	..	0	0
	1987	2 707	530	2 177	..	..	0	0
Syrian Arab Republic	1984	7 310	5 382	1 928	..	..	413	413
	1985	8 038	5 983	2 055	..	..	582	582
	1986	7 942	6 309	1 633	..	..	910	910
	1987	7 161	5 661	1 500	..	..	1 000	* 1 000
Thailand	1984	22 030	17 949	4 081	..	..	1 005	1 005
	1985	24 179	20 487	3 692	..	..	1 105	1 105
	1986	25 932	20 378	5 554	..	..	1 215	* 1 215
	1987	29 992	25 917	4 075	..	..	1 340	* 1 340
Turkey	1984	30 644	17 187	13 435	..	22	3 927	2 761
	1985	33 313	21 264	12 043	..	6	3 069	2 016
	1986	39 695	27 778	11 873	..	44	4 225	3 311
	1987	44 353	25 677	18 618	..	58	4 674	3 613
United Arab Emirates	1984	10 200	10 200	..	..	..	9 020	* 9 020
	1985	11 614	11 614	..	..	..	10 424	* 10 424
	1986	12 610	12 610	..	..	..	11 410	* 11 410
	1987	13 100	13 100	..	..	..	11 888	* 11 888
Viet Nam	1984	4 800	3 000	1 800	..	..	...	...
	1985	5 000	3 100	1 900	..	..	...	...
	1986	5 200	3 200	2 000	..	..	...	...
	1987	5 300	3 300	2 000	..	..	...	...
Yemen	1984	461	461	..	..	..	15	* 15
	1985	497	497	..	..	..	15	* 15
	1986	712	712	..	..	..	15	* 15
	1987	718	718	..	..	..	18	* 18
EUROPE	**1984**	**2 384 223**	**1 387 475**	**475 584**	**515 490**	**5 674**	**236 369**	**182 036**
	1985	**2 484 329**	**1 387 070**	**472 166**	**619 585**	**5 508**	**229 228**	**179 101**
	1986	**2 533 871**	**1 399 250**	**456 250**	**672 565**	**5 806**	**227 317**	**182 869**
	1987	**2 620 577**	**1 427 274**	**490 834**	**695 606**	**6 863**	**232 069**	**184 379**
Albania	1984	3 805	530	3 275	..	..	...	...
	1985	3 850	500	3 350	..	..	...	...
	1986	3 880	480	3 400	..	..	...	...
	1987	3 840	490	3 350	..	..	...	...
Austria	1984	41 827	12 913	28 914	..	..	5 621	3 352
	1985	43 923	12 932	30 991	..	..	5 663	3 431
	1986	44 134	12 973	31 161	..	..	5 581	3 413
	1987	50 220	14 640	35 580	..	..	6 100	* 3 700
Belgium	1984	53 699	25 595	361	27 743	0	2 882	2 882
	1985	56 356	21 371	384	34 601	0	2 867	2 867
	1986	57 621	17 884	343	39 394	0	2 848	2 848
	1987	62 375	19 925	477	41 967	WIND-POWER 6	2 883	2 883
Bulgaria	1984	44 672	28 677	3 260	12 735	..	4 553	4 553
	1985	41 633	26 265	2 237	13 131	..	4 689	4 688
	1986	41 817	27 420	2 326	12 071	..	4 448	4 448
	1987	43 470	28 497	2 538	12 435	..	4 433	4 433
Czechoslovakia	1984	78 388	67 880	3 269	7 239	..	10 840	10 700
	1985	80 627	64 499	4 349	11 779	..	10 537	10 397
	1986	84 775	62 919	3 991	17 865	..	10 332	10 201
	1987	85 825	58 707	4 904	22 214	..	10 313	10 171

Table 34

Production d'électricite – par catégorie

(Quantités en millions de kilowatt–heures)

Producers producteurs: Hydro Hydraulique	Producers producteurs: Nuclear Nucléaire	Producers producteurs: Geothermal Géother-mique	Public Publics: Total Totale	Public Publics: Thermal Thermique	Public Publics: Hydro Hydraulique	Public Publics: Nuclear Nucléaire	Public Publics: Geothermal Géothermique	Year Année	Country or area Pays ou zone
..	..	..	9 401	9 401	..	..	..	1984	Singapour
..	..	..	9 876	9 876	..	..	..	1985	
..	..	..	10 577	10 577	..	..	..	1986	
..	..	..	11 814	11 814	..	..	..	1987	
0	..	..	2 261	170	2 091	..	..	1984	Sri Lanka
0	..	..	2 464	69	2 395	..	..	1985	
0	..	..	2 652	7	2 645	..	..	1986	
0	..	..	2 707	530	2 177	..	..	1987	
..	..	..	6 897	4 969	1 928	..	..	1984	Rép. arabe syrienne
..	..	..	7 456	5 401	2 055	..	..	1985	
..	..	..	7 032	5 399	1 633	..	..	1986	
..	..	..	6 161	* 4 661	* 1 500	..	..	1987	
..	..	..	21 025	16 944	4 081	..	..	1984	Thaïlande
..	..	..	23 074	19 382	3 692	..	..	1985	
..	..	..	24 717	19 163	5 554	..	..	1986	
..	..	..	28 652	24 577	4 075	..	..	1987	
1 166	..	..	26 717	14 426	12 269	..	22	1984	Turquie
1 053	..	..	30 244	19 248	10 990	..	6	1985	
914	..	..	35 470	24 467	10 959	..	44	1986	
1 061	..	..	39 679	22 064	17 557	..	58	1987	
..	..	..	1 180	* 1 180	..	..	..	1984	Emirats arabes unis
..	..	..	1 190	* 1 190	..	..	..	1985	
..	..	..	1 200	* 1 200	..	..	..	1986	
..	..	..	1 212	* 1 212	..	..	..	1987	
..	..	..	4 800	* 3 000	* 1 800	..	..	1984	Viet Nam
..	..	..	5 000	* 3 100	* 1 900	..	..	1985	
..	..	..	5 200	* 3 200	* 2 000	..	..	1986	
..	..	..	5 300	* 3 300	* 2 000	..	..	1987	
..	..	..	446	446	..	..	..	1984	Yémen
..	..	..	482	482	..	..	..	1985	
..	..	..	697	697	..	..	..	1986	
..	..	..	700	* 700	..	..	..	1987	
48 919	**5 361**	**53**	**2 147 854**	**1 205 439**	**426 665**	**510 129**	**5 621**	**1984**	**EUROPE**
44 115	**5 939**	**73**	**2 255 101**	**1 207 969**	**428 051**	**613 646**	**5 435**	**1985**	
38 430	**5 882**	**136**	**2 306 554**	**1 216 381**	**417 820**	**666 683**	**5 670**	**1986**	
41 704	**5 803**	**183**	**2 388 508**	**1 242 895**	**449 130**	**689 803**	**6 680**	**1987**	
..	..	..	3 805	* 530	* 3 275	..	..	1984	Albanie
..	..	..	3 850	* 500	* 3 350	..	..	1985	
..	..	..	3 880	* 480	* 3 400	..	..	1986	
..	..	..	3 840	* 490	* 3 350	..	..	1987	
2 269	..	..	36 206	9 561	26 645	..	..	1984	Autriche
2 232	..	..	38 260	9 501	28 759	..	..	1985	
2 168	..	..	38 553	9 560	28 993	..	..	1986	
* 2 400	..	..	44 120	* 10 940	* 33 180	..	..	1987	
0	..	..	50 817	22 713	361	27 743	0	1984	Belgique
0	..	..	53 489	18 504	384	34 601	0	1985	
0	..	..	54 773	15 036	343	39 394	0	1986	
0	..	..	59 492	17 042	477	41 967	6	1987	
0	..	..	40 119	24 124	3 260	12 735	..	1984	Bulgarie
1	..	..	36 944	21 577	2 236	13 131	..	1985	
0	..	..	37 369	22 972	2 326	12 071	..	1986	
0	..	..	39 037	24 064	2 538	12 435	..	1987	
140	..	..	67 548	57 180	3 129	7 239	..	1984	Tchécoslovaquie
140	..	..	70 090	54 102	4 209	11 779	..	1985	
131	..	..	74 443	52 718	3 860	17 865	..	1986	
142	..	..	75 512	48 536	4 762	22 214	..	1987	

Table 34

Production of Electricity – by type

(Quantities in million kilowatt hours)

Country or area Pays ou zone	Year Année	Self–Producers and Public Autoproducteurs et publics					Self– Auto–	
		Total Totale	Thermal Thermique	Hydro Hydraulique	Nuclear Nucléaire	Geothermal Géothermique	Total Totale	Thermal Thermique
Denmark	1984	22 620	22 543	34	..	43	334	287
	1985	29 064	28 968	33	..	63	339	273
	1986	30 739	30 574	29	..	136	456	315
	1987	29 398	29 186	29	..	183	500	313
Faeroe Islands	1984	178	128	50	..	..	..	..
	1985	178	128	50	..	..	..	..
	1986	178	128	50	..	..	..	..
	1987	180	130	50	..	..	..	..
Finland	1984	43 226	12 312	13 115	17 799	..	5 982	5 982
	1985	49 752	18 324	12 333	19 095	..	7 050	7 050
	1986	48 762	17 278	12 389	19 095	..	6 994	6 994
	1987	53 464	20 024	13 794	19 646	..	7 507	7 507
France incl. Monaco	1984	307 155	60 769	64 647	181 739	..	30 453	25 185
	1985	325 733	51 680	60 965	213 088	..	28 500	23 500
	1986	343 141	40 412	61 285	241 444	..	28 424	23 475
	1987	356 200	37 000	67 900	251 300	..	29 600	24 000
German Dem. Rep.	1984	110 093	96 605	1 748	11 740	..	8 462	8 398
	1985	113 834	99 337	1 758	12 739	..	8 143	8 086
	1986	115 291	102 616	1 767	10 908	..	8 365	8 311
	1987	114 180	101 244	1 726	11 210	..	8 233	8 196
Germany, Fed. Rep.	1984	392 801	283 837	16 640	92 324	..	63 444	60 360
	1985	406 714	265 191	15 621	125 902	..	62 227	58 860
	1986	406 386	270 142	16 664	119 580	..	61 669	58 660
	1987	415 812	265 033	18 932	131 847	..	60 902	57 553
Gibraltar	1984	61	61	..	..	..	..	..
	1985	63	63	..	..	..	..	..
	1986	65	65	..	..	..	..	..
	1987	70	70	..	..	..	..	..
Greece	1984	24 820	21 958	2 862	..	0	266	266
	1985	27 740	24 935	2 805	..	0	416	416
	1986	28 237	24 888	3 349	..	0	540	540
	1987	30 087	27 305	2 779	..	3	535	535
Hungary	1984	26 303	22 356	181	3 766	..	1 110	1 110
	1985	26 796	20 161	155	6 480	..	975	975
	1986	28 063	20 485	154	7 424	..	1 024	1 024
	1987	29 749	18 594	169	10 986	..	995	995
Iceland	1984	4 123	4	3 929	..	190	15	1
	1985	4 044	4	3 850	..	190	15	1
	1986	4 114	5	3 884	..	225	5	1
	1987	4 210	5	3 957	..	248	5	1
Ireland	1984	11 236	10 548	688	..	..	169	161
	1985	11 738	10 908	830	..	..	169	156
	1986	12 307	11 043	1 264	..	..	186	173
	1987	12 636	11 520	1 116	..	..	198	180
Italy and San Marino	1984	179 546	127 508	42 311	6 887	2 840	25 494	17 713
	1985	182 275	131 440	41 130	7 024	2 681	23 872	16 127
	1986	188 989	136 281	41 190	8 758	2 760	24 912	17 614
	1987	198 292	155 627	39 505	174	2 986	23 809	16 371
Luxembourg	1984	538	446	92	..	..	410	410
	1985	502	432	70	..	..	394	394
	1986	572	490	82	..	..	454	454
	1987	573	473	100	..	..	429	429
Malta	1984	700	700	..	..	..	..	..
	1985	784	784	..	..	..	..	..
	1986	850	850	..	..	..	..	..
	1987	944	944	..	..	..	..	..

Table 34

Production d'électricite – par catégorie

(Quantités en millions de kilowatt–heures)

Producers producteurs			Public Publics					Year Année	Country or area Pays ou zone
Hydro Hydraulique	Nuclear Nucléaire	Geothermal Géother–mique	Total Totale	Thermal Thermique	Hydro Hydraulique	Nuclear Nucléaire	Geothermal Géothermique		
4	..	43	22 286	22 256	30	..	..	1984	Danemark
3	..	63	28 725	28 695	30	..	..	1985	
5	..	136	30 283	30 259	24	..	..	1986	
4	..	183	28 898	28 873	25	..	..	1987	
..	..	..	178	128	50	..	..	1984	Iles Féroé
..	..	..	178	* 128	* 50	..	..	1985	
..	..	..	178	* 128	* 50	..	..	1986	
..	..	..	180	* 130	* 50	..	..	1987	
0	..	..	37 244	* 6 330	13 115	17 799	..	1984	Finlande
0	..	..	42 702	11 274	12 333	19 095	..	1985	
0	..	..	41 768	10 284	12 389	19 095	..	1986	
0	..	..	45 957	12 517	13 794	19 646	..	1987	
5 268	..	..	276 702	35 584	59 379	181 739	..	1984	France y comp.Monaco
5 000	..	..	297 233	28 180	55 965	213 088	..	1985	
4 949	..	..	314 717	16 937	56 336	241 444	..	1986	
5 600	..	..	326 600	13 000	62 300	251 300	..	1987	
64	..	..	101 631	88 207	1 684	11 740	..	1984	Rép. dém. allemande
57	..	..	105 691	91 251	1 701	12 739	..	1985	
54	..	..	106 926	94 305	1 713	10 908	..	1986	
37	..	..	105 947	93 048	1 689	11 210	..	1987	
2 204	* 880	..	329 357	223 477	* 14 436	91 444	..	1984	Allemagne, Rép. féd.
2 168	1 199	..	344 487	206 331	13 453	124 703	..	1985	
2 201	808	..	344 717	211 482	14 463	118 772	..	1986	
2 502	847	..	354 910	207 480	16 430	131 000	..	1987	
..	..	..	61	61	..	..	..	1984	Gibraltar
..	..	..	63	63	..	..	..	1985	
..	..	..	65	65	..	..	..	1986	
..	..	..	70	70	..	..	..	1987	
0	..	..	24 554	21 692	2 862	..	0	1984	Grèce
0	..	..	27 324	24 519	2 805	..	0	1985	
0	..	..	27 697	24 348	3 349	..	0	1986	
0	..	..	29 552	26 770	2 779	..	3	1987	
..	..	..	25 193	21 246	181	3 766	..	1984	Hongrie
..	..	..	25 821	19 186	155	6 480	..	1985	
..	..	..	27 039	19 461	154	7 424	..	1986	
..	..	..	28 754	17 599	169	10 986	..	1987	
4	..	10	4 108	3	3 925	..	180	1984	Islande
4	..	10	4 029	3	3 846	..	180	1985	
4	..	0	4 109	4	3 880	..	225	1986	
4	..	0	4 205	4	3 953	..	248	1987	
8	..	..	11 067	10 387	680	..	..	1984	Irlande
13	..	..	11 569	10 752	817	..	..	1985	
13	..	..	12 121	10 870	1 251	..	..	1986	
18	..	..	12 438	11 340	1 098	..	..	1987	
7 781	..	..	154 052	109 795	34 530	6 887	2 840	1984	Italie y comp. S.Mrn
7 745	..	..	158 403	115 313	33 385	7 024	2 681	1985	
7 298	..	..	164 077	118 667	33 892	8 758	2 760	1986	
7 438	..	..	174 483	139 256	32 067	174	2 986	1987	
..	..	..	128	36	* 92	..	..	1984	Luxembourg
..	..	..	108	38	70	..	..	1985	
..	..	..	118	36	82	..	..	1986	
..	..	..	144	44	100	..	..	1987	
..	..	..	700	700	..	..	..	1984	Malte
..	..	..	784	784	..	..	..	1985	
..	..	..	850	850	..	..	..	1986	
..	..	..	944	944	..	..	..	1987	

Table 34

Production of Electricity – by type

(Quantities in million kilowatt hours)

Country or area Pays ou zone	Year Année	Self–Producers and Public Autoproducteurs et publics					Self– Auto–	
		Total Totale	Thermal Thermique	Hydro Hydraulique	Nuclear Nucléaire	Geothermal Géothermique	Total Totale	Thermal Thermique
Netherlands	1984	62 778	59 067	0	3 711	0	7 627	7 627
	1985	62 936	59 223	0	3 713	0	7 678	* 7 678
	1986	67 158	62 938	3	4 216	1	8 466	8 466
	1987	68 411	64 852	1	3 556	2	9 882	9 882
Norway,Svlbd,J.Myn I	1984	106 230	327	105 903	..	..	20 750	183
	1985	102 729	346	102 383	..	..	15 981	251
	1986	96 566	365	96 201	..	..	11 243	234
	1987	103 810	514	103 296	..	..	12 159	360
Poland	1984	134 792	131 440	3 352	..	..	9 104	9 104
	1985	137 708	133 814	3 894	..	..	8 817	8 817
	1986	140 294	136 512	3 782	..	..	8 706	8 706
	1987	145 832	141 779	4 053	..	..	8 420	8 420
Portugal	1984	20 020	9 570	10 447	..	3	972	939
	1985	19 007	8 256	10 747	..	4	1 135	1 098
	1986	20 225	11 811	8 412	..	2	1 216	1 179
	1987	20 101	10 949	9 151	..	1	1 201	1 164
Romania	1984	71 667	60 341	11 326	..	..	3 602	3 522
	1985	71 818	59 922	11 896	..	..	3 530	* 3 450
	1986	71 580	59 500	12 080	..	..	3 580	* 3 500
	1987	73 090	60 500	12 590	..	..	3 590	* 3 500
Spain	1984	118 110	63 536	31 488	23 086	..	3 363	1 863
	1985	125 597	66 286	31 267	28 044	..	3 536	2 094
	1986	129 149	64 276	27 415	37 458	..	3 712	2 291
	1987	133 168	63 908	27 999	41 261	..	4 166	2 640
Sweden	1984	123 273	4 431	67 911	50 926	5	7 524	2 711
	1985	136 532	6 984	70 981	58 561	6	7 488	2 488
	1986	138 049	7 200	60 892	69 951	6	7 884	3 081
	1987	146 625	6 810	72 233	67 576	6	8 598	* 2 914
Switzrld,Liechtenst.	1984	48 141	884	29 861	17 396	..	4 133	586
	1985	53 872	869	31 722	21 281	..	4 426	611
	1986	54 857	988	32 566	21 303	..	4 213	638
	1987	56 976	958	34 317	21 701	..	4 352	652
United Kingdom	1984	280 413	222 429	4 005	53 979	0	16 479	11 361
	1985	293 722	229 533	4 095	60 094	0	17 581	12 193
	1986	298 156	235 009	4 067	59 079	1	18 816	13 060
	1987	300 247	240 974	4 035	55 238	0	19 759	14 080
Yugoslavia	1984	73 008	40 080	25 915	4 420	2 593	2 780	* 2 780
	1985	74 802	43 915	24 270	4 053	2 564	3 200	* 3 200
	1986	77 916	43 718	27 504	4 019	2 675	3 243	* 3 243
	1987	80 792	46 616	26 253	4 495	3 428	3 500	* 3 500
OCEANIA	**1984**	**143 833**	**107 769**	**34 823**	..	**1 241**	**9 370**	**9 291**
	1985	**153 106**	**116 000**	**35 247**	..	**1 859**	**9 679**	**9 596**
	1986	**159 293**	**119 716**	**37 566**	..	**2 011**	**10 383**	**10 287**
	1987	**164 071**	**127 877**	**34 244**	..	**1 950**	**10 925**	**10 822**
American Samoa	1984	74	74	..	..	..	..	..
	1985	75	75	..	..	..	..	..
	1986	75	75	..	..	..	..	..
	1987	75	75	..	..	..	..	..
Australia	1984	112 947	99 436	13 511	..	...	8 291	8 237
	1985	120 996	105 998	14 278	..	720	8 550	8 492
	1986	126 211	110 872	14 502	..	837	9 099	9 045
	1987	132 172	117 926	13 406	..	840	9 555	9 495
Cook Islands	1984	11	11	..	..	..	..	..
	1985	12	12	..	..	..	..	..
	1986	12	12	..	..	..	..	..
	1987	12	12	..	..	..	..	..

Production d'électricite – par catégorie

(Quantités en millions de kilowatt–heures)

Producers producteurs			Public Publics					Year Année	Country or area Pays ou zone
Hydro Hydraulique	Nuclear Nucléaire	Geothermal Géother–mique	Total Totale	Thermal Thermique	Hydro Hydraulique	Nuclear Nucléaire	Geothermal Géothermique		
..	..	..	55 151	51 440	0	3 711	0	1984	Pays–Bas
..	..	..	55 258	* 51 545	0	* 3 713	0	1985	
..	..	..	58 692	54 472	3	4 216	1	1986	
..	..	..	58 529	54 970	1	3 556	2	1987	
20 567	..	..	85 480	144	85 336	..	..	1984	Norvège,Svalbd,J.May
15 730	..	..	86 748	95	86 653	..	..	1985	
11 009	..	..	85 323	131	85 192	..	..	1986	
11 799	..	..	91 651	154	91 497	..	..	1987	
..	..	..	125 688	122 336	3 352	..	..	1984	Pologne
..	..	..	128 891	124 997	3 894	..	..	1985	
..	..	..	131 588	127 806	3 782	..	..	1986	
..	..	..	137 412	133 359	4 053	..	..	1987	
33	..	..	19 048	8 631	10 414	..	3	1984	Portugal
37	..	..	17 872	7 158	10 710	..	4	1985	
37	..	..	19 009	10 632	8 375	..	2	1986	
37	..	..	18 900	9 785	9 114	..	1	1987	
80	..	..	68 065	56 819	11 246	..	..	1984	Roumanie
* 80	..	..	68 288	* 56 472	* 11 816	..	..	1985	
* 80	..	..	68 000	* 56 000	* 12 000	..	..	1986	
* 90	..	..	69 500	* 57 000	* 12 500	..	..	1987	
1 500	..	..	114 747	61 673	29 988	23 086	..	1984	Espagne
1 442	..	..	122 061	64 192	29 825	28 044	..	1985	
1 421	..	..	125 437	61 985	25 994	37 458	..	1986	
1 526	..	..	129 002	61 268	26 473	41 261	..	1987	
4 813	..	..	115 749	1 720	63 098	50 926	5	1984	Suède
5 000	..	..	129 044	4 496	65 981	58 561	6	1985	
4 803	..	..	130 165	4 119	56 089	69 951	6	1986	
* 5 684	..	..	138 027	* 3 896	* 66 549	67 576	6	1987	
3 547	..	..	44 008	298	* 26 314	17 396	..	1984	Suisse,Liechtenstein
3 815	..	..	49 446	258	* 27 907	21 281	..	1985	
3 575	..	..	50 644	350	* 28 991	21 303	..	1986	
3 700	..	..	52 624	306	* 30 617	21 701	..	1987	
637	4 481	..	263 934	211 068	3 368	49 498	0	1984	Royaume–Uni
648	4 740	..	276 141	217 340	3 447	* 55 354	0	1985	
682	5 074	..	279 340	221 949	3 385	54 005	1	1986	
723	4 956	..	280 488	226 894	3 312	50 282	0	1987	
0	..	..	70 228	* 37 300	25 915	4 420	2 593	1984	Yougoslavie
0	..	..	71 602	40 715	* 24 270	4 053	2 564	1985	
0	..	..	74 673	* 40 475	* 27 504	4 019	2 675	1986	
0	..	..	77 292	* 43 116	* 26 253	* 4 495	3 428	1987	
79	..	..	**134 463**	**98 478**	**34 744**	..	**1 241**	**1984**	**OCEANIE**
83	..	..	**143 427**	**106 404**	**35 164**	..	**1 859**	**1985**	
96	..	..	**148 910**	**109 429**	**37 470**	..	**2 011**	**1986**	
103	..	..	**153 146**	**117 055**	**34 141**	..	**1 950**	**1987**	
..	..	..	74	74	..	..	..	1984	Samoa américaines
..	..	..	75	* 75	..	..	..	1985	
..	..	..	75	* 75	..	..	..	1986	
..	..	..	75	* 75	..	..	..	1987	
54	..	..	104 656	91 199	13 457	..	...	1984	Australie
58	..	..	112 446	97 506	14 220	..	720	1985	
54	..	..	117 112	101 827	14 448	..	837	1986	
60	..	..	122 617	108 431	13 346	..	840	1987	
..	..	..	11	11	..	..	..	1984	Iles Cook
..	..	..	12	12	..	..	..	1985	
..	..	..	12	* 12	..	..	..	1986	
..	..	..	12	* 12	..	..	..	1987	

Table 34

Production of Electricity – by type

(Quantities in million kilowatt hours)

Country or area Pays ou zone	Year Année	Self–Producers and Public Autoproducteurs et publics					Self– Auto–	
		Total Totale	Thermal Thermique	Hydro Hydraulique	Nuclear Nucléaire	Geothermal Géothermique	Total Totale	Thermal Thermique
Fiji	1984	387	100	287	..	..	80	80
	1985	395	102	293	..	..	82	82
	1986	406	74	332	..	..	54	54
	1987	430	80	350	..	..	60	* 60
French Polynesia	1984	203	179	24	..	..	..	..
	1985	220	188	32	..	..	..	..
	1986	225	190	35	..	..	..	..
	1987	225	190	35	..	..	..	..
Guam	1984	1 000	1 000	..	..	..	...	...
	1985	1 100	1 100	..	..	..	...	...
	1986	1 100	1 100	..	..	..	...	...
	1987	1 000	1 000	..	..	..	...	...
Kiribati	1984	6	6	..	..	..	..	..
	1985	6	6	..	..	..	..	..
	1986	6	6	..	..	..	..	..
	1987	7	7	..	..	..	..	..
Nauru	1984	28	28	..	..	..	..	..
	1985	28	28	..	..	..	..	..
	1986	29	29	..	..	..	..	..
	1987	29	29	..	..	..	..	..
New Caledonia	1984	915	514	401	..	..	20	* 20
	1985	1 120	636	484	..	..	20	20
	1986	1 109	707	402	..	..	20	20
	1987	1 004	747	257	..	..	20	* 20
New Zealand	1984	26 519	5 104	20 174	..	1 241	..	..
	1985	27 334	6 488	19 707	..	1 139	..	..
	1986	28 160	5 198	21 788	..	1 174	..	..
	1987	27 030	6 210	19 710	..	1 110	..	..
Niue	1984	3	3	..	..	..	..	..
	1985	3	3	..	..	..	..	..
	1986	3	3	..	..	..	..	..
	1987	3	3	..	..	..	..	..
Pacific Islds(Trust)	1984	150	150	0	..	..	10	* 10
	1985	164	148	16	..	..	8	* 8
	1986	168	138	30	..	..	8	* 8
	1987	169	139	30	..	..	8	* 8
Papua New Guinea	1984	1 485	1 075	410	..	..	950	* 925
	1985	1 545	1 125	420	..	..	1 000	* 975
	1986	1 676	1 219	457	..	..	1 183	1 141
	1987	1 797	1 359	438	..	..	1 263	1 220
Samoa	1984	41	25	16	..	..	8	8
	1985	42	25	17	..	..	8	* 8
	1986	45	25	20	..	..	8	* 8
	1987	46	28	18	..	..	8	* 8
Solomon Islands	1984	28	28	..	..	..	5	* 5
	1985	29	29	..	..	..	5	* 5
	1986	30	30	..	..	..	5	* 5
	1987	30	30	..	..	..	5	* 5
Tonga	1984	12	12	..	..	..	..	..
	1985	12	12	..	..	..	..	..
	1986	12	12	..	..	..	..	..
	1987	16	16	..	..	..	..	..
Vanuatu	1984	24	24	..	..	..	6	* 6
	1985	25	25	..	..	..	6	* 6
	1986	26	26	..	..	..	6	* 6
	1987	26	26	..	..	..	6	* 6

Production d'électricite – par catégorie

(Quantités en millions de kilowatt–heures)

Producers producteurs			Public Publics						
Hydro Hydraulique	Nuclear Nucléaire	Geothermal Géother–mique	Total Totale	Thermal Thermique	Hydro Hydraulique	Nuclear Nucléaire	Geothermal Géothermique	Year Année	Country or area Pays ou zone
..	..	..	307	20	287	..	..	1984	Fidji
..	..	..	313	20	293	..	..	1985	
..	..	..	352	20	332	..	..	1986	
..	..	..	370	* 20	* 350	..	..	1987	
..	..	..	203	179	24	..	..	1984	Polynésie française
..	..	..	220	188	32	..	..	1985	
..	..	..	225	* 190	* 35	..	..	1986	
..	..	..	225	* 190	* 35	..	..	1987	
..	..	..	1 000	* 1 000	..	..	..	1984	Guam
..	..	..	1 100	* 1 100	..	..	..	1985	
..	..	..	1 100	* 1 100	..	..	..	1986	
..	..	..	1 000	* 1 000	..	..	..	1987	
..	..	..	6	6	..	..	..	1984	Kiribati
..	..	..	6	6	..	..	..	1985	
..	..	..	6	6	..	..	..	1986	
..	..	..	7	7	..	..	..	1987	
..	..	..	28	* 28	..	..	..	1984	Nauru
..	..	..	28	* 28	..	..	..	1985	
..	..	..	29	* 29	..	..	..	1986	
..	..	..	29	* 29	..	..	..	1987	
..	..	..	895	* 494	401	..	..	1984	Nouvelle–Calédonie
..	..	..	1 100	616	484	..	..	1985	
..	..	..	1 089	687	402	..	..	1986	
..	..	..	984	727	257	..	..	1987	
..	..	..	26 519	5 104	20 174	..	1 241	1984	Nouvelle–Zélande
..	..	..	27 334	6 488	19 707	..	1 139	1985	
..	..	..	28 160	5 198	21 788	..	1 174	1986	
..	..	..	27 030	* 6 210	* 19 710	..	1 110	1987	
..	..	..	3	3	..	..	..	1984	Nioué
..	..	..	3	* 3	..	..	..	1985	
..	..	..	3	* 3	..	..	..	1986	
..	..	..	3	* 3	..	..	..	1987	
..	..	..	140	* 140	0	..	..	1984	I.Pacifique (tutel.)
..	..	..	156	* 140	* 16	..	..	1985	
..	..	..	160	* 130	* 30	..	..	1986	
..	..	..	161	* 131	* 30	..	..	1987	
* 25	..	..	535	* 150	* 385	..	..	1984	Papouasie–Nvl–Guinée
* 25	..	..	545	* 150	* 395	..	..	1985	
42	..	..	493	78	415	..	..	1986	
43	..	..	534	139	395	..	..	1987	
..	..	..	33	17	16	..	..	1984	Samoa
..	..	..	34	* 17	* 17	..	..	1985	
..	..	..	37	* 17	* 20	..	..	1986	
..	..	..	38	* 20	* 18	..	..	1987	
..	..	..	23	* 23	..	..	..	1984	Iles Salomon
..	..	..	24	* 24	..	..	..	1985	
..	..	..	25	* 25	..	..	..	1986	
..	..	..	25	* 25	..	..	..	1987	
..	..	..	12	12	..	..	..	1984	Tonga
..	..	..	12	* 12	..	..	..	1985	
..	..	..	12	* 12	..	..	..	1986	
..	..	..	16	16	..	..	..	1987	
..	..	..	18	18	..	..	..	1984	Vanuatu
..	..	..	19	* 19	..	..	..	1985	
..	..	..	20	* 20	..	..	..	1986	
..	..	..	20	* 20	..	..	..	1987	

Table 34

Production of Electricity – by type

(Quantities in million kilowatt hours)

Country or area Pays ou zone	Year Année	Self–Producers and Public Autoproducteurs et publics					Self– Auto–	
		Total Totale	Thermal Thermique	Hydro Hydraulique	Nuclear Nucléaire	Geothermal Géothermique	Total Totale	Thermal Thermique
USSR	**1984**	**1 493 000**	**1 148 200**	**202 800**	**142 000**	..	**83 000**	*** 83 000**
	1985	**1 544 117**	**1 162 186**	**214 530**	**167 401**	..	**82 000**	*** 82 000**
	1986	**1 598 890**	**1 222 348**	**215 738**	**160 804**	..	**83 000**	*** 83 000**
	1987	**1 664 924**	**1 258 115**	**219 825**	**186 984**	..	**83 000**	*** 83 000**

Production d'électricite – par catégorie

(Quantités en millions de kilowatt–heures)

Producers producteurs			Public Publics					Year Année	Country or area Pays ou zone
Hydro Hydraulique	Nuclear Nucléaire	Geothermal Géother–mique	Total Totale	Thermal Thermique	Hydro Hydraulique	Nuclear Nucléaire	Geothermal Géothermique		
...	..	..	**1 410 000**	*** 1 065 200**	*** 202 800**	**142 000**	..	**1984**	**URSS**
...	..	..	**1 462 117**	*** 1 080 186**	**214 530**	**167 401**	..	**1985**	
...	..	..	**1 515 890**	*** 1 139 348**	**215 738**	**160 804**	..	**1986**	
...	..	..	**1 581 924**	*** 1 175 115**	**219 825**	**186 984**	..	**1987**	

Table 35

Production, Trade and Consumption of Electricity
Production, commerce et consommation d'électricité

(Quantities in million kilowatt hours and in kilowatt hours per capita)
(Quantités en millions de kilowatt–heures et en kilowatt–heures par habitant)

Country or area Pays ou zone	Year Année	Production	Imports Importations	Exports Exportations	Consumption Consommation	
					Total Totale	Per Capita Par habitant
WORLD MONDE	**1984**	**9 326 218**	**206 064**	**206 513**	**9 325 769**	**1 955**
	1985	**9 746 643**	**216 204**	**214 556**	**9 748 291**	**2 009**
	1986	**10 032 180**	**218 405**	**208 997**	**10 041 588**	**2 033**
	1987	**10 467 157**	**244 316**	**236 060**	**10 475 413**	**2 085**
AFRICA AFRIQUE	**1984**	**231 530**	**4 741**	**4 658**	**231 613**	**428**
	1985	**241 242**	**4 450**	**4 243**	**241 449**	**433**
	1986	**247 641**	**4 377**	**4 168**	**247 850**	**432**
	1987	**250 658**	**2 668**	**2 575**	**250 751**	**424**
Algeria Algérie	1984	11 182	167	96	11 253	535
	1985	12 274	121	158	12 237	564
	1986	12 981	145	162	12 964	579
	1987	13 400	* 120	* 170	13 350	578
Angola Angola	1984	1 790	..	..	1 790	210
	1985	1 790	..	..	1 790	204
	1986	1 790	..	..	1 790	199
	1987	1 800	..	..	1 800	195
Benin Bénin	1984	5	* 160	..	165	42
	1985	5	* 172	..	177	44
	1986	5	* 155	..	160	38
	1987	5	* 160	..	165	38
Burkina Faso Burkina Faso	1984	121	* 0	..	121	16
	1985	123	* 0	..	123	16
	1986	123	* 0	..	123	15
	1987	125	* 0	..	125	15
Burundi Burundi	1984	6	* 55	..	61	13
	1985	6	* 64	..	70	15
	1986	23	* 72	..	95	20
	1987	54	* 75	..	129	26
Cameroon Cameroun	1984	2 219	..	..	2 219	231
	1985	2 413	..	..	2 413	244
	1986	2 385	..	..	2 385	235
	1987	2 392	..	..	2 392	230
Cape Verde Cap–Vert	1984	25	..	..	25	78
	1985	25	..	..	25	76
	1986	28	..	..	28	83
	1987	28	..	..	28	80
Central African Rep. Rép. centrafricaine	1984	73	..	..	73	29
	1985	78	..	..	78	30
	1986	94	..	..	94	36
	1987	92	..	..	92	34
Chad Tchad	1984	49	..	..	49	10
	1985	51	..	..	51	10
	1986	51	..	..	51	10
	1987	51	..	..	51	10
Comoros Comores	1984	12	..	..	12	28
	1985	14	..	..	14	31
	1986	14	..	..	14	31
	1987	14	..	..	14	30
Congo Congo	1984	234	* 53	..	287	169
	1985	233	* 55	..	288	165
	1986	234	* 57	..	291	163
	1987	235	* 53	..	288	157
Côte d'Ivoire Côte d'Ivoire	1984	1 643	* 0	..	1 643	167
	1985	2 021	* 0	..	2 021	197
	1986	2 086	* 0	..	2 086	195
	1987	2 200	* 0	..	2 200	197

Table 35

Production, Trade and Consumption of Electricity
Production, commerce et consommation d'électricité

(Quantities in million kilowatt hours and in kilowatt hours per capita)
(Quantités en millions de kilowatt–heures et en kilowatt–heures par habitant)

Country or area Pays ou zone	Year Année	Production	Imports Importations	Exports Exportations	Consumption Consommation	
					Total Totale	Per Capita Par habitant
Djibouti Djibouti	1984	146	..	..	146	428
	1985	164	..	..	164	466
	1986	171	..	..	171	472
	1987	172	..	..	172	461
Egypt Egypte	1984	27 900	..	..	27 900	602
	1985	30 300	..	..	30 300	637
	1986	32 150	..	..	32 150	658
	1987	32 500	..	..	32 500	648
Equatorial Guinea Guinée équatoriale	1984	15	..	..	15	39
	1985	22	..	..	22	56
	1986	16	..	..	16	40
	1987	17	..	..	17	41
Ethiopia Ethiopie	1984	790	..	..	790	19
	1985	796	..	..	796	19
	1986	806	..	..	806	19
	1987	810	..	..	810	18
Gabon Gabon	1984	795	..	..	795	837
	1985	861	..	..	861	873
	1986	867	..	..	867	848
	1987	876	..	..	876	827
Gambia Gambie	1984	42	..	..	42	58
	1985	43	..	..	43	58
	1986	43	..	..	43	56
	1987	44	..	..	44	56
Ghana Ghana	1984	1 915	..	* 250	1 665	134
	1985	3 077	..	* 270	2 807	219
	1986	4 514	..	* 275	4 239	319
	1987	4 758	..	* 281	4 477	327
Guinea Guinée	1984	480	..	..	480	81
	1985	489	..	..	489	80
	1986	497	..	..	497	80
	1987	500	..	..	500	78
Guinea–Bissau Guinée–Bissau	1984	14	..	..	14	16
	1985	14	..	..	14	16
	1986	14	..	..	14	15
	1987	14	..	..	14	15
Kenya Kenya	1984	2 253	215	..	2 468	126
	1985	2 492	215	..	2 707	133
	1986	2 528	235	..	2 763	130
	1987	2 629	176	..	2 805	127
Liberia Libéria	1984	730	..	..	730	346
	1985	765	..	..	765	351
	1986	819	..	..	819	364
	1987	825	..	..	825	355
Libyan Arab Jamah. Jamah.arabe libyenne	1984	9 200	..	..	9 200	2 530
	1985	11 844	..	..	11 844	3 128
	1986	13 280	..	..	13 280	3 374
	1987	14 260	..	..	14 260	3 492
Madagascar Madagascar	1984	494	..	..	494	50
	1985	502	..	..	502	49
	1986	500	..	..	500	47
	1987	504	..	..	504	46
Malawi Malawi	1984	486	..	2	484	70
	1985	491	..	1	490	69
	1986	528	..	1	527	71
	1987	578	..	1	577	76

Table 35

Production, Trade and Consumption of Electricity
Production, commerce et consommation d'électricité

(Quantities in million kilowatt hours and in kilowatt hours per capita)
(Quantités en millions de kilowatt–heures et en kilowatt–heures par habitant)

Country or area Pays ou zone	Year Année	Production	Imports Importations	Exports Exportations	Consumption Consommation: Total Totale	Consumption Consommation: Per Capita Par habitant
Mali Mali	1984	165	..	..	165	21
	1985	168	..	..	168	21
	1986	200	..	..	200	24
	1987	204	..	..	204	24
Mauritania Mauritanie	1984	103	..	..	103	60
	1985	108	..	..	108	61
	1986	110	..	..	110	61
	1987	120	..	..	120	64
Mauritius Maurice	1984	511	..	..	511	500
	1985	521	..	..	521	502
	1986	518	..	..	518	492
	1987	488	..	..	488	458
Morocco Maroc	1984	6 875	..	...	6 875	319
	1985	7 009	..	...	7 009	317
	1986	7 115	..	...	7 115	313
	1987	7 120	..	...	7 120	305
Mozambique Mozambique	1984	1 945	282	505	1 722	129
	1985	1 410	229	* 100	1 539	112
	1986	497	304	* 0	801	57
	1987	500	330	* 0	830	57
Niger Niger	1984	137	129	..	266	45
	1985	154	129	..	283	46
	1986	156	* 131	..	287	46
	1987	157	* 135	..	292	45
Nigeria Nigéria	1984	8 983	..	* 135	8 848	96
	1985	9 899	..	* 125	9 774	103
	1986	9 875	..	* 100	9 775	99
	1987	9 905	..	* 100	9 805	96
Réunion Réunion	1984	520	..	..	520	967
	1985	559	..	..	559	1 022
	1986	614	..	..	614	1 104
	1987	682	..	..	682	1 205
Rwanda Rwanda	1984	166	11	1	176	30
	1985	167	20	3	184	30
	1986	170	* 10	* 3	177	28
	1987	174	* 8	* 3	179	27
St.Helena and Depend Ste–Hélène et dépend	1984	2	..	..	2	286
	1985	2	..	..	2	286
	1986	2	..	..	2	286
	1987	2	..	..	2	286
Sao Tome – Principe Sao Tomé–et–Principe	1984	15	..	..	15	156
	1985	15	..	..	15	153
	1986	14	..	..	14	139
	1987	15	..	..	15	144
Senegal Sénégal	1984	695	..	..	695	111
	1985	756	..	..	756	117
	1986	759	..	..	759	115
	1987	752	..	..	752	111
Seychelles Seychelles	1984	56	..	..	56	848
	1985	62	..	..	62	939
	1986	66	..	..	66	985
	1987	67	..	..	67	985
Sierra Leone Sierra Leone	1984	260	..	..	260	73
	1985	176	..	..	176	48
	1986	184	..	..	184	49
	1987	196	..	..	196	51

Table 35

Production, Trade and Consumption of Electricity
Production, commerce et consommation d'électricité

(Quantities in million kilowatt hours and in kilowatt hours per capita)
(Quantités en millions de kilowatt–heures et en kilowatt–heures par habitant)

Country or area / Pays ou zone	Year / Année	Production	Imports / Importations	Exports / Exportations	Consumption / Consommation: Total / Totale	Consumption / Consommation: Per Capita / Par habitant
Somalia / Somalie	1984	140	..	..	140	23
	1985	221	..	..	221	35
	1986	253	..	..	253	38
	1987	255	..	..	255	37
S.Africa Customs Un. / Un.douan.d'Afr.mérid	1984	122 394	505	* 185	122 714	3 444
	1985	122 369	* 100	223	122 246	3 351
	1986	122 445	0	* 300	122 145	3 271
	1987	122 465	* 0	* 300	122 165	3 196
Sudan / Soudan	1984	1 032	..	..	1 032	49
	1985	1 040	..	..	1 040	48
	1986	1 052	..	..	1 052	47
	1987	1 055	..	..	1 055	46
Togo / Togo	1984	111	149	..	260	90
	1985	34	213	..	247	83
	1986	35	230	..	265	87
	1987	40	* 238	..	278	88
Tunisia / Tunisie	1984	3 886	0	73	3 813	538
	1985	4 022	35	6	4 051	558
	1986	4 202	15	7	4 210	566
	1987	4 549	0	3	4 546	596
Uganda / Ouganda	1984	656	..	* 215	441	29
	1985	653	..	* 132	521	34
	1986	656	..	* 110	546	34
	1987	655	..	* 107	548	33
United Rep. Tanzania / Rép.Unie de Tanzanie	1984	873	..	..	873	40
	1985	869	..	..	869	38
	1986	882	..	..	882	37
	1987	874	..	..	874	36
Western Sahara / Sahara occidental	1984	78	..	..	78	513
	1985	76	..	..	76	487
	1986	79	..	..	79	491
	1987	81	..	..	81	491
Zaire / Zaïre	1984	4 830	7	* 120	4 717	158
	1985	5 042	7	* 125	4 924	160
	1986	5 395	3	* 110	5 288	167
	1987	5 295	* 3	* 110	5 188	159
Zambia / Zambie	1984	9 940	* 20	3 076	6 884	1 022
	1985	9 993	* 20	* 3 100	6 913	986
	1986	9 827	* 20	* 3 100	6 747	926
	1987	8 479	* 20	* 1 500	6 999	925
Zimbabwe / Zimbabwe	1984	4 538	2 988	0	7 526	935
	1985	5 024	3 070	* 0	8 094	974
	1986	5 988	* 3 000	* 0	8 988	1 049
	1987	7 645	* 1 350	* 0	8 995	1 017
NTH. AMERICA / AMER DU NORD	**1984**	**3 054 729**	**45 003**	**44 532**	**3 055 200**	**7 725**
	1985	**3 171 257**	**49 033**	**48 157**	**3 172 133**	**7 912**
	1986	**3 217 164**	**46 315**	**45 324**	**3 218 155**	**7 922**
	1987	**3 341 495**	**50 949**	**54 576**	**3 337 868**	**8 111**
Antigua and Barbuda / Antigua–et–Barbuda	1984	76	..	..	76	938
	1985	77	..	..	77	939
	1986	86	..	..	86	1 036
	1987	91	..	..	91	1 083
Aruba / Aruba	1984	...	..	..	...	...
	1985	...	..	..	...	...
	1986	291	..	..	291	...
	1987	310	..	..	310	...

Table 35

Production, Trade and Consumption of Electricity
Production, commerce et consommation d'électricité

(Quantities in million kilowatt hours and in kilowatt hours per capita)
(Quantités en millions de kilowatt–heures et en kilowatt–heures par habitant)

Country or area Pays ou zone	Year Année	Production	Imports Importations	Exports Exportations	Consumption Consommation	
					Total Totale	Per Capita Par habitant
Bahamas Bahamas	1984	866	..	..	866	3 608
	1985	854	..	..	854	3 514
	1986	910	..	..	910	3 684
	1987	965	..	..	965	3 845
Barbados Barbade	1984	383	..	..	383	1 514
	1985	390	..	..	390	1 535
	1986	390	..	..	390	1 529
	1987	425	..	..	425	1 654
Belize Belize	1984	67	* 0	..	67	419
	1985	71	* 0	..	71	433
	1986	74	* 0	..	74	440
	1987	75	* 0	..	75	439
Bermuda Bermudes	1984	382	..	..	382	6 702
	1985	395	..	..	395	6 930
	1986	400	..	..	400	6 897
	1987	435	..	..	435	7 500
British Virgin Islds Iles Vierges brit.	1984	29	..	..	29	2 071
	1985	30	..	..	30	2 143
	1986	30	..	..	30	2 143
	1987	32	..	..	32	2 286
Canada Canada	1984	437 990	2 343	41 436	398 897	15 889
	1985	459 045	2 693	43 016	418 722	16 498
	1986	468 593	4 957	38 934	434 616	16 955
	1987	496 335	3 471	47 427	452 379	17 486
Cayman Islands Iles Caïmanes	1984	111	..	..	111	5 286
	1985	124	..	..	124	5 905
	1986	137	..	..	137	6 524
	1987	138	..	..	138	6 273
Costa Rica Costa Rica	1984	3 069	...	443	2 626	1 022
	1985	2 826	...	50	2 776	1 050
	1986	2 918	177	100	2 995	1 102
	1987	2 930	* 175	* 100	3 005	1 076
Cuba Cuba	1984	12 292	..	..	12 292	1 242
	1985	12 199	..	..	12 199	1 226
	1986	13 176	..	..	13 176	1 317
	1987	13 594	..	..	13 594	1 349
Dominica Dominique	1984	18	..	..	18	237
	1985	18	..	..	18	234
	1986	18	..	..	18	231
	1987	19	..	..	19	241
Dominican Republic Rép. dominicaine	1984	4 009	..	..	4 009	639
	1985	4 229	..	..	4 229	659
	1986	4 614	..	..	4 614	703
	1987	5 296	..	..	5 296	788
El Salvador El Salvador	1984	1 684	..	..	1 684	357
	1985	1 785	..	..	1 785	374
	1986	1 757	..	..	1 757	363
	1987	1 900	..	..	1 900	386
Greenland Groënland	1984	182	..	..	182	3 370
	1985	185	..	..	185	3 426
	1986	185	..	..	185	3 364
	1987	188	..	..	188	3 418
Grenada Grenade	1984	25	..	..	25	260
	1985	25	..	..	25	258
	1986	25	..	..	25	255
	1987	25	..	..	25	250

Table 35

Production, Trade and Consumption of Electricity
Production, commerce et consommation d'électricité

(Quantities in million kilowatt hours and in kilowatt hours per capita)
(Quantités en millions de kilowatt–heures et en kilowatt–heures par habitant)

Country or area Pays ou zone	Year Année	Production	Imports Importations	Exports Exportations	Consumption Consommation Total Totale	Consumption Consommation Per Capita Par habitant
Guadeloupe Guadeloupe	1984	461	..	..	461	1 380
	1985	462	..	..	462	1 379
	1986	462	..	..	462	1 371
	1987	462	..	..	462	1 367
Guatemala Guatemala	1984	1 690	..	..	1 690	218
	1985	1 755	..	..	1 755	220
	1986	1 760	..	..	1 760	215
	1987	1 770	..	..	1 770	210
Haiti Haïti	1984	375	..	..	375	64
	1985	375	..	..	375	63
	1986	438	..	..	438	73
	1987	450	..	..	450	73
Honduras Honduras	1984	1 060	168	2	1 226	289
	1985	1 065	* 170	* 2	1 233	281
	1986	1 075	* 160	* 2	1 233	272
	1987	1 085	* 160	* 2	1 243	266
Jamaica Jamaïque	1984	2 371	..	..	2 371	1 030
	1985	2 286	..	..	2 286	978
	1986	2 371	..	..	2 371	999
	1987	2 385	..	..	2 385	990
Martinique Martinique	1984	273	..	..	273	830
	1985	275	..	..	275	836
	1986	275	..	..	275	833
	1987	276	..	..	276	836
Mexico Mexique	1984	86 971	5	90	86 886	1 120
	1985	93 405	72	114	93 363	1 176
	1986	97 117	108	1 462	95 763	1 179
	1987	104 791	117	2 042	102 866	1 239
Montserrat Montserrat	1984	12	..	..	12	923
	1985	12	..	..	12	923
	1986	12	..	..	12	923
	1987	13	..	..	13	1 000
Neth.Antil and Aruba Antill.néer.et Aruba	1984	1 175	..	..	1 175	6 564
	1985	1 125	..	..	1 125	6 215
	1986	...	..	..	...	...
	1987	...	..	..	...	...
Netherlands Antilles Antilles néerland.	1984	...	..	..	...	...
	1985	...	..	..	...	...
	1986	600	..	..	600	...
	1987	625	..	..	625	...
Nicaragua Nicaragua	1984	973	268	3	1 238	391
	1985	1 059	197	10	1 246	381
	1986	1 063	* 200	* 10	1 253	370
	1987	1 063	* 200	* 10	1 253	358
Panama Panama	1984	2 272	* 0	* 0	2 272	1 064
	1985	2 450	* 0	* 0	2 450	1 123
	1986	2 689	* 0	* 0	2 689	1 207
	1987	2 902	0	0	2 902	1 276
Puerto Rico Porto Rico	1984	12 557	..	..	12 557	3 694
	1985	12 316	..	..	12 316	3 568
	1986	12 870	..	..	12 870	3 673
	1987	13 757	..	..	13 757	3 870
St.Kitts–Nevis St–Kitts–Nevis	1984	35	..	..	35	745
	1985	35	..	..	35	745
	1986	35	..	..	35	729
	1987	36	..	..	36	735

Table 35

Production, Trade and Consumption of Electricity
Production, commerce et consommation d'électricité

(Quantities in million kilowatt hours and in kilowatt hours per capita)
(Quantités en millions de kilowatt–heures et en kilowatt–heures par habitant)

Country or area Pays ou zone	Year Année	Production	Imports Importations	Exports Exportations	Consumption Consommation Total Totale	 Per Capita Par habitant
Saint Lucia Sainte–Lucie	1984	68	..	..	68	535
	1985	73	..	..	73	566
	1986	73	..	..	73	557
	1987	74	..	..	74	561
St.Pierre–Miquelon St.Pierre–Miquelon	1984	32	..	..	32	4 571
	1985	35	..	..	35	5 000
	1986	37	..	..	37	5 286
	1987	38	..	..	38	5 429
S.Vincent–Grenadines S.Vincent–Grenadines	1984	30	..	..	30	288
	1985	30	..	..	30	286
	1986	30	..	..	30	283
	1987	31	..	..	31	290
Trinidad and Tobago Trinité–et–Tobago	1984	2 998	..	..	2 998	2 569
	1985	3 018	..	..	3 018	2 545
	1986	3 297	..	..	3 297	2 736
	1987	3 315	..	..	3 315	2 708
Turks and Caicos Is. Iles Turques,Caïques	1984	9	..	..	9	1 000
	1985	9	..	..	9	1 000
	1986	9	..	..	9	1 000
	1987	9	..	..	9	1 000
United States Etats–Unis	1984	2 479 304	42 219	2 558	2 518 965	10 625
	1985	2 568 319	45 901	4 965	2 609 255	10 904
	1986	2 599 318	40 713	4 816	2 635 215	10 916
	1987	2 685 627	46 826	4 995	2 727 458	11 204
U.S. Virgin Islands Iles Vierges amér.	1984	880	..	..	880	8 462
	1985	900	..	..	900	8 491
	1986	920	..	..	920	8 519
	1987	963	..	..	963	8 835
STH. AMERICA AMER DU SUD	**1984**	**335 152**	**284**	**164**	**335 272**	**1 280**
	1985	**355 672**	**2 790**	**13**	**358 449**	**1 339**
	1986	**377 384**	**10 310**	**23**	**387 671**	**1 418**
	1987	**390 861**	**17 005**	**23**	**407 843**	**1 461**
Argentina Argentine	1984	44 914	0	5	44 909	1 501
	1985	45 265	0	6	45 259	1 492
	1986	48 984	0	6	48 978	1 593
	1987	52 165	180	7	52 338	1 681
Bolivia Bolivie	1984	1 511	* 3	..	1 514	244
	1985	1 510	* 2	..	1 512	237
	1986	1 515	* 2	..	1 517	232
	1987	1 520	* 2	..	1 522	226
Brazil Brésil	1984	178 532	15	101	178 446	1 345
	1985	192 731	2 781	2	195 510	1 442
	1986	201 353	10 301	9	211 645	1 528
	1987	202 287	16 813	10	219 090	1 549
Chile Chili	1984	13 498	0	..	13 498	1 133
	1985	14 040	0	..	14 040	1 158
	1986	14 820	0	..	14 820	1 202
	1987	15 636	0	..	15 636	1 247
Colombia Colombie	1984	29 888	30	0	29 918	1 064
	1985	30 268	5	0	30 273	1 054
	1986	33 564	5	0	33 569	1 145
	1987	35 368	0	0	35 368	1 181
Ecuador Equateur	1984	4 207	* 0	..	4 207	462
	1985	4 750	* 0	..	4 750	506
	1986	5 301	* 0	..	5 301	549
	1987	5 668	* 0	..	5 668	571

Table 35

Production, Trade and Consumption of Electricity
Production, commerce et consommation d'électricité

(Quantities in million kilowatt hours and in kilowatt hours per capita)
(Quantités en millions de kilowatt–heures et en kilowatt–heures par habitant)

Country or area / Pays ou zone	Year / Année	Production	Imports / Importations	Exports / Exportations	Consumption / Consommation	
					Total / Totale	Per Capita / Par habitant
Falkland I(Malvinas) / I Falkland(Malvinas)	1984	3	..	..	3	1 000
	1985	3	..	..	3	1 000
	1986	3	..	..	3	1 000
	1987	3	..	..	3	1 000
French Guiana / Guyane française	1984	181	..	..	181	2 235
	1985	207	..	..	207	2 494
	1986	223	..	..	223	2 624
	1987	249	..	..	249	2 862
Guyana / Guyana	1984	400	..	..	400	427
	1985	390	..	..	390	409
	1986	390	..	..	390	401
	1987	385	..	..	385	389
Paraguay / Paraguay	1984	920	224	28	1 116	312
	1985	1 260	2	...	1 262	342
	1986	1 643	2	...	1 645	432
	1987	2 825	* 10	...	2 835	722
Peru / Pérou	1984	11 717	..	..	11 717	610
	1985	12 115	..	..	12 115	615
	1986	12 985	..	..	12 985	643
	1987	14 195	..	..	14 195	685
Suriname / Suriname	1984	1 250	..	..	1 250	3 369
	1985	1 300	..	..	1 300	3 457
	1986	1 325	..	..	1 325	3 478
	1987	1 330	..	..	1 330	3 437
Uruguay / Uruguay	1984	3 801	12	0	3 813	1 275
	1985	3 836	0	0	3 836	1 273
	1986	4 185	0	3	4 182	1 377
	1987	4 526	0	6	4 520	1 478
Venezuela / Venezuela	1984	44 330	* 0	* 30	44 300	2 628
	1985	47 997	* 0	* 5	47 992	2 771
	1986	51 093	* 0	* 5	51 088	2 872
	1987	54 704	* 0	* 0	54 704	2 994
ASIA / ASIE	**1984**	**1 683 751**	**4 817**	**2 085**	**1 686 483**	**603**
	1985	**1 796 920**	**4 393**	**2 460**	**1 798 853**	**632**
	1986	**1 897 937**	**3 063**	**2 752**	**1 898 248**	**654**
	1987	**2 034 571**	**1 216**	**3 062**	**2 032 725**	**688**
Afghanistan / Afghanistan	1984	1 045	..	..	1 045	71
	1985	1 060	..	..	1 060	73
	1986	1 171	..	..	1 171	81
	1987	1 257	..	..	1 257	85
Bahrain / Bahreïn	1984	2 417	..	..	2 417	5 838
	1985	2 937	..	..	2 937	6 814
	1986	2 970	..	..	2 970	6 629
	1987	3 020	..	..	3 020	6 495
Bangladesh / Bangladesh	1984	4 292	..	..	4 292	44
	1985	4 870	..	..	4 870	48
	1986	5 125	..	..	5 125	49
	1987	5 895	..	..	5 895	55
Bhutan / Bhoutan	1984	20	* 9	..	29	22
	1985	21	* 9	..	30	22
	1986	21	* 10	..	31	22
	1987	21	* 10	..	31	22
Brunei Darussalam / Brunéi Darussalam	1984	831	..	..	831	3 829
	1985	904	..	..	904	4 018
	1986	958	..	..	958	4 112
	1987	998	..	..	998	4 124

Table 35

Production, Trade and Consumption of Electricity
Production, commerce et consommation d'électricité

(Quantities in million kilowatt hours and in kilowatt hours per capita)
(Quantités en millions de kilowatt–heures et en kilowatt–heures par habitant)

Country or area Pays ou zone	Year Année	Production	Imports Importations	Exports Exportations	Consumption Consommation: Total Totale	Consumption Consommation: Per Capita Par habitant
Burma Birmanie	1984	1 890	..	..	1 890	51
	1985	2 120	..	..	2 120	56
	1986	2 217	..	..	2 217	58
	1987	2 279	..	..	2 279	58
China Chine	1984	376 990	800	30	377 760	366
	1985	410 700	1 110	40	411 770	396
	1986	449 530	1 210	40	450 700	427
	1987	497 267	0	...	497 267	465
Cyprus Chypre	1984	1 250	..	..	1 250	1 897
	1985	1 319	..	..	1 319	1 980
	1986	1 423	..	..	1 423	2 111
	1987	1 512	..	..	1 512	2 220
Democratic Kampuchea Kampuchea démocrat.	1984	70	..	..	70	10
	1985	70	..	..	70	10
	1986	70	..	..	70	9
	1987	70	..	..	70	9
Democratic Yemen Yémen démocratique	1984	410	..	..	410	197
	1985	413	..	..	413	193
	1986	452	..	..	452	205
	1987	465	..	..	465	205
Hong Kong Hong–kong	1984	17 923	..	740	17 183	3 193
	1985	19 235	..	1 050	18 185	3 332
	1986	21 412	..	1 208	20 204	3 650
	1987	23 753	..	1 362	22 391	3 988
India Inde	1984	169 205	6	111	169 100	225
	1985	183 390	16	107	183 299	238
	1986	202 099	* 16	* 48	202 067	257
	1987	217 500	* 16	* 30	217 486	271
Indonesia Indonésie	1984	23 759	..	..	23 759	145
	1985	29 978	..	..	29 978	180
	1986	33 315	..	..	33 315	197
	1987	34 810	..	..	34 810	202
Iran(Islamic Rep.of) Iran(Rép.islamique)	1984	37 168	..	..	37 168	812
	1985	37 300	..	..	37 300	783
	1986	36 800	..	..	36 800	744
	1987	37 910	..	..	37 910	739
Iraq Iraq	1984	18 379	..	..	18 379	1 197
	1985	20 994	..	..	20 994	1 320
	1986	22 297	..	..	22 297	1 354
	1987	22 860	..	..	22 860	1 340
Israel Israël	1984	14 909	..	254	14 655	3 519
	1985	15 698	..	297	15 401	3 637
	1986	15 876	..	299	15 577	3 619
	1987	17 491	..	359	17 132	3 918
Japan Japon	1984	648 572	..	..	648 572	5 401
	1985	671 952	..	..	671 952	5 565
	1986	671 770	..	..	671 770	5 535
	1987	698 970	..	..	698 970	5 733
Jordan Jordanie	1984	2 265	...	0	2 265	672
	1985	2 495	...	22	2 473	705
	1986	2 955	...	233	2 722	747
	1987	3 486	...	364	3 122	823
Korea,Dem.Ppl's.Rep. Corée,Rép.pop.dém.de	1984	45 000	..	..	45 000	2 262
	1985	48 000	..	..	48 000	2 355
	1986	50 000	..	..	50 000	2 394
	1987	50 200	..	..	50 200	2 347

Table 35

Production, Trade and Consumption of Electricity
Production, commerce et consommation d'électricité

(Quantities in million kilowatt hours and in kilowatt hours per capita)
(Quantités en millions de kilowatt–heures et en kilowatt–heures par habitant)

Country or area Pays ou zone	Year Année	Production	Imports Importations	Exports Exportations	Consumption Consommation	
					Total Totale	Per Capita Par habitant
Korea, Republic of Corée, République de	1984	58 352	..	..	58 352	1 441
	1985	62 716	..	..	62 716	1 528
	1986	69 763	..	..	69 763	1 677
	1987	80 250	..	..	80 250	1 905
Kuwait,part Ntl.Zone Koweït et prt.Zne.N.	1984	14 196	..	..	14 196	8 646
	1985	15 689	..	..	15 689	9 169
	1986	17 216	..	..	17 216	9 650
	1987	18 400	..	..	18 400	9 887
Lao Peoples Dem.Rep. Rép. dém. pop. lao	1984	990	22	710	302	86
	1985	1 050	20	723	347	97
	1986	1 050	17	756	311	84
	1987	1 100	* 20	* 755	365	97
Lebanon Liban	1984	3 000	* 30	..	3 030	1 146
	1985	3 861	* 40	..	3 901	1 462
	1986	4 170	* 30	..	4 200	1 551
	1987	4 600	* 40	..	4 640	1 679
Macau Macao	1984	425	25	..	450	1 190
	1985	445	47	..	492	1 252
	1986	513	42	..	555	1 357
	1987	616	40	..	656	1 540
Malaysia Malaisie	1984	13 651	79	0	13 730	910
	1985	14 995	56	0	15 051	974
	1986	16 099	0	0	16 099	1 018
	1987	17 387	0	23	17 364	1 072
Maldives Maldives	1984	9	..	..	9	51
	1985	11	..	..	11	60
	1986	13	..	..	13	68
	1987	13	..	..	13	66
Mongolia Mongolie	1984	2 264	417	..	2 681	1 445
	1985	2 680	153	..	2 833	1 484
	1986	2 996	150	..	3 146	1 599
	1987	3 153	70	..	3 223	1 589
Nepal Népal	1984	344	66	10	400	24
	1985	364	82	11	435	26
	1986	462	53	21	494	28
	1987	538	32	21	549	31
Oman Oman	1984	2 409	..	..	2 409	2 018
	1985	2 899	..	..	2 899	2 332
	1986	3 587	..	..	3 587	2 781
	1987	3 793	..	..	3 793	2 841
Pakistan Pakistan	1984	25 428	..	..	25 428	256
	1985	27 531	..	..	27 531	267
	1986	30 171	..	..	30 171	282
	1987	33 475	..	..	33 475	301
Philippines Philippines	1984	21 080	..	..	21 080	393
	1985	22 909	..	..	22 909	416
	1986	22 320	..	..	22 320	395
	1987	23 852	..	..	23 852	411
Qatar Qatar	1984	3 563	..	..	3 563	12 458
	1985	3 949	..	..	3 949	13 163
	1986	4 303	..	..	4 303	13 704
	1987	4 420	..	..	4 420	13 517
S.Arabia,pt.Ntrl.Zn. Arab.saoud,p.Zn.neut	1984	31 028	..	..	31 028	2 787
	1985	32 410	..	..	32 410	2 795
	1986	36 100	..	..	36 100	2 990
	1987	37 100	..	..	37 100	2 953

Table 35

Production, Trade and Consumption of Electricity
Production, commerce et consommation d'électricité

(Quantities in million kilowatt hours and in kilowatt hours per capita)
(Quantités en millions de kilowatt–heures et en kilowatt–heures par habitant)

Country or area Pays ou zone	Year Année	Production	Imports Importations	Exports Exportations	Consumption Consommation	
					Total Totale	Per Capita Par habitant
Singapore Singapour	1984	9 401	0	73	9 328	3 685
	1985	9 876	0	50	9 826	3 838
	1986	10 577	0	0	10 577	4 085
	1987	11 814	0	0	11 814	4 514
Sri Lanka Sri Lanka	1984	2 261	..	..	2 261	143
	1985	2 464	..	..	2 464	153
	1986	2 652	..	..	2 652	162
	1987	2 707	..	..	2 707	163
Syrian Arab Republic Rép. arabe syrienne	1984	7 310	...	* 135	7 175	711
	1985	8 038	...	* 140	7 898	755
	1986	7 942	...	* 130	7 812	721
	1987	7 161	...	* 130	7 031	626
Thailand Thaïlande	1984	22 030	710	22	22 718	448
	1985	24 179	723	20	24 882	482
	1986	25 932	758	17	26 673	508
	1987	29 992	416	18	30 390	570
Turkey Turquie	1984	30 644	2 653	0	33 297	677
	1985	33 313	2 137	0	35 450	704
	1986	39 695	777	0	40 472	787
	1987	44 353	572	0	44 925	856
United Arab Emirates Emirats arabes unis	1984	10 200	..	..	10 200	7 876
	1985	11 614	..	..	11 614	8 597
	1986	12 610	..	..	12 610	8 981
	1987	13 100	..	..	13 100	9 003
Viet Nam Viet Nam	1984	4 800	..	..	4 800	82
	1985	5 000	..	..	5 000	83
	1986	5 200	..	..	5 200	85
	1987	5 300	..	..	5 300	84
Yemen Yémen	1984	461	..	..	461	69
	1985	497	..	..	497	72
	1986	712	..	..	712	100
	1987	718	..	..	718	98
EUROPE EUROPE	**1984**	**2 384 223**	**150 919**	**130 335**	**2 404 807**	**4 899**
	1985	**2 484 329**	**155 238**	**130 683**	**2 508 884**	**5 097**
	1986	**2 533 871**	**154 040**	**127 730**	**2 560 181**	**5 188**
	1987	**2 620 577**	**172 178**	**140 824**	**2 651 931**	**5 362**
Albania Albanie	1984	3 805	..	* 600	3 205	1 104
	1985	3 850	..	* 625	3 225	1 088
	1986	3 880	..	* 650	3 230	1 069
	1987	3 840	..	* 650	3 190	1 036
Austria Autriche	1984	41 827	5 401	6 725	40 503	5 392
	1985	43 923	6 051	7 770	42 204	5 625
	1986	44 134	5 962	7 426	42 670	5 691
	1987	50 220	3 997	9 606	44 611	5 952
Belgium Belgique	1984	53 699	4 453	4 143	54 009	5 458
	1985	56 356	5 497	5 543	56 310	5 686
	1986	57 621	5 308	5 521	57 408	5 792
	1987	62 375	5 660	7 778	60 257	6 075
Bulgaria Bulgarie	1984	44 672	4 637	2 243	47 066	5 261
	1985	41 633	5 959	1 655	45 937	5 126
	1986	41 817	5 427	1 470	45 774	5 100
	1987	43 470	5 326	952	47 844	5 324
Czechoslovakia Tchécoslovaquie	1984	78 388	10 488	7 750	81 126	5 243
	1985	80 627	10 796	7 257	84 166	5 430
	1986	84 775	10 077	8 620	86 232	5 552
	1987	85 825	11 931	8 510	89 246	5 734

Table 35

Production, Trade and Consumption of Electricity
Production, commerce et consommation d'électricité

(Quantities in million kilowatt hours and in kilowatt hours per capita)
(Quantités en millions de kilowatt–heures et en kilowatt–heures par habitant)

Country or area Pays ou zone	Year Année	Production	Imports Importations	Exports Exportations	Consumption Consommation: Total Totale	Consumption Consommation: Per Capita Par habitant
Denmark Danemark	1984	22 620	7 044	2 160	27 504	5 367
	1985	29 064	3 155	2 695	29 524	5 763
	1986	30 739	2 165	2 083	30 821	6 017
	1987	29 398	4 172	1 758	31 812	6 212
Faeroe Islands Iles Féroé	1984	178	..	..	178	3 870
	1985	178	..	..	178	3 787
	1986	178	..	..	178	3 787
	1987	180	..	..	180	3 830
Finland Finlande	1984	43 226	5 637	422	48 441	9 926
	1985	49 752	5 635	941	54 446	11 105
	1986	48 762	6 215	492	54 485	11 070
	1987	53 464	6 104	507	59 061	11 961
France incl. Monaco France y comp.Monaco	1984	307 155	5 424	30 190	282 389	5 138
	1985	325 733	5 520	28 878	302 375	5 478
	1986	343 141	7 907	33 367	317 681	5 732
	1987	356 200	8 700	38 400	326 500	5 870
German Dem. Rep. Rép. dém. allemande	1984	110 093	4 208	3 927	110 374	6 626
	1985	113 834	3 836	3 674	113 996	6 849
	1986	115 291	4 872	3 873	116 290	6 988
	1987	114 180	7 451	3 664	117 967	7 089
Germany, Fed. Rep. Allemagne, Rép. féd.	1984	392 801	19 430	15 312	396 919	6 493
	1985	406 714	18 829	16 330	409 213	6 706
	1986	406 386	20 592	15 461	411 517	6 755
	1987	415 812	22 177	18 370	419 619	6 900
Gibraltar Gibraltar	1984	61	..	..	61	2 033
	1985	63	..	..	63	2 100
	1986	65	..	..	65	2 167
	1987	70	..	..	70	2 333
Greece Grèce	1984	24 820	2 592	30	27 382	2 766
	1985	27 740	948	209	28 479	2 867
	1986	28 237	1 583	297	29 523	2 962
	1987	30 087	977	362	30 702	3 072
Hungary Hongrie	1984	26 303	11 589	1 320	36 572	3 427
	1985	26 796	12 732	1 924	37 604	3 531
	1986	28 063	11 862	1 346	38 579	3 630
	1987	29 749	12 610	1 997	40 362	3 805
Iceland Islande	1984	4 123	..	..	4 123	17 179
	1985	4 044	..	..	4 044	16 711
	1986	4 114	..	..	4 114	16 792
	1987	4 210	..	..	4 210	16 976
Ireland Irlande	1984	11 236	0	0	11 236	3 189
	1985	11 738	0	0	11 738	3 304
	1986	12 307	0	0	12 307	3 433
	1987	12 636	0	0	12 636	3 493
Italy and San Marino Italie y comp. S.Mrn	1984	179 546	21 973	1 083	200 436	3 513
	1985	182 275	25 105	1 436	205 944	3 603
	1986	188 989	23 928	1 814	211 103	3 689
	1987	198 292	24 818	1 672	221 438	3 867
Luxembourg Luxembourg	1984	538	3 811	358	3 991	10 875
	1985	502	3 945	422	4 025	10 938
	1986	572	3 915	434	4 053	11 014
	1987	573	4 003	440	4 136	11 239
Malta Malte	1984	700	..	..	700	2 006
	1985	784	..	..	784	2 272
	1986	850	..	..	850	2 464
	1987	944	..	..	944	2 728

Table 35

Production, Trade and Consumption of Electricity
Production, commerce et consommation d'électricité

(Quantities in million kilowatt hours and in kilowatt hours per capita)
(Quantités en millions de kilowatt–heures et en kilowatt–heures par habitant)

Country or area Pays ou zone	Year Année	Production	Imports Importations	Exports Exportations	Consumption Consommation: Total Totale	Consumption Consommation: Per Capita Par habitant
Netherlands Pays–Bas	1984	62 778	3 658	174	66 262	4 593
	1985	62 936	* 4 626	916	66 646	4 601
	1986	67 158	2 189	12	69 335	4 768
	1987	68 411	3 644	21	72 034	4 935
Norway,Svlbd,J.Myn I Norvège,Svalbd,J.May	1984	106 230	860	9 130	97 960	23 656
	1985	102 729	4 083	4 626	102 186	24 599
	1986	96 566	4 212	2 180	98 598	23 667
	1987	103 810	2 932	3 311	103 431	24 756
Poland Pologne	1984	134 792	4 636	9 233	130 195	3 528
	1985	137 708	5 456	7 568	135 596	3 645
	1986	140 294	7 833	7 796	140 331	3 744
	1987	145 832	10 422	8 703	147 551	3 909
Portugal Portugal	1984	20 020	2 077	1 366	20 731	2 051
	1985	19 007	3 530	1 284	21 253	2 092
	1986	20 225	2 874	989	22 110	2 168
	1987	20 101	* 3 700	* 675	23 126	2 261
Romania Roumanie	1984	71 667	3 074	1 118	73 623	3 253
	1985	71 818	3 259	0	75 077	3 304
	1986	71 580	* 3 000	* 0	74 580	3 267
	1987	73 090	* 3 100	* 0	76 190	3 322
Spain Espagne	1984	118 110	5 305	2 990	120 425	3 133
	1985	125 597	3 927	5 001	124 523	3 226
	1986	129 149	2 896	4 152	127 893	3 299
	1987	133 168	3 171	4 704	131 635	3 383
Sweden Suède	1984	123 273	5 722	5 336	123 659	14 811
	1985	136 532	5 174	6 683	135 023	16 168
	1986	138 049	1 835	6 494	133 390	15 971
	1987	146 625	2 169	6 185	142 609	17 079
Switzrld,Liechtenst. Suisse,Liechtenstein	1984	48 141	16 149	20 844	43 446	6 714
	1985	53 872	14 512	23 210	45 174	6 951
	1986	54 857	12 300	20 886	46 271	7 098
	1987	56 976	10 859	20 314	47 521	7 275
United Kingdom Royaume–Uni	1984	280 413	0	0	280 413	4 941
	1985	293 722	0	0	293 722	5 170
	1986	298 156	4 444	189	302 411	5 317
	1987	300 247	11 672	37	311 882	5 477
Yugoslavia Yougoslavie	1984	73 008	2 751	3 881	71 878	3 130
	1985	74 802	2 663	2 036	75 429	3 263
	1986	77 916	2 644	2 178	78 382	3 368
	1987	80 792	2 583	2 208	81 167	3 465
OCEANIA OCEANIE	**1984**	**143 833**	..	..	**143 833**	**5 925**
	1985	**153 106**	..	..	**153 106**	**6 211**
	1986	**159 293**	..	..	**159 293**	**6 367**
	1987	**164 071**	..	..	**164 071**	**6 462**
American Samoa Samoa américaines	1984	74	..	..	74	2 114
	1985	75	..	..	75	2 083
	1986	75	..	..	75	2 083
	1987	75	..	..	75	2 027
Australia Australie	1984	112 947	..	..	112 947	7 263
	1985	120 996	..	..	120 996	7 678
	1986	126 211	..	..	126 211	7 906
	1987	132 172	..	..	132 172	8 177
Cook Islands Iles Cook	1984	11	..	..	11	550
	1985	12	..	..	12	571
	1986	12	..	..	12	571
	1987	12	..	..	12	571

Table 35

Production, Trade and Consumption of Electricity
Production, commerce et consommation d'électricité

(Quantities in million kilowatt hours and in kilowatt hours per capita)
(Quantités en millions de kilowatt–heures et en kilowatt–heures par habitant)

Country or area Pays ou zone	Year Année	Production	Imports Importations	Exports Exportations	Consumption Consommation	
					Total Totale	Per Capita Par habitant
Fiji Fidji	1984	387	..	..	387	569
	1985	395	..	..	395	571
	1986	406	..	..	406	577
	1987	430	..	..	430	601
French Polynesia Polynésie française	1984	203	..	..	203	1 261
	1985	220	..	..	220	1 341
	1986	225	..	..	225	1 347
	1987	225	..	..	225	1 316
Guam Guam	1984	1 000	..	..	1 000	8 772
	1985	1 100	..	..	1 100	9 565
	1986	1 100	..	..	1 100	9 402
	1987	1 000	..	..	1 000	8 475
Kiribati Kiribati	1984	6	..	..	6	94
	1985	6	..	..	6	92
	1986	6	..	..	6	91
	1987	7	..	..	7	104
Nauru Nauru	1984	28	..	..	28	3 111
	1985	28	..	..	28	3 111
	1986	29	..	..	29	3 222
	1987	29	..	..	29	3 222
New Caledonia Nouvelle–Calédonie	1984	915	..	..	915	6 060
	1985	1 120	..	..	1 120	7 273
	1986	1 109	..	..	1 109	7 064
	1987	1 004	..	..	1 004	6 314
New Zealand Nouvelle–Zélande	1984	26 519	..	..	26 519	8 241
	1985	27 334	..	..	27 334	8 416
	1986	28 160	..	..	28 160	8 596
	1987	27 030	..	..	27 030	8 183
Niue Nioué	1984	3	..	..	3	750
	1985	3	..	..	3	750
	1986	3	..	..	3	750
	1987	3	..	..	3	750
Pacific Islds(Trust) I.Pacifique (tutel.)	1984	150	..	..	150	987
	1985	164	..	..	164	1 058
	1986	168	..	..	168	1 057
	1987	169	..	..	169	1 037
Papua New Guinea Papouasie–Nvl–Guinée	1984	1 485	..	..	1 485	434
	1985	1 545	..	..	1 545	440
	1986	1 676	..	..	1 676	465
	1987	1 797	..	..	1 797	485
Samoa Samoa	1984	41	..	..	41	253
	1985	42	..	..	42	256
	1986	45	..	..	45	273
	1987	46	..	..	46	275
Solomon Islands Iles Salomon	1984	28	..	..	28	108
	1985	29	..	..	29	107
	1986	30	..	..	30	106
	1987	30	..	..	30	102
Tonga Tonga	1984	12	..	..	12	111
	1985	12	..	..	12	109
	1986	12	..	..	12	106
	1987	16	..	..	16	139
Vanuatu Vanuatu	1984	24	..	..	24	174
	1985	25	..	..	25	175
	1986	26	..	..	26	176
	1987	26	..	..	26	171

Table 35

Production, Trade and Consumption of Electricity
Production, commerce et consommation d'électricité

(Quantities in million kilowatt hours and in kilowatt hours per capita)
(Quantités en millions de kilowatt–heures et en kilowatt–heures par habitant)

Country or area Pays ou zone	Year Année	Production	Imports Importations	Exports Exportations	Consumption Consommation	
					Total Totale	Per Capita Par habitant
USSR **URSS**	1984	1 493 000	* 300	24 739	1 468 561	5 347
	1985	1 544 117	* 300	29 000	1 515 417	5 472
	1986	1 598 890	* 300	29 000	1 570 190	5 624
	1987	1 664 924	* 300	35 000	1 630 224	5 792

Table 36

Production of Steam and Hot Water
Production de vapeur et d'eau chaude

(Quantities in terajoules)
(Quantités en térajoules)

Country or area Pays ou zone	Year Année	From Geothermal Sources De sources géothermiques	From Thermal Power Plants Des centrales thermiques	Total Production Production totale
WORLD MONDE	**1984**	**39 300**	**12 941 944**	**12 981 244**
	1985	**40 000**	**13 301 175**	**13 341 175**
	1986	**45 257**	**13 635 867**	**13 681 124**
	1987	**46 978**	**13 662 375**	**13 709 353**
NTH. AMERICA AMER DU NORD	**1984**	..	**46 443**	**46 443**
	1985	..	**33 966**	**33 966**
	1986	..	**32 235**	**32 235**
	1987	..	**27 598**	**27 598**
Canada Canada	1984	..	46 443	46 443
	1985	..	33 966	33 966
	1986	..	32 235	32 235
	1987	..	27 598	27 598
ASIA ASIE	**1984**	..	**7 498**	**7 498**
	1985	..	**8 073**	**8 073**
	1986	..	**9 951**	**9 951**
	1987	..	**9 952**	**9 952**
Jordan Jordanie	1984	..	7 477	7 477
	1985	..	8 050	8 050
	1986	..	9 929	9 929
	1987	..	* 9 930	9 930
Mongolia Mongolie	1984	..	21	21
	1985	..	23	23
	1986	..	* 22	22
	1987	..	* 22	22
EUROPE EUROPE	**1984**	**39 300**	**3 691 503**	**3 730 803**
	1985	**40 000**	**3 769 990**	**3 809 990**
	1986	**45 257**	**3 807 298**	**3 852 555**
	1987	**46 978**	**3 813 563**	**3 860 541**
Austria Autriche	1984	..	19 626	19 626
	1985	..	22 866	22 866
	1986	..	* 24 000	24 000
	1987	..	* 24 800	24 800
Bulgaria Bulgarie	1984	..	64 012	64 012
	1985	..	64 500	64 500
	1986	..	* 65 000	65 000
	1987	..	* 65 000	65 000
Czechoslovakia Tchécoslovaquie	1984	* 8 000	* 510 000	518 000
	1985	8 000	545 518	553 518
	1986	10 257	537 550	547 807
	1987	9 978	545 019	554 997
Finland Finlande	1984	..	70 600	70 600
	1985	..	* 75 000	75 000
	1986	..	* 80 000	80 000
	1987	..	* 80 000	80 000
German Dem. Rep. Rép. dém. allemande	1984	..	774 618	774 618
	1985	..	801 283	801 283
	1986	..	* 825 000	825 000
	1987	..	* 826 000	826 000
Germany, Fed. Rep. Allemagne, Rép. féd.	1984	..	165 396	165 396
	1985	..	175 770	175 770
	1986	..	171 512	171 512
	1987	..	184 400	184 400
Hungary Hongrie	1984	..	201 390	201 390
	1985	..	205 486	205 486
	1986	..	203 196	203 196
	1987	..	208 265	208 265

Table 36

Production of Steam and Hot Water
Production de vapeur et d'eau chaude

(Quantities in terajoules)
(Quantités en térajoules)

Country or area Pays ou zone	Year Année	From Geothermal Sources De sources géothermiques	From Thermal Power Plants Des centrales thermiques	Total Production Production totale
Iceland Islande	1984	31 300	..	31 300
	1985	* 32 000	..	32 000
	1986	* 35 000	..	35 000
	1987	* 37 000	..	37 000
Poland Pologne	1984	..	945 136	945 136
	1985	..	925 957	925 957
	1986	..	944 019	944 019
	1987	..	914 057	914 057
Romania Roumanie	1984	..	679 518	679 518
	1985	..	677 868	677 868
	1986	..	* 680 000	680 000
	1987	..	* 680 000	680 000
Sweden Suède	1984	0	58 026	58 026
	1985	0	71 014	71 014
	1986	0	65 354	65 354
	1987	0	* 68 000	68 000
Switzrld,Liechtenst. Suisse,Liechtenstein	1984	..	10 210	10 210
	1985	..	10 430	10 430
	1986	..	10 140	10 140
	1987	..	11 490	11 490
Yugoslavia Yougoslavie	1984	..	192 971	192 971
	1985	..	194 298	194 298
	1986	..	201 527	201 527
	1987	..	206 532	206 532
OCEANIA OCEANIE	**1984**	..	**8 000**	**8 000**
	1985	..	**11 446**	**11 446**
	1986	..	**11 383**	**11 383**
	1987	..	**11 262**	**11 262**
Australia Australie	1984	..	...	...
	1985	..	3 446	3 446
	1986	..	3 383	3 383
	1987	..	3 262	3 262
Guam Guam	1984	..	* 8 000	8 000
	1985	..	* 8 000	8 000
	1986	..	* 8 000	8 000
	1987	..	* 8 000	8 000
USSR URSS	**1984**	..	**9 188 500**	**9 188 500**
	1985	..	**9 477 700**	**9 477 700**
	1986	..	***9 775 000**	**9 775 000**
	1987	..	***9 800 000**	**9 800 000**

Table 37

Production of Uranium (Uranium content)
Production d'uranium (contenu en uranium)

(Quantities in metric tons)
(Quantités en tonnes métriques)

Country or area Pays ou zone	1984	1985	1986	1987
WORLD MONDE	**36 696**	**38 713**	**34 994**	**37 114**
AFRICA AFRIQUE	**14 201**	**13 626**	**12 421**	**11 912**
Gabon Gabon	918	940	900	800
Niger Niger	3 276	3 181	3 110	2 960
S.Africa Customs Un. Un.douan.d'Afr.mérid	9 432	8 300	7 902	7 163
NTH. AMERICA AMER DU NORD	**15 275**	**16 892**	**15 280**	**16 915**
Canada Canada	11 170	10 880	11 720	12 460
United States Etats–Unis	5 722	4 400	5 195	5 000
STH. AMERICA AMER DU SUD	**368**	**246**	**210**	**204**
Argentina Argentine	129	126	173	100
Brazil Brésil	117	84	31	50
ASIA ASIE	**4**	**4**	**237**	**236**
India Inde	...	200	200	150
Japan Japon	4	7	6	6
Pakistan Pakistan	...	* 30	* 30	30

Table 37

Production of Uranium (Uranium content)
Production d'uranium (contenu en uranium)

(Quantities in metric tons)
(Quantités en tonnes métriques)

Country or area Pays ou zone	1984	1985	1986	1987
EUROPE EUROPE	**3 637**	**3 555**	**3 640**	**3 693**
Belgium Belgique	45	40	34	38
France incl. Monaco France y comp.Monaco	3 168	3 189	3 247	3 376
Germany, Fed. Rep. Allemagne, Rép. féd.	31	31	26	38
Portugal Portugal	115	119	111	141
Spain Espagne	196	201	215	223
Yugoslavia Yougoslavie	...	* 60	* 60	60
OCEANIA OCEANIE	**3 211**	**4 390**	**3 206**	**4 154**
Australia Australie	* 4 390	3 206	4 154	3 780

Table 38

Fossil Fuel, Nuclear and Hydraulic Resources

(Quantities in million metric tons except where indicated)

Country or area Pays ou zone	Bituminous Coal/Anthracite Houille bitumineux/Anthracite				Sub-bituminous Coal/Lignite Charbon sous bitumineux/Lignite				Peat		
	Year Année	Proved Reserves Réserves avérées		Additional Resources Ressources addition-nelles	Year Année	Proved Reserves Réserves avérées		Additional Resources Ressources addition-nelles	Year Année	Proved Reserves Réserves avérées	
		In Place En place	Recoverable Recuperables			In Place En place	Recoverable Recuperables			In Place En place	Recoverable Recuperables
World	1984	1 340 000	404 000	3 533 921	1984	765 000	434 000	...	1984	...	...
Afghanistan	1965	112	66	400	..	..	..	..	..	..	..
Albania	..	..	..	..	..	..	..	..	..	..	..
Algeria	1981	...	43	...	..	..	..	..	..	..	..
Angola	..	..	..	..	..	..	..	..	..	..	..
Argentina	..	..	..	..	1984	195	130	7 735	1984	90	80
Australia	1984	48 540	27 442	507 000	1981	42286	38260	187 400	..	..	..
Austria	1984	1	3	6	1984	177	61	80	..	..	..
Bahrain	..	..	..	..	..	..	..	..	..	..	..
Bangladesh	1981	1 054	..	..	..	..	..	..	1981	138	..
Belgium	1984	715	410	1 400	..	..	..	..	..	..	..
Botswana	1977	7 000	3500	100000	..	..	..	..	..	..	..
Brazil	1984	20	..	..	1984	3 078	2 323	27 915	1984	...	...
Brunei Darussalam	..	..	..	..	..	..	..	..	..	..	..
Bulgaria	1979	36	30	1 200	1979	4 418	3 700	700	..	..	..
Burma	1975	5	2	70	1975	..	..	80	..	..	..
Burundi	..	..	..	..	..	..	..	..	1984	42	42
Cameroon	..	..	..	..	..	..	..	..	..	..	..
Canada	1984	4 903	3 548	25687	1984	4 119	3 298	32 035	1984	168 000	...
Central African Rep.	..	..	..	..	1979	4	4	..	..	..	..
Chile	1984	79	31	186 300	1984	4 500	1 150	..	..	..	..
China	1984	610 600	..	..	1984	126 500	..	..	1984	...	...
Colombia	1979	2025	1010	7200	1979	48	25	790	..	..	..
Congo	..	..	..	..	..	..	..	..	..	..	..
Costa Rica	..	..	..	..	..	..	..	..	..	..	..
Cuba	..	..	..	..	..	..	..	..	1976	..	..
Czechoslovakia	1984	6 750	2 700	5 500	1984	7 220	..	1 620	1976	..	..
Denmark	..	..	..	..	1984	63	..	...	..	..	..
Ecuador	..	..	..	..	1981	...	18	6	..	..	..
Egypt	1965	25	13	..	1984	...	...	..	..	..	..
Ethiopia	..	..	..	..	..	..	..	..	..	..	..
El Salvador	..	..	..	..	..	..	..	..	..	..	..
Falkland I(Malvinas)	..	..	..	..	..	..	..	..	1976	...	...
Finland	..	..	..	..	..	..	..	..	1984	1 200	800
France incl. Monaco	1984	906	332	..	1984	160	49	8	..	..	..
Gabon	..	..	..	..	..	..	..	..	..	..	..
German Dem. Rep.	..	..	..	..	1984	47 000	21 000	0	..	..	..
Germany, Fed. Rep.	1984	44 000	23 919	..	1984	55 000	35 150	..	1984	21	...
Greece	..	..	..	..	1984	5 312	3 000	...	1984	640	..
Guatemala	..	..	..	..	..	..	..	..	..	..	..
Haiti	..	..	..	..	1979	13	..	27	..	..	..
Honduras	..	..	..	..	1979	21	..	..	..	..	..
Hungary	1984	1 407	596	350	1984	8 306	3 865	5 289	1966	..	..
Iceland	..	..	..	..	..	..	..	..	..	..	..
India	1981	26 331	..	85 547	1981	1 581	1 581	1 943	..	..	..
Indonesia	1984	774	..	...	1984	22 458	..	...	1984	...	...
Iran(Islamic Rep.of)	1972	385	193	..	..	..	..	..	..	..	..
Iraq	..	..	..	..	..	..	..	..	..	..	..
Ireland	1984	7	5	39	1984	12	9	33	1984	317	220
Israel	..	..	..	..	..	..	..	..	1985	...	...
Italy and San Marino	..	..	..	..	1984	75	39	302	..	..	..
Côte d'Ivoire	..	..	..	..	..	..	..	..	..	..	..
Jamaica	..	..	..	..	..	..	..	..	1984	85290	233
Japan	1984	8 479	997	..	1984	175	18	..	..	..	..
Kenya	..	..	..	..	..	..	..	..	1984	90	..
Korea,Dem.Ppl's.Rep.	1978	2 000	300	2 700	1978	300	300	2 200	..	..	..
Korea, Republic of	1984	200	132	1 149	..	..	..	..	..	..	..
Kuwait,part Ntl.Zone	..	..	..	..	..	..	..	..	..	..	..
Libyan Arab Jamah.	..	..	..	..	..	..	..	..	..	..	..
Madagascar	1977	1 000	..	..	1977	75	..	..	..	..	..
Malawi	1977	25	12	..	..	..	..	..	..	..	..
Malaysia	1984	7	7	70	1984	..	..	425	1984	...	...
Mali	..	..	..	..	1979	..	..	3	..	..	..
Mexico	1984	1 597	1 274	1 960	1984	804	643	792	..	..	..
Mongolia	1984	12 000	..	..	..	..	..	..	..	..	..
Morocco	1981	134	45	..	1981	44	..	..	..	..	..
Mozambique	1976	...	240	155	..	..	..	..	..	..	..
Netherlands	1984	1 406	497	..	..	..	..	..	..	..	..
New Zealand	1984	36	33	450	1984	1 990	210	10 257	1984	1 640	...
Niger	1979	5	..	..	..	..	..	..	..	..	...

Ressources en combustibles fossiles, ressources nucléaires et ressources hydrauliques

(Quantités en million de tonnes métriques sauf ôu indique)

Tourbe	Crude Oil and NGL Pétrole brut et CGN	Proved Recoverable Reserves Réserves recuperable avérées		Natural Gas Gaz naturel	Nuclear Resources Ressources nucléaires		Hydraulic Resources Ressources hydraulique	
Additional Resources Ressources addition-nelles	Reserves Réserves (1984)	Oil Shale Schiste bitumineux (1984)	Bituminous Sands Sables bitumineux (1984)	Proved Recoverable Reserves Réserves recuperable avérées 10⁹ m³ 10⁹ m³ (1984)	Uranium Metric Tons Tonnes métriques: Reasonably Assured Raisonnablement assurées (1984)	Uranium Metric Tons Tonnes métriques: Estimated Additional Additionnelles estimées (1984)	Gross Theoretical Capability Capacité brute théorique Terajoules Térajoules (1984)	Country or area Pays ou zone
72 017	94 000	5 672	6 739	85 500	2 315 000	1 332 000	...	Monde
..	..	..	..	75	..	..	...	Afghanistan
..	35	..	9	8	..	..	72 000	Albanie
..	1 437	..	..	3 150	26 000	..	43200	Algérie
..	250	..	..	53	..	..	252000	Angola
50	330	..	..	621	18 930	7 900	720 000	Argentine
..	344	0	..	890	526 000	377 000	192600	Australie
..	13	..	..	0	0	1 700	270 000	Autriche
..	28	..	..	220	..	..	..	Bahreïn
138	..	..	..	192	..	..	4 172	Bangladesh
..	..	..	..	...	..	..	..	Belgique
..	..	..	..	..	..	..	..	Botswana
...	305	392	..	93	163 280	92 390	10 873 440	Brésil
..	220	..	..	220	..	..	..	Brunéi Darussalam
..	2	..	..	7	..	..	95076	Bulgarie
..	4	..	..	300	..	..	1 317 600	Birmanie
150	..	..	..	..	..	..	27 669	Burundi
..	65	..	..	95	..	..	..	Cameroun
42 000	865	...	5 100	2 600	214 000	197 000	3 928 129	Canada
..	..	..	..	..	16 000	..	..	Rép. centrafricaine
..	80	..	..	120	45	300	653364	Chili
...	2 600	..	..	700	..	..	21 319 848	Chine
..	85	..	..	117	..	..	4644000	Colombie
..	70	..	..	70	..	..	..	Congo
..	..	..	..	..	..	..	1 162 800	Costa Rica
280	..	..	..	..	..	..	..	Cuba
70	3	..	..	10	..	..	..	Tchécoslovaquie
..	51	..	..	103	27 000	16 000	144	Danemark
..	228	..	..	116	..	..	3 572 021	Equateur
..	400	..	..	170	..	..	...	Egypte
..	..	..	..	..	..	..	997 200	Ethiopie
..	..	..	..	..	..	..	14 954	El Salvador
28	..	..	..	..	..	..	..	I Falkland(Malvinas)
9 200	..	..	..	..	1 500	2 900	100 800	Finlande
..	44	..	..	52	67 060	45 170	244 040	France y comp.Monaco
..	70	..	..	12	21 380	9 600	..	Gabon
..	..	..	..	60	..	..	...	Rép. dém. allemande
200	43	...	...	266	4 700	7 300	75 600	Allemagne, Rép. féd.
..	9	..	..	110	400	6 000	...	Grèce
..	7	..	..	..	..	..	343458	Guatemala
..	..	..	..	..	..	..	..	Haïti
..	..	..	..	..	..	..	705600	Honduras
238	25	..	..	133	..	..	..	Hongrie
..	..	..	..	..	..	..	662 400	Islande
..	471	..	..	350	46 090	16 610	1426752	Inde
...	1 200	..	..	1 870	..	..	12 196 800	Indonésie
..	6 600	..	..	11 000	..	..	..	Iran(Rép.islamique)
..	6 000	..	..	800	..	..	..	Iraq
..	..	..	..	35	..	..	...	Irlande
1 000	2	500	..	0	..	..	..	Israël
..	87	..	33	250	4 800	1 300	1 227 240	Italie y comp. S.Mrn
..	15	..	..	60	..	..	..	Côte d'Ivoire
..	..	..	..	..	..	..	..	Jamaique
..	7	..	..	27	7 700	..	2 583 360	Japon
..	..	..	..	..	..	..	23 854	Kenya
..	..	..	..	..	..	..	..	Corée,Rép.pop.dém.de
..	..	..	..	..	10 000	..	...	Corée, République de
..	10 800	..	..	1 100	..	..	..	Koweït et prt.Zne.N.
..	2 800	..	..	600	..	..	..	Jamah.arabe libyenne
..	..	..	15	..	..	..	..	Madagascar
..	..	..	..	..	..	..	9000	Malawi
...	407	..	..	1 501	..	..	749 880	Malaisie
..	..	..	..	..	..	..	..	Mali
..	8 032	..	..	2 172	7 740	2 980	1 800 000	Mexique
..	..	..	..	..	..	..	..	Mongolie
..	0	1 600	..	..	..	..	16200	Maroc
..	..	..	..	..	..	..	180 000	Mozambique
..	25	..	..	1 515	..	..	..	Pays-Bas
...	20	..	..	155	..	..	172 800	Nouvelle-Zélande
..	..	..	..	..	182 200	300 300	..	Niger

Table 38

Fossil Fuel, Nuclear and Hydraulic Resources

(Quantities in million metric tons except where indicated)

Country or area Pays ou zone	Bituminous Coal/Anthracite Houille bitumineux/Anthracite				Sub–bituminous Coal/Lignite Charbon sous bitumineux/Lignite				Peat		
	Year Année	Proved Reserves Réserves avérées		Additional Resources Ressources addition–nelles	Year Année	Proved Reserves Réserves avérées		Additional Resources Ressources addition–nelles	Year Année	Proved Reserves Réserves avérées	
		In Place En place	Recover–able Recuper–ables			In Place En place	Recover–able Recuper–ables			In Place En place	Recover–able Recuper–ables
Nigeria	1979	..	..	21	1979	338	169	1 000	..	..	..
Norway,Svlbd,J.Myn I	..	..	..	..	1984	35	30	...	1984	745	350
Oman	..	..	..	..	..	..	..	..	..	..	..
Pakistan	..	..	..	..	1979	145	102	310	..	..	..
Papua New Guinea	..	..	..	..	..	..	..	..	..	..	..
Peru	1981	28	..	856	..	..	..	..		..	..
Philippines	..	..	..	..	1979	170	82	..	..	..	..
Poland	1983	63000	28 300	100500	1983	13 200	14 400	20 400	1984	890	...
Portugal	1984	28	20	39	1984	38	33	2	..	..	..
Qatar	..	..	..	..	..	..	..	..	..	..	..
Romania	1966	70	..	..	..	..	..	..	..	..	..
Rwanda	..	..	..	..	..	..	..	..	..	..	..
S.Arabia,pt.Ntrl.Zn.	..	..	..	..	..	..	..	..	..	..	..
South Africa	1984	115 530	58 404	17 100	..	..	..	..	..	..	..
Spain	1984	949	415	2 582	1984	779	468	1 106	1984	94	70
Sri Lanka	..	..	..	..	..	..	..	...	1952	..	..
Sudan	..	..	..	..	..	..	..	..	..	..	..
Swaziland	1961	2 020	1820	3 000	..	..	..	..	..	..	..
Sweden	..	..	..	..	1984	4	1	20	1984	10	500
Syrian Arab Republic	1984	..	..	..	..	..	..	..	..	..	..
Thailand	..	..	..	..	1984	15	879	1 418	..	..	..
Trinidad and Tobago	..	..	..	..	..	..	..	..	..	..	..
Tunisia	..	..	..	..	..	..	..	..	..	..	..
Turkey	1984	135	94	1 238	1984	5 292	4 763	2 841	..	..	..
USSR	1984	136 000	108 800	2 163 000	1984	156 800	135 900	3 045 900	1981	...	...
United Arab Emirates	..	..	..	..	..	..	..	..	..	..	..
United Kingdom	1984	...	4 600	185 400	1984	400	..	..	1984	...	...
United Rep. Tanzania	1979	304	200	1 500	..	..	..	..	..	..	..
United States	1984	237 640	131 971	458 069	1984	205 252	131 872	669 034	1984	55 510	...
Uruguay	..	..	..	..	..	..	..	..	1976	..	..
Venezuela	1984	509	372	2 251	..	..	..	...	..	..	..
Viet Nam	1965	300	150	700	1965	12	..	..	..	..	..
Yugoslavia	1971	80	70	71	1978	17 760	16 500	3 775	..	..	..
Zaire	1978	600	600	..	..	..	..	..	..	..	..
Zambia	1984	...	72	18	..	..	..	..	..	..	..
Zimbabwe	1977	1 535	734	5 820	1979	965	..	..	..	..	..

Table 38

Ressources en combustibles fossiles, ressources nucléaires et ressources hydrauliques

(Quantités en million de tonnes métriques sauf ŏu indique)

Tourbe	Crude Oil and NGL / Pétrole brut et CGN	Proved Recoverable Reserves / Réserves recuperable avérées		Natural Gas / Gaz naturel	Nuclear Resources / Ressources nucléaires		Hydraulic Resources / Ressources hydraulique	
Additional Resources / Ressources addition–nelles	Reserves / Réserves (1984)	Oil Shale / Schiste bitumineux (1984)	Bituminous Sands / Sables bitumineux (1984)	Proved Recover–able Reserves / Réserves recuperable avérées 10⁹ m³ / 10⁹ m³ (1984)	Uranium Metric Tons / Tonnes métriques: Reasonably Assured / Raisonnablement assurées (1984)	Uranium Metric Tons / Tonnes métriques: Estimated Additional / Additionnelles estimées (1984)	Gross Theoretical Capability / Capacité brute théorique Terajoules / Térajoules (1984)	Country or area / Pays ou zone
..	2 200	..	636	1 400	..	..	8 028	Nigéria
7 015	742	..	..	1 048	..	..	2 001 600	Norvège,Svalbd,J.May
..	480	..	..	87	..	..	..	Oman
..	13	..	..	450	..	..	..	Pakistan
..	..	..	..	..	..	..	707 760	Papouasie–Nvl–Guinée
..	105	..	3	25	500	..	...	Pérou
..	3	..	..	..	..	..	131 954	Philippines
2 300	...	..	..	128	..	..	82 800	Pologne
..	..	..	..	..	8 200	1 250	169 200	Portugal
..	450	..	..	3 150	..	..	..	Qatar
..	..	..	..	..	..	..	...	Roumanie
2 000	..	..	..	40	..	..	...	Rwanda
..	23 000	..	..	2 150	..	..	..	Arab.saoud,p.Zn.neut
..	..	..	..	...	358 700	124 600	..	Afrique du Sud
..	12	..	..	14	32 900	9 000	541 260	Espagne
81	..	..	..	..	..	..	36 000	Sri Lanka
..	40	..	..	3	..	..	16 654	Soudan
..	..	..	..	..	..	..	..	Swaziland
...	..	880	..	..	39 000	46 000	705 600	Suède
..	1 220	..	..	107	..	..	14 400	Rép. arabe syrienne
..	15	0	..	105	..	..	...	Thaïlande
..	85	..	1	290	..	..	..	Trinité–et–Tobago
..	200	..	..	85	..	..	..	Tunisie
..	38	300	..	14	3 900	3 200	1 584 000	Turquie
112	8 600	2 000	600	35 000	..	..	14 191 200	URSS
..	4 300	..	..	900	..	..	..	Emirats arabes unis
...	752	..	..	725	..	..	33 480	Royaume–Uni
..	..	..	..	6	..	..	..	Rép.Unie de Tanzanie
11 102	4 616	...	...	5 835	398 100	..	..	Etats–Unis
46	..	..	..	..	..	..	...	Uruguay
..	3 774	..	344	1 664	..	..	1 036 750	Venezuela
..	..	..	..	..	..	..	..	Viet Nam
..	41	..	..	90	..	..	396000	Yougoslavie
..	19	..	..	2	1 800	1 700	...	Zaïre
..	..	..	..	..	..	..	120 600	Zambie
..	...	..	..	..	..	..	..	Zimbabwe

TABLE 39: CRUDE PETROLEUM PRICES

(U.S. Dollars per Barrel)

Country	API	1971	1979	1980	1984	1985	1987	1988
Algeria 1/								
Blend	44°	2.72	14.81	30.00	30.50	29.50	18.87	18.87
China 2/								
Daqing	33°	...	...	32.13	28.70	26.75	17.70	17.70
Ecuador 3/								
Oriente	29.7°	2.50	13.03	36.41	27.50	...	17.02	15.46
Egypt 4/								
Suez Blend	33°	...	...	...	28.55	26.10	16.70	15.90
Gabon 5/								
Mandji	28.9°	1.70	13.23	28.00	...	...	17.32	17.32
Gamba	31.8°	1.71	13.67	29.00	29.70	...	...	...
Indonesia 6/								
Minas	34.1°	2.21	13.90	27.50	...	28.53	17.56	17.56
Ardjuna	36.7°	--	14.40	28.95	...	...	18.09	...
Attaka	42.1°	--	14.95	30.25	...	...	...	...
Cinta	33.5°	--	13.50	27.50	...	...	...	...
Walio	34.3°	--	13.65	27.20	...	...	...	...
Iran (Islamic Rep. of) 7/								
Light	34-34.9°	2.17	13.45	30.00	28.00	28.05	17.50	15.55
Heavy	31-31.9°	2.13	13.06	29.27	27.10	27.35	16.89	15.00
Iraq 8/								
Basrah	34°	2.16	13.29	27.96	29.21	...	17.30	...
Kirkuk	36°	3.21	13.52	28.18	29.43	28.18	17.60	16.20
Kuwait, part Ntl. Zone 9/								
Export	31-31.9°	2.09	12.83	27.50	27.30	27.10	16.67	...
Hout	35-35.9°	2.09	13.33	28.00	29.01	...	...	...
Libyan Arab Jamah. 10/								
Brega	40°	3.42	14.69	34.67	30.50	...	18.67	...
Amna	36°	--	14.03	34.02	30.15	30.15	17.80	18.52
Mexico 11/								
Isthmus	34°	...	...	33.50	29.00	27.50	17.41	14.83
Maya	23°	...	...	28.00	25.50	23.10	...	11.10
Nigeria 12/								
Light	37°	3.21	14.81	29.97	30.00	28.65	18.92	18.92
Medium	26°	3.10	14.23	28.70	29.02	...	17.42	...
Norway, Svlbd, J. Myn I 13/								
Ekofisk	42°	...	15.85	34.50	30.25	...	...	17.60
Oman 14/	34°	...	13.94	32.50	29.04	27.20	17.63	17.38
Qatar 15/								
Dukhan	40°	2.28	14.04	29.42	29.49	28.10	17.82	15.70
Marine	36°	2.20	13.78	29.23	29.30	28.05	17.67	...
S. Arabia, pt. Ntrl. Zn. 16/								
Light	34°	2.18	13.34	26.00	29.00	28.00	17.52	17.52
Medium	31°	2.09	12.89	25.45	27.40	27.20	16.92	16.92
Heavy	27°	1.96	12.51	25.00	26.00	26.00	16.27	16.27
United Arab Emirates 17/								
Murban	39°	2.24	14.10	29.56	29.56	28.15	17.92	17.92
Umm Shaif	37°	2.23	13.78	29.36	29.36	28.05	17.72	...
Zakum	40°	--	14.01	29.46	29.46	28.10	17.82	...

TABLE 39: CRUDE PETROLEUM PRICES

(U.S. Dollars per Barrel)

Country	API	1971	1979	1980	1984	1985	1987	1988
United Kingdom [18/]								
Forties	37°	...	15.50	33.75	29.90	...	18.25	18.00
Venezuela [19/]								
Tiajuana	26°	2.02	13.36	32.88	27.88	...	16.72	...
Tiajuana	31°	2.20	14.22	35.00	29.84	28.05	17.62	17.62
Oficina	34°	2.34	14.69	37.06	31.09	28.80	...	...
San Joaquin	42°	2.56	15.32	38.50	...	...	...	...

NOTES

General Note: Official selling prices, f.o.b. loading ports, effective 1 January of each year unless otherwise stated. The data in this table were taken from the *Annual Statistical Bulletin*, Organisation of Petroleum Exporting Countries, Statistical Unit, Vienna; the *International Petroleum Times*, IPC Industrial Press Ltd., London; the *Petroleum Economist*, Petroleum Press Bureau Ltd., London; and the *Weekly Petroleum Status Report*, Energy Information Administration, Washington, D.C., unless otherwise stated. All 1987 prices are official and are effective 1 February 1987, unless otherwise stated. 1988 prices are estimated contract prices based on government selling prices, netback values, or spot market quotations. Prices are f.o.b. at the foreign port of landing, except where noted.

1/ F.o.b. Port Arzew. 1984 price effective 15 March 1983. 1985 price effective 20 March 1985.

2/ 1980 price effective 1 April 1980; 1984 price effective 10 February 1983; 1985 price effective 1 April 1985.

3/ 1971: 30.4° API, tax reference price effective August 1972; 1980: average selling price; 1984: government selling price, effective 15 December 1983.

4/ 1985: Government selling price, effective 1 October 1985.

5/ 1971 Mandji: 29° API, tax reference price effective first quarter of 1971; 1971 Gamba: 31° API, tax reference price effective first quarter of 1971; 1984 Gamba: price effective 15 March 1983.

6/ 1971 Minas: 34° API, price effective 1 April 1971; 1985 price effective 1 February 1985.

7/ 1971 Iranian light and 1971 Iranian heavy: tax reference price effective 15 February 1971, Port Kharq Island. 1984 heavy: price effective 10 August 1983. 1985 prices effective 1 February 1985.

8/ 1971 Basrah: 35° API, tax reference price effective 15 February 1971; 1971 Kirkuk: tax reference price effective 20 March 1971. 1984 Basrah prices effective 15 March 1983. Kirkuk price effective 1 April 1983. 1985 price effective 1 February 1985.

9/ 1971 Kuwait (export) and Hout: tax reference price effective 15 February 1971. 1984 prices effective 1 March 1983. 1985 price effective 1 July 1985.

10/ 1971 Brega: tax reference price effective 1 July 1971. 1984 and 1985 prices for Es Sider 37° effective 23 February 1983. 1988 price of Es Sider 37° API.

11/ 1980 Isthmus and Maya: price effective mid-May 1980. 1984 price of Maya effective 1 May 1984. 24° API. 1985 price effective 1 November 1985.

12/ 1971 Nigerian light (Bonny): 34°-34.9° API, tax reference price effective 20 March 1971; 1971 Nigerian medium: 27°-27.9° API, tax reference price effective 20 March 1971. 1984 price 29.02 for Farcados 31° API effective 1 February 1983. 1985 price effective 1 February 1985.

13/ 1980 Ekofisk: price effective February 1980. 1984 prices effective 1 March 1983. 44° API.

14/ 1980 price effective mid-May 1980; 1984 price effective 1 March 1983. 1985 price effective 1 October 1985.

15/ 1971 Dukhan: 41° API, tax reference price effective 15 February 1971; 1971 Marine: 36.7° API, tax reference price effective 15 February 1971; 1984 Dukhan: 41.7° API, price effective 1 March 1983. 1985 price effective 1 February 1985.

16/ 1971 Arabian light: posted or tax reference price, effective 15 February 1971, f.o.b. Ras Tanura; 1971 Arabian medium: posted or tax reference price effective 15 February 1971; 1971 Arabian heavy: tax reference price effective 15 February 1971. 1984 prices effective 1 March 1983. 1985 effective date not available.

17/ 1971 Murban and Umm Shaif: tax reference price effective 15 February 1971. 1985 price effective 1 February 1985.

18/ 1980 Forties: price effective February 1980. 1987 and 1988 prices for Brent: 38° API.

19/ 1971 Tiajuana, Oficina and San Joaquin: minimum tax export values, excluding finegut and sulphur premiums; 1971 Oficina: 35° API; 1971 San Joaquin: 41° API; 1984 prices effective 15 March 1983. 1985 Oficina price effective 10 February 1985; Tiajuana effective 1 August 1985.

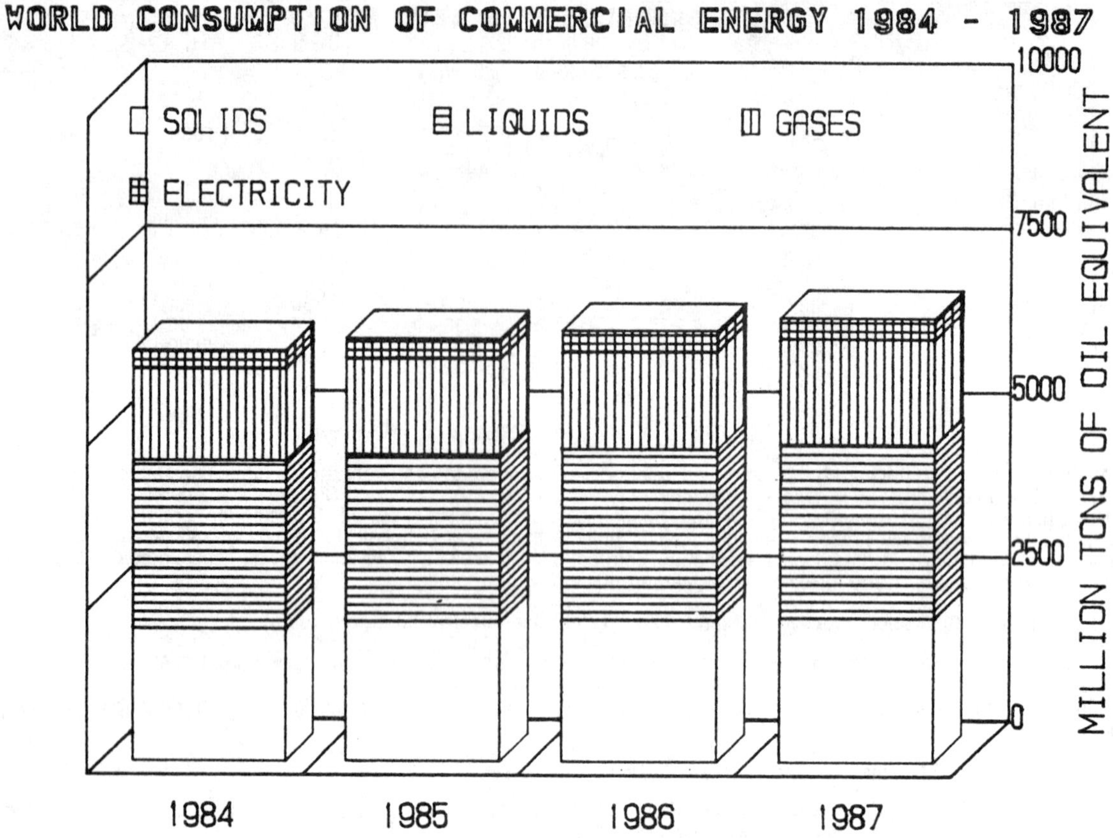
WORLD CONSUMPTION OF COMMERCIAL ENERGY 1984 - 1987
SOLIDS
LIQUIDS
GASES
ELECTRICITY
10000
7500
5000
2500
0
MILLION TONS OF OIL EQUIVALENT
1984
1985
1986
1987

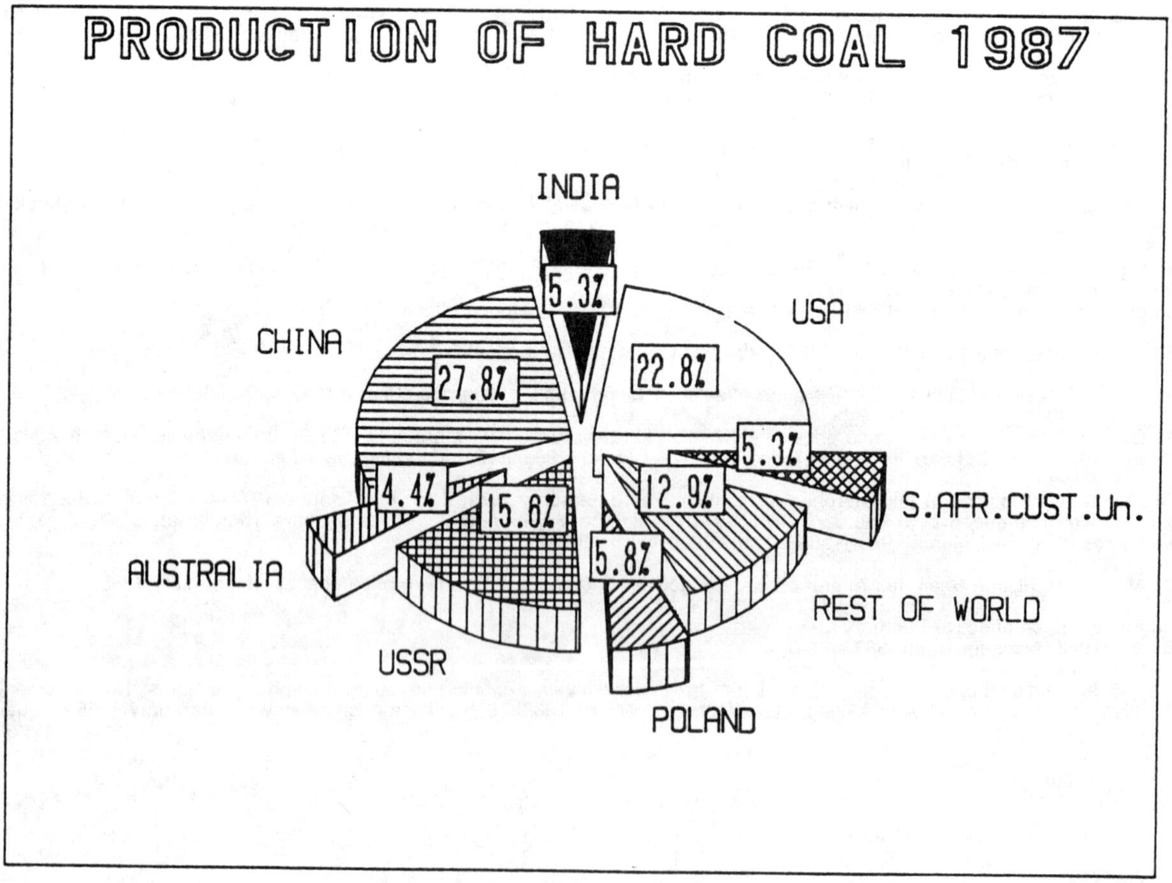
PRODUCTION OF HARD COAL 1987
INDIA
5.3%
USA
22.8%
CHINA
27.8%
5.3%
S.AFR.CUST.Un.
4.4%
15.6%
12.9%
AUSTRALIA
5.8%
REST OF WORLD
USSR
POLAND

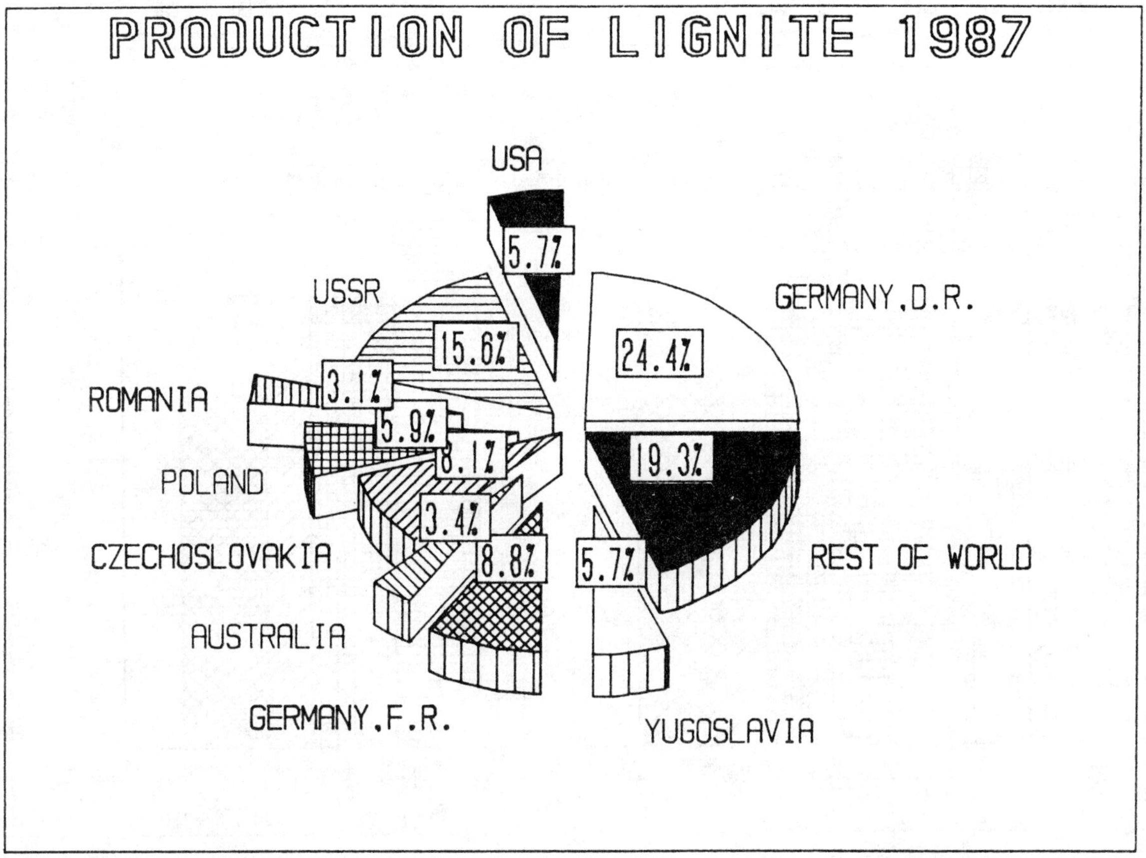
PRODUCTION OF LIGNITE 1987
USA
5.7%
GERMANY,D.R.
24.4%
USSR
15.6%
ROMANIA
3.1%
5.9%
8.1%
POLAND
19.3%
CZECHOSLOVAKIA
3.4%
8.8%
5.7%
REST OF WORLD
AUSTRALIA
GERMANY,F.R.
YUGOSLAVIA

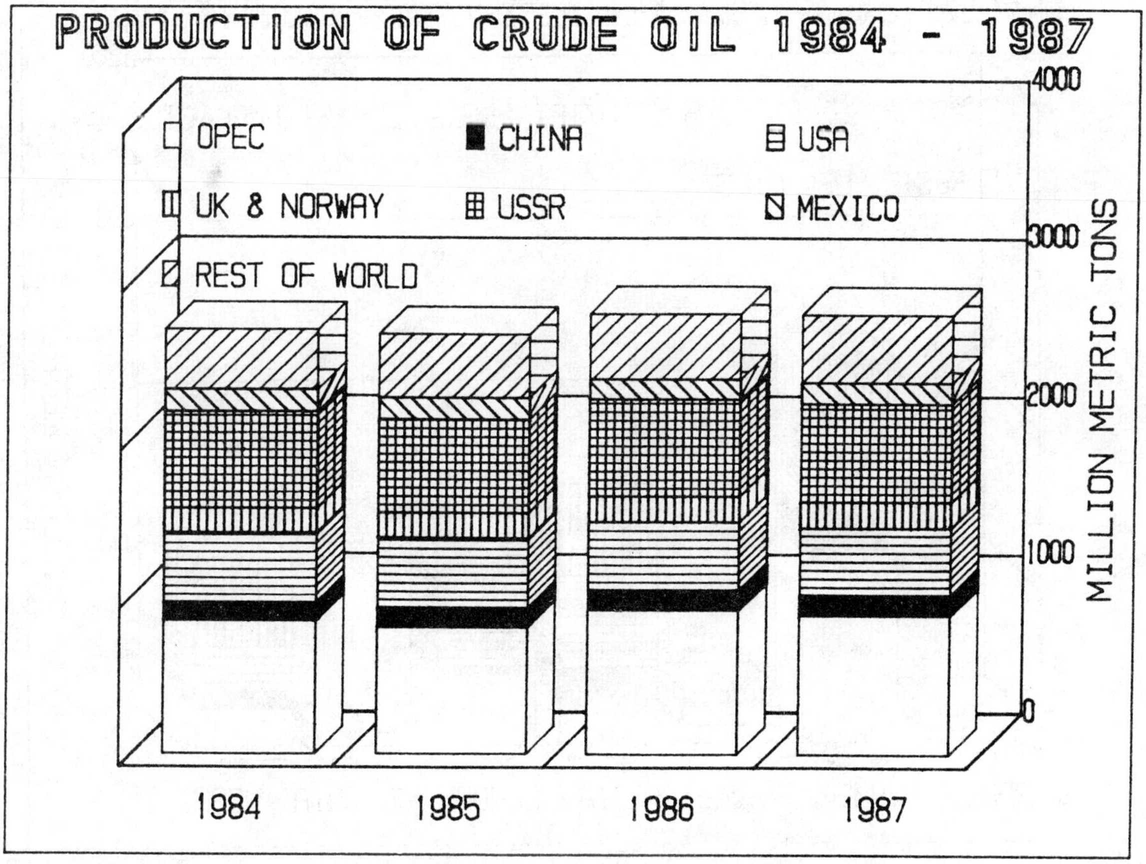
PRODUCTION OF CRUDE OIL 1984 - 1987
OPEC
CHINA
USA
UK & NORWAY
USSR
MEXICO
REST OF WORLD
4000
3000
2000
1000
0
MILLION METRIC TONS
1984
1985
1986
1987

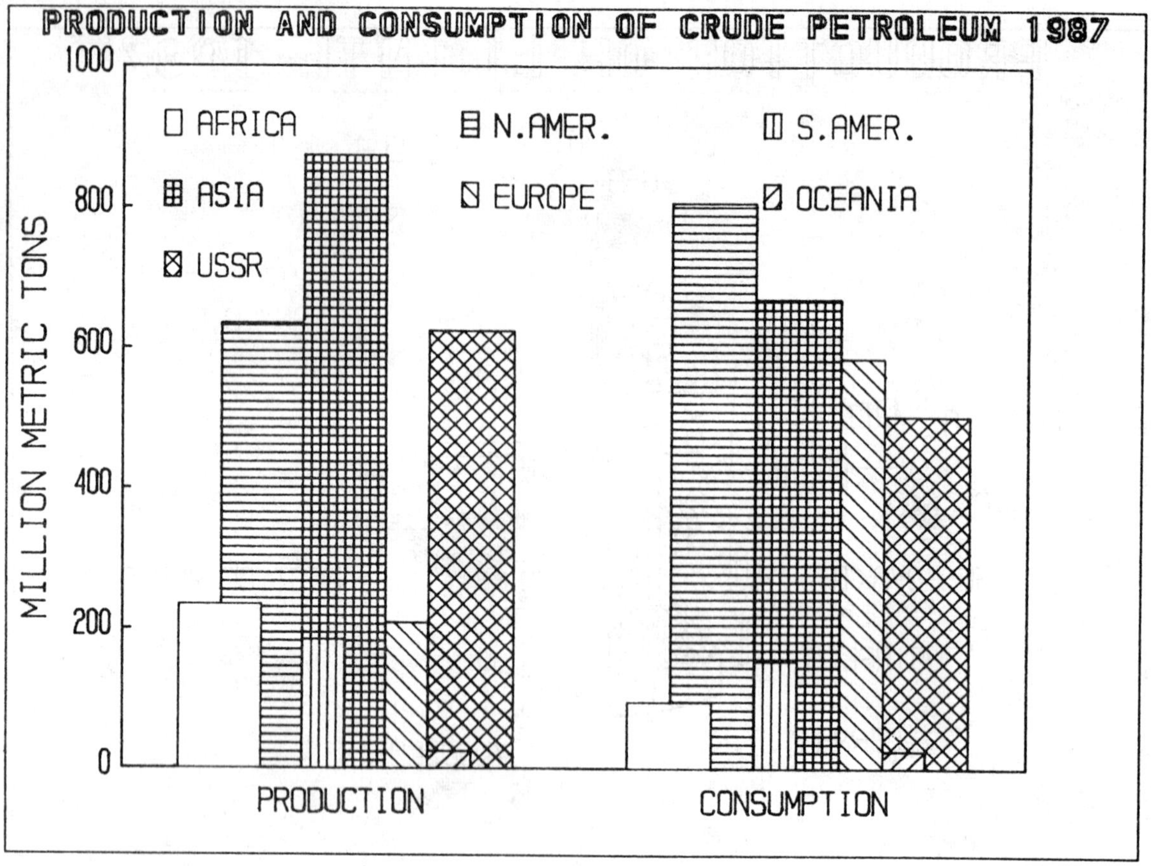
PRODUCTION AND CONSUMPTION OF CRUDE PETROLEUM 1987
1000
800
600
400
200
0
MILLION METRIC TONS
AFRICA
N.AMER.
S.AMER.
ASIA
EUROPE
OCEANIA
USSR
PRODUCTION
CONSUMPTION

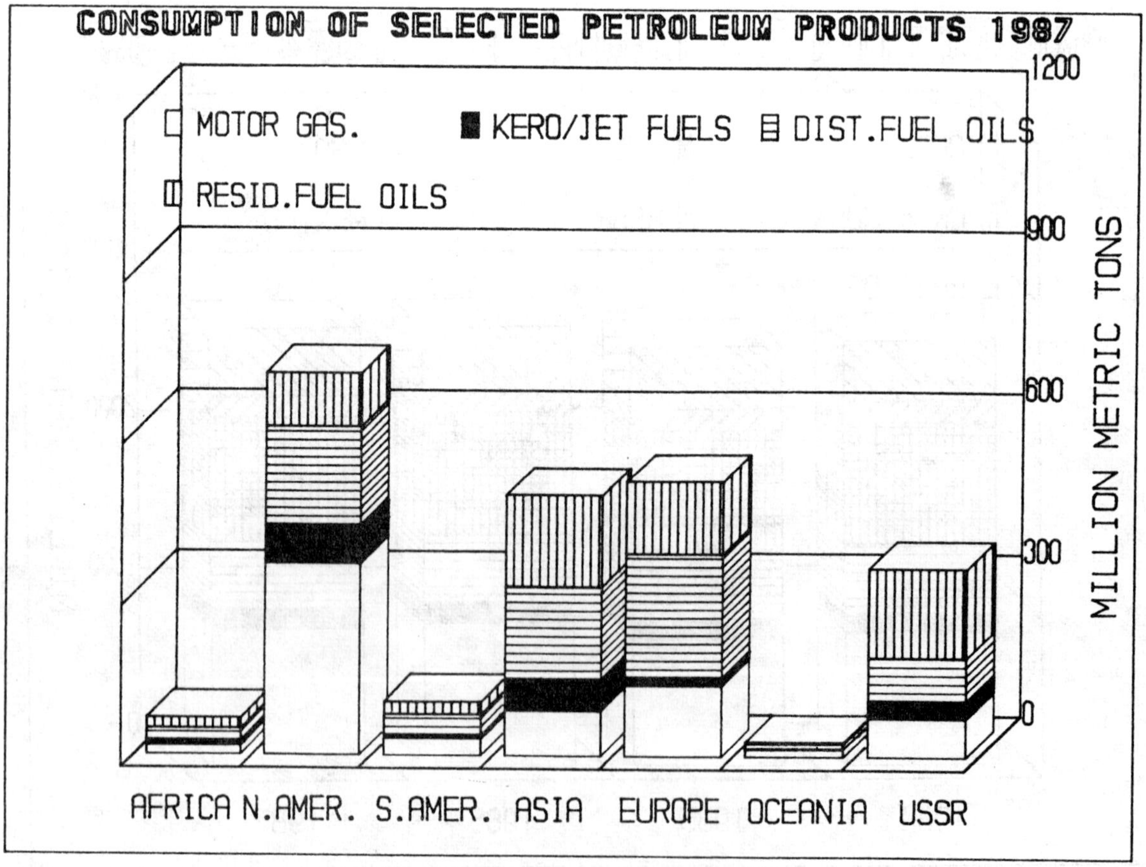
CONSUMPTION OF SELECTED PETROLEUM PRODUCTS 1987
1200
900
600
300
0
MILLION METRIC TONS
MOTOR GAS.
KERO/JET FUELS
DIST.FUEL OILS
RESID.FUEL OILS
AFRICA N.AMER. S.AMER. ASIA EUROPE OCEANIA USSR

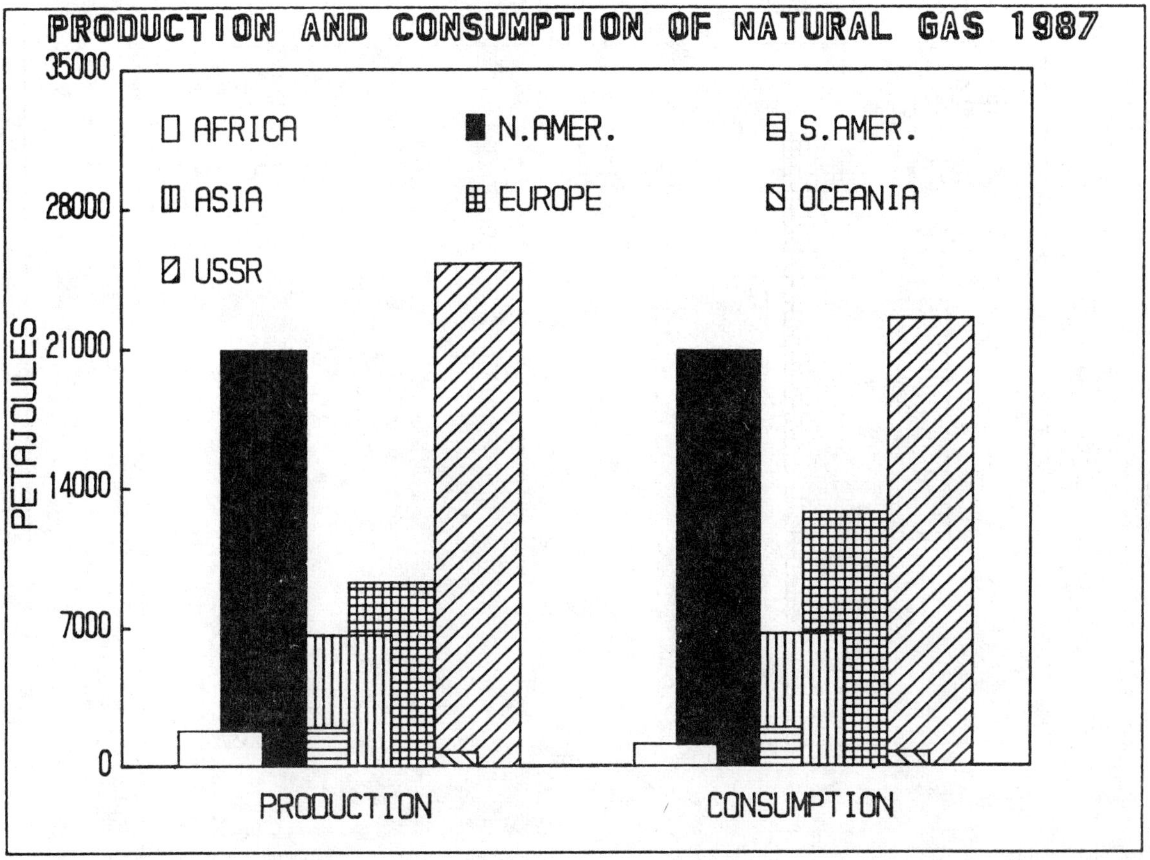
PRODUCTION AND CONSUMPTION OF NATURAL GAS 1987
35000
28000
21000
14000
7000
0
PETAJOULES
AFRICA
N.AMER.
S.AMER.
ASIA
EUROPE
OCEANIA
USSR
PRODUCTION
CONSUMPTION

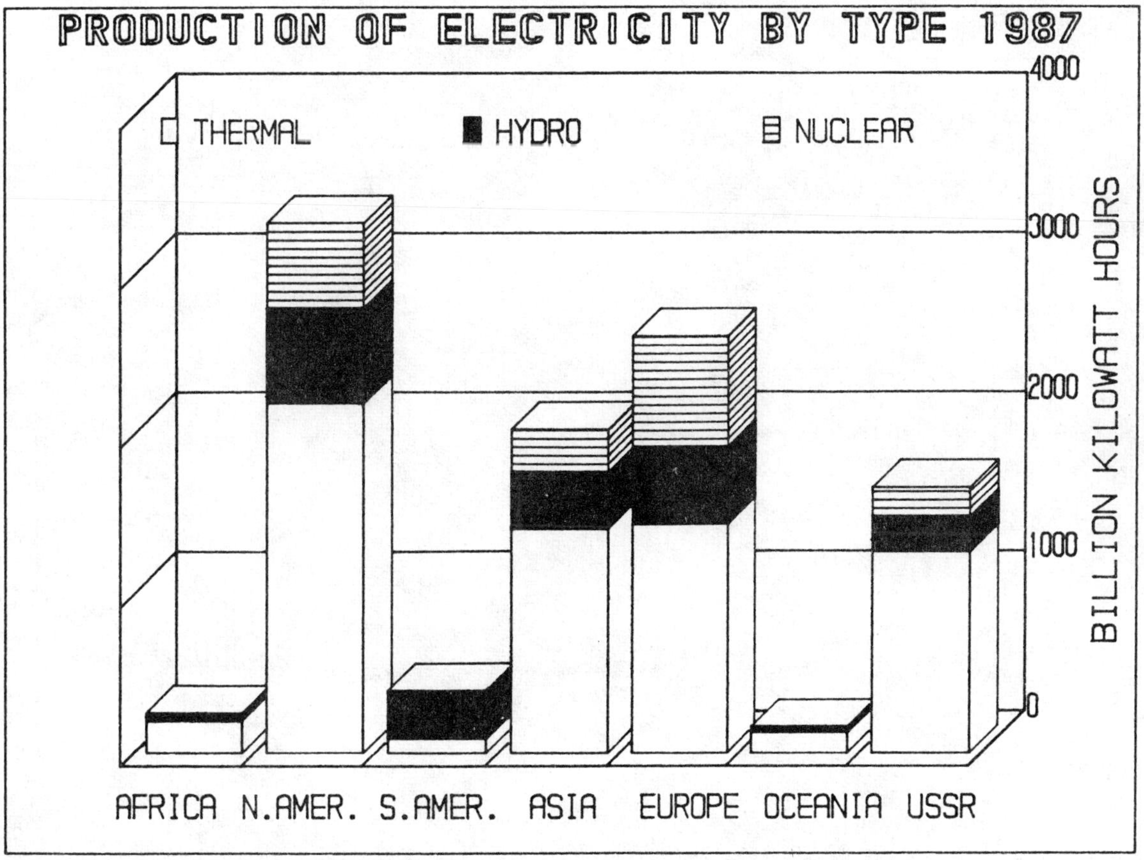
PRODUCTION OF ELECTRICITY BY TYPE 1987
THERMAL
HYDRO
NUCLEAR
4000
3000
2000
1000
0
BILLION KILOWATT HOURS
AFRICA N.AMER. S.AMER. ASIA EUROPE OCEANIA USSR

[illegible]

[illegible]

[illegible]

[illegible]

[illegible]

[illegible]

كيفية الحصول على منشورات الأمم المتحدة

يمكن الحصول على منشورات الأمم المتحدة من المكتبات ودور التوزيع في جميع أنحاء العالم . استعلم عنها من المكتبة التي تتعامل معها أو اكتب إلى : الأمم المتحدة ، قسم البيع في نيويورك أو في جنيف .

如何购取联合国出版物

联合国出版物在全世界各地的书店和经售处均有发售。请向书店询问或写信到纽约或日内瓦的联合国销售组。

HOW TO OBTAIN UNITED NATIONS PUBLICATIONS

United Nations publications may be obtained from bookstores and distributors throughout the world. Consult your bookstore or write to: United Nations, Sales Section, New York or Geneva.

COMMENT SE PROCURER LES PUBLICATIONS DES NATIONS UNIES

Les publications des Nations Unies sont en vente dans les librairies et les agences dépositaires du monde entier. Informez-vous auprès de votre libraire ou adressez-vous à : Nations Unies, Section des ventes, New York ou Genève.

КАК ПОЛУЧИТЬ ИЗДАНИЯ ОРГАНИЗАЦИИ ОБЪЕДИНЕННЫХ НАЦИЙ

Издания Организации Объединенных Наций можно купить в книжных магазинах и агентствах во всех районах мира. Наводите справки об изданиях в вашем книжном магазине или пишите по адресу: Организация Объединенных Наций, Секция по продаже изданий, Нью-Йорк или Женева.

COMO CONSEGUIR PUBLICACIONES DE LAS NACIONES UNIDAS

Las publicaciones de las Naciones Unidas están en venta en librerías y casas distribuidoras en todas partes del mundo. Consulte a su librero o diríjase a: Naciones Unidas, Sección de Ventas, Nueva York o Ginebra.

Litho in United Nations, New York
40225–May 1989–3,450
ISBN 92-1-061132-2

06000C

United Nations publication
Sales No. E/F.89.XVII.10
ST/ESA/STAT/SER.J/31